科普·创新·实作·分享

荣获第五届中国出版政府奖期刊奖提名奖
入选中国科技期刊卓越行动计划、中国优秀科普期刊目录

无线电

合订本

67周年版

— 上 —

2022年

第1期~第6期

WXD HANDS-ON ELECTRONICS

《无线电》编辑部 编

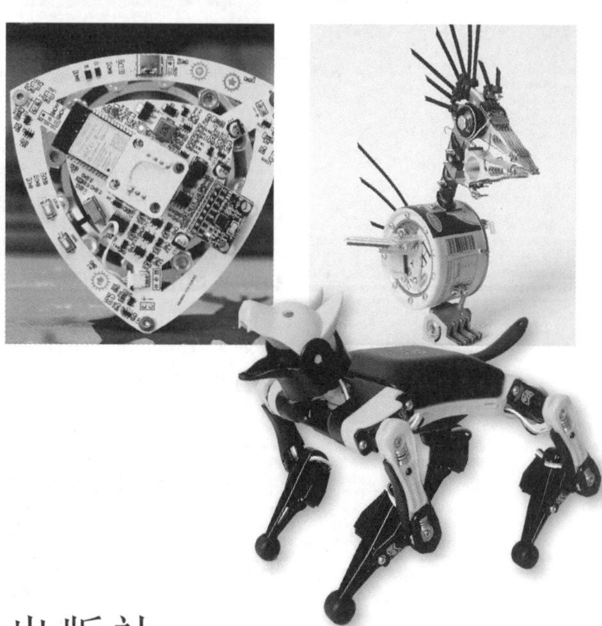

人民邮电出版社

北京

图书在版编目（CIP）数据

《无线电》合订本 : 67周年版. 上 / 《无线电》编辑部编. -- 北京 : 人民邮电出版社，2023.4
ISBN 978-7-115-61290-8

Ⅰ. ①无… Ⅱ. ①无… Ⅲ. ①无线电技术－丛刊
Ⅳ. ①TN014-55

中国国家版本馆CIP数据核字(2023)第040024号

内容提要

《〈无线电〉合订本（67 周年版·上）》囊括了《无线电》杂志 2022 年第 1～6 期创客、制作、火腿、装备、入门、教育、史话等栏目的所有文章，其中有热门的开源硬件、智能控制、物联网应用、机器人制作等内容，也有经典的电路设计、电学基础知识等内容，还有丰富的创客活动与创客空间的相关资讯。这些文章经过整理，按期号、栏目等重新分类编排，以方便读者阅读。

本书内容丰富，文章精练，实用性强，适合广大电子爱好者、电子技术人员、创客及相关专业师生阅读。

◆ 编　　《无线电》编辑部
责任编辑　哈　爽
责任印制　马振武
◆ 人民邮电出版社出版发行　北京市丰台区成寿寺路 11 号
邮编　100164　电子邮件　315@ptpress.com.cn
网址　https://www.ptpress.com.cn
涿州市京南印刷厂印刷
◆ 开本：787×1092　1/16
印张：32.75　2023 年 4 月第 1 版
字数：1062 千字　2023 年 4 月河北第 1 次印刷

定价：99.80 元

读者服务热线：(010)81055493　印装质量热线：(010)81055316
反盗版热线：(010)81055315
广告经营许可证：京东市监广登字 20170147 号

目　录

创客　MAKER

制作　PROJECT

火腿 AMATEUR RADIO

装备 EQUIPMENT

入门 START WITH

教育 EDUCATION

史话 HISTORY

立创课堂

PCB 彩印教程

甘草酸不酸

本文介绍如何使用水贴纸和激光打印机（或喷墨打印机）将彩图印至PCB上，教程简单，易操作，制作好的彩印PCB效果如题图所示。感兴趣的读者朋友可以前往立创开源硬件平台搜索“甘草酸不酸”的制作项目。

操作步骤

设备和物料准备

- 激光打印机或喷墨打印机。
- 水贴纸。
- 烤箱或热风枪。
- 自喷光油（喷模型的那种）。
- 一盆水。
- 吸水效果较好的布。

1 将图案打印到与打印机类型对应的水贴纸上。使用激光打印机不需要喷光油，使用喷墨打印机需要在打印完，等墨水干透后再喷一层光油。

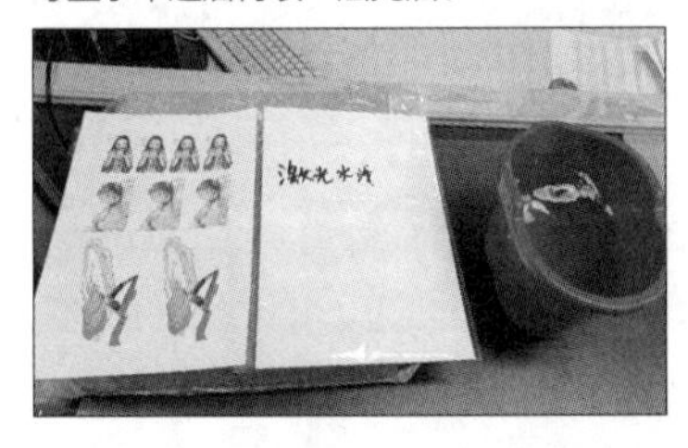

2 将图案裁剪至合适的大小。

3 将水贴纸放入水中浸泡15s。

4 PCB要保持干净，不能有油污。将PCB也沾点水，再将贴纸盖在PCB上，按平。

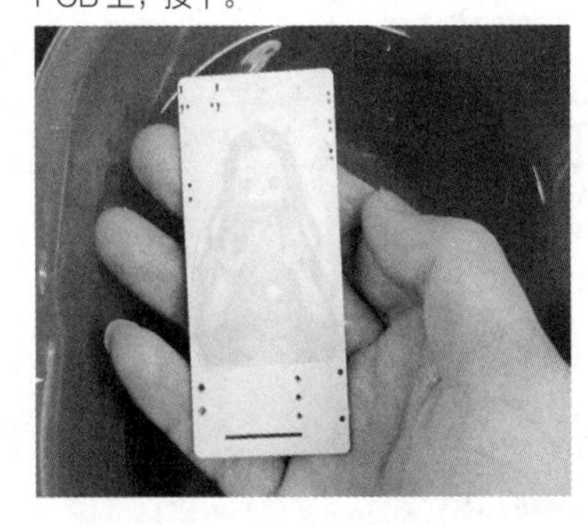

5 缓慢将白纸抽出来。

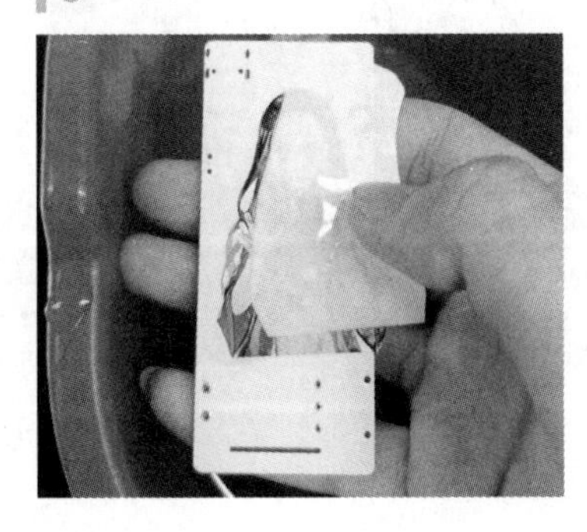

6 将图案整平，尽可能地排掉贴纸内的水珠。

7 用布轻轻将水分擦干，不能太用力、太快，也不能使用纸巾，不然会搞破贴纸。可以晾干或用热风枪微微烤一下加速排水，或者一边微微加热一边用布吸水，一定要尽可能地排干水珠，整理平整，不然下一步会烤破皮。

8 使用热风枪进一步烤干，一边烤一边使用布轻轻排水、整平，整平前温度不能开太高，以暖手为准，彻底烤干水分、整理平整后，再使用烫手的热风吹 10min，温度太高的话会烤黄。

9 烤好后的彩印PCB上的图案，不用尖锐的物品划是不会掉的，可以再喷一层光油加固（左图为正常效果，右图为温度太高烤黄了的效果）。

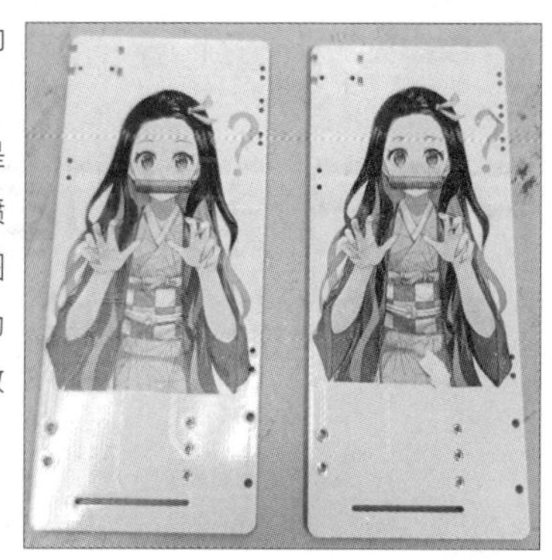

经过几次制作，我也总结出了几个要点和改进方向：用热风枪高温烤之前先把贴纸的水珠排干、整平，只要不是非常平滑的表面都可以贴上去；目前我确定能贴的物品有PCB、3D 打印物品、粗糙的陶瓷水杯、亚克力板（需进行磨砂处理后再贴），贴好后喷一层光油，图案更耐刮，成品效果如图 1所示；贴好的图案遇到比较尖锐的物品，还是比较容易刮掉的，后来我得知在贴之前涂上一层黏合剂可以提升耐刮性和黏合效果，读者朋友在制作时可以试一试；PCB 先贴贴纸，再焊接难度极高，且容易烫烂贴纸，元器件高度差别不大可以焊完再贴；贴贴纸时注意翘边问题；贴高低不平的面时，注意使用热风枪时的温度和风速，不然容易烤破；如果水分没排完就用热风枪烤，贴纸会起泡破皮；另外注意，极度光滑的材料表面贴不上贴纸，疏水的材料表面也贴不上贴纸。

图 1 成品效果

嵌入式机器学习手势识别大作战：可识别石头、剪刀、布的智能设备

演示视频

本项目通过嵌入式机器学习，利用 Wio Terminal内置的光线传感器实现手势识别，能够识别石头、剪刀、布的手势。

[马来西亚]郭进强（Vincent Kok） 翻译：柴火创客空间

项目使用的电子硬件是Wio Terminal（见图1），Wio Terminal 是一款专门用于 IoT 与 TinyML 的多功能开发板，其包含了ATSAMD51P19芯片，并以20MHz的ARM Cortex-M4F为核心，支持多种针对微控制器的嵌入式机器学习框架。此外，Wio Terminal 自带光感传感器、加速度感测器、话筒、4 英寸彩色LCD显示屏，还有3个可自定义的按钮和2个Grove通用接口，可连接多达300种 Grove 传感器。软件工具用到了 Edge Impulse 和 CodeCraft。

下面就是我们的造物时间啦！这次让我们一起来探索如何在微型控制器上运用嵌入式机器学习实现手势识别吧！这样说好像有点抽象，直白一点就是运用 Wio Terminal 内置的光感传感器，再借助机器学习，让 Wio Terminal 可以正确识别出石头、剪刀、布3个不同手势，并在屏幕上显示相应的图像。

图1 Wio Terminal

说起石头、剪刀、布，可能全世界的小朋友都知道怎么玩这个游戏。据说这个游戏在中国有超过2000年的历史。图2所示就是这个游戏的游戏规则。

本项目的灵感就是从这个游戏中得到的，我也借此机会测试一下由矽递科技出品的这款多功能开发板 Wio Terminal，在嵌入式机器学习上的性能到底怎么样。

接下来的项目教程主要包括以下内容：什么是嵌入式机器学习？为什么嵌入式机器学习这么火爆？创建和选择模型、数据采集、模型训练与部署，以及编程和模型应用。

我们需要通过嵌入式机器学习训练模型，使 Wio Terminal 能够识别石头、剪刀和布这3种手势。如果完全使用基于规则的编程，是很难完成这个模型的，因为就算是同一种手势，每次也可能会有不一样的呈现。如果一定要通过传统编程来解决这个问题，那就需要针对每种操作模式制定数百条不同的规则。即使在一个理想化的情况下，我们仍然会有许多其他问题，比如速度、角度或方向。这些因素的每个细微变化需要定义一组新的规则，而通过机器学习，我们可以非常轻松地实现对这些细微变化的甄别。

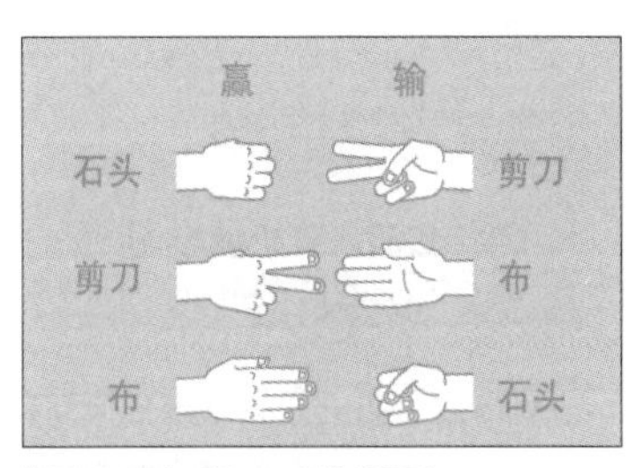

图2 石头、剪刀、布游戏规则

目前，实现手势识别最常见的方式就是使用相机捕捉图像，并与机器学习相结合实现手势判定。但如果使用光传感器来做，就相当于用相机的一个像素来识别手势，这是一个完全不同级别的挑战。大家可以先扫描文章开头的二维码，观看演示视频，然后一起跟我来面对这个挑战吧！

什么是嵌入式机器学习？

嵌入式机器学习（TinyML）是机器学习的一个细分技术领域，它将深度学习网络缩小到微型硬件可以承载的范畴，也是一个可以汇集人工智能和智能设备的技术领域。

很多人都说嵌入式机器学习就是口袋里的人工智能，你可以在任何一个周末的DIY项目里应用这样的模型，而原本需要大量功耗的机器学习，现在在一块尺寸为45mm×18mm的Arduino板上就可以运行。超低功耗嵌入式设备现在已经实现了大规模的部署，而借助嵌入式机器学习框

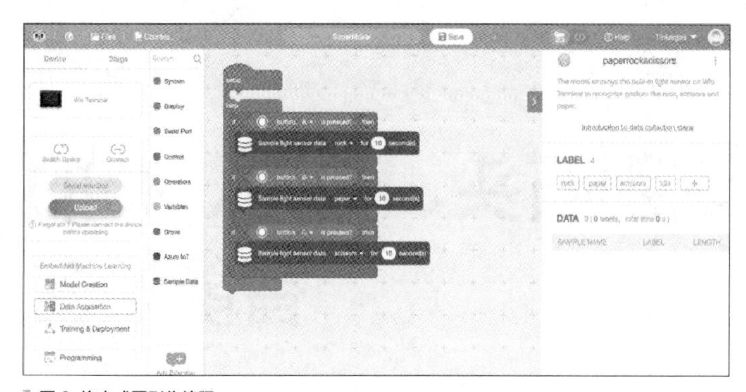
图 3 拖曳式图形化编程

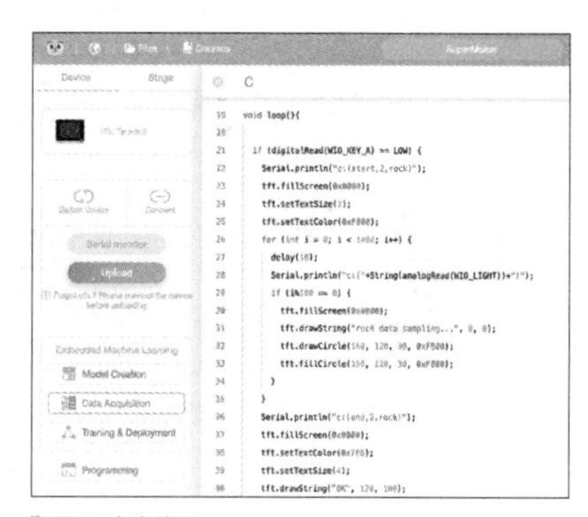
图 4 文本编程

架，这些嵌入式设备将进一步推动人工智能在边缘物联网设备上的普及。

为什么嵌入式机器学习这么火爆?

机器学习（ML）开发主要依托于云端的高功率解决方案或边缘端的中等功率解决方案，而嵌入式机器学习则是希望在资源严重受限的嵌入式系统上实现机器学习。

ARM 机器学习事业部产品营销副总裁 Steve Roddy 在谈及嵌入式机器学习时表示："TinyML 的部署正在推动机器学习部署的巨大增长，并极大地加速了机器学习在各种设备中的使用，使这些设备更智能，保证更灵敏的人机交互体验。"

目前 TinyML 在国际创客社区一片火热，但只要提到机器学习，很多人都会认为做一个嵌入式机器学习项目会非常复杂。好消息是现在有越来越多的工具，包括我今天项目里用到的由矽递科技开发的 Codecraft 图形化编程工具，都可以帮助大家轻松入门嵌入式机器学习。跟着这篇教程，我相信大家可以跟我一起完成这个嵌入式机器学习项目!

项目用到的图形编程平台 Codecraft 是基于 Edge Impulse 的机器学习网络，目的是帮助每个人轻松创建嵌入式机器学习项目。通过图形化编程界面和拖曳式的编程方式，我们可以轻松实现嵌入式机器学习项目的编程，更棒的是，这个平台还支持图形化代码与文本代码的快速切换（见图 3、图 4），这可以帮助我们实现更多的项目创意，我强烈推荐大家试一试。

创建和选择模型

这是我们开始项目的第一步，前往 Seeed Studio Codecraft 平台，选择"（支持嵌入式机器学习）Wio Terminal"，如图 5 所示。

创建"内置光线传感器识别手势"模型。单击页面左边中间位置的"Model Creation"（创建模型）按钮，然后选"Gesture Recognition"（内置光线传感器识别手势），并根据提示给新模型设置名称（见图 6）。

单击"Ok"按钮，窗口会自动跳转到数据采集界面（见图 7）。

数据采集

1. 默认标签

Codecraft 平台提供了 3 个默认标签，正好可以分别对应石头（rock）、布（paper）、剪刀（scissors）。如果你想修改标签名字或添加额外的标签，例如在没有识别到任何手势时，在显示屏上显示"idle"（空闲）标签，则可以根据网页

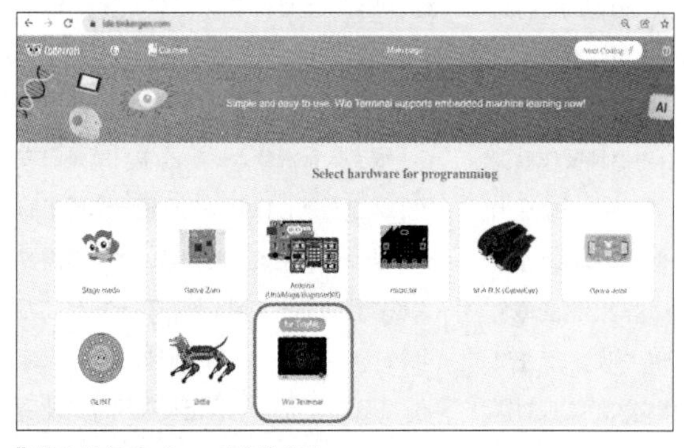
图 5 访问 Codecraft 在线 IDE

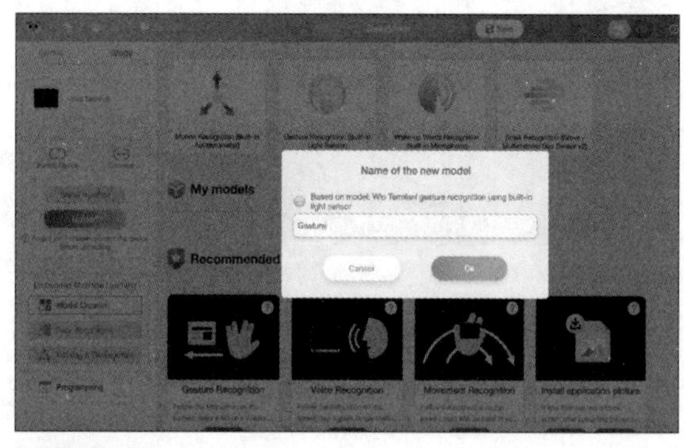
图 6 模型命名

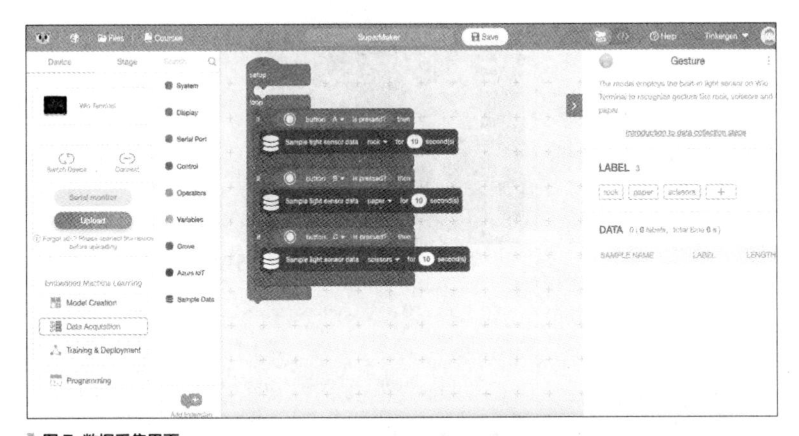

图7 数据采集界面

图8 默认标签

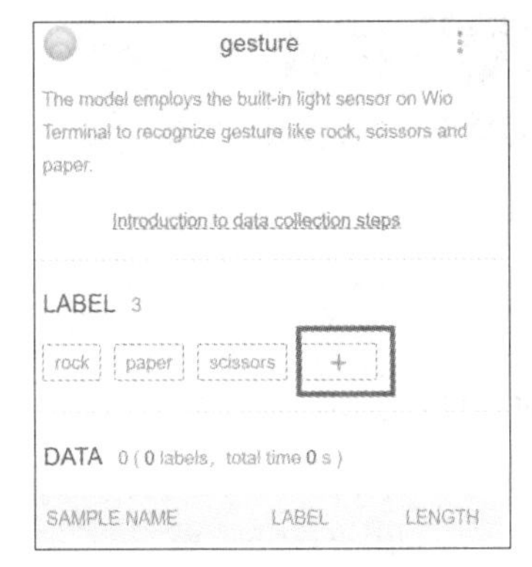

图9 添加标签

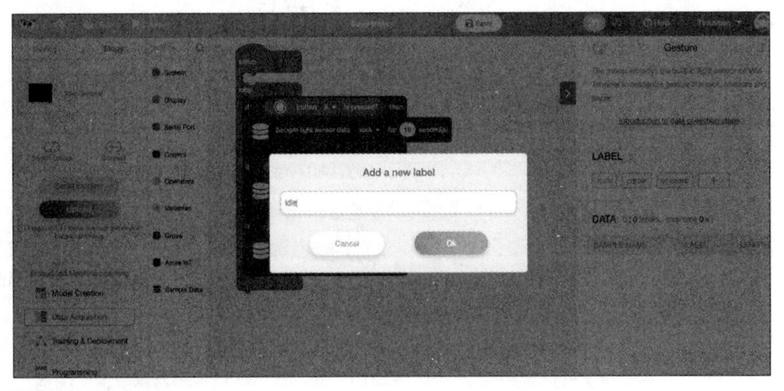

图10 “idle”标签

上的提示进行相应操作。如果不需要，那就不用进行任何更改，可以直接使用这些默认标签（见图8）。

2. 使用自定义标签采集数据并修改数据采集程序

给自定义标签采集数据样本分为3步：添加或修改标签、上传数据采集程序、采集数据。

在标签页面中，单击“+”号（见图9）。

输入标签名称，单击“Ok”。在这个项目中，我将添加一个名为“idle”（空闲）的标签，在没有识别到任何手势时，显示屏上显示该标签（见图10）。

添加成功后，新标签“idle”就被添加到标签栏中了（见图11）。

我对默认的数据采集程序进行了修改，在按下Wio Terminal的5向开关时，它就会进行“idle”标签的数据采集（见图12）。

3. 连接Wio Terminal并上传数据采集程序

使用USB将Wio Terminal连接到计算机。单击上传按钮后，数据采集程序就会自动上传，上传大约需要10s。上传成功后会弹出一个窗口，提示上传成功。单击“Ok”按钮关闭窗口，返回数据采集

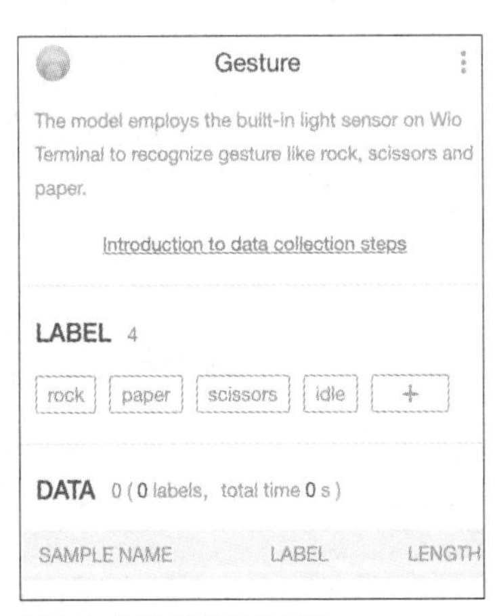

图11 成功添加“idle”标签

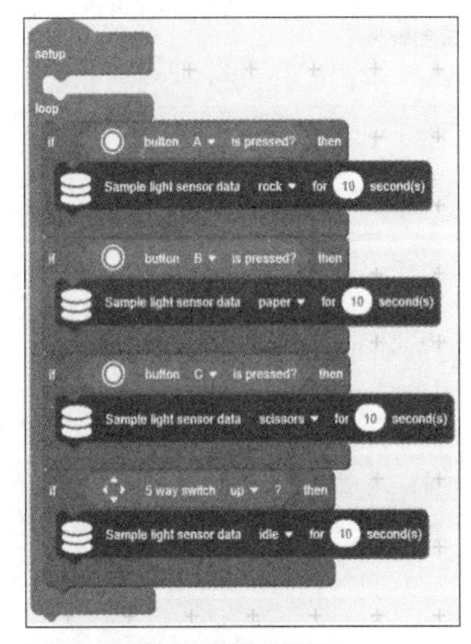

图12 修改之后的数据采集程序

界面。

注意：这里需要下载“Codecraft 助手”，下载该助手后才能在 Codecraft 的在线 IDE 平台上连接硬件设备并上传代码。如果你跟我一样使用的是 Codecraft 网页版，并且安装或运行设备助手，你就会收到图 13 所示的提示消息，表示尚未打开设备助手。在这种情况下，你可以查看提示消息，获取 Codecraft 助手的更多信息，包括下载、安装“Codecraf 助手”的链接等。

4. 数据采集

在数据采集界面的右上角，有一个“数据采集步骤介绍”（见图 14），单击后可以找到数据采集的步骤介绍，我们可以按照这个步骤介绍进行数据收集。

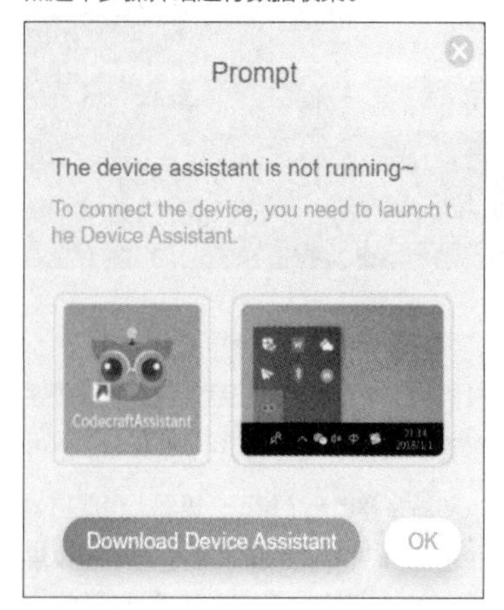

图 13 如未下载或运行 Codecraft 助手，系统会弹出提示

图 14 石头、剪刀、布的数据采集步骤介绍

这里有几个要点需要特别关注。

◆ Wio Terminal 按钮的位置（A、B、C 和 5 向开关，见图 15）。

◆ 演示视频中的画面是加速后的效果，在实际的数据采集中动作可以稍微放慢些。

◆ 注意页面中红色字体的提示。

◆ 将鼠标指针指向描述文本后，可以获得更详细的说明内容。

在数据收集过程中，Wio Terminal 的显示屏上会显示提示信息。我们可以根据 Wio Terminal 屏幕上的提示，开始或结束数据采集。图 16 所示表示正在采集数据。图 17 所示表示数据采集完成。按照步骤进行数据采集后，我们的数据采集步骤就完成了。

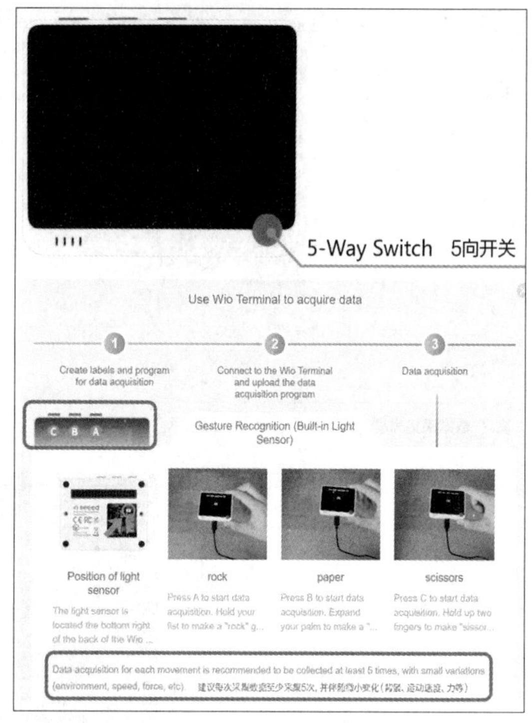

图 15 Wio Terminal 上的 5 向开关位置

图 16 正在采集数据

图 17 数据采集完成

模型训练与部署

数据采集完成后，单击“Training& Deployment”（训练与部署）按钮，你将看到图 18 所示的模型训练界面。

石头、剪刀、布和空闲 4 个标签对应的原始数据波形如图 19~ 图 22 所示，你可以从“Sample data”（样本数据）选项卡中查看，用作参考。

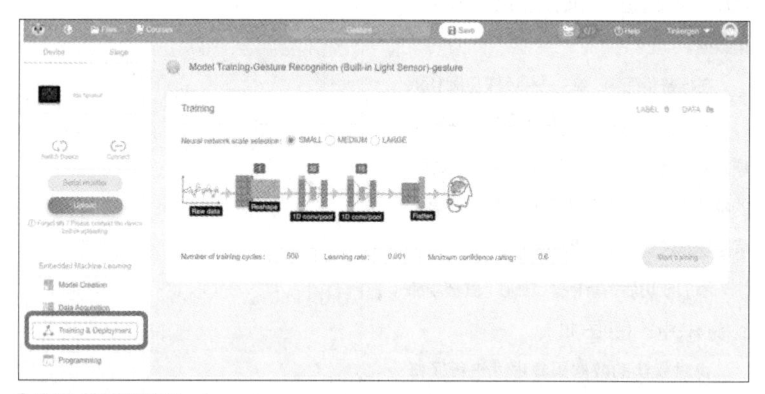

图 18 模型训练界面

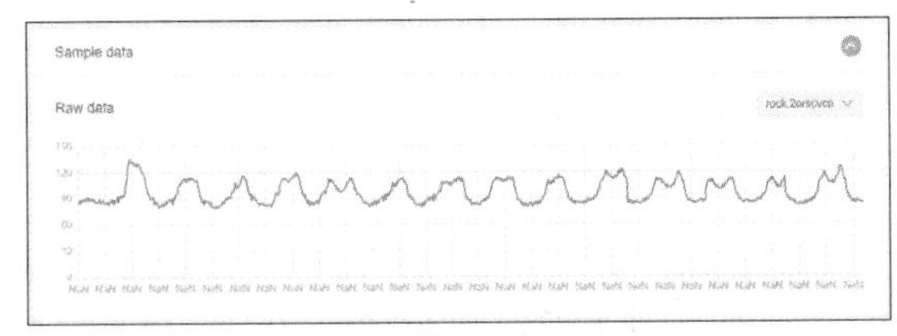

图 19 “石头”标签原始数据波形

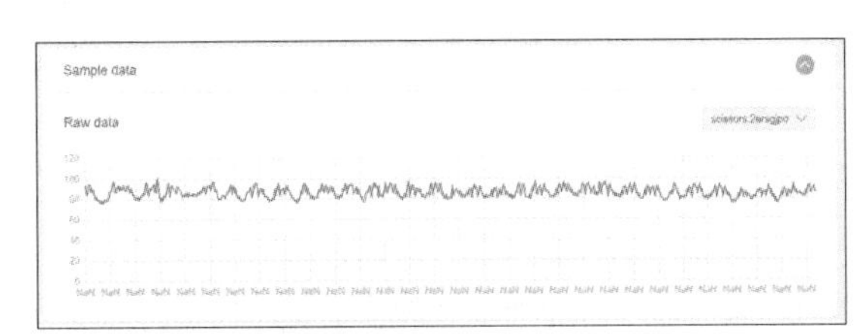

图 20 “剪刀”标签原始数据波形

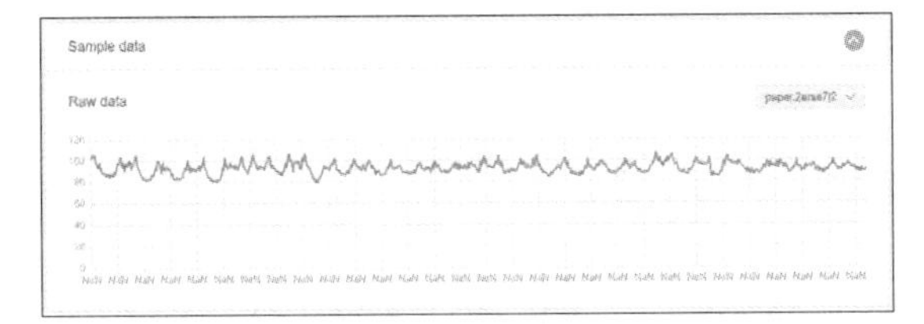

图 21 “布”标签原始数据波形

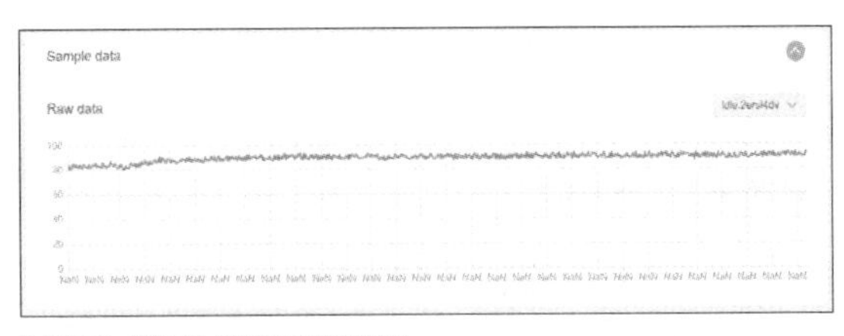

图 22 “空闲”标签原始数据波形

1. 选择神经网络和参数

按照页面提示，从小型、中型、大型3个规模选项中选择合适的神经网络大小，并设置以下参数：训练周期数（正整数）、学习率（0~1）、最低置信度（0~1），参数会提供一个默认参数值。我选用了中型模型，训练时间会比较长，要有耐心（见图23）。

2. 开始训练模型

开始训练模型后，窗口会显示正在加载（见图24），这时耐心等待训练完成即可！

窗口显示正在加载的持续时间取决于你所选神经网络的规模大小和训练周期数。神经网络规模越大，训练周期越多，需要的时间就越长。在这个过程中，你可以通过观察日志推断所需要的加载时长。如图25所示，“Epoch: 68/500”表示：需要进行的训练轮数为500轮，当前进行

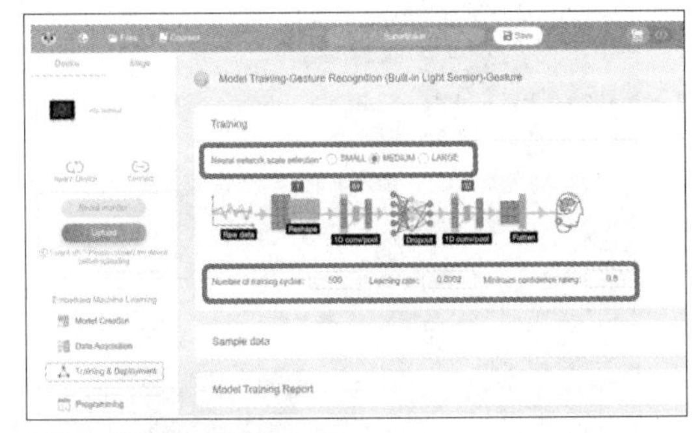

图 23 神经网络参数优化

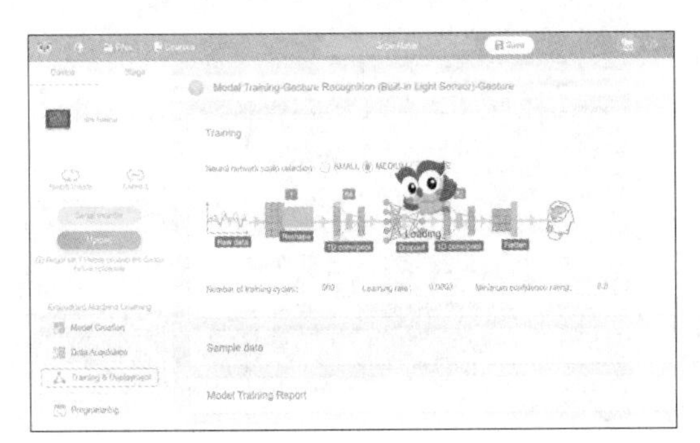

图 24 正在进行模型训练

```
Epoch 71/500
46/46 - 1s - loss: 1.3865 - accuracy: 0.2569 - val_loss: 1.3919 - val_accuracy: 0.2170
Epoch 70/500
46/46 - 1s - loss: 1.3841 - accuracy: 0.2706 - val_loss: 1.3919 - val_accuracy: 0.2170
Epoch 69/500
46/46 - 1s - loss: 1.3877 - accuracy: 0.2795 - val_loss: 1.3919 - val_accuracy: 0.2170
Epoch 68/500
46/46 - 1s - loss: 1.3873 - accuracy: 0.2624 - val_loss: 1.3919 - val_accuracy: 0.2170
46/46 - 1s - loss: 1.3853 - accuracy: 0.2692 - val_loss: 1.3918 - val_accuracy: 0.2170
Epoch 67/500
Epoch 66/500
46/46 - 1s - loss: 1.3856 - accuracy: 0.2685 - val_loss: 1.3917 - val_accuracy: 0.2170
Epoch 65/500
46/46 - 1s - loss: 1.3813 - accuracy: 0.2871 - val_loss: 1.3916 - val_accuracy: 0.2170
Epoch 64/500
46/46 - 1s - loss: 1.3896 - accuracy: 0.2459 - val_loss: 1.3916 - val_accuracy: 0.2170
Epoch 63/500
46/46 - 1s - loss: 1.3842 - accuracy: 0.2775 - val_loss: 1.3915 - val_accuracy: 0.2170
Epoch 62/500
46/46 - 1s - loss: 1.3840 - accuracy: 0.2644 - val_loss: 1.3915 - val_accuracy: 0.2170
Epoch 61/500
46/46 - 1s - loss: 1.3862 - accuracy: 0.2548 - val_loss: 1.3915 - val_accuracy: 0.2170
```

图 25 模型训练日志

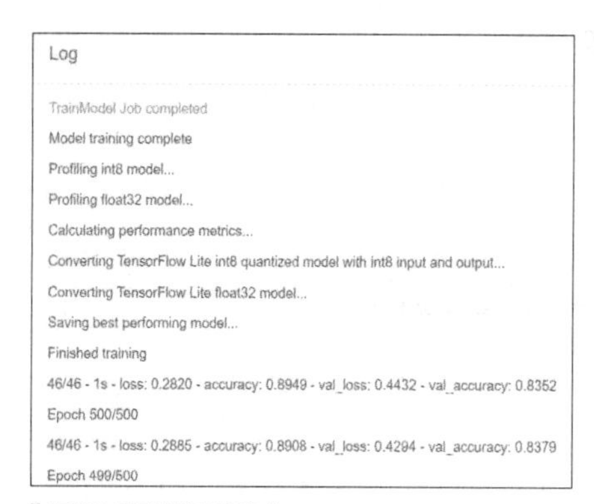

图 26 模型训练任务完成

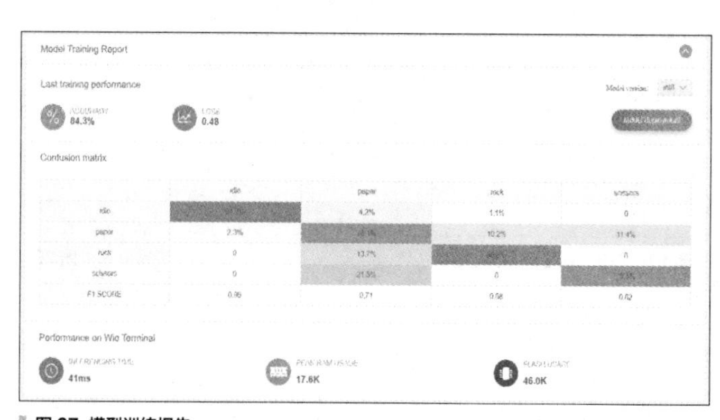

图 27 模型训练报告

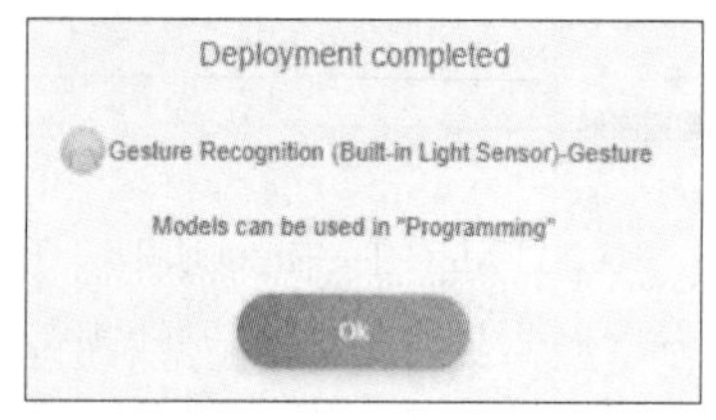

图 28 模型部署完成

到第 68 轮。

加载完成后，你可以在日志中看到“TrainModel Job completed”（模型训练任务完成），如图 26 所示。软件界面上会出现“Model Training Report”（模型训练报告）的选项卡。

3. 观察模型性能，并选择理想模型

在模型训练报告窗口中，你可以看到模型训练结果，包括模型的准确率、损失和性能（见图 27）。如果训练结果不理想，你可以返回到训练模型的第一步，重新选择神经网络的规模或调整模型参数，重新训练，直到得到一个令你满意的结果。如果更改模型配置参数不起作用，那你就需要返回到数据采集步骤，再次采集数据，继续重新训练。

4. 部署理想模型

在模型训练报告窗口，单击“Model deployment”（模型部署），模型部署完成后，单击“Ok”进入编程窗口，这是我们将模型部署到 Wio Terminal 之前的最后一步（见图 28）。

编程和模型应用

1. 编写使用模型的程序

在编程界面，单击“Use Model”（使用模型）按钮，即可使用已经部署的模型（见图 29）。

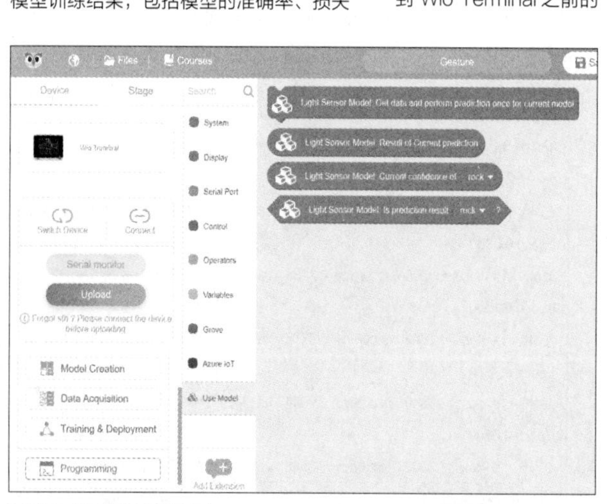

图 29 训练好的模型的积木

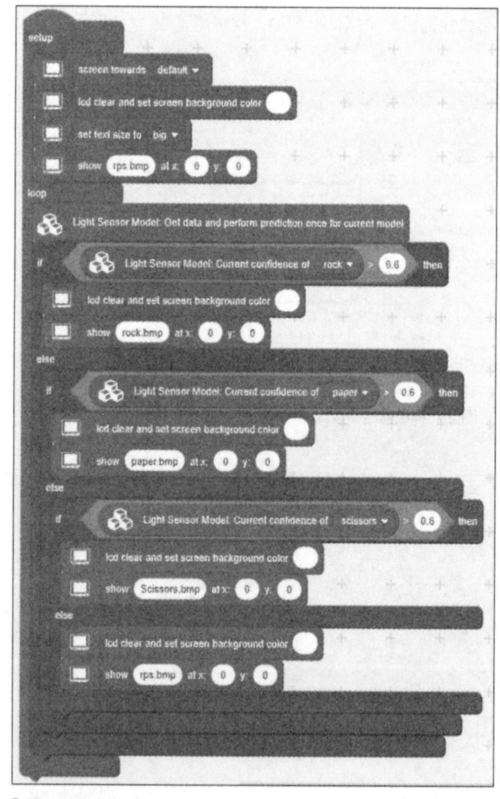

图 30 示例代码

图 31 石头、剪刀、布图像（rps.bmp）

图 32 石头图像（rock.bmp）

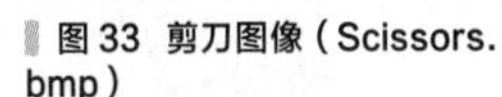

图 33 剪刀图像（Scissors.bmp）

图 34 布图像（paper.bmp）

我写了图 30 所示的示例代码，实现石头、剪刀、布这 3 个手势的识别功能，当预测结果分别是石头、剪刀或布时，Wio Terminal 的显示屏上就会分别显示石头、剪刀或布的对应图像。

要在 Wio Terminal 的显示屏上自定义石头（rock.bmp）、剪刀（Scissors.bmp）、布（paper.bmp）的图案，可以查看矽递科技的官方教程指南："Wio Terminal 教室 4：显示图像和简单的用户界面"和"Wio Terminal LCD 加载图像"。自定义的石头、剪刀、布图像如图 31~图 34 所示。

根据矽递科技提供的产品文档，在 Wio Terminal LCD 显示屏加载图像的教程中，所有图像文件需要转换为 8 位 BMP 图片（见图 35）。

Image Initialisation in Arduino

- To display images on the screen

```
1  //To draw on 8-bit color image on screen, starting from point (x
2  drawImage<uint8_t>("path to sd card iamge", x, y);
3
4  //To draw on 16-bit color image on screen, starting from point
5  drawImage<uint16_t>("path to sd card iamge", x, y);
```

图 35 矽递科技产品文档

这里注意：在 Codecraft 上显示的"image.bmp"代码块中的图片格式是 8 位 BMP 图像格式。所以，使用时要记得将你的图片转换为 8 位 BMP 图像。转换时有两个选项：输入 1 表示 8 位颜色转换；输入 2 表示 16 位颜色转换。图 36 所示为在 Codecraft 上显示的"image.bmp"积木，图 37 为其对应的文字代码。

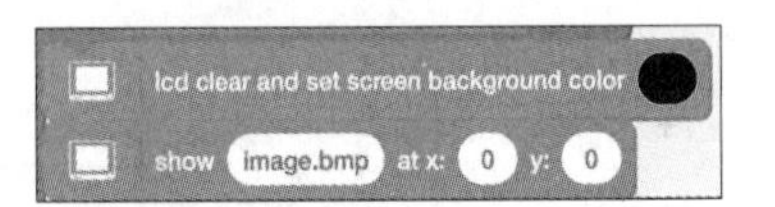

图 36 在 Codecraft 上显示的"image.bmp"积木

```
drawImage<uint8_t>("image.bmp", 0,0);
```

图 37 对应的文字代码

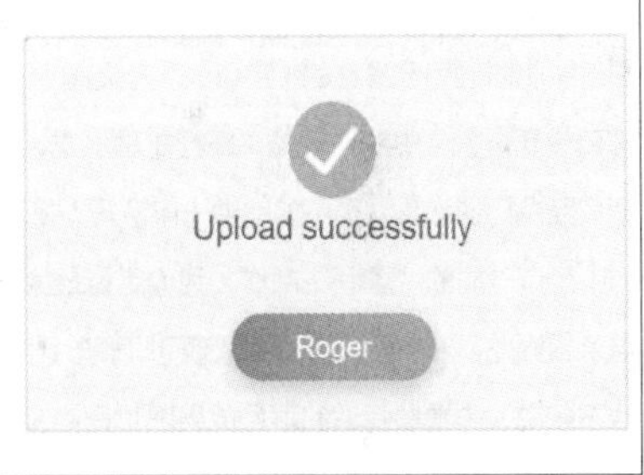

图 38 上传成功

2. 将程序上传到 Wio Terminal

单击"Upload"（上传）按钮，窗口会提示"Just chill while it's uploading"(上传时放松一下)。第一次上传时间通常较长，如果你的模型很复杂，上传时间会随之增加。较小模型的上传时间大约为 4 min，也可能会需要更长时间，这个上传时间也取决于计算机的性能。上传完成后，系统会显示"上传成功"（见图 38）。

3. 测试

对着 Wio Terminal 背后的光线传感器（透明方形处），做一个"剪刀"手势，看看 Wio Terminal 的显示屏上是否可以显示剪刀图像，你也可以尝试其他手势，看看 Wio Terminal 是否可以一一识别，并在显示屏上显示相应的图像。

如果 3 个手势都可以识别，那么恭喜你，你已经完成了一个微型机器学习模型的训练和部署！

当然，这个项目仍然有改进的空间，比如，可以训练一个性能更加出色的机器学习模型，提高手势识别的准确性。大家试试看怎样对这个模型进行提升吧，加油！

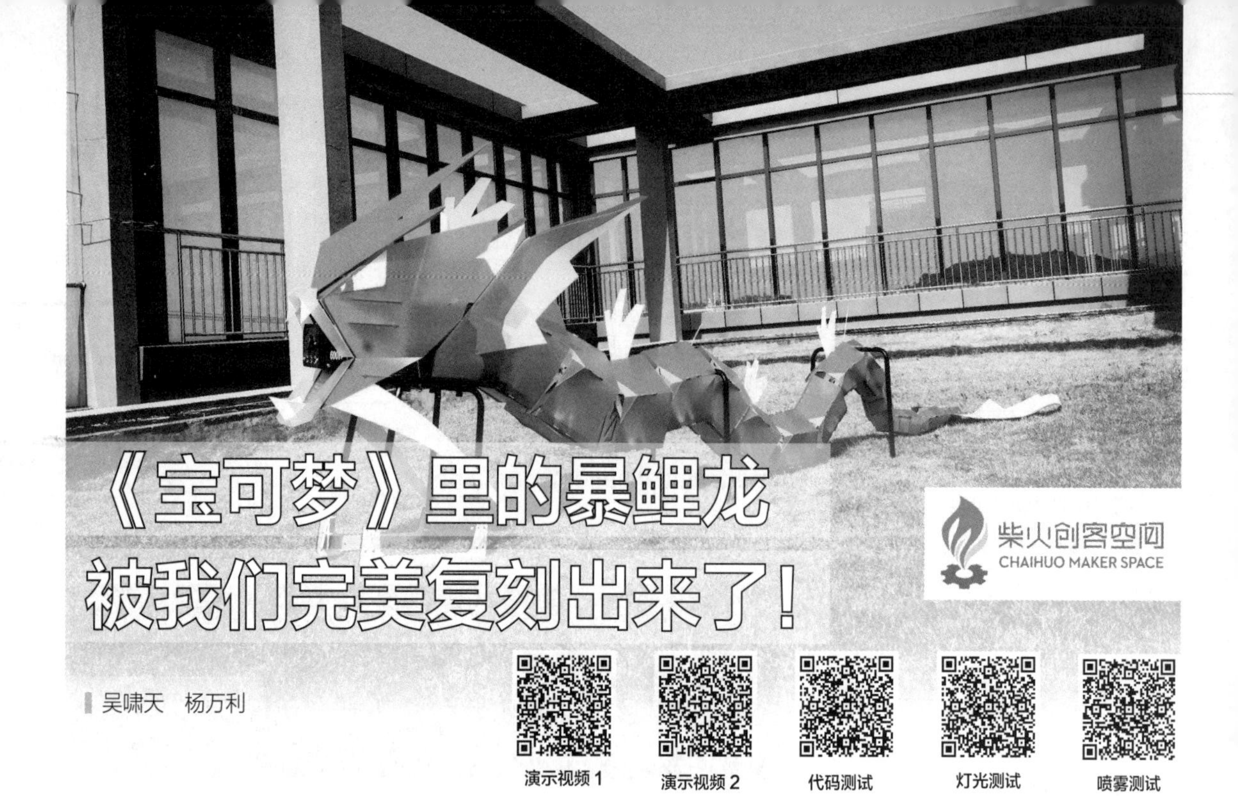

《宝可梦》里的暴鲤龙被我们完美复刻出来了！

柴火创客空间 CHAIHUO MAKER SPACE

吴啸天　杨万利

演示视频 1　演示视频 2　代码测试　灯光测试　喷雾测试

每年矽递（Seeed）公司举办年会的时候，大家最期待的就是发光装置环节。在这个环节，公司鼓励每位同事运用开源硬件、数字制造设备来制作自己心目中的发光装置。2022 年公司年后的主题是“乘风破浪”，发光装置的玩法变成以部门为单位的小组集体创作，并规定了“舞龙舞狮”这个半命题项目主题。结合“乘风破浪”这个主题，我第一个想到的其实是大船，接着就想到了大龙，而想起大龙，又想起了小时候完全着迷的《宝可梦》（又译为《宠物小精灵》《口袋妖怪》）中的暴鲤龙。暴鲤龙是水龙，又会飞，又有鲤鱼跃龙门的彩头，那不如就做一条暴鲤龙吧！

经过一周的“爆肝”制作，我们尽量最大程度地还原了这条暴鲤龙。图 1 所示就是我们部门同事与暴鲤龙的大合影。话不多说，先看看我们的项目成果吧！扫描文章开头的项目演示视频二维码，观看暴鲤龙最终效果。

乘风破浪鲤鱼起，

发光不忘吐雾气。

鲤鱼跃水化大龙，

矽递虎年势如虹！

看完项目成果，如果你也有兴趣还原自己童年中那条暴鲤龙，就跟着我们的教程一起动手造起来吧！

图 1　与暴鲤龙的大合影

图 2　暴鲤龙的图片

项目设计构思

虽然对暴鲤龙有印象，但真要实际制作，还是得找些设定用的参考资料。我在网上找了一些暴鲤龙的图片（见图 2），

图 3 第一版草模

图 4 暴鲤龙的骨架设计

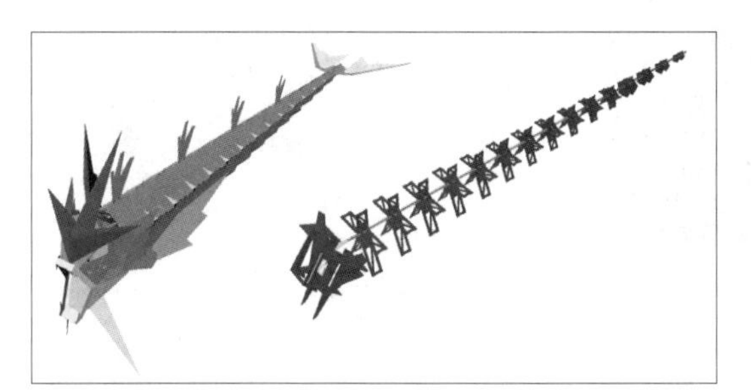
图 5 优化后的草模

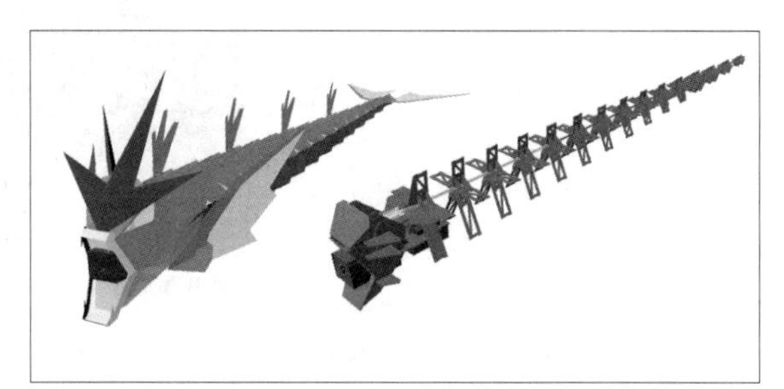
图 6 调整后的头部骨架

经过观察对比，我总结出暴鲤龙的几个特征：额头三叉角，蓝背黄肚子，头后有鳍，背部有鳍，三角眼红眼珠，大嘴巴红舌头，四颗尖牙两根须。只要把握住这些特征，完美复刻出这条暴鲤龙就不会太难了。对造型和特征有了认知后，就可以进入设计环节了。

项目设计

大家可以根据自己熟悉的材料和方便使用的加工方法进行制作。结合我们的实际情况，用数控机床加工片材、用激光切割机加工板材是比较好实现的，那么设计上也就要以片材 + 板材的思路去做了，图 3 所示是我们的第一版草模。

我们的计划是用 PP 片材做面料，通过折叠 PP 片材把外壳搭起来，其效果就是图 3 所示的多面体结构。接着就是内部结构的设计了，我们的想法是用一根软胶管做脊柱，在脊柱上用木板制作出肋骨，在脊柱里插上 LED 灯条作发光脊髓，想来也是蛮帅的。为了让脊髓的光可以透出来，PP 片材要选择半透明的。暴鲤龙的骨架设计如图 4 所示。

现在，内部结构的草模也建出来了，下一步就是细化，大家可以根据实际加工情况和实际安装情况做些修改。我们优化后的草模如图 5 所示。

本来设计到这里就差不多了，但总觉得只是这么一条暴鲤龙，还是不够霸气，只会发光算什么本事？那要不再加点什么呢？经过大家的一番讨论，我们决定给这条暴鲤龙再增加一个喷吐烟雾的技能！要喷吐烟雾的话，就要加入发烟器；要加入发烟器的话，就得再加个逆变器，所以头部还要再多做些调整。调整后的头部骨架如图 6 所示。

设计阶段到这里就差不多了，接下来就要从二次元走向三次元，开始动手制作了。设计这个过程虽然写出来简单，但过程中的坑还真是不少。这里特别列出一些设计制作中的要点，希望可以给大家一些参考。

◆ 一定要提前搞清楚加工的限制，比如最大制作范围、最小精度、最小内圆角有多大之类的，否则就要重新改图，那是相当痛苦的。

◆ 虽然我们无法掌握材料的全部属性，但是可以先搞些小实验，再正式动手制作。这次制作中有一步是需要把 PP 片材固定在木板骨架上，之前我们想当然地以为可以直接用 AB 胶固定，正式制作中也没先进行试验，就直接动手了，全部上好胶后傻等了一上午，结果在后面测试的时候，AB 胶脱落得如捏碎薯片般干脆，好在后面用自攻牙螺钉钉死的效果也不错。

◆ 设计建模时，条件允许的话，细致一点总是有好处的，这次建模发烟器的时候，我们偷懒没有把发烟器上的所有螺钉都建模，结果安装时添了不少麻烦。

项目制作：一条暴鲤龙的幻化成型

1. 电子部分的制作

（1）电子部分所需物料

Seeeduino Lotus（见图7）：这是一款ATMega328微控制器开发板，它是Arduino和Base Shield的组合。Seeeduino Lotus有14个数字输入/输出引脚（其中6个可以输出PWM）和7个模拟输入/输出引脚、1个Micro USB接口、1个ICSP接口、12个Grove接口和1个复位按钮。

WS2812灯条（见图8）：我们选用的是每米60珠的规格，一共用了7m。每颗RGB灯珠最大发光电流是60mA，1m需要的最大电流就是3.6A，这就对电源的电流强度有一定的要求。

发烟器1个（见图9）：我们用的发烟器自带蓝色LED，用遥控器可控制发出烟雾。大家可以根据自己的实际需要选购。

逆变器1个（见图10）：因为我们使用了AC 220V的发烟器，所以需要一个逆变器将DC 12V转换成AC 220V。

锂电池2块：航模锂电池具有很高的瞬时放电能力，我们的装置不需要长时间工作，对电池容量没有很高的要求，但是在工作的时候需要较高的电流，航模电池就是很好的选择，经济实力允许的话可以购买更大容量的电池。

升压模块6个（见图11）：前边我们说过，灯带以最大亮度发光需要的电流是3.6A，这个模块可以将DC 12V转换成DC 5V，同时提供高达5A的电流，符合我们的需求。

（2）硬件连接

硬件连接如图12所示，图中没有画出电源，所以大家就先把电源接口当作电源组（代表锂电池组）吧，逆变器也是接在电源接口上的。

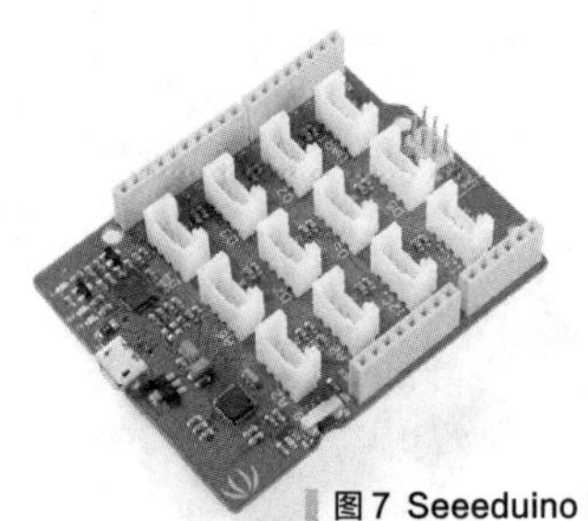

图7 Seeeduino Lotus

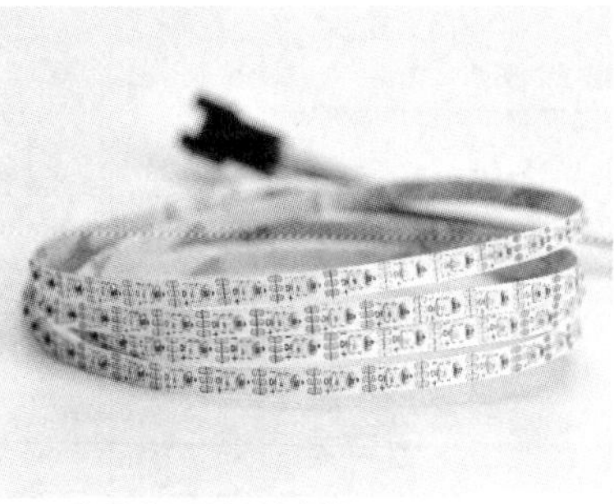

图8 WS2812灯条

图9 发烟器

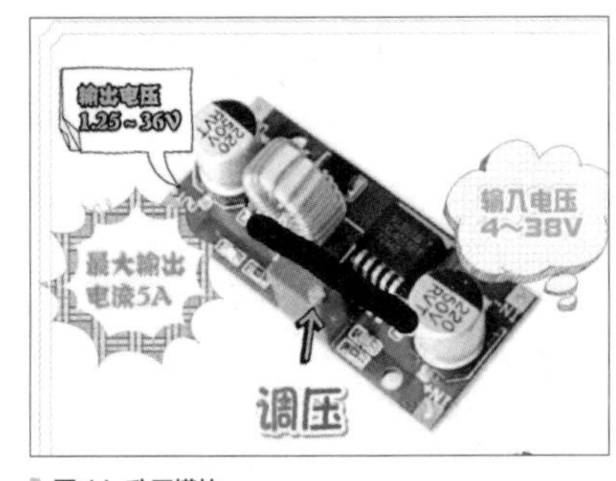

图11 升压模块

图10 逆变器

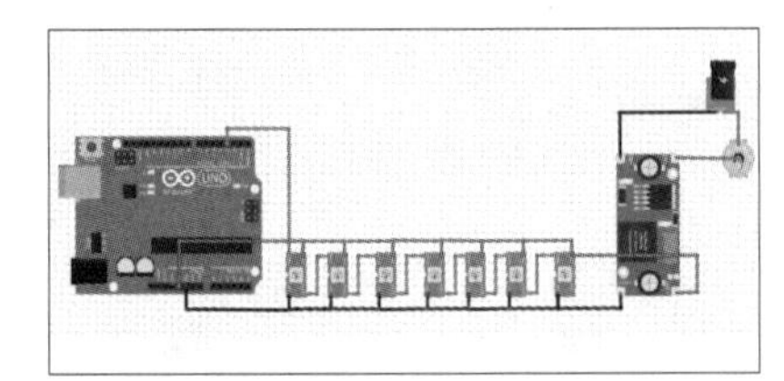

图12 硬件连接

（3）代码部分

程序使用Arduino IDE编写，制作主要代码如下所示，大家可以自行修改里面的参数，使项目达到自己想要的效果。还可以扫描杂志目次页的云存储平台二维码下载代码文件。

```
/*发光装置实例代码*/
#include "FastLED.h" // 此示例程序需要使用FastLED库
#define NUM_LEDS 300 // LED灯珠数量
#define LED_DT 3 // Arduino输出控制信号引脚
#define LED_TYPE WS2812 // LED灯带型号
#define COLOR_ORDER GRB // RGB灯珠中红色、绿色、蓝色LED的排列顺序
uint8_t max_bright = 200; // LED亮度控制变量，可使用数值为 0 ~ 255， 数值越大则光带亮度越高
CRGB leds[NUM_LEDS]; // 建立光带leds
//HSV方法定义颜色
CHSV myHSVcolor(80,255,200); // 以HSV方法定义颜色 myHSVcolor（色调，饱和度，明亮度）
void setup() {
 LEDS.addLeds<LED_TYPE, LED_DT, COLOR_ORDER>(leds, NUM_LEDS); // 初始化光带
 FastLED.setBrightness(max_bright);
 // 设置光带亮度
 //龙头眼部的灯呼吸渐亮函数
 respiration ();
}
```

```
void loop () {
  // 灯珠最亮后，前 8 个灯珠常亮白色
  fill_solid(leds,8, CRGB::White);
  FastLED.show();
  delay(10);
  myHSVcolor.h++; //修改 HSV 定义颜色的
单一数值
  //myHSVcolor.h 为 myHSVcolor 的色调数值
  // 龙身体的灯实现呼吸渐变的效果
  fill_solid(leds+8, 280, myHSVcolor);
  FastLED.show();
  delay(10);
} // loop()
// 呼吸渐亮函数，利用 for 循环实现
void respiration () {
  for (int i = 3; i < 255; i ++)
  {
    FastLED.setBrightness(i);
    fill_solid(leds,8, CRGB::White);
    FastLED.show();
    delay(15);
  }
}
```

2. 结构件部分的制作

（1）结构件所需物料

这条暴鲤龙用了很多 5mm 厚的木板做骨架，用了直径 16mm、壁厚 2mm 的透明软管做脊柱，还用了各种颜色的 PP 片材做外壳，另外还用到了扎带、别针、图钉、自攻牙螺钉、订书钉等紧固件。物料备好后就可以开始制作了。

（2）制作过程

首先焊接灯条。暴鲤龙全长 3.7m，其中灯条长 7m。我们手头最长的灯条长 5m，所以还得再接上 2m。因为接下来要把灯条插进软管里，所以焊接一定要结实牢靠，如果后面灯条断在软管里，那修起来就麻烦了。

将灯条装入软管。这是个体力活，也是个功夫活，毕竟软管有 3m 多长，将灯条往里送挺不容易的。不过慢慢来，耐心点，一点点地，灯条总会都被送进软管中的。

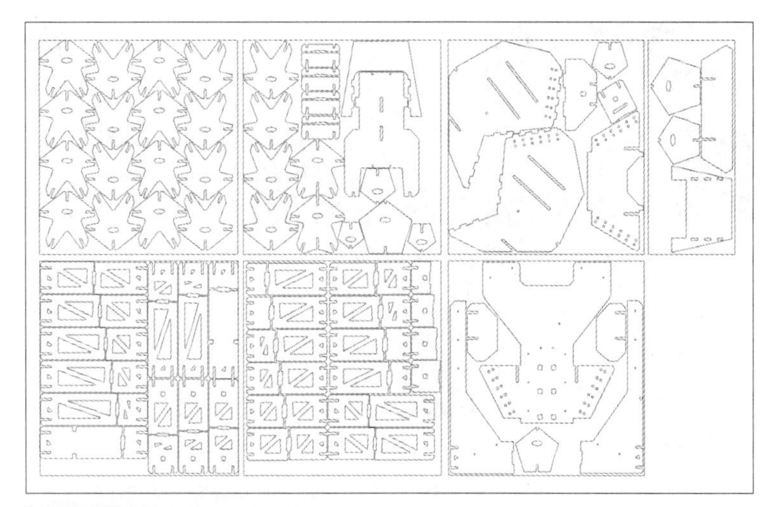

图 13 骨架图纸

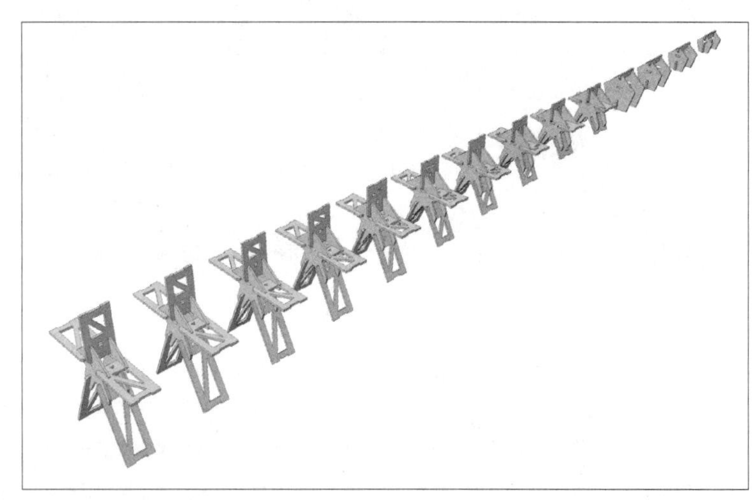

图 14 骨架的立体结构

制作骨架。先设计好骨架，我们设计的骨架图纸如图 13 所示。骨架设计好后，根据激光切割机的加工范围对图纸排版，接下来就是开机切割了。聚焦调正，功率拉满，木板一件件被切下，用布擦去木板边缘焦黑的灰烬，然后一片片插接起来。制作时先把每一节接好，不急着用扎带锁紧，确保安装无误后再锁紧也不迟。骨架的立体结构如图 14 所示。

组装脊柱。将一节节脊柱拼起之后安装在软管上，先装上去，再调整间距。间距调整好之后，在每一节脊柱前插入别针锁定脊柱与软管的相对位置。位置也锁定好之后，需要在软管上相应的位置开口子，然后接入升压模块，接入的升压模块的导线需要用扎带固定好。制作过程如图 15 所示，结构固定细节如图 16 所示。

组装头部。头部骨架是制作的重点和难点，主控板、发烟器、逆变器、锂电池都装在这里，整体重量会超过 3kg。安装此处的木板时，除用扎带、螺钉外还要多处上胶。用螺钉固定发烟器和逆变器，

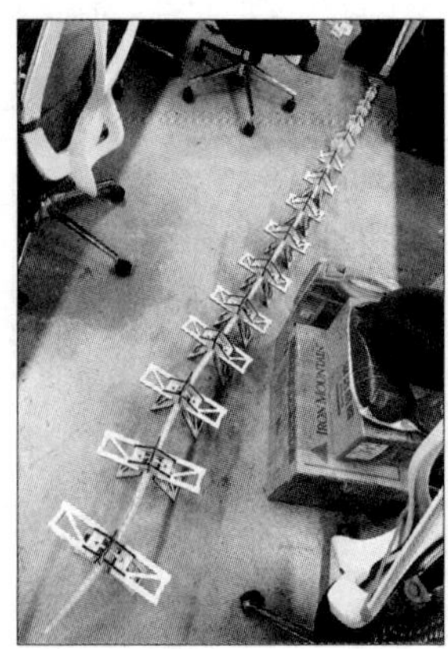

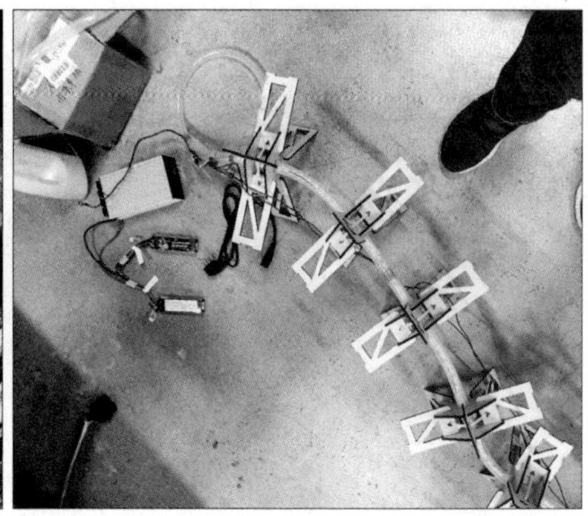

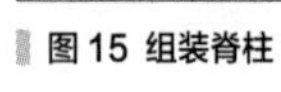

图 15 组装脊柱

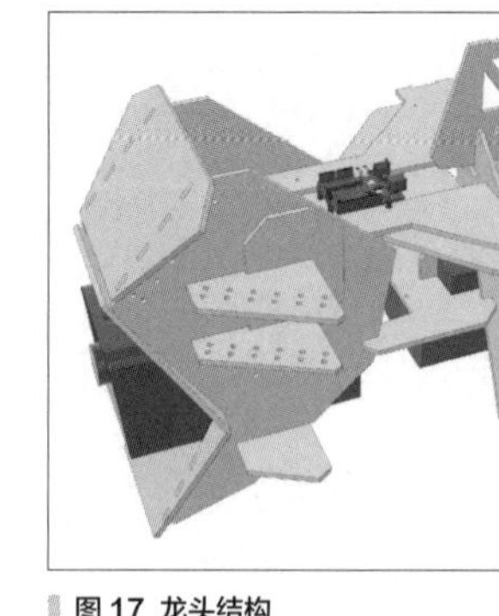

图 17 龙头结构

图 16 结构固定细节

图 18 安装龙头灯带

用双面胶固定锂电池，用尼龙铆钉固定主控板，用扎带固定头部的灯条。龙头结构如图 17 所示，图 18 所示为安装龙头灯带。

上电联调。这里我们不急着把头部和身子接起来，先一起上电烧录程序，看看整体效果。我们的运气不错，比较顺利，电路连接也比较稳定。大家可以扫描文章开头的二维码，观看我们的测试效果。

制作PP片材。这部分同制作木板类似，大家根据原材料尺寸和加工尺寸调整加工图纸的排版，用雕刻机加工后得到我们需要的片材。这里有个问题，我们的 PP 片材很多都需要折叠，但是雕刻机没办法把折叠线加工出来，所以需要手动把折叠线一条条刻在片材上。图 19 所示是 PP 片材图纸。

安装片材。片材与片材可以用订书机钉紧，如果钉一处不够紧就多钉几处。片材与骨架的附着需要用卡扣卡准位置。为了防止片材脱出骨架，还需要用图钉和自攻牙螺钉固定。片材安装完毕后，就可以把头部和身体连在一起了，这样暴鲤龙的本体就完成了，制作过程如图 20 所示。

安装支架。为了后面可以举着暴鲤龙做舞龙表演，我们还加了把手之类的结构件，试了很多种方法，发现直接用长凳做

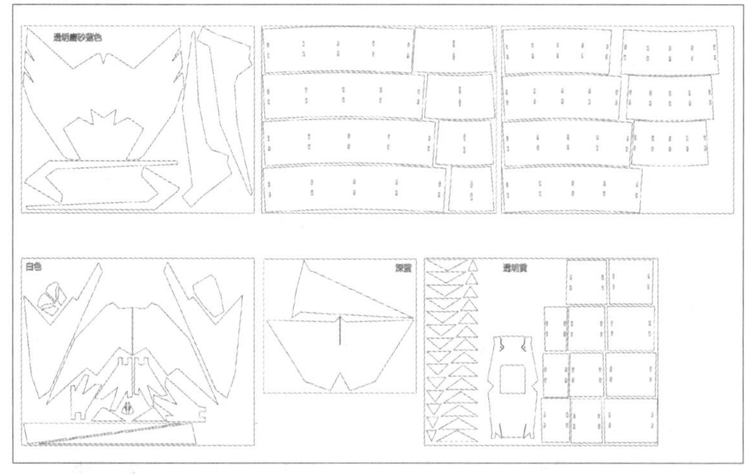

图 19 PP 片材图纸

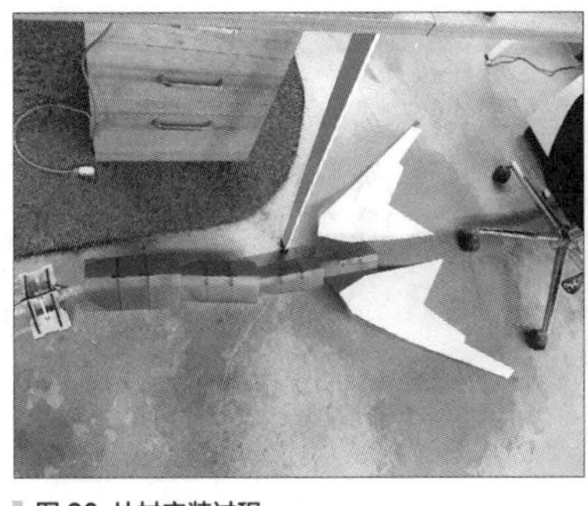

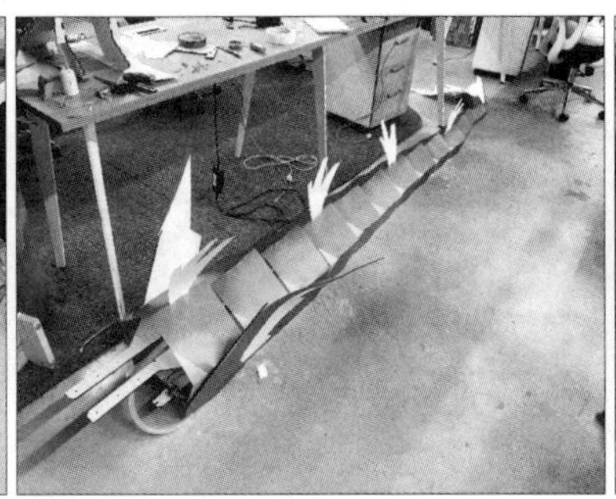

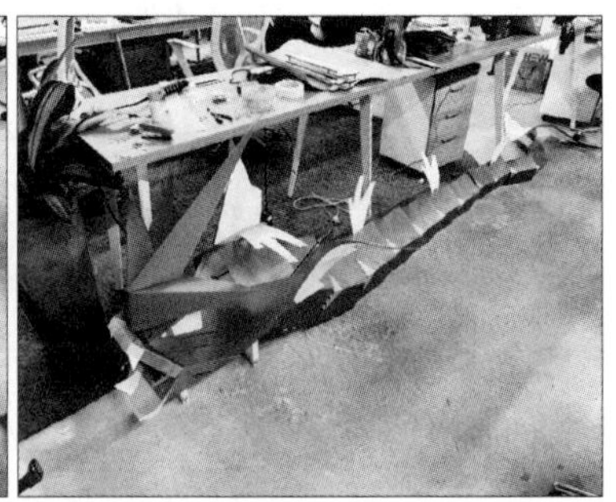

图20 片材安装过程

图21 加上支架的暴鲤龙

支架又方便又靠谱。加上支架的暴鲤龙如图21所示。

项目成品秀：暴鲤龙真身一现

《埤雅·释鱼》中说，“鱼跃龙门，过而为龙，唯鲤或然。”我们借用《宝可梦》中的经典形象——蓝色暴鲤龙，来传达“鲤跃龙门”这一美好寓意，预祝矽递公司虎年气势长虹。暴鲤龙全长3.5m，通体结构包括一根透明可发光的脊柱、椴木板打造的全身骨架和由磨砂半透明PP片材构成的皮肤，加工工艺涉及激光切割、铣刀雕刻。鲤跃龙门，吞云吐雾，暴鲤龙配合RGB变色发光，吞云吐雾之际与光交相辉映。图22所示就是正在喷烟的暴鲤龙。

图22 暴鲤龙在喷烟

到这里，暴鲤龙的真身就制作完成啦！整体的效果如图23所示。最后也祝愿所有的朋友虎年大吉！

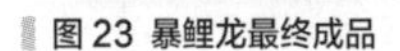

图23 暴鲤龙最终成品

领养一只 Bittle 机器狗，感受技术与艺术的平衡之美

▌臧海波

演示视频

笔者有个习惯，喜欢在接触某样东西的实物前，先通过照片审视一下细节。因为照片可以反映出很多信息，一个既懂设计又会拍照的设计师，必然是个多面手，他所创作的作品，也会独具特色。这次要介绍的 Bittle 机器狗从引起我的关注，到亲自领养一只，还要从 3 张照片开始。

图 1 所示是第一张照片，早在 2017 年，一个 3D 打印的猫型机器人就引起了我的极大兴趣。它是 Petoi 创始人李荣仲博士发起的 OpenCat 项目原型机。从 3D 打印的原型机可以看出，设计师是一个热爱小动物并且喜欢观察思考的人，也只有这样，才能创造出如此灵动的外形。从猫咪身体上包裹着核心控制器的一根根肋骨，到套在爪子上的脚垫，都可以看出设计师的巧思，而内嵌在腿部关节中的压缩弹簧，更是透露出了设计师的创新意识。这些巧思为之后实现量产打下了很好的基础。

第二张照片拍摄于 2018 年，那时 Petoi 团队推出了首款量产机器猫 Nybble（狸宝），如图 2 所示。对比图 1 可以看出设计团队为 OpenCat 项目的量产做了不少努力。机器人框架由 3D 打印改成了激光切割板材的形式，并且印上了 Petoi 标志，此举显著降低了机器人的物料成本，

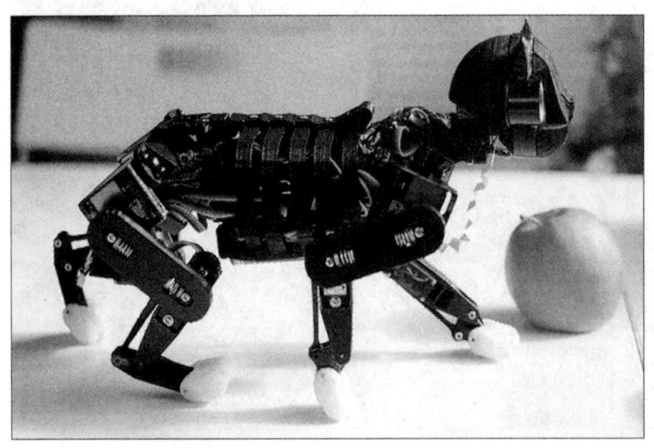

▌图 1 OpenCat 项目原型机

▌图 2 首款量产机器猫 Nybble

图 3 印刷在 Bittle 包装盒上的宣传照片

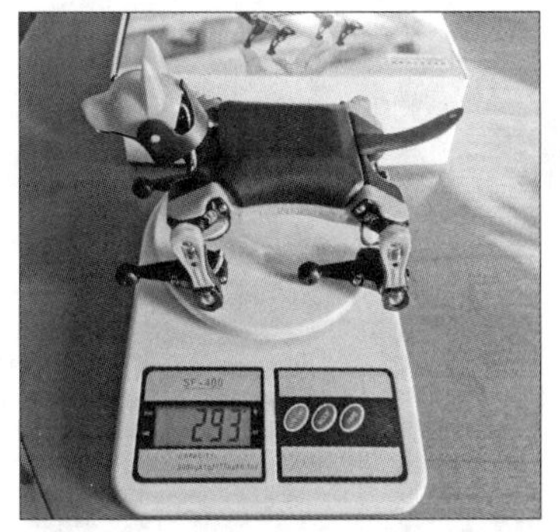

图 4 Bittle 机器狗质量实测为 293g

又突出了品牌特色。由于板材是二维的，为了塑造机器人的立体外形，设计师又引入了拼插式榫卯结构。从腿部关节沿用了压缩弹簧和弹性脚垫的思路来看，这些设计应该在 3D 打印的第一版机器猫上有不俗表现。

2020 年，李荣仲博士入驻柴火创客教育，推出了本文介绍的这只 Bittle 机器狗。借这个机会，我得以近距离感受 OpenCat 项目的魅力。在拿到产品实物前，一张印刷在产品包装盒上的 Bittle 的照片令我印象深刻，这也是我说的第三张照片。如图 3 所示，一只巴掌大的小狗稳稳地站立在玩家的指尖上。从照片上就可以分析出 Bittle 的 3 个设计亮点：结构轻巧、关节灵活、内置实时动作监测和矫正功能。

第一个亮点不必细说，因为机器人的质量必须足够轻，才能把它轻松托在手指上，然后摆好姿势等摄影师拍照。如果量化一个数值的话，我估计整机质量控制在 300g 以下才会比较好操作。因此我在拿到 Bittle 后做的第一件事就是实测它的质量，结果也验证了我当初的推测是正确的，Bittle 在默认配置下的整机质量为 293g，如图 4 所示。

为了实现结构上的轻巧牢固，Bittle 使用了高强度注塑成型的塑料组件。骨架采用 3D 互锁式拼插结构，除了舵机和控制电路，其他部位均不需要螺丝固定。这个设计带来的好处是机器人质量减轻，结构加强，装配过程也简单了很多。虽然我拿到的是预先装配好的整机版机器狗，无法体验更多细节，但是从组装版的材料清单可以看出，除了舵机和电路板的几个固定螺丝及腿部弹簧，再也找不到其他金属零件（见图 5）。

第二个和第三个设计亮点相辅相成。想让机器人能够在指尖上站稳，只是结构轻巧还不够，还需要解决机身自平衡的问题。Bittle 的方案是复合型关节加陀螺仪，前者解决了灵活运动的问题，后者赋予机器狗姿态矫正功能。

Bittle 的腿部关节沿用了从第一版原型机就采用的压缩弹簧与舵机组合的设计（见图 6）。这里弹簧的作用是吸收振动和能量冲击，可以有效保护舵机，准确说是保护舵机内部的齿轮。相较于常见的刚性连接形式，这种关节在一定程度上可以模拟动物筋腱、肌肉的功能，使机器人在高速运动过程中兼具力度和柔韧性。

Petoi 团队还为 Bittle 专门定制了一款型号为 P1S 的数字舵机（见图 7）。P1S

图 5 组装版 Bittle 材料清单

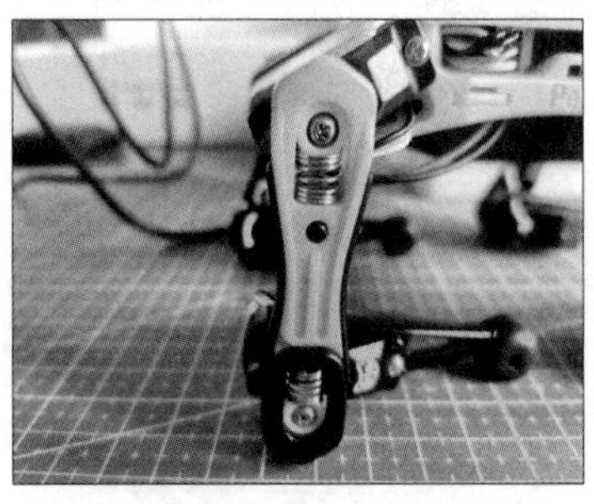

图 6 Bittle 腿部关节特写

图 7 Bittle 使用的 P1S 舵机

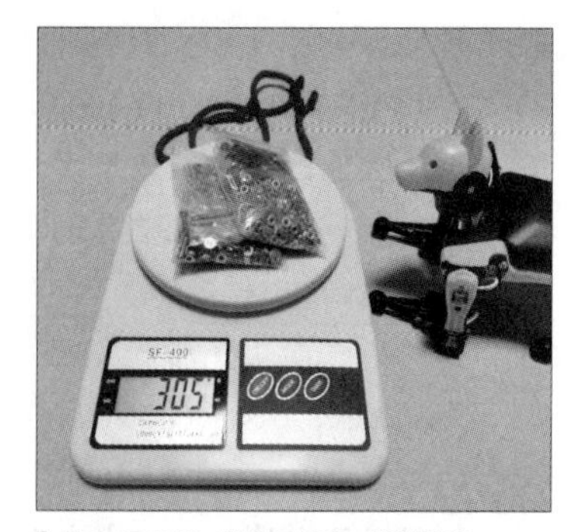

图 8 给 Bittle 准备了 305g 模拟载荷

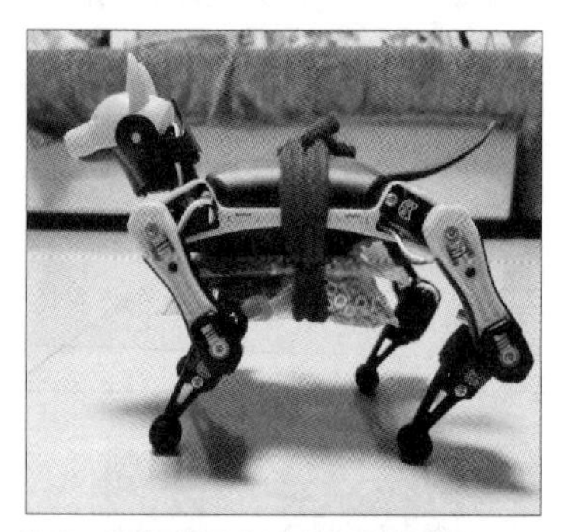

图 9 装满五金件的塑料袋固定在机器狗肚皮下方

在尺寸上相当于常见的 SG90 微型舵机，但它的响应速度更快，扭矩更大。这个舵机还有两个值得一提的特点，首先是它的活动范围为 270°，占 3/4 个圆，而常见舵机的工作范围大部分是 180°，只能在半圆内活动。其次是 P1S 的工作电压最高为 8.4V，可以不进行电压变换，直接使用标准的 7.4V 锂电池组供电，这就极大提高了步行机器人的能量利用率。

高强度注塑骨架和定制舵机带来的优势体现在一个意义非凡的参数上——Petoi 给出的 Bittle 最大载荷为 300g。考虑到机器狗的自重（前面实测数据为 293g），就是说它可以“举起”相当于自身质量的物体。参考一下波士顿动力机器狗的参数，全电动的 SpotMini，自重 30kg，载重 14kg，只能“举起”自身质量一半的物体。虽然两个机器狗不在一个级别，但是也能反映出一些问题。

出于好奇，我对 Bittle 的载重能力做了一个实测。我用塑料袋装了 300g 左右的五金零件，作为模拟载荷（见图 8），然后把袋子捆绑固定在机器狗肚皮下方（见图 9），接着启动机器狗，运行几组内置动作，包括翻身、握手、俯卧撑、快慢行进等，都可以比较流畅地完成，大家可以扫描文章开头的二维码观看演示视频。这说明Bittle在运动载重能力上的优化非常出色。

除了复合型的腿部关节，Bittle 还搭载了陀螺仪，图 10 所示为安装在 Bittle 主控板上的 MPU6050 整合型 6 轴运动处理器，芯片内含三轴陀螺仪和加速度计。这个元器件使我们的小狗在执行预定义的动作序列时，可以结合来自陀螺仪的数据对步态进行调整，从而实现运动协调。

Bittle 即使执行原地站立的动作，也可以感知躯干重心和地形的变化，自主对肢体动作进行调整。Bittle 在做动作的同时，会根据陀螺仪的数据微调相应关节的角度，以便更好地保持平衡。我在机器人的平衡性测试过程中，把 Bittle 放在一张画板上，前、后、左、右摇晃以模拟地形的变化。图 11~图 14 展示了 Bittle 在躯干重心居中、前倾、后倾和左倾时各个关节的变化。

图 10 Bittle 主控板，中间偏上的 U2 即为 MPU6050

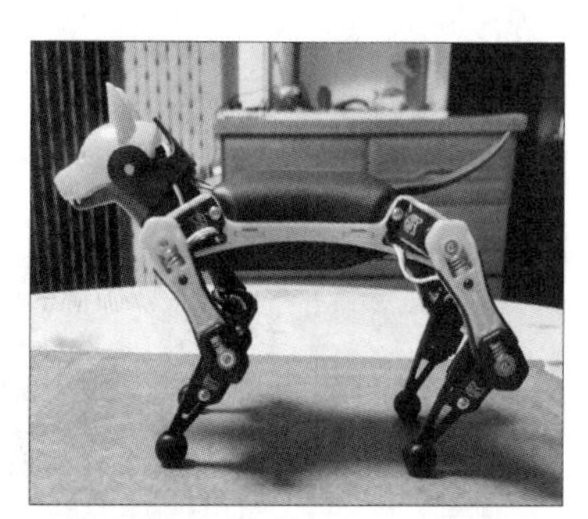

图 11 Bittle 在平地上站立

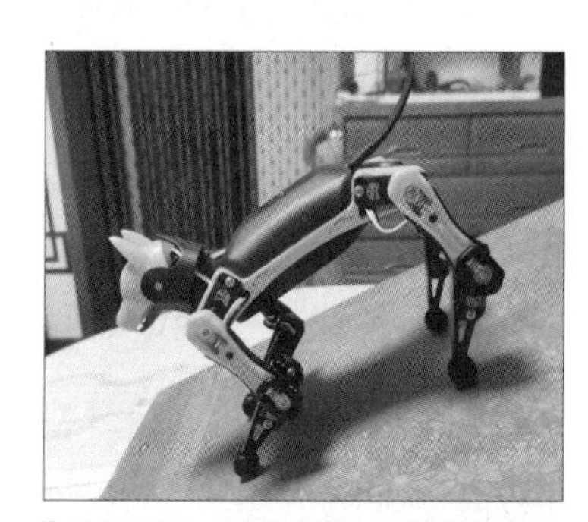

图 12 Bittle 身体重心前倾，腿关节微调细节

图 13 Bittle 重心后倾，腿关节微调细节

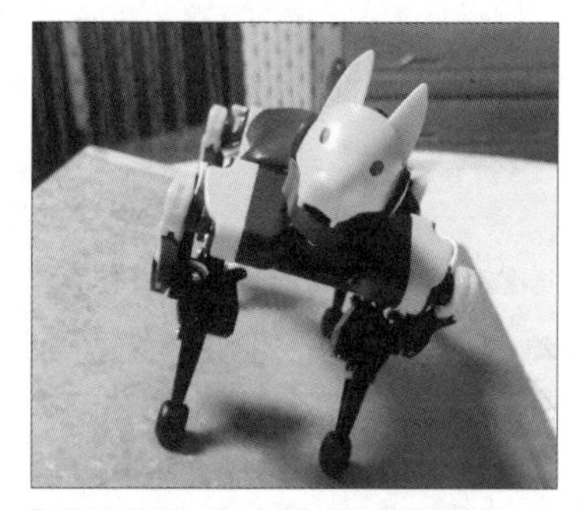

图 14 Bittle 重心左倾，腿和头都有微调

图 15 一组 Grove 传感器模块

图 16 Bittle 扩展包中的一组训狗卡片

Bittle 的动态平衡性能也令人印象深刻。这只小狗在出厂时预设了 10 余组动作，可以用产品自带的红外遥控器或通过手机 App 和蓝牙模块进行控制。Petoi 网站上展示了多个 Bittle 在行走过程中适应地面变化的例子。

如果你不满足于遥控操作，也可以选购 Bittle 的传感器扩展包，编程赋予其自主运行的能力。扩展包里提供了丰富的传感器模块，如图 15 所示，中间的传感器模块是 Petoi 专门为 Bittle 定制的图像识别传感器模块，其他模块从 12 点钟开始顺时针依次为声音、手势、触摸、热释电、红外反射和光线传感器模块，接口统一使用 Grove 标准接口。

利用图 16 所示的一组卡片，配合图像传感器，我们可以像训练真的小狗一样训练 Bittle 识别数字、形状和颜色。

当然，一但涉及机器视觉，必然会用到图像传感器，编程的难度也是指数级上升。可喜的是柴火创客教育为 Bittle 配套了图形化编程软件 Codecraft，即使是初学者，也可以轻松指挥机器狗完成各种复杂动作，借助传感器模块与环境互动。经验丰富的爱好者也可以使用 C 或 Python 编程，还可以在主控板上堆叠树莓派或其他 AI 控制板进行深入开发。

除了上述设计亮点，Bittle 机器狗还继承了从初版机器猫就引入的艺术元素，其外形更加讨喜，更加拟人化。用设计师自己的话说，“这个小机器人相较于其他产品，有一点文艺的调调在里面”。一个很好的例子是狗嘴里叼着的那根 3D 打印的大棒骨。我曾经一度以为它只是一个用来耍宝的小道具，后来发现，小尺寸的传感器模块可以卡在 Bittle 嘴里固定，大模块则可以先用皮筋绑在骨头上再让小狗叼着，固定在嘴里（见图 17）。

我个人认为 Bittle 的总体设计在技术与艺术上实现了一种恰到好处的平衡，设计师一方面需要在有限的结构里加入尽可能多的东西，另一方面又要让它具有亲和力。就像题图展示的两个风格截然不同的机器人，右边是把技术元素包裹进拟人化外衣的 Bittle 机器狗，一个高科技量产的动态机器人；左边是把技术元素尽可能多地展露出来的机器鸟，一个笔者用废旧电子材料制作的赛博朋克风格摆件。两个作品同框拍摄，营造出一种类似美学上的“撞色”效果，画面十分生动有趣。

图 17 借助狗骨头固定图像传感器

经过几个月的互动，Bittle 给我最大的感受就是身边多了一只灵活而强大的机器狗。这只陀螺仪驱动复合型关节的四足机器人，在肢体的韧性、灵活性、活动范围上都超过了一般机器人水平，不论是它的动作灵活性，还是载重能力，都令我印象深刻。根据开发团队提供的极限测试视频，Bittle 可以在承受踩踏后没有损伤，且能做出自动翻身和后空翻等特技动作。OpenCat 项目设立的一大初衷是实现四足机器人的动态仿生，Bittle 的诞生可以说是向大家交了一份满意的答卷。

OSHWHub 立创开源硬件平台 立创课堂

酷炫显示——自制 RGB 彩色数码管

Corebb

简介

数码管（又称数字显示管）是很常见的一样东西，但一直以来最常见的都是红色的数码管。我觉得这太单调了，所以一直想找一款 RGB 彩色数码管，这样显示出的东西才更美丽。但是找遍线上、线下，数码管有红色的、绿色的、蓝色的、白色的，就是没有彩色的。既然没有，那我就自己造一个呗，于是我就做了一个便宜又酷炫的 RGB 彩色数码管，实物如图 1 所示。

图 1 实物效果

本项目的电路设计、外壳结构、程序设计都是我自己完成的。RGB 彩色数码管的功能主要有两个方面：显示和通信控制。

显示部分设计为 6 位数字，但可以很轻松地通过修改 PCB，增加、减少单板数字个数。

通信控制部分，使用 1 个 I/O 接口即可控制数码管显示的数字、色彩和动画效果。

制作步骤

1. 硬件部分电路讲解

（1）数码管本体

数码管本体采用 WS2812C-2020 作为每一段的发光单元，这是一个可寻址的彩色 LED 芯片，2020 代表长、宽分别为 2mm，使用时只需要把它们按一定的规律连接起来，如图 2 所示。我是把最右边数字的中间字段作为第一个，按顺时针的顺序绕一圈到下一个数字，以此类推形成一定的规律，方便编程。无论顺序如何，只要组成一个数码管的样子即可，而且根据最新的 Datasheet 说明和实际实验，整个制作不需要额外的电容，这样就降低了制作难度。

（2）内置主控与外置接口

前面说了，控制该数码管只需一个 I/O 接口，所以我分别留了 5V、GND 及 DATA 的外置接口，通过外部供电，使用任意的单片机通过 DATA 引脚即可进行控制。由于我个人常用 ESP8266 芯片的 NodeMCU 单片机，所以直接在板子上留了焊接单片机模块的地方，这样一体性更高。两种方式都可以实现想要的显示效果，

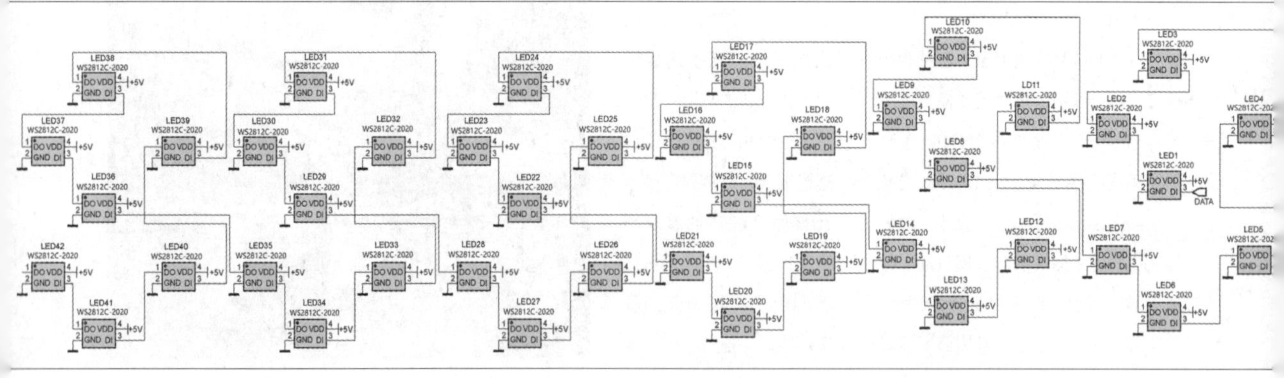

图 2 可寻址 LED 电路

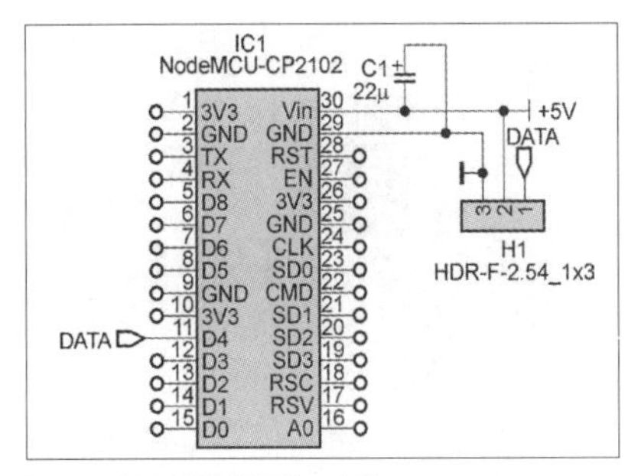

图 3 内置主控与外置接口电路

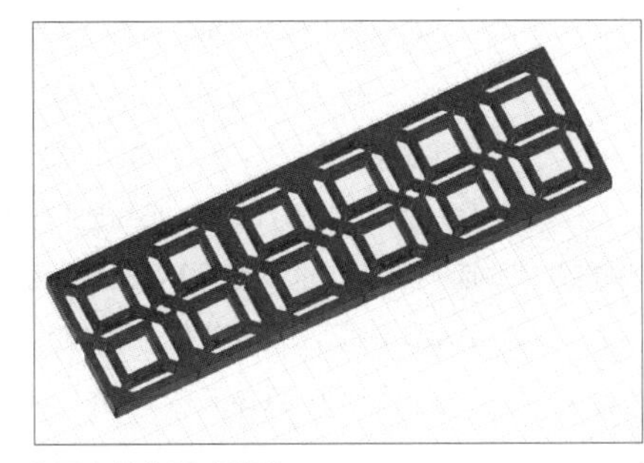

图 4 外壳 3D 打印件

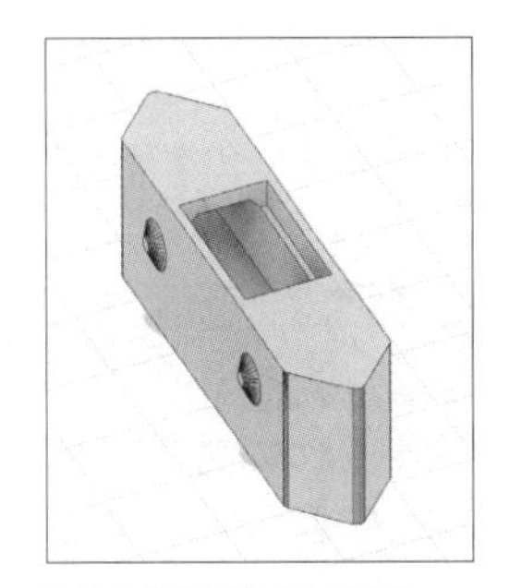

图 5 柔光部分 3D 打印件

在功能上没有区别。内置主控与外置接口电路如图 3 所示。

2. PCB外观说明

数码管通常会搭配黑色半透明的亚克力板，PCB 的颜色建议选择亚黑色，这样电路部分的隐蔽性更好，使用时不会看到内部的电路板，观感更好。

3. 结构设计说明

数码管主要由两部分 3D 打印件构成。第一部分是外壳，该部分为黑色不透光材质，可以起到遮光的作用，避免不同字段的光互相影响。采用 FDM 型 3D 打印机以普通的黑色 PLA 材料打印即可，光固化打印机采用的树脂一般会透光，所以不建议使用光固化打印，如果手头只有光固化打印机，可以将打印好的外壳额外喷漆，外壳设计如图 4 所示。

第二部分是柔光部分，该部分为白色透光材质，目的是使光线均匀分布到显示字段，达到更好的视觉效果。因白色材料多为透光的，所以既可以采用 FDM 打印也可以采用光固化打印，柔光部分设计如图 5 所示。

我在两者之间设计了卡扣，打印完成后将柔光部分塞进外壳里即可。

软件

WS2812 芯片的控制库有很多，我采用的是 Arduino IDE 下的 Neopixel Bus，Adafruit NeoPixel、FastLED 亦可以支持，基本思想是通过映射表和简单的算法，计算出第几颗 LED 亮或不亮。具体代码已开源，大家可以前往 GitHub 搜索“RealCorebb/bbFans”查看相关代码。

最终成品

通过程序控制，点亮所有 LED 的效果如图 6 所示，加上外壳和柔光部分的效果如图 7 所示。盖上黑色半透明亚克力板后显示效果更棒，如图 8 所示。

整个设计的相关文档大家可以前往立创开源硬件平台搜索“自制 RGB 彩色数码管”查看，我在个人 bilibili 账号上也上传了制作视频，欢迎大家关注“酷睿比比”，搜索“自制 RGB 彩色数码管”观看具体的制作视频。还等什么，快来试试吧！

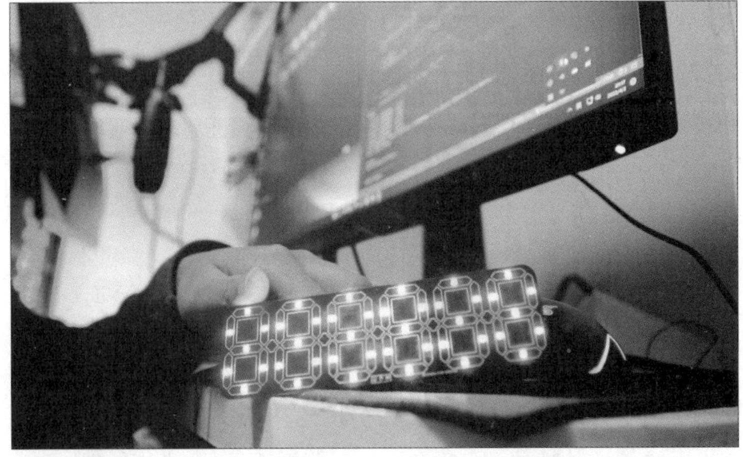

图 6 通电效果

图 7 加上 3D 打印件的效果

图 8 盖上黑色半透亚克力板的效果

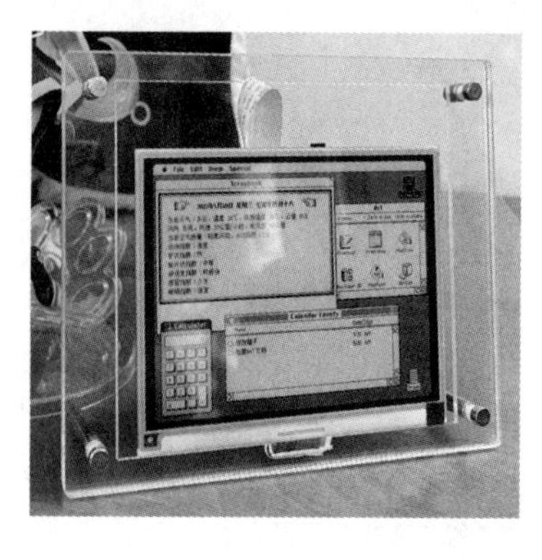

情怀和实用可以兼得，桌面日历也可以玩出新花样

— 潘知非

我是一个古董计算机爱好者，身为一个00后，我在5岁的时候就在父亲公司里摸过不少计算机：486、586、麦金塔SE……之后学习了拨号上网，从此开始了我的网上冲浪之旅，我还用FrontPage学习了制作网页的方法。虽然现在我自己从来没有在家里收藏过古董计算机（一是家里太小不好摆放，二是囊中羞涩），但是对于很多古董计算机爱好者来说，通过现代设备模拟一个古董设备还是非常有意思的。

目前网上怀旧古董计算机的方式无非两种：一是网页模拟器，二是通用计算机（比如树莓派、PC 等）模拟器 / 虚拟机来让人们体验古董计算机。但我觉得这些远远不够，因为很多情况下我们其实用不上古董计算机，花大价钱买一台古董计算机或是部署一个模拟器去体验古董计算机都是为了情怀，于是我开始思考如何将情怀与实用结合在一起。

我想到了台历（见图 1）。台历空白位置有限，只能记录一些重大事项，不适合做比较详尽的日程表，而且台历上密密麻麻记满日程，看起来很乱，办事效率也不高，不能很快确定现在应该做什么。将自己的情怀和台历这两个风马牛不相及的事物结合在一起，听起来好像有些难度。

那这事儿有解决方案吗？还真的有！我在高三的时候，研究过电子墨水屏，从 1.54 英寸到 2.13 英寸，再到 2.9 英寸。当时我从早餐钱下手，用从嘴里省下的钱买了 ESP32 和电子墨水屏，后面看到有人做电子墨水屏天气站和台历，就计划买一个 4.2 英寸以上的大屏幕做一个电子墨水屏日历。后来在 GitHub 上看到张欣的电子墨水屏日历（见图 2），觉得做得特别好，所以我仔细研究了他的代码，加入自己需要的东西并且把屏幕改成了 7.5 英寸，制作了 eInkCalendar 万能电子墨水屏日历（见图 3），电子墨水屏可以显示每日一言和待办事项。

但是它有个缺点，ESP32 的性能有时令人着急，数据量太大会导致 ESP32 复位，无法刷新屏幕，用户因此错过很多日程。直到某一天，我在网上看到树莓派官方推送了一篇文章（见图 4）。

原作者 John Calhoun 在制作这个台历的时候使用的天气来源是美国 NOAA 的气象数据，NOAA 并不提供美国以外的天气数据，所以我借鉴的时候将 NOAA 源改成了和风天气开发者 API。

图 1 常见台历样式

图 2 张欣的电子墨水屏日历

图 3 eInkCalendar 万能电子墨水屏日历

图 4 树莓派官方账号（SystemSix：给老 Mac 的一封桌面情书）

图 5 苹果日历界面

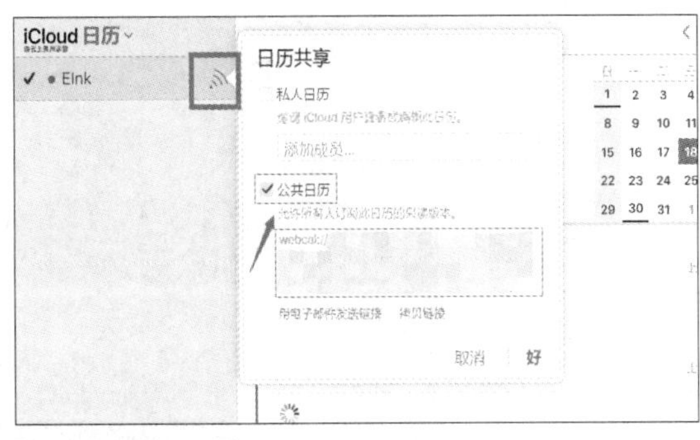

图 7 获取苹果日历链接

```
# Edit this file to contain your personal settings. Below are just placeholder values.
LOCALE = "en_US.UTF-8"      ← 使用UTF8可以兼容多种字形码，这个日历当中可以使用中文、日文、韩文

#和风天气API
LAT = 22.6023 #31.7571       ← 自己位置的经纬度
LON = 113.0971 #119.9260
APIKEY = ''                  ← 和风天气API KEY
LANG = 'zh'
UNIT = 'm'

# Monday = 1, ... Sunday = 7; None = never show full; other value = random.
TRASH_DAY = 1                ← 设置"垃圾日"（一周中最重要的一天）

# See README.md on instructions to assign your WebDAV Calendar URL.
WEBDAV_CALENDAR_URL = "webcal://"
WEBDAV_IS_APPLE = True       ← 日历的共享链接，True是使用苹果日历，False是使用其他支持WebDAV的日历
```

图 6 设置日历共享

项目特点

本项目由树莓派驱动，显示屏用的是 Waveshare 的 5.83 英寸电子墨水屏，这里我将苹果日历（见图 5）共享，我们可以获取日历中接下来的 6 个日历事件并显示它们的开始时间，获取代码如图 6 所示。在设置中配置你的纬度和经度，每隔 10min 获取一次当地实时天气。

到了晚上，电子墨水屏台历还可以显示当前的月相。垃圾桶图标会在选择的垃圾日那天显示为“已满”，对我来说，垃圾日是星期一，提醒我今天应当准备明天上班的东西。

硬件材料

◆ 树莓派（从第一代到第四代全系列都可以使用，我用的是树莓派 A+）。

◆ 微雪 5.83 英寸电子墨水屏和微雪树莓派电子墨水屏驱动板。

◆ 亚克力相框。

运行简单

如果你像我一样是 Python 新手，可以下载本制作的源代码，然后将 systemsix.py 文件在 Python IDE 中打开，然后单击运行。本项目源代码已上传至杂志云资源平台，读者朋友可以扫描杂志目次页上的云存储平台二维码，下载相关资源。本项目相关资源也上传到了 GitHub，大家可以搜索“IcingTomato/TomatoEInk”，查看本项目。

源代码中已经将需要的 Python 库写在了 requirements.txt 文件中，只要保证 pip 安装好（sudo apt install python3-pip），然后运行 pip3 install -r requirements.txt 即可。这里我建议使用最新的 Python 3 环境。

systemsix.py 文件的顶部有一个标志：USE_EINK_DISPLAY，将标志此设置为 False，即使没有连接电子墨水屏，也可以在任何环境中运行 systemsix.py 文件。

更新电子墨水屏显示内容时，首先要创建你想要显示的图像，systemsix.py 文件中的大部分代码都是这样做的，先创建桌面的最终图像。当你设置 USE_EINK_DISPLAY 为 False 时，最终图像会在当前的操作系统环境中打开，而不是发送到电子墨水屏驱动程序（在 macOS 系统上，我们可以启动预览以显示生成的图像。在 Windows 环境下因为调用的 DLL 动态链接库与 UNIX-Like 操作系统的有些不一样，需要修改一下代码才可以使用）。

苹果日历共享需要在 iCloud 网页登录 Apple ID，然后打开日历，选择其中一个日历日程，单击旁边的 Wi-Fi 样的符号，勾选公共日历，这样我们可以得到一个 webcal 开头的链接，将其复制到 settings.py 里面（见图 7）。

制作过程

我使用的电子墨水屏的分辨率为 648 像素 ×480 像素，这比我原来的 512 像素 ×342 像素的麦金塔 Plus 显示器大很多。

我考虑过将整个 648 像素 ×480 像素的屏幕用于桌面，但当我将内容显示到面板的物理边缘时，我发现为屏幕创建边框并完美对齐以隐藏电子墨水面板的金属饰边是不切实际的。所以我决定用黑色边框填充屏幕。将 Mac 屏幕缩小到 512 像素 ×342 像素确实很诱人，但我决定不这样

```
logger.info('weather_module.get_forecast_URL_from_lat_long(); trying...')
api_url_base = '/v7/weather/now?'
current_obs_url = '{0}location={1},{2}&key={3}&lang={4}&unit={5}'.format(api_url_base, longitude, latitude, apikey, lang, unit)
response = requests.get(current_obs_url)
if response.status_code == 200:
    forecast_data = json.loads(response.content.decode('utf-8'))
    weather = forecast_data['now']['text']
    feelsLike = forecast_data['now']['feelsLike']
    temp = forecast_data['now']['temp']
    windDir = forecast_data['now']['windDir']
    windSpeed = forecast_data['now']['windSpeed']
    humidity = forecast_data['now']['humidity']
    vis = forecast_data['now']['vis']
    cloud = forecast_data['now']['cloud']
    forecast_data = '当前天气：{6}，温度 {0}℃，体感温度 {1}℃，云量 {5}%\n风向 {2}，风速 {3}公里/小时，能见度 {4}公里\n'.format(temp, feelsLike, windDir, windSpeed, vis,
    cloud, weather)
    #空气质量
    air_api_base = '/v7/air/now?'
    air_obs_url = '{0}location={1},{2}&key={3}&lang={4}&unit={5}'.format(air_api_base, longitude, latitude, apikey, lang, unit)
    response = requests.get(air_obs_url)
    if response.status_code == 200:
        air_data = json.loads(response.content.decode('utf-8'))
        air_aqi = air_data['now']['aqi']
        air_category = air_data['now']['category']
        air_data = '当前空气质量：{0}，AQI指数：{1}\n'.format(air_category, air_aqi)
        #生活指数
        life_index_base = '/v7/indices/1d?type=1,3,5,8,9,14&'
        life_obs_url = '{0}location={1},{2}&key={3}&lang={4}&unit={5}'.format(life_index_base, longitude, latitude, apikey, lang, unit)
        response = requests.get(life_obs_url)
        if response.status_code == 200:
            life_data = json.loads(response.content.decode('utf-8'))
            life_index = '\b'
            for i in life_data['daily']:
                life_name = i['name']
                life_category = i['category']
                life_index = '{0}{1}：{2}\n'.format(life_index, life_name, life_category)
    forecast_data = '{0}{1}{2}'.format(forecast_data, air_data, life_index)
    if forecast_data:
        logger.info('weather_module.get_forecast_URL_from_lat_long(); returning forecast data.')
        return forecast_data
    else:
        logger.warning('weather_module.get_forecast_URL_from_lat_long(); no data to return.')
        return None
```

图 9 获取天气信息的代码

做，这样面板用来显示的部分太小了，想要以令人愉悦的方式显示日历和天气的想法就会受到很大限制，我实在是被 21 世纪的大型计算机显示器宠坏了。所以我最终得到了某种奇怪的 608 像素 ×456 像素桌面（见图 8）。

怎样让桌面每天都变得更有趣呢？我认为拥有多个配置会很有趣——每天可以尝试不同的混合。我想显示一个带有“经典”图标的桌面文件夹，可以添加不同的图标，每天随机分配文件夹图标，偶尔会给老 Mac 用户带来惊喜，但我也想在更高的层次上改变它。

最后，我想出了 3 种不同的“布局”。“Finder + Scrapbook ”布局是目前我最常展示的布局。尽管显示频率较低，另外两种布局是“基于文字处理器”的布局和“基于绘画程序”的布局。

有一天，我产生一个有趣的想法。因为我居住的地方的“垃圾日”是星期二，所以我喜欢在前一天，也就是星期一，将垃圾图标显示全满，以提醒我晚上把垃圾带到路边。你也可以将垃圾箱配置为在其他日子装满。

图 8 汉化之后的日历界面

而且桌面空间很宝贵，所以我决定只在晚上展示月相桌面配件，这样可以在白天腾出那一点空间来做其他事情。

需要明确的是，这不是一个交互式应用程序，它看起来像一个你可以点击或触摸屏幕的计算机显示器，但它是静态的，只是在一个复古的、类似计算机的界面中显示你的日历事件和天气预报。

我不是一个非常聪明的程序员，并不熟悉软件工程，也不会仔细研究 Python 语言的文档。我倾向于通过寻找一个小程序来尝试新的东西，然后对程序进行修改，如果弄坏了程序，我就把它恢复回原来的样子。

图 9 所示的这一大段代码是用来获取天气信息和生活指数的，因为版面问题不方便使用太多文字，而且为了适配汉化（汉化字体采用的是文泉驿正黑，这个字体缩小到 12 像素也有很好的辨识度）做出了不少牺牲。但是在牺牲的基础上

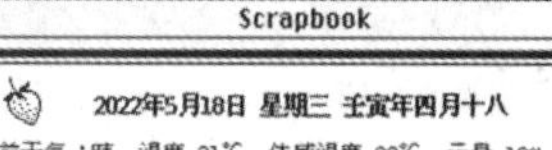

图 10 农历显示

加了农历显示（见图 10），农历显示我使用的是木小果 API，农历显示调用代码如图 11 所示。

为了让树莓派自动运行 SystemSix，我们必须了解 crontab，这是运行在 Linux 计算机上安排自动任务的程序，设置完成后，我们的程序无须人工干预即可自动运行。

在树莓派上的终端应用程序中我输入了“crontab-e”，这会在终端中打开一个文本编辑器，然后向下滚动到文件的底部并添加下面这行话。

```
@reboot sleep 60 && /home/pi/SystemSix/run_systemsix.sh
```

这表示在启动 60s 后，计算机将运行位于 /home/pi/SystemSix/ 的 run_systemsix.sh 脚本。如果你将文件存放在其他地方，需要修改 Shell 脚本的路径。

```
#木小果农历API
MUXIAOGUO_API = ''
lunar_api_base = '                    api/yinlongli?api_key='
lunar_obr_url = '{0}{1}'.format(lunar_api_base, MUXIAOGUO_API)
response = requests.get(lunar_obr_url)
if response.status_code == 200:
    lunar_data = json.loads(response.content.decode('utf-8'))
    lunar = lunar_data['data']['lunar']
    lunarYearName = lunar_data['data']['lunarYearName']
    lunar_data = '{0}{1}'.format(lunarYearName, lunar)

date_str = "{0}年{1}月{2}日 {3} {4}".format(year, month, month_day, week_day, lunar_data)
#date_str = datetime.strftime(day, "%A, %B %-d, %Y")
adornments = adornments_for_index(adornment_flavor)
draw_scrapbook(ink_draw, ink_image, (24, 40), date_str, adornments, weather_forecast, False)

# Display Calendar data in a window in list view (maximum of 6 rows).
draw_list_window(ink_draw, ink_image, (165, 288), event_list)
```

图 11 农历显示调用代码

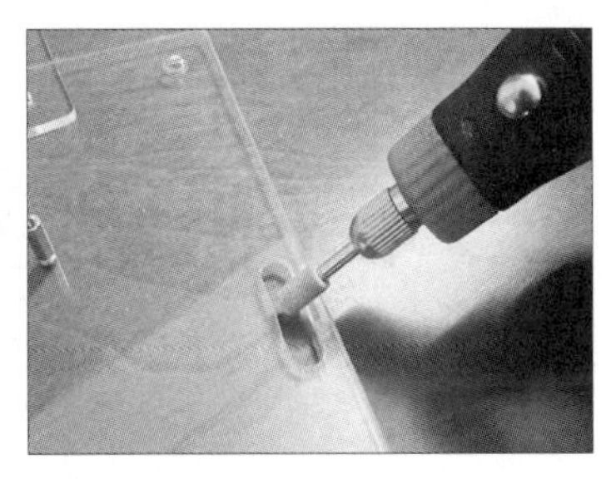

图 12 用手磨机打孔、抛光

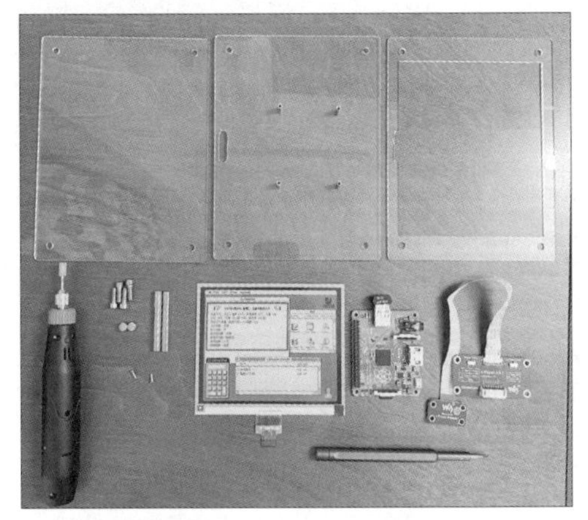

图 13 组装的所有材料

图 14 孔位与屏幕排线的组装

图 15 组装树莓派和电子墨水屏驱动板

图 16 树莓派通电开机

设备的外壳是用我在淘宝买的亚克力相框改的，毕竟玻璃屏幕还是得做一下保护。有条件的朋友可以自己建模，做一个大小合适的光固化 3D 打印件，把屏幕放进去。开孔是我自己用手磨机切的（见图 12），这里有点切歪了，建议还是激光切割，干净整齐。图 13 所示是组装的所有材料。

组装时屏幕排线需要穿过后面的亚克力板（见图 14），最后组装树莓派和驱动板（见图 15）。

我的树莓派 A+ 没有 Wi-Fi 模块，所以我加了免驱 Wi-Fi 来获取网络，树莓派 3B+ 和 4B 有板载 Wi-Fi 模块，不需要配 USB Wi-Fi 模块。组装完成后，给树莓派通电开机（见图 16）。制作的最终显示效果如图 17 所示。

我对这个项目很满意，它既满足了我对电子墨水屏和 Python 的好奇，又重新点燃了我对早期 Mac 的美好回忆。不过，我可以做的还有很多，有了网络，我可以通过各种 API 获取我需要显示的东西。

天气和日历模块还可以进行优化，就我自己而言，我觉得现在的效果更像一个事件提醒器而不是日历。

最后，我想表达我在回忆那些“更简单的时代”时的喜悦，那时麦金塔是新的，而我是对它编程的新手。甚至那时的计算机本身也更简单——没有花哨的外观，只有一个可以让你看遍天下的屏幕。

图 17 最终效果

演示视频

嵌入式机器学习 TinyML：让机器小车听懂你的指令

[马来西亚]郭进强（Vincent Kok）　翻译：柴火创客空间

在这个项目教程中，我使用由矽递科技（Seeed Studio）研发的Wio Terminal中的内置话筒和支持嵌入式机器学习的图形化编程平台Codecraft制作了一个声控机器小车，从而实现了让小车语音识别行驶（Go）、停止（Stop）两个指令，同时可以识别背景噪声。

项目所使用的元器件与工具

- ◆ 矽递科技 Wio Terminal
- ◆ 优必选 uKit Explore Kit
- ◆ 矽递科技图形化编程软件平台 Codecraft
- ◆ Edge Impulse Studio
- ◆ Arduino IDE

用优必选 uKit Explore Kit 搭建的机器小车如题图所示，读者朋友可以先扫描文章开头的二维码，观看项目效果演示视频。Wio Terminal 上的话筒只能检测声音强度，图 1 所示是 Wio Terminal 话筒电路。想要让它识别到不同的单词还是很有挑战的。但是我想到了可以用一些有创意的方法来捕捉声音来源，然后用 Edge Impulse 进行训练，看看它是否能够做简单的语音识别。

好奇我是怎么做到的吗？那接下来就跟着我的项目教程步骤，你也可以做出这个项目哟！

本项目教程，将会涵盖以下内容。

◆ 什么是 UART 串行通信？

◆ 如何实现 Wio Terminal 和 uKit Explore 小车之间的 UART 串行通信。

◆ 使用 Codecraft 训练一个嵌入式机器学习的模型。

◆ Arduino 文本编程优化。

◆ 对 uKit Explore 小车（该小车主控基于 Arduino Mega 2560）进行编程。

◆ 项目成果展示。

什么是UART串行通信?

UART 的英文全称为 Universal Asynchronous Receiver/Transmitter，翻译成中文就是“通用异步收发传输器”，这是一种最通用的设备与设备间的通信协议。但通过文章后面的步骤，我们可以将 UART 用作一个硬件通信协议。正确配置后，UART 可以使用多种不同类型的串行协议，发送和接收串行数据。在串行通信中，数据通过单根线实现字符的逐位传输。

通俗地说，UART 可以让 Arduino 等嵌入式设备通过 TX（发送）和 RX（接收）线，将数据发送到另一个嵌入式设备上，如图 2 所示。

我经常使用 UART 作为嵌入式设备之间的通信协议。这里我再跟大家分享一个案例，Arduino Uno 本身没有内置 Wi-Fi，因此无法用它直接做跟物联网相关的项目，但随着我对基本 UART 串行通信的了解，我就开始用 ESP8266/ESP32 作为 Arduino Uno 的协处理器，这样的话，Arduino Uno 自带的传感器收集到的数据就可以通过 ESP8266/ESP32 发送到云平台，如 Web 服务器、Blynk 或 FAVORIOT。

在两个嵌入式设备（如 Arduino Uno 和 ESP8266/ESP32）之间实现了数据传输之后，项目制作时的创意可能性就完全

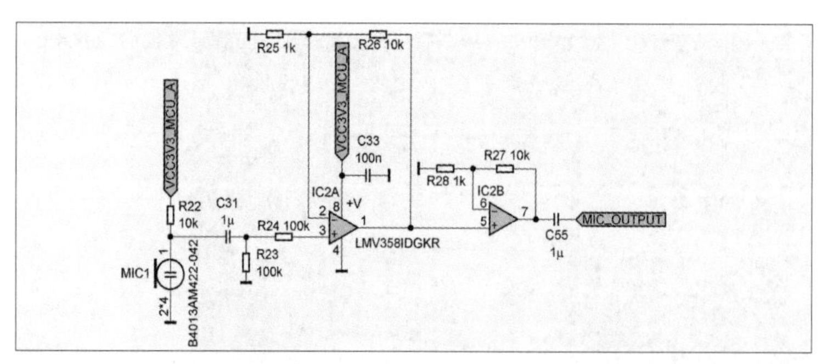

图 1 Wio Terminal 话筒电路

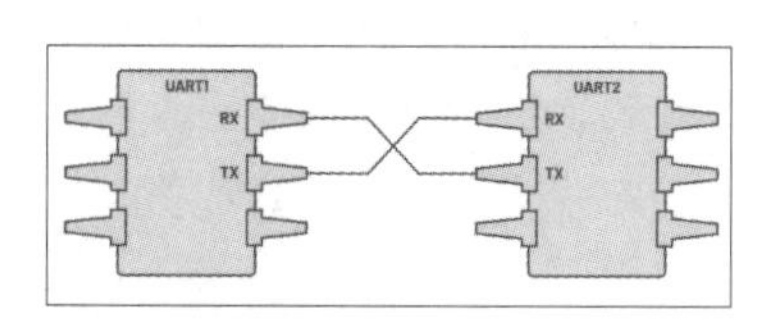

图 2 UART 技术原理

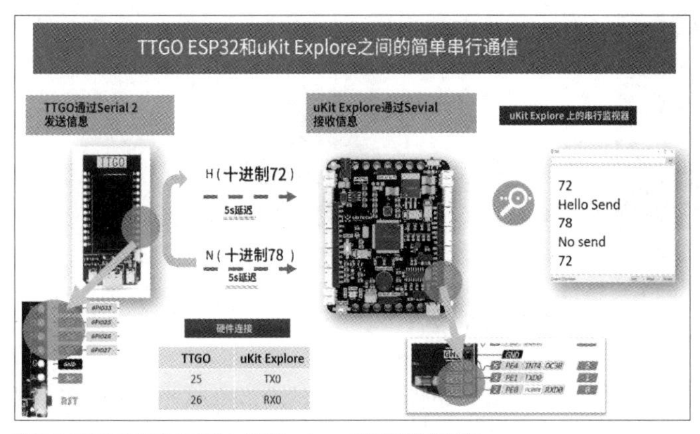

图3 TTGO T形显示屏与uKit Explore之间的串行通信图

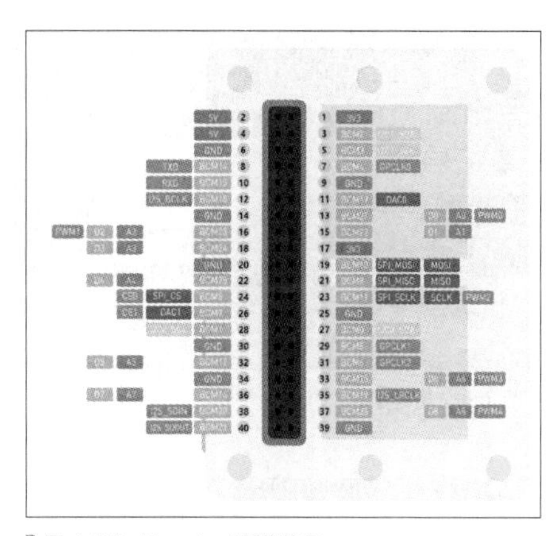

图4 Wio Terminal引脚信息

没有极限了！比如，我可以在TTGO T形显示屏（Serial2线）和uKit Explore（串行线）之间建立简单的串行通信（见图3）。后面我也会介绍如何在这个项目中，实现这样的数据传输。

在Wio Terminal和uKit Explore小车之间实现UART串行通信

Wio Terminal的官方文档显示，Wio Terminal的第8和第10引脚分别为TX（发送）和RX（接收）引脚（见图4）。

而对于uKit Explore小车来说，它具有与Arduino UNO引脚分配类似的接头，因此引脚D0、D1分别为TX、RX引脚。大家可以通过图5查看uKit Explore的引脚分配情况。

这两个设备都有UART (TX/RX) 引脚，那在它们之间实现UART串行通信就不难了。只要按照下方的接线指示连接这两个设备就可以实现了。

- Wio Terminal第8引脚接uKit Explore的0引脚（TXD接RXD）。
- Wio Terminal第10引脚接uKit Explore的1引脚（RXD接TXD）。

我会在小车编程部分详细解释该功能是如何实现的。

使用Codecraft训练一个嵌入式机器学习的模型

在这个步骤中，我们的目标是应用图形化编程平台Codecraft创建一个语音识别的嵌入式机器学习的模型。

1. 创建和选择模型

访问Codecraft在线编程平台，然后在“选择硬件进行编程”这个版块中选择支持嵌入式机器学习的Wio Terminal（见图6）。

2. 创建“内置话筒识别唤醒词”模型

在左侧中部的标题栏中，单击“创建模型”按钮。然后选择右边“为嵌入式机器学习创建新模型”板块中的“内置话筒识别唤醒词”选项，然后根据要求输入模型的名称（见图7）。

单击“OK”按钮后，窗口会自动跳转

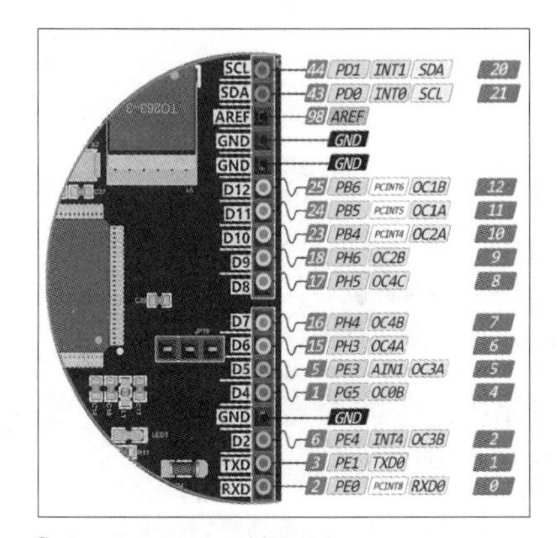

图5 uKit Explore引脚信息

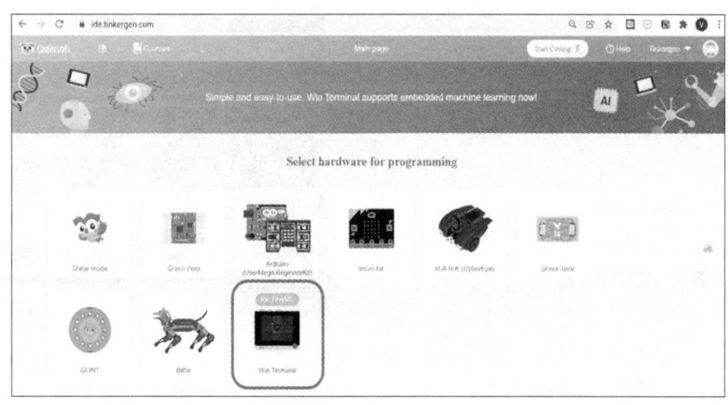

图6 选择“支持嵌入式机器学习的Wio Terminal”

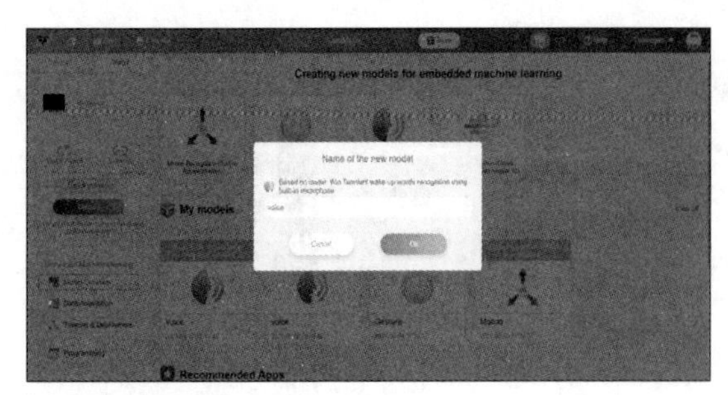

▌图 7 输入模型名称

▌图 8 数据采集界面

到“数据采集”界面（见图 8）。

3. 数据采集

（1）默认标签

系统提供了 3 个默认标签：hi wio、background（背景音）和其他词（见图 9）。你可以直接使用这些标签，也可以修改成你想使用的其他标签。在这个项目中，我对其中两个默认标签进行了修改，将 hi wio 改成了 go（行驶），将其他词改成 stop（停止）。

（2）修改标签后进行数据采集和数据采集程序修改

单击“hi wio”标签，系统会提示你更改标签名称（见图 10）。将标签重新命名，

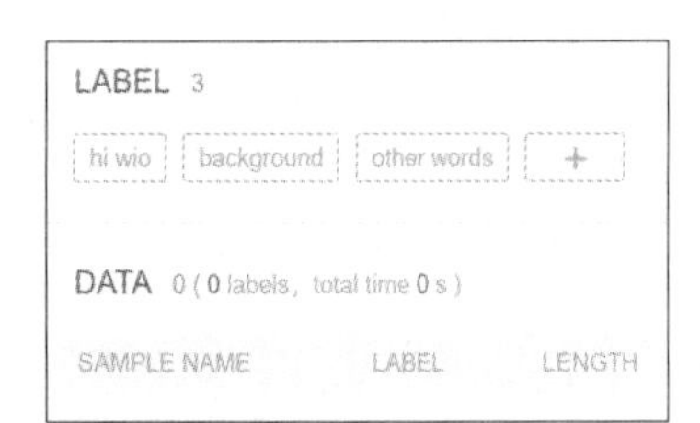

▌图 9 系统默认标签

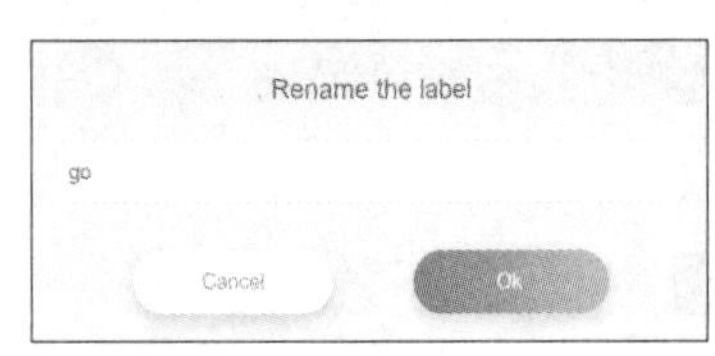

▌图 10 重新命名标签

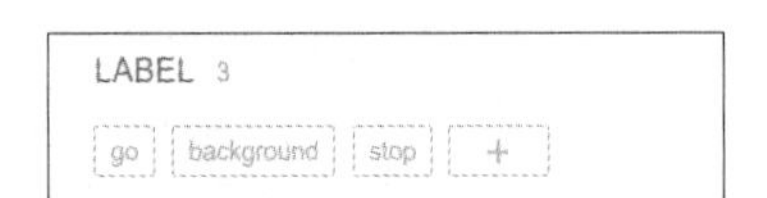

▌图 11 重新命名后的标签

然后单击“确定”。用同样的操作处理“other words”标签。现在你就可以看到这个项目所使用的 3 个标签了（见图 11）。

这里有一个重要提示，大家在修改时，也一定要相应修改“默认数据采集代码”中的标签名称（见图 12 和图 13）。

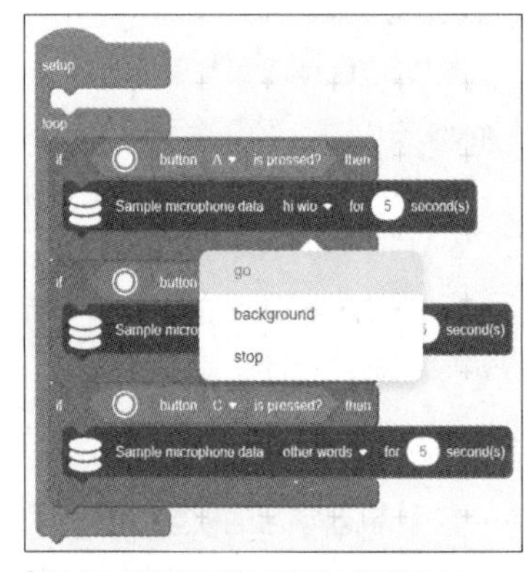

▌图 12 在默认数据采集代码中修改标签 1

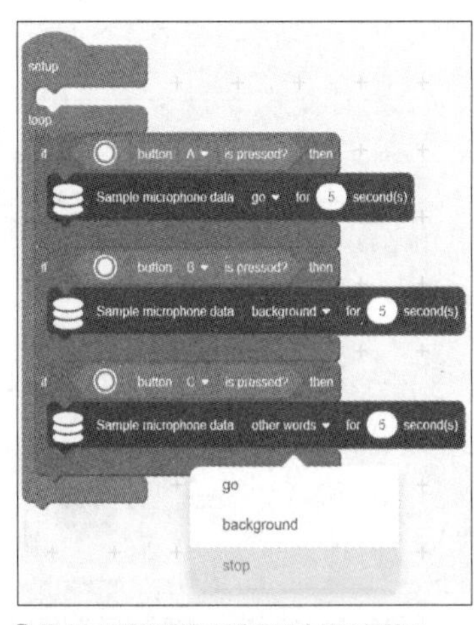

▌图 13 在默认数据采集代码中修改标签 2

（3）连接Wio Terminal并上传数据采集代码

使用 USB Type-C 数据线将 Wio Terminal 连接到笔记本电脑。单击“上传”按钮，上传默认的数据采集代码，上传一般需要 10s 左右。上传成功后，页面将弹出一个窗口，提示上传成功。单击“OK”按钮关闭窗口，并返回数据采集界面。

注意：你需要下载“Codecraft 助手”才能将 Codecraft 在线 IDE 连接上 Wio Terminal 并上传代码。对于网页版的 Codecraft，如果没有安装或运行设备助手，你会收到如图 14 所示的提示消息，这表示你尚未打开设备助手。这时，你可以单击下方的下载按钮安装设备助手并了解其使用方法（见图 14）。

（4）数据采集

在数据采集页面的右上角，你可以找到数据采集的详细步骤介绍。按照步骤介

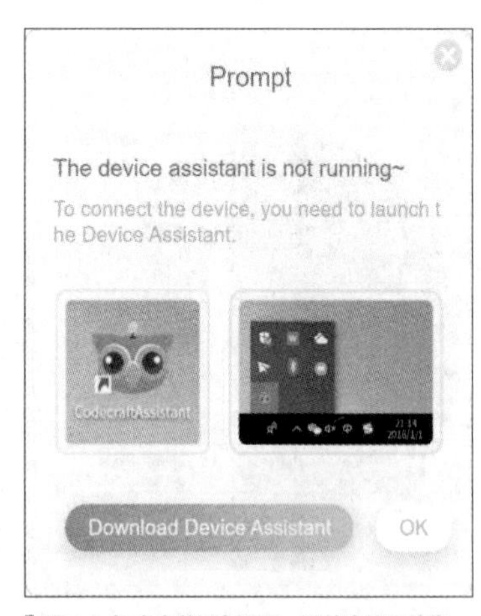

▌图 14 如未安装设备助手，系统会提示信息

绍，并根据你前面修改的标签进行数据采集。这里给大家几个小提示：

◆ 注意 Wio Terminal 的按键 (A、B、C) 所在位置；

◆ 动图 gif 已被自动加速，实际变换时可以稍微放慢；

◆ 请注意标红的提醒信息；

◆ 将鼠标指针指向描述文档就可以获得更详细的信息。

在给 3 个标签收集了样本数据后，数据采集这个步骤就完成了。在这个项目中，我为 3 个标签各收集了 15s 的数据（见图 15）。

4. 模型训练与部署

单击“Training & Deployment”（训练与部署）按钮，你就可以看到如图 16 所示的模型训练界面。go、background 和 stop 这 3 个标签内采集的原始数据的波形如图 17~ 图 19 所示，我们可以从“Sample data”（样本数据）这个选项卡中查看。

（1）go标签

仔细观察 go 标签里面的数据波形，我输入的声音是“go！ go！ go！”。在 5s 的窗口中，我录制了两次，两次中间有大约 1s 的停顿（见图 17）。

（2）background标签

在 background 标签中，我们只需将 Wio Terminal 拿在手上即可捕捉周围的噪声数据。这时可以看到声音输入电平不是 0，因为周围总是会有一些噪声，例如风扇的旋转声（见图 18）。

（3）stop标签

对于 stop 标签，为了与 go 标签中的数据进行区分，我将我的发音在最后的字母延长为“stopppp……”，整体大约持续 3s（见图 19）。

5. 选择神经网络和参数

选择合适的神经网络大小，平台有小、中、大 3 种可选，然后设置下面的参数：

◆ 项训练循环数（正整数）；

◆ 项学习频率（0~1）；

◆ 项最低置信度（0~1）。

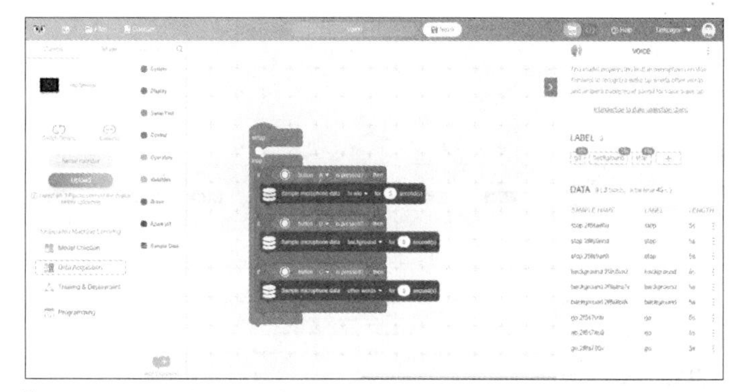

图 15 数据采集完成时，编程界面

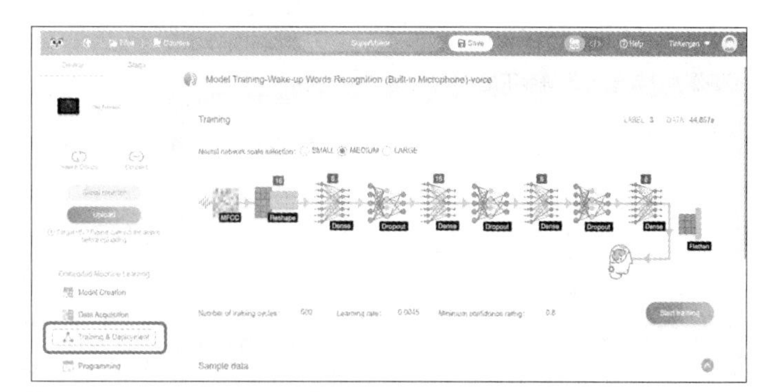

图 16 单击左下角的“训练与部署”按钮

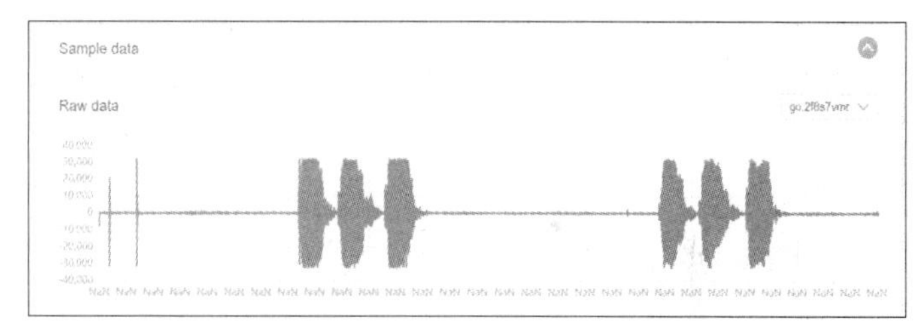

图 17 go 标签里面的数据波形

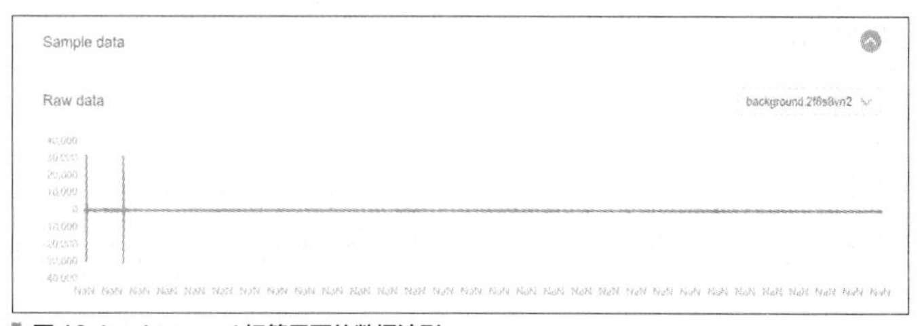

图 18 background 标签里面的数据波形

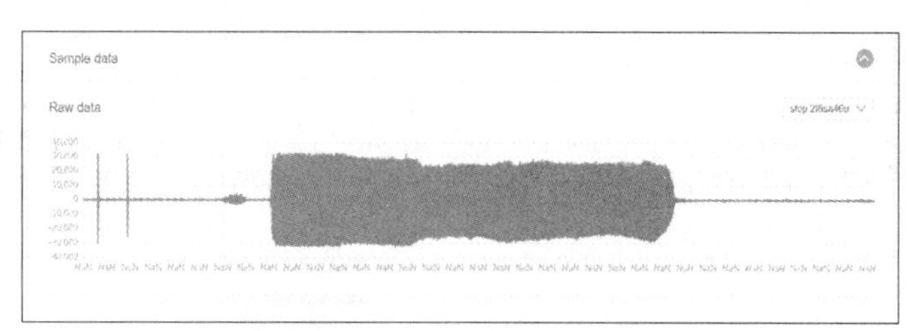

图 19 stop 标签里面的数据波形

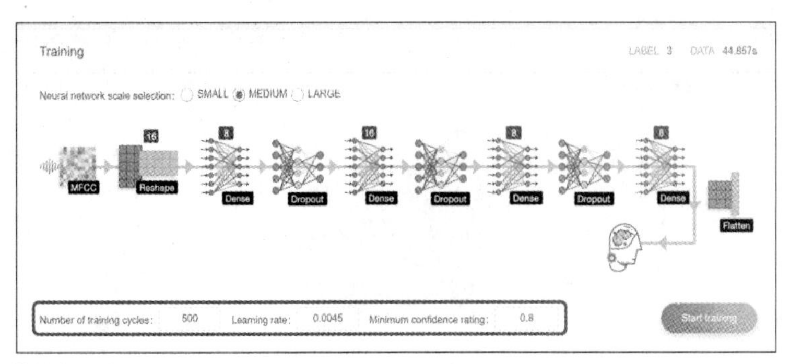

图20 修改训练周期

图20所示的界面默认提供50个训练周期作为参数值，但准确度不是很好。因此，我将训练周期值改为了500。

6. 开始训练模型

单击“Start training”(开始训练)，窗口将显示“正在加载”，耐心等待训练完成即可！“正在加载”的持续时间取决于所选神经网络的大小和训练周期数。神经网络规模越大，训练周期越多，需要的时间就越长。你也可以通过查看训练日志来推断所需时间。在图21中，“Epoch: 68/500”表示训练总轮数为500轮，目前进行到第68轮。

```
Epoch 76/500
10/10 - 0s - loss: 0.1341 - accuracy: 0.9556 - val_loss: 0.0828 - val_accuracy: 0.9730
Epoch 75/500
10/10 - 0s - loss: 0.1257 - accuracy: 0.9625 - val_loss: 0.0998 - val_accuracy: 0.9730
Epoch 74/500
10/10 - 0s - loss: 0.1065 - accuracy: 0.9522 - val_loss: 0.0931 - val_accuracy: 0.9865
Epoch 73/500
10/10 - 0s - loss: 0.0726 - accuracy: 0.9693 - val_loss: 0.0595 - val_accuracy: 0.9730
Epoch 72/500
10/10 - 0s - loss: 0.0887 - accuracy: 0.9625 - val_loss: 0.0873 - val_accuracy: 0.9730
Epoch 71/500
10/10 - 0s - loss: 0.0871 - accuracy: 0.9693 - val_loss: 0.0841 - val_accuracy: 0.9595
Epoch 70/500
10/10 - 0s - loss: 0.0896 - accuracy: 0.9727 - val_loss: 0.1542 - val_accuracy: 0.9595
Epoch 69/500
10/10 - 0s - loss: 0.0966 - accuracy: 0.9693 - val_loss: 0.1368 - val_accuracy: 0.9595
Epoch 68/500
10/10 - 0s - loss: 0.1698 - accuracy: 0.9386 - val_loss: 0.1117 - val_accuracy: 0.9730
```

图21 训练日志

```
Log
TrainModel Job completed
Model training complete
Profiling int8 model...
Profiling float32 model...
Calculating performance metrics...
Converting TensorFlow Lite int8 quantized model with int8 input and output...
Converting TensorFlow Lite float32 model...
Saving best performing model...
Finished training
10/10 - 0s - loss: 0.0099 - accuracy: 0.9966 - val_loss: 0.0142 - val_accuracy: 1.0000
Epoch 500/500
10/10 - 0s - loss: 0.0109 - accuracy: 1.0000 - val_loss: 0.0070 - val_accuracy: 1.0000
Epoch 499/500
```

图22 日志中的“训练模型完成”提示

加载完成后，你可以在日志中看到模型训练完成的提示(见图22)，界面上也会出现“Model Training Report”(模型训练报告)的选项卡。

7. 观察模型性能，选择最理想的模型

在“Model Training Report”窗口中，你可以观察到模型训练结果，包括模型的准确率、损失情况和性能(见图23)。如果训练效果不理想，你可以选择另一个神经网络或调整参数后重新训练，直到得到一个你满意的模型为止。如果更改参数不起作用，就需要返回前面的步骤，再次收集数据。在训练过程中，我把训练周期设置为500，所以达到了100%的准确率。

8. 部署理想模型

在“Model Training Report”窗口确认完模型性能后，单击“Model deployment”(模型部署)按钮(见图24)。部署完成后，单击“OK”按钮进入编程窗口(见图25)，这是我们将模型部署到Wio Terminal的最后一步。

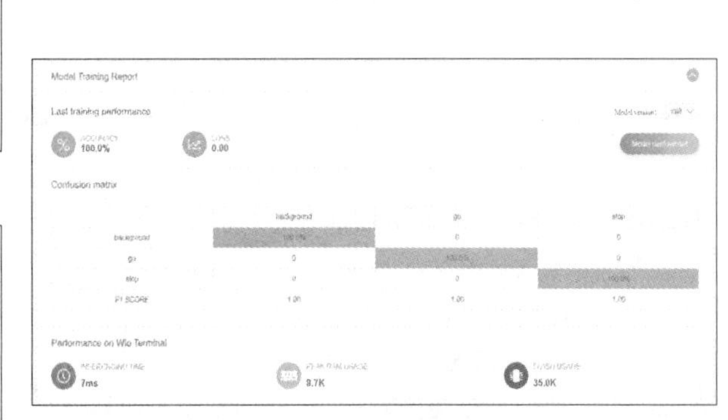

图23 模型训练报告

图24 模型部署按钮

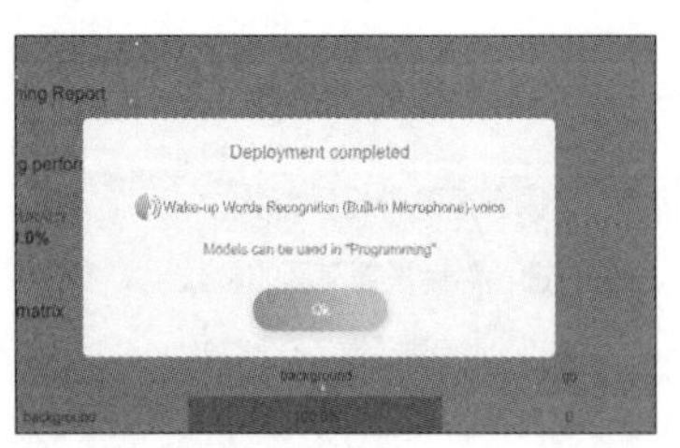

图25 模型部署后的确定按钮

9. 编程与模型使用

现在我们完成了模型训练，以及使用 UART 通信协议将人工智能（在这个项目中特指机器学习）与机器小车进行集成的有趣部分。图 26 所示是 Codecraft 图形化编程平台上自带的示例代码。

这里解释一下这段代码的具体功能，为了便于理解，我将其分解为以下几点。

如前所述，我们使用 if-else 条件语句来评估每个标签数据的置信度。

如果 go 标签的置信度大于 0.8（80%），就在串口终端打印“1”。

如果 stop 标签的置信度大于 0.8（80%），就在串口终端打印“2”。

否则，如果 background 标签的置信度大于 0.8（80%），就在串行终端上打印“0”。

简言之，我们先记住下面 3 个条件即可：go > 0.8，命令为 1；stop> 0.8，命令为 2；background> 0.8，命令为 0。

根据 Wio Terminal 的引脚信息图（见图 4），Wio Terminal 的第 8、第 10 引脚分别为 TX、RX 引脚，可用于连接另一设备（在这个项目中就是 uKit Explore 小车）。这里注意，我们从 40 针接头访问的串行线是 Serial1 而不是通常的 Serial，它通过串行终端显示输出。读者朋友一定要注意这里，这将是我们项目的关键部分。

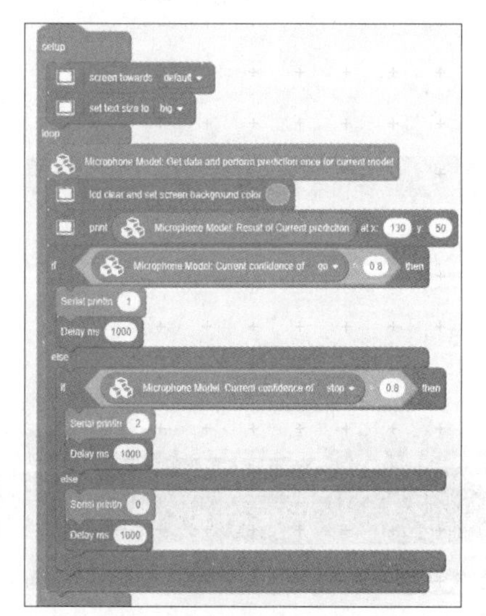

图 26 Codecraft 图形化编程平台的示例代码

图 27 单击右上角查看文本代码

如果我们查看图形化编程代码相应的文本代码，你会发现 Serial.print 并没有使用 Serial1 线。所以我们需要进行第二大步骤，在 Arduino IDE 上进行编程，从而进行自定义（见图 27 和图 28）。

```
216 void loop(){
217
218   runClassifier();
219   tft.fillScreen(0x7E1);
220   tft.drawString((String)maxConfidenceLabel, 130, 50);
221   if ((getLabelConfidence("go") > 0.8)) {
222     Serial.println("1");
223     delay(1000);
224   } else {
225     if ((getLabelConfidence("stop") > 0.8)) {
226       Serial.println("2");
227       delay(1000);
228     } else {
229       Serial.println("0");
230       delay(1000);
231     }
232   }
233
234 }
```

图 28 Serial.print 细节代码

10. 在Arduino IDE上修改Wio Terminal 代码

在这个步骤中，我们的首要目标是对 Arduino 文本代码进行修改，让程序调用 Serial1.println 而不是 Serial.println，这样数据就可以通过 Wio Terminal 的第 8、第 10 引脚（TX、RX 引脚）进行传输。

（1）将Codecraft切换到文本编程界面并复制文本代码

在 Codecraft 的文本代码编程界面（见图 29）中，按 Ctrl + A 组合键，全选

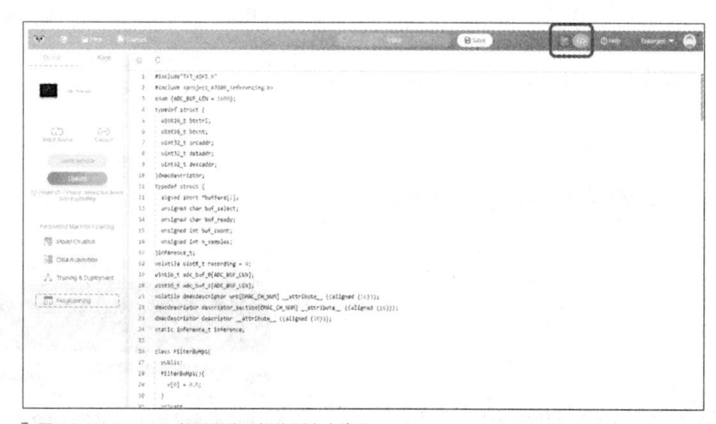

图 29 Codecraft 从图形代码切换到文本代码

所有代码并进行复制。然后打开 Arduino IDE，创建一个新文件，通过 Ctrl+V 组合键将代码粘贴到文件中（见图 30）。输入你想要的文件名称后，保存代码文件。

（2）复制 Edge Impulse TinyML Arduino 库

这个步骤关键点在于如何将在 Codecraft 平台上包括训练好的模型数据在内的所有文件复制到 Arduino IDE 上。其实很简单，通过下面的步骤即可。

首先通过下面的路径访问文件夹：C:\Users\<User_Name>\AppData\Local\Programs\ccassistant\resources\compilers\Arduino\contents\libraries，在里面找到与 Arduino 文本代码顶部的 Edge Impulse 头文件编号相同的文件夹名称（在我的项目中，它的编号是 47606，见图 31），然后复制整个 ei-project_47606 文件夹，并将其粘贴到 C:\Users\<User_Name>\Documents\Arduino\libraries\（见图 32）。

（3）对Serial.println函数进行修改

最后，我们可以在 Arduino IDE 中简单回顾一下代码，鼠标向下滚动到 void loop 部分并将 Serial.println 函数修改为 Serial1.println（见图 33）。

（4）代码烧录

现在，我们就可以把代码烧录到 Wio Terminal 了。烧录之前，确保你已安装 Wio Terminal 支持包。如果你还没有安装，可以参考 Seeed Wiki 上的“Wio Terminal 入门指南”。

```
1 #include"TFT_eSPI.h"
2 #include <project_47606_inferencing.h>
3 enum {ADC_BUF_LEN = 1600};
4 typedef struct {
5     uint16_t btctrl;
6     uint16_t btcnt;
7     uint32_t srcaddr;
8     uint32_t dstaddr;
```

图 30 将文本代码复制到 Arduino IDE

AppData > Local > Programs > cc-assistant > resources > compilers > arduino > contents > libraries

Name	Date modified	Type	Size
ACC_Adxl345_Suli-master	8/5/2021 5:49 PM	File folder	
Accelerometer_MMA7660-master	8/5/2021 5:49 PM	File folder	
Adafruit_PWM_Servo_Driver_Library	8/5/2021 5:49 PM	File folder	
Adafruit_seesaw_Library	8/5/2021 5:49 PM	File folder	
Alphabot_Motor_Driver	8/5/2021 5:49 PM	File folder	
BatReader	8/5/2021 5:49 PM	File folder	
CircularLED	8/5/2021 5:49 PM	File folder	
CyberEar_Pro_V100	8/5/2021 5:49 PM	File folder	
DallasTemperature	8/5/2021 5:49 PM	File folder	
DHTlib	8/5/2021 5:49 PM	File folder	
DHTstable	8/5/2021 5:49 PM	File folder	
DigitalTube	8/5/2021 5:49 PM	File folder	
Drv8830_Motor_Driver-master	8/5/2021 5:49 PM	File folder	
DS1302	8/5/2021 5:49 PM	File folder	
DS1307	8/5/2021 5:49 PM	File folder	
DS2431	8/5/2021 5:49 PM	File folder	
ei-project_47086	9/2/2021 10:41 PM	File folder	
ei-project_47128	9/3/2021 12:08 PM	File folder	
ei-project_47606	9/12/2021 6:30 PM	File folder	

图 31 文件夹截图

Documents > Arduino > libraries

Name
Seeed_Arduino_FS-master.zip
readme.txt
ei-project_47606

图 32 复制后文件夹截图

```
221   if ((getLabelConfidence("go") > 0.8)) {
222     Serial1.println('1')
223     delay(1000);
224   } else {
225     if ((getLabelConfidence("stop") > 0.8)) {
226       Serial1.println('2')
227       delay(1000);
228     } else {
229       Serial1.println('0');
230       delay(1000);
231     }
```

图 33 代码修改

另外，还要确保你选择了正确的板子和 COM 端口（见图 34）。

到此，我们已经完成了所有文本代码所需要的修改。现在，前面 3 个条件对应的命令“1”“2”“0”，就可以通过 Wio Terminal 的第 8、第 10 引脚（TX/RX 引脚）发送出去了。

对uKit Explore小车（主控基于 ATmega 2560）进行编程

在这个步骤中，我们将用 uKit Explore 为搭好的机器小车编程。

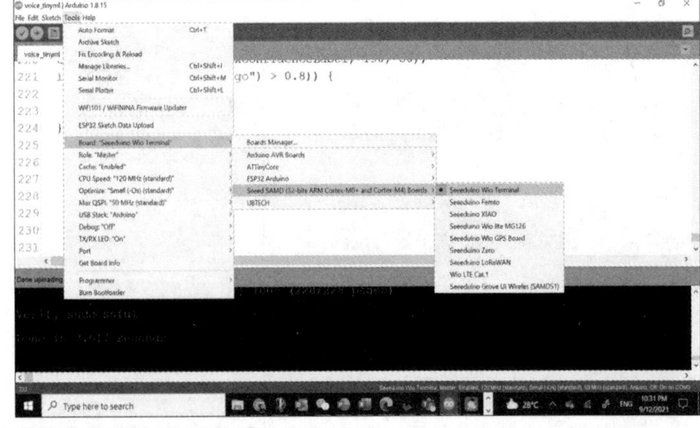

图 34 烧录代码前，选择正确的板子和端口

图 35 uKit Explore 主板

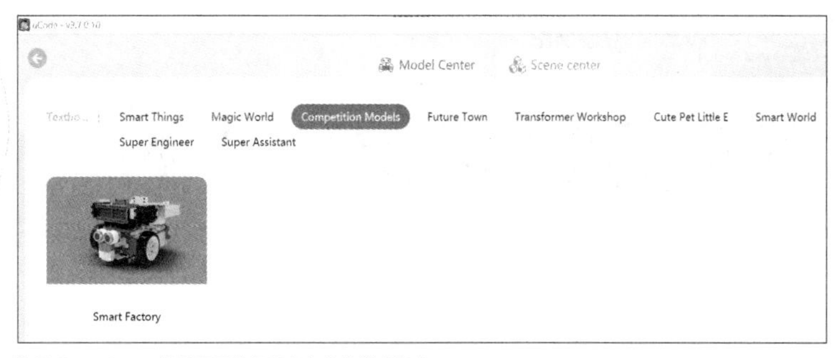

图 36 uCode 软件里面的机器小车结构搭建指南

1. uKit Explore 介绍

这里先介绍一下 uKit Explore。它是优必选开发的一个基于 Arduino 生态系统的机器人套件（核心芯片为 ATmega 2560）。uKit Explore 采用兼容 Arduino 开源平台的主控制器（见图 35），学习资源丰富。

本教程里面不再涉及机器小车的结构搭建。如果对这部分内容感兴趣的朋友可以下载 uCode 软件找到本项目中使用的机器小车的 3D 构建说明（见图 36）。

2. 对uKit Explore进行编程，读取UART数据

现在，我们需要对小车编程，让它在接收到来自 Wio Terminal 的命令“1”“2”和“0”时，可以根据不同的条件采取相应的行动。这里的关键是，我们需要让 uKit Explore 持续监听串行线路，如果它确实包含串行数据，我们需要读取数据并将其分配给一个变量。最后，我们还要让程序进行变量比较并执行不同的操作。

在这个项目中，当 uKit Explore 收到命令“1”（go）时，机器小车将向前移动；当 uKit Explore 收到命令“2”(stop) 时，小车会停止；当 uKit Explore 接收到命令“0”（background）时，也会停止。示例代码如图 37 所示。

```
#include <uKitExplore2.h>

char comdata=0;

void setup() {
    Serial.begin(9600);
}

void loop() {
        if (Serial.available() > 0) {
            comdata = Serial.read();
            Serial.print(comdata);
            if (comdata == '1') {
               Serial.println("in loop 1");
               setRgbledColor(110,173,91);
               setMotorTurnAdj(1, (-1) * (50), 0xffff);
               setMotorTurnAdj(2, 50, 0xffff);
            } else {
              if (comdata == '2') {
                 Serial.println("in loop 2");
                 setMotorStop(1);
                 setMotorStop(2);
                 setRgbledColor(255,0,0);
              }
              else {
              if (comdata == '0') {
                 Serial.println("in loop 0");
                 setMotorStop(1);
                 setMotorStop(2);
                 setRgbledColor(0,0,255);

              }
```

图 37 示例代码

3. 上传代码

最后，将代码上传到 Wio Terminal。这里再啰唆一句：一定要确保你在上传前选择了正确的板卡和 COM 端口。读者朋友可扫描杂志目次页的云存储平台二维码下载本项目代码。

项目成果

项目成果大家可以扫描文章开头的二维码观看演示视频，如你所见，机器小车可以通过识别语音“go, go, go”往前行驶，并在识别到“stoppppp……”或“background”后，自动停下。我们完成了一开始设定的目标！

Codecraft 是一个非常简单易上手并支持嵌入式机器学习的图形化编程工具（见图 38），它可以训练简单的嵌入式机器学习模型，并将其与你的机器小车系统集成。如果你对这个教程有更好的建议，也欢迎随时联系我。谢谢大家！

图 38 Codecraft 软件

OSHWHub 立创开源硬件平台 立创课堂

基于STC89C52的智能小车设计

莫志宏

项目介绍

智能小车是一个非常经典的案例，市场上有各种各样的车体模型和套件销售，我们能不能自己设计一辆智能小车呢？基于这个想法，我们设计了这款以STC89C52为主控的智能小车。至于为什么使用STC作为主控，主要还是大家对这款芯片的认可度比较高，这是一款非常经典的芯片！

1. 应用场景

◆ 单片机课程教学：以智能小车替换开发板贯穿单片机课程教学。

◆ 单片机课程设计：让学员根据要求实现相关功能。

◆ 电子认知与焊接练习：让学员完成智能小车的焊接，激发电子学习兴趣。

2. 功能介绍

◆ 左右两个车灯：模拟行车过程中的车灯状态。

◆ 独立按键：让用户练习按键输入与中断功能。

◆ 无源蜂鸣器：用于学习音频频率的产生，模拟洒水车音乐。

◆ 4个电机驱动：让用户实现PWM输出与调速功能。

◆ 循迹与避障功能：让用户学习比较器电路，实现避障循迹功能。

◆ 无线遥控：让用户学习无线传输理论，实现遥控功能。

3. 总体设计方案

本设计使用了两节锂电池（共7.4V）为系统供电，降压到5V后给单片机系统进行供电，单片机与按键电路、红外接收电路（无线遥控功能）、避障电路、循迹电路、LED车灯、无源蜂鸣器以及电机驱动电路进行连接，电路系统框图如图1所示。

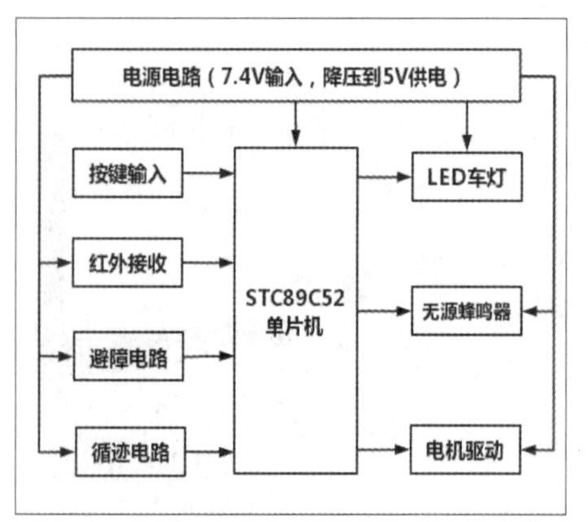

图1 智能小车系统框图

硬件介绍

这样一辆功能丰富的智能小车是如何设计出来的呢？我们接下来将逐一介绍每个电路模块的功能组成。

1. 电源输入

电源是什么？电源是给整个系统提供能量的重要组成部分。“是马也，虽有千里之能，食不饱，力不足，才美不外见，且欲与常马等不可得，安求其能千里也？”车是好车，没有好的电源，那就发挥不出车的性能。在电源的选用上，该项目选用了7.4V可充电锂电池，经过一个7805降压芯片后给单片机和外围元器件供电，而电机驱动芯片由7.4V电池直接供电。二极管VD1起着防反接的作用，LED2是电源指示灯。当开关SW1打开时，系统开启供电。电源输入电路如图2所示。

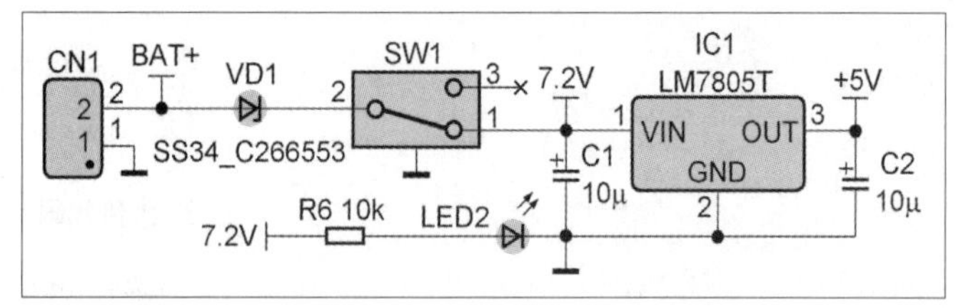

图2 电源输入电路

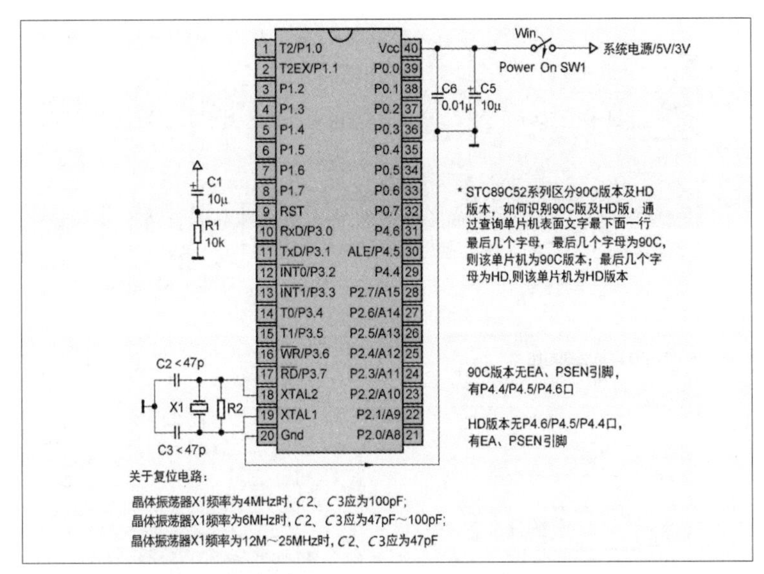

图 3 STC 官网提供的最小系统电路

引脚	引脚编号			说明
	LQFP44 PQFP44	PDIP40	PLCC44	
P0.0 ~ P0.7	37-30	39-32	43~36	P0:P0口既可作为输入/输出口，也可作为地址/数据复用总线使用。当P0口作为输入/输出口时，P0是一个8位准双向口，上电复位后处于开漏模式。P0口内部无上拉电阻，所以作I/O口必须外接4.7~10kΩ的上拉电阻。当P0作为地址/数据复用总线使用时，是低8位地址线[A0~A7]，数据线的[D0~D7]，此时无须外接上拉电阻

图 4 单片机引脚说明（部分）

2. 单片机最小系统

51 单片机最小系统由主控芯片、晶体振荡器电路、复位电路、下载接口以及 P0 上拉电阻组成。在使用一款芯片设计电路时，不能只是去网络上搜索参考电路，更多地应该去查阅厂家提供的数据手册，厂家提供的资料是最有保障的。图 3 所示为 STC89C52 系列单片机器件手册中 1.6 节最小系统电路。

最小系统应用电路图中说明了复位电路与晶体振荡器电路，下方还有具体的选型参数说明。复位功能在第 9 引脚，设计上给出了用一个 10kΩ 电阻和 10μF 的电容组成的上电复位电路，结合实际使用情况可以再加一个按键，需要复位的时候按下按键即可。

晶体振荡器功能在 18 和 19 引脚，底下给出的参数选择中提到了晶体振荡器大小、谐振电容 C2 和 C3 大小，以及 R2 的取值，在学习过程中，结合 51 单片机定时器的特性，一般选用 11.0592MHz 的晶体振荡器，因为这个时钟频率在进行分频时可以准确地划分时钟频率，在做波特率通信时所计算出来的值为一个整数，可以保持通信的准确性。

除了最小系统应用电路需要注意外，还需要查看元器件的引脚说明，这能帮助我们更好地理解芯片每个引脚的功能，值得注意的是 STC89C52 的 P0 口（32~39 引脚）比较特殊，在数据手册 1.8 节专门提到：P0 口内部无上拉电阻，作 I/O 口使用使需要外接一个 4.7~10kΩ 的上拉电阻进行使用（见图 4）。

结合以上理论与计算基础，加上一个程序下载接口就可以使这个单片机正常工作了。该智能小车的主控最小系统电路如图 5 所示，其中紫色标注的为网络标签，使用相同的网络标签可以减少连线，使电路看起来更加简洁，RST 用的是一个网络端口，用法与网络标签一致。J10 将多余引脚引出，可以外接其他电路进行学习。

3. 电机驱动电路

要想小车跑得稳，电机驱动不可少。单片机直接输出的电流太小，不足以带动小车行走。电机电路采用了 RZ7899 电机专用驱动芯片，该芯片外围电路简单，适用于自动阀门电机驱动、电磁门锁驱动

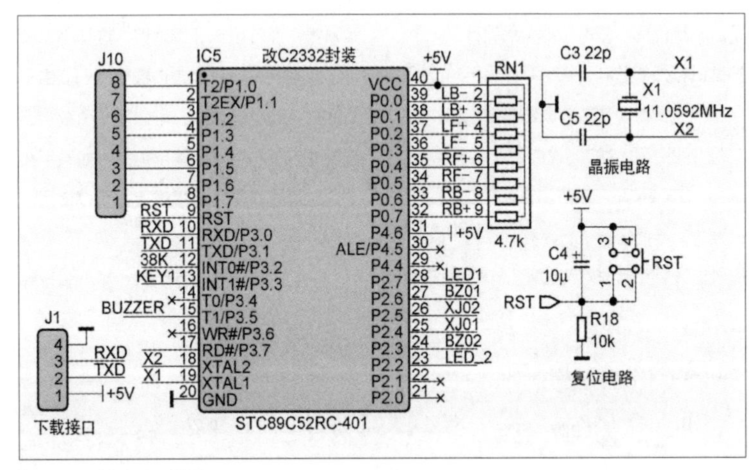

图 5 单片机最小系统图

等应用电路。它由逻辑输入端口 BI 和 FI 控制电机前进、后退及制动，配合单片机 PWM 输出可以控制电机转速。该应用电路具有良好的抗干扰能力、微小的待机电流、低输出内阻等优点。在焊接时注意在电机上并联一个 0.1μF 的瓷片电容起防干扰作用。RZ7899 电机驱动电路如图 6 所示。

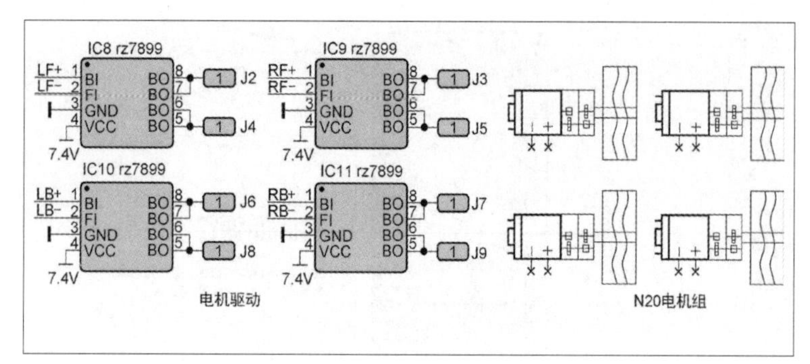

图 6 RZ7899 电机驱动电路

4. 循迹和避障电路

循迹和避障电路都采用 393 电压比较器与两种不同类型红外对管进行设计。循迹电路的红外对管选用了内部集成发射管和接收管的 ITR9909，小车循迹一般是在白色地板上沿着一根黑线行走，利用红外光对不同颜色的反射情况进行识别。红外光一直对外发射，车底如果是白色地板，光线会被折射回去，此时接收管接收到信号，经过比较器输出高电平反馈给单片机；如果小车行驶在黑线周边，红外光会被黑线吸收，接收管接收不到发射的信号，此时比较器电路输出低电平。避障电路的原理与循迹电路的原理类似，大家可以自行分析一下。循迹与避障电路如图 7 所示。

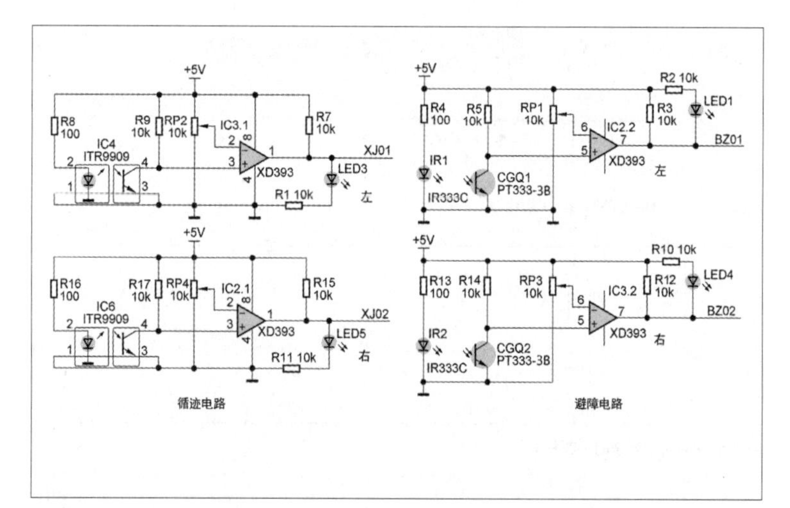

图 7 循迹与避障电路

5. 其他电路

实现小车基本循迹和避障功能后，为了进一步优化小车的功能，我设计了一个按键进行外部控制，它也可以用于功能切换和代码调试等功能。既然是要做车，那车灯是必不可少的，我选用了两颗高亮 LED 分布在小车左前方和右前方模拟行驶过程中的不同场景进行常亮、双闪，以及提供近光灯和远光灯等功能。车灯与按键电路如图 8 所示。

当汽车行驶过程中遇到突发情况时，我们一般会鸣笛警示，对于小车，我们可以加一个蜂鸣器电路进行警示，既然加了蜂鸣器，那就用无源蜂鸣器，这样小车就可以像洒水车一样边走边播放音乐。由于单片机驱动电流有限，可以加一个数字三极管进行驱动，提高输出能力，如果手头没有合适的管子，直接连接也可以使用。蜂鸣器电路如图 9 所示。

遥控功能是十分有用的，在小车行驶的过程中，我们无法任意控制行走方向，这时候无线遥控的重要性就体现出来了。遥控的方式有很多，比如红外、蓝牙、Wi-Fi、4G 等常用技术，这里我们选用了较为简单的方案，使用大家非常熟悉的红外遥控，这个你肯定用过，家里的电视机和空调的遥控器就是一个红外遥控器，红外技术在我们身边的应用其实十分广泛。那如何使用红外遥控器控制小车行走呢，电路连接十分简单，只需要把接收器和单片机连接一个引脚就可以进行通信了，再

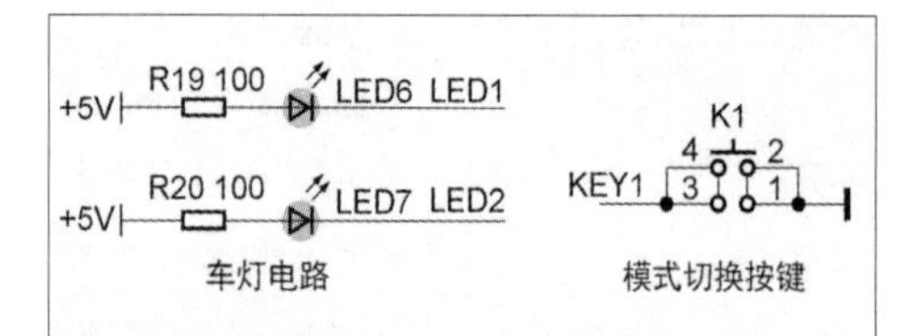

图 8 车灯与按键电路

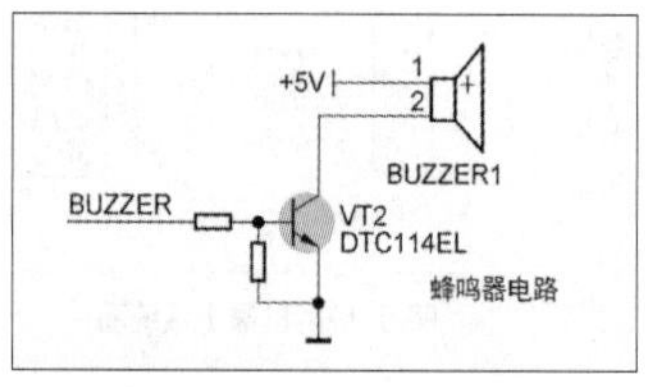

图 9 蜂鸣器电路

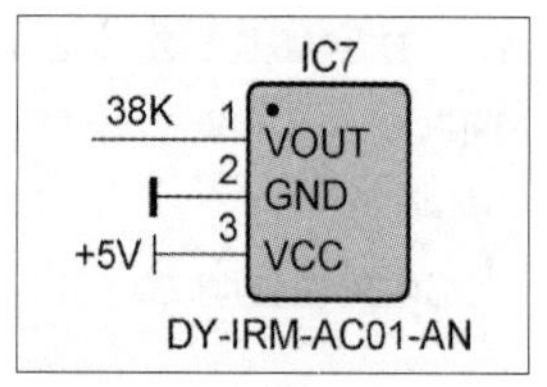

图 10 红外接收器电路

配套一个遥控器进行控制就好了。红外接收器电路如图 10 所示，遥控器样式如图 11 所示。

扩展：有源蜂鸣器通电就响，输出固定频率的音调，而无源蜂鸣器需要 PWM 进行驱动，可以输出不同音调。

图 11 遥控器

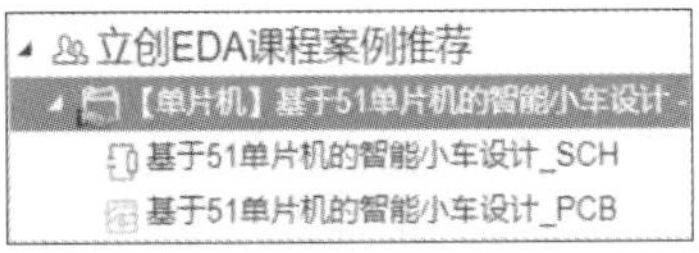

立创EDA课程案例推荐
【单片机】基于51单片机的智能小车设计
基于51单片机的智能小车设计_SCH
基于51单片机的智能小车设计_PCB

图 12 工程命名参考

原理图及PCB设计注意事项

1. 原理图设计注意事项

（1）工程创建

在进行原理图设计前，需要先创建工程文件夹，文件归属可以是个人，也可以选择保存到团队里面。如果是学校使用的教育版，需要在对应的教育版工作区内创建工程并保存到对应的班级里。创建工程文件夹后会自动生成一个原理图图纸，需要手动保存到工程内，按照原理图内容修改文件名称。例如工程名为“【单片机】基于 51 单片机的智能小车设计”，就将原理图命名为“基于 51 单片机的智能小车设计 _SCH”（见图 12）。

（2）元器件选型与放置

前面已经对电路方案进行了介绍，接下来就可以在立创 EDA 上设计电路了。原理图设计也就是在图纸上放置元器件，连接电路实现电气功能。在放置元器件的过程中，我们会遇到一个元器件有各种不同封装的情况，比如一个 LED，有的需要把两个引脚插到板子里进行焊接，有的可以直接贴到板子上进行焊接（见图 13），而且大小、间距各有不同，在设计的时候要考虑我们需要什么规格的元器件，它在实验室里有没有，是否可以买到，选用的封装能不能进行焊接等选型问题。该项目大部分元器件选用了直插元器件，对新手非常友好。

在选择元器件的时候，初学者可以在立创 EDA 的基础库中选择需要的元器件进行调用，基础库的每个元器件都可以下拉选择不同的封装，如果对元器件封装还不熟悉，那可以在元器件库中直接对所需元器件进行搜索，比如在元器件库中将搜索引擎改为立创商城，在里面输入 1kΩ 电阻，进行搜索，在类目下选择直插件电阻后单击“应用筛选”。在搜索出来的结果内找到自己所需的元器件，单击“放置在画布”就可以放到原理图内进行设计了（见图 14）。

立创商城里的所有元器件都有一个唯一的商品编号，使用时也可以将这个编号复制到元器件库中进行搜索，例如该项目中小车主控 STC89C52RC 这款芯片的商品编号是 C14022，在元器件库中输入编号，单击“搜索”，类型选择“符号”，库别选择“立创商城”，就可以在里面看到搜索结果，单击“放置”即可使用这个库进行设计，也可以单击“编辑”，修改官方库后另存为自己的库（见图 15）。

对元器件选型不熟悉的同学可以在哔哩哔哩上关注立创 EDA，搜索“51 智能小车”，跟随该项目视频学习如何选择元器件，软件部分内容在视频中也有详细讲解。元器件种类繁多，需要在学习过程中不断地进行积累经验。设计完成后一定要检查电路，错误的原理图会生成错误的 PCB，导致电路无法正常工作。检查无误后对原理图进行整理，使用绘图工具悬浮

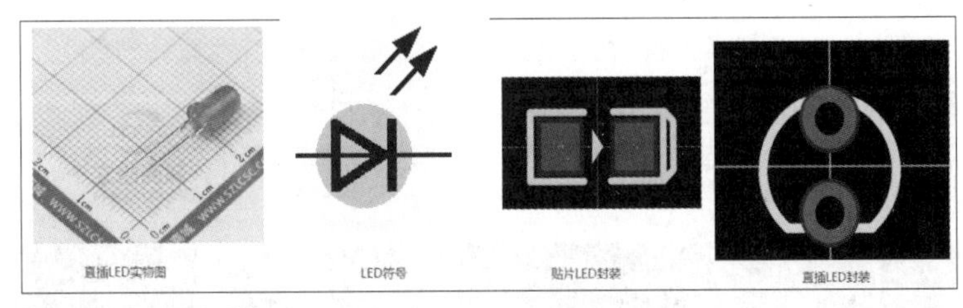

图 13 LED 符号与封装

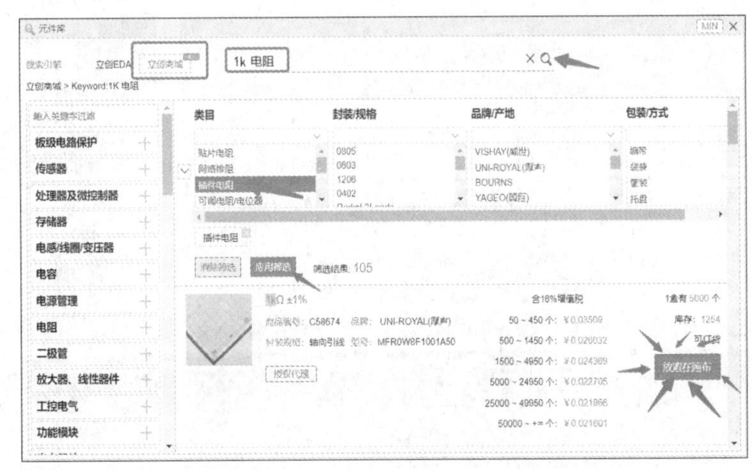

图 14 在元器件库中搜索器件

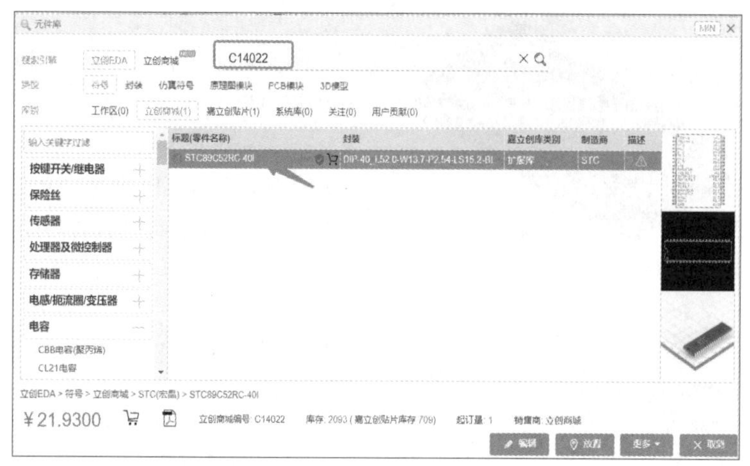

图 15 指定商品编号搜索元器件

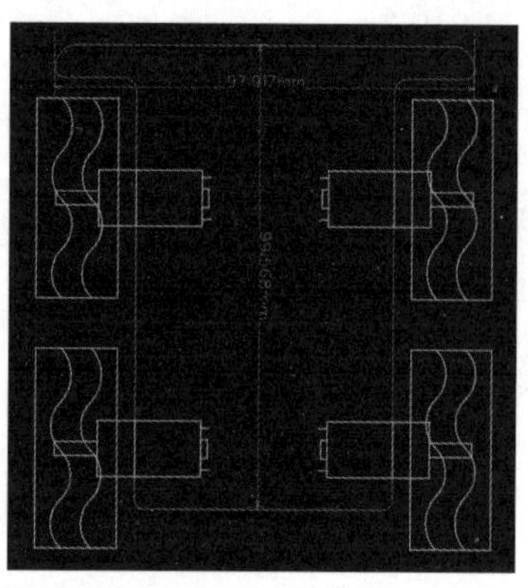

图 16 智能小车外形参考图

窗中的线条工具（快捷键为 L）按各模块进行布局摆放，可参考案例进行布局。

2. PCB设计注意事项

（1）边框外形

设计完原理图就可以进行 PCB 设计了，PCB 外形是设计过程中第一步需要确定的。既然要做一辆智能小车，那我们要设计的边框就是小车的底盘。使用立创 EDA 里面的边框层进行设计，边框大小控制在 10cm×10cm 之内，这样可以免费打样，这样的大小在设计这辆小车的时候是可以的。使用绘图工具中的直线和圆弧工具进行设计，也可以充分利用网格大小和栅格尺寸辅助画线帮助我们更加精准地设计外框。车型和样式可以根据自己的喜好进行设计，比如卡丁车、四驱车、赛车等，不拘泥于参考图。每个人心中的车都是不一样的，我们所做的就是把心中所想表达出来。设计参考外形图如图 16 所示。

（2）PCB布局

PCB 边框外形确定之后就可以进行元器件布局了，结合智能车的特点将车轮位置摆放在两侧，循迹、避障和车灯电路放在小车前方，4 个驱动芯片分别放在 4 个电机附近，主控最小系统放在中间，电源电路放在板子底部，开关朝外。原理图转 PCB 后的元器件布局是比较随意的，需要手动把元器件摆放到合适的位置再慢慢调整，在进行元器件布局时可以在立创 EDA 原理图顶部菜单栏中选择工具的布局传递功能（快捷键为 Ctrl+Shift+X），这样可以快速地对元器件进行分类布局展示。元器件布局中需要考虑几个原则：按电路模

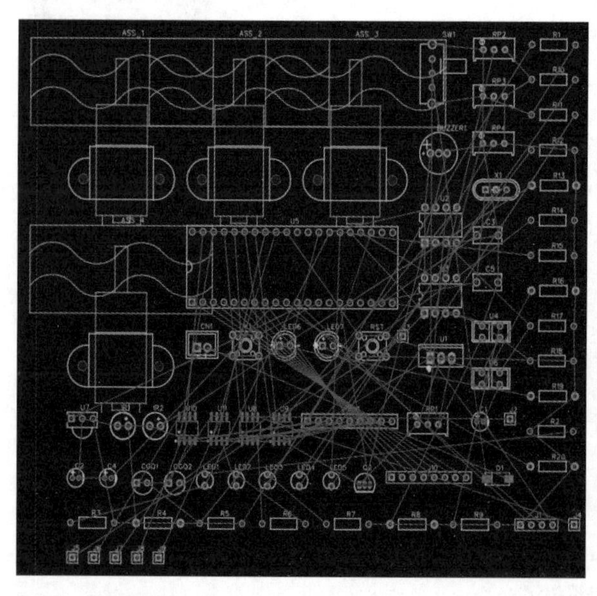

图 17 元器件布局前

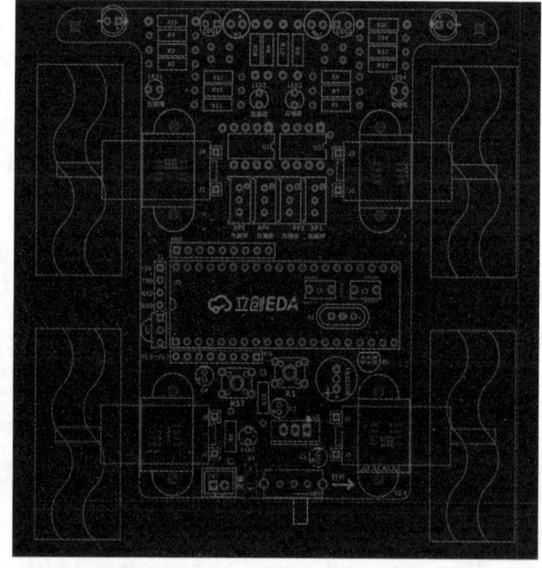

图 18 元器件布局后

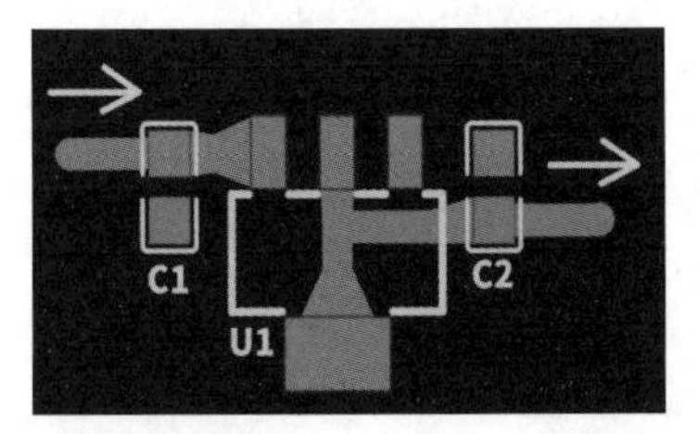

图 19 走线参考

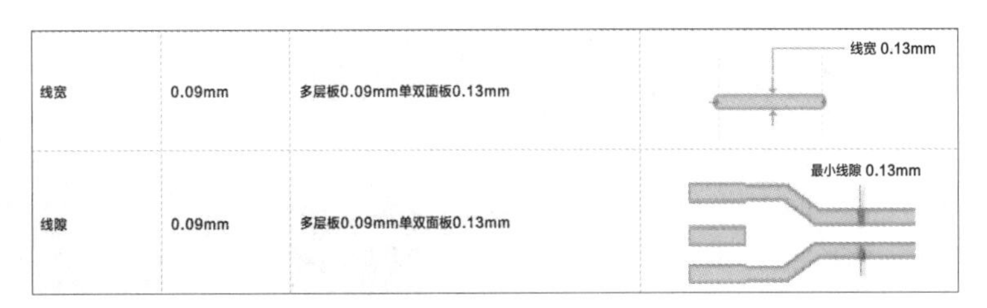

线宽	0.09mm	多层板0.09mm单双面板0.13mm	线宽 0.13mm
线隙	0.09mm	多层板0.09mm单双面板0.13mm	最小线隙 0.13mm

图 20 嘉立创工艺图

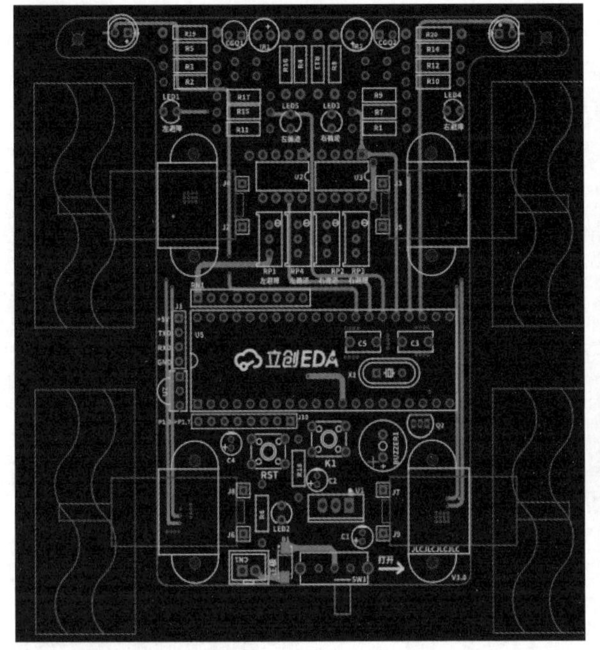

图 21 智能小车顶部走线参考图

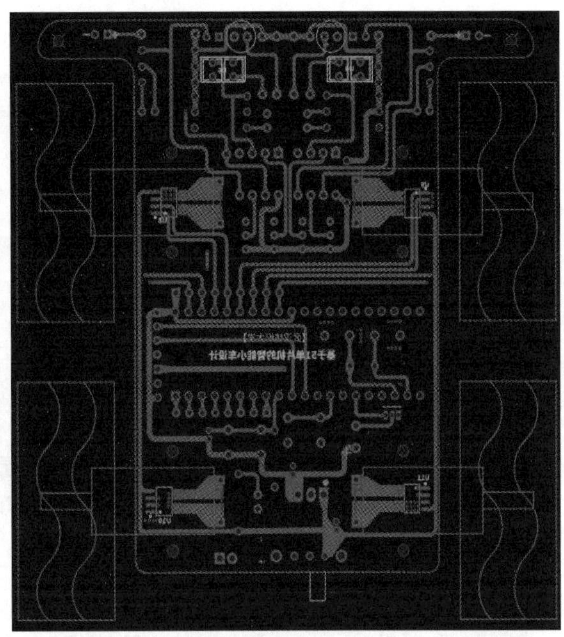

图 22 智能小车底部走线参考图

块布局，将每个电路的核心元器件和外围元器件放到一起；按电路功能布局，特殊元器件布局时周边不能放置元器件，避免干扰；按元器件特性布局，输入 / 输出接口应放到板子边缘，方便操作。PCB 布局前后如图 17 和图 18 所示。

（3）PCB走线

一个好的元器件布局已经完成了整个 PCB 设计的一大半工作，但是前面的布局也只是大概布局而已，实际还需要在 PCB 走线的时候进行调整，边画边调，直到完成我们脑海中的样子。PCB 走线时除了需要注意以下几个要点，我们还需要在设计中不断积累经验，提升自己的设计绘图能力。

◆ 电源及信号线走线时按照电流流向，严格按照原理设计图进行布局设计，即使都连接上去了，没有报错，也要考虑先后顺序，先经过 A 再到 B，最后到 C，不能直接从 A 到 C 到 B，这点在初学时尤其重要。

如图 19 所示，芯片 IC1 为降压芯片，电源从 C1 左侧输入，经过电容 C1，流到芯片 ICI 进行降压后通过 C2 进行输出，在进行布局摆放的时候要求电容与芯片靠近且整齐摆放。

◆ 在 PCB 走线过程中注意线宽设置，电源线应比信号线稍微粗一些，线宽可以设为 0.76mm，常规信号线线宽设为 0.38mm。线宽不能设置得过细，应考虑工厂生产工艺，嘉立创 PCB 生产工艺如图 20 所示。

◆ 在实际走线过程中，两个相同网络的焊盘用导线连接，导线应优先走直线，横平竖直，可以通过调整元器件布局使两个点间的连线最短，如果无法保持直线应优先使用 135° 钝角或者圆弧走线，保持设计美观。

制作好的智能小车 PCB 走线如图 21 和图 22 所示。需要的读者朋友可以前往立创开源硬件平台搜索“【单片机】基于 51 单片机的智能小车设计”，查看工程项目。

莫尔斯电码练习器

席卫平

演示视频

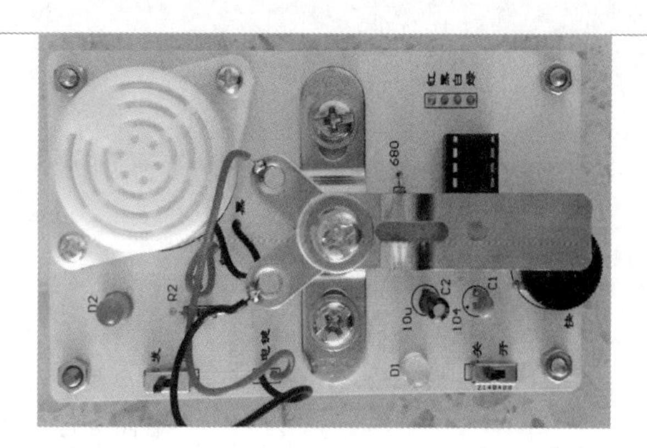

莫尔斯电码是一种古老但仍有生命力，并富含趣味的通信手段。

我第一次知道莫尔斯电码是通过红色经典电影《永不消逝的电波》（见图1）。主人公李侠熟练的发报技巧、清晰如流水般的“嘀嗒”声给人以优美的旋律感，让我终身难忘。后来，我又了解到世界各地都有一群称作“HAM”（火腿）的业余无线电爱好者，他们自制无线电收发设备，使用莫尔斯电码联系，还互赠电台呼号标识，出现了很多感人故事。

图1 电影《永不消逝的电波》剧照

现代谍战影视剧中仍不乏使用莫尔斯电码传送情报的镜头，比如电影《风声》中，主人公在衣服上用针脚的长短和间隔缝出莫尔斯电码，并将消息传递出去。而现实生活中，当遇到自然灾害时，现代通信手段失效，莫尔斯电码将是寻求救助的有效途径。

关于莫尔斯电码的一些不可不知的知识

莫尔斯电码实质上是一种时通时断的信号代码，它通过不同的排列顺序表达不同的英文字母、数字和标点符号。它于1837年由美国人塞缪尔·莫尔斯发明。莫尔斯电码是一种早期的数字化通信形式，但是它不同于现代只使用“0”和“1”两种状态的二进制代码，它有5种形式：短促的点信号“·”、保持一定时间的长信号“—”、点和划之间的短停顿、每个字符间的中等停顿、字词间的长停顿。图2所示是莫尔斯电码字符表。

字符	电码符号	字符	电码符号	字符	电码符号
A	·—	N	—·	1	·— — — —
B	—···	O	— — —	2	··— — —
C	—·—·	P	·— —·	3	···— —
D	—··	Q	— —·—	4	····—
E	·	R	·—·	5	·····
F	··—·	S	···	6	—····
G	— —·	T	—	7	— —···
H	····	U	··—	8	— — —··
I	··	V	···—	9	— — — —·
J	·— — —	W	·— —	0	— — — — —
K	—·—	X	—··—		
L	·—··	Y	—·— —		
M	— —	Z	— —··		

图2 莫尔斯电码字符表

莫尔斯码在早期的无线电发展上举足轻重，随着通信技术的进步，各国已于1999年停止使用莫尔斯码，但由于它所占的频宽最少，又有技术和艺术的特性，在实际生活中仍有广泛的应用。

莫尔斯电码中，短促的点信号“·”，读“滴”（Di）；保持一定时间的长信号“—”，读“嗒”（Da）。如果用 t 表示间隔时间，则：滴 =1t；嗒 =3t；滴嗒间短停顿 =1t；字符间停顿 =3t；字词间的长停顿 =7t。

虽然莫尔斯发明了电报，但他缺乏相关的技术，于是他与艾尔菲德·维尔签定了一个协议，让艾尔菲德·维尔帮自己制造更加实用的设备。艾尔菲德·维尔构思了一个方案，通过点、划和中间的停顿，让每个字符和标点符号彼此独立地发送出去。他们达成一致，同意把这种标识不同符号的方案放到莫尔斯的专利中。这就是现在我们所熟知的美式莫尔斯电码。它传送了世界上第一条电报。

一般来说，任何一种能把书面字符用可变长度的信号表示的编码方式都可以称为莫尔斯电码。但现在这一术语只用来特指两种表示英语字母和符号的莫尔斯电码。美式莫尔斯电码和国际莫尔斯电码，美式莫尔斯电码被用在有线电报通信系统中；今天还在使用的国际莫尔斯电码，则只使用点和划（去掉了停顿）。

自己动手做一个莫尔斯电码练习器

笔者开发了一套基于单片机的初级莫尔斯电码练习器，可用于练习收发电报，并可在计算机上显示收发的字母。所需硬件也很便宜，它特别适合单片机爱好者、业余无线电爱好者及青少年制作，并可以作为练习莫尔斯电码的入门设备。

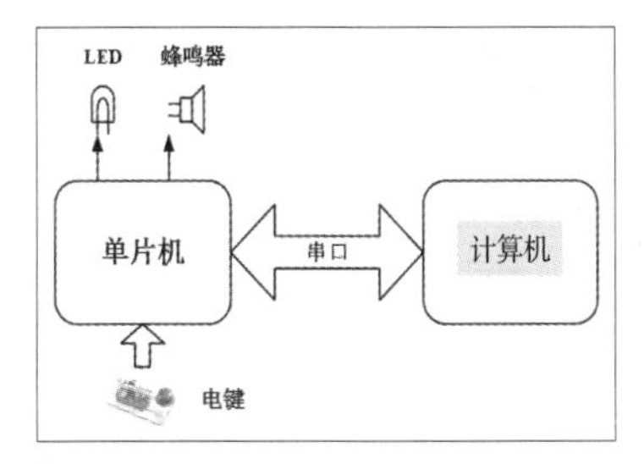

▌图 3 系统逻辑关系

系统采用 STC15W408AS 单片机作解码器，接收电键发出的“嘀”“嗒”信号，解码成英文字符或数字，通过串口传给计算机里的应用程序，该程序将收到的符号显示在屏幕上。应用程序可以将英文字符、数字、文本经串口发送给单片机，单片机再将收到的字符转换成莫尔斯电码的“嘀”“嗒”信号，用蜂鸣器和 LED 以声光的形式呈现。图 3 所示为本制作的系统逻辑关系。

硬件部分

硬件设计的出发点是让电子爱好者自己焊接、组装，所以电路板的元器件都采用分立元器件。电路的核心是一片 STC15W408AS 单片机，完成莫尔斯电码的分解与合成，图 4 所示是硬件部分电路图。用到的制作材料如图 5 所示，组装完成后如图 6 所示。

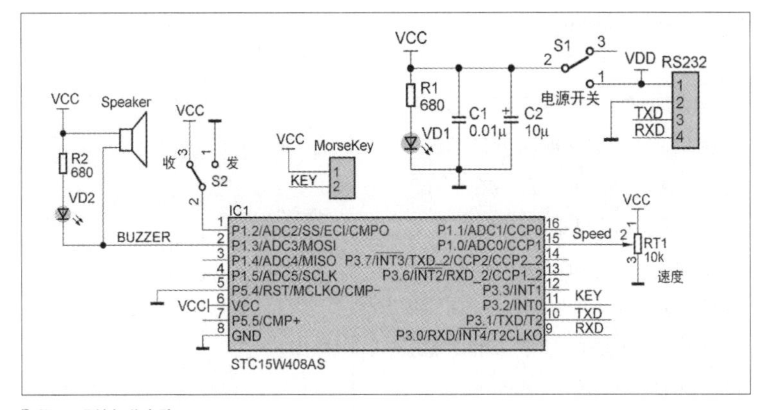

▌图 4 硬件部分电路

制作要点如下。

◆ 由低到高焊接元器件，先焊低矮元器件，如电阻；然后焊接管座、电位器等；接着焊接 LED、电容、小开关等；最后焊接蜂鸣器和电键的引线。

◆ 因为蜂鸣器的连接线不需要那么长，所以我将蜂鸣器的引线在约 3.5cm 处剪下，剪下来的线可供电键使用（见图 7）。

◆ 用锉刀或小刀将电键的两个接点刮净并上锡（见图 8），然后焊上从蜂鸣器上剪下来的两段连接线。

◆ 焊接两个 LED 时要注意正负极。

单片机软件部分

单片机软件部分有两个功能：一是将上位机（计算机）发来的 ASCII 码（英文字符和数字）按照莫尔斯电码的规则转换成点、划信号，也就是嘀、嗒脉冲信号；二是将人工按动电键发出的脉冲组合成 ASCII 码，发给上位机。

软件由主程序 main.c、ASCII 字符转莫尔斯电码部分 ASCII2Morse.c、莫尔斯电码转 ASCII 字符部分 MorseCodeTranslate.c、AD 转换和串口处理等辅助程序文件组成。

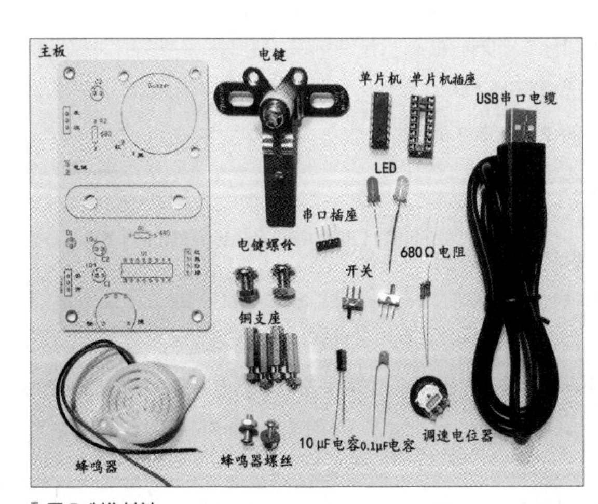

▌图 5 制作材料

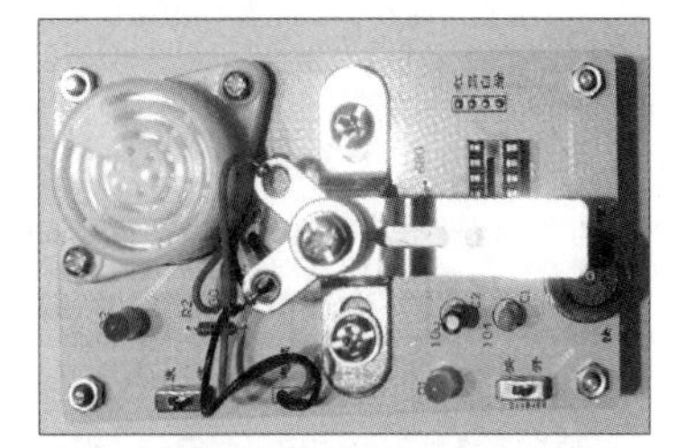

▌图 6 组装完成

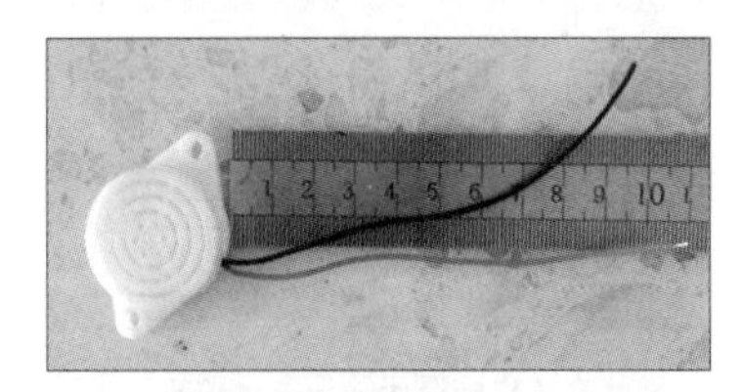

▌图 7 剪短蜂鸣器的连接线

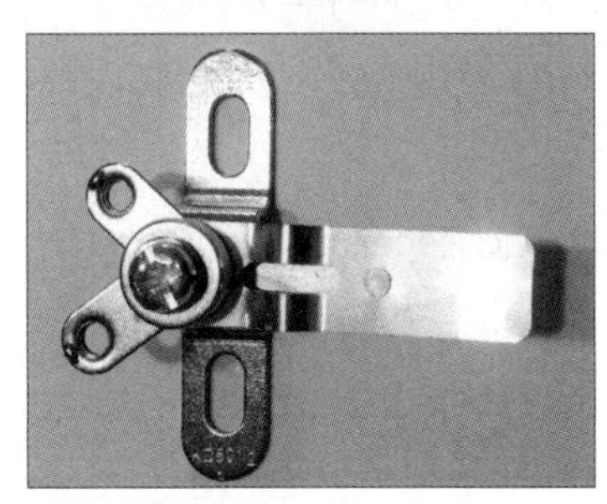

▌图 8 练习器的电键

1. 主程序

主程序代码主要包括系统初始化、1 个 while 主循环和定时器 0 的中断服务函数，图 9 所示为主程序流程。

初始化工作完成后，程序流程进入一个无限循环。首先判断电码速度，也就是在单片机 P1.0 引脚对电位器 RT1 采样。采样值被除以 4 后，也就是限定在 0~250 范围内，赋值给全局变量 interval，此变量的值决定电码脉冲的最小间隔；比如，100 意味着 100ms，也就是一个“嘀”的脉冲间隔；以此类推，“嗒”即为此值的 3 倍，也就是 300ms。

接着判读工作状态开关的状态，之后进入相应的处理环节。想要理解主程序，主要需要理解两个等待状态（见图 10）。

假如工作状态开关接地，则程序进入处理手工电键脉冲信号，并将其转换成 ASCII 码返回上位机的流程。转换由函数 ReceiveMorseCode() 完成。

假如工作状态开关位于高电位，则程序进入接收状态，即接收上位机发来的 ASCII 码，然后由函数 ASCii2Morse() 将其转换成莫尔斯电码的脉冲，使蜂鸣器发出嘀嗒声，并让 LED 闪烁。之后，还要将该码返回上位机作为回应，单片机与上位机用此方式构成握手协议。上位机收到回应后，才发送下一个字符。

下面我们来分析整个系统中两个最重要的函数。

2. 函数ReceiveMorseCode()

图 11 所示为函数 ReceiveMorseCode() 的程序流程。该函数的主要任务是处理获取的电键脉冲，根据脉冲的长短，判断出不同的信号，从而做出处理。方法是用 while 循环，结束条件是全局变量 KEY，也就是接入端口 P3.2 的电键状态由高变低，或由低变高。函数中共有 2 个这样的 while 循环。

循环内要处理两个全局变量：脉冲计数变量 timeCnt 和计数溢出标志 timeup。进入循环前先将 timeCnt 置 0，循环内，

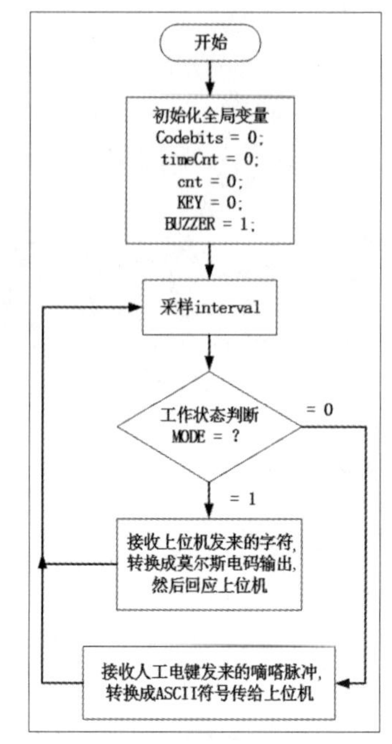

图 9 主程序流程图

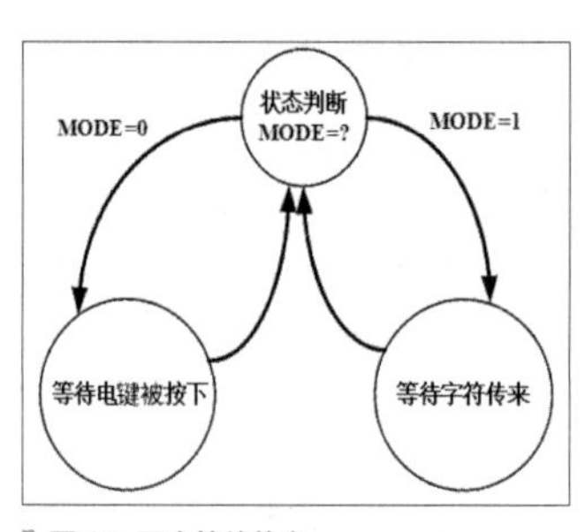

图 10 两个等待状态

首先将 timeup 置 1，然后用一个 while 循环等待 timeup 在定时器 0 的中断服务函数中被置 0，即定时 1ms 时间到。在 KEY 没有变化之前，这一过程不断重复，timeCnt 不断自增计数，直至 KEY 发生变化。此时，timeCnt 的值就表示 KEY 处于某个状态的时间（毫秒数）。

在检测 KEY 为高电平的 while 循环中，如果 KEY 处于高电位时的 timeCnt 值大于 2.5 个间隔（interval）则判为“嗒”，用 1 表示；如果小于 2.5 个间隔但大于 0.5 个间隔则判为“嘀”，用 0 表示。除此之外则是干扰杂音，忽略不做任何处理。这里还需要将蜂鸣器置为低电平，启动蜂

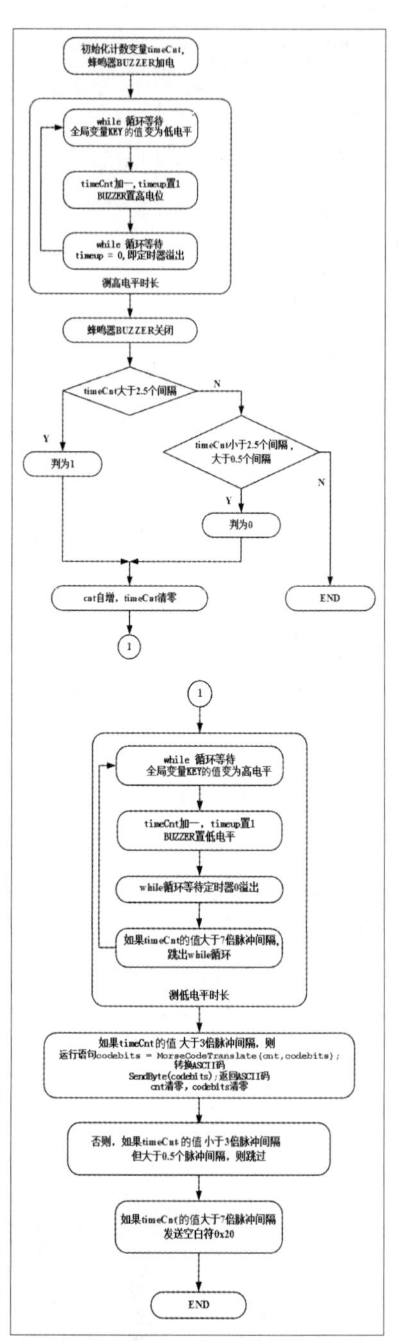

图 11 函数 ReceiveMorseCode() 的程序流程

鸣器（观察电路图）。

在检测 KEY 为低电平的 while 循环中，如果 KEY 处于低电平时 timeCnt 的值大于 3 个间隔，则为字符间隔；大于 7 则为字词间隔，再长就是超时或处于不工作状态。同样，这里要将蜂鸣器置高电平，关

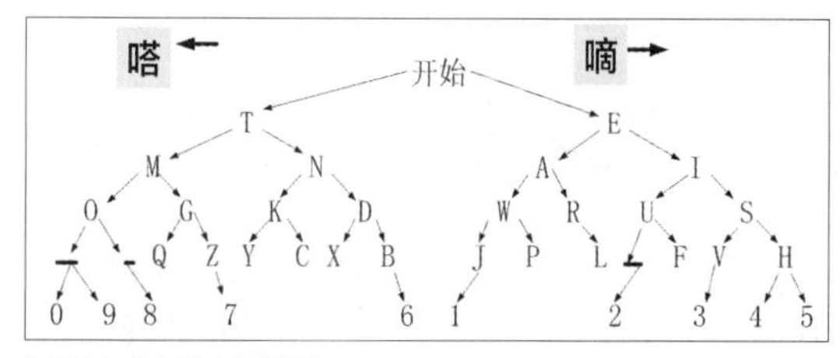

图12 莫尔斯电码转换表

闭蜂鸣器。

最终，以字符间隔为界，将获取的1和0按位赋予脉冲标识变量codebits，并由变量cnt记录共有几个脉冲被获取。

例如。字符“J”的脉冲标识是：

[0，1，1，1]

即：嘀、嗒、嗒、嗒。

当脉冲间隔大于3倍interval时，确定是字符，然后调用函数MorseCodeTranslate()，调用参数是cnt脉冲个数和codebits脉冲标识。转换成字符后通过串口发送函数SendByte()，将字符发送给上位机。

当脉冲间隔大于7倍interval时，确定为字词，发送一个空白符，表示词的分隔。

要了解函数MorseCodeTranslate()的算法，最简洁明快的方法是熟悉图12所示的莫尔斯电码转换表。

此表的用法是听到“嘀”就向右移动，听到“嗒”就向左移动。例如，你听到“嗒嘀嘀”，就表示先向左移动一次，再向右移动两次，结果为D。按此规则，所有26个英文字母和10个阿拉伯数字在图中都能找到(注：其中长横线“—”和短横线“-”为特殊符号，很少用到)。

函数MorseCodeTranslate()传入的变量是cnt脉冲个数和codebits脉冲标识，函数内，流程将根据脉冲个数变量cnt通过移位确定当前要处理的脉冲标识变量codebits的位。假如，当前位是1即为嗒，是0即为嘀。整个流程由if判断语句和goto跳转语句结合完成。软件开发人员一直建议尽量不使用goto语句，但笔者个人认为，凡事都有适用的场合，用好了就很好。这个程序就是实例，如果换用其他控制语句恐怕就不那么简洁了！

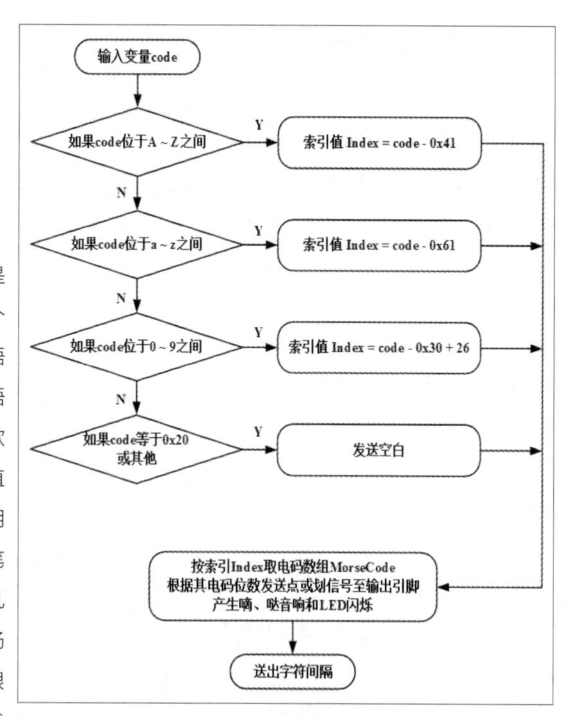

图13 函数ASCii2Morse()的程序流程

3. 函数ASCii2Morse

图13所示为函数ASCii2Morse()的程序流程。函数ASCii2Morse()要处理的数据是数组MorseCode[ ]。这是一个两维数组，是包含了26个英文字符和10个阿拉伯数字的莫尔斯电码的信息。该数组分成8列，内容如附表所示。

例如数字“1”，其在数组中的样子如下所示。

'1',5,1,3,3,3,3,0,

列1表示字符是数字"1"；列2为数字5，表示数字"1"由5个电脉冲构成；列3是数字"1"，表示点脉冲，即所用时间间隔为一个标准脉冲的长度，也就是一个interval变量所表示的长度；列4、5、6、7都是数字“3”，表示为划脉冲，即时间间隔为3倍的interval的脉冲长度；第8列为“0”，表示没有脉冲。

如此，我们就得到数字“1”的莫尔斯电码脉冲，其形式如下所示。

· — — — —

函数ASCii2Morse()的具体处理方式如下：首先根据获得的ASCII码，判断是大写的英文字母还是小写的英文字母，或是数字，并得出该符号在数组MorseCode[ ]里的索引，从而提出这组数据。然后根据第二列的数值进入循环处理环节，依次处理后面的数据，遇到“1”，发出1个标准脉冲长度的信号；遇到“3”，则发出3个标准脉冲长度的信号。最后我们就可以从蜂鸣器里听到：“嘀，嗒，嗒，嗒，嗒”的莫尔斯电码了。对照图13所示的程序流程与源代码就不难理解了。

另外两个辅助函数文件ADC.c和USART1.c为ADC采集和串口操作函数，程序结构并不复杂，这里不再赘述。

附表 数组MorseCode[]构成

列1	列2	列3	列4	列5	列6	列7	列8
字符	脉冲个数	第一脉冲	第二脉冲	第三脉冲	第四脉冲	第五脉冲	第六脉冲

上位机软件说明

上位机软件为VB语言开发的应用程序，提供显示单片机发来的莫尔斯电码和向单片机发送莫尔斯电码字符的功能，使用非常简洁明了。上位机软件主界面如图14所示，我们介绍下各个部分的功能。

（1）“打开文件”按钮

单击此按钮将调出“打开文件对话框”，让用户选择文本文件。选中的文件将在文本框中显示，成为即将发送的报文。我们有两种方法打开文件，一是单击此按钮，二是在文件主菜单的“打开”选项中选择“打开文件”。

（2）“发送”按钮

单击此按钮将经由串口向单片机发送ASCII码。发送源根据选择键（10）和（11）选择。选择（10），发送“字符选择区”（16）设定的字符；选择（11），发送文本框（13）中的文本。执行操作之前，先将电键板上的工作状态开关拨到接收位置，意思是接收来自上位机的信息。单片机接收后会将其解码并以声光的形式发送莫尔斯电码。

（3）“停止”按钮

单击此按钮将停止发送。

（4）“接收”按钮

单击此按钮接收来自电键板上单片机经由串口发送的ASCII码，也就是处理过的手工电键产生的莫尔斯电码。再次单击此按钮，则中断接收。

（5）“串口”选择框

通过此下拉框选择本机可用的、与单片机通信的串口。

（6）“连通”按钮

单击此按钮将连通在下拉框（5）中选中的串口，再次单击就会断开。发送与接收按钮有效的条件是串口要连通，否则会报错。而断开连接的条件则是发送或接收都已结束或断开，否则也会报错。

（7）“帮助”按钮

单击此按钮可调出帮助页面，提供本软件的使用指导。我们有3种方法调出帮助文件。按下键盘的F1键、单击此键或选择主菜单的“帮助”选项，选择“Contents”即可。

（8）分组间隔

设定分组的间隔时间：即每发一组电码后的间隔，单位为毫秒。默认值为200ms。

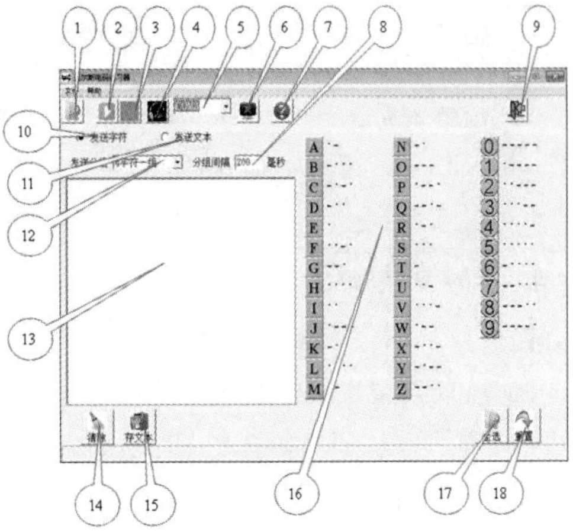

图14 上位机软件主界面

（9）“退出”按钮

退出本程序。退出有3种方式，单击此键、选择文件主菜单的“退出”选项、单击界面控制的“退出”按钮均可。

（10）“发送字符”选项

选择此项，单击“发送”按钮时，将发送“字符选择区”设定的字符。

（11）“发送文本”选项

选择此项，单击“发送”按钮时，将发送文本框内里的报文。

（12）“发送分组”选择框

在发送字符时，提供4字符一组、随机模式和单字符发送3种选择。所谓4个字符一组，就是在从“字符选择区”设定的字符里，随机选择字符，4个一组为一个字（word）进行发送。随机模式则是字符组合长短不一，为的是增加练习难度。单字符发送，适合初学者进行低难度练习。

（13）文本框

显示打开的文本文件，也是即将发送的报文。或是显示接收到的电键板上单片机发来的报文。

（14）“清除”按钮

用于清除文本框内的报文。

（15）“存文本”按钮

用于存储文本框内的报文，便于日后分析总结。

（16）“字符选择区”

包含26个英文字母和10个数字及其相应的莫尔斯电码的脉冲图示。单击表示选中，同时脉冲图示的颜色变成红色。发送报文时，将从这些选中的字符中随机选取进行组合。

（17）“全选”按钮

单击此按钮将全选“字符选择区”里的字符，字符全部变为红色，免去逐个挑选的麻烦。

（18）“重置”按钮

单击此按钮将清除“字符选择区”里已选中的字符，所有被清除的字符，脉冲图示将从红色变回黑色。

操作步骤

1. 选择串口

无论是发送还是接收，在开始之前首先要打开串口，也就是单击“连通”按钮，打开“串口选择框”里选中的串口。

2. 发送步骤

首先要强调的是，本文的发送与接收都是指主机对电键板上单片机的发送与接收。所谓发送是指上位机依据用户的字符选择和发送模式设定，自动通过串口将ASCII字符发送给单片机。单片机将ASCII字符按莫尔斯码解码后发送蜂鸣器与LED显示。同时，发送的ASCII字符也在文本框中以一定的组合规律显示。

发送的步骤如下。

◆ 电键板上的工作状态开关要拨到“收”的位置。

◆ 计算机端首先要设定信息源。信息源有两种，或是一个文本，或是选定的一些字符。

用文本的操作：首先选择“发送文本”，然后单击“打开文件”选择你要练习的文本文件，注意一定是没有格式的文本文件。文件里的文字将在文本框里显示。然后选择发送分组，一种是4字符一组，另一种是随机。

用字符的操作：首先选择“发送字符”，然后从“字符选择区”选择想要练习的字符，选中的字符旁边的莫尔斯脉冲图示会变红，然后选择发送分组。

◆ 单击“发送”按钮，软件开始按用户选择的信息源和发送模式发送字符。单片机收到后将其转变成声、光信号，按你设定的速度发送莫尔斯脉冲信号，你就可以进行抄写了。

3. 接收步骤

◆ 电键板上的工作状态开关要拨到“发”的位置。

◆ 在串口打开的前提下，单击“接收”按钮，然后手持电键板上的电键开始发报。单片机接收到点、划信号后将其转换成ASCII码，通过串口发送给主机，主机将接收到的ASCII码显示在文本框中。接收完毕后，可以检查发码正误率，或保存结果，或清除。

4. 速度调节

拨动电键板上的速度调节电位器，调节收发莫尔斯码的时间间隔。逆时针旋转速度增快，顺时针旋转速度变慢。

源程序

程序部分，我分为了主程序“main.c”、系统配置文件“config.h”、莫尔斯电码翻译函数头文件“morsecodetranslate.h”、莫尔斯电码翻译函数主文件“morsecodetranslate.c”、ASCII字符转莫尔斯电码函数头文件“ascii2morse.h”、ASCII字符转莫尔斯电码函数主文件“ascii2morse.c”、ADC采集函数头文件“ADC.h”、ADC采集函数主文件“ADC.c”、串口函数头文件“USART.h”、串口函数主文件“USART.c”这几个部分，这里只放部分代码，读者朋友可以扫描杂志目次页云存储平台的二维码，下载项目全部代码。

1. 主程序“main.c”

```
#include"config.h"
#include"delay\delay.h"
#include"timer0\Timer0.h"
#include"USART.h"
#include"ASCII2Morse.h"
#include"morsecodetranslate.h"
unsigned int timeup;//定时计数满
unsigned int interval;//电键时间间隔
unsigned char codebits = 0;//电码值
unsigned int timeCnt = 0;//脉宽计时
unsigned char cnt = 0;//计数变量
/***ADC初始化函数***/
void    ADC_config(void)
{
 ADC_InitTypeDef ADC_InitStructure;
//结构定义
 ADC_InitStructure.ADC_Px = ADC_P10;
//设置要做ADC的I/O ADC_InitStructure
  ADC_Speed = ADC_360T;//ADC速 度
ADC_90T,ADC_180T,ADC_360T,ADC_540T
 ADC_InitStructure.ADC_Power =
ENABLE; //ADC功率允许/关闭，选项为
ENABLE、DISABLE
 ADC_InitStructure.ADC_AdjResult =
ADC_RES_H8L2; //ADC结果调整
 ADC_InitStructure.ADC_Polity =
PolityLow; //优先级设置，选项为
PolityHigh、PolityLow
 ADC_InitStructure.ADC_Interrupt =
DISABLE; //中断允许，选项为ENABLE、
DISABLE
 ADC_Inilize(&ADC_InitStructure); //
初始化
 ADC_PowerControl(ENABLE); //单独的
ADC电源操作函数，选项为ENABLE、DISABLE
}
/***串口1初始化函数***/
void    UART_config(void)
{
 COMx_InitDefine COMx_
InitStructure;//结构定义
 COMx_InitStructure.UART_Mode =
UART_8bit_BRTx; //模式
 COMx_InitStructure.UART_BRT_Use =
BRT_Timer2; //使用波特率发生器
 COMx_InitStructure.UART_BaudRate =
9600ul; //波特率，一般为110 ~ 115 200
波特
 COMx_InitStructure.UART_RxEnable
= ENABLE; //接收允许，选项为ENABLE、
DISABLE
 COMx_InitStructure.BaudRateDouble =
DISABLE; //波特率加倍，选项为ENABLE、
DISABLE
 COMx_InitStructure.UART_Interrupt
= DISABLE; //中断允许，选项为ENABLE、
DISABLE
 COMx_InitStructure.UART_Polity
= PolityLow; //中断优先级，选项为
PolityLow、PolityHigh
 COMx_InitStructure.UART_P_SW =
UART1_SW_P30_P31; //切换端口
 COMx_InitStructure.UART_RXD_TXD_
Short = DISABLE; //内部短路RXD与TXD
 USART_Configuration(USART1, &COMx_
InitStructure); //初始化串口1，选项为
USART1、USART2
}
/************************/
void main(void)
{
```

```
unsigned char ReceiveChar;
UART_config();
ADC_config();
InitTimer0();
KEY = 0;
BUZZER = 1;
while (1)
{
  interval = Get_ADC10bitResult(0);
  interval = interval/4;
  if (!MODE)
  {
    ReceiveMorseCode();//发送电码
  }
  else
  {
    ReceiveChar = GetByte(); //非中断模式
    if (ReceiveChar != 0)
    {
      ASCII2Morse(ReceiveChar); //发送该字符的莫尔斯电码
      SendByte(ReceiveChar); //返回接收的字符
    }
  }
 }
}
void Timer0_isr() interrupt 1 using 1
{
 TL0 = TIMS;
 TH0 = TIMS >> 8;
 timeup = 0; //
}
```

2. 系统配置文件“config.h”

```
#ifndef __CONFIG_H
#define __CONFIG_H
#define MAIN_Fosc 11059200L //定义主时钟
#include"STC15Fxxxx.H"
#include"USART.h"
#include"ADC.h"
#define DAH 1 //"嗒"
#define DIT 0 //"嘀"
#define TestBit(x,y)(x&(1<<y)) //测试一位
#define Dah_Dit interval*2 + interval/2 //2.5倍间隔
#define Half_Gap interval/2 //0.5倍间隔
#define SPACE sizeof(MorseCode)/8-1 //空白
sbit KEY = P3^2; //电键输入脚
sbit MODE = P1^2; //工作状态选择开关接入脚
sbit BUZZER = P1^3; //蜂鸣器接入脚
#endif
```

3. 莫尔斯电码翻译函数头文件“morsecodetranslate.h”

```
#ifndef MORSECODETRANSLATE_H_
#define MORSECODETRANSLATE_H_
extern unsigned int interval;
extern unsigned int timeup;
extern unsigned int timeCnt;
extern unsigned char codebits;
extern unsigned char cnt;
void ReceiveMorseCode(void);
#endif
```

4. ASCII字符转莫尔斯电码函数头文件“ascii2morse.h”

```
#ifndef ASCII2MORSE_H_
#define ASCII2MORSE_H_
extern unsigned int interval;
void ASCII2Morse(unsigned char Morse_code);
#endif
```

5. ADC采集函数头文件“ADC.h”

```
#ifndef __ADC_H
#define __ADC_H
#include" STC15Fxxxx.H"
#define ADC_P10 0x01 //I/O引脚 Px.0
#define ADC_P11 0x02 //I/O引脚 Px.1
#define ADC_P12 0x04 //I/O引脚 Px.2
#define ADC_P13 0x08 //I/O引脚 Px.3
#define ADC_P14 0x10 //I/O引脚 Px.4
#define ADC_P15 0x20 //I/O引脚 Px.5
#define ADC_P16 0x40 //I/O引脚 Px.6
#define ADC_P17 0x80 //IO引脚 Px.7
#define ADC_P1_All 0xFF //IO所有引脚
#define ADC_90T (3<<5)
#define ADC_180T (2<<5)
#define ADC_360T (1<<5)
#define ADC_540T 0
#define ADC_FLAG (1<<4) //软件清0
#define ADC_START (1<<3) //自动清0
#define ADC_CH0 0
#define ADC_CH1 1
#define ADC_CH2 2
#define ADC_CH3 3
#define ADC_CH4 4
#define ADC_CH5 5
#define ADC_CH6 6
#define ADC_CH7 7
#define ADC_RES_H2L8 1
#define ADC_RES_H8L2 0
typedef struct
{
  u8 ADC_Px; //设置要做ADC的I/O，选项为ADC_P10 ~ ADC_P17、ADC_P1_All
  u8 ADC_Speed; //ADC速度，选项为ADC_90T、ADC_180T、ADC_360T、ADC_540T
  u8 ADC_Power; //ADC功率允许/关闭，选项为ENABLE、DISABLE
  u8 ADC_AdjResult; //ADC结果调整，选项为ADC_RES_H2L8、ADC_RES_H8L2
  u8 ADC_Polity; //优先级设置选项为PolityHigh、PolityLow
  u8 ADC_Interrupt; //中断允许，选项为ENABLE、DISABLE
} ADC_InitTypeDef;
void ADC_Inilize(ADC_InitTypeDef *ADCx);
void ADC_PowerControl(u8 pwr);
u16 Get_ADC10bitResult(u8 channel); //channel = 0~7
#endif
```

羽毛球自动发球机

演示视频

高怀强

实际需求及功能描述

现在上班族大部分时间都是低头工作，真的需要一个运动项目来调整身心，羽毛球就是一个综合性锻炼身体的好项目，但是需要有人陪你打才能运动起来，而实际情况是很多时候很难约到人，那就不能玩这个项目了，所在本人设计制了一台自动发球机器。

这个羽毛球自动发球机可以实现羽毛球的自动发球，高度、速度、强度可以进行遥控调整，使用可充电移动电源供电，可根据实际场地，放在适合的地方，让自己也有一个私人陪练，玩出更多精彩！

产品外观、工作原理

这个羽毛球自动发球机由机械结构、电子元器件模块、单片机软件编程、PCB底板这几个模块构成。大家可以先扫描文章开头的二维码，观看演示视频，对本制作有一个直观的印象。

使用羽毛球自动发球机时，我们将羽毛球放入置球桶中，在重力作用下，羽毛球会自然下降。当羽毛球的球头露出球桶下端后，会有一个舵机将夹子拉高到指定位置。夹子先是张开，再夹住露出的羽毛球球头部位。舵机下拉滑杆，将球带到发球机的底部，与直流电机上的轮子近似水平的位置。发球机底部有一个推杆，将羽毛球推到两个轮子中间，羽毛球受到轮子向外的压力，飞速地射出机器，飞向空中，这时对面人员可以进行击球训练。

实际使用时，我们将设备通上电，然后将羽毛球装入球桶中（最多能装26个），接着站在羽毛球场上，按下遥控器上的开始按钮，设备开始运转，夹子从球桶中夹出一个球，落到发球区（2个电机轮子中间），羽毛球就被发射出来了。如果球桶内没有球了，设备会自动停止运行，装入羽毛球后，再由使用者遥控启动。

我使用的遥控器有4个按钮，一个按钮控制开始/暂停；一个按钮控制发球间隔时间，时间从1~9s可调；剩下两个按钮，一个用来减小发球高度，另一个用来加大发球高度。同时主控盒上还有4个按钮，功能同遥控器按钮功能一样，方便现场操作。制作好的实物如题图所示。

制作过程中用到的配件

制作用到的配件清单如附表所示。

附表　配件清单

序号	物料名称	型号与数量	作用描述	图示
1	30mm×30mm的铝型材	4根30cm长的铝型材，1根70cm长的铝型材，还需要配套有螺栓、螺母、连接角块，方便组合成需要的形状	使用连接角块，组合成发球机的骨架结构	
2	直流电机	775电机，24V/40W	刚开始，我用的是775电机，上电实测后发现振动太大，声音有些大，就换成了下面的3420电机。大家可以根据手头材料选择电机	
	直流高速电机	2个3420电机，24V/30W、108r/s	电机的高速运转，可以让羽毛球从旋转的入口，通过轻微的挤压，飞出架子，电机安装角度与骨架为45°时可让羽毛球以最大速度向前方飞出	

续表

序号	物料名称	型号与数量	作用描述	图示
3	钢丝绳	长度为40cm、直径为1.5mm的钢丝绳1根	做滑轮的拉力支持	
4	数字舵机	1个，工作电压5~8V，可控角度为270°，驱动方式为PWM，扭力大小20kg，工作模式为数字式	在舵机上安装一根推杆杆，通过钢丝，拉动骨架上的滑块，带动夹子上下运动	
5	模拟舵机	2个	一个在上面装上塑料夹子的夹具（买的时候送的小配件），控制夹子的运动，实现夹子松、紧的动作；另一个在上面装一个推杆，将羽毛球推到电机轮子中间，实现羽毛球的水平运动	
6	机械爪（夹子）	1个，塑料材质	安装在舵机上，实现夹持的动作，夹住球，让球脱离球桶	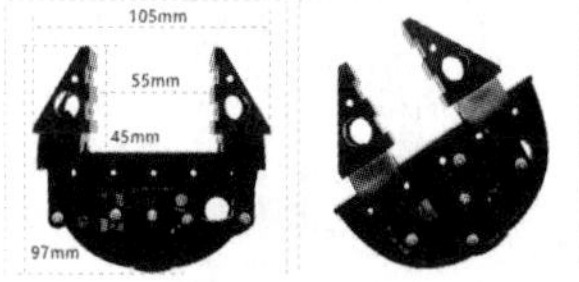
7	光电对射管	1对，NPN型，5V供电。在没有遮挡时输出3V；有物体遮挡时，输出0V	检测球筒内是否还有羽毛球	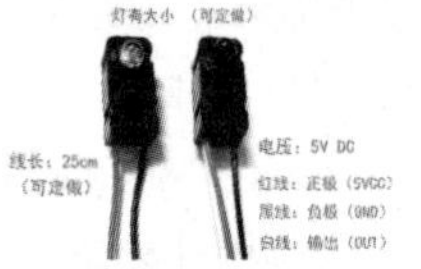
8	PCB底板	10cm×10cm	将各个模块进行连接，形成完整的电路	—
9	主控CPU模块	STM32103C6T6最小系统板。板子就是一个独立的小系统，自带8MHz晶体振荡器，标准SWD调试口，两排I/O插针将内部资源全部引出，板载LDO 3.3V降压芯片	产生PWM信号，控制舵机、电机驱动板，并接收遥控器及光电对射管的输入信息，以产生相应的控制	
10	6V电源板	6V/3A，输入8~36V，输出5~30V连续可调，输出电流最大为3A	将电池电压24V转换成6V，供舵机使用	
11	5V电源板	5V/1A，输入8~36V，输出5V固定值，输出电流最大为1A	将电池电压24V转换成5V，供主控CPU模块、遥控板、光电对射管使用	
12	电机驱动板	9~36V供电，实现PWM控制占空比，控制电机功率从1%~100%无级调速	接收CPU发来的信号，驱动两个直流电机，强度和速度可调、可控，以此实现发球的远、近、高、低变化	
13	遥控板	5V供电，4路点动，工作频率为433MHz，空旷地带有效距离约50m，输出电压为3.3V，方便与单片机通信	实现人员远距离控制发球机的启、停、开、关、速度调节	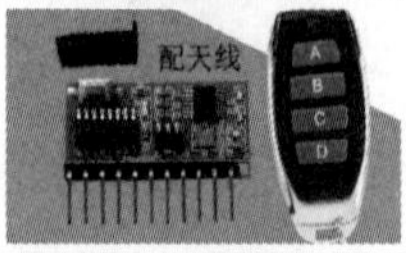

续表

序号	物料名称	型号与数量	作用描述	图示
14	直流电池	2 块，每块 12V/4A，	为发球机提供直流电源，两个串联使用，产生 24V 直流电	
15	PVC 管	7.5cm×60cm，也可以使用其他类似管子代替	放置羽毛球，一次可放 26 个球	
16	黑胶轮	2 个，直径 63mm，中心厚度 30mm，可穿 M8 螺丝，也可以再加工扩大孔	安装到电机轴上，同步进行高速转动	
17	PCB	自制，1 块	将各个模块集成到一起，电源、控制信号之间要进行电气连通	
18	电池电量显示板	24V	实时显示电池电量，电池满电时显示 4 格	
19	挡位指示灯板	自制 PCB1 块，2 个 10 段 4 色数码管光条，1 片 TM1650	制作一个灯底板，将 TM1650 与两个数码管焊接到灯底板上。两个数码管一个负责显示球的速度，指示灯亮的格数越多，说明球速越快，球就发得更高、更远。另一个负责显示发球的间隔时间，提示灯亮的格数越多，说明间隔时间越小，发球频率也就越高	 
20	数码管驱动芯片	TM1650，1 片	驱动两个 10 段数码管，可以依程序命令，让数码管显示指定的灯数	
21	电源开关	12V，带指示灯	总电源开关，按下开关后，按钮上亮起一个红灯，说明设备已通电，可以工作	
22	按钮模块	自制，使用万能板焊接而成，有 4 个小按钮	按下去时，会触发一个低电平信号，信号被 CPU 接收，执行相应的动作指令，和遥控器功能相同	 
23	塑料盒子	115mm×90mm×55mm，1 个	组装完成的电路部分安装到盒子里，方便人员操作及使用	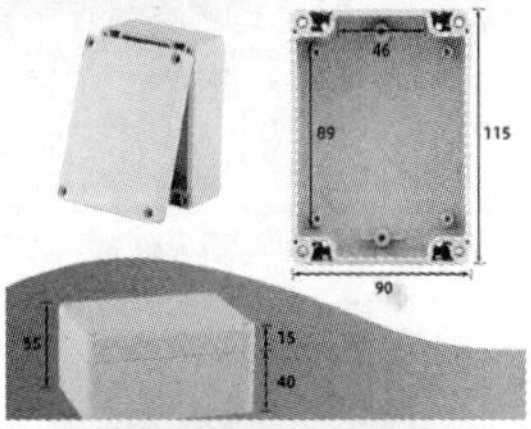
24	尼龙滑轮	32mm，3 个	用于固定钢丝绳的行程	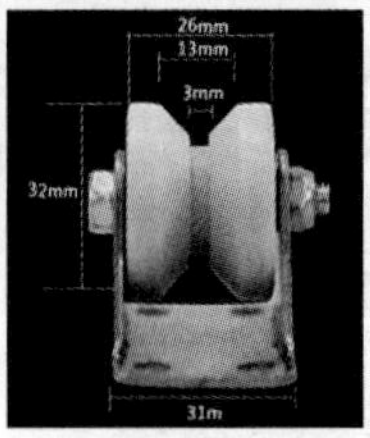

元器件安装过程

1 切割好铝型材，使用角块进行连接，组成一个“口”字形，其中一组相对的边要长一些。

2 将黑胶轮安装到电机上，然后将电机安装到电机架上，再将电机架安装到铝型材上。

3 将最长的铝型材安到底座架子上，上面使用包箍，将PVC管子安装到铝型材上。

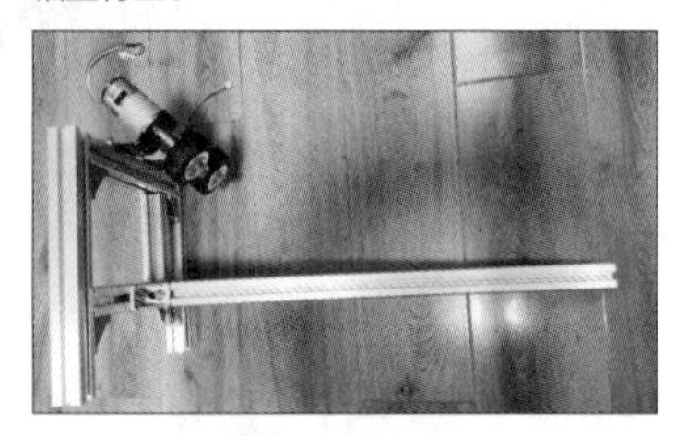

4 将舵机安装到相应的固定块上，再组装到架子上。

5 将舵机安装到塑料夹子上，再安装滑块。

6 第一次试验时发现没有球了，机器还在运行，所以在后面增加了光电对射管。

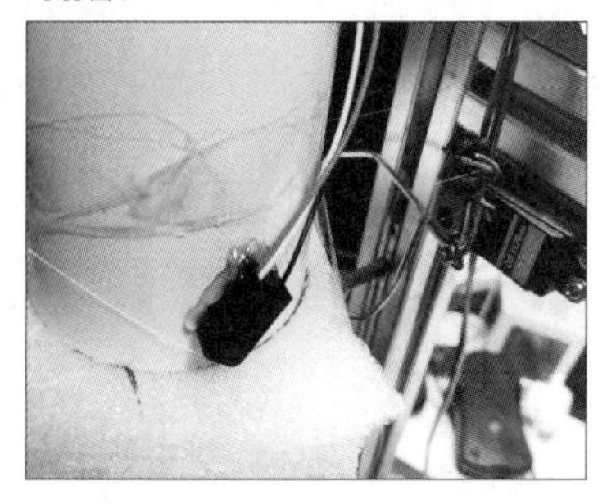

7 拉、升运动机构的优化：一开始我采用的方法是直接拉动滑块，后来发现经常卡死，因为机械结构设计不合理，所以就进行了优化，变成了3点式往复式拉动结构，类似汽车车窗玻璃的升降结构，使用了3个滑轮，通过钢丝绳，进行滑动推拉，让夹子可以进行上、下运动。

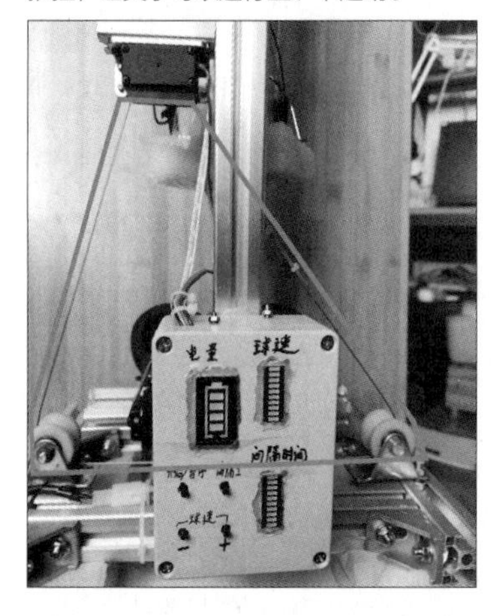

8 将各电路模块焊接到底板上，使电路相通。

9 将电池电量显示板、按钮模块、挡位指示灯板安装到盒子上盖板上，因为没有设计安装孔，所以这里我用热熔胶进行了固定。

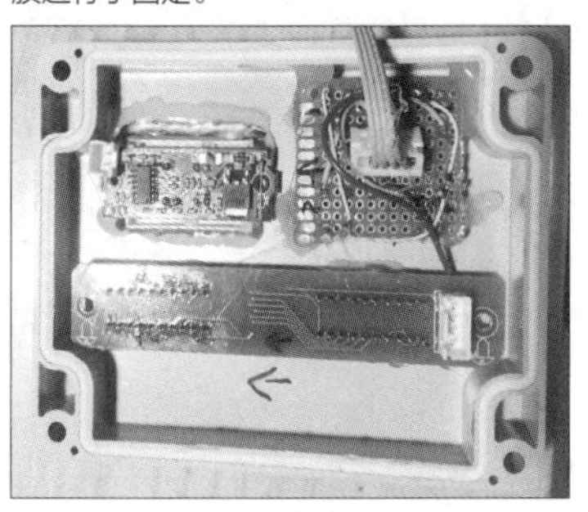

10 将剩下的控制板安装到盒子里，并打孔按装开关、电池插座、上下电路板通过排线进行连通，全部装进去后，还是挺紧凑的。

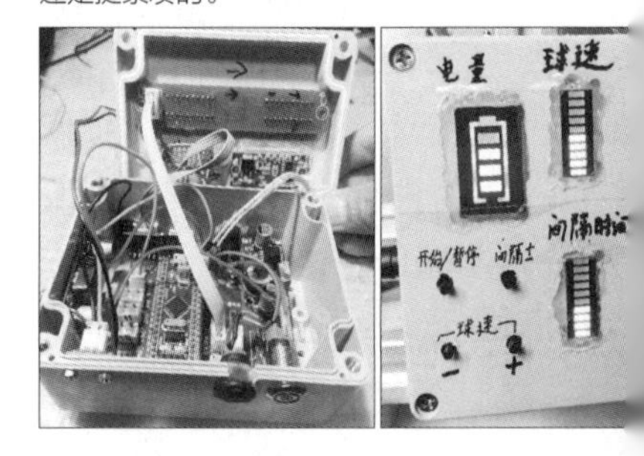

11 全部组装完成后，就是下面这个样子了。

12 别忘了制作电路板，使用制板软件，先画好原理图，再导出 PCB，发到厂家制作，制作的底板及指示板的 PCB 如下图所示。

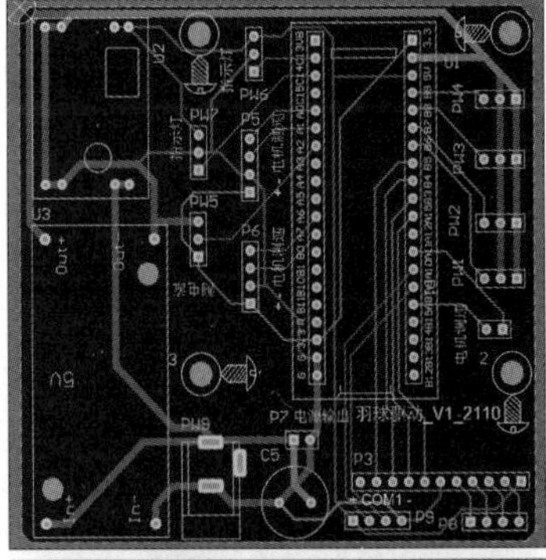

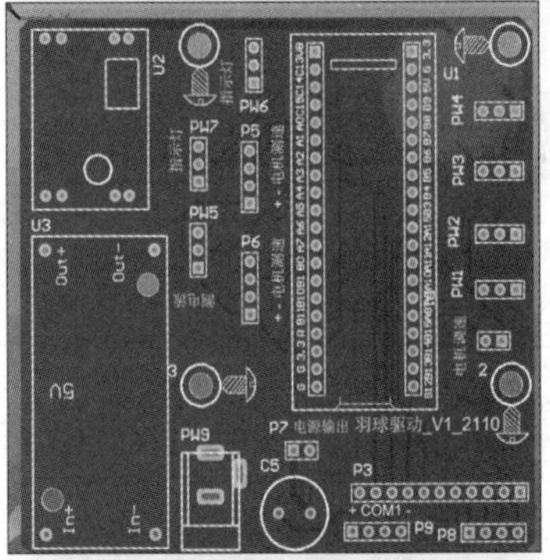

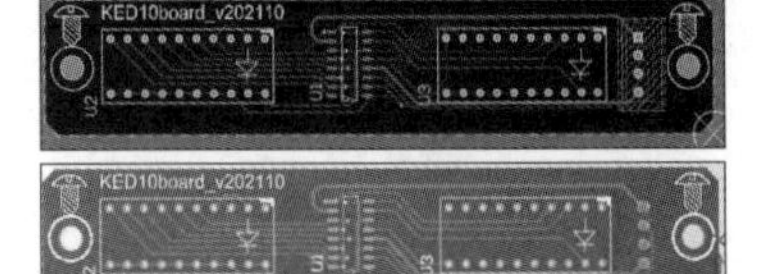

设备调试阶段及问题总结

设备的实体做好后，就像一个人有了身体，但后面还要花时间学习生活的各种技能、知识，对设备而言也就是调试过程。下面是我在调试过程中遇到的问题，以及解决办法。

我们可以尝试不同的轮子间隔会对发球的远近有什么影响，改变控制的强度，你可能会发现设备产生了一些共振，要记下共振的强度值，在写程序时避开这些有问题的强度值。

调试过程中，上、下动的拉杆还断了一次，我重新焊接了加强型的拉杆。

长时间开机工作，因为有振动，有些螺帽会自动松掉，我买了螺纹紧固胶，给螺钉螺帽加胶固定。

在试验时，我尝试将球桶加长到 1m，但是因为太重，最下面的羽毛球会自动被挤压出来，所以又将球桶裁短，改成了现在的 60cm 长。

我们用到了 3 个舵机，它们的动作、初始位置、运动位置都需要在程序中设定，这里只能慢慢试验，找到最佳参数，再烧写到单片机中，才能达到想要的运动位置和力度。

最开始使用电池供电时，设备刚启动就自动关机了，后来发现是因为电机启动电流太大，触发了电池保护，所以我在程序上进行了优化，采用缓慢爬坡的方式，慢慢提高速度，设备就可以正常使用了。

调试时，我将设备放在地上，后来感觉发球高度不够高、射程不够远，于是又做了一个木头架子，架子高度在 1.3m 左右，将设备放在架子上后，羽毛球就可以发得够高、够远了。

最初把全部电路装到盒子里后，设备会不定时自动停机，后来我发现是因为无线遥控模块受到了电磁干扰，将电路重新安排了一下，就没有问题了。

软件编写

CPU 模块需要用软件进行编程，编程软件我用的是 Keil。程序写好后，使用 ST-LINK 或是串口将程序烧入 CPU。程序主要代码控制舵机运动的时间以及逻辑顺序，主要代码如下。

```
while (1) //程序一直在此循环执行命令
{
 if(PowerFlag) //如果遥控器上的开始工作按钮被按下了，就执行里面的命令
 {
  if(FristPowerFlag)//如果是第一次工作，有一个初始化的工作
  {
   for(int i=0;i<TIM1_PWM1;i++) //让电机的转速恢复到暂停之前的状态
   { //让单片机输出指定的 PWM 波形，以驱动电机驱动板，让电机动起来
    __HAL_TIM_SET_COMPARE (&htim1,TIM_CHANNEL_1,SpeedNum[i]);
    HAL_Delay(300);  //延时一下
   }
   FristPowerFlag = 0; //标识位复位，防止再次进入
  }
  FaiQui();  //执行一套发球动作
 }
 else  //如果遥控器上的暂停工作按钮被按下了，就执行里面的命令
 { //让单片机输出值为 0 的 PWM 波形，电机停止运转
  __HAL_TIM_SET_COMPARE(&htim1,TIM_CHANNEL_1,0);
  FristPowerFlag = 1;  //标识位置 1，初始化动作以后可以再进入
  }
 }
}
void FaiQui() //一整套发球的具体动作
```

键盘、鼠标无线扩展器

演示视频

▌王岩柏

键盘和鼠标是当前操作计算机必要的设备，某些情况下用户需要使用一套键盘、鼠标来操作多台计算机，例如游戏工作室一人操作多台计算机。为了满足这样的需求通常会使用 KVM 切换器，这里的 KVM 分别是 Keyboard、Video、Mouse 的首字母，常见的 KVM 连接示意图如图 1 所示。不过目前市面上此类产品都是有线连接的，多根线会占用大量空间，让本来就不宽裕的桌面变得更加拥挤。为了解决这个问题，我们制作一个键盘、鼠标无线扩展装置。

从原理上来说，USB 协议对于时序要求较高，HOST 端发送了数据包后需要在规定时间内得到 DEVICE 的响应，因此无法将 USB 数据包直接进行无线传输。为了实现键盘、鼠标的扩展，我们需要在一端解析鼠标、键盘事件，例如鼠标左键被按下，键盘被敲击 A 键，等等。之后将这些事件通过无线网络发送给接收端，接收端将自身报告为 USB 键盘、鼠标组合设备（USB 组合设备即“USB Composite Device” 指的是具有通过多个接口来实现多个功能的设备，其中每个接口代表一个独立的设备，例如带有触摸板功能的键盘），再将相同的事件报告给上位机。就是说为了实现这个目标，需要完成以下 3 个动作。

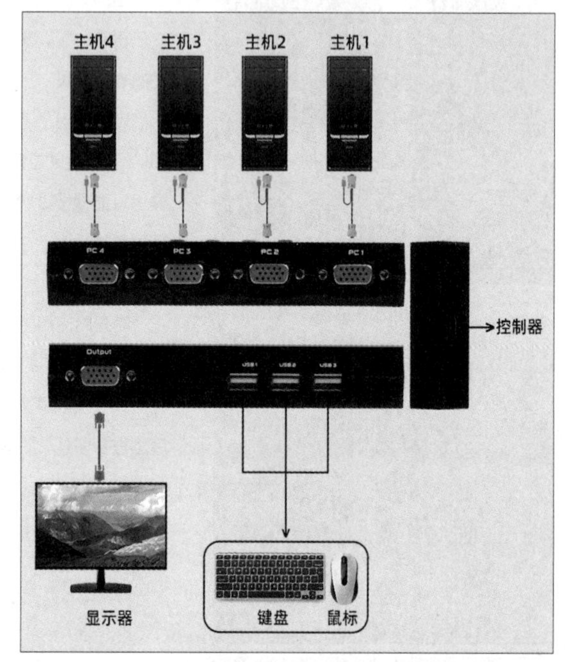

▌图 1 常见的 KVM 连接示意图

```
{
  __HAL_TIM_SET_COMPARE(&htim4,TIM_CHANNEL_1,0x1b); //1# 拉升舵机拉上最高点
  HAL_Delay(400);  // 停一下
  __HAL_TIM_SET_COMPARE(&htim4,TIM_CHANNEL_2,0x23); //2# 机械夹子电机开始夹
  HAL_Delay(600);  // 保持一下
  __HAL_TIM_SET_COMPARE(&htim4,TIM_CHANNEL_1,0x2d); //1# 拉升舵机降到最底部
  HAL_Delay(500);  // 停一下
  __HAL_TIM_SET_COMPARE(&htim4,TIM_CHANNEL_2,0x2f);//2# 机械夹子电机开始松开，让球自然落
在发球位置
  HAL_Delay(500);  // 停一下
  __HAL_TIM_SET_COMPARE(&htim4,TIM_CHANNEL_3,0x2d);       // 打球动作，推杆通过舵机的运
动，打球一下，球通过一直旋转的电机发射出去
  HAL_Delay(300); // 停一下
  __HAL_TIM_SET_COMPARE(&htim4,TIM_CHANNEL_3,0x24); // 打球动作及时回位，防止卡住
```

```
  while(TimeFlag)  // 球与球之间的间隔时
间，如果到了设定间隔时间，就发下一个球；如
果没到，就一直等着不动作
  {
   HAL_Delay(1); // 停一下
  }
  TimeFlag = 1;  // 复位一下
}
```

到这里，羽毛球自动发球机的全部内容就差不多讲完了，由于篇幅原因，有些内容说得不是很详细，大家在制作过程中如果遇到问题，可以在网上查找相关资料，也欢迎大家与我讨论。希望这个制作能帮助羽毛球爱好者解决打羽毛球的问题。

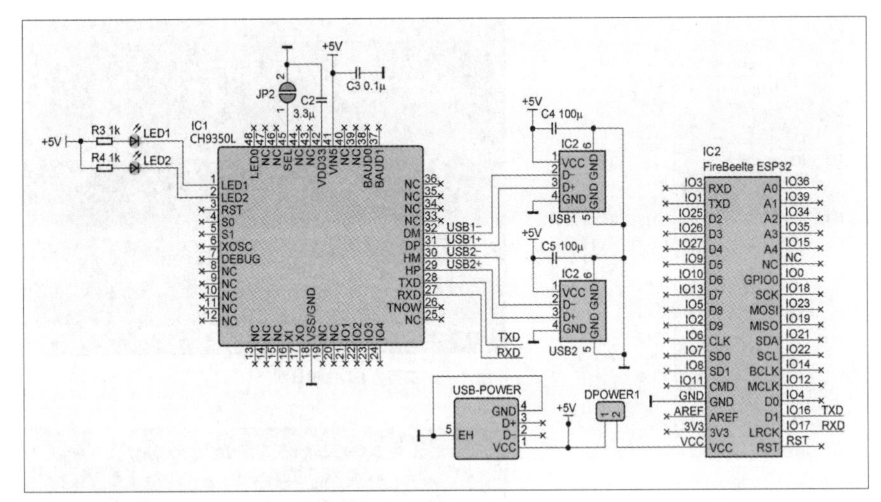

图2 转接板电路

◆ 解析得到键盘、鼠标数据事件。

◆ 无线传输上述数据事件。

◆ 接收后还原键盘、鼠标事件。

了解基本原理之后就要确定具体的实现硬件。这次仍然选择目前流行的Arduino开发环境，配合ESP32来实现，此处选择了ESP32-D32和ESP32-S2两种型号的主控芯片。为了实现解析USB键盘、鼠标事件的功能，可以使用之前介绍的Arduino USB Host Shield，但是这个方案原生只支持一个USB端口，如果同时解析USB键盘、鼠标数据，那还要使用USB Hub芯片对USB端口进行扩展，但是这样会使得软硬件设计变得复杂；另外一个原因是Arduino USB Host Shield的核心芯片Max3421e现在价格较高（立创商城报价42~65元）。经过比较，最终我选择了南京沁恒WCH出品的CH9350，该芯片特点如下。

◆ 支持12Mbit/s全速USB传输和1.5Mbit/s低速USB传输，兼容USB 2.0高速信号。

◆ 上位机端USB端口符合标准HID类协议，不需要额外安装驱动程序，支持内置HID类设备驱动的Windows、Linux、macOS等操作系统。

◆ 同一芯片可配置为上位机模式和下位机模式，分别连接USB Host主机和USB键盘、无线鼠标。

◆ 支持USB键盘、鼠标在BIOS界面使用，支持多媒体功能键，支持不同分辨率USB鼠标。

◆ 支持各种品牌的USB键盘、鼠标，USB无线键盘、无线鼠标，USB转PS2线等。

◆ 上位机端和下位机端支持热插拔。

◆ 提供发送状态引脚，支持RS-485通信。

◆ 串口支持115 200波特、57 600波特、38 400波特的串口通信波特率。

◆ 内置晶体振荡器和上电复位电路，外围电路简单。

◆ 支持5V、3.3V电源电压。

◆ 提供LQFP-48无铅封装，兼容RoHS。

从上述特点中可以看出，这款芯片支持2个USB端口，同时立创商城报价是25元，相比Max3421e，这款芯片的成本优势很大。此外，解析之后的数据是通过串口输出的，方便单片机进行读取。

确定主要芯片后，为了方便调试和日后的功能扩展，围绕CH9350为DFRobot的FireBeetle主控板（主控为ESP32-D32）设计一块转接板电路（见图2），通过串口进行数据输出。

该转接板的核心是CH9350芯片，可同时支持2个USB Host接口，即图3中的USB1和USB2。LED1和LED2是用于标识USB1和USB2是否有数

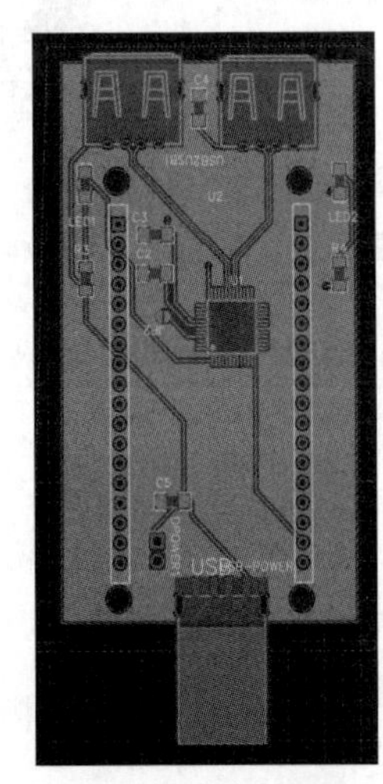

图3 转接板PBC设计图

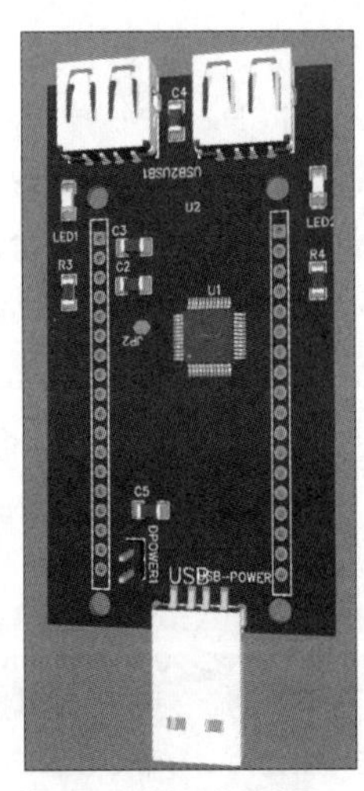

图4 转接板3D渲染图

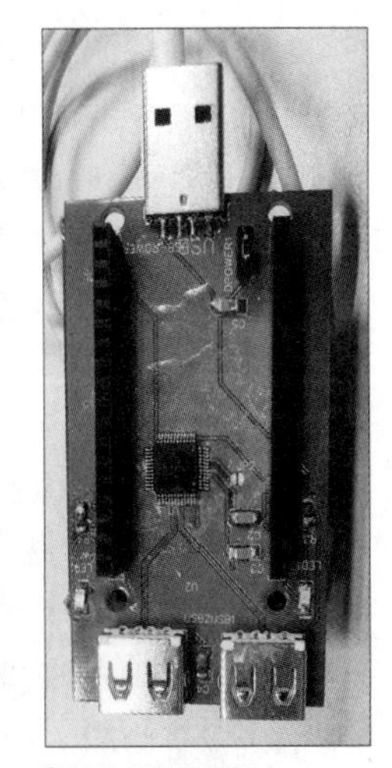

图5 转接板成品

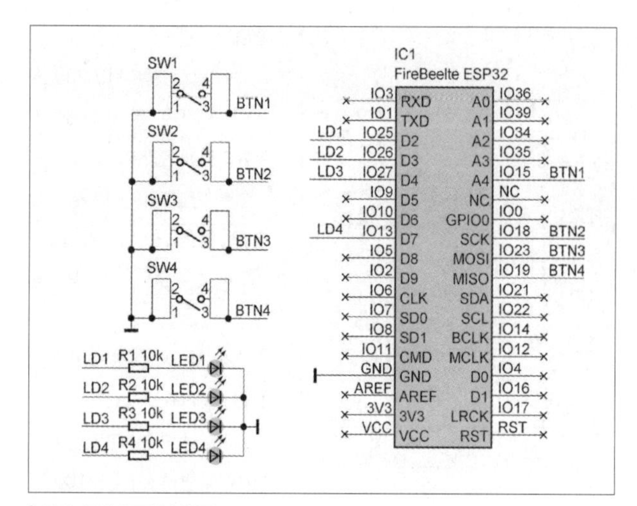

图6 用户交互板电路图

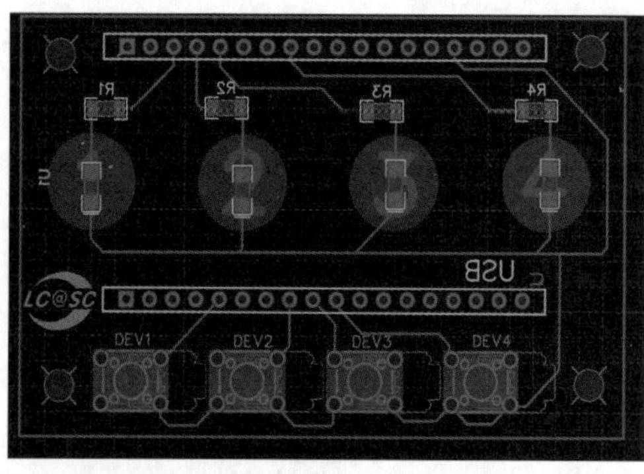

图7 用户交互板PCB设计图

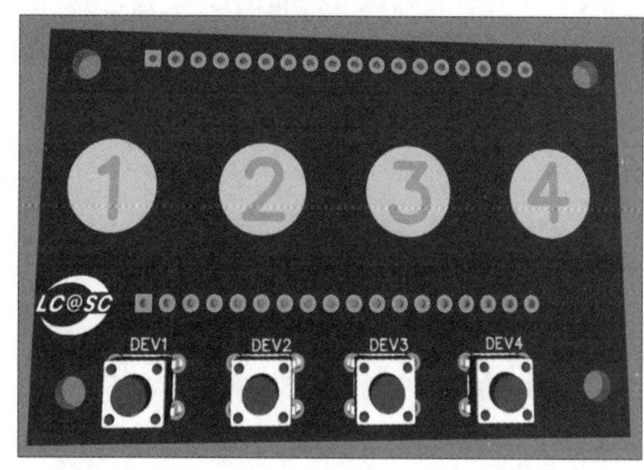

图8 用户交互板3D渲染图

图9 用户交互板产品

据传输的通信指示灯。此外，为了避免FireBeetle主控板存在供电不足的情况，图中的USB_Power是预留的用于从外部取电的USB公头。转接板的3D渲染图如图4所示，最终成品如图5所示，因为板载了2个USB母头和一个USB公头，转接板比FireBeetle主控板稍大。

接下来，我们设计一块用于和用户进行交互的板卡。这一部分的电路比较简单——4个按钮用于选择当前工作的接收器，4个LED用于指示接收器的工作状态，如图6所示。

用户交互板的PCB设计如图7所示。这里使用了一个特别的设计，位于PCB背面的LED是反贴的（发光部分朝向PCB），然后在正面使用了阻焊层，这样当LED发光时光线能够透过PCB照亮正面丝印层的字样。用户交互板的3D渲染图如图8所示，成品如图9所示。

最终将FireBeetle主控板、转接板和用户交互卡插在一起组成键盘、鼠标无线扩展器，就可以正常工作了。

这里使用ESP32-S2来实现无线接收端。特别强调这里必须选择主控为ESP32-S2的开发板，因为只有它支持USB Device。图10所示就是市面上的一种直接引出了USB端口的ESP32-S2开发板，板子上方的USB Type-C接口是CH340的下载端口，用于烧写程序；USB Type-C接口下面是USB Device端口，可以用来模拟各种USB设备。

以上是键盘、鼠标无线扩展器硬件部分的设计。接下来我们介绍对应发送端和接收端的参考程序。此处需要提到的是，CH9350解析USB键盘、鼠标后的数据格式（见附表）可以在Data Sheet上找到，我们要求解析后的数据能够在FireBeetle主控板的Serial2上读取到。

首先，我们解说发送端的关键程序。我们需要使用程序1对CH9350进行初始化，设置CH9350只发送有效的信息，即当键盘、鼠标有动作时才有数据送出，每一位数据的含义可以在附表中看到。

程序1

```
char SwitchToModel[] = {0x57, 0xAB,
0x12, 0x00, 0x00, 0x00, 0x00, 0xFF,
0x80, 0x00, 0x20};
for(int i = 0; i < sizeof(SwitchToModel);
i++)
{
```

```
    Serial2.write(SwitchToMode1[i]);
}
```

因为ESP32自带ESP-NOW的功能，所以只需要简单的程序（见程序2）就能让两块ESP32轻松实现无线通信。

程序2

```
// 初始化 ESP-NOW
WiFi.mode(WIFI_STA);
if (esp_now_init() != ESP_OK)
{
  Serial.println("Error initializing ESP-NOW");
  return;
}
// 设置发送数据回调函数
//esp_now_register_send_cb(OnDataSent);
  // 绑定数据接收端，这里需要知道接收端的MAC地址，在文件开始处，使用下面的程序来给定 MAC 地址
// 这次实验接收设备的 MAC 地址如下
// 接收器1:  7C:DF:A1:06:70:EC
// 接收器2:  7C:DF:A1:06:5D:18
// 接收器3:  7C:DF:A1:06:77:C0
// 接收器4:  7C:DF:A1:06:70:A4
uint8_t Receiver1[] = {0x7C, 0xDF, 0xA1, 0x06, 0x70, 0xEC};
uint8_t Receiver2[] = {0x7C, 0xDF, 0xA1, 0x06, 0x5D, 0x18};
uint8_t Receiver3[] = {0x7C, 0xDF, 0xA1, 0x06, 0x70, 0xA4};
uint8_t Receiver4[] = {0x7C, 0xDF, 0xA1, 0x06, 0x77, 0xC0};
// 接下来绑定接收端的 MAC 地址
esp_now_peer_info_t peerInfo;
memcpy(peerInfo.peer_addr, Receiver1, 6);
peerInfo.channel = 0;
peerInfo.encrypt = false;
```

大多用户在使用键盘输入时，通常不希望输入的内容呈现在多台机器上。要想实现这个功能，需要使用变量CurrentDevice记录当前选择的接收端，如程序3所示。

程序3

```
if (digitalRead(BUTTON1) == LOW){
  delay(100);
  if (digitalRead(BUTTON1) == LOW){
    if ((CurrentDevice & BIT0) == 0){
      CurrentDevice |= BIT0;
    } else {
      CurrentDevice &= (~BIT0);
    }
  }
}
```

同样地，根据当前变量CurrentDevice的值设定亮起来的LED，如程序4所示，这样用户可以直观看到当前选中的工作端。

程序4

```
if(CurrentDevice != CurrentDeviceLast)
{
  digitalWrite(LED1, (CurrentDevice & BIT0 ? 1 : 0));
  digitalWrite(LED2, (CurrentDevice & BIT1 ? 1 : 0));
  digitalWrite(LED3, (CurrentDevice & BIT2 ? 1 : 0));
  digitalWrite(LED4, (CurrentDevice & BIT3 ? 1 : 0));
  CurrentDeviceLast = CurrentDevice;
  Serial.println(CurrentDevice, HEX);
}
```

nanoESP32-S2开发板
MUSE LAB
ESP32-S2模组 Xtensa LX7内核 USB Type-C接口
240MHz主频 320KB SRAM 4MB Flash
Wi-Fi/USB/LCD/DVP/I²S/SPI/PWM/IR/Touch

图10 一款ESP32-S2开发板

当主控获得USB键盘、鼠标的动作时，主控根据CurrentDevice的状态，将数据发送给不同的接收端，此处只需要调用esp_now_send()函数即可将数据送出，如程序5所示。

程序5

```
if ((CurrentDevice & BIT0) != 0){
  // 发送数据
  result = esp_now_send(Receiver1, Data, Counter);
  // 检查数据是否发送成功
```

附表 CH9350解析键盘、鼠标后的数据格式（状态0/1有效键值帧）

类型	长度（字节）	描述			
帧头	2	固定数据：0x57 0xAB			
命令码	1	用于辨别是有效键值帧的码值：0x83/0x88			
长度	1	后续数据（标识+键值+序列号+校验）长度值			
标识	1	7&6&3	Bit5&4	Bit2&1	Bit0
		保留	01：键盘 10：鼠标 11：多媒体 00：其他	01：HID 10：BIOS 00：未知 11：保留	0：端口1 1：端口2
键值	Variable	键盘或鼠标上传的数据			
序列号	1	数据帧序列号			
教研	1	1字节累加和校验（键值+序列号）			

```
  if (result == ESP_OK) {
    // Serial.println("Sent success Receiver1");
  }
  else {
    // Serial.println("Error sending the data to Receiver1");
  }
}
```

从简洁的程序1~程序5中，我们可以看出在CH9350的帮助下，发送端无须特别操作。接下来，我们介绍接收端的关键程序，相比发送端的程序，接收端的程序更加简单。

无线接收的ESP-NOW的程序很简单，只需在初始化后注册回调函数即可，即当收到无线信号后会自动进入esp_now_register_recv_cb()给定的函数中进行处理，如程序6所示。换句话说，ESP32芯片会自动判断接收到的无线数据，只有带有自身MAC地址的数据包才会发送到回调函数中进一步处理。

程序6

```
// 初始化 ESP-NOW
WiFi.mode(WIFI_STA);
if (esp_now_init() != 0) {
  Serial.println("Error initializing ESP-NOW");
  return;
}
// 设置接收数据回调函数
esp_now_register_recv_cb(OnDataRecv);
```

收到数据后的处理程序会使用verifyData()函数对接收到的数据进行校验，之后根据数据内容判断当前是鼠标数据还是键盘数据，不同数据分别使用device.directMS()和device.directKB()进行处理，如程序7所示。

程序7

```
// 数据接收回调函数
void OnDataRecv(const uint8_t * mac, const uint8_t *incomingData, int len)
{
  char *Starter = (char*)incomingData;
  if (len>72) {return;}
  while (Starter < (char *)(incomingData+len)) {
    if (verifyData((char*)Starter, Starter[3]+4)) {
      for (int i = 0; i < Starter[3]+4; i++) {
        Serial.print(Starter[i], HEX);
        Serial.print(" ");
      }
      Serial.println("");
      // 如果是鼠标数据
      if (((Starter[4] >> 4) & 0x3) == 0x2) {
        device.directMS((char *)&Starter[5]);
      }
      // 如果是键盘数据
      if ((((Starter[4] >> 4) & 0x3) == 0x3)||(((Starter[4] >> 4) & 0x3) == 0x1)) {
        device.directKB((char *)&Starter[5]);
      }
    }
    Starter=&Starter[Starter[3]+4];
  }//while (Start < (incomingDatalen))
}
```

为了模拟USB键盘、鼠标，这里使用了TinyUSB库，库中自带USB键盘、鼠标组合设备的参考程序——hidcomposite.cpp，美中不足的是这个库不支持以原始数据格式发送键盘、鼠标数据，例如按下数字小键盘上的1键后，键盘会发出00 00 59 00 00 00 00 00这样的原始数据，很明显直接转发是最简单的处理方式。为此，我们在程序中添加程序8，实现原封不动发送鼠标或者键盘的数据。

程序8

```
void HIDcomposite::directKB(char *data)
{
  uint8_t keycode[6]={data[2], data[3],data[4],data[5],data[6], data[7]};
  if (tud_hid_ready())
  {
    // KEYBOARD: convenient helper to send keyboard report if application
    // use template layout report as defined by hid_keyboard_report_t
    tud_hid_keyboard_report(report_keyboard,data[0], keycode);
  }
}
void HIDcomposite::directMS(char *data)
{
  if (tud_hid_ready())
  {
    // uint8_t report_id, uint8_t buttons, int8_t x, int8_t y, int8_t vertical, int8_t horizontal
    tud_hid_mouse_report(report_mouse, data[0], data[1], data[2], data[3], 0);
  }
}
```

键盘、鼠标无线扩展器的介绍就到这里了。如果在你的设计中有涉及读取USB键盘、鼠标数据的需求，不妨考虑使用这款国产的CH9350，它能够将对应的操作简化到极致，从而帮助使用者将注意力集中到“做什么”之上。

垃圾分类训练机

章明干

演示视频

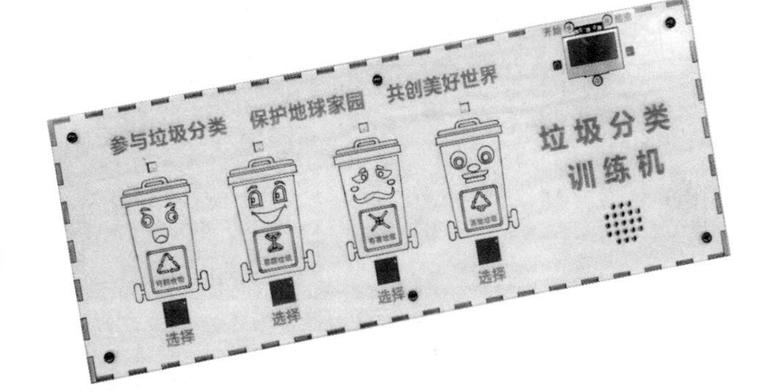

制作背景

作为人类唯一的家园，地球承载着我们的一切，我们在生产、生活中产生的大量垃圾，正在严重侵蚀我们的生存环境，为了不让地球超负荷工作，我们的环保任务刻不容缓。通过垃圾分类来提高垃圾的资源价值和经济价值，力争物尽其用，减少垃圾处理量和处理设备的使用，降低处理成本，减少土地资源的消耗，具有社会、经济、生态等多方面效益。

目前有许多创客朋友都制作过与垃圾分类相关的一些作品，大部分是围绕下面3种功能：第一种是自动感应打开垃圾桶；第二种是说出垃圾的名称，通过语音识别技术判断垃圾种类并打开相应的垃圾桶；第三种是通过图像识别技术判断垃圾种类并打开相应的垃圾桶。而在垃圾分类的过程中，最重要的还是要使人们认识到垃圾分类的重要性，并且能够进行准确的分类，这样垃圾分类工作才能在不同的环境中有效开展。为了使人们能够熟练记住各种垃圾的分类，我制作了垃圾分类训练机这个作品。

功能描述

◆ 掌控板显示屏上可以显示相关提示信息，比如题目、做对的题数和做错的题数等。

◆ 从垃圾列表中随机抽取一种垃圾，并用语音合成模块播报题目，比如干燥剂是什么垃圾？并且题目会在显示屏上显示，如果没听清楚问题可以看屏幕了解。

◆ 回答问题通过触摸相应的触摸开关进行，如果回答正确，相应垃圾桶上的LED和掌控板上的LED以绿色点亮，并随机播报一句反馈的话；如果回答错误，相应垃圾桶上的LED和掌控板上的LED以红色点亮，接着随机播报一句反馈的话，接着再播报正确答案，并且正确的垃圾桶上的LED以绿色点亮。

◆ 训练机自动统计回答正确的题数和错误的题数，并在结束时语音播报出来。

硬件清单

掌控板	1
百灵鸽扩展板	1
语音合成模块	1
触摸开关	4
RGB LED	4
激光切割结构件	
杜邦线等	

结构设计与搭建

1 我们先利用LaserMaker软件在计算机中设计出外壳图纸，并用激光切割机切割椴木板及亚克力板制作外壳。

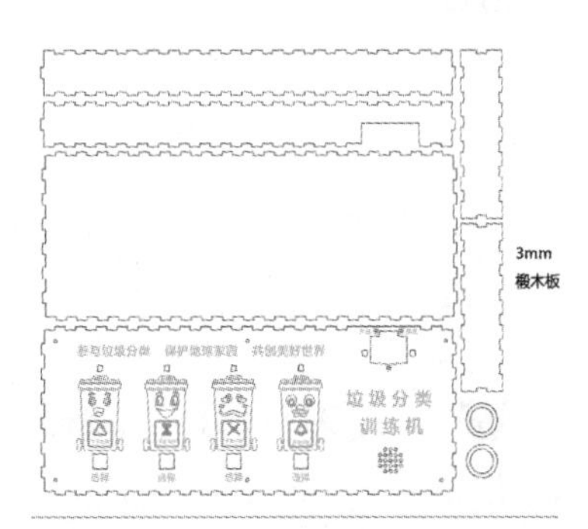

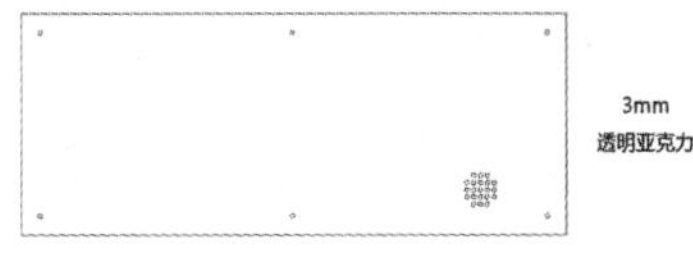

2 把4个触摸开关传感器和4个RGB LED用热熔胶分别固定在垃圾桶上的相应位置。

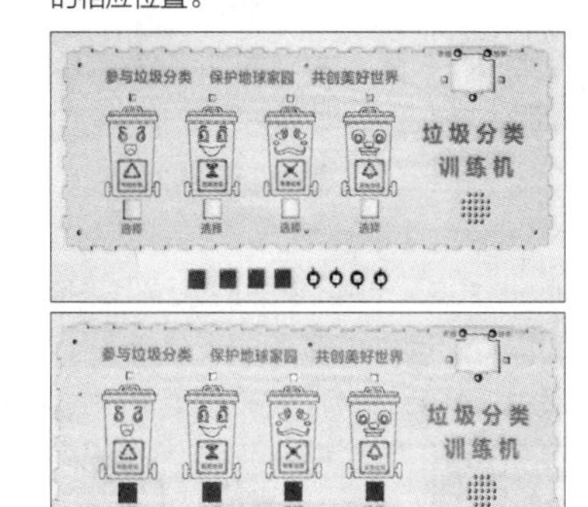

3 把杜邦线焊接在各个模块的相应位置，这里我们把VCC和GND都连在一起，这样可以减少与扩展板连接线的数量。把4个RGB LED也连接在一起，DO接口与DI接口相连，这样就组成了一个4位的RGB灯带。4个触摸开关的输出接口各焊接一根杜邦线，如下图所示。

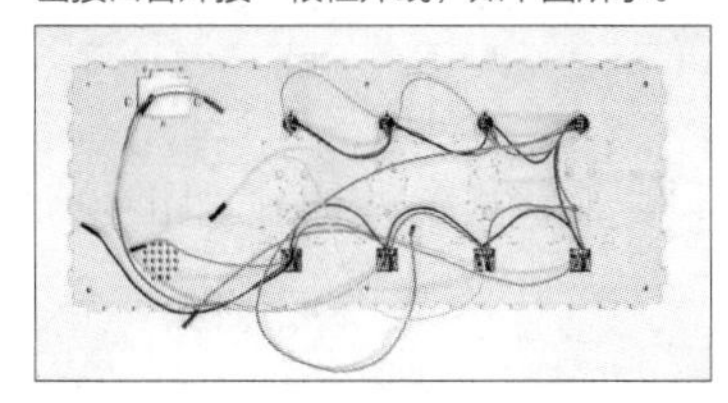

4 把语音合成模块安装在相应的位置。

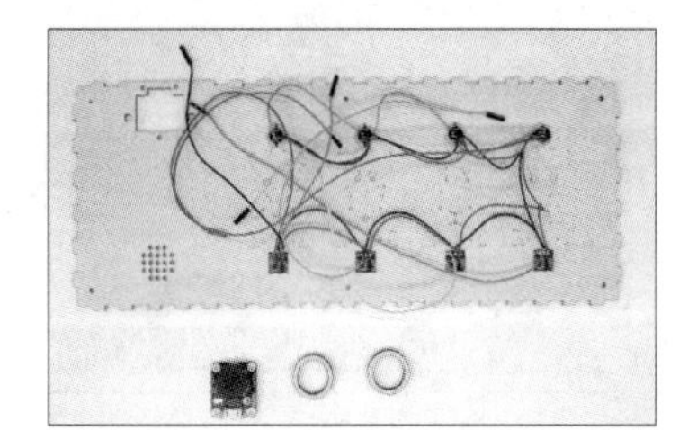

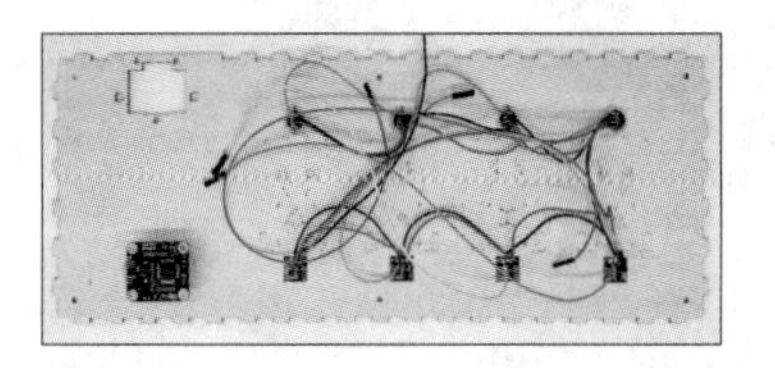

5 把百灵鸽扩展板和掌控板组装在一起并安装在右上角的相应位置。

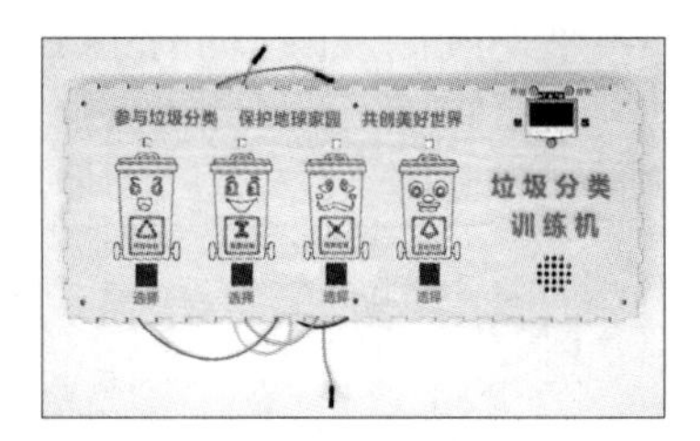

6 把各个传感器模块上的杜邦线连接在百灵鸽扩展板相应的针脚上。

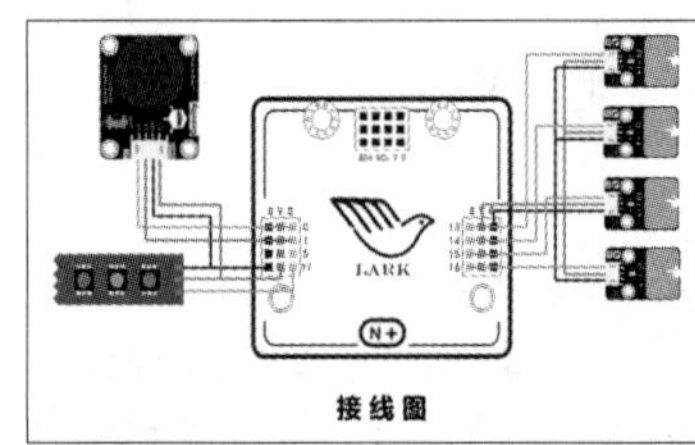

接线图

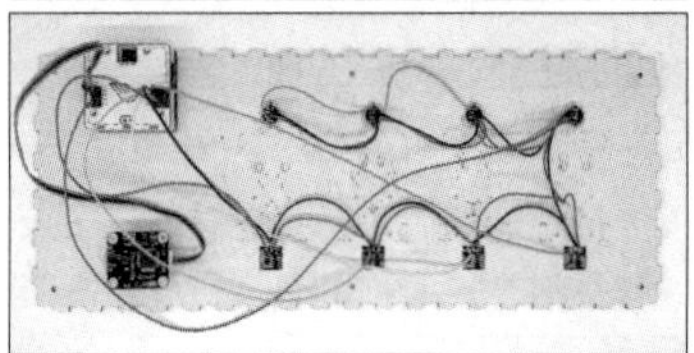

7 把4个侧面板与上面板组装在一起。

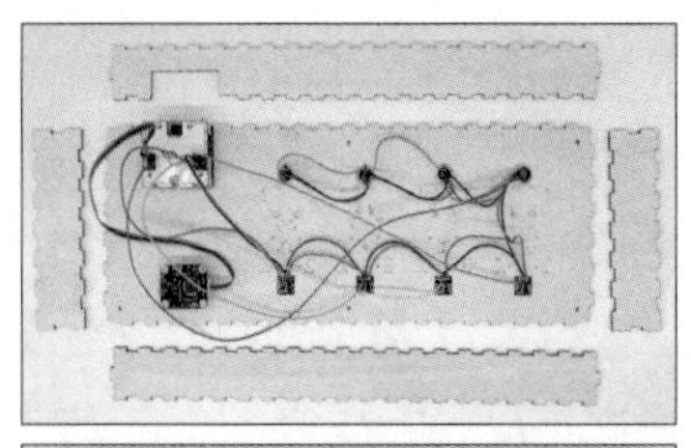

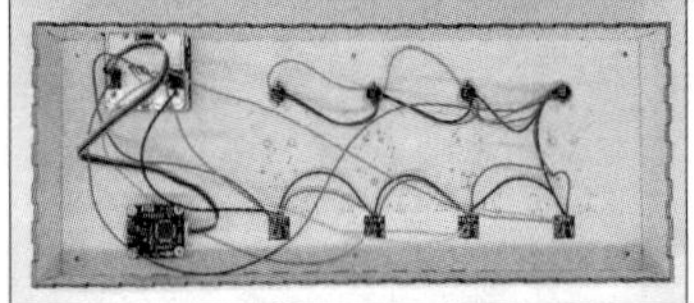

8 组装上底板。

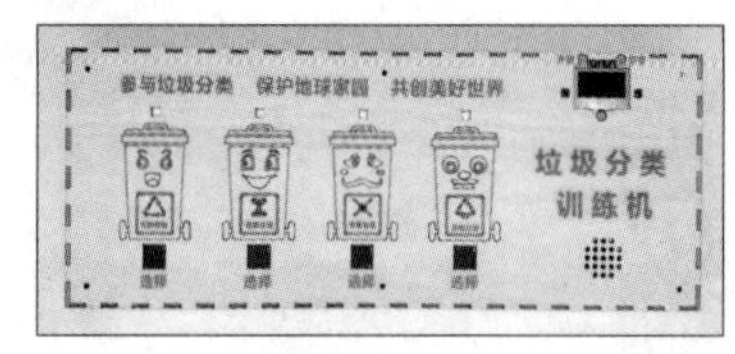

9 最后再把亚克力面板安装在面板的最上面，防止长时间使用造成触摸按键旁边的面板被弄脏。

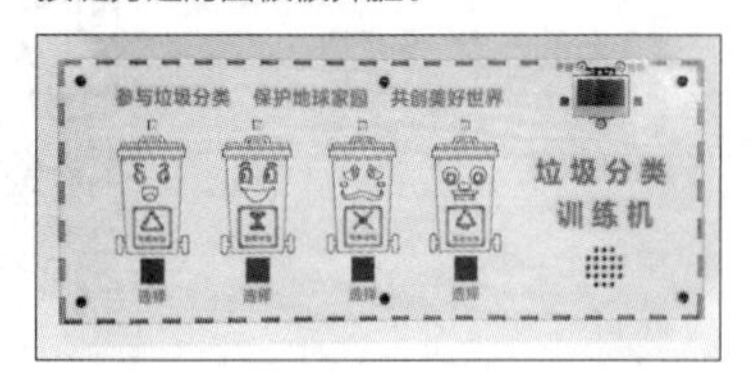

程序编写

1 程序用 Mind+ 软件编写。打开 Mind+ 软件，切换到上传模式，接着单击“扩展”，打开扩展窗口。

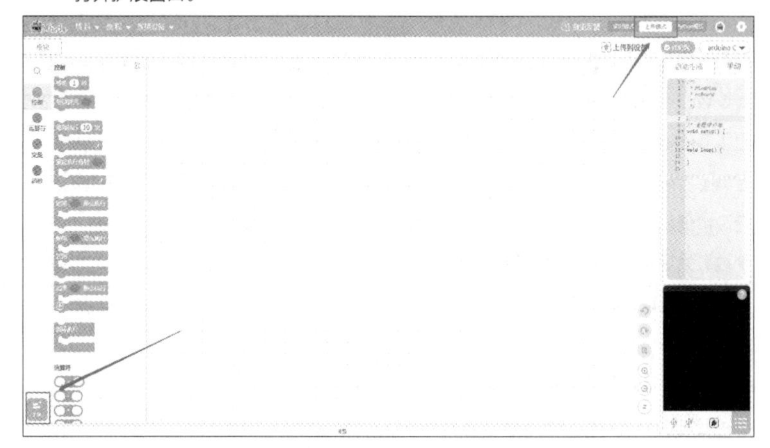

2 在“主控板”选项卡中选择“掌控板”。

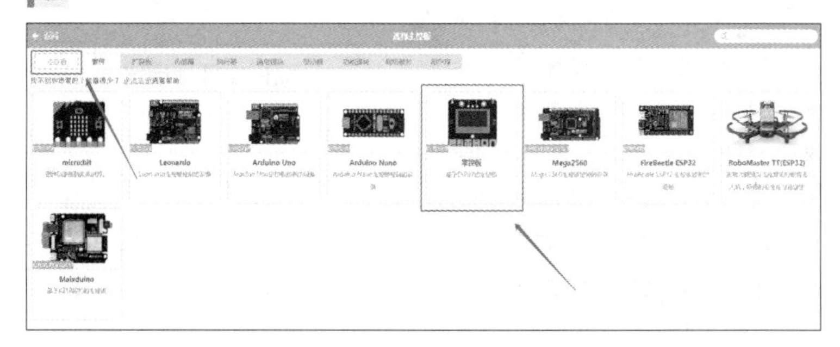

3 在“执行器”选项卡中选择“语音合成模块”。

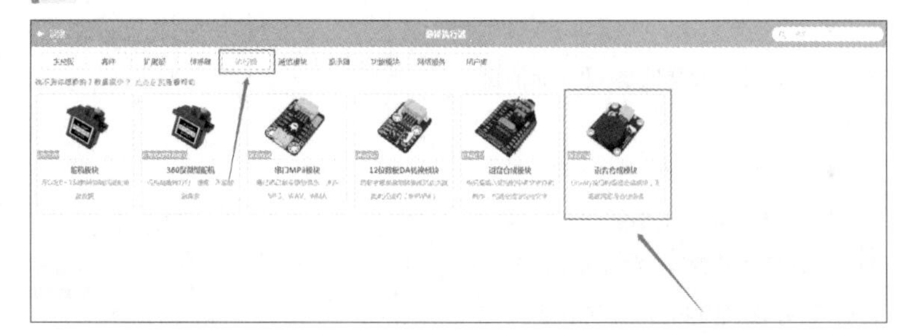

4 在“显示器”选项卡中选择“WS2812 RGB灯”后，返回编程界面。

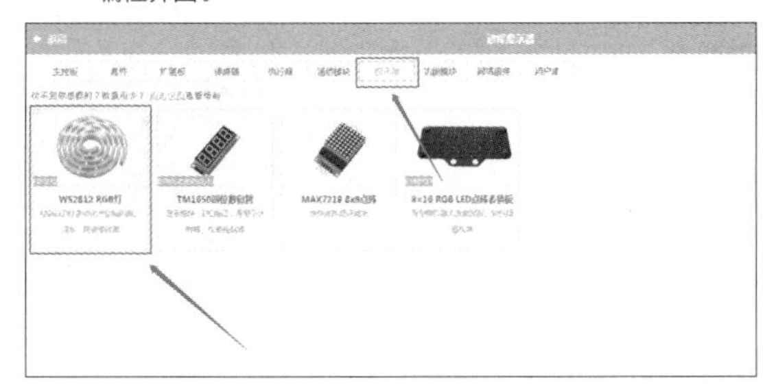

5 接下来开始正式编写程序。我们先建4个函数，分别为“添加可回收垃圾”“添加易腐垃圾”“添加有害垃圾”“添加其他垃圾”，然后再建立4个列表变量，分别将一些常见的垃圾名称添加到相应的列表变量中。

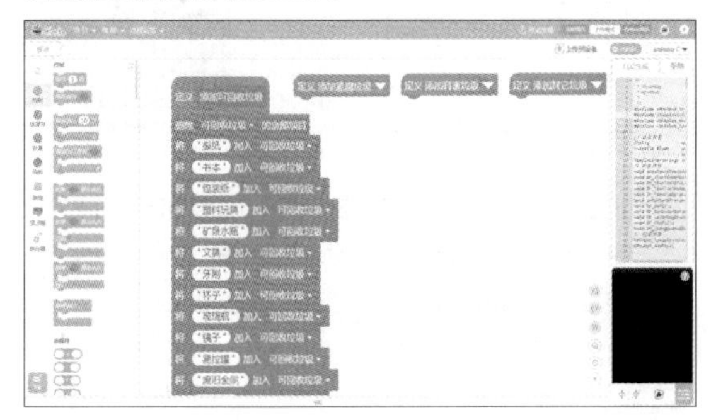

6 接下来编写初始化的相应程序，这一部分程序主要是对各模块进行初始化设置及屏幕信息显示等，定义了“开始”“对”“错”3个变量，变量“开始”主要控制出题的开始与结束，变量“对”“错”分别存放做对的题数和做错的题数。

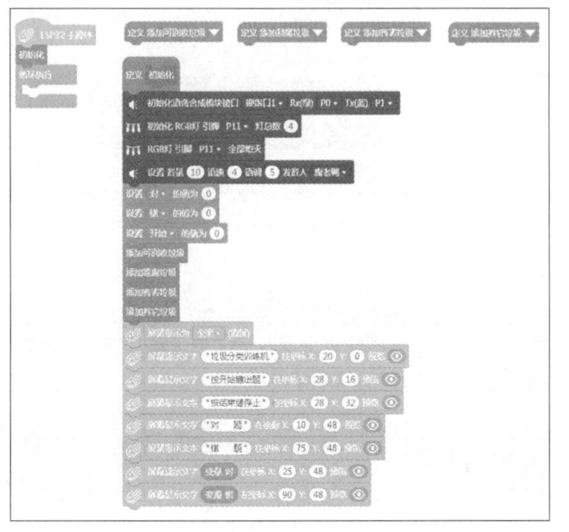

7 在主程序的重复执行中判断变量“开始”的值，变量“开始”的值由按键A和按键B控制，如果变量“开始”的值为1，先播报“请听题”语音，再执行“出题”“答题”函数中的程序。

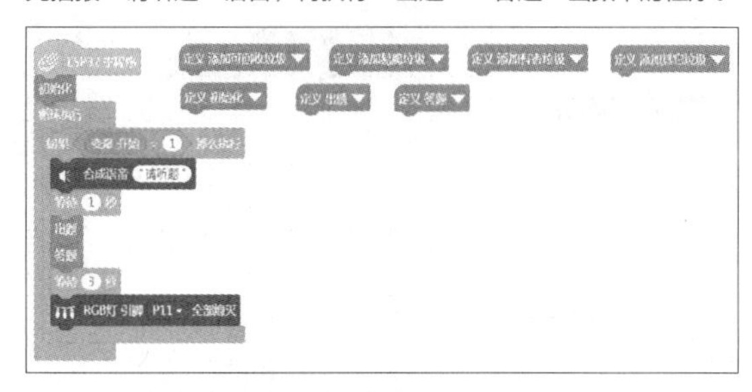

8 在“出题”函数中，变量“类别”对应4种垃圾类别，变量“项目”对应每种垃圾列表中的相应项，这样所有列表中的垃圾就都可以通过“类别”“项目”两个变量来表示，最后用变量“题目”存放随机抽取的垃圾名称，也就是需要回答的题目。由于掌控板显示屏显示的文字不能直接调用列表变量中的文字，所以我又用了“垃圾名称”这个函数来转化一下。最后用到“重复执行直到”积木，主要是为了实现出完题后一直等待答题，只有按了相应的按键后，才能继续执行下面的积木。

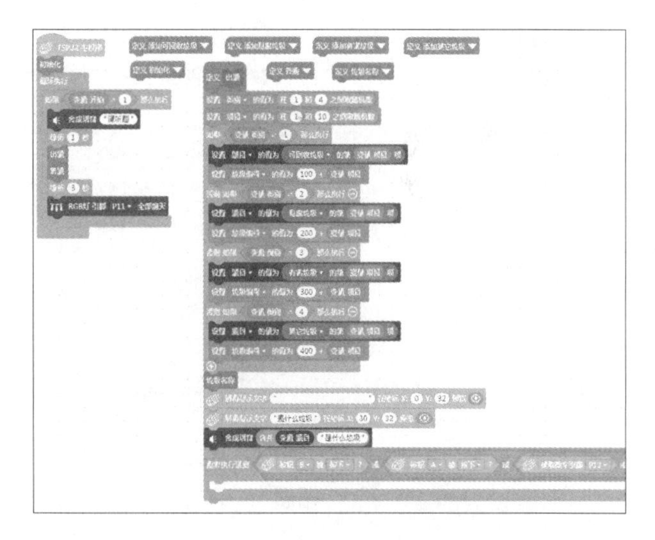

9 “垃圾名称”函数中的部分程序如下页左上图所示。

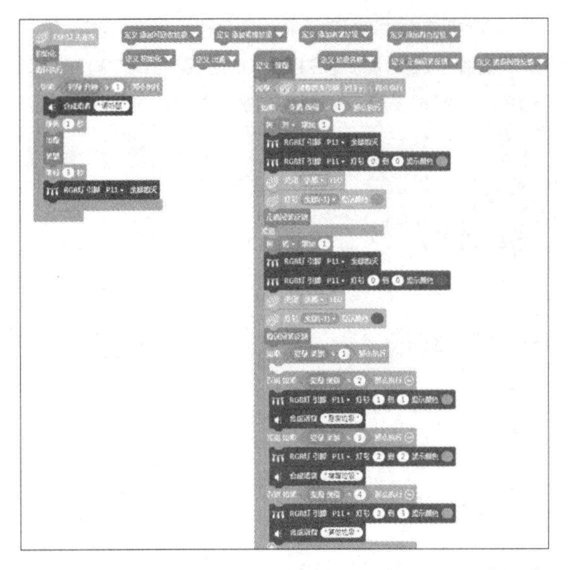

10 我们通过触摸相应垃圾桶上的触摸开关来答题，所以在“答题”函数中用“如果……否则如果……”积木来判断哪个按键被按下，再判断对错。如果回答正确，变量“对”的值就加1，相应的LED以绿色点亮，并执行“正确回答反馈”函数中的程序；如果回答错误，相应的LED以红色点亮，接着执行“错误回答反馈”函数中的程序，再让正确答案垃圾桶上的LED以绿色点亮，并进行相应的语音播报。

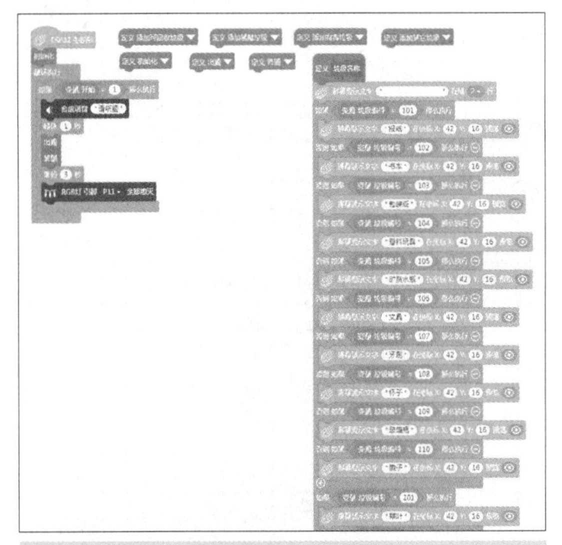

拓展

这个垃圾分类训练机目前的功能是机器自动出题，用户来回答，系统会进行相应的信息反馈，也就是机器出题，用户来判断。其实还可以倒过来，由用户出题，机器来判断。要实现这样的功能，我们只要再加上语音识别模块就可以了，这样用户说垃圾名称，机器通过语音识别模块进行识别，再加以判断，这样可玩性就更高了。

11 “正确回答反馈”函数中的程序如下图所示，目的是使反馈语言多样化。

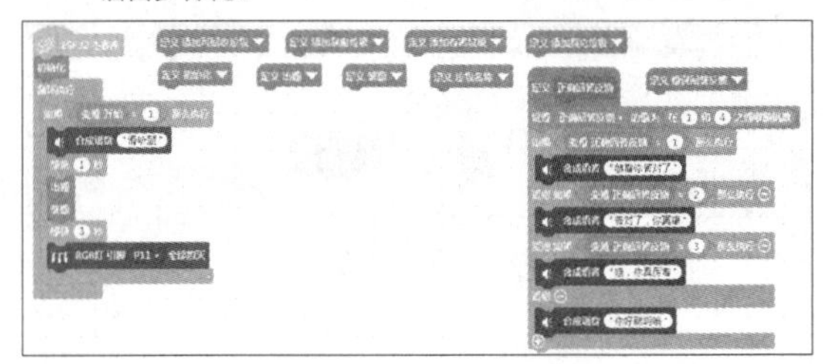

12 “错误回答反馈”函数中的程序如下图所示。

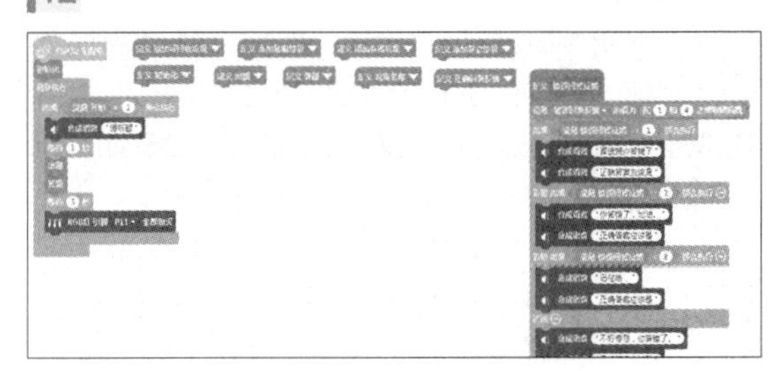

13 按键A和按键B的程序如下图所示，主要通过它们来控制是否出题。做对和做错的题数除在显示屏上随时显示外，当用户按下结束键（B键）时，还会通过语音播报出来。

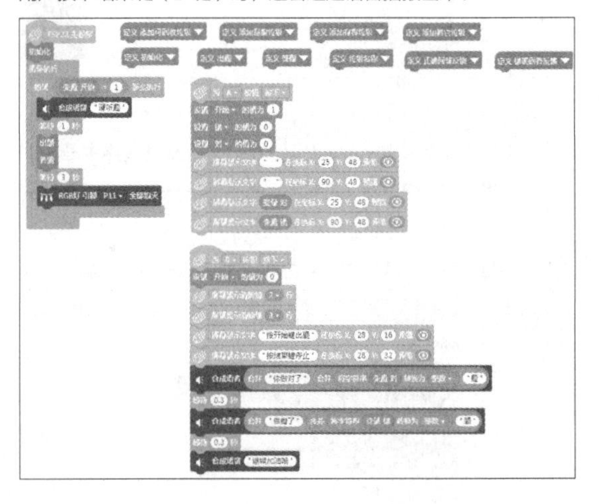

14 完整程序如下图所示。

中国空间站模型

▌陈杰

演示视频

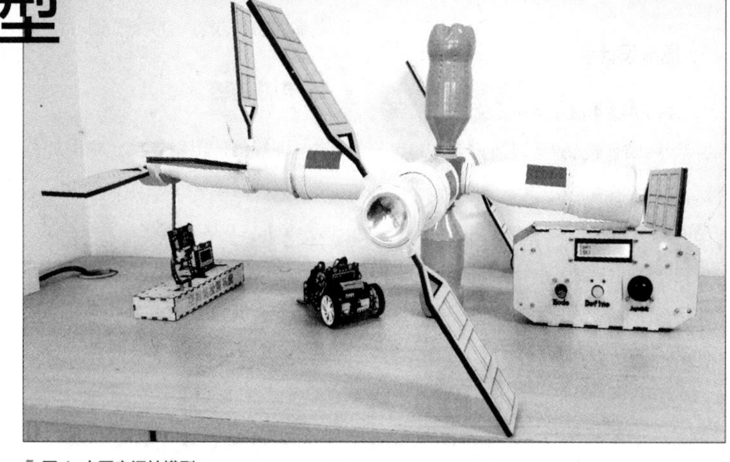

▌图 1 中国空间站模型

项目源起

2021年南京市创客大赛以“太空探索”为主题拉开帷幕。为此，我们制作了一个中国空间站模型（见图 1），模拟天和核心舱与梦天实验舱、问天实验舱、神舟号载人飞船、天舟号运货飞船通信，陨石预警以及太空探索车采集外太空环境数据的场景。

附表 材料清单

序号	名称	数量
	遥控器	
1	Arduino Uno 主控板	1 块
2	I/O 传感器扩展板	1 块
3	模拟角度传感器	1 个
4	数字按钮、旋钮	1 个
5	旋钮	1 个
6	I^2C LCD1602 RGB 彩色背光液晶屏	1 块
7	JoyStick 摇杆	1 个
8	UART OBLOQ IoT 模块	1 个
9	7.4V 锂电池	1 块
10	激光切割结构件（遥控器）	1 组
11	铜柱、螺母	若干
12	扬声器	1 个
	空间站检测系统	
13	掌控板	1 块
14	掌控扩展板	1 块
15	HuskyLens AI 摄像头	1 个
16	激光切割结构件（空间站检测系统）	1 组
	探测小车	
17	掌控板	1 块
18	麦昆小车扩展板	1 块
19	麦昆小车	1 辆
20	DHT11 温 / 湿度传感器	1 个
21	180° 舵机	1 个
	模型外形	
22	不同大小的塑料瓶	若干
23	3D 打印结构件	1 组
24	激光切割结构件（太阳能板）	1 组
25	自喷漆、502 胶水、热熔胶	若干
26	螺栓、螺母	若干

模型简介

中国空间站模型是参考中国空间站的 5 大组成模块——天和核心舱、梦天实验舱、问天实验舱、神舟号载人飞船、天舟号运货飞船以及其功能进行制作的。制作中国空间站模型所需材料清单如附表所示。模型基于物联网进行通信，其所具备的功能如下文所示。而功能与主要硬件及技术的对应关系如图 2 所示。

◆ 频段切换：可在 3 个频段间进行切换，完成对应功能。

◆ 安全检测：通过天和核心舱中的遥控器，无线遥控检测其他 4 个模块的设备是否在正常运行。

◆ 陨石预警：通用 HuskyLens AI 摄像头检测模拟的陨石，并发出预警。

◆ 遥控小车：通过切换遥控频段，远程遥控探测小车出舱，实现数据收集。

◆ 采集数据：通过切换遥控频段，远程接收探测小车采集的温度及光照强度数据。

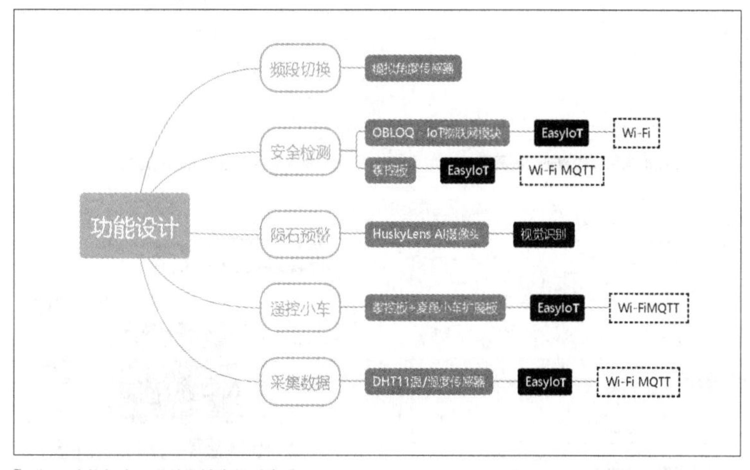

▌图 2 功能与主要硬件及技术的对应关系

模型制作

1. 图纸设计

为了最大限度接近中国空间站的外形，并尽可能降低制作难度，我们使用塑料瓶、3D 打印结构件、激光切割结构件制作中国空间站模型的外形。图 3~ 图 6 所示是制作中国空间站模型的外形所需要的 3D 打印结构件及激光切割结构件的设计图纸。而空间站检测系统所涉及的激光切割结构件的设计图纸如图 7 所示、遥控器所涉及的激光切割结构件的图纸如图 8 所示。

2. 电路连接

遥控器的电路连接示意图如图 9 所示。太空间检测系统的电路连接，只需要将 HuskyLens AI 摄像头连接至掌控扩展板的 I²C 引脚；探索小车的电路连接，只需要将 DHT11 温 / 湿度传感器连接至麦昆小车扩展板的 P1 引脚即可。

3. 搭建步骤

1 组装遥控器。在遥控器底板上安装铜柱固定 Arduino Uno 主控板。

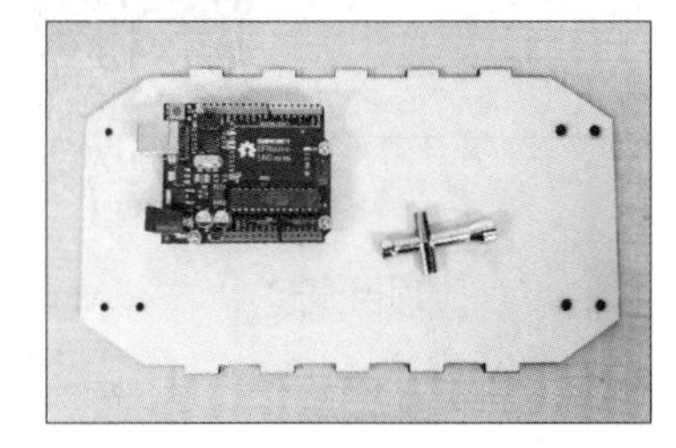

2 在遥控器前面板上安装扬声器。

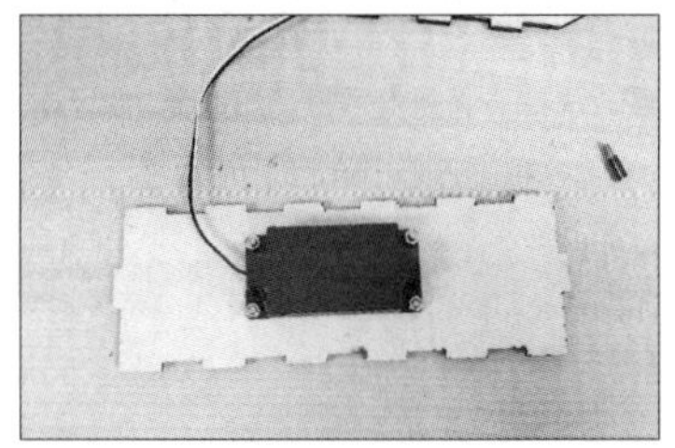
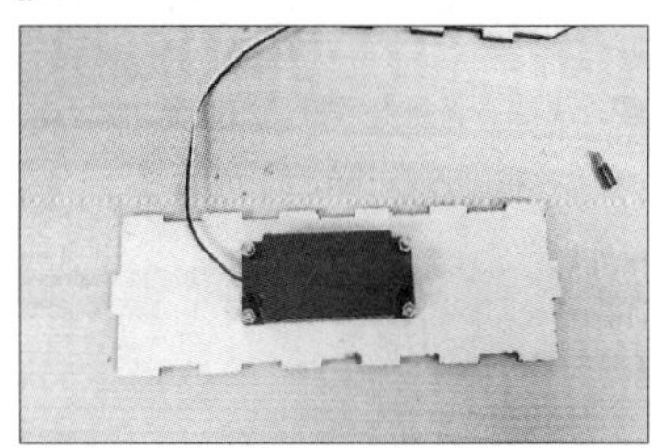

3 在遥控器顶板上安装彩色背光液晶屏、数字按钮、摇杆。

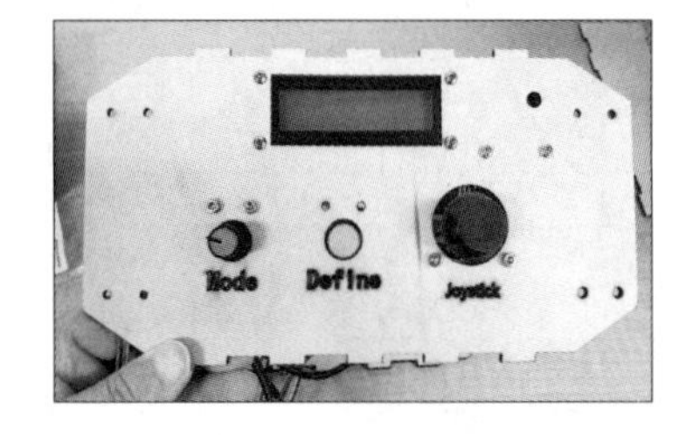

4 组装遥控器各个面板，完成遥控器的组装。

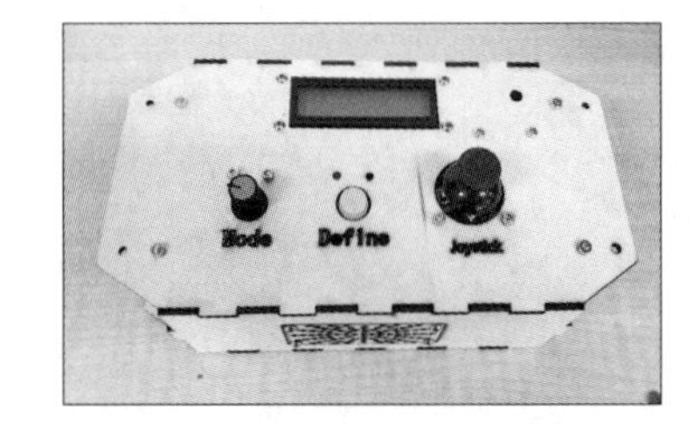

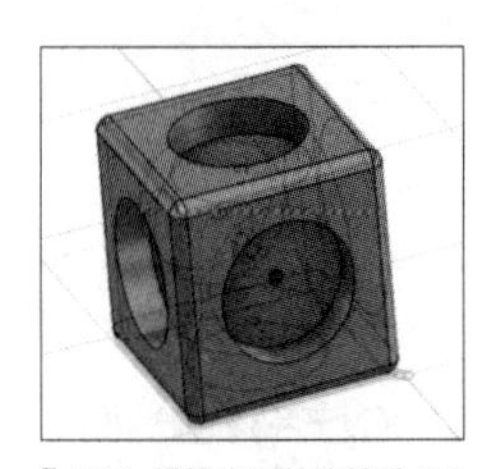

图 3 模块之间的连接件 3D 打印图纸

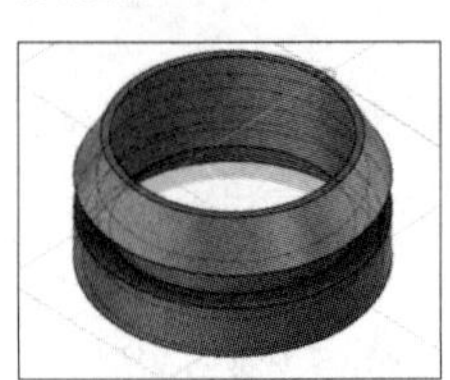

图 4 模块内部结构中的连接件 3D 打印图纸

图 5 不同位置的太阳能电池板的固定件 3D 打印图纸

图 6 太阳能电池板的激光切割图纸

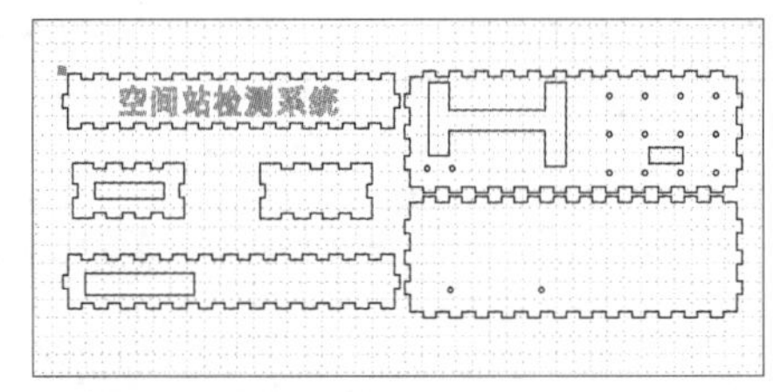

图 7 空间站检测系统结构件激光切割图纸

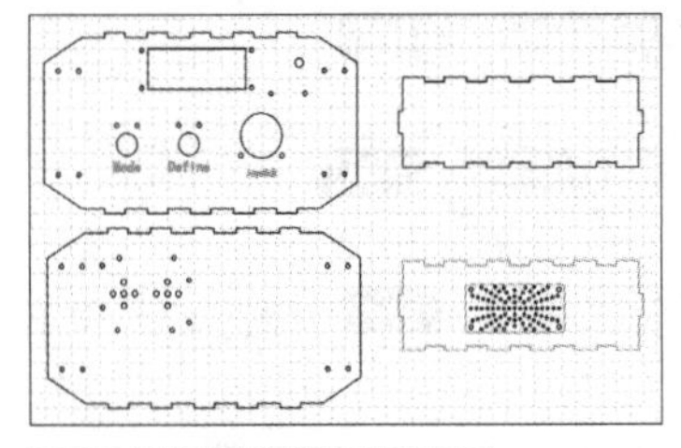

图 8 遥控器结构件激光切割图纸

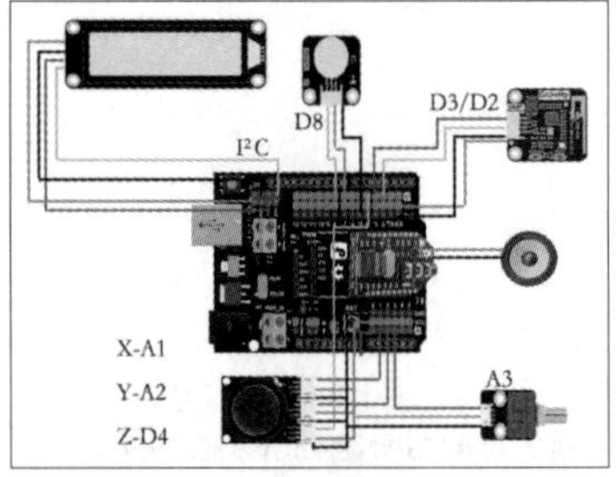

图 9 遥控器的电路连接示意图

5 使用激光切割结构件组装空间站检测系统。

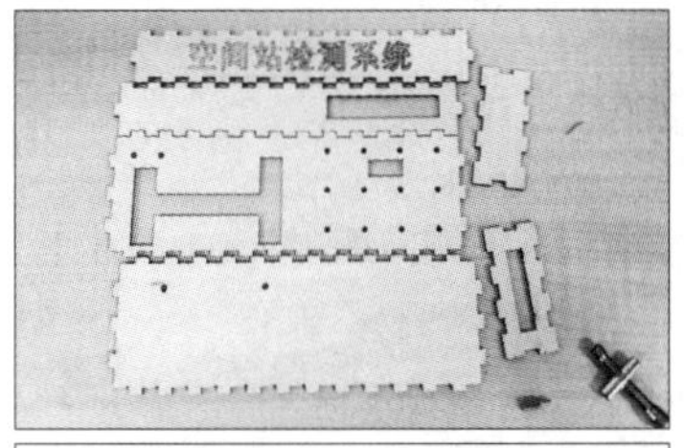

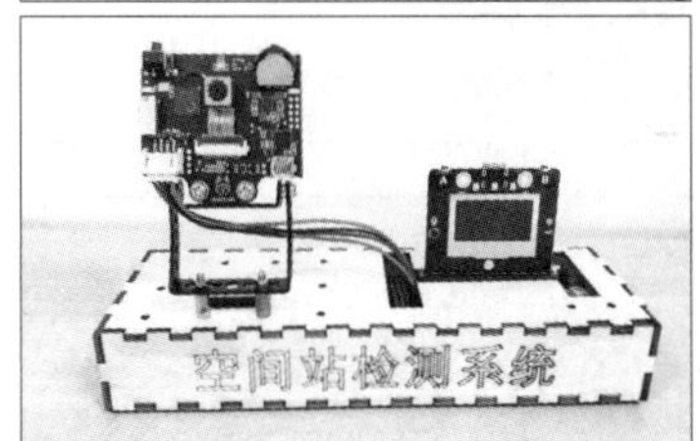

6 组装麦昆小车，并安装DHT11温/湿度传感器。

7 用塑料瓶组装“天和核心舱”和“天舟号运货飞船”。

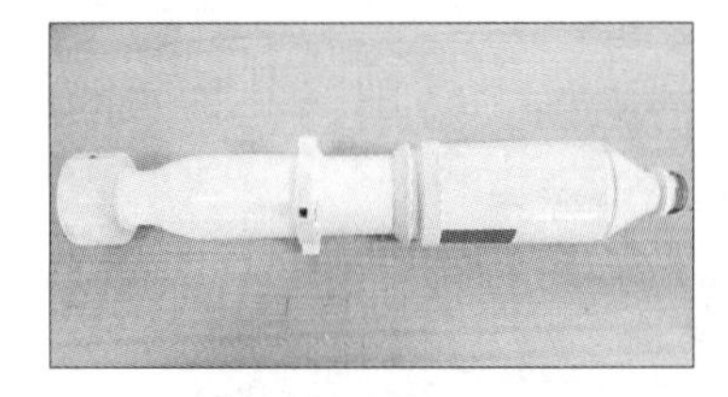

8 用塑料瓶组装“梦天实验舱”“问天实验舱”。

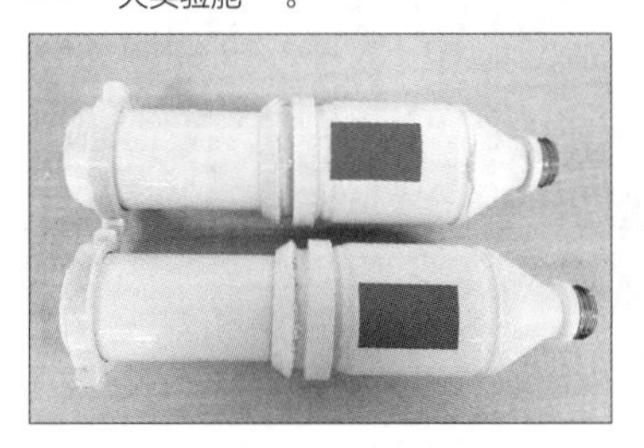

9 用塑料瓶组装“神舟号载人飞船”。

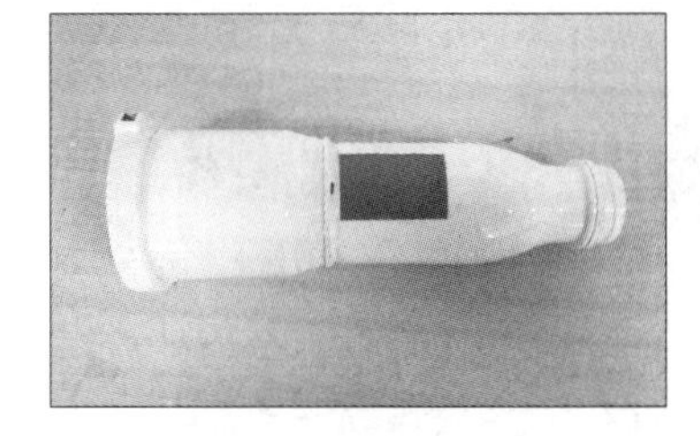

10 使用螺栓、螺母将塑料瓶盖固定在3D打印的模块之间的连接件上。

11 在步骤10连接件的上下方安装两个塑料瓶，其中下方的塑料瓶需要装满水，起加固作用。

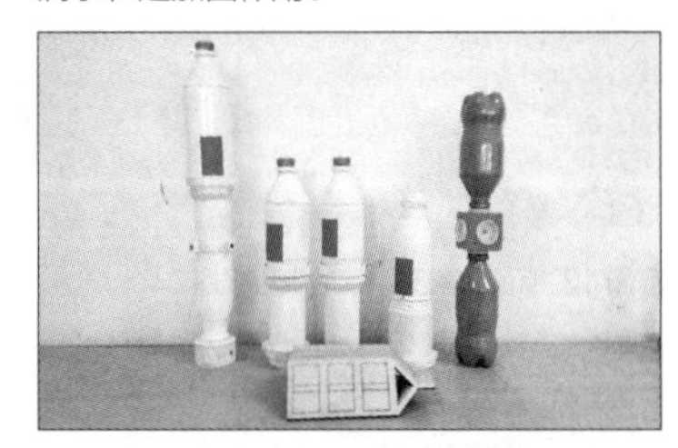

12 将“太阳能电池板”及各个模块安装至步骤10中的连接件，完成组装。

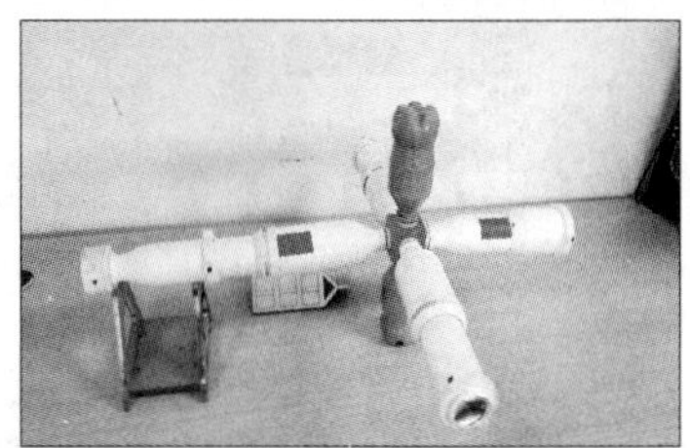

程序编写

中国空间站模型使用EasyIoT平台实现通信，通信示意图如图10所示。我们需要在EasyIoT平台定义3个Topic分别用于空间站检测、遥控小车及采集数据回传，如图11所示。

然后使用Mind+编写程序。遥控器的参考程序（主程序、遥控程序、接收采集数据程序）如图12所示，空间站检测系统的参考程序（主程序、陨石检测程序）

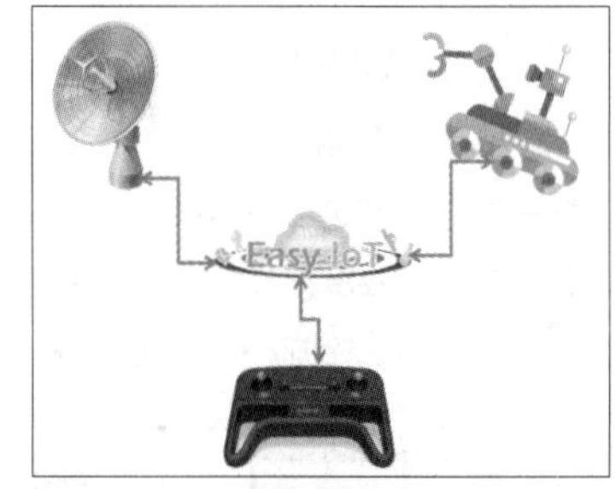

图10 EasyIoT平台实现通信示意图

图11 定义3个Topic

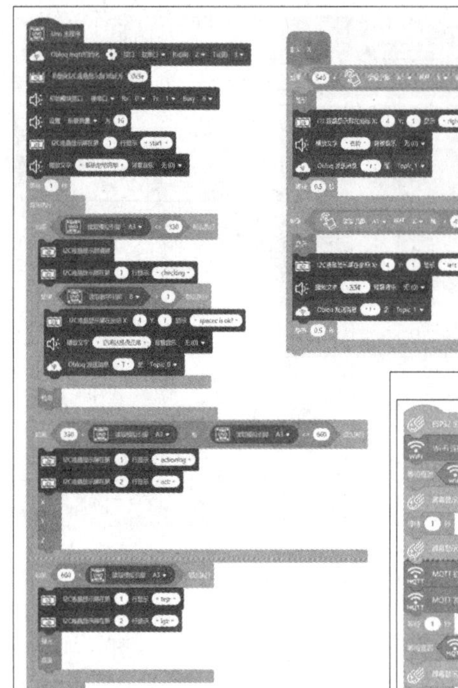

图12 遥控器的参考程序

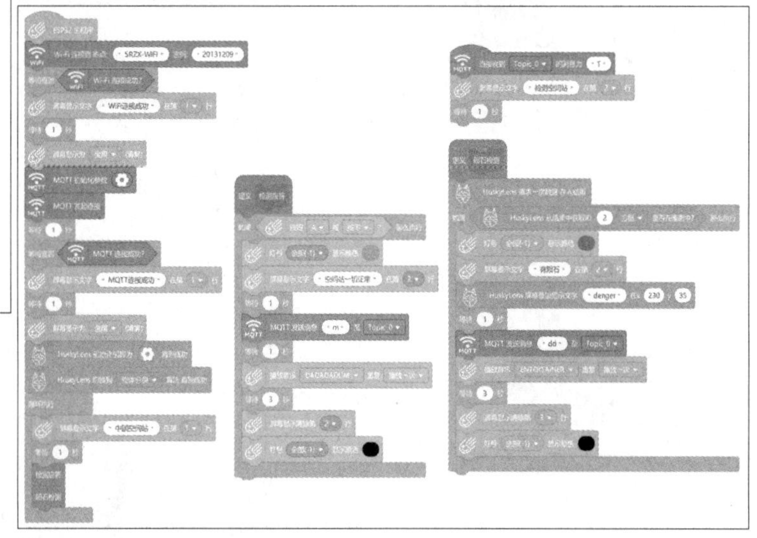

图13 空间站检测系统的参考程序

如图13所示、探测小车的参考程序（主程序、探测小车的动作程序）如图14所示。

测试与改进

通电，分别测试在不同频段下的相应功能是否可以正常实现。检测到各个模块正常运行时，遥控器及空间站检测系统如图15所示；当检测到探测小车后退时，遥

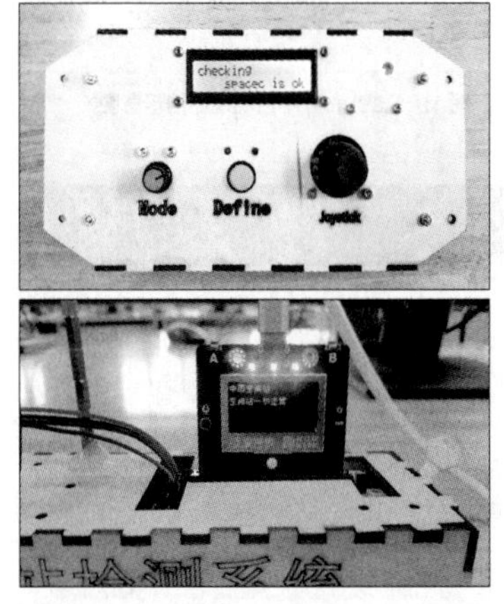

图15 检测到各个模块正常时的遥控器与空间站检测系统

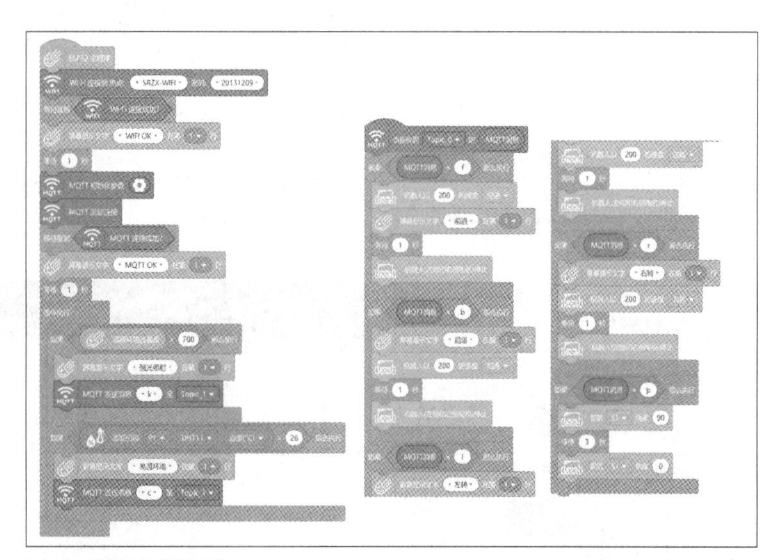

图14 探测小车的参考程序

用三极管制作可调稳压器 LM317

俞虹

集成可调稳压器LM317是大家比较熟悉的电子元器件，它能输出1.2~37V的电压，有多重保护功能。用它可以制作各种直流电源，又由于它的输出电压是可调的，故应用比固定输出电压的集成稳压器更加广泛。那么，它是如何稳压，内部电路结构如何，保护电路如何工作，还有初始电压1.2V是怎么形成的，大家都比较陌生。这次，我们用三极管制作LM317，能对它的内部电路有更多的了解，从而能更好地使用LM317，设计出更好的电源电路。

工作原理

图 1 所示是集成可调稳压器 LM317 的外观，由于它有 3 个引脚，故也叫三端可调稳压器。图 2 所示是 LM317 的内部电路框图，它由 1.2V 基准电压电路、误差放大器、保护电路和调整管 4 部分组成。图 3 所示是 LM317 的内部电路，它由 28 个三极管（包括 1 个场效应管）、27 个电阻、3 个电容和 3 个稳压管组成。下面我们先介绍两个相关基本电路，再接着介绍 LM317 的内部工作原理。

1. 多路输出电流源电路

在电路中，需要输出多路电流时，可以使用一个基准电流来得到不同电流的电流源电路。图 4 所示电路就是一种在比例电流源上加以改进的能获得多路不同电流的电流源电路。其中 I_R 为基准电流，I_{C1}、I_{C2}、I_{C3} 为不同的输出电流。由电路可以看出，$U_{BE0}+I0R0=U_{BE1}+I1R1=U_{BE2}+I2R2=U_{BE3}+I3R3$，由于各路的 U_{BE} 基本相同，故 $I0R0=I1R1=I2R2=I3R3$。这样，当 $I0$ 固定后，改变其他电流只需要改变电阻就可以了。

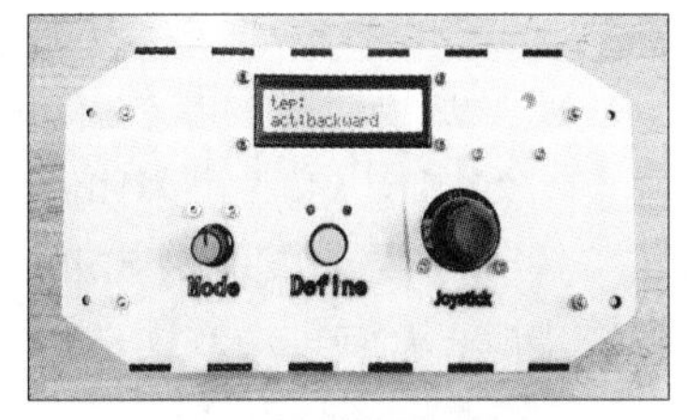

图 16 检测到探测小车后退时的遥控器

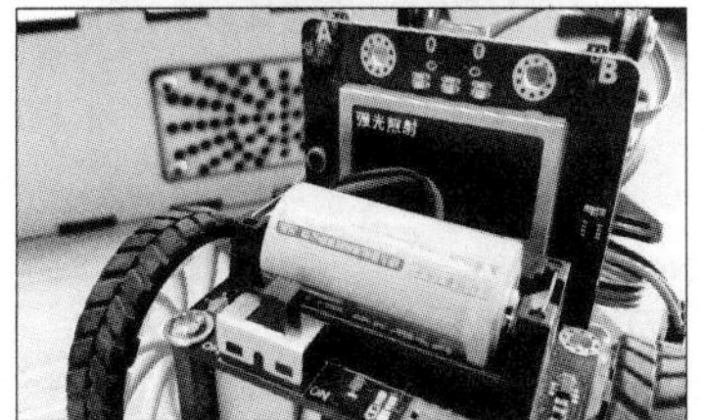

图 17 检测到环境高温或者有强光照射时的探测小车

控器如图 16 所示；检测到环境高温或者有强光照射时，探测小车如图 17 所示；检测到有“陨石”时，空间站检测系统如图 18 所示。中国空间站模型可以实现我们预期的效果，模拟天和核心舱与梦天实验舱、问天实验舱、神舟号载人飞船、天舟号运货飞船通信，以及陨石预警、太空探索车采集外太空环境数据的场景。

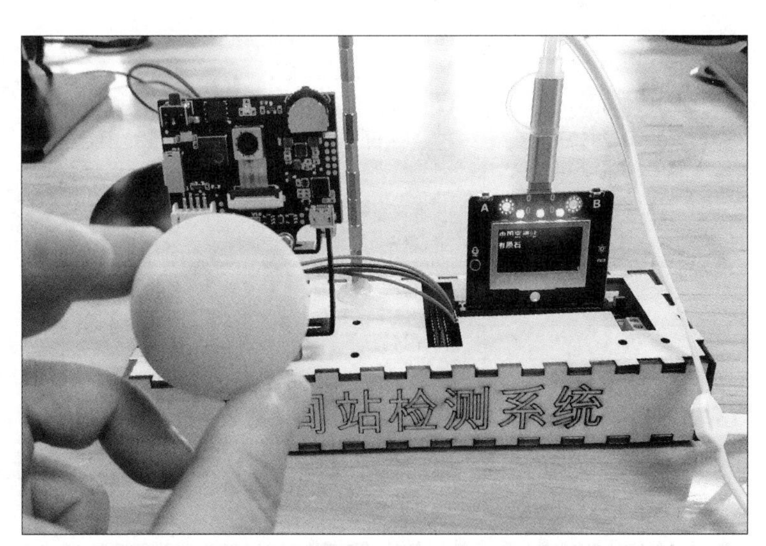

图 18 检测到有“陨石”时的空间站检测系统

2. 带隙基准电压电路

图 5 所示也是一种比较常见的与温度无关的基准电压电路，其原理是利用三极管的基 - 射极电压 U_{BE} 的负温度系数和两个三极管基 - 射极电压之差 ΔU_{BE} 的正温度系数可以相互抵消来产生零温度系数的基准电压。图 5 中，如果忽略三极管的基极电流，则 $I0=I1$，$U_{BE0}+I0R0=U_{BE1}$，$U_{BE0}=U_T\ln(I0\div I_{S0})$，$U_{BE1}=U_T\ln(I1\div I_{S1})$，$U_{BEF}=U_{BE1}+(I0+I1)R2$，通过以上式子可以推得 $U_{BEF}=U_{BE1}+(2R2/R1)U_T\ln N$，其中 $N=I_{S0}\div I_{S1}$，为三极管发射极面积之比，U_{BE1} 的温度系数为 -1.5mA/℃，U_T 的温度系数为 +0.086mV/℃。所以选择适当的 N 值和 $R2/R1$ 值，就可以得到零温度系数的输出基准电压。

3. 启动电路

图 3 所示的电路图中，VT1、VD1、R27 和 R1 组成了启动电路。电路接通后，输入端和输出端之间的电压作用于结型场效应管 VT1 和稳压管 VD1，从而为 VT1 建立恒流偏置。稳压管 VD1 产生 6.3V 的电压（这里实际为 6.2V），该电压经过 R1 为 VT3 和 VT5 提供基极电流，使电路中相关电流源开始工作，为基准电压电路和误差放大器提供工作电流。电阻 R27 是 VT1 的偏置电阻，使流过稳压管的电流为 2mA。

4. 基准电压电路

基准电压电路由 VT16、VT17、VT20、VT21 和电阻 $R17$、$R18$ 组成，这里用到的就是上面介绍的带隙基准电压电路，VT16 和 VT17 组成镜像电流源，工作点电流比为 1 : 1。三极管 VT20 和 VT21 的物理结构相同，但几何尺寸不同，为了确定电流源的工作点，VT20 和 VT21 的发射极面积之比为 1 : 10。由于流过的电流相同，所以发射极的电流密度之比为 10 : 1，这样两管的 U_{BE} 就会不同，差值由 R17 弥补（上面这种处理能有效消除温度对基准电压的影响），从而在 R18 上的电流是 VT21 发射极电流的 2 倍（或 VT20 发射极电流的两倍）。那么，电阻 R18 上的电压加上 VT20 的 U_{BE} 就构成了 LM317 的基准电压，其值为 1.2V，这里就可以看出决定这个 1.2V 电压的是电阻 R17、R18 和 VT20、VT21。

5. 电流源电路

VT2、VT4、VT6、VT7、VT14 构成了多路输出电流源。VT3 集电极电流启动后，VT4 电流源作为 VT5 的有源负载，VT6 电流源作为 VT8、VT9、VT10 的有源负载，而 VT14 电流源作为 VT15 发射极有源负载，VT7 电流源作为 VT11 和 VT12 的有源负载。VT18 和 VT19 构成另一组镜像电流源，用于驱动调整管 VT26 和 VT24。同时，VT18 和 VT19 电流源还是 VT11 和 VT12 的有源负载。

6. 误差放大器

误差放大器分为两部分，即同相放大器和反相放大器。两个放大器在 VT11 和 VT12 处进行连接，共同控制输出调整管，从而实现输出电压的控制。VT5、VT8、VT9、VT10、VT11 构成同相 4 级直接耦合放大器。VT5 为第一级；VT9 为第二级；VT10 为第三级，该级既负责放大作用又有偏置调节；VT11 为第四级。VT8 为射极跟随器，当 VT6 集电极电流变化时，起补偿调节作用。当输入端和输出端之间电压变大时，VT8 集

图 1 LM317 外观

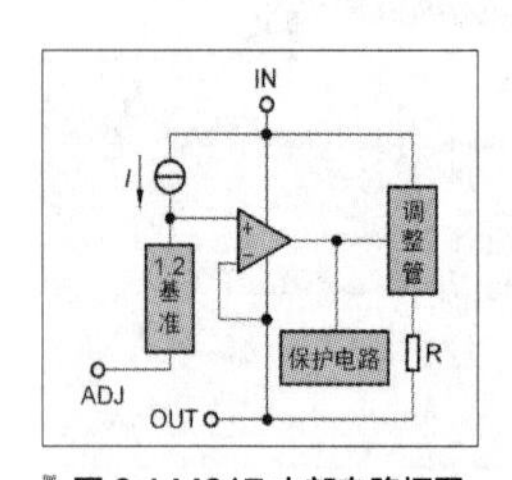

图 2 LM317 内部电路框图

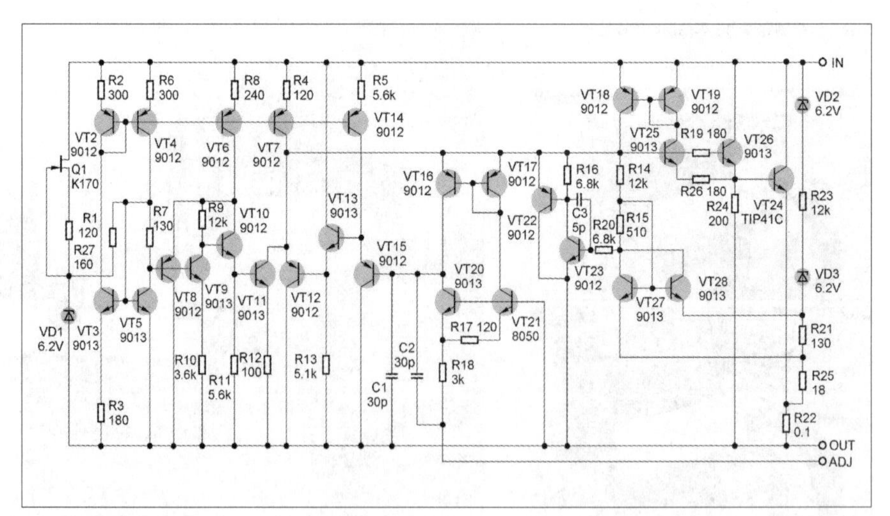

图 3 LM317 内部电路

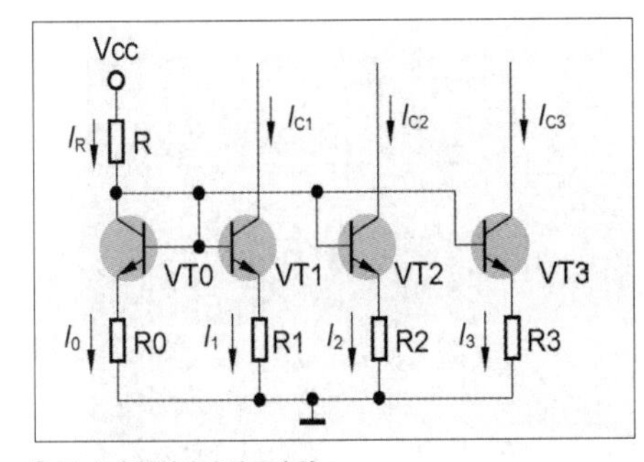

图 4 多路输出电流源电路

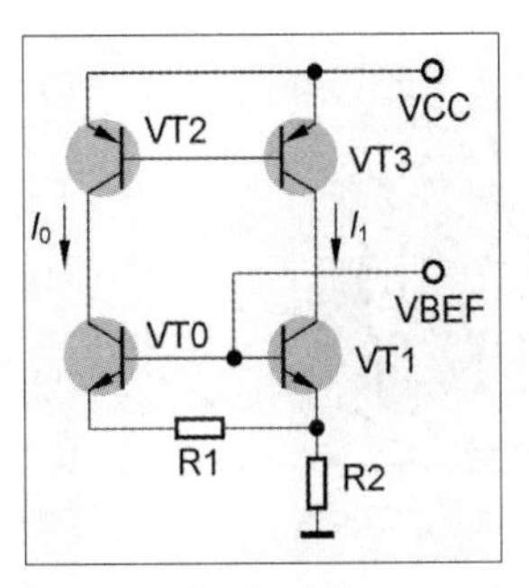

图 5 带隙基准电压电路

电极电位下降，VT9 集电极电位上升，VT10 集电极也电位上升，调整管输入电压升高，使调整管 VT24 集 - 射极电压变小，输出电压随之上升，从而使输出端和输出端之间的电压恢复正常。

VT12、VT13、VT14、VT15、VT20 和 VT21 构成了反相放大器，这里只有 VT20 起实际的反相作用。与基准电压比较后的输出电压差被输入 VT20 的基极，放大后的误差信号由 VT20 集电极输送到 VT15 的基极。VT12、VT13、VT15 构成 3 级射极跟随器，输入阻抗很高，这就使得 VT20 的电压增益很大。输出电压变低时，VT20 集电极电位上升，引起 VT12 发射极电位上升，调整管 VT26 基极电位上升，输出电压升高，使输出电压恢复到正常电压。

功率输出形式是由 VT26 和 VT24 组成的达林顿三极管结构，VT26 和 VT24 为组合调整管。

7. 过流保护电路

过流保护电路由 VT27、VT28 和电阻 R22 组成。当流过电阻 R22 电流过大时，VT27 集电极电位上升，VT22 的发射极电流变大，调整管驱动电流变小，VT24 的集 - 射极电流变小，从而形成对输出电流的限制。

8. 安全工作区保护电路

安全工作区保护电路由稳压管 VD2、VD3、电阻 R21、R23、R25 和 VT27、VT28 组成。当输入端和输出端之间电压超过 12.6V（这里实际为 12.4V） 时，VD2、VD3 支路开始流过电流。VT27 和 VT28 集电极电位上升，VT22 发射极电流变大，当这个电流增大到一定值时，调整管 VT26 的驱动电流迅速减小，将 VT24 工作时的集 - 射极电压限制在一定的范围内，避免调整管因功耗过大而损坏。

元器件清单

制作所需元器件清单如表 1 所示。

制作和测试

准备一块 9cm × 15cm 的万能板，按图 3 所示电路排列位置将 28 个三极管焊接上去（注意三极管排列要紧凑一些，以免后面三极管没有位置焊上去），接着焊接 27 个电阻等其他元器件。万能板上、下各焊一条水平锡线，作为正、负极。作为负极的锡线一般焊在焊空倒数第二排，留下倒数第一排焊 ADJ 线。接着用锡线连接各个元器件，如有的位置连接不过去，可以考虑使用飞线，要求尽可能使用锡线，少使用飞线。而大功率三极管 VT24 一般为卧式安装，可以不加散热片。制作完成的 LM317 电路板正面如图 6 所示，反面如图 7 所示。检查元器件焊接无误后，先进行调试，再进行相关测试。

1. 对基准电压进行调试

从前面对基准电压电路的分析可以知

表 1 元器件清单

名称	位号	型号或参数	数目	备注
三极管	VT1	2SK170BL	1	
三极管	VT2、VT4、VT6、VT7、VT14、VT8、VT10、VT12、VT15、VT16、VT17、VT22、VT18、VT19	9012，β=200~250	14	β 要一致
三极管	VT3、VT5、VT9、VT11、VT13、VT20、VT23、VT27、VT28、VT26、VT25	9013，β=200~250	11	β 要一致
三极管	VT21	8050，β=200~250	1	—
三极管	VT24	TIP41C，β=30~50	1	—
稳压管	VD1、VD2、VD3	6.2V/0.5W	3	—
瓷片电容	C1、C2	30pF	2	—
瓷片电容	C3	5pF	1	—
电阻	R1	120kΩ	1	—
电阻	R27	160	1	—
电阻	R2、R6	300	2	—
电阻	R3、R26	180	2	—
电阻	R4、R17	120	2	—
电阻	R5、R11	5.6kΩ	2	—
电阻	R7、R21	130	2	—
电阻	R8	240	1	—
电阻	R9、R14、R23	12kΩ	3	—
电阻	R10	3.6kΩ	1	—
电阻	R12	100	1	—
电阻	R13	5.1kΩ	1	—
电阻	R15	510	1	—
电阻	R16、R20	6.8kΩ	2	—
电阻	R18	3kΩ	1	—
电阻	R19	180	1	—
电阻	R22	0.1	1	—
电阻	R24	200	1	—
电阻	R25	18	1	—
万能板		9cm × 15cm	1	—

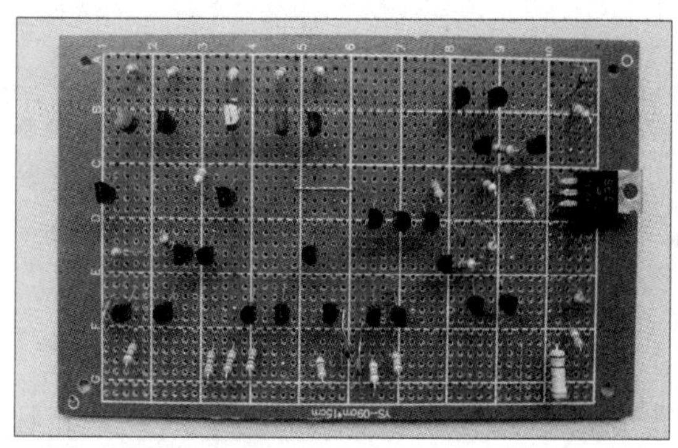

图 6 LM317 电路板正面

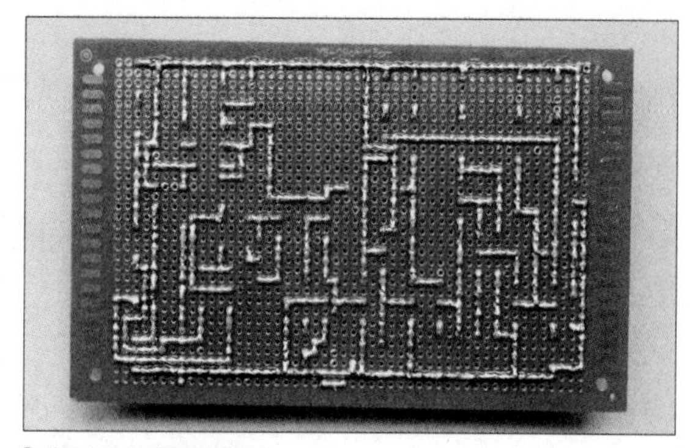

图 7 LM317 电路板反面

表 2 输出电压测试

IN（V）	7	7.5	8	8.5	9	9.5	10	10.5	11	11.5	12
OUT（V）	5.00	5.00	5.01	4.99	4.98	4.99	4.98	4.99	4.99	4.98	5.00

道，要得到 1.2V 的基准电压，VT20 和 VT21 发射极面积之比要达到 1 : 10，也就是 VT21 的发射极面积是 VT20 的 10 倍，这种精确要求，业余条件很难做到。那么，我们可以用功率比较大的三极管来代替面积大的三极管。这里用 8050 三极管来代替，8050 三极管最大电流为 500mA，而 9013 三极管最大电流为 100mA，那么 8050 三极管的发射极面积就大于 9013 的发射极面积，但具体大多少无法确定，因为缺少这方面的说明。要得到 1.2V 的基准电压，还要调整 R18 和 R17 的值，这里将 *R*17 取为 120Ω，*R*18 取为 3kΩ，这样就可以得到 1.2V 的电压。但要说明一点，这个电压只是试验电压，不是真正的基准电压，因为它会随温度发生一些变化。

按图 8 所示连接电路，在 LM317 电路板输入端输入 3~12V 直流电压，测得输出端电压应为 1.2V。如电压高出许多（2V 以上），有可能是电路有问题，需要检查电路各部分，看是否有元器件焊错、锡线相碰、断线等问题。确认没有问题后，接上电源就可以得到 1.2V 电压。如电压离 1.2V 有些偏差，可以调整 *R*17、*R*18 的值，直到输出端正常输出 1.2V 基准电压。

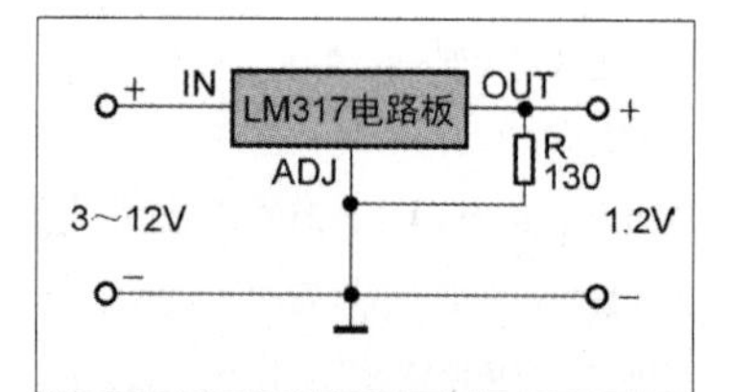

图 8 调输出 1.2V 电压电路

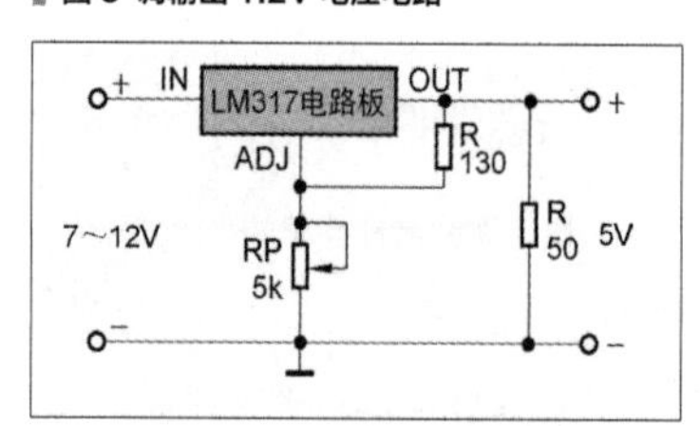

图 9 稳压精度测试电路

2. 稳压精度测试

按图 9 所示连接电路，输出端和 ADJ 端连接一只 130Ω 的电阻，输出端接一个 50Ω/1W 的电阻（可以使用两个 100Ω 的电阻并联），实物连接如图 10 所示。先在输入端加 12V 电压，调整微调电阻 RP 使输出电压为 5V。接着在输入端加 7~12V 电压，每隔 0.5V 测一次输出电压，得到的数据如表 2 所示。可以看出，误差范围为 0.03V，这说明稳压精度还是比较高的。

3. 过流保护电路测试

将 LM317 电路板上的限流电阻 R22 改为 0.5Ω，按图 9 所示连接电路，输入端加 7V 电压，输出端为 5V 电压。接着再增加一个 50Ω/1W 的电阻，这时输出电压由 5V 变为 3V，这说明调整管 VT24 的集 - 射极电流变小，保护电路已经工作。

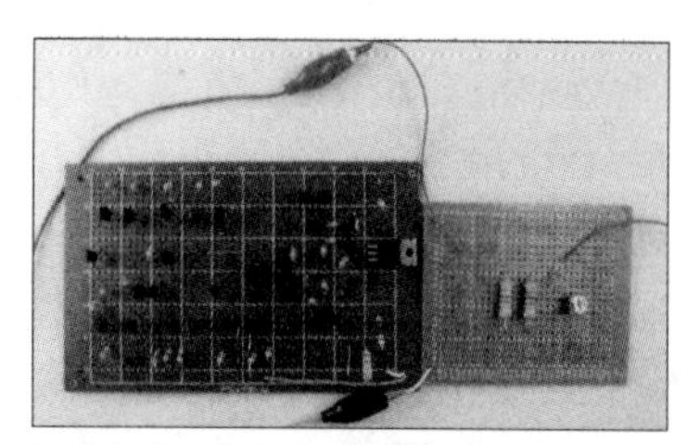

图 10 稳压精度测试实物连接图

4. 安全工作区保护电路测试

为了能使用 12V 电源进行测试，我们对以下元器件进行调整。将稳压管 VD2 两端进行短路，将 VD3 改为 3V 稳压管、R23 改为 2kΩ 电阻。按图 9 所示连接电路，输出 5V 电压。输入电压从 7V 开始调大，当输入电压调到 11V 时，安全工作区保护电路开始工作，输出端电压从 5V 变为 0.4V，从而有效保护调整管 VT24 不因功耗过大而损坏。可以看出，安全工作区保护电路是在 3V 稳压管导通（输入端电压 5+3=8V）后，再上升 3V 后才开始工作，而不是稳压管一开始导通就工作的。

演示视频

超便利！用ESP32开发板DIY掌上网页服务器——M5 Server X

▌朱盼　杨超

前一段时间，有个老师对我说，每到开学季，学校就要印刷学生的录取名单并进行张贴，为此，学校每年都要耗费大量的人力、物力。学校里面的教学活动很多，传统的通知都是通过张贴海报之类的方式进行公布，但是在信息化高速发展的今天，许多消息已经不需要通过传统的纸质媒介发布了，我们可以通过网站在线查询。但开发一个网站是十分复杂的，涉及很多知识，大部分人不可能有这么多的时间和精力去学习网站开发。

考虑到这些难点，再结合我与那位老师交流，以及解决该问题的过程，本教程将利用开源硬件ESP32搭建一个实用的网络服务器。该方案利用ESP32开发板托管网页，通过数据库查询信息，然后用网页进行显示。同时也可以对网页进行可视化编辑，让没有任何基础的人都能够轻松地设计一个实用网页，而你需要做的仅仅是提供你要呈现的数据。

下面，请大家先扫描文章开头的二维码看看这个项目的演示视频，该项目中我们托管了4个不同服务的网页。

M5 Server X名称的由来

M5是指基于ESP32的M5Stack Core2开发板，Server代表它是一个网络服务器，而X代表了无限可能，故这个项目名为M5 Server X。运用M5 Server X，我们能够将任何数据或者服务通过网页的形式呈现，而不需要有任何前端或者后端开发的知识。

预期目标及功能

◆ 通过访问ESP32的IP地址查看网页。

◆ 设置自定义域名访问。

◆ 有服务后台管理功能。

◆ 网页修改可视化。

◆ 用数据库进行数据处理。

◆ 可加载SD卡中的配置文件。

硬件部分

硬件部分，我们使用的是M5Stack Core2（见图1），其特点如下：基于ESP32开发，支持Wi-Fi、蓝牙，有16MB闪存、8MB PSRAM，内置扬声器、电源指示灯、振动电机、RTC、I²S功放、电容式触摸屏、电源键、复位键、SD卡插槽（最大支持16GB），内置锂电池，配备电源管理芯片，独立小板内置6轴IMU、PDM话筒，配有M-Bus总线插座。

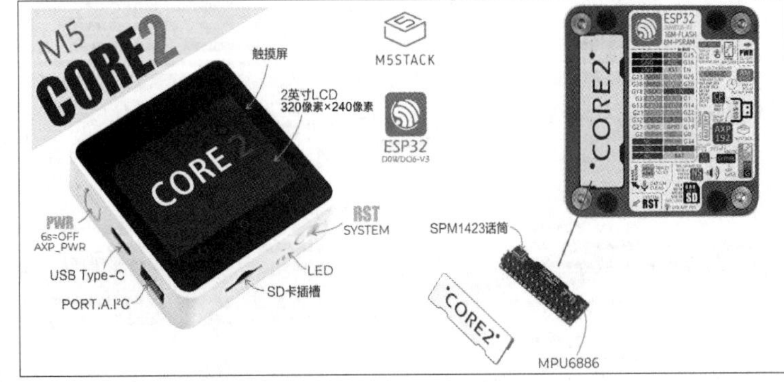

▌图1 M5Stack Core2结构示意

程序设计

下面开始详细讲述程序设计过程。

1. 开发环境

我们使用Arduino IDE软件来编写本项目程序，在软件中将开发板选择为M5Stack Core2。至于如何在Arduino中配置ESP32的开发环境，本文就不再介绍，需要的朋友可以自行查阅相关资料。

2. 编程思路

为了达到我们的预期目标，我们先绘制项目功能的思维导图（见图2），再根据思维导图逐步实现 M5 Server X 的程序设计。

下面我们来具体讨论 M5 Server X 的各个子功能是如何实现的。

3. 如何显示网页

我们想要访问一个网页必须要知道网络的路径，那么 M5 Server X 如何获取我们访问的路径参数，并将对应的网页发送给我们呢？下面是一个简单的例子，我们上传该程序 。

```
#include <WiFi.h>
#include <WebServer.h> //引入相应库
const char *ssid = "********";
const char *password = "********";
WebServer server(80);
//声明 WebServer 对象
void handleArg1() //回调函数
{
  String arg = server.pathArg(0);
  server.send(200, "text/plain", "This is the link/{},The parameters are:" + arg);
}
void handleArg2() //回调函数
{
  String arg0 = server.pathArg(0);
  String arg1 = server.pathArg(1);
  server.send(200, "text/plain", "This is the link/{}/{},The parameters are:"+ arg0 + " & " + arg1);
}
void setup() {
  Serial.begin(115200);
  Serial.println();
  WiFi.mode(WIFI_STA);
  WiFi.setSleep(false);
  WiFi.begin(ssid, password);
  while (WiFi.status() != WL_CONNECTED)
  {
    delay(500);
    Serial.print(".");
  }
  Serial.println("Connected");
  Serial.print("IP Address:");
  Serial.println(WiFi.localIP());
  server.on("/{}", handleArg1);
//注册链接与回调函数
  server.on("/{}/{}", handleArg2);
//注册链接与回调函数
  server.begin(); //启动服务器
  Serial.println("Web server started");
}
void loop() {
  server.handleClient(); //处理来自客户端的请求
}
```

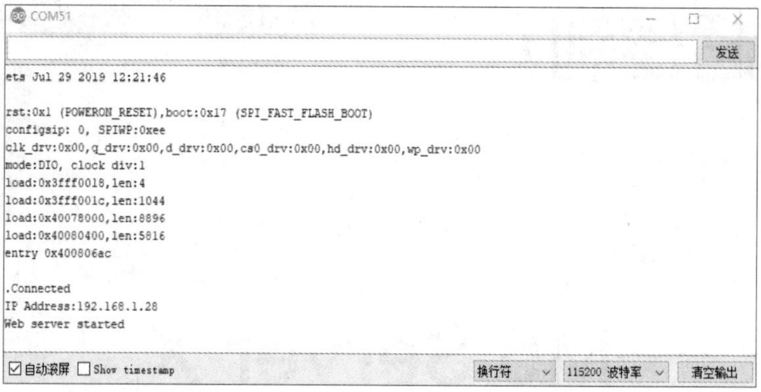

```
COM51
ets Jul 29 2019 12:21:46

rst:0x1 (POWERON_RESET),boot:0x17 (SPI_FAST_FLASH_BOOT)
configsip: 0, SPIWP:0xee
clk_drv:0x00,q_drv:0x00,d_drv:0x00,cs0_drv:0x00,hd_drv:0x00,wp_drv:0x00
mode:DIO, clock div:1
load:0x3fff0018,len:4
load:0x3fff001c,len:1044
load:0x40078000,len:8896
load:0x40080400,len:5816
entry 0x400806ac

.Connected
IP Address:192.168.1.28
Web server started
```

图3 串口监视器显示 IP 地址

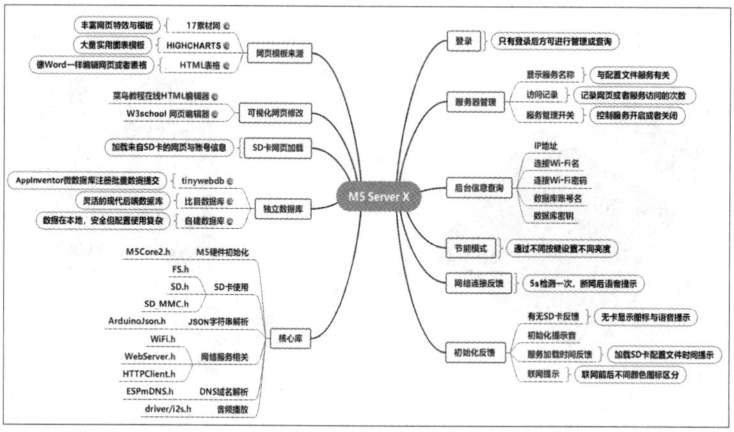

图2 思维导图

上传完程序，打开串口监视器。如图 3 所示，我们观察到路由器给 M5Stack Core2 分配的 IP 地址是 192.168.1.28，记住该地址。

我们通过浏览器访问 192.168.1.28/arduino/png，发现浏览器返回的数据如图 4 所示。

这里有两个路径参数，分别是 arduino 与 png，你也可以试一下只有一个路径参数的情况 。在这个例子当中，我们的路径

图4 获取路径参数

参数以文本的形式呈现，那么如何访问某一个特定的路径，发送一个HTML文件呢？这里我们只需要判断路径参数是否是我们定义的就可以了，示例如下。

```
const char HTML1[] PROGMEM =
R"rawliteral(
//HTML 源代码
)rawliteral";
const char HTML2[] PROGMEM =
R"rawliteral(
//HTML 源代码
)rawliteral";
const char HTML3[] PROGMEM =
R"rawliteral(
//HTML 源代码
)rawliteral";
void handleArg1() // 回调函数
{
  String arg = server.pathArg(0);
  if (String(arg).equals(String("")))
  {
    // 访问路径为空（根目录）
    server.send(200, " text/html ",
HTML1);
  } else if (String(arg).equals
(String("m5"))) {
    // 自定义路径 "m5"
    server.send(200, " text/html ",
HTML2);
  } else {
    // 无效路径（未定义）
    server.send(200, " text/html ",
HTML3);
  }
}
```

在这个例子中，我们考虑了3种路径情况，分别是访问路径为空（根目录），自定义路径（m5）与无效路径（未定义）。当我们访问对应的路径时，M5 Server X能够给浏览器返回不同的HTML文本，浏览器将自动渲染该页面。

我们将网页内容定义在HTML字符串中。那如何设计网页内容呢？我们可以在浏览器中访问一个喜欢的网页，然后单击鼠标右键选择“查看页面源代码”就能看到该网页的源代码，将页面源代码复制并替换到程序中注释的地方，同时将原HTML文件的资源引用的相对路径改为绝对路径，这样我们便能够得到由M5 Server X托管的网页。二级路径的情况和一级路径类似，我们通过不同的层级路径就可以使用一个M5Stack Core2托管许多不同类型的网页。

这里推荐两个实用的网页模板网站：17素材网和HIGHCHARTS图表网。其中17素材网拥有大量的HTML网页特效、网站模板、素材等，提供在线预览功能，我们可以很方便地找到心仪的网页模板；HIGHCHARTS图表网拥有丰富的交互式图表，例如带交互特效的折线图、面积图、柱形图、散点图等，能够让我们以动态的方式直观地观察数据变换情况，是数据分析的不二选择。

4. 如何可视化修改网页

通过查看网页源代码的方式，我们已经获取到了网页模板，但是我们没有Web开发的任何基础，似乎无从下手呀！有没有一种可视化、所见即所得的方式让我们修改网页呢？答案是有的，这里我介绍几个可视化网页修改的编辑器，比如菜鸟教程在线编辑器、W3school网页编辑器等。

菜鸟教程在线编辑器与W3school网页编辑器均可以实时修改网页源代码并预览网页特效，下面以W3school网页编辑器为例，简述如何获得网页模板并进行可视化编辑（见图5）。

◆ 通过17素材网查询关键词寻找合适的网页素材（例如我们需要一个登录页面）。

◆ 选择需要的网页素材。

◆ 单击查看预览效果。

◆ 单击右键，选择查看网页源代码并全选复制（所有网页均可使用此方法）。

◆ 将网页源代码粘贴到W3school网页编辑器，单击“运行代码”，此时网页未正确渲染。

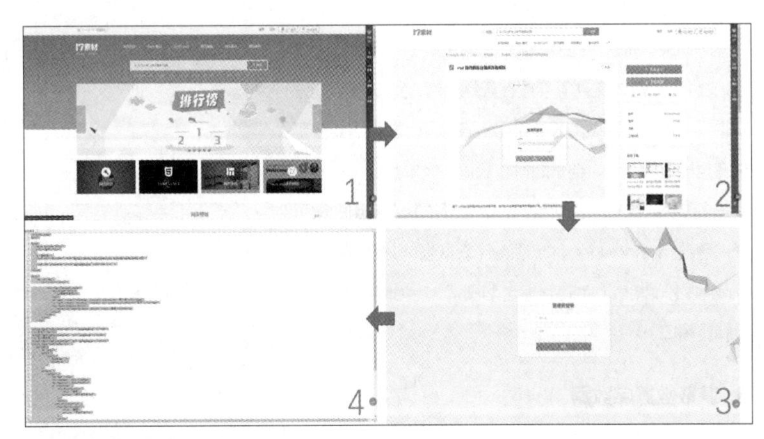

图5 获得网页模板并进行可视化编辑

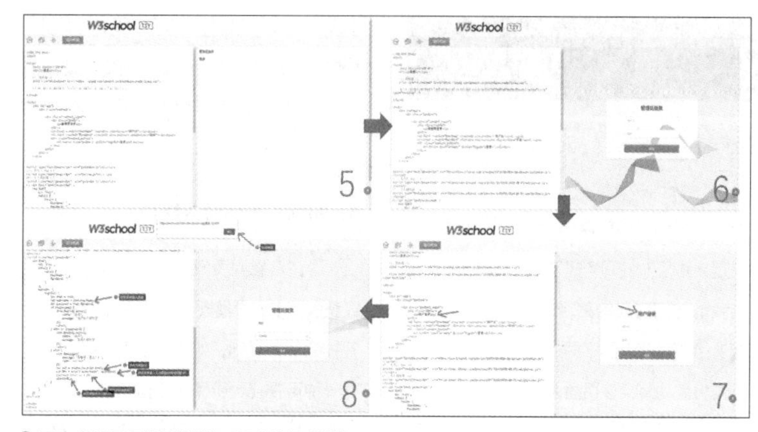

图 5 获得网页模板并进行可视化编辑（续）

实验小学2021—2022学年度学生成绩表									
学号	姓名	性别	班级	语文	数学	英语	科学	体育	实践
data0	data1	data2	data3	data4	data5	data6	data7	data8	data9

图 6 data 占位符

实验小学2021—2022学年度学生成绩表									
学号	姓名	性别	班级	语文	数学	英语	科学	体育	实践
000	张三	男	六一班	90	80	90	90	90	100

图 7 对占位符进行替换

◆ 将网页引用样式资源由相对路径修改为绝对路径，修改后网页成功渲染。

◆ 观察网页显示的文字，在网页源代码中查找并替换对应的字符串，修改完成后重新运行代码。

◆ 增加调试代码，使用网页弹窗调试页面，目的是获取表单构造 URL。

M5 Server X 的使用要点是网页样式 CSS 文件、JS 文件和多媒体文件等均放在云端，通过绝对路径的方式进行引用，这样做的好处是 M5 Server X 只需要少量带宽也能流畅使用。至于如何获取输入表单字符串，网上有很多教程，文章中不再赘述，这里介绍几个实用的网页调试函数：window.location.href（获取当前 URL 路径）、window.location（跳转到指定 URL）、alert()（在网页上弹出窗口）。

5. 获取数据库数据

现在我们已经能够可视化地修改任意网页，但如果我们要获取的是一个动态网页呢？例如学生成绩单中，表格的模板是固定的，变化的仅是姓名、分数等信息。对于这种通用模板，我们可以通过占位符来表示变化的数据，例如图 6 中的 data 占位符。

图 6 中的 data0 ~ data9 都是数据变量，我们可以采取键值对的形式，将数据保存到云端或者本地的数据库当中。这里我们采取学号作为标签来保存这些数据，例如“000，张三，男，六一班，90，80，90，90，90，100”，其中 000 作为标签，而“000，张三，男，六一班，90，80，90，90，90，100”作为值 data0 ~ data9，分别代表了标签值中的具体数据，将上面的数据进行文本替换后，我们可以得到图 7 所示的内容。

这里推荐一个支持批量数据提交的网络数据库 tinywebdb。至于它的详细情况，这里不赘述，大家可以自行进行搜索，这里仅介绍如何获取该数据库的标签值。我们注册 tinywebdb 账号并登录后可以看到它提供的 API 接口文档，如图 8 所示。

TinyWebDB 信息	数据浏览 数据导入 退出登录
服务器地址	http://网址 /webdb-share-everyone
HTTPS 地址	https://网址 /webdb-share-everyone
API 信息	
API 地址	http://网址 /api
HTTPS 地址	https://网址 /api
请求类型	POST
必选参数	必选参数值
用户名（user）	share
密钥（secret）	everyone
操作（action）	更新 update、读取 get、删除 delete、计数 count、查询 search
可选操作	附加的参数以及返回值
更新（update）	必填参数：tag = 变量名、value = 变量值；无返回值
读取（get）	必填参数：tag = 变量名；返回变量的值
删除（delete）	必填参数：tag = 变量名；无返回值
计数（count）	无其他参数，返回保存变量的个数
查询（search）	可选参数：no = 起始编号、count = 变量个数、tag = 变量名包含的字符、type=tag/value/both；no 默认为 1，count 默认为 1，tag 默认为空，type 默认为 both，表示返回 tag 和 value，最多返回 100 条数据

图 8 数据库 API 接口文档

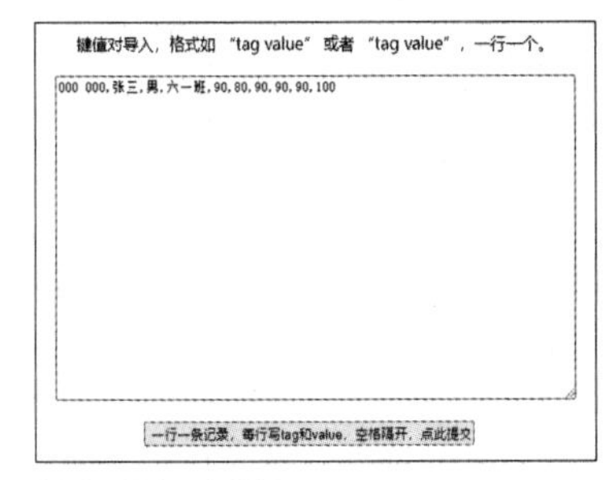

图9 导入一条数据

标签： 值： 查询 （任意字符可以使用%） 标签： 值： 添加/修改

id	标签	值（双击可以修改） Next	时间
345519	000	000,张三，男，六一班，90,80,90,90,90,100	2021-12-22 00:42:21
345489	37376612 准备	1	2021-12-19 20:08:58
345488	37376612 出拳	0	2021-12-19 20:08:58
345487	37376612	"在线"	2021-12-19 20:05:43
345486	24611765	"在线"	2021-12-19 18:49:02

图10 查看刚导入的数据

我们先通过它的数据导入功能导入一条数据（见图9），通过数据浏览功能查看刚导入的数据（见图10）。

我们根据 tinywebdb 的 API 文档编写一个程序获取数据库中的数据。

```
#include <WiFi.h>
#include <HTTPClient.h>
const char *ssid = "********";
const char *password = "********";
String User = "share"; //数据库用户账号
String Secret = "everyone"; //数据库用户密钥
String tag = "000"; //标签
void setup() {
  Serial.begin(115200);  Serial.println();
  WiFi.mode(WIFI_STA);
  WiFi.setSleep(false);
  WiFi.begin(ssid, password);
  while (WiFi.status() != WL_CONNECTED) {
    delay(500);
    Serial.print(".");
  }
  Serial.println("Connected");
  Serial.print("IP Address:");
   Serial.println(WiFi.localIP());
  if (WiFi.status() == WL_CONNECTED) {
    HTTPClient http;
    http.begin(String("http://tinywebdb.appinventor.space/api?user=" + User + "&secret=" + Secret + "&action=get&tag=") + String(tag));
    int httpCode = http.GET();
    if (httpCode > 0) {
      String Request_result = http.getString();
      Serial.println(Request_result);
    } else {
      Serial.println("Invalid response!");
    }
    http.end();
  }
}
void loop() {
}
```

打开串口监视器，当访问有效标签时，数据库返回我们保存的正确数据；当访问未定义的标签时，数据库返回 null。这样就能通过判断标签值，知道我们是否输入了正确网址，从而返回不同的网页（见图11）。

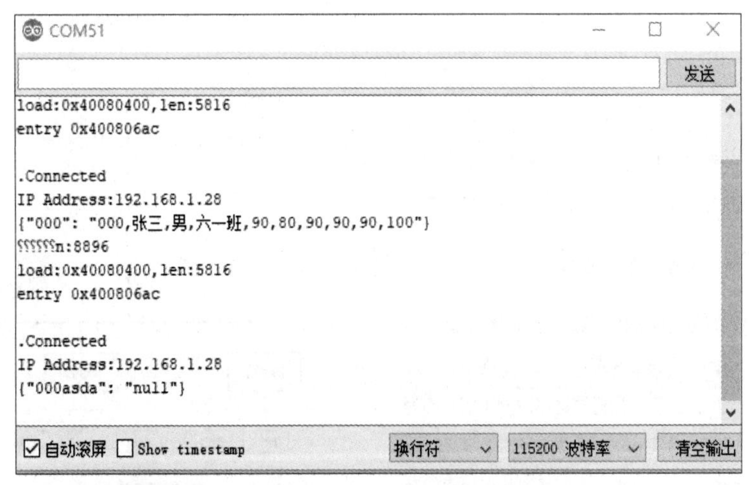

图11 数据库返回的数据

6. 数据解析

API 返回数据后，我们需要解析该 JSON 字符串。解析程序如下，这里我们需要引用 ArduinoJson.h 这个 JSON 字符串解析库。

```
  StaticJsonDocument<64> doc;
DeserializationError error = deserializeJson(doc, Request_result);
if (error) {
  Serial.print("deserializeJson() failed: ");
  Serial.println(error.c_str());
  return;
}
```

```
const char* root_000 = doc["000"];
// "000, 张三, 男, 六一班, 90, 80, 90,
90, 90, 100"
```

得到解析的数据后，再将该数据构造为 JSON 数组，对构造后的数组进行二次解析便能获取数组的每一项，用数组的每一项数据替换占位符 data 便能得到有效 HTML 文件，项目具体代码可以扫描杂志目次页的云存储平台二维码下载。

7. 域名解析

我们可以通过串口监视器获取设备的 IP 地址进行访问，但是路由器分配的 IP 地址是变化的，这点很不方便，那我们能不能给它设置一个好记的域名，让我们在局域网内访问该设备呢？这里可以使用 ESPmDNS 域名解析达到该目的，代码如下所示。

```
#include <ESPmDNS.h>
void setup() {
  Serial.begin(115200);
  if (!MDNS.begin("M5Core2")) { //自定义域名
    Serial.println("Error setting up MDNS responder!");
  }
  MDNS.addService("http", "tcp", 80); //启用DNS服务
}
void loop() {
}
```

通过域名解析，我们只要和设备在同一局域网内，访问 http://m5core2 就能访问 M5 Server X 获取相应的网页服务了。

8. 读取 SD 卡文件

通过前面的讲解，我们已经能够实现访问一个链接并跳转到某一个网页了。那么问题来了，如何快速修改网页呢？因为 M5Stack Core2 可以使用 SD 卡，所以我们可以这样做：将网页和账号信息保存到 SD 卡当中，需要更改网页或者连接网络等信息时，直接修改 SD 卡中的文件，设备初始化的时候读取 SD 卡，这样就完成了网页的修改，这比我们直接修改程序要简单、便捷得多。读取 SD 卡文件的程序如下所示。

```
#include "FS.h"
#include <SD.h>
#include <SD_MMC.h>
SPIClass sdSPI(VSPI); //定义SD卡软SPI引脚
#define SD_MISO     38
#define SD_MOSI     23
#define SD_SCLK     18
#define SD_CS       4
String readFile(fs::FS &fs, const char * path) { //读取SD卡指定路径文件
  File file = fs.open(path);
  if (!file) {
    Serial.println("Failed to open file for reading");
  }
  String data = "";
  while (file.available()) {
    data = String(data) + String(char(file.read()));
  }
  file.close();
  return data;
}
void setup() {
  Serial.begin(115200);
  sdSPI.begin(SD_SCLK, SD_MISO, SD_MOSI, SD_CS); //初始化SD卡SPI
  if (!SD.begin(SD_CS, sdSPI)) {
    Serial.println("Card Mount Failed");
    return;
  }
  Serial.println(readFile(SD,"/admin.txt"));
}
void loop() {
}
```

在程序中我们可以直接输入 TXT 或者 HTML 文件的路径，直接读取该文件中的内容。这里我们读取了 SD 卡根目录下的 admin.txt 文件，该文件作为配置文件用来保存网络信息、数据库信息与服务信息。该文件内容如下，不存在的服务用 null 表示。

```
{
  "ssid": "ChinaNet-5678", //连接Wi-Fi名称
  "password": "1234567890", //连接Wi-Fi密码
  "user": "peien", //数据库账号
  "secret": "52e2c018", //数据库密钥
  "admin": "12345678", //管理密码
  "server1": "score", //服务1
  "server2": "arduino", //服务2
  "server3": "Login", //服务3
  "server4": "Light" //服务4
}
```

M5 Server X 网页逻辑

M5 Server X 网页逻辑如图 12 所示。M5 Server X 通过域名或 IP 加服务名访

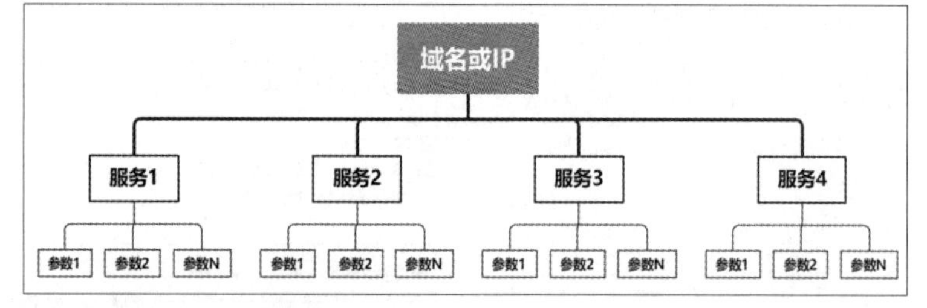

图 12 M5 Server X 网页逻辑

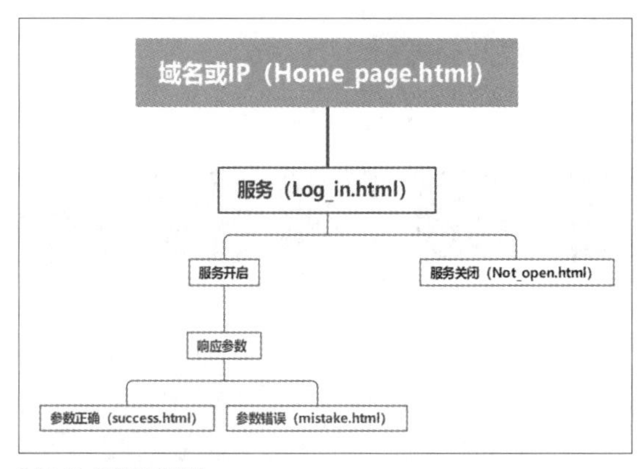

图 13 服务响应逻辑

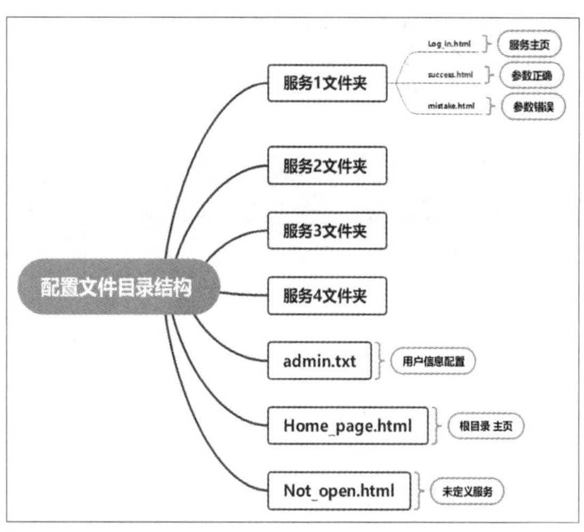

图 14 配置文件结构

问不同服务主页，例如 http://m5core2/score/000，其中 m5core2 为域名或者 IP，score 为服务名，000 为查询参数。数据库通过键值对存储数据，为了确保数据标签的唯一性，我们采取服务加参数的形式代表某个具体数据。如成绩查询服务当中，000 为实际的学号，那我们就将数据标签设置为 score_000，使用下划线增加标签的可读性，如果我们需要登录账号，那就将账号和密码构造为一个标签。例如演示视频中的案例四，我们就将账号和密码作为服务参数进行传递，当输入账号 peien、密码 123 时，数据标签被构造为 Login_peien_123。

服务响应逻辑

M5 Server X 服务响应的逻辑如图 13 所示，访问根目录返回 Home_page.html 页面，该页面默认为代码雨（一种网页显示效果），大家在实际操作时可以设置为所有服务的导航页面，通过标签或者按钮跳转到子服务页面。Log_in.html 为某个子服务的服务主页，服务开启时有两种情况：当提交参数正确时，通过 replace 函数查找占位符并替换数据，返回 success.html 页面；当提交参数错误时，返回 mistake.html（404）页面。当我们禁用某项服务时，无论提交参数是否正确，都会返回 Not_open.html（服务未开放或者无此服务）页面。

配置文件结构

配置文件下共有 7 个文件，其中 admin.txt、Home_page.html、Not_open.html 为公共文件，不同子服务用不同的文件夹区分（文件夹要用英文命名）。每个子服务文件夹下均有 Log_in.html、success.html、mistake.html 这 3 个 HTML 文件。配置文件结构如图 14 所示，其中子服务文件夹非必需，是否启用该服务由 admin.txt 配置决定，没有的服务用 null 表示。当服务名为 null 时，设备初始化将跳过该服务，不加载该服务文件 。

后台控制面板

M5 Server X 的后台功能主要有登录、服务器管理与设备信息查询，其中如何绘制控制页面与触摸屏的使用在《无线电》2021 年 6 月刊上的《DIY 掌上 POS 机——这或许是最小的收银 POS 机了！》一文中有详细讲述，这里就不再赘述。需要的朋友可以阅读这篇文章，或自行在网上查找相关资料。

试玩

以上就是 M5 Server X 的整个项目介绍，如果你不想下载 IDE，只想体验该项目，那可以访问 M5Stack 网站，根据你自己的系统下载 M5Burner 烧录工具进行

图 15 烧录固件

创客智造：大型激光切割机

陈子平

控制系统测试

绘图功能测试

复杂绘图功能测试

Z 轴升降测试

激光管 40% 功率测试

薄板试切

光路调节聚焦片打点测试

6mm 板试切

激光雕刻照片

成品展示

读者朋友们好，在《无线电》杂志 2021 年 11 月刊上和大家分享了《全自动演奏的钢片琴》这个项目后，我非常荣幸地收到了《无线电》编辑部的约稿邀请，和大家分享我之前制作的项目——大型激光切割机（见图 1）。

说起激光切割机，相信大家并不陌生，这也是创客制作项目的神器，它具有快速化的加工过程、对板材的高效利用、能实现传统工艺做不到的切割技术等优点，深受大家喜爱。

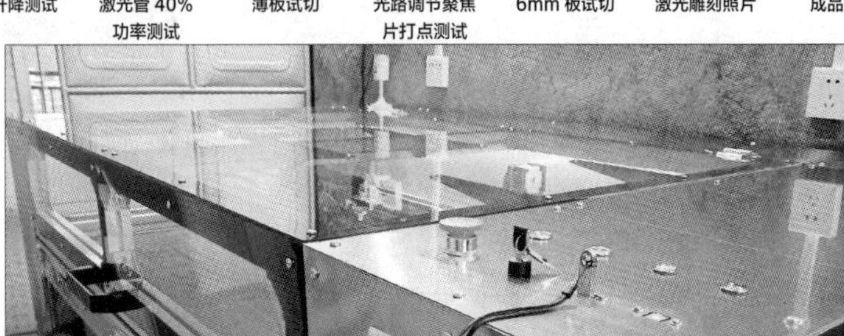
图 1 大型激光切割机完成图

数控 CNC 机床加工对比激光切割加工，存在以下几个问题：加工前需要装刀 / 换刀、需要对刀、噪声过大、加工时间长、有粉尘污染、需要确认刀具半径等问题。在认识到激光切割加工的优越性后，我萌生了自己动手制作一台激光切割机的想法。

有了这个想法后，我便开始对这个想法的可行性进行研究，经过多方考证，以及对各种型号激光切割机的对比，再结合自身条件和加工需求，最终采用了分模块设计制造，可拆卸、可升级的阶梯制造方案。整个项目制作一共经过了 10 个月的周期，机床各部分采用模块化设计，最后进行组装就可以了。模块化的理念也使制作变得更方便，资金压力

安装。打开软件，按照图 15 所示的步骤进行烧录体验，其中 SD 卡网页模板与配置文件可通过杂志资源平台进行下载，直接解压到 SD 卡中，修改网络信息即可体验。

文件使用说明

◆ 烧录固件。

◆ 将资源平台中提供的模板解压到 SD 卡中。

◆ 打开 admin.txt 文件，修改网络信息。

◆ 将 SD 卡插入 M5Stack Core2 并重启设备。

◆ 等待 M5Stack Core2 初始化并进入控制主页。

◆ 参考演示视频控制设备，查看服务器管理与账号信息显示页面。

◆ 访问 http://m5core2/ 进入代码雨主页。

◆ 访问 http://m5core2/score 查看学生成绩（学号为 000）。

◆ 访问 http://m5core2/arduino，通过关键词 m5core2 进行搜索。

◆ 访问 http://m5core2/Login 查看学生成绩（用户名 peien，密码 123）。

◆ 访问 http://m5core2/Light 控制灯泡亮灭（开、关分别使用了两个 URL，需要将其修改为自己的接口）。

◆ 分别输入正确信息与错误信息，尝试启用服务与禁用服务，体验 M5 Server X。

总结

有了上面的理论基础，我们便能完成 M5 Server X 的项目制作了，其中具体实现细节由于篇幅限制，这里不再详细讨论，大家可以下载程序源代码进行查看，其中必要的程序说明已经注释，对项目有建议或者疑问的朋友，也欢迎与我们交流。

使用 M5 Server X 能够轻松打造个人网站，当然，你也可以使用普通的 ESP32 完成此项目，但可能操作起来会相对麻烦些。如果你想向别人分享你的网页服务，可以使用内网穿透服务。在上面的内容中，我们提供了本项目用到的网页素材网、可视化编辑平台、自建数据库等，大家可以下载附件进行查阅学习。

图2 项目制作的七大部分

也不会太大，可以逐步按阶段采购所需零部件。完成后的激光切割机尺寸达到1960mm×1200mm×1210mm，加工行程为1260mm×760mm，切割功率为100W。它可一次性加工大量零部件，具备激光切割、扫描图片、刻字画线等功能。

我把整个项目制作分成了七大部分，分别是：运动控制系统、机械结构设计、激光管控制系统、激光管导光系统、吹气排风系统、照明和对焦系统、操作优化（见图2）。

制作开始前，根据实际需求，我心里有几个大体想法。第一，制作的激光切割机加工行程一定要大，以弥补数控CNC机床加工范围不够大的缺点，这样可以解决需要预先切割板材的麻烦，而且哪怕板材过厚切不穿也可以先使用激光画线功能对大型板材直接画线，解决了手工画线的难题。第二，如果将激光切割机加工行程增大，激光切割机的功率就不能太低，因为激光在空气中传导会有一定损耗，总体功率不能低于100W。第三，为了保证激光切割机的精度和使其能够平稳运行，整体材料必须是全金属的。第四，操作要方便。第五，设计的结构可以满足后续的升级计划。有了大体的思路框架，接下来就是介绍各个部分的具体制作过程和涉及的一些细节。

运动控制系统

首先来看运动控制系统，我采用的是RDC644XG-A激光主板（见图3），这款控制主板可以控制四个轴，分别是*X*、*Y*、*Z*、*U*，主板附带一个可以交互操作的显示屏，机器的运行状态、加工文件的存储、机器调试都可以通过操作屏完成。但有一点需要注意，*X*、*Y*、*Z*轴的电机控制参数需要连接计算机进行设定，比如空载加减速、切割加减速、空载速度、电机位置误差修正、激光类型选择等。控制系统用24V直流供电，需要用到24V的开关电源，为了保证系统的稳定，我用了两个24V的开关电源，一个24V/2A的开关电源直接供应主板，另一个24V/15A的开关电源则给3台电机供电。我还在220V电源输入端接了一个30A的滤波器，以保证系统稳定工作。

参数设定好后，可以连接电机进行空转测试（见图4），在此阶段可以验证电机连接线路、电机方向、屏幕操作方向、步进电机细分设置，导入切割文件试运行

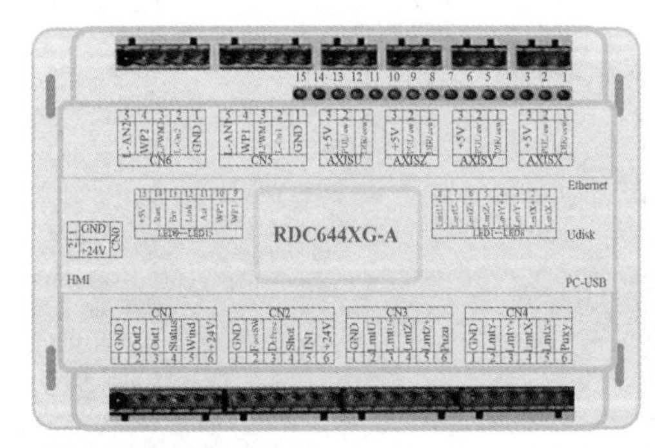

图3 激光切割机控制主板

图4 控制系统测试

图5 框架与外壳接地串联在一起

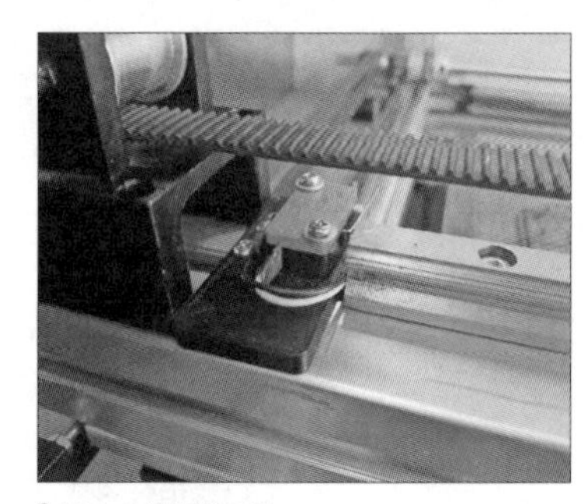
图6 安装限位开关

等。电机我选择的是两相57步进电机，长度为57mm，因为制作项目时刚好剩下3台，就本着不浪费的原则直接用上了。驱动器选择的是TB6600，这是一款普通的步进电机驱动器，细分设置为64步。如果想让激光切割机有更好的高速性能，可以选择三相步进电机，这样力矩也会更大。经过后续测试，我感觉两相57步进电机在，X轴高速移动时完全能够胜任，所以暂时就先这样用着了，后续升级的话可以再更换电机。

这里要考虑到安全保护系统，在整体的线路布局中，高压与低压一定要分开，接线时需要注意不能有交叉的情况，其中最重要的一点是一定要有效接地，因为高压经过金属框架与金属外壳时会产生感应电，不小心用手接触到会有麻的感觉（见图5），最好接地电阻不大于4Ω（需要测试地线）。为了防止发生触电事故，总电源开关还需要另加一个漏电保护开关。另外，操作面板需要加装急停开关，安装带钥匙的电源开关，各运动轴安装限位开关（见图6），激光管安装恒温水保护开关、开盖保护急停开关等，提高激光切割机的安全系数。

控制系统制作完成后，每个接线端子可以贴上相应的标签，方便后续的维护（见图7）。

机械结构设计

接着我们来看看机械结构设计，这个部分是整个激光切割机的重点，机器的精度与机器的运行需要依靠合理的机械结构来实现（见图8）。在设计之初，第一个问题就是确定加工行程。到底需要多大的加工范围呢？一张木工板的尺寸是1220mm×2400mm，为了尽量减少裁板次数，以木工板宽度1200mm为长度加工范围，加工的宽度则必须要大于600mm，于是我把宽度设定在700mm左右，另外长、宽再各加上60mm用于夹紧或定位。这样就能保证实际有效加工范围为1200mm×700mm。我根据加工行程的范围估算了一下，整体尺寸接近2m，但没有超过快递的最大范围2m，符合要求。

接下来便是采购五金配件、激光头、一反镜片、二反镜片、同步带轮等（见图9）。主体框架我选择的是欧标4040加厚铝型材，因为X、Y轴的安装精度决定了以后的加工精度，所以项目用料必须扎实，激光头X轴横梁部分选用的是6040加厚铝型材，宽度比Y轴的4040要宽些，这是因为X轴长度接近1700mm，当激光头处于中间位置时，铝型材强度如果不够，会发生形变。

设计X、Y轴结构之前先对五金配件和各个零件进行测量、绘图，再通过AutoCAD软件进行结构设计（见图10）。X轴的传动过程是步进电机经同步带轮减速，输出到同步带，而同步带开口端与激光头相连，X轴步进电机旋转带动同步带使激光头横向移动。Y轴的传动过程较复杂一些，一个电机要让左右两边直线滑块同步移动，需要用一条光轴将两个直线模组并联在一起，再通过步进电机带动光轴，

图7 完成后的线路布局

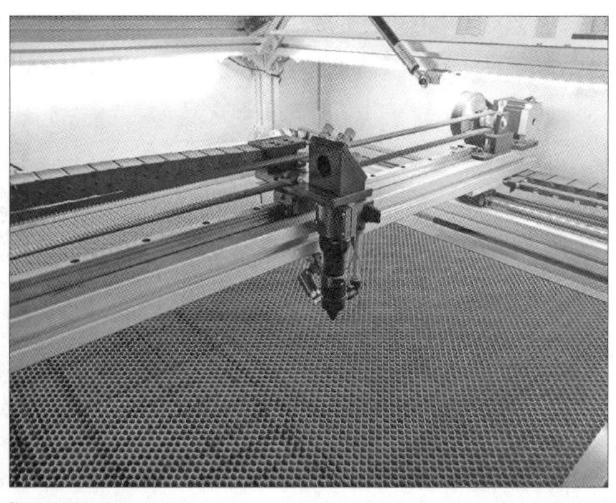
图8 机械结构设计

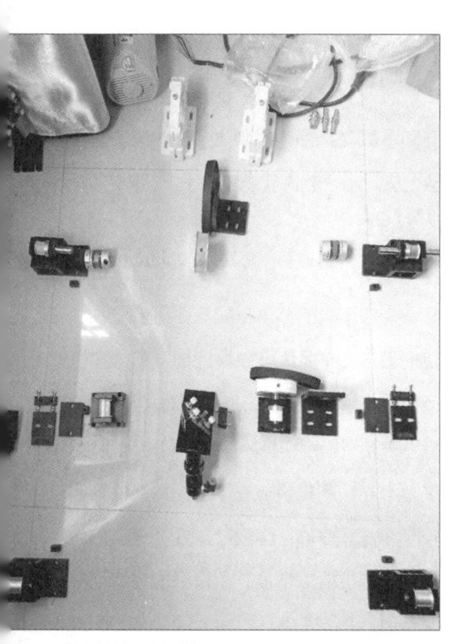
图9 五金配件

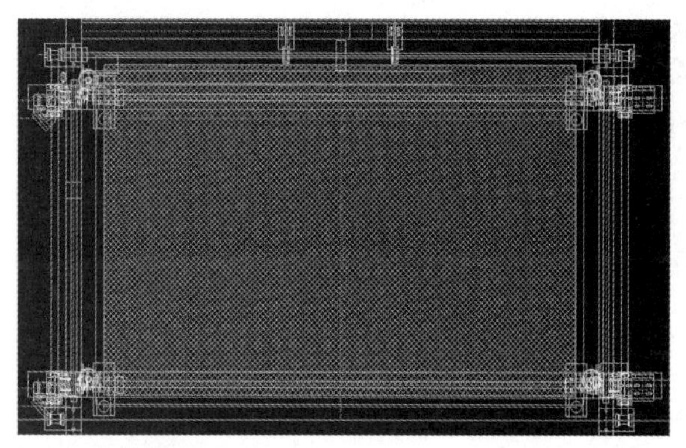
图10 *X*、*Y* 轴结构设计图

同时驱动两个直线滑块，使移动 *Y* 轴时，*X* 轴能一直处于水平位置。

完成设计后，下一步进行零部件的加工组装，加工 *X* 轴垫块、3D 打印 *Y* 轴光轴支架、组装铝型材框架、安装直线导轨等。当中最关键、最烦琐的部分就是对精度的调整，要反反复复不断调试，很需要耐心。

我通过 2 个联轴器与光轴支架将光轴固定住，图 11 所示为 *Y* 轴连接光轴。

加工 *X* 轴垫块（见图 12），将 *X* 轴铝型材与 *Y* 轴的两个直线模块连接在一起。

在 *X*、*Y* 轴铝型材框架安装过程中，一定要保证框架的垂直度与平行度，在此过程中需要反复测量，保证尺寸精准（见图 13）。安装 *Y* 轴两条直线导轨时，一定要保证导轨与铝型材平行，用百分表测量，保证其平行轴移动误差在 0.05mm 以内。

安装直线导轨时，一定要保证导轨与铝型材平行，每一节导轨都需要用百分表测量，保证其平行轴移动误差在 0.05mm 以内，为后续的安装打好基础（见图 14）。

接下来安装 *Y* 轴同步带，首先要保证 *X* 轴处于水平状态，用百分表测量发现铝型材自身有 0.05mm 左右的水平误差，所以将水平精度控制在 0.1mm 以内（最好能将两头百分表归零），用夹子将两个滑块固定在 *X* 轴合适的位置（见图 15）。

将两侧同步带穿入（见图 16），固定左侧同步带，再将左侧放置百分表归零，测量另外一侧的水平误差，将水平误差调整到 0.1mm 内，用夹子固定。接着将右侧同步带固定住，这时右侧的安装操作肯定会导致水平误差增大，重

图11 *Y* 轴连接光轴

图12 加工 *X* 轴垫块

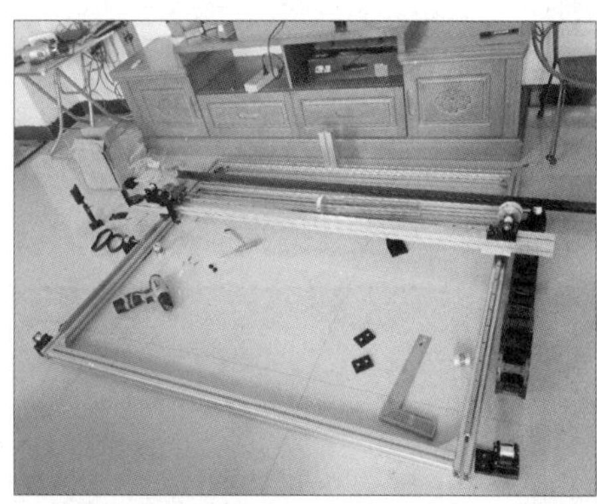
图13 安装 *X*、*Y* 轴框架

图14 安装 *X* 轴激光头、直线导轨、坦克拖链与步进电机

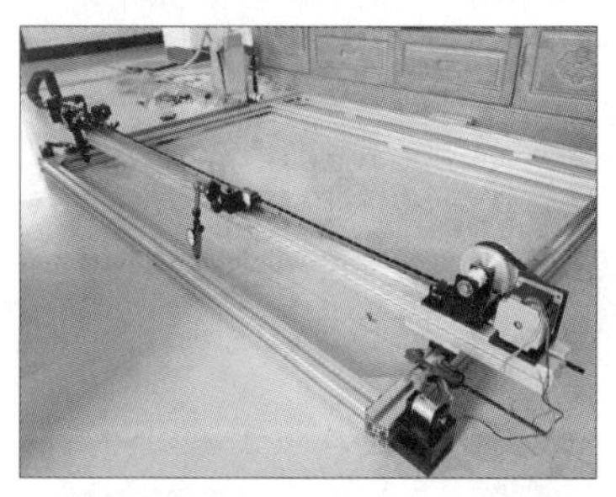
图15 固定 *X* 轴的位置打表（打表指测量从零位开始的平行误差）

图16 将两侧同步带穿入

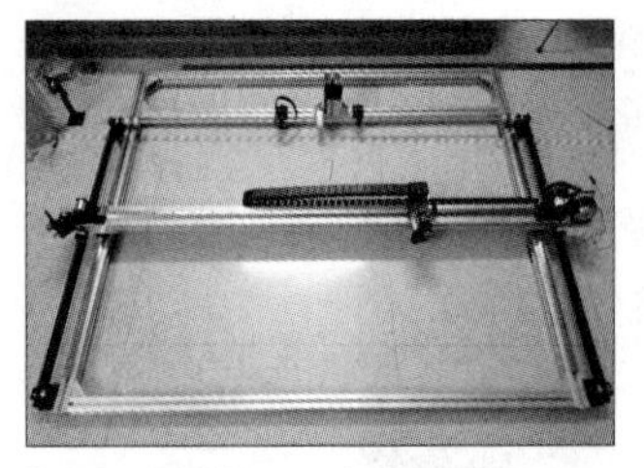

图 17 已经将 X、Y 轴框架调节好

图 18 安装 Y 轴步进电机

新将百分表移至左侧归零，把右侧联轴器松开，移动 X 轴滑块，将水平误差调节到 0.1mm 内，然后用夹子固定，扭紧联轴器。松开两侧夹子，测试 Y 轴移动时 X 轴是否处于水平位置，扭动 Y 轴同步轮，再重复之前的测量过程，如果发现 X 轴不同步，则可能是同步带两边的松紧程度不同或是各个结构的精度没有调整好，那就需要回到之前的阶段重新调整一次，这里注意：只要调节了同步带的松紧度，就要将 X 轴也重新调整一次，直到移动 Y 轴时，X 轴一直处于 0.1mm 的水平误差范围内。这个步骤务必耐心（见图 17）。

检查两侧同步带松紧度是否一致，以轻轻下压深度 1~2cm 为宜，要使两侧的深度一致。

安装步进电机（见图 18），安装时需要注意调节同步带松紧度，同步带过松会导致运动回差，同步带过紧则会导致开裂。

连接控制系统测试机械结构稳定性，连接计算机调试电机参数，测量绘制的图形与设计尺寸之间的偏差，根据实际需要调整步进电机的脉冲量，同时检测机构是否存在回差间隙，看每一个笔画是否连贯、交叉点是否连接（见图 19）。然后进行反复绘制，检测重复定位精度；还可以固定百分表，用打表的方式检测机构的重复定位精度。

重复绘制 3 次后的图形如图 20 所示，可以看到所有笔画没有重影的地方，这说明重定位是没有问题的。目前 X、Y 轴已经可以绘制出图形，如果增加上抬笔功能就可以变成一台大型绘图仪，不过这里我们的真正目的是制作一台激光切割机，所以还需要继续努力。

X、Y 轴完成后，接下来制作 Z 轴。在制作 Z 轴之前，我们需要先进行 3D 建模，将整体框架设计出来（见图 21）。因为 Z 轴与切割平台相连，固定在框架模块上，所以要一起设计、制作。Z 轴实现上升和下降功能后，再将 X、Y 轴模块直接放上去，组合起来就能实现了 X、Y、Z 轴的功能了。

用 SolidWorks 软件进行建模，设计好激光切割机的整体框架与 Z 轴的结构。我们通过 3D 视角可以快速地发现结构上存在的问题，并进行修正。有了框架与结构，接下来就开始制作机器底部的可移动平台。整台激光切割机是放在平台上的，机器比较庞大，搭建好机器再搬上去是不现实的，还会影响机器的精度，所以只能在底部移动平台上进行搭建。

现在开始搭建底部的移动平台，先买来制作框架用的 5050 加厚方钢（见图 22）。

将方钢逐个焊接起来，完成后的平台非常结实，整个人坐上去都没什么问题（见图 23）。

给框架焊上 4 个滚轮（见图 24），左侧留下一个 600mm 的缺口，这是预留的放置恒温水和气泵的空间。现在移动平台的框架已经焊接完成，后面还需要在顶部和底部各装上一层木板。

接下来搭建机器框架，我用的是从网

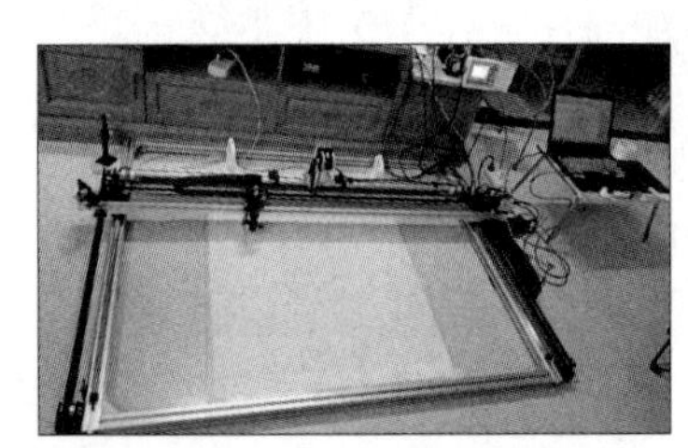

图 19 连接控制系统进行绘图测试

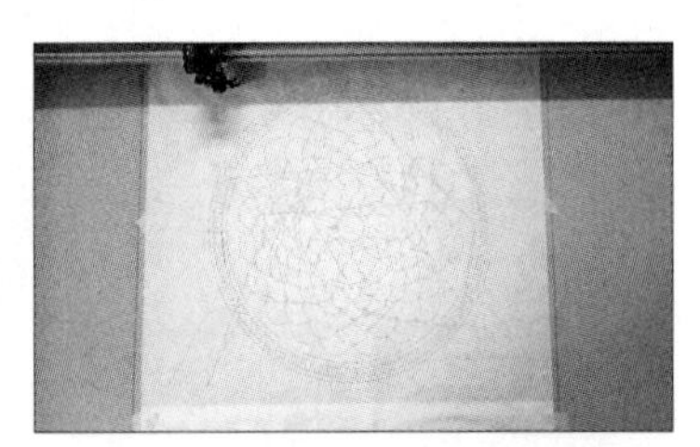

图 20 X、Y 轴框架绘制的图形（重复 3 次后）

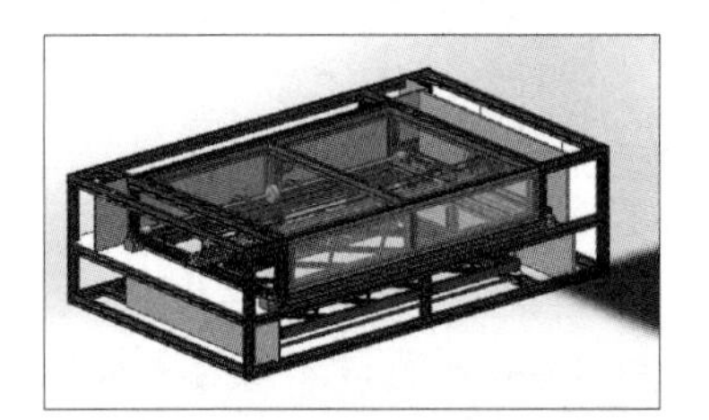

图 21 设计 Z 轴升降平台

图 22 采购方钢

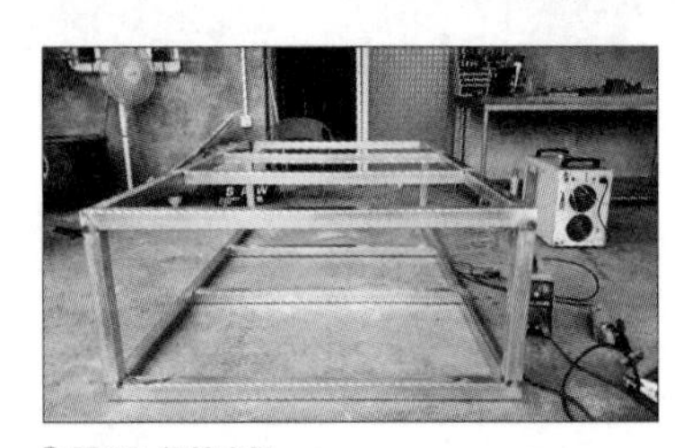

图 23 焊接方钢

图 24 焊接滚轮

上买来的 4040 国标铝型材（见图 25）。采用这款国标铝型材的主要原因在于其质量比较轻，但拥有不错的强度，便于安装好后搬运，同时其四周的圆角比较小，方便后续钣金面板的设计与安装。

图 26 所示是我在客厅搭建的机器框架，制作的激光切割机的体积比较大，客厅里已经快放不下了。

将搭建完成的框架放在移动平台上，再把调试好的 *X*、*Y* 轴安装在机器框架上，整体效果还是不错的（见图 27）。

然后对铝板进行画线，确定孔位，制作 *Z* 轴支撑板（见图 28）。

打点、钻孔、攻牙，制作出 4 块相同的支撑板（见图 29）。

将 T 形螺杆、同步带轮、轴承座、支撑板、法兰螺母组装在一起（见图 30）。

这里我们简单说一下 *Z* 轴升降实现的原理：步进电机经两侧张紧轮将同步带绷紧，电机转动同时带动 4 个升降螺杆同向转动，实现 4 个支撑点同时上下移动，而切割平台与支撑点相连，这就实现了平台的上下运动。在安装蜂窝板时需要注意平面度的调节，用百分表测量整个边框的高度差，将高低差调节到 0.1mm 即可。图 31 所示为安装 *Z* 轴升降螺杆、步进电机、同步带。

气路结构、激光光路、钣金蒙皮等机械结构放到后面对应的系统中进行讲解，接下来介绍激光管控制系统。

激光管控制系统

我们先来选择 CO_2 激光管的型号，激光管分为玻璃管与射频管两种，射频管采用 30V 低压，精度高、光斑细、寿命长，但价格贵；而玻璃管使用寿命在 1500h 左右，光斑比较大，高压驱动，但价格便宜。如果只是切割木材、皮革、亚克力，玻璃管完全能够胜任，目前市面上的激光切割机大部分也是采用玻璃管。由于成本问题，我也选择了玻璃管（见图 32），其尺寸为 1600mm × 60mm，激光管冷却需要用到冷水机，而且是恒温冷水机。

激光管电源我选择的是振宇的 100W 激光电源（见图 33），这里介绍一下激光电源的作用：激光电源在激光管的正极放出接近 10000V 的高压，而高压放电激发管内高浓度 CO_2 气体在激光管尾部产生波长为 10.6μm 的激光，注意此激光是不可见光。

激光管在正常使用时会产生高温，需要用水循环进行冷却，如果温度过高又没有及时冷却，会对激光管造成不可逆的伤害，从而导致激光管寿命急剧下降或炸裂。这里千万注意，冷却要用恒温冷水机，恒温的控制和水温下降的速度也决定了激光管的性能发挥效果。

图 25 采购铝型材

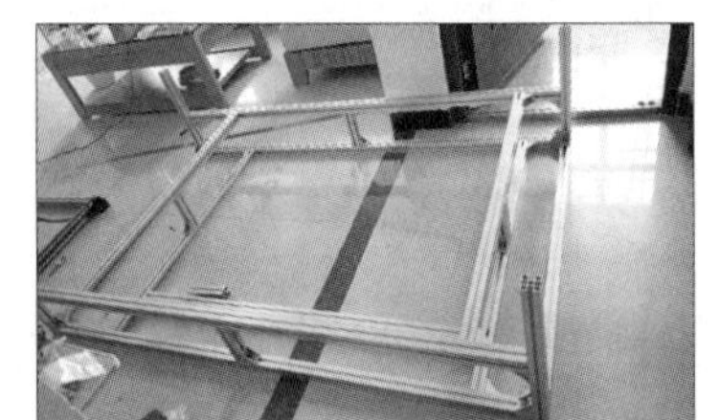

图 26 搭建机器框架

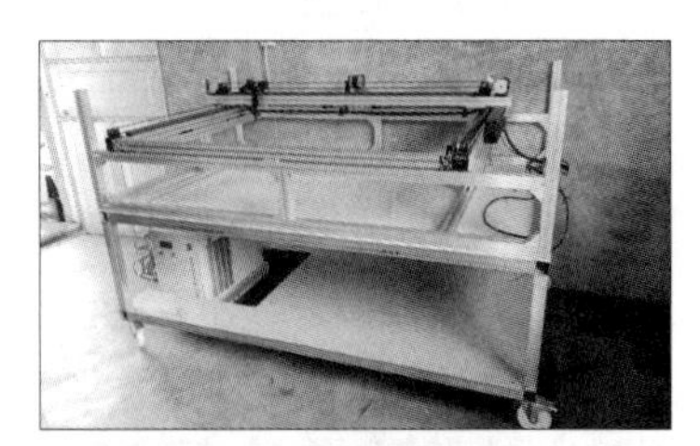

图 27 组装 *X*、*Y* 轴与机器框架

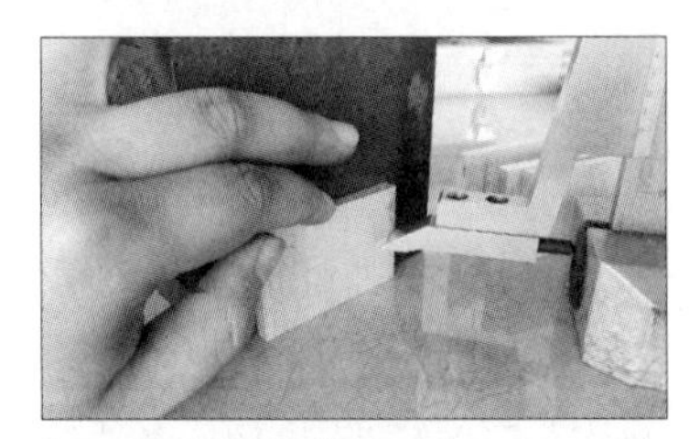

图 28 制作 *Z* 轴支撑板

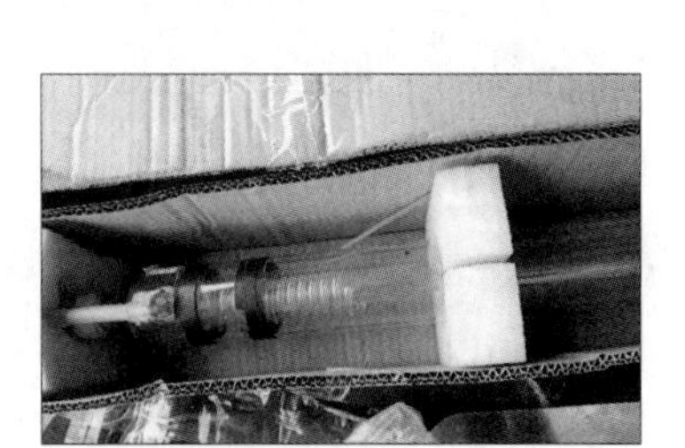

图 29 制作 *Z* 轴支撑板

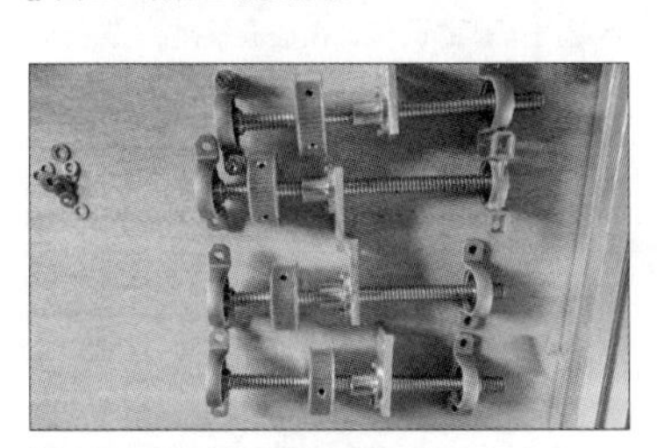

图 30 组装 *Z* 轴升降螺杆

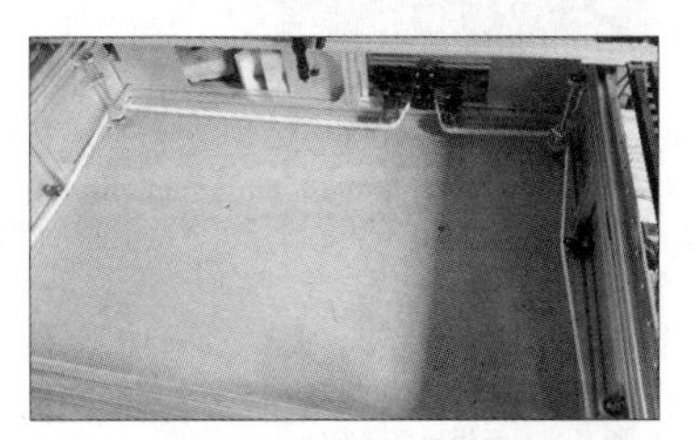

图 31 安装 *Z* 轴升降螺杆、步进电机、同步带

图 32 CO_2 激光管

图 33 激光电源

图 34 CW5000 恒温冷水机

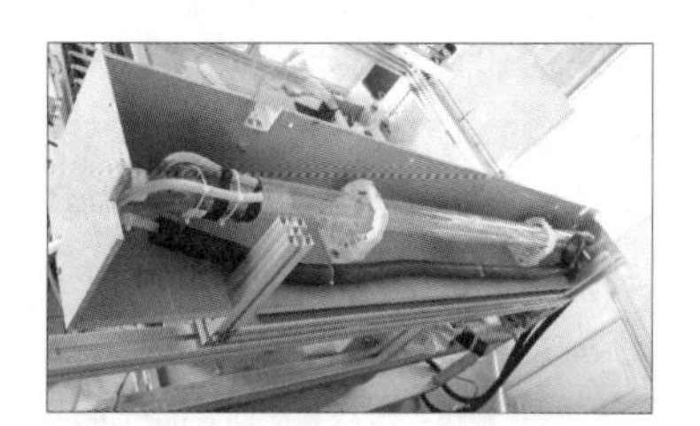

图 35 安装激光管

冷水机有两种冷却方式：一种是通过加装散热风扇进行辅助散热，另一种是利用空气压缩机制冷。如果激光管的功率在 80W 以下，风扇可以胜任；但超过 80W，就必须用空气压缩机制冷的冷却方式。恒温冷水机我选择的是 CW5000（见图 34），如果升级激光管功率，这款恒温冷水机依然能够胜任，机器整体包含控温系统、蓄水桶、空气压缩机、散热板几大模块。

将激光管安装到管座上（见图 35），调节激光管高度，使其跟设计时高度一致，注意轻拿轻放。

连接恒温冷水机出水管，注意进水口需要先从激光管的正极进入，激光管正极入水口要朝下，冷却水从底部进入，从激光管负极顶部出来，再经过水循环保护开关回到恒温水箱，完成一次循环周期。当水循环停止时，水保护开关断开（见图 36），并反馈信号给控制主板，控制主板关闭激光管工作，防止过热。

激光管负极接电流表，然后接激光电源负极（见图 37）。当激光管工作时，电流表可以实时显示激光管电流，通过数值，我们可以对比设定功率与实际功率，判断激光管是否正常工作。

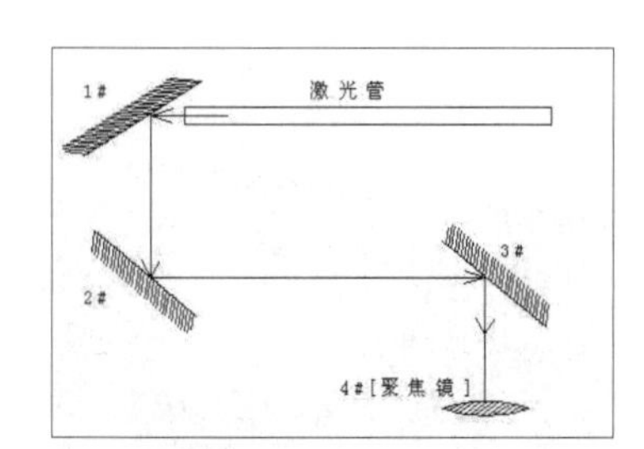

图 39 光路原理图

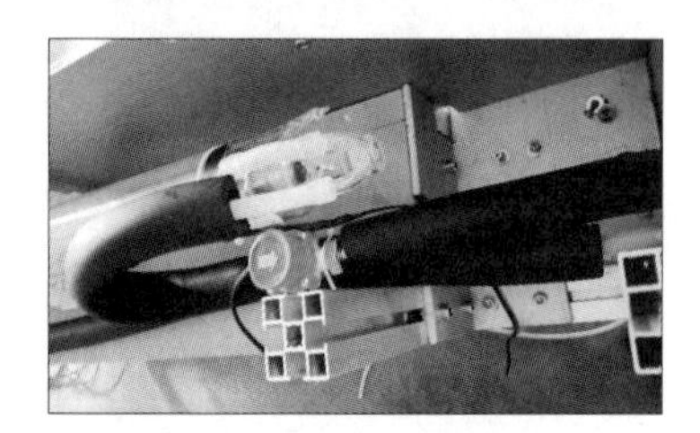

图 36 水循环保护开关

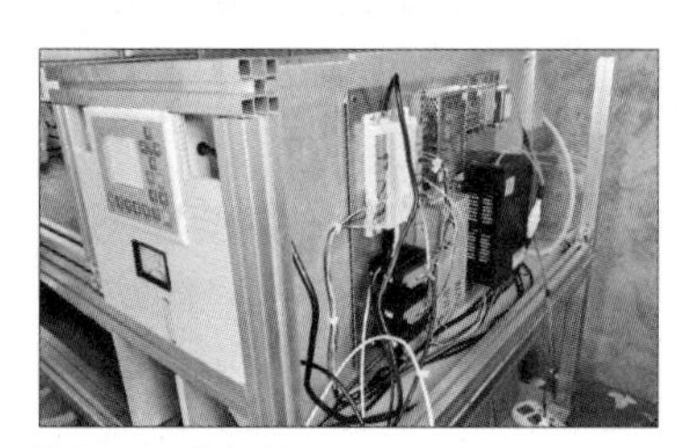

图 37 连接电流表

连接好激光电源的电路、恒温冷水机、水保护开关、电流表，准备好防护眼镜（因为激光管发出的是不可见光，所以需要用到 10.6μm 波长的专用防护眼镜），将激光管功率设置到 40%，开启点射模式，在激光管前方放置测试木板，按动开关发射激光，木板被瞬间点燃，测试效果非常好（见图 38），下面就可以进行光路系统调节了。

激光管导光系统

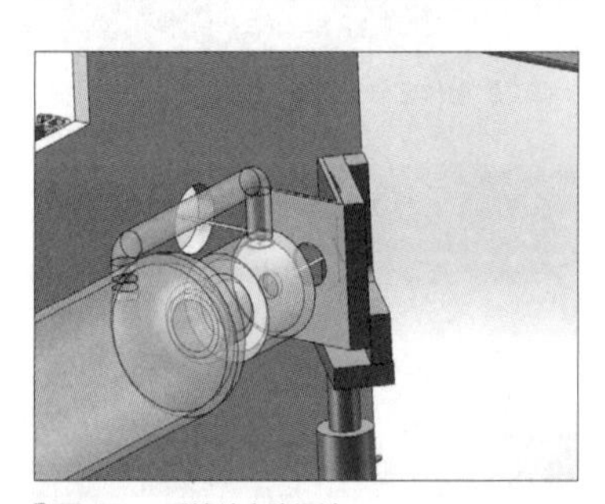

图 40 一反镜片光路设计

图 38 激光管测试

如图 39 所示，激光管发出的激光经过一反镜片折射 90° 后射向二反镜片，在二反镜片再次折射 90° 后射向三反镜片，三反镜片再次折射使激光向下射向聚焦镜片，聚焦镜片再将激光聚焦形成极细的光斑。这个系统的难点在于激光头不管在机器加工行程的任何地方，聚焦的光斑都要在同一个点，也就是说在运动状态下，光路必须重合，不然会出现激光射偏的情况。

1. 一反镜片支架调节过程

一反镜片与激光成 45° 角，这很难判断激光点，我们可以 3D 打印出 45° 的支架进行辅助调节，在通孔的地方贴上美纹纸，并将激光开启点射模式（接通时间 0.1s，功率 20%，防止射穿），调节支架高度、位置、旋转角度，使光斑控制在圆孔中心，如图 40 所示。

接着，通过二反镜片的光路设计得出二反镜片支架精确的安装位置和安装高度

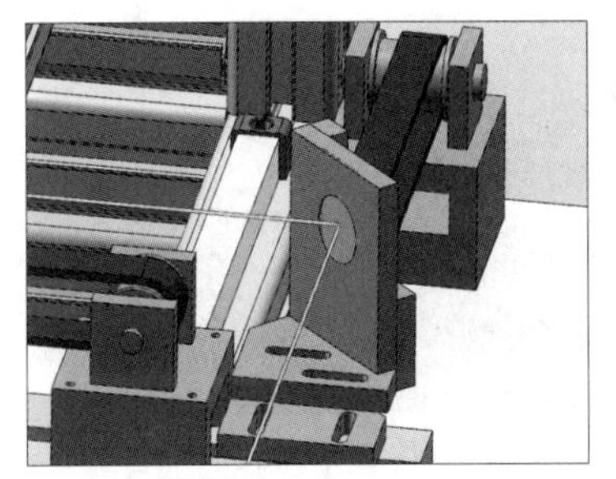

图41 二反镜片光路设计

图42 调节一反镜片反射角度

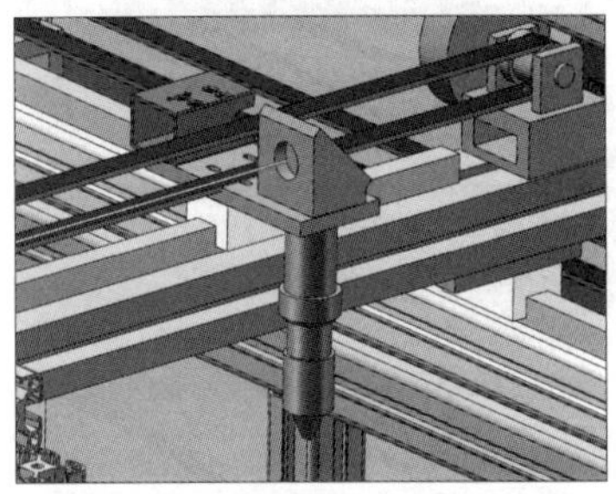

图43 三反镜片光路设计

图44 调节三反镜片角度

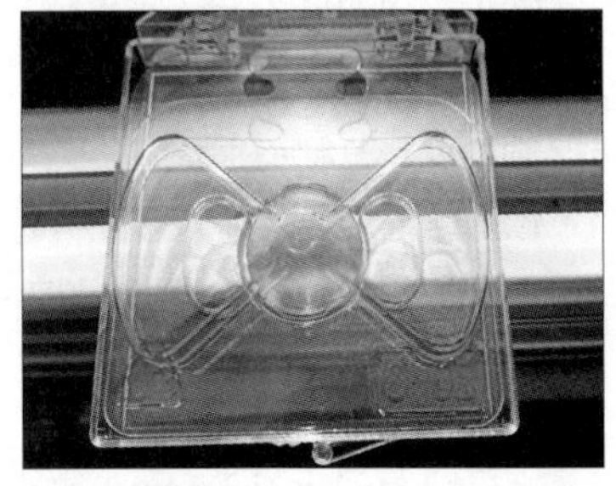

图45 聚焦镜片

（见图41），通过游标卡尺准确测量位置，精确安装二反支架（先安装至初始位置）。

2. 一反镜片角度调节过程

移动Y轴，使其靠近一反镜片，用激光打点，再移动Y轴远离一反镜片，再次打点。这时会发现两个点并不重合，如果近点更高、远点更低则需要将一反镜片往上旋转；如果近点低、远点高，则往下旋转一反镜片。下一步继续打点，远近各一点，如果近点偏左、远点偏右，则需要将一反镜片往左旋转；如果近点偏右、远点偏左，则需要往右旋转一反镜片。不断调整，直到近点与远点重合，这说明二反镜片的光路与Y轴的运动方向完全平行（见图42）。

3. 二反镜片角度调节过程

移动Y轴靠近一反镜片，然后移动X轴到靠近到二反镜片的位置，用激光打点，再移动X轴到远离二反镜片的位置，用激光打点。此时观察激光点，如果近点高、远点低，则需要将二反镜片往上旋转；如果近点低、远点高，则需要将二反镜片往下旋转。下一步继续打点，远近各一点，如果近点偏左、远点偏右，则需要将二反镜片往左旋转；如果近点偏右、远点偏左，则需要将二反镜片往右旋转。重复打点，直到近点与远点重合，这说明近端三反镜片的光路与X轴的运动方向完全平行。

然后移动Y轴远离一反镜片，接着移动X轴，在靠近和远离二反镜片的位置各打一个点，如果不重合则说明二反光路不重合，需要返回调节一反镜片角度。直到Y轴靠近一反镜片时X轴两点和Y轴远离一反镜片时X轴两点，这4个点完全重合才行。

到这一步，其实调节并没有结束，观察三反镜片支架的光斑是否处于圆心处（见图43），若光斑偏左，则需要将二反镜片支架往后移动；若光斑偏右，则需要将二反镜片支架往前移动。若光斑偏上，则需要将整个激光管的位置往下移动；若光斑偏下，则需要将整个激光管的位置往上移动。如果这一步我们调整了二反镜片的支架，那么就需要重新将二反镜片角度调节过程重复一遍；如果这一步调整了激光管的高度，那就需要将全部镜片调节过程重复一遍（包括一反镜片支架调节、一反镜片角度调节、二反镜片角度调节过程），直到光斑处于中心位置且4个点完全重合。

4. 三反镜片角度调节过程

三反镜片的调节是在二反镜片的基础上增加Z轴升降的两个点，也就是8个点。调节原则是先逐个确定前面调好的4点在Z轴方向的升降点，然后移动X轴到另一端，再打一个升降点，如果光斑高点偏上、低点偏下，则需要将三反镜片往后旋转；如果光斑高点偏下、低点偏上，则需要将三反镜片往前旋转。如果光斑高点偏左、低点偏右，则需要将三反镜片往右旋转；如果光斑高点偏右、低点偏左，则需要将三反镜片往左旋转。如果光斑总是调节不到重合，则说明三反镜片光路与X轴不重合，需要返回去调节二反镜片的角度。调节完X轴后，还需要调节Y轴，如果Y轴前后两端升降点不重合，则说明一反镜片有微小偏差，需要返回重新调节。如果光斑重合后发现其不在圆中心，则说明激光管高度偏高或偏低，需要返回调节激光管高度，然后再从一反镜片支架调节开始，重新调整一遍，直到8个点完全重合（见图44）。

调节的核心是要让激光垂直位于圆心，以便聚焦调节，这个过程比较复杂，也比较耗费时间，大家一定要耐心调节，直到调节出最好的效果。

聚焦片我选用的是一枚全新的国产聚焦片，聚焦片焦距有50.8mm、

图 46 聚焦镜片测试

图 47 激光头气泵

图 48 试切五角星

图 49 安装钣金外壳

图 50 焊接风机支架

图 51 3D 打印出风口

图 52 连接排风管

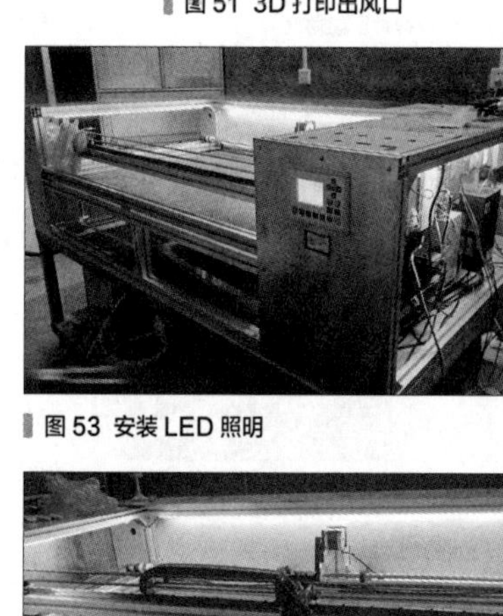

图 53 安装 LED 照明

图 54 安装激光十字对焦

63.5mm、76.2mm、101.6mm 四种，我选择的是 50.8mm 的（见图 45）。

将聚焦镜片装入激光头圆筒内，凸面朝上，放置一块倾斜的木板，移动 *X* 轴，每间隔 2mm 打一个点，找到光斑最细的位置，测量激光头与木板的距离，此距离就是激光切割时最合适的位置（见图 46）。到这里，光路就已经调节完毕了。

吹气排气系统

激光切割时会产生浓烟，浓烟颗粒会遮住聚焦片，使切割功率下降，解决方法是在聚焦片的前面增加气泵吹气（见图 47）。气泵我选择的是空压机气泵，其气压比较大，切割时由于气体的作用还能增加切割效率。使用时从主板接出输出信号控制电磁阀，通过电磁阀控制气泵吹气。

安装好后，我迫不及待进行了试切，6mm 厚的多层板可以很顺利切穿，效果很理想（见图 48）。试切时唯一存在的问题是排气系统还没有完成，浓烟比较大。

根据设计尺寸剪裁好不锈钢板材，钻孔后用螺丝将不锈钢板固定，整个机器全封闭，只留下进风口和出风口。进风口在机器正前方翻盖底部，出风口在机器右侧（见图 49）。

排风机需要固定在墙上，这里我们需要制作一个支架（见图 50）。

我选用的是功率为 300W 的中压风机，还根据自家的铝合金窗尺寸设计了专门的矩形排风口（见图 51 和图 52）。

照明和对焦系统

照明部分我采用了独立供电的 12V LED 灯带，控制系统部分、加工区域、存放区都增加了 LED 照明（见图 53）。

我还在激光头后面增加了一个十字激光头用于对焦（见图 54），使用 5V 独立电源，设置独立开关，使用时可以通过十字线确定激光头的位置，横向激光线可用于判断木板的深浅。当横线偏移光点中心时，说明木板不平整或焦距没调好，这时可调整 Z 轴进行对焦，将横线调至中心处即可。

操作优化

为了方便出现紧急情况时让机器停止工作，我将急停开关设计在顶端靠近工作台面的位置，边上安装有钥匙开关、USB 接口、调试端口，前方设计有总电源开关、吹气排风控制开关、LED 照明开关、激光对焦开关，这样所有的操作都可以在一个面板下完成（见图 55）。

机器两边各设计了机柜门，左侧用于存放激光切割机使用的工具，右侧用于检查与维修（见图 56 和图 57）。正面底部设计有检查窗口，有工件掉落时可以从底部拿出，还可以观察激光功率够不够，有没有切穿板材，以便及时进行调整。

我还增加了脚踏板（见图 58），需要启动激光切割机时只需踩动脚踏板即可完成操作，省去了烦琐的按键操作，快捷方便。

后续还需要测试切割机的各项功能，在使用过程中对切割参数进行完善以达到更好的效果，比如调试激光切割、扫描图片、刻字画线等功能。

到这一步，整台大型激光切割机就已经完成了（见图 59），机器体积非常庞大，我在制作过程中也遇到了一些瓶颈和难点，好在都通过努力逐一解决，这是非常宝贵的经历。通过这个项目，我也学到了很多有关激光切割机的知识，同时也非常感谢业界朋友的帮助，他们使项目少走了很多弯路。希望这个项目的分享能使大家有所启发和收获。项目当然存在一些不足的地方，也欢迎各位朋友指正！图 60 所示是我用这台激光切割机完成的一些制作，心里还是很有成就感的，也欢迎读者朋友和我一起创客智造！

图 55 开关按键布局

图 56 左侧机柜门

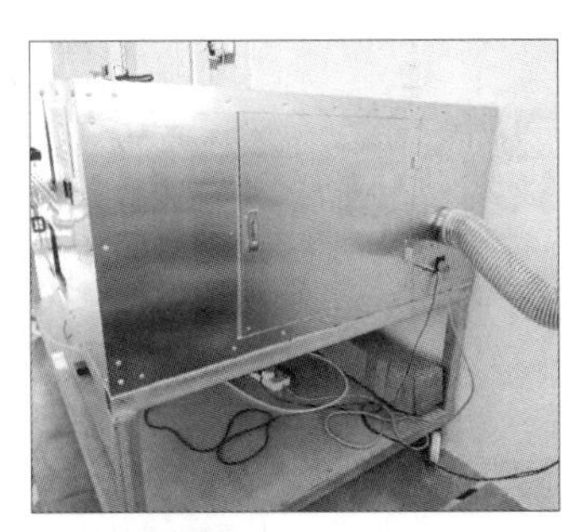

图 57 右侧机柜门

图 58 脚踏板

图 59 激光切割机完成图

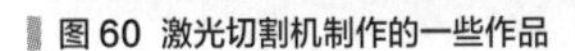

图 60 激光切割机制作的一些作品

演示视频

改造一个 USB 照度计

▌王岩柏

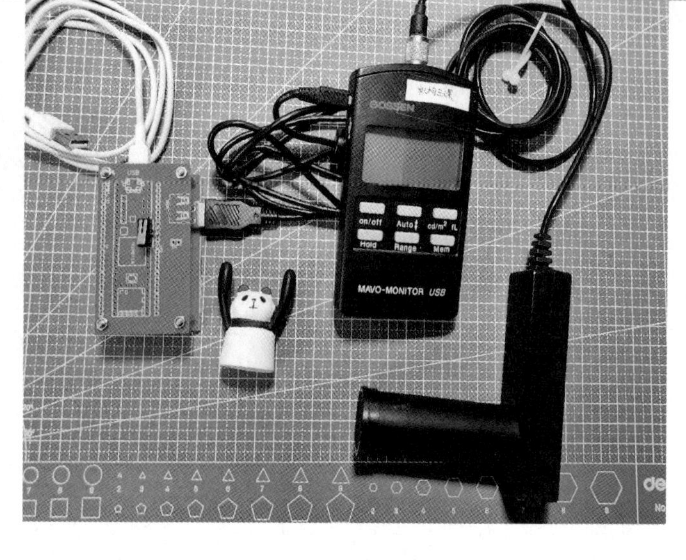

人类大脑总质量只占人体体重的2%，但是可以消耗人体能量的 20%~25%。与之类似，笔记本电脑中 CPU 的功耗占整机功耗的 1/3 还多。排在第二位的功耗大户是屏幕，无论是传统的屏幕还是最新的 OLED 屏幕，它的功耗和亮度都有着直接关系。为了衡量物体的发光能力，物理上使用坎德拉每平方米（cd/m^2）作为单位。坎德拉每平方米是衡量亮度的国际单位制导出单位，其中坎德拉是衡量发光强度的国际单位制主单位，平方米是衡量面积的国际单位制导出单位。该单位旧称尼特（Nit，来源于拉丁语的“nitere”，意为照射），符号为 nt。坎德拉每平方米常用于标示显示设备的亮度，大多数笔记本电脑屏幕的亮度为 200~300 cd/m^2；SRGB 色彩空间的显示器亮度一般为 80 cd/m^2；高清晰度电视机的亮度在 450~1000cd/m^2；一般的、经过校准的显示器亮度为 120cd/m^2。我们一般使用照度计测量光源的亮度。

▌图 1 MAVO-MONITOR USB 照度计

为了详细测定笔记本电脑屏幕的功耗，实验室购买了一个 MAVO-MONITOR USB 照度计（见图 1）。它是德国 GMC-Instruments 集团旗下的 GOSSEN Foto-und Lichtmesstechnik Gmbh 有限公司生产的专业测试设备。这款照度计市场零售价格在 1500美元左右。每次使用它测试时，需要先将测试头贴在屏幕上，然后读取设备屏幕读数，最后将数值抄写在纸上。很明显，这样的操作并不方便，为此我制作了一个辅助设备——当触发按键时，设备能够将照度计当前数值传输到笔记本电脑上。

Serial Port Setting

Port	COM3(Intel(R) Active
Baudrate	9600
Data Bits	7
Parity	Even
Stop Bits	2
Flow Type	None

▌图 2 串口通信配置参数

MAVO-MONITOR USB 照度计提供了一个 USB 端口，从数据手册上可以得知，这款设备通过内置的 FDTI 芯片（FT232BL）来实现串口与USB的转接。从编程的角度来说，串口通信有资料丰富、代码简单的特点，因此串口通信在传统设备上相比在 HID 设备上更加常见。串口通信需要设置通信参数，这款设备使用的参数为：9600 波特、1 起始位、7 数据位、2 停止位、偶校验、无流控制，如图 2 所示。

测试表 1 中的命令需要注意的事项如下。

◆ 命令大小写敏感。

◆ 部分命令有缩写方式，比如：查询当前测量结果的命令“PHOtometric?”可以简写为“PHOT?”，具体请以数据手册中的内容为准。

◆ 命令必须以回车结尾。例如：“*IDN”命令，串口实际发送的十六进制数值为：2A 49 44 4E 3F 0D 0A。结尾处的 0D 0A 表示回车。

◆ 测量范围和精度如表 2 所示。

掌握了表 1 中的命令，就可动手制作一个带有 USB Host 的设备，通过串口命令来控制MAVO-MONITOR USB照度计。我原计划应用之前的 USB HOST Shield

表 1 数据手册上提供的命令列表

命令	解释
*RST	将设备参数恢复为默认值。运行该命令后设备会重启，但不会影响已存储的值。默认设定为：打开自动量程，启用按键输入，屏幕显示打开，存储数据不变，标准采样率（2s 一次），系统时间不受影响
*IDN?	查询设备信息，返回值包括制造商、型号、序列号、硬件版本和 Firmware 版本，示例如下。 输入：*IDN 输出：GOSSEN,M 504,31123,02,V 2.04
VERSION?	查询命令解释器版本，示例如下。 输入：[SYSTEM:]VERSION? 输出：VERSION V 1.01 (2004)
BEEPER num	直接输入该命令，没有参数时，直接发声；当后面跟有数字作为参数时，将数字为发声时长，示例如下。 设定发声时长为 3s。 输入：BEEPER 3 发声一次（如果运行了上面的设定，那么会产生 3s 的声音）。 直接发声。 输入：BEEPER ON
KEYBOARD b	启用或者关闭按键输入功能，示例如下。 关闭按键。 输入：KEYBOARD OFF 打开按键。 输入：KEYBOARD ON
TIME?	读取自从上一次校准之后经过的时间，示例如下。 输入： TIME? 输出：00055,02,21
DISPLAY b	打开或者关闭屏幕。可选参数为 0、1、ON、OFF。 关闭屏幕 输入：DISPLAY OFF 打开屏幕 输入：DISPLAY 1
UNIT: PHOTOMETRIC txt	选择测量结果显示的单位。可选参数为 LX、FC、CD_M2、FL。 输入：UNIT:PHOTOMETRIC LX （实践发现如果使用 CD_M2 和 FL 作为参数，程序会报错，提示不支持）
PHOTOMETRIC?	不加参数时，显示当前测量结果。 LX： 输入：PHOTOMETRIC? 输出：289 E-02 CD/M2 FC： 403 E-03 FL 1059 E00 FL 1870 E-02 FL

续表

命令	解释
RANGE num	设定测量范围。测量范围和精度相关，具体内容可在数据手册此表后“Note 4”中找到
RANGE?	查询当前的测量范围 输入：RANGE? 输出：1
RANGE:AUTO b	打开或者关闭自动量程。参数为 0、1、N、FF。 输入：RANGE:AUTO ON 无输出
RANGE:AUTO?	查询当前自动量程是否打开。 输入：RANGE:AUTO 输出：ON
ECHo b	命令回显功能是否启用。参数为 0、1、ON、OFF。 在显示返回值打开的情况下，设备在收到主机名后会将命令再次返回主机，这样的操作便于主机确认命令是否正确，但是可能会对处理结果造成麻烦。 例如，在显示返回值打开的情况下。 输入：MEASURE:PHTOT? 输出：MEASURE:PHTOT? 123E00 LX 在显示返回值的情况下。 输入：MEASURE:PHTOT? 输出：123E00 LX
DISPLAY: BACKLIGHT b	打开或者关闭显示屏幕背光。参数为 0、1、ON、OFF。 打开背光。 输入：DISPLAY:BACKLIGHT ON 关闭背光。 输入：DISPLAY:BACKLIGHT OFF
MEMory:CLEar	清除保存的数据。 输入：MEMORY:CLEAR 输出：100，100
MEMory:FREE?	查询当前的存储空间剩余量。 输入：MEMORY:CLEAR 输出：100，100
MEMory:DATA?	查询已经保存的数据。 输入：MEMORY:DATA 输出：EMPTY

表 2 测量范围和精度

		测量范围	分辨率
		单位：cd/m^2	单位：cd/m^2
照度	I	0.01~19.99	0.01
	II	0.1~199.9	0.1
	III	1~1999	1
	IV	10~19990	10

方案（MAX3421e USB Host 芯片），但是实验发现 USB HOST Shield 对于设备内置的 FT232BL 芯片存在只能发送、无法接收的兼容问题。尝试解决无果后，只好放弃这种方案。最终选择了 Teensy 3.6 开发板，图 3 所示为开发板的引脚图。这款开发板是 PJRC 推出的高性能 Arduino 兼容板，最高主频可达 180MHz、接口丰富、主控自带 USB Device 和 USB Host 功能，二者可以同时工作。

最终，改造 USB 照度计的整体方案是使用板载 USB Host 连接 USB 照度计，通过发送命令取得测量结果，同时使用 USB Device 模拟出一个键盘，当其按键被触发时，USB Device 直接将读数发给笔记本电脑。根据方案设计的电路如图 4 所示，我们可以看到 PCB 上只有连接器没有外围元器件，其中 IC2 是 USB 母头、H3 是用于连接按钮的排针。PCB 的设计如图 5 所示，3D 渲染后的效果如图 6 所示，制作的成品如图 7 所示。我们将 Teensy 3.6 开发板和微动开关焊接在 PCB 上。

此处，我一一解析改造 USB 照度计所用程序中的关键代码。

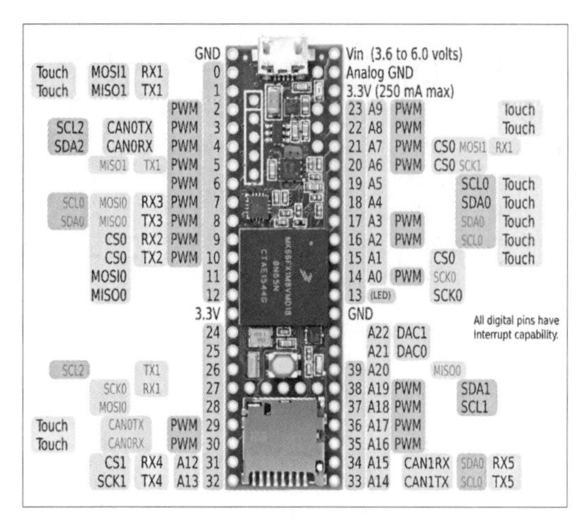

图 3 Teensy 3.6 开发板引脚示意

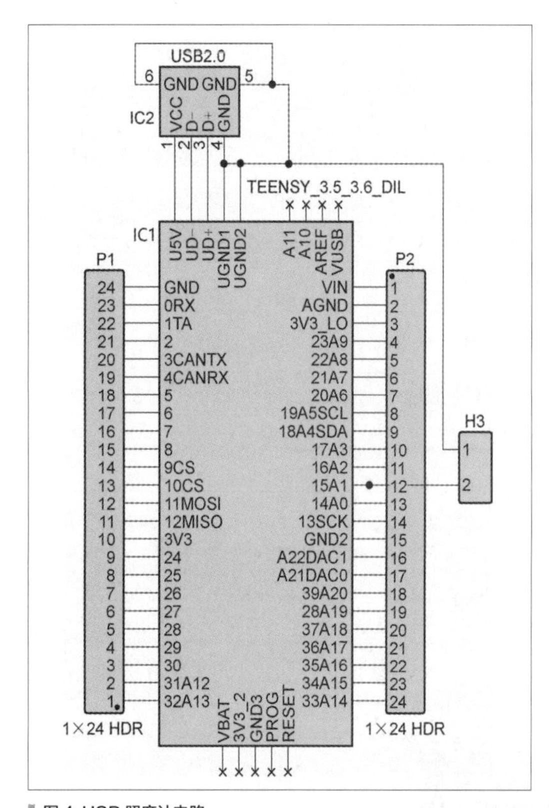

图 4 USB 照度计电路

为了使用PCB上的USB Host 功能，需要使用 USBHost_t36 库，该库可以在 GitHub 中找到。安装完 USBHost_t36 库，需要用代码调用头文件”USBHost_t36.h”，然后声明 USBSerial userial(myusb);，即可操控 USB Host 上的设备。

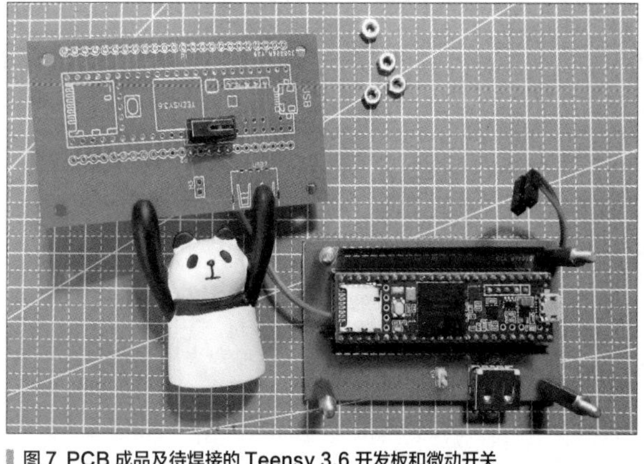

图 7 PCB 成品及待焊接的 Teensy 3.6 开发板和微动开关

在程序开始处，需要设定 USB 串口参数，具体参数要求：9600 波特、数据位为 7、偶校验、停止位为 2。具体配置串口的代码是“userial.begin((uint32_t)9600,(uint32_t) USBHOST_SERIAL_7E2);”。需要注意的是，USBHost_t36 库在处理 9600 波特的波特率时，代码计算上有问题，还需要按照下面的方法修改 \USBHost_t36-master\serial.cpp 文件。

```
// set baud rate
if (pending_control & 2) {
  pending_control &= ~2;
  uint32_t baudval = 3000000 / baudrate;
  baudval=0x4138; //LABZ_Debug
  mk_setup(setup, 0x40, 3, baudval, 0, 0);
  queue_Control_Transfer(device, &setup, NULL, this);
  control_queued = true;
  return;
}
```

文件中，设置数据长度和停止位的部分也存在问题，我们针对设备需要的参数，直接给出固定值，修改后的代码如下所示。

```
if (pending_control & 1) {
  pending_control &= ~1;   // 设置数据格式
  uint16_t ftdi_format = format_ & 0xf;  // 给出比特值
```

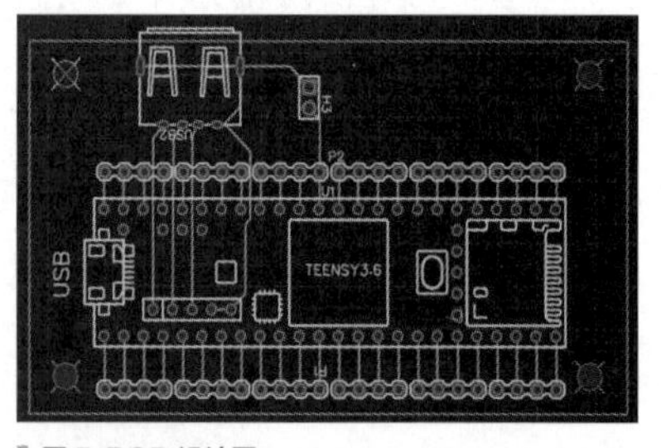

图 5 PCB 设计图

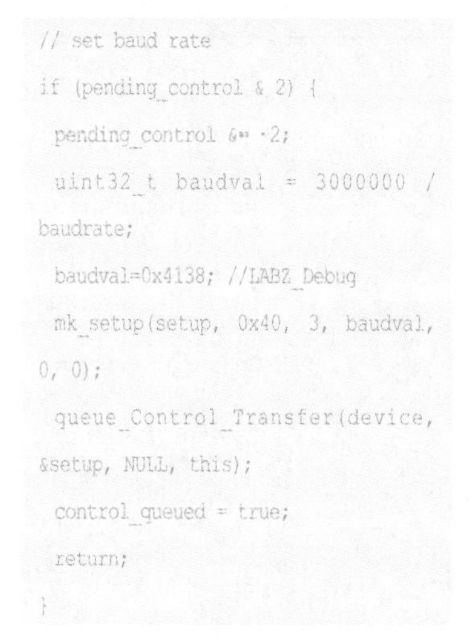

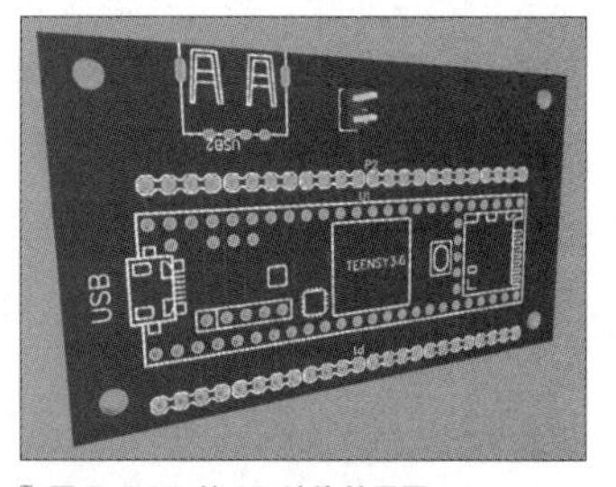

图 6 PCB 的 3D 渲染效果图

手势控制 MP3 播放器 & 万能遥控器

▌章明干

演示视频 1

演示视频 2

生命因音乐而美丽，音乐已经成为我们生活中的一部分，它是人们抒发情感、寄托情感的载体。通过听音乐，我们可以陶冶情操、心情舒畅。我们常常使用 MP3 播放器、手机、天猫精灵、小爱同学、小度在家等设备播放音乐。这些设备的控制方式一般有两种，一种是用手单击功能键播放音乐或选择音乐，另一种是通过语音来控制。目前，市面上少有使用手势控制的音乐播放设备。我因 DFRobot 推出了多款手势控制模块，产生了制作一个手势控制 MP3 播放器的想法。进而又想，可不可以用手势来控制电视机、空调、电扇、电灯等家用电器呢？想到就要落实，我入手了相关的开源硬件及电子模块。接下来就为大家介绍，如何鼓捣出一款手势控制 MP3 播放器及万能遥控器。

制作这款手势控制 MP3 播放器及万能遥控器需要准备附表所示的材料。

附表　材料清单

序号	名称	数量
1	Arduino MEGA 2560 Rev3 主控板	1 块
2	手势识别带触摸传感器	1 个
3	OLED 显示屏	1 块
4	8 × 8 RGB LED 点阵	1 个
5	角度传感器	1 个
6	UART MP3 语音模块	1 个
7	红外发射模块	1 个
8	3W 扬声器	2 个
9	六角铜螺栓、螺母、垫片、接线柱	若干
10	导线、杜邦线、电源线	若干
11	激光切割结构件	1 组
12	热熔胶、502 胶水	若干

```
  // 从编码中提取奇偶校验
  ftdi_format |= (format_ & 0xe0) << 3;
  // 检查是否存在两个停止位
  if (format_ & 0x100) ftdi_format |= (0x2 << 11);
  ftdi_format=0x1207; //Labz_Debug
  mk_setup(setup, 0x40, 4, ftdi_format, 0, 0); // 数据格式 8N1
  queue_Control_Transfer(device, &setup, NULL, this);
  control_queued = true;
  return;
}
```

启动设备后，使用 userial.println (command) 函数来发送下面的命令，对设备进行设置。

```
char *cmdECHOOFF = "ECHO 0"; // 关闭显示返回值
char *cmdSETUNIT = "UNIT:PHOTOMETRIC LX"; // 设定照度返回单位
```

不断使用 userial.println(cmdREAD) 发送读取当前照度的命令，具体命令的定义如下。

```
char *cmdREAD = "MEASURE:PHOTO?";
//读取照度
```

将设备返回的字符串交给 void SciToStr (String s) 函数来处理，它会将设备的科学计数法表示形式转为常用的表示形式，并将结果存放在 HumanReadable 字符串中。

将按键连接到开发板的 A1 引脚。如果按键被按下，变量 Pressed 的值就变为 1，并且 HumanReadable 字符串会通过 USB Device 发送到笔记本电脑中。从笔记本电脑角度看，HumanReadable 字符串是从 USB 键盘输入的内容，这样也就最大限度地保证了兼容性，无论笔记本电脑的操作系统是 Windows 还是 Linux，设备都能正常工作。这部分的代码如下所示。

```
Keyboard.print(HumanReadable);
Keyboard.press(KEY_DOWN);
Keyboard.release(KEY_DOWN);
```

Teensy 3.6 开发板可提供非常强大的 USB 支持，自带的参考示例涵盖了 HID CDC MSD 及 Audio 设备，可以非常方便地用在自己的项目中。美中不足的是，Teensy 3.6 开发板价格较高，如果你的项目对价格不敏感，或者需要快速实现 USB 相关功能，不妨考虑一下这款开发板。

结构设计与搭建步骤

1 使用CorelDRAW软件设计手势控制MP3播放器及万能遥控器的外壳，并用激光切割机切割出制作外壳所需的结构件。这里我们使用3mm厚椴木板和2mm厚的白色亚克力板。

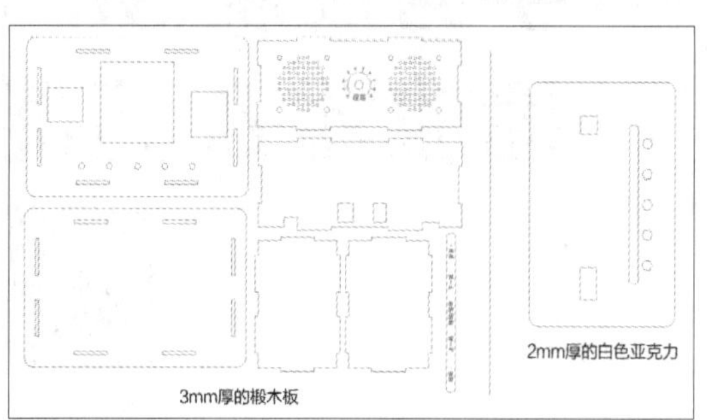

2 用8颗直径为4mm的螺栓及16颗直径为4mm的螺母，把两个3W扬声器固定在相应的椴木板上。其中8颗螺母放在扬声器与椴木板之间，避免在播放音乐时扬声器的纸盆碰到椴木板，影响音质。

3 用热熔胶将角度传感器固定在两个扬声器之间，固定时需要注意角度传感器的摆放方向，使得角度传感器的旋转范围为椴木板刻度0~9。

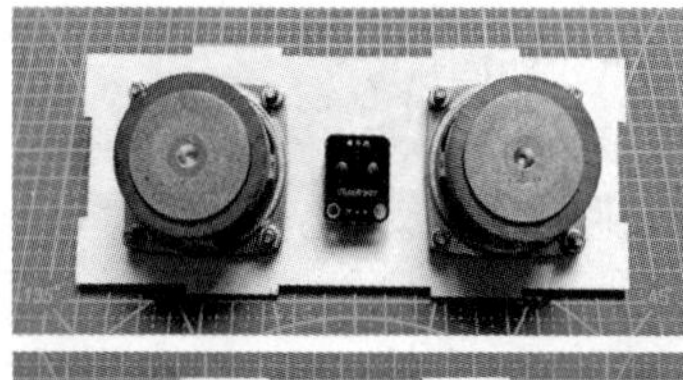

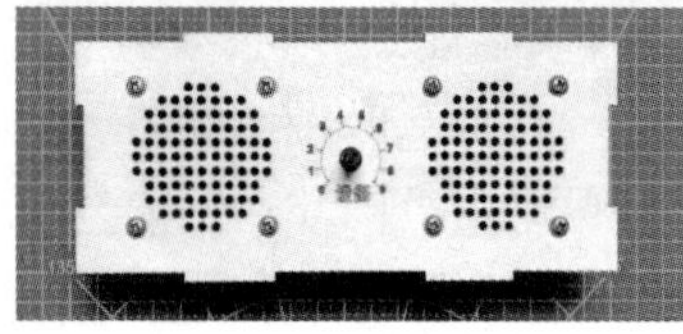

4 将导线焊接在扬声器和角度传感器的相应位置。

5 将5根导线分别焊接在手势识别带触摸传感器的5个触摸点上，并接好杜邦线。

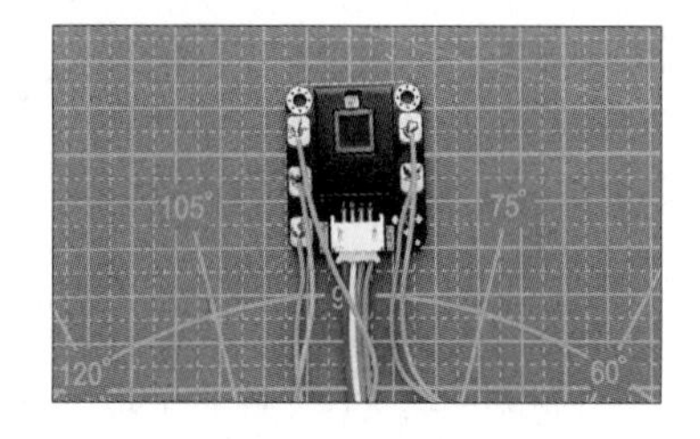

7 把5对铜螺栓、螺母安装在8×8 RGB LED点阵下方的5个孔中，安装时需要将手势识别带触摸传感器上焊接的5条导线分别接在这5颗铜螺栓上，对应顺序为1号触摸点上的导线接在从正面看从左往右的第1颗铜螺栓上，2号触摸点上的导线接在第2颗铜螺栓上……这里使用铜螺栓的原因是因为其导电性能好，我们触摸铜螺栓相当于触摸了手势识别带触摸传感器上的接触点。

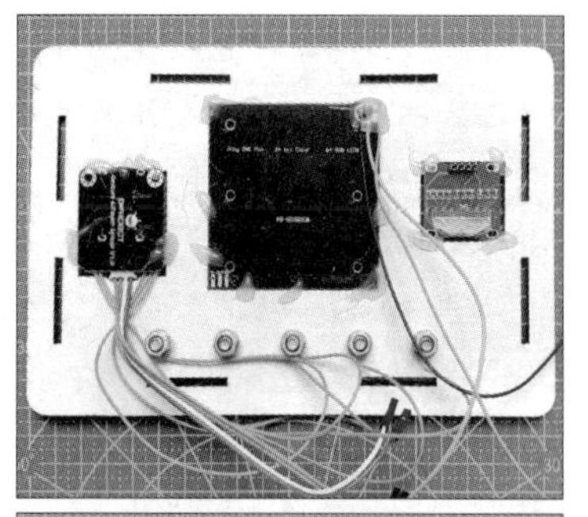

6 用热熔胶将手势识别带触摸传感器、8×8 RGB LED点阵、OLED显示屏固定在相应的椴木板上。特别要注意的是8×8 RGB LED点阵的摆放方向，其第1盏灯应处于左上角，然后第1盏灯的右边依次是第2盏灯、第3盏灯……然后给8×8 RGB LED点阵焊接导线，焊好后用热熔胶加固焊接点，避免在使用过程中，导线脱落引发短路。

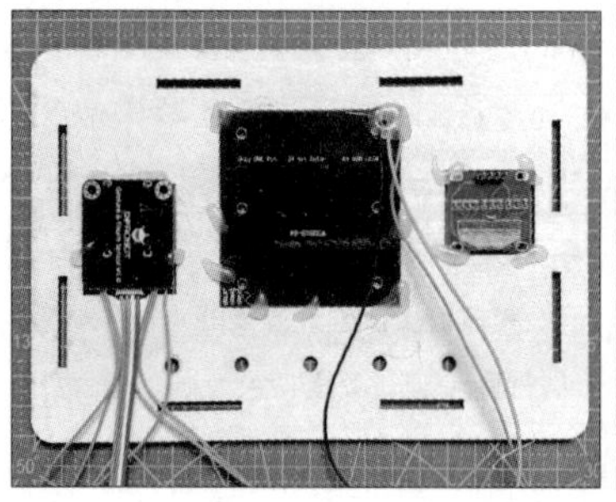

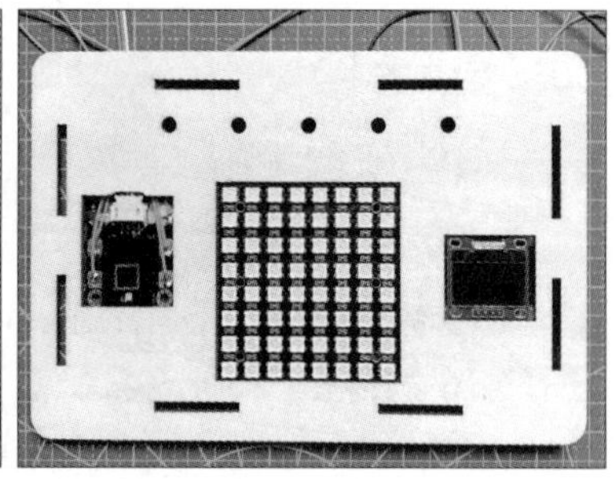

8 用热熔胶将安装有手势识别带触摸传感器、8×8 RGB LED 点阵等的椴木板与其他 4 块安装在侧面的椴木板固定在一起。其中安装有扬声器的椴木板需要安装在有 5 颗铜螺栓的这一侧。

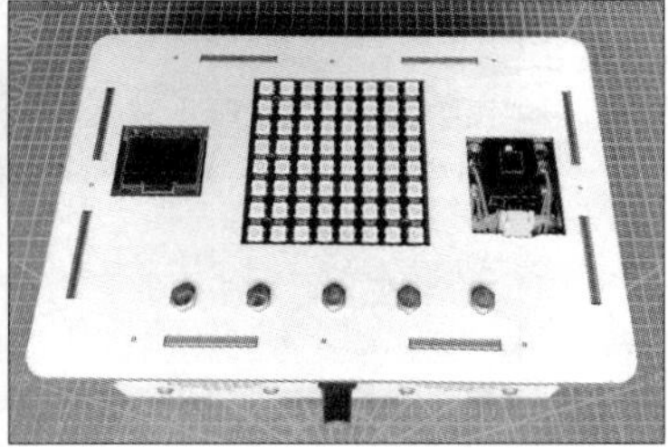

9 将 Arduino MEGA 2560 Rev3 主控板、红外发射模块、UART MP3 语音模块及一个 2 位的接线柱固定在相应的椴木板上。

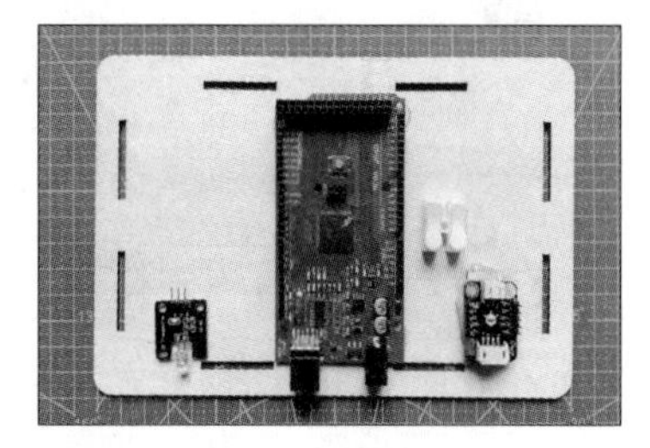

10 按照接线图将各个模块与 Arduino MEGA 2560 Rev3 主控板连接起来，连接好后，组装步骤 8 和步骤 9 中的部件。

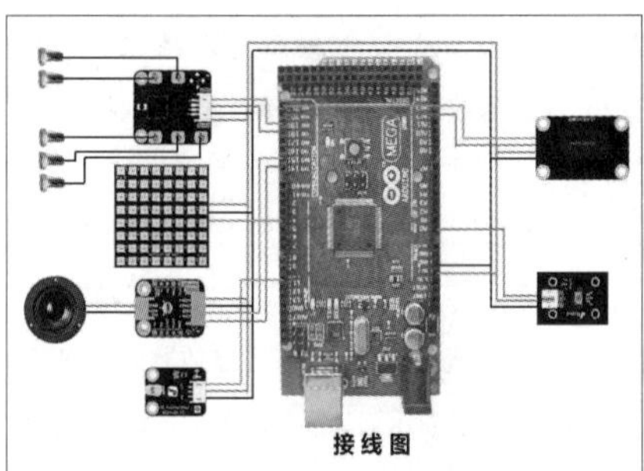

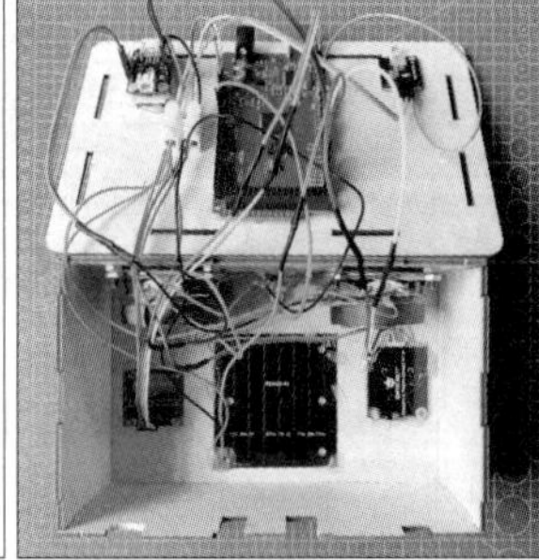

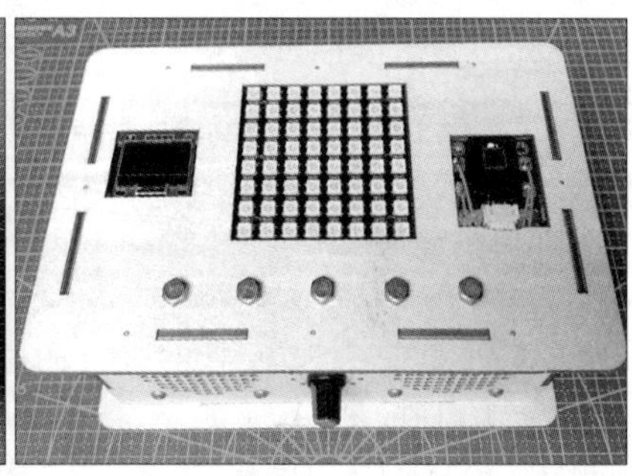

11 用 502 胶水将亚克力板和触摸功能指示条固定在相应的位置。至此，手势控制 MP3 播放器及万能遥控器的结构设计与搭建部分就介绍完了。

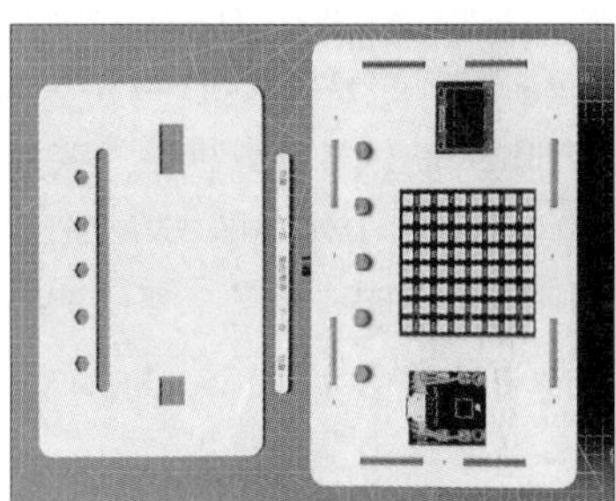

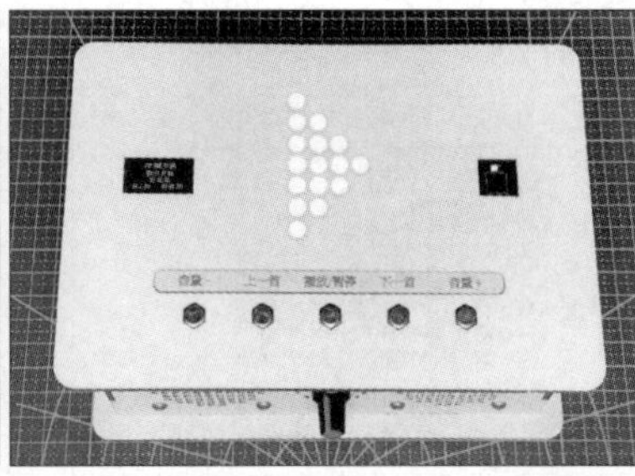

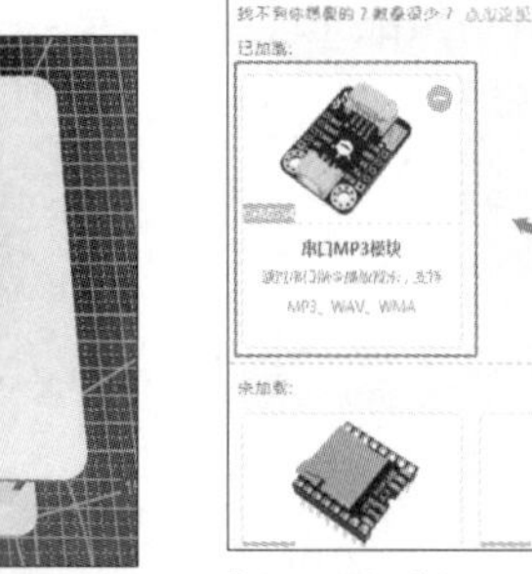

图 2 添加“串口 MP3 模块”

程序编写

我们使用 Mind+ 软件编写本作品的程序。在编写程序前，我们需要单击添加相应扩展，如图 1~ 图 5 所示，添加“主控板”选项卡中的“MEGA 2560”、“执行器”选项卡中的“串口 MP3 模块”、“通信模块”选项卡中的“红外发射模块”、“显示器”选项卡中的“OLED-12864 显示屏”“WS2812 RGB 灯”，以及“用户库”

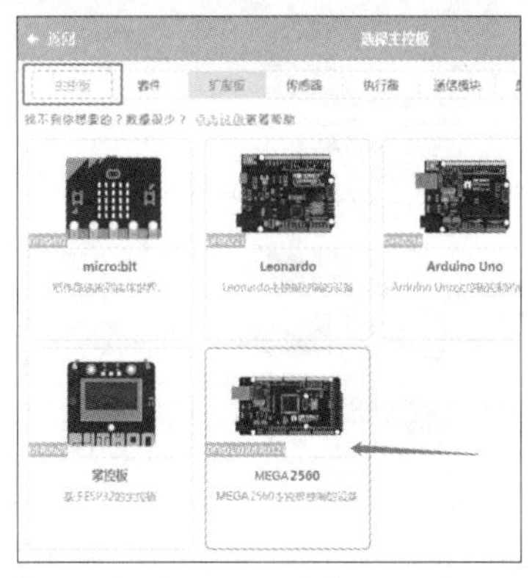

图 1 添加“MEGA 2560”

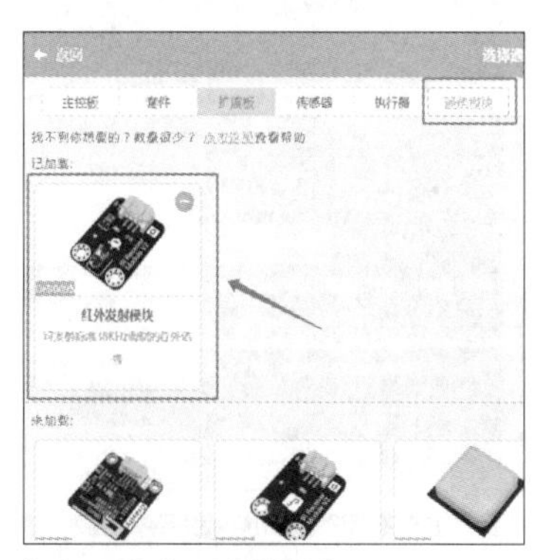

图 3 添加“红外发射模块”

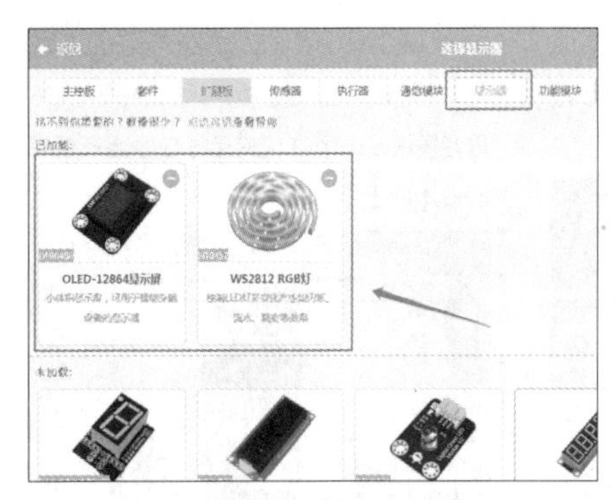

图4 添加“OLED-12864显示屏”“WS2812 RGB灯”

图5 添加“手势识别触摸传感器”

选项卡中的“手势识别触摸传感器”。

添加好扩展后，就可以开始编写程序了。本作品的主要功能是使用手势及触摸的方式控制MP3播放器、电视机、空调等设备。因此，我们通过变量“遥控类别”的值判断所要控制的设备，变量“遥控类别”的值是通过角度传感器获取的。将角度传感器旋转到相应的位置，赋给变量“遥控类别”值。程序通过变量“遥控类别”的值，执行不同的功能。目前，这个作品，我们只设置了可以控制3个不同设备，即当变量“遥控类别”的值为0~179时，OLED显示屏显示选择菜单；当变量“遥控类别”的值为181~549时，控制MP3播放器；当变量“遥控类别”的值为551~879时，控制七彩台灯；当变量“遥控类别”的值大于880时，控制电视机。如果想要控制更多设备，就再细分取值范围。此部分以及初始化设置的参考程序如图6所示。

为了让使用者可以清晰地了解手势或触摸操作是否被手势控制MP3及万能遥控器识别，我们使用8×8 RGB LED点阵，通过显示向左、向右、向上、向下的箭头及暂停、播放等图形，告诉使用者当前被识别到的信息是什么。这个功能我们通过构建、调用多个函数来实现。此处为大家展示向左和向上箭头的参考程序（见图7），以及通过手势或触摸实现控制MP3播放器播放上/下首歌的参考程序（见图8）。

手势控制MP3及万能遥控器中的OLED显示屏主要用于显示当前控制设备的名称及相应的一些操作说明。特别是当前控制的设备为MP3播放器时，OLED显示屏显示当前播放的歌曲名称、歌曲位置及音量等信息。而对于其他被遥控的设备，我们需要先解读设备原有遥控器中常用按键的编码，并在程序中设置当检测到相应手势或触摸信息时，红外发射模块发射设备原有遥控器对应按键的编码，从而实现遥控设备，如控制电视机时，手势向左代表频道-1，红外发射模块发射电视机遥控器频道-1按键的编码，等等。控制电视机的参考程序如图9所示。

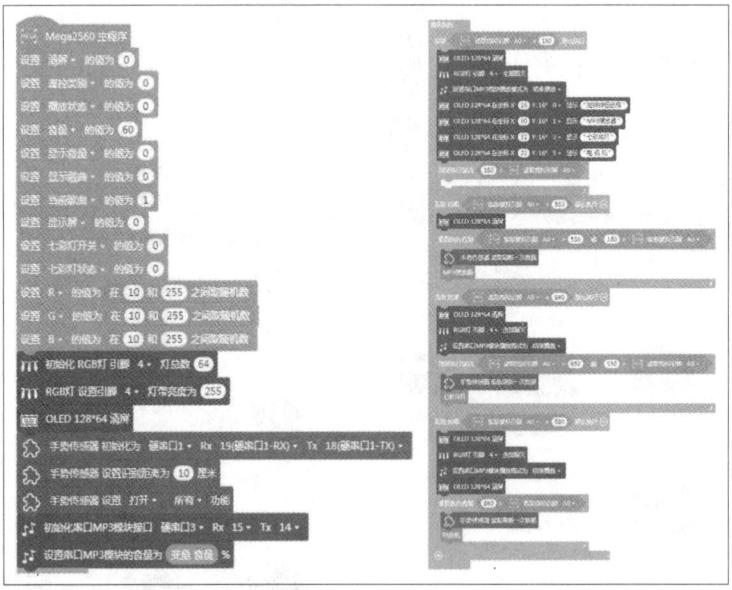

图6 控制不同设备及初始化设置参考程序

问题及改进

在制作这个作品的过程中，我最早采用的主控板是Arduino Uno，但随着作品功能不断叠加，出现的问题也越来越多，不是OLED显示屏不能正常显示相关的信息，就是8×8 RGB LED点阵显示出错。折腾了好几天，我才发现问题出现的原因是程序比较复杂，再加上同时使用OLED显示屏、UART MP3语音模块、8×8 RGB LED点阵、手势识别带触摸传感器，

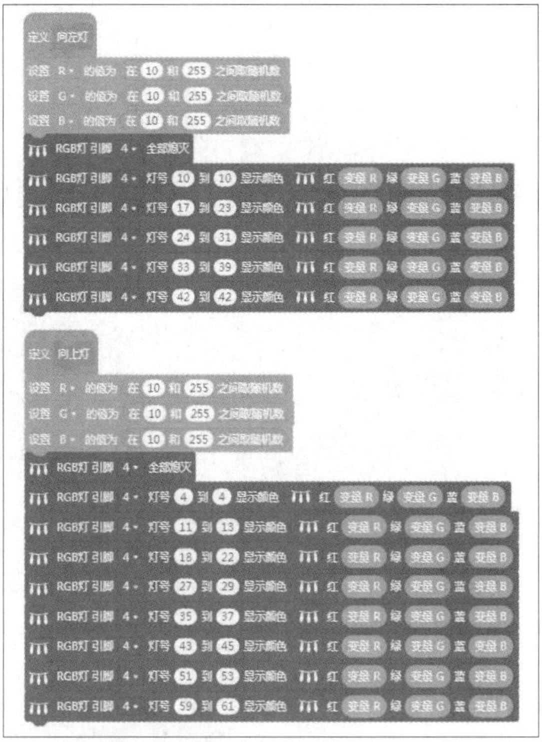

图7 向左和向上箭头的参考程序

图8 控制 MP3 播放器播放上 / 下首歌的参考程序

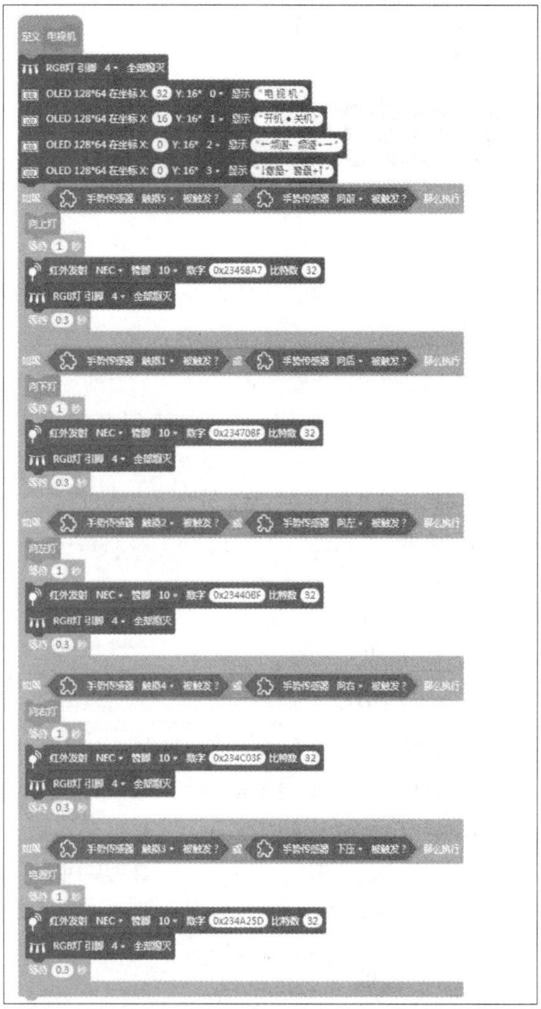

图9 控制电视机的参考程序

导致内存占用过大。后来，我把 Arduino Uno 换成了 Arduino MEGA 2560 Rev3，解决了之前出现的问题。大家也可以尝试使用其他的方法解决问题，如更换其他主控板或优化程序。除此之外，我在测试 MP3 的播放功能时，出现了加大音量会产生杂音或卡顿的现象，经过反复调试，我使用 2 节 18650 电池代替数据线连接计算机供电，解决了这个问题。文中作品使用的是 UART MP3 语音模块，这个模块自带 8MB 的内存，但 8MB 的内存放不了几首歌曲，如果大家想存放更多的歌曲，可以采用 DFPlayer Mini 播放器模块。DFPlayer Mini 播放器模块最大支持 32GB 的 micro SD 卡，支持 32GB 的 U 盘，集成了 MP3、WAV、WMA 的硬解码，支持 FAT16、FAT32 文件系统。大家可以根据自己的需求改进手势控制 MP3 播放器及万能遥控器。

立创课堂

立方灯

▌平头创意

还记得小时候在夏天的夜晚，我们能看到远处草丛中闪着点点荧光，一亮一灭，伴随着蝉鸣，满满的都是夏天的记忆。可是如今再到夜晚，除了无尽的霓虹灯和嘈杂的车水马龙，再也寻不到儿时的那份记忆。我希望有朝一日可以把整个夏天装进盒子里。打开就能回忆起儿时的夏天。终于有一天，我有了一个绝妙的想法，可以把那点点荧光，放到一个小盒子里。盒子虽小，看上去却像是拥有整个夏天的夜晚和星河！

简介

灯的主体部分，是一个边长 5cm 的完美正方体，没有亮灯时，每个面都像一块镜子，可以映射出四周的光线，就像一个金属立方体一样，如图 1 所示。

点亮立方灯内部的灯光，就好像在一个 5cm 的立方体中塞下了无限大的空间，无数光点在闪烁，绵延到视线消失的地方，如图 2 所示 。

立方灯的底部托盘是一块完整的 PCB，上面通过 PCB 走线绘制出了一些纹理图案，如图 3 所示。

图 1 未亮灯的立方体

我在底部 PCB 上进行了一些独特设计——将底部 PCB 设置成了一个八卦图。这个八卦图不是随意摆放的，而是有意倒置了。设计这个项目时，我将触摸按键对应了八卦中的乾卦，跟隐藏的中秋满月相对应，寓意着圆满。触摸按键“乾”，底板隐藏的满月就会亮起，效果如图 4 所示。同时，计算机也可以实现同步锁屏，做到了好看又有用。

制作步骤

这个作品制作起来涉及的部分比较多，我主要分为硬件部分和软件部分两大块来讲。

图 2 亮灯效果

图 3 底部 PCB

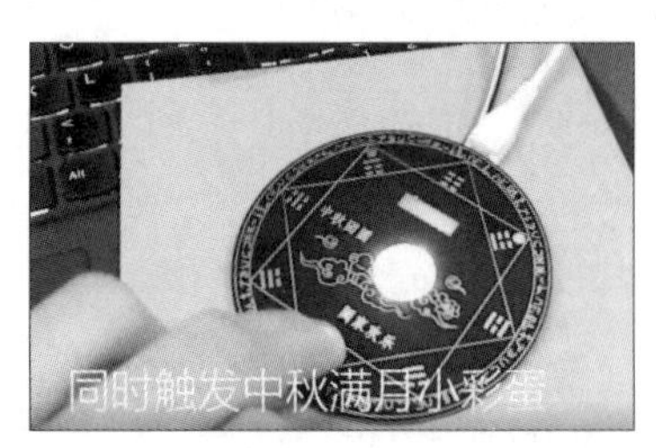

图 4 底板亮灯效果

硬件部分

这部分主要是对硬件的讲解，大家看了这部分后，可以基本了解制作的大致原理和框架知识。

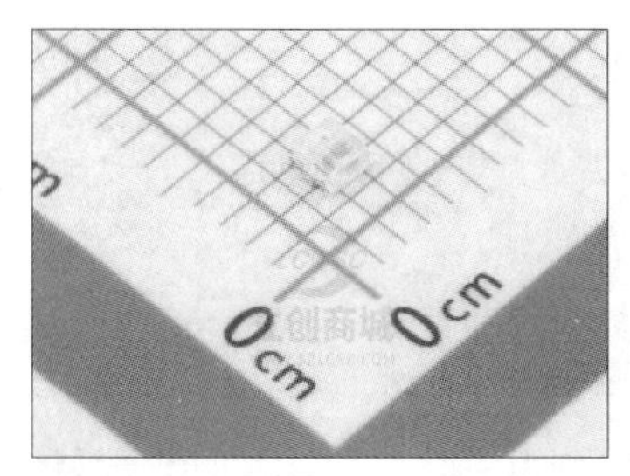

图5 RGB自闪LED灯珠

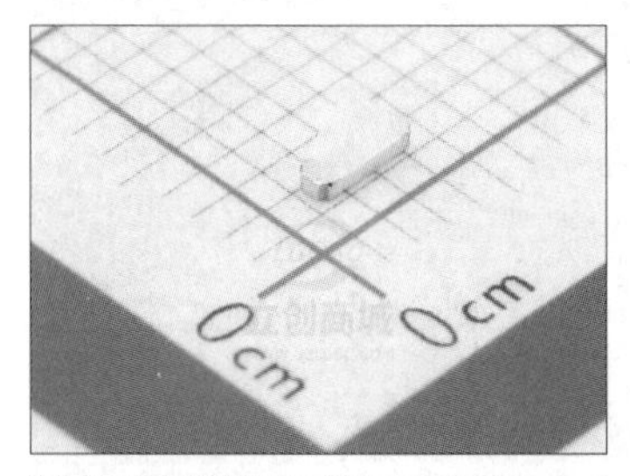

图6 白色侧贴LED灯珠

图7 沁恒CH573F

1. 原材料选型

首先要进行的是原材料选型，这也是后面能够成功做出成品的基础。

先来看LED。我选择的是立创商城里的XL-0807RGB-MS，这款产品是RGB自闪LED灯珠，型号为2mm×2mm的0807封装，如图5所示。之所以选择这款LED，一是因为这款LED灯珠足够小；二是因为这款LED不需要提供单独的信号线进行控制，常见幻彩灯珠虽然很好，但是至少需要一根信号线串联，比如WS2812系列的灯珠，还有的需要3根信号线分别控制，非常不友好。这款灯珠避免了额外走信号线的麻烦，尺寸还极小，可以让灯板做得足够窄，视觉效果会更好。

底板LED我选择了立创商城里的E6C1204CWAY1UDA，这是一款非常不错的白色侧贴LED灯珠，如图6所示，视觉呈现非常好。

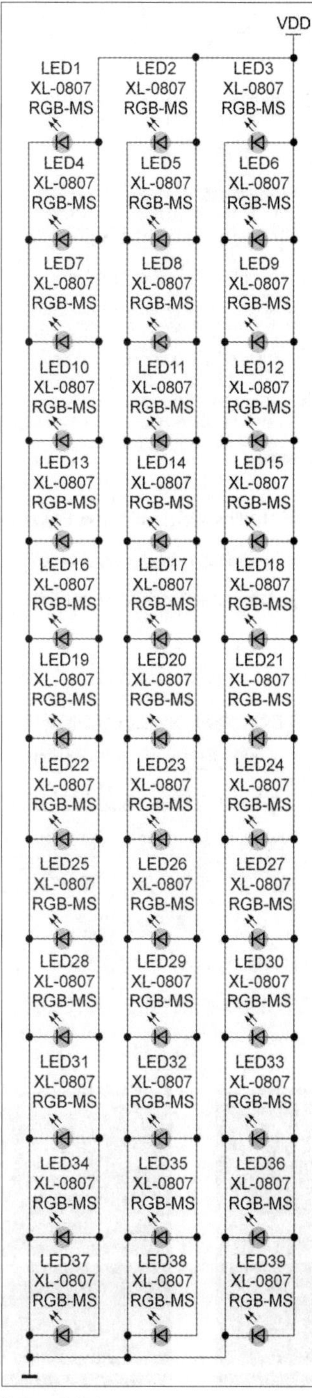

图8 灯板电路

外壳材料我是在嘉立创的三维猴3D打印工厂打印的，材料使用的是9000E白色原色。之所以选择这个，首先是价格便宜，并且使用了SLA立体光固化技术，成型效果非常棒，几乎没有毛刺，而且嘉立创发货周期非常快。美中不足是其热变形温度略低，为46℃。

制作立方灯还需要镜面板，这个材料没有成品，需要自己制作。我先是选用了2mm厚的透明亚克力，尺寸为20cm×20cm，正反面都贴有保护膜，不怕刮花。反光膜我选择的是银色的太阳遮光膜，尺寸为30cm×100cm，透光率为84%，这个参数对于一个在办公桌上的场景完全够用了。

主控我选择的是国产沁恒微电子的CH573F，如图7所示。该主控集成了带有BLE无线通信的32位RISC-V内核微控制器，片上还集成了低功耗蓝牙BLE通信模块、全速USB主机和设备控制器及收发器、SPI、4个串口、ADC、触摸按键检测模块、RTC等丰富的外设资源。立方体要使用蓝牙连接计算机，并且需要使用触摸按键，与CH573F简直是天作之合，完美匹配。自带的TMOS系统也非常易于入门，基于该系统可以迅速实现我想要的功能。

供电部分这里分两部分，给主控供电采用的是AMS1117S-3.3，可以提供3.3V的线性稳压电源输出，波纹小，对于主控，特别是对带有射频信号的主控来说，可以最大限度地避免一些异常问题，降低人工调试错误的成本和难度。对于立方灯内部的36个LED，我则采用了成熟的5V转3.3V DC-DC稳压模块，其电流大、低发热，是AMS1117S-3.3这种LDO线性稳压器不能比的。

以上就是主要原材料的选型，接下来就要进入具体的实操环节了。

2. 灯板制作

灯板部分看上去是最简单的部分，说起来无非就是几个LED摆一摆，最终设计的电路如图8所示。但其实设计起来一点都不简单，甚至说是最难的部分也不为过，光灯板我画了就 8 个版本，如图 9 所示。

我灯板部分时，真是快崩溃了，要处理不同灯板连接处的焊接问题，还要处理电源的引入和走线，设计起来真的不简单。最终经过多个版本的改进，形成了如图 10 所示的版本。

我把这个版本的灯板正、负极分别放到了正、反面，避免了焊接时会不小心把正、负极连接到一起的情况。

3. 焊接辅助支架制作

有了灯板后，为了应对焊接时不规整的情况，我使用 Blender 制作了一个辅助焊接支架模型，如图 11 所示。

辅助支架我前后画了多个版本，具体使用时是随意选的一个，但在焊接灯板时可谓事半功倍。这里推荐一下 Blender，它上手比较简单，安装文件也小，使用体验比我之前使用的Cinema 4D舒适很多。

版本列表

名称	创建者
master	illusionyear
V0.1	illusionyear
V0.2	illusionyear
V0.3	illusionyear
led打死我吧	illusionyear
定稿版	illusionyear
V1.0	illusionyear
V1.0.1	illusionyear
BUG	illusionyear
fixBUG	illusionyear
V1.0.2	illusionyear
addNewLED	illusionyear

图 9 版本列表

4. 外壳制作

同样的，我用 Blender 制作了立方灯最重要的壳体框架模型，如图 12 所示。

这个框架的尺寸是 50mm × 50mm × 50mm，中间掏出了 46mm × 46mm × 46mm 的空间，每个面又做了 48mm × 48mm × 2mm 的掏空，便于嵌入镜面板，如图 13 所示。

5. 灯板焊接

因为使用的是封装比较小的 LED 灯珠，灯板 PCB 又比较狭窄，所以建议先把灯板固定好，然后依次给灯板上所有正极的焊盘轻轻点上一点锡，接着用弯头镊子夹住单个 LED 灯珠，用电烙铁轻轻熔化刚才上过的锡，将灯珠抵住焊盘，松开电烙铁稍等，焊锡凝固后，继续下一个灯珠的焊接。这样将所有灯珠正极的焊接结束后，把灯板 PCB 换向，再给负极上锡。焊接完成后，用万用表测量一下有没有短路的地方，再补一下锡，重新焊接，灯板上的 LED 灯珠就焊接好了。

有了焊接辅助支架的加持，把 12 条灯

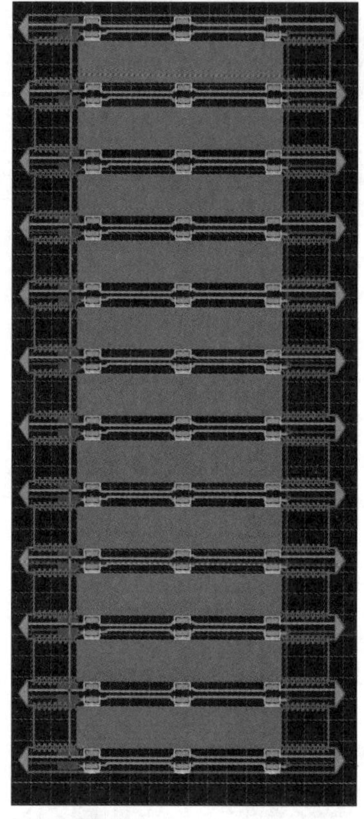

图 10 灯板设计

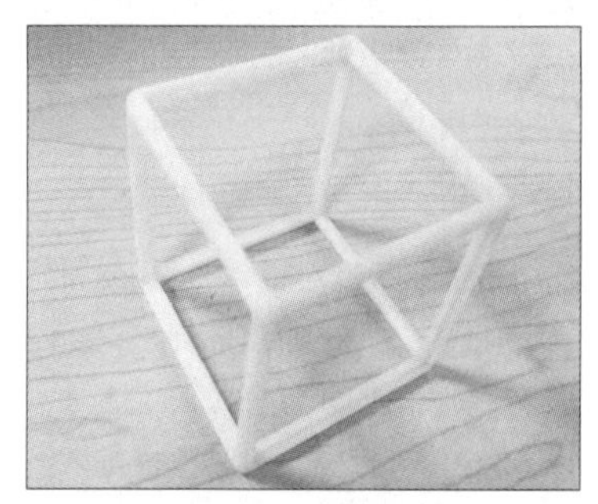

图 13 3D 打印的立方灯壳体框架

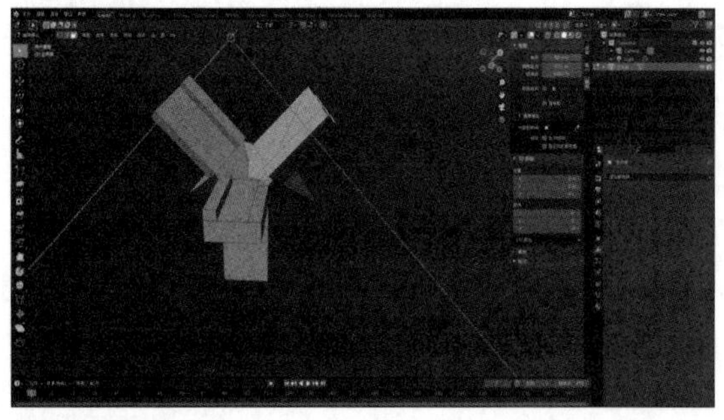

图 11 焊接辅助支架

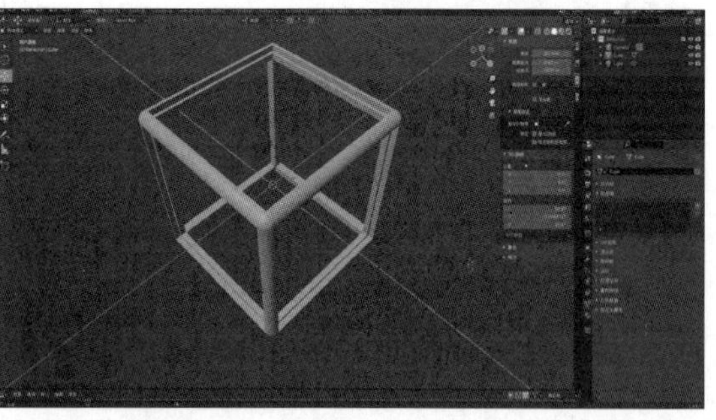

图 12 立方灯壳体框架

板焊接成一个立方体就非常简单了。先把3张LED灯板放到支架对应的3个边上，使用尖头电烙铁沾上些焊锡丝轻轻一点，就可以焊接上了，如图14所示。然后把灯板翻过来，用OK线把背面的负极连接起来，四分之一个立方灯就焊好了，如图15所示。

重复这个步骤，直至焊接完整个立方灯电路板，焊接好的立方灯电路板如图16所示。

6. 镜面板制作

为了实现一个完美的立方灯，镜面板的制作也尤为重要。我从网上采购了透明亚克力板和反光膜，然后撕开表面的一层保护膜，用1 ： 10调制的沐浴露溶液均匀喷洒在整张透明亚克力上，然后将反光膜贴在亚克力表面，用刮刀轻轻将中间的溶液挤出，使其可以完整、光滑地贴附于亚克力面板上，等待其自然晾干。这个步骤可以参考网上的一些视频多加练习，很轻松就可以做到。

接着根据需要的尺寸，使用激光雕刻机进行切割。我这里使用的尺寸是48.2mm×48.2mm，其中的0.2mm主要是应对切割后产生的误差。这样，就得到了一批漂亮的单向镜了，如图17和图18所示。

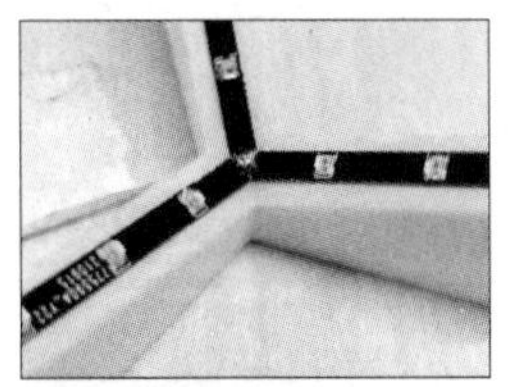
图14 焊接灯条

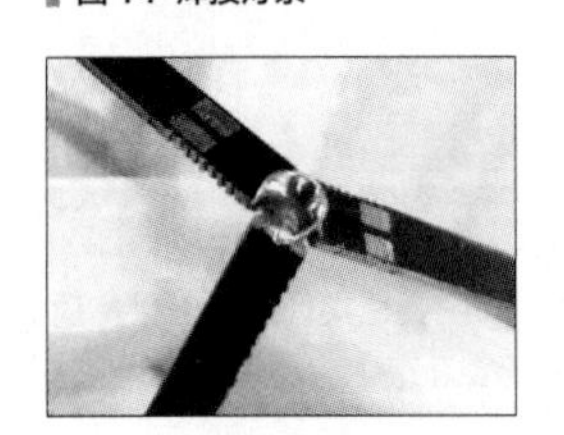
图15 焊接灯条背面

图16 焊接好的立方灯电路板

7. 底板图案制作

立方灯底部电路板上的图案设计我考虑了很久，最后选择了以八卦图为基础进行设计。主要原因是从立方灯的尺寸出发，八卦图可以做成两个正方形交叉的样式，其中一个正方形正好可以给立方灯主体做一个定位。中间银云追月的部分，我特地将月亮部分做了不盖油的处理，也是为了能让月亮“亮”起来。

这个设计图使用立创EDA设计是有些难度的，我用了LaserMaker软件进行设计，它的功能非常丰富，上手也非常简单，如图19所示。

8. 底板电路设计

对于立方灯来说，底板其实就是一个最小系统，加上一个触摸按键。当然，你可以根据自己的需求，多添加几个触摸按键。电路部分我参考了官方提供的原理图，按照我自己的需求稍加改造，就完成了，如图20所示。

图17 切割完成的镜面板

图18 等待拼接的镜面板

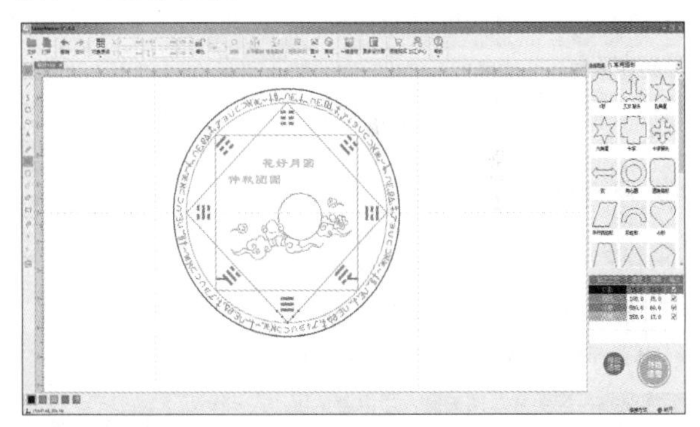

图19 设计底板图案

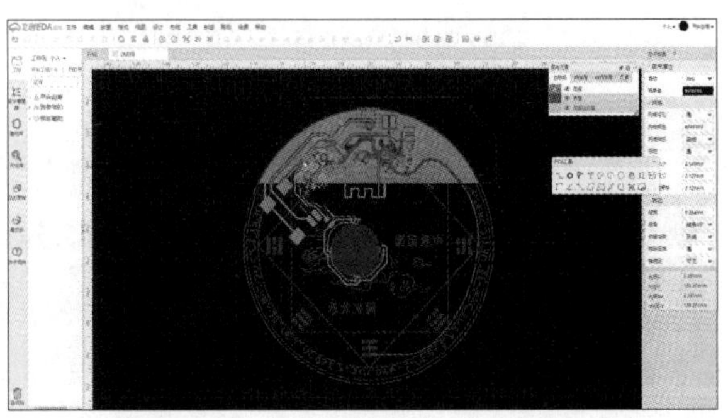
图20 设计底板电路

不过设计图布线时有个小问题，需要根据已有的八卦图进行适当避让，还要保证蓝牙 BLE 天线能够有足够的净空向外发射信号。处理这部分时，我尽量将芯片移到边缘，给天线预留了底板中间的位置，方便天线的净空留出，避免干扰。事实证明，这个方法还是有效的。

9. 底板焊接

由于沁恒 CH573F 是 QFN 封装的，所以单纯使用电烙铁焊接有些吃力，我选择了焊锡膏加热风枪的方式进行焊接。先使用针管将焊锡膏均匀地涂抹在焊盘上，注意不要涂抹得过多，否则有可能因为形成锡球而短路，当然太少也不行，容易虚焊。然后依次将元器件摆放到对应的位置，打开热风枪，调制最低风速，将温度设置为 280℃，开始慢慢烘烤，焊锡膏熔化后，就可以将元器件自动拖曳到合适的位置了。这里注意，QFN 芯片需要轻轻地前后左右推动一下，避免焊锡附着得不均匀。当所有焊锡膏融化到位后，关闭热风枪，静置几分钟，一片底板就焊接好了，如图 21 所示。

10. 电路测试

焊接完成后，还需要进行最基本的测试，先将万用表调至短路测试挡，仔细检测各路电源和信号是否有非预期的短路和断路现象，这部分非常关键，可以避免出现一些意外情况，比如电容爆掉、电路冒烟起火等。总之，上电之前多检测电路还是很有必要的。用万用表检测完成，我们就可以通电了。这时就可以进行软件部分的工作了。

软件部分

假如说硬件部分是一个人的身躯和骨骼，那么软件部分就是一个人的经络和大脑。有意思的事情，往往都需要一点点代码的加持。完整代码我以附件的形式上传到了立创开源硬件平台，需要的朋友可以前往平台搜索下载。

1. 架构设计

因为这个立方灯只有两大功能：连接计算机蓝牙和触摸按键检测，所以架构非常简单，整体依托于沁恒的 TMOS 任务调度系统，把蓝牙与触摸按键分别放置于不同的任务中，实现功能分离，可以使代码更加清晰。图 22 所示是大致的代码架构。

2. 蓝牙部分

依托于沁恒完善的样例和蓝牙协议栈，蓝牙部分使用的主要代码如下所示。

```
// 间隙配置文件 - 扫描 RSP 数据的名称属性
static uint8 scanRspData[] = {
  0x0D, // 数据长度
  GAP_ADTYPE_LOCAL_NAME_COMPLETE, //AD 类型 = 完整的本地名称
  'H', 'I', 'D', ' ', 'K', 'e', 'y', 'b', 'r', 'o', 'a',
  'd',     // 连接间隔范围
  0x05,     // 数据长度
  GAP_ADTYPE_SLAVE_CONN_INTERVAL_RANGE, LO_UINT16( DEFAULT_DESIRED_MIN_CONN_INTERVAL ), // 100ms
  HI_UINT16( DEFAULT_DESIRED_MIN_CONN_INTERVAL ),
  LO_UINT16( DEFAULT_DESIRED_MAX_CONN_INTERVAL ), // 1s
  HI_UINT16( DEFAULT_DESIRED_MAX_CONN_INTERVAL ),
  // 服务 UUID
  0x05,// 数据长度
  GAP_ADTYPE_16BIT_MORE, LO_UINT16( HID_SERV_UUID ), HI_UINT16( HID_SERV_UUID ), LO_UINT16( BATT_SERV_UUID ),
  HI_UINT16( BATT_SERV_UUID ),
  // 发射功率电平
  0x02,// 数据长度
  GAP_ADTYPE_POWER_LEVEL, 0  // 0dBm
};
// 广告数据
static uint8 advertData[] = {
  // 标志
  0x02,// 数据长度
  GAP_ADTYPE_FLAGS,
  GAP_ADTYPE_FLAGS_LIMITED | GAP_ADTYPE_FLAGS_BREDR_NOT_SUPPORTED,
  // appearance 属性
  0x03,// 数据长度
  GAP_ADTYPE_APPEARANCE, LO_UINT16( GAP_APPEARE_HID_KEYBOARD ), HI_UINT16( GAP_APPEARE_HID_KEYBOARD )
};
// 设备名称属性值
static CONST uint8 attDeviceName[GAP_DEVICE_NAME_LEN] = "HID Keyboard";
// HID-Dev 配置
static hidDevCfg_t hidEmuCfg = {
  DEFAULT_HID_IDLE_TIMEOUT, // 空闲超时
  HID_FEATURE_FLAGS //HID 功能标志
};
```

这里的代码主要是实现蓝牙连接广播功能，设置连接参数，设备名称为“HID Keyboard”。

图 21 焊接完成的底板

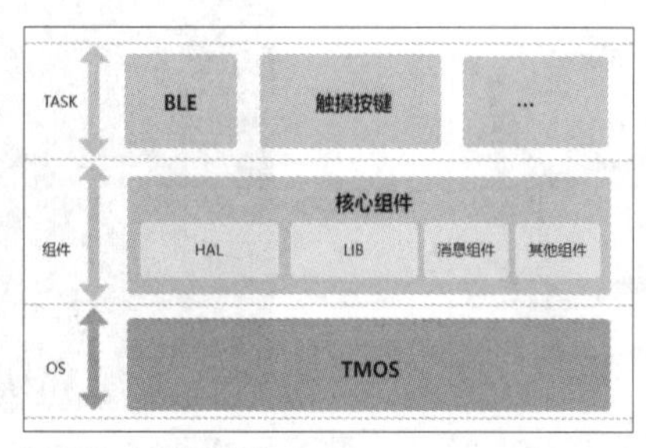

图 22 大致代码架构

3. 触摸按键部分

触摸按键部分的代码如下所示。

```
if ( events & START_CHECK_EVT )
{
  UINT8 i;
  for( i = 0; i < 8; i++ )
  {
    touchKeyBuff[i+1] = touchKeyBuff[i]
+ TouchKey_ExcutSingleConver( 0x1, 0
); // 连续采样 20 次
    //PRINT("%04d ",touchKeyBuff[i+1]);
  }
  // PRINT("\n");
  touchKeyBuff[8]= touchKeyBuff[8]>>3;
  PRINT("%04d\n",touchKeyBuff[8]);
  if (touchKeyBuff[8]<2048) {
    PRINT("Press Key\n");
    GPIOB_SetBits(GPIO_Pin_14); // 使
能月亮灯的 4 个侧贴白光 LED
    tmos_start_task( hidEmuTaskId,
START_REPORT_EVT, 100 );
  }else {
    GPIOB_ResetBits(GPIO_Pin_14);
  }
  uint ret = tmos_start_task(
touchKeyTaskId, START_CHECK_EVT, 160
);
  return ( events ^ START_CHECK_EVT
);
}
```

触摸按键部分的核心的代码其实是通过 ADC 采样的方式，不断比较是否有触摸按键被触发，当发现触摸按键被触发时，则使能月亮灯的 4 个侧贴白光 LED，并且上报按键事件到蓝牙，通过蓝牙键盘设备再报送给 Windows 系统，实现锁屏功能。

4. 编译烧写

沁恒 CH573 是一款 RISC-V 芯片，使用了 MounRiver Studio(MRS) 作为官方 IDE，安装包在 MounRiver Studio 官网，大家可自行前往下载。该 IDE 是基于 Eclipse 的开发工具，界面如图 23 所示。

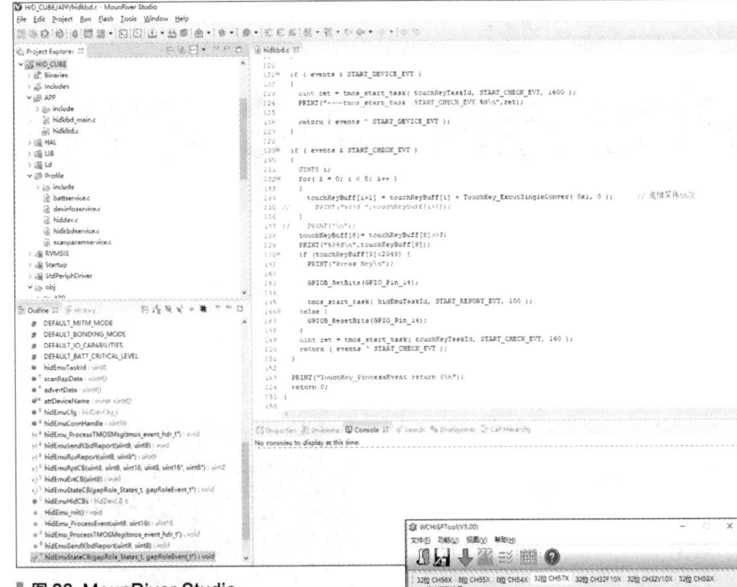

图 23 MounRiver Studio

软件上手非常便捷，代码编写完成，单击上面的编译按钮，或者按 F7 键即可完成编译。

下载程序时则需要使用沁恒的专用下载工具 WCHISPTool，如图 24 所示。也可以在 MRS 工具栏中选择“Tools”→“In-System Progammer”打开。

图 24 下载程序

将底板通过 USB 线连接到计算机，选择好编译的程序，按住底板上的 DOWN 键上电，即可发现一个新设备，单击“下载”，即可开始对底板刷写固件。固件刷写完成，按下 RESET 按键重启，计算机端打开蓝牙，就会看到一个“HID Keyboard”设备，单击连接，很快就会提示连接成功。此时，我们按下底板上的触摸按键，就会发现计算机锁屏了，并且底板上的月亮也亮了起来。

最终效果

最终的视频效果，大家可以前往哔哩哔哩，关注“平头创意”，搜索“立方灯”进行观看。成品效果如图 25 所示。

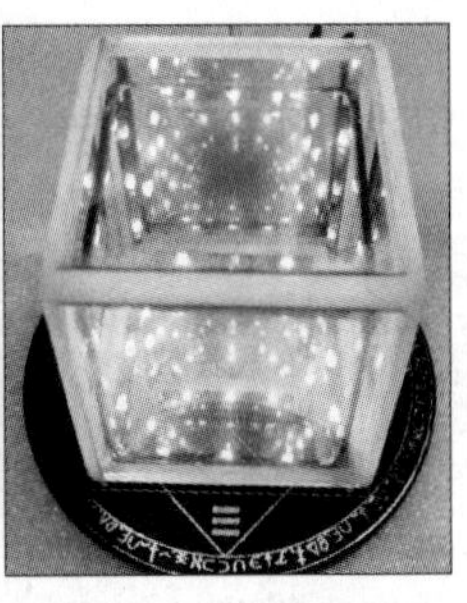

图 25 成品效果

OSHWHub 立创开源硬件平台 立创课堂

PCB 迷你 CNC 写字机

12344321A

本项目利用ESP32模组制作CNC3写字机，巧妙使用PCB做整机支架。主板大部分采用模块化设计，可以方便新手上手焊接及调试时排查问题。

硬件和装配

1. PCB

PCB 部分我采用了偏模块化的设计，这样便于焊接和分体调试，其可适用于 30Pin 的 ESP32 开发板，电源转换使用相关模块，焊接前需调整电压至 5V。我用的是两款 ESP32 开发板，在市面上很容易买到，也可以根据我的工程自己制作。设计好的 PCB 如图 1~ 图 4 所示。本制作所需的设计文件、PCB 文件、硬件清单和其他工程文件，大家可以前往立创开源平台，搜索“PCB 迷你 CNC 写字机”进行查看或下载。

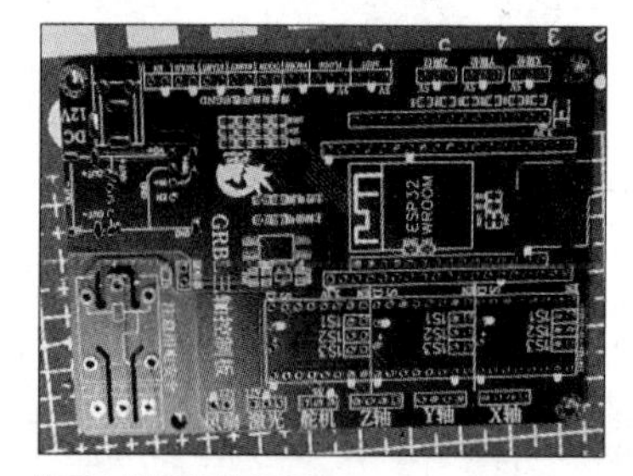

图 1 设计好的 PCB

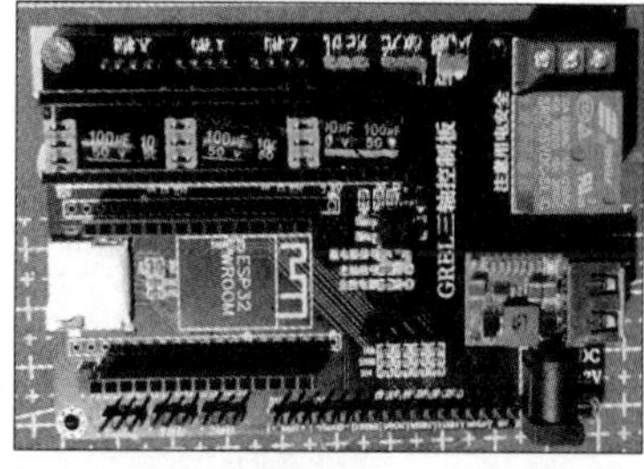

图 2 焊接好主控的 PCB

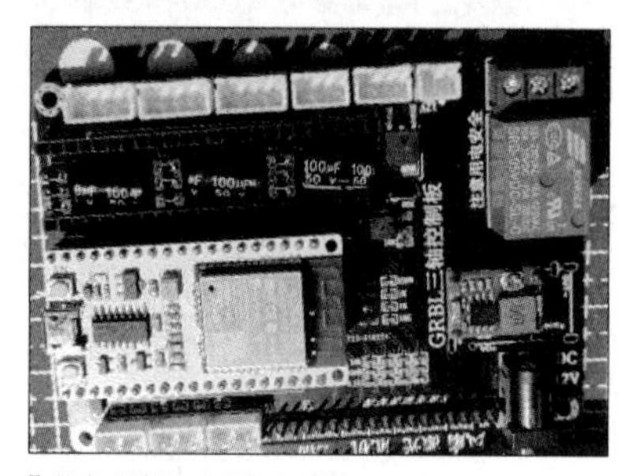

图 3 焊接了半层的 PCB

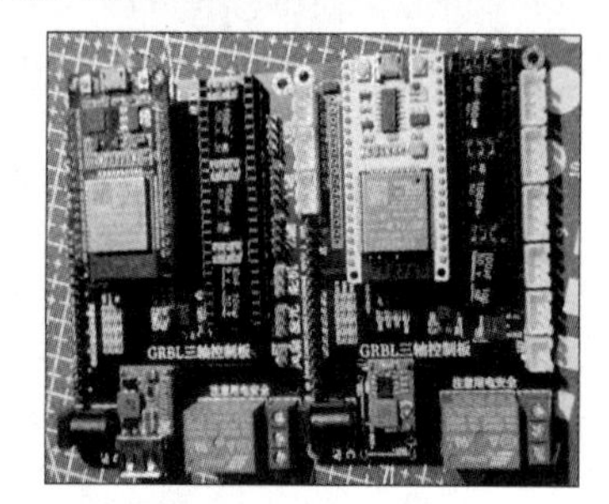

图 4 焊接好的 PCB

注意事项

这里跟大家分享一下我的制作心得。

◆ 板载天线不需要焊接，天线就在 Top 层。

◆ 芯片使用的是沁恒 CH573F，采用 QFN 封装。焊接时，用焊锡膏加热风枪的方式进行，目前来看成功率还是比较高的。

◆ 灯板推荐阻焊颜色为黑色，厚度 0.8mm，底板推荐阻焊颜色为黑色，厚度 1.6mm。

◆ 亚克力板裁切尺寸最好为 48mm × 48mm × 2mm。

◆ 单向反光膜用市面上常见的窗户遮光膜，价格便宜。

◆ 如果对自己的焊接技术不自信的话，推荐将焊接辅助支架一起 3D 打印，能减轻一些焊接立方灯灯板的压力。

◆ 下载程序要用 WCHISPTool 进行下载。

◆ 立方灯的灯珠是自动变色的，没有单独的程序控制，也不接受信号控制，跑的时间久了，不同灯珠之间会因时间差导致颜色不一致。

◆ 立方灯与底板之间是通过类似探针的结构直接接触进行供电的。

结语

我能够做成这个立方灯，要感谢嘉立创和沁恒的大力支持，以及立创开源硬件平台 OSHWHub 和禅道项目管理软件提供的平台和资源。这款立方灯是我的第二款立方灯作品了，相比第一款立方灯砍去了 Wi-Fi 功能和 1.3 英寸的屏幕，功能更简洁，上手更加容易。如果大家对我的软硬件创意作品感兴趣，也欢迎在微信公众号和哔哩哔哩上关注“平头创意”。欢迎大家交流和指导，感谢!

2. 装配

1 机架组装用到的材料如右图所示。

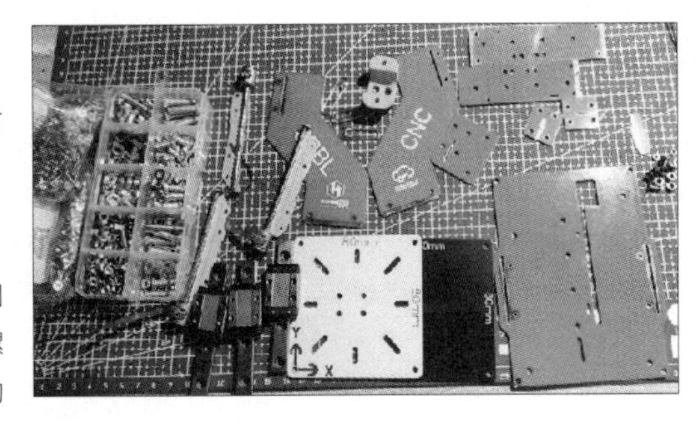

2 将回形针焊接到固定板上充当丝杆螺母，同时也能起到垫片的作用。

3 焊接龙门。

4 将龙门与底座焊接在一起。

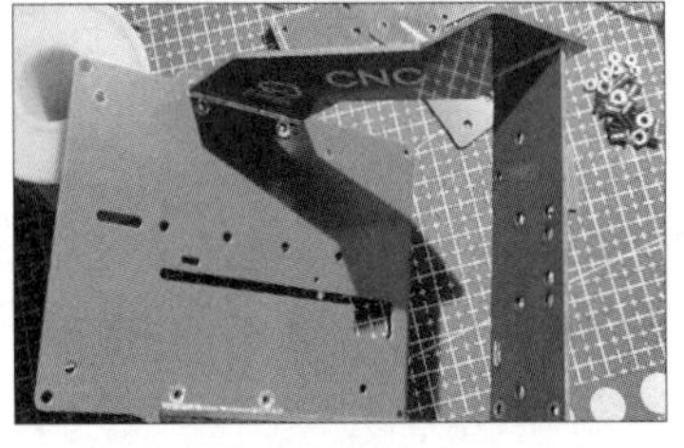

5 安装底部 *Y* 轴线轨与步进电机。

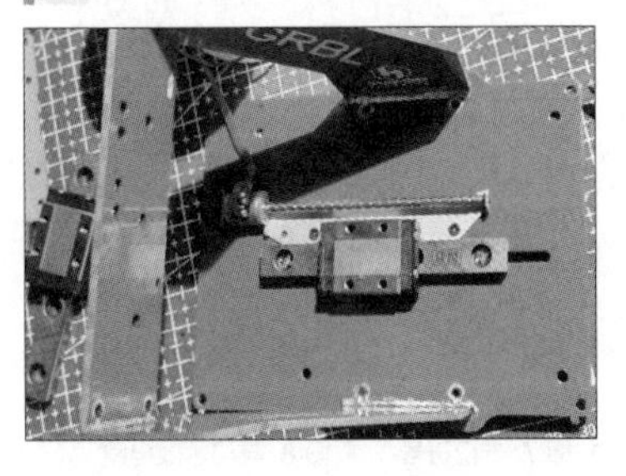

6 安装假螺母及电机固定底座。

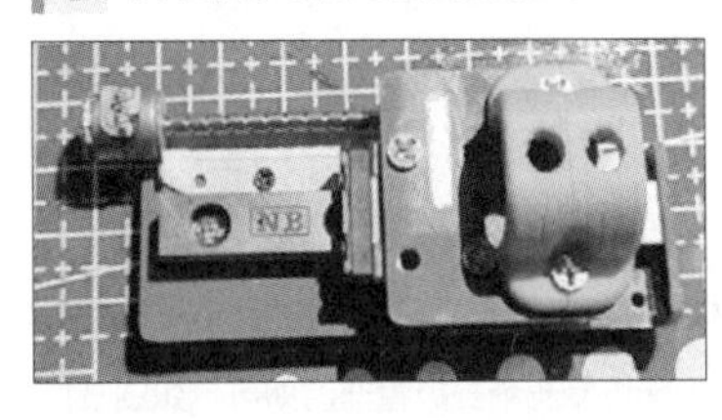

7 将 *Z* 轴总成与 *X* 轴滑块对接。

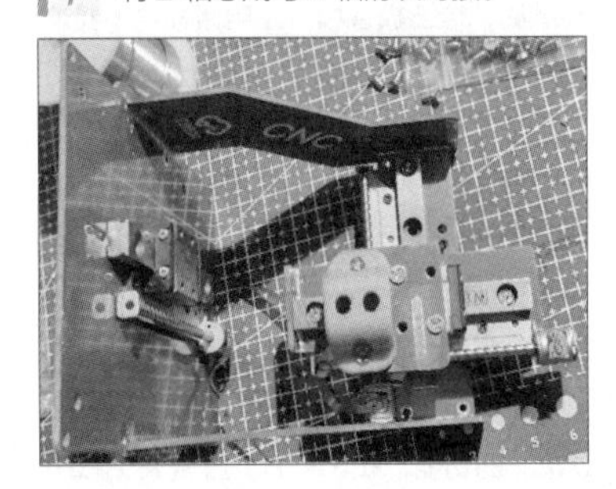

8 将工作平台与 *Y* 轴滑块进行组装，台面的槽孔用于固定加工工件。

以上就是本项目的制作过程，实际运行效果可以观看工程附件里的效果演示视频，相关附件内放置了 4 个 .nc 文件，可

9 在写字平台背面粘上磁铁，用于后期固定纸张。

10 机架组装好后的样子如下图所示。

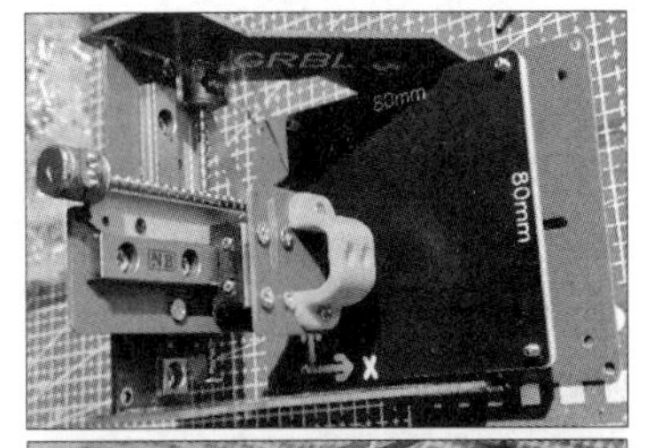

用来试机。电机底座的 STL 文件也在附件内。软件部分大家可以前往哔哩哔哩，关注“1990bin”，搜索“CNC 雕刻机主控板固件烧录教程”，里面介绍了 ESP32 GRBL 3 轴控制板的相关使用。这个项目的主控板就是根据 ESP32 GRBL 3 轴控制板简化而来的，目的是让新手方便上手，便于在焊接、调试时排查问题。而且这些模块在网上都可以买到，如果手头有材料，也可以自己制作。这台机器的底部也可以固定 ESP32 GRBL 3 轴控制板，使用起来是一样的。

用三极管制作十进制同步加/减计数器 CD40192

俞虹

CD40192是一中十进制计数器集成电路，它不仅可以进行加计数，还可以进行减计数，并有清零端CR和预置数端LD，以及进位端CO和借位端BO。当LD为低电平时，可以将D0~D3组成的二进制数推送到Q0~Q3端。CD40192相对其他计数器有更多的应用，这里我们用三极管制作这种计数器，通过制作，我们对这种计数器的内部结构和工作原理会有更多的了解。

工作原理

下面先介绍相关的门电路和触发器，再介绍CD40192的工作原理。

1. 三极管或非门和或门

三极管或非门和或门的电路如图1所示，符号如图2所示。它实现的是全0为1，有1为0的功能，即 $Y=\overline{A+B}$ 。当A端为高电平，B端为低电平时，5V电压通过电阻R1到三极管VT1的基-集极，VT3和VT6导通，VT5截止。由于B端接低电平，VT2导通，VT4截止，故不影响VT5截止，输出为低电平。当A、B端都为高电平时，VT3和VT4都导通，VT5截止，VT6导通，输出Y为低电平。当A、B都为低电平时，VT1和VT2导通，VT3和VT4截止，VT5导通，VT6截止，输出Y为高电平。要实现或门的功能，只需要在或非门的输出端再接一个三极管非门即可，如图3所示。如果需要或非门有3个输入端，只需要增加2个三极管和1个电阻即可（类似R1、VT1和VT3组成的电路结构）。

2. 三极管与非门、与门和非门

三极管与非门电路如图4所示，符号如图5所示。它由5个三极管、4个电阻和1个二极管组成，可实现全1出0，有0出1的功能，即 $Y=\overline{AB}$。当A端为低电平，B端为高电平时，A端低电平使VT7导通，VT9的基极电位被拉低，VT9截止。B为高电平，故VT8的基-集极有

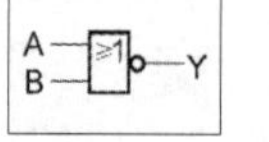

图2 或非门符号

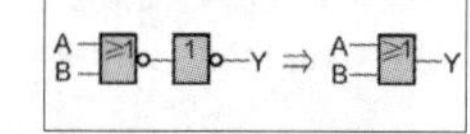

图3 或门等效电路

电流流过，VT9保持截止。这样，VT10导通，VT11截止，输出Y为高电平。当A、B都为低电平时，VT7和VT8同时导通，VT9的基极电位被拉低，VT9截止，VT10导通，VT11截止，输出Y也为高电平。当A、B端都为高电平时，VT7和VT8的基-集极都有电流流过，VT9和VT11导通，VT10截止，输出Y为低电平。如果要实现与门的功能，只需要在三极管与非门的输出端接一个三极管非门，三极管非门电路如图6所示，非门符号如图7所示，与门等效电路如图8所示。如果与非门需要3个输入端，只需要在图4所示的电路中再增加一个三极管（类似于VT7的电路结构）。

3. JK触发器

这里的JK触发器也用三极管制作，也就是先制作出三极管与非门，再用导线连接成JK触发器。它的逻辑电路如图9所示，逻辑符号如图10所示。可以看出，它由2个可控RS触发器串联组成，分别是主触发器和从触发器。时钟脉冲CP先使主触

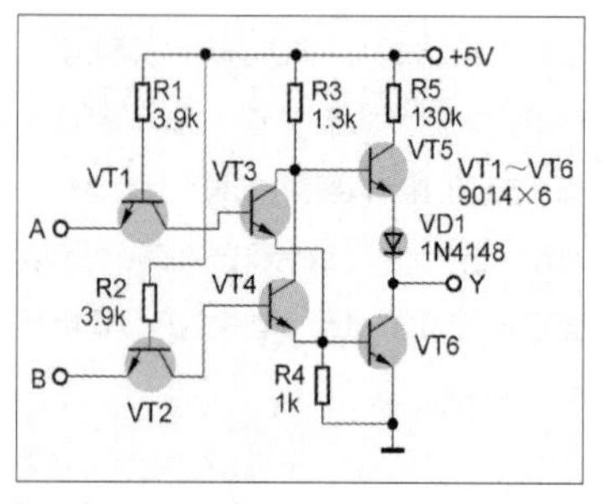

图1 或非门电路

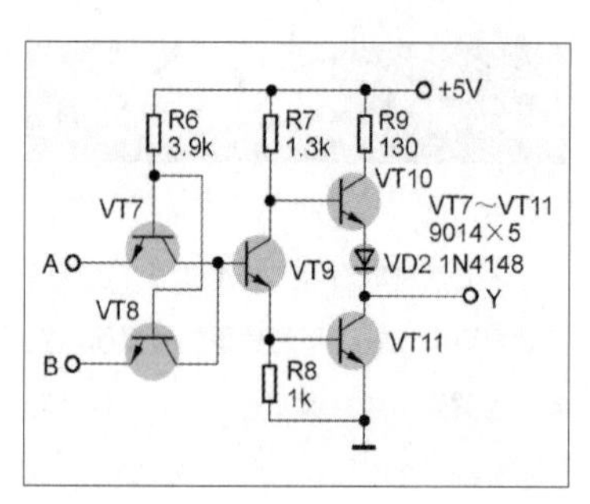

图4 与非门电路

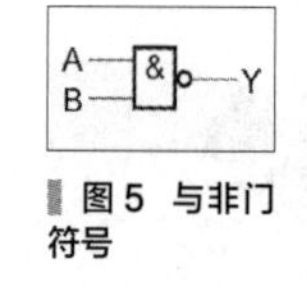

图5 与非门符号

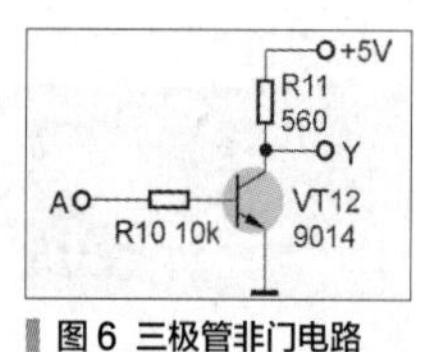

图6 三极管非门电路

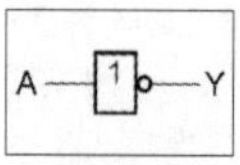

图7 非门符号

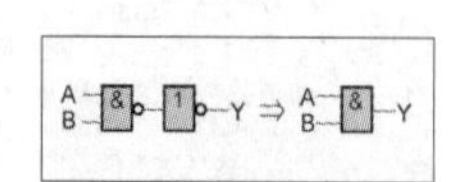

图8 与门等效电路

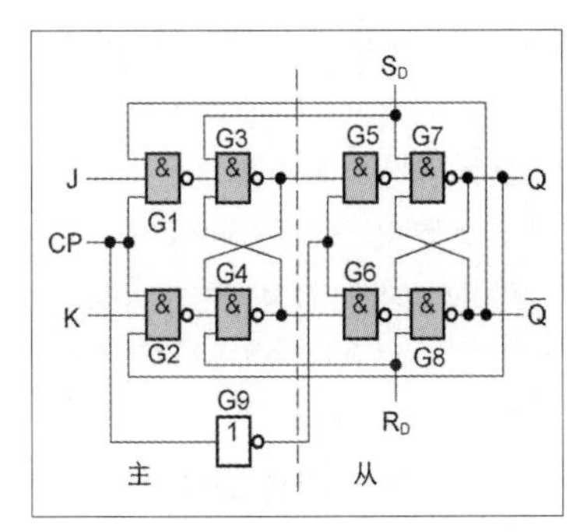

图 9 JK 触发器逻辑电路

发器翻转，然后使从触发器翻转。用一个非门将两个触发器联系起来，J、K 是信号输入端，Q 和 $\overline{Q}$ 是同相输出端和反相输出端。JK 触发器的逻辑状态表如表 1 所示，下面我们用 4 种情况介绍 JK 触发器的工作原理。

（1）J=1、K=1

设时钟脉冲 CP=0，JK 触发器的初始状态为 0。当时钟脉冲到来后，CP=1，主触发器翻转为 1 态（由于 J、G8 输出和 CP 都为 1，G1 输出为 0，G3 输出为 1）。当 CP 从 1 跳转为 0 时，非门 G9 输出为 1，由于 G3 输出为 1，G4 输出为 0，从触发器翻转为 1 态。反之，如果 JK 触发器初始状态为 1，主、从触发器翻转为 0 态。

可见，JK 触发器在 J=1、K=1 时，来一个脉冲，就会使 JK 触发器翻转一次，即 $Q_{n+1}=\overline{Q}_n$，这就是 JK 触发器的计数功能。

（2）J=0、K=0

设时钟脉冲 CP=0，JK 触发器的初始状态为 0。当 CP=1 时，由于 J、K 都为 0，G1 和 G2 的输出为 1，G3 和 G4 的输出状态不变，JK 触发器的状态不变。当 CP 下跳时，由于 G3 输出为 0，G4 输出为 1，JK 触发器输出为 0，依旧保持原状态不变。如果初始状态为 1，也是如此。即 J=0、K=0 时，JK 触发器输出状态不变（保持）。

（3）J=1、K=0

设时钟脉冲 CP=0，JK 触发器的初始状态为 0。当 CP=1 时，由于主触发器 J、

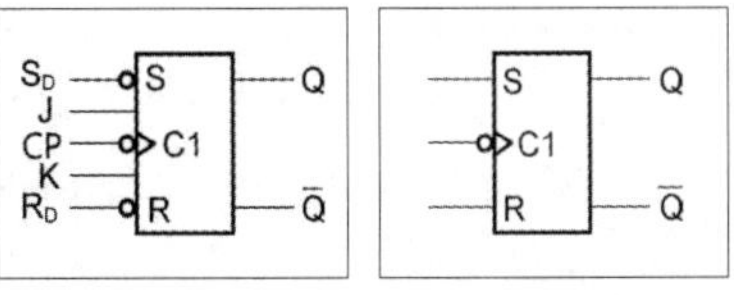

图 10 JK 触发器符号

图 11 JK 触发器简化符号

CP 为 1，G8 输出为 1，K 为 0，故 G3 输出为 1，G4 输出为 0。当 CP 下跳时，从触发器因为 G3 输出为 1，G4 输出为 0，翻转为 1 态。如果 JK 触发器初始状态为 1，主触发器则保持原状态不变，当 CP 下跳时，G3 输出为 1，G4 输出为 0，从触发器也保持 1 状态不变。即 J=1、K=0 时，JK 触发器输出为 1。

（4）J=0、K=1

设时钟脉冲 CP=0，JK 触发器的初始状态为 0。当 CP=1 时，类似于 J=1、K=0 的情况，主触发器保持原状态不变。当 CP 下跳时，G3 输出为 0，G4 输出为 1，JK 触发器保持 0 态不变。同样如果初始状态为 1，分析后可得 JK 触发器输出为 0 态。

表 1 JK 触发器的逻辑状态表

J	K	功能
0	0	保持
0	1	置 0
1	0	置 1
1	1	计数

即 J=0、K=1 时，JK 触发器输出为 0。

在这里我们主要使用 JK 触发器的计数功能，即直接置 0 端 RD 和直接置 1 端 SD，不使用 J、K 输入端。故实际制作 JK 触发器时，去掉 J、K 输入端，也就是在电路板上少安装 2 个三极管。那么，JK 触发器逻辑符号可简化为图 11 所示。逻辑符号中，S 和 R 是直接置 1 端和直接置 0 端。

4. 十进制同步加/减计数器CD40192

CD40192 逻辑电路如图 12 所示。它由 4 个 JK 触发器、19 个非门、14 个与非门、5 个与门、4 个或非门和 11 个或门组成。

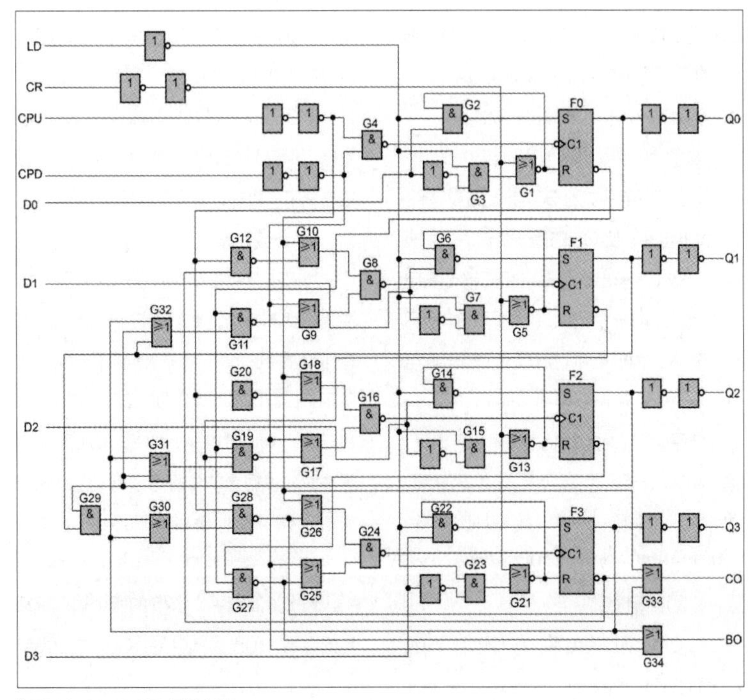

图 12 CD40192 逻辑电路

（1）CR端清零

当CD40192接5V电源后，CR端接高电平，高电平经过2个非门加到或非门G1、G5、G13、G21的一个输入端，根据或非门全0出1、有1出0的功能，G1、G5、G13、G21输出低电平，这4个低电平分别加到触发器F0~F3的R端。同时，这4个低电平加到G2、G6、G14、G22的一个输入端，使它们输出高电平。这4个高电平加到F0~F3的S端，故Q0~Q3为低电平，CD40192被清零。

（2）预置数

当LD为低电平时，D0~D3的数据被置入计数器中，Q0~Q3的输出和D0~D3一致。原理如下：当LD为低电平时（这时CR端为低电平），设D0输入为高电平，这个高电平通过一个非门变为低电平加到G3的一个输入端，G3输出为低电平，这个低电平又加到G1的一个输入端。CR端低电平通过2个非门后为低电平，加到G1的另一个输入端，G1为或非门，故G1输出高电平。G2的3个输入端加的都是高电平，输出低电平。这样触发器F0的S端为低电平，R端为高电平，Q0输出为高电平，输入和输出一致。

如果D0输入为低电平，经过一个非门后，变为高电平加到G3的一个输入端。LD为低电平，使G3的另一个输入端为高电平，故G3输出也为高电平。这个高电平加到G1的一个输入端，由于G1的另一个输入端为低电平，所以G1输出低电平，这时G2输出高电平。即F0的S端为高电平，R端为低电平，Q0输出低电平，输入和输出一致。可以看出，F0~F3后面的4个门电路结构一样，故D1~D3的输入和输出也是一致的，原理不再重复。

（3）加计数

当CPD端加高电平，在CPU端加脉冲上跳变时，计数器加1计数。十进制计数器加计数时共有10种输出状态，状态转换真值表如表2所示。当CR端为高电平时，计数器被清零。第1个脉冲出现，由于CPD端加高电平，CPU端加脉冲由低电平变为高电平，G4的下输入端恒为高电平，故G4输出低电平，F0计数，Q0输出高电平。第一个脉冲到达时，G9上输入端恒为高电平，G9输出高电平。G10上输入端加高电平，输出为高电平。所以，G8的两个输入端都为高电平，输出保持低电平（未加脉冲G8为低电平），Q1输出为低电平。同理，Q2和Q3也保持低电平，即Q0~Q3输出1000。

第2个脉冲出现，G4输出再次由高电平变为低电平，Q0输出低电平计数。当第2个脉冲到来时，由于G12的一个输入端接F0的同相输入端，G12的另一个输入端接F3反相输入端，故G12输出为低电平，这样G10的2个输入端都为低电平，输出也为低电平，G8为高电平。当CPU加第2个脉冲后，G10输出高电平，G9输出也为高电平，G8输出低电平，触发器F1翻转，由低电平变为高电平。同理，第2个脉冲到来后，F2和F3保持低电平，故Q0~Q3输出0100。

第3个脉冲到第9个脉冲到来后，触发器可以得到表2中的其他7种状态，原理这里不再重复，请大家自行分析。

（4）减计数

当CPU端加高电平，在CPD端加脉冲上跳变时减1计数。十进制减计数，共有10种输出状态，状态转换真值表如表3所示。计数器清零后，Q0~Q3为0000。在CPU端加高电平，CPD端加第1个脉冲时，根据之前分析可以得到Q0输出为高电平。同时，第1个脉冲到来之前，G26上输入端为低电平，下输入端为高电平，输出为高电平。G25的两个输入端都为低电平，输出为低电平，G24输出高电平。第1个脉冲到来后，G25上输入端为高电平，输出高电平，G24输出低电平，F3翻转，Q3输出高电平。Q1和Q2输出不变，故计数器Q0~Q3输出1001。CPD端加第2个脉冲时，只有F0翻转，Q0输出低电平（原理前面分析过，这里不再重复）。F1~F3保持原状态不变，故计数器Q0~Q3输出0001，其他7种状态原理请大家自行分析。

（5）进位脉冲和借位脉冲

从计数器的逻辑图可以看出，或门G33提供进位脉冲输出。平时CO端输出高电平，当计数到1001时，在CP脉冲消失后，G33输出一个半周期的负脉冲。而G34提供借位脉冲，在计数到0000，CP脉冲消失后，G34输出一个半周期负脉冲。G33有3个输入端，上输入端通过2个非门连接CPU端。在0~9的计数过

表2 加状态转换表

脉冲数	计数器状态				
	Q3	Q2	Q1	Q0	十进制数
0	0	0	0	0	0
1	0	0	0	1	1
2	0	0	1	0	2
3	0	0	1	1	3
4	0	1	0	0	4
5	0	1	0	1	5
6	0	1	1	0	6
7	0	1	1	1	7
8	1	0	0	0	8
9	1	0	0	1	9

表3 减状态转换表

脉冲数	计数器状态				
	Q3	Q2	Q1	Q0	十进制数
0	0	0	0	0	0
1	1	0	0	1	1
2	1	0	0	0	2
3	0	1	1	1	3
4	0	1	1	0	4
5	0	1	0	1	5
6	0	1	0	0	6
7	0	0	1	1	7
8	0	0	1	0	8
9	0	0	0	1	9

程中，G33上输入端共产生10个高低电平，而G33中间输入端连接触发器F3的反相输出端。故F3的反相输出端低电平只有最后2个，前面8个为高电平（触发器输出分为10个状态）。这样，只要分析G33输入端后2个电平变化就可以了。G33的下输入端接到与非门G28的输出端，可以看出G28输出后2个电平和F0的同相输出端相反，即先高电平，后低电平。这样，G33的3个输入端全为低电平的只有最后一个电平的后半部分。故第9个CP脉冲过后，输出一个半周期负脉冲，它的波形如图13所示。同理，我们也可以分析出借位脉冲产生原理，这里不再重复。

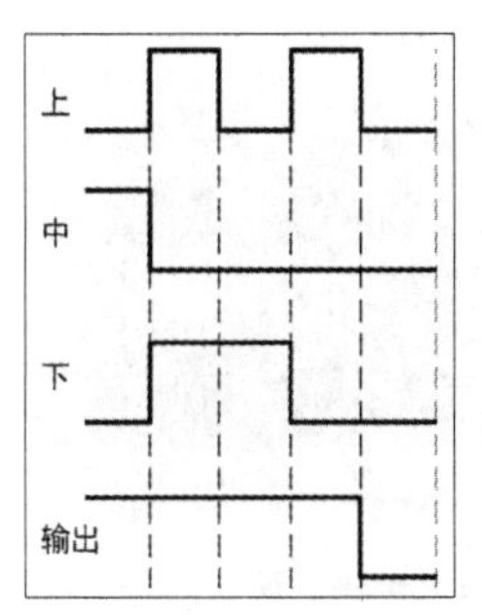

图13 G33输入输出波形图

元器件清单

本次制作需要用到的元器件如表4所示。

表4 元器件清单

名称	位号	值	数目
三极管	VT	9014、β=200~250	500
二极管	VD	1N4148	70
LED	LED1~LED7	Φ3mm，红色	7
时基电路	IC1	NE555	1
电解电容	C1	100μF	1
瓷片电容	C2	0.1μF	2
电阻	R1、R2、R6	3.9kΩ	100
电阻	R3、R7	1.3kΩ	70
电阻	R4、R8、R14	1kΩ	75
电阻	R5、R9	130Ω	70
电阻	R10	10kΩ	40
电阻	R11	560Ω	40
电阻	R12	75kΩ	1
电阻	R113	34kΩ	1
万能板	—	15cm×9cm	5
万能板	—	9cm×7cm	1
万能板	—	7cm×5cm	3
长螺丝	—	Φ3mm，6.5cm长	4
螺丝帽	—	Φ3mm	16
软导线	—	—	若干

制作方法

为了在制作三极管CD40192时有更多的把握，我们先制作几个三极管门电路，包括三极管或非门、与非门和JK触发器，最后制作三极管CD40192。

1. 制作或非门

用一块5cm×7cm的万能板，按图1所示电路将三极管和电阻等元器件焊上去，并用锡线焊好电路，制作完成的或非门电路板如图14所示。接着进行调试，电路板接5V电源，先将A端接电源正极，B端接地，测得输出Y应为低电平。将A端和B端对调或将A端、B端全部接电源正极，测得Y应有同样的输出。将A端、B端全部接地，输出Y应为高电平，此时说明电路工作正常。

2. 制作与非门

用一块5cm×7cm的万能板，按图4所示电路将三极管和电阻焊上，同样用锡线将电路连接好，制作完成的三极管与非门如图15所示，检查连线无误后进行测试。接5V电源，将A端接电源正极，B端接地，测得输出Y应为高电平。对调A端和B端，或将A端、B端全部接地，测得Y应该有同样的输出。再将A端和B端都接电源正极，输出应为低电平，此时说明电路工作正常。

图14 或非门电路板

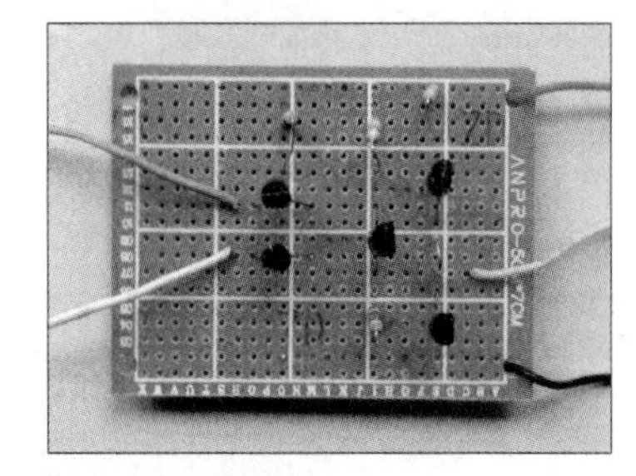
图15 与非门电路板

3. 制作JK触发器

用一块7cm×9cm的万能板按图7所示逻辑，以及图16所示的门电路排列方法将8个三极管与非门焊上。可以先焊接三极管，再焊电阻等元器件，最后用锡线和软线连接电路。制作完成的JK触发器正面如图17所示，反面如图18所示。检查元器件焊接情况，无误后进行测试。接5V电源，测Q端输出电平，再将J、K端接电源负极，Q端输出电平应该不变。将J端接负极，K端接电源正极，此时输出应为低电平。再将J端接电源正极，K端接负极，此时输出应为高电平。

再按图19所示制作一个脉冲发生器（脉冲周期约10s），制作完成的脉冲发生器如图20所示。将脉冲发生器输出接JK触发器的CP端，然后接5V电源，J、K端接电源正极。当LED1从灭变为亮时，JK触发器输出Q端电平应发生变化（高

<table>
<tr><td rowspan="2">G9</td><td>G1</td><td>G3</td><td>G5</td><td>G7</td></tr>
<tr><td>G2</td><td>G4</td><td>G6</td><td>G8</td></tr>
</table>

图16 JK触发器门电路排列图

电平变为低电平，低电平变为高电平）。另外，测试直接置0端和直接置1端是否能置0、置1。如以上测试没有问题，则JK触发器电路板工作正常。如有问题，应检查电路是否有接线错误等问题。

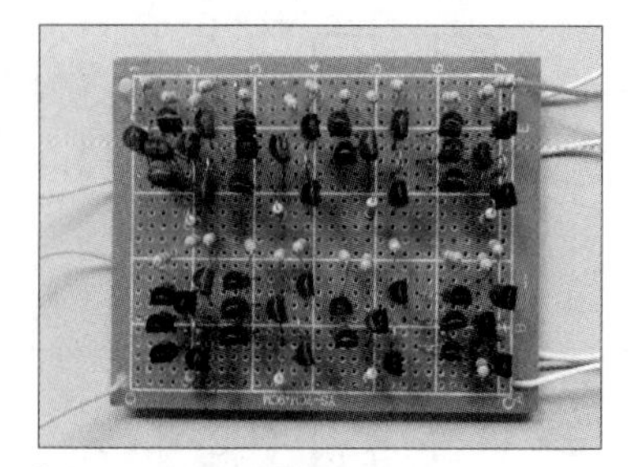
图17 JK触发器电路板正面

图18 JK触发器电路板反面

4. 制作三极管CD40192

三极管CD40192共用5块电路板制作而成。我们把三极管CD40192逻辑图划分为5个部分，每部分用1块15cm×9cm的万能板制作。第1块电路板包含F0、G1~G4，以及前后9个非门；第2块电路板包含F1、G5~G12，以及前面的2个非门；第3块电路板包含F2、G13~G20，以及前面的2个非门；第4块电路板包含F3、G21~G28，以及前面的2个非门；第5块电路板包含G29~G34的6个门电路，以及显示用的6个LED（接在Q0~G3、CO和BO端）。

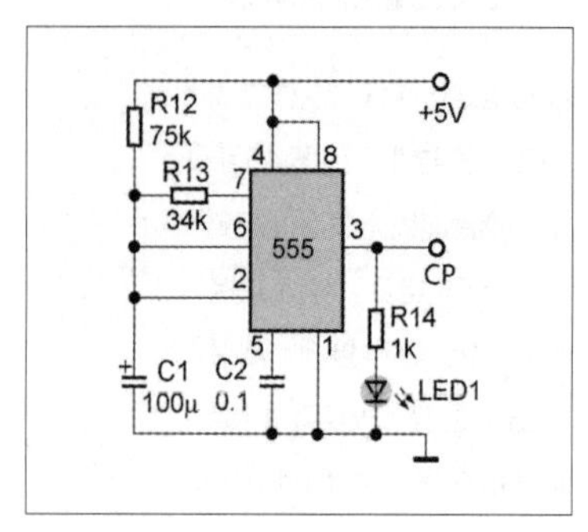

图19 脉冲发生器电路

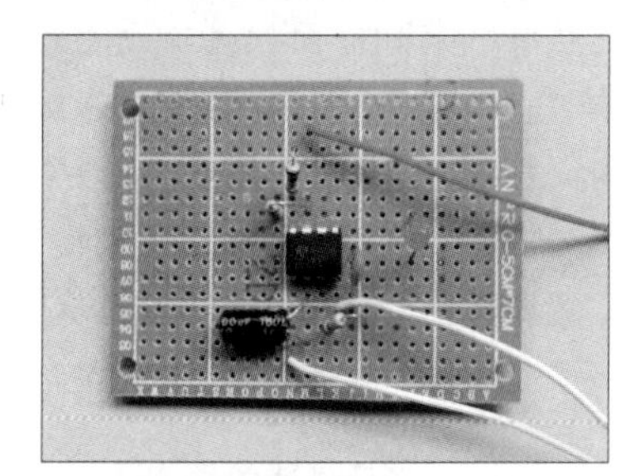
图20 脉冲发生器电路板

（1）制作第1块电路板

按图21所示的门电路排列布局，将三极管和电阻等元器件焊上去。可以先焊三极管，再焊电阻和二极管，背面用锡线焊接电路，再用软导线连接各个部分，引出电源线，LD、CR、D0和Q0引线。制作完成的第1块电路板正面如图22所示，反面如图23所示，连线如图24所示。检查元器件和引线焊接无误后，可进行测试。接5V电源，将LD端接负极，Q0的输出要和D0一致。CR端接电源正极，Q0应为低电平。将CPD端接电源正极，CPU端接CP脉冲，Q0输出应为高低电平不断变化。将CPU端接电源正极，CPD端接CP脉冲，Q0输出高低电平也不断变化。如不正常，可检查元器件是否虚焊，接线和元器件焊接是否有错等，直到正常。

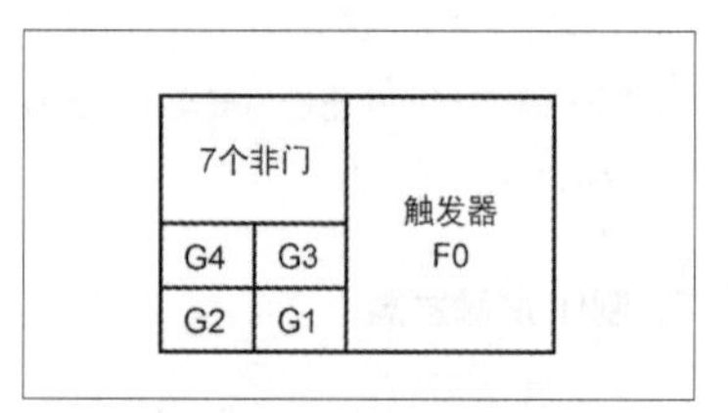

图21 第1块电路板门电路排列

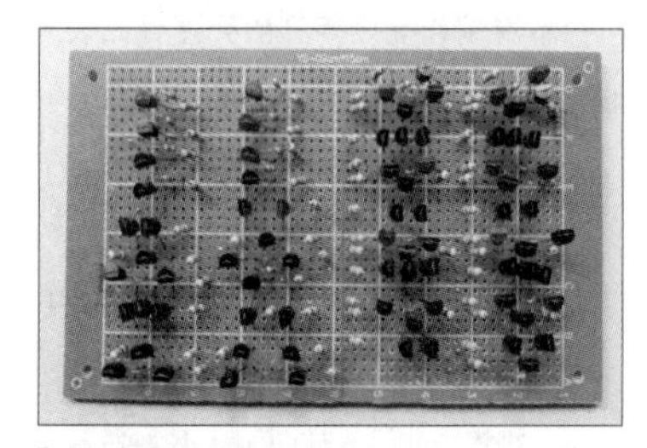
图22 第1块电路板正面

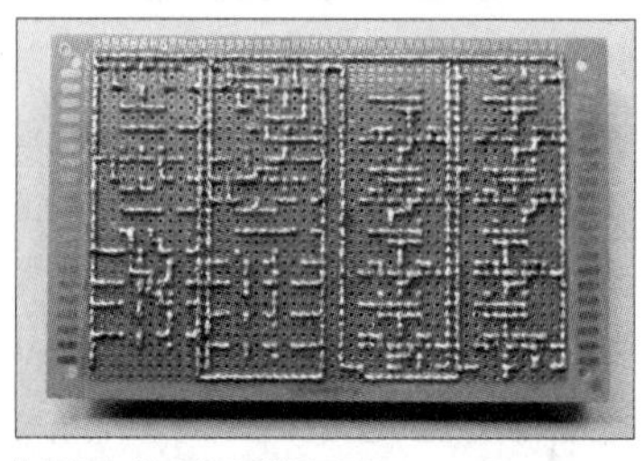
图23 第1块电路板反面

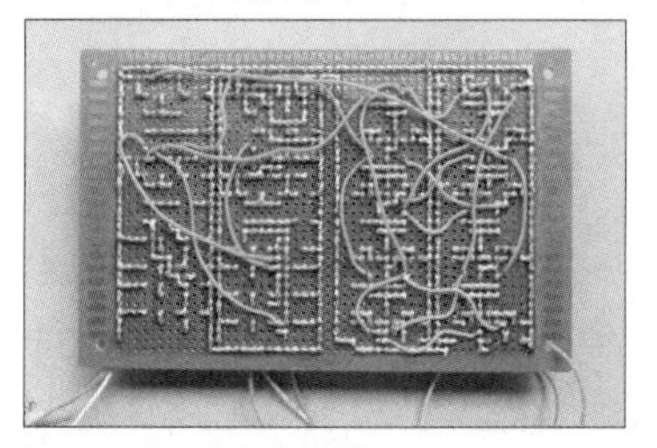
图24 第1块电路板连线

（2）制作第2~4块电路板

由于第2块电路板和第3、4块电路板基本相同（只有连线不同），这里主要介绍第2块电路板的制作。同样用1块15cm×9cm的万能板，按图25所示门电路排列将元器件焊接上去，触发器焊在一侧（包含2个非门），其他门电路焊在另一侧。先焊三极管，再焊电阻和二极管，在背面焊接锡线和连接导线，再焊出引线。制作完成的第2块电路板正面如图26所示，反面如图27所示，连线如图28所示。检查焊接无误后进行测试，接5V电源，引线不连接第1块电路板，将2条引线接G9和G10的上输入端作为CPD和CPU端。同样和第1块电路板一样测预置数、置0和计数功能，确认是否正常工作。如不正常，检查元器件和连线焊接情况。用同样的方法制作出第3块和第4块电路板。注意：一定要测试每块电路板能否正常工作。

（3）制作第5块电路板

用一块15cm×9cm的万能板，按

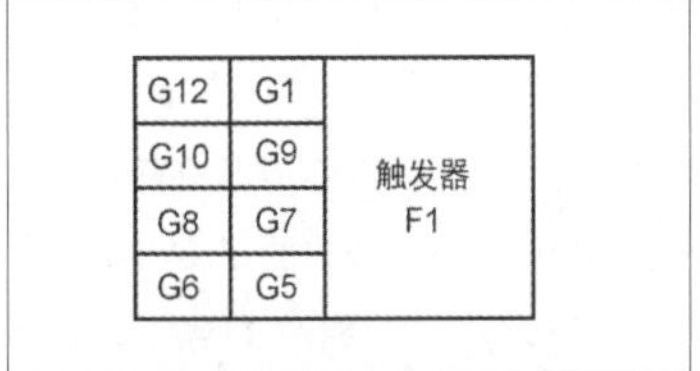

图 25 第 2 块电路板门电路排列

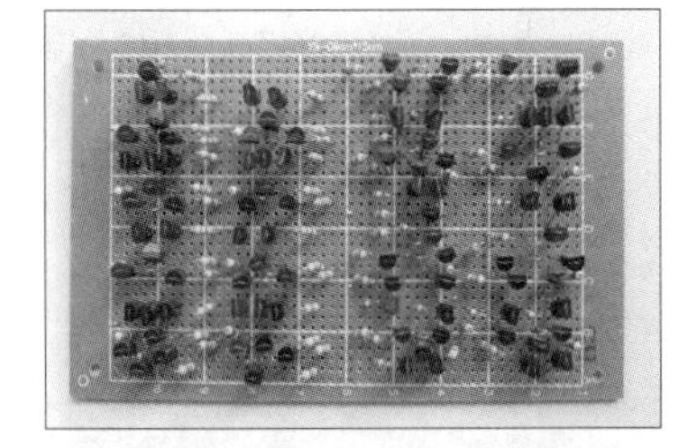

图 26 第 2 块电路板正面

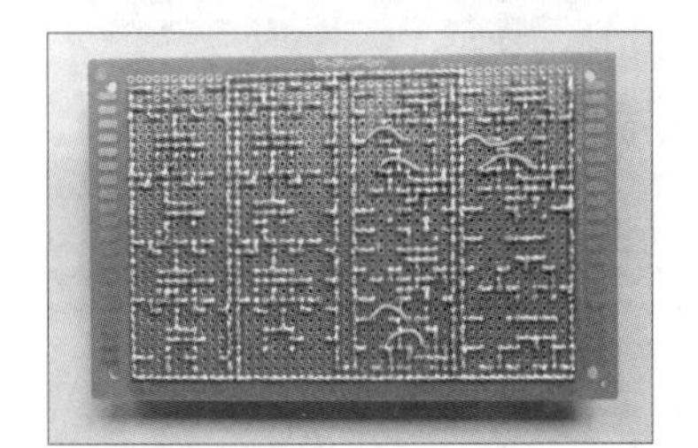

图 27 第 2 块电路板反面

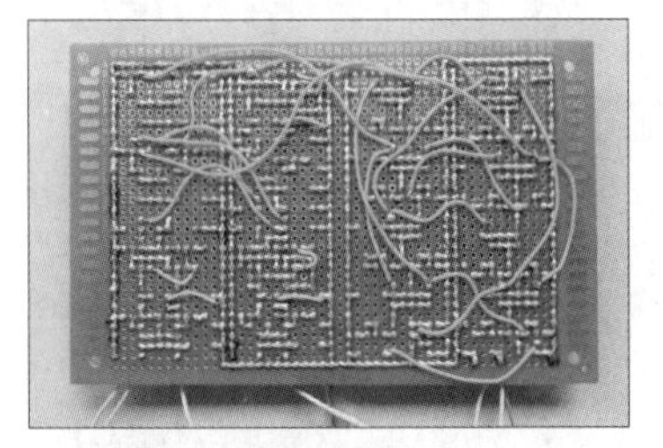

图 28 第 2 块电路板连线

图 29 所示门电路排列将三极管和电阻焊上。此块电路板共焊接有 5 个或门、1 个与门，在一侧焊有 6 个 LED，LED 接在 Q0~Q3 输出、进位 CO 和借位 BO 输出端（LED 需要串联一个 1kΩ 的电阻）到地，用于显示计数器的输出情况。焊接完成的电路板正面如图 30 所示，反面如图 31 所示，检查元器件和连线无误后可进行测试。主要测试每个门电路是否正常，这个测试前面介绍过，这里不再重复。

5. 总装

5 块电路板都制作完成后，将它们组装在一起。根据计数器逻辑图用 6 条软导线连接第 1 块电路板和第 2 块电路板（引线要长一些，以便检修），如图 32 所示。然后将第 2 块电路板叠在第 1 块电路板上，并连接第 2 块电路板到第 3 块电路板的引线，用同样方法将第 3 块和第 4 块电路板叠上。最后，第 5 块电路板用软导线和第 4 块电路板连接，并引出 CO、BO 引线和正负极引线（见图 33）。将第 5 块电路板叠在第 4 块电路板上（要求电路板反面锡线不碰下面的电阻和二极管引脚），然后用直径 3mm 的长螺丝穿过电路板四周的 4 个孔，将 5 块电路板固定在一起，这样就做成了三极管 CD40192，如图 34 所示。

G13	G14	发光管 LED2～LED7
BO	G15	
CO	G16	

图 29 第 5 块电路板门电路排列

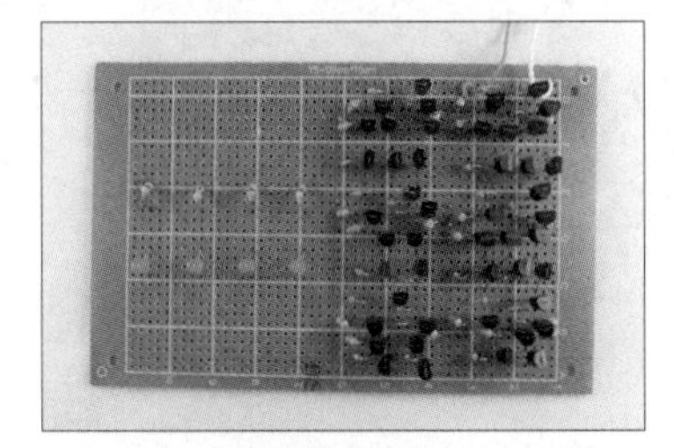

图 30 第 5 块电路板正面

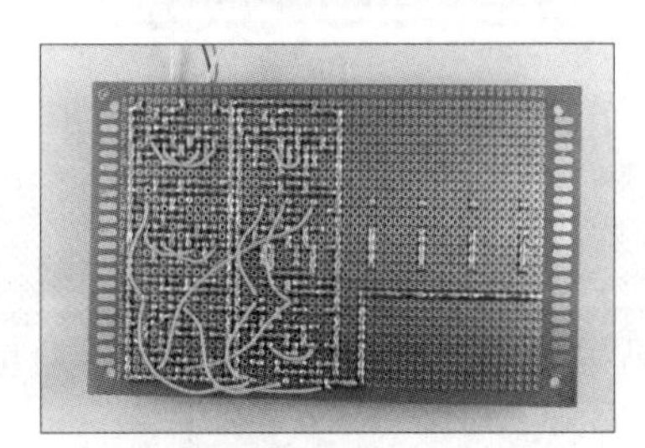

图 31 第 5 块电路板反面

图 32 连接第 1 块电路板和第 2 块电路板

图 33 第 4 块电路板和第 5 块电路板连接

图 34 三极管 CD40192 外观

6. 总测试

制作完成后，可以对三极管 CD40192 进行测试。先测试预置数控制端 LD 是否可用，接着测试 CR 清零端是否可用。这里重点测试加计数和减计数，测试计数器计数装置如图 35 所示。

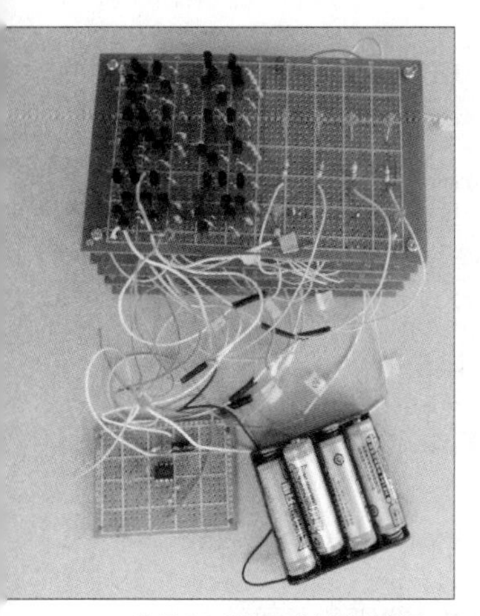

图 35 计数器测试实物连接图

（1）加计数测试

将三极管 CD40192 的 LD 端接电源正极，CR 端先不接，CPD 端接电源正极，CPU 端接脉冲发生器的 CP 脉冲端。接通 5V 电源，CR 端先连接一下电源正极，使计数器清零后再接到电源负极，三极管 CD40192 开始进行加计数。先在 4 个 LED 上显示 0000，再显示 0001……，最后显示 1001，然后重复以上显示，这说明加计数功能正常，显示 5、6 的二进制数如图 36 和图 37 所示。如果显示有问题，应根据 LED 显示结果对电路进行检查，重点检查各个电路连线是否连接到位，是否有错焊或导线虚焊等问题，直到正常。

（2）减计数测试

同样将三极管 CD40192 的 LD 接电源正极，CR 端先不接，CPU 端接电源正极，CPD 端接脉冲发生器 CP 端。用 CR 端碰一下正极清零后，4 个 LED 应显示 0000，然后显示 1001……，最后显示 0001 后，重复以上显示。第 2 个和第 3 个 CP 脉冲到来时，显示二进制数如图 38 和图 39 所示。如果显示有问题，同样需要检修，直到正常。

（3）进位和借位测试

在进行加计数时，注意观察第 5 块电路板上进位 LED 的显示（这里电路板进位 LED 在外侧）。在加显示到 1001，脉冲发生器的 LED 灭时，进位（CO）LED 亮一下，如图 40 所示，这样说明进位脉冲输出正常。进行减计数时，观察第 5 块电路板的借位 LED 显示情况（这里电路板借位 LED 在内测）。在减显示到 0000，脉冲发生器 LED 灭时，借位（BO）LED 亮一下，如图 41 所示，说明借位脉冲输出正常。否则需检查相关连线是否有错。这样，用三极管制作的十进制同步加/减计数器即制作成功，该三极管计数器的总电流约为 320mA。

图 36 显示二进制“5”

图 37 显示二进制“6”

图 38 第 2 个脉冲到来输出显示

图 39 第 3 个脉冲到来输出显示

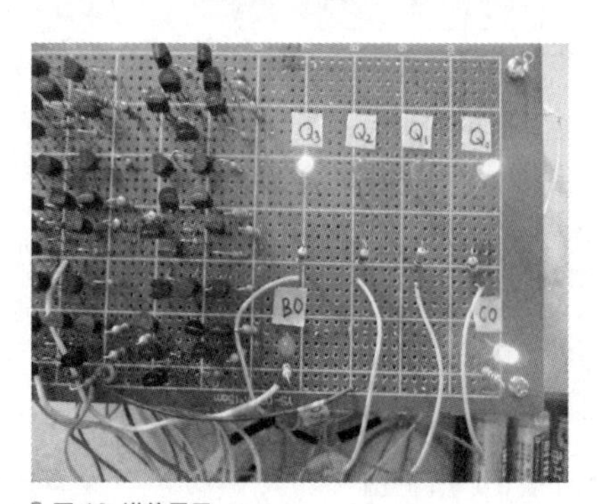

图 40 进位显示

图 41 借位显示

新年快乐！
自制翻页动画显示器

演示视频

郭力

春节是传统、隆重的节日，其习俗有贴春联、守岁、拜年等。当然最温馨的事情，莫过于除夕夜一家人围在一起吃团圆饭、看春节联欢晚会。为了庆祝虎年春节，我制作了一个别样的翻页动画显示器，并将它取名为Page-turning display，如图1所示。

既然是显示器，那它肯定得有屏幕。不过它的屏幕不是电子的，而是较为古老的翻页式，可以呈现类似于快速翻书的效果。其实，通过电子屏幕播放视频也是一帧一帧地切换画面，只不过因为切换画面的速度较快，人眼无法察觉出来有间隙。我这次制作的翻页动画显示器的显示原理和电子屏幕播放视频的原理类似，都是切换画面呈现动画。

方案介绍

我以复古电视机的造型为基础设计翻页动画显示器的外观，并使用激光切割机加工椴木板和亚克力板制作。图2所示

图1 Page-turning display

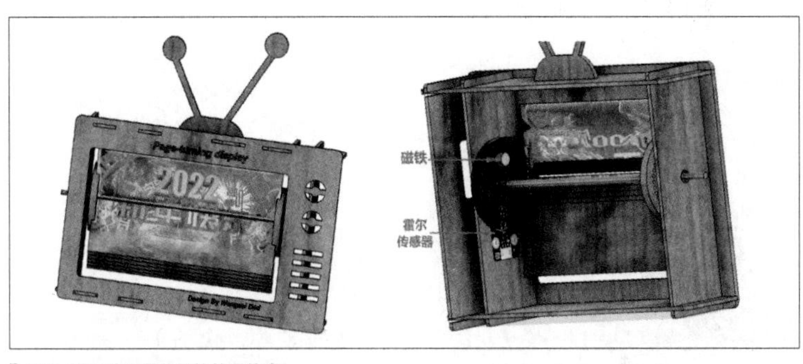

图2 翻页动画显示器的效果仿真

为翻页动画显示器的效果仿真。通过观察图2，可以发现翻页动画显示器由3部分组成：旋转显示部分、外框架部分、电控部分。关于旋转显示部分的驱动电机，可以选择的方案有很多，如步进电机、直流减速电机、舵机等。因为这个作品旋转部分的负载不是很大，对转速的要求也不是很高，只是要求在旋转的同时能精准控制旋转的角度，所以我选择性价比较高的28YBJ-48微型步进电机（见图3），它搭配ULN2003驱动芯片工作，降低了使用难度、减小了使用空间。选好驱动电机后，我选择Arduino Nano作为主控板，同时使用霍尔传感器和磁铁实现记录旋转圈数的功能。霍尔传感器和磁铁的安装位置如图2所示。

整体方案确定了，接下来我们开始准备材料。

准备工作

首先，使用LaserMaker设计翻页动画显示器的激光切割图纸（见图4）。为了增加作品的互动性，我用一个魔法棒作

图3 28YBJ-48微型步进电机

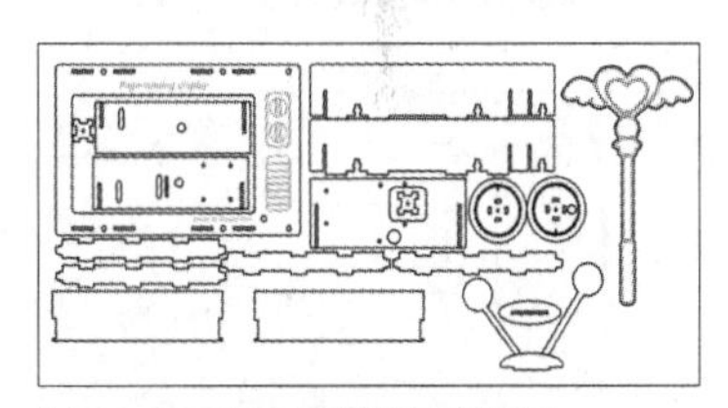
图4 翻页动画显示器激光切割图纸

为翻页动画显示器的开关。作品中，显示画面的翻页部分采用1mm厚的透明亚克力板制作，除此部分外的结构选用3mm厚的椴木板制作，激光切割结构件的实物如图5所示。至于显示画面的翻页部分，需要我们自行准备素材，并根据对应的激光切割结构件的尺寸进行打印，再将打印好的素材贴到亚克力板上，如图6所示。制作翻页动画显示器所需的材料清单如附

表所示。

材料准备完成（见图7），接下来我们看一下电控部分是如何连接的。

翻页动画显示器的电路连接如图8所示，28YBJ-48步进电机连接Arduino Nano主控板的数字引脚4~7，两个霍尔传感器分别连接Arduino Nano主控板的数字引脚2、3，其中一个霍尔传感器用于检测翻页动画显示器的开启，另一个霍尔传感器用于检测翻页动画的翻页次数。

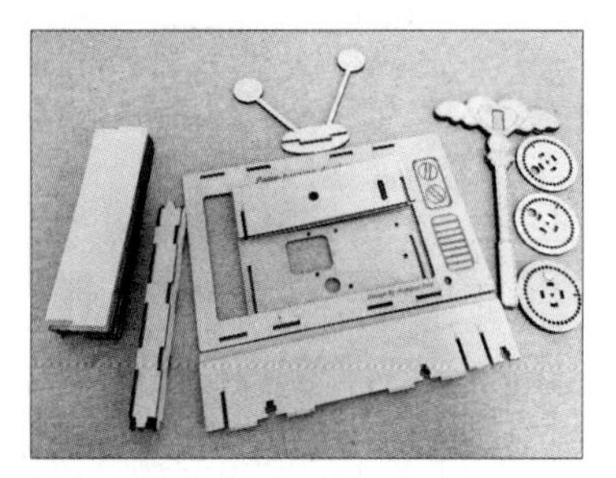

图5 翻页动画显示器激光切割后的实物

图6 将素材贴到翻页部分的亚克力板上

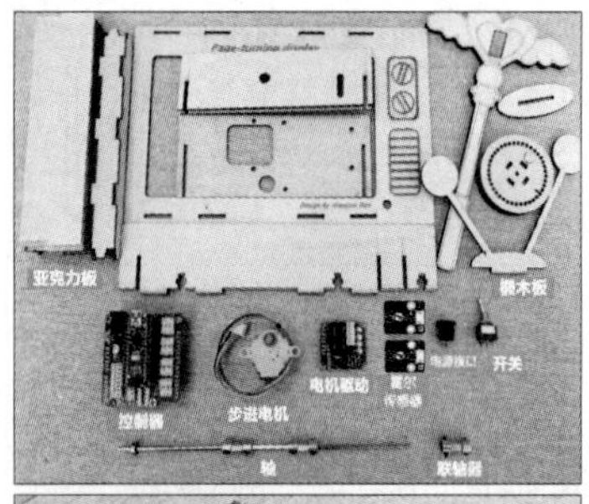

图7 翻页动画显示器的材料

附表 材料清单

序号	名称	数量
1	Arduino Nano主控板	1块
2	Arduino Nano扩展板	1块
3	霍尔传感器	2个
4	28YBJ-48步进电机	1个
5	ULN2003步进电机驱动器	1个
6	开关	1个
7	DC电源接口	1个
8	3mm厚的椴木板（40cm×60cm）	1块
9	1mm厚的亚克力板（40cm×60cm）	2块
10	直径3mm转5mm联轴器	1个
11	D型轴	1个
12	磁铁	2块
13	杜邦线	若干
14	五金件	若干

一切准备工作就绪，我们可以开始组装作品了。

组装结构

翻页动画显示器的组装不算复杂，但还是需要仔细按步骤安装。以下为安装步骤。

1 安装翻页动画显示器的开关。此处我选用了一个有些复古味道的钮子开关，开关需要安装在翻页显示器正面的右下方。

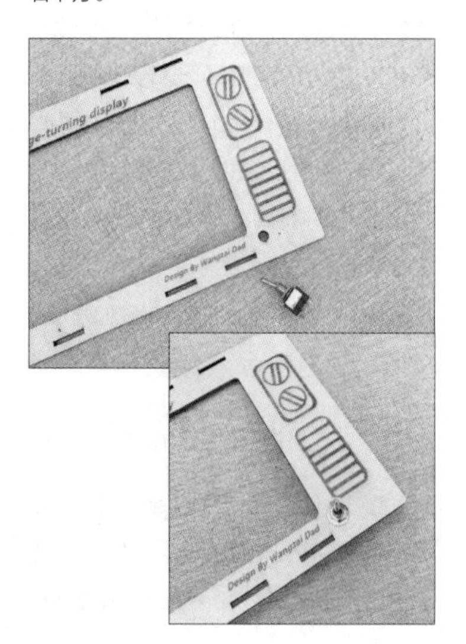

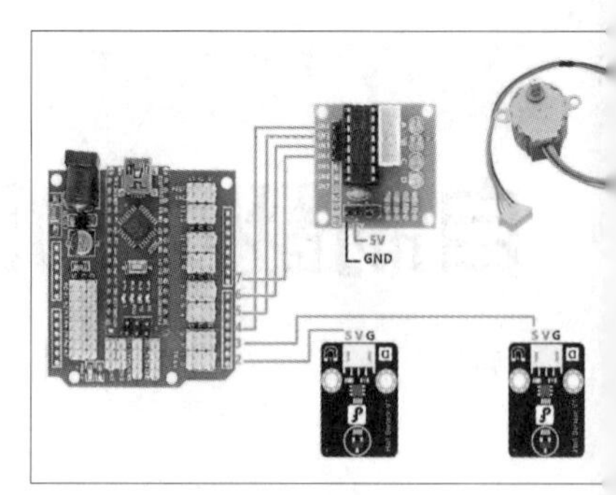

图8 翻页动画显示器的电路连接示意图

2 安装Arduino Nano主控板、Arduino Nano扩展板、28YBJ-48步进电机、ULN2003步进电机驱动器、DC电源接口。

3 安装用于检测翻页显示的霍尔传感器。

4 按照插槽的对应关系，拼装翻页动画显示器的框架。

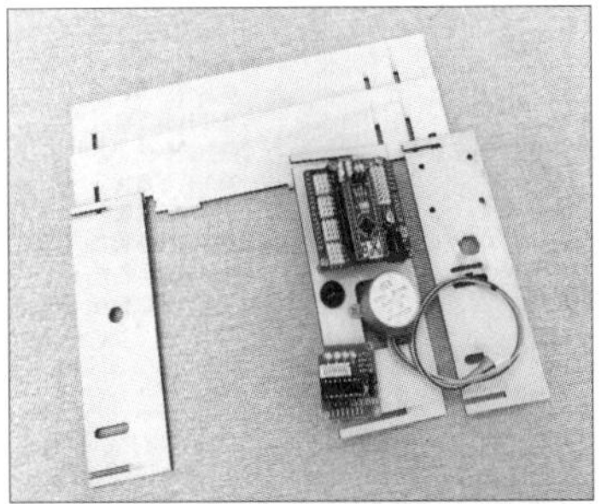

5 组装用于翻页的旋转骨架。组装时需要将D形轴安装在长方形的盒子中，并在盒子的两侧安装圆盘，其中一个圆盘需要安装磁铁。

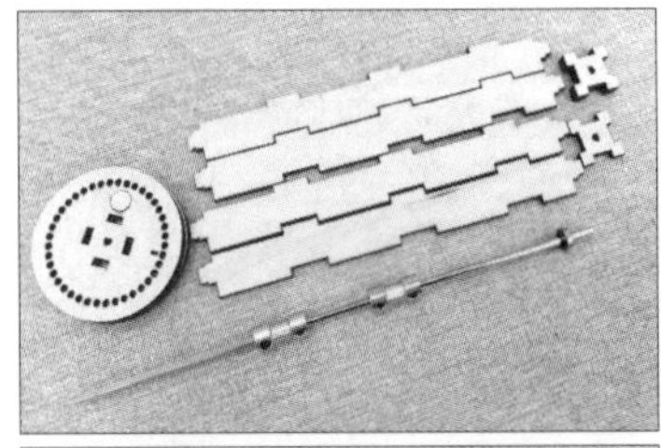

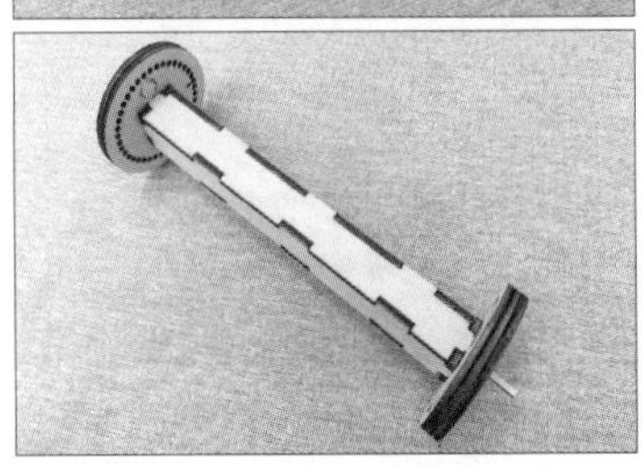

6 将旋转骨架组装在框架中。此处使用一个直径3mm转5mm的联轴器将28YBJ-48步进电机与D形轴连接在一起，同时为了保证轴旋转时的灵活度，需要在旋转骨架的另一侧对应的孔位中安装一个轴承。

7 将翻页动画显示器的正面板安装在框架上。

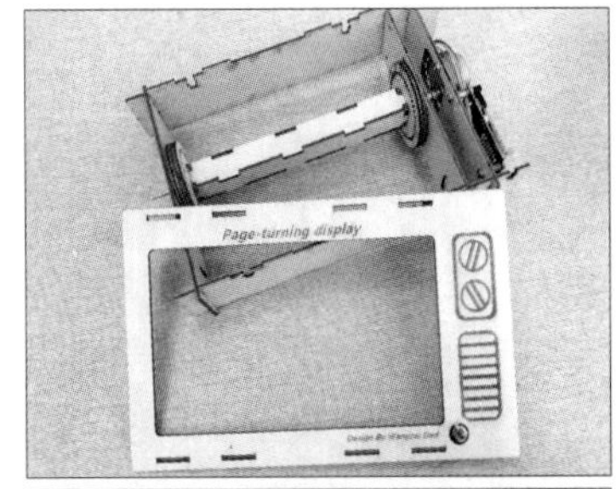

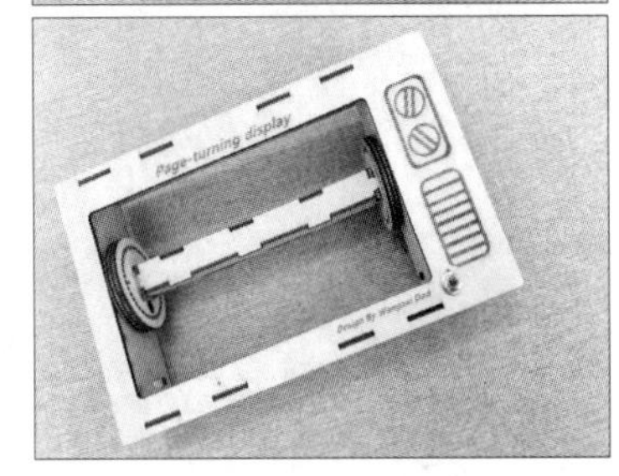

8 为翻页动画显示器装饰上有“灵魂”的天线，并组装用来开启翻页动画显示器的魔法棒，此处别忘了在魔法棒中装入磁铁。

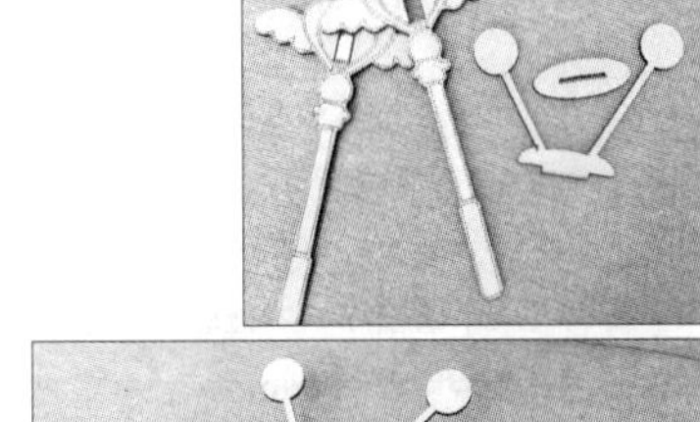

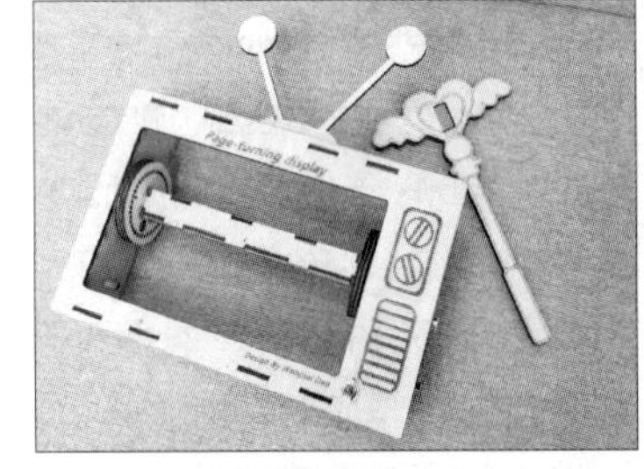

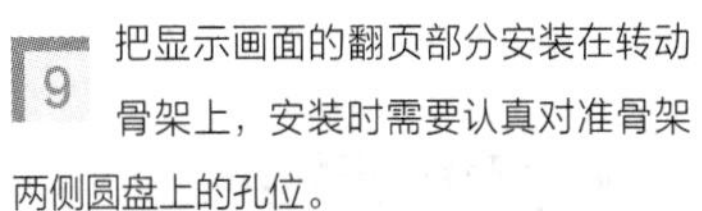

9 把显示画面的翻页部分安装在转动骨架上，安装时需要认真对准骨架两侧圆盘上的孔位。

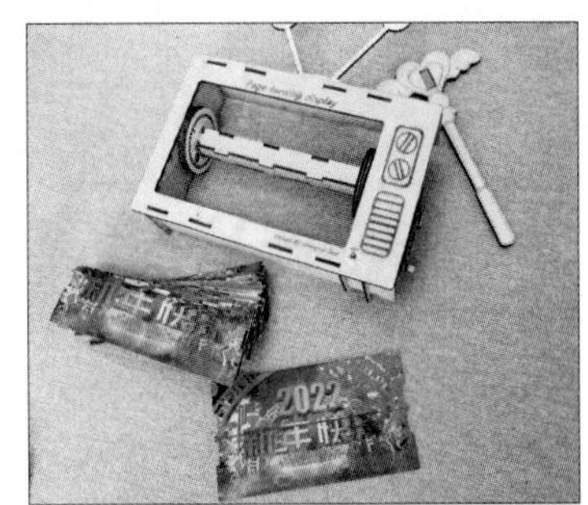

翻页动画显示器的组装至此就大功告成了，接下来我们编写程序为作品注入灵魂。

程序设计

本次作品程序设计使用Arduino IDE作为编程环境，当然大家也可以使用最新版本的Mixly软件，因为新版Mixly软件中集成了Arduino IDE编程环境。本次制作的翻页动画显示器，是使用28YBJ-48步进电机让翻页动画显示器转起来的，使用2个霍尔传感器控制动画播放和记录旋转圈数，那么关于霍尔传感器和28YBJ-48步进电机的使用是本次作品程序设计

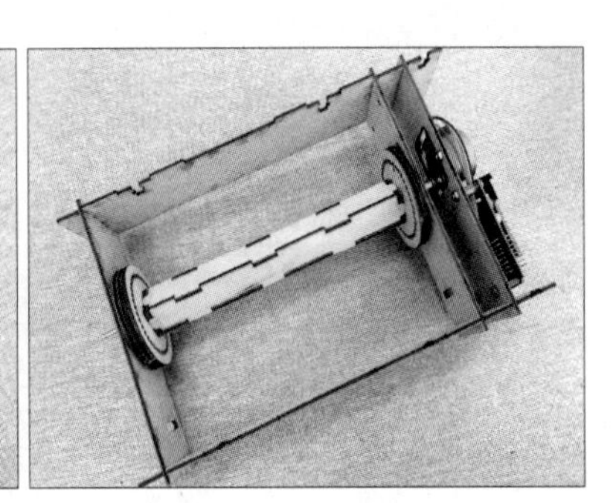

的关键。

1. 霍尔传感器的使用方法

霍尔传感器是基于霍尔效应来探测磁性材料（磁铁）的传感器。那什么是霍尔效应呢？1879 年，物理学家霍尔发现，当一个磁场靠近一个有电流通过的导体时，导体中的电子会因受到磁场的影响，偏转到一边，这时导体中会形成一个电势差，这就是霍尔效应。利用霍尔效应就可以探测磁性材料。常见的霍尔传感器有开关型和线性两种，开关型霍尔传感器输出数字信号，而线性霍尔传感器输出模拟信号。

对于本作品，我们只需要用霍尔传感器控制翻页动画显示器的启停，因此使用开关型霍尔传感器就可以了。关于霍尔传感器的编程方法很简单，只需要在编程环境中输入程序 1，即可以检测霍尔传感器的状态，通过霍尔传感器的状态可以判断是否有磁铁靠近，即磁铁靠近时，信号为 0；磁铁远离时，信号为 1，如图 9 所示。

程序1

```
#define Hall_START 2 //霍尔传感器引脚
int START;//开始状态存储变量
void setup()
{
  pinMode(Hall_START, INPUT);//开始
  Serial.begin(9600);
}
void loop()
{
  START = digitalRead(Hall_START);//存储霍尔传感器的状态
  Serial.println(START);
  delay(1000);
}
```

使用同样的方法检测另一个霍尔传感器后，我们就可以在程序 1 的基础上修改程序了。修改后的程序（见程序 2）可以同时检测两个霍尔传感器的状态，检测的结果如图 10 所示。

程序2

```
#define Hall_START 2 //霍尔传感器引脚
#define Hall_END 3 //霍尔传感器引脚
int START;//开始状态存储变量
int END;//结束状态存储变量
void setup()
{
  pinMode(Hall_START, INPUT);//开始
  pinMode(Hall_END, INPUT);//结束
  Serial.begin(9600);
}
void loop()
{
  START = digitalRead(Hall_START);//存储一号霍尔传感器的状态
  END = digitalRead(Hall_END);//存储二号霍尔传感器的状态
  Serial.print(F(" 一号霍尔传感器状态:"));
  Serial.println(START);
  delay(1000);
  Serial.print(F("二号霍尔传感器状态:"));
  Serial.println(END);
  delay(1000);
}
```

我们继续丰富程序，如程序 3 所示，设置当磁铁靠近用于检测翻页动画显示器打开的霍尔传感器超过 0.5s 时，翻页动画显示器开始工作，当用于检测翻页动画的翻页次数的霍尔传感器的计数超过 500 时，停止工作。程序 3 中我们用变量 START 和变量 END 分别存放霍尔传感器的数值，用变量 is free 和变量 is working 标记工作状态，用变量 MODEL 存储工作状态，用变量 count 计数，当停止工作时，所有变量的状态复位。图 11 所示为程序 3 的运行结果。

程序3

```
#define Hall_START 2 //霍尔传感器引脚
#define Hall_END 3  //霍尔传感器引脚
#define OVER 1 //判断是否进入最终环节
```

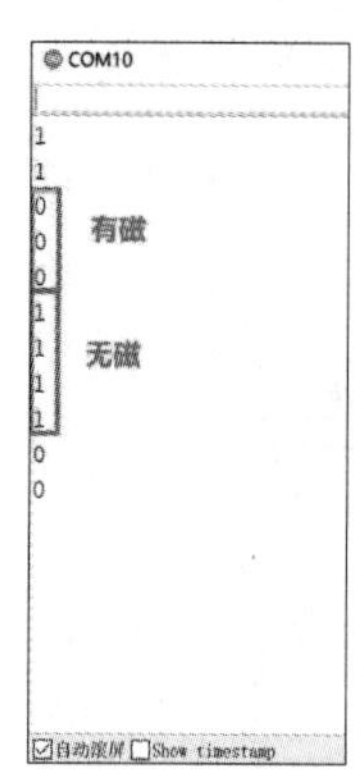

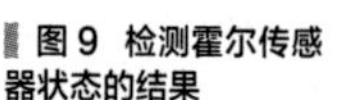
图 9 检测霍尔传感器状态的结果

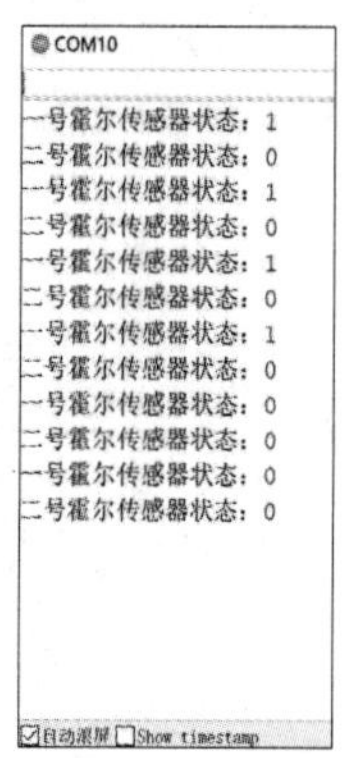

图 10 同时检测两个霍尔传感器状态的结果

```
int START; //开始状态存储变量
int END; //结束状态存储变量
bool is_working = false;//工作中
bool is_free = true; //空闲
int count=0;  //计数器
int SPEED=0; //速度
char MODEL; //模式
void setup()
{
  pinMode(Hall_START, INPUT);//开始
  pinMode(Hall_END, INPUT);//结束
  Serial.begin(9600);
}
void loop()
{
  if(START == 1 && digitalRead(Hall_START) == 0)//两次检测按键的状态
  {
    delay(500);
    if ( digitalRead(Hall_START) == 0 && is_free == true) //且设备处于空闲状态进入工作模式
    {
      is_free = false;
      is_working = true;
    }
  }
  START = digitalRead(Hall_START);//存储一号霍尔传感器的状态
  END = digitalRead(Hall_END);//存储二号霍尔传感器的状态
```

```
  //开始工作
  if(is_free == false && is_working
== true )
  {
    Serial.println(F(" 工作中 "));
    //计数器计数，忽略第一次检测状态
    count++;
    Serial.println(count);
    if(count >500)  { MODEL = OVER; }
  }
  //结束工作
  if (MODEL == OVER && END == 0)
  {
    Serial.println(F(" 结束工作 "));
    count = 0;//计数器清零
    is_working = false;//工作指示变量
复位
    is_free = true;//空闲指示变量复位
    MODEL = 0;//状态复位
  }
}
```

如此，我们已经实现了使用霍尔传感器和磁铁来控制翻页动画显示器启停的功能。接下来，在程序中加入控制 28BYJ-48 步进电机转动的程序，即可实现翻页的功能。

2. 28BYJ-48步进电机的使用方法

28BYJ-48 步进电机的全名为永磁型单极性四相步进电机，这么复杂的名字难免让人有些头疼，我们先来看一下 28BYJ-48 的各个字母和数字所代表的意思。

◆ 28：步进电机的最大有效外径是 28mm。

◆ B：步进电机。

◆ Y：永磁式。

◆ J：减速型（减速比 1：64）。

◆ 48：四相八拍。

换句话说，28BYJ-48 的含义为外径 28mm 的四相八拍式永磁减速型步进电机。是不是有点乱？别慌，我们一点点

图 11 程序 3 的运行结果

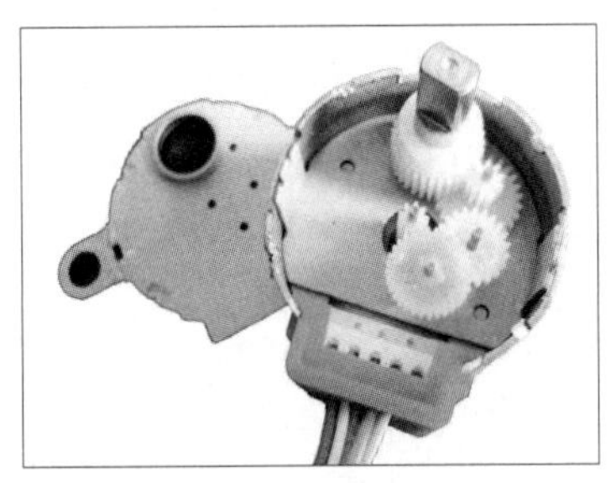

图 12 28BYJ-48 步进电机内部

看。转子和定子是电机的必要组成部分，转子的每个齿上都带有一个永磁体，这就是永磁式的概念；定子在外圈，有 8 个齿，每个齿上都被缠上了线圈，两两一组，同时导通或关断，如此就形成了 4 相。至于八拍这里就不展开详细介绍了，可以简单理解为 4 组线圈的通电顺序。图 12 是 28BYJ-48 步进电机的拆解图，图中位于 28BYJ-48 步进电机最中心的白色小齿轮是转子，一个小齿轮带动一个大齿轮为一级减速，则该电机共有 4 级减速，减速比为 1：64。

实际上单独用主控板控制步进电机是很困难的，我们需要用一个驱动板来驱动步进电机，ULN2003 驱动板与 28BYJ-48 步进电机是形影不离的好朋友。熟悉了 28BYJ-48 步进电机后，我们来编写程序控制它。可以选择的步进电机驱动库有 Arduino IED 内置的 Stepper 库和第三方 AccelStepper 库。因为在使用 Stepper 库控制步进电机的过程中，其他程序是无法进行工作的，所以此处选用 AccelStepper 库。在程序 3 的基础上，增添对 28YBJ-48 步进电机的控制程序。程序中，使用 setMaxSpeed 函数设置 28BYJ-48 步进电机的最大运行速度，使用 setAcceleration 函数设置 28BYJ-48 步进电机的加速度，使用 currentPosition 函数设置 28BYJ-48 步进电机运行的当前位置，使用 moveTo 函数设置 28BYJ-48 步进电机运动的绝对目标位置，即旋转到指定角度。翻页动画显示器的完整参考程序如程序 4 所示。

程序4

```
#include "AccelStepper.h"
// 电机步进方式定义
#define FULLSTEP 4    //全步进参数
#define HALFSTEP 8    //半步进参数
// 定义步进电机引脚
#define motor1Pin1  4      // 28BYJ48
连接的 ULN2003 驱动板引脚 in1
#define motor1Pin2  5      // 28BYJ48
连接的 ULN2003 驱动板引脚 in2
#define motor1Pin3  6     // 28BYJ48 连
接的 ULN2003 驱动板引脚 in3
#define motor1Pin4  7     // 28BYJ48 连
接的 ULN2003 驱动板引脚 in4
#define Hall_START 2 //霍尔传感器引脚
#define Hall_END 3 //霍尔传感器引脚
#define OVER 1    //判断是否进入最终环节
// 定义步进电机对象
// 定义中 ULN2003 驱动板引脚顺序为 in1-
in3-in2-in4
// 电机设置为全步进运行
AccelStepper stepper(FULLSTEP,
motor1Pin1, motor1Pin3, motor1Pin2,
motor1Pin4);
int START;//开始状态存储变量
int END;//结束状态存储变量
bool is_working = false;//工作中
bool is_free = true;//空闲
int count=0; //计数器
int SPEED=0; //speed
char MODEL; //模式
```

```
void setup()
{
  pinMode(Hall_START, INPUT); //START
  pinMode(Hall_END, INPUT); //END
  stepper.setMaxSpeed(500.0); // 电机最大速度为500
  stepper.setSpeed(0); // 初始化电机速度为0
  Serial.begin(9600);
  //复原到初始位置
  while(digitalRead(Hall_END) == 1)
  {
    stepper.setSpeed(100);
    stepper.runSpeed();
  }
  stepper.setSpeed(0);
  stepper.runSpeed();
}
void loop(){
  if(START == 1 && digitalRead(Hall_START) == 0)//两次检测按键的状态
  {
    delay(500);
    if ( digitalRead(Hall_START) == 0 && is_free == true) //且设备处于空闲状态进入工作模式
    {
      is_free = false;
      is_working = true;
    }
  }
  START = digitalRead(Hall_START);//存储一号霍尔传感器的状态
  END = digitalRead(Hall_END);//存储二号霍尔传感器的状态
  //开始工作
  if(is_free == false && is_working == true )
  {
    SPEED = 100;
    //计数器计数，忽略第一次检测状态
    if(count >500) { MODEL = OVER; }
    count++;
  }
  //结束工作
  if (MODEL == OVER && END == 0)
  {
    SPEED = 0;//速度清零
    count = 0;//计数器清零
    is_working = false; //工作指示变量复位
    is_free = true;//空闲指示变量复位
    MODEL = 0;//状态复位
  }
  Serial.println(count);
  stepper.setSpeed(SPEED);
  stepper.runSpeed();
}
```

至此，翻页动画显示器就制作完成了。我们还可用文中介绍的知识，制作其他作品，快去试试吧！最后祝大家新的一年“虎乐安康”、万事顺遂。造物让生活更美好，我们下期再见！

新型电容式柔性光感器

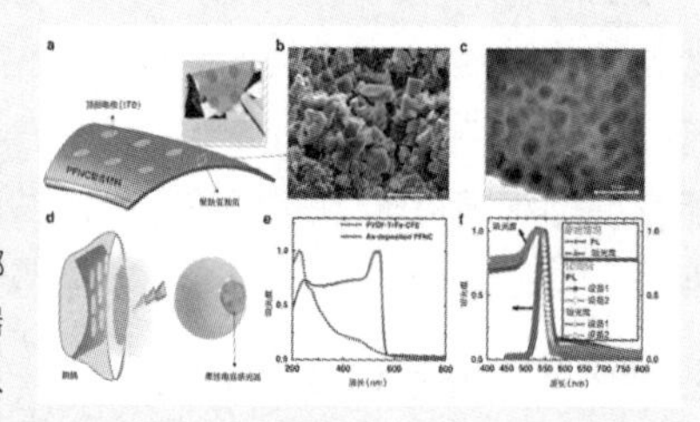

沙特阿卜杜拉国王科技大学的研究团队使用钙钛矿材料打造了一种人造视网膜，其特点是能够以与人眼类似的方式检测光，并且测试设备能够识别手写数字。

研究团队将钙钛矿纳米晶体嵌入聚合物，然后将该层夹在两个电极之间——底部是铝、顶部是氧化铟锡。当上层电极被蚀刻，光线通过钙钛矿层，就能够形成感光器阵列。在聚酰亚胺基板上制成的传感器，可弯曲成任何形状，研究团队选择了类似人类视网膜的形状。为了处理光输入，感光器阵列又被连接到一个CMOS传感器和具有百个输出神经元的神经网络上。在4×4阵列的测试中，研究团队用各种颜色的LED来照射它。结果发现，其具有与人眼非常相似的光学响应，对绿光尤为敏感。在另一项测试中，设备对手写数字的识别率达到了72%。

在稳定性方面，即使经过129周，其对光的响应能力也没有任何变化。遗憾的是，这种人造视网膜还是不太适合用于人体移植。

智能挖掘机器人

中联重科研究院智能化技术团队研发的人机交互系统，应用人工智能、智能控制等先进技术，让挖掘机不仅可以和操作人员交流互动，还可以看得懂手势指令、听得懂语音指令并能够自动精准地执行动作。在土方精准作业中，刷坡要求高、难度大，需要操作人员具备丰富的经验。而且为了保证作业质量，还需要专业的测量人员对结果进行实时测量。使用智能挖掘机器人，刷坡作业变得简单且精度更高。操作人员把施工场景和任务的三维模型输入智能挖掘机器人中，机器人就会对场景和任务进行分析，并自动行驶到目标点开始作业，不需要操作人员和测量人员。针对施工过程精准定位的要求，研究团队研发出了指引式操作，无论是施工现场还是数字沙盘，操作人员只需要用手在地面指定一个点位，智能挖掘机器人即可到达目标点。此外，对于复杂的施工任务，研究团队还开发了仿生操控模式，操作人员可以用自己的手臂动作引导挖掘机实现精准作业。这款智能挖掘机器人不仅可以提高施工效率，降低作业成本，更重要的是，它还能在危险和复杂的环境中作业，有效降低了操作人员的风险。

No-GPS 跑步手表之 AI2 遇见小 C

房忠

项目故事

这次我制作的又是跑步手表！为什么说又？因为我已经做过 4 个版本的跑步手表了，主控从 644P 到 ESP32，不过它们都有一个共同点，那就是需要外接 GPS 传感器。无论是直接装配在手表上的 GPS 传感器，还是分离式的蓝牙 GPS 模块，都离不开 GPS 模块与主控的通信，通信方式可以是有线方式，也可以是蓝牙方式。

我们在跑步时，通常会戴着手机，或听音乐，或用来保持通信。那实际上我们就相当于随身携带了一部高精度的定位终端。本次尝试制作的手表，不再是与单一的 GPS 模块连接，而是使用了安卓手机的位置传感器，将定位信息用 BLE 传送至 ESP32 主控，这样就构成了一个没有 GPS 模块的跑步手表。

这里简单介绍一下什么是 AI2。AI2 是 MIT 的入门级安卓手机 App 图形式编写软件 App Inventor 2，后面的 2 表示目前是第二版。

那小 C 又是什么？小 C 是 M5Stack 出品的基于 ESP32 主控的小巧集成模块 M5StickC，拥有彩屏、按钮、电源管理（包括电源管理芯片、电源按钮）和不错的外形，是为物联网及穿戴设备而生的开发平台。我设计了卡槽及专门的手表背夹和表带，这样小 C 就能很容易地变身成一块 ESP32 手表。

我们来看看整个设计中的主要知识点。第一点是 App Inventor 2 程序编写，重点是 BLE 的连接及位置传感器数据（经纬度及速度）的获取，现在的手机位置传感器并非 GPS 一种，而是融合了网络定位之后的一个综合输出，我们在高德地图等形形色色的地图软件中使用的就是这个融合后的位置信息。比起单一的 GPS，这种输出不再单一依赖天空中的卫星，在有网络的车内（室内）也可以完成定位，而且速度很快，用户体验非常好。第二点是手机与 ESP32 通过 BLE 通信。第三点是手机传送过来的数据，数据有 3 个参数：经度、纬度及速度，我们需要在手机端将其装配成 3 段数据传送下来，并在 ESP32 侧组装成一个 JSON 格式的字符串然后进行解析。第四点是根据手机传送来的经纬度进行距离计算及速度计算。

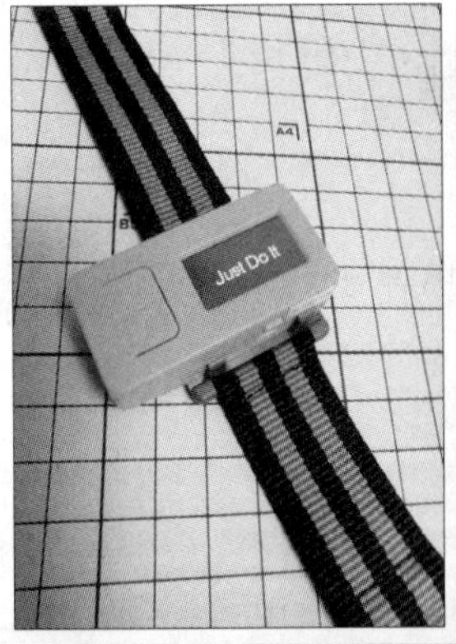

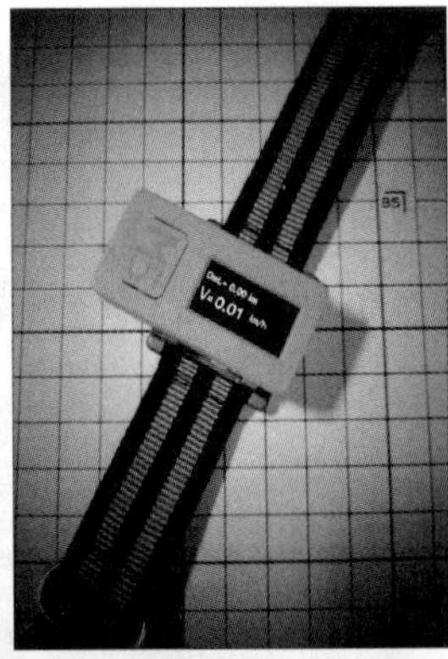

图 1 成果展示

我认为本项目的创意系数为四星，难度系数为两星，是一个非常好的学习 AI2 及 BLE 通信的小项目。

在本项目制作过程中，我借鉴了一些网上其他玩家的资料。实践再一次证明，我们能想到的创意，利用现有资源进行一个乐高式的搭建，基本上都可以实现（当然，前提是技术本身能实现的话）。图 1 所示就是做好的运动手表，效果看起来还是很棒的！

硬件准备

制作需要的硬件如表 1 所示。

表 1 制作需要的硬件

序号	名称	数量及型号	备注
1	安卓手机	1	安卓 4.4 以上
2	M5StickC	1	主控 ESP32

软件准备

制作过程中需要用到的软件如表 2 所示。

表 2　制作过程中需要的软件

序号	名称	版本	备注
1	App Inventor 2	2.0	APK 编写 IDE
2	ArduinoJson	6.0	优秀的 JSON 解析库
3	Arduino BLE for ESP32		ESP32 的 BLE 库

制作过程

1. 接线

这次省事，用的两个设备都是成品，手机和 M5StickC，所以我们不需要接线。

2. 软件编写

（1）手机侧

手机侧采用 AI2 编程，我使用的是广州教育中心服务器，这是 AI2 官方认可的服务器之一，非常稳定。玩家也可以尝试从 GitHub 上下载最新的代码，自己搭建离线版服务器。我认为稳定更重要，所以没有在搭建离线服务器上花费更多时间。

本项目 APK 主要的功能如下：①搜索并且连接 ESP32 侧的 BLE；②打开设备并且定位；③建立一个定时器，每 3 秒向已经连接的 ESP32 传送 JSON 格式的定位数据。

定位数据格式如下，手机侧的代码如图 2 所示。

```
{'lat':0,'lon':0,'speed':0}
```

（2）小C侧

小 C 侧的主要功能如下：①建立一个名为 My ESP32 的 BLE 设备，等待与手机端建立连接。②设计一个回调函数，在接收到来自手机的数据后，将经度、纬度及速度这 3 段数据进行组装。需要注意的是，在传送每一段数据时，默认都会带一个结束符'/0'，这个结束符是不可见的，但是它会告诉解析程序，本字符串已经结束，所以在组装 3 个参数的过程中，需要把结束符剔除。③使用 ArduinoJson 库对收到的参数进行解析，解析成 3 个 double 数据（经度、纬度及速度），然后在小 C 上进行显示。计算两组坐标之间的距离函数来自一个经典的 GPS 解析库——TinyGPS++ 库，由于只用到这一个函数，所以我没有引用整个库，而是把这个函数直接取过来放在程序中。我还顺手做了一个开机欢迎语。

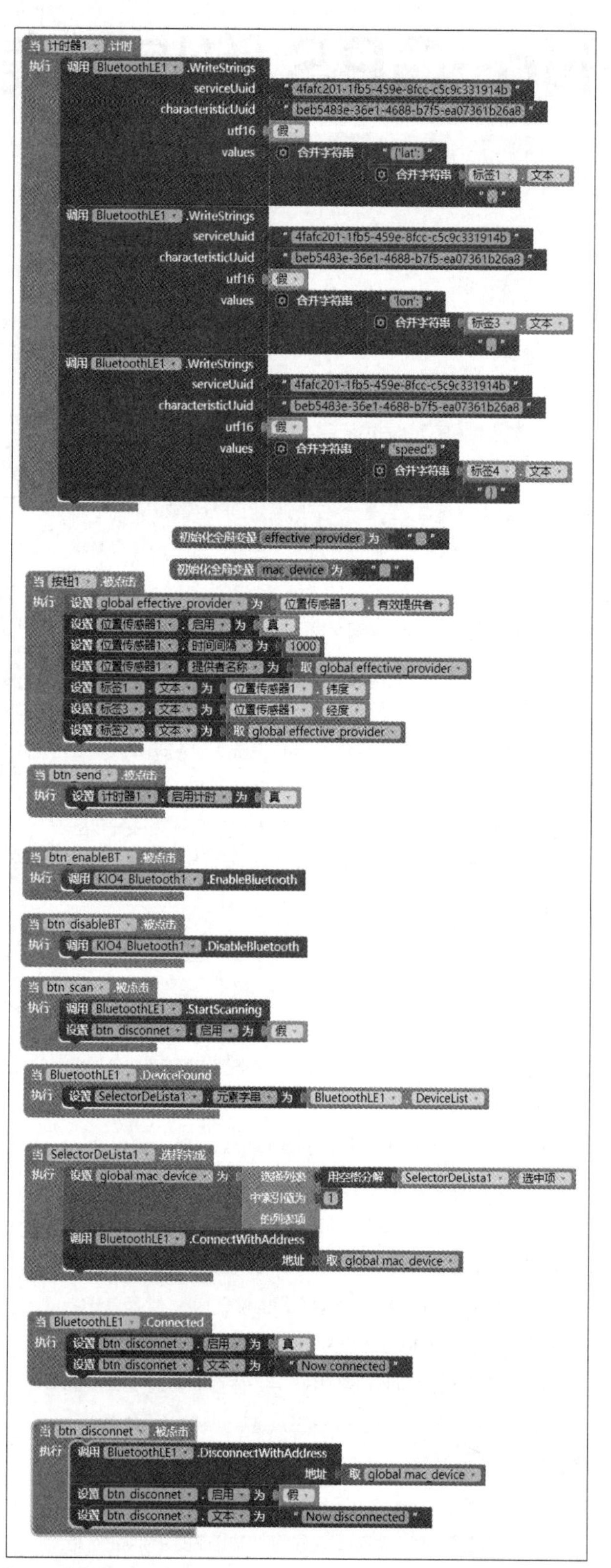

图 2　手机侧代码

小 C 开机后，会定义一个 BLE 设备，然后等待手机侧的连接。一旦连接成功，手机会每隔 3s 下发定位参数。小 C 侧的代码如下所示。

```
#include <BLEDevice.h>
#include <BLEUtils.h>
#include <BLEServer.h>
#include <M5StickC.h>
#include <ArduinoJson.h>
// 解析从手机下发数据的 JSON 准备
String valor=""; // 每次接收到的字符串
String all_valor=""; // 全部组装好的、即将用于解析的字符串
int string_num=0; // 收取序号
char s_str[60]; // 工作数据组
StaticJsonDocument<200> doc;
// 上一次经纬度、本次经纬度、速度、可用卫星数、时间
double lst_lat, lst_lng, f_lat, f_lng, f_speed; // 本次经纬度、上次经纬度、速度
double f_dist=0; // 本次测距的距离
//BLE 定义
#define SERVICE_UUID "4fafc201-1fb5-459e-8fcc-c5c9c331914b"
#define CHARACTERISTIC_UUID "beb5483e-36e1-4688-b7f5-ea07361b26a8"
// 测距函数来自 TinyGPS++ 库
double distanceBtw(double lat1, double long1, double lat2, double long2)
{
  // returns distance in meters between two positions, both specified
  // as signed decimal-degrees latitude and longitude. Uses great-circle
  // distance computation for hypothetical sphere of radius 6372795 meters.
  // Because Earth is no exact sphere, rounding errors may be up to 0.5%.
  // Courtesy of Maarten Lamers
  double delta = radians(long1-long2);
  double sdlong = sin(delta);
  double cdlong = cos(delta);
  lat1 = radians(lat1);
  lat2 = radians(lat2);
  double slat1 = sin(lat1);
  double clat1 = cos(lat1);
  double slat2 = sin(lat2);
  double clat2 = cos(lat2);
  delta = (clat1 * slat2) - (slat1 * clat2 * cdlong);
  delta = sq(delta);
  delta += sq(clat2 * sdlong);
  delta = sqrt(delta);
  double denom = (slat1 * slat2) + (clat1 * clat2 * cdlong);
  delta = atan2(delta, denom);
  return delta*6372795;
}
void Cal(double lat_0,double long_0, double speed_num_0)
// 计算距离、运动时间的函数
{
  // 显示累计里程
  // 计算里程
  f_lat=lat_0;
  f_lng=long_0;
  if (lst_lat == 0) {  // 还没开始测距，所以 lst_lat==0
    f_dist = f_dist;
  }
  else // 前后两组经纬度都有了，就可以进行测距
  {
    f_dist = f_dist + distanceBtw(f_lat, f_lng, lst_lat, lst_lng)/ 1000;
    f_speed= distanceBtw(f_lat, f_lng, lst_lat, lst_lng)*1.2; // 间隔 3s 进行数据采样，所以用 3 除以 3600，将秒转化为小时，此数据作为方案二，可以替代手机下发的 speed
  }
  lst_lat = f_lat; // 计算后，将现坐标赋值为前坐标，下同
  lst_lng = f_lng;
  // 在手表上显示里程、计算速度、手机下发的速度
  M5.Lcd.setTextColor(TFT_YELLOW);
  M5.Lcd.setCursor(3, 40, 2);
  M5.Lcd.setTextFont(4);
  M5.Lcd.print("V= ");
  M5.Lcd.print(speed_num_0*3.6); // 显示手机测速。其中 3.6 是一个系数，将手机传送下来的 speed（米 / 秒）折算为（千米 / 小时），计算方法为 3600/1000=3.6
  M5.Lcd.setTextFont(2);
  M5.Lcd.print("km/h");
  //M5.Lcd.setCursor(3, 33, 2);
  //M5.Lcd.print(f_speed); // 显示实时速度，作为备选速度计算方式
```

```
  M5.Lcd.setTextColor(TFT_WHITE);
  M5.Lcd.setCursor(3, 13, 2);
  M5.Lcd.setTextFont(2);
  M5.Lcd.print("Dist.= ");
  M5.Lcd.print(f_dist); //显示累计运动里程，单位为 km
  M5.Lcd.print("km");
  //M5.Lcd.setCursor(60, 33, 2);
  //M5.Lcd.print(f_speed/(speed_num_0*3.6)); //显示实时速度与手机测速之比
}
class MyCallbacks: public BLECharacteristicCallbacks {
  void onWrite(BLECharacteristic *pCharacteristic) {
    std::string value = pCharacteristic->getValue();
    if (value.length() > 0) {
      valor = "";
      for (int i = 0; i < value.length(); i++){
        // Serial.print(value[i]); // Presenta value.
        valor = valor + value[i];
      }
    }
    if (string_num==3) {
      //字段组装完整时
      M5.Lcd.fillScreen(BLACK);
      //Serial.print(all_valor.length());
      //Serial.println(all_valor);
      for(int i=0;i< all_valor.length();i++) //将接收到并且组装好的字符串 all_valor，一对一转换成 char s_str[i] 数组
      s_str[i]=all_valor.charAt(i);
      //Serial.print("s_str: ");
      Serial.println(s_str);
      //解析 JSON 数据
      DeserializationError error = deserializeJson(doc, s_str);
      // 测试解析是否成功
      if (error) {
        Serial.print(F("deserializeJson() failed: "));
        Serial.println(error.c_str());
        return;
      }
      // 获取值
      // 大多数情况下，可以依赖隐式类型转换
      double latitude = doc["lat"];
      double longitude = doc["lon"];
      double speed_num = doc["speed"];
      Cal(latitude,longitude,speed_num); //计算距离、速度，并且显示手机下发的速度
      //解析完毕
      string_num=0;
      all_valor="";
      for(int i=0;i< 60;i++)  //清空工作 char[]
      s_str[i]=all_valor.charAt(i);
    }
    if (string_num<3) { //如果还没有收到3个参数(经度、纬度及速度)，则进行收到的字符串叠加，并且去除结束符'/0'
      all_valor= all_valor+valor.substring(0,valor.length()); //此语句可以去除每次从手机发来的数据末尾的结束符'/0'，这个结束符不可见，但是在转换为 char[] 时，会使得编译程序以为字符串已经结束
      string_num=string_num+1;
    }
    else //3个参数一组已经收取完毕，则准备进行下一组数据的收取，将工作 char[] 清空
    {
      string_num=0;
      all_valor="";
      //for(int i=0;i< 60;i++)  //清空工作 char[]
      //s_str[i]=all_valor.charAt(i);
    }
  }
};
void setup() {
  Serial.begin(115200);
  M5.begin();
  M5.Lcd.setRotation(3);
  M5.Lcd.fillScreen(BLACK);
  M5.Lcd.setTextColor(TFT_RED);
  M5.Lcd.setCursor(30, 35, 2);
  M5.Lcd.setTextFont(4);
  M5.Lcd.print("Just Do It");
  BLEDevice::init("MyESP32");
  BLEServer *pServer = BLEDevice::createServer();
  BLEService *pService = pServer->createService(SERVICE_UUID);
  BLECharacteristic *pCharacteristic = pService-
```

```
>createCharacteristic(
  CHARACTERISTIC_UUID,
  BLECharacteristic::PROPERTY_READ |
  BLECharacteristic::PROPERTY_WRITE
 );
  pCharacteristic->setCallbacks(new MyCallbacks());
  pCharacteristic->setValue("Hello World");
  pService->start();
  BLEAdvertising *pAdvertising = pServer->getAdvertising();
  pAdvertising->start();
}
void loop() {
  delay(2000);
}
```

路测及小结

路测中一个非常重要的内容是比对速度。测速时，我先是直接使用了位置传感器提供的 speed，当时我对这个数据非常迷惑，因为在汽车行进中，我发现这个数据是线性变化的，但是总是和汽车车速表显示相差 3.85 倍左右。这个 3.85 到底是什么？我请教了从事多年 AI2 相关工作的老师，最后在小华师兄那里找到了答案，小华师兄是 Java 资深工程师，他猜测有可能手机的速度单位是米 / 秒，在解析了位置传感器的 Java 代码后，我们确认了这个猜想，因此这个折算参数应当是 3.6，即：3600/1000=3.6。

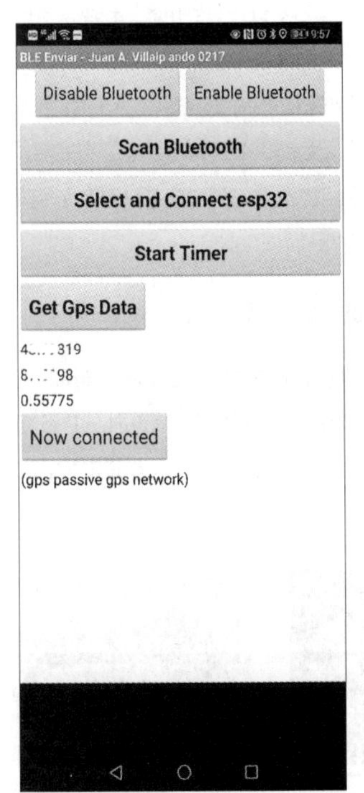

图 3 手机界面

为了在路测中，印证测速的准确性，我将收取到的坐标（经度、纬度）用三角函数法计算出了距离。APK 中的定时器是按照 3s 间隔发送数据的，所以将间隔 3s 的两组坐标之间的距离求出后，就可以求出实时速度了。用这个速度与手机位置传感器提供的速度进行比对，结果非常令人满意，两个结果之间的误差小于 5%。汽车在高速行驶时，这两个结果几乎没有误差。所以我只是在代码的注释中，保留了两组坐标间隔 3s 的计算方法，有兴趣的玩家也可以试试。在手表上显示时，我直接使用了手机位置传感器的速度。

图 4 显示效果

经过多次跑步和车辆测试，这块由小 C 与手机构成的跑步手表，表现非常稳定，可以为跑步者提供速度及累计运动距离等两组数据。手机界面显示如图 3 所示，显示效果如图 4 所示。自己配上一个表带和表夹，完美！

后续提升

运动手表后续的玩法其实非常多，我能想到的有增加参数，如累计运动时间；或是记录运动轨迹，在手机端将运动轨迹记录下来，存档并在数据库中进行展示；还可以不再使用屏幕进行展示，而是用 M5Stack 的 Atom（更加精巧的、不带屏幕的 ESP32 主控）带 2 颗全彩 LED，用颜色显示此刻跑步者的跑步速度（如 7~9km/h 显示绿色，大于 9km/h 显示红色，小于 7km/h 显示蓝色等），而随着跑步距离的延伸，另一颗 LED 也会以颜色变化来表示累计运动距离。这两颗 LED 甚至可以镶嵌在你的帽檐上，运动参数抬眼可知，是不是也很酷？

用 BLE 建立手机与单片机（或树莓派）的联系，实际上扩展了大量玩法，后续我还会尝试各种玩法。“单片机就是一个传感器与执行元件的 hub。”这是多年前我接触 Arduino 时一位师兄的话。手机的运算能力超强，单片机可以搭载丰富的传感器，两者之间以 AI2 这样的图形化编程软件作为桥梁，一定可以做出更多有趣的玩具。

感谢小华师兄的支持，感谢 Arduino、《无线电》杂志和其他师兄们的支持。

用AI视觉传感器哈士奇制作哄娃神器

演示视频

郭力

项目灵感

自从旺仔出生以后，每天哄娃开心是旺仔爸爸和旺仔妈妈乐此不疲的事情。相信其他的奶爸、奶妈也有哄娃开心的经历。本次分享的作品灵感来源于生活中的一次哄娃经历。几个月大的宝宝正处于视觉发展阶段，看到人捂脸又打开的动作会非常开心，但父母要上班，不能长时间陪伴孩子；家里老人年纪大了，也不能长期给孩子做这组动作。于是我就有了一个想法，制作一款可以自动哄娃开心的作品。大家可以扫描本篇文章的二维码观看作品的演示效果，需要声明一点的是，本次作品只是一种尝试，与正规玩具有很大的差距，我的本意是想作品能起到抛砖引玉的作用，请大家不要用太严格的标准评判它。

方案确定

从演示视频中，大家可以看出来，本次作品的功能比较简单，主要是通过感应模块检测人体是否接近哄娃神器，当检测到有人体接近时，哄娃神器会执行设定好的动作，同时为了增加趣味性，我还给作品增加了播放MP3音乐的功能。

在初期设想作品的方案时，我比较了编程方案与非编程方案，因为当时没有想到在非编程模式下可以通过感应人体驱动舵机重复动作这个好方案，所以本次的作品采用了编程方案，以下是方案中对所用硬件的选择。

1. 选择主控板

从性价比的角度出发，我选择Arduino Nano作为主控板，其引脚示意如图1所示。当然，使用Arduino Uno、micro:bit、掌控板作为主控板也是可以的，大家可以自行尝试。

2. 选择传感器

可以实现本次作品功能的传感器有：超声波测距传感器、红外检测传感器、AI视觉传感器等。传感器的精度和价格有直接关系。经过筛选，图2~图4所示的感应模块是我比较推荐使用的。因为我之前参加DF创客社区的活动获得了哈士奇（HuskyLens），所以我选择使用它完成作品的功能，为了给作品增加“旺仔可以玩，大人不可以玩”的功能，我决定使用哈士奇和红外线传感器共同完成检测任务。红外传感器是我从旧机器人上拆下来的（见图5）。大家如果没有哈士奇也没有关系，可以使用红外传感器或超声波测距传感器完成哄娃神器的功能。

3. 选择执行器

执行器的主要作用是让哄娃神器的两只手臂动起来，可以实现此功能的执行器有：直流减速电机、舵机、步进电机。经

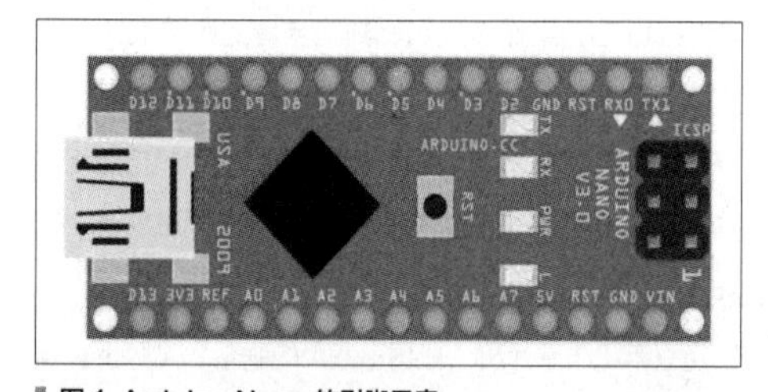

图1 Arduino Nano的引脚示意

图2 超声波测距传感器

图3 红外检测传感器（左为3~50cm红外数字避障传感器，中为3~80cm红外数字避障传感器，右为人体热释电红外传感器）

图4 AI视觉传感器——哈士奇

图5 红外线传感器

过比较，舵机用起来比较方便。所以本次作品采用了2个9g舵机作为执行器（哄娃神器的手臂并不重，使用1个舵机也是可以的）。

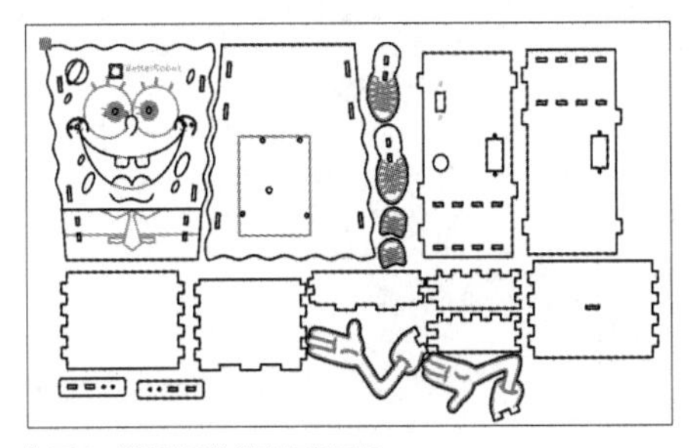
图6 哄娃神器的激光切割图纸

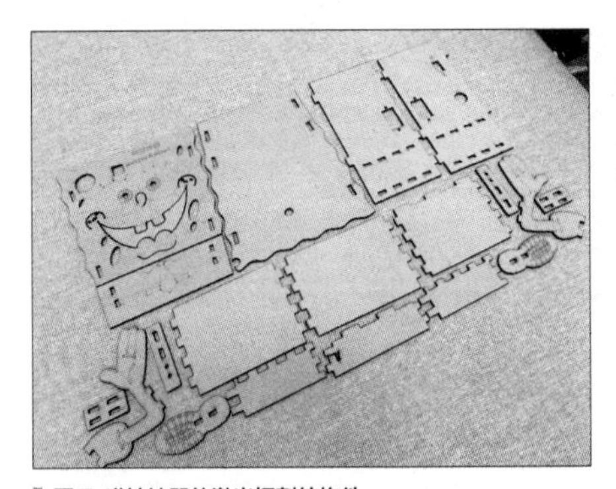
图7 哄娃神器的激光切割结构件

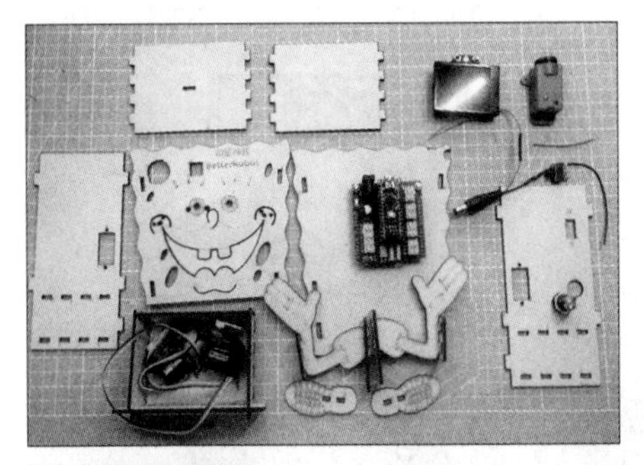
图8 所需部分材料

4. 选择音频模块

我选择使用的音频模块是DFRobot生产的DFPlayer Mini播放器模块，这个模块支持micro SD卡并且经济实惠。

整体方案确定后，我们开始设计哄娃神器的激光切割图纸。

图纸设计及激光切割

我使用LaserMaker软件设计了哄娃神器的激光切割机图纸（见图6），设计时需要注意预留安装孔位，然后使用激光切割机切割2.5mm厚的奥松板，切割后得到的结构件如图7所示。

材料清单

制作哄娃神器所需的部分材料如图8所示，材料清单如附表所示。

附表 材料清单

序号	名称	数量
1	哄娃神器的激光切割结构件	1组
2	红外线传感器	1个
3	哈士奇	1个
4	DFPlayer Mini播放器模块	1个
5	9g舵机	2个
6	Arduino Nano	1块
7	8Ω 0.5W扬声器	1个
8	拨动开关	1个
9	DC公母口	1对
10	导线	1根
11	红布	1块
12	螺栓	若干

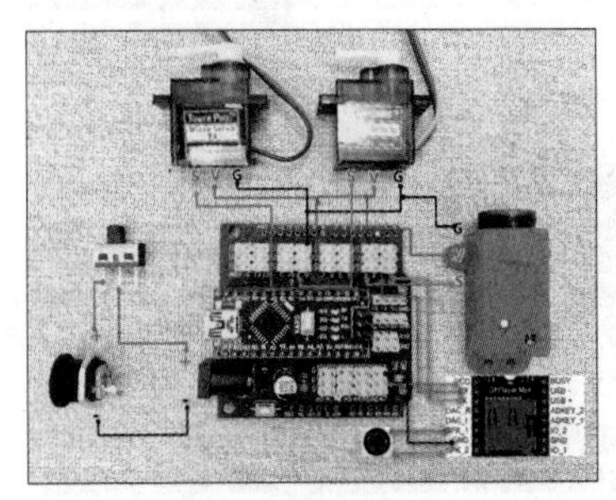
图9 红外感应电路连接示意图

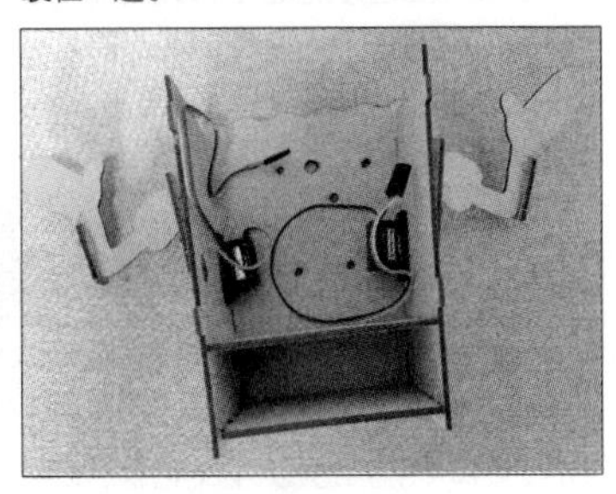
图10 哈士奇感应电路连接示意图

电路连接

图9所示为红外感应电路连接示意图，图10所示为哈士奇感应电路连接示意图。

组装

本次哄娃神器的组装非常简单，只需几步即可完成。

1 组装萌萌的小抽屉。

2 组装舵机和哄娃神器的手臂，并将它们安装在哄娃神器两侧的激光切割结构件上。需要注意的是，安装舵机前要调整舵机的初始角度。

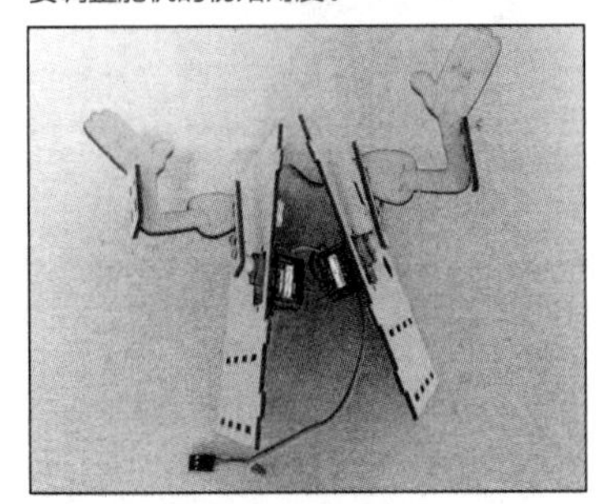

3 将步骤1和步骤2的组装成品与哄娃神器的背面板及小抽屉的层板组装在一起。

4 将 Arduino Nano 组装在背面板上，并将传感器组装在前面板上。

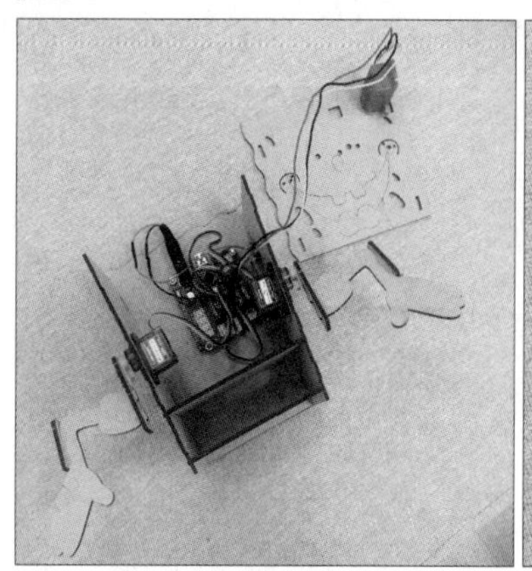
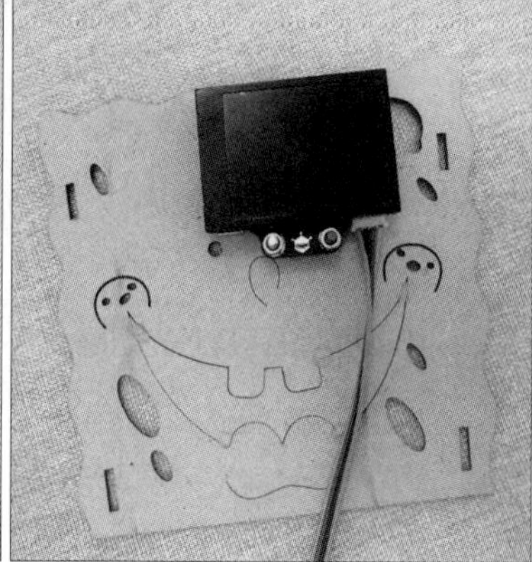
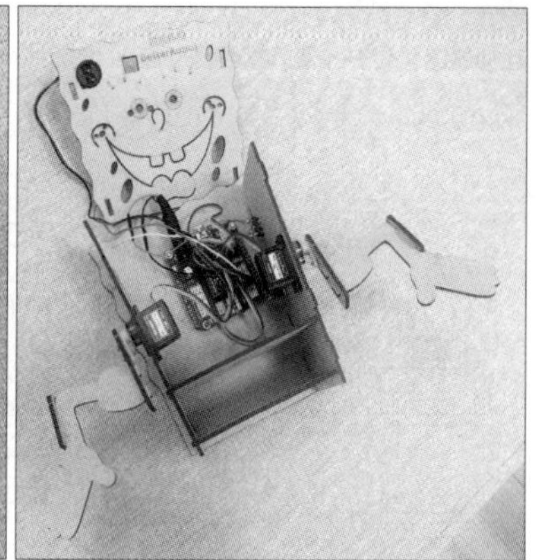

5 其他硬件按照电路连接示意图连好后，放在哄娃神器的内部，并组装哄娃神器的前面板，然后给哄娃神器安装红布。

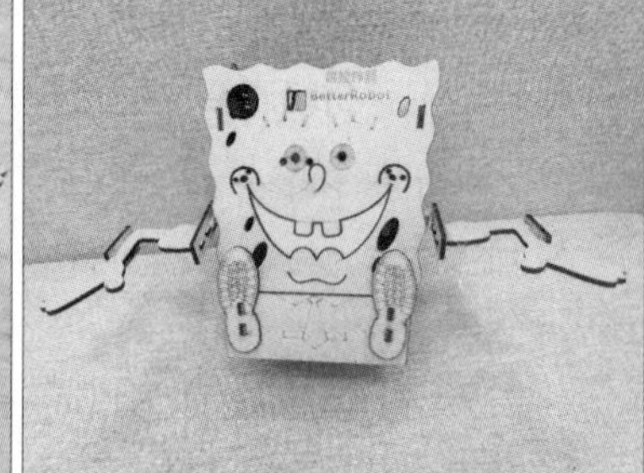
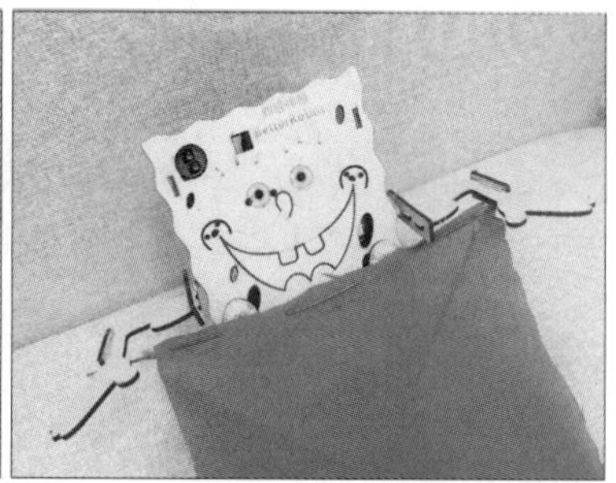

准备工作

1. 准备音频

哄娃神器可以播放音频。我们要提前将需要播放的音频文件放置在 micro SD 卡中。我们先将 DFPlayer Mini 播放器模块中的 micro SD 卡中的文件夹改名为 mp3，然后在这个文件夹下存放 MP3 音频。此处要注意的是，存放的 MP3 音频需要重新命名，命名必须以 4 位数字开头，如“0001.mp3”“0001hello.mp3”“0001 后来 .mp3”。

2. 哈士奇学习人脸

哈士奇有人脸识别、颜色识别、标签识别、物体识别、巡线、物体追踪等多种模式，哄娃神器需要用到的是人脸识别模式。在编程前，我们需要让哈士奇先学习人脸。我们在人脸识别模式中下，按下哈士奇的学习按键（见图 11），屏幕显示蓝色框代表识别成功（见图 12），ID1 是指识别的第一个人脸。哈士奇的人脸识别模式可以识别多

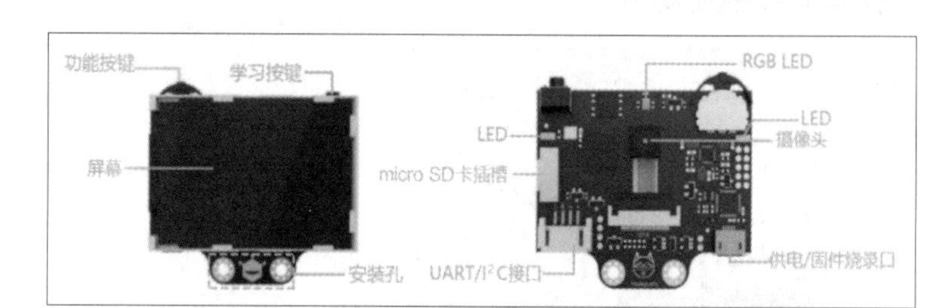

图 11 哈士奇部件指示图

图 12 在人脸识别模式下学习人脸

图13 添加相应扩展

人，但我们对应作品名称，此处不能对成人的脸部进行学习。

程序编写

我们使用 Mind+ 图形化编程软件设计本作品的程序。初次使用这个软件，需要先单击软件界面右上角的按钮，将模式切换为“上传模式”。然后单击界面左下角的“扩展”，依次添加“主控板”选项卡下的“Arduino Nano”，“传感器”选项卡下的“HUSKYLENS AI 摄像头”，“执行器”选项卡下的“MP3 模块”和“舵机模块”，如图 13 所示。

添加完相应扩展后，将 Arduino Nano 连接至计算机，然后我们就可以开始编程了。本次程序设计的思路很简单，哄娃神器播放音乐，当哈士奇或红外线传感器检测到人时，音乐停止，哄娃神器开始转动手臂，带动红布，实现“遮脸、露脸”的效果。参考程序如图 14 所示。

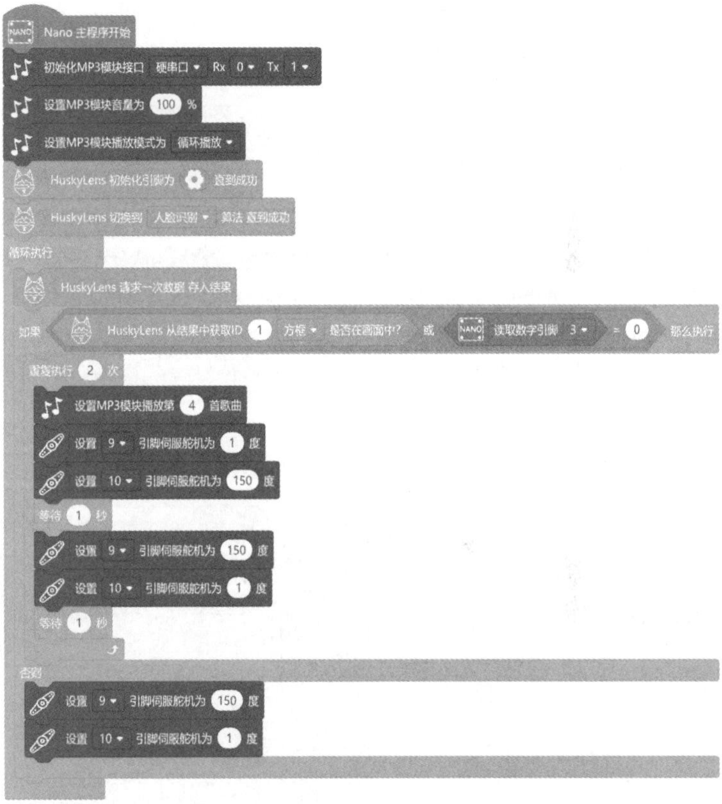

```
Nano 主程序开始
初始化MP3模块接口 硬串口 Rx 0 Tx 1
设置MP3模块音量为 100 %
设置MP3模块播放模式为 循环播放
HuskyLens 初始化引脚为 直到成功
HuskyLens 切换到 人脸识别 算法 直到成功
循环执行
  HuskyLens 请求一次数据 存入结果
  如果 HuskyLens 从结果中获取ID 1 方框 是否在画面中? 或 读取数字引脚 3 = 0 那么执行
    重复执行 2 次
      设置MP3模块播放第 4 首歌曲
      设置 9 引脚伺服舵机为 1 度
      设置 10 引脚伺服舵机为 150 度
      等待 1 秒
      设置 9 引脚伺服舵机为 150 度
      设置 10 引脚伺服舵机为 1 度
      等待 1 秒
  否则
    设置 9 引脚伺服舵机为 150 度
    设置 10 引脚伺服舵机为 1 度
```

图14 参考程序

总结

本次设计的哄娃神器尺寸有些小，如果再大一号，效果可能会更好。另外，需要注意的是，采用红外线传感器时，红布一定不能挡住红外线传感器，否则程序会产生误判。也可以想办法让哄娃神器的嘴部动起来，这样更加吸引宝宝。造物让生活更美好，我们下次再见。

用 FireBeetle 制作夜间计算训练器

王岩柏

笔者制作了一个“夜间计算训练器”。所谓“夜间”，指的是在熄灯后。“夜间计算训练器”的具体使用方法是设备随机生成并播报一个运算式，用户根据运算式得出最终运算结果并输入设备，设备根据用户输入的结果判断并语音播报是否正确。具体来说，用户通过 3 组（每组 4 个，共 12 个）船形开关进行输入。为了节省空间，开关使用 8421 码。8421 码是最常用的 BCD 码，也是十进制代码中最常用的一种。这种编码方式中每一位二值代码的“1”都代表一个固定数值，将每位“1”所代表的二进制数加起来就可以得到它所代表的十进制数字。这种编码从左至右的每一位“1”分别代表数字“8”“4”“2”“1”，故得名 8421 码。例如：输入为 1001 表示 8+1=9。这样用 12 个开关就能表示 0~999 个数字。

制作“夜间计算训练器”使用的主要硬件清单如表 1 所示。

表 1 主要硬件清单

序号	名称	数量	说明
1	FireBeetle ESP32	1 块	作为主控制器
2	FireBeetle OLED 12864 显示屏	1 块	非必须，用于显示当前算式和用户输入结果
3	Gravity 中英文语音合成模块	1 个	通过语音输出当前算式以及用户输入结果是否正确
4	船型开关	12 个	用户输入运算结果

接下来，我们开始设计电路，完整的

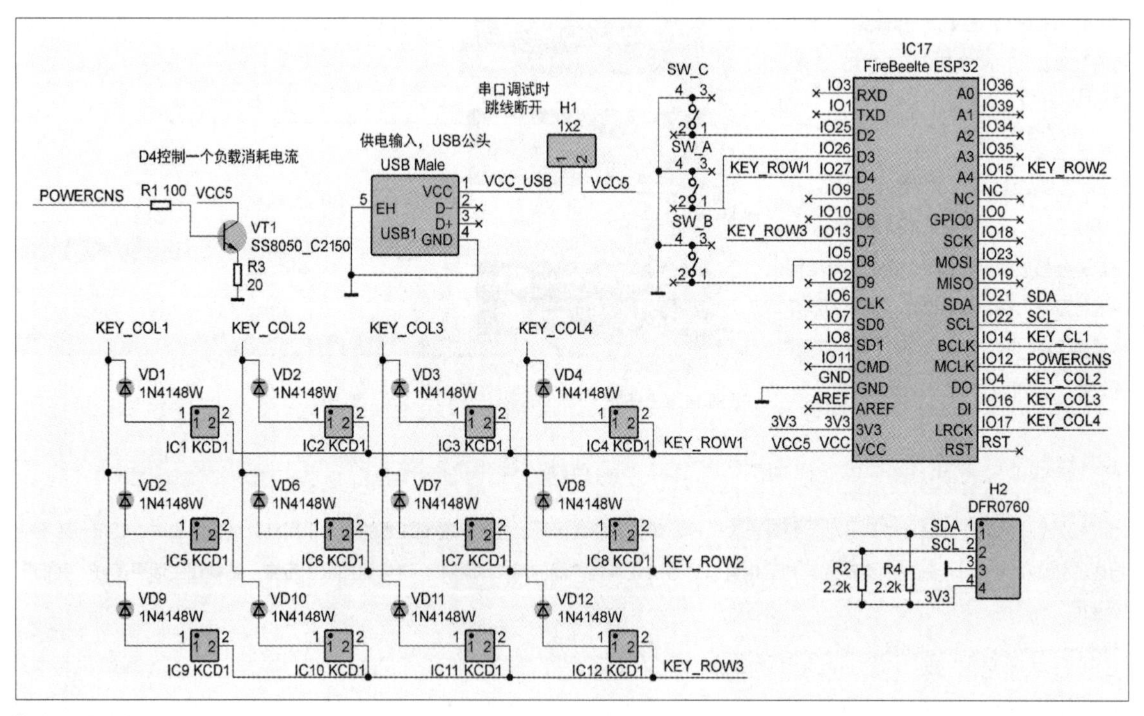

图 1 完整的电路

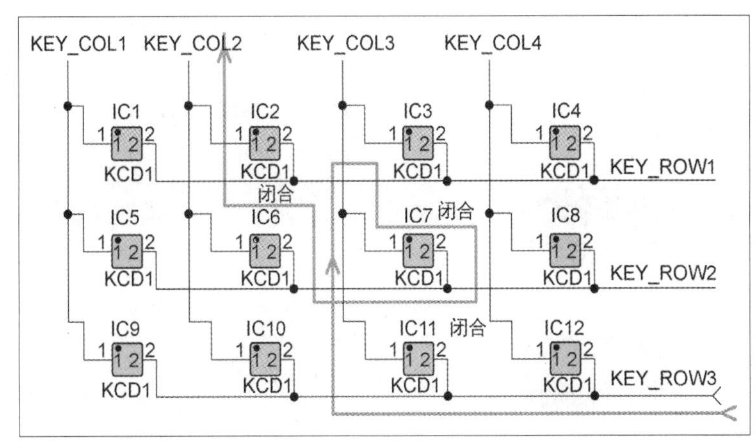

图 2 去掉二极管后多个开关闭合的电路

电路如图 1 所示。图中左上角是一个用于消耗电力的设计，用于保证即便是在充电宝供电的情况下，设备仍能正常工作，此处需要说明——大部分充电宝在电流小于 100mA 时会自动切断供电，这里可以通过定时器设定每隔一段时间拉出一个电流避免充电宝自动断电；图中上半部分的中间设计的是一个 USB Type-A 公头，用于外部电源的输入。从这两部分大家可以看出，设备既可以使用 FireBeetle 上的 micro USB 供电，又可以使用 USB Type-A 进行供电。特别要注意的是一定要避免两者同时工作，因为两者同时工作会产生电流倒灌的现象。图中左下角是键盘矩阵电路，主控制器采用动态扫描的方式来判断当前的开关状态，例如：首先拉高 KEY_ROW1 同时保持 KEY_ROW2 和 KEY_ROW3 为低，这时如果 U1~U4 开关出现闭合，对应的 KEY_COLx 就会产生高电平；接下来再拉高 KEY_ROW2，同时保持 KEY_ROW1 和 KEY_ROW3 为低，再读取 KEY_ROW 的状态。重复这个操作，就能读取到全部开关输入的状态。键盘矩阵电路中的二极管是用于防止电流倒灌的，这样可以让设备判断多个开关同时闭合的情况，如果将此电路中的二极管去掉，如图 2 所示，当 U6、U7、U11 开关闭合后，将 KEY_ROW3 设置为高电平，KEY_COL2 上会出现高电平，这样就导致无法判断 U10 的开关状态。这种通过添加二极管来实现多个开关状态判定的方法是矩阵键盘电路设计上常见的方法。

Gravity 中英文语音合成模块支持串口和 I^{2}C 对其进行控制。图 1 中的右下角是对 Gravity 中英文语音合成模块接口部分的设计，使用的是 I^{2}C 控制，电路上预留了拉至 3.3V 的 2.2kΩ 电阻。我们可以在图 1 的右上角看到 FireBeetle ESP32 的引脚分布，其中引脚 IO25、IO26、IO5 连接了 3 个按键，这 3 个按键可以实现选择菜单、确认提交输入结果、返回主菜单和重新播报题目的功能。需要注意的是，FireBeetle ESP32 并非全部引脚都能当成 GPIO 使用，如果使用不当会导致 FireBeetle ESP32 反复重启。

船形开关的优点是便于操作，缺点是体积较大，会导致设计的 PCB 较大。最终的 PCB 设计如图 3 所示，3D 渲染效果如图 4 所示，焊接了硬件的 PCB 成品如图 5 所示。

然后，我们开始设计软件部分，程序

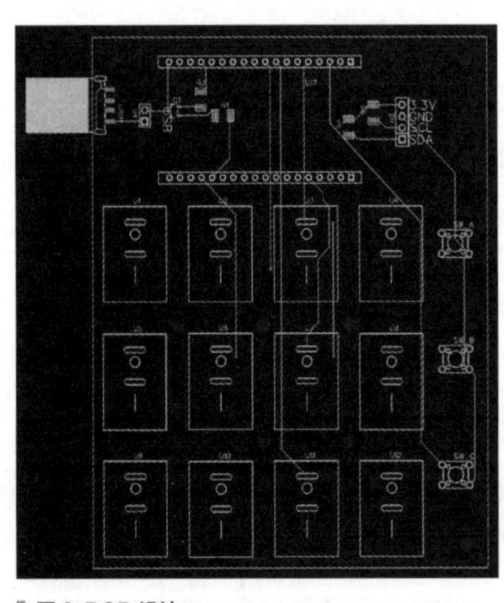

图 3 PCB 设计

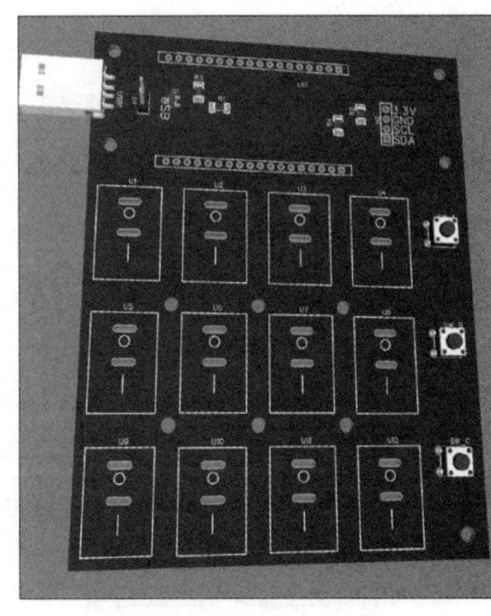

图 4 3D 渲染效果

图 5 焊接成品

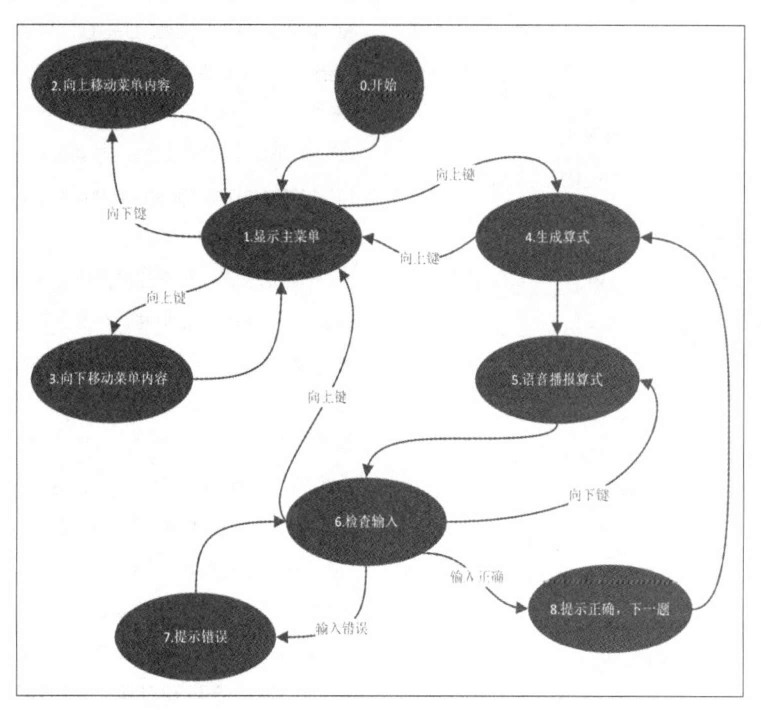

图6 程序状态转移示意

的状态转移如图6所示。

关键部分的代码及讲解如下。

状态1具体是通过显示Current、Current+1、Current+2、Current+3 这4个条目对应的字符串来显示主菜单。当拨动屏幕左侧的按钮向上或者向下时，程序会对Current进行增减再重新显示，这样就实现了菜单的选择功能，此部分的代码如下所示。

```
// 在 OLED 显示屏上绘制菜单
void ShowMainMenu(int Current)
{
  char Buffer[40];
  OLED.clear();
  // 第1个条目前添加 "→" 符号
  sprintf(Buffer, "→%s", MainMenu
[Current]);
  OLED.disStr(0, 0, Buffer);
  // 其余条目前添加空格与第1个条目对齐
  sprintf(Buffer,  " %s", MainMenu
[(Current + 1) % MENUITEMCOUNTER]);
  OLED.disStr(0, 16, Buffer );
  sprintf(Buffer,  " %s", MainMenu
[(Current + 2) % MENUITEMCOUNTER]);
  OLED.disStr(0, 32, Buffer);
  sprintf(Buffer,  " %s", MainMenu
[(Current + 3) % MENUITEMCOUNTER]);
  OLED.disStr(0, 48, Buffer);
  OLED.display();
}
```

状态4生成算式先通过随机数生成参加运算的数字，再通过一个枚举类型定义四则运算，随机生成的0~3对应4个运算符。生成运算符的代码如下所示。

```
// 运算符，分别是加、减、乘、除
enum MATHOPERATION
{
  OPADD = 0, OPSUB, OPMUL, OPDIV
};
```

以生成两位数相减为例，首先生成2个数字，然后测试运算结果，只有在结果不是负数的情况，生成的才是一个合格的算式。之后，将生成的被减数放在Num[0]中，减数放在Num[1]中，运算符存放在Op[0]中，正确的结果放在Result中，参考程序如下所示。

```
case 4://" 两位数相减 "
CalcNum = 2; // 2 个数字运算
do
{
  Num[0] = random(100);
  Num[1] = random(91) + 10;
}
while (Num[0] < Num[1]); //避免结果是
负数
Op[0] = OPSUB;
Result = Num[0] - Num[1];
break;
```

生成算式后就该对用户进行播报了，这步操作对应状态5，需要对数值和运算符分别进行处理再通过语音输出，参考程序如下所示。

```
// 语音播报表达式
readValue(Num[0]);
readOp(Op[0]);
readValue(Num[1]);
// 如果是3个数运算，那么多读出1个运算符
和运算数
if (CalcNum == 3)
{
  readOp(Op[1]);
  readValue(Num[2]);
}
```

数字需要特别处理，为此我们编写一个函数readValue()，用于输出0~999的读音，参考程序如下所示。

```
// 语音输出一个数字
void readValue(int Value)
{
  if (NCDEBUG)
  {
    Serial.print("ReadValue:");
    Serial.println(Value);
```

```
}
String DataBuffer[12] = {{" 零 "},
{"一"}, {"二"}, {"三"}, {"四"},
{"五"}, {"六"}, {"七"}, {"八"},
{" 九 "}, {" 十 "}, {" 百 "}};
// 百位不为零
if (Value / 100 != 0)
{
  // 读出百位
  ss.speak(DataBuffer[Value / 100]);
  // 读出 "百"
  ss.speak(DataBuffer[11]);
  // 如果十位为 0 ，那么直接读出 "零"
  if (Value / 10 % 10 == 0)
  {
    ss.speak(DataBuffer[0]);
  }
}
else
{
  // 十位不为 0
  if ((Value / 10 % 10) != 0)
  {
    // 读出十位 ( 不含 0 的情况 )
    if (Value / 10 == 1) { // 例如 13 直接读 "十三"
      ss.speak(DataBuffer[10]);
    } else { // 例如 23 读出 "十三"
      ss.speak(DataBuffer[Value / 10 % 10]);
      ss.speak(DataBuffer[10]);
    }
  }
}
// 个位不为 0
if ((Value % 10) != 0)
{
  ss.speak(DataBuffer[Value % 10]);
}
// 对 0 进行特别处理
if (Value == 0)
{
  ss.speak(DataBuffer[0]);
}
}
```

表 2 按键状态示例

	ROW1	ROW2
COL1	闭合（U1）	断开（U1）
COL2	断开（U1）	断开（U1）

接下来是状态 6，等待输入，参考程序如下所示，GetMatrix() 是矩阵扫描函数，用于获得用户的输入值。

```
// 扫描按钮矩阵，返回当前的输入值
int GetMatrix()
{
int result = 0;
digitalWrite(KEY_ROW1, HIGH);
digitalWrite(KEY_ROW2, LOW);
digitalWrite(KEY_ROW3, LOW);
delay(10);
// 第一行
result = (digitalRead(KEY_COL1) << 3) +
(digitalRead(KEY_COL2) << 2) +
(digitalRead(KEY_COL3) << 1) +
digitalRead(KEY_COL4) ;
```

前面提到过，检查输入的基本操作是将 KEY_ROW[n] 设置为 HIGH，其余的 KEY_ROW 设置为 LOW，然后读取 KEY_COL[1~3] 的电平。特别需要注意的是完成这个动作后，必须有足够的延时进行下一次的电平读取，否则 KEY_COL1~3 上可能会读取到错误的电平。例如，按键的状态如表 2 所示。开始扫描后，首先设置 COL1=HIGH、COL2=LOW，读取结果是 ROW1=HIGH、ROW2=LOW；如果没有加入足够的延时，那么接下来会设置 COL1=LOW、COL2=HIGH，然后读取 ROW1 会得到 HIGH 的结果，这是因为 ESP32 的处理速度很快，ROW1 上的电荷还来不及释放掉。

最后就是程序等待用户输入答案并按下提交键，验证输入的数值是否正确，参考程序如下所示。

```
// 按提交键检查输入
  if (Key == CONFIRMPRESSED)
  {
    if (GetMatrix() == Result)
    {
      // 输入正确
      Status = 8;
    }
    else
    {
      // 输入错误
      Status = 7;
    }
  }
}
// 输入错误
if (Status == 7)
{
  ss.speak(" 结果错误 ");
  // 重新等待输入
  Status = 6;
}
// 输入正确
if (Status == 8)
{
ss.speak(" 结果正确，下一题 ");
// 重新出题
Status = 4;
}
}
```

从某种角度来说，开发对他人有用的东西，是工程师快乐的来源。但不止如此，工程师的快乐更基于整个开发过程体现出来的强大魅力——将互相啮合的零部件组装在一起，看到它们可以以精妙的方式运行，并达到预期的效果。对我而言，相较游戏或其他娱乐休闲活动，自己动手制造装置和编写程序的过程更具魅力。

无人超市货架管理系统

陶言成 程奥 薛辙

演示视频

随着便捷支付的兴起，无人超市目前已经进入人们的日常生活。无人超市能够给人们提供24小时不间断服务，非常便利。在普通超市中，员工按职责主要分为理货员、收银员、安保员、导购员等。在无人超市中，收银、安保、导购等这些工作都可以交给机器来完成。但目前来看，理货这项工作还是需要人员来亲自完成。处理临期商品、及时补充货物是保障一个超市商品质量的必要操作，也是理货员的职责。那如何能在确保工作质量的前提下，让理货员的工作更加轻松呢？我想到了制作一个无人超市货架管理系统，系统可以提醒理货员及时处理临期商品及补货。

功能介绍

◆ 商品计价：通过 NFC 扫描商品的标签来完成对购买商品的计价，同时在数据库中减少对应商品的数量，如果货架上的商品低于某个值，系统就会提醒理货员进行补货。

◆ 自助结账：如果扫描到可充值的 NFC 购物卡，就会自助完成扣款。

◆ 库存管理：理货员可以在后台实时看到商品的库存并进行管理。

◆ 打折促销：实时检测，如果发现数据库中某个商品即将超过保质期，系统会通知理货员进行打折处理，理货员可以远程修改商品的价格。

硬件清单

制作无人超市货架管理系统所需的硬件清单如附表所示。

附表 硬件清单

序号	硬件名称	数量
1	Arduino Uno	1 块
2	Arduino Uno 扩展板	1 块
3	UART OBLOQ - IoT 物联网模块	1 个
4	UART & I²C NFC 近场通信模块	1 个
5	I²C OLED-2864 显示屏	1 个
6	激光切割结构件	1 组

硬件连接

无人超市货架管理系统的硬件连接示意图如图 1 所示。

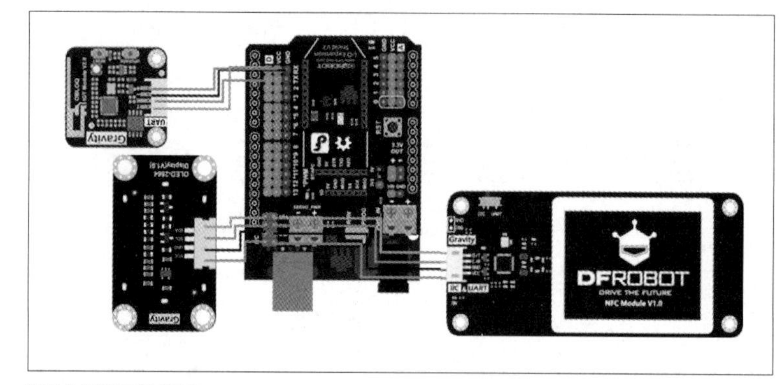

图 1 硬件连接示意图

制作及组装模型

1 使用 MakerBrush 软件绘制无人超市货架模型大体的立体结构，并导出 .dxf 文件。

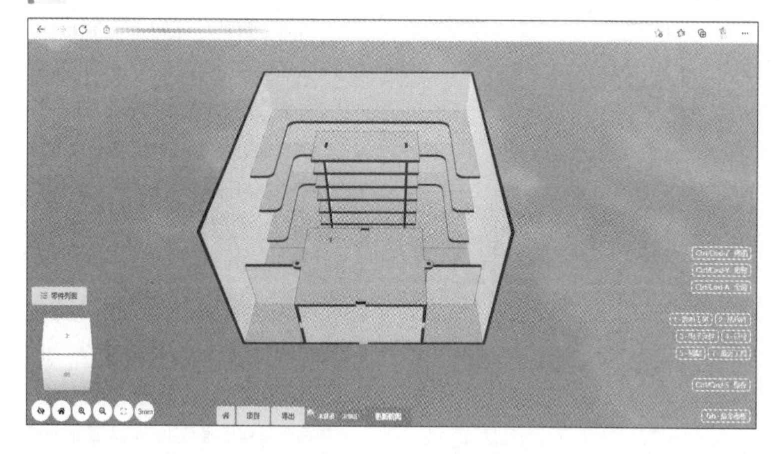

2 将 .dxf 文件导入 LaserBox 软件，增添“NFC”字样以及 OLED-2864 显示屏的安装预留孔。

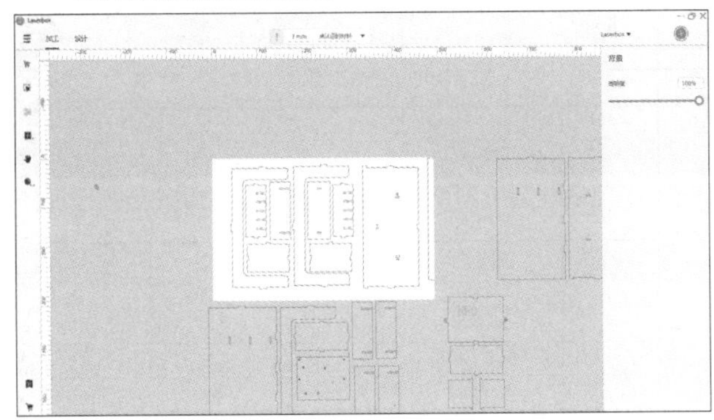

3 准备制作作品所需的硬件，并使用激光切割机加工得到无人超市货架模型的结构件。

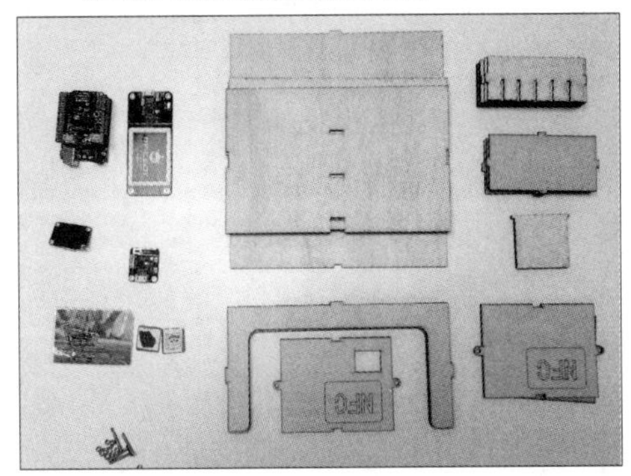

4 按照步骤 1 中的立体结构图搭建无人超市货架模型的框架。

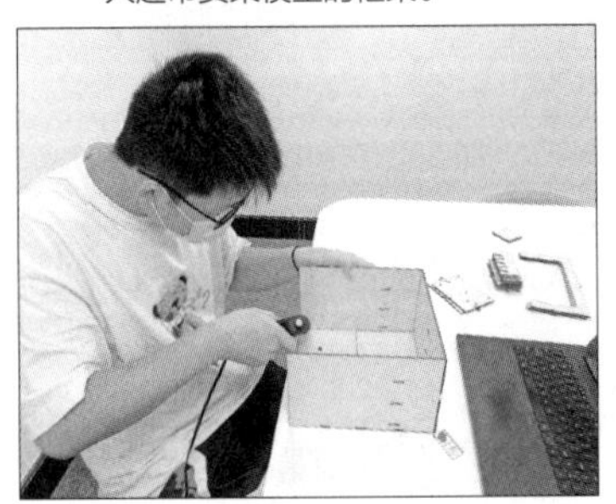

5 组装无人超市货架模型中的货架。

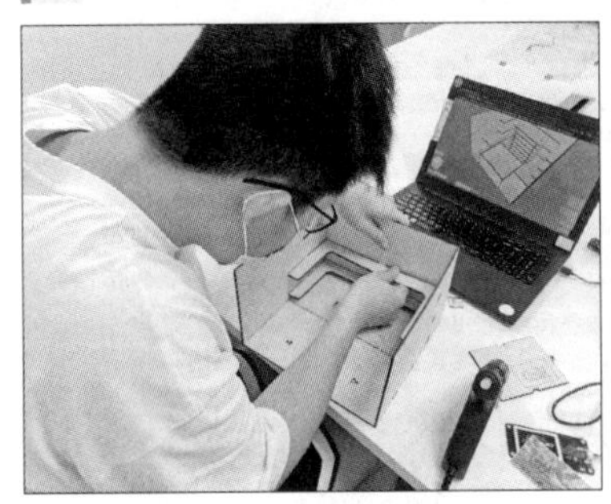

6 按照硬件连接示意图连接硬件，组装物体识别平台和刷卡区，并将连接好的硬件放入其中。

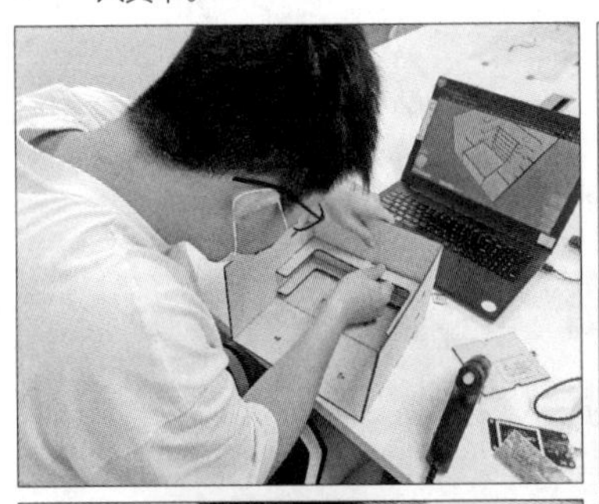

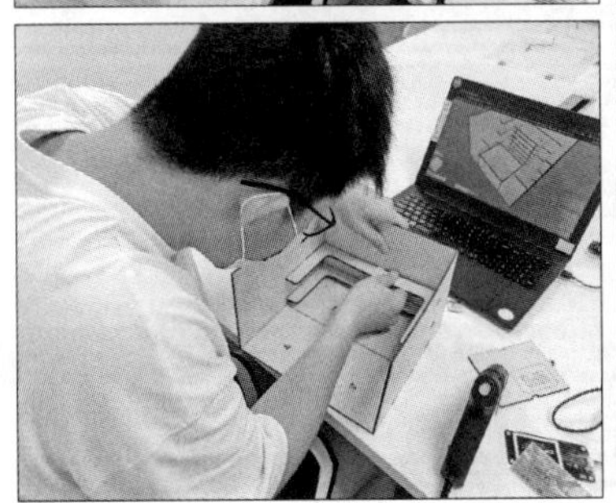

7 将商品模型放置在无人超市货架模型中，模型就搭建完毕了。

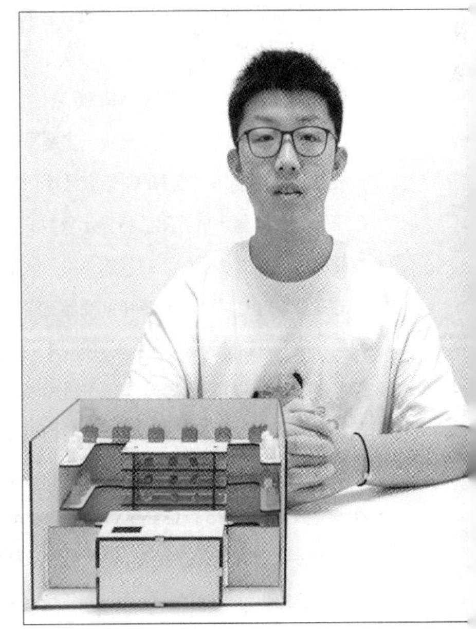

	A	B	C	D	E
40	笔1	1.5	2099.12.31	4	80
41	笔2	2	2099.12.32	14	120
42	笔3	3	2099.12.33	9	200
43	本子1	1	2099.12.34	10	200
44	本子2	3	2099.12.35	15	150
45	本子3	5	2099.12.36	12	300
46	本子4	9.9	2099.12.37	9	20
47	玩具1	15	2031.03.14	7	40
48	玩具2	30	2027.08.16	8	50
49	玩具3	69	2025.04.21	9	70
50	垃圾袋1	6.5	2023.07.26	11	100
51	垃圾袋2	8	2023.05.29	7	120
52	剃须刀1	49	2028.04.12	9	50
53	电池1	1	2026.05.28	14	70
54	电池2	5	2025.06.12	6	130
55	电池3	16	2030.03.25	8	200
56	毛巾1	5	2025.02.26	10	160
57	毛巾2	8	2025.07.29	12	130
58	毛巾3	6	2025.11.26	8	80
59	面包1	2	2021.10.16	12	50
60	面包2	3.5	2021.11.16	7	40
61	面包3	8	2021.10.26	15	50

403	面包1-库存	210
402	毛巾3-库存	80
401	毛巾2-库存	130
400	毛巾1-库存	160
399	电池3-库存	200
398	电池2-库存	130
397	电池1-库存	70
396	剃须刀1-库存	50
395	垃圾袋2-库存	120
394	垃圾袋1-库存	100
393	玩具3-库存	70
392	玩具2-库存	50
391	玩具1-库存	40
390	本子4-库存	20
389	本子3-库存	300
388	本子2-库存	150
387	本子1-库存	180
386	笔3-库存	200
385	笔2-库存	120

图 2 数据库录入的商品信息

程序设计

在开始程序设计前，要先确定一下 NFC 卡的 ID，因为后期会根据 ID 进行不同的操作。我手上一共有 3 张 NFC 卡，我将卡片面积较大的 1 张作为购物卡，剩下 2 张小的卡片用于模拟商品。

无人超市货架管理系统应用了数据库，我收集了一些常见商品的信息，并将信息录入数据库，录入的结果如图 2 所示，表格从左到右依次是商品名称、商品价格、保质期、上架数量、库存数量。

完善数据库后，就可以一步一步编写程序了，首先要编写的功能是，当 NFC 感应区检测到商品时，OLED-2864 显示屏的第 1 行显示从数据库中读取到的商品价格，第 2 行显示商品的总价，这主要依靠设置的变量来完成，同时数据库中此商品的库存数量减 1。如果 NFC 卡多的话，可以将 ID 所对应的商品名称也存入数据库，这样就可以通过 OLED-2864 显示屏显示商品的名称了。NFC 感应区检测完所有要购买的商品时，将购物卡放置在 NFC 感应区，此时 OLED-2864 显示屏的第 3 行会显示购物卡消费前的余额，第 4 行会显示消费后的余额，消费后的余额会被写入数据库中。如果购物卡余额不足，系统也会进行提醒。此部分功能的参考程序如图 3 所示。

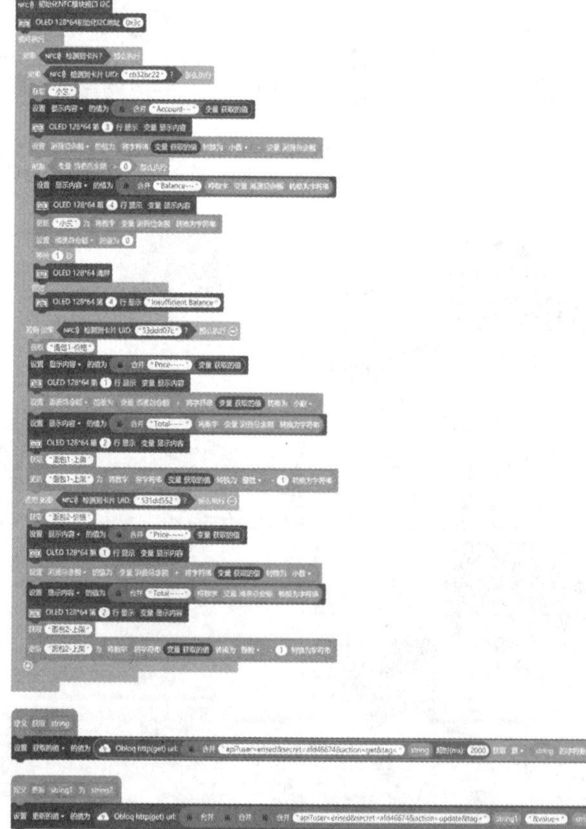

图 3 无人超市货架管理系统 NFC 检测部分的参考程序

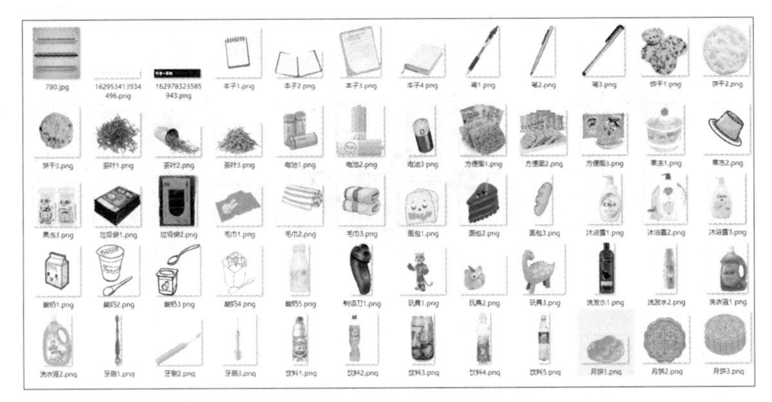

图 4 在网络上找到的素材

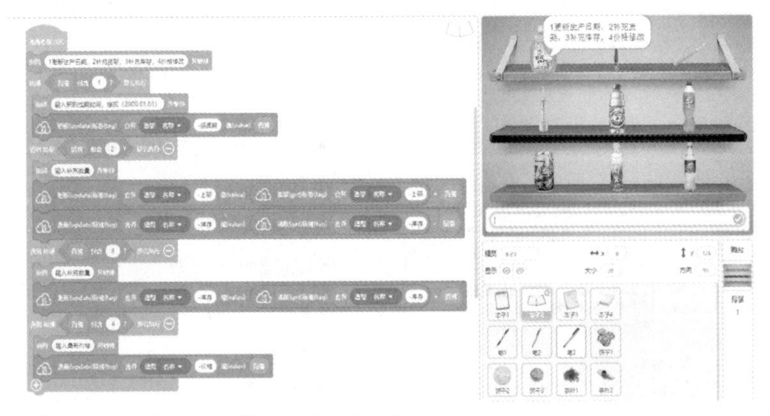

图 5 理货员在后台录入商品信息的参考程序及功能界面

图 6 后台跳转显示临期商品及货架上不足商品功能的参考程序

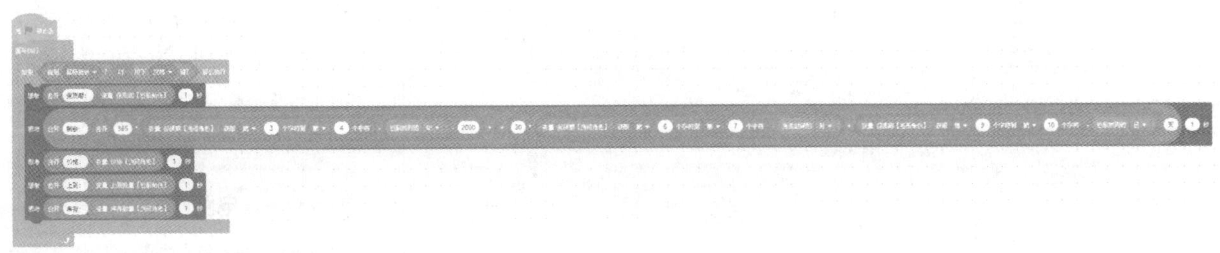

图 7 主动查询商品信息功能的参考程序及显示界面

无人超市货架管理系统还有一个最重要的功能，是方便理货员管理货物，所以我在 Mind+ 软件的实时模式下做了一个非常直观的管理界面，方便理货员在后台更新商品的信息。我们在网络上找到一些素材，作为无人超市货架上会有的商品的照片，如图 4 所示。

然后编写程序，让理货员可以通过单击无人货架管理系统后台中的商品，根据提示选择录入不同的商品信息，如生产日期、商品名称、库存量、价格等。此功能的参考程序和显示界面如图 5 所示。

系统会检测无人超市货架上商品的生产日期，如检测到商品即将到期或货架上商品库存量不足，界面会直接跳转显示这些商品，同时高亮显示临期商品的照片，变暗显示库存量不足商品的照片，此功能的参考程序如图 6 所示。

我们也可以主动查看商品的信息，当鼠标指针移动到商品上且按下键盘上的空格键时，系统会显示商品的信息，此功能的参考程序如图 7 所示。

立创课堂

神奇按钮

M0dular

先说说这个项目的由来吧，记得一次项目完成后，我突然感觉有些迷茫和无聊，就想着给自己做个什么东西，能让自己不那么无聊，还可以解压。网上有很多解压神器，各种各样，我也想弄个不一样的。正好那段时间看过机械键盘的评测，我脑海中就忽然萌发了做个按钮的想法。按钮使用键盘用的机械轴，这样用户还能感受敲击键盘的段落感，设计如题图所示，大家先看看按钮到底长什么样子。

本项日从造型、机械结构、程序和电路设计，到样品的制作，都是由我一人负责完成，它可以实现的功能很多，主要功能如下。

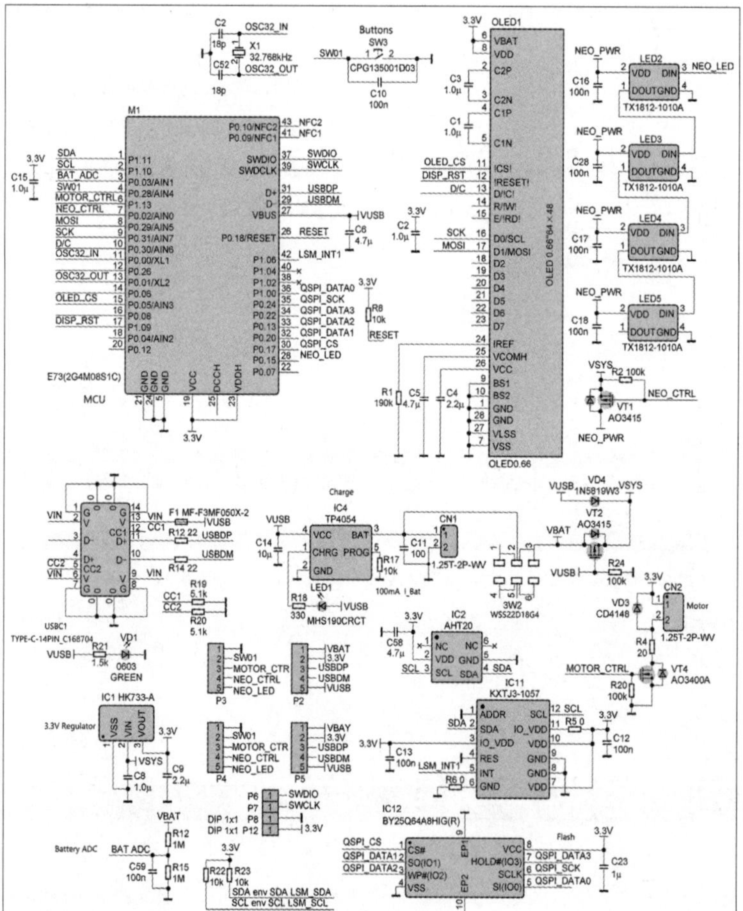

◆ 解压神器. 用户可随表按压按钮，按钮会记录按压次数。

◆ 秒表。

◆ 幸运数字。

◆ 时钟。

◆ 番茄钟。

◆ 时间测量者。

◆ 氛围灯。

◆ 蓝牙拍照。

◆ 计算机控制。

◆ 莫尔斯电码。

◆ 解决选择困难症。

◆ 手速测试。

◆ 小游戏等。

大家还可以根据自己的需求拓展更多有趣的功能。整个项目都是开源的，欢迎大家参考制作，快来一起制作这个神奇按钮吧！

项目用到的主要元器件包含低功耗蓝牙主控、OLED 显示屏、可充电锂电池、炫彩 LED、振动电机、温 / 湿度传感器、加速度传感器等。所有元器件我是在立创商城采购的，并在嘉立创进行了打板。

电路详解

项目整体电路如图 1 所示。

图 1 项目整体电路

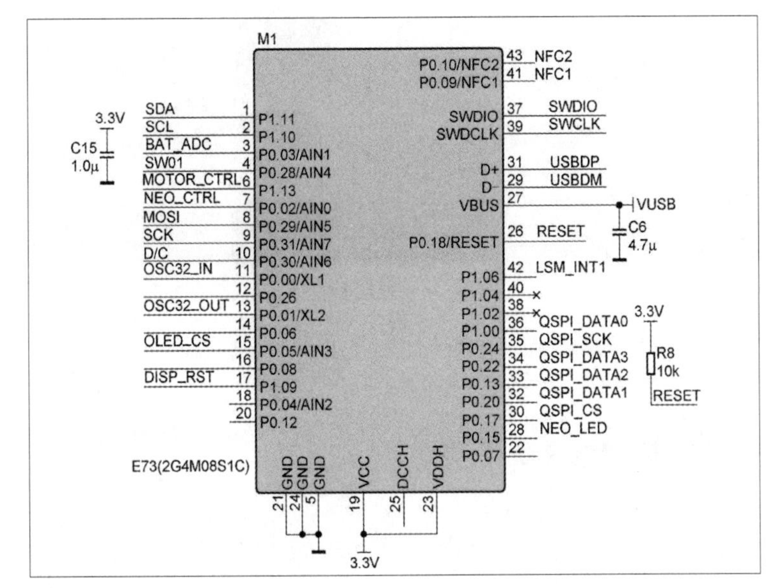

图2 蓝牙主控电路

1. 蓝牙主控

蓝牙主控我使用了E73(2G4M08S1C)蓝牙模块，这种蓝牙模块体积小、功耗低，支持蓝牙4.2和蓝牙5.0，非常适合这个项目，而且这个主控只需要简单的外围电路即可使用，其电路如图2所示。

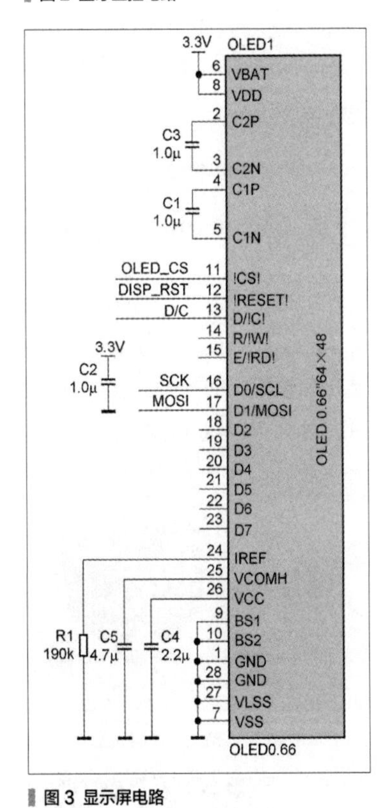

图3 显示屏电路

2. 显示屏

我选用了一片0.66英寸、64像素×48像素分辨率的单色OLED显示屏作为显示单元，它采用3.3V供电，可以通过SPI总线进行控制，我把它作为交互的窗口。其电路如图3所示。

3. 电源

电源我选用了一块3.7V可充电锂电池，连接一个HK7333降压芯片，给单片机和外围元器件提供3.3V供电。我使用USB Type-C连接线经过TP4054给锂电池充电，LED1作为充电指示灯。其电路如图4所示。

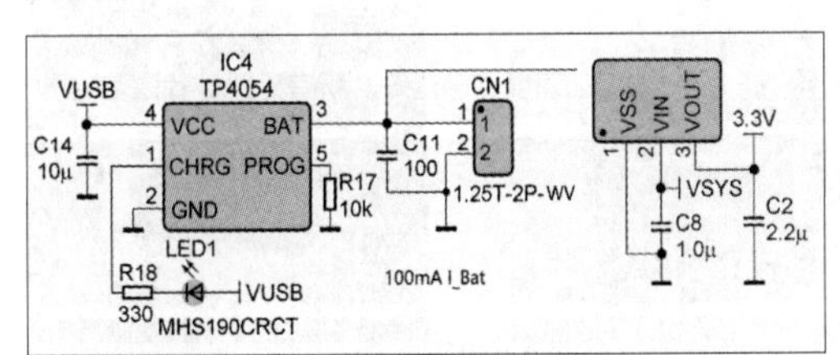

图4 电源电路

4. 振动电机

由于电机的导通电流很大，因此通过一个MOS管来控制。要在MOS管输入端增加一个下拉电阻，防止电机在重启瞬间误触发。电机电路如图5所示。

5. RGB LED

板载4个全彩LED，通过单线控制，外围电路少，可以很方便地实现各种炫彩效果，充当氛围灯。其电路如图6所示。

6. 传感器

板载两个传感器，使用I²C总线与主控通信。一个传感器是温/湿度传感器AHT20，它可以很方便地测量环境的温/湿度；另一个是三轴加速度传感器KXTJ3-1057，可以实现多种功能，比如倾斜检测、左右切换功能菜单、睡眠唤醒等。AHT20和KXTJ3-1057的电路如图7所示。

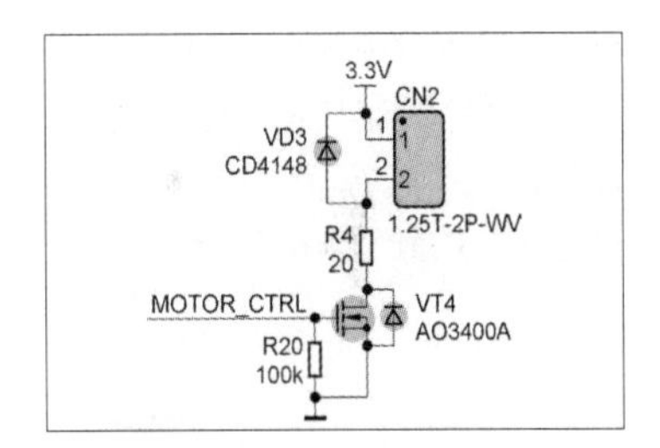

图5 电机电路

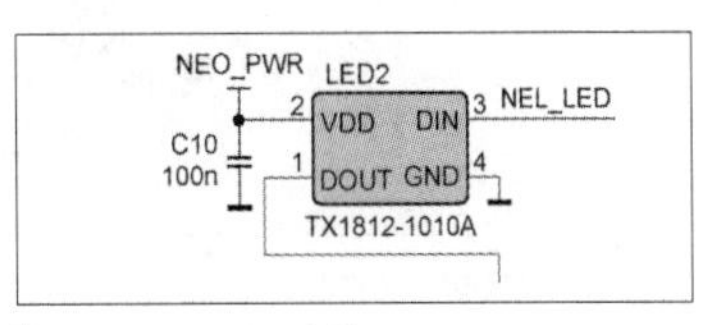

图6 RGB LED电路

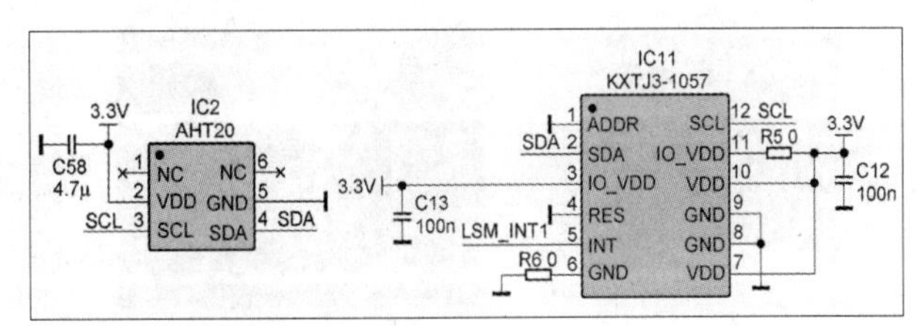

图7 AHT20和KXTJ3-1057的电路

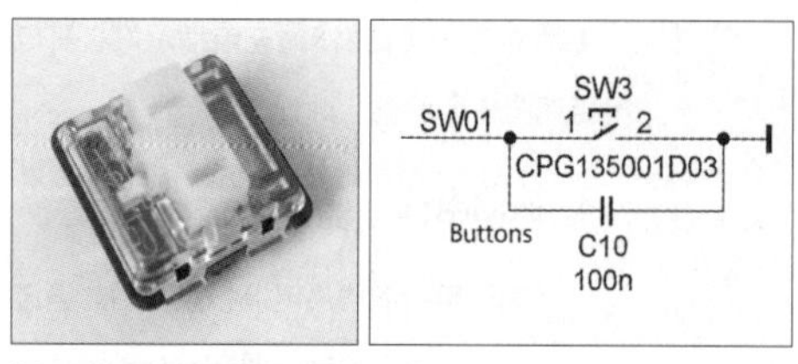

图 8 矮轴机械按键实物及其电路

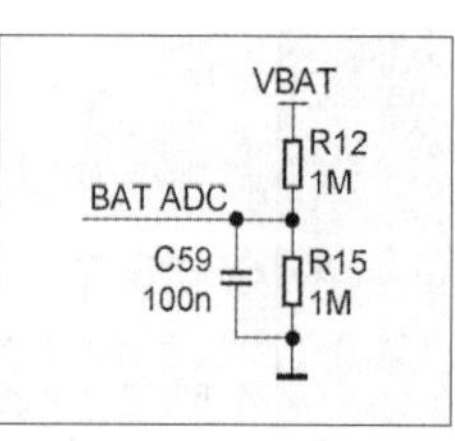

图 9 电量检测电路

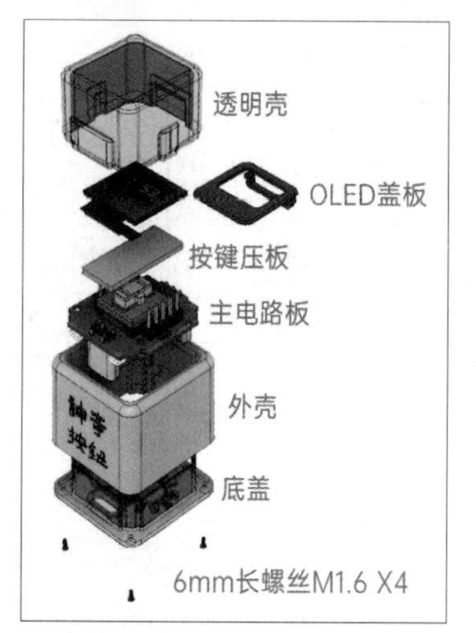

图 10 机械结构

7. 按键

为了体验机械轴的段落感，神奇按钮的核心部件我选择了图 8 所示的矮轴机械按键，当然你也可以选用无声轴。

8. 电量检测

电池电压在 0~4.2V 之间变化，经过二分之一的分压电路，输出电压会在 0~2.1V 之间变化，满足主控芯片的 ADC 量程范围，其电路如图 9 所示。

软件说明

制作的核心代码是一套功能界面切换架构，有一定的编写框架，非常容易嵌入其他各种功能。我推荐使用 PlatformIO 开发整体代码，使用起来非常容易。软件部分内容比较多，这里就不做详细说明了，相关源码已开源到立创开源平台，搜索“神奇按钮”就能找到项目工程，在附件中可以下载本项目程序。

机械结构说明

按钮的机械结构采用悬空架构，如图 10 所示，将 OLED 显示屏和透明外壳分离，这样可防止按压造成 OLED 显示屏长时间弯折而损坏，两块 PCB 通过排针、排母连接在一起，进行信号传输。

然后，大家就可以根据提供的 3D 模型文件直接进行打印，需要注意的是，透明壳必须使用透明材料打印，这样能方便、清晰地看到 OLED 显示屏显示的内容，其他部件无特殊要求。如果你喜欢全透明的效果，也可以全部进行透明打印，实现类似图 11 所示的效果。神奇按钮的 3D 模型如图 12 所示。

图 11 全透明的效果

实物图

图 13 所示是制作好的 PCB 实物，图 14 所示为正在调试的神奇按钮，图 15 和图 16 所示是处于不同功能下的神奇按钮。具体的演示效果，大家可以前往哔哩哔哩，搜索“m0dular”观看演示视频。一起来制作一个神奇按钮吧！

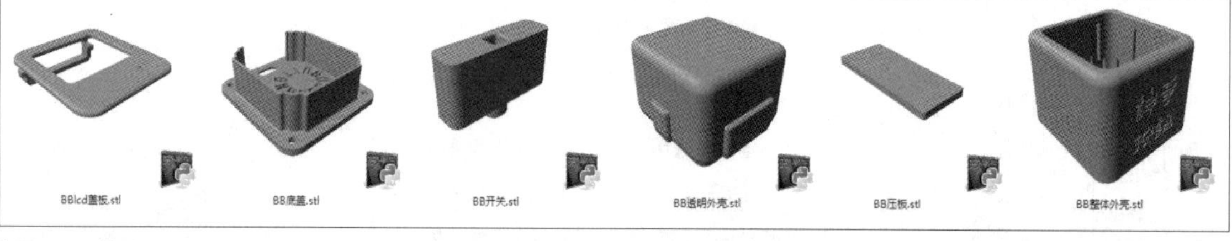

图 12 3D 模型

图 13 制作好的 PCB 实物

图 14 正在调试的神奇按钮

图 15 神奇按钮之解压神器

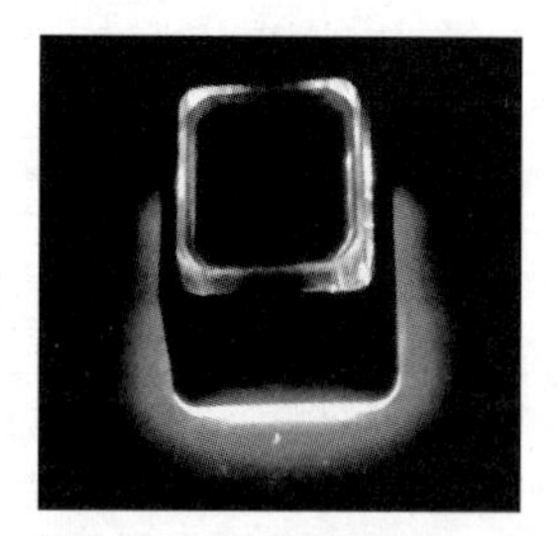

图 16 神奇按钮之氛围灯

OSHWHub 立创开源硬件平台 立创课堂

最"丐"61+3 键机械键盘

▌杨安

本制作采用价格低廉的沁恒CH551，内存有0.75MB+10MB。我想挑战不加I/O扩展，制作出成本最低的61键机械键盘。

设计思路

正所谓做事情要知己知彼，想要设计电路，就要熟悉现有的设计。我在网上搜索了各式各样的设计电路，最后受到了《最少的 I/O 扫描最多的按键》这篇文章的启发，感谢原作者的无私分享。

图 1 所示是普通的矩阵键盘电路，分为行和列，若用行作为扫描输出，则列作为输入，但单片机 I/O 是指 IN/OUT，每个 I/O 两种功能都有，所以可以看出这种电路的 I/O 利用率还是比较低的。这里我们引入一个"按键冲突"的概念，假设同时按下 S1、S2、S3，那么 S4 会是什么状态？大家可以思考一下，答案在后面揭晓。

图 2 所示是用二极管编码的方式搭建的扫描电路（为了方便分析，去除了接地按键），可以看出，这个电路对 I/O 的使用上升了一个等级，输入、输出功能都用起来了，每个 I/O 既是扫描输入也是扫描输出。

但如果仔细代入条件分析，比如同时按下 S1、S2，则读回来的将是 S1、S2、S3、S5，因为此时相当于 IO2 和 IO3 短接了，双向导通，等同于同时按下 S3、S5。

图 3 所示的键盘扫描电路是我找到的另一种设计，这里为了方便分析，也去除了接地按键，这个电路的问题和前面的一样，检测一个按键没问题，但想要"全键无冲"（机械键盘宣传语，表示不存在按键冲突）还是不可能的。

那怎么把不可能变成可能？我们首先看看市面上的解决方案，图 4 所示是普通矩阵加二极管，可以看到经过二极管的单向导通，可以防止某几个按键同时按下导致行或列短接，从而造成按键冲突。

但是我根据图 3 的键盘扫描电路设计出了一种更好的电路，不然就不会有这个工程了，设计的电路如图 5 所示。

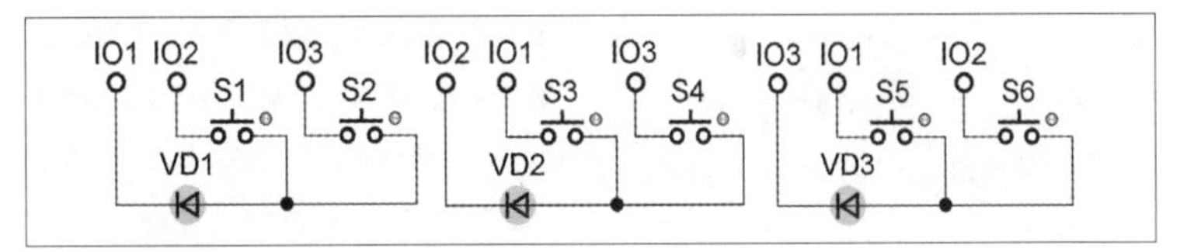

▌图 3 键盘扫描电路

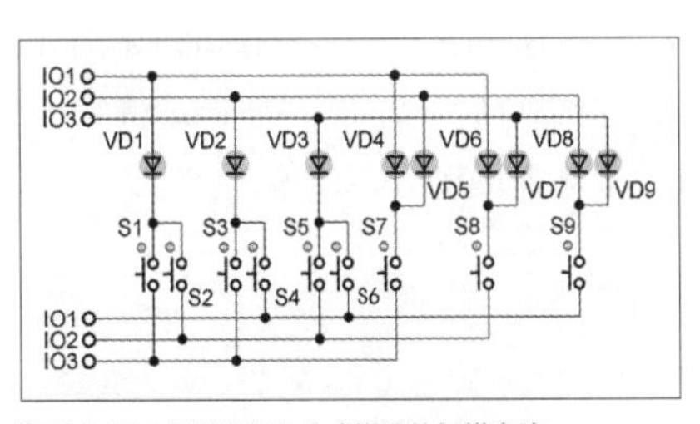

▌图 2 用二极管编码的方式搭建的扫描电路

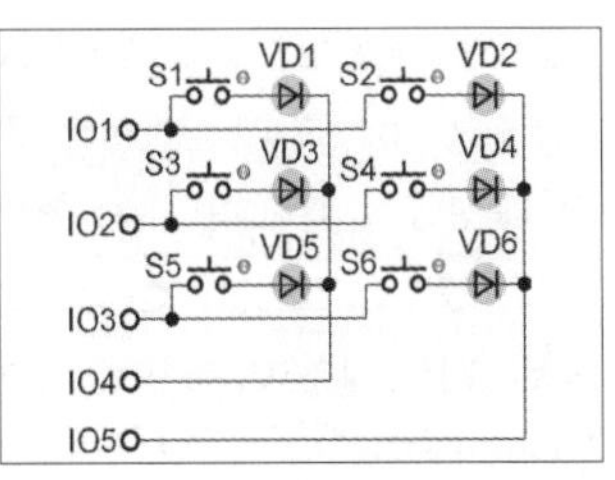

▌图 4 市面上解决方案的电路

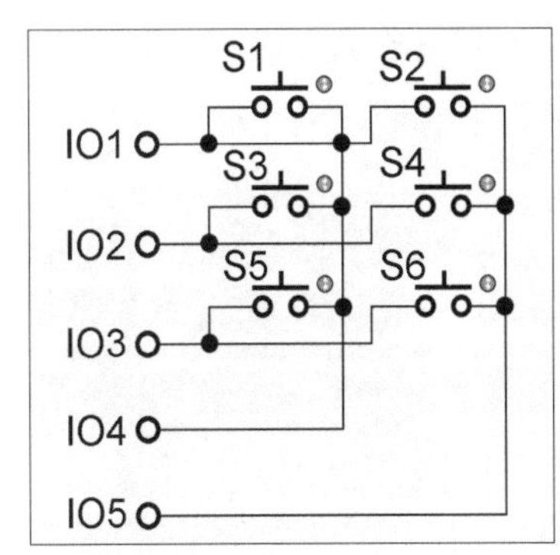

▌图 1 普通的矩阵键盘电路

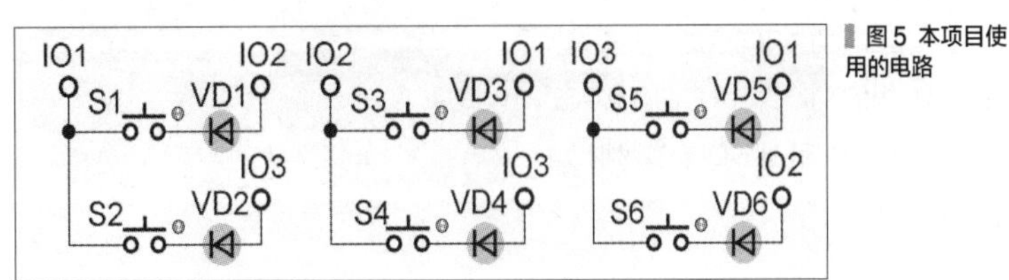

▌图 5 本项目使用的电路

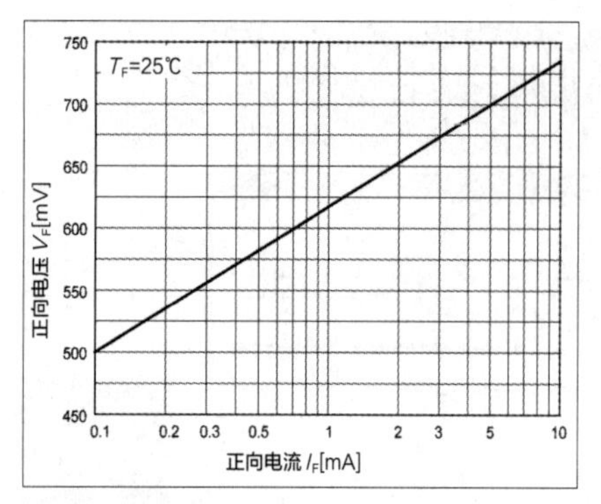

图 6 二极管 4148 的伏安特性曲线

18.2 电气参数 5V（测试条件：T_A=25℃，V_{CC}=5V，F_{sys}=6MHz）

名称	参数说明	最小值	典型值	最大值	单位
VIL5	低电平输入电压	-0.4		1.2	V
VIH5	高电平输入电压	2.4		V_{CC}+0.4	V

18.3 电气参数 3.3V（测试条件：T_A=25℃，V_{CC}=V33=3.3V，F_{sys}=6MHz）

名称	参数说明	最小值	典型值	最大值	单位
VIL3	低电平输入电压	-0.4		0.8	V
VIH3	高电平输入电压	1.9		V_{CC}+0.4	V

图 7 安森美产品手册中的 LL4148 相关参数

技术难点

这时候有一种特殊情况，同时按下 S1、S4，当 IO1 置低电平时，IO2、IO3 的电平如何？为了解答这个问题，我们需要从技术文档中获取想要的资料。图 6 所示是二极管 4148 的伏安特性曲线，单片机上拉能力比较弱，我们取最小值 0.5V，然后串联两个二极管，则 U_{IO3}=1V。

再看看单片机 I/O 的触发电平（见图 7）。可以看到，当连接 5V 电源时，1.2V 就被判断为低电平，那么就出现按键冲突了；如果单片机工作在 3.3V 下，情况又不一样了，触发电平 0.8V 小于 1V，这时 IO3 为高电平，按键冲突就消除了。

但是果真如此么？经过面包板实测，该电路不符合预期推理。为了排查问题，我首先怀疑 CH551 的触发电平与文档不符。经过信号发生器输入三角波配合点灯程序测试，我发现实际触发值比 0.9V 略高（根据批次，复现实验出来，参数会有 0.1V 的误差）。没办法，唯有加大二极管压降，使其达到 0.6V。那怎么加大电流？上拉电阻就可以。

二极管 4148 的品牌有很多选择，大家可以根据自己的使用习惯进行选择，这里比较推荐大厂的产品，大厂的产品手册参数详细、图表清晰（老旧数电芯片例外）。

参考程序

按键消抖

按照我自己的理解，我最先想到的就是首字符先发码技术。图 8 中红色线为经过“&”逻辑滤波后的识别情况。具体实现思路是将当前数据与前面 10ms 内的数据进行与运算，有零出零，这样就做到了前沿从抖动开始就识别为按下，而后沿要到抖动结束后 10ms 才识别为松开。

图 8 中的蓝色线为经过“|”逻辑滤波后的识别情况。实现思路与“&”逻辑滤波相同，只是刚好过程相反，按下延时动作，松开从第一个抖动开始即时动作。那能不能结合这两种滤波的长处？其实也不难，其实写出来后，我们也感知不到明显差异，而且 1000Hz 回报率对计算机配置要求有点高，有人反馈一般计算机带不动，所以这里取 500Hz。图 9 中的绿线就是我们要做到的目标，代码如下。

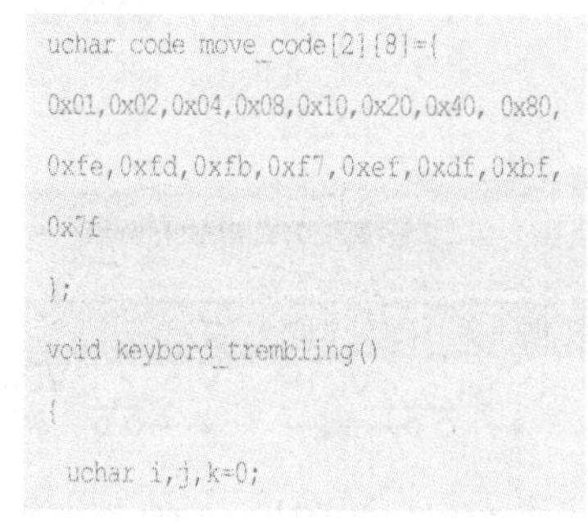

```
uchar code move_code[2][8]={
0x01,0x02,0x04,0x08,0x10,0x20,0x40, 0x80,
0xfe,0xfd,0xfb,0xf7,0xef,0xdf,0xbf,
0x7f
};
void keybord_trembling()
{
 uchar i,j,k=0;
```

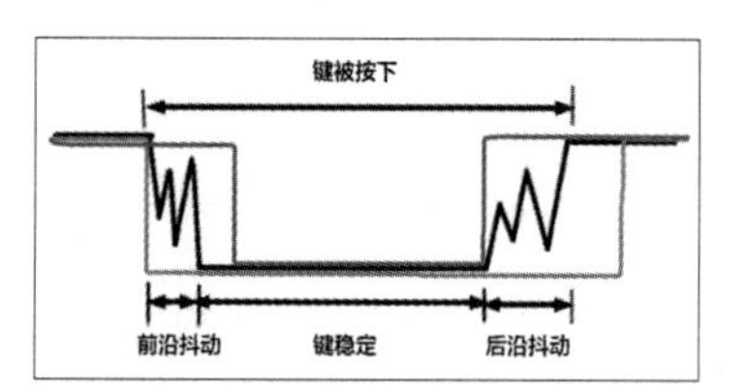

图 8 逻辑滤波后的识别情况

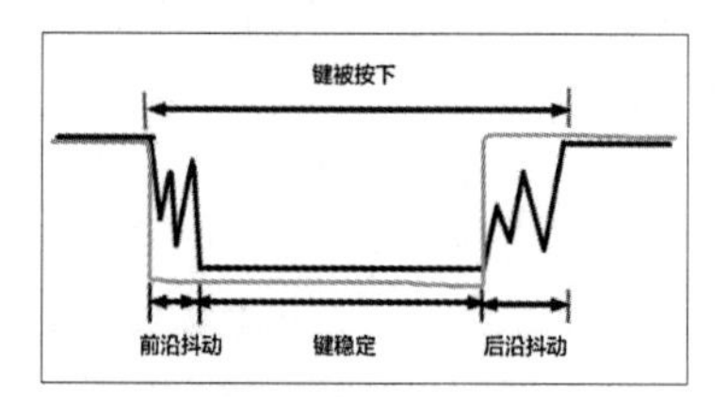

图 9 我们想要的效果

```
 static idata uchar temp[64]={0};
//64个字节为按键单独计数
 for(i=0;i<8;i++)
 {
  for(j=0;j<8;j++)
  {
   if(key_temp[i]&move_code[0][j])
//如果按下
   {
    if(temp[k]==0)
    temp[k]=30;
    else if(temp[k]<40)
    temp[k]++;
   }
   else//如果松开
   {
    if(temp[k]==40)
    temp[k]=10;
```

```
        else if(temp[k]>0)
         temp[k]--;
        }
       if(temp[k]>20) // 大于 20 判断为按下
       key_temp[i]|=move_code[0][j];
       else
       key_temp[i]&=move_code[1][j];
       k++;
      }
    }
  }
```

代码采用的就是这种快速激进、容易出现双击的算法，如果出现双击问题，建议大家回刷普通版的代码。大家可以前往立创开源硬件平台，搜索本项目名字，查看本制作的各版本代码，其他相关资源也可以在该平台进行下载。

对数显示

这里还有一个关于灯光的细节，大家做 PWM 呼吸灯都是用三角波来渐亮渐灭，但对于人眼感知来说，这并不是线性的。举个例子，比如手机的屏幕亮度从 0 调到 10%，你会感觉亮度翻倍，但从 90% 调到 100%，你就感觉差别微乎其微。这是因为人对亮度、声音的感知都是呈对数关系。

那么 8 位单片机能直接运算对数吗？显然不能，但在编程上有个思路，以空间换时间，我们可以开一个表格，然后用公式计算，再把结果导入数组里。

制作过程

1 设计键盘的 PCB 图，然后进行打板。打印好的 PCB 正反面如图所示。

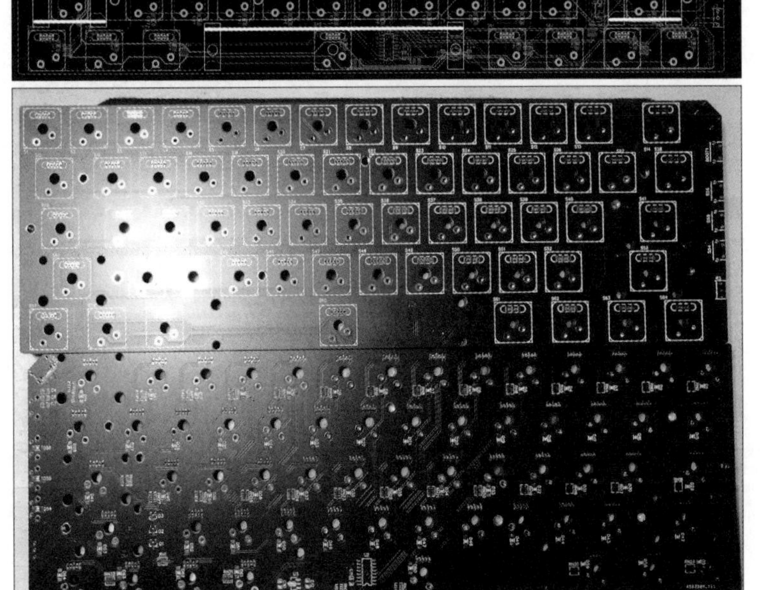

2 焊接 USB Type-C 接口。

3 焊接输入滤波电容。

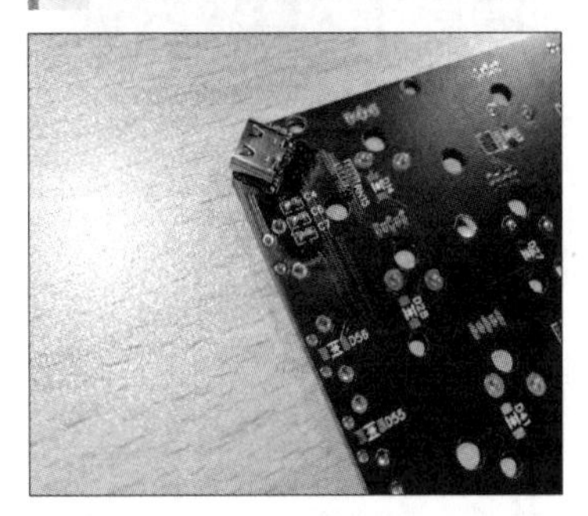

4 焊接电源稳压模块。

5 焊接主控单片机。

6 焊接排阻和三极管，这一步我忘了买贴片的8550，就用直插件顶上了。

7 开始焊接二极管 4148。

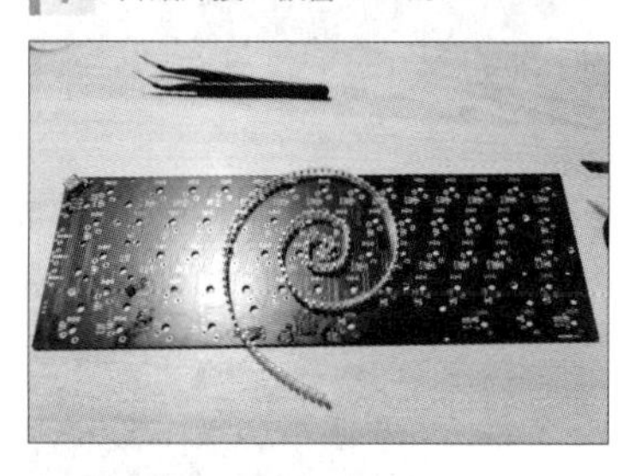

8 焊接时，可以先焊一边进行固定，焊接完成还是很漂亮的。拍完照片后才发现上面有一个4148的一侧没上锡，刚好在图片上，不知道大家有没有发现。

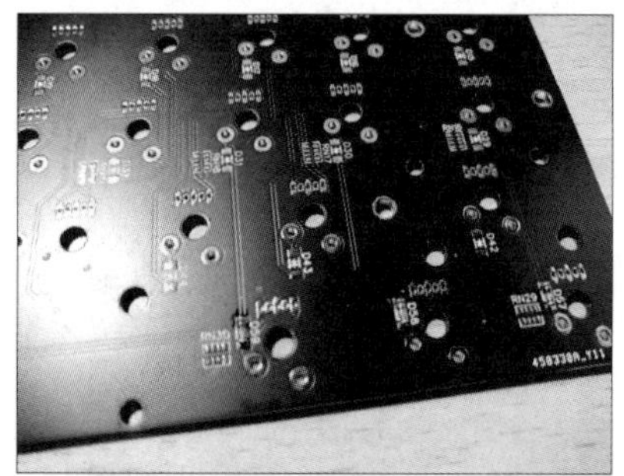

9 焊接侧边按键。

10 焊接键轴。

11 安装平衡杆。

12 加上键帽，键盘就制作完成了。最后接通电源测试一下，效果还是很不错的。

结语

这个项目前前后后持续进行了一年多，现在功能已经很完善了，所以软件方面接下来应该不会有什么功能性的大更新了。当然，如果有好的想法，也欢迎朋友们给我留言。

最后是价格方面，根据我的统计，即使我节约了不少成本，但做一个大键盘的成本还是超过了买量产的键盘，不过自己制作的快乐，当然是买不到的。而且，这个项目还有后续，我做了一个带触摸功能的小键盘，就是题图中旁边的小键盘，由于这个单片机自带触摸检测外设，所以不需要额外成本就能拥有触摸条做多媒体交互。感兴趣的朋友也可以前往立创开源硬件平台关注我，查看这个项目。还等什么？一起来 DIY 吧！

OSHWHub 立创开源硬件平台 立创课堂

梦幻光立方
「一种基于WS2812的七桥拓扑光立方设计」
何元弘

演示视频

传统光立方焊接较为复杂且结构不够稳定，而普通RGB灯珠颜色只能统一变化，所以我考虑采用框架结构增加光立方质感，同时提升稳定性，并采用可编程控制的WS2812灯珠实现多彩控制，通过七桥拓扑设计达到“一线连”的效果，降低焊接难度。

这个光立方使用36颗WS2812构建，每颗灯珠的颜色可以独立编程控制，可以用遥控器或手机进行遥控，也可以通过单片机编程进行控制。项目主体分为光立方和控制器两大部分，使用三芯电线进行连接，制作完成的光立方可以悬挂安装或正向安装，以满足不同场景需求。

硬件设计

光立方部分使用12片独立小板组成，每块小板其实就是立方体的一条边，斜向45°的安装可以保证在任何角度都可以看到立方体的结构，灯光照射效果也更加多彩。

图1所示是一个单板参考电路，每块板子都由3颗WS2812和2个0.1μF的电容组成，别忘了，我们需要12块单板。这里说明一下，根据DataSheet的设计参考，应该是1颗2812配1个电容，这里我用3颗2812配2个电容，实测没有什么影响，甚至不焊接电容也没有发生问题，但是在不安装电容的情况下，对电源的要求就高很多了。

为了方便进行生产，我把12片小板拼在了一起，并通过容易掰开的小板进行连接，如图2所示。这样可以防止发生漏件、数错数量等问题，也方便制作钢网进行刷锡膏、贴片、回流焊接等操作。

Gerber文件可以在立创开源平台中搜索本文标题进行下载，因为我刚开始做的时候PCB画得很不规范，所以主板的PCB工程不开源，仅提供Gerber文件，大家可以直接进行打板。PCB尺寸为7.3cm×12.5cm，建议用0.8mm或1.0mm厚的板子打板，太厚的话一方面是不好看，另一方面也不方便剪切制作。

建议制作时先进行贴片，再分成小板（不使用钢网的手工焊接除外），小板需要对连接部位的水口进行修建，这样除了美观，后期焊接的时候也方便上夹具。

图3所示就是焊接夹具，文件同样可以在立创开源平台中的附件自取，我还将其分为了普通版（全填充）和减重版（镂

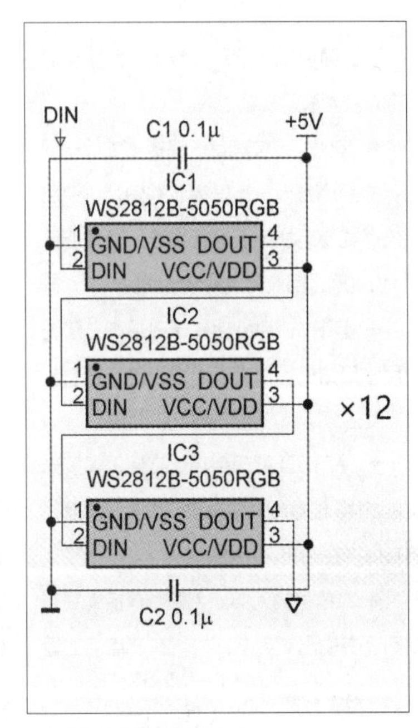

图1 单板参考电路

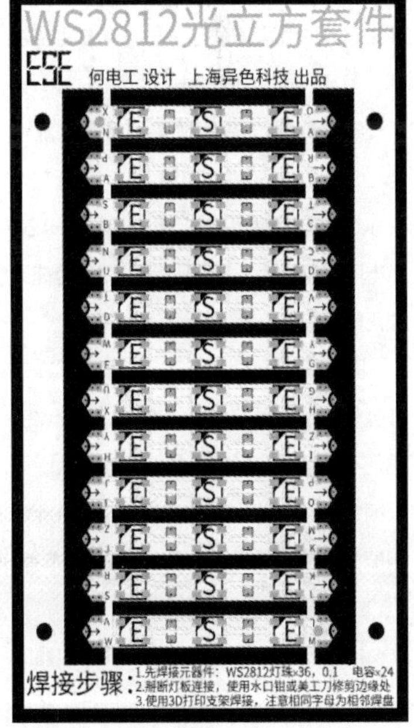

图2 拼接好后的小板

空），其中普通版适合自己用PLA进行3D打印（夹具已经针对3D打印预留了更多的宽度，保证小板可以正常卡进去），减重版本可以在嘉立创三维猴使用光敏树脂打印（通过减重设计，打印仅需要2元）。图4所示是打印好的夹具。

焊接时将3块小板拼在一起，有相同字母的小板就是相邻焊盘，需要焊在一起，中心的3个焊盘需要焊在一起。建议先将整个立方体分为4个三片焊接，再进行拼装焊接，文章开头的演示视频中有详细说明。夹具底部的开孔是为了防止焊接完成后无法取出，可以使用硬物小心顶出，尽量不要碰断了，不然需要飞线修复，比较麻烦。

光立方框架焊接好后就可以开始焊连接线了，注意有X标注的焊盘的一侧是顶点，需要接输入信号，建议先将3Pin线分开，然后用502胶水与外部的进行固定，再向内部弯折进行焊接，如图5所示。

光立方焊接好以后，使用UV胶（502胶水干后有白边，因此不建议使用）对节点进行固定，所有节点内部都建议上一下胶，增加结构强度。在没有上胶的情况下，我试过从1m高度摔落，虽然光立方也没坏，但多一层保护总是没有问题的。

然后就是准备顶板了，顶板电源使用USB Type-C接口输入，我用2个5.1kΩ的电阻做识别电阻（如果是A2C供电则可以不用），否则使用C2C可能无法正常供电。

图6所示是顶板的PCB图，下方的开窗是为了让遥控器信号通过，不建议铺铜，不然可能会影响信号。正面的丝印可以随意修改，可以把文件中原来的Logo删掉，演示视频中有导入自定义图片的教程，立创EDA用起来很方便。

控制器部分最早设计的是纯遥控器的方案，其模块可以直接在上面进行贴装焊接。有些手机遥控器的接收头需要反贴，不过可以使用排针引出，这也不难。

图3 焊接夹具

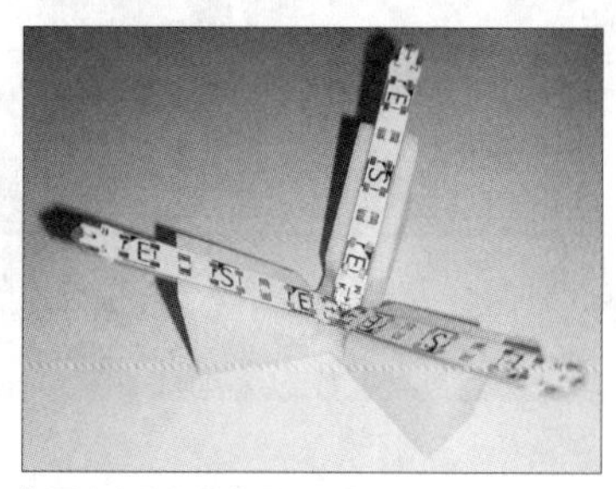

图4 打印好的夹具

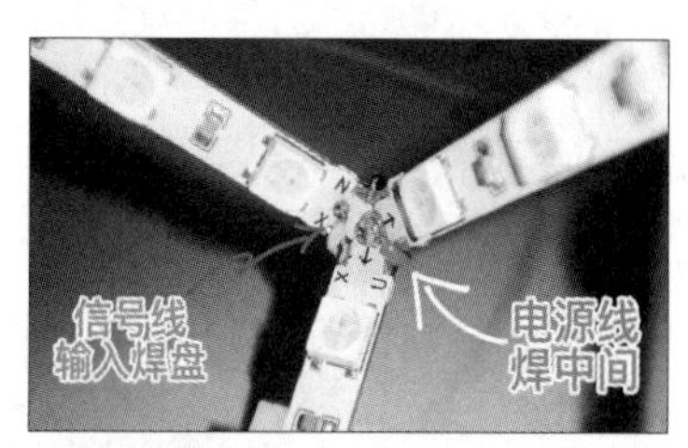

图5 焊接示意

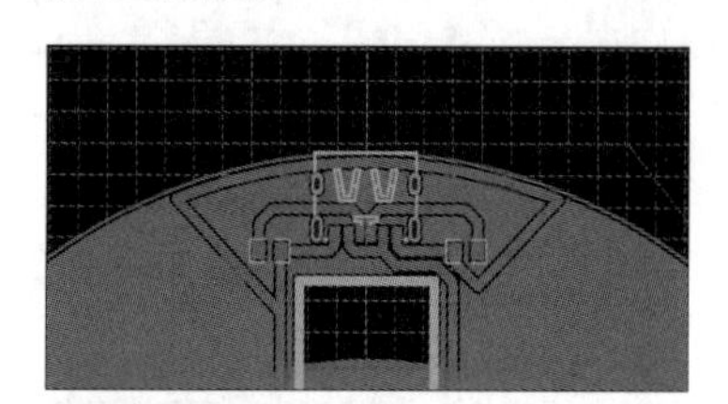

图6 顶板PCB

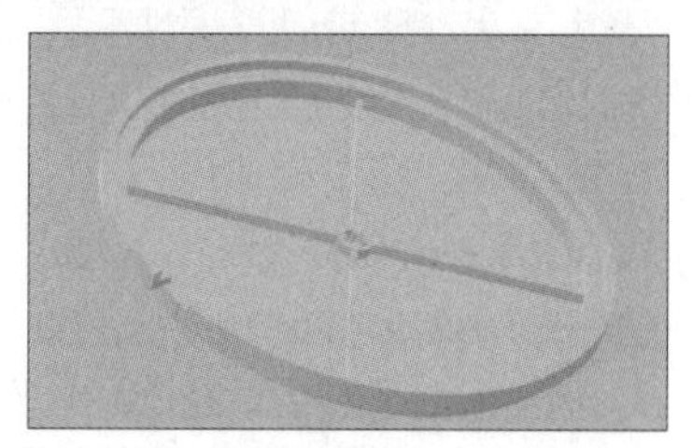

图7 3D打印的顶盖外壳

结构设计

整个光立方如果是悬挂安装的，那从上到下的结构顺序依次是顶板、控制板、3D打印的顶盖外壳、电线、光立方。

图7所示是我自己设计的3D打印顶盖外壳，也改了很多版本。我的建模技术有限，这里象征性地加了加强筋，但作用不太大。这个我自己建模的3D打印顶盖外壳，适用于我在淘宝买的10cm外径的瓶子（因此顶板PCB的直径也是10cm），大家自己制作时需要根据自己的瓶子进行调整。

实际制作前，我先进行了验证，发现建模基本没有什么问题，就是USB Type-C接口的宽度留得多了一些，但是问题不大。需要注意的是顶盖外壳中间的开孔直径是3mm，这是为了适配不同的电线（比如硅胶线就会粗一些），中间的小圈的内径是5mm，制作时可以自行扩孔。

制作步骤

这里简单说一下制作步骤，大家也可以通过观看演示视频了解。

◆ 按照“定位螺丝—底板—主板—钢网”的顺序叠板，刷好锡浆并贴片，使用回流焊或使用加热板进行焊接。图8所示是WS2812回流焊温度示意图。

◆ 剪下12片小板并修建毛刺，建议使用水口钳进行修剪，可适当进行打磨，但需要注意防止打磨过多损伤线路。

◆ 使用3D打印夹具（支架）焊接光立方本体，注意相同字母就代表相邻焊盘，将其焊接在一起。

◆ 对信号输入节点（如需焊接光立方串则还有输出节点）外的所有节点涂上适量UV胶进行加固。

◆ 焊接顶板，依次焊接控制器、USB Type-C接口、识别电阻（如使用正向安装则不需要识别电阻，直接连接控制器即可）。

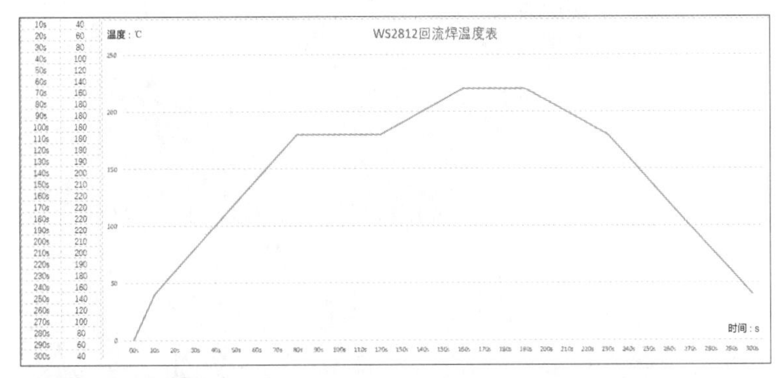

10s	40
20s	60
30s	80
40s	100
50s	120
60s	140
70s	160
80s	180
90s	180
100s	180
110s	180
120s	180
130s	190
140s	200
150s	210
160s	220
170s	220
180s	220
190s	220
200s	210
210s	200
220s	190
230s	180
240s	160
250s	140
260s	120
270s	100
280s	80
290s	60
300s	40

图 8 回流焊温度示意图

图 9 软件界面

◆ 给光立方焊接引线，并使用胶水、热缩管进行加固，将电线穿过顶盖。

◆ 将顶盖安装在瓶上，调整引线长度，让光立方处于合适位置，在电线上做好记号。

◆ 在记号上方至少预留 3cm 长度（推荐 5cm 长度），小心剥去电线外皮，将电线与顶板焊接在一起。

◆ 将电线塞回合适长度并固定，使用胶水固定顶板，建议在中心打上热熔胶做额外固定。

这样，光立方的主体结构就制作好了。

软件部分

软件使用的是手机控制板的配套软件“幻彩宝莲灯”（苹果和安卓 App 都是这个名字），选择这个控制板主要因为其性价比比较高。

软件的注意事项有两个：一是将灯珠数量设置为 36，二是将线序调整成 GRB。其他的就是自己用软件控制了，软件自己用一次基本上就会用了。

使用前先给模块上电，然后打开手机蓝牙（什么都不用连接），再打开 App，软件会自己连上模块，可以在页面左上角看到，非常方便。图 9 所示是软件界面的各个功能。软件部分有个小技巧，如果你觉得动态模式里 LED 的光太亮了，可以回第一个页面改亮度。

最后，感谢 @ 平头创意、@ 看山、@STIEI_07、@ 圣晶石杀手、@ 飞翔的小猪、@ 港记跑得快这几位朋友，本次制作的灵感来自立创 EDA 开源硬件平台的立方灯，是 @ 平头创意的作品，也感谢所有在设计与完善过程中提出建议和意见的朋友。欢迎大家在 bilibili 上搜索“何电工”并关注我。除了悬挂安装的光立方，我后面还制作了正向安装的光立方，如图 10 所示，感觉正向安装的光立方灯光显示效果更好。

图 10 正向安装的光立方

无限梦幻镜

▌章明干

演示视频

创作背景

无限镜是一种运用于室内装潢的艺术装置，其主要原理为透过两面镜子的“互相反射”，使镜中产生无限多的镜像效果及无限大的空间效果。而现有的无限镜在结构上一般是利用平面镜的反射原理，主要包括第一层玻璃、第二层玻璃及发光体。其中，第一层玻璃为透光及反射层，项目中用了半透镜作为第一层。而第二层玻璃为镜面层，这里我用了单面镜，发光体则被安装于第一层玻璃与第二层玻璃之间。当发光体发光时，第一层半透镜与第二层单面镜之间的光线来回反射从而产生镜像效果，这样我们就可以看到无限光源及空间的延伸。

市面上有许多现成的无限镜售卖，这些无限镜灯光颜色有的是单色，有的可以利用遥控器显示不同的灯光色彩，但这些灯光色彩也是事先固定好的，我们不能进行更改。不如我们自己动手制作一个无限梦幻镜，通过开源硬件控制，让灯光颜色和显示特效都能随心所欲。

功能描述

◆ 关闭电源，无限梦幻镜就是一面镜子；打开电源，无限梦幻镜就是一件梦幻的装饰品。

◆ 灯光颜色可以根据需要通过按键进行切换，颜色可以千变万化。

◆ 灯光的显示效果可以通过按键切换，比如各种类型的流水灯、让灯光随着音乐跳动等。

结构设计与搭建

1 激光切割件设计

我们先利用软件在计算机中设计出外壳，并用激光切割机切割椴木板制作外壳。

硬件清单

Arduino Uno	1块
I/O 扩展板 V7.1	1块
模拟声音传感器	1个
WS2812 RGB LED 灯带	2条
数字按钮模块	2个
半透镜和单面镜	各1块
电池盒、开关、杜邦线等	若干
激光切割结构件	若干

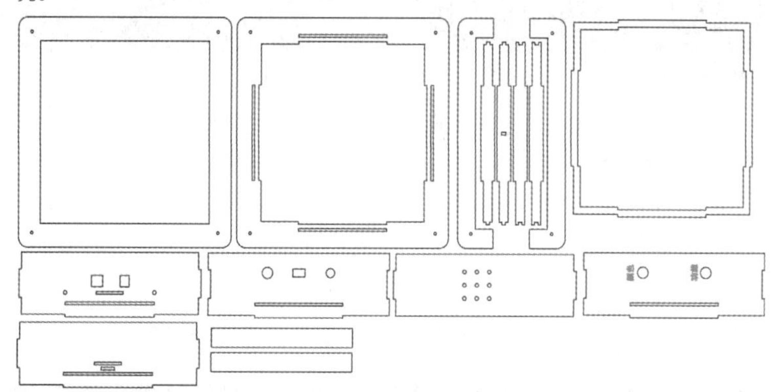

2 把3张侧面板与其中一张隔层组装起来，这里可以用热熔胶和502胶水进行固定。

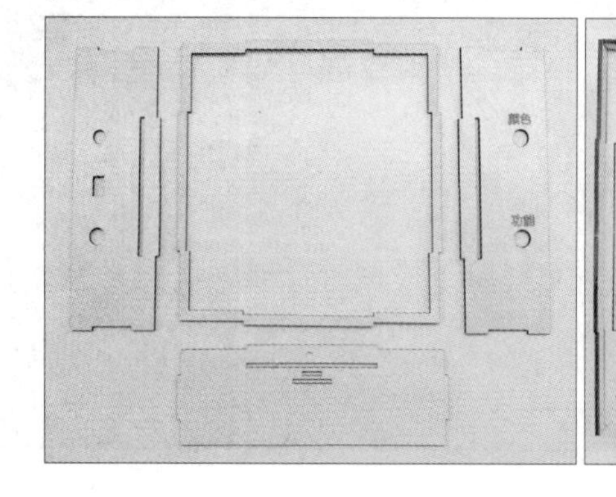

3 按下图所示把相应的木板组装起来并固定好。

4 把灯带贴在相应的位置，建议灯带从底部中间开始安装，这样最后的显示效果会更好，我用的灯带共有 44 颗 LED，每边刚好 11 颗（设计切割图纸的时候就要考虑到）。

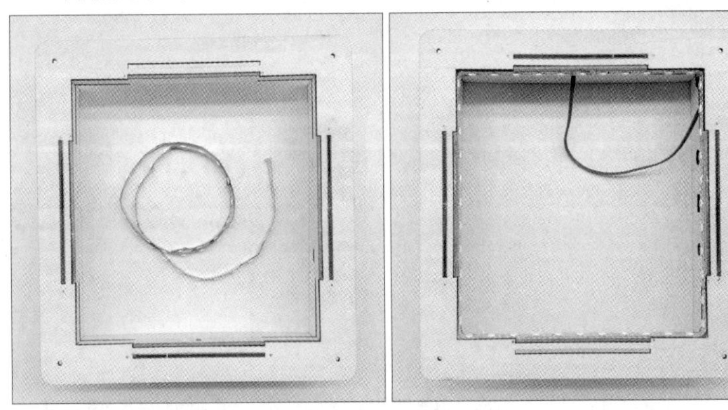

5 安装单面镜，镜面要朝向 LED 灯带这边。

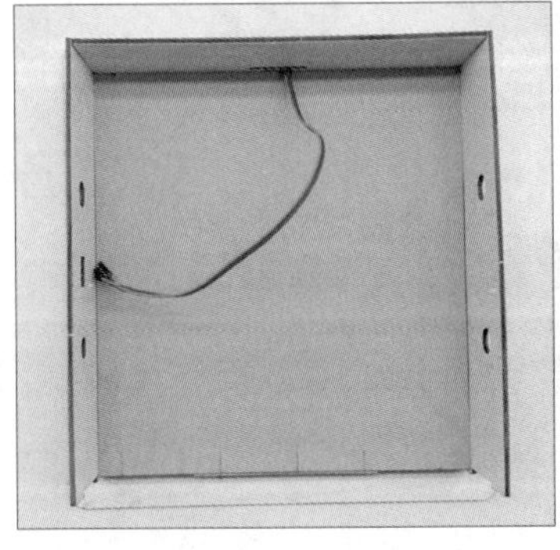

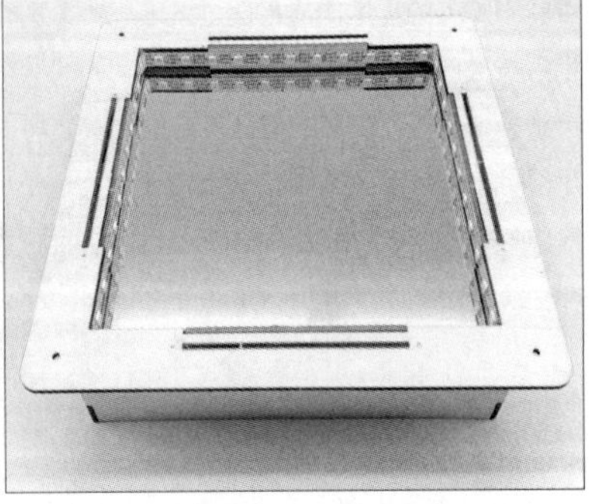

6 安装半透镜，注意在安装前把单面镜处理干净，半透镜一面的电镀层很容易被擦掉，所以在安装时不要弄脏或擦拭电镀层，也不要在电镀层上留下手指印，电镀层一面要朝内安装。

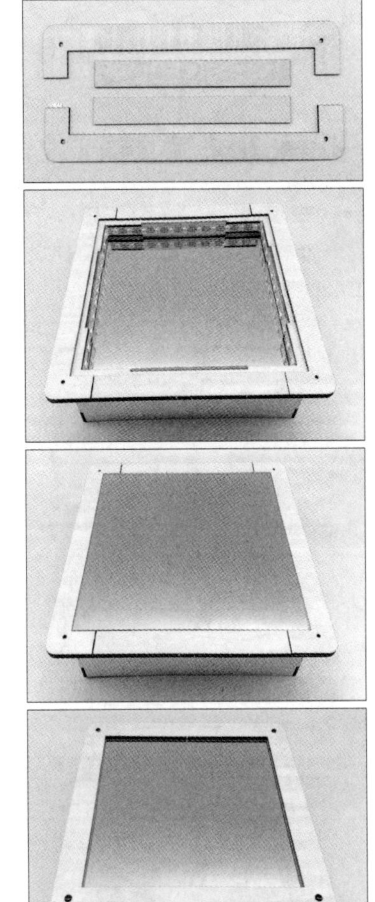

7 把最后一块侧板和中间的主控板固定板安装起来，并用热熔胶固定好。

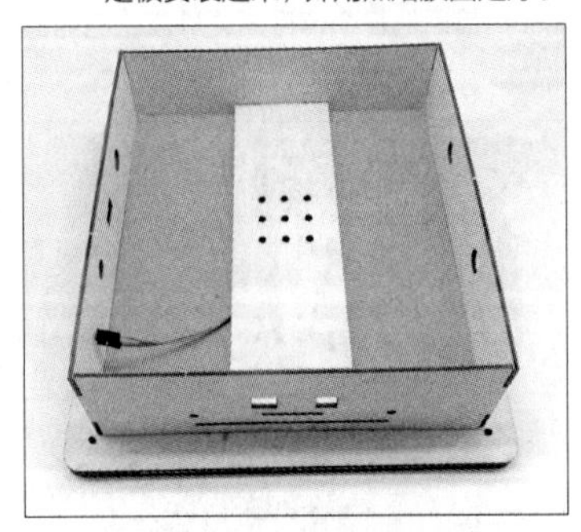

8 在侧面板的外面装上 LED 灯带，这里用的 LED 灯带共有 49 颗 LED。

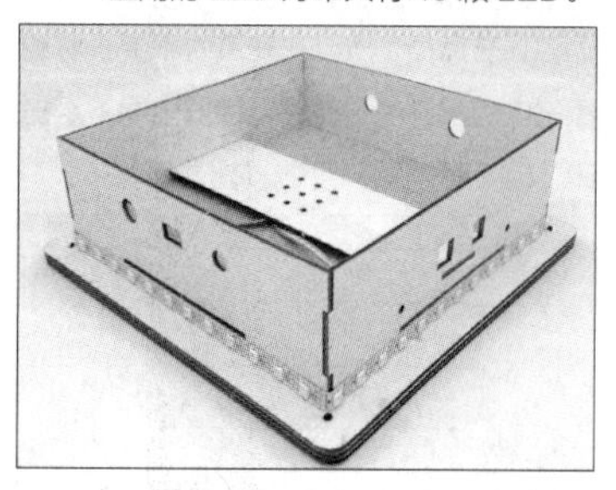

9 在侧面板上安装好两个按钮、声音传感器和开关，再把主控板及电池盒用热熔胶固定在相应位置。

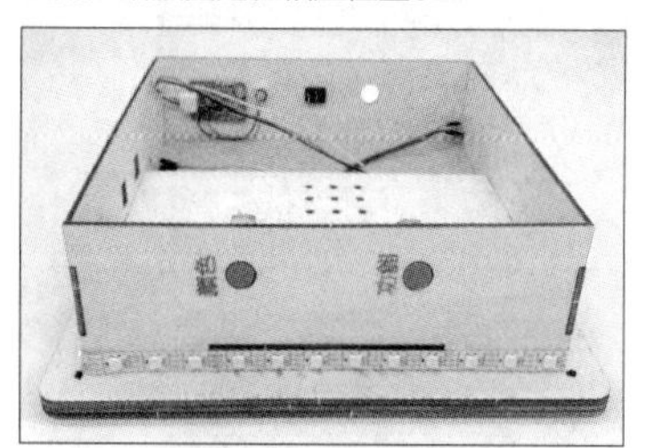

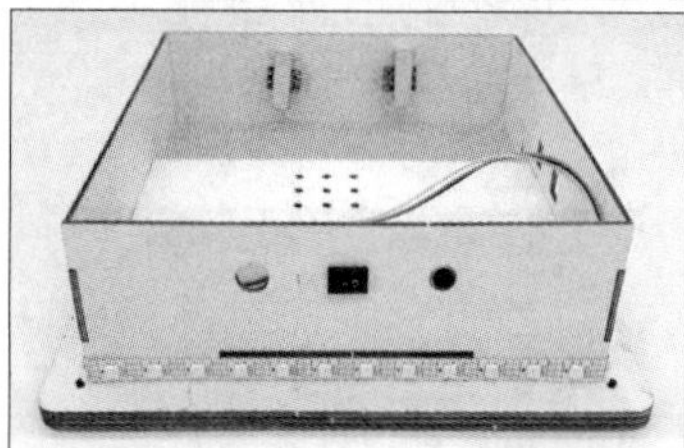

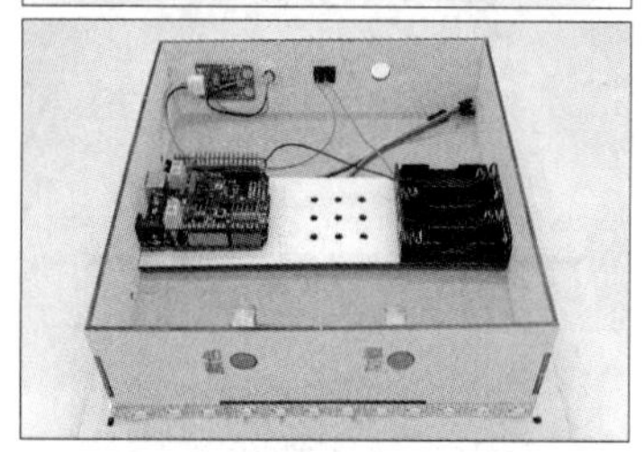

10 最后把各个传感器、灯带、电池盒等接到主控板上。

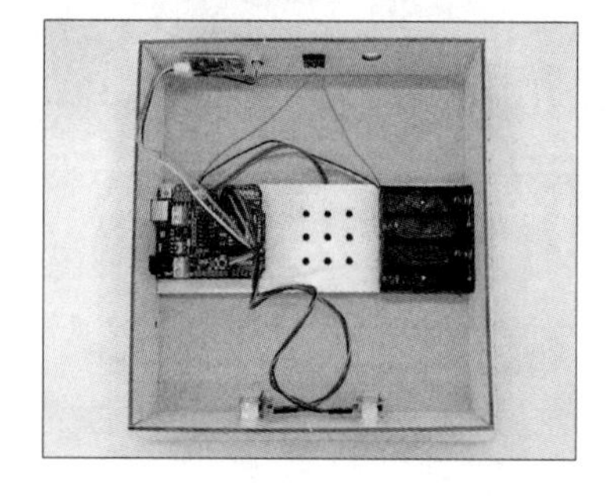

电路连接图

无限梦幻镜的电路连接示意图如图 1 所示。

图 1 电路连接示意图

程序编写

1 编写程序我用的是 Mind+ 软件，打开 Mind+ 软件，切换到上传模式，接着单击“扩展”，添加 Arduino 主控板及相应的模块。

2 先对灯带进行初始化，同时定义一些变量，并给这些变量赋值。

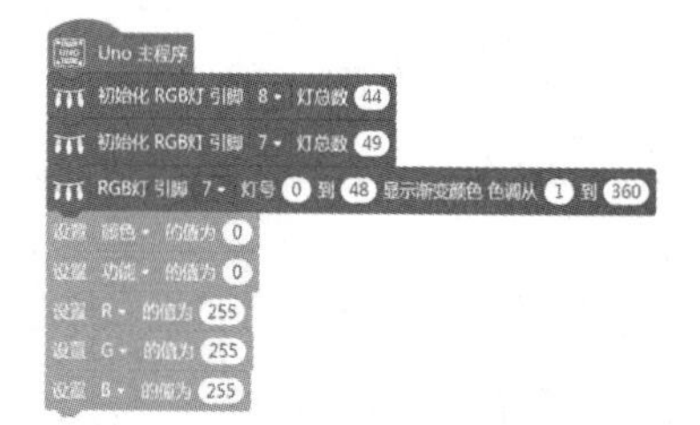

3 接下来编写两个按键的程序，这里使用中断引脚是为了随时能切换不同的颜色和显示效果。2 号中断引脚上的程序功能是通过按下相应按键改变“颜色”变量的值，再根据“颜色”变量的值让灯带显示不同的颜色。3 号中断引脚上的程序功能是通过按下相应按键改变“功能”变量的值。

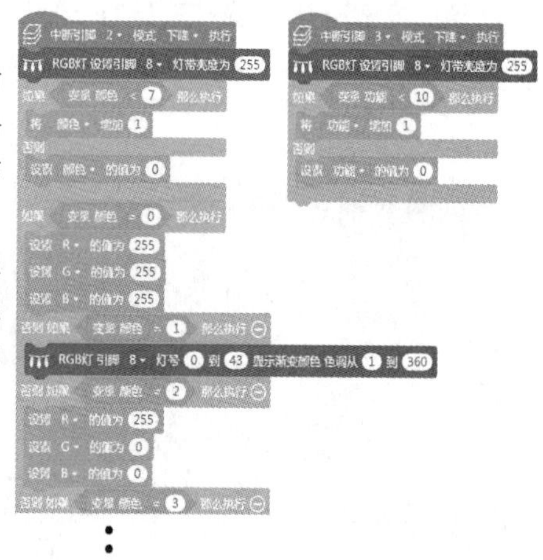

4 新建流水灯 1、流水灯 2、流水灯 3 等函数，并编写相应的程序，这里的函数供主程序调用，作用是通过按下按键调用相应的函数，从而让灯带显示不同的效果。

```
定义 流水灯1 间隔时间
重复执行 44 次
  RGB灯 引脚 8 灯号 变量 I 到 变量 I 显示颜色 红 变量 R 绿 变量 G 蓝 变量 B
  将 I 增加 1
  等待 间隔时间 秒
  RGB灯 引脚 8 全部熄灭
  RGB灯 引脚 7 循环移动 1 单位
设置 I 的值为 0

定义 流水灯2 间隔时间    定义 流水灯3 间隔时间    定义 流水灯4 间隔时间
定义 流水灯5 间隔时间    定义 呼吸灯    定义 音频数量单色 间隔时间
定义 音频数量 间隔时间    定义 音频亮度单色 间隔时间    定义 音频亮度 间隔时间
```

5 在主程序中，根据“功能”变量的值来调用相应的函数，让灯带显示不同的效果。

```
Uno 主程序
初始化 RGB灯 引脚 8 灯总数 44
初始化 RGB灯 引脚 7 灯总数 49
RGB灯 引脚 7 灯号 0 到 48 显示渐变颜色 色调从 1 到 360
设置 颜色 的值为 0
设置 功能 的值为 0
设置 R 的值为 255
设置 G 的值为 255
设置 B 的值为 255
循环执行
  如果 变量 颜色 = 1 那么执行
    RGB灯 引脚 7 循环移动 1 单位
    RGB灯 引脚 8 循环移动 1 单位
    等待 0.04 秒
  否则
    如果 变量 功能 = 0 那么执行
      RGB灯 引脚 8 灯号 0 到 43 显示颜色 红 变量 R 绿 变量 G 蓝 变量 B
      RGB灯 引脚 7 循环移动 1 单位
      等待 0.04 秒
    否则如果 变量 功能 = 1 那么执行
      流水灯1 0.03
    否则如果 变量 功能 = 2 那么执行
    ……
```

在整个程序中，我只设置了少量的颜色及显示效果，大家可以根据需要添加不同的颜色及显示效果，这样就能让灯带的显示效果千变万化。做好的实物显示效果如图 2 所示。

6 制作完整程序如下图所示。

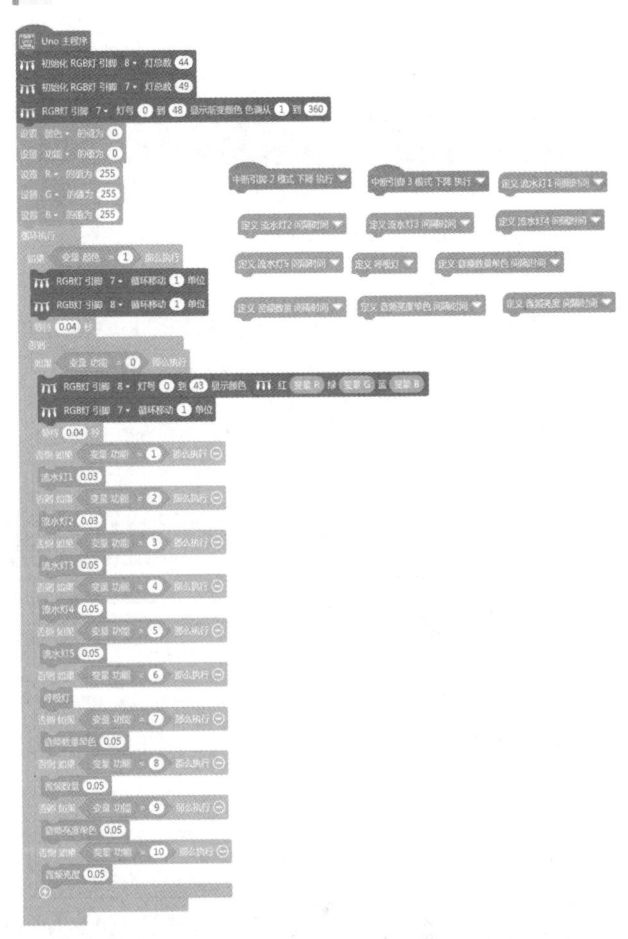

图 2 实物显示效果

柴火创客空间
CHAIHUO MAKER SPACE

柴火创客空间推荐

有了这个AI热成像仪，户外露营很安全

AI powered
thermal camera
for safe camping

[美国]米森·达斯（Mithun Das）　翻译：柴火创客空间

我很喜欢露营，每年都会和家人露营一两次，按这个频率绝对算不上一个露营狂热爱好者。对于许多露营爱好者来说，在更接近大自然的地方露营是常有的事儿。在偏僻的地方露营是一种冒险，经常会遇到一些野生动物的威胁。目前市面上有用相机来追踪野生动物的设备，但一般相机无法在黑暗中正常工作，这也是为什么野生动物袭击露营者的事件大多发生在夜间的原因。

那这事儿有解决方案吗？如果有一款可以在黑暗中运行，并在任何野生动物接近营地时提醒露营者的设备，这个问题就迎刃而解了。普通相机肯定没办法达到这个要求，但热成像仪却可以，因为它可以在没有光的情况下正常检测。

我的解决方案就是我做的这个露营伴侣设备。它应用了矽递科技研发的 Wio Terminal 和 Grove MLX90640 红外热成像模块进行搭建，并最终在 Wio Terminal 上运行 TinyML（微型机器学习）模型来预测是否有动物或其他人接近营地。如果检测到有动物或人靠近，数据将被发送到 Helium 网络，并通过 AWS IoT 提醒露营者有潜在的危险。制作好的项目原型如图 1 所示。

项目所用的电子硬件

◆ Seeed Wio Terminal ×1

◆ Seeed Wio Terminal LoRaWAN 机箱（自带天线，内置 LoRa-E5 和 GNSS）×1

◆ Seeed Wio Terminal 电池盒（650mAh）×1

◆ Seeed Grove 红外热成像模块（MLX90640，110°）×1

◆ Helium LoRaWAN Hotspot（非必选，如果项目部署地没有网络覆盖，则需要该设备）×1

项目所需软件和在线工具

◆ Arduino IDE

◆ Edge Impulse 在线模型训练平台

◆ 亚马逊云物联网设备连接平台 AWS IoT

其他工具

◆ 3D 打印机

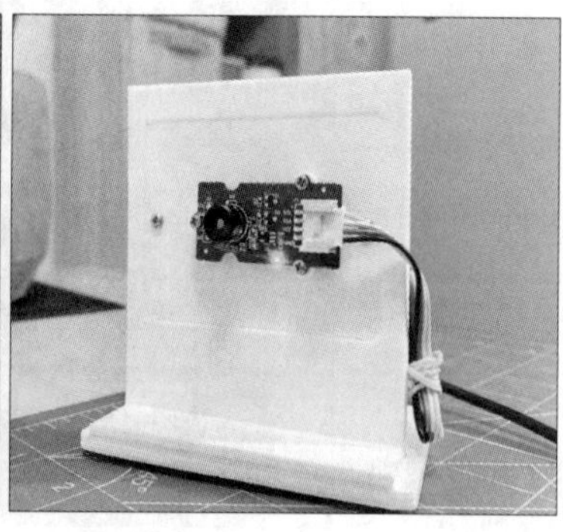

图 1 项目原型正面和反面

TinyML（微型机器学习）

微型机器学习模型这部分，我使用 Edge Impulse Studio 来构建这个项目的机器学习模型。在我做这个项目时（2021 年 11 月），Edge Impulse Studio 还不支持直接采集热成像仪数据，因此我采用了用 Wio Terminal 收集数据后，再将数据转发到 Edge Impulse 创建模型的方法。这个数据采集的方法，我是借鉴了一位日本创客的做法。

1. 微型机器学习模型创建与部署

（1）创建Edge Impulse项目

首先在 Edge Impulse 官网注册个人账号（网站对个人用户免费），然后登录账号，创建新项目。项目创建好后，单击“Keys（密钥）”选项卡，接着单击“Add new HMAC key（添加新 HMAC 密钥）”，如图 2 所示。将这个 HMAC 密钥复制保存起来，后面会用到它。

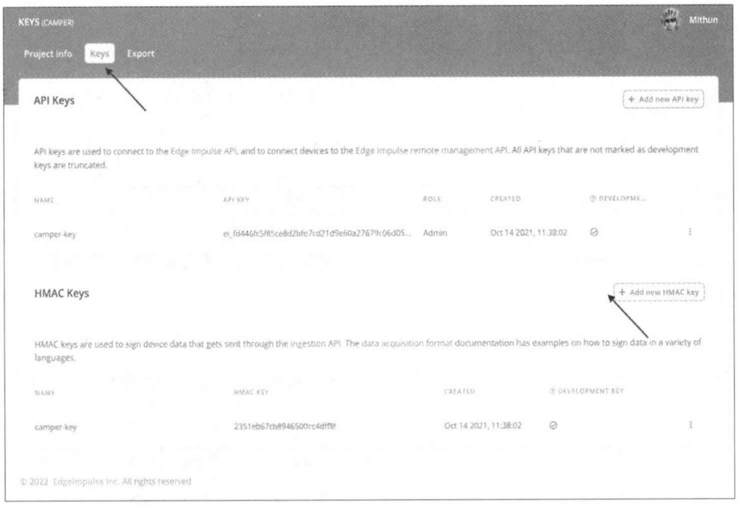

图 2 创建 Edge Impulse 项目

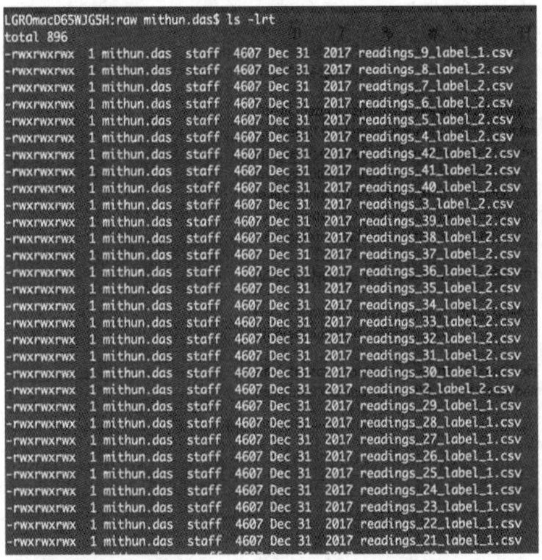

图 3 CSV 文件

（2）数据采集

项目中用到的红外热成像模块搭载的是一个 32×24 阵列的 MLX90640 热敏传感器，它可检测到 30cm 外的物体温度，精度为 ±1.5 ℃。为了更方便地获取红外热图像，我使用了 I^2C 协议从相机获取低分辨率图像。图像的数据是一个 32×24 的数组，即 768 个温度值。MLX90640 热敏传感器通过 I^2C 接口连接到 Wio Terminal，我在 Wio Terminal 上插了一个 Micro SD 卡来存储 CSV 文件。Wio Terminal 自带的 3 个按钮被我用来标记以下 3 个数据类别：按钮 A 表示动物，按钮 B 表示人类，按钮 C 表示背景。

本项目用到的程序已经开源分享，大家可以扫描杂志目次页上的云存储平台二维码下载附件，附件中的 WIO_Camper_Data_Collector.ino 程序用来收集数据。大家下载程序后，将程序上传到 Wio Terminal，就可以开始收集数据了。

完成数据采集后，我们从 Wio Terminal 中取出 Micro SD 卡并插入计算机，就可以获得如图 3 所示的 CSV 文件，每个文件都有 768 个以逗号分隔的值（见图 4）。

在附件的 data 文件夹中找到 raw 文件夹，然后将上方所有 CSV 文件都复制到这个目录中。随后运行程序 imager.py，这个程序会在 /data/visual 这个文件夹中进行数据的可视化呈现，如图 5 所示。

此步骤为非必选，跟后面的模型训练没有直接关系，但它可以帮助我们以可视化的形式直观看到所有 CSV 数据。

（3）数据转发

这是一个非常有趣的步骤。目前 Edge Impulse 数据转发器只能支持转发

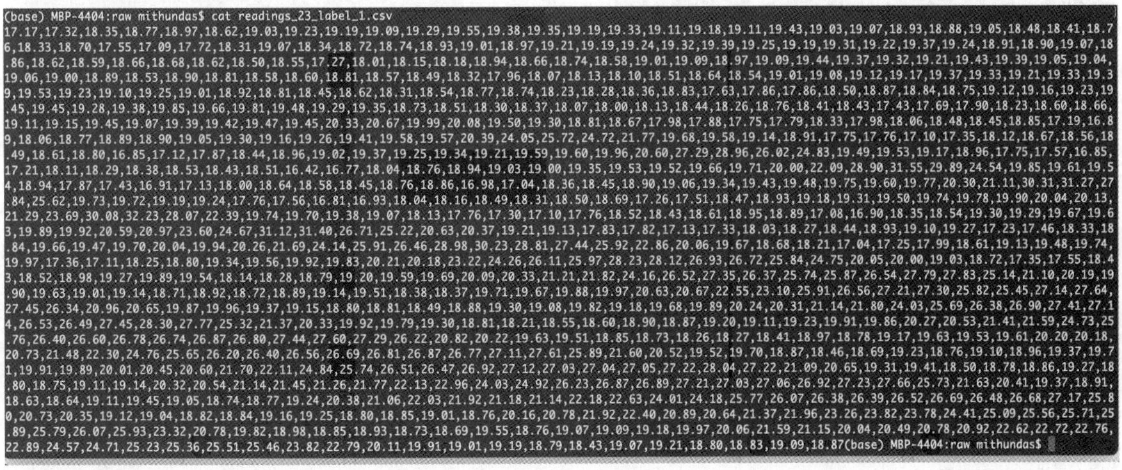

图 4 文件内容

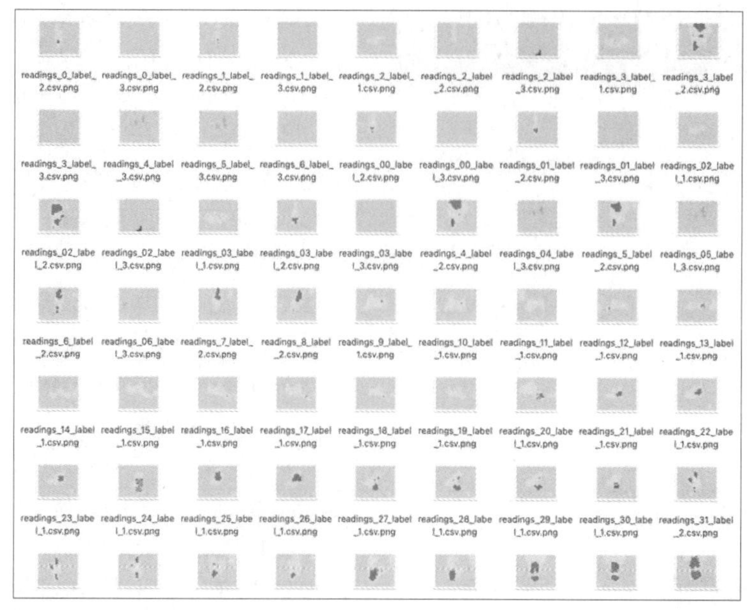

图 5 数据的可视化呈现

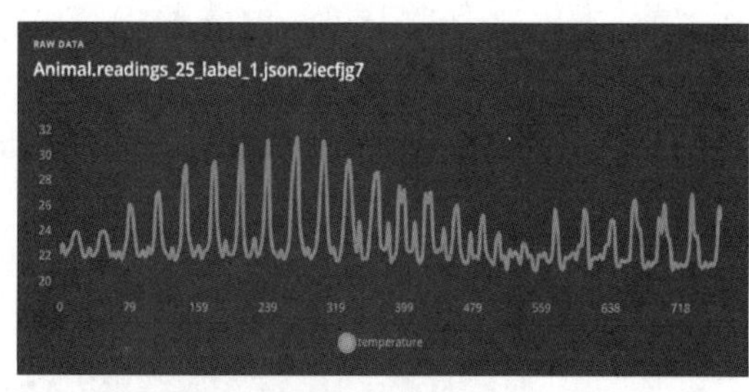

图 6 红外热成像模块图像数据的 768 个数值

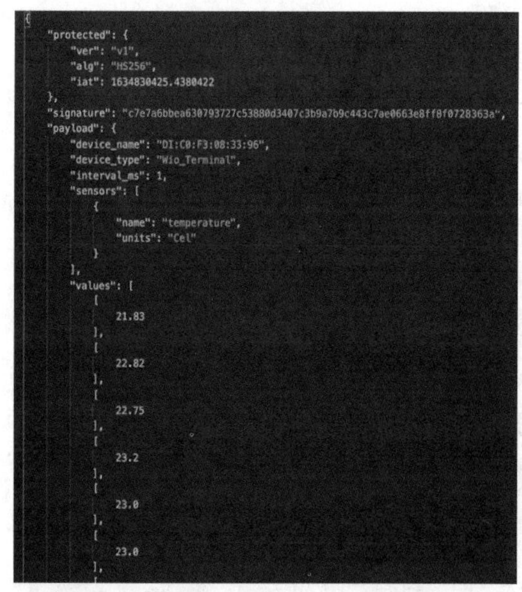

图 7 数据转发程序截图

以时间序列排序的原始数据，但红外热成像模块的数据是非时间序列的。它是一个 32×24 的数组，其中包含 768 个离散值。所以要进行数据转发的话，我们要将其视为单通道中间隔 1ms 的 768 个时间序列数据。这样说有点抽象，图 6 会更直观地展示我所说的意思。

从图 6 可以看到，每一张图像中所代表的 768 个数值，变成了间隔为 1ms 的时间序列数据。在将数据上传到 Edge Impulse 之前，我们需要将这些数据进行格式化。

打开 data-formatter.py 文件，粘贴之前我们复制的 HMAC Key，然后运行程序。

这个程序将为每个 CSV 文件创建一个 JSON 文件，并将它们存储在 /data/formatted_data 文件夹中。你可以从图 7 所示的程序截图中看到数值已经变成以 1ms 为间隔的时间序列数据，这里唯一的传感器数据通道代表的是温度数值。

我们准备好数据后，就可以用 Edge Impulse CLI 工具上传数据了。上传之前，我们需要安装好 CLI，大家可以在网上搜索安装教程来设置 CLI。

通过 cd 命令进入 formatted_data 文件夹，然后执行下面的命令。

```
edge-impulse-uploader --category split *.json
```

这个命令会将所有 JSON 数据上传到我们前面创建的 Edge Impulse 项目中的“数据采集”页面（见图 8）。

（4）创建和训练模型

现在我们就收集好数据了，接着在 Edge Impulse 上创建、训练我们模型。前往 CREATE IMPULSE（创建模型）页面。

在图 9 所示的页面中单击“Add an input block（添加输入块）”，然后在图 10 所示页面选择“Time series data（时间序列数据）”，将“Window size”和“Window increase”的大小都设置为 768ms，这样设置是为了跟我们 JSON 数据中间隔为 1ms 的 768 个值进行对应。接下来，单击“Add a processing block（添加处理块）”，选择“Raw data（原始数据）”。

然后，单击“Add a learning block（添加学习块）”，选择 Keras 分类 Classification，然后单击“Save Impulse（保存模型）”按钮。

然后在 CREATE IMPULSE（创建模型）页面，单击“Raw Data（原始数据）”跳转页面，保留页面上的默认值并单击

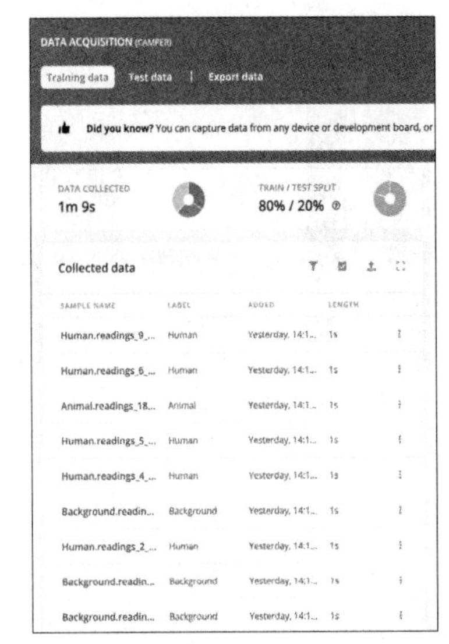

图8 数据采集页面

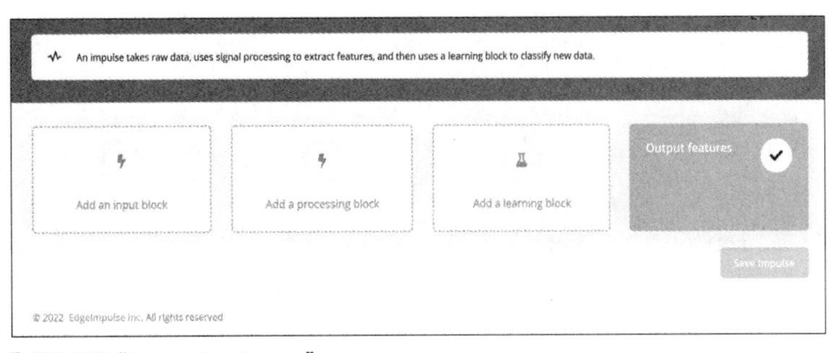

图9 单击“Add an input block”

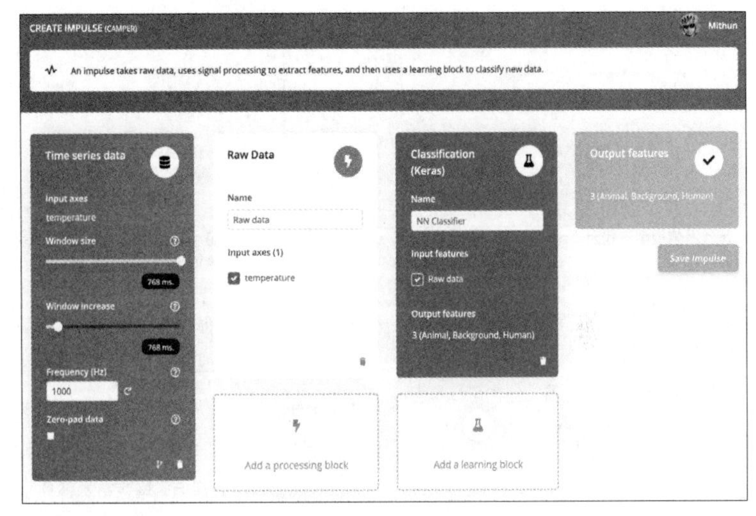

图10 创建模型

“NN Classifier（NN 分类器）”，跳转到训练配置页面，我们需要在这个页面设置模型训练周期和学习率。完成后单击“Start training”开始训练模型，等待模型训练完毕。

模型训练完毕后，单击“Model testing”导入一个上升序列的CSV文件或者下降序列的CSV文件进行模型测试，注意导入的CSV序列不可与之前导入的训练序列相同。测试后观察测试结果，我的测试结果如图11所示。

模型表现出的性能一定要尽可能好，如果模型表现不佳，我们可以收集更多数据并重新训练模型。

（5）将模型下载为Arduino库

在Edge Impulse上前往部署页面，选择“Arduino”（见图12），这一操作会将模型以Arduino库的形式下载为ZIP文件。将这个库导入Arduino IDE。如果你的项目名称用的是“camper”，那么你的Arduino库文件就应该是camper_inferencing.h。

2. 设置AWS IoT

最开始做这个项目的时候，我是通过Wi-Fi连接向AWS IoT发送监测数据的。这样首先要让Wio Terminal连接Wi-Fi，然后更新它的设备固件，更新过程也不难，参考官方教程进行即可。而要连接到AWS IoT，我们还需要创建一个“Thing”，使用证书连接创建的“Thing”。矽递科技官方GitHub账号提供了一个实用的Python程序（Seeed-Studio/Seeed_Arduino_rpcAWS/tree/master/tools/create_thing），内含这个步骤所需的所有资源。我在我的另一个项目教程“Scale

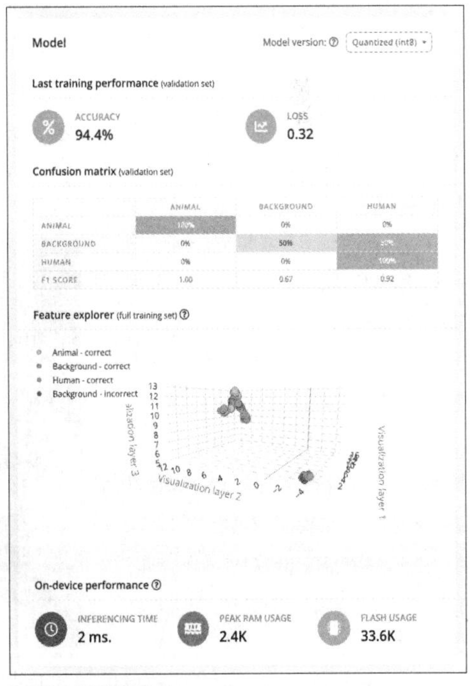

图11 模型测试结果

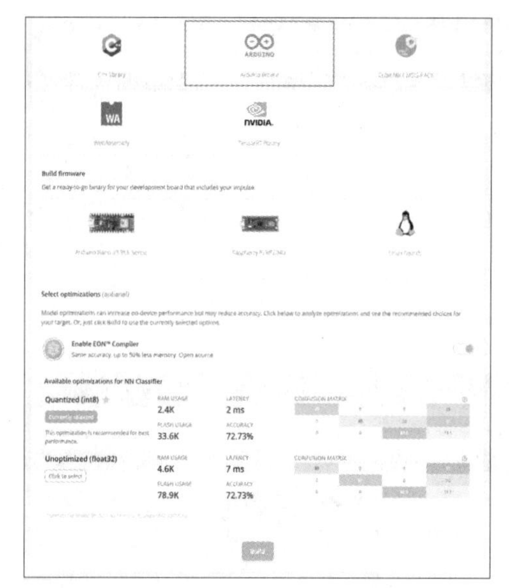

▌图 12 将模型下载为 Arduino 库

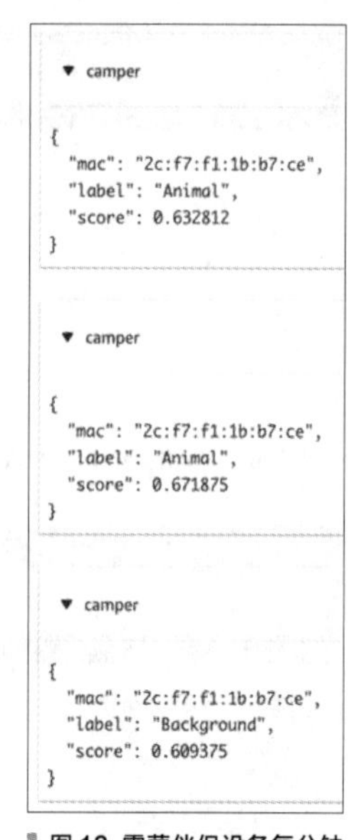

▌图 13 露营伴侣设备每分钟向 AWS IoT 发送数据

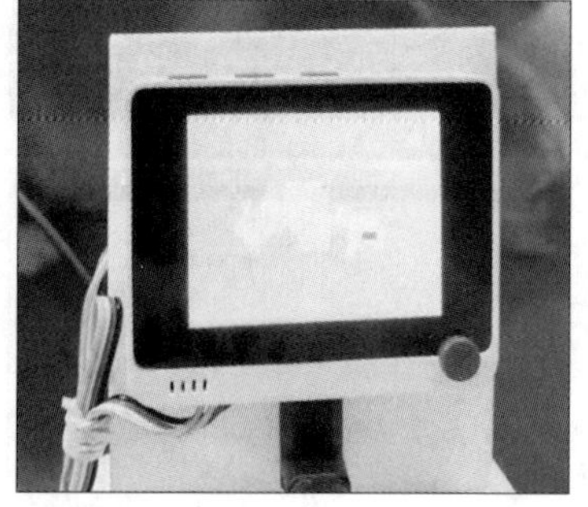

▌图 14 家中宠物测试

Your Fleet Of TinyML Solutions（扩大 TinyML 解决方案的规模）”中，也详细解释了 AWS IoT 的设置，你也可以参考这个项目教程进行相应的操作。

矽递科技的 create_thing.py 程序可以输出证书和私钥。将证书和私钥复制粘贴到 config.h 文件中。

另外，还需要输入我们的 Wi-Fi 凭证和 AWS IoT 的主机地址。修改完成后，将 WIO_Camper_Inference.ino 程序上传到 Wio Terminal，这样我们就完成了所有设置。

现在，这个露营伴侣设备将会每分钟向 AWS IoT 发送数据（见图 13），当其检测到动物或人类靠近时，露营伴侣设备会通过 Wio Terminal 自带的蜂鸣器发出警报声，实现野外露营夜间的安全守护。

图 14 所示是我在家用我的狗做的一个简单测试，后续我也会前往附近的动物园进一步测试设备和模型的精准度。

由于数据已经同步到 AWS IoT，所以我们还可以做更多有趣的延伸，例如将数据发送到 DynamoDB，进行一些分析，或使用 Amazon Pinpoint 向移动设备推送通知，比如向手机发送短信通知等。

项目原型基本实现后，我对这个项目做了全面复盘。因为主要项目应用场景定义为野外露营，所以项目原型阶段依赖 Wi-Fi 就显得不太适用，毕竟基本野外是没有 Wi-Fi 的。所以我计划对项目进行改进，改进方向如下。

一个方案是可以开发一个 App，通过蓝牙连接 Wio Terminal，这样 Wio Terminal 就可以将数据发送到 App，不需直接向 AWS IoT 发送数据，然后 App 再将数据发送到 AWS IoT，这样就可以解决依靠 Wi-Fi 传输数据的缺点。我在另一个项目中也尝试过这样的方法，可靠性还是比较高的。

另一个更好的方案就是完全断掉项目对 Wi-Fi 或蜂窝网络的依赖，让设备直接通过 LoRa 网络（TTN 或 Helium）发送数据。然后 TTN 或 Helium 将消息委托给 AWS IoT。这个方案，我以前也用过，效果也不错。后面我会带着大家用 LoRa 网络协议的 Helium 接入，并与 AWS IoT 连接。

根据上面的改良方向，我做好的第二版设计成品如图 15 所示。

3. Helium网络接入与AWS IoT连接

Helium 是一个为了让低能耗物联网设备与互联网连接互通所建立的点对点无线

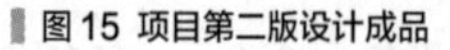

▌图 15 项目第二版设计成品

图 16 改良后的硬件连接

网络，它主要通过 LoRaWAN 网关为支持 LoRaWAN 协议的物联网设备提供公共的无线网络覆盖，使物联网设备更方便地接入互联网和传输数据。该网络覆盖率增长极快，覆盖范围也很广，对于户外露营来说，这是一个很不错的选择。

硬件部分要记得将 Wio Terminal LoRaWAN 机箱中自带的天线按照官方指南安装上，红外热成像模块则通过 I^2C 接口与 Wio Terminal 电池盒相连，随后将电机连接到 Wio Terminal 电池盒的数字引脚 0（见图 16），将电池盒放置在 Wio Terminal LoRaWAN 机箱顶部，再将 Wio Terminal 放置在电池盒的顶部，随后将代码 WIO_Camper_Inference_lora.ino 上传到 Wio-Terminal 中。

关于LoRaWAN协议

在继续下一步之前，有些关于 LoRaWAN 的基础知识需要先了解一下，因为我们需要根据各自实际情况修改上方提及的代码。LoRaWAN 是一种建立在 LoRa 无线电调制技术之上的低功耗、广域网络协议，它将物联网设备以无线的方式连接到互联网，并能对终端节点设备和网络网关之间的通信进行管理。每个国家或地区都有特定的频段和数据速率（DR），根据各地的数据速率，最大数据有效负载的大小会有所不同。在我的示例代码中，所在地的频段是 US915，数据速率是 DR0（理论应为 DR2），它的最大有效负载为 11 字节。理想情况下，DR2 可以在 Helium 中使用，但因为我没有把 Wio Terminal 机箱调通为 DR2，所以就用了 DR0 代替，但这并不影响，因为其有效负载为 10 字节，完全够用，相关代码如下。

```
E5_Module_Cmd_tE5_Module_Cmd[] ={
{"+AT: OK",1000,"AT\r\n"},
{"+ID: AppEui",1000,"AT+ID\r\n"},
{"+MODE",1000,"AT+MODE=LWOTAA\r\n"},
{"+DR",1000,"AT+DR=US915\r\n"},
//{"+RATE",1000,"AT+DR=0\r\n"},
{"CH",1000,"AT+CH=NUM,8-15\r\n"},
{"+KEY: APPKEY",1000,"AT+KEY=APPKEY,
\"2B7E151628AED2A6ABF7158809CF4F3C\"
\r\n"},
{"+CLASS",1000,"AT+CLASS=A\r\n"},
{"+ADR",1000,"AT+ADR=OFF\r\n"},
{"+PORT",1000,"AT+PORT=2\r\n"},
//{"+LW",1000,"AT+LW=LEN\r\n"},
{"Done",10000,"AT+JOIN\r\n"},
{"Done",30000,""},
};
```

如果你的所在地跟我不一样，那么使用这段代码时，就需要修改其中的频段、频道和端口，具体地区对应的数据，大家可以自行上网查找。

在Helium上注册你的设备

接下来，我们需要在 Helium 控制台上创建一个账户，用来注册我们的设备。此外，我们还需要 Data Credits（用于发送数据）。进入控制台后，前往设备页面并添加新设备。Helium 控制台页面如图 17 所示。

我们需要 Dev EUI、App EUI 和 App Key。在 Wio Terminal 上，将蓝色按钮向左滑动并按住，直到出现设备信息。在 Helium 控制台上的设备中输入此信息。如果你的 Wio Terminal 仍然连接着 Arduino IDE，那么设备信息也会打印在串口监控器上，可以从那里复制设备信息。大家也可以在网上获取详细说明。注册设备后，我们需要创建一个标签（见图 18）。

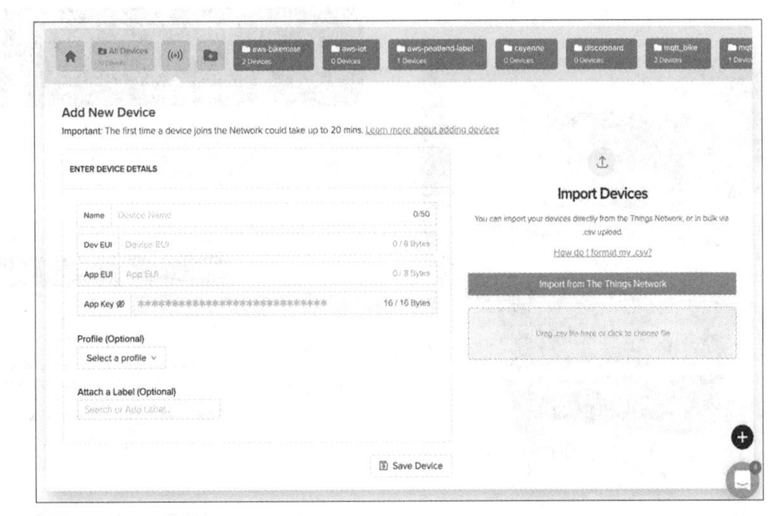

图 17 Helium 控制台

接下来，我们需要创建一个函数。前往 Functions 函数页面，输入名称并选择自定义脚本，然后复制下面的 JavaScript 代码并保存。此时，你应该会在 Helium 实时数据部分看到来自你的设备的数据，如图 19 所示。这里要注意，有效负载大小为 10 字节，任何长达 24 字节的数据包都将消耗 1 个 Data Creadit。

AWS集成

这部分按照 Helium 官方网站提供的教程进行 AWS IoT 集成即可。

集成完成后，访问 Helium 控制台的 Flows 页面并参考图 20 创建一个工作流程。这个工作流程会将你的设备标签连接到 AWS IoT 集成并应用自定义脚本来解密 Base64 编码的字符串。现在，我们需要创建一个 lambda 函数，你可以在我的 lambda 文件夹下找到 lambda 代码。为了便于部署，我提供了一个 deploy.sh 文件，它将从命令行直接部署 Python 代码。你只需要先配置 AWS CLI，就可以运行这个代码，这个步骤很简单，所以我就跳过配置步骤。但请注意，这里你需要设置 Telegram 机器人并获取机器人 token 和聊天 ID。大家可以参考我的另一个项目“Smart Bird Feeder Powered by Edge Impulse and Balena Fin（由 Edge Impulse 和 Balena 鳍驱动的智能鸟类喂食器）”获取机器人 token 和聊天 ID。

部署 lambda 后，前往 AWS IoT Core 并创建规则。使用你在Helium控制台上使用的主题名称，并在操作页面下选择你刚刚部署的 lambda 函数（见图21）。

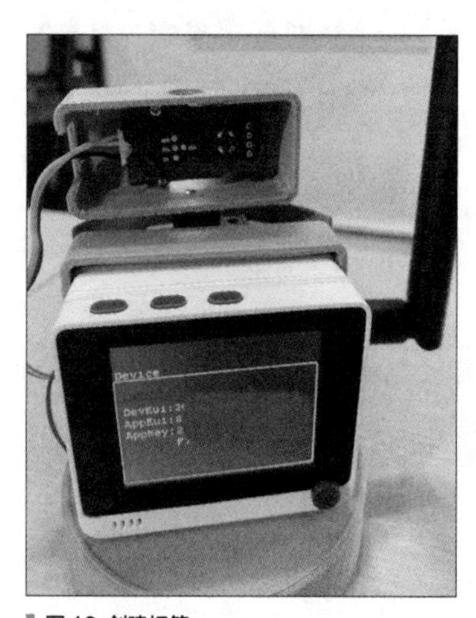

图 18 创建标签

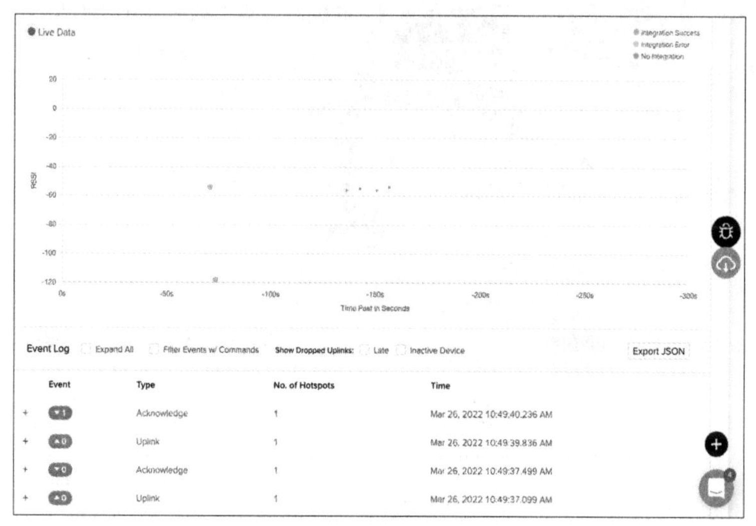

图 19 实时数据显示

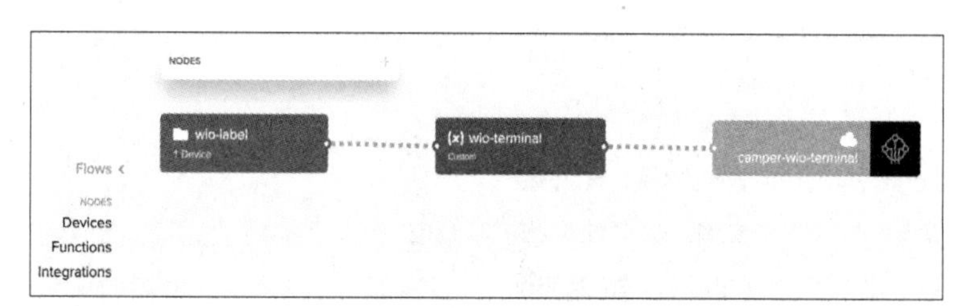

图 20 工作流程

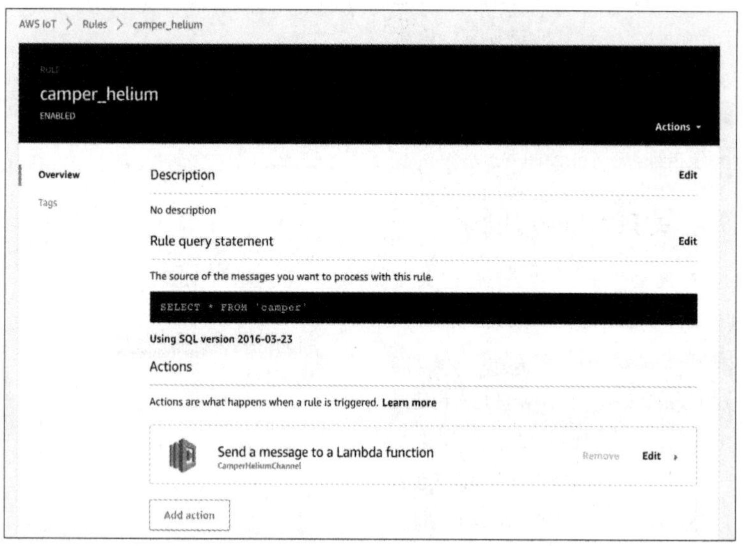

图 21 AWS IoT 集成操作界面

热奶器小助手

郭力

演示视频

项目灵感

图 1 所示的这类热奶器想必大多的奶爸、奶妈使用过。它非常好用，不仅可以热奶，还可以热辅食。不过，大家有时候会因给娃喂奶太过忙乱而忘记关掉热奶器的电源开关。几天前，我就忘了关掉热奶器的开关，导致热奶器工作了一夜，水都烧干了，幸好没出什么事儿。安全无小事，我得想个办法解决这个问题。因此，就有了本次要和大家分享的作品——热奶器小助手。

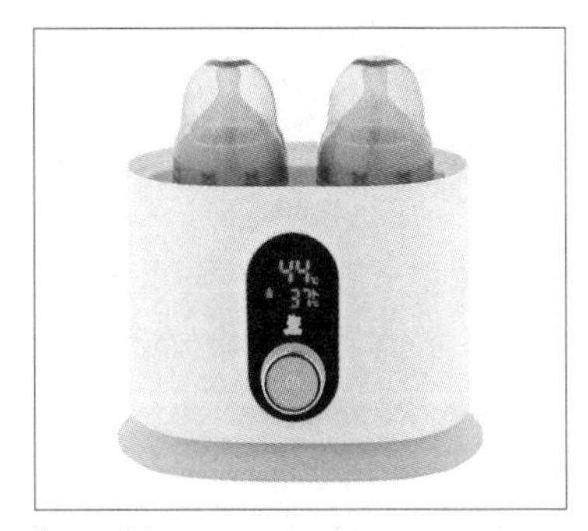
图 1 热奶器

方案确定

我对热奶器小助手功能的初步设想是，当小助手检测到有奶瓶放入热奶器时，热奶器通电；当小助手检测到热奶器中没有奶瓶时，热奶器断电。我梳理了两种可以实现这个功能的方案。

现在，试着将热像仪放在人或动物前，你的手机就会收到通知及 GPS 定位（见图 22）。

最后，大家可以按照我提供的 3D 模型文件打印设备外壳。当然，也欢迎大家发挥创意自行设计。为了改进这个项目，我还给 Wio Terminal 设计了一个太阳能底盘（见图 23），现在它有一个 1100mAh 的电池和一个尺寸为 110mm × 69mm 的太阳能电池板（5V/250 mA）。这样一来，给这个露营伴侣设备充电就更加方便了。

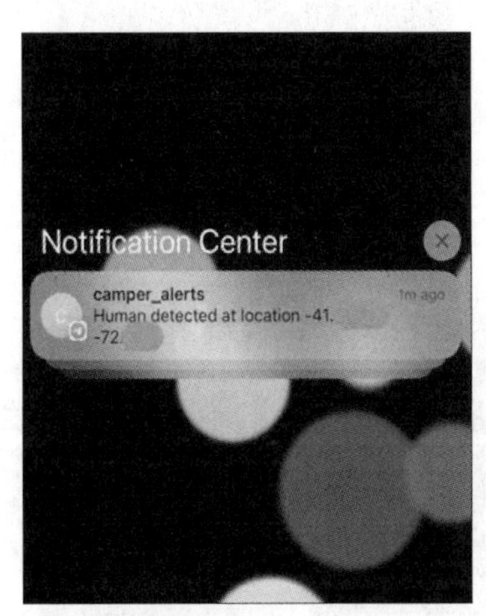

图 22 手机收到通知

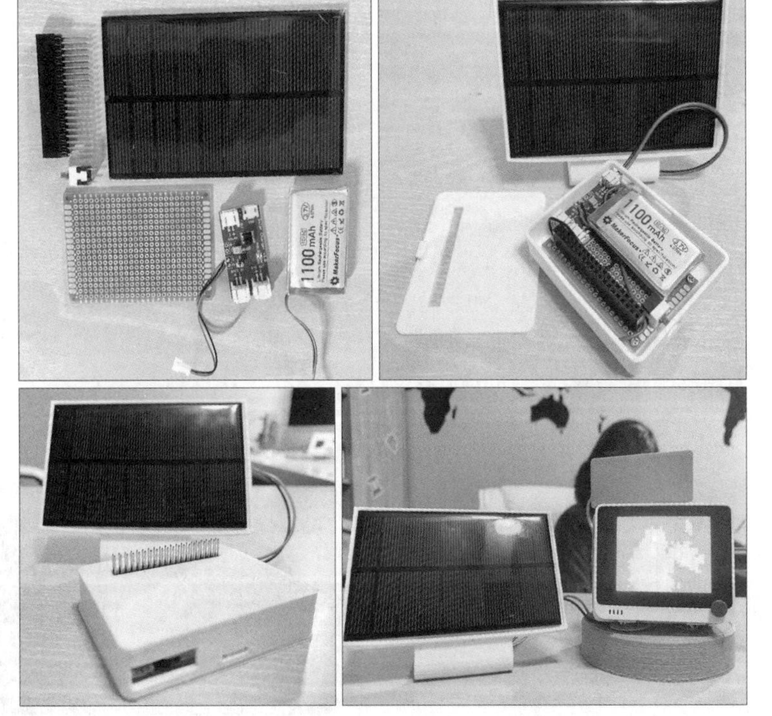
图 23 给 Wio Terminal 增加太阳能底盘

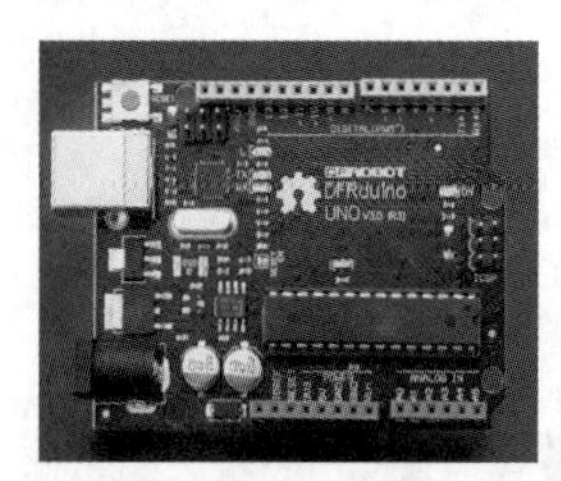

图 2 Arduino Uno

图 3 继电器

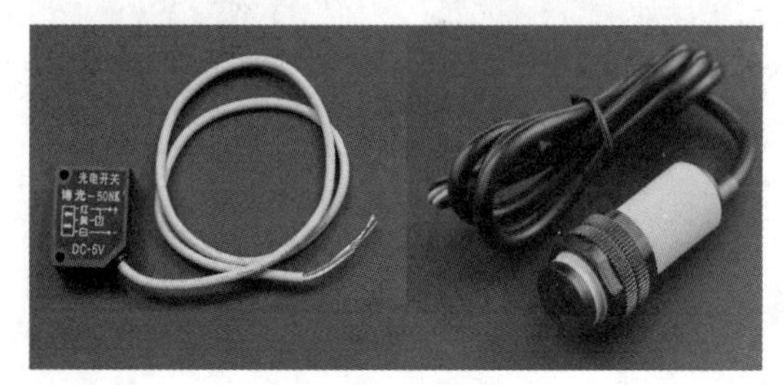

图 4 市面上常见的两种红外数字避障传感器

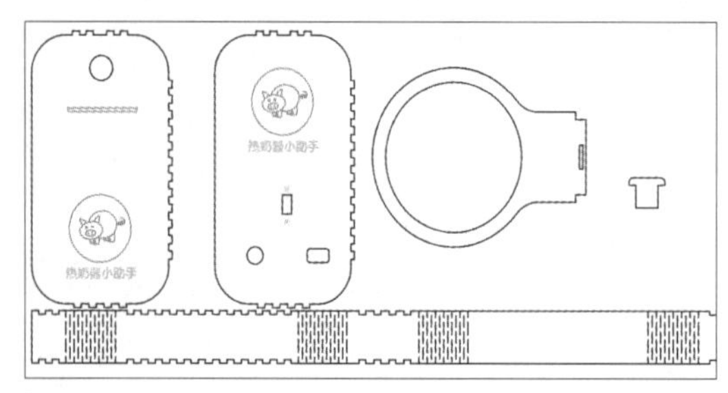

图 5 热奶器小助手的激光切割图纸

方案一：使用可编程的硬件，如 Arduino Uno（见图 2）等，作为主控板；使用传感器，如红外数字避障传感器等，检测奶瓶是否被放置在热奶器中；根据传感器检测到的状态，使用继电器（见图 3）控制热奶器的通电与断电。

方案二：不使用可编程的控制器，直接通过传感器的高低电平驱动继电器通电与断电。此处的传感器可以使用红外数字避障传感器。图 4 所示为市面上常见的两种红外数字避障传感器，其价格与精度有关，大家选择哪种都可以。

我比较了上述两种方案，本着简单、好用、性价比高的原则，我决定使用方案二制作热奶器小助手。不过，在文中，我也会给大家提供方案一所需的电路图。

图纸设计与激光切割

我使用 LaserMaker 设计了热奶器小助手的激光切割图纸（见图 5），设计时需要注意预留传感器、电子元器件的安装位置。为了兼顾美观，我在设计时使用了圆角盒子。设计好图纸后，我使用激光切割机切割 2.5mm 厚的奥松板，切割后得到的激光切割结构件如图 6 所示。

材料清单

制作热奶器小助手的部分材料如图 7 所示，材料清单如附表所示。

附表 材料清单

序号	名称	数量
1	热奶器小助手的激光切割结构件	1 组
2	拨动开关	1 个
3	继电器	1 个
4	红外数字避障传感器	1 个
5	锂电池	1 块
6	充电模块	1 个
7	电源适配器	1 个
8	DC 充电口	1 个
9	XT60 公母接头	1 个
10	插座	1 个
11	插头	1 个
12	导线	若干

材料清单中的插座、插头、继电器、红外数字避障传感器都是我找的废旧物品，其中红外数字避障传感器是我从机器人中拆下来的。如果你没有继电器，我推荐使用 DFRobot 生产的继电器模块（见图 8），因为它的性价比高。继电器有常开引脚和常闭引脚，我们应连接常开引脚，此处可以使用万用表对两种引脚进行区分。

我因为不想把热奶器的电源线剪开接入继电器，所以想了一个折中的办法，——寻找一个旧的插座，使用 XT60 的公母插头作为热奶器的主要电源接口，将热奶器接到旧插座中，然后使用继电器控制旧插座的通电与断电。当然你可以使用其他接头代替 XT60 的公母插头，只要能保证电流符合热奶器工作电流即可。

热奶器小助手使用锂电池供电，因为后续会封装作品，所以我们使用电源适配器给充电模块充电，充电模块再给锂电池供电的方法实现作品的重复使用。

电路连接

热奶器小助手的电路比较简单，其电路连接如图 9 所示，红外数字避障传感器

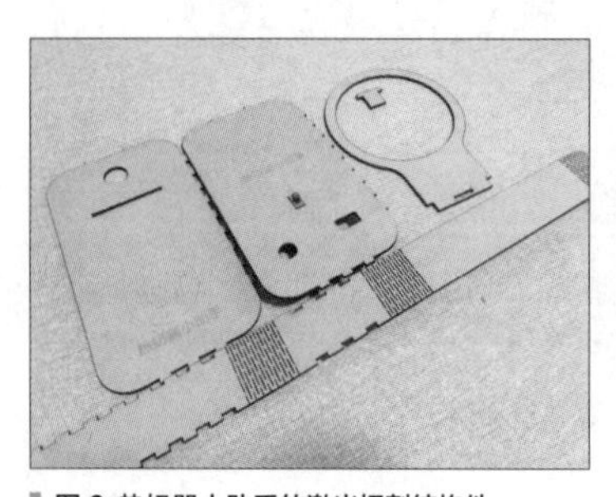

图 6 热奶器小助手的激光切割结构件

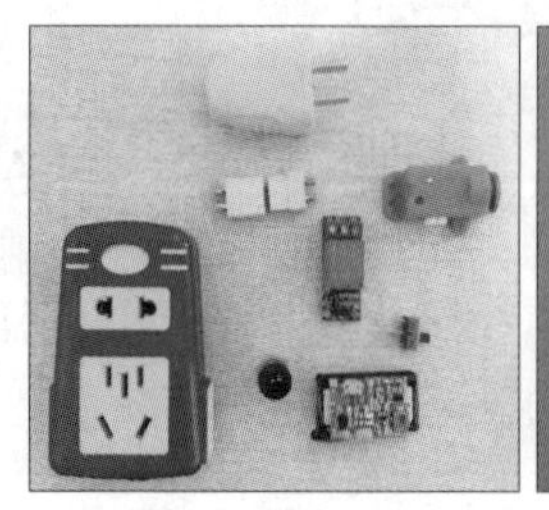

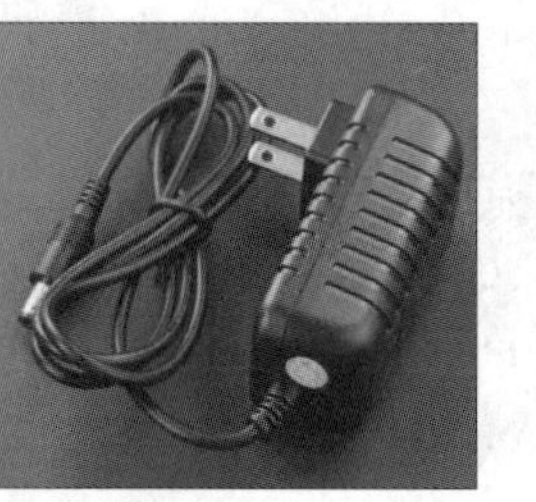

图 7 所需部分材料

图 8 DFRobot 生产的继电器模块

与继电器的信号输入端相连，220V 电源插头与继电器的常开引脚相连。焊接电路时需要注意的是各个部件间正负极的连接。

图 10 为前文介绍的方案一的电路连接示意图。连接好电路后，可以使用 Arduino IDE 或者 Mind+ 编写程序，所需程序比较简单，大家可以自行尝试，本文就不赘述了。

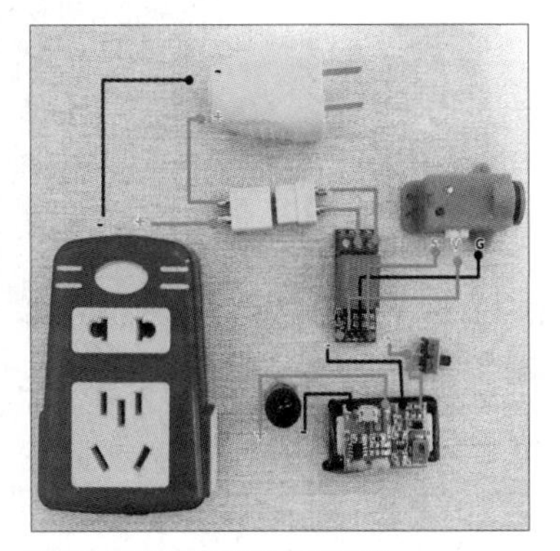

图 9 电路连接示意图（方案二）

组装

热奶器小助手的结构比较简单。组装时，需要先将主要电子元器件安装在热奶器小助手的前面板和后面板上，然后用插销固定用于把热奶器小助手安装在热奶器上的结构件，我在插销处还使用了热熔胶，如图 11 所示。最后，安装可弯曲的侧面板。至此，热奶器小助手就组装完毕了，如图 12 所示。我们再来看一下，热奶器小助手与热奶器结合的效果，如图 13 所示。

在组装时，我发现我在设计图纸阶段忽略了红外数字避障传感器的长度，导致预留位置不足，最后只能将红外数字避障传感器的外壳拆下来，把裸露电路板的传感器安装在热奶器小助手的内部。这个小疏忽，再一次体现了在图纸设计环节考虑后续装配问题的重要性。

总结

我们还可以给热奶器小助手增加联网功能，通过手机 App 远程控制热奶器的打开与关闭。此外，为防止热奶器中的水将奥松板溅湿，我们可以把奥松板换成亚克力板，使用亚克力板也会使热奶器小助手更加漂亮。

其实生活中，还有许多值得我们发现的小问题，只是可能因为它们太不起眼，所以很容易被我们忽视。我们要知道，制作一个作品的技术难点可以通过学习去掌握，而创新是难能可贵的，我认为拥有一双善于发现问题的眼睛、勤于思考的大脑和肯于行动的双手，便可实现更多的创意。造物让生活更美好，我们下次再见。

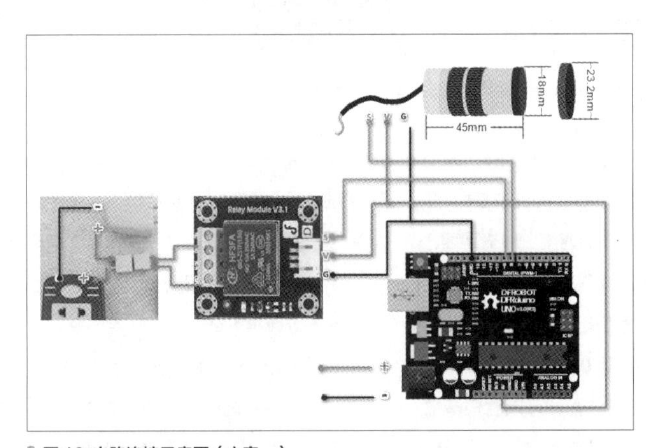

图 10 电路连接示意图（方案一）

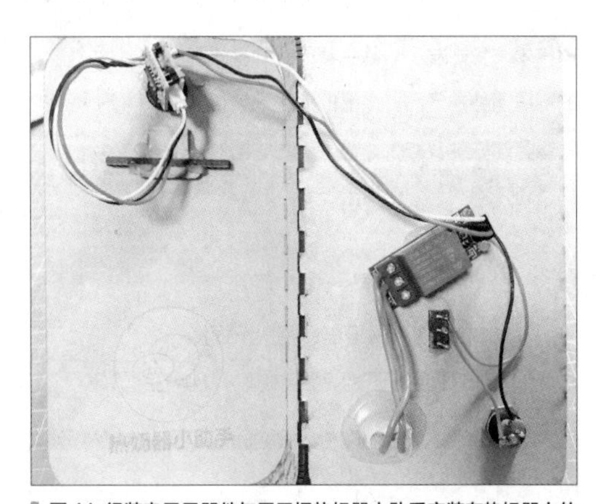

图 11 组装电子元器件与用于把热奶器小助手安装在热奶器上的结构件

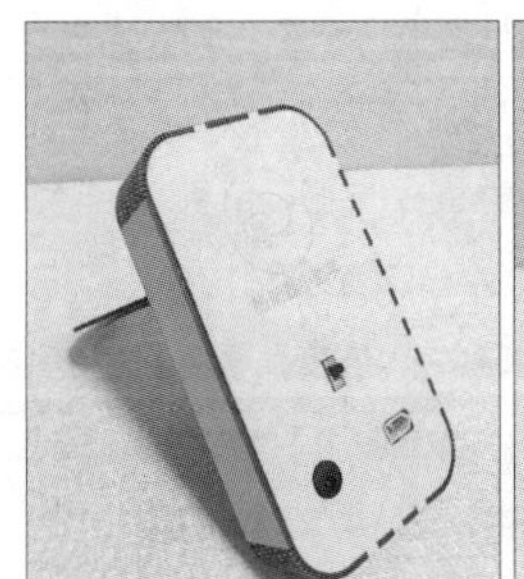
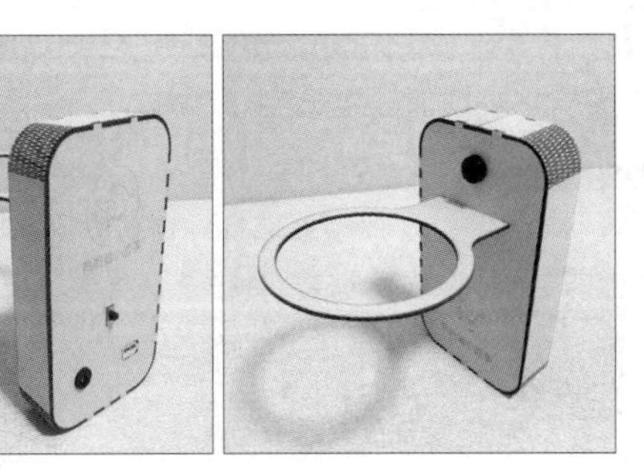

图 12 热奶器小助手实物

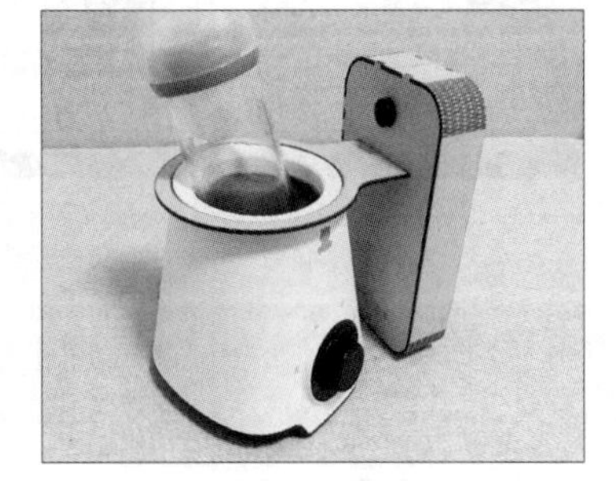

图 13 热奶器小助手与热奶器结合的效果

OSHWHub 立创开源硬件平台 立创课堂

演示视频

Yap Cat1 物联网通信终端机

柴松（miuser）

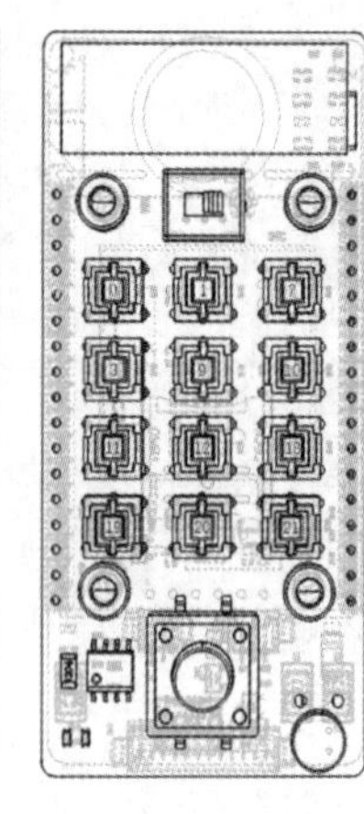

易学

H5页面直控硬件

AT单指令完成操作

积木化，即买即用

开源

核心板电路开源

控制固件开源

云平台代码开源

App代码开源

通信协议开源

前言

万事开头难！物联网可以互联万物，这听起来很酷，但问题是从哪儿入手学习？物联网本身属于跨界技术，它涉及电路设计、嵌入式编程、网页技术、云服务器编程，甚至还有机械设计，这些知识门类光是听起来就令人头大。

为了能让小伙伴们尽快上手学习物联网技术，我开发了一款完整的、到手即用的物联网终端产品。产品的遥控端软件、云服务端软件及协议、硬件电路、固件源码通通开源，完整分享给读者朋友。

简介

Yap Cat1 物联网通信终端（下面简称 Yap 终端机）基于上海合宙物联网出品的当红物联网模块 Luat Air724，采用蜂窝物联网 4G LTE Cat1 通信技术，在网络覆盖、能耗、传输速度、传输距离、传输延迟各方面都有不错的性能。同时，Yap 终端机兼具通信和边缘数据处理功能，数据传输、运算性能俱优，扩展性强，可以胜任多数物联网应用场景。它不仅是高校学生朋友们入门物联网技术的最佳工具，也是行业人士进行物联网设备研发的利器。

基本功能：

4G Volte 语音

USB 无线上网

串口DTU 通信

扩展控制：

点阵流水灯

液晶显示屏

常见传感器

舵机、继电器

图 1 Yap 终端机 3D 渲染及基本功能介绍

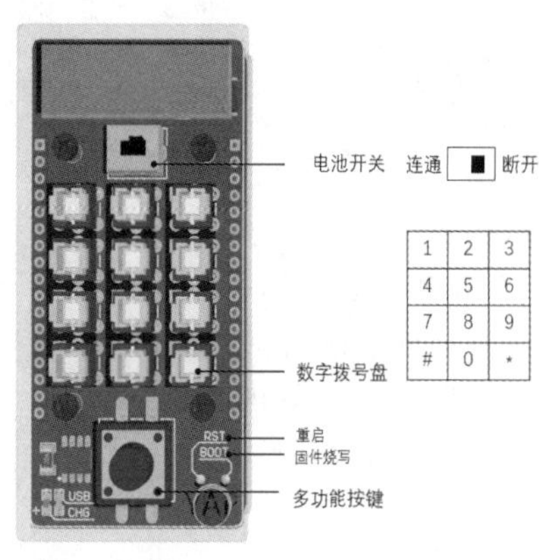

图 3 按钮功能

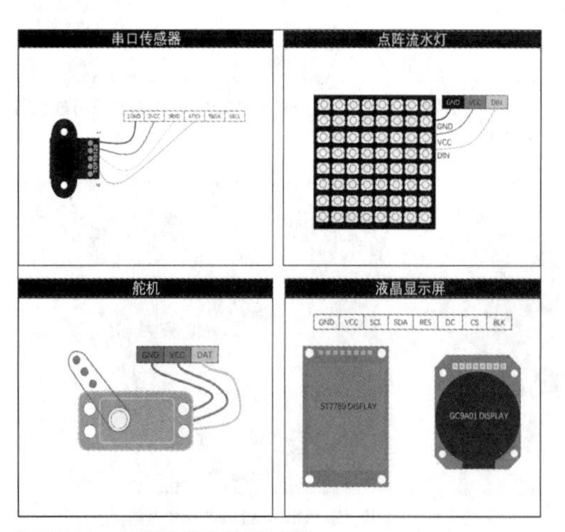

图 2 Yap 终端机可以驱动多种设备

Yap 终端机具有 4G Volte 语音、USB 无线上网、串口 DTU 通信三大基本功能（见图 1）。除此之外，得益于内置的上海合宙独创的 Luat 虚拟机技术，Yap 终端机可以作为边缘物联网控制节点独立使用，驱动各类传感器、执行器完成数据采集、数据传送、逻辑控制等操作。Yap 终端机驱动设备类型广泛，包括测距仪、显示屏、LED 阵列、电机、舵机等，如图 2 所示。这里补充一点，Yap 终端机驱动设备目前还在研发测试阶段，后续会陆续开源，本次开源的是主控器部分。Yap 终端机各按钮功能、显示屏及指示灯功能和接口功能如图 3~ 图 5 所示。

Yap 终端机还可以作为 Volte 语音终端和 IoT 数据终端，如图 6 所示，Yap 终端机可以支持 4G 语音通话，支持计算机通过 Yap USB 接口连接互联网，支持串口设备通过 Yap 虚拟串口收发数据，支持 App 远程遥控，支持中文语音朗读，支持外部扩展。

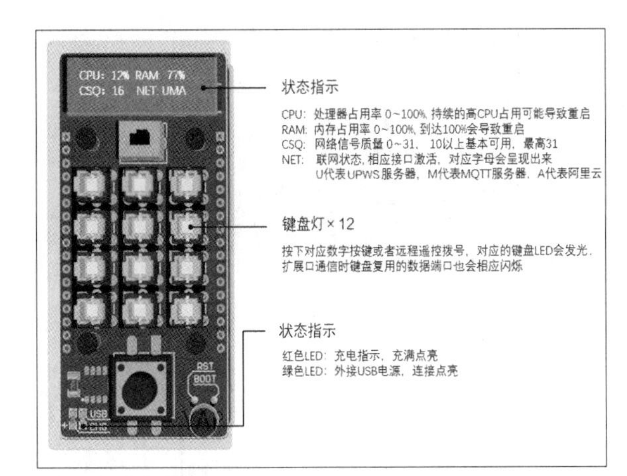

图 4 显示屏及指示灯功能

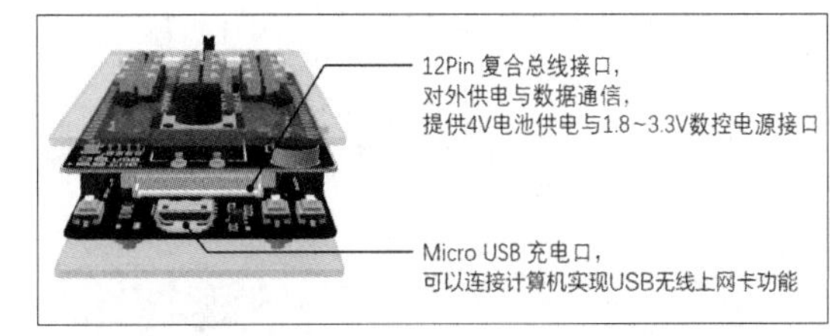

图 5 接口功能

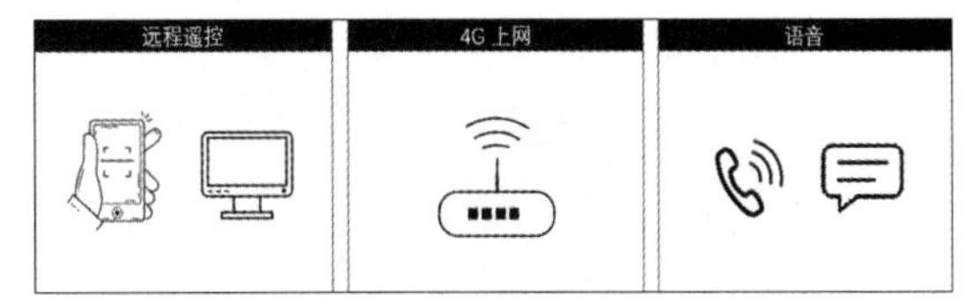

图 6 Yap 终端机的一机多用

制作步骤

1. 电路讲解

Yap 终端主要由两部分构成，上部为 Yap 按键灯控板，下部为 Cat1 Phone Core 核心板，另外还包含扬声器、电池等简单外设。其中 Cat1 Phone Core 可以作为核心板独立使用，完成主要功能，按键灯控板仅作为外部辅助输入设备和提供电池供电。

（1）核心板

核心板部分采用上海合宙出品的 Cat1 通信模块，由于其设计高度集成，外围元器件非常简单。Air5033 开关电源模块构成的 3.8V 降压电路负责将 5V 电源降压为 3.3V，串口电平转换电路负责将模块的 1.8V 通信电平转换为 3.3V。模块的 I/O 接口默认电压为 1.8V，3 个状态指示 LED 也接了一个简单的共射极放大电路，用来提供适合 LED 的驱动电压和电流。电路板还板载了 SIM 卡座用于安装物联网卡，已经板载的简易 4G 天线用于通信信号的发射与接收，核心板电路如图 7 所示。

（2）按键灯控板

按键灯控板主要由 12 个带灯按键构成，每个小灯连接到 Air724 的一个 GPIO 接口，按键灯既可以通过按下按钮导通发光，也可以通过模块内置的 I/O 接口上拉发光。按键灯控板上方配有一个比较常见的 0.91 英寸 128 像素 ×64 像素的 OLED 显示屏，用于显示网络连接状态和接收到的命令，驱动芯片为 SSD1306，驱动方式为 I²C 总线。按键灯控板还有一个 TC4056 构成的简易锂电池充电电路。Yap 终端机的终端设备接口也在按键灯控板上，该接口是一个复合接口，由串口显示屏接口、串行外设接口（SPI 总线）、1.8V TTL 串行接口（UART）和锂电池供电共用接口构成。按键灯控板电路如图 8 所示。

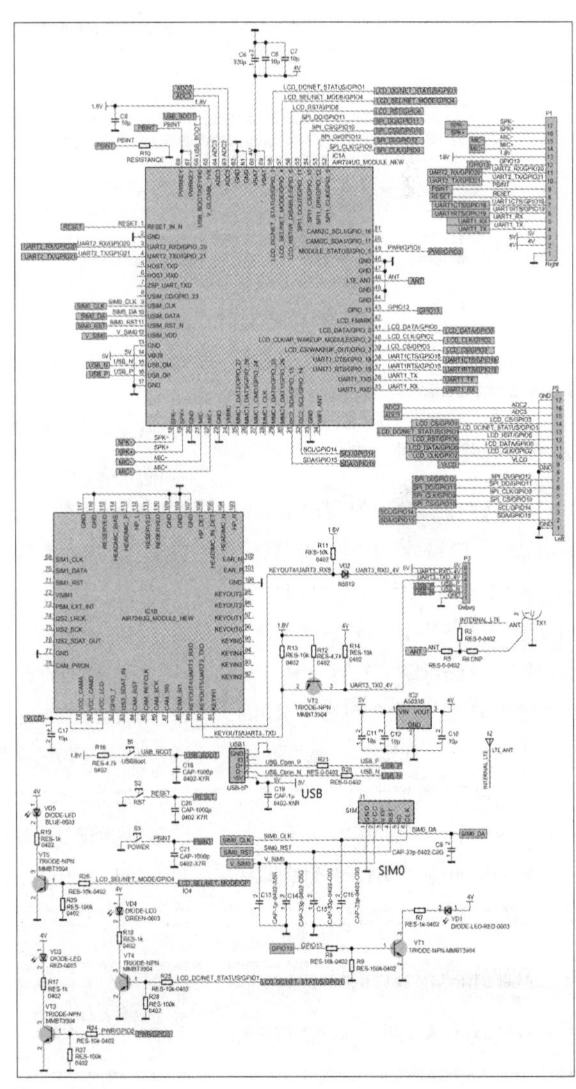

图 7 核心板电路

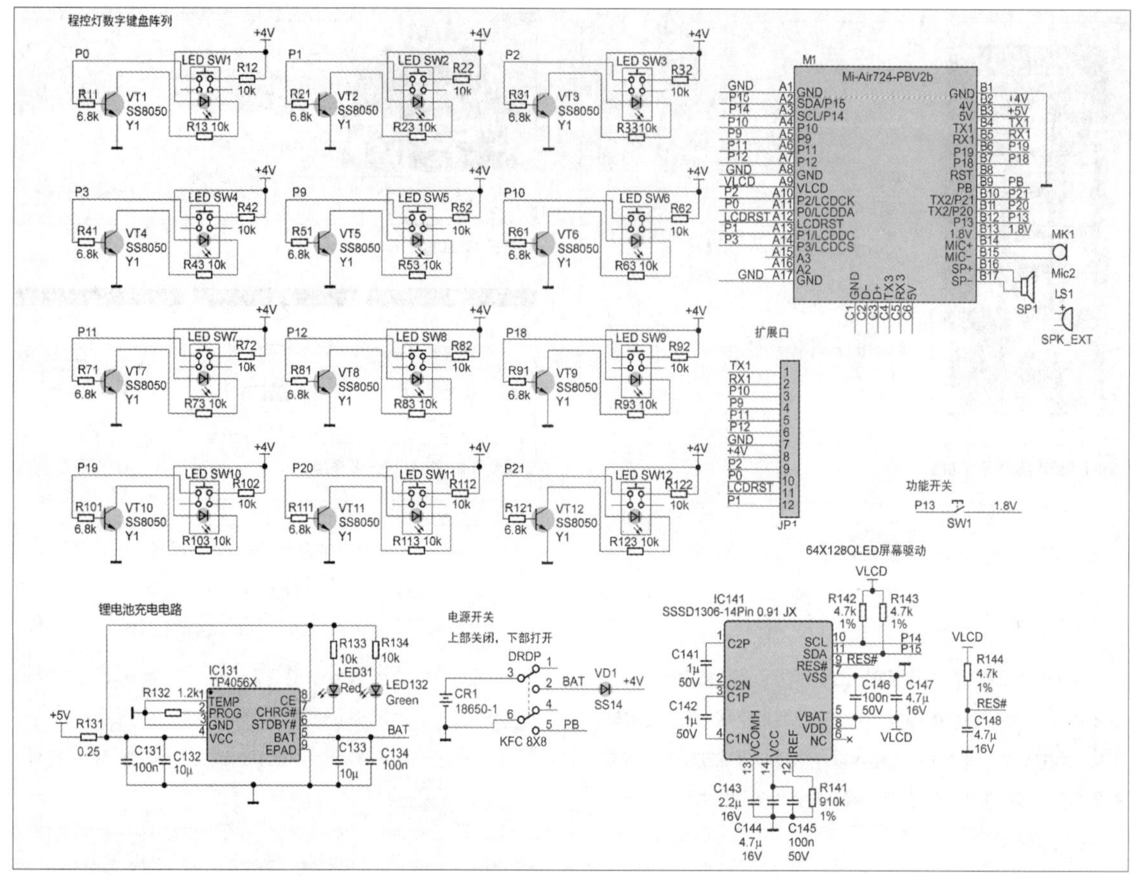

图 8 按键灯控板电路

2. 重要元器件说明

本终端的核心元器件为上海合宙物联网出品的 Air724 Cat1 物联网通信模块，基于紫光展锐集团出品的 UIS8910DM 芯片组。该方案是目前市场上性能最稳定、集成度最高、使用最广泛的全国产化 Cat1 物联网通信方案。上海合宙提供了公司自研的免 MCU Luat 开发方案，极大简化了物联网硬件的开发强度，降低了开发门槛。Yap 终端机的大部分功能也是基于 Luat 技术完成的。笔者认为 Air724 模块可以称得上是物联网学习入门的捷径。

3. 原理图和PCB设计说明

Air724 模块本身需要的核心外围元器件很少，供电范围为 3.3~4.2V，再加上 SIM 卡和天线即可工作。所以 Yap 终端机的外围电路都是为了驱动外部设备所增加的适配电路，如 LED 指示灯驱动电路、串口电平转换电路、5V 至 3.8V 开关降压电路等，电路非常简单。

上海合宙公司在硬件设计手册上对常见外设电路都提供了参考设计，这个电路设计基本是复制设计手册上的参考设计。OLED 驱动和充电电路我是参考了立创开源平台上“技小新”同学的设计得来的。

PCB 设计如图 9 所示，除了天线和 USB 部分的设计需要稍微注意下走线宽度和线间距，其他没有什么设计难度。板子设计采用了双面布线和双向贴件，相对密度较大，这主要是为了节省空间和成本。

4. 结构设计说明

核心板和按键灯板通过 2.54mm 间距的排插连接，中间有一段空间，刚好可以容下扬声器和 1 节 300mAh 的锂离子聚合物电池，用厚的双面胶固定就可以了。

3D 打印是目前比较流行的外壳制作方式，但是我实在不擅长 3D 建模，所以采用的是 2D 的结构。用两块 3mm 厚的透明亚克力板开孔切割得到上、下盖板，然后通过 4 个 2.5mm 的尼龙螺丝钉进行锁

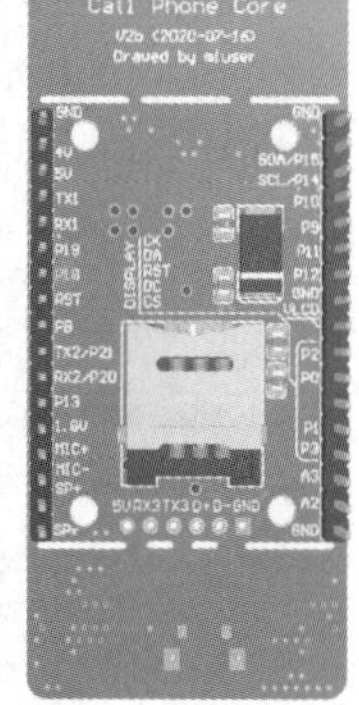

图 9 PCB 设计

Yap App特点：

基于HTML5+JavaScript，
同一套代码兼容手机、平板电脑、
PC 浏览器，
支持微信、支付宝、浏览器扫码打开

图 10 Yap App 特点

紧，两边的 2.54mm 排插刚好起到了支撑亚克力外壳的作用。

软件

其实Yap终端机80%工作在于软件，这些也是完全开源的。为了实现一个最基本的物联网控制方案，至少需要 3 个构成部分。

1. 手机主控端

Yap 终端自带的 App 为采用开源方式提供的 HTML5 格式的网页文件，采用非加密纯文本方式存储，可以直接保存在本地，并上传到个人主页上。GitHub 也提供最新版的 App 源码。App 与终端采用 UPWS 开源网络通信协议，网页端底层基于 WebSocket 协议，采用 JavaScript 进行控制，如图 10 所示。

2. 物联网服务器

UPWS 服务端是一个独立的可执行 Win32 服务端程序，用于桥接终端 App 和物联网硬件。App 端为 WebSocket 接口的静态 HTML 页面，硬件端基于合宙 Luat 通信模块。模块与服务器通信使用 UDP 协议通信。

基本通信方式如下：HTML5 页面通过 WebSocket 接口发送一个自定义的字符串报文给服务端，服务端根据报文中的 ID 把报文转发给相同 ID 的 UDP 硬件设备或 UDP 测试程序。

图 11 焊接所需元器件与焊接好的板子

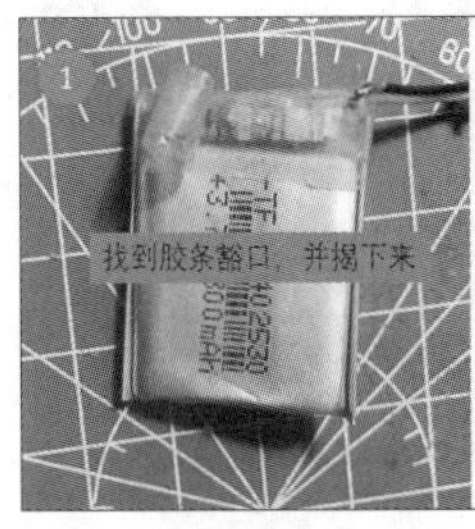

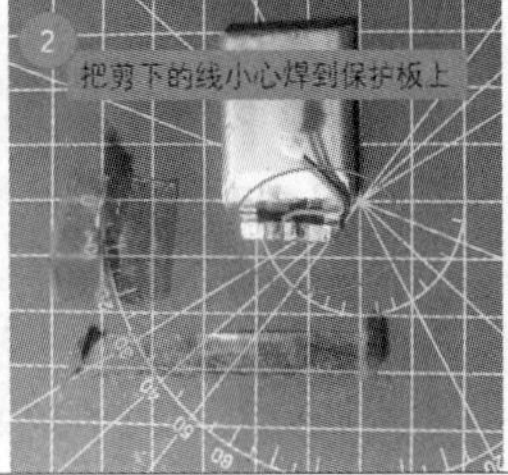

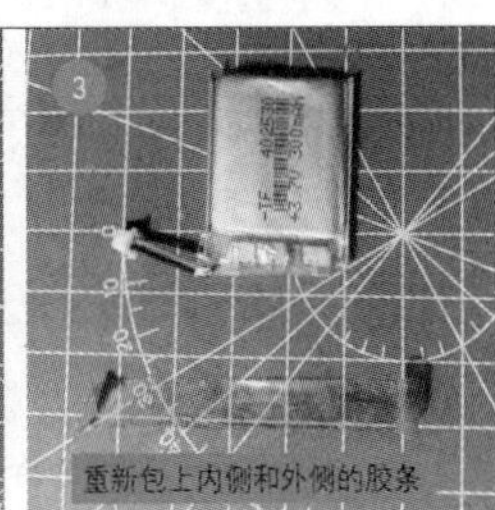

图 12 处理锂电池

3. Yap固件

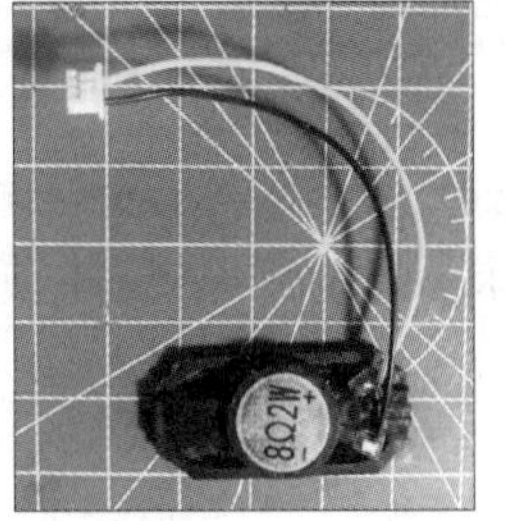

图 13 扬声器

图 14 安装锂电池和扬声器

Yap 固件是基于 midemo 开源固件完成的，该固件负责硬件电路协同工作、解析并处理与物联网服务器的通信，如驱动各类外设、Volte 通话、短信收发、中文语音朗读、显示屏驱动、远程数据收发等。

制作注意事项

Yap 终端机本身的制作并不困难，用本文提供的电路图可以直接在嘉立创免费打样，所有零件都可以在立创商城购得，Air724 模块可以从合宙官方淘宝店以 29 块钱的首件价购得，外壳可以在网上选一家定制亚克力板的店进行加工，我的打样费在 20 元左右，最终硬件总成本在 100 元以内。Air724 模块的封装采用的是四周邮票孔加底部焊盘，四周用普通的恒温烙铁配合刀头焊接会比较容易，用尖头焊接也行，多加热一会儿也没事，模块很皮实。底部的焊盘，无须借助风枪，把焊锡丝从背部的过孔扎进去，直接用尖头烙铁加热，让焊锡自己往里走就可以了。

板子焊接完成后可以先测试核心板，焊接无误的话一般不需要调试。通过 USB 接口连接计算机即可在计算机中识别到硬件设备。刷过固件后，再焊接按键灯控板。板子焊接完成后，用剪钳剪掉背部多余的带灯开关引脚，这样可以避免因为和锂电池发生位置上的干涉而导致短路。焊接好的两块板子如图 11 所示。接下来我们需要处理一下锂电池，过程如图 12 所示，项目使用的扬声器如图 13 所示，最后安装锂电池和扬声器（见图 14）。

最终成品效果图

Yap 终端机的实物效果如题图所示，本身产品虽然说不上多么漂亮，但它功能丰富，使用方便。大家可以前往立创开源硬件平台搜索“YapTerminal”，下载项目相关文件。

基于 ESP8266 的多功能彩灯时钟

Alexwen

项目介绍

每个人身边都有各种各样的时钟，时钟对于人类来说是必不可缺的一样东西，所以我给自己设计了一个属于我自己的多功能时钟。

多功能彩灯时钟的功能介绍如下。

◆ 4 位 7 段数码管显示时间，按键切换显示内容，显示内容为时 / 分或分 / 秒或日期。

◆ 通过 2 个按键和 1 个电位器实现功能模式的选择。

◆ 通过无源蜂鸣器实现按键音效，方便区分的不同功能，增加互动性。

◆ 使用手机帮助时钟连接 2.4GHz 的 Wi-Fi，连接后记忆 Wi-Fi，下次自动连接。

◆ 联网后能自动获取网络时间，用来校准时间。

◆ 有漂亮的彩灯，能实现多种图案，还能调整亮度，并且代码具有可拓展性。

图 1 ESP12F 模组

硬件介绍

接下来介绍一下这个时钟的相关硬件，主要分为主控面板和显示面板。

1. 主控面板

主控面板用 ESP12F 主控电路作为主体，引出多个 I/O 接口连接到排母连接器，对显示面板进行控制。

（1）ESP12F最小系统电路

ESP12F 是一个以 ESP8266 芯片为核心封装的模块（见图 1），使用这个模块就能大大降低工程师设计的复杂度。如果使用纯芯片设计，需要设计师自己考虑设计的天线是否能够达到最好性能，我们需要通过调节电容、电感达到阻抗匹配，才能设计出性能最佳的天线，但这个调节过程对新手来说是很困难的。使用模组的设计大大方便了初学者，初学者直接使用即可。

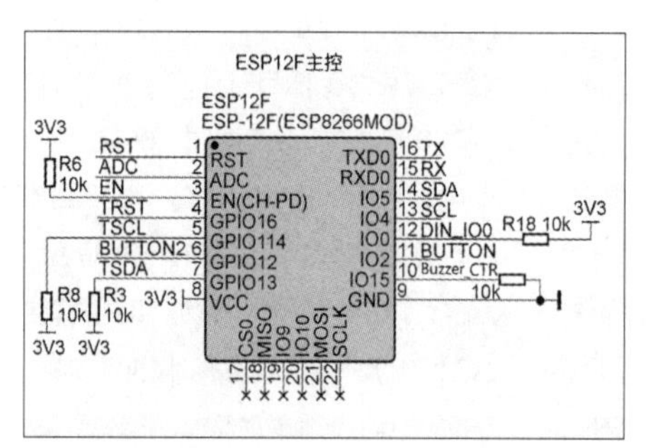

图 2 ESP12F 最小系统电路

ESP12F 的外围电路还是比较少的，图 2 所示是 ESP12F 的最小系统电路，图 3 所示为复位电路，其中 R8 和 R3 作为 I^2C 总线的上拉电阻并不是必要的，因此只需要 4 个 10kΩ 的电阻即可实现 ESP12F 最小系统。

（2）蜂鸣器电路

除了 ESP12F 最小系统，我们还需要一个蜂鸣器驱动电路，蜂鸣器电路用一个 NPN 型三极管来实现，这里选用了最常用的 S8050（见图 4）。可能有朋友会问为什么不能直接用 GPIO 口连接蜂鸣器，这

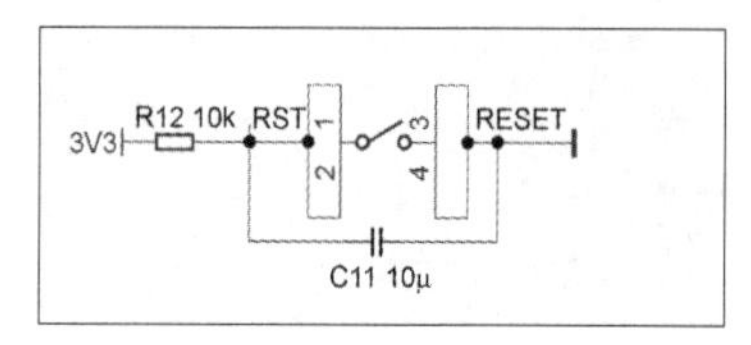

图 3 复位电路

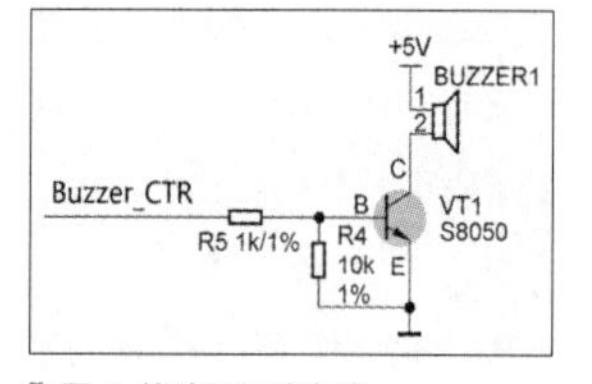

图 4 蜂鸣器驱动电路

额定电压	5V
工作电压	3.0~7.0V
额定电流	Max 60mA

图 5 蜂鸣器参数

里有两个原因：第一是蜂鸣器的额定工作电压为5V，我们的单片机电压是3.3V，直接连接的话会影响蜂鸣器效果。第二是从我手册中看到，蜂鸣器的工作电流在60mA（见图5），而单片机的GPIO口电流比较小，为了保护单片机，往往使用一个NPN型三极管来放大电流，从而达到蜂鸣器正常工作和保护单片机的效果。

（3）USB转串口电路+自动烧录电路

为什么要使用USB转串口和自动烧录电路？这是因为在ESP8266编程中，我们需要通过ESP12F中的TX0和RX0这两个硬件串口对ESP8266进行烧录，使用USB转串口电路，我们就可以直接使用数据线烧录程序，十分方便。自动烧录电路由2个NPN三极管加2个10kΩ电阻组成，这个电路的工作状态如下。

DTR = 0、RTS = 0，VT1截止、VT2截止，EN = 1、IO0 = 1。

DTR = 0、RTS = 1，VT1截止、VT2导通，EN = 1、IO0 = 0。

DTR = 1、RTS = 0，VT1导通、VT2截止，EN = 0、IO0 = 1。

DTR = 1、RTS = 1，VT1截止、VT2截止，EN = 1、IO0 = 1。

从ESP12F的数据手册中可以得到，当IO0等于0时启动MCU，则进入烧写模式。因此我们可以通过这样的操作实现自动进入烧写模式，自动给ESP12F烧录程序，这样非常方便，我们只需要搭好电路即可。USB转串口电路和自动烧录电路如图6所示。

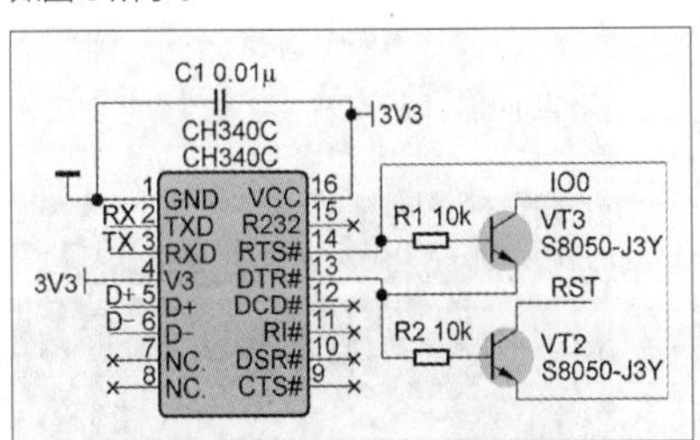

图6 USB转串口电路（左）和自动烧录电路（右）

将前面这3个电路合在一起，再加上一些供电电路和接口，就是我们的主控板电路（见图7）。

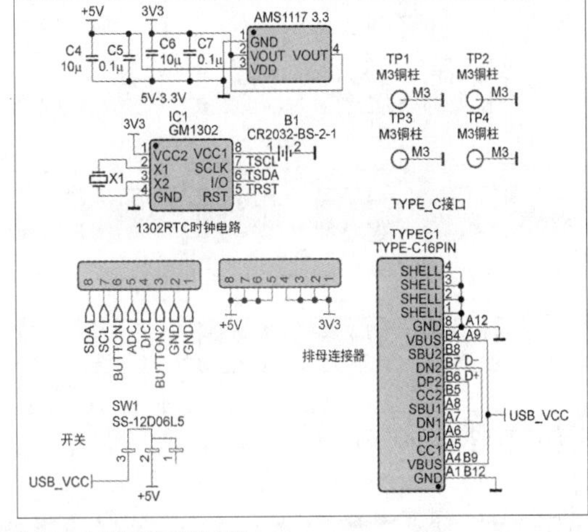

图7 主控板其他部分电路

2. 显示面板

显示面板主要由显示屏、按键等控制器件组成，再由排针和主控面板的排母结合进行连接。

（1）4位7段数码管驱动电路

我采用GN1637这款数码管驱动芯片控制4位7段数码管，这是一个I²C通信芯片，只需要两个GPIO口就能控制，因此非常适用GPIO口资源比较少的ESP12F模块，数码管驱动电路如图8所示。

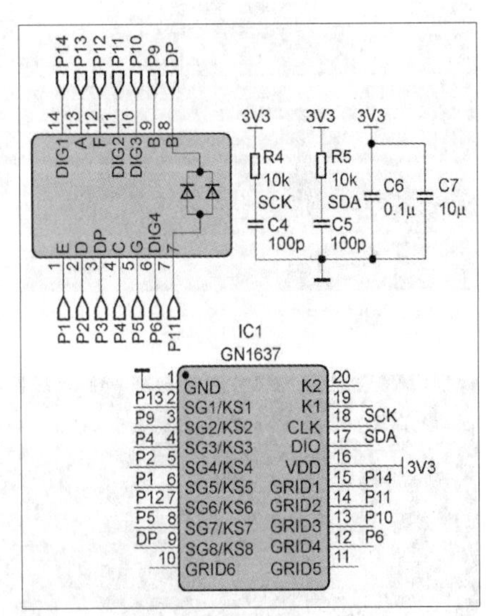

图8 4位7段数码管驱动电路

（2）按键电路+电位器控制电路

接下来我们看看按键电路和电位器控制电路，电路设计如图9所示。按键电路是很正常的上拉按键电路，当按下按钮时，GPIO被拉低；当松开按钮时，GPIO被拉高。

电位器电路使用了电阻分压，我们看到$R9+R11+R3=23k\Omega$，而我们的电位器阻值有10kΩ，因此电位器左端分得的电压为$U=10/(23+10)\times3.3=1V$，然后ADC再在1V中进行分压。为什么在这里要使用1V呢？因为ESP8266的ADC只能测到0~1V的电压，因此我们要使用分压来得到1V电压。

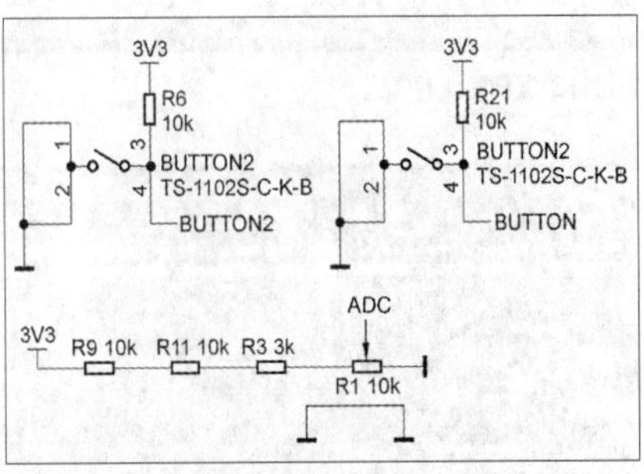

图9 按键电路和电位器控制电路

（3）WS2812彩灯电路

WS2812是一款非常好用的彩灯，它只需要一个GPIO口即可进行控制，它还可以不断级联，一个GPIO口就能控制多个WS2812灯珠。在这个项目中，我使用了18个WS2812进行级联，其电路如图10所示。

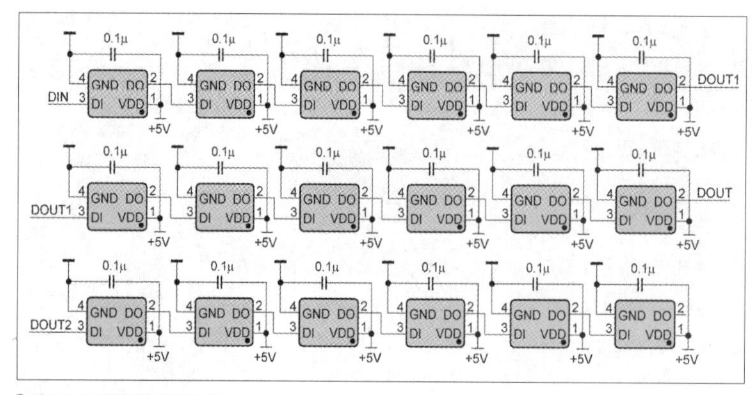

图 10 WS2812 彩灯电路

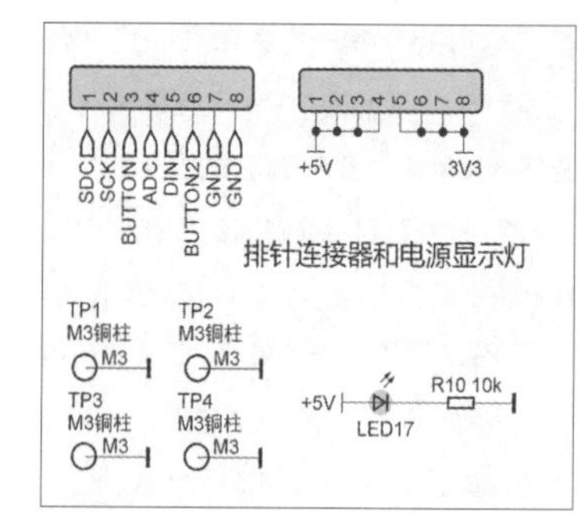

图 11 显示面板电路

上面的 3 个电路组成了显示面板的主要部分，加上排针连接器与电源显示灯，就是显示面板部分的完整电路了（见图 11）。

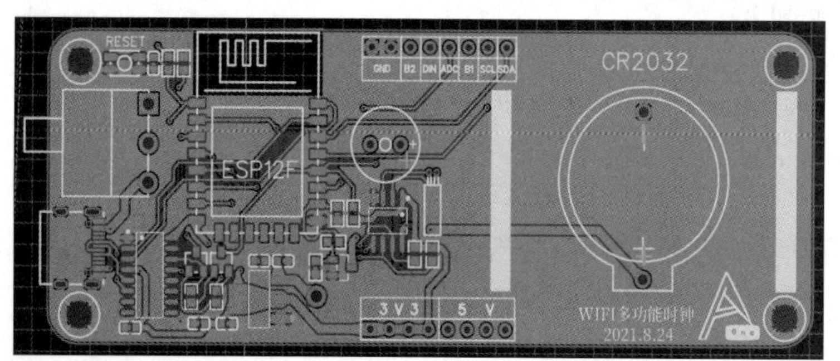

图 12 主控板 PCB

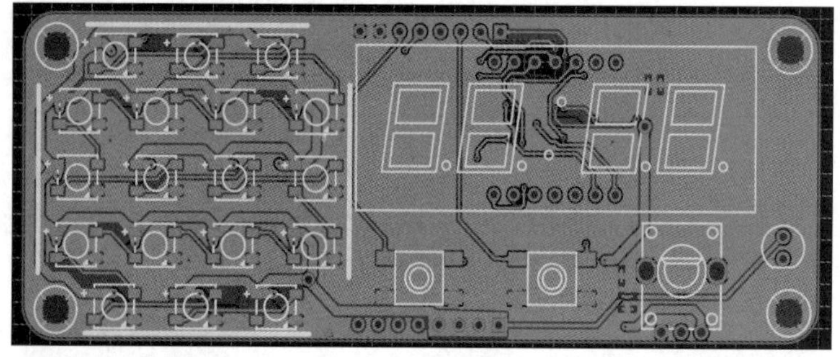
图 13 显示面板 PCB

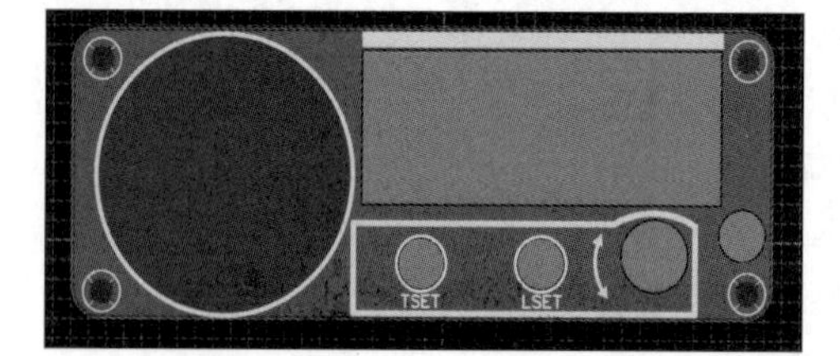

图 14 外壳面板 PCB

PCB设计

基于电路原理图，我设计了如图 12~图 14 所示的 PCB，这个项目使用的基本是低速信号，所以对 PCB 的设计没有过高的要求，只有 3 个地方需要注意一下。

第一，ESP12F 模块的天线底下不能铺铜或走线，铺铜或走线会严重影响天线收发的信号质量，应该做挖空处理，如图 15 所示。

第二，电源线需要加粗，由于这个项目的电流比较大，而且 ESP8266 在联网的时候功耗较高，还有 18 个 WS2812 灯珠的功耗也比较高，因此电源线走线要适当加粗，我这里加粗到了 0.6~1mm（见图 16），坚持宁愿过粗也不要过细的原则。

第三，外壳面板需要做透光处理，方便显示 WS2812 灯珠，因此我们需要对 PCB 透光部分做调整，首先要将这部分全部挖空，然后做两个圆形，分别设在顶层阻焊层和底层阻焊层，设置完毕后即可做

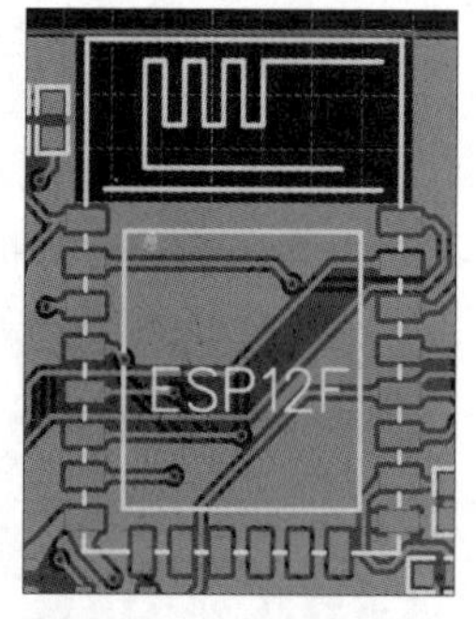

图 15 ESP12F 模块天线底下挖空

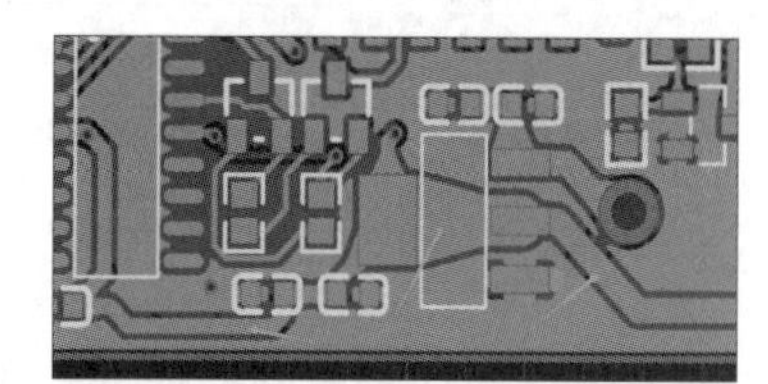
图 16 电源线加粗

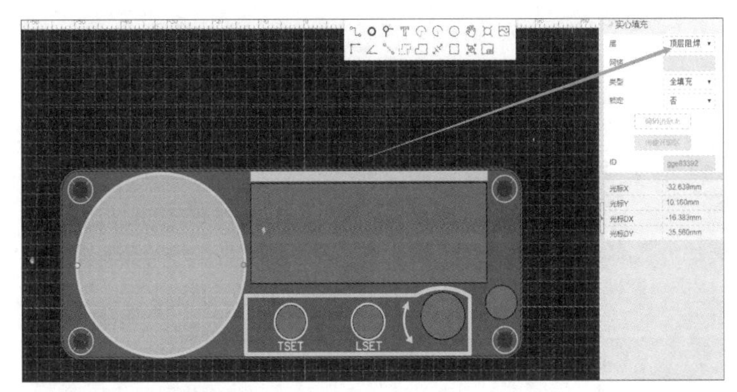

图 17 PCB 透光处理配置

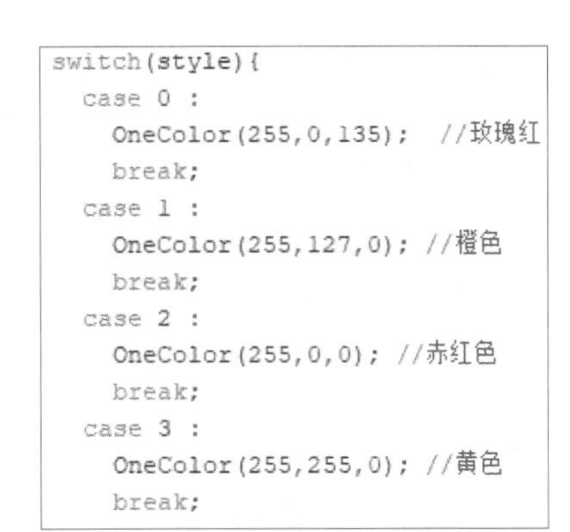

```
switch(style){
  case 0 :
    OneColor(255,0,135);  //玫瑰红
    break;
  case 1 :
    OneColor(255,127,0); //橙色
    break;
  case 2 :
    OneColor(255,0,0); //赤红色
    break;
  case 3 :
    OneColor(255,255,0); //黄色
    break;
```

图 21 样式选择的代码结构

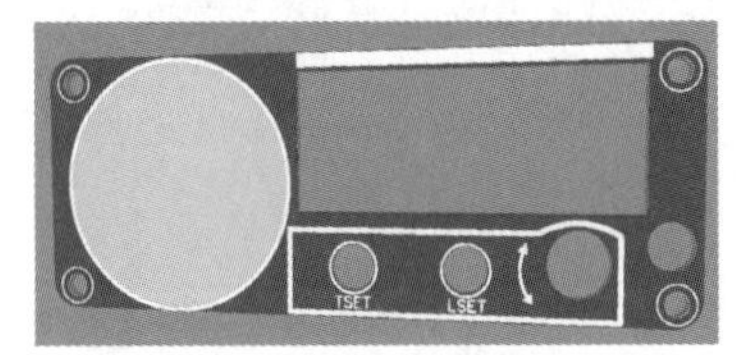

图 18 PCB 透光处理 3D 效果

出这种透光效果，如图 17 和图 18 所示。

软件部分简介

硬件电路设计并焊接完成后就可以开始编写代码了，这个项目使用的是 Arduino IDE（见图 19）。

代码部分就不详细解释了，需要的朋友可以前往立创开源硬件平台搜索本项目，项目附件中有完整的带注释的代码，可以自行阅读，代码主要分为以下几个部分。

（1）时钟显示以及时钟调整控制

这部分使用 Arduino 的 DS1302 库和 TM1637 库，从 DS1302 中读取时间信息，再将时间的数字信息显示在数码管上。而调整时钟则是先读取按键状态，若双击则进入调整状态，此时就可以通过读取电位器的数值来调整时钟。图 20 所示是 TM1637 库，DS1302 库需要从 GitHub 上下载，项目附件中已经给出，大家可以直接使用。

（2）WS2812点阵的图案驱动

使用Adafruit NeoPixel库对WS2812点阵进行驱动，在代码中，我通过选择style这个变量来实现图案的选择（见图21）。

```
int GetRotary(){  // ADC获取电位器电压（取平均使数据更精准）
  int ad=0;
  int i;
  for (i=0;i<10;i++){
    ad+=analogRead(A0);
  }
  ad=ad/10;
  Serial.println(ad);
  return ad;
}
```

图 22 电位器采样取均值

（3）电位器和按键的驱动

按键驱动用的是Onebutton库，这是一个很方便的库，可以通过单击、双击或长按来调用回调函数，实现自己想要的功能。而电位器使用的是Arduino中的analogRead函数，它可以读取ADC中的数值。由于ADC读取数值有时候会有误差，因此我在代码中使用多次读取求平均的方法来获取ADC的采样值（见图22）。

（4）ESP8266联网获取时钟并校准DS1302

ESP8266联网获取时钟的代码如下。

```
const int NTP_PACKET_SIZE = 48; // NTP 时间在消息的前 48 字节中
byte packetBuffer[NTP_PACKET_SIZE]; // 用于保存传入和传出数据包的缓冲区
time_t getNtpTime()
{
```

Arduino IDE 1.8.19

The open-source Arduino Software (IDE) makes it easy to write code and upload it to the board. This software can be used with any Arduino board.

Refer to the Getting Started page for Installation instructions.

SOURCE CODE

Active development of the Arduino software is hosted by GitHub. See the instructions for building the code. Latest release source code archives are available here. The archives are PGP-signed so they can be verified using this gpg key.

DOWNLOAD OPTIONS

Windows Win 7 and newer
Windows ZIP file
Windows app Win 8.1 or 10 Get
Linux 32 bits
Linux 64 bits
Linux ARM 32 bits
Linux ARM 64 bits
Mac OS X 10.10 or newer
Release Notes
Checksums (sha512)

图 19 下载 Arduino IDE

Grove 4-Digit Display

by Seeed Studio 版本 1.0.0 INSTALLED

Arduino library to control Grove_4Digital_Display TM1637. 4 digit display module is usually a 12 pin module. In this Grove gadget, we utilize a TM1637 to scale down the controlling pins into 2 Grove pins. It only takes 2 digital pins of Arduino or Seeeduino to control the content, even the luminance of this display. For projects that require of alpha-numeric display, this can be a nice choice.

More info

图 20 TM1637 库

```
  IPAddress ntpServerIP; // NTP服务器的IP地址
  while (Udp.parsePacket() > 0) ; // 丢弃之前收到的数据包
  Serial.println("Transmit NTP Request");
  // 从池中获取随机服务器
  WiFi.hostByName(ntpServerName, ntpServerIP);
  Serial.print(ntpServerName);
  Serial.print(": ");
  Serial.println(ntpServerIP);
  sendNTPpacket(ntpServerIP);
  uint32_t beginWait = millis();
  while (millis() - beginWait < 1500)
  {
    int size = Udp.parsePacket();
    if (size >= NTP_PACKET_SIZE) {
      Serial.println("Receive NTP Response");
      Udp.read(packetBuffer, NTP_PACKET_SIZE); // read packet into the buffer
      unsigned long secsSince1900;
      // 将从位置40开始的4个字节转换为长整数
      secsSince1900 = (unsigned long)packetBuffer[40] << 24;
      secsSince1900 |= (unsigned long)packetBuffer[41] << 16;
      secsSince1900 |= (unsigned long)packetBuffer[42] << 8;
      secsSince1900 |= (unsigned long)packetBuffer[43];
      return secsSince1900 - 2208988800UL + timeZone * SECS_PER_HOUR;
    }
  }
  Serial.println("No NTP Response :-(");
  return 0; // 如果无法获取时间，则返回0
}
// 向指定地址的时间服务器发送NTP请求
void sendNTPpacket(IPAddress &address)
{
  // 将缓冲区中的所有字节设置为0
  memset(packetBuffer, 0, NTP_PACKET_SIZE);
  // 初始化形成NTP请求所需的值
  packetBuffer[0] = 0b11100011;
  packetBuffer[1] = 0; // 层次或时钟类型
  packetBuffer[2] = 6; // 轮询间隔
  packetBuffer[3] = 0xEC; // 对等时钟精度
  // 8字节0表示根延迟和根分散
  packetBuffer[12] = 49;
  packetBuffer[13] = 0x4E;
  packetBuffer[14] = 49;
  packetBuffer[15] = 52;
  // 现在所有NTP字段都已给定数值
  // 发送请求时间戳的数据包
  Udp.beginPacket(address, 123); // NTP requests are to port 123
  Udp.write(packetBuffer, NTP_PACKET_SIZE);
  Udp.endPacket();
}
```

至于ESP8266中的EEPROM，使用自带的EEPROM.h库即可。

功能介绍

（1）按键功能

多功能彩灯时钟的按键功能如附表所示。

（2）切换时间显示

单击左键会改变显示的内容，如图23和图24所示。

（3）切换时间模式

双击左键后，数码管会闪烁，此时按左、右两个按钮即可选择调整的位数，然后旋转电位器对时间进行调整。调整完毕后，再次双击左键，保存时间设置，回到初始模式。

（4）配网模式

长按左键，设备进入配网模式，此时左侧彩灯会显示Loading的特效。拿起手机搜索Wi-Fi网络（见图25），连接后，再次单击该Wi-Fi或在浏览器搜索192.168.4.1即可进入Wi-Fi配置界面（见图26），然后选择“Configure Wi-Fi”，输入Wi-Fi账号密码即可（Wi-Fi

附表 智能时钟的功能

功能	左键	右键
单击	切换时间显示（分/秒模式、日期模式）	开/关彩灯
双击	手动调整时间模式	设置循环显示样式模式
长按	配网模式/查看网络情况	进入配置彩灯显示亮度和样式模式

图23 单击一次进入分/秒模式

图24 单击两次进入日期显示模式

图25 搜索Wi-Fi网络

图26 进入Wi-Fi配置界面

用易拉罐自制“蜘蛛”音箱

宋秀双

灵感来源：假期，上初二的孩子将一把尺子放在桌边，做振动产生声音的实验。为了能让孩子了解更多声学知识，以及更直观地感受电磁感应。我动员孩子和我一起制作了一个“蜘蛛”音箱。

演示视频

工作原理

音箱的核心部件之一是扬声器。扬声器俗称喇叭（见图1），是一种能够将电信号转换为声波的电声换能器件，常见于能够发声的电子电器设备中。我要带着孩子制作的“蜘蛛”音箱使用的是电磁式扬声器。电磁式扬声器的工作原理是当扬声器的音圈被通入交变电流时，音圈在电流的作用下产生一个交变磁场，交变磁场的

图27 OF和ON显示

只能使用2.4GHz网络），网络配置成功后，彩灯会短暂地闪烁一次绿灯，若40s内没有连到网络，便会闪烁红灯，重新返回主页。配网成功后5s更新一次网络。

（5）循环显示样式模式

启用该模式后，每10min就会更换一次显示风格，双击右键可调整是否启用该模式，此时屏幕会显示当前状态，按右键即可改变选项（OF为关闭，ON为开启），选择完毕后再次双击右键，回到主页。显示效果如图27所示。

（6）配置彩灯模式

长按右键后会显示调整页面，此模式下使用旋钮即可进行调整，彩屏会显示当前的选择，单击右键可切换调整亮度或样式（见图28和图29）。调整完毕后，再次长按右键保存，结束设置。

结语

这个项目我还是非常满意的，我最喜欢的是WS2812点阵，配合上PCB的透明效果，照射出来的颜色真的非常漂亮，放在桌面当摆件非常养眼，而且使用了电位器让时钟控制变得十分方便。但是项目还是有一点缺点的，比如说没有设计闹钟功能、菜单系统不太完善、代码比较杂乱等，这些问题日后我会慢慢解决。这里要感谢一下立创EDA对这个项目的大力支持。最后，再分享一些美图，彩灯效果真的非常棒（见图30和图31）！

图28 此时亮度为百分之二

图29 5号样式

图30 月亮样式

图31 彩虹样式

图 1 扬声器

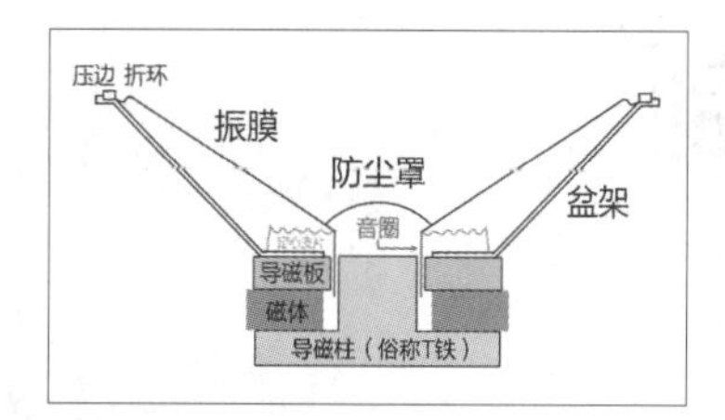

图 2 电磁式扬声器结构

附表 材料清单

序号	名称	数量
1	易拉罐	2 个
2	钕磁铁	10 个
3	漆包线（100cm）	1 根
4	蓝牙功率放大器	1 个
5	移动电源	1 个

大小和方向会随音频电信号的变化不断改变，因此音圈会在永久磁钢形成的磁场中做垂直于音圈电流方向的运动，即振动。音圈和振膜相连，因此会带动振膜振动，振膜振动引发空气振动从而发出声音。图 2 所示为电磁式扬声器的结构示意图，其中音圈是用漆包线绕制成的，圈数很少，通常只有几十圈，因此音圈的阻抗很小；音圈的引出线平贴着振膜，并被胶水固定在振膜上；振膜是由特制的模压纸制成的，其中心加有防尘罩，防尘罩用于防止灰尘和杂物进入磁隙，影响振动效果。为了增加振动的幅度，我们还需要使用功率放大电路。

制作过程

制作“蜘蛛”音箱所需的主要材料如附表所示，这些材料很容易收集，欢迎大家一起动手制作。此处建议大家使用易拉罐，因为罐体材料薄，易于裁剪。

1 将两个易拉罐头对头固定在一起，使用马克笔画对称线，然后沿着对称线裁剪易拉罐。将裁剪后的易拉罐的每个“脚”折成 Z 字形，这样“蜘蛛”扬声器的外形就做好了。这样的外形易于人们观察音箱内部，且更容易产生振动。

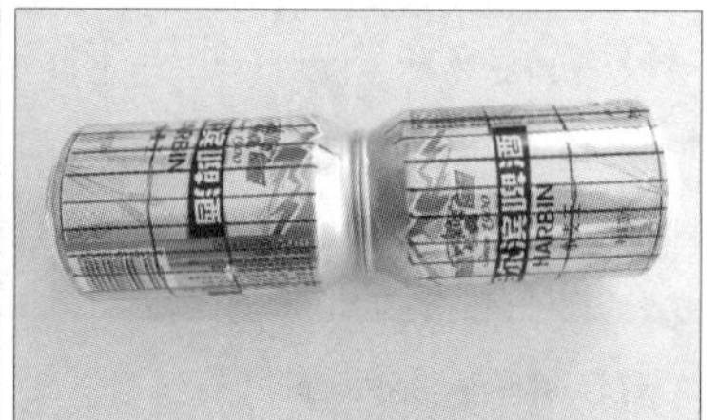

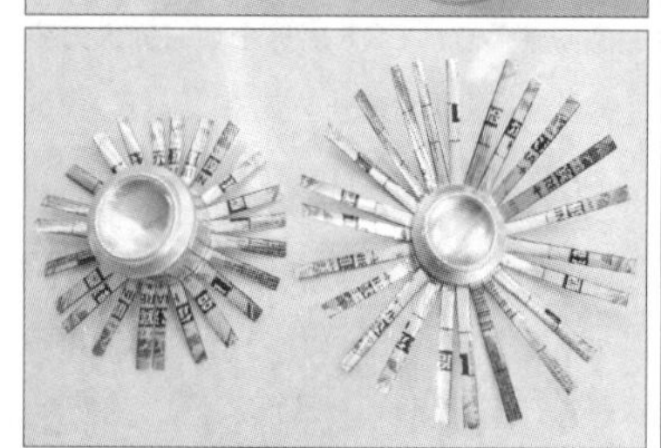

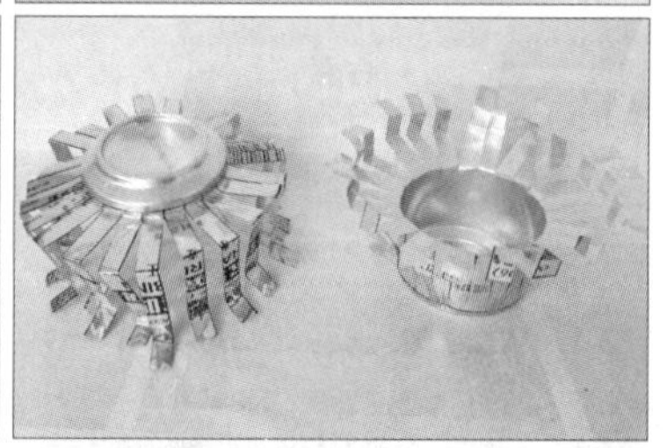

2 按同一方向将漆包线缠绕在纸筒上，制作音圈。

3 使用热熔胶将钕磁铁和音圈分别固定在两个易拉罐中间。

4 将“蜘蛛”音箱的每只“脚”固定在一起。

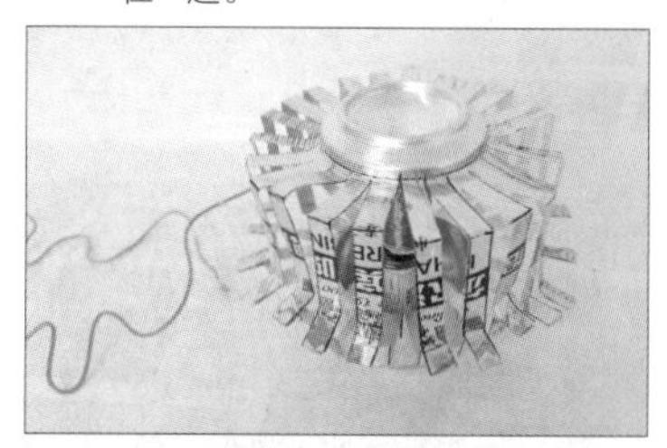

5 连接蓝牙功率放大器、移动电源和步骤 4 的成品。

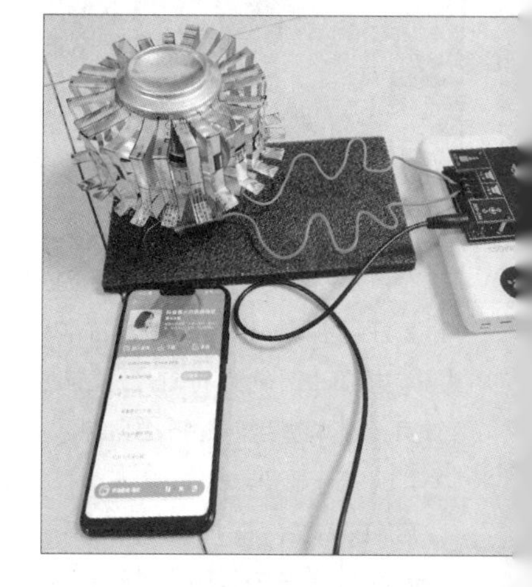

至此，“蜘蛛”音箱就制作好了。我们通过蓝牙连接手机与功率放大器，就可以使用“蜘蛛”音箱听歌了。

使用 UT395B 实现激光测距

王岩柏

国际单位制的长度单位“米”起源于法国。1790 年，由法国科学家组成的特别委员会，建议以通过巴黎的地球子午线全长的四千万分之一作为长度单位——米，之后法国国民议会决定采纳这个计量制度。现在的国际通用长度单位“米”，就是来自当时的定义。1799 年，根据前述测量结果制成一根铂质原器——铂杆，人们将此杆两端之间的距离定为 1 米，并交给法国档案局保管，所以铂杆也被称为“档案米”。但是在随后的使用中，人们发现温度、湿度、气压还有放置方式都会对铂杆的长度产生影响，这导致使用和矫正很不方便。20 世纪 50 年代，随着同位素光谱光源的发展，宽度很窄的 ^{86}Kr 同位素谱线被发现，加上干涉技术的成功，人们终于找到了一种不易毁坏的自然标准，即以光波波长作为长度单位的自然基准。1960 年，第十一届国际计量大会对米的定义作了如下更改：“米的长度等于真空条件下 ^{86}Kr 原子的电子从 $^2P_{10}$ 能级跃迁到 $^5D_1$ 能级辐射的电磁波波长的 1 650 763.73 倍”。这一自然基准，性能稳定，没有变形问题，容易复现，而且具有很高的复现精度。自 20 世纪 70 年代以来，随着科学技术的进步，人们对时间和光速的测定都达到了很高的精确度。因此，1983 年 10 月，在巴黎召开的第十七届国际计量大会上，米的定义改为：“米是 1/299 792 458s 的时间间隔内光在真空中的行程长度”。这样，基于光谱线波长的米的定义就被新的米的定义替代了。

随着时代的发展，很多年前高不可攀的激光距离传感器价格不断走低，激光测距仪正在逐渐取代传统的皮尺走入寻常百姓家。最近，笔者所在的公司有一个检测物体距离的需求，经过研究决定使用激光距离传感器来完成这个需求。在某购物平台上可以找到一些激光测距模块，但是出于对准确性、可靠性以及成本的考虑，我们最终选择的是带有 USB 接口的优利德 UT395B（见图 1），该设备内含激光测距模块，但成本要比直接购买激光测距模块低得多，其测试距离范围在 0.05~70m，精度可以达到 1.5mm ±（d × 0.00005），完全可以满足使用需要。本篇文章会介绍如何使用 UT395B 直接测距，如何在 Window 系统下编写程序直接获取 UT395B 的测距结果，以及如何在 Arduino 作品中应用 UT395B。

和之前的项目一样，这次依然先使用 USBlyzer 软件对数据进行分析。在 USBlyzer 的帮助下，抓取设备和 UT395B 自带软件通信包，然后逐步分析使用的协议。图 2 所示是配套软件的使用界面，使用 Micro USB 线连接好设备和 PC 之后，单击 Read 按钮会打开激光（手册上说这是打开瞄准功能），对准需要测试的位置后，再次单击 Read 按钮，即可返回距离值，返回后激光被关闭。

在 USBlyzer 软件中，我们可以看到 UT398B 设备的 Descriptor（描述符），它使用 HID 协议自定义通信格式。接下来，需要使用配套软件进一步抓取通信数据。具体来说，就是每次单击界面上的 Read 按钮，配套软件会发送一个命令给设备，然后设备执行完命令后返回对应的结果给上位机。UT395B 和之前研究过诸如 USB 接触式温度计周期性发送消息的设备不同，只有按下配套软件的按钮后才会发送数据，这对于观察和记录数据来说非常方便。最终，我们可以看到一次完整的通信有 8 笔，4 笔是发生在第一次单击 Read 按钮后，另外 4 笔是发生在第二次单击 Read 按钮后。图 3 所示为抓包的结果，其中 Output Report 是主机发

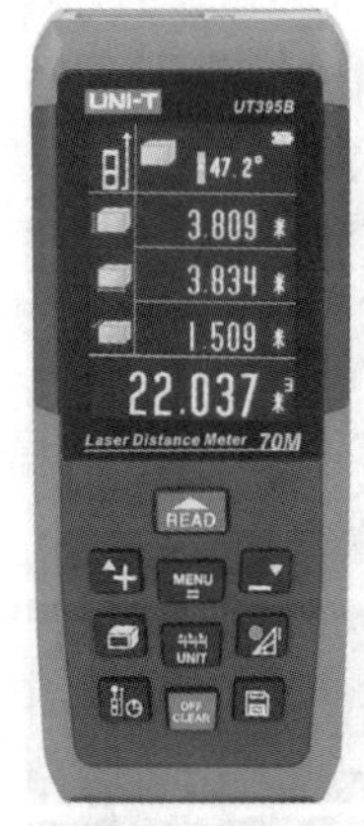

图 1 带有 USB 接口的优利德 UT395B

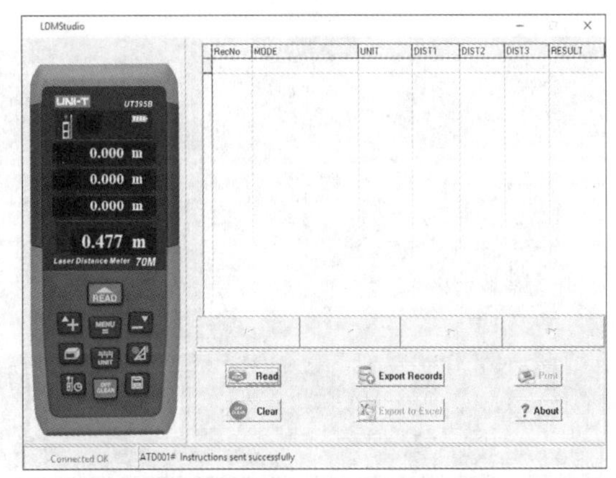

图 2 UT395B 配套软件

Type	Seq	Time	Elapsed	Durati...	Request	Request Details	Raw Data
STA...	0001	21:13:48.5...					
URB	0002	21:13:51.9...	3.3697...		Bulk or In...	Output Report (L...	41 54 4B 30 30 31 23 00...
URB	0003-00...	21:13:51.9...	3.3847...	14.939...	Bulk or In...	24 bytes buffer	
URB	0004-00...	21:13:52.2...	3.6966...		Bulk or In...	Input Report (Le...	41 54 4B 30 30 31 23 00...
URB	0005	21:13:52.2...	3.6966...		Bulk or In...	24 bytes buffer	
URB	0006	21:13:53.0...	4.4999...		Bulk or In...	Output Report (L...	41 54 44 30 30 31 23 00...
URB	0007-00...	21:13:53.0...	4.5047...	4.810 ...	Bulk or In...	24 bytes buffer	
URB	0008-00...	21:13:53.2...	4.6326...		Bulk or In...	Input Report (Le...	41 54 44 00 00 3A F1 00...
URB	0009	21:13:53.2...	4.6326...		Bulk or In...	24 bytes buffer	

Raw Data

00000000 41 54 4B 30 30 31 23 00 00 00 00 41 00 00 00 54 00 00 00 44 00 00 00 00 ATK001#....A

Type	Seq	Time	Elapsed	Durati...	Request	Request Details	Raw Data
STA...	0001	21:15:46.3...					
URB	0002	21:15:49.2...	2.8735...		Bulk or In...	Output Report (L...	41 54 4B 30 30 31 23 00...
URB	0003-00...	21:15:49.2...	2.8804...	6.924 ...	Bulk or In...	24 bytes buffer	
URB	0004-00...	21:15:49.7...	3.3763...		Bulk or In...	Input Report (Le...	41 54 4B 30 30 31 23 00...
URB	0005	21:15:49.7...	3.3763...		Bulk or In...	24 bytes buffer	
URB	0006	21:15:50.5...	4.1741...		Bulk or In...	Output Report (L...	41 54 44 30 30 31 23 00...
URB	0007-00...	21:15:50.5...	4.1764...	2.298 ...	Bulk or In...	24 bytes buffer	
URB	0008-00...	21:15:50.7...	4.3763...		Bulk or In...	Input Report (Le...	41 54 44 00 00 3A E8 00...
URB	0009	21:15:50.7...	4.3763...		Bulk or In...	24 bytes buffer	

Raw Data

00000000 41 54 4B 30 30 31 23 00 00 00 00 41 00 00 00 54 00 00 00 44 00 00 00 00 ATK001#....A

图 3 USBlyzer 的抓包结果

送给 UT395B 的数据，Input Report 是 UT395B 发送给主机的数据。

通过观察抓包结果，可以总结出数据的含义如附表所示。

距离信息是通过附表中 3 号和 7 号命令获得的，UT395B 收到这个命令后返回距离值。例如：41 54 44 00 00 3A E8 00 ……其中的 00 3A E8 就是距离信息。0x3AE8=15080 对应显示在屏幕上的距离是 1.508 米。经过多次实验，UT395B 屏幕显示的数值是保留小数点后 4 位的，最后一位数会被四舍五入；UT395B 的屏幕上显示的数据是保留小数点后 3 位的。我们在 Windows 系统下，使用 VS2015 编写程序，验证上述发现，结果如图 4 所示。我们通过 USB 接口连接 UT395B 可以看到屏幕显示的数据（见图 5）和图 4 所示的结果一致。

附表 数据含义

序号	方向	数据	功能
1	主机→设备	41 54 4B 30 30 31 23 00 00 00 00 41 00 00 00 54 00 00 00 44 00 00 00 00	主机要求打开激光
2	设备→主机	41 54 4B 30 30 31 23 00 00 00 00 00 00 00 00 00 00 00 00 00 00 00 00 00	设备 ECHO
3	主机→设备	41 54 44 30 30 31 23 00 00 00 00 41 00 00 00 54 00 00 00 4B 00 00 00 30	主机要求获得上一笔距离数据
4	设备→主机	41 54 44 00 00 12 A0 00 00 00 00 35 00 00 00 35 F5 23 00 00 00 00 00 00 00	设备返回上一笔数据
5	主机→设备	41 54 4B 30 30 31 23 00 00 00 00 41 00 00 00 54 00 00 00 44 00 00 00 00	主机要求关闭激光，这个和第一条命令是相同的。就是说当设备激光处于关闭状态时，收到这个命令会打开激光；反之是关闭激光
6	设备→主机	41 54 4B 30 30 31 23 00 00 00 00 00 00 00 00 00 00 00 00 00 00 00 00 00	设备 ECHO
7	主机→设备	41 54 44 30 30 31 23 00 00 00 00 41 00 00 00 54 00 00 00 4B 00 00 00 30	主机要求获得上一笔数据
8	设备→主机	41 54 44 00 00 21 D2 00 00 00 1F 00 00 00 1F 0A 23 00 00 00 00 00 00 00	设备返回数据，也就是距离信息

这里的测试结果 58.152 米是在夜间测试远处楼房距离得到的。白天测量，光线会被湮没在日光中导致测量失败。从官方文档来看，可以通过加装反光板的方式

C:\Users\Downloads\UT395BWin\Release\HidTest.exe
HID GUID: {4D1E55B2-F16F-11CF-88CB-001111000030}
[0] path: \\?\hid#synhidmini&col02#1&b12c6d1&0&0001#{4d1e55b2-f16f-11cf-88cb-001111000030}
[1] path: \\?\hid#vid_0483&pid_5751#6&b7cda1a&0&0000#{4d1e55b2-f16f-11cf-88cb-001111000030}
VendorID : 483
ProductID: 5751
VerNumber: 200
Written 25 bytes Result [1]
00 41 54 4B 30 30 31 23 00 00 00 00 00 00 00 00 00 00 00 00 00 00 00 00 00
Written 25 bytes Result [1]
00 41 54 44 00 00 00 00 00 00 00 0D 00 00 00 0D F3 23 00 00 00 00 00 00 00
0.000
Written 25 bytes Result [1]
00 41 54 4B 30 30 31 23 00 00 00 00 00 00 00 00 00 00 00 00 00 00 00 00 00
Written 25 bytes Result [1]
00 41 54 44 00 08 DF 93 00 00 00 0A 00 00 00 0A 67 23 00 00 00 00 00 00 00
58.152
[2] path: \\?\hid#synhidmini&col03#1&b12c6d1&0&0002#{4d1e55b2-f16f-11cf-88cb-001111000030}
[3] path: \\?\hid#synhidmini&col04#1&b12c6d1&0&0003#{4d1e55b2-f16f-11cf-88cb-001111000030}
[4] path: \\?\hid#hpq6001#3&349b0a05&0&0000#{4d1e55b2-f16f-11cf-88cb-001111000030}
[5] path: \\?\hid#synhidmini&col01#1&b12c6d1&0&0000#{4d1e55b2-f16f-11cf-88cb-001111000030}
Press any key to continue . . .

图 4 使用编写的程序直接获得的 UT395B 返回的数据

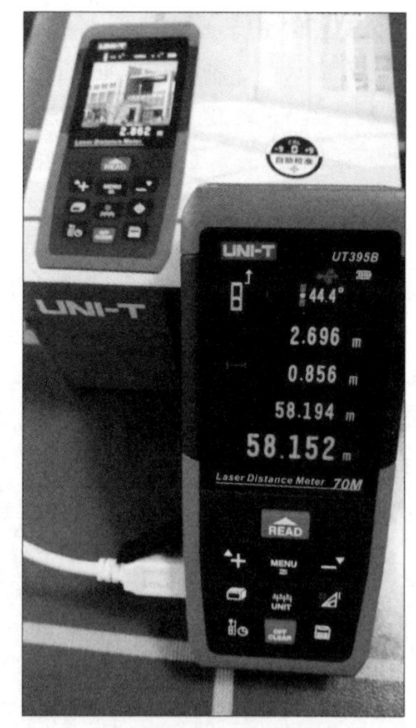

图 5 UT395B 的屏幕显示的结果

来加强接收的反射激光，比如：直接对准目标测量上限是 20m，如果目标增加反光板即可测量 50m 以内的目标。人类在太空探索中同样可以使用这种方式来进行测距。历史上美国登月计划中的阿波罗 11 号、14 号和 15 号在月面上安放了 3 台激光反射镜（阿波罗 15 号在月面安放的激光反射镜见图 6），世界各地的天文台一直使用这些反射镜测量地月距离，精确度可达厘米级别。

使用程序获得 UT295B 返回数据的关键程序如下所示。

```
void Switch(HANDLE hUsb) //发送打开或关闭激光的命令
{
  BOOL Result;
  //Output Data
  UCHAR WriteReportBuffer[25] = {
    0x00,0x41,0x54,0x4b,0x30,0x30,0x31,0x23,0x00,0x00,
    0x00,0x00,0x41,0x00,0x00,0x00,0x54,0x00,0x00,0x00,
    0x44,0x00,0x00,0x00,0x00 };
  DWORD lpNumberOfBytesWritten;
  //使用 WriteFile 发送命令
  Result = WriteFile(hUsb,
  WriteReportBuffer,
  25,
  &lpNumberOfBytesWritten,
  NULL);
  printf("Written %d bytes Result [%d]\n",lpNumberOfBytesWritten, Result);
}
void SendData(HANDLE hUsb) //发送要求返回距离的命令
{
  BOOL Result;
  DWORD lpNumberOfBytesWritten;
  UCHAR WriteReportBuffer[25] = {
    0x00,0x41,0x54,0x44,0x30,0x30,0x31,0x23,0x00,0x00,
    0x00,0x00,0x41,0x00,0x00,0x00,0x54,0x00,0x00,0x00,
    0x44,0x00,0x00,0x00,0x00 };
  //使用 WriteFile 发送数据
  Result = WriteFile(hUsb,
  WriteReportBuffer,
  25,
  &lpNumberOfBytesWritten,
  NULL);
  printf("Written %d bytes Result [%d]\n",lpNumberOfBytesWritten,
        Result);
}
void GetData(HANDLE hUsb) //取得命令返回数据，如果是带有距离的返回数据就解析显示距离值
{
  //接收的 Buffer 长度是 25
  UCHAR ReadReportBuffer[25];
  DWORD lpNumberOfBytesRead;
  UINT LastError;
  BOOL Result;
  DWORD tmp;
  //使用 ReadFile 接收返回数据
  Result = ReadFile(
    hUsb,
    ReadReportBuffer,
    25,
    &lpNumberOfBytesRead,
    NULL);
    //printf("Read %d bytes\n",lpNumberOfBytesRead);
    //如果读取失败，需要检查原因
    if (Result == FALSE)
    {
      LastError = GetLastError();
      //如果错误是 IO Pending，那就说明只是暂时在等待，可以忽略
      if ((LastError == ERROR_IO_PENDING) || (LastError == ERROR_SUCCESS))
      {
        exit;
      }
      else
      {
        printf("Sending error %d \n",LastError);
        if (LastError == 1)
        {
          printf("This device doesn't support WriteFile function \n");
        }
      }
    }
    else //无错误
    {
      for (DWORD Index = 0; Index < lpNumberOfBytesRead; Index++) {
        printf("%02X", ReadReportBuffer[Index]);
      }
      printf("\n");
      //如果返回值第 4 位是 0x44，说明已经取得正确值，可通过公式转换为距离值
      if (0x44 == ReadReportBuffer
```

图 6 阿波罗 15 号在月面安放的激光反射镜

```
[0x03]) {
        tmp = (ReadReportBuffer[0x05]
<< 16)+(ReadReportBuffer[0x06] << 8)
+ ReadReportBuffer[0x07];
        printf("%.3f\n", double(tmp)
/ 10000);
    }
}
```

其调用方法如下所示。

```
Switch(hUsb); GetData(hUsb);
Sleep(400);
SendData(hUsb); GetData(hUsb);
Sleep(400);
Switch(hUsb); GetData(hUsb); Sleep
(800);
SendData(hUsb); GetData(hUsb);
```

在 Windows 下，完成对 UT395B 的控制后，就可以开始编写 Arduino 部分的代码了，硬件上使用 USB Host Shield 作为 HOST。程序的整体结构和使用程序获得 UT295B 返回数据的关键程序相同，都是发送自定义命令，然后获取返回数据，具体程序如下所示。

```
void Switch()//发送打开或关闭激光的命令
{ uint8_t outBuff[24]={0x41,0x54,
0x4B,0x30,0x30,0x31,0x23,0x00,
  0x00,0x00,0x00,0x41,0x00,0x00,0x00,
0x54,
  0x00,0x00,0x00,0x44,0x00,0x00,0x00,
0x00};
  Usb.outTransfer(ut395.GetAddress(),
1, sizeof(outBuff), outBuff);
  delay(500);
}
void SendData()//发送要求返回距离的命令
{ uint8_t outBuff[24]={0x41,0x54,
0x44,0x30,0x30,0x31,0x23,0x00,
  0x00,0x00,0x00,0x41,0x00,0x00,0x00,
0x54,
  0x00,0x00,0x00,0x44,0x00,0x00,0x00,
0x00};
  Usb.outTransfer(ut395.GetAddress(),
1, sizeof(outBuff), outBuff);
  delay(500);
}
```

在主程序上使用下面的方式进行调用。

```
Switch();
r=Usb.inTransfer(ut395.GetAddress(),
2, sizeof(inBuff), inBuff,10);
SendData();
Usb.inTransfer(ut395.GetAddress(),
2, sizeof(inBuff), inBuff,10);
Switch();
Usb.inTransfer(ut395.GetAddress(),
2, sizeof(inBuff), inBuff,10);
SendData();
Usb.inTransfer(ut395.GetAddress(),
2, sizeof(inBuff), inBuff,10);
```

接下来对收到的返回数据进行判断，将其转化为字符串输出到串口上，程序如下所示。

```
if (0x44 == inBuff[0x02]) {
unsigned long d;
d = ((((unsigned long)inBuff[0x04])
<< 16) & 0xFF0000) +
  ((inBuff[0x05] << 8) & 0xFF00) +
  (inBuff[0x06] & 0xFF);
  //实际测量数据是保留小数点后4位，我们
需要对最后一位进行四舍五入，将数据变成保留
小数点后3位
  //第一步：四舍五入最后一位
  if (d%10>4) {d=d+10;}
  d=d / 10;
  //得到小数点后3位数据
  cnt=0;
  while (cnt<3) {
    s=(d % 10)+s;
    d=d /10;
    cnt++;
  }
  //加入小数点
  s='.'+s;
  //加入小数点前面的整数位
  s=(d % 10)+s;
  d=d /10;
  while (d>0) {
    s=(d % 10)+s;
    d=d /10;
  }
  Serial.println(s);
}
```

使用 Arduino 获得 UT395B 测距数据（见图 7）的结果如图 8 所示。这种方法相比直接购买专用的激光测距模块更容易控制成本，同时因为这是专用测量设备，所以在准确度方面也不用担心。

图7 Arduino 与 UT395B

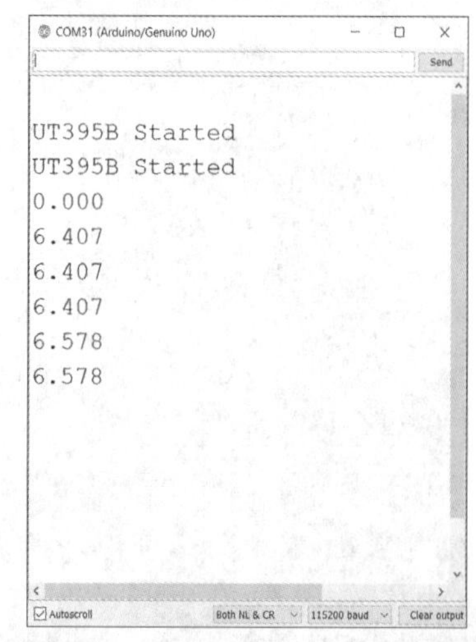

图8 使用 Arduino 获得的 UT395B 测距数据

多功能 USB 无线串口转换器

杨润靖

随着计算机系统的普遍应用和工业技术的发展，通信功能越来越重要。通信不仅指计算机和计算机之间的交流，也包括计算机与其他设备之间的信息交换。由于串口通信是在一根传输线上一位一位地传送信息，有传输线少、成本低、适合远距离传输等特点，所以采用串行方式交换数据不仅在消费类电子产品上越来越普遍，在工业控制产品上也是必不可少。在进行串行通信时，要求通信双方都采用一个标准接口，使不同的设备可以方便地连接起来进行通信，常用的串行通信接口标准有RS-232-C和RS-485。

串行通信接口简介

RS-232-C 是 1970 年由美国电子工业协会（EIA）联合贝尔系统、调制解调器厂家及计算机终端生产厂家共同制定的用于串行通信的标准，它的全名是“数据终端设备（DTE）和数据通信设备（DCE）之间串行二进制数据交换接口技术标准”。该标准规定采用有 25 个引脚的 DB25 连接器，对连接器的每个引脚的信号内容加以规定，还对各种信号的电平加以规定。后来 IBM 的 PC 将 RS-232-C 简化成了 DB9 连接器，从而成为事实标准，而工业控制的 RS-232-C 接口一般只使用 RXD、TXD、GND 这 3 条线。RS-232-C 标准采用的是 9 针或 25 针的 D 形插头，常用的是 9 针 D 形插头，简称 DB9。

RS-232-C 具有以下特点。

（1）信号线少

在一般应用中，使用 3 ~ 9 条信号线就可以实现全双工通信，采用 3 条信号线（接收线、发送线和信号线）能实现简单的全双工通信过程。

（2）速率选择灵活

RS-232-C 规定的标准传送速率有 50、75、110、150、300、600、1200、2400、4800、9600、19 200、38 400 波特，可以灵活适应不同速率的设备。

（3）采用负逻辑传送

RS-232-C规定逻辑“1”的电平为-5V~-15 V，逻辑“0”的电平为+5 V~+15 V。选用该电气标准的目的在于提高抗干扰能力，增大通信距离。RS-232-C的噪声容限为2V，接收器能将高至+3V的信号作为逻辑“0”，将低至-3 V的信号作为逻辑“1”。

（4）传送距离较远

由于 RS- 232-C 采用串行通信方式，并且将微机的 TTL 电平转换为 RS-232-C 电平，其传送距离一般可达 30 m。若采用光电隔离 20 mA 的电流环进行传送，其传送距离可以达到 1000 m。

但 RS-232-C 同时也存在以下缺点。

◆ 接口的信号电平值较高，易损坏接口电路的芯片，又因为与 TTL 电平不兼容，故需使用电平转换电路方能与 TTL 电路连接。

◆ 传输速率较低。在异步传输时，波特率为 20 000 波特，因此综合程序波特率只能采用 19 200 波特。

◆ 接口使用一根信号线和一根信号返回线构成共地传输形式，这种共地传输容易产生共模干扰，所以抗噪声干扰性弱。

◆ 传输距离有限，最大传输距离实际上只能在 15m 左右。

而且 RS-232-C 只能实现点对点的通信方式，不能实现组网功能。随着需要进行串口通信的设备数量增多，就出现了 RS-485 通信接口标准。

RS-485 是一个定义平衡数字多点系统中的驱动器和接收器的电气特性标准，该标准由电信行业协会和电子工业联盟定义。使用该标准的数字通信网络能在远距离条件下及电子噪声大的环境下有效传输信号，RS-485 使连接本地网络及多支路通信链路的配置成为可能。RS-485 有两线制和四线制两种接线方式，四线制只能实现点对点的通信，现很少采用，多采用的是两线制接线方式，这种接线方式为总线式拓扑结构，在同一总线上最多可以挂接 32 个节点。

RS-485 对传输线有特殊的要求，在低速、短距离、无干扰的场合可以采用普通的双绞线，在高速、长线传输时，则必须采用阻抗匹配（一般为 120Ω）的 RS-485 专用电缆，而在干扰恶劣的环境下还应采用铠装型双绞屏蔽电缆。在自动化领域，随着分布式控制系统的发展，RS-485 总线被广泛应用，它具有以下特点。

◆ 采用差分信号负逻辑，逻辑“1”以两线间的电压差为+（2~6）V 表示；逻辑“0”以两线间的电压差为

图1 USB 转 RS-232-C 转接线

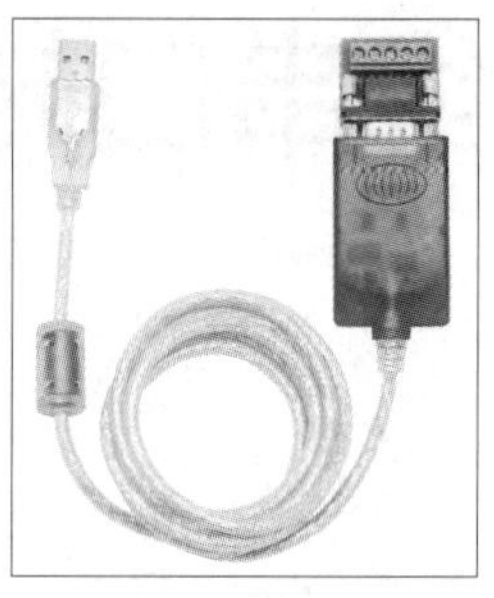

图2 USB 转 RS-485 转接线

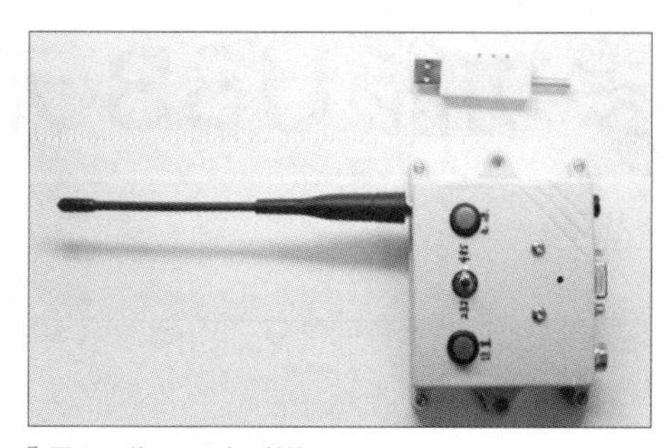

图3 无线 USB 串口转换器

-（2~6）V 表示。接口信号电平比 RS-232-C 有所降低，这样就不容易损坏接口电路的芯片，且该电平与 TTL 电平兼容，方便与 TTL 电路连接。

◆ RS-485 的最高数据传输速率为 10Mbit/s。

◆ RS-485 接口采用平衡驱动器和差分接收器的组合，抗共模干扰能力强，即抗噪声干扰性好。

◆ RS-485 的最大通信距离为 1219m。

目前要想实现计算机与带有 RS-232-C 接口和 RS-485 接口的设备串口通信，就需要 USB 转 RS-232-C 和 USB 转 RS-485 的转接线，也是目前市面上比较常用的两种串口转接线，如图 1 和图 2 所示。

串口转接线虽然使用起来比较方便，但受距离等条件的限制，长度很少超过 3m。为了更方便计算机与 RS-232-C、RS-485 接口设备连接并延长连接距离，避免受环境、区域影响，笔者设计了一款多功能无线 USB 串口转换器（见图 3），这样不需要使用较长的连接线，即可实现计算机与设备间的串口通信。还可以很方便地切换 RS-232-C 接口和 RS-485 接口。

设计原理与使用模块

该多功能无线 USB 串口转换器原理如图 4 所示，主要分为两大部分：设备端和计算机端。

设备端负责将 RS-232-C 或 RS-485 的串口信号转换为 TTL 电平信号，或是将 TTL 电平信号转换为 RS-232-C 或 RS-485 串口信号，再将 TTL 信号与无线信号互相转换，多功能无线 USB 串口转换器主要由 RS-232-C 转 TTL 模块、RS-485 转 TTL 模块、选择开关、TTL 信号转无线信号模块、充电管理模块、锂电池、升压模块等组成。

RS-232-C 转 TTL 模块如图 5 所示，它实现了 TTL 电平信号与 RS-232-C 信号的相互转换。它的规格参数如图 6 所示，主要芯片为 MAX3232，工作电压为 3~5V。

RS-485 转 TTL 模块如图 7 所示，这款模块实现了 TTL 信号与 RS-485 信号的互转，但 RS-485 为半双工通信，这种通信方式可以实现双向通信，但不能在两个方向上同时进行，必须轮流交替进行，也就是说，通信信道的每一端都可以是发送端，也可以是接收端，但同一时刻里，信息只能有一个传输方向。模块无须进行“收 - 发”控制，使用起来跟操作串口一样简单，同时兼容 3.3V 与 5.0V 电源，兼容 3.3V 与 5.0V 信号。模块性能非常稳定，达到了工业级设计标准，抗干扰能力超强，同时采用了防雷设计，可在工业现场及野

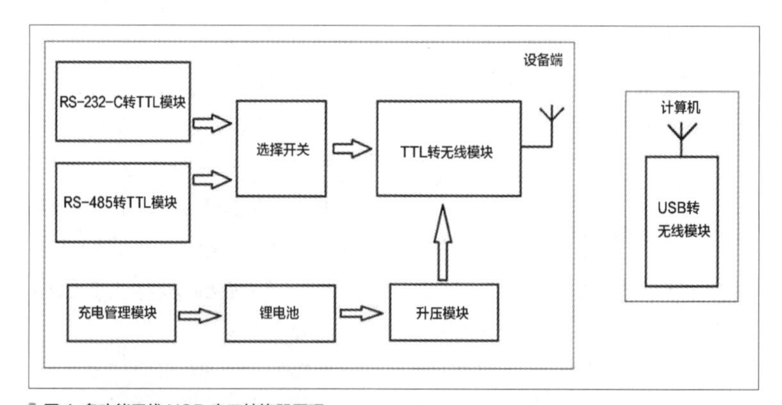

图4 多功能无线 USB 串口转换器原理

图5 RS-232-C 转 TTL 模块

通信芯片	MAX3232
工作电压	3~5V
接口	TX、RX、VCC、GND（TTL）
DB9 接头	母头

图6 RS-232-C 转 TTL 模块规格参数

图 7 RS-485 转 TTL 模块

图 8 选择开关

图 9 TTL 信号转无线信号模块（HC-12 模块）

外恶劣的环境下使用，传输距离可达千米。

其产品参数如下：工作电压可兼容 3.3V 与 5.0V，波特率范围为 110 ~ 256 000 波特，工作温度为 -40 ~ +85℃，通信信号兼容 3.3V 与 5.0V。

该模块具有以下特点：具有 RS-485 总线防雷设计和抗干扰设计，在野外长距离传输时，将模块的接地端接入大地，可以起到很好的抗干扰和防雷的作用，使 RS-485 总线更安全，室内短距离传输时可以不接地；具有 120Ω 的匹配电阻，短接 R0 即可使能匹配电阻；支持多机通信，最多允许在总线上外接 128 个设备；支持热插拔，不会出现其他 RS-485 芯片热插拔出现的信号栓死现象。

我们通过选择开关选择 TTL 电平信号，选择开关我选用的是双刀双掷的摇臂开关（见图 8），可以很方便地切换两组 TTL 信号。

TTL 转无线模块选择的是 HC-12 模块（见图 9），它是新一代的多通道嵌入式无线数传模块。无线工作频段为 433.4~473.0MHz，可设置多个频道，步进频率为 400kHz。模块默认工作在 FU3 全速模式下，可以根据串口波特率自动调节无线传输空中波特率，最大发射功率为 100mW（20dBm），空中波特率为 5000 波特时，接收灵敏度为 -116dBm，通信距离在开阔地可达 1000m。

HC-12 模块具有以下特点：可以远距离无线传输，开阔地通信距离可达 1000m（FU4 模式下，固定串口波特率为 1200 波特、空中波特率为 500 波特）；工作频率范围为 433.4~473.0MHz，有多达 100 个通信频道；发射功率最大为 100mW（20dBm），可设置 8 挡功率；有 4 种工作模式，可以适应不同应用场合；内置 MCU，通过串口与外部设备进行通信；在 FU1 和 FU3 模式下，可以不限制一次发送的字节数；模块支持一对一、一对多、多对多连接透传。该模块的基本参数如图 10 所示。

参数名称	参数值	参数名称	参数值
型号	HC-12	模块尺寸	27.4mm×13.2mm×4mm
通信接口	UART 3.3~5V TTL 电平	工作频段	433.4~473.0MHz
工作电压	3.2~5.5V	天线接口	弹簧天线/天线插座
通信电平	3.3V/5V 电平	工作湿度	10%~90%
发射功率	20dBm（MAX）	工作温度	-25~+75℃
参考距离	1000m		

图 10 HC-12 模块基本参数

引脚	定义	I/O 方向	说明
1	VCC		电源输入，DC3.2~5.5V，要求负载能力不小于 200mA。（注：如果模块要长时间工作在发射状态，建议当电源电压超过 4.5V 时串接一个 1N4007 二极管，避免模块内置 LDO 发热。）
2	GND		公共地
3	RXD	输入，内部 3.3kΩ 上拉电阻	URAT 输入口，TTL 电平，内部已串接高速二极管
4	TXD	输出	URAT 输出口，TTL 电平，内部已串接 200Ω 电阻
5	SET	输入，内部 10kΩ 上拉电阻	参数设置控制脚，低电平有效，内部已串接 1kΩ电阻
6	ANT	RF 输入/输出	433MHz 天线引脚
7	GND		公共地
8	GND		公共地
9	NC		无连接，用于固定，兼容 HC-11 模块引脚位置
ANT1	ANT	RF 输入/输出	IPEX20279-001E-03 天线插座
ANT2	ANT	RF 输入/输出	433MHz 弹簧天线焊接孔

图 11 HC-12 模块引脚定义

该模块的 4 种串口模式如下所示，可以根据需求设置不同的模式。

（1）FU1模式为较省电模式

此时模块的空闲工作电流为 3.6mA 左右。此模式下模块空中波特率为 250 000 波特，通信距离较短。

（2）FU2模式为省电模式

此时模块的空闲工作电流为 80μA 左右。此模式下模块只支持 1200、2400、4800 波特的串口波特率，不能设置成其他串口波特率，空中波特率为 250 000 波特，通信距离较短。设置为 FU2 模式时，超过 4800 波特的串口波特率一律会被自动降低为 4800 波特，只适用传输少量数据（每个数据包在 20 字节以内），数据包发送时间间隔最好在 2 秒以上，否则会造成数据丢失。

（3）FU3模式为全速模式

出厂默认为此模式。

（4）FU4模式为超远距离通信模式

串口波特率固定为 1200 波特，空中波特率为 500 波特。从其他模式转到 FU4 模式后，串口波特率会自动转为 1200 波特。该模式只适用于传输少量数据（每个数据包在 60 字节以内），数据包发送时间间隔最好在 2s 以上，否则会造成数据丢失。

该模块的引脚定义如图 11 所示。将 SET 引脚接 GND，可以通过 AT 指令设置模块的通信参数。

常用的设置 AT 指令有通信测试指令（见图 12）、更改串口波特率指令（见图 13）、更改无线通信频道指令（见图 14）、更改模块串口透传模式指令（见图 15）、设置模块的发射功率等级指令（见图 16）等。

充电管理模块如图 17 所示，该模块有 1A 的充电电流，具有充电保护功能，可以防止电池过充和过放，并能自动控制充电电流，更好地保护电池。锂电池是常用的 18650 锂电池（见图 18）。

指令	响应	说明
AT	OK	测试

图 12 通信测试指令

指令	响应	说明
AT+Bxxxx	OK+Bxxxx	用 AT 指令设好波特率后，下次上电使用不需再设置，可以掉电保存波特率。
更改串口波特率指令。可设置波特率为 1200、2400、4800、8400、9600、19200、57 600 和 115 200波特。出厂默认波特率为 9600波特。		

图 13 更改串口波特率指令

指令	响应
AT+Cxxx	OKsetname
更改无线通信的频道，从 001 到 127 可选（超过 100 以后的无线频道，通信距离不作保证）。无线频道默认值为 001，工作频率为 433.4MHz。频道的步进频率是 400kHz，频道 100 的工作频率为 473.0MHz。 **例：** **设置模块工作到频道 21，请发给模块指令“AT+C021”，模块返回“OK+C021”。退出指令模式后，模块工作在第 21 通道，工作频率为 441.4 MHz。**	

图 14 更改无线通信频道指令

指令	响应	响应
AT+FUx	OK+FUx	可选 FU1、FU2、FU3 和 FU4 四种模式

图 15 更改模块串口透传模式指令

指令	响应							
AT+Px	OK+Px							
设置模块的发射功率等级，*x* 可取 1~8，对应模块发射功率如下：								
x 值	1	2	3	4	5	6	7	8
模块发射功率（dBm）	-1	2	5	8	11	14	17	20
出厂默认设置为 8，发射功率最大，通信距离最远。发射功率等级设置为 1，发射功率最小。一般来说，发射功率每下降 6dB，通信距离会减少一半。 **例：** **发给模块指令“AT+P5”，模块返回“OK+P5”。退出指令模式后，模块发射功率为+11dBm。**								

图 16 设置模块的发射功率等级指令

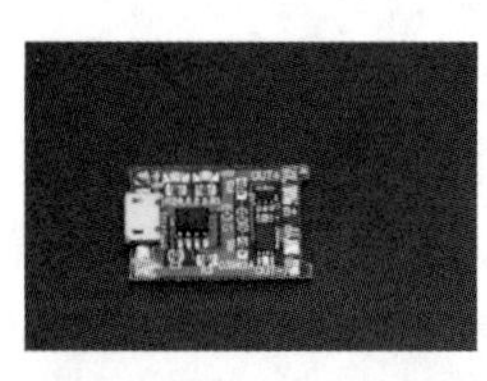

图 17 充电管理模块

图 18 18650 锂电池

图 19 升压模块

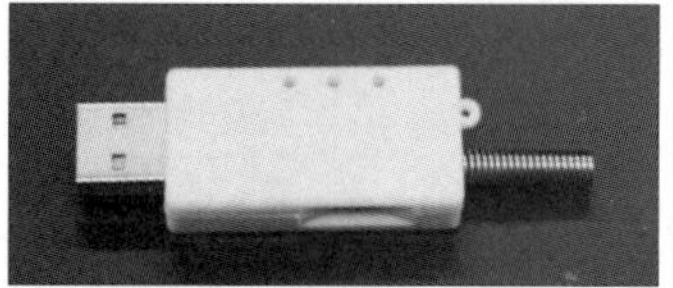

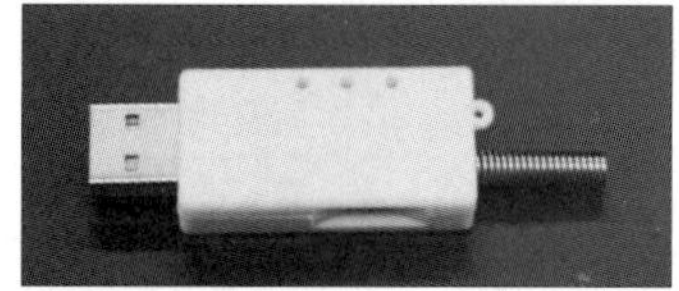

图 20 计算机端的设备

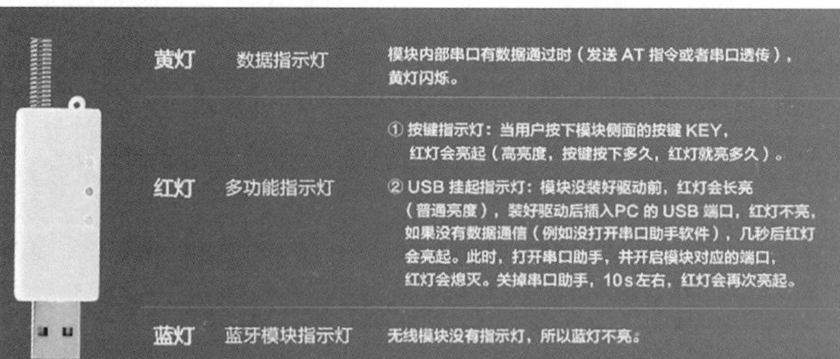

黄灯
数据指示灯
模块内部串口有数据通过时（发送 AT 指令或者串口透传），黄灯闪烁。
红灯
多功能指示灯
① 按键指示灯：当用户按下模块侧面的按键 KEY，红灯会亮起（高亮度，按键按下多久，红灯就亮多久）。
② USB 挂起指示灯：模块没装好驱动前，红灯会长亮（普通亮度），装好驱动后插入PC 的 USB 端口，红灯不亮，如果没有数据通信（例如没打开串口助手软件），几秒后红灯会亮起。此时，打开串口助手，并开启模块对应的端口，红灯会熄灭。关掉串口助手，10s左右，红灯会再次亮起。
蓝灯
蓝牙模块指示灯
无线模块没有指示灯，所以蓝灯不亮。

图 21 指示灯对应模块的不同状态

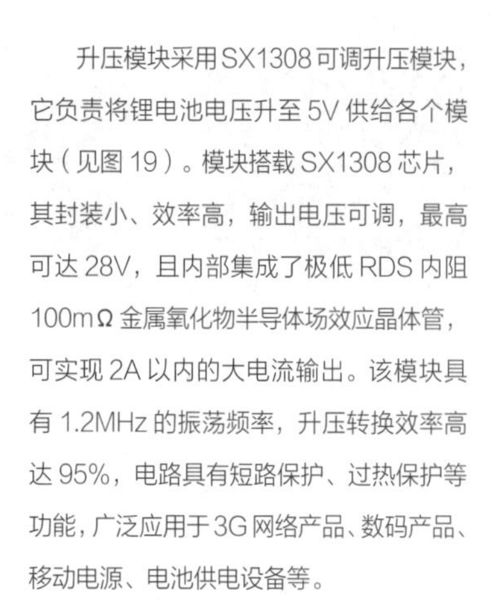

升压模块采用SX1308可调升压模块，它负责将锂电池电压升至 5V 供给各个模块（见图 19）。模块搭载 SX1308 芯片，其封装小、效率高，输出电压可调，最高可达 28V，且内部集成了极低 RDS 内阻 100mΩ 金属氧化物半导体场效应晶体管，可实现 2A 以内的大电流输出。该模块具有 1.2MHz 的振荡频率，升压转换效率高达 95%，电路具有短路保护、过热保护等功能，广泛应用于 3G 网络产品、数码产品、移动电源、电池供电设备等。

制作过程

1. 计算机端

我们需要在计算机端将 USB 信号转成无线信号，计算机端的设备如图 20 所示，它内置了 HC-12 模块，模块上有三色状态灯，不同颜色对应模块的不同状态（见图 21）。

计算机端设备的侧面有一个 KEY 键，按下 KEY 键，可以用 AT 指令设置模块的无线通信参数及波特率，KEY 键使用方法如图 22 所示。

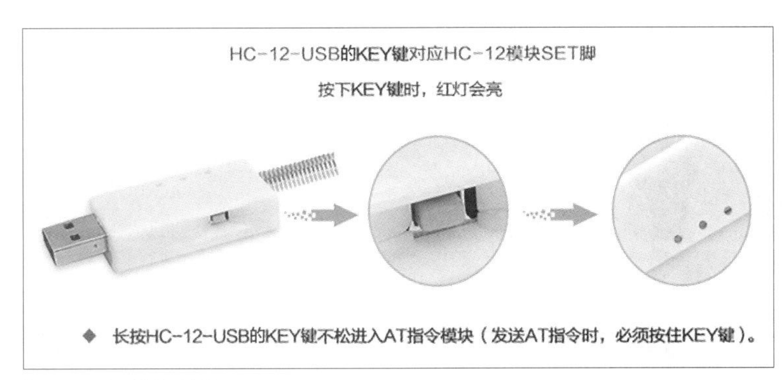

HC-12-USB的KEY键对应HC-12模块SET脚
按下KEY键时，红灯会亮
◆ 长按HC-12-USB的KEY键不松进入AT指令模块（发送AT指令时，必须按住KEY键）。

图 22 KEY 键使用方法

2. 设备端制作过程

1 先按照需求准备好外壳。

2 在外壳上开孔，并安装摇臂开关。

3 接着开孔，并安装设置和电源开关。

4 在合适的位置开孔并安装充电接口。

5 开孔并安装 DB9（RS-232-C 转 TTL 模块）和航空插头。

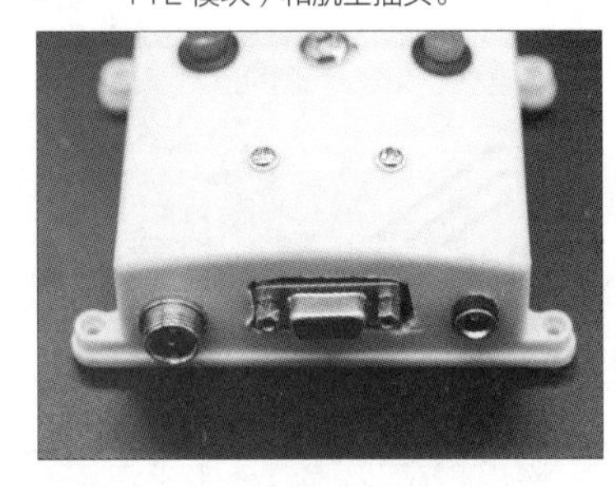

6 开孔，然后安装天线转接线。

7 将 RS-485 转 TTL 模块、HC-12 模块固定在壳体内，并连线。

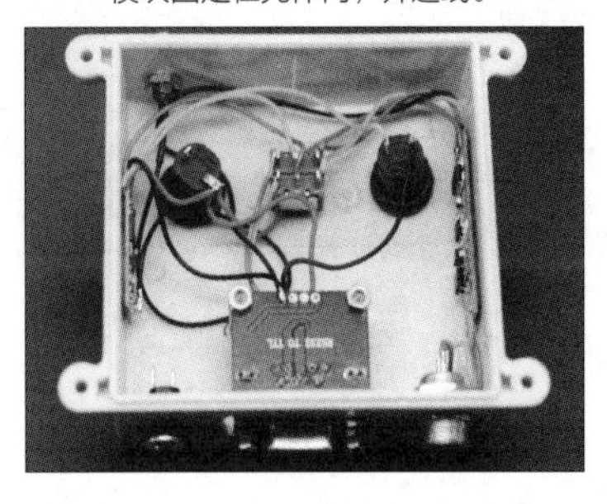

8 连接锂电池供电电路，这里需要用到充电管理模块和升压模块。

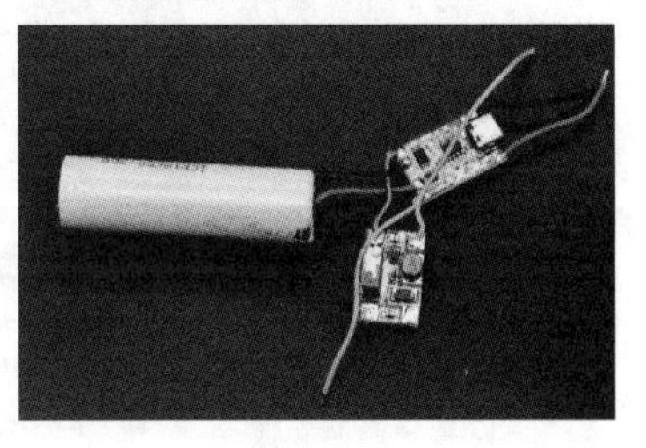

9 将连接好的锂电池电路固定在壳体内。

10 组装壳体。

11 安装天线。

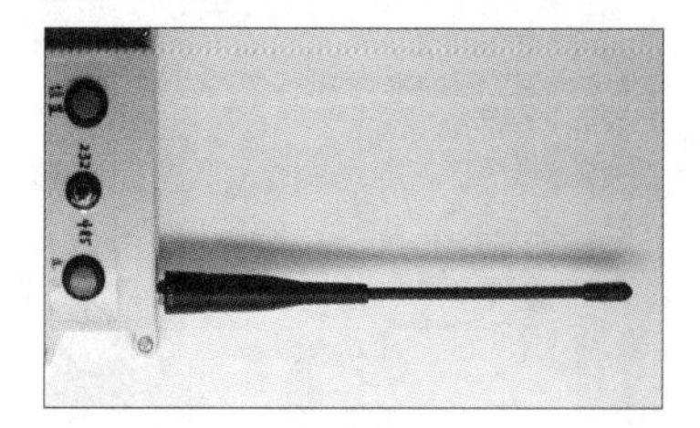

3. 调试

先通过USB转DC5.5转接线（见图23）给设备端充电，并将设备端与计算机端HC-12的通信参数设置一致（见图24）。

图23 USB转DC5.5转接线

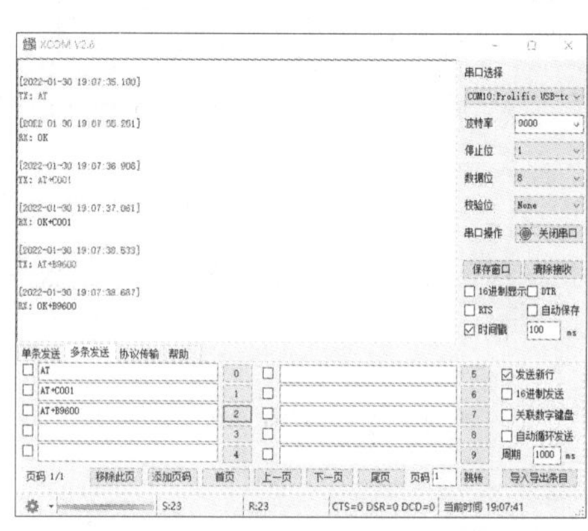

图24 将设备端与计算机端HC-12的通信参数设置一致

然后通过RS-232接口进行通信测试。设备连接，通过按下电源开关进行开机，按下设置开关进行HC-12模块通信参数设置（见图25）。数据传输测试结果如图26所示。

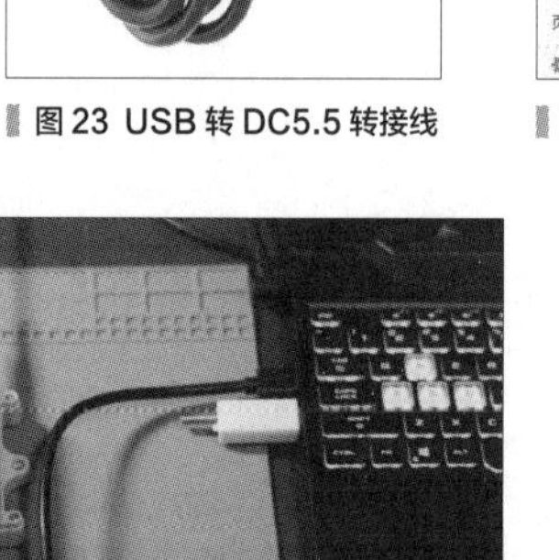

图25 通过RS-232接口进行通信测试

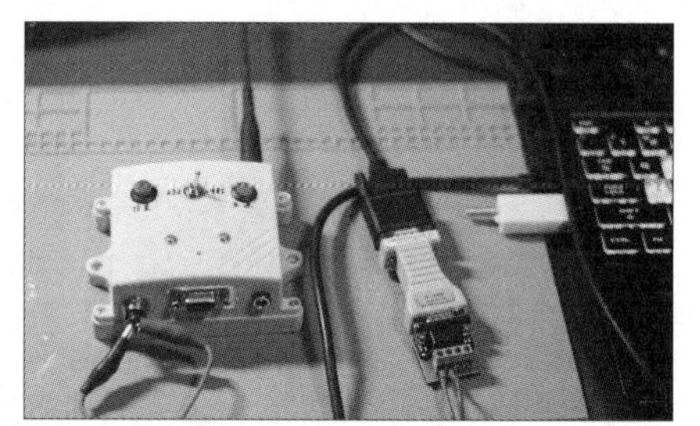

图27 通过RS-485接口进行通信测试

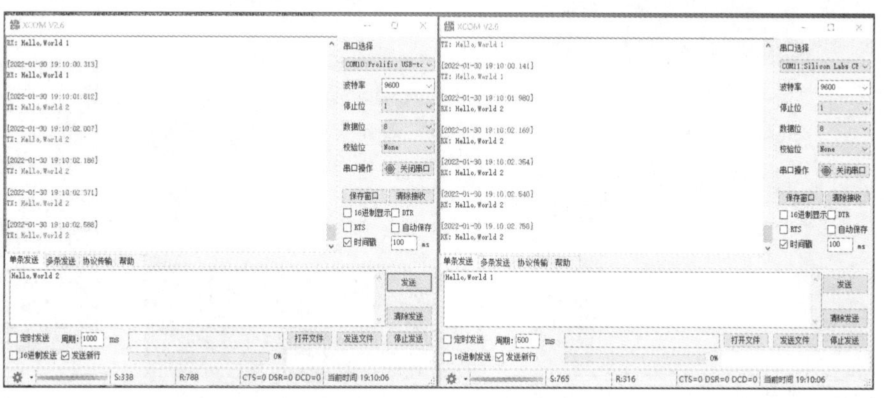

图26 通过RS-232接口进行通信的数据传输测试结果

接着通过RS-485接口进行通信测试。设备连接如图27所示，重新设置HC-12模块通信参数，数据传输测试结果如图28所示。

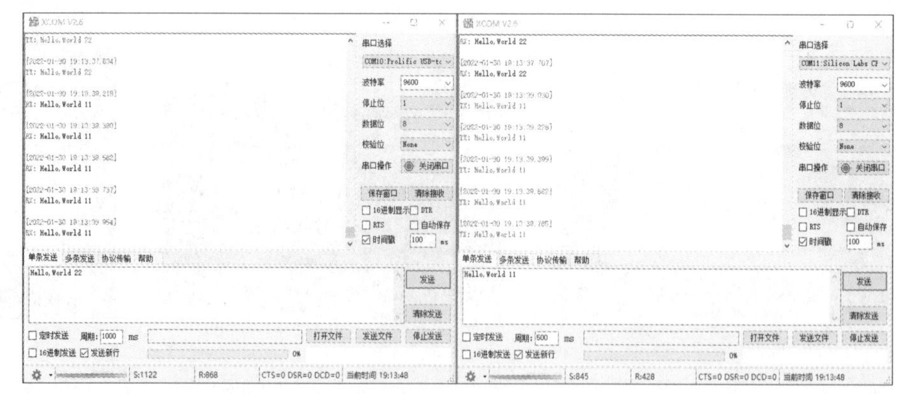

图28 通过RS-485接口进行通信测试的数据传输测试结果

多功能USB无线串口转换器制作完成后，总体使用下来，感觉还是非常方便的，在空阔地区，最大传输距离为1000m，确实很不错。如果追求更远的通信距离，还可以将HC-12方案更换为LoRa方案。

光剑啊，聆听我的召唤

郑俊锋

光剑啊，聆听我的召唤！哈哈，不好意思啊，我的“中二病”又犯了。前段时间在各个短视频平台上可见的“光剑变身”的短视频，不知道大家有没有看过。我在那时就有了做一把光剑的想法。不过，单单做一把光剑会显得十分单调，因此我制作了一把能听懂我说话的光剑。

准备材料

制作所需的材料如图 1 所示，清单如附表所示。

附表 材料清单

序号	名称	数量
1	5V 的 RGB 可编程灯带	1 条
2	可给电池充电的微控制器	1 个
3	可充电锂电池	1 块
4	语音识别模块	1 个
5	乳白色灯管	1 根
6	剑柄结构件	1 组

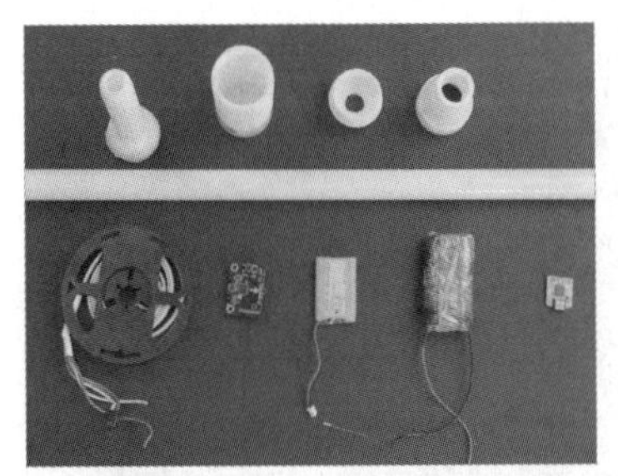

图 1 所需材料

组装

1 焊接导线。

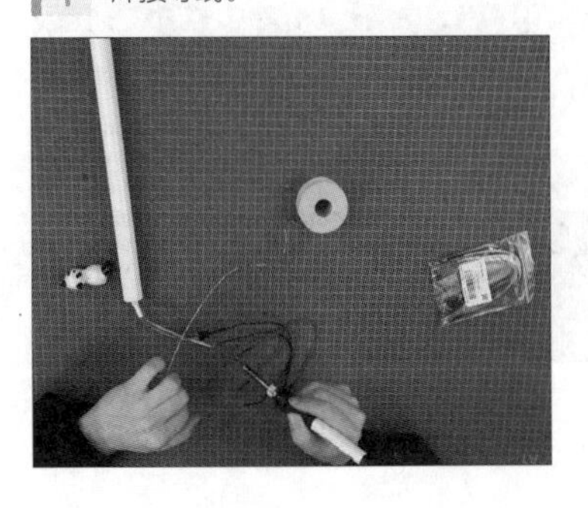

2 将导线放入乳白色灯管内。

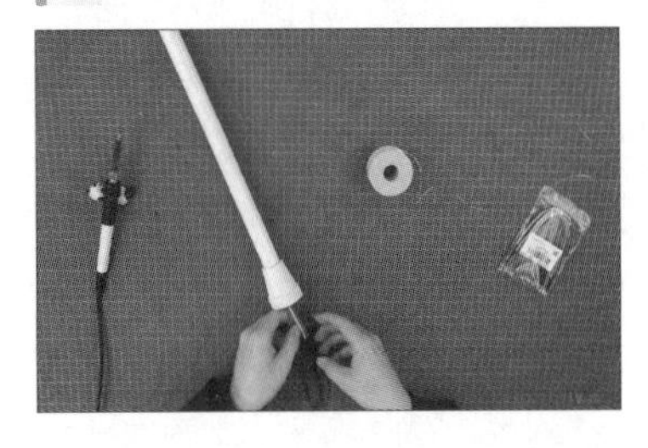

3 按照电路连接示意图焊接各个硬件。此处，我将电池焊接在微控制器上，就可以使用微控制器给电池充电了，是不是很棒？

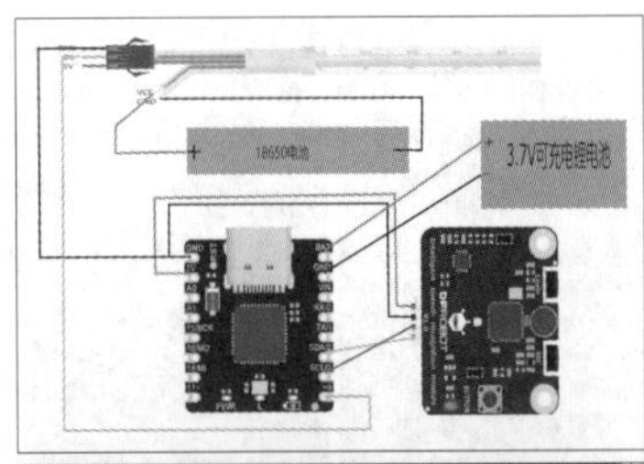

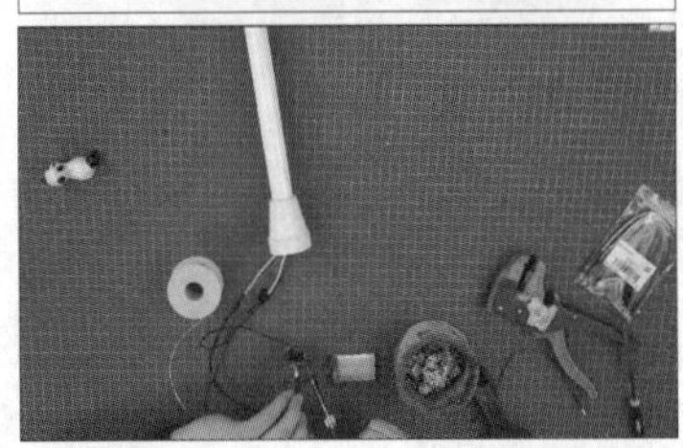

4 将导线穿过剑柄结构件。

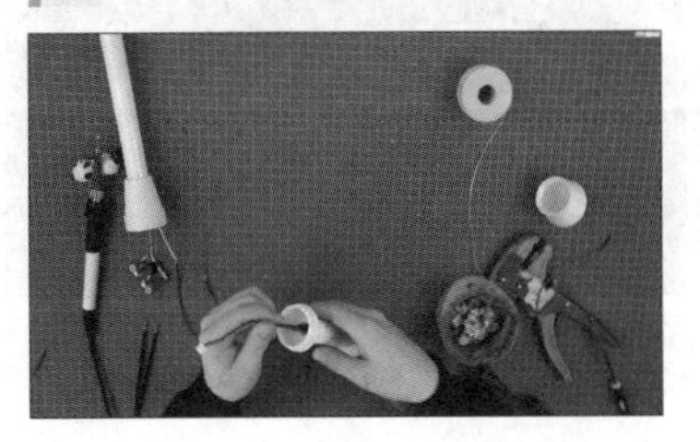

5 将语音识别模块放在剑柄与灯管的结合处。

6 将电池放在剑柄末端，并完成光剑的组装。

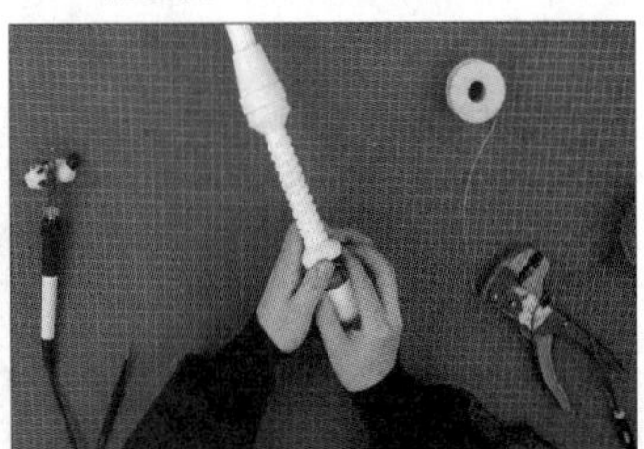

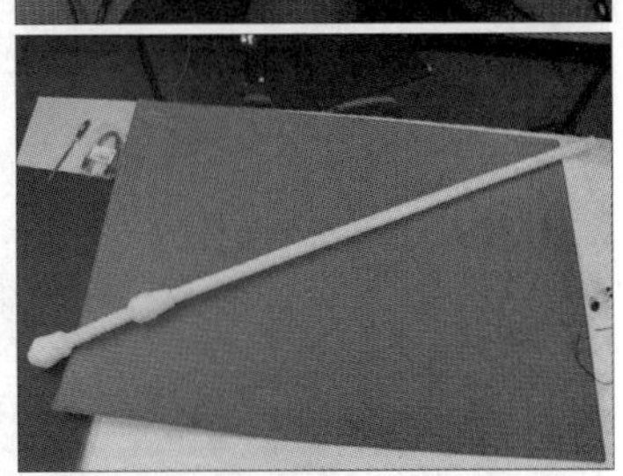

代码展示

```
#include "DFRobot_ASR.h"
#include <FastLED.h>
#define NUM_LEDS 300
#define DATA_PIN 9
#define CLOCK_PIN 13
CRGB leds[300];
```

```
DFRobot_ASR  asr;
void setup()
{
  Serial.begin(115200);
  asr.begin();
  asr.addCommand( " hong deng " ,0);
//开启红灯
  asr.addCommand( " lan deng " ,1);
//开启蓝灯
  asr.addCommand( " lv deng " ,2);
//开启绿灯
  asr.addCommand( " guan deng " ,3);
//关闭灯光
//开始识别
  asr.start();
  Serial.println("Start");
  FastLED.addLeds<NEOPIXEL, DATA_
PIN>(leds, NUM_LEDS);
}
void loop()
{
  int result = 0;
  //读取识别到的词条
  result = asr.read();
  if(result == 0)
  {
    Serial.print("ASR result is:");
    Serial.println(result);//返回识别
结果，即识别到的词条编号
    fill_solid(leds, 300, CRGB::Red);
//灯带以红色点亮
    FastLED.show();
  }
  else if(result == 1){
    Serial.print("ASR result is:");
    Serial.println(result); //返回识别
结果，即识别到的词条编号
    fill_solid(leds, 300, CRGB::Blue);
//灯带以蓝色点亮
    FastLED.show();
  }
  else if(result == 2){
    Serial.print("ASR result is:");
    Serial.println(result); //返回识别
结果，即识别到的词条编号
    fill_solid(leds, 300, CRGB::Green);
//灯带以绿色点亮
    FastLED.show();
  }
  else if(result == 3){
    Serial.print("ASR result is:");
    Serial.println(result); //返回识别
结果
    FastLED.clear(); //熄灭灯带
    FastLED.show(); //刷新灯带颜色
  }
}
```

成品展示

光剑啊，聆听我的召唤——红灯！蓝灯！绿灯！一招一式，化作黑夜里多彩的光。快练就属于你自己的剑法吧！成品展示如图 2 所示。

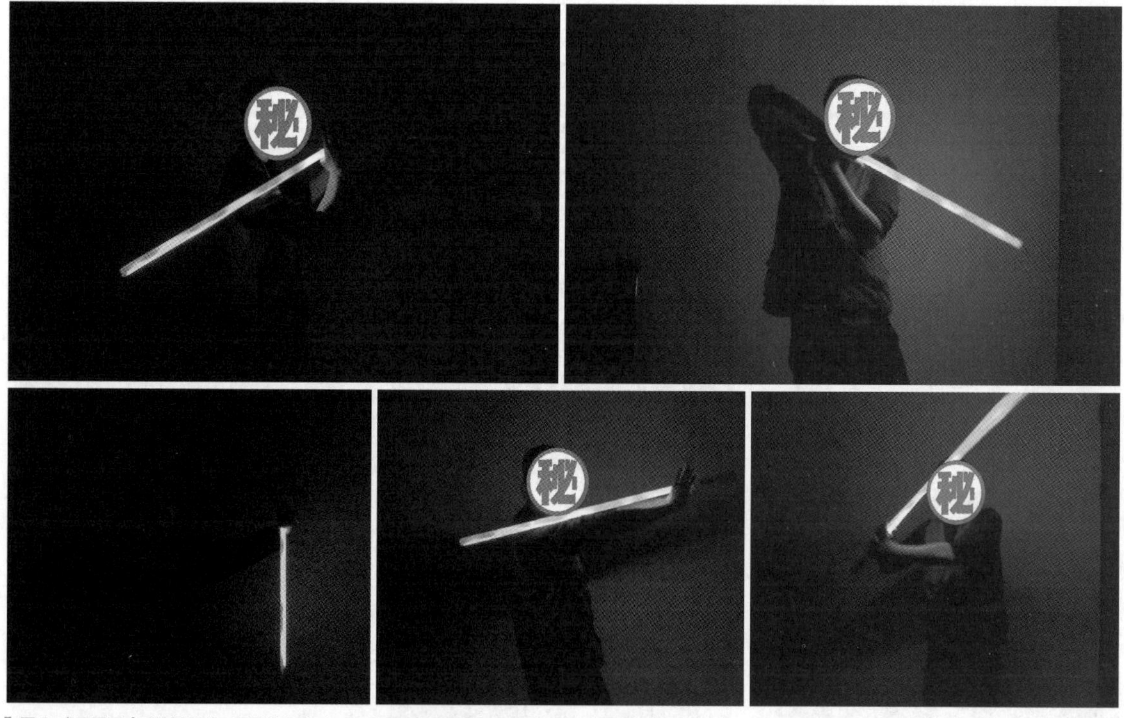

图 2 成品展示（受拍摄影响，灯带为红色时，照片显示为红黄色）

用三极管制作 LM78L05 和 TL431

▌俞虹

用三极管制作LM78L05

LM78L05三端稳压器由于体积小（小功率三极管大小），并有安全工作区保护和热关断的特性，在电路中被广泛应用。LM78L05最大电流为100mA，最大输入电压可达30V。这里我们用三极管来制作LM78L05，通过制作，我们会对LM78L05稳压器有更多的了解。

1. 工作原理

为了更好地理解电路，先介绍一下和LM78L05电路有关的基本电路，再介绍LM78L05的电路原理。

（1）零温度系数基准电压电路

零温度系数基准电压电路如图1所示，它的等效电路如图2所示。图2中由于稳压管DZ有正温度系数，NPN三极管基射极电压有负的温度系数，n个和m个二极管（包括三极管VT）的导通电压U_{BE}基本相同，则基准电压为：

$$U_{REF}=I_E R2+mU_{BE}$$

$$且 I_E=\frac{U_z-(m+n)U_{BE}}{R1+R2}$$

整理以上两式得：

$$U_{REF}=\frac{U_z R2+(mR1-nR2U_{BE})}{R1+R2}$$

由于电阻R1和R2的材料相同，R1和R2有同样的温度系数，当温度变化时，其比值不会变化，故U_{REF}的温度系数为：

$$\frac{dU_{REF}}{dT}=\frac{R2}{R1+R2}\times\frac{dU_Z}{dT}+\frac{mR1-nR2}{R1+R2}\times\frac{dU_{BE}}{dT}$$

设$\frac{dU_Z}{dT}/\frac{dU_{BE}}{dT}=k$，代入上式，并使$\frac{dU_{REF}}{dT}=0$可得：

$$\frac{R1}{R2}=\frac{n-k}{m}$$

可以看出，在m、n、稳压管的U_Z和二极管U_{BE}的温度系数确定的情况下，只要R1和R2按上式取值，就可以使基准电压U_{REF}为零。

（2）多集电极三极管

在多集电极三极管中，每一个集电极与公共基极、公共发射极组成一个NPN型三极管。而且，各个集电极之间被反向PN结所隔离，故任何一个集电极输出电压变化时，并不影响其他集电极的输出电压。因此，我们可以用多个三极管来组成多集电极三极管。具体方法是将它们的基极和发射极分别并联起来，只留出独立的集电极就可以，图3所示就是它们的等效电路。

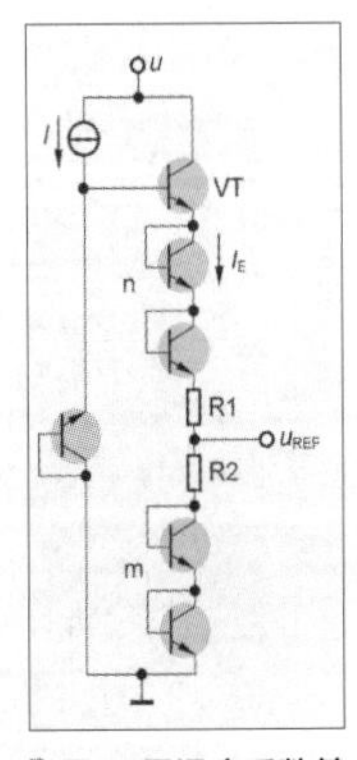

▌图1 零温度系数基准电压电路

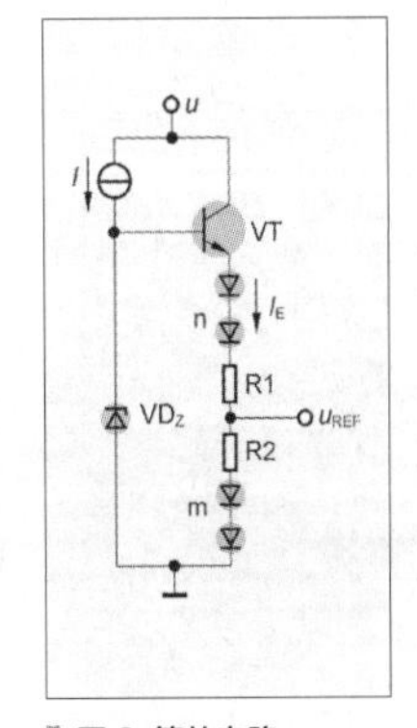

▌图2 等效电路

（3）三极管LM78L05电路工作原理

三极管LM78L05的电路如图4所示。场效应管VT16、三极管VT15及稳压管VD1组成启动电路，它为基准电压电路提供初始偏置。随着稳压管VD2上的电压达到稳压值，VT15的基-集极电压变为零（VD1和VD2电压相同），三极管VT15截止，于是启动电路和后面的基准电压电路断开。基准电压电路由稳压管VD2及三极管VT1、VT2和VT3组成，电路和上面介绍的零温度系数基准电压电路相似。稳压管VD2通过电流源三极管VT4得到偏置，R1和R2之间连接点上的基准电压作用到三极管VT7的基极，VT7是误差放大器的一个输入端。误差放大器由VT7和VT8等器件组成，VT6和R6提供放大器偏置。误差放大器的一部分输出是三极管VT9基极输入，VT9接成射极跟随器结构，它是后级三极管电压调整电路的一个部分，电压调整电路的VT10和VT11接成达林顿结构形式。

输出电压的一部分经过微调电阻RP和R12分压，被回送到三极管VT8的基极，即误差放大器的反向端。如果输出电压略低于其稳压值，则三

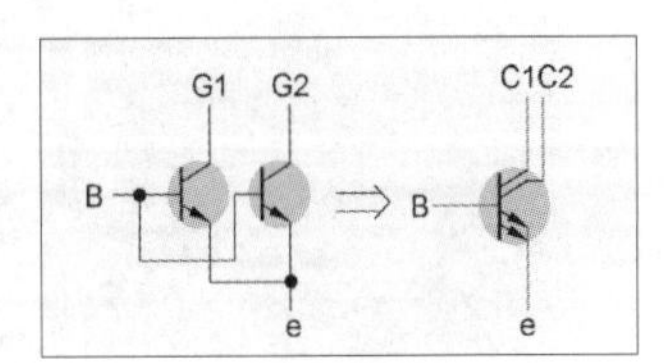

▌图3 多集电极三极管等效电路

极管 VT8 的基极电压比三极管 VT7 的基极电压低，VT7 的电流将占到误差放大器电路总电流的大部分，VT7 电流的增大将导致 VT10 的电流增大，从而 VT11 生成更大的电流，并使得输出电压增大到稳压值。如果输出电压大于稳压值，则工作情况和上述相反。

三极管 VT13、VT14 及电阻 R3 组成热保护电路。电路正常工作时，VT14 基-射极电压约为 0.3V，故 VT13 和 VT14 是截止的。随着温度的升高，VT14 的 BE 结负温度系数及 VT3 的集电极电流增加，使得 VT14 开始导通，进而 VT13 也导通，VT13 从电压调整电路三极管中分流，形成过热保护。另外，三极管 VT12、电阻 R11 及 VD3、VD4 等组成安全工作区保护电路。

2. 元器件清单

制作 LM78L05 所需材料如表 1 所示。

3. 制作方法和测试

找一块 9cm×15cm 的万能板，按图 4 所示将三极管焊在万能板的相应位置上，可以先将三极管全部排列完成后再进行焊接，然后再焊接电阻和稳压管等元器件，最后在万能板的上下各焊一条横锡线作为正负极。焊接完成的三极管 LM78L05 电路板如图 5 所示。检查元器件焊接无误后，用软导线在电路板上焊接出 3 条引线作为输入、输出和地的引线。将电路板接 12V 直流电源，调整微调电阻 RP 到测得输出电压为 5V 即可。如输出电压不正常，应检查电路是否有错焊、虚焊等问题，直到输出电压正常。

（1）输出电压精度测试

将三极管 LM78L05 电路板输入端

表 1 制作 LM78L05 所需材料

名称	位号	值	数目
三极管	VT1~VT3、VT6~VT8、VT10、VT12、VT13、VT15	9014，β=200~250	10
三极管	VT4、VT5、VT9、VT14	9012，β=200~250	5
三极管	VT11	E13002，β=30~50	1
场效应管	VT16	2SK170BL	1
电阻	R1	3.9kΩ	1
电阻	R2	3.6kΩ	1
电阻	R3	560Ω	1
电阻	R4	390Ω	1
电阻	R5	8.2kΩ	1
电阻	R6	2.7kΩ	1
电阻	R7	12kΩ	1
电阻	R8	14kΩ	1
电阻	R9	5.6kΩ	1
电阻	R10	2.4kΩ	1
电阻	R11	2Ω	2
电阻	R12	2kΩ	1
电阻	R13	5.1kΩ	1
电阻	R14、R15	100Ω	2
电阻	R16	160Ω	1
微调电阻	RP	2kΩ	1
稳压管	VD1~VD4	6.2V/1W	4
瓷片电容	C1	5pF	1
万能板		9cm×15cm	1

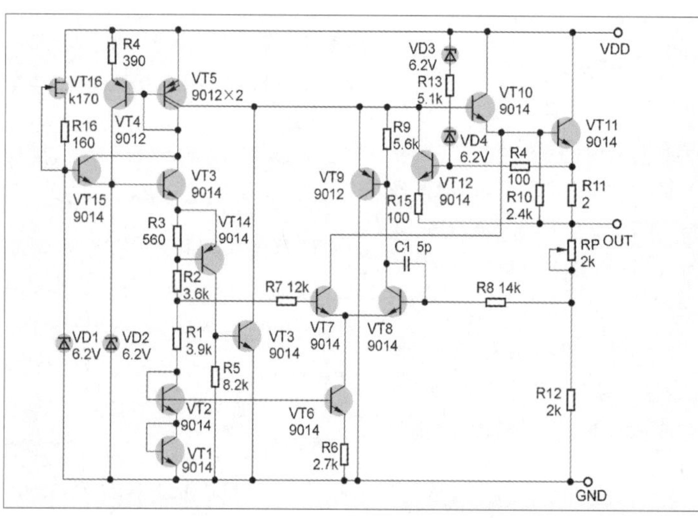

图 4 LM78L05 内部电路

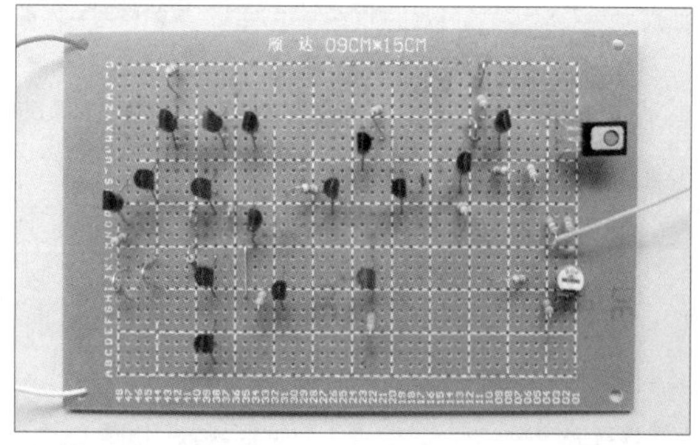

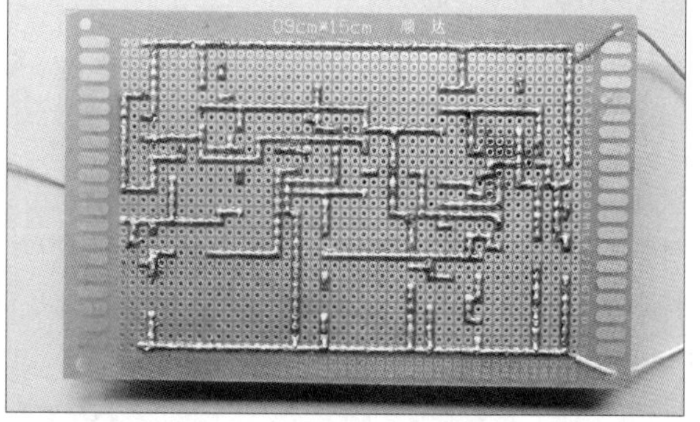

图 5 三极管 LM78L05 电路板

表 2 LM78L05 输出电压精度测试数据

输入（V）	7	7.5	8	8.5	9	9.5	10	10.5	11	11.5	12
输出（V）	5.03	5.03	5.03	5.03	5.03	5.04	5.04	5.04	5.04	5.04	5.04

表 3 LM78L05 限流保护电路测试数据

输出（V）	5.03	5.03	5.02	4.90	3.40
负载（Ω）	60	50	30	15	10

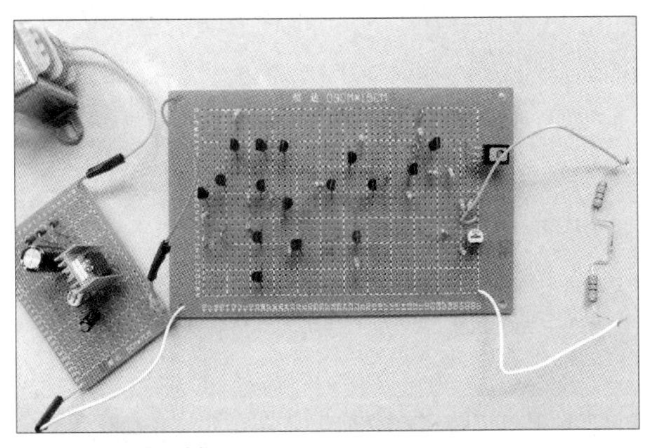

图 6 5V 电压测试实物

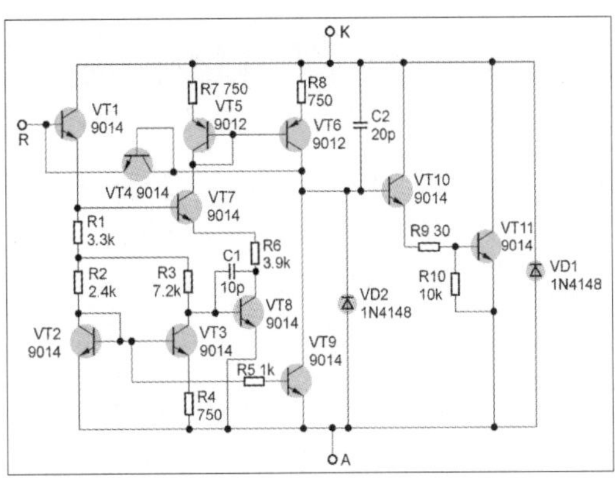

图 7 TL431 内部电路

接 0~12V 可调直流电源，输出端接 1W/60Ω 的电阻，测试电路装置如图 6 所示。接通电源后，这时的输出电流约为 80mA，调整输入端输入不同电压，用数字万用表测得输出电压值，得到如表 2 所示的数据。可以看出，输入端电压在 7~12V 变化时，输出电压变化只有 0.01V，由此可以看出输出电压精度还是比较高的。

（2）限流保护电路测试

将LM78L05电路板接 10V直流电源，用不同的电阻作负载，用数字万用表测量输出电压的值，得到表3所示的一组数据。可以看出，当负载电阻减小到一定值时，输出电压开始减小，即限流保护电路起作用。集成 LM78L05 的限流电路起始限流电流和三极管 LM78L05 略有不同。

用三极管制作TL431

TL431 是一种电压可调的稳压管，稳压精度比一般稳压管高，价格低廉，故在电路中有广泛应用。这里介绍如何用三极管制作 TL431，只要我们了解它的工作原理并注意制作过程，也可以制作出精度较高的 TL431 稳压管。

1. 工作原理

TL431 内部电路如图 7 所示，电路由基准电压电路、误差放大器、达林顿输出电路和二极管保护电路 4 部分组成。

（1）TL431工作原理

三极管 VT1、VT2、VT3 和 R4 等元器件组成 2.5V 基准电压电路。电路工作时，参考端 R 相对阳极 A 有 2.5V 的电压，当 R 端电压发生变化时，VT2 和 VT3 的基极与 VT3 的集电极之间将产生电压差，这个电压差作用于 VT8、VT9 及 VT5、VT6 组成的误差放大器（差动放大器）的两个输入端，即 VT8 和 VT9 的基极。被放大的电压差信号再作用到 VT10 的基极，通过达林顿管 VT10 和 VT11 去调整 VT11 两端的电压，使 VT11 两端电压保持稳定。二极管 VD1 和 VD2 组成二极管保护电路，避免阴阳极接反时，损坏 TL431。

（2）基准电压的形成

由于三极管 VT2 和 VT3 的集电极电压相同，并且 R3 的阻值是 R2 的 3 倍，故流过 VT2 的电流是 VT3 的 3 倍，即 $I2=3\times I3$，如果设 $I3$ 电流为 I，$I2=3I$，则：

$$V_{BE2}=V_{BE3}+I\times R4$$

$$V_{BE}=V_T\ln(\frac{I_C}{I_S})$$

其中，在 27℃时，$V_T=KT/q=26$mV，I_S 是饱和电流（与发射极大小成正比），K 是玻尔曼常数，T 是温度，q 是电子电荷。为了得到温度补偿，将 VT3 用 2 个三极管并联，即 VT2 和 VT3 相对应面积为 1 ∶ 2，故饱和电流 $I_{S3}=2I_{S2}=2I_S$（设 VT2 的饱和电流为 I_S），结合上面两个等式有：

$$V_T\ln(\frac{3I}{I_S})=V_T\ln(\frac{I}{2I_S})+I\times R4$$

整理后得：

$$V_T\ln(\frac{3I}{I_S}\times\frac{2I_S}{I})=V_T\ln6=I\times R4$$

$$I=\frac{V_T\ln6}{R4}$$

R4 的值为 750Ω，则 $I=(26\times1.79)/750=62\mu A$，R2 和 R3 的电压为：

$V_{R2}=V_{R3}=3R2\times I=R3\times I=7.2\times62=446$mV，流经 R1 的电流为流经 R2 和 R3 的电流和，即 $4I$。

表 4　制作 TL431 所需材料

名称	位号	值	数目	备注
三极管	VT1~VT4、VT7~VT11	9014，β=200~250	10	VT3 由 2 个三极管构成
三极管	VT5、VT6	9012，β=200~250	2	—
二极管	VD1、VD2	1N4148	2	—
电阻	R1	3.3kΩ	1	—
电阻	R2	2.4kΩ	1	—
电阻	R3	7.2kΩ	1	可用 2 个 3.6kΩ 电阻串联
电阻	R4、R7、R8	750Ω	3	—
电阻	R5	1kΩ	1	—
电阻	R6	3.9kΩ	1	—
电阻	R9	130Ω	1	—
电阻	R10	10kΩ	1	—
瓷片电容	C1、C2	20pF	2	—
万能板	—	7cm×9cm	1	—

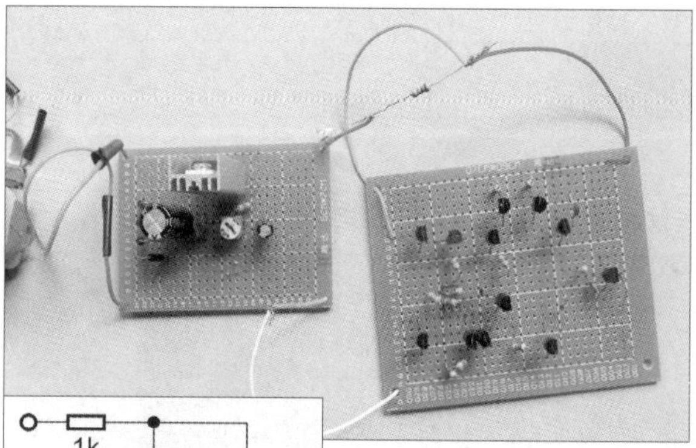

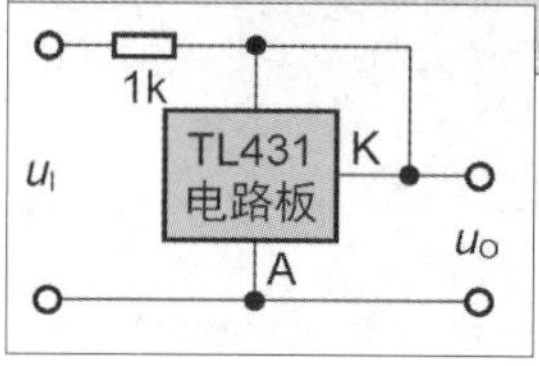

图 9　测试基准电压电路与实物连接

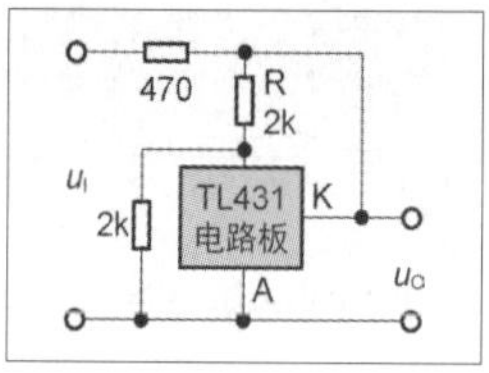

图 10　测试 5V 电压电路

$V_{R1}=I\times R1=4\times 62\times 3.3=818$mV，设三极管 V_{BE} 为 580mV，则可以得到基准电压 $V_{REF}=V_{R1}+V_{R2}+V_{BE1}+V_{BE2}=818+446+580+580=2430$mV=2.43V

实际制作时，基准电压值有一些出入，一般在 2.5V 左右。

2. 元器件清单

制作 TL431 所需材料如表 4 所示。

3. 制作和测试

找一块 7cm×9cm 的万能板，按图 7 所示将 12 个三极管焊在万能板上，注意 PNP 和 NPN 三极管不能混淆，VT3 为 2 个三极管并联。接着在万能板上焊接电阻、电容和二极管，如果找不到同阻值的电阻，也可以用 2 个电阻串联或并联代替。在万能板背面上下焊出正负极锡线，并用锡线连接电路，制作完成的三极管 TL431 电路板如图 8 所示。检查元器件焊接及连线无误后，先测试是否有基准电压。将电路板上 K 端引线和 R 端引线接在一起，串联接入 1 个 1kΩ 电阻，再接 12V 直流电源正极，A 端接电源负极，电路连接与实物如图 9 所示。测得输出电压（K、A 端之间电压）为 2.5V 左右，如偏离太多，应检查电路板元器件是否焊错，锡线是否虚焊等。如测得输出电压在 1V 左右，可能是忘记了 VT3 是 2 个三极管并联。正常后，可以对三极管 TL431 电路板进行电压精度测试。

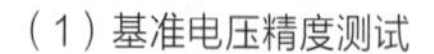

（1）基准电压精度测试

按图 9 所示电路进行测量，输入电压在 5~10V 变化，得到的基准电压的值如表 5 所示，可以看出基准电压维持 2.48V 不变。

（2）测5V输出电压

按图 10 所示连接电路装置，输入端接 7~12V 直流电源。测量不同的输入电压，得到的输出电压如表 6 所示，可以看出误差在 0.04V。至此，三极管 TL431 制作完成。

图 8　三极管 TL431 电路板

表 5　TL431 基准电压精度测试数据

输入（V）	5	5.5	6	6.5	7	7.5	8	8.5	9	9.5	10
输出（V）	2.48	2.48	2.48	2.48	2.48	2.48	2.48	2.48	2.48	2.48	2.48

表 6　TL431 测 5V 输出电压数据

输入（V）	7	7.5	8	8.5	9	9.5	10	10.5	11	11.5	12
输出（V）	4.99	4.99	5.01	5.02	5.03	5.03	5.03	5.01	5.00	5.01	5.01

reTerminal —Re for Retro 复古掌机终端

▌潘石

这是一款重新定义 reTerminal 的复古掌机套件，有树莓派的地方就应该有 RetroPie。

项目背景

我们先简单了解一下矽递科技的 reTerminal（见图 1），它搭载了树莓派 CM4 核心板，并拥有一块 5 英寸的多点触控电容屏，是拥有丰富外接接口的终端交互设备。最近众筹平台又刮起了一阵复古掌机潮流风，搭载着童年回忆的复古掌机永远不会过时，有树莓派的地方就要有 RetroPie。所以当我看到 reTerminal 的第一反应就是有屏幕、有树莓派和树莓派的 40Pin GPIO 接口，离游戏机就差电源和一副手柄。因此，在矽递科技组织 reTerminal 扩展创作比赛时，我果断选择参加，并且希望通过本项目学习 reTerminal 使用知识的同时，也为大家带来一些乐趣。

项目简述

本项目将 reTerminal 重新定义为复古掌机终端，将 reTerminal 中的 re 定义为 Retro（复古）的概念。本项目我们需要设计一款适用于 reTerminal 的外接设备，并与 reTerminal 的 40Pin GPIO 接口对接，还要有方便拔插的游戏手柄外壳，以及为整套系统提供电源支持，该项目还需为 reTerminal 刷入 RetroPie 系统。项目中使用的第三方软件将延续其开源协议，产出的软件和系统教程以开源协议 GPL3.0 的形式发布，并托管到 Gitee 上，供大家参考。

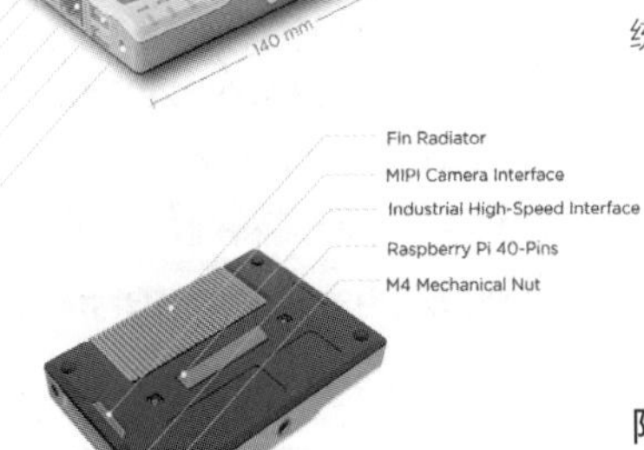

▌图 1 矽递科技的 reTerminal

设计思路和实施

阶段1：项目规划和产品功能性

在开始整个项目设计之前，我们需要先规划产品的基本功能。

（1）游戏基本功能

◆ 产品应该具备简单的游戏机操作手柄按键，如：上、下、左、右、A、B、X、Y、START 和 SELECT 按键。

◆ 烧录应使用 RetroPie 镜像或在原系统上安装 RetroPie，RetroPie 是一款提供了多种虚拟游戏终端、游戏内容丰富的软件。

（2）供电与电源管理

◆ 支持输出最小 5V/2A 的电流，通过 40Pin GPIO 接口上的 5V 接口给 reTerminal 供电。

◆ 内置锂电池包。

◆ 使用 USB Type-C 接口为电池包充电。

◆ 需要一个独立的开关控制供电系统。

（3）外观设计

◆ 方便携带、手持。

◆ 方便 reTerminal 拔插。

◆ 方便 PCB 与其他硬件的组装。

阶段2：选型和调研

根据项目基本功能，我们可以针对市

图 2 Adafruit 的 PiGRRL 2 项目

图 3 微雪树莓派锂电池扩展板

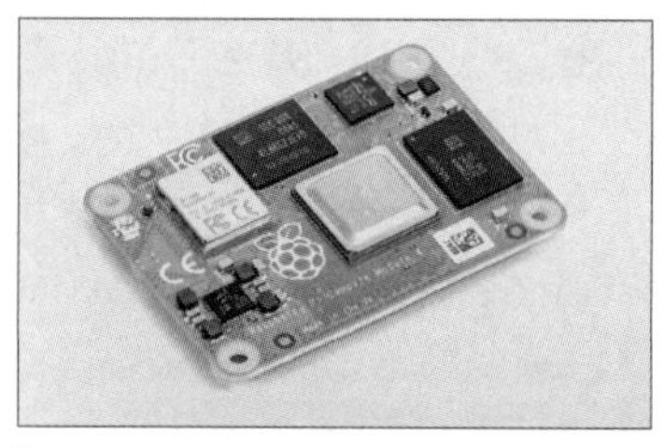

图 4 树莓派 CM4 模块

图 5 树莓派 CM4 掌机

面上的产品进行调研参考，我把调研分为 3 个方向，并分别提出了问题。

系统配置方面：如何安装 RetroPie 软件并与 reTerminal 环境做适配?

按键控制方面：如何在树莓派的 40Pin GPIO 接口上配置按键，并可以与 RetroPie 适配控制界面?

电源供电方面：如何提供稳定的 5V 且至少 2A 的供电，并且带有锂电池充放供电方案?

这里我需要感谢一下这些年开源项目的崛起，让我在完成该项目上节省了不少时间，并少走了弯路。

我第一个调研参考的是 Adafruit 的 PiGRRL 2 项目，如图 2 所示。Adafruit 是美国一个专注开源软硬件的厂商，它的官方学习平台拥有丰富的学习资料可供参考，同时也附带了项目相关的硬件开发设计文档和托管在 GitHub 上的软件，而且都是开源的。通过学习 PiGRRL 2 项目，我对完成这个项目更有信心了。在 PIGRRL 2 项目中，Adafruit 系统地介绍了使用树莓派搭建一款复古游戏机的全过程，包括定制的与树莓派 40Pin GPIO 接口连接的按键开发板 PiGRRL Gamepad，并详细介绍了如何在树莓派上安装 RetroPie 软件系统并适配按键开发板软件，同时还有 PiTFT 显示屏和 PowerBoost 1000C 电源系统的连接和适配方法，最后 Adafruit 还介绍了外观设计思路并提供了 3D 设计文档，让爱好者能够跟着教程完整复现整套项目。

通过学习 PiGRRL 2 项目，我觉得可以参考 PiGRRL Gamepad 开发板按键设计和原理部分，以及部分 3D 设计文件，这样就不用重复造轮子，而且 PiGRRL 2 项目也是开源的，只要遵守该项目的开源协议即可。

第二个调研参考的项目是之前买的一款微雪出的树莓派锂电池扩展板（见图 3），它拥有 SW6106 移动电源芯片，可提供稳定 5V 输出，支持双向快充，还有内置的 LED 电量指示灯，配备了 Standby 按键功能，这款“充电宝”芯片为复古掌机终端提供电源看起来再合适不过了。这里先剧透一下，后面打样时发现它并不是很合适，具体原因后文也会说明，大家先继续往下看。

最后就是 RetroPie 软件系统的设置安装了，这个部分的具体操作还是要针对设备本身，所以我简单搜索了一下 RetroPie 是否可以在图 4 所示的树莓派 CM4 模块上运行，发现几款众筹的复古游戏机都是用的树莓派 CM4 模块，比如图 5 所示的树莓派 CM4 掌机项目，这样我就放心了。

下面需要做的就是按照 reTerminal 扩展设计大赛的要求出一个简单的设计方案申请 reTerminal 样机了。

阶段3：申请样机的外观设计与电路设计

（1）电路设计方案

电路设计工具我选择了免费且开源的立创 EDA，它结合嘉立创 PCB 完全可以一站式打样 PCB，加上可以直接在 EDA 平台导出 BOM，并可以一键在立创商城上下单电子元器件，简直太方便了。

原理图设计思路如下：按键部分的原理图参考了 Adafruit 的 PiGRRL 2 项目，将上、下、左、右、START、SELECT、A、B、X 和 Y 按键连接到相应的 40Pin GPIO 接口上，如图 6 所示，这样在软件适配上也

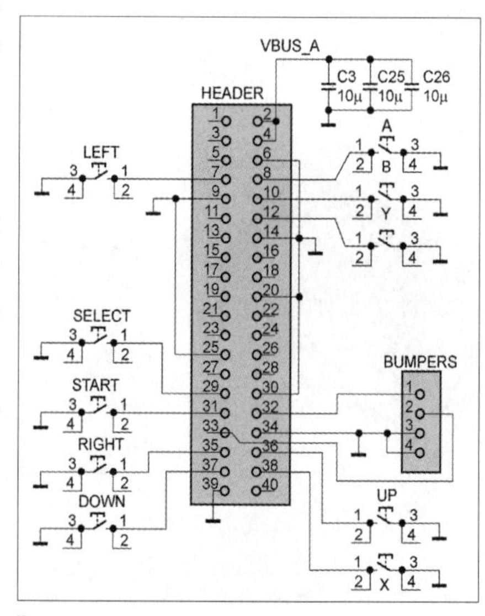

图 6 40Pin GPIO 接口和按键电路

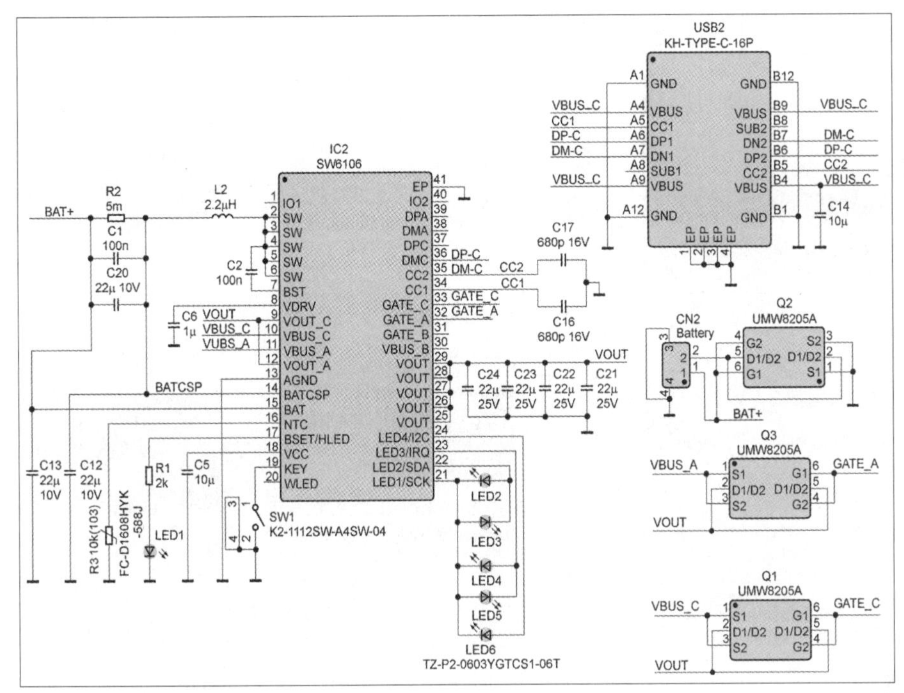

图 7 供电部分电路

可以很方便地采用 PiGRRL 2 的软件，不过在着手操作之前，每个想法都是单纯的，大家看到后面打样部分的改动，就知道我为什么这样说了。

SW6106 电源供电部分的电路设计参考了微雪的树莓派锂电池扩展板原理图，然后又根据 SW6106 的规格书进行了简单的适配和改动，如图 7 所示。

原理图有了，就可以设计电路板布局了，由于本项目扩展板的 GPIO 排母与 reTerminal 的 GPIO 排针是对插接口关系，所以在设计电路板外观和排母的位置时要参考 reTerminal 的摆放位置和外壳设计，确保完美对接，同时也需要确保键帽与按键的位置能够对应，所以需要先简单快速设计一个外壳并确定电路板的外观。

（2）外观设计

外观设计部分，我使用 Fusion 360 设计软件设计。首先导入了矽递科技的 reTerminal STP 3D 设计文件（见图 8），又在模型库网站找到了弯针的 40Pin GPIO 排母 3D 设计文件（见图 9），然后将图 9 与图 8 中 reTerminal 上的 GPIO 排针接口对齐，并移动，如图 10 和图 11 所示，然后在透视视图下插入，并留下一点公差，之后根据 reTerminal 的外轮廓大小和 40Pin 排母的突出部分大小，就可以基本确定加上公差后的外壳尺寸，如图 12 所示，我设计的草图参数为长 161.75mm、宽 168.00mm，壁厚 3.00mm，并敲定了图 13 所示的电路板外观形状。

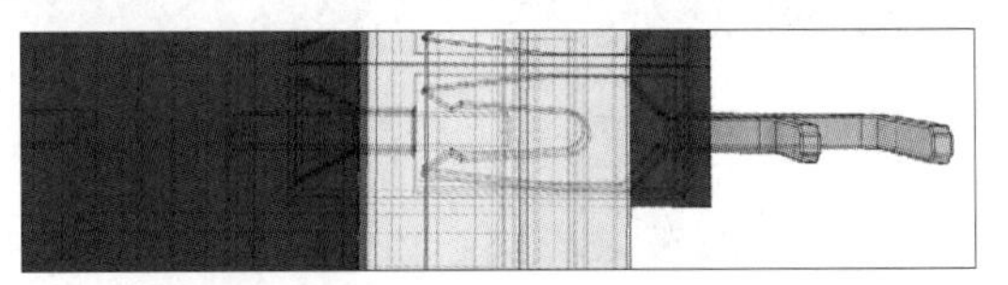

图 11 透视视图下的排母与 reTerminal 的对接情况

图 8 reTerminal STP 3D 设计文件

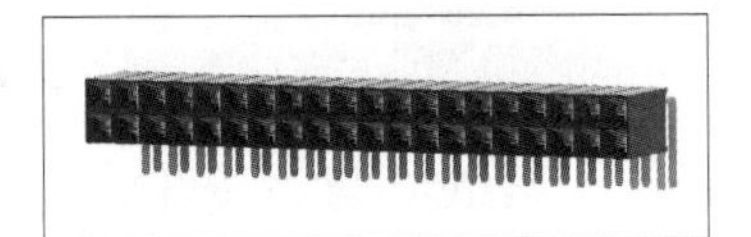

图 9 40Pin 排母 3D 设计文件

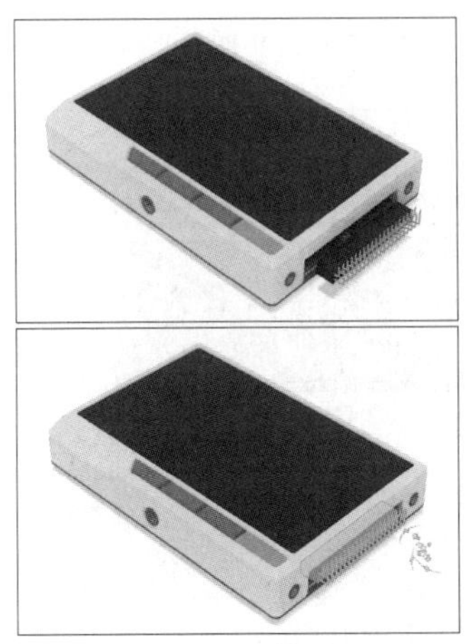

图 10 排母与 reTerminal 对接

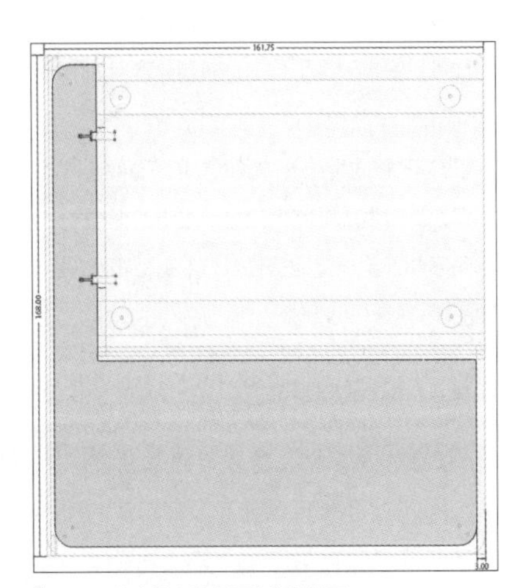

图 12 外壳轮廓基本设计参数草图

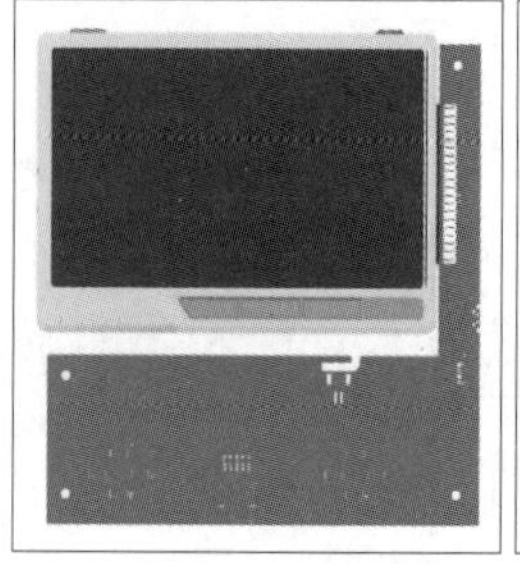
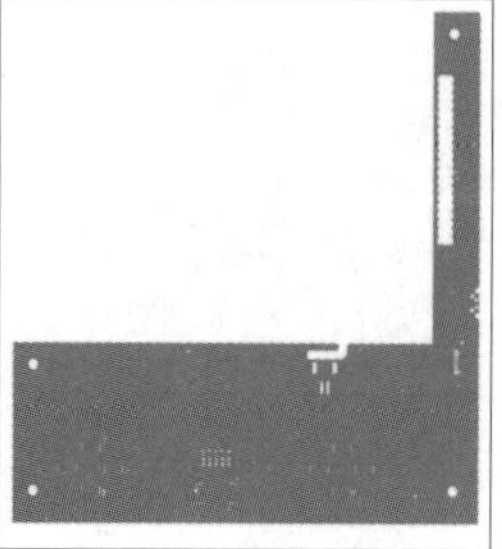

图 13 电路板外观设计

图 15 样机上盖设计图

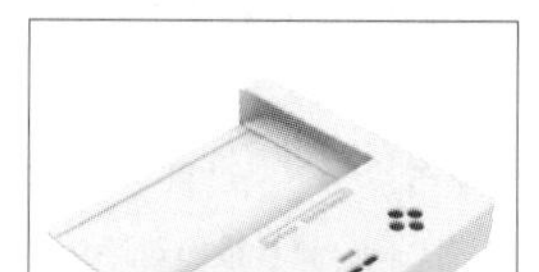

图 14 样机外壳方案设计

图 16 样机底部外壳设计图

图 17 复古掌机终端项目申请 Demo 渲染图

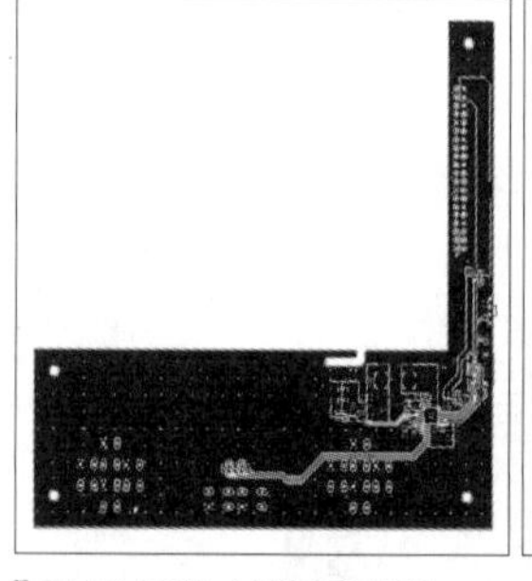
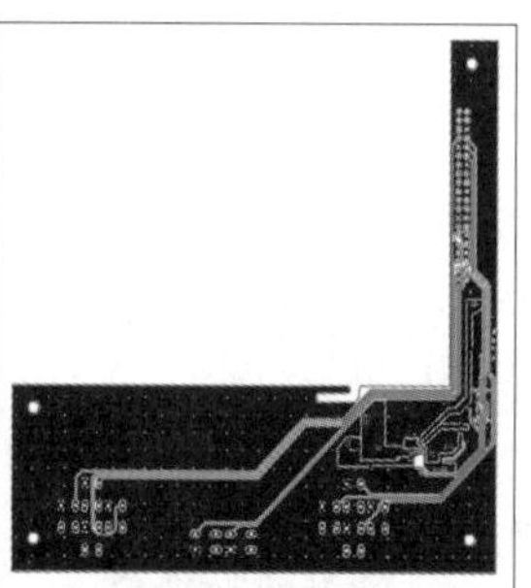

图 18 PCB 上层和下层布线

在草图的基础上，经过一番拖拉，最终形成了用于申请项目主机的样机设计外壳方案（见图 14），外壳由上盖和底部构成（见图 15 和图 16），渲染处理后如图 17 所示。将电路板外观从 Fusion 360 中以 DXF 格式导出，并导入立创 EDA 电路板设计中生成电路板边框，在电路板边框的限制下完成电路板设计，电路板布线如图 18 所示。

阶段4：设计修改与打样

提交方案后，我的项目通过了审核，在 2022 年 1 月收到了参赛所需的 reTerminal 样机。由于当时马上就要过年，所以项目被搁置了一个多月才又重新拾起进行打样。我打开 Fusion 360 重新优化了外观设计和 PCB，毕竟这次是需要打样并能组装的，之前设计的样机外壳连螺丝孔都没有，实在是太草率了。

图 19 Version 0000001 设计图

（1）Version 0000001重塑

我在图 10 所示的排母和 reTerminal 对接示意图上重新设计草图，并增加了“亿”点点细节（见图 19 和图 20），扩展部分的整体尺寸从之前的长 161.75mm、宽 168.00mm 和壁厚 3.00mm 修改为长 160mm、宽 165mm 和壁厚 2.5mm。电路板外框方面也根据新的外壳尺寸做了调整（见图 21），并预留了固定螺丝的孔

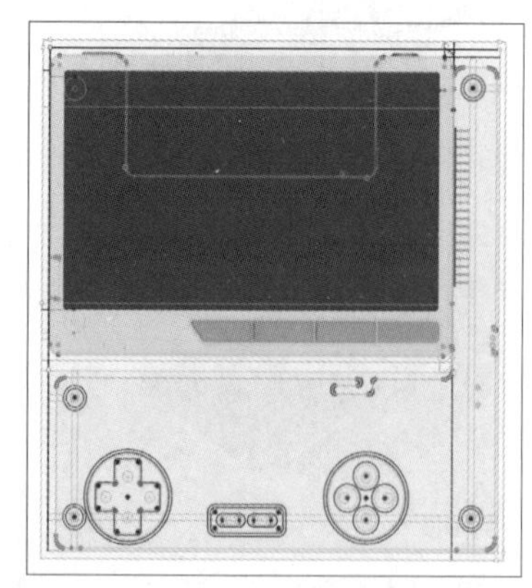

图 20 Version 0000001 整体草图

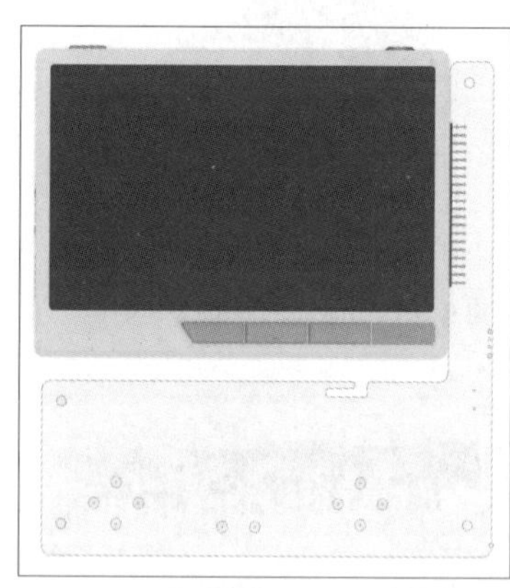

图 21 电路板轮廓草图

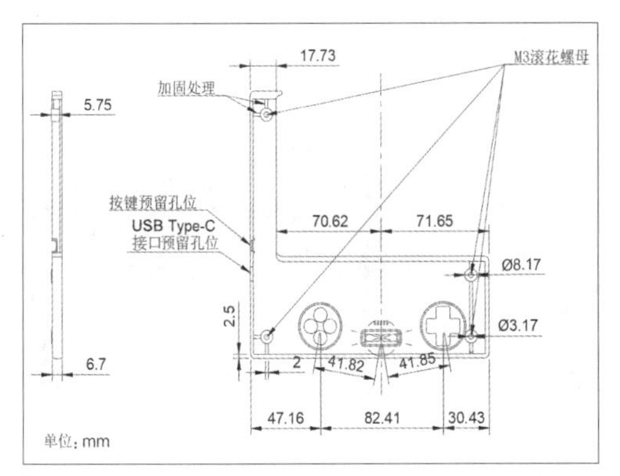

图 22 上盖工程图

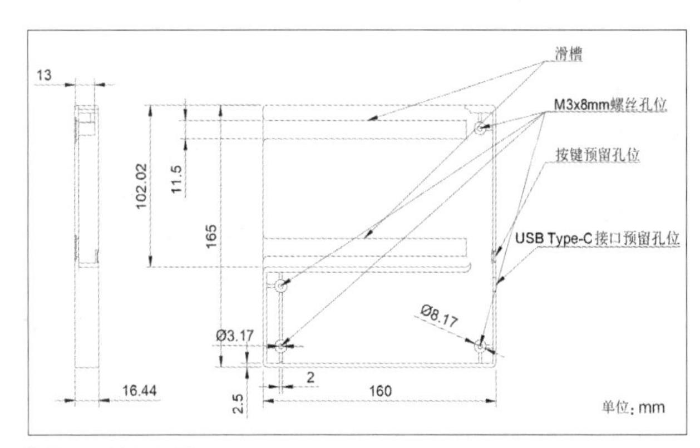

图 23 底板工程图

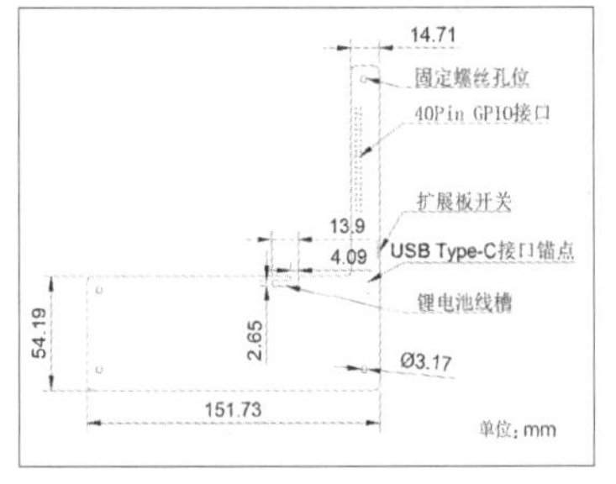

图 24 电路板工程图

位，同时将外围的方角都做了倒角处理，在锂电池的接线处预留了方便理线的线槽，上盖工程图、底板工程图和电路板工程图如图 22~ 图 24 所示。渲染后的模型如图 25~ 图 27 所示。

根据电路板和 reTerminal 的整体厚度确定底板的厚度为 16.44mm，顶板的厚度用按键的高度加上电路板的厚度，并参考底板“无缝”对接的思路，最终设置为 6.7mm。考虑到按键的位置需要与 reTerminal 屏幕的位置相对居中，所以我将 START 和 SELECT 按键的中位与 reTerminal 屏幕的中位对齐，同时方向键和功能键以 START 和 SELECT 按键为中心进行分布（见图 28）。

固定螺丝部分采用了 4 颗 M3 × 8mm

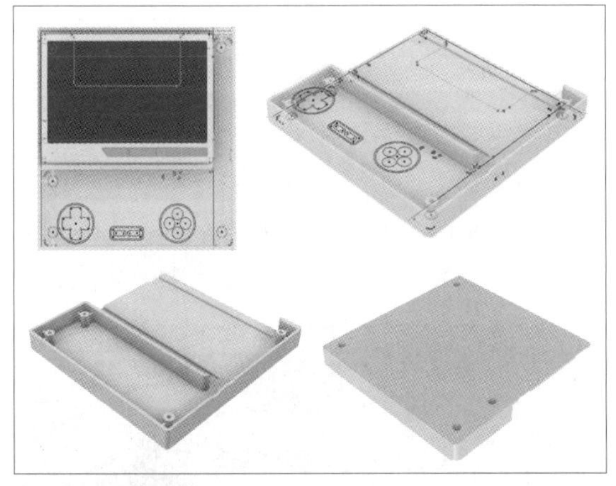

图 25 底板设计系列图

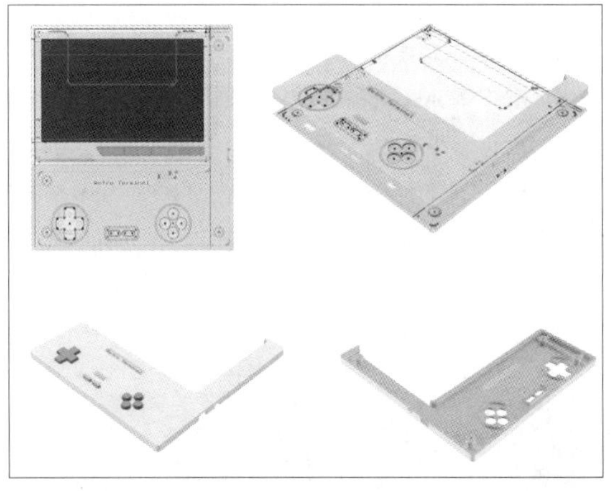

图 26 上盖设计系列图

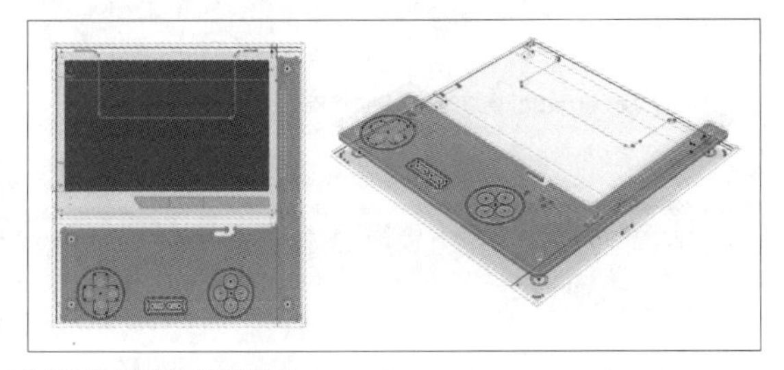

图 27 电路板设计系列图

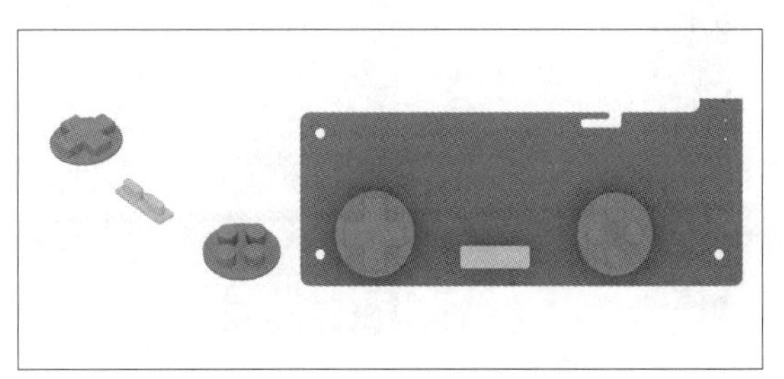

图 28 按键设计系列图

螺丝和 M3 滚花螺母，M3×8mm 螺丝由底板预留的孔位插入并与嵌在顶盖顶板的滚花螺母对齐，上紧后中间夹着电路板，同时固定螺丝和螺母的孔位也相应地做了加固处理（见图 22）。图 23 所示的底板工程图中也为 reTerminal 的硅胶脚垫预留了滑槽，方便 reTerminal 与扩展板的拔插。

在这期间，我有幸受邀参加亚马逊云科技举办的 Deepracer 上海邀请赛，赛前准备训练时我需要一个装置，能够方便且精确记录自动驾驶机器人小车 Deepracer 的赛道用时成绩，于是我用 reTerminal 做了一个 Deepracer 赛道计时器，正好也能练练手，这里简单介绍一下。

（2）附带项目：reTerminal赛道计时器

首先简单介绍一下图 29 所示的这个附带项目，这是一个可用于亚马逊 Deepracer 或类似的 1 ：18 机器人无人车比赛的赛道计时器，其工作原理很简单：当小车路过贴在赛道起点的薄膜压力传感器时，信号被触发，reTerminal 记录下当前小车完成一圈的时间，详细信息大家可以参考后文的流程图。这个项目的软件由英国亚马逊云科技的小伙伴提供，我也对其进行了简单的修改适配，具体详情大家可以前往 GitHub，搜索“peterpanstechland/deepracer-timer”。

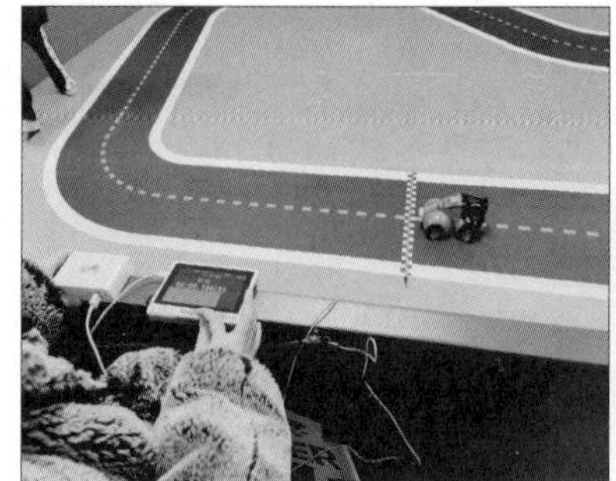

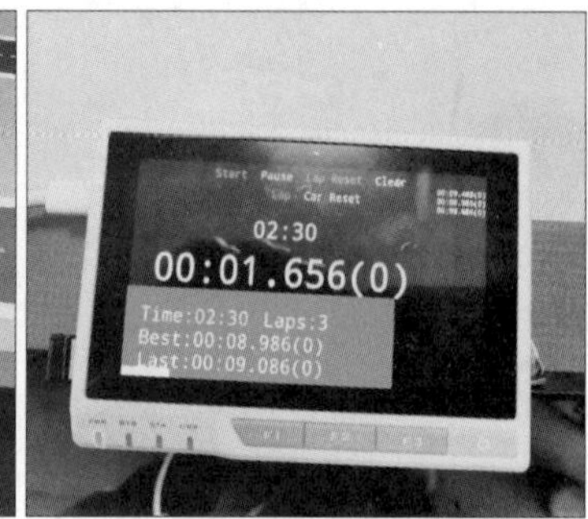

图 29 reTerminal 赛道计时器

reTerminal 赛道计时器项目所用硬件如下。

- ◆ reTerminal ×1
- ◆ 80cm 的薄膜压力传感器 ×1
- ◆ 线性电压转换模块 ×1
- ◆ 移动电源 ×1
- ◆ 不干双面胶，80cm
- ◆ 杜邦线，5 条

图 30 所示是 reTerminal 的 GPIO 接口示意图，reTerminal 赛道计时器的硬件连接如图 31 所示，将线性电压转换模块的 VCC 与 reTerminl 的 3V3 对接（蓝线），线性电压转换模块的 GND 与 reTerminal 的 GND 对接（绿线），线性电压转换模块的 DO 与 reTerminal 的 GPIO17 接口对接（黄线），然后将薄膜压力传感器的两个端口分别接入线性电压转换模块的传感器端口（黑线和白线），这里不用区分正负极。reTerminal 赛道计时器的硬件架构如图 32 所示，工作流程如图 33 所示。感兴趣的朋友可以结合 GitHub 上的文件，自行尝试制作。

这个附带项目对复古掌机终端样机的制作做出了很大贡献，让我在安装调试过程中熟悉了 reTerminal 40Pin GPIO 接口的正确排列方式，从而改变了初始申请项目时盲目、无知的 PCB 设计。

（3）主线项目版本Version 0000001打样

复古掌机终端最后的渲染效果如图 34 所示，经过了附带项目的学习和其他小伙伴的提醒，我更正了拓展 GPIO 接口的线序，

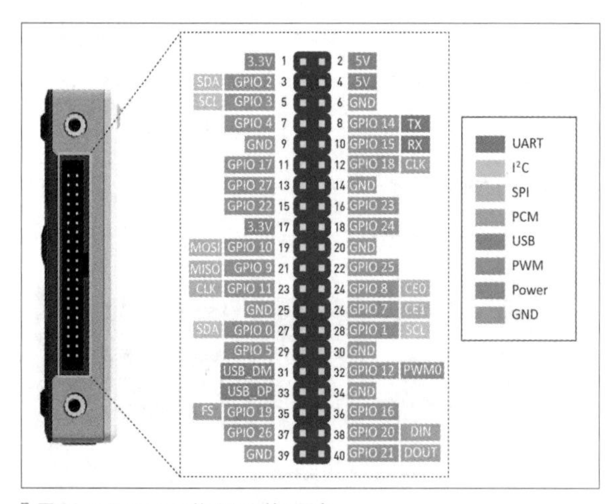

图 30 reTerminal 的 GPIO 接口示意

图 31 reTerminal 赛道计时器硬件连接

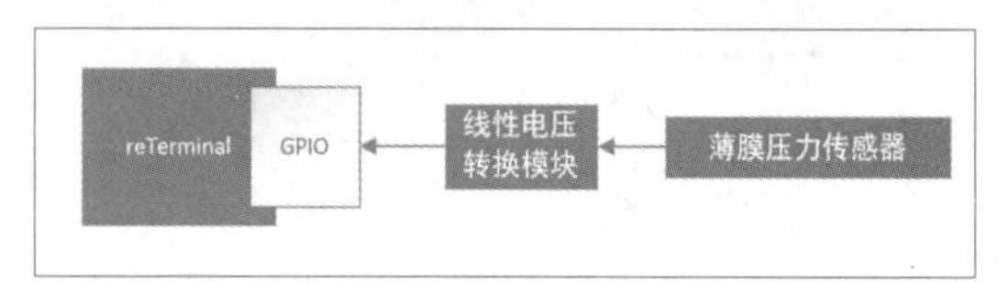

图 32 reTerminal 赛道计时器硬件架构

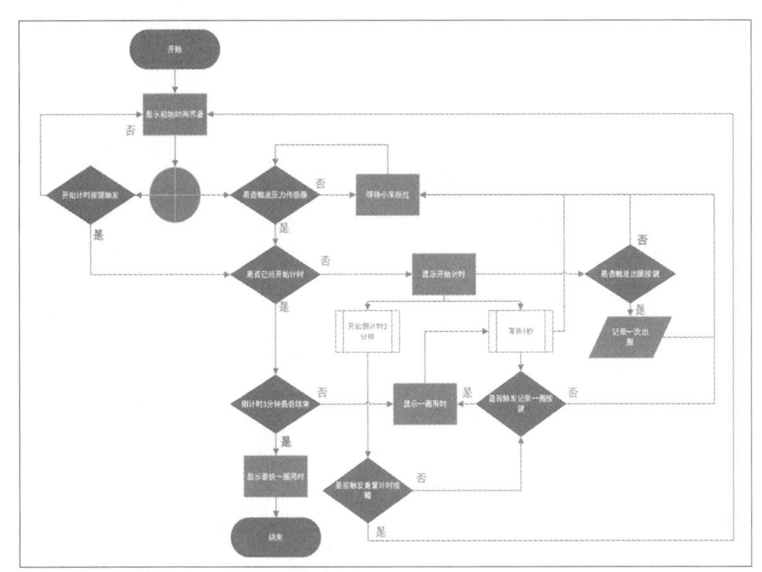

图 33 reTerminal 赛道计时器工作流程图

图 34 Version 0000001 复古掌机终端渲染效果

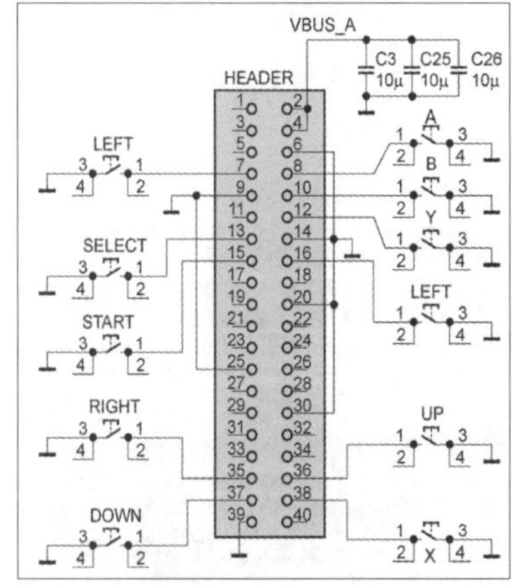

图 35 修改后的 40Pin GPIO 接口和按键电路

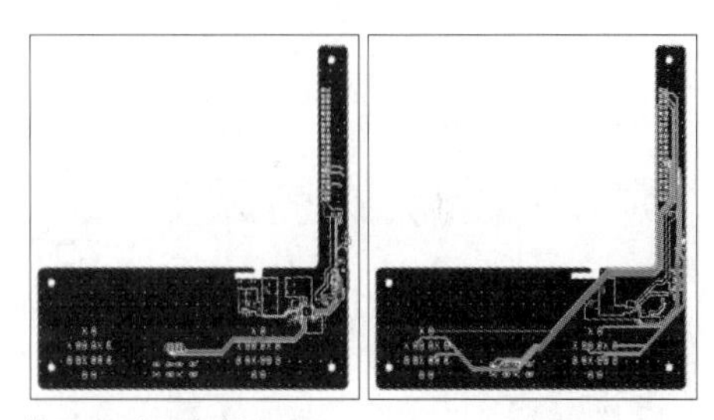

图 36 新的电路板 PCB

表 1 元器件 BOM

序号	位号	参数	封装	数量
1	C4、C5、C3、C25、C26	10μF	C0603	5
2	HEADER	PINHD-2X20	2X20	1
3	L1	2.2μH	IND-SMD_L11.0-W10.2	1
4	上、下、左、右、A、B、X、Y、START 和 SELECT 按键	B3F-10-XX	B3F-10XX	10
5	LED1	FC-D1608HYK-588J	LED0603-RD	1
6	LED2、LED3、LED4、LED5、LED6	TZ-P2-0603YGTCS1-0.6T	LED0603-RD	5
7	C1、C2	100nF	C0603	2
8	VT1、VT2、VT3	UMW8205A	SOT-23-6_L2.9-W1.6-P0.95-LS2.8-BL	3
9	CN2	电池	CONN-SMD_2.0-2PWT	1
10	C12、C13、C20	22μF/10V	C0805	3
11	C16、C17	680pF/16V	C0201	2
12	C21、C22、C23、C24	22μF/25V	C0805	4
13	R2	5mΩ	R1206	1
14	IC2	SW6106	QFN-40_L6.0-W6.0-P0.50-BL-EP	1
15	USB2	KH-TYPE-C-16P	USB-C-SMD_KH-TYPE-C-16P	1
16	R1	2kΩ	R0603	1
17	SW1	K2-1112SW-A4SW-04	KEY-TH_K2-1112SW-AXXW-XX	1
18	C6	1μF	C0603	1
19	R4	10kΩ	R0603	1

同时也了解到有一些 GPIO 端口是被 reTerminal 上其他设备占用了的，设计初稿时想法单纯的地方得到了改正，要不然第一板打样的电路板就要全都交学费了。修改好的 40Pin GPIO 接口和按键电路如图 35 所示，供电部分没有改变，大家依旧可以参考图 7。

根据新的电路板外框，我重新画了一版电路板（见图 36），这次我将电路板轮廓方角的部分都倒成了圆角，也在丝印上设计了项目独特的名称，在确定了 DRC 无误后，下单生产了电路板，同时根据表 1 所示的元器件 BOM 下单了项目所需的元器件。在下单 3D 打印外壳的时候，我又根据生产限制做了些微调，例如电量指示灯处，由于 SLA 3D 打印技术只能做到 0.05mm 的精度，所以做了镂空。

阶段5：组装和调试

在等待物料这段时间，我也把 RetroPie 的环境在 reTerminal 上折腾好了，具体步骤如下。

（1）配置reTerminal的树莓派系统

第一步：将准备好的键盘、鼠标和 USB Type-C 接口连接到 reTerminal 终端。按下开机键，等待 reTerminal 中的树莓派系统启动。

第二步：在开机启动后的注意（Warning）提示窗口上单击“OK”。

第三步：在欢迎来到树莓派（Welcome to Raspberry Pi）窗口单击“Next”。

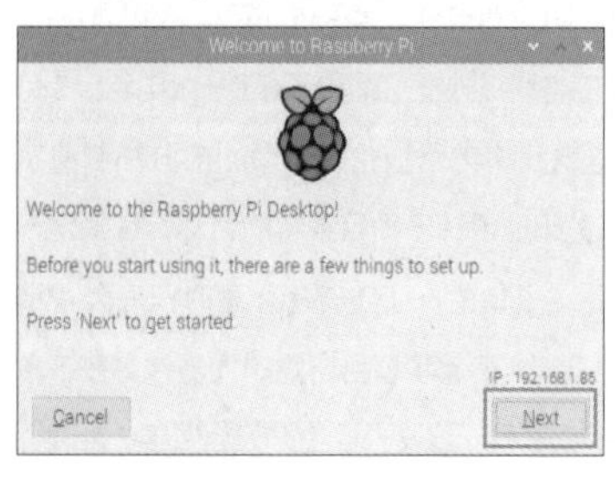

第四步：在新页面上选择国家和地区、语言、时区。勾选使用英文语言环境（Use English language），勾选使用 US 键盘设置(Use US keyboard)，单击“Next”。

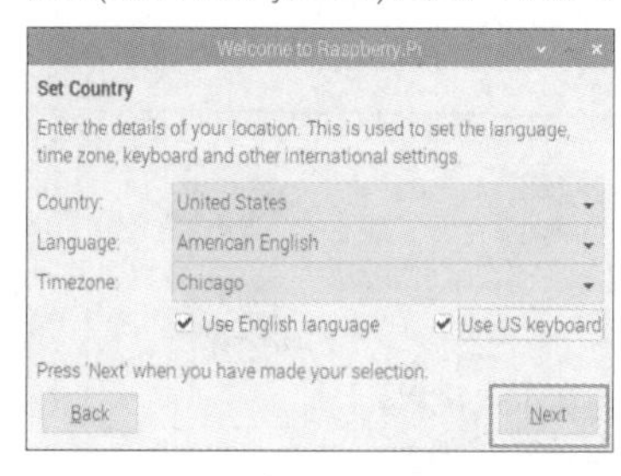

第五步：设置密码，输入新密码并确认新密码，然后单击“Next”，一定要记住你设置的密码，如果忘记了，找回密码会很麻烦。

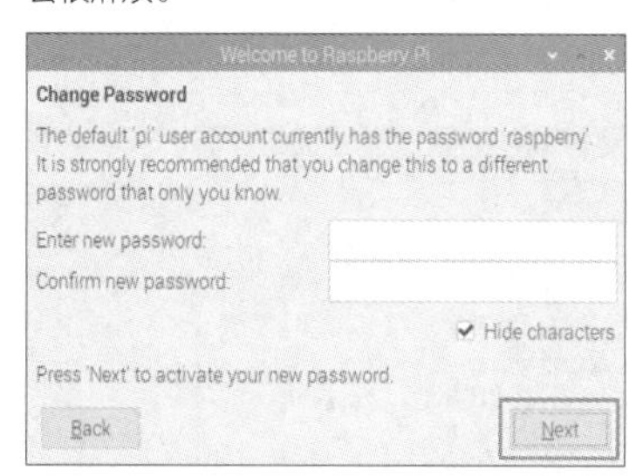

第六步：设置屏幕，这里直接单击“Next”就好。

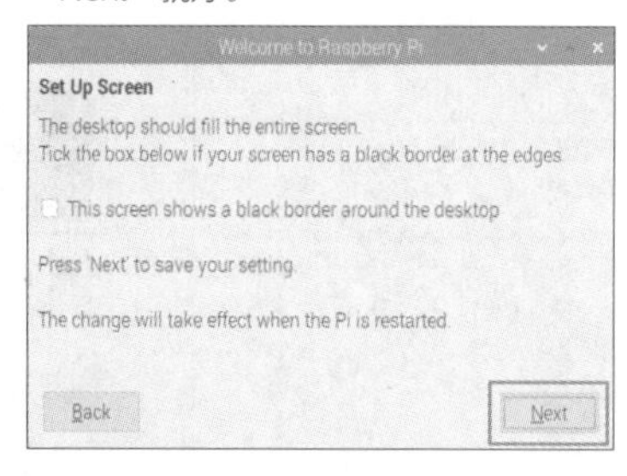

第七步：选择 Wi-Fi，根据情况选择设置 Wi-Fi，然后单击“Next”，我直接连了网线，所以这里就单击“Skip”跳过了。

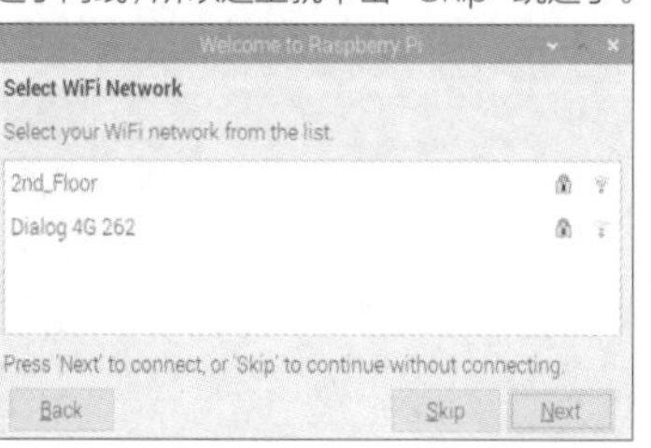

第八步：升级软件，这一步要选择跳过（Skip），不过之后安装 RetroPie 的时候还是要升级的。

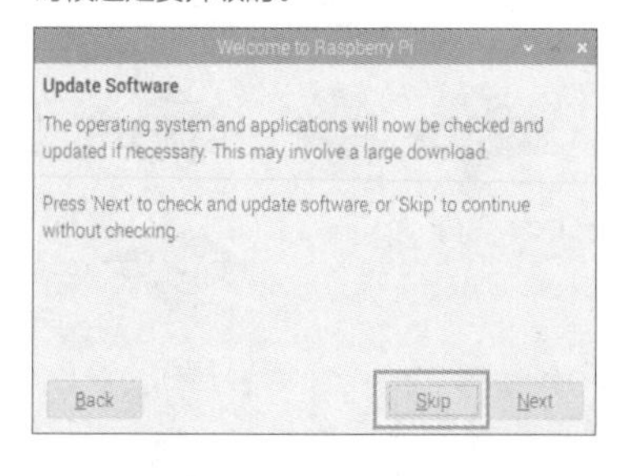

第九步：现在设置就完成了，单击“Done”。

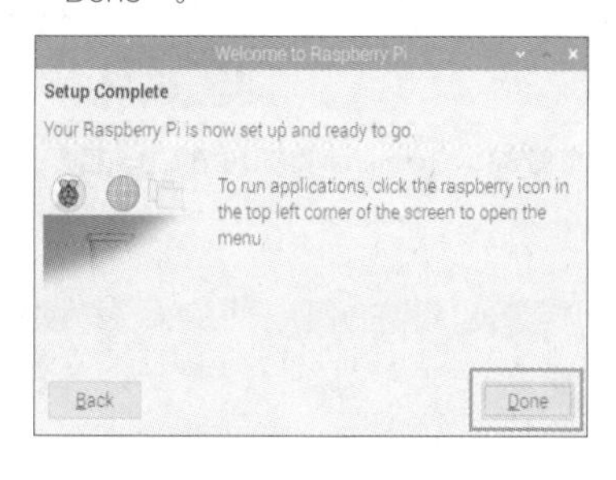

（2）安装调试RetroPie

开始前一定要注意，之后的步骤一定要在 reTerminal 联网的情况下完成。

第一步：打开树莓派系统里的终端应用程序（Termianl）。

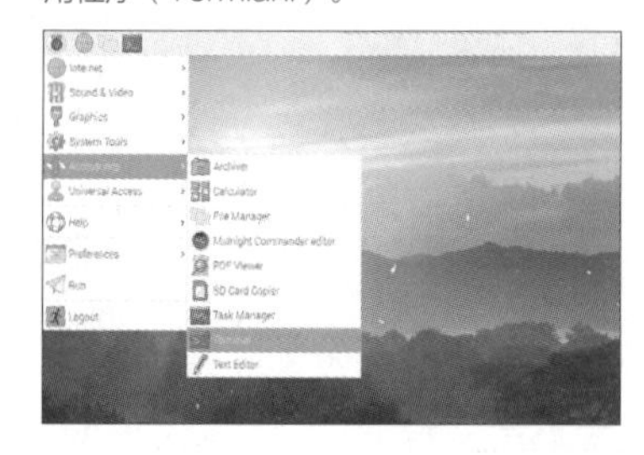

第二步：在命令行中输入下面的代码升级系统环境。

```
sudo apt update && sudo apt -y upgrade
```

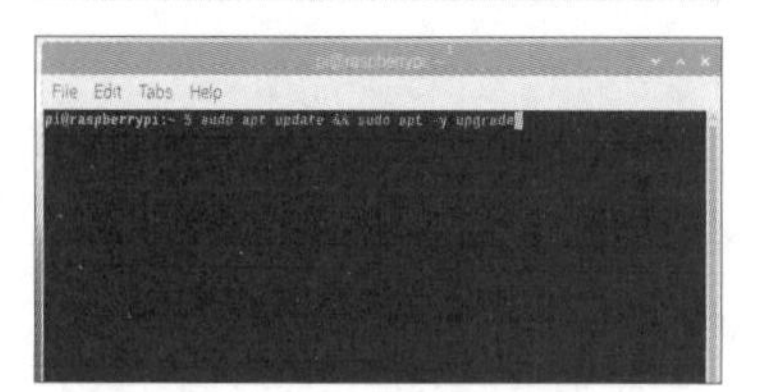

第三步：参考下图，运行下面的代码，下载我为 reTerminal 配置好的 RetroPie 设置脚本，相关代码已上传至 Gitee 平台。

```
cd ~/
git clone +代码网址
```

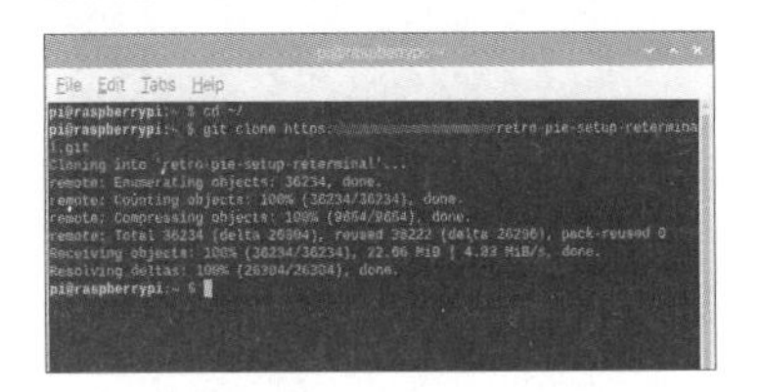

第四步：进入 retro-pie-setup-reterminal 设置文件夹并运行安装脚本。

```
cd retro-pie-setup-reterminal/
sudo ./retropie_setup.sh
```

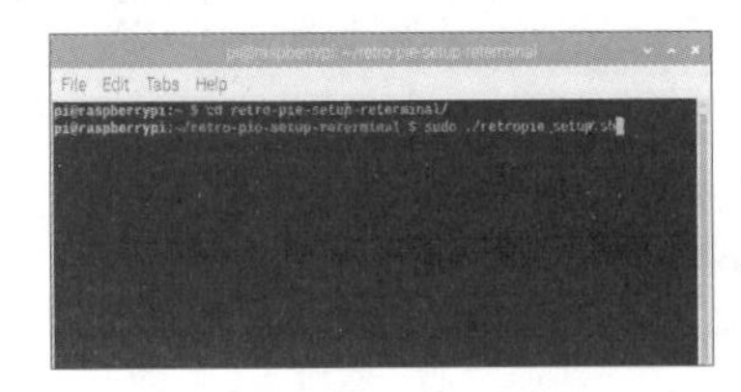

第五步：进入下图所示的安装页面，用上下左右键引导，用 Enter 键选择。首先选择第一项基础安装（Basic install），然后按回车键选择“OK”。下载、安装过程比较长，可以趁机找一下你想要玩的游戏 ROM 文件。

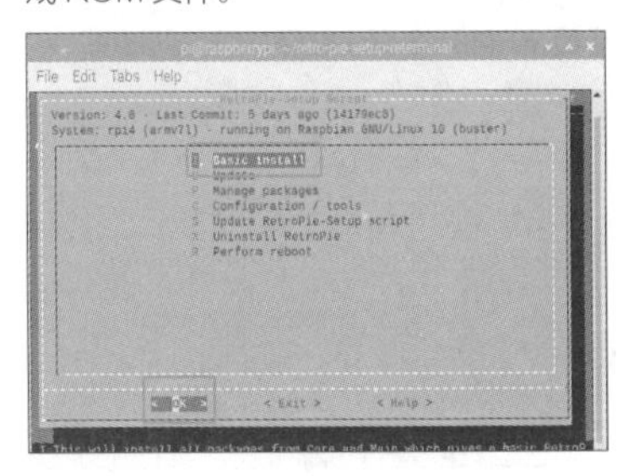

第六步：下面需要设置开机自动启动游戏虚拟机，步骤五的安装完成后，页面会自动跳回配置脚本首页，这时选择“Configuration/tools”，然后按 Enter 键确定。接着选择自动开启（autostart）选项，页面会跳转到选择默认启动界面，该界面中红框选中的是游戏虚拟机，绿框选中的是树莓派系统，我们当然要选择启动游戏虚拟机了。确认后，提示页面会提醒设置自动启动游戏虚拟机。

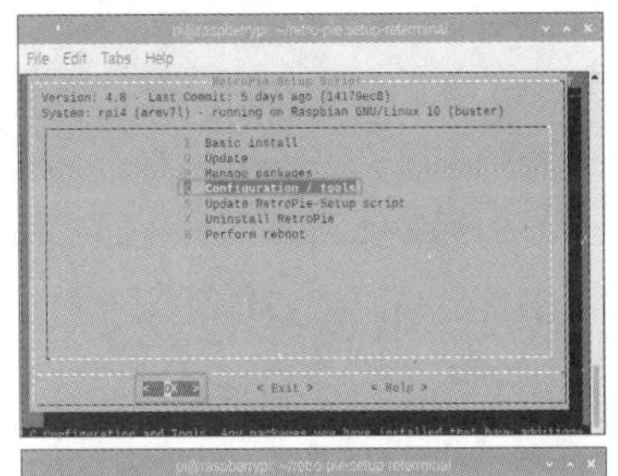

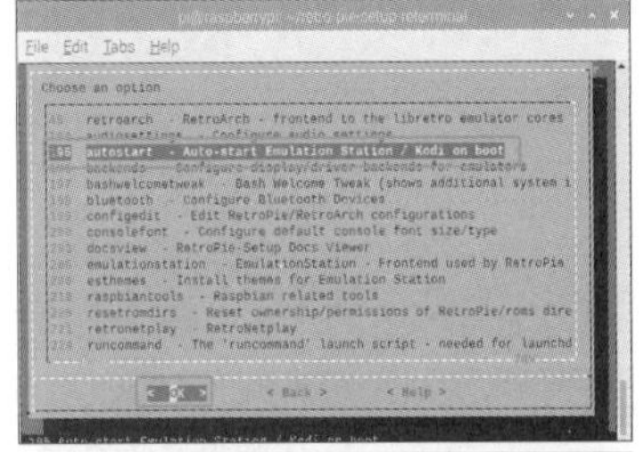

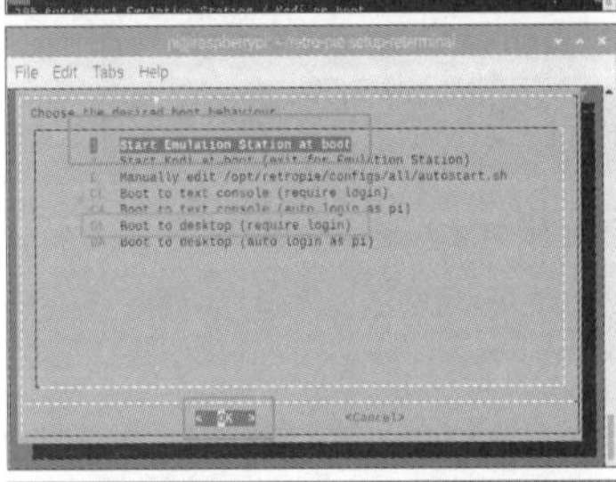

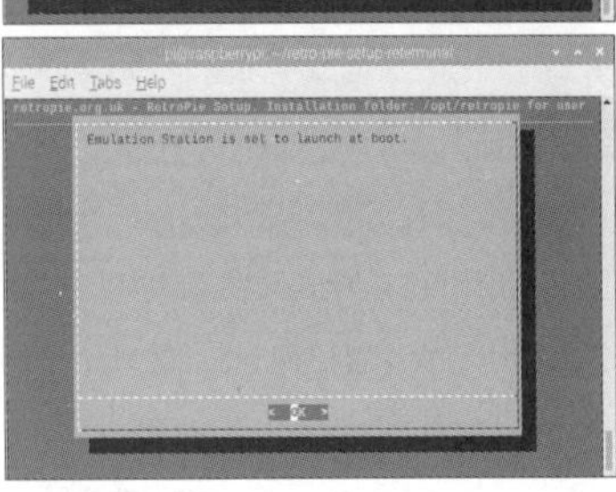

第七步：现在游戏虚拟机就安装好了，我们可以退出设置页面，使用键盘连续选择返回，直至回到命令界面。

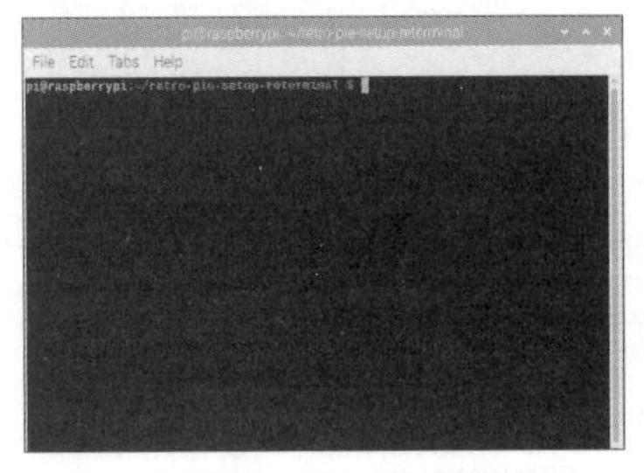

第八步：导入一个准备好的开源的 2048 小游戏，在命令行输入下面的命令。

```
cp roms/2048.zip  ~/RetroPie/roms/nes/
```

第九步：安装适配复古掌机终端的按键程序，首先在命令界面的命令行运行下面的命令，然后就会出现下图所示的配置界面。首先按数字键“1”选择配置 Retro Terminal，然后在提示中输入“y”，并按下 Enter 键确定安装，最后显示的问题为是否重启（REBOOT NOW？[y/n]），此时再次输入“y”，并按下 Enter 键确定重启。

```
cd ~/ curl https://gitee 网 址 /robomon/raspberry-pi-installer-scripts-retro-terminal/raw/main/retrogame.sh >retrogame.sh sudo bash retrogame.sh
```

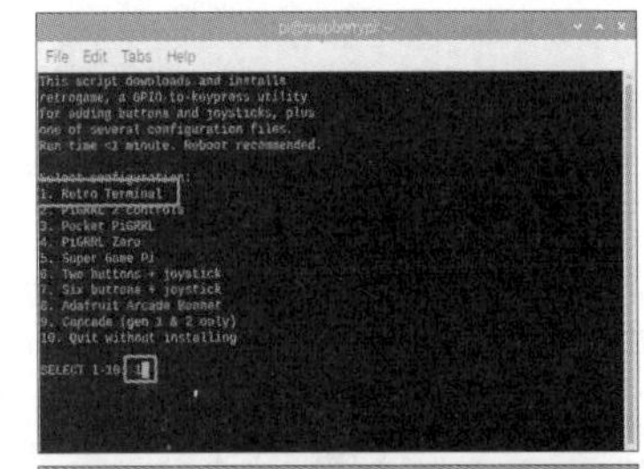

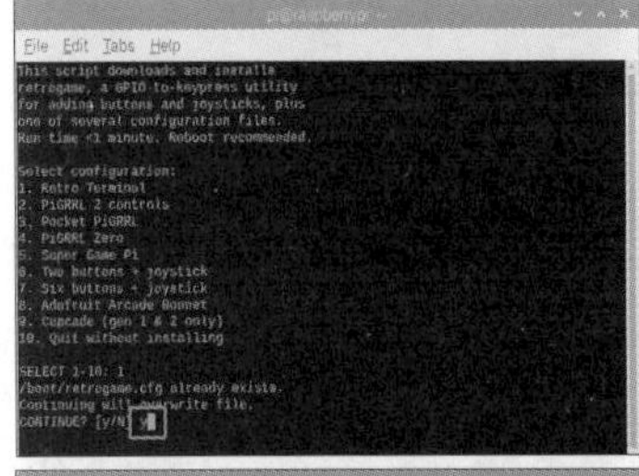

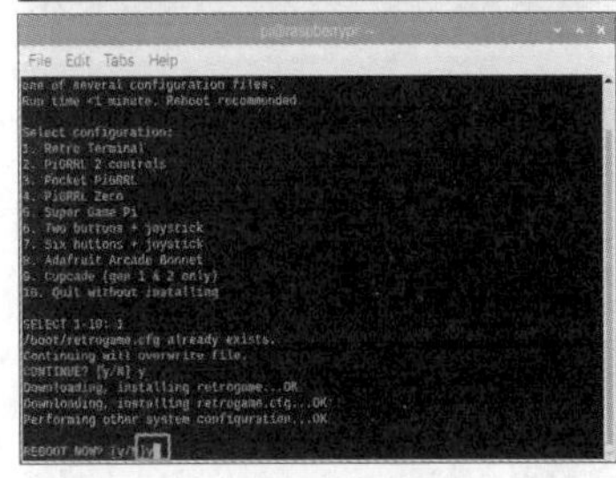

这个程序会为游戏虚拟机游戏配置手柄按键，具体配置如表 2 所示。

表 2　按键对应功能

键盘按键	复古掌机按键	游戏虚拟机功能
键盘↑	↑	向上
键盘↓	↓	向下
键盘←	←	向左
键盘→	→	向右
Z	A	游戏机 A 键
X	B	游戏机 B 键
C	X	游戏机 X 键
V	Y	游戏机 Y 键
G	SELECT	游戏机 SELECT 键
B	START	游戏机 START 键
Q	–	左扳机键
E	–	右扳机键
F	reTerminal- 绿色键或者 SELECT+STARTt	退出游戏 ROM
A	reTerminal-F1	特殊功能 1
S	reTerminal-F2	特殊功能 2
D	reTerminal-F3	特殊功能 3

第十步：重启之后会看到 Emulation staion 加载页面，等待加载完成后就会出现游戏虚拟机的选项了，界面按键操作方式请参考表 2。在元器件到货之前，我先用键盘测试了一下，此时按“Z”键选择进入游戏系统界面（见下图），再次按“Z”键进入 2048 游戏，然后按“G”键开始游戏，用上、下、左、右键控制数字移动，按“F+G”组合键退出游戏。

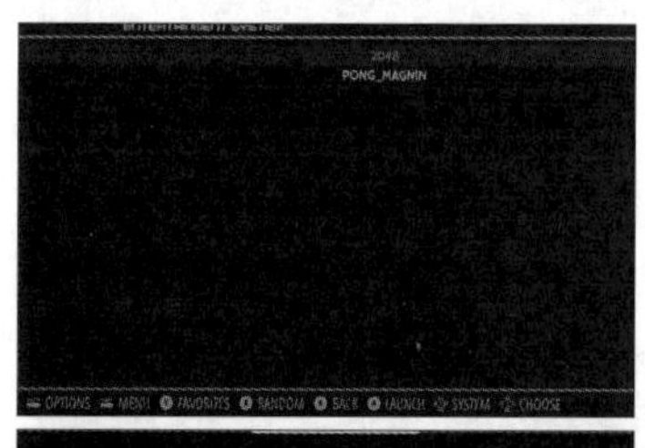

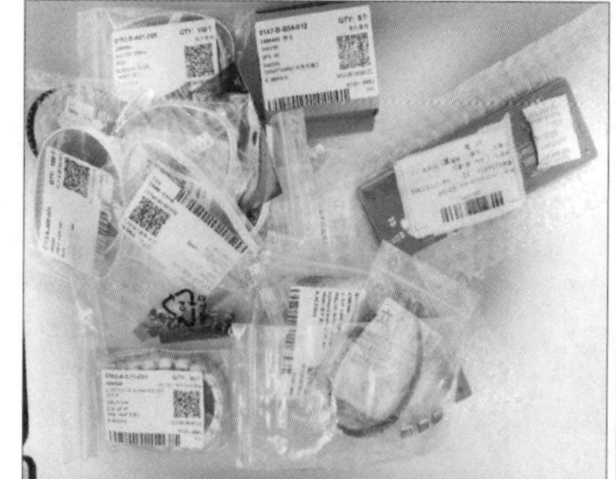

图 37　电路板和元器件

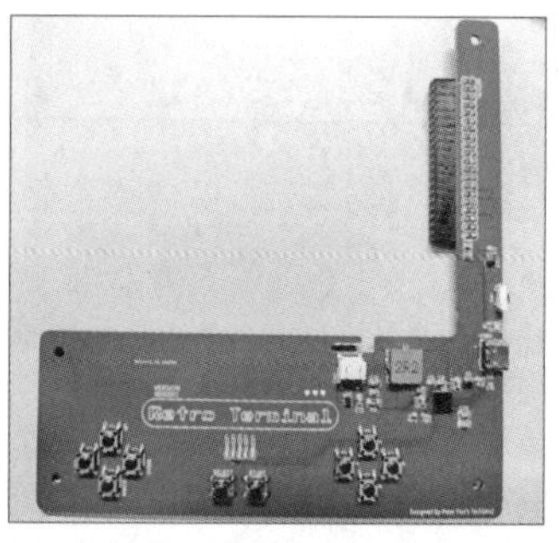

图 38　焊接好元器件的电路板

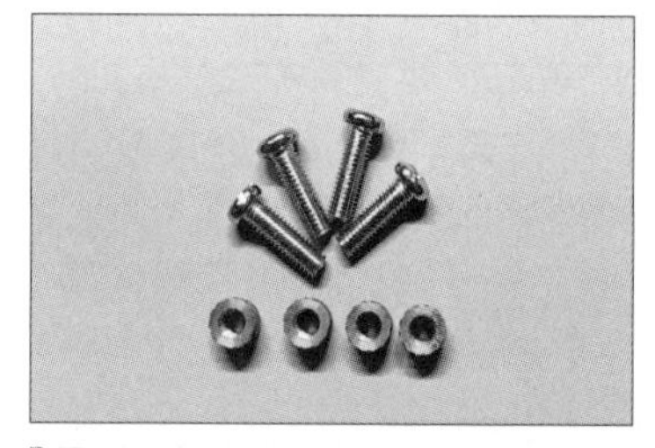

图 39　3D 打印的外壳和按键

（3）硬件组装

电路板和元器件终于到货了（见图 37），现在开始焊接元器件，焊接好的电路板如图 38 所示。

使用 SLA 3D 打印技术打样的外壳如图 39 所示。图 40 所示是组装时固定需要的 M3×8mm 螺丝和 M3 滚花螺母。

接着我们开始组装，先将滚花螺母嵌入上盖预留的孔洞中，然后把按键放在相应的位置（见图 41），然后放上制作好的电路板，记得将按键朝下并将电路板上预留的螺丝孔位与上盖的滚花螺母孔位对齐（见图 42），注意这里应该放一块锂电池，但是由于我的锂电池鼓包了，后盖盖不上，所以就没有安装。然后盖上后盖并对齐螺丝孔，填上螺丝并扭紧，复古掌机扩展就安装好了（见图 43）。

将 reTerminal 填入复古掌机扩展（见图 44），注意对齐 reTerminal 的公头与扩展部分的母头，对接成功后等待上电开

图 40　M3×8mm 螺丝和 M3 滚花螺母

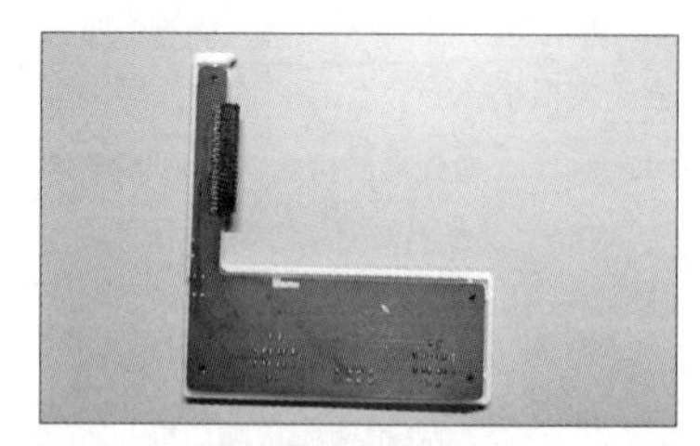

图 41　装上按键

图 42　放上焊接好元器件的电路板

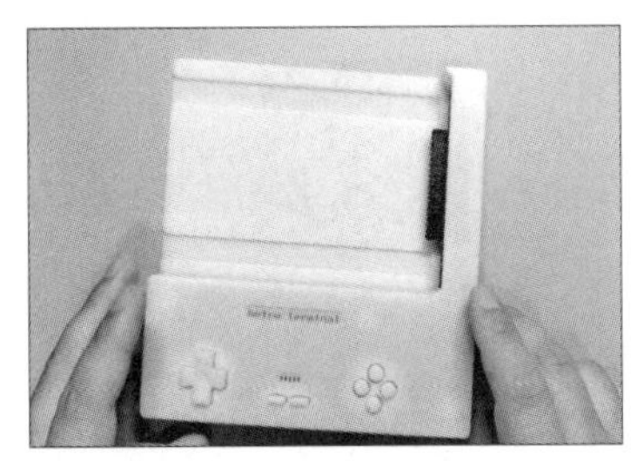

图 43 组装好的复古掌机扩展套件

图 44 将 reTerminal 填入复古掌机扩展

图 45 对接成功

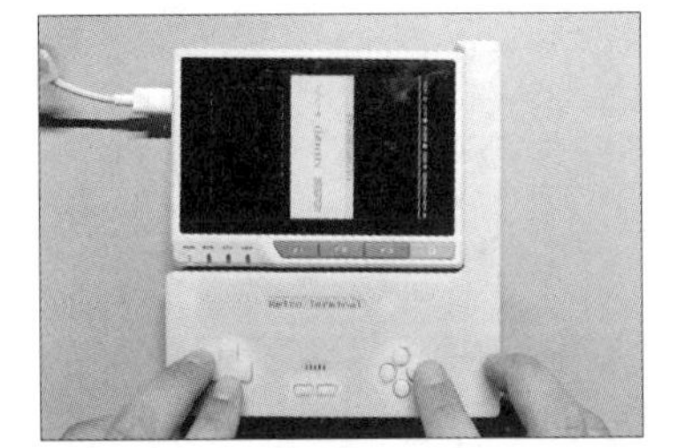

图 46 选中虚拟游戏机

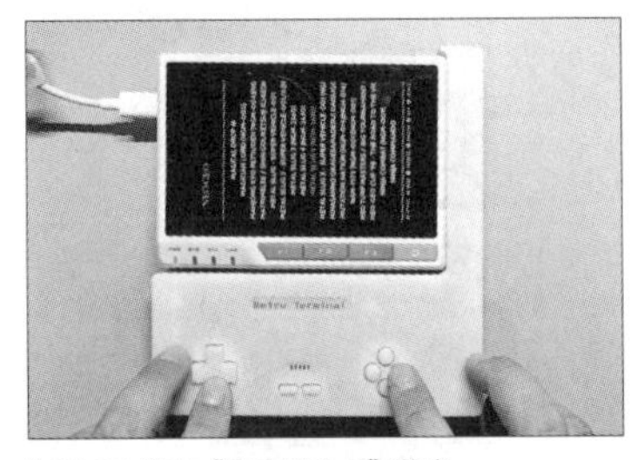

图 47 选中《合金弹头 5》游戏

图 48 打开《合金弹头 5》游戏

图 49 游戏第一关结束

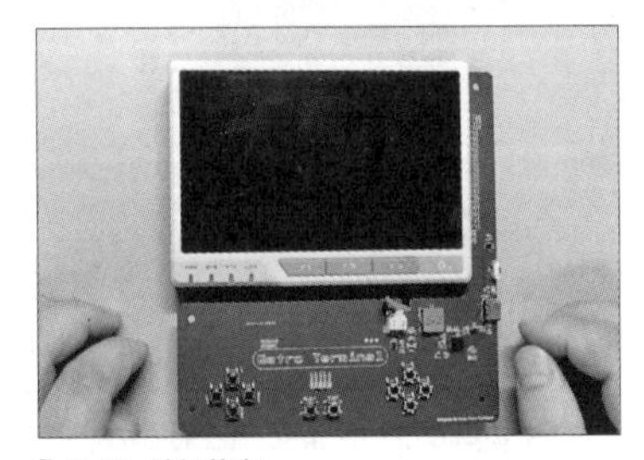

图 50 待机状态

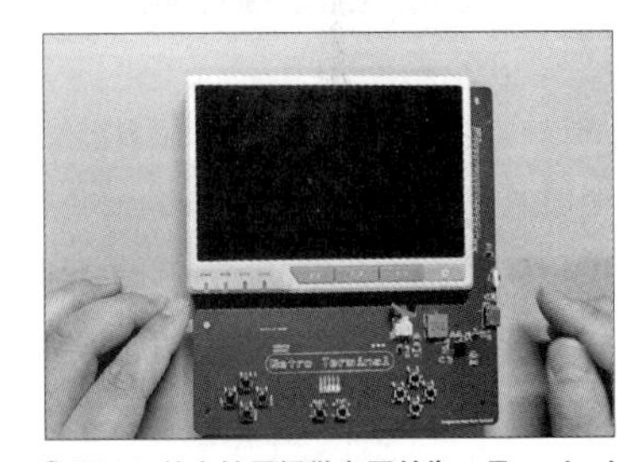

图 51 单击扩展板供电开关为 reTerminal 供电开机，并显示当前电量

机（见图 45）。

将电源接入 reTerminal 的 USB Tpye-C 接口后开机等待进入虚拟游戏机系统，进入游戏系统后具体手柄按键操作请参考表 2，然后根据提示选中 NEOGEO 环境（见图 46）并按 A 键确认，进入图 47 所示的页面后用方向键找到《合金弹头 5（Metal Slug 5）》并按 A 键进入游戏，图 48 所示为游戏开始界面，图 49 所示为第一关游戏结束，现在，本项目的样机已经基本按计划完成了，下面就是简单的测试和总结了。

阶段6：测试和总结

（1）按键部分

经过游戏测试，按键部分已经基本按照预期完成了，外壳部分和按键还存在一些小误差，在下次迭代时需要在按键部分做些修改，也会在按键上添加相应的字母，方便使用者使用。

（2）锂电池充放电部分

待机状态：连接锂电池，如图 50 所示，待机状态下电池指示灯和充电指示灯保持熄灭状态，reTerminal 也没有上电启动。

通电模式：单击扩展板开关通电开机，电池电量 LED 指示灯在供电时会亮起，当前有 3 个 LED 点亮（见图 51），对照 SW6106 规格书中的 LED 指示表（见表 3），说明电量在 40%~60%，同时可以看到 reTerminal 上的 PWR 灯亮起，证明 reTerminal 已经开启。

表 3 电池容量对照表

容量	LED1	LED2	LED3	LED4	LED5
80%~100%	亮	亮	亮	亮	亮
60%~80%	亮	亮	亮	亮	熄灭
40%~60%	亮	亮	亮	熄灭	熄灭
20%~40%	亮	亮	熄灭	熄灭	熄灭
5%~20%	亮	熄灭	熄灭	熄灭	熄灭
1%~5%	闪烁	熄灭	熄灭	熄灭	熄灭
0	熄灭	熄灭	熄灭	熄灭	熄灭

断开供电：双击扩展板开关断开供电，电池电量 LED 指示灯在断开供电时会熄灭（见图 52）。

充电模式：当 USB Type-C 接口插入扩展板时，USB Type-C 接口旁边的黄色指示灯亮起，表明开始充电，同时电池电量 LED 指示灯也开始闪烁代表当前电量的 LED（见图 53）。

断开充电：单击扩展板开关，充电指示灯熄灭，同时扩展板开始供电，reTerminal 上的 PWR 灯亮起，证明此时 reTerminal 开机（见图 54）。

（3）电源管理部分

实际操作后，我自己感觉电源管理部分还存在几个问题。

问题一：在空闲待机情况下，扩展板 5V 供电引脚会有 2.4V 的待机电压（见图 55）；插上 USB Type-C 接口，在充电状态下也有同样的问题。

问题二：当 reTerminal 插入扩展板对接成功后，扩展板检测到有负载后会直接供电，导致 reTerminal 直接上电开机，这里个潜在问题，如果在接插 reTerminal 时 40Pin 错位误插，会出现 GPIO 接口短路、reTerminal 被烧坏的情况。

问题三：如果在电池供电过程中连接 USB Type-C 接口会导致 reTerminal 掉电重启，在拔出 USB Type-C 接口时 reTerminal 也会出现瞬间掉电重启的情况（见图 56）。

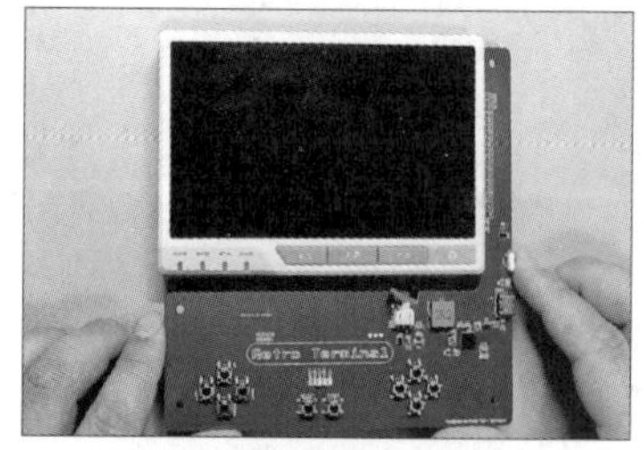

图 52 双击扩展板开关断开供电

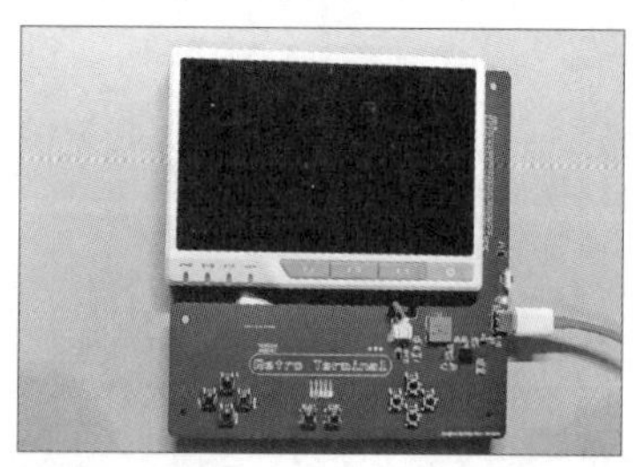

图 53 插入 USB Type-C 接口开始充电

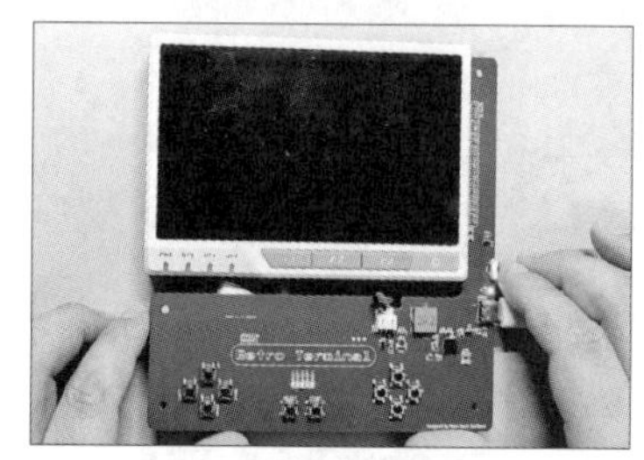

图 54 单击扩展板开关停止充电

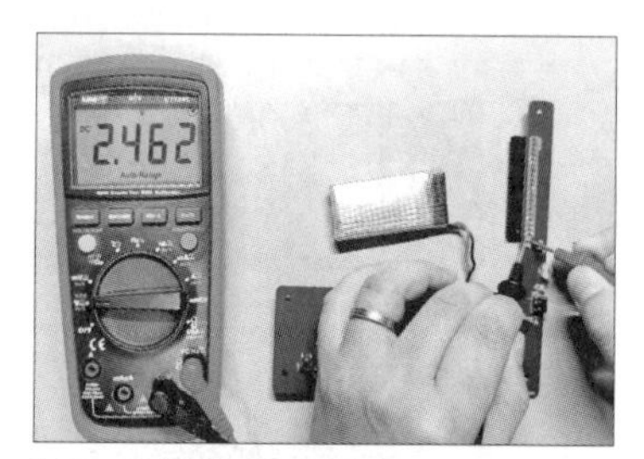

图 55 待机电压

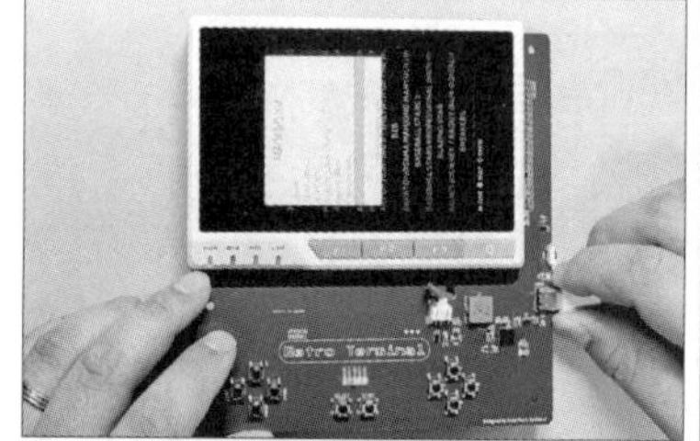
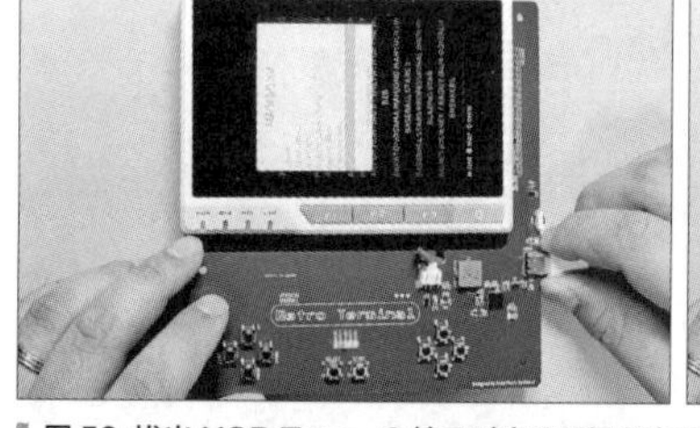

图 56 拔出 USB Type-C 接口时出现瞬间断电重启

阶段7：改进与迭代Verison 0000002

（1）电路板改进方案

将过孔按键换为贴片按键，防止过孔针脚扎伤锂电池。

（2）按键部分改进方案

这个部分的电路设计没有什么太大的问题，但为了能迎合新型游戏掌机的操作设计，我计划再添加两个操纵杆，或者做成无线蓝牙连接，这样就不会有 GPIO 接口被占用而限制按键数量的情况发生了。

（3）电源部分改进方案

供电部分需要达到电池在待机状态下不出现待机供电，当 USB Type-C 接口拔插时能提供稳定的 5V 电压输出，避免瞬时掉电的情况，同样，拔插 reTerminal 时应避免自动上电的情况，这部分应该需要更多的调研并重新选型了。

（4）外壳改进方案

增加电路板与顶板的固定螺丝孔位和铜螺母座。设计顶板和底板错位镶嵌机制，方便安装时上下对齐。底板嵌入铜螺母的孔径需要扩大到 4.85mm 左右。reTerminal 的底部需要预留 Expansion 接口的硅胶凸起空缺部分。

（5）游戏性和软件适配部分的改进方案

游戏时最好能够做到全屏展示，目前游戏中屏幕周围的黑色部分还是不太美观。尽可能优化软件安装步骤，还需要把触屏部分调通。最后必须要添加一个小扬声器让同年的回忆更有沉浸感。

项目总结

最后总结一下整个项目，首先感谢矽递科技组织的这次扩展创作比赛对本项目的大力支持，我第一次花费这么长时间做一个相对完整的带外壳的项目。我在测试时听到游戏通关发出“Mission Complete”，不仅勾起了满满的童年回忆，同时也很有成就感。在做这个项目的过程中，我不仅巩固了项目开发与管理的相关知识，同时也学习了很多宝贵的经验，比如：开始项目前的调研准备工作需要做充足，这样可以避免不必要的时间和经济开销；要把握好设计产品时外壳和电路板的相互对应关系，并注意生产制造工艺的约束，平时在拆装、维修东西时需要多注意优秀产品的外观设计思路和设计细节。最后希望下次迭代能修复所有的缺陷部分，同时感兴趣的小伙伴也请关注本项目的后续发展。这个项目可以用于娱乐、创客教育、PBL 式教育、项目开发设计教育等。

OSHWHub 立创开源硬件平台 立创课堂

串行 Flash 离线烧录器

micespring

简介

笔者是一个热衷于“捡垃圾”的电子爱好者。有次，笔者买到了几十片拆机的 W25 系列串行 Flash，由于是拆机件，所以有很多都是损坏的，有的根本无法正常读写；有的则可以读写，但部分地址上的数据无法擦除（坏块）。为了防止这些芯片被焊到板子上后才发现问题，所以笔者便自己做了一个小型的串行Flash编程器，对这些Flash芯片进行检查、擦除和编程。做好的编程器如图 1 所示。

1. 功能设计

◆ 全离线操作，无须上位机。

◆ 自动识别 Flash 型号。

◆ 操作逻辑方便、简单且直观，没有上手难度。

◆ 支持 Flash 编程：

支持从 SD 卡编程；

支持任意格式文件的烧录，而不只是 .bin 文件；

支持从板载 Flash 进行编程；

自动对目标 Flash 进行擦除、编程和校验。

图 1 编程器外观

◆ 拥有数据转储功能：

将目标 Flash 中的数据转储至板载 Flash 中，用于对其他 Flash 的编程；

此功能可用于复制 Flash 中的数据。

◆ 拥有全片擦除功能。

◆ 拥有空片检查功能。

2. MCU选择

因为此编程器不是为工业量产设计，只是爱好者偶尔使用的工具，对速度并不敏感，所以 MCU 不需要很高的性能。经过综合选型，此处使用了国产的航顺 HK32F030R8 这款 MCU 作为整个编程器的核心控制器。

HK32F030R8采用LQFP-64封装，拥有最高 72MHz 的主频、10KB 的 RAM 和 64KB 的 Flash，带有硬件 SPI 接口，足以满足本项目需求。

3. 核心板加烧录座分离设计

烧录不同封装的串行 Flash 需要不同的烧录座，此处因为常用的 Flash 芯片大都是 SOIC-8_208mil 封装，所以笔者便使用了兼容此封装的烧录座。

如果设计出来的东西只能满足单一的需求是一种很浪费的行为，所以笔者使用了 MCU 核心板加烧录座扩展板的设计。这样一来可以通过更换烧录座板子兼容其他封装或电压的串行 Flash，另外在以后有其他合适的项目时，核心板还能直接复用，无须从头设计。

4. 显示和控制

因为功能不算复杂，所以显示部分使用了一片很小的 128 像素 ×36 像素分辨率的 OLED 显示屏，用户输入方面则设计了 4 个按键。分别实现“进入 / 确定”“退出 / 取消”和“上一个”“下一个”的交互逻辑，简单易懂，没有上手难度。

考虑到制作的复杂性，此处显示和控制部分没有单独做一个扩展板，而是与烧录座集成在了一起。最后，我在核心板上设计了一颗 RGB LED 指示灯，用来实现编程状态的实时指示功能。

5. 文件和存储系统

因为这是离线编程器，所以我们需要一个存放文件和数据的地方。这里首选肯定是SD卡，因为它便宜、易得且使用方便。SD 卡的卡槽被集成在核心板上，卡型则使用了目前最为流行的 Micro SD 卡。

此外，考虑到不是所有情况下都需要从文件编程，有时候一些简单的操作，比如复制 Flash 芯片等，如果全都要通过 SD 卡完成的话，属实有些麻烦，甚至是浪费资源了。所以除 SD 卡外，笔者还在核心板上设计了专用的串行 Flash 芯片，用来完成数据转储、复制之类的简单操作。用户在使用时，可以自由选择这些操作是通过 SD 卡还是板载的 Flash 芯片完成。

6. 电源、通信和扩展性设计

此项目的总体功耗并不大，所以不需要复杂的电源设计，所有的供电都由经典的 AM1117 芯片解决。虽然是全离线功能设计，但考虑到未来功能的扩展，所以还是增加了 CH340 芯片用来实现和 PC 进行串口通信。

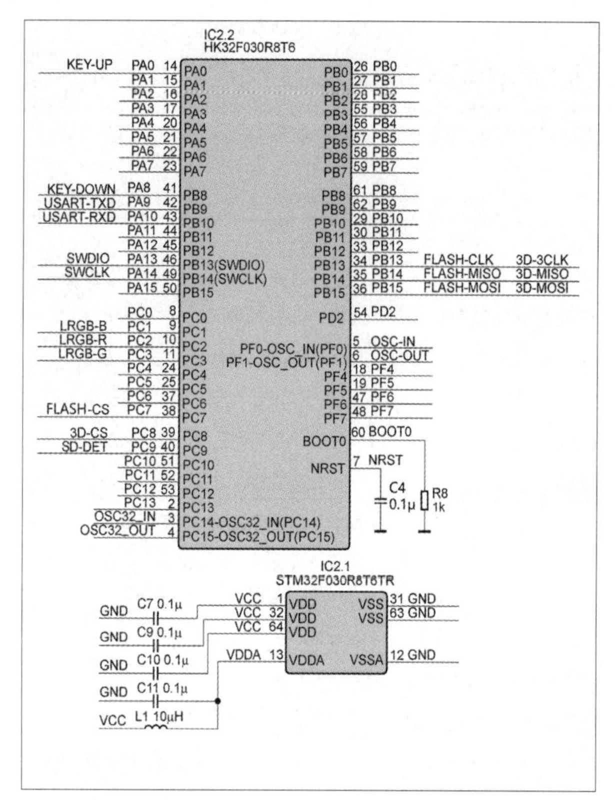

图 2 MCU 及外围电路

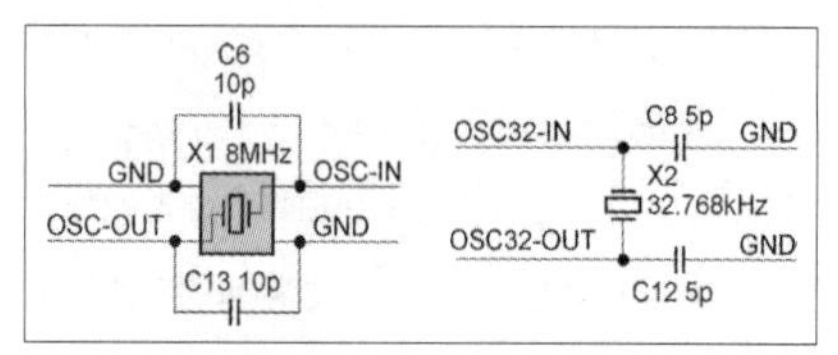

图 3 晶体振荡器电路

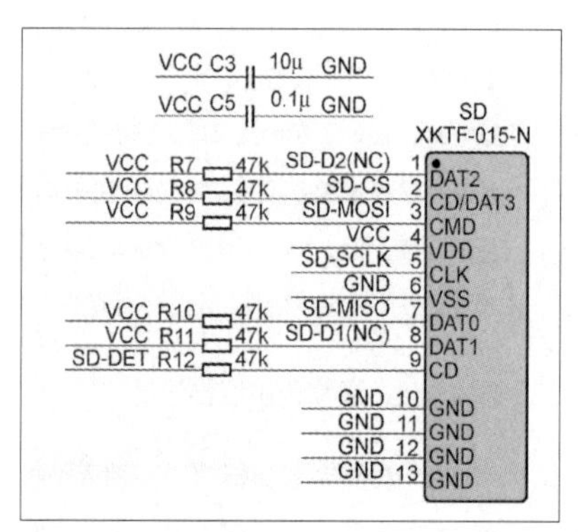

图 4 SD 卡槽和外围电路

除本项目用到的 I/O 接口外，核心板上未用到的 I/O 接口也实现了全引出，进一步提升了本项目的扩展性。

电路设计

1. MCU及外围电路

MCU 使用官方提供的电路设计即可，重点是每个电源引脚上的退耦电容一定要足够接近这个引脚。MCU 及外围电路原理如图 2 所示。分别使用 8MHz 和 32.768kHz 的晶体振荡器作为 HSE 和 RTC 时钟源，晶体振荡器电路如图 3 所示。

2. 存储部分

HK32F030R8 没有硬件 SDIO 接口，所以 SD 卡使用 SPI 接口进行驱动，而 SD 卡的功耗相对较高，所以增加一颗 10 μ F 的电容进行储能，SD 卡槽和外围电路原理如图 4 所示。

板载 Flash 亦使用 SPI 接口驱动，此处使用 0Ω 电阻作为跳线设定 Flash 芯片的 WP 和 HOLD 引脚电平，板载 Flash 电路如图 5 所示。

3. USB串口通信和供电部分

这里使用了流行的 USB Type-C 作为供电 / 通信的接口，因为不需要使用高级 PD 协议，此处直接将 USB Type-C 接口上的 CC 通信引脚通过 5.1kΩ 电阻接地，以识别为标准的 USB 2.0 从机设备。

USB 转串口芯片使用 CH340E，还附带了一个 RGB

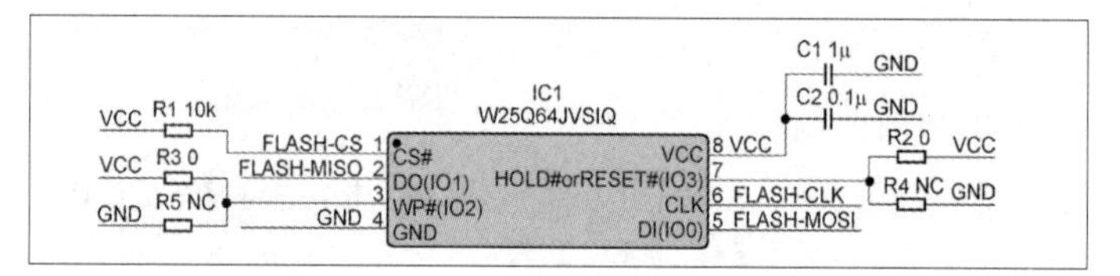

图 5 板载 Flash 电路

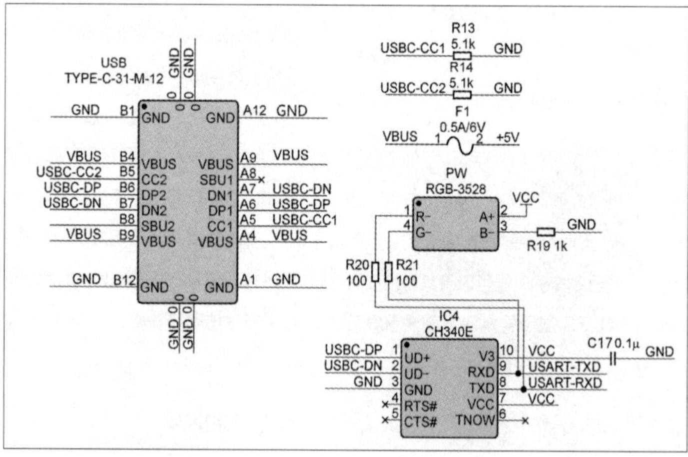

图 6 USB 串口相关电路

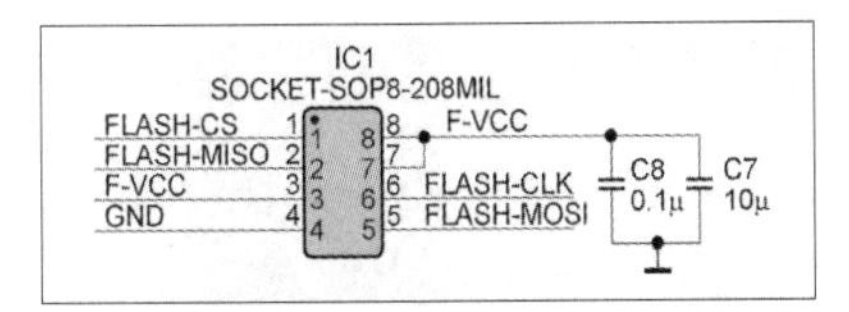

图 7 烧录座和外围电路

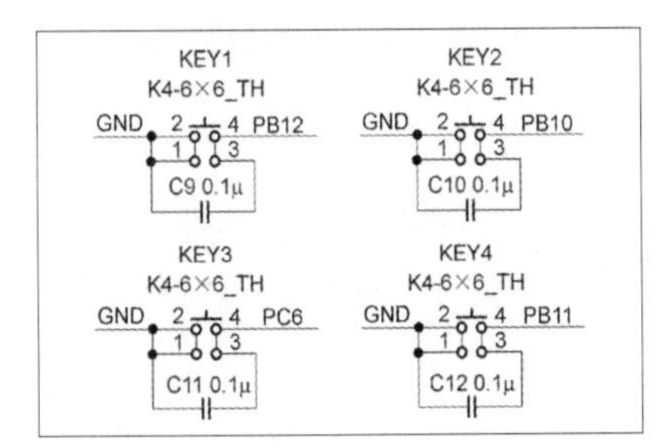

图 8 用户输入按键电路

LED 用于显示通信状态。

为了防止意外的短路情况，USB 供电端还使用了一根 0.5A/6V 的自恢复 PTC 保险丝来实现过流保护功能，USB 串口相关电路设计如图 6 所示。

4. 烧录座部分

烧录座依然使用 SPI 接口，供电电压使用系统电压 3.3V，如果需要兼容其他电压，可以修改扩展板增加电平转换器，烧录座部分的电路设计如图 7 所示。

5. 用户输入按键

按键使用低电平触发，每个按键都设计了一颗 0.1μF 的电容用于硬件消抖，用户输入按键电路如图 8 所示。

6. OLED显示屏驱动

OLED 显示屏使用软件 I^2C 接口驱动，因为是裸屏，所以需要比较复杂的外围电路设计，根据OLED显示屏厂商提供的数据手册设计即可。读者朋友自己制作的时候可以将其替换成其他型号兼容的 OLED 显示屏，OLED 显示屏和外围电路设计如图 9 所示。

7. 其他电路

核心板上一定记得预留 SWD 调试接口，用

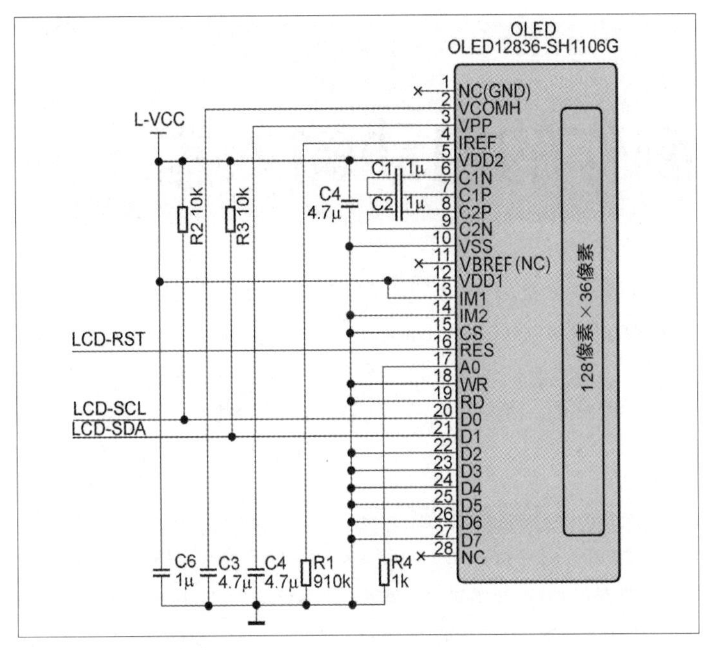

图 9 OLED 和外围电路

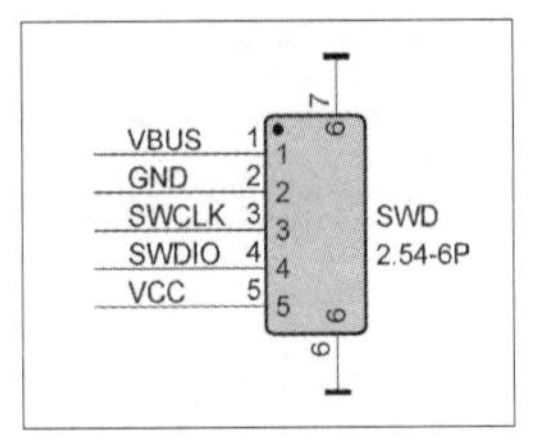

图 10 SWD 调试接口

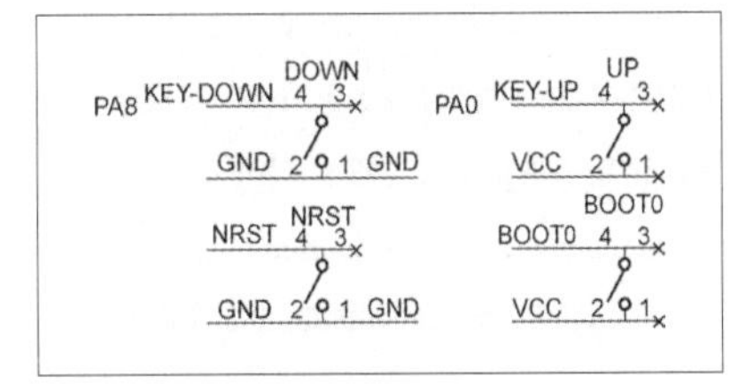

图 11 核心板板载按键电路

来给 MCU 烧写程序，如图 10 所示。

我在核心板上设计了 4 个按键，用于复位、进入硬件 BL、唤醒和测试功能，这些按键的设计目的是方便调试。因为这些按键基本上仅在开发时使用，为了防止影响信号，这些按键不再添加硬件消抖电容，核心板板载按键电路如图 11 所示。

RGB LED 指示灯使用共阳极电路（见图 12），低电平点亮可以更好利用 MCU 灌电流更高的特点，减少对信号的影响。

软件开发

因为笔者对 ST 的 HAL 库更加熟悉，所以开发阶段使用 ST 的 HAL 库在 STM32F030R8 上进行快速开发和验证，实现功能后针对 HK32F030R8 进行了移植和优化。为了保证最大的兼容性，I^2C 等接口均使用软件模拟。

文件系统则使用了 FATFS，以便对 FAT32 进行兼容，SPI-Flash 驱动部分使用笔者自行开发的驱动库。

因为笔者手头的 Flash 型号并不多，所以目前仅针对以下型号的 Flash 进行了适配和验证：华邦 W25Qxx 系列和 W25Xxx 系列、兆易创新 GD25Qxx 系列、博雅微电子 BY25Qxx 系列。

本制作的所有的代码、二进制文件及演示视频均已上传至立创开源硬件平台，需要的朋友可以在该网站搜索“串行 Flash 烧录器”下载相关文件。大家可以

使用 FireBeetle ESP32 制作的自动输入器

演示视频

王岩柏

有个朋友咨询我是否可以帮忙做一个自动输入设备，因为他工作的图书馆，为了避免受软件病毒的影响，机器无法使用U盘。朋友希望这个自动输入设备可以在他需要的时候，将他在自己计算机中制作的文档，直接输入图书馆中的目标机器。经过研究，我使用FireBeetle 搭配 CH55X 制作了这个自动输入器。

使用自动输入器的过程为用户先将待发送的文件内嵌至 Windows 系统自带的写字板文件（*.rft 文件，以 ASCII 码进行存储的文件）里，并保存至 SD 卡，再将 SD 卡插入自动输入器；FireBeetle EPS32 读取 SD 卡的目录，并将文件列表显示在 OLED-12864 显示屏上；用户通过按键选择要发送至目标机器的文件；FireBeetle 将用户选择的文件发送到自制的 CH55X Shield；自制的 CH55X Shield 模拟 USB 键盘的功能把以 ASCII 码进行存储的文件输入到目标机器；使用目标机器上的写字板打开文件即可看到之前内嵌在 Windows 系统的内容。

制作自动输入器所使用的硬件如附表所示。

附表　硬件清单

编号	板卡	用途
1	FireBeetle ESP32	作为主控
2	FireBeetle 萤火虫 OLED-12864 显示屏	板上的按钮，用于选择文件；OLED-12864 显示屏用于展示当前的提示信息
3	FireBeetle 摄像头及音频扩展板	通过板载的 SD 卡槽读取文件内容
4	自制 CH55X Shield	通过 CH55X 模拟 USB 键盘，从而实现串口转 USB 的目的，这里可以使用 CH552，也可以使用 CH554

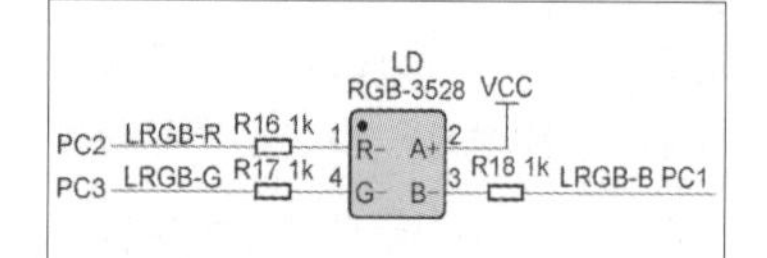

图 12 RGB LED 指示灯电路

根据需要自行修改代码，添加Flash支持。一般情况下，只需要在驱动代码中添加对应的 Flash 识别 ID 和基本信息（如容量和页大小）即可。

成品效果

做好的核心板如图 13 所示，烧录座扩展板如图 14 所示。图 15 所示为串行 Flash 离线烧录器工作时的主菜单界面，图 16 所示为工作时的芯片擦除界面。

图 13 核心板外观

图 15 主菜单

图 14 烧录座扩展板外观

图 16 擦除芯片工作界面

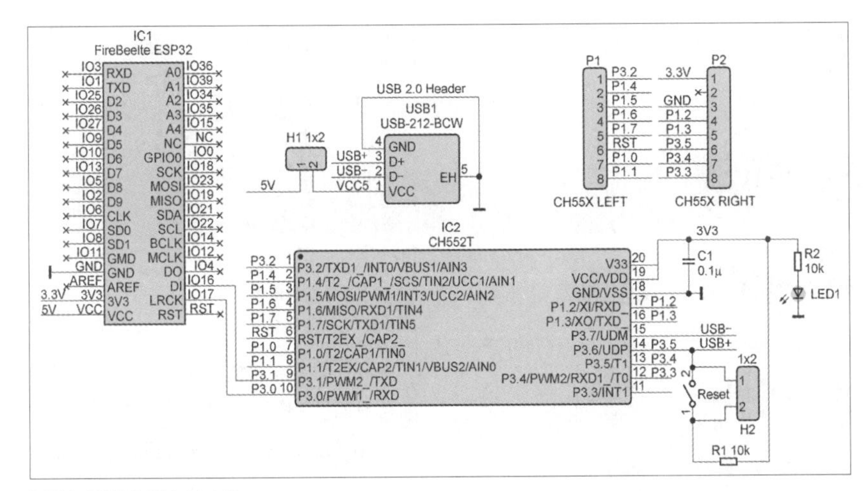

图1 CH552 Shield 电路

准备好硬件后，开始设计CH55X Shield。CH55X是CH551/2/4的统称，它们是南京沁恒微电子出品的8位增强型USB单片机。这一系列单片机的特点是能够轻松实现各种USB设备的功能。自动输入器就是使用CH55X实现串口对USB键盘功能的转换，这个转换对芯片性能和资源要求很低，CH55X系列的单片机都可以胜任，因为我手中刚好有CH552，所以就使用它来进行设计。设计的CH552 Shield的完整电路如图1所示，图中左侧设计的是一个FireBeetle ESP32，它通过IO16、IO17和CH552 Shield相连，这两个引脚是FireBeetle ESP32的Serial2接口；图中下面中间的部分可以看作CH552的最小系统，它使用内部晶体振荡器，只需要外围有一个0.1μF的电容即可正常工作；图中上面中间的部分设计的是一个USB公头，USB公头附近有一个跳线H1，这个跳线用于切换外部供电，在开发阶段我们可以通过FireBeetle ESP32给CH55X Shield供电，在实际使用时，是使用CH55X Shield板载的FireBeetle ESP32 USB给其供电，因此需要短接跳线H1完成供电功能；图中右下角部分为CH552的电路，CH552使用3.3V电源供电，因此V33是和VCC连接在一起的，此外在USB+（P3.6）上有并联的按钮和跳线H2，它们的作用是短接后经过10kΩ电阻上拉，让CH552可以在上电时进入BootMode以便更新Firmware，如果没有焊接按钮，可以在上电时用镊子短接跳线位置实现同样的功能；图中右上角部分是为了便于调试和日后扩展其他功能预留的其他引脚。最终的PCB设计如图2所示，3D渲染后的效果如图3所示，焊接后的PCB成品如图4所示。

CH552 Shield部分的程序非常简单，使用Ch55xduino支持库，便可以在Arduino环境下编译，参考程序如程序1所示。此程序的逻辑非常简单，CH552使用其Serial0接口接收数据，然后用USB将收到的数据转发出去。具体的使用方法请参考我之前在《无线电》杂志2021年3月刊发表的《国产芯片打造USB提醒器》一文。特别注意，因为板子上的芯片使用3.3V供电，所以下载

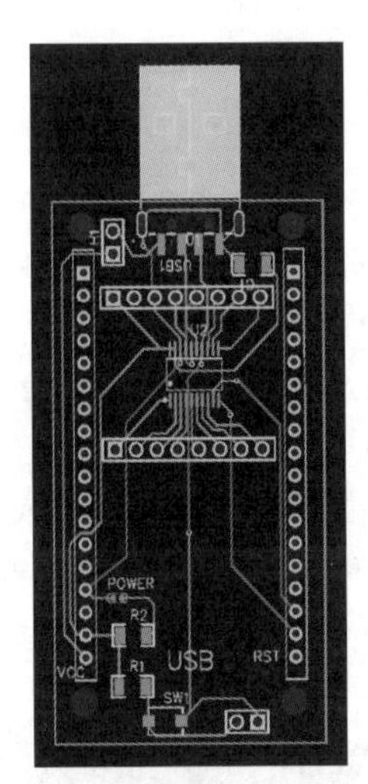

图2 PCB设计

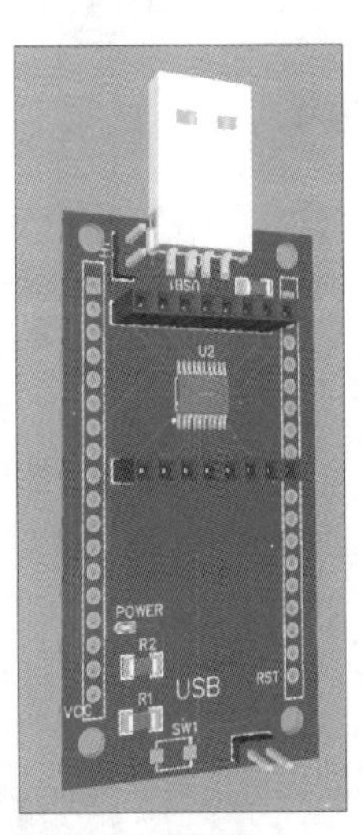

图3 3D渲染效果

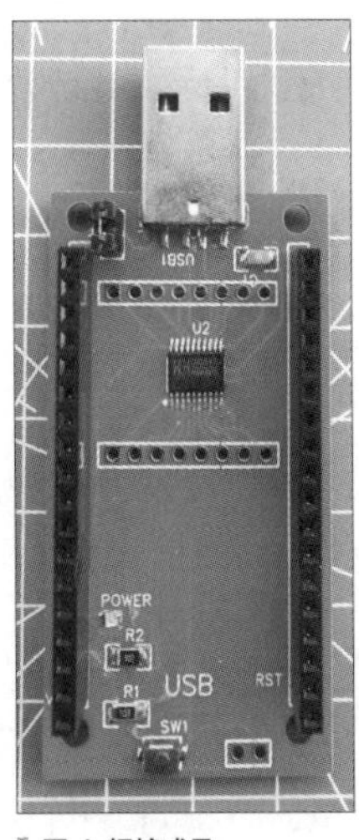

图4 焊接成品

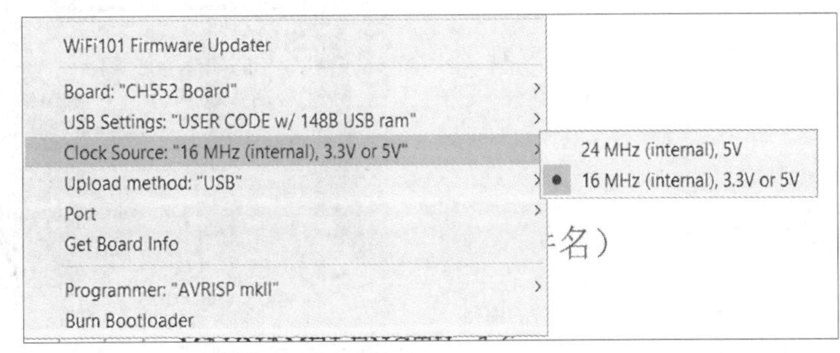

图5 CH552 Shield 编译时需要使用的设置

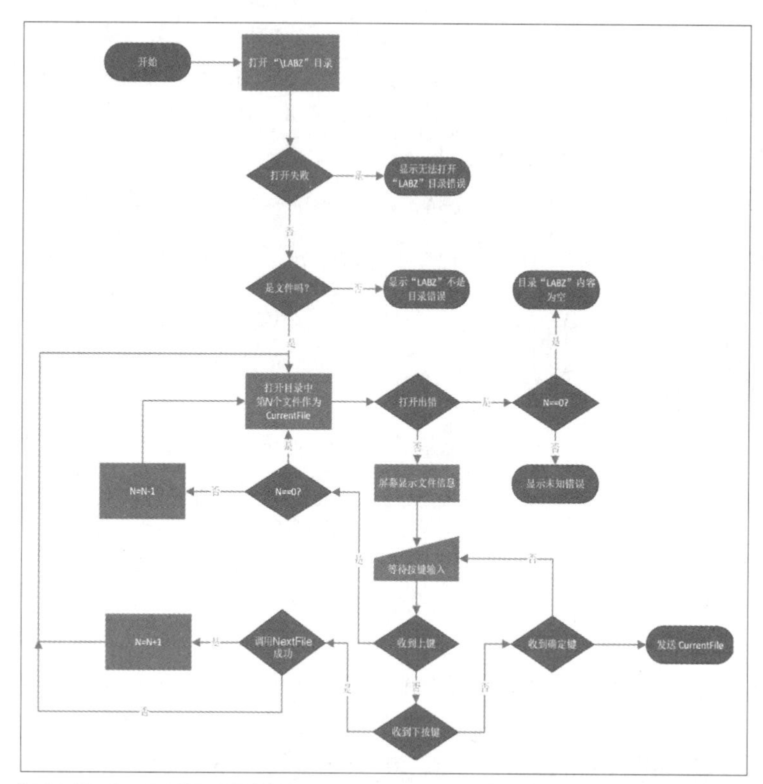

图 6 FireBeetle ESP32 程序流程

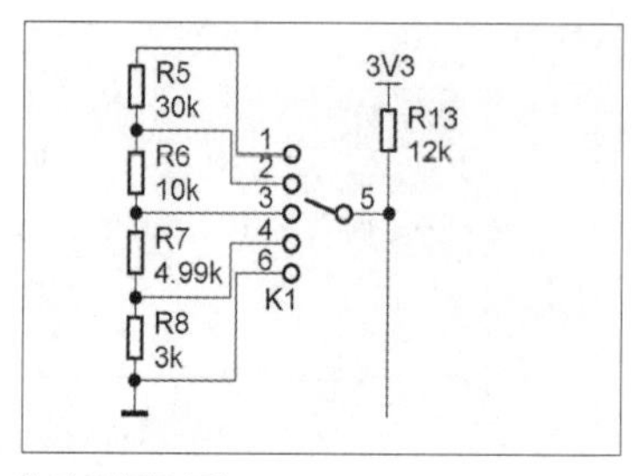

图 7 摇杆电路

时需要使用如图 5 所示的设置。

程序1

```
#ifndef USER_USB_RAM
#error " This example needs to be compiled with a USER USB setting"
#endif
#include " src/userUsbHidKeyboard/USBHIDKeyboard.h"
void setup() {
  USBInit();
  Serial0_begin(115200);
}
void loop() {
  while (Serial0_available()) {
    char serialChar = Serial0_read();
    Keyboard_write(serialChar);
  }
}
```

编写完 CH552 Shield 部分的程序，就可以开始编写 FireBeetle ESP32 部分的程序了。程序流程如图 6 所示，参考程序如程序 2 所示。FireBeetle ESP32 在上电后检查 SD 卡，如果无法识别到 SD 卡，就停止运行并在 OLED-12864 显示屏上显示错误信息；如果可以识别到 SD 卡就读取 SD 卡中的“LABZ”文件夹，并使用枚举方法将文件夹中的文件名保存在 FilePool 结构体中。这个结构体最多可以保存 10 个文件，ESP32 的内存越大保存的文件越多，但是相信大家在真实使用中不会愿意使用按钮在更多的文件中进行选择。读取内容后，程序根据用户操作进入循环，OLED-12864 显示屏实时显示当前选择的文件信息，包括文件名、文件大小、该文件在目录下的序号。OLED-12864 显示屏旁边有一个摇杆，摇杆提供了可以选择4个方向以及确定选择的功能，具体功能是通过图 7 所示的电路实现的，程序可以通过 read_key_analog() 函数读取摇杆当前的选择值。为了便于调试，程序中给出了使用串口的调试方法：输入“a”表示“上一个”，输入“z”表示“下一个”，输入“x”表示“确定”。最后，在运行时，如果 FireBeetle ESP32 收到摇杆确定选择的信息，就打开 SD 卡上对应名字的文件，并将内容输出给 CH552 Shield，从而实现将内容传送给目标机器的目的。自动输入器成品如图 8 所示。

图 8 自动输入器成品

程序2

```
#include "DFRobot_OLED12864.h"
#include "FS.h"
#include "SD_MMC.h"
//设置文件名最大长度(目录名+文件名)
//超过这个长度的文件名会被忽略
const int MAXNAMELENGTH=16;
#define ADC_BIT  4096
#define ADC_SECTION 5
#define EVERYSHOW 127
//读取这个目录下的内容
char* INITDIR="/LABZ";
const uint8_t pin_analogKey = A0;
//文件名列表
struct {
  int      size;
  char     name[MAXNAMELENGTH];
} FilePool[10];
// 枚举到的文件数量
int FileCounter=0;
enum enum_key_analog {
  key_analog_no,
  key_analog_right,
  key_analog_center,
  key_analog_up,
  key_analog_left,
  key_analog_down,
} eKey_analog;
const uint8_t I2C_OLED_addr = 0x3c;
const uint8_t pin_character_cs = D5, keyA = D3, keyB = D8;
DFRobot_OLED12864 OLED(I2C_OLED_addr, pin_character_cs);
enum_key_analog read_key_analog(void)
{
  int adValue = analogRead(pin_analogKey);
  if(adValue > ADC_BIT * (ADC_SECTION * 2 - 1) / (ADC_SECTION * 2)) {
    return key_analog_no;
  } else if(adValue > ADC_BIT * (ADC_SECTION * 2 - 3) / (ADC_SECTION * 2)) {
    return key_analog_right;
  } else if(adValue > ADC_BIT * (ADC_SECTION * 2 - 5) / (ADC_SECTION * 2)) {
    return key_analog_center;
  } else if(adValue > ADC_BIT * (ADC_SECTION * 2 - 7) / (ADC_SECTION * 2)) {
    return key_analog_up;
  } else if(adValue > ADC_BIT * (ADC_SECTION * 2 - 9) / (ADC_SECTION * 2)) {
    return key_analog_left;
  } else {
    return key_analog_down;
  }
}
void setup(){
  Serial.begin(115200);
  Serial2.begin(115200);
  pinMode(keyA, INPUT);
  pinMode(keyB, INPUT);
  OLED.init();
  OLED.flipScreenVertically();
  OLED.clear();
  OLED.disStr(0, 0, "自动键盘机 ");
  OLED.display();
  if(!SD_MMC.begin()){
    Serial.println("Card Mount Failed");
    OLED.disStr(0, 16, "SD挂载失败 ");
    OLED.display();
    return;
  }
  uint8_t cardType = SD_MMC.cardType();
  if(cardType == CARD_NONE){
    Serial.println("No SD_MMC card attached");
    OLED.disStr(0, 16, "无SD卡 ");
    OLED.display();
    return;
  }
  //打开目录
  File root = SD_MMC.open(INITDIR);
  if(!root){
    Serial.println("Failed to open directory");
    OLED.disStr(0, 16, "无法读取目录 ");
    OLED.display();
    return;
  }
  if(!root.isDirectory()){
    Serial.println("Not a directory");
    OLED.disStr(0, 16, "目录错误 ");
    OLED.display();
    return;
  }
  // 枚举 INITDIR 目录下的所有文件
  File file = root.openNextFile();
  while(file){
    if(file.isDirectory()==false){
      Serial.print("  FILE: ");
      Serial.print(file.name());
      Serial.print("  SIZE: ");
      Serial.println(file.size());
      // 只记录文件名小于最大长度的文件
      if (strlen(file.name())<=MAXNAMELENGTH+strlen(INITDIR)+1) {
        // 将文件名保存起来
        char *p=(char*) file.name();
        strcpy(FilePool[FileCounter].name, p+strlen(INITDIR)+1);
        FilePool[FileCounter].size=file.size();
        FileCounter++;
      }
    }
    file = root.openNextFile();
  }
  if (FileCounter==0) {
    Serial.println("No file in directory!");
    OLED.disStr(0, 16, "目录中无文件 ");
```

```
    OLED.display();
    return ;
  }
  /*
  for (int i=0;i<FileCounter;i++) {
    Serial.println(FilePool[i].name);
  }
*/
}
// 上一个文件的编号
int LastIndex=0xFF;
// 当前文件编号
int CurrentIndex=0;
void loop(){
  char  c=0xFF;
  char Buffer1[32],Buffer2[32];
  eKey_analog = read_key_analog();
  // 如果当前文件编号和之前的记录不同，说明有文件切换动作
  if (LastIndex!=CurrentIndex) {
    // 串口输出
    Serial.println("****************");
    Serial.println(FilePool[CurrentIndex].name);
    Serial.println(FilePool[CurrentIndex].size);
    sprintf(Buffer1, "[%d/%d]", CurrentIndex+1, FileCounter);
    Serial.println(Buffer1);
    Serial.println("****************");
    // 屏幕输出
    OLED.clear();
    OLED.disStr(0, 0, "当前文件");
    OLED.disStr(0, 16, FilePool[CurrentIndex].name);
    sprintf(Buffer2, "%d bytes", FilePool[CurrentIndex].size);
    OLED.disStr(0, 32, Buffer2);
    OLED.disStr(0, 48, Buffer1);
    OLED.display();
    LastIndex=CurrentIndex;
    eKey_analog=key_analog_no;
    delay(700);
  }
  while (Serial.available() > 0)
  {
    byte k=Serial.read();
    if ((k=='a')||(k=='z')||(k=='x'))
{
      c=k;
    }
  }
  if ((c=='a')||(eKey_analog==key_analog_up)) {
    CurrentIndex++;
    if (CurrentIndex==FileCounter) {
      CurrentIndex=0;
    }
  }
  if ((c=='z')||(eKey_analog==key_analog_down)) {
    CurrentIndex--;
    if (CurrentIndex==-1) {
      CurrentIndex=FileCounter-1;
    }
  }
  if ((c=='x')||(digitalRead(keyA)==LOW)) {
    char Buffer[MAXNAMELENGTH];
    strcpy(Buffer, INITDIR);
    strcat(Buffer, "/");
    strcat(Buffer, FilePool[CurrentIndex].name);
    Serial.printf("Reading file: %s\n", Buffer);
    File file = SD_MMC.open(Buffer);
    if(!file){
      Serial.println("Failed to open file for reading");
      OLED.clear();
      OLED.disStr(0, 0, "读取文件失败");
      OLED.disStr(0, 16, "按B键返回");
      OLED.display();
      while (digitalRead(keyB)==HIGH)
{}
    } else {
      Serial.print("Read from file: ");
      int ByteSend=0;
      while(file.available()){
      char v=file.read();
      //Serial.write(v);
      Serial2.write(v);
      delay(20);
      ByteSend++;
      if (ByteSend%EVERYSHOW ==0) {
OLED.clear();
        OLED.disStr(0, 0, FilePool[CurrentIndex].name);
        sprintf(Buffer1, "[%d/%d]", ByteSend, FilePool[CurrentIndex].size);
        OLED.disStr(0, 16,Buffer1);
        OLED.display(); }
      }
      OLED.clear();
      OLED.disStr(0, 0, FilePool[CurrentIndex].name);
      sprintf(Buffer1, "[%d/%d]", ByteSend, FilePool[CurrentIndex].size);
      OLED.disStr(0, 16,Buffer1);
      OLED.disStr(0, 32,"发送完成,B键返回");
      OLED.display();
      // 强制刷新当前文件名
      LastIndex=0xFF;
      while (digitalRead(keyB)==HIGH)
{}
    }
  }
}
```

OSHWHub 立创开源硬件平台 立创课堂

基于 NXP TEF6686 的 DSP 多波段收音机

NyaKoishi

简介

本人自小就对收音机很着迷，觉得一个小盒子里面能发出动人的音乐是一件非常神奇的事情。但小时候由于经济能力不足，我一直没能拥有一台自己的收音机，直到最近对嵌入式开发有了一些经验，便萌生了自己做一台收音机的想法。既然要做，就要做一台出色的收音机，所以基于NXP TEF6686的DSP（数字信号处理器）多波段收音机就诞生了，做好的实物如图1所示，是不是很漂亮？本项目电路设计、外壳结构、程序设计均由本人完成，下面我们先来看看收音机的具体功能。

1. RF接收

NXP TEF6686单片接收无线电波，DSP解调信号，调幅带宽可选3~8kHz，调频带宽可选自动带宽或手动带宽56~311kHz，支持调频立体声，所有波段均支持DSP降噪，调频多径抑制，调频去加重时间常数可选，指针表指示噪声强度，支持天线偏馈（200mA），接收范围如表1所示。

2. 自动搜台

可设定自动搜索速度与灵敏度，支持手动存台，存台数量为100个调频台、100个短波台、50个中波台、20个长波台。

表1 接收范围

接收范围	开始频率	结束频率
长波	144kHz	288kHz
中波	522kHz	1710kHz
短波	2300kHz	27 000kHz
调频广播	65MHz	108MHz

3. 电源

USB Type-C提供10W充电功率。电池充电时有指示。设计了充电电源路径管理电路。配有8000mAh 1S锂电池。供电电路均使用低压差线性稳压器以减少开关噪声。

4. 显示

192像素 ×64像素点阵式LCD，避免太阳光下看不清的问题，同时支持背光亮度调节和背光时间调节，即使在夜晚也能有良好的显示效果。对比度可调，以适应不同观察角度。主界面可以显示当前频率、波段、步进、带宽、RSSI、频道、立体声指示、电池状态、电池电压、音量。

5. 音频

配有62mW无输出耦合电容的AB类耳机放大器、3W双AB类扬声器功放，增强低频，界面上还设计了音频VU表。

6. 操作

2个旋转编码器和4个按键可以完成所有的系统操作，使用简单易懂。

收音机按键功能如表2所示。

制作完成后，经测试，总体接收效果出色，尤其是调频广播，DSP的优势完全能体现出来。项目所有文件均已开源，大家可以前往立创开源硬件平台，搜索

图1 实物效果图

表2 收音机按键功能

旋转编码器	左侧旋转编码器	旋转	频率调节，带宽调节，设置项调节
		短按	步进切换
		长按	波段切换
	右侧旋转编码器	旋转	音量调节
		短按	静音
按键（从左到右）	菜单键	短按	进入/退出菜单
	左键	短按	上一台，菜单上选
		长按	向上搜台
	右键	短按	下一台，菜单下选
		长按	向下搜台
	确认键	短按	选择带宽，进入设置
		长按	手动存台

“Muitiband Receiver”获取相关资料，功能介绍视频也上传至bilibili，欢迎大家关注“NyaKoishi”，搜索“多波段收音机”观看相关视频，欢迎大家尝试制作。

本项目大部分物料均采购自立创商城，PCB尺寸小于10cm×10cm，显示屏、电池、扬声器和2个仪表需要在电商平台购买。

制作步骤

1. 硬件部分电路

（1）RF接收

FM和AM前端主要起到滤波和阻抗变换的作用，本项目在RF前端全部使用

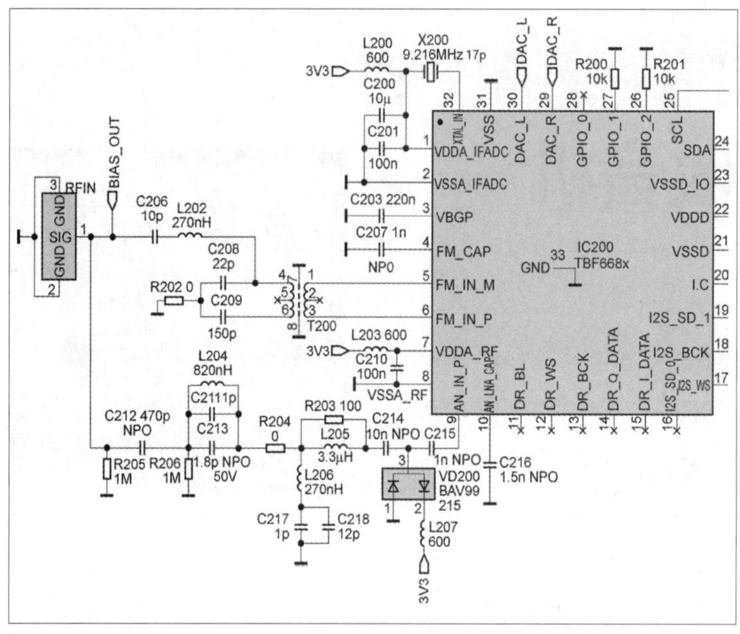

▌图 2 RF 接收部分的电路

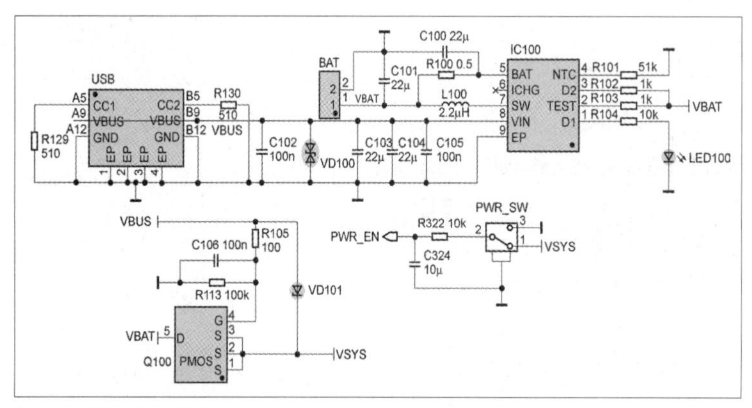

▌图 3 系统电源管理电路

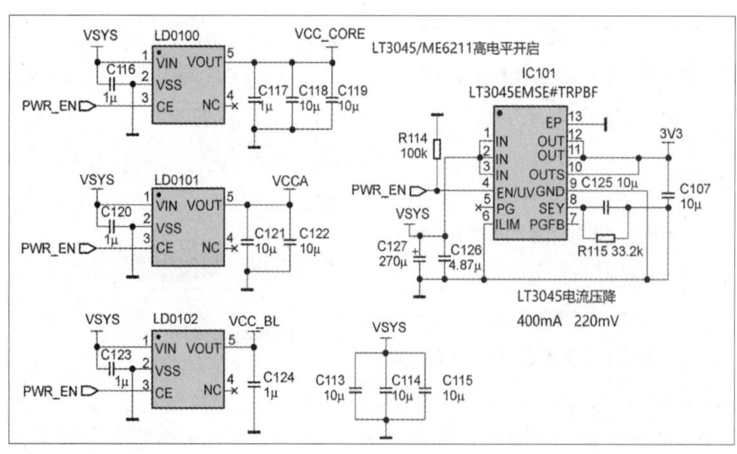

▌图 4 系统供电电路

第一类介质陶瓷电容和高 Q 值电感以减少性能波动和信号失真衰减，FM 天线使用变压器方案，提高强信号干扰下的接收质量，此外在 AM 天线处增加一颗 BAV99 以增加 ESD 性能，RF 接收部分的电路如图 2 所示。

（2）电源

本项目使用 3.7V/8000mAh 锂电池，使用 USB Type-C 接口和 IP2312 来获得 10W 的充电功率，附带一个 LED 指示充电状态，同时通过一个 PMOS 和一个二极管构成电源路径管理电路，用一个开关产生开关信号，开关信号通过 4 个 LDO 控制系统供电。系统电源管理电路和系统供电电路如图 3 和图 4 所示。

（3）天线偏馈电路

天线偏馈电路通过一个 PMOS 控制通断，经过一个自恢复保险丝和一个防倒灌二极管后，再经过 470 μ H 的电感送入馈线，此系统可以提供 3~5V/100mA 的馈电功率。天线偏馈电路如图 5 所示。

（4）电池电压采集电路

电池电压通过两个电阻分压后送入 ADC 进行采样，采样电路通过一个 PMOS 控制静态功耗，电池电压采集电路如图 6 所示。

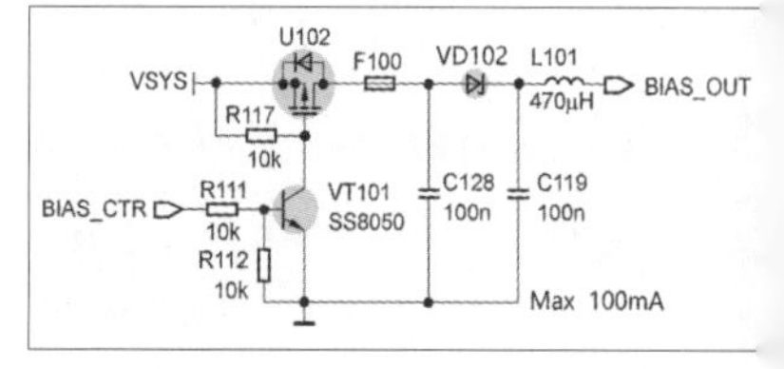

▌图 5 天线偏馈电路

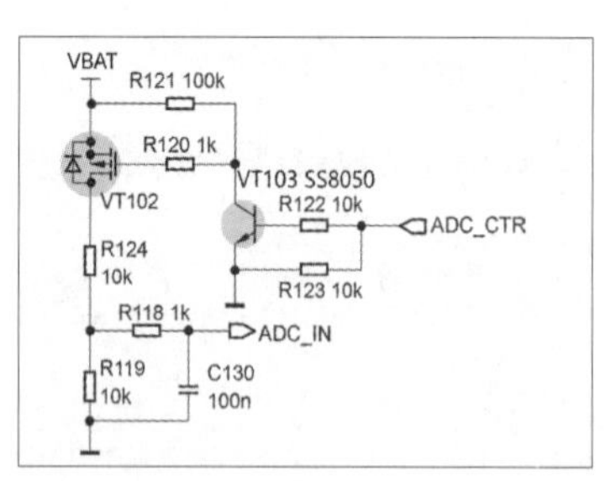

▌图 6 电池电压采集电路

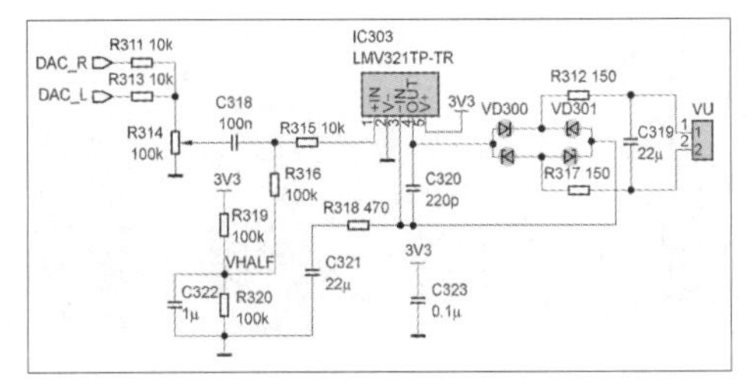

图 7 VU 表驱动电路

（5）VU表驱动电路

双声道音频通过电阻网络合并，R314 的作用是峰值校准，音频信号经过运放放大后通过 4 个二极管和电容检波送入 VU 表中。需要注意的是，由于本机电源电压较低，所以所有的运放都必须使用轨到轨运放，VU 表驱动电路如图 7 所示。

（6）单片机控制电路

主控使用 STM32F405 单片机，因为本人对于 STM 编程比较熟悉，且本项目需要使用 DAC 驱动 LED 和指针表，单片机控制电路如图 8 所示。

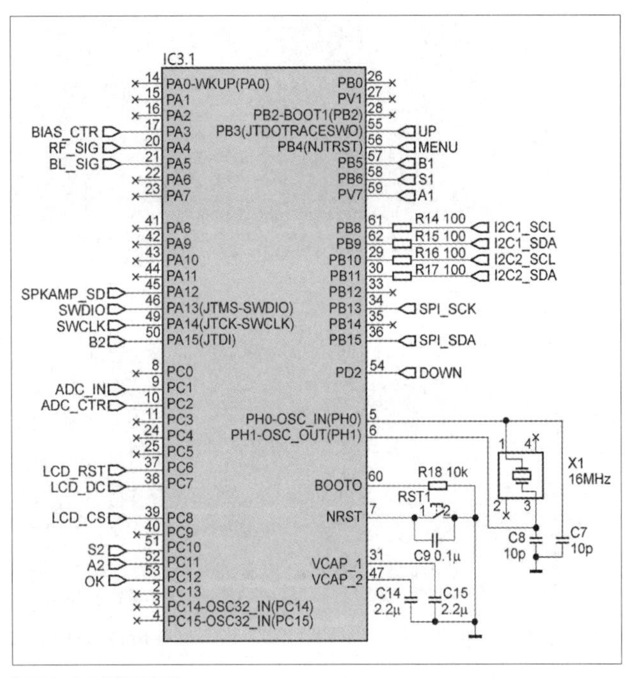

图 8 单片机控制电路

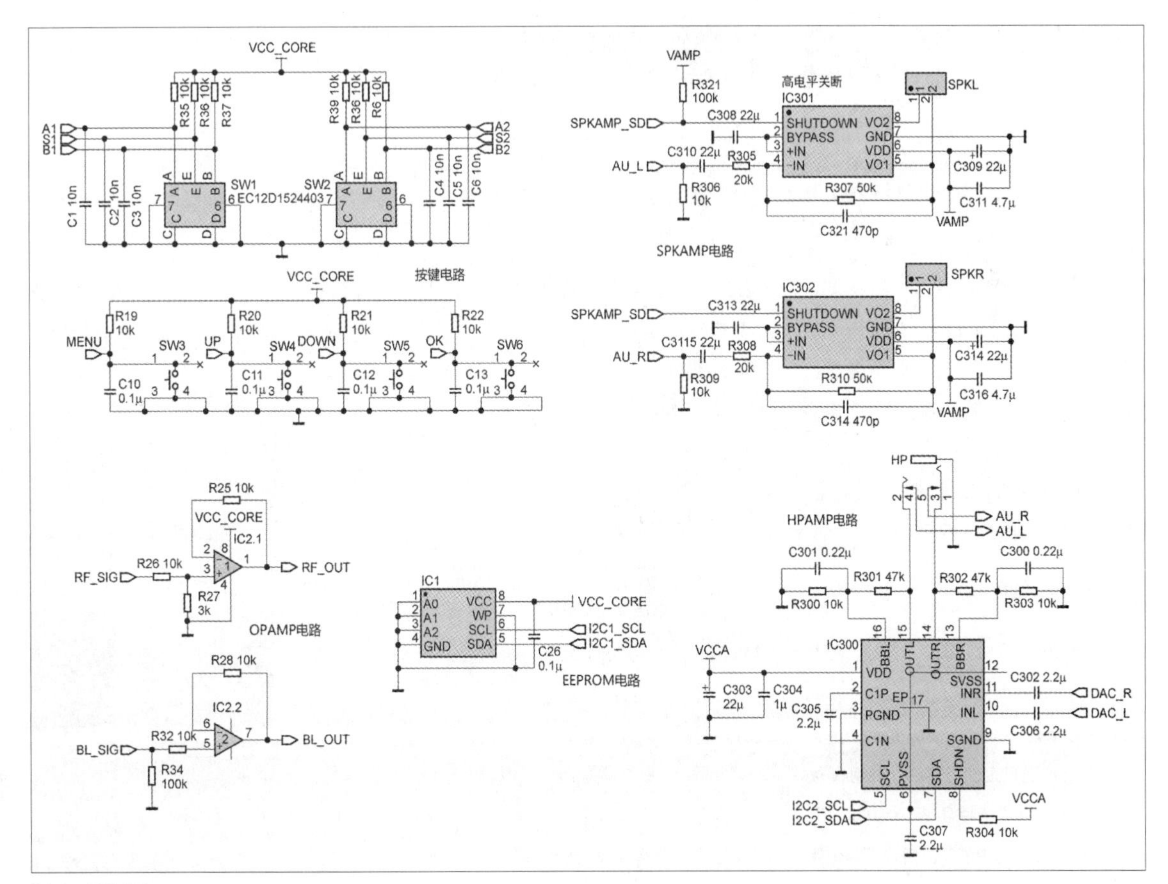

图 9 其他电路

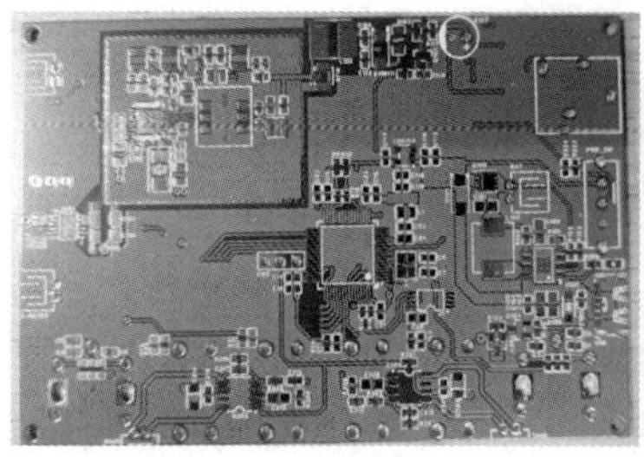
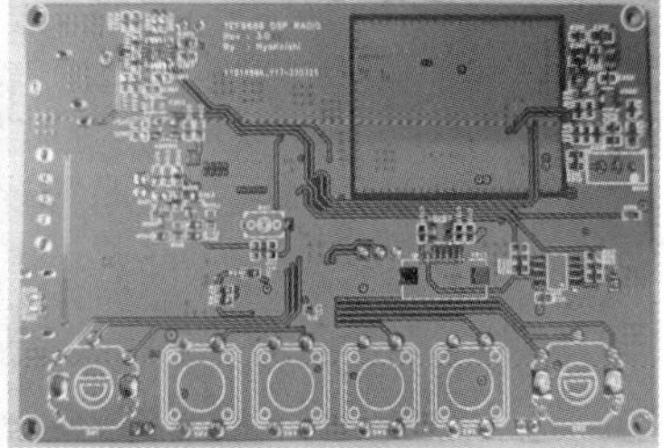
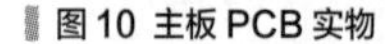

图 10 主板 PCB 实物

图 11 屏幕转接板 PCB 实物

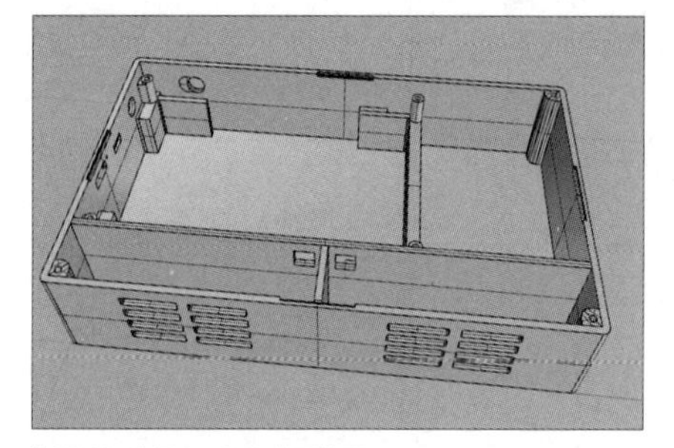

图 12 底部 3D 打印件预览图

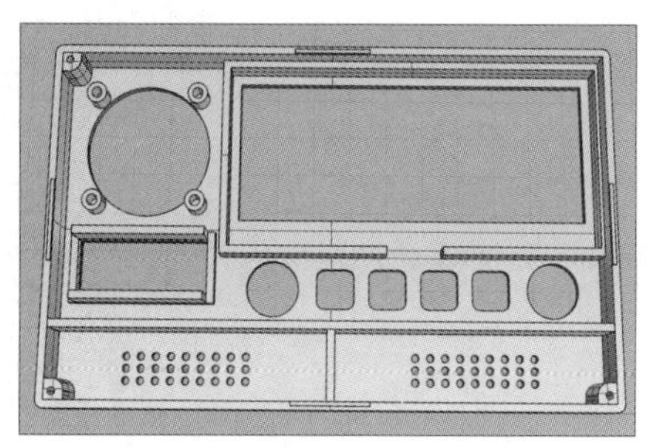

图 13 顶部 3D 打印件预览图

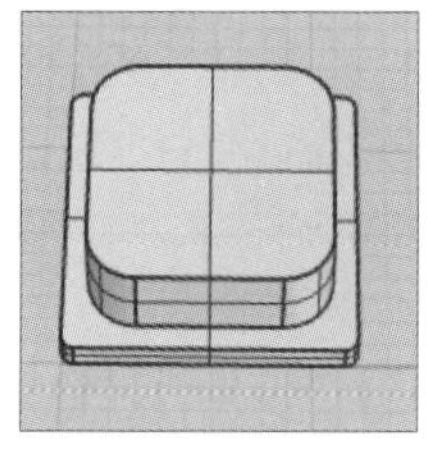

图 14 按键 3D 打印件预览图

图 15 主界面实拍图

图 16 菜单界面实拍图

（7）其他电路

剩下的电路还有按键电路、EEPROM 电路、HPAMP 电路、OPAMP 电路、SPKAMP 电路等（见图 9），整体的电路文件已上传立创开源平台。

制作好的主板 PCB 如图 10 所示，屏幕转接板 PCB 如图 11 所示。

2. 重要元器件说明

运放必须使用轨到轨运放，输入偏置电流最好是 nA 级别的，推荐 3PEAK 的 LMV 运放系列。

RF 接收电路上的电容最好使用 NP0 或者 C0G 的。电感使用高 Q 值的，VU 表驱动和偏馈电路中使用的二极管需使用正向压降小的肖特基二极管。由于系统电压低，VU 表与场强表均需要换灯，把 VU 表拆开后，将整流二极管拆除，直接把 LED 正负极引出。对于场强表，需要把原装的钨丝灯换成色温 2600~2800K 的 LED。

3. 结构设计说明

本收音机共由 6 个 3D 打印件构成：1 个底部、1 个顶盖、4 个按键。使用 M2、M3 自攻螺丝与胶水固定，3D 打印文件均已上传至立创开源硬件平台。底部 3D 打印件和顶部 3D 打印件预览如图 12 和图 13 所示，按键预览如图 14 所示。

除了 VU 表使用 M3×8mm 螺丝，其余螺丝孔均使用 M2×8mm 螺丝，显示屏、电池与场强表使用胶水固定。

软件部分

软件部分代码使用 HAL 库进行开发，完成的代码项目已上传至立创开源平台。

制作注意事项

这里注意：所有的接插件均不焊接，直接把导线焊在对应的孔位中即可，电池最大尺寸为 12mm×60mm×90mm，扬声器通过海绵固定，并放到扬声器腔中。

最终成品

最终成品如图 15~ 图 17 所示，图 15 所示为主界面，图 16 所示为菜单界面，图 17 所示为侧边接口。整体测试后，我自己认为效果还是不错的，欢迎大家跟我一起制作！

图 17 侧边接口

心动信号

陈子平

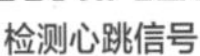

检测心跳信号

演示视频

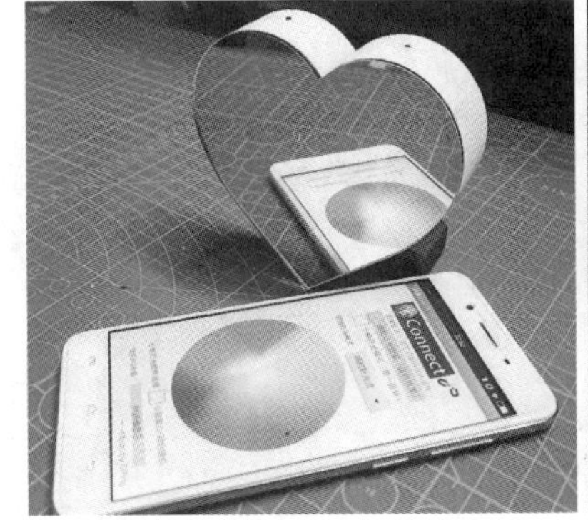

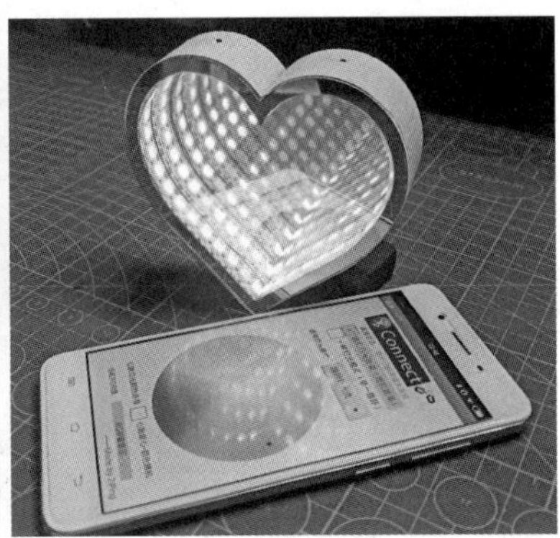

很高兴又跟大家见面了，这次我制作的是浪漫的情人节主题的作品——心动信号。为什么叫心动信号呢？我一直想做一款酷炫、浪漫、有价值、有意义的情人节礼物送给爱人，忽然有一天来了灵感，我能不能将自己的心跳实时显示出来，把它做成一个作品呢？有了这个灵感，我开始逐步完善自己的想法，一颗跳动的爱心，寓意着全心全意，然后再结合千层镜的效果将心跳层层放大。如果把这颗真挚的爱心送给爱人，那肯定会是一件非常浪漫的事！而跳动的信号展示的正是自己的心跳，故名“心动信号”。我将“心动信号”的制作过程分享给大家，希望能给大家带来一些启发，整个设计的思维导图如图 1 所示。

项目介绍

项目整体呈现心形，正面在不开电源的情况下是一面镜子，可用于梳妆打扮，打开电源后，内部的灯带可以展示酷炫的灯光，透过半透镜和反射镜可以产生无限空间的效果，装置后置了一个心跳传感器，将手指放在上面就可以读取心跳信号，并将心跳信号用灯带显示出来。在制作过程中，我陆续新增了可调 RGB 心跳颜色、10 种灯光模式和随机灯光效果等功能，并且可以通过手机 App 进行实时控制。整个项目一共分为 4 大部分：外观结构设计、电子部分、程序控制部分、App 部分。

外观结构部分是构成项目的主体，包含半透镜、反射镜、WS2812 灯带、3D 打印壳体，整体设计紧凑，其中关键的地方是确定灯带的数量与心形的轮廓，再通过 Solidworks 进行 3D 建模，确定各零部件的相对位置和结构，并用 3D 打印机制作外观结构部分。

电子部分包括控制部分、显示部分、心跳传感器和通信部分。控制部分采用 Arduino Pro Mini，整体尺寸只有拇指大小，非常小巧，节省内部空间。显示部分采用 WS2812 灯带，每颗灯珠都有独立的 IC，控制灯带只需要一根数据线。心跳传感器使用的是 PulseSensor，这款传感器有迷你小巧、反应快速、性能稳定等优势。通信部分使用的是蓝牙 HC-05 模块。

程序控制部分可以分为两大块：灯带显示部分和心跳检测部分。灯带控制部分需要加载 FastLED 库，此库可以轻松驱动 WS2812 灯带，并做出很多酷炫的效果。心跳检测部分最关键的要点在于检测心率，而心率的检测需要分析心跳的波形并捕捉正确的峰值信号。

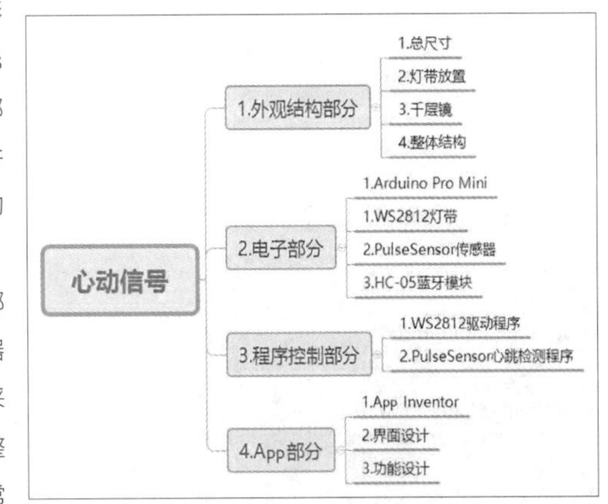

图 1 思维导图

附表　心动信号材料清单

序号	名称	型号 / 参数	数量	备注
1	Arduino 主板	Pro Mini	1	
2	LED 灯带	WS2812	40	
3	蓝牙模块	HC-05	1	
4	锂电池	1600mAh	1	
5	心跳传感器		1	
6	拨动开关		1	
7	升压模块	3.7~5V	1	
8	降压模块	3.3~5V	1	
9	发光二极管		1	
10	3D 打印外壳		4	3D 打印定制
11	半透镜		1	激光切割
12	反射镜		1	激光切割
13	自攻螺丝	直径 1.5mm	9	
14	线材		1m	

App 部分使用的开发工具是 App Inventor。运用其图形化的编程方式可以非常轻松地设计出想要的 App，我们可以先设计操作界面，再增加相应的功能，这部分的关键点在于读取色盘的彩色信息和反馈 RGB 值，手机 App 发送 RGB 值，蓝牙模块进行接收，Arduino 主板控制灯带改变颜色。

制作过程

首先准备好项目所要用到的电子模块和耗材，制作材料清单如附表所示，我们还需要准备一些辅助工具：3D 打印机、电烙铁、螺丝刀、尖嘴钳等。

1. 绘制心形轮廓

首先，用 CAD 软件绘制心形轮廓（见图 2），在绘制过程中需要注意弧线之间的过渡要平缓，心形的内部空间要满足需求，不能太小，轮廓要能够刚好放下偶数倍的灯带。如果不能满足则需要反复修改。这个心形轮廓至关重要，会影响后面的步骤。

图 2 用 CAD 软件绘制心形

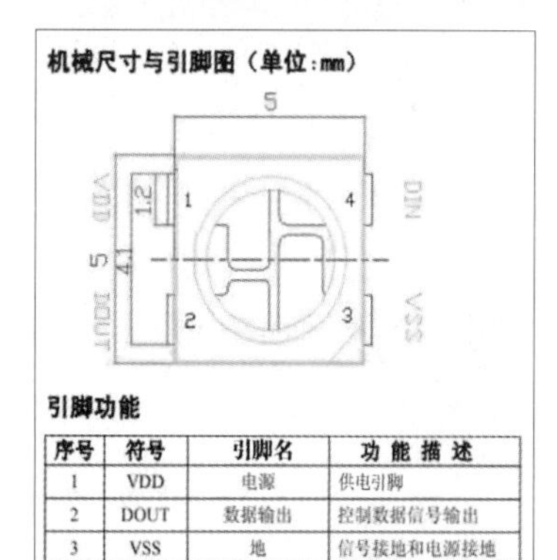

机械尺寸与引脚图（单位：mm）

引脚功能

序号	符号	引脚名	功 能 描 述
1	VDD	电源	供电引脚
2	DOUT	数据输出	控制数据信号输出
3	VSS	地	信号接地和电源接地
4	DIN	数据输入	控制数据信号输入

图 3 WS2812 灯珠引脚图

绘制完成后，将轮廓导出到激光切割机试切，留下内轮廓，用灯带进行放置测试，看尺寸是否合适。制作时可以先测算出单个灯珠的长度，然后用轮廓的周长除以单个灯珠的长度，使其达到偶数倍，再进行试切配合，这样可以缩短修改时间。

2. 测试WS2812灯带

接着进行 WS2812 灯带测试，WS2812 每个灯珠都有 4 个引脚：VDD、DOUT、VSS、DIN（见图 3）。VDD 为电源供电引脚，VSS 是接地引脚，DIN 与 DOUT 是控制线引脚，所有灯珠都通过此线进行串联控制，头部灯珠 DIN 引脚连接 Arduino Pro Mini 的数字引脚。

控制器使用的是 Arduino Pro Mini，用它的主要原因是体积小巧，总体尺寸为 33mm × 18mm，但引脚完全够用，14 路数字引脚外加 8 路模拟引脚（见图 4），唯一的缺点是烧写程序稍微麻烦些，需要焊接插针引出串口和 DTR 引脚进行烧写。

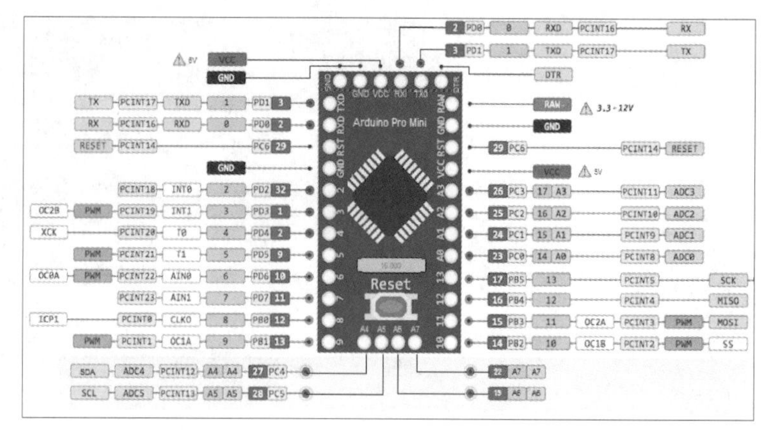

图 4 Arduino Pro Mini 引脚图

```
#include <FastLED.h>
FASTLED_USING_NAMESPACE
#define DATA_PIN    3
//#define CLK_PIN   4
#define LED_TYPE    WS2812
#define COLOR_ORDER GRB
#define NUM_LEDS    40
CRGB leds[NUM_LEDS];
#define BRIGHTNESS          96//亮度数值
#define FRAMES_PER_SECOND  120  //每秒传输帧数
uint8_t gHue = 0; //改变颜色
void setup() {
  delay(3000); // 恢复延迟3秒
  FastLED.addLeds<LED_TYPE,DATA_PIN,COLOR_ORDER>
 (leds, NUM_LEDS).setCorrection(TypicalLEDStrip);//灯带初始化
  FastLED.setBrightness(BRIGHTNESS);//设置灯带亮度
}
void loop()
{
  sinelon();
  FastLED.show();
  FastLED.delay(1000/FRAMES_PER_SECOND);
  EVERY_N_MILLISECONDS( 20 ) { gHue++; }
}
void sinelon()
{
  fadeToBlackBy( leds, NUM_LEDS, 20);//每个光点减少20亮度
  int pos = beatsin16( 13, 0, NUM_LEDS - 1 );
  leds[pos] |= CHSV( gHue, 255, 192);
}
```

图 5 用 FastLED 库驱动 WS2812 灯带的参考程序

驱动 WS2812 灯带，可以使用 Arduino 的 FastLED 库，其中 DATA_PIN 为 WS2812 灯带连接的 3 号数字引脚，NUM_LEDS 参数设置灯珠的数量，此参数默认 60，在图 5 所示的程序中，我把数值改成了实际的灯珠数 40。使用此库需要注意的一点是在程序初始化的时候加入一条 delay 语句，延迟时间为 1000~3000ms，用来保证初始化函数成

功加载。

EVERY_N_MILLISECONDS 语句定时执行，gHue 的变化范围为 0~255。为了方便改变灯带的色彩，一般使用 CHSV 语句，使灯带采用 HSV 色彩体系，HSV 颜色值对应色调，使变量 gHue 在 0~255 之间循环变化，从而控制颜色变化。

还有一条比较关键的指令是 fadeToBlackBy，有了这条语句，我们能够轻松控制这条灯带的亮度，省去了用 for 循环的烦恼，结合“|”运算就能很轻松地实现类似流星划过的光流效果。

把灯带嵌入切割好的心形轮廓内部，上传程序测试灯带，测试效果如图 6 所示。

3. 制作外壳

根据之前设计好的心形轮廓，将轮廓导入 SolidWorks 进行建模。测量出 WS2812 灯带的尺寸和各传感器的大小，设计出外壳、分隔板、底盖、传感器安装孔等（见图 7）。根据整体模型导出半透镜（第一面镜子）外形轮廓和反射镜（第二面镜子）的外形轮廓。

将设计好的模型导入 3D 打印机，打印各零部件（见图 8、图 9）。各部件已经打印好后进行组装测试，验证结构是否合理，配合间隙是否需要修改。

结构确定好后，可以对制作好的外壳进行喷漆，我在黑色的壳体外喷了白漆（见图 10），这样外观更符合这个项目的定位。大家也可以把外壳喷成自己喜欢的颜色。

接着将灯带背胶撕去，贴合在心形外壳内部，手指轻轻按压使灯带贴合紧密（见图 11）。

从 Solidworks 中导出半透镜（第一面镜子）的外形轮廓和反射镜（第二面镜子）的外形轮廓，将其导入激光切割机中进行加工，切割时注意要将镜片悬空（见图 12），以免激光的残余热量透过蜂窝板将镜片熔化。

加工好的镜片如图 13 所示，一共两块，左边的是半透镜，右边的是反射镜，加工好后，我迫不及待地撕下了保护膜，想要查看切割效果，注意后面还要将保护膜贴回去，因为在制作过程中很容易刮花镜面。

正面的半透镜出于外观原因，没有采用螺丝固定的方式，使用胶水固定。在边框涂上 AB 胶，将半透镜放上面，当时我没有找到合适的按压工具，就顺手拿了一瓶没喝完的矿泉水放在上面按压，等待胶水凝固（见图 14）。

将反射镜装入，开启灯带，测试千层镜的效果（见图 15）。由于第一层是半透镜，正面的光可以射入内部，同时内部的

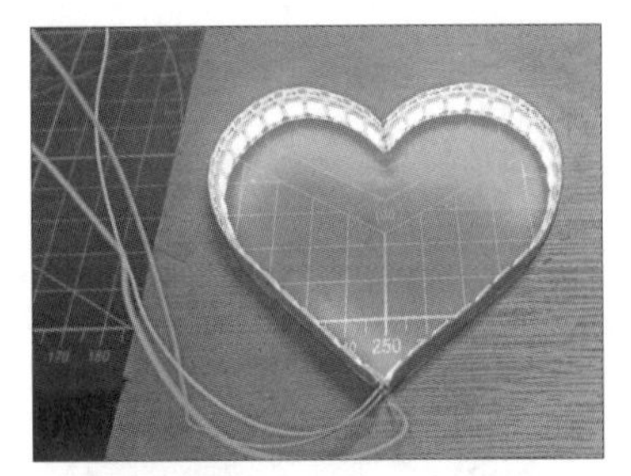

图 6 灯带效果测试

图 7 3D 建模

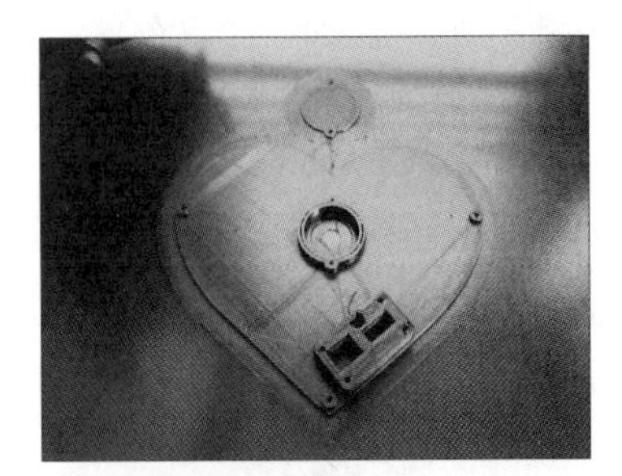

图 8 3D 打印零部件

图 9 打印好的壳体

图 10 外壳喷漆

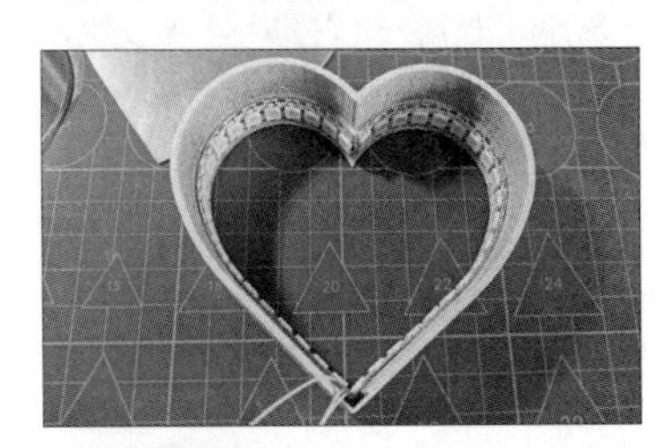

图 11 安装灯带

图 12 激光切割镜片

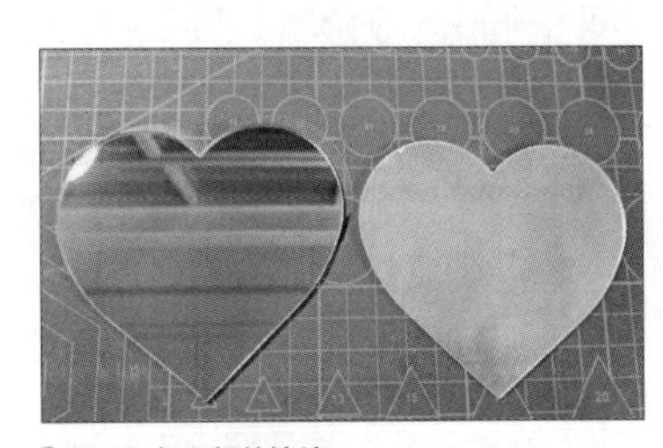

图 13 加工好的镜片

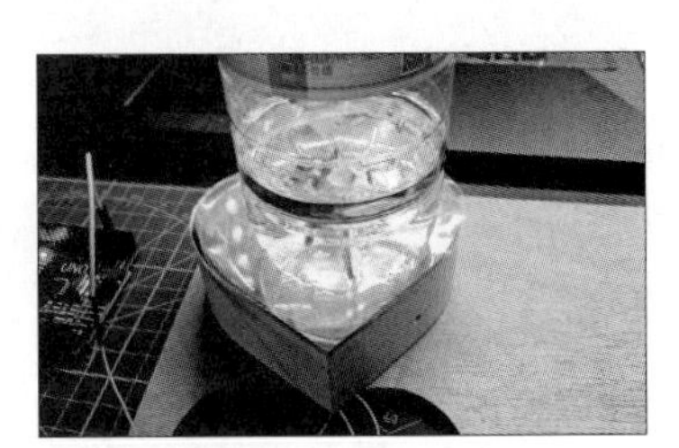

图 14 固定镜片

图 15 测试千层镜效果

图 16 PulseSensor 心跳传感器

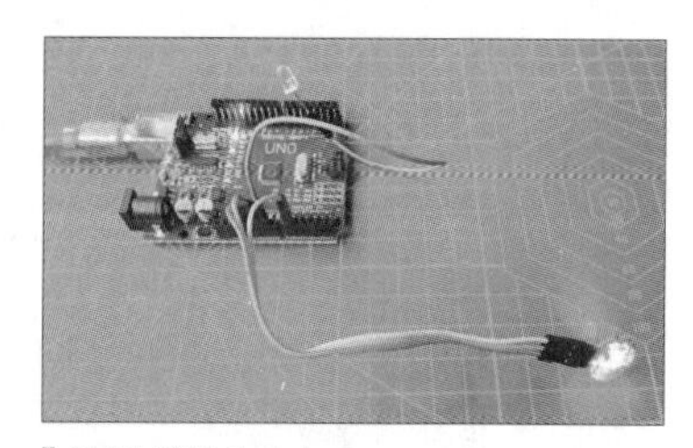

图 17 连接 Arduino

光也可以射出，所以可以看见内部效果。内部灯带发光，在第二面反射镜的作用下，光源反射进入半透镜，由于半透镜的背面是半透反射镜，大部分光被反射回反射镜，形成不断叠加反射的效果，另外一小部分光向外射出使人肉眼可见，但每一次反射都会有光射出，在外部损耗，于是形成了重叠空间渐隐的效果。

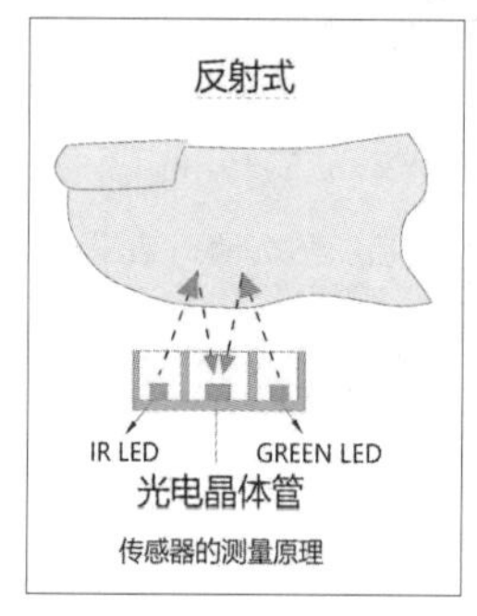

图 18 测量原理

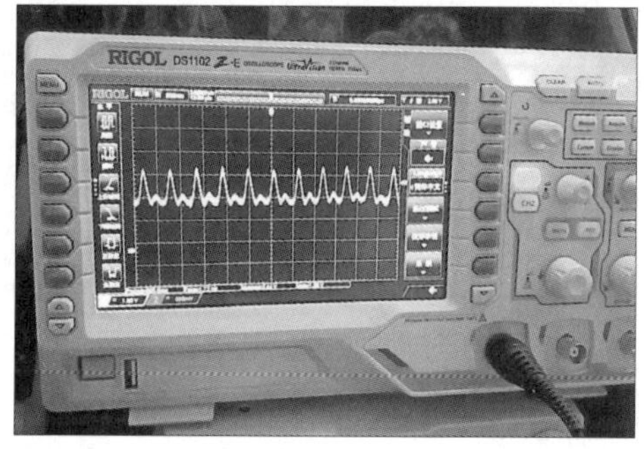

图 19 用示波器测量心跳信号

4. 测试心跳传感器

接着，我们来测试心跳传感器。心跳传感器采用的是 PulseSensor（见图 16），传感器直径只有 15mm，非常小巧，这款传感器开发的目的是用于穿戴式设备，应用于心动信号这个项目也非常合适。

将 PulseSensor 心跳传感器与 Arduino 连接，PulseSensor 心跳传感器一共有 3 个引脚，“S”端信号线连接 Arduino 模拟引脚 A0，“+”端引脚连接 3.3~5V 正极，“-”端引脚连接电源负极。连接完成后传感器的探头会呈现绿光状态，代表正常工作（见图 17）。

PulseSensor 心跳传感器在手指处利用人体组织在血管搏动时造成的透光率不同来进行脉搏测量。传感器对光电信号进行滤波、放大，最终输出模拟电压值。Arduino 将采集到的模拟信号值转换为数字信号，再通过计算就可以得到心率数值（见图 18）。

为了更好地分析心跳波形，我们可以先用示波器连接 PulseSensor 对波形进行采集，方便后续的分析（见图 19）。

收集的心跳波形如图 20 所示，每一次心跳都存在两个高峰，先经过第一个小高峰，再产生第二个高峰，第二个高峰过后会产生一个下降的最低点，两个最低点的时间长度就是一个心跳周期，称为“IBI”。我们把每个高峰的最高点标记为 *P*，最低点标记为 *T*，这样一个周期会有两个高低峰，所以如何过滤第一个高峰是我们需要解决的问题，图 20 所示的心跳波形图中只标出了第二个高峰的最高点和最低点。

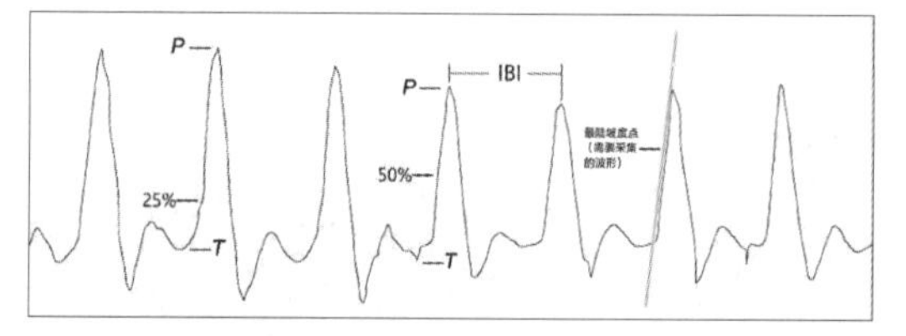

图 20 心跳波形图

```
void interruptSetup(){
  TCCR2A = 0x02;
  TCCR2B = 0x06;
  OCR2A = 0X7C;
  TIMSK2 = 0x02;
  sei();
}
```

图 21 定时器设置

下面，我们来看看如何通过算法解决采集心跳周期的问题。

设置定时器 Timer2 中断，TCCR2A 寄存器用于设置定时器运行模式（CTC 模式），TCCR2B 寄存器用于设置分频器，0x06 为十六进制数，转化为二进制为 110，对应分频器为 256。OCR2A 为计数比较寄存器，0x7c 为十进制 124，等计数达到 124 时，触发定时器中断。TIMSK2 为中断屏蔽寄存器，用于开启定时器中断。sei 函数为开启所有中断。定时器设置如图 21 所示。

Arduino 的晶体振荡器频率为 16MHz，也就是一秒发生 16 000 000 次振荡，每发生 256 次振荡，计数器加 1，等计数器达到 124 时，触发中断。中断时长计算公式如下。

中断时长 =1/(16 000 000/256/(124 +1)) =0.002s=2ms

也就是说每 2ms 采集一次数据并进行计算。

这个算法的核心思想是通过捕捉最高点 *P* 与最低点 *T*，计算出中间点 thresh，过滤掉第一个小高峰，判断捕捉时长和传感器数值是否超过中间值，是则进入上坡阶段，当传感器数值低于中间值时则进入下坡阶段，刷新数据，进入下一次循环。

记录每次捕捉心跳的时间，并设置为 *N*，当 *N*>500ms 时，进入捕捉心跳环节；当 *N*>2500ms 时，则说明没有手指放在传感器上，此时传感器时长刷新，第一心跳和第二心跳参数重置开启过滤，等待手指放上。

```
ISR(TIMER2_COMPA_vect){
  cli();
  Signal = analogRead(pulsePin);
  sampleCounter += 2;
  int N = sampleCounter - lastBeatTime;

  if(Signal < thresh && N > (IBI/5)*3){
    if (Signal < T){
      T = Signal;
    }
  }
  if(Signal > thresh && Signal > P){
    P = Signal;
  }                                        // 跟踪脉搏波的最高点
  if (N > 500){                                   // 过滤噪声
    if ( (Signal > thresh) && (Pulse == false) && (N > (IBI/5)*3) ){
      Pulse = true;
      digitalWrite(blinkPin,HIGH);                // 点亮 LED
      IBI = sampleCounter - lastBeatTime;
      lastBeatTime = sampleCounter;
      if(secondBeat){
        secondBeat = false;
        for(int i=0; i<=9; i++){
          rate[i] = IBI;                        //记录数值
        }
      }
      if(firstBeat){
        firstBeat = false;
        secondBeat = true;                      // 第二个节拍
        sei();
        return;
      }
      word runningTotal = 0;
      for(int i=0; i<=8; i++){
        rate[i] = rate[i+1];
        runningTotal += rate[i];
      }
      rate[9] = IBI;
      runningTotal += rate[9];
      runningTotal /= 10;
      BPM = 60000/runningTotal;                 //计算BPM
      QS = true;
    }
  }
  if (Signal < thresh && Pulse == true){
    digitalWrite(blinkPin,LOW);               //熄灭 LED
    Pulse = false;
    amp = P - T;
    thresh = amp/2 + T;
    P = thresh;
    T = thresh;
  }
  if (N > 2500){
    lastBeatTime = sampleCounter;
    firstBeat = true;
    secondBeat = false;
  }
  sei();
}
```

图 22 心跳检测算法

每次周期记录波形最高点 *P* 和最低点 *T*，其中一个关键点是对第一次心跳的过滤 firstBeat，对第二次心跳 secondBeat 进行 IBI 数值进行初始化，以修正传感器数值，计算出合适的中间值。将每次心跳周期（IBI 时长）记录在 rate[ ] 数组中，runningTotal 计算出 IBI 的平均值，最后用 60 000/runningTotal 求出心率 BPM。心跳检测算法程序如图 22 所示。

5. 蓝牙模块

通信模块采用 HC-05 蓝牙模块（见图 23），连接蓝牙模块时需要注意供电电压最好用 3.3V，蓝牙 TXD 引脚连接 Arduino RXD 引脚，蓝牙 RXD 引脚连接 Arduino TXD 引脚。因为没有主从机，我们就不需要设置 AT 参数，用 Serial.begin(9600) 初始化波特率，通过串口通信直接发送数据即可。

图 23 HC-05 蓝牙模块

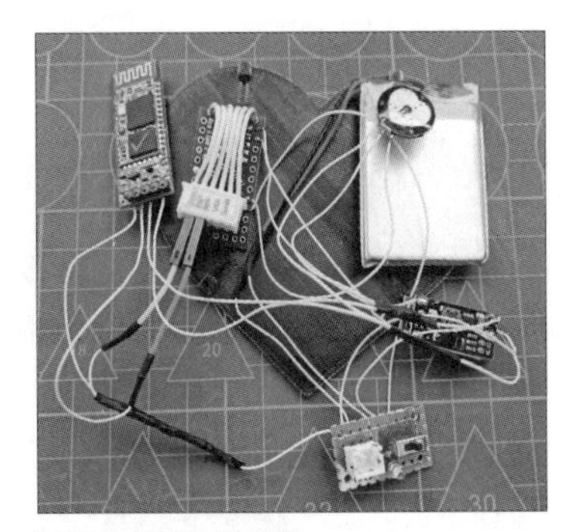

图 24 焊接好全部电路

6. 焊接电路

将蓝牙模块、心跳传感器、Arduino Pro Mini、电源模块、开关、锂电池等部件焊接在一起（见图 24），焊接好后可以先测试一下整个电路能否正常运行，最好再预留一个烧写程序接口方便后续调试参数。

7. 组装部件

1 准备好之前打印的部件，准备开始组装。

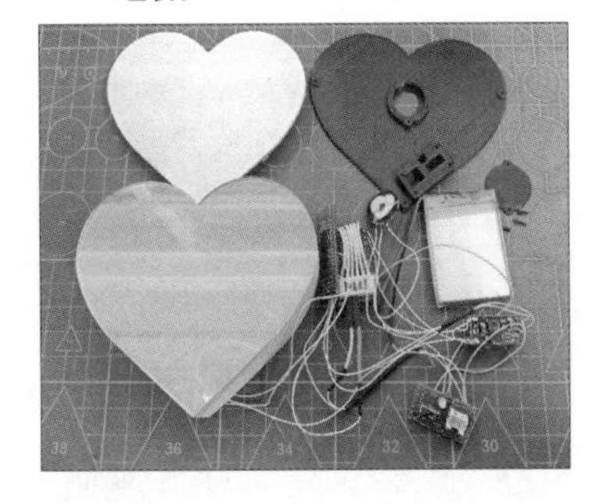

2 安装隔板，隔板对反射镜起着固定的作用。

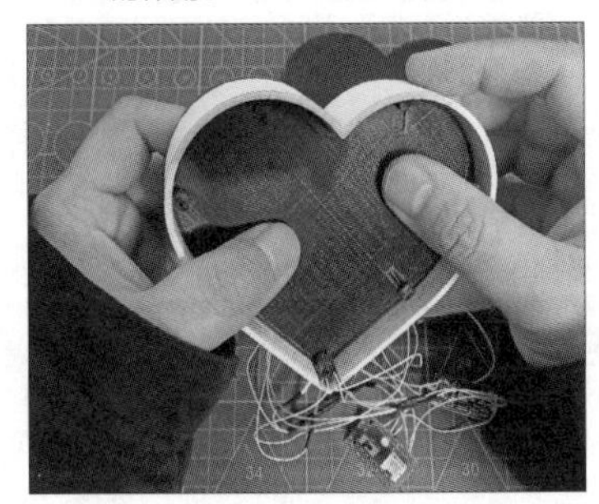

3 固定隔板，通过侧边的螺丝孔对隔板进行固定。

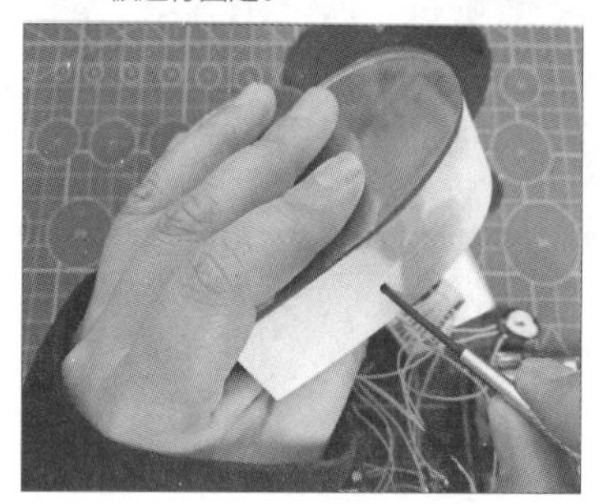

4 将心跳传感器放入安装孔中。

5 在传感器底部放置海绵，填充安装间隙，防止在传感器使用过程中产生振动，提高稳定性。

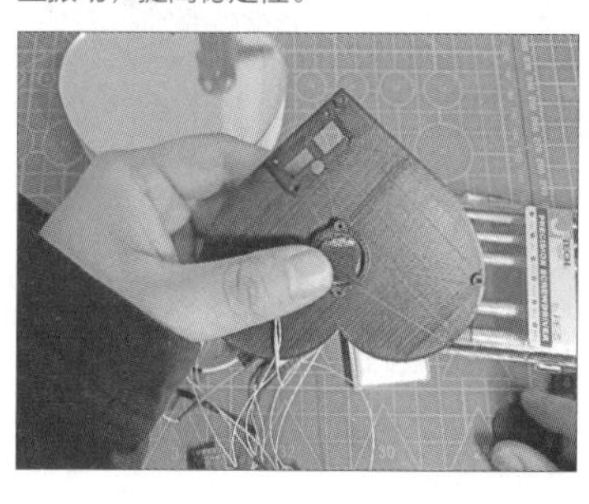

6 安装传感器固定盖，用直径 1.5mm 自攻螺丝固定传感器。

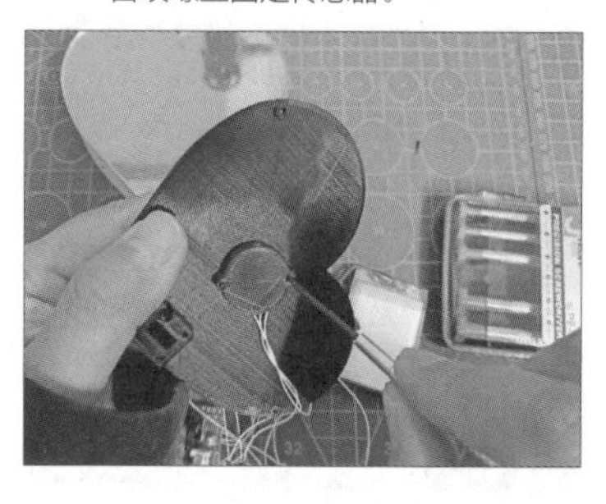

7 传感器固定完成，我们翻过来看一下传感器的固定效果。

8 将电源开关放入预留的开关孔内。

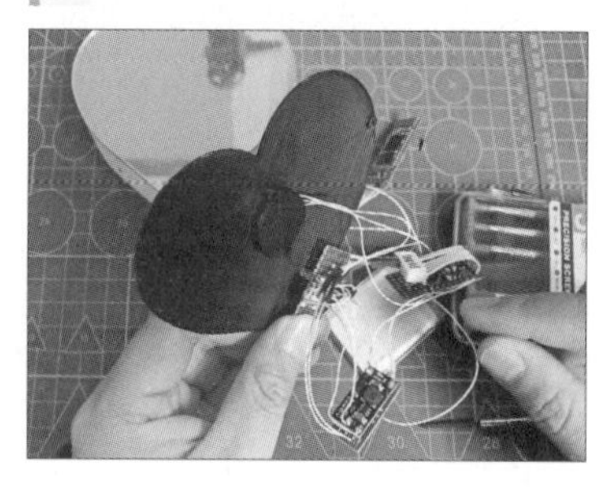

9 用直径 1.5mm 自攻螺丝固定电源开关。

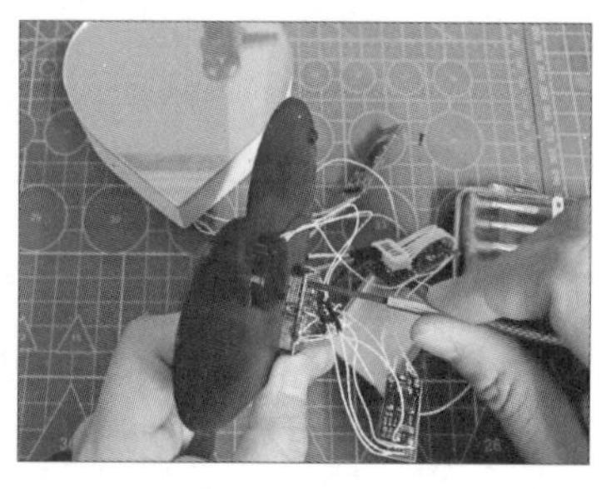

10 为了方便摆放电子模块，在锂电池上贴上海绵双面胶进行固定。

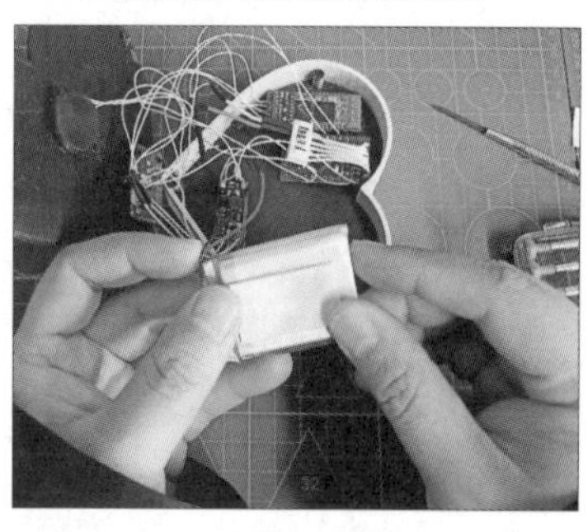

11 找好放置锂电池的位置，注意要预留其他电子模块的空间，按压将其粘牢。

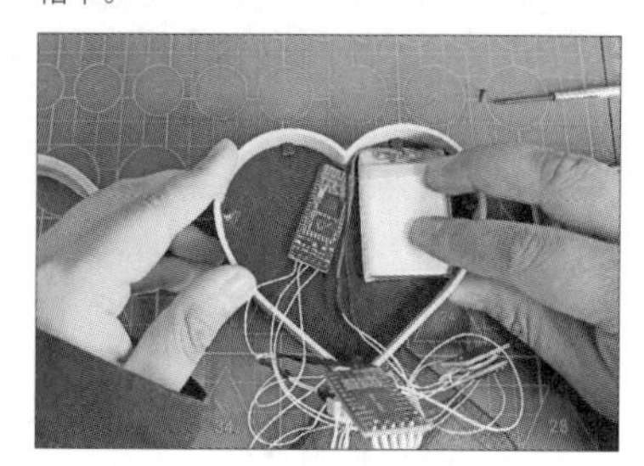

12 蓝牙模块也用双面胶进行固定，在蓝牙模块上贴上双面胶。

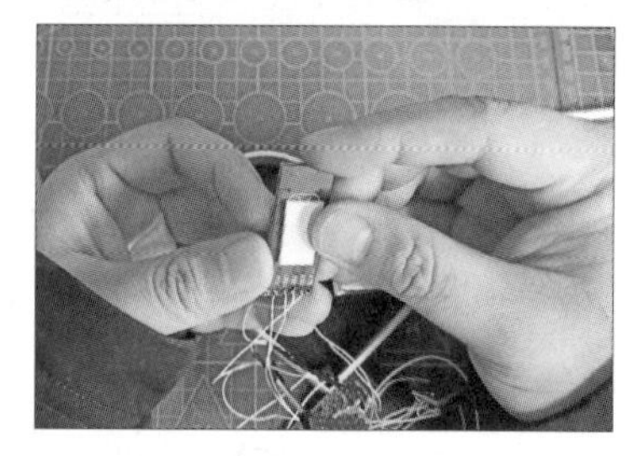

13 将蓝牙模块固定到最左边的位置，把中间的空间预留给 Arduino Pro Mini。

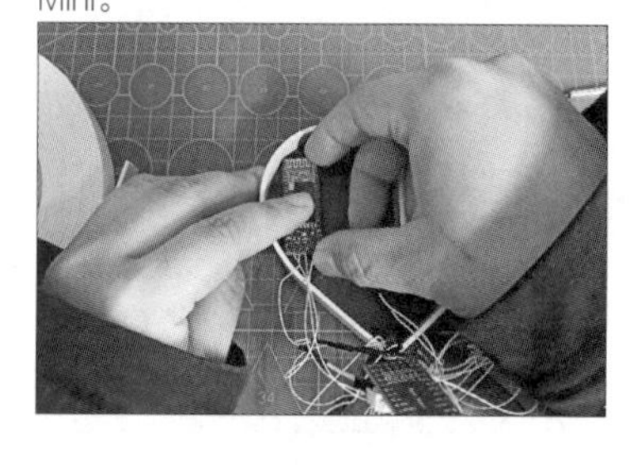

14 同样用双面胶固定 Arduino Pro Mini，双面胶尽量裁剪得小一些，预留出引脚焊接接口。

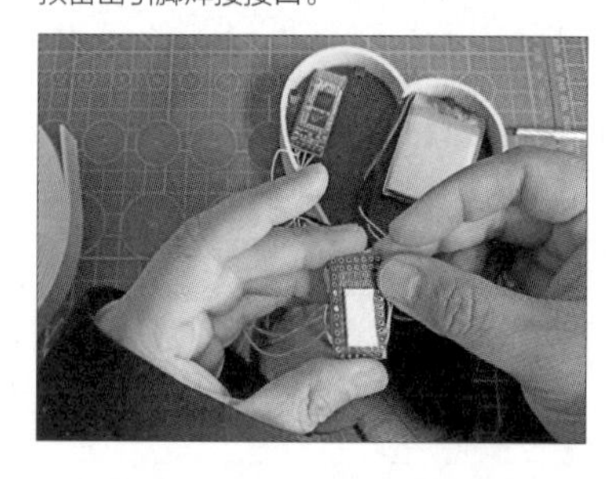

15 主要模块已经固定完成了，剩下的空间不多，刚好够放电源模块。

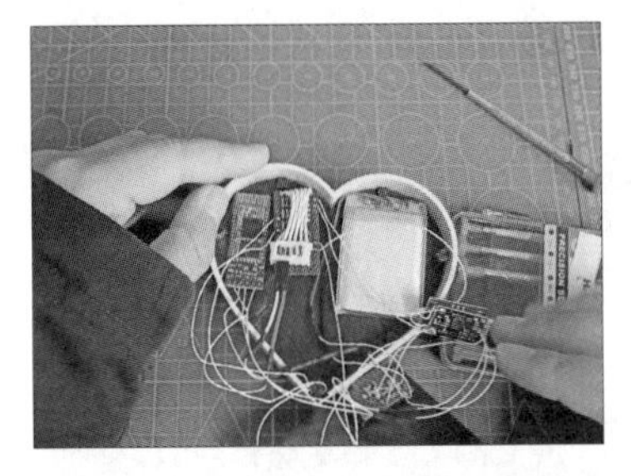

16 给电源模块贴上双面胶，经过几次测试，电源模块这样放置刚刚好。

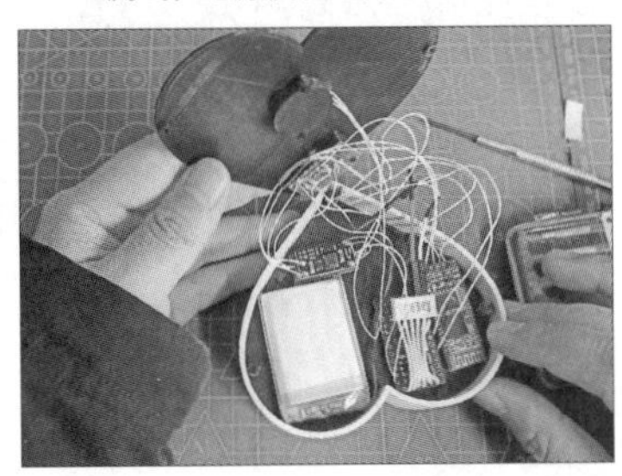

17 整理好连接线，盖上底盖，用直径 1.5mm 自攻螺丝固定底盖。

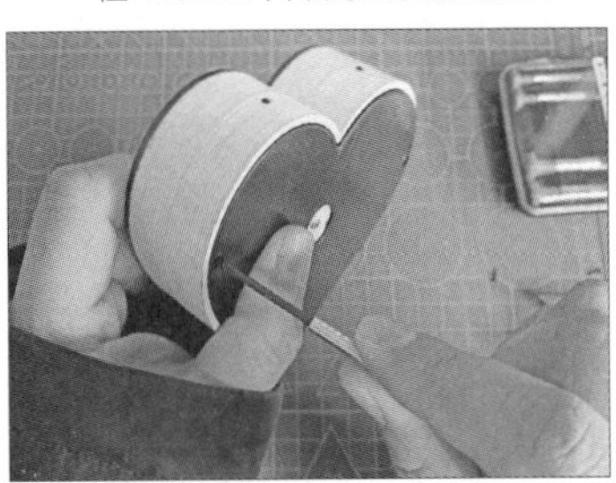

18 现在，心动信号的主体部分就完成了，撕下保护膜，看一下效果。

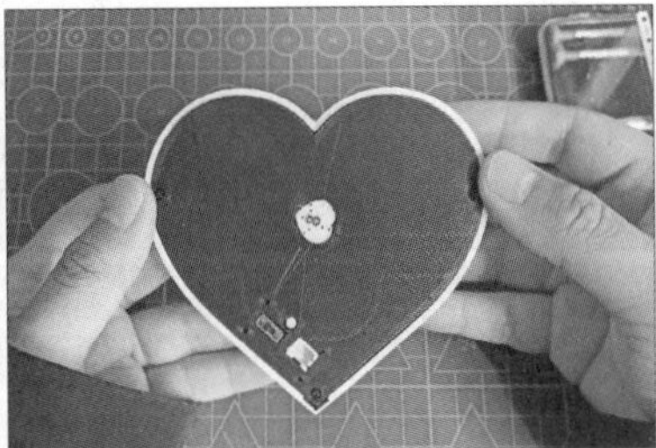

8. 手机App部分

手机 App 部分使用的开发工具是 App Inventor，其图形化的编程方式可以非常轻松地使我们设计出想要的 App。我设计的界面窗口采用水平布局（见图 25），第一行是蓝牙连接与断开功能；第二行是蓝牙连接状态显示；第三行是开启随机灯光效果；第四行是开启固定灯光循环模式；第五行是灯光模式选择列表；第六行是调色盘，调色盘素材大家可以自行在网上下载；第七行是随机模式；第八行显示当前选择的 RGB 颜色的色值。

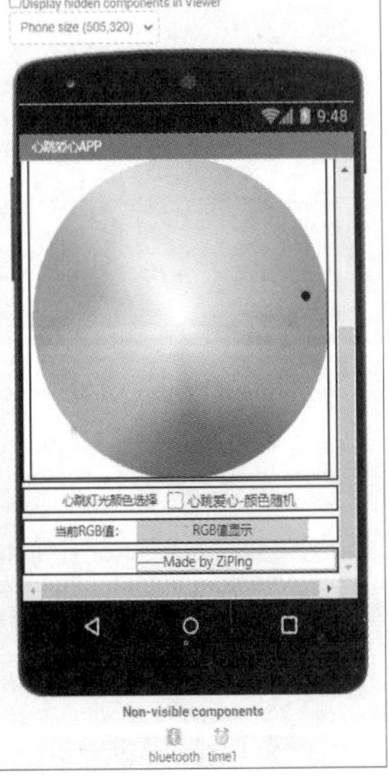

图 25 App 界面

完成界面部分后，接下来是 App 的功能部分，首先是蓝牙连接部分，包括蓝牙连接按钮、蓝牙连接错误提示、蓝牙设备列表、定时器检测等几个功能模块，这部分程序如图 26 所示。

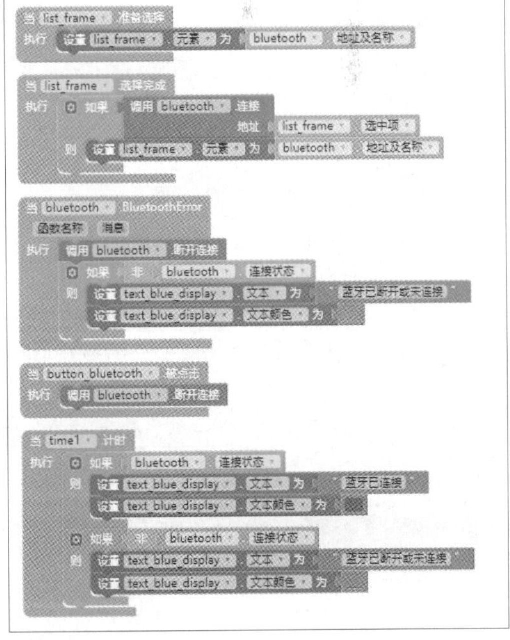

图 26 蓝牙部分程序

App 的功能部分中比较关键的部分是调色盘获取色值，实现原理如下：当调色盘圆球被触动时，调用程序，判断目前处于哪个运行模式，然后合并字符串发送圆球所在位置的 RGB 值信息，同时根据 RGB 色值，显示标签的背景颜色和内容。调色盘程序如图 27 所示。

将手机与计算机连接，进行联机测试（见图 28），调整界面的大小比例，最重要的是测试各选项和模式能否正常工作。

9. 整机测试

这是最后一步，也是最激动人心的一步。这一步我们需要着重测试蓝牙连接功能、串口数据接收、RGB 灯光效果及各种模式能否工作正常，另外要关注程序运行是否流畅，对蓝牙数据解析是否完整。这里注意蓝牙模块的数据接收不要用虚拟串口引脚，最好直接使用 TXD 和 RXD 引脚进行数据接收，整机测试如图 29 所示。

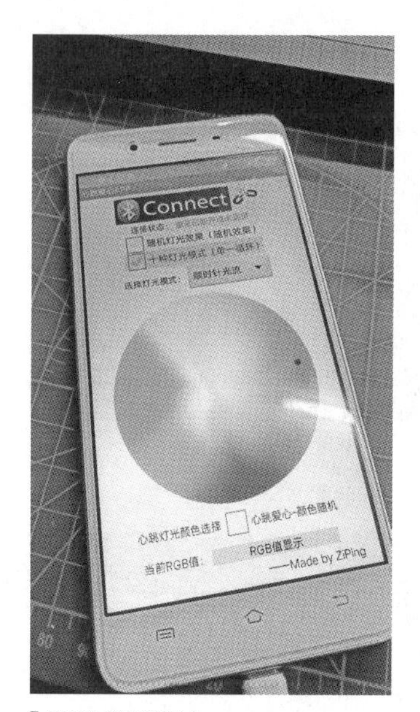

图 28 联机调试 App

图 29 整机测试

图 30 心跳模式

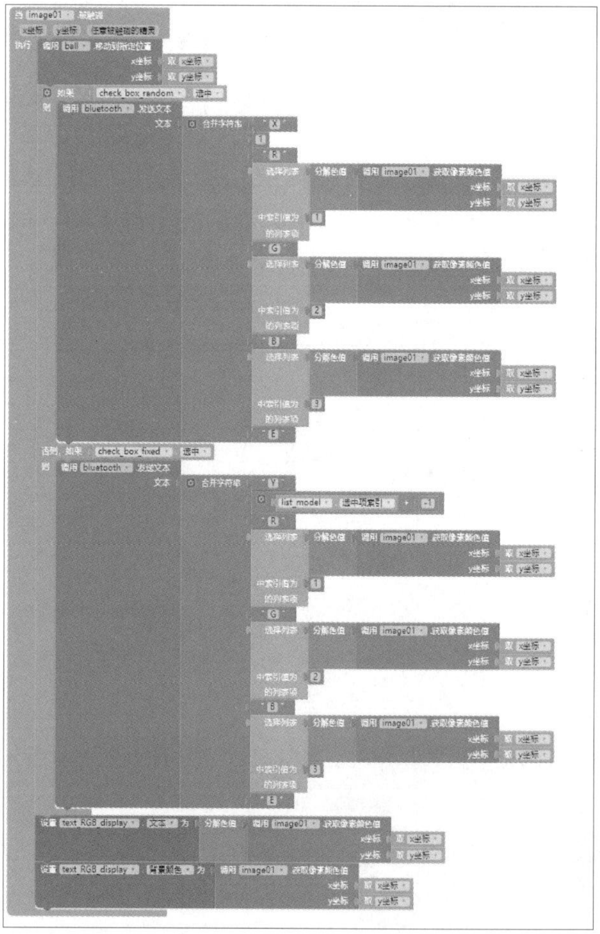

图 27 调色盘程序

当手指没有放在传感器上时，装置运行 App 上设置的自动光路模式；当检测到有手指放在传感器上时，装置立刻进入心跳模式，实时捕捉心跳并进行显示。经测试，装置反应很灵敏，整体运行效果也非常不错，如图 30 所示。

总结

心动信号这个项目到这里就结束了，整体效果我还是很满意的，各种功能都和自己预想的效果吻合。我是在 2022 年 2 月 10 日开始动手制作这个作品的，当时离情人节只剩下 4 天，时间比较赶，自己也不确定能否顺利完成，于是抱着试一试的心态全身心投入其中，在整个过程中虽然遇到了很多意想不到的问题，但问题都被一一解决。这种沉浸式的研发过程，对我来说收获还是非常大的。2022 年 2 月 13 日，我终于完成了项目。第二天，我就把作品送给爱人，她收到后也非常感动。希望本项目的分享能给大家带来一些收获和启发，如果有其他优化意见也欢迎各位朋友提出，最后祝愿天下有情人终成眷属！

电子像素画板

刘育红

演示视频

项目概述

电子像素画板（见图1），是一个使用RGB LED来“绘制”简单像素画的创客作品。使用者通过摇动JS摇杆向上、下、左、右移动来控制点阵屏中光标的移动方向；按下JS摇杆可在绘制、擦除、改变颜色等功能之间切换；按下JS摇杆左侧的按钮，可清除屏幕上的图案。制作电子像素画板所需的硬件材料如图2所示，清单如附表所示。主要使用的软件为Mind+和LaserMaker。

图1 电子像素画板

电子模块介绍

1. 8×8 RGB LED柔性点阵屏

8×8 RGB LED柔性点阵屏是由64个WS2812 LED组成的，相当于一个64颗灯珠的WS2812 RGB灯带，排列顺序如图3所示。我们只需要通过一个引脚就可以控制8×8 RGB LED柔性点阵屏上所有LED的点亮、熄灭以及变换颜色。此外，8×8 RGB LED柔性点阵屏还支持级联控制，我们可以连接更多的点阵屏组成更大的点阵屏。

附表 材料清单

序号	名称	数量
1	Arduino Uno 主控板	1块
2	I/O扩展板	1块
3	数字按钮	1个
4	8×8 RGB LED柔性点阵屏	1块
5	JS摇杆	1个

8×8 RGB LED柔性点阵屏可以连接至Arduino Uno主控板的任意1个引脚（一般不连接数字引脚0和数字引脚1），电路连接如图4所示，GND、VCC、数据3个引脚要分别对应。在Mind+中，控制WS2812灯带的积木共有9个，需先到

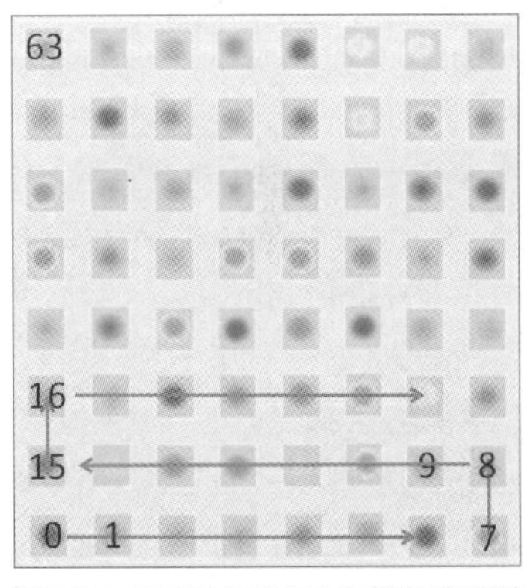

图3 8×8 RGB LED柔性点阵屏的排列顺序

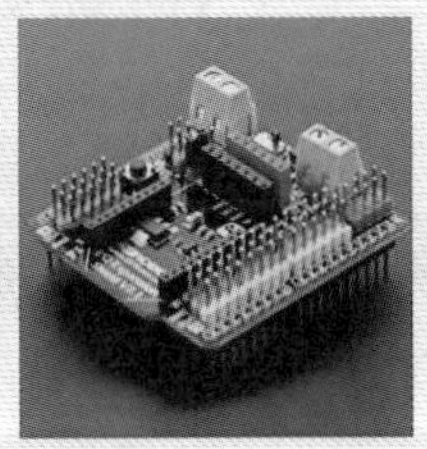

图2 所需的硬件材料

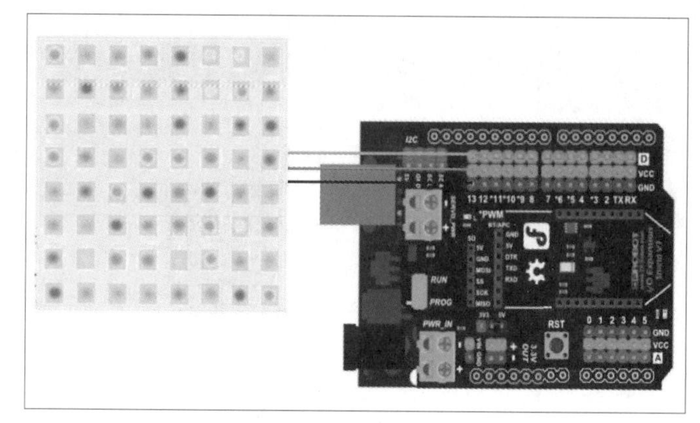

图 4 8×8 RGB LED 柔性点阵屏电路连接示意

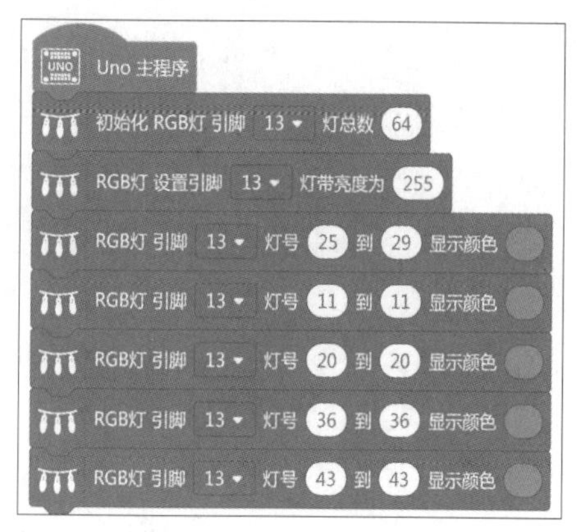

图 5 控制 WS2812 灯带的参考程序

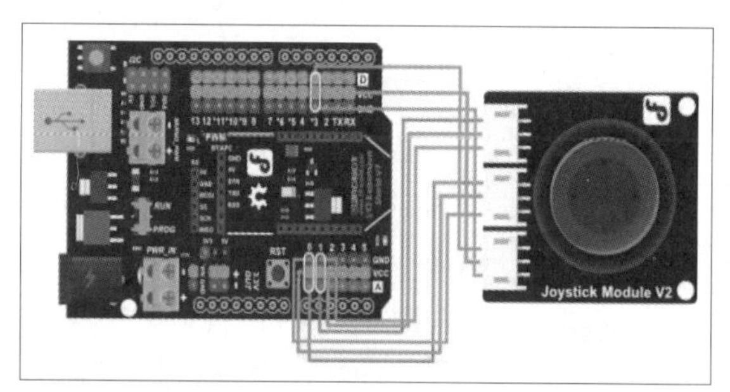

图 6 JS 摇杆电路连接示意

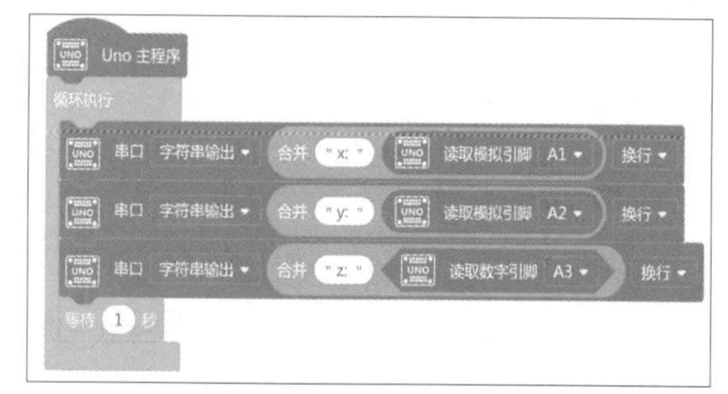

图 7 获取 JS 摇杆 3 轴输入数据的参考程序

“扩展”中的“显示器”下找到“WS2812 RGB 灯”并添加，然后这 9 个积木才能在积木区出现。使用这些积木需要先进行初始设置，如图 5 所示，该参考程序执行的结果是使接在数字引脚 13 上的点阵屏上显示一个红色的“+”号。

在实际使用中，我们可以观察 LED 的灯号与坐标的关系，总结出一个转换公式，更方便地控制任意一个 LED，我在电子像素画板这个作品中提供了一个可参考的转换公式。

2. JS摇杆模块

JS 摇杆采用 PS2 摇杆电位器制作，具有 2 路模拟输出（*X*、*Y* 路电路）和 1 路按钮数字输出（*Z* 路电路），需要连接 3 个引脚。它在与 Arduino Uno 主控板连接时，*X* 和 *Y* 两路数据线需连接到模拟引脚 0~ 模拟引脚 5 中任意 2 个引脚，*Z* 路电路可连接到除数字引脚 0 和数字引脚 1 以外的任意 1 个引脚，电路连接如图 6 所示，GND、VCC、数据 3 个引脚要分别对应。

在 Mind+ 中，可通过“引脚操作”中的相关积木来获取 JS 摇杆模块的 3 轴输入数据，其中 *X* 和 *Y* 两轴的数据可以参照电位器的使用方法获取，*Z* 轴的数据可以参照数字按钮模块的使用方法获取。为了了解 JS 摇杆处于不同的方向及状态下的输入数据，我们可以使用串口打印方法来读取相应的值，如图 7 所示，该参考程序执行的结果是将接在模拟引脚 1~ 模拟引脚 3 上的 JS 摇杆模块的 3 轴输入数据显示出来。

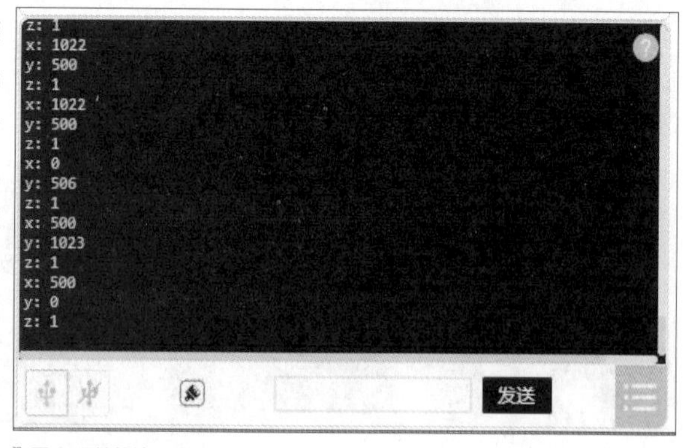

图 8 3 轴的输入数据

分别摇动 JS 摇杆向上、下、左、右 4 个方向运动，再按下 JS 摇杆，查看数据的变化（见图 8），可得出制作电子像素画板所用的 JS 摇杆的属性为 JS 摇杆在最左侧、原始位置、最右侧时的 *X* 轴输入数据分别为 0、500、1022；在最上

图 9 电路连接实物

图 10 电子像素画板的完整参考程序

方、原始位置、最下方时的 *Y* 轴输入数据分别为 1023、500、0；按下和松开 JS 摇杆的 *Z* 轴输入数据分别为 1 和 0。

项目制作

1. 硬件搭建

先按照引脚对应关系连接 Arduino Uno 主控板和 I/O 扩展板，再将数字按钮连接到 I/O 扩展板的数字引脚 3，点阵屏连接到 I/O 扩展板数字引脚 2，JS 摇杆模块连接到 I/O 扩展板模拟引脚 1~ 模拟引脚 3，电路连接实物如图 9 所示。

2. 编写程序

编程思路如下。

◆ 按下数字按钮将所有 LED 熄灭，达到清除屏幕的效果。

◆ 建立变量“X 坐标”“Y 坐标”记录 LED 的坐标，并根据转换公式将坐标转换为相应的灯号。

◆ 通过 JS 摇杆 *X*、*Y* 两轴的输入值来判断 JS 摇杆的运动方向，从而改变变量“X 坐标”“Y 坐标”的值。

◆ 建立一个变量“颜色编号”用于记录 JS 摇杆被按下的次数，并根据变量“颜色编号”的值执行不同的指令：LED 显示某种色彩或者熄灭该 LED。我给电子像素画板设置了 5 种不同的颜色，其中当颜色为全黑时，意为熄灭，相当于擦除功能，大家可以根据需要增加或者改变色彩。

根据编程思路编写程序，完整的参考程序如图 10 所示。将程序上传到主控板并进行调试。

参考程序中使用的转换公式为：当 *Y* 坐标为偶数时，灯号 =$Y\times 8+X$；当 *Y* 坐标为奇数时，灯号 =$Y\times 8+7-X$ 。坐标是以第 1 个灯的坐标为（0，0）为基准计算的。

3. 设计与切割

使用 LaserMaker 软件设计电子像素画板外

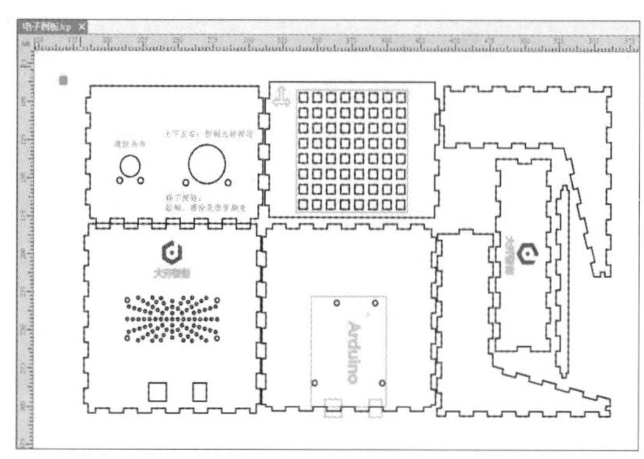

图 11 电子像素画板外形的激光切割图纸

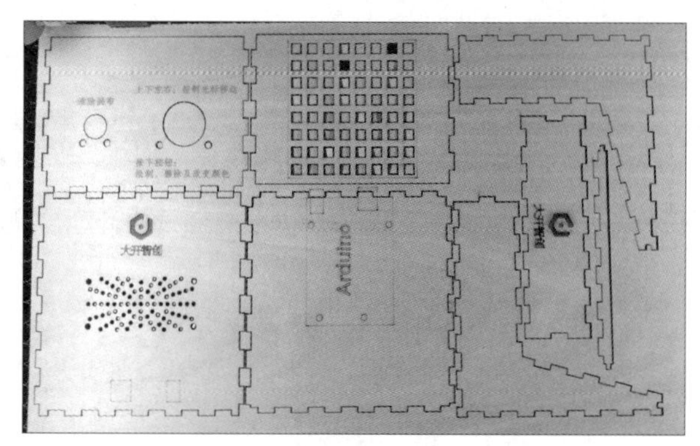

图 12 激光切割实物

形的激光切割图纸（见图 11）。设计好图纸后，使用激光切割机切割椴木板得到相应的结构件，如图 12 所示。

4. 组装过程

1 组装好电子像素画板底盒的 5 个结构件。

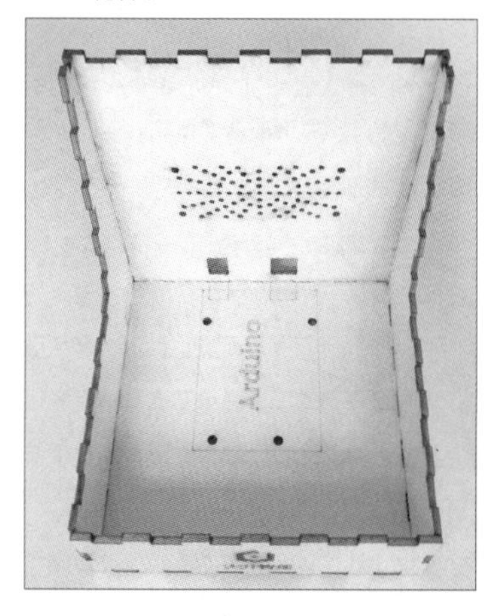

2 将 Arduino Uno 主控板和 I/O 扩展板连接好并固定在底板上。

3 固定数字按钮和 JS 摇杆。

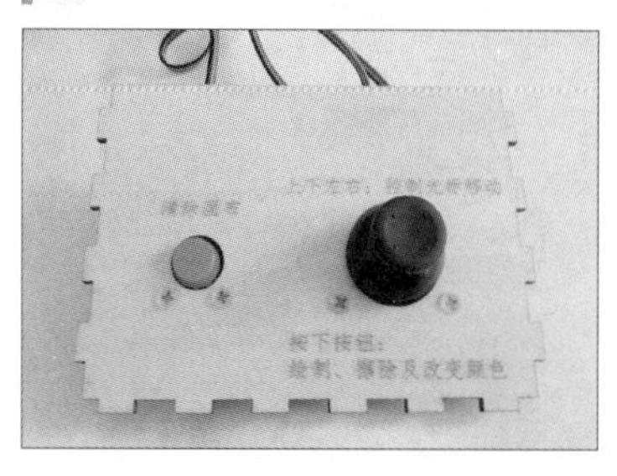

4 固定 8×8 RGB LED 柔性点阵屏。

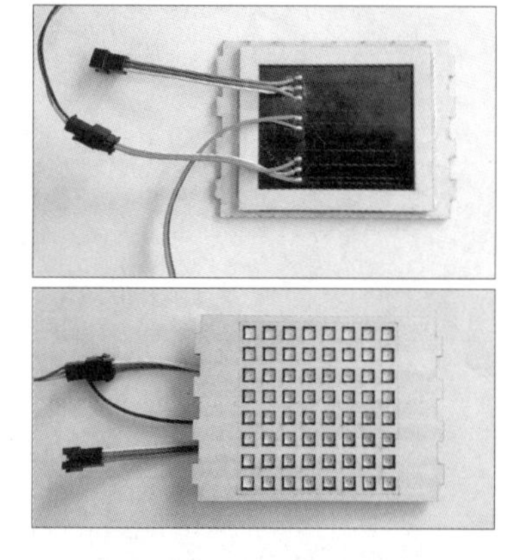

5 将步骤 3 的成品安装到步骤 1 的成品上，完成操控台部分的组装。

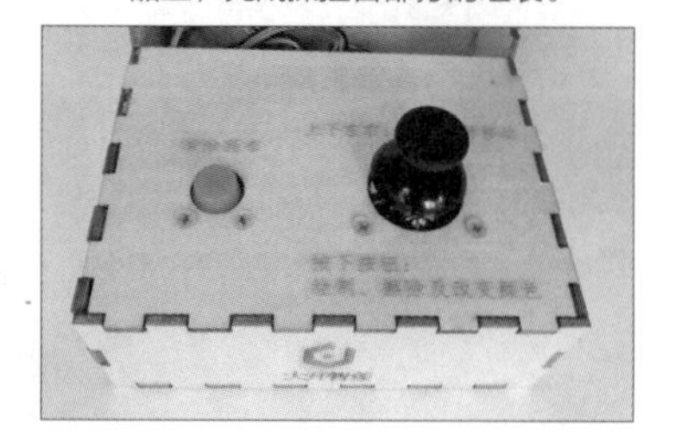

6 将步骤 4 的成品安装到步骤 1 的成品上，安装显示屏面板部分。

7 给电子像素画板的顶部安装上横条。

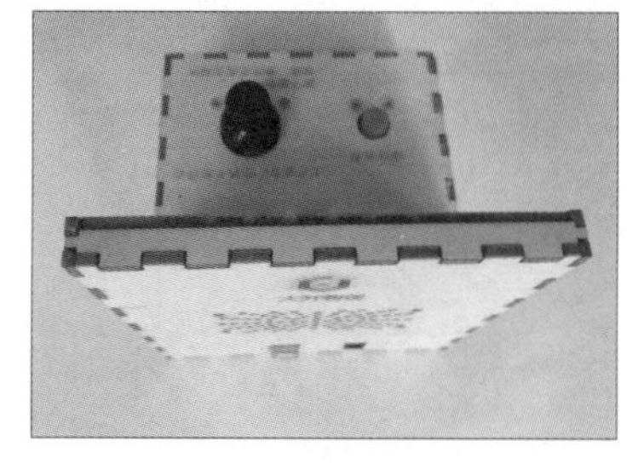

拓展建议

本项目只要改变程序即可变成其他作品，我以前就基于相同的材料制作过图像记忆训练器。你可以尝试把它当成一个迷你街机，为它编写一些小游戏，比如《贪吃蛇》等。由于 Arduino Uno 不支持多线程，编写程序时更考验技巧，如果要实现的功能较复杂，建议将 Arduino Uno 换成支持多线程的主控板。

用 Python 制作抽奖程序

李辰皓　指导教师：陈杰

创意起源

在一些特定的节日，学校会举办联欢活动，在活动中会有抽学号、抽奖的环节，为此我利用Python制作了一个抽奖程序，该程序可以将抽学号、抽奖的功能合并。

使用的库

本程序使用的是pygame库、random库、os库和time库，其中pygame库是用来写游戏的Python模块的集合。本程序我们使用的是pygame图形化界面。random库用于产生随机数，我们可以利用random库产生抽奖的随机数字序列。os库是与操作系统相关的标准库。time库主要访问多种类型的时钟，这些时钟可用于不同的场景。

编程思路

抽奖程序主要由主界面（见图1）、抽学号的界面（见图2）和抽奖界面（见图3）构成，具体功能如图4所示。

配置编程环境

打开Mind+软件，切换到Python模式，如图5所示。

切换到Python模式后，选择文件目录，在“电脑中的文件”中添加本地文件夹。在自己设置的路径下新建“原代码”文件夹用来存放Python程序和编程所需的素材（见图6）。

接着，我们在当前文件夹下创建Python程序。这里，我们创建了3个Python程序，分别为RunME_V1.1.py（主界面程序）、choujiang_v20.1.py（抽奖界面程序）、chouxuehao.py（抽学号界面程序），如图7所示。

制作抽奖程序需要用的第三方库是pygame库，安装方法如下。

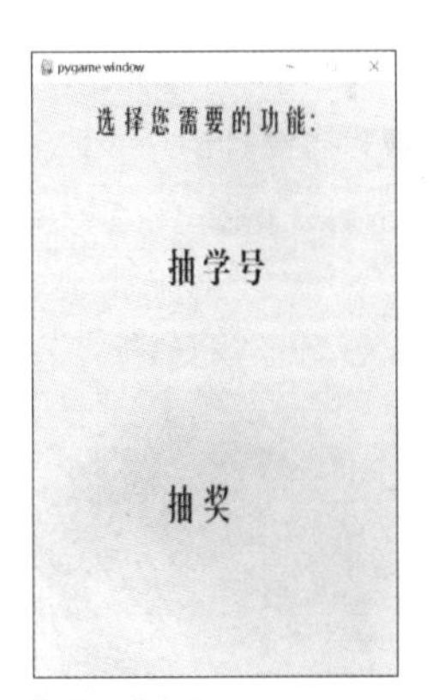

图1 主界面

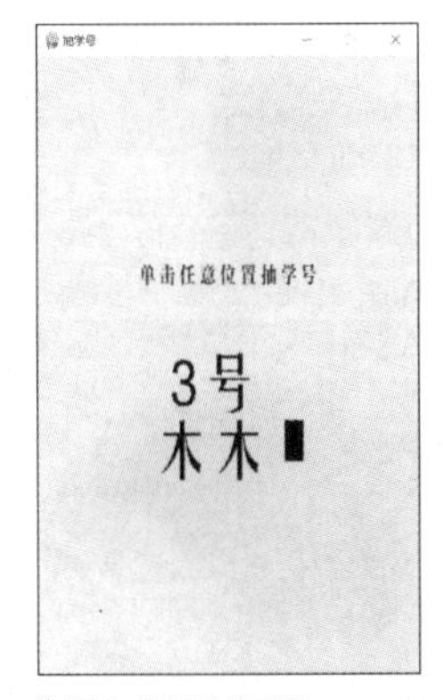

图2 抽学号的界面

图3 抽奖的界面

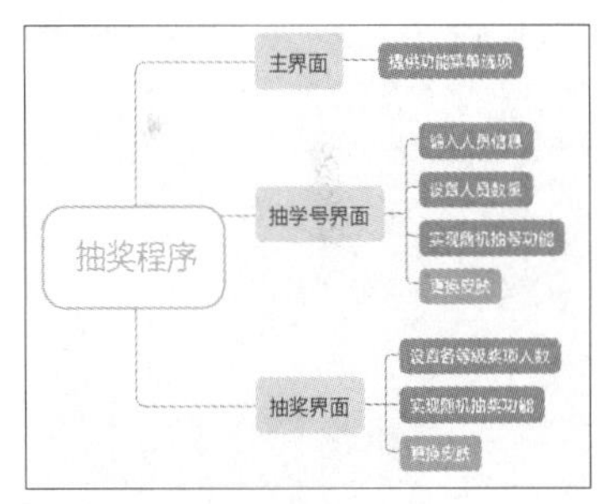

图4 抽奖程序的整体思路

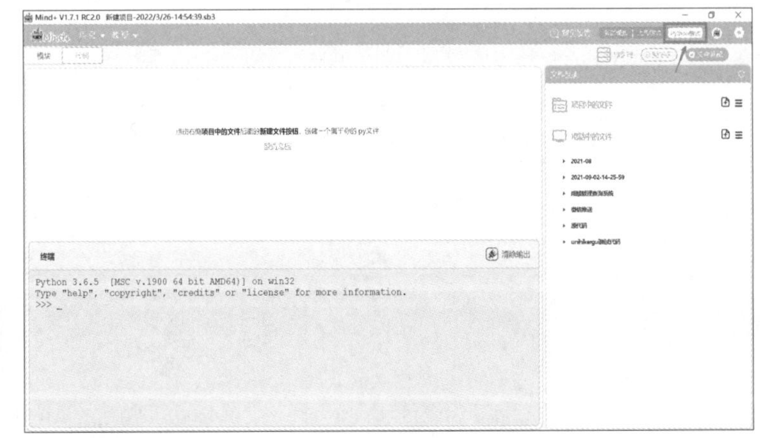

图5 切换到Python模式

图6 建立编程环境

图 7 新建 Python 程序

在 Mind+ 软件的右上角单击“库管理”按钮，我们会看到图 8 所示界面，推荐库中提供了常用的第三方库，可以一键安装。单击“游戏”分类库下的 pygame 库进行安装，安装完毕会看到“已安装” 的提示字样，表明安装完成。

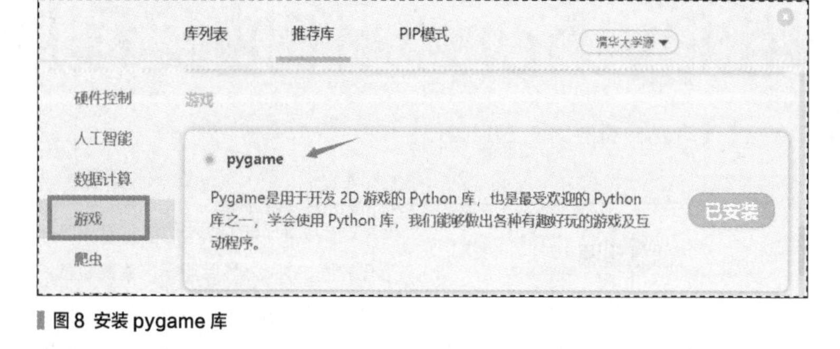

图 8 安装 pygame 库

添加素材

将本程序使用到的图片、声音等素材文件复制到“原代码”文件夹下，如图 9 所示。其中 FZYTK.TTF 为字库文件，TT.wav 为的音频文件，其余图片为背景图片及抽奖等级图片，name.txt 为存储学生姓名的文档。

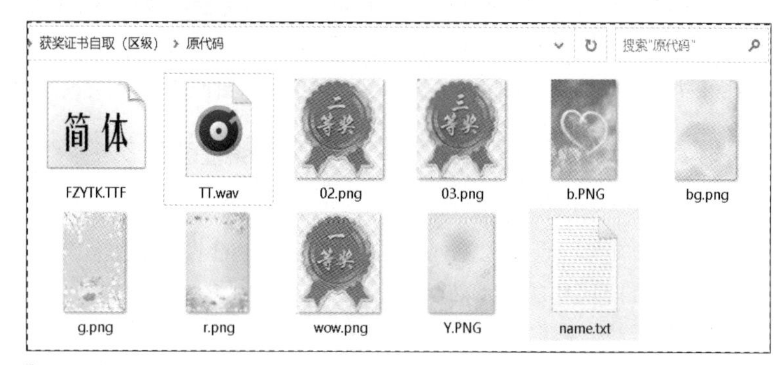

图 9 素材文件

制作主界面

打开 RunME_V1.1.py 输入程序 1，注意，我们在 chouxuehao() 函数和 choujiang() 函数中写的是调用 .exe 文件，后续需要将相关文件由 .py 格式改为 .exe 格式。

程序1

```
import pygame
import random
import time
import os
pygame.init()
from pygame.locals import *
sc = pygame.display.set_mode((400,600))
bg = pygame.image.load("bg.png")
font = pygame.font.Font("FZYTK.ttf",40)
font1 = pygame.font.Font("FZYTK.ttf",30)
font_color=(0,0,0)
sc.blit(bg,(0,0))
pygame.display.update()
text_1 = font1.render("选择您需要的功能：",True,font_color)
sc.blit(text_1,(65,20))
text_xuehao = font.render("抽学号",True,font_color)
sc.blit(text_xuehao,(140,160))
text_xuehao = font.render("抽奖",True,font_color)
sc.blit(text_xuehao,(140,400))
pygame.display.update()
def chouxuehao():
    os.startfile("chouxuehao.exe")
def choujiang():
    os.startfile("choujiang_v20.1.exe")
while True:
    #sc.blit(num,(100,20))
    x,y = pygame.mouse.get_pos()
    for event in pygame.event.get():
        if event.type == QUIT:
            pygame.display.quit()
            exit()
        if event.type == MOUSEBUTTONDOWN:
            if 130 < x < 270 and 150 < y <210:
                chouxuehao()
                if 130 < x < 230 and 390 < y <450:
  choujiang()
```

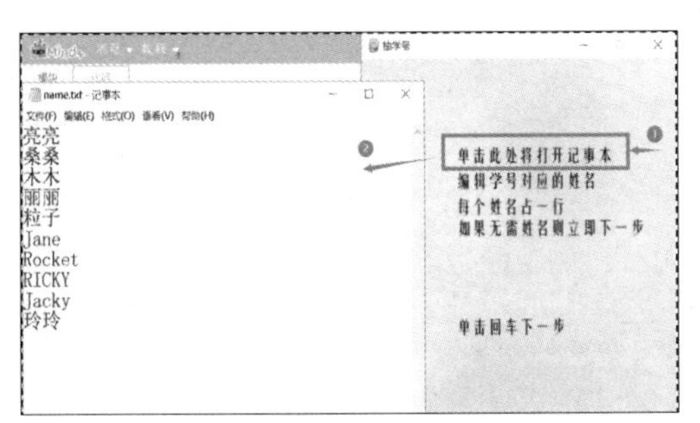

图 10 输入待抽学生的姓名

图 11 输入抽取的人数

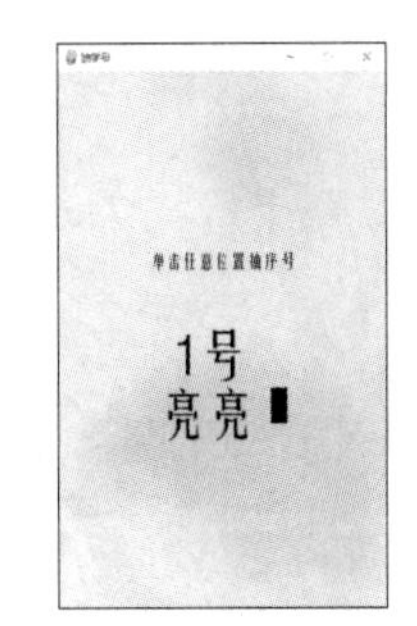

图 12 抽取结果

图 13 更换皮肤界面

制作抽学号界面

打开 chouxuehao.py 输入程序 2。该程序运行的顺序如下。打开待抽学号学生的信息文件、输入学生姓名（如果不需要学生姓名信息可忽略此步），如图 10 所示。设置抽取人数的界面如图 11 所示，输入将要抽取的学生人数后，单击界面进入抽学号界面，单击任意位置可以抽取学号，抽取结果如图 12 所示。若要对背景进行更换可在输入抽取人数的位置，单击“换装”来更换背景（见图 13）。

制作抽奖界面

打开 choujiang_v20.1.py 输入程序 3，该程序的运行顺序如下。输入各等级获奖学生的人数（这里我们将可获得 3 个等级奖励的最大人数都设置为 5，输入值不应超过 5），如图 14 所示。进入抽奖界面，单击任意位置即可进行抽奖。若要对背景进行更换可在输入各等级获奖人数的位置，单击“换装”。

图 14 设置各等级的获奖人数

程序2

```
import pygame
import random
import time
import os
pygame.init()
from pygame.locals import *
la = []
sc = pygame.display.set_mode((400,600))
bg = pygame.image.load("bg.png")
pygame.display.set_caption("抽学号")
font = pygame.font.Font("FZYTK.ttf",60)
font1 = pygame.font.Font("FZYTK.ttf",30)
font2 = pygame.font.Font("FZYTK.ttf",20)
ifend = False
ifnamed = False
font_color = (0,0,0)
sc.blit(bg,(0,0))
pygame.display.update()
iss = True
a2 = ""
n_num = 0
name = font2.render("单击此处将打开记事本", True, font_color)
name1 = font2.render("编辑学号对应的姓名", True, font_color)
name2 = font2.render("每个姓名占一行", True, font_color)
ifnonext =  font2.render("如果不需要姓名则立即下一步", True,
font_color)
ne_st = font2.render("单击回车下一步", True, font_color)
clickto = font2.render("单击任意位置抽学号", True, font_
color)
namelist = []
ifendname = False
#encoding = "utf-8"
while True:  #读txt
    sc.blit(bg,(0,0))
    sc.blit(name,(120,100))
    sc.blit(name1,(120,130))
    sc.blit(name2,(120,160))
    sc.blit(ifnonext,(120,185))
    sc.blit(ne_st,(120,300))
    for event in pygame.event.get():
        x,y = pygame.mouse.get_pos()
        if event.type == QUIT:
            pygame.display.quit()
            exit()
        if event.type == MOUSEBUTTONDOWN:
            if 120<x<320 and 100<y<120:
                os.system("name.txt")
```

程序3

```
for i in range(5):
    la.append("一等奖")
for i in range(5):
    la.append("二等奖")
for i in range(5):
    la.append("三等奖")
#print(la)
def end():
    sc.blit(bg,(0,0))
    text = font.render("结束",True,font_color)
    sc.blit(text,(170,285))
    pygame.display.update()
    time.sleep(1)
    pygame.display.quit()
    exit()
def award_1():
    ta = "一等奖"
    wow = pygame.image.load("wow.png")
    award = font.render(ta,True,font_color)
    sc.blit(award,(155,325))
    sc.blit(wow,(130,10))
    #t2 = t2+1
    #l1 = l1+1
def award_2():
ta = "二等奖"
    cool = pygame.image.load("02.png")
    award = font.render(ta,True,font_color)
    sc.blit(award,(155,325))
    sc.blit(cool,(130,40))
    #t2 = t2+1
    #l2 = l2+1
def award_3():
    ta = "三等奖"
    cool = pygame.image.load("03.png")
    award = font.render(ta,True,font_color)
    sc.blit(award,(155,325))
    sc.blit(cool,(130,40))
    #t3 = t3+1
    #l3 = l3+1
while True:
    if la == []:
    sc.blit(bg,(0,0))
    text = font.render("结束",True,font_color)
        sc.blit(text,(170,285))
        pygame.display.update()
        time.sleep(1)
        pygame.display.quit()
        exit()
    if t1+t2+t3 == a1+a2+a3:
    pygame.display.quit()
    exit()
    #aw = random.randint(0,len(la)-1)
    #ta = la[aw]
    #pygame.init()
    #bg = pygame.image.load("Untitled.jpg")
    sc.blit(bg,(0,0))
    #pygame.display.update()
    text = font.render("单击抽奖",True,font_color)
    sc.blit(text,(140,285))
    #pygame.display.update()
   pygame.display.update()
for event in pygame.event.get():
    x,y = pygame.mouse.get_pos()
    if event.type == QUIT:
        pygame.display.quit()
        exit()
    if event.type == MOUSEBUTTONDOWN:
        aw = random.randint(0,len(la)-1)
        ta = la[aw]
if ta == "三等奖":
    if e3 == 0:
        if l3 == 3:   # 重复判断
            if e2 == 0:
                award_2()
                l2 = l2+1
            elif e1 == 0:
                award_1()
                l1 = l1+1
        elif e3 == 0:
                award_3()
                l3 = l3+1
        elif l3 == 0:
                if ifirst3 == True :
                    award_3()
                    l3 = l3+1
                    ifirst3 = False
```

```
            elif iffirst3 == False:
                if e2 == 0:
                    award_2()
                    l2 = l2+1
                elif e1 == 0:
                    award_1()
                    l1 = l1+1
        else:
            award_3()
            l2 = l2+1
if e3 != 0 :
    if e2 == 1 and e1 == 1:
        end()
    if e2 == 0:
        award_2()
        l2 = l2+1
    elif e1 == 0:
        award_1()
        l1 = l1+1
elif ta == "二等奖":
    if e2 == 0:
        if l2 ==2:  #重复2
            if e3 == 0:
                award_3()
                l3 = l3+1
        elif e1 == 0:
            award_1()
            l1 = l1+1
        elif e2 == 0:
            award_2()
            l2 = l2+1
    elif l2 == 0:
        if iffirst2 == True :
            award_2()
            l2 = l2+1
            iffirst2 = False
        elif iffirst2 == False:
            if e1 == 0:
                award_1()
                l1 = l1+1
            elif e3 == 0:
                award_3()
                l3 = l3+1
    else:
        award_2()
        l2 = l2+1
if e2 != 0 :
    if e3 == 1 and e1 == 1:
        end()
    if e1 == 0:
        award_1()
        l1 = l1+1
    elif e3 == 0:
        award_3()
        l3 = l3+1
elif ta == "一等奖":
...
        l3 = l3+1
    pygame.display.update()
    time.sleep(1)
    if ta == "一等奖":
        t1 = t1+1
        print("picked1")
    if ta == "二等奖":
        t2 = t2+1
        print("picked2")
    if ta == "三等奖":
        t3 = t3+1
        print("picked3")
```

.py格式转换.exe格式

首先，安装 pyinstaller。打开 CMD 窗口，输入 pip install pyinstaller，命令行输出 successfully 则表示成功。运行 CMD 窗口，打开 .py 文件所在的目录。此时，我们可以看到，在 code 原始脚本的同级目录下，生成了 build 文件夹和 dist 文件夹，其中 dist 文件夹下存放的就是我们想要的 .exe 程序（见图 15）。

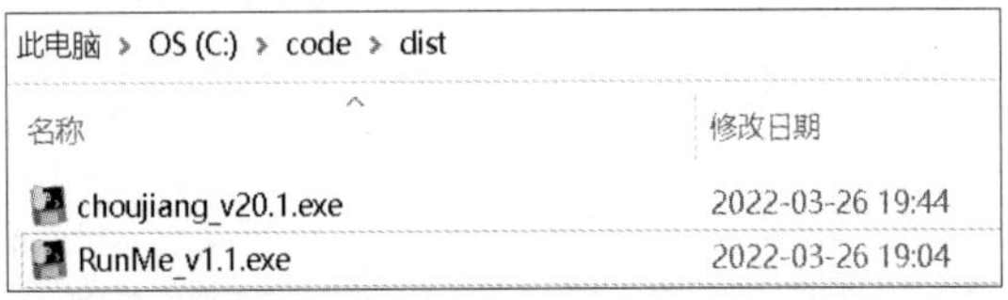

此电脑 › OS (C:) › code › dist

名称	修改日期
choujiang_v20.1.exe	2022-03-26 19:44
RunMe_v1.1.exe	2022-03-26 19:04

图 15 生成的 .exe 程序

运行测试

运行程序测试相关功能，我们也可以根据实际情况完善这个程序，大家快动手试试吧！

随身密码输入器

▌ 犇道增七

我们在浏览一些网站时需要登录自己的账号和密码，但注册过的网站越来越多，我经常会忘记对应网站的密码。虽然，我们可以在浏览器中保存自己的账号信息，但出于信息安全的考虑，我很少在网站中选择记住密码。在多次选择“忘记密码”按钮后，我决定制作一款设备帮助我自动输入相应的密码。

产生这个想法后，我首先开始了解目前有没有相应的设备，果然，已经有人尝试制作这样的设备了，这个设计的主控芯片采用的是ATtiny85，通过USB接口模拟键盘来实现自动输入账号密码的功能。不过考虑到设备成本，我希望有一款价格更低的芯片可以实现我需要的功能。而且我受另一款设备的启发，可以给设备添加U盘功能，这样设备带在身边用起来就更加方便了。

元器件选型

明确了设备的功能后，就需要设计硬件电路了。首先我使用CH554实现模拟USB键盘的输入，这是南京沁恒出的一款USB芯片，支持USB HOST和USB DEVICE模式，芯片的外围电路也足够简单，只需要添加两个电容就可以上电正常运行。这里选择的是MSSOP封装的芯片，共有10个引脚，我给它外接了一个贴片拨码开关用于选择不同的按键输出。

接下来我还要在设备上添加U盘功能。项目一开始，我打算使用CH554添加存储芯片，再模拟出U盘设备，不过因为U盘容量和程序问题就放弃了这种设计。之后我选择添加一个USB读卡器，这样可以外接Micro SD卡来实现存储功能。用于实现读卡功能的芯片是GL823K，这款芯片的外围电路也很简单，成本也比较低。

最后就是要将模拟的USB键盘和Micro SD卡通过一个USB HUB连接起来，这里我选择的是SL2.1S，这款芯片可以扩展4路USB接口，外围只需要给它添加一个晶体振荡器和几个电容就可以正常运行了，确定了各个部分的结构，我们就可以准备元器件了。元器件清单如附表所示。

硬件制作

元器件选型好后就可以开始原理图和PCB的绘制工作了，这里用到的芯片各部分外围电路都比较简单，上面介绍元器件的时候也做了一些简单的介绍，这里就不再分别说明了。图1所示的是最后绘制的设备电路。

原理图绘制好后就可以着手设计电路板了，我在绘制电路板时想让设备可以放到公版的U盘外壳里，这样在随身携带时就不会伤害到电路板，也可以保证设备的正常使用。

我设计的第一版电路板选择的是图2

附表 元器件清单

元器件参数	封装	数量
SL2.1S	CPC-16	1
GL823K	SSOP-16	1
CH554	MSOP-10	1
0.1μF电容	0402	4
2.2μF电容	0402	1
4.7μF电容	0402	3
汉博Micro SD卡卡座	TF-SMD_TF-018	1
贴片LED	0603	1
1kΩ 电阻	0402	3
10kΩ 电阻	0402	1
USB-A型公头	USB Type-A_Male	1
12MHz晶体振荡器	SMD-3225_4P12M20pf10ppm	1
贴片拨码开关	SW-SMD_TP-03	1
开关	SW-SMD_3P-P1.50_L2.7-W6.6	1

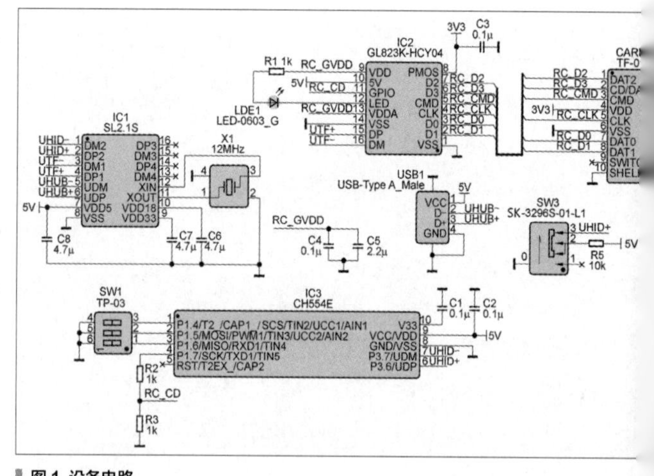

▌ 图1 设备电路

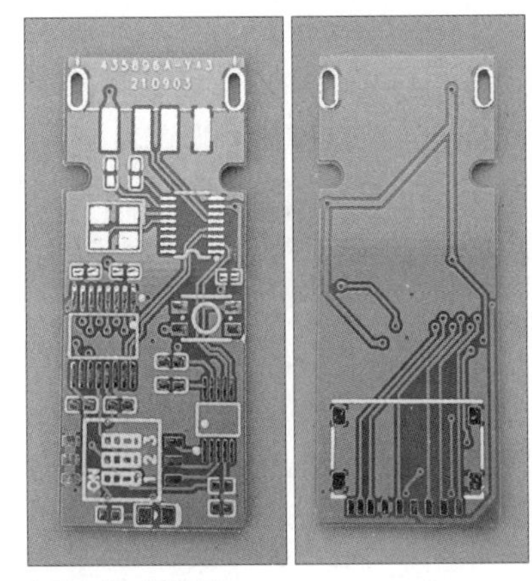

图 2 第一版电路板

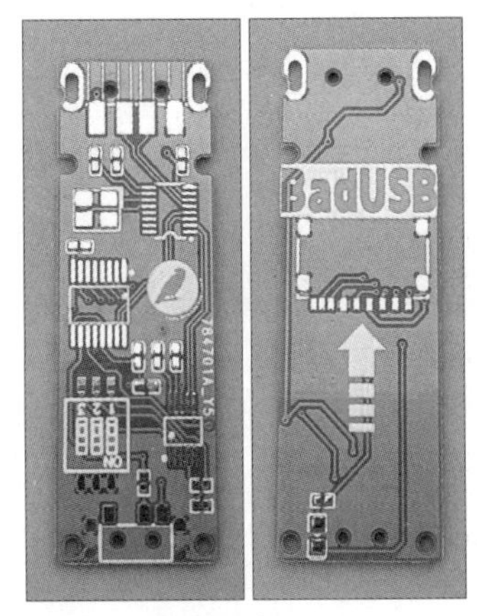

图 3 第二版电路板

图 4 PCB 的厚度是 0.8mm

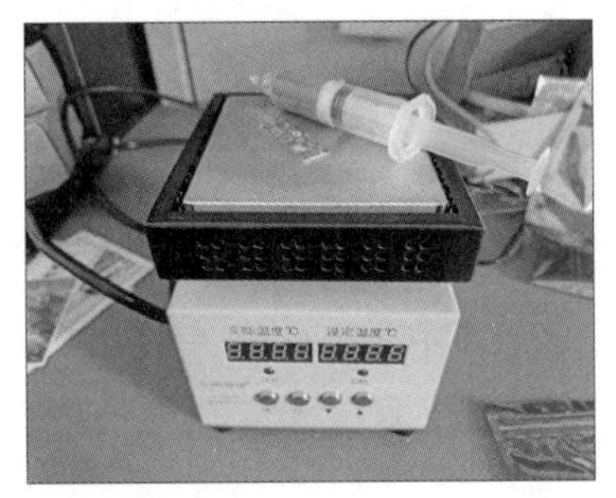

图 5 焊接元器件

所示的 G2 板型。其中，电路板上的按键用于将 CH554 切换到下载模式来烧录程序。后面考虑到这样设计的话，每次下载程序都需要拆卸 U 盘外壳，比较麻烦，所以我重新设计了一款电路板，这款电路板可以兼容带有写保护开关的 U 盘外壳。我将本来用于开启 U 盘写保护的开关作为切换芯片下载模式的开关，这样下载程序时就不再需要频繁开启外壳了，只需要拨动开关即可烧录程序，拨回开关设备又可以正常运行。最终设计的电路板如图 3 所示，设备电路原理图和本文中提供的信息都基于这一版电路板。

将生产文件发送到板厂进行生产时要注意 PCB 的厚度是 0.8mm（见图 4），太厚或太薄都不太好放进公版 U 盘外壳中。

收到 PCB 和元器件后就可以开始焊接了，由于 PCB 和元器件封装都比较小，所以我直接在焊盘上涂好锡膏然后用“铁板烧”焊接（见图 5）。

Micro SD 卡槽在另一面，这一面元器件较少，可以直接用电烙铁焊接。焊接好的 PCB 如图 6 所示。

焊好后可以先上电测试一下各个部分工作是不是正常，上电前记得先把 CH554 的下载开关打开（见图 7）。

测试没有问题后，把设备插到计算机的 USB 接口。打开计算机的设备管理器，我们可以看到 USB 集线器、USB 设备和 USB 大容量存储设备这 3 个设备（见图 8）。如果没有提示这 3 个设备可能是焊接问题，可以重新检查一下各个焊点。

程序设计

确认硬件没有问题后就可以开始程序的编写了，在这里我要实现的是一个可以自动输入按键信息的设备，如前文所说，这个功能由 CH554 来实现，之所以选择这款芯片，除价格便宜外，还因为官方提供了很多关于这款芯片的例程序，这样我就可以很方便地进行修改，实现我的需求。

CH554 可以通过 Keil 这款软件进行开发，我们需要安装 Keil 用于编写程序，还需要下载 WCH 的下载软件，用于给芯片烧写程序，两款软件如图 9 所示。

安装好 Keil 后，我们可以通过芯片的烧录软件在 Keil 中添加相应的芯片，添加好后就可以进行程序编写了。官方提供的例程序可以在芯片的官网找到，在这里我打算根据官方模拟键盘的程序进行修改，由于程序比较长，这里我就只截取部分程序片段来说明一下需要修改什么地方，首先看主函数的功能。

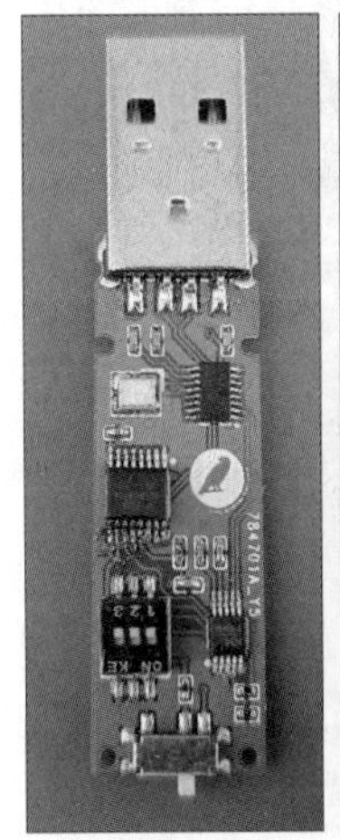

图 6 焊接好的 PCB

图 7 把 CH554 的下载开关打开

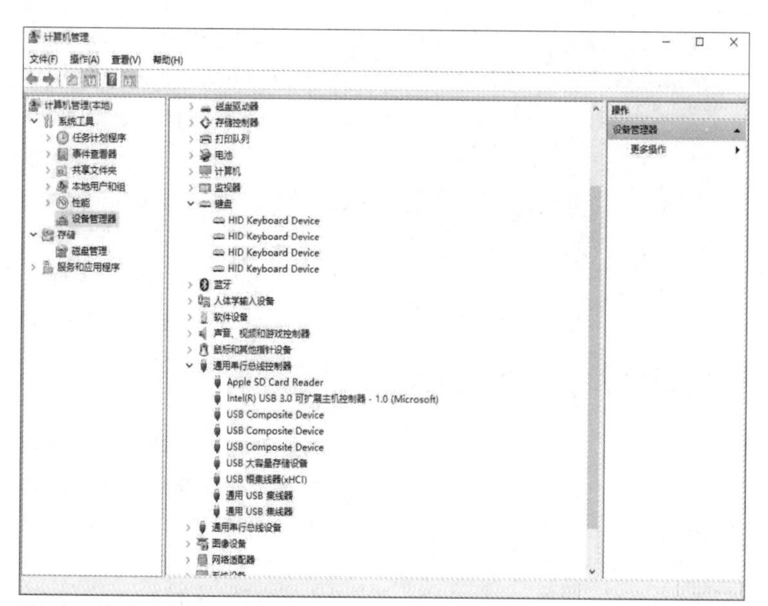

图 8 计算机提示

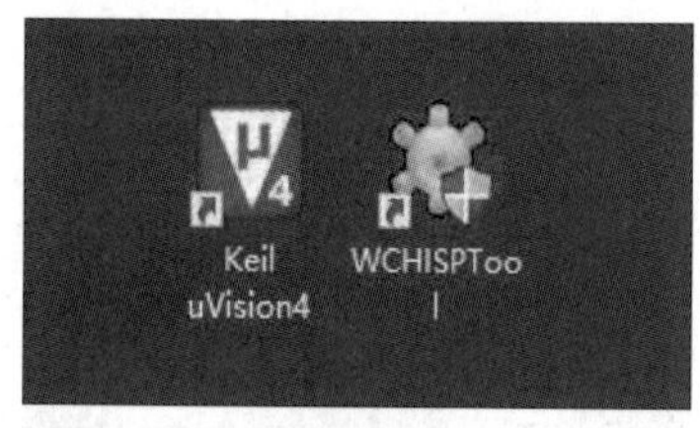

图 9 Keil 软件和 WCH 软件

```
main()
{
  CfgFsys( );  //CH559时钟选择配置
  mDelaymS(5);  //修改主频等待内部晶体振荡器稳定，此步必须添加
  mInitSTDIO( );  //串口0初始化
  #ifdef DE_PRINTF
  printf("start ...\n");
  #endif
  #ifdef DE_PRINTF //读取芯片唯一ID
  printf(" ID0 = %02x %02x \n ",(UINT16)*(PUINT8C)(0x3FFA),(UINT16)*(PUINT8C)(0x3FFB));
  printf(" ID1 = %02x %02x \n ",(UINT16)*(PUINT8C)(0x3FFC),(UINT16)*(PUINT8C)(0x3FFD));
  printf(" ID2 = %02x %02x \n ",(UINT16)*(PUINT8C)(0x3FFE),(UINT16)*(PUINT8C)(0x3FFF));
  #endif
  USBDeviceInit(); //USB设备模式初始化
  EA = 1;  //允许单片机中断
  UEP1_T_LEN = 0; //预使用发送长度一定要清空
  UEP2_T_LEN = 0; //预使用发送长度一定要清空
  FLAG = 0;
  Ready = 0;
  SDEN = 0; //Micro SD卡卡槽使能
  while(1)
  {
    ;
  }
}
```

上面的就是主函数的主要内容了，可以看到通过 USBDeviceInit() 函数就可以实现 USB 键盘的初始化设置。程序中的 SDEN = 0; 是用来开启设备 Micro SD 卡读卡器功能的，设备的电路板上有 Micro SD 卡卡槽，GL823K 芯片可以通过检测卡槽中的一个引脚来判断是否有 Micro SD 卡插入卡槽。在这里我并没有使用卡槽上的检测引脚，而是将 GL823K 的检测引脚连接到 CH554 的一个 I/O 接口来实现对读卡器的控制，这样我们可以通过对 CH554 的编程来实现 Micro SD 卡的开关。这个控制引脚是 CH554 的 P17 脚，所以我们需要在程序上面添加一句：sbit SDEN = P1^7; 来实现引脚的定义。

初始化完成后就可以模拟按键的输入了，在这里也是通过官方的函数来实现。

```
void Key(UINT8 k)
{
  FLAG = 0;
  HIDKey[2] = k;
  Enp1IntIn();
  HIDKey[2] = 0;  //按键结束
  while(FLAG == 0)
  {;}
  Enp1IntIn();
  while(FLAG == 0)
  {;}
}
void FKey(UINT8 k)
{
  FLAG = 0;
  HIDKey[0] = k;
  Enp1IntIn();
  HIDKey[0] = 0;   //按键结束
  while(FLAG == 0)
  {;}
  Enp1IntIn();
  while(FLAG == 0)
  {;}
}
```

上面的这个 Key() 函数可以向计算机发送一个按键信息，变量 k 就是不同按键的 USB 键值了，这个大家可以找一下相应的文档进行查看。FKey() 则是用来实现键盘上功能键的发送的，这个函数是我用来测试输入使用的，可以看到编写得比较简陋，不过还是可以使用的，使用时直接在 main() 函数中编写相应的程序即可，像下面的这段程序就可以用来打开 CMD 窗口。

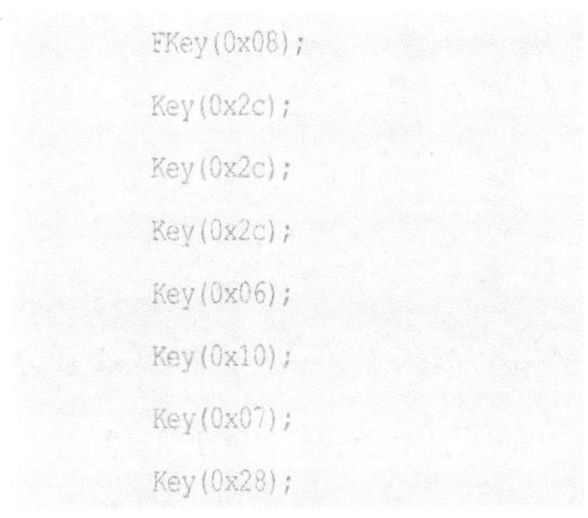

```
FKey(0x08);
Key(0x2c);
Key(0x2c);
Key(0x2c);
Key(0x06);
Key(0x10);
Key(0x07);
Key(0x28);
```

现在将自己需要输入的密码转化成相应的 USB 键值，然后编写程序就可以让设备实现自动输入了。

下载程序的时候还是要先将下载开关打开，然后再将设备连接到计算机，打开烧录软件并且选择相应的芯片，可以看到下面已经显示了当前要烧录的设备（见图 10）。

然后单击“下载”就可以了，下载之后拔出设备，将下载开关关闭，这样再次连接计算机的时候设备就会根据编写的程序正常运行了（见图 11）。

测试时，可以看到计算机成功地识别到了存储卡，并且我新建了一个 TXT 文本文件用于测试，其中的内容也可以进行正常读写。同时，键盘的自动输入功能也可以正常使用。

当然，为了安全起见，还是建议使用时不要将账号和密码全部用这款设备输入，防止设备丢失以后被别人盗取账号信息，可以只用来输入密码或者只输入账号。我们也可以使用这款设备来实现一些其他功能，比如帮我们做一些重复性的工作等。各位读者可以自行开发它的用途。

最后，把电路板放到准备好的公版 U 盘外壳中，整个设备就做完了（见图 12）。

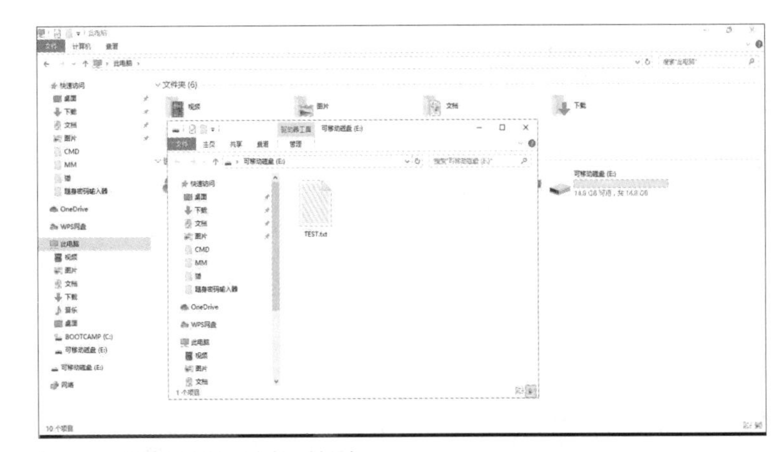

图 11 设备连接到计算机后成功识别出设备

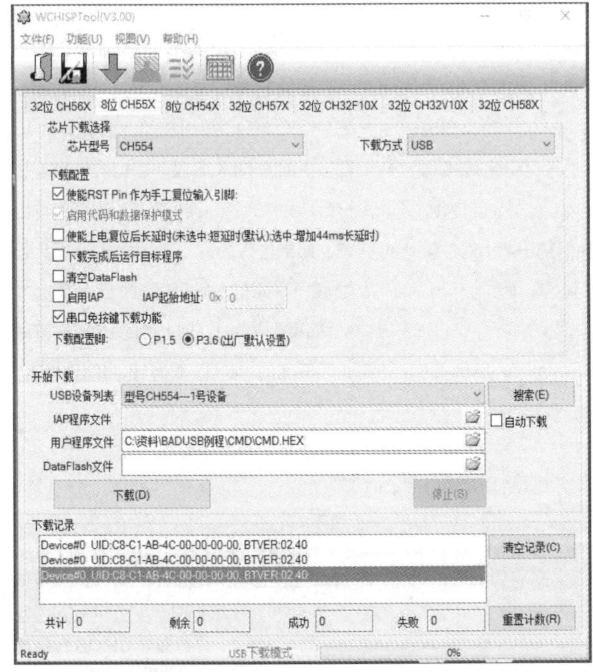

图 10 显示当前要烧录的设备

总结

到此，设备的全部功能就都实现了，实际使用还是挺方便的。不过这款设备还是有一些缺点的，比如因为考虑成本而选择的 CH554 芯片，官方说明只支持 200 次左右的烧写次数，虽然有些论坛网友测试过实际下载次数会多一点，但如果是对编程不太熟悉的朋友，这个次数肯定是不够的。而下载次数不够后就需要更换一块新的芯片，这显然是比较麻烦的，解决方法或许只能是在下一版中更换方案，选择一款其他 USB 芯片来代替 CH554，不过这就是后话了。各位读者也可以自行制作这样一款小设备来帮助自己实现一些简单的功能。

图 12 最终效果

用场效应管制作时基电路 7555

▌俞虹

在前面的三极管制作中，我介绍了如何用三极管制作时基电路555，这次将介绍用场效应管制作时基电路7555。时基电路7555不同于时基电路555，它由场效应管组成，有静态工作电流小、工作电压低（最低3V）、工作频率高的特点。通过制作，我们可以对场效应管的特性、7555的内部结构及内部电路工作原理有更多的了解。

工作原理

时基电路 7555 内部由 15 个 PMOS 管和 17 个 NMOS 管组成。为了在制作 7555 时有更大的把握，我们先介绍场效应管（即 MOS 管）的工作原理及 7555 相关电路，最后介绍 7555 内部电路原理。

1. MOS管电路符号

时基电路 7555 中，MOS 管使用的是增强型 MOS 管，不使用耗尽型 MOS 管，而增强型 MOS 管又有 PMOS 管和 NMOS 管之分。早期的增强型 MOS 管电路符号如图 1 所示，而现在更多使用图 2 所示的电路符号，本文制作 7555 就使用了图 2 所示的符号。

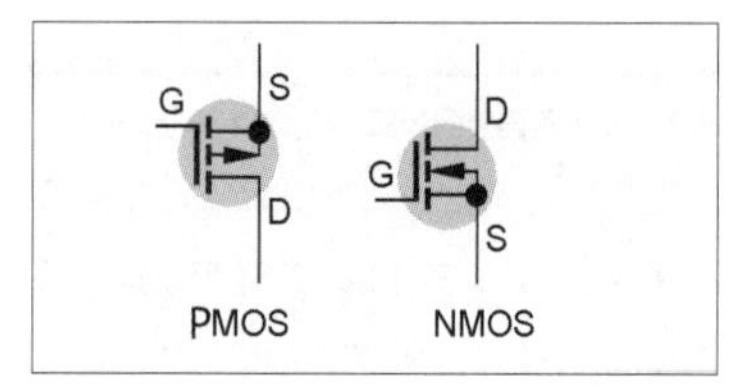

▌图 1 早期 MOS 管符号

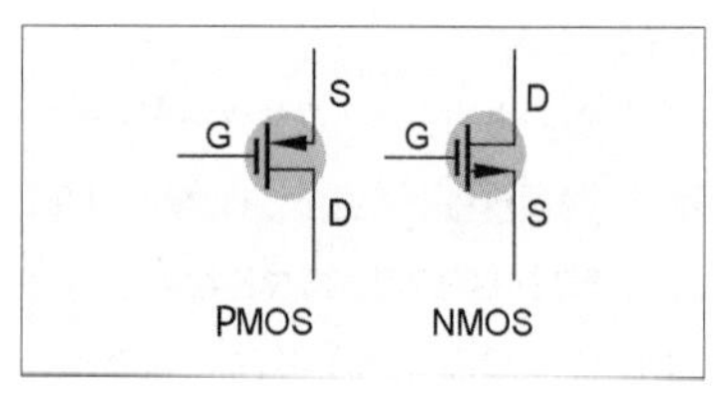

▌图 2 MOS 管简化符号

2. MOS管的工作区

下面我们以 NMOS 管为例介绍一下工作区，MOS 管工作电路如图 3 所示，在输入端加一变化的直流电源 V_{GG}，在输出端加另一个变化的直流电源 V_{DD}。MOS 管的工作区分为截止区、三极管区和饱和区。

（1）截止区

栅源电压 V_{GS} 从零开始增加，当 V_{GS} 大于 0、小于 MOS 管的阈值电压 V_{TH}（V_{TH} 为形成 I_D 电流时 V_{GS} 的电压），即 $0<V_{GS}<V_{TH}$ 时，这时漏极电流 I_D 等于 0，我们称这个工作区为“截止区”。

（2）三极管区

当 $V_{GS}>V_{TH}$ 时，MOS 管会出现漏极电流 I_D，当 V_{DS} 非常小时，即 $V_{GS}>V_{TH}$ 且 $0<V_{DS}<<(V_{GS}-V_{TH})$ 时，漏极电流 I_D 随 V_{DS} 线性增加，这个区域被称为“深线性区”。当 $V_{GS}>V_{TH}$ 且 $0<V_{DS}<(V_{GS}-V_{TH})$ 时，我们统一将 MOS 管处于的区域称为“三极管区”。

（3）饱和区

当 $V_{GS}>V_{TH}$ 且 $V_{DS}\geqslant(V_{GS}-V_{TH})$时，进一步增加 V_{DS} 不会引起 I_D 的增加，此时 MOS 管进入“饱和区”。

对于恒定的 V_{GS}，完整的 I_D-V_{DS} 特性曲线如图 4 所示，这里没有画出 MOS 管的截止区。

3. CMOS反相器

CMOS 反相器电路结构如图 5 所示，逻辑符号如图 6 所示。可以看出，它由 2 个 MOS 管组成，上面为 PMOS 管，下面为 NMOS 管，它们的栅极连在一起作为输入端，漏极连在一起作为输出端。如果输入为 0，则上面的 PMOS 管导通，下面的 NMOS 管截止，输出为 1。如果输入为 1，则上面的 PMOS 管截止，下面的 NMOS 管导通，输出为 0。

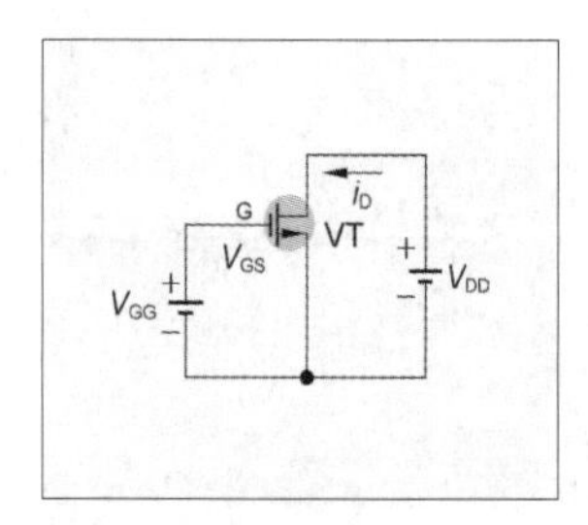

▌图 3 MOS 管工作电路

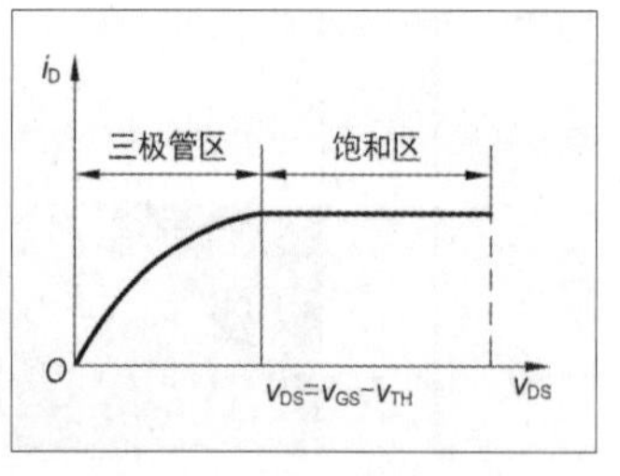

▌图 4 MOS 管 I_D-V_{DS} 特性曲线

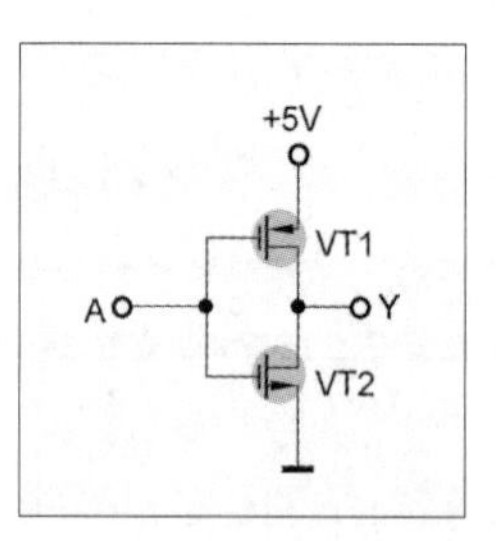

▌图 5 CMOS 反相器电路结构

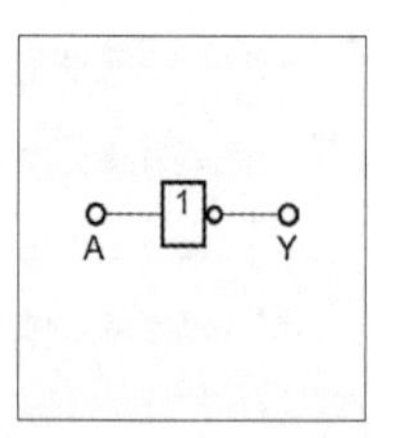

▌图 6 CMOS 反相器逻辑符号

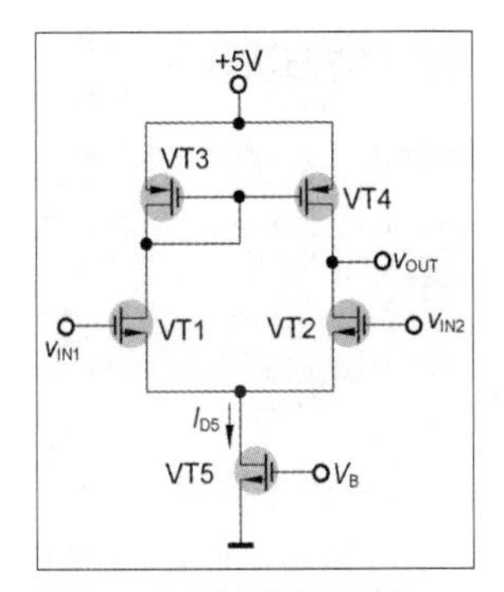

▌图 7 MOS 管差分放大器电路

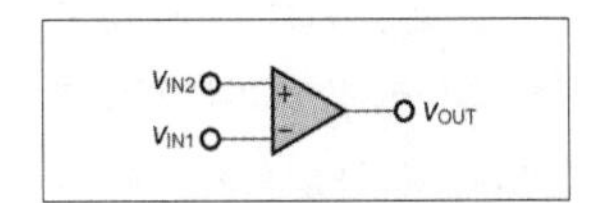

▌图 8 MOS 管差分放大器电路符号

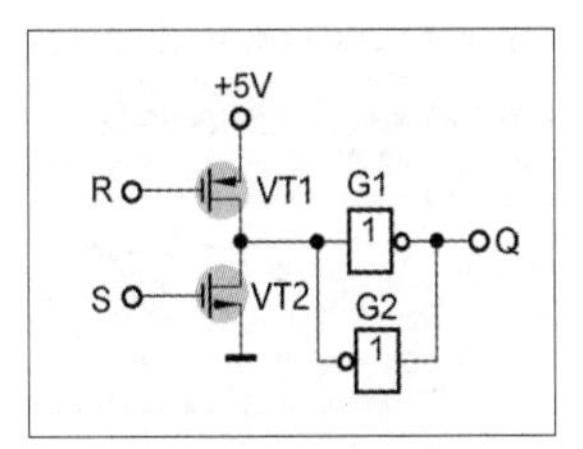

▌图 10 RS 触发器电路

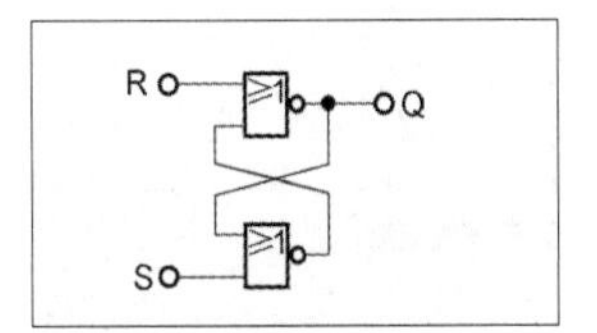

▌图 11 RS 触发器逻辑符号

也可以说 CMOS 反相器产生了非门效果，并且工作时不消耗电能。

4. MOS管差分放大器

MOS 管差分放大器的电路如图 7 所示，电路符号如图 8 所示。PMOS 管 VT3 和 VT4 构成电流镜；作为差动放大器的负载，工作在饱和区的 VT5 为尾电流源，可以看出这种 MOS 电流镜负载的差分放大器是双端输入、单端输出的电路结构。

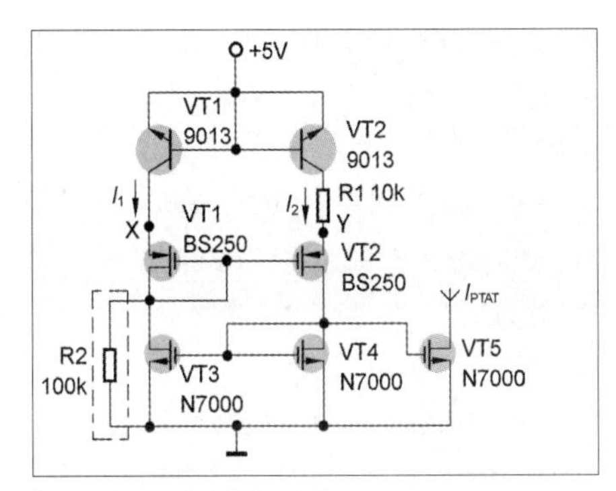

▌图 9 PTAT 电流基准源电路

假设输入信号 $V_D=V_{IN1}-V_{IN2}$ 从足够负的方向变化到足够正的方向（V_{IN} 在这里是栅极对地电压）。当 V_D 足够负时，VT1 关断，没有电流流过 VT1，VT3 关断，VT4 也关断。这时，VT2 和 VT5 都工作在深线性区，V_{DS2}（VT2 的漏源电压）= 0，V_{DS5}=0，因此 V_{OUT}=0。

当 V_{IN1} 变化到接近 V_{IN2}，且 $V_{GS1}<V_{GS2}$ 时，VT1 管导通，尾电流源电流 I_{D5} 一部分流入 VT3，一部分流入 VT4，VT4 开启，V_{OUT} 开始上升。当 V_D=0（即 $V_{IN1}=V_{IN2}$）时，流过 VT1 和 VT2 的电流相等，总和等于电流 I_{D5}，即到达平衡点，此时 V_{OUT} 为定值。当 $V_D=V_{IN1}-V_{IN2}$ 继续变化，V_{IN1} 变化到接近 V_{IN2}，$V_{GS1}>V_{GS2}$ 时，V_{OUT} 继续上升。当 V_D 进一步向正方向变化时，流过 VT1 的电流进一步增加，流过 VT2 的电流进一步减少，最终 VT4 进入三极管区。当 V_D 足够正时，VT2 关断，VT4 工作在深线性区，$V_{OUT}=V_{DD}$。这样，在平衡点处，输入信号 V_D 的微小变化，就可以在 V_{OUT} 处产生很大的变化，即信号被放大了。MOS 管差分放大器相对于一般放大器的优点是减小了信号的干扰，并提高了放大倍数。另外要指出，电路图中的 V_{IN}、V_{OUT} 和 V_B 都是对地电压。

5. PTAT电流基准源

PTAT 电流基准源电路如图 9 所示。一般情况电流源采用的电流镜由 2 个 MOS 管组成，而采用 4 个 MOS 管的 PTAT 电流源可以实现输出电流和电源电压无关，以及大小可调的目的。VT1~VT4 组成相互复制的电流镜结构，通过 VT1 和 VT2，I_2 复制 I_1，再通过 VT3 和 VT4，I_1 反过来由 I_2 复制得到，因此 $I_1=I_2$。这样，电路中的电流不再受电源电压的影响，但这个电流是任意的、不确定的，故在电路上面增加了三极管 VT1、VT2 及电阻 R1，就得到了所谓的 PTAT 电流基准源。如果 VT1 和 VT2、VT3 和 VT4 是相同的对管，由于 $I_1=I_2$，故 $V_X=V_Y$（V_X 和 V_Y 相对于电源正极的电压）。

则：$I_{PTAT}=I_{R1}=(V_{BE1}-V_{BE2})/R_1=(V_T\ln N)/R_1$

其中 $V_T=KT/q$，K 是玻尔曼常数，T 是温度，q 是电子电荷，N 为三极管的个数，V_{BE} 是三极管基射极电压。可以看出，I_{PTAT} 的大小和电阻 R_1 有关，调节 R_1 的大小就可以改变电流基准源的电流。另外，R2 是电路的启动电阻。

6. RS触发器

RS 触发器电路如图 10 所示，逻辑符号如图 11 所示。它由 2 个 MOS 管（1 个 PMOS 管、1 个 NMOS 管）和 2 个 CMOS 反相器组成。2 个反相器连接在一起形成锁存器，如果上面的反相器输出为 1，则下面的反相器输出为 0，形成稳定的循环。如果上面的反相器输出为 0，则下面的反相器输出为 1，也形成稳定的循环。如要想要改变触发器的输出电平，可以通过 VT1 和 VT2 的导通和截止来改变。为此，下面的反相器需要改变成使用低电流的反相器，否则，反相器可能因电流过大而损坏。

但在业余制作中，我们很难制作出低电流反相器，故在下面反相器的输出端接一个 10kΩ 的电阻进行代替（图 10 中没有画出这个电阻）。这里的 R 端、S 端的输入电平不同于 555 时基电路的高低电平，这里 R 端输入电平是相对于电源正极的电压，而 S 端输入电平是相对于地的电压。一般 R 端相对于电源正极 3V 或 0V 就可以使 VT1 导通或截止，S 端相对于地电压 3V 或 0V 就可以使 VT2 导通或截止。则

表 1 RS 触发器的状态表

R	S	功能
0	0	保持
0	1	1
1	0	0
1	1	禁止

RS 触发器的状态表如表 1 所示，这里的 0 表示 MOS 管截止，1 表示 MOS 管导通。因此，这个 RS 触发器相当于或非门所组成的 RS 触发器。

7. 7555电路工作原理

7555 电路如图 12 所示，逻辑电路如图 13 所示。可以看出，它由 2 个差分放大器组成了 2 个比较器，即 VT1~VT5 组成上比较器，VT16~VT20 组成下比较器。VT6~VT11、VT14 组成 PTAT 电流源，VT24、VT26~VT30 组成 RS 触发器，VT31、VT32、VT34、VT35 组成后级的 2 个反相器。接 5V 电压后，PTAT 电流源通过 VT14，再通过 VT12。先由 VT13 和 VT15 使 VT5 产生上比较器的尾电流，再通过 VT20 产生下比较器的尾电流。最后通过 VT21 作为三极管 VT25 的基极电流及 VT22 的负载。6 脚接上比较器 VT4 的栅极，当 6 脚的电压稍大于 2/3V_{CC} 时，上比较器的输出端（接 VT2 的栅极）输出约 2V 的电压（电源正极为 3V），即 R 为 1。当 6 脚的电压稍小于 2/3V_{CC} 时，输出约 5V 的电压（相对于电源正极为 0V），即 R 为 0。

同理，2 脚接下比较器的 VT19 栅极，当 2 脚电压稍大于 1/3V_{CC} 时，比较器的输出端（接 VT19 的栅极）输出 0V 电压，即 S 为 0。当 2 脚电压稍小于 1/3V_{CC} 时，比较器输出端输出 3V 电压，即 S 为 1。R、S 加到 RS 触发器 VT24 和 VT26 的栅极，从而实现 RS 触发器的逻辑功能，具体可查看表 1。

VT31 和 VT32 组成后级的第一个反相器，VT34 和 VT35 组成第二个反相器。这样，RS 触发器的输出电平通过第一个反相器反相，再通过第二个反相器回到原来的电平，最后由 3 脚输出。4 脚是复位端（接 VT22 的栅极），平时 4 脚接电源正极（即高电平），当 4 脚为低电平时，VT22 截止，VT23 导通，将 VT24 栅极电压拉低，VT24 截止，三极管 VT25 导通，VT24 的漏极加电源电压，RS 触发器输出为 0，3 脚输出也为 0，完成复位功能。7 脚是放电端，接在 VT33 的漏极。VT33 的栅极接后级的第一个反相器的输出端，它是被动接受管，通过第一个反相器输出电平来完成放电功能。

整个制作需要用到的元器件清单如表 2 所示。

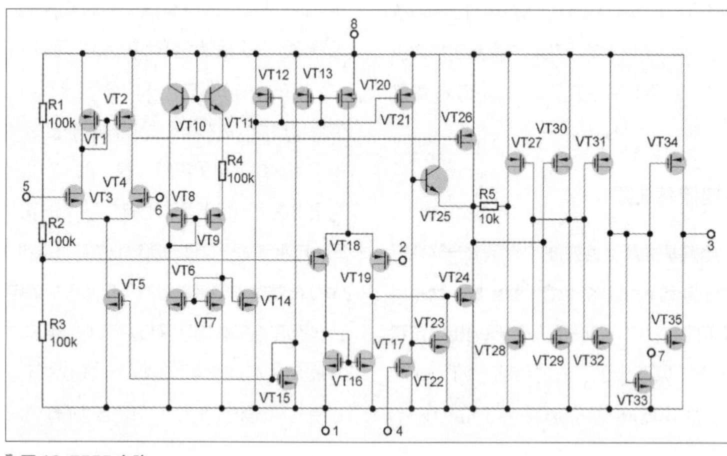

图 12 7555 电路

制作方法

为了能在制作 7555 时有更大的成功率，我们先制作几个相关的单元电路，最后再制作 7555。

1. 制作CMOS反相器

找一块 5cm×7cm 的小万能板，按图 5 所示将 1 个 PMOS 管（BS250）和 1 个 NMOS 管（2N7000）焊在万能板上，并且用锡线焊接电路，焊接完成的 CMOS 反相器如图 14 所示。检查焊接情况，无误后接 5V 电源。将反相器的输入端接电源正极，测得反相器输出应为 0。再将反相器输入端接电源负极，测得反相器输出应为 1，这说明制作的反相器没有问题。

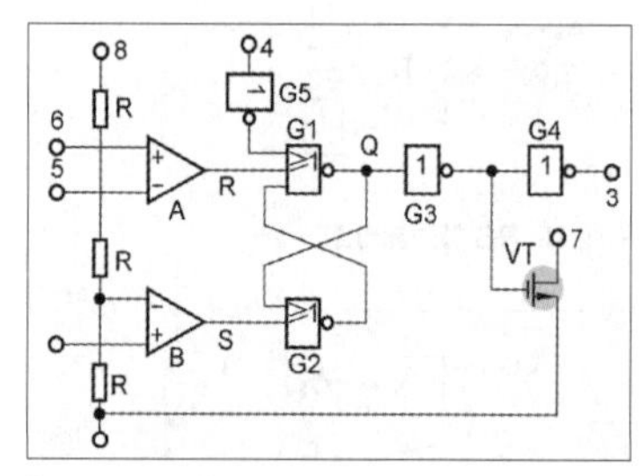

图 13 7555 逻辑电路

表 2 制作时基电路 7555 所需元器件

名称	位号	值	数
PMOS 管	VT1、VT2、VT8、VT9、VT12、VT13、VT20、VT21、VT18、VT19、VT26、VT27、VT30、VT31、VT34	BS250	15
NMOS 管	VT3~VT7、VT14~VT17、VT22~VT24、VT28、VT29、VT32、VT33、VT35	2N7000	17
三极管	VT10、VT11、VT25	9013	3
电阻	R1~R4	100kΩ	4
电阻	R5	10kΩ	1
万能板	9cm×15cm		1
4 节 5 号电池盒			1
5 号充电电池			4

注：以上是图 12 所示电路所需的元器件

2. MOS管阈值电压（V_{TH}）测定

由于7555制作中要使用到对管，故需要测定MOS管的阈值电压，否则制作误差较大。

按图15（a）连接一个电路，在NMOS管的漏极接入数字万用表的mA挡，接5V电压，调微调电阻RP（阻值从0开始调），直到观察到电流的读数，再用电压挡测MOS管的V_{GS}电压，这时的V_{GS}电压就认为是阈值电压V_{TH}。同理，测PMOS管的V_{TH}，按图15（b）连接电路测定。不同型号的MOS管V_{TH}值不同，BS250的V_{TH}实测为1.6~1.7V，2N7000的V_{TH}实测为0.6~1.2V。

3. 制作PTAT电流源

按图9所示，用一块小万能板将MOS管等元器件焊上去，并用锡线连接电路，制作完成的PTAT电流源如图16所示。注意VT1和VT2、VT3和VT4是相同的MOS对管，VT1和VT2是相同的三极管，即相同MOS对管的2个MOS管型号相同，V_{TH}也相同。三极管相同是指型号相同，放大倍数相同。为了获得较大的三极管发射极面积，这里用5个三极管并接来作为VT2。

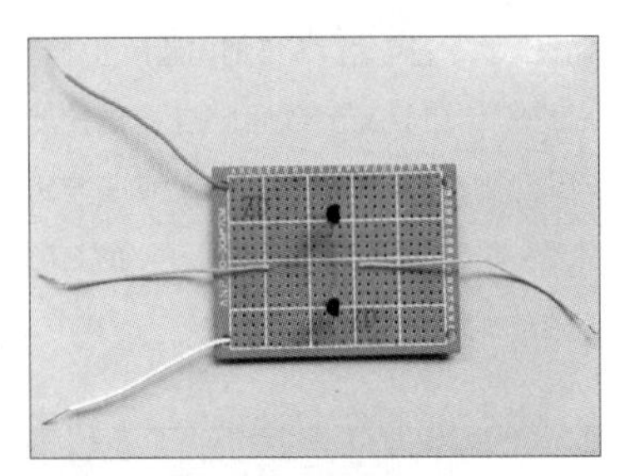

图14 CMOS反相器电路板

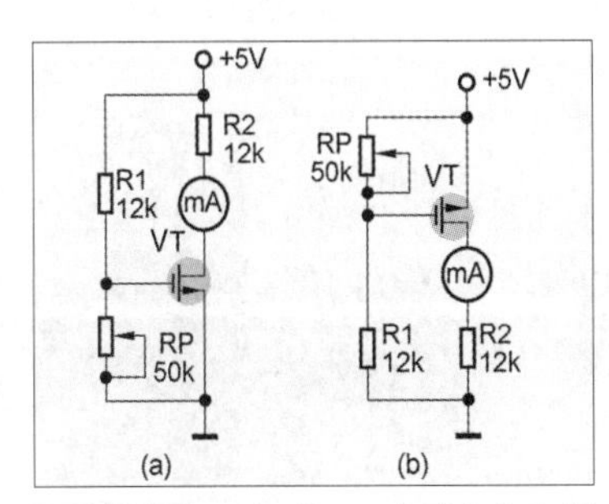

图15 测NMOS管V_{TH}电路（a）和测PMOS管V_{TH}电路（b）

检查元器件焊接无误后，将电路接5V电源。用数字表测VT5的栅极电压，如有电压，则说明电路已经启动。如测得电压为0，则说明电路没有启动，可以在图9的R2位置接一个100kΩ的电阻来帮助启动。电路启动后，测得的X、Y点对地电压应该相同，如相差太大，可能是对管V_{TH}不同引起的，应检查更换。VT5栅极有电压后，将数字表mA挡接电源正极和VT5漏极应有电流，电流一般在0.1~0.2mA。如电流太小，可以调小R_1直到正常。一般情况VT5的栅极电压要大于V_{TH}，否则没有漏极电流，也就没有办法为其他电路提供基准电流。

4. 制作差分放大器

按图17所示电路，用一块小万能板将MOS管、微调电阻及电阻焊上去，用锡线在万能板的背面焊接连线，制作完成的差分放大器如图18所示。检查元器件焊接无误后，将电路板接5V电源，调微调电阻RP1使A点电流（即尾电流）为0.1~0.2mA。调节RP2使V_{IN2}稍大于V_{IN1}（相差约0.2V，V_{IN1}为$2/3V_{CC}$），测得输出电压V_{OUT}为2V左右。对换RP2和R2位置，调节RP2使V_{IN2}稍小于V_{IN1}（相差约0.2V），测得输出电压为5V左右说明电路正常工作。电路中的VT1和VT2、VT3和VT4必须是相同的对管，如不相同有可能输出电压达不到要求。电路在工作时，有的MOS管可能会工作在深线性区（一般情况工作在饱和区）。

5. 制作时基电路7555

找一块大小为15cm×9cm的万能板，将32个MOS管和3个三极管按图12所示电路焊在万能板上，可以先全部排列清楚再焊接，最后焊接电阻。正常情况下，三极管VT11需要3~5个三极管进行制作，考虑到简化电路，故还是用1个三极管制作。这样会给电路带来一些误差，但不影响电路的制作。元器件焊接完成后，在万能板的背面用锡线连接电路（上、下各焊一条锡线作为正负极），如有的位置距离太远，可以用软导线连接。焊接完成的时基电路7555电路板正面如图19所示，背面如图20所示。

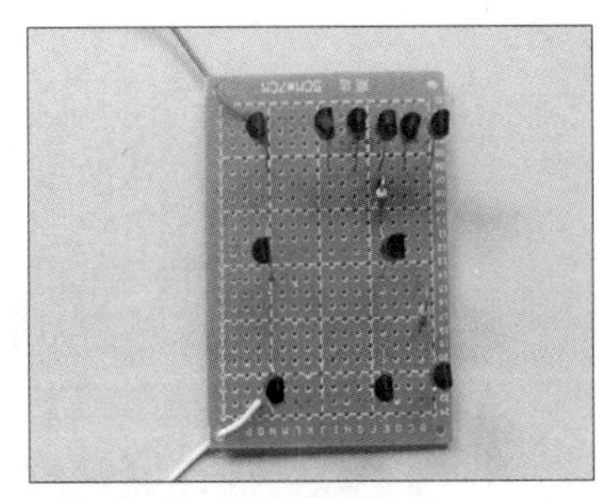

图16 PTAT电流源电路板

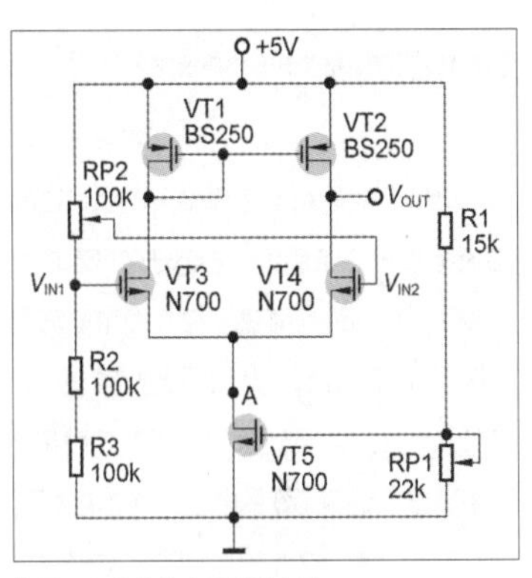

图17 差分放大器测试电路

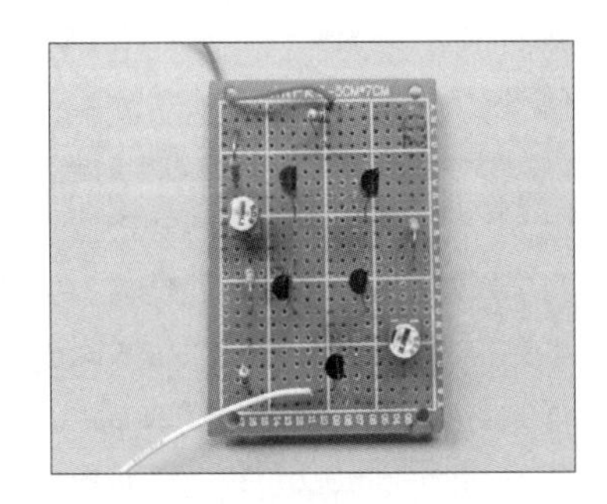

图18 差分放大器测试电路板

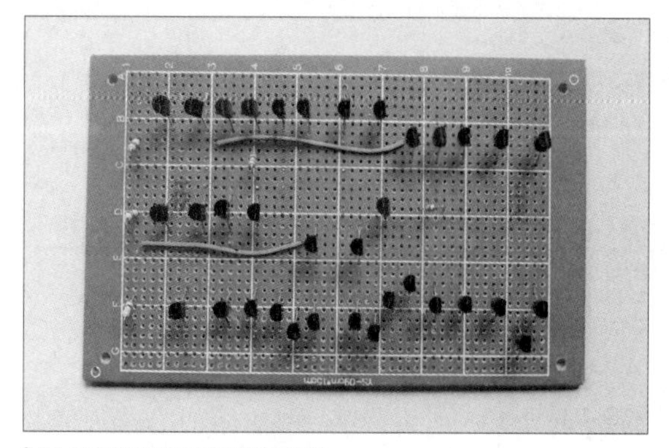

图 19 时基电路 7555 电路板正面

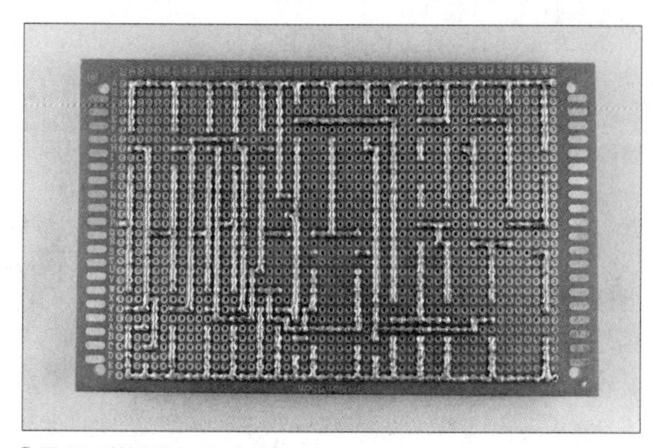

图 20 时基电路 7555 电路板反面

检查元器件和电路焊接无误后，在电路板上接出 8 条引线（相当于 7555 的 8 个脚），然后进行调试。将 8 脚和 4 脚引线接 5V 电源正极，1 脚引线接电源负极（为了防止调试时电流过大，可以在 8 脚和 4 脚引线接 1 个 560Ω 的电阻，再接电源）。测 VT14 的栅极是否有电压输出，如没有，可以在 VT8 的漏极接一个 100kΩ 的电阻到地，使基准电流源启动。然后调节电阻 R4 使 VT14 的漏极电流为 0.1~0.2mA。

再用前面制作差分放大器的方法调整上比较器，使 VT2 漏极上输出电压为 2V 和 5V（调试外电路接 6 脚）。用同样的方法，调节下比较器，使 VT19 漏极输出电压为 3V 和 0V（调试外电路接 2 脚，VT18 栅极对地电压为 $1/3V_{CC}$）。接着调试后面的 4 个反相器，可以用上面介绍的 CMOS 反相器制作中的测试方法调试（记得先断开前后级的连接）。测试结果全部正常后，电路一般都能正常工作。

按图 21 所示电路的虚线部分制作一块电路板和时基电路 7555 电路板组成一个无稳态振荡器。接 5V 电源电压，如看到 LED 不断闪烁，说明用 MOS 管制作的 7555 制作成功，实物如图 22 所示，实测用 MOS 管制作的时基电路 7555 总电流约 1mA。

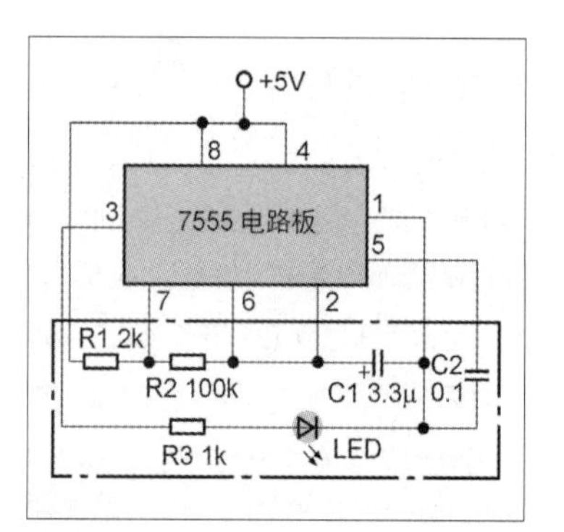

图 21 时基电路 7555 电路板组成的无稳态振荡器电路

6. 时基电路7555改进设想

我们知道，时基电路 7555 带负载能力较差，电源电压低，一般只能带 LED 这一类的负载。而时基电路 555 带负载能力较强，输出电流可以达到 200mA。那么，是否可以将时基电路 7555 的后级反相器改为输出电流较大的反相器？经测试，如果制作时基电路 7555 时电路后级使用 BS250 和 2N7000，它们的工作电流就可以达到 200mA。图 23 所示为时基电路 7555 输出高电平带动继电器，再通过继电器带动小风扇的实例。

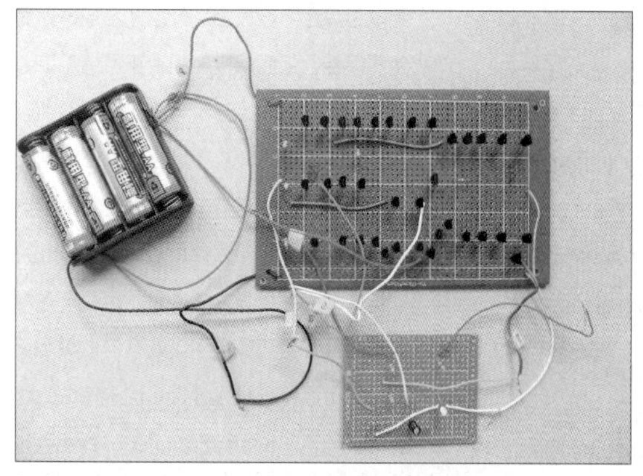

图 22 时基电路 7555 电路板组成的无稳态振荡器实物装置

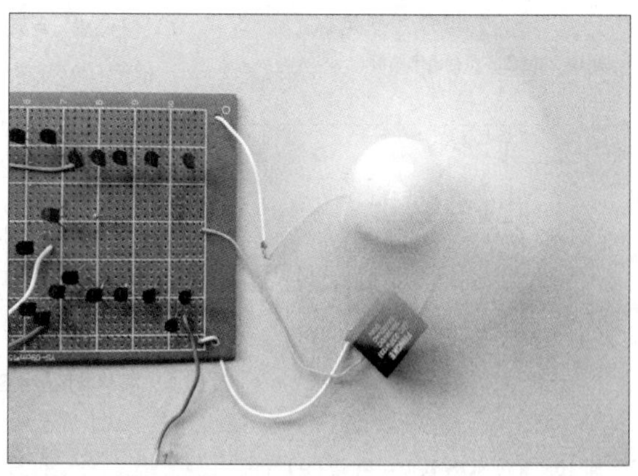

图 23 时基电路 7555 带动继电器

基于 SimpleFOC 的自平衡莱洛三角形

45coll

演示视频

自平衡莱洛三角形是动量轮倒立摆模型的一个变种，在如今PCB加工制板更方便的情况下，本项目巧妙地使用PCB作为结构件，从而有效避免了制作倒立摆模型时候的结构设计，使该项目更容易实现。

简介

项目主控芯片使用的是ESP32，并配置了调参上位机，可以很方便地通过Wi-Fi无线调参，无刷电机控制使用SimpleFOC。制作出一个巧妙的自平衡莱洛三角形，在桌面上作为一个摆件还是非常不错的，制作好的实物如图1所示。本项目电路设计、结构设计等均由本人完成，我们先来看一下使用的主要硬件，制作所需硬件如表1所示。

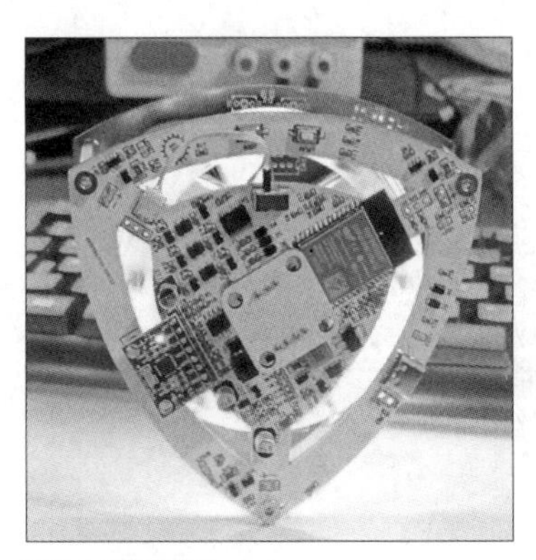
图1 实物效果图

1. 主控芯片

ESP32主频为240MHz，可以生成Wi-Fi热点与PC上位机进行UDP通信，芯片内置了触摸按键，可以实现触摸调光、开关Wi-Fi等功能。

2. 无刷电机驱动

使用的无刷电机型号为2715，驱动电压为12V，驱动电路使用EG2133和6个NMOS管实现三相半桥。

3. 电源

电源部分使用3个600mAh的锂电池串联供电，稳压芯片使用TPS54331DR，设置电池电压低于9V不工作，输出电压5.22V给EG2133和WS2812供电，再用ASM1117-3.3V电源稳压芯片将电压转为3.3V给ESP32供电。

4. 充电电路

CN3300充电部分设计充电截至电压为12.9V（考虑到电池内阻，最终充满电压为12.43V），USB Type-C接口输入5V电压，充电功率为7.5W。CM1010-A为电池均衡芯片，在单个锂电

表1 硬件清单

说明	参数
莱洛三角形尺寸	100mm × 100mm
动量轮尺寸	80mm × 80mm
电池 × 3	7.9mm × 25mm × 40mm，规格内均可
输入电压	3.7V × 3
充电电压	5V，从USB Type-C接口输入
充电芯片CN3300	5V输入，最大1.5A充电电流
均衡芯片CM1010-A	电池电压超过4.25V后开始放电
主控芯片	ESP-WROOM-32
无刷电机驱动芯片EG2133	引脚使用32、33、25
稳压芯片TPS54331DR	设置电池电压低于9V不工作，输出为5.22V
AS5600磁编码器模块	SDA-23 SCL-5，芯片距离磁铁需要2mm以上
MPU6050六轴传感器模块	SDA-19 SCL-18
RGB LED（WS2812）	使用GPIO16控制

池电压超过 4.25V 时开始工作，对 22Ω 电阻放电到 4.19V 截止。

5. RGB灯效

RGB LED 使用了 21 个 WS2812，并设置了 6 种灯效。

6. 软件开发环境

软件开发使用 ESP32-Arduino 开发环境，Arduino IDE 版本使用 1.8.13，ESP32 库版本为 1.0.6。

调参上位机使用 Python-PYQT 编写，上位机界面如图 2 所示。

本项目大部分物料均采购自立创商城，三角形 PCB 尺寸为 10cm × 10cm，无刷电机、电池、铜柱、螺丝、磁铁、MPU6050 六轴传感器模块和 AS5600 磁编码器模块需要在电商平台购买。

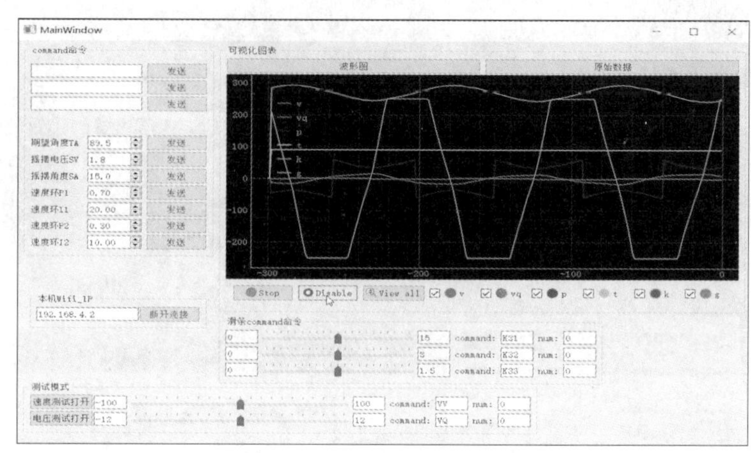

图 2 上位机效果图

制作步骤

1. 硬件部分电路讲解

（1）主控

主控使用 ESP-WROOM-32，原因是 SimpleFOC 需要较高性能用于计算，并且 ESP32 可以使用 Wi-Fi 实现无线调参，其价格也比较稳定，还内置了触摸按键、ADC，可以用于功能扩展。主控部分和触摸盘电路如图 3 所示。

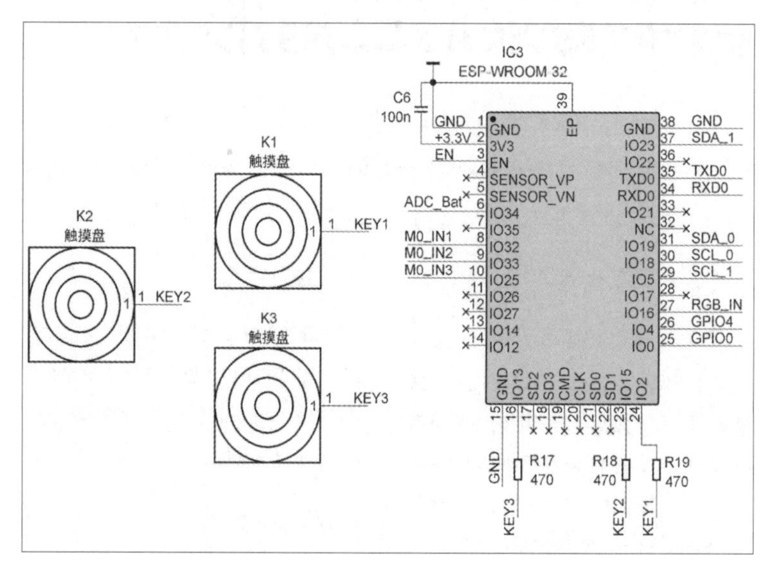

图 3 主控部分和触摸盘电路

（2）无刷电机驱动

EG2133 是一款性价比不错的国产大功率 MOS 管、IGBT 管栅极驱动专用芯片，内部集成了逻辑信号输入处理电路、死区时间控制电路、闭锁电路、电平位移电路、脉冲滤波电路及输出驱动电路，这里配合 6 个 NMOS 管构成三相半桥，成本低廉且性能强大。无刷电机驱动电路如图 4 所示。

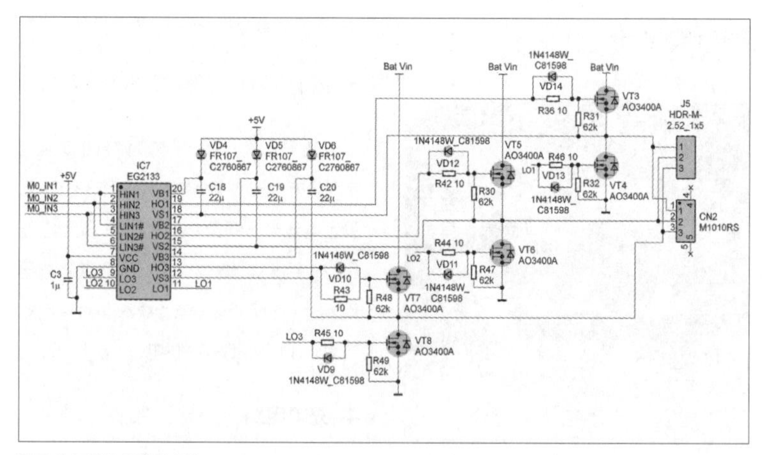

图 4 无刷电机驱动电路

（3）电源

本项目使用 3 块 3.7V/600mAh 锂电池串联供电，通过 USB Type-C 接口和

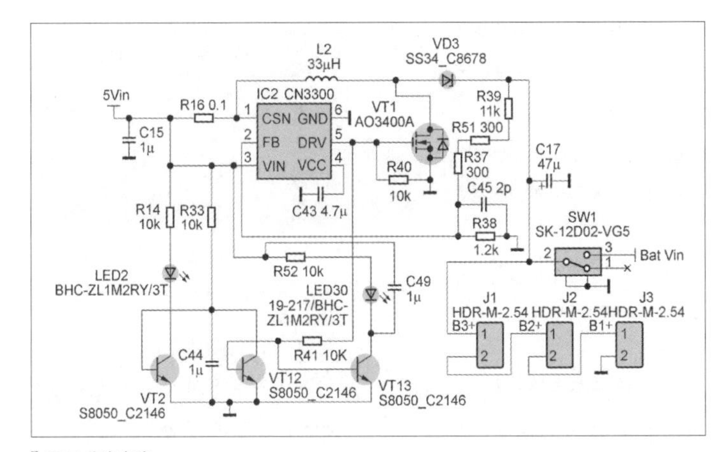

图 5 充电电路

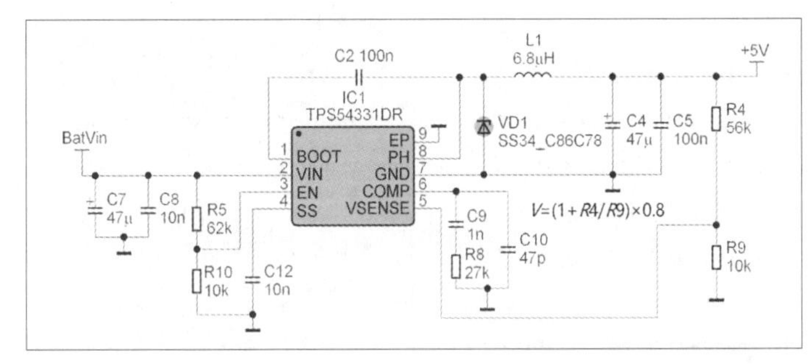

图 6 系统供电电路

CN3300 来获得 7.5W 的充电功率，并附带 2 颗 LED 指示充电状态。稳压部分使用 TPS54331DR 提供稳定的电压，并且通过分压电阻配置使能（EN）引脚，当电池电压低于 9V 时，强制断开 TPS54331DR 电压输出，避免电池过放。同时使用 3 个均衡芯片管理单个电池，避免出现单个电池电压过高，导致过充，而其他电池却无法充满电的情况。电源充电电路如图 5 所示，系统供电电路如图 6 所示，电池均衡电路如图 7 所示。

（4）电池电压采集

电池电压通过两个电阻分压后送入 ADC 进行采样，其电路如图 8 所示。

2. 元器件使用说明

在焊接时 EG2133 不能连锡，如果连锡会导致 MOS 管被击穿损坏。MOS 管在焊接的时候有可能会被静电击穿。测试时可以拔掉电机线，以万用表电阻挡测量 MOS 管的 D、S 引脚，如果电路通了，则要替换 MOS 管。

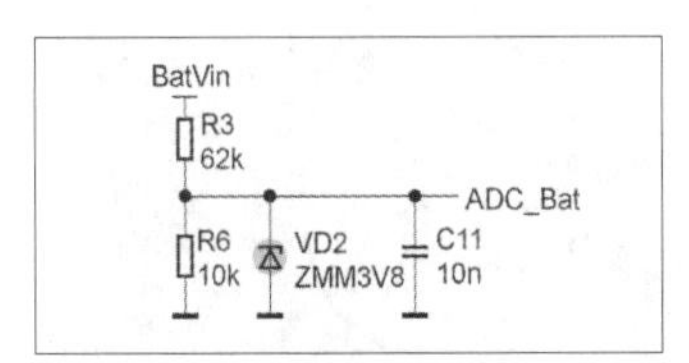

图 8 电池电压采集电路

3. 结构设计说明

本项目使用 PCB 作为结构件，制作时需要两块 PCB 主板和 1 个动量轮。两块 PCB 主板，一块用来焊接电路，另一块用于固定电池。PCB 主板外形如图 9 所示，动量轮如图 10 所示。

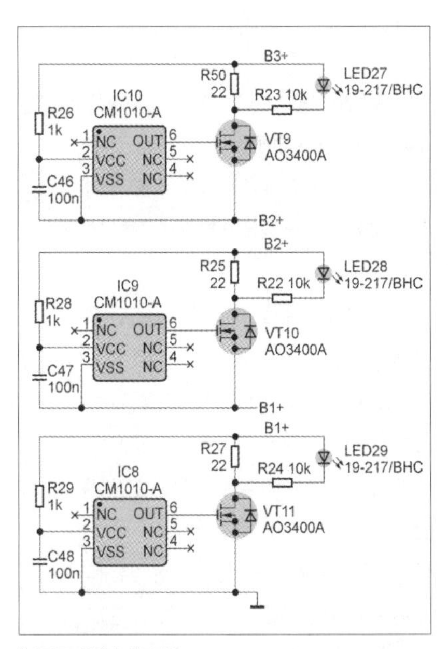

图 7 电池均衡电路

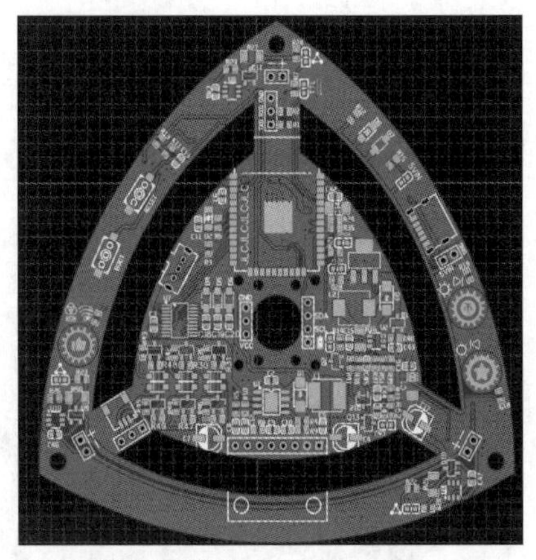
图 9 主板 PCB 外形

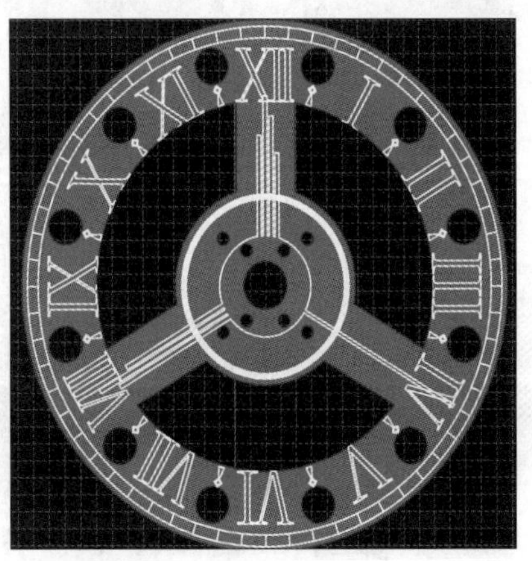
图 10 动量轮

软件

自平衡控制为LQR算法，输出期望速度，使动量轮加速运动从而控制三角形左右方向。代码的调参都可以通过连接ESP32的Wi-Fi进行调整，其具体特性如下。

基于Arduino，运行在ESP32 Arduino上。

自带测试模式，包括电压测试和速度测试，通过代码控制可以单独输出电压让电机转动，也可以设置指定速度让电机保持转速。

这里简单解释一下算法原理。当三角形向左倾斜时，需要产生向右的力回正。

在速度控制下，回正力F与动量轮转速加速度a有关，$F=ma$，当三角形向左倾斜时，电机需要向左加速转动，产生向右的力F。此时期望速度＝角度差值×参数1+左右倾倒加速度×参数2+当前速度×参数3。

本项目已上传至立创开源硬件平台，大家可以搜索“莱洛三角V2”查看项目资源。

项目中我使用了3个触摸盘，这3个触摸盘的功能如表2所示。

表2 触摸盘功能

触摸盘	功能
触摸盘1	GPOI13-Touch4，单击：开关RGB灯，长按：开关Wi-Fi和电机
触摸盘2	GPOI15-Touch3，单击：增加RGB灯亮度，长按：下一个RGB灯效
触摸盘3	GPOI2-Touch2，单击：降低RGB灯亮度，长按：上一个RGB灯效
注：单击时长须在100ms以上，长按时长须在800ms以上	

制作注意事项

下载完本程序附件所有文件后，打开Arduino文件夹，解压Arduino.7z文件，完成后双击运行esp32_package_1.0.6.exe安装ESP32库环境。注意：若之前安装过Arduino IDE，请将“C:\Users\用户名\AppData\Local\”内的Arduino15文件夹和“此计算机\文档”内的Arduino删除（可能会出现版本不对导致电机不动的情况）。

打开解压后的Arduino文件夹内的arduino.exe，选择“导航栏”→“文件”→“打开”。选择v2\main里面的main.ino文件。

使用CH340下载器，将下载器的TXD、RXD、GND用杜邦线引出，对准PCB的ESP32正上方的GND、RXD、TXD，接法为TXD-TXD、RXD-RXD、GND-GND。

将烧录程序到ESP32。选择“工具”→“开发板”→“esp32 Arduino-ESP32 Dev module”，然后连接USB接口选择对应的COM端口，编译上传。

如无法正常编译，可能与原有Arduino文件有冲突，请查看第一条注意事项。也有可能是文件夹路径含有非法字符，可以把Arduino文件夹移动到硬盘根目录下，如D:\Arduino。

如需修改参数，可长按触摸盘1，打开Wi-Fi并停止电机。接着打开项目内的python_gui/可执行文件_main文件夹内的main.exe文件并连接上Wi-Fi：ESP32，单击设置开始调参。

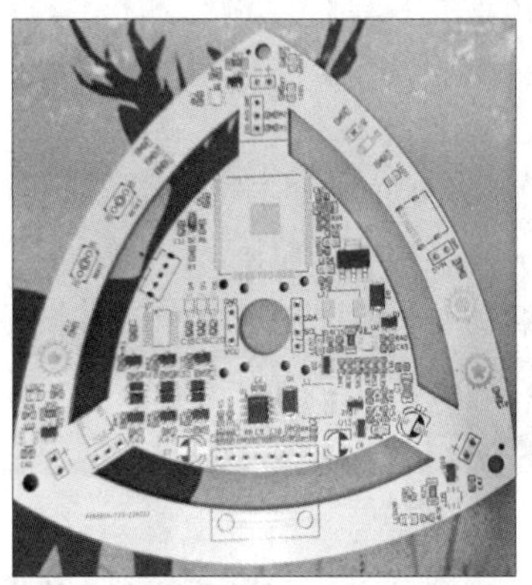
图11 主板PCB

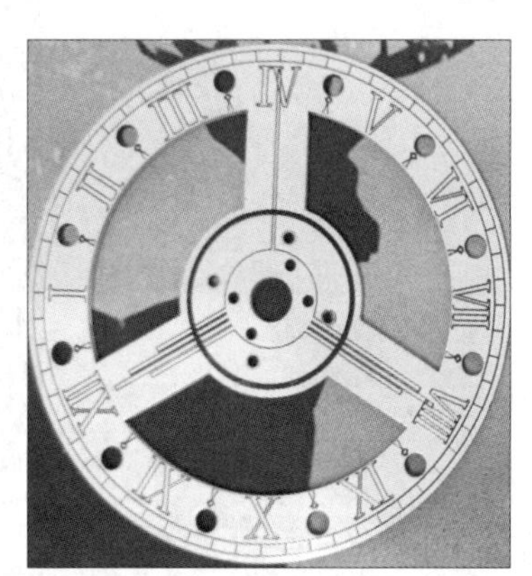

图12 动量轮PCB

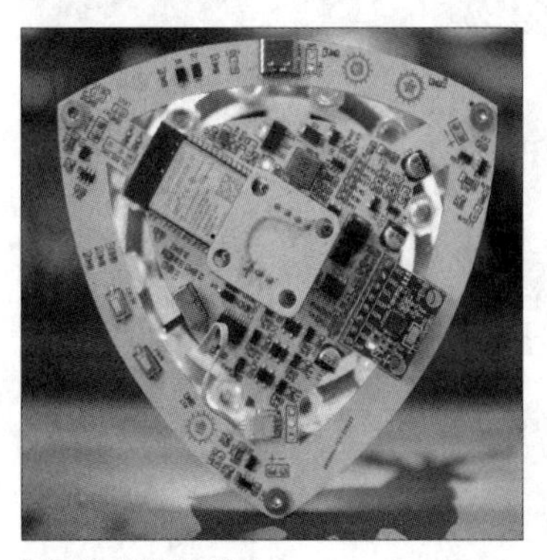
图13 平衡效果实拍

图14 背板电池摆放

最终成品效果图

制作好的主板PCB如图11所示，动量轮PCB如图12所示。焊接好元器件，实现平衡效果如图13所示，背板电池摆放如图14所示。大家可以扫描文章开头的二维码观看演示视频，也可以前往bilibili，关注“455555菌”，搜索“自平衡莱洛三角形V2”观看演示视频。

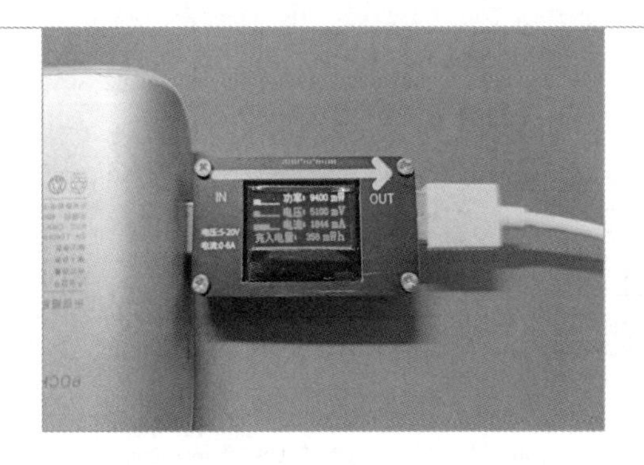

OSHWHub 立创开源硬件平台 立创课堂

USB 功率测试器

冯昊

手机快充现在越来越普遍，速度也越来越快，对数码爱好者来说，USB功率测试器是一个相当好用的工具。现在的快充功率动辄65W甚至上百瓦，且各家协议各不相同，网上支持高功率与全协议的测试器也需要上百元，正所谓自己动手丰衣足食，所以我设计了一款成本较低的USB功率测试器，预计可测试最高20V/6A，即120W的功率，且支持市面上常用的快充协议。

简介

制作所用核心硬件框图如图 1 所示。

电源从 USB 公头输入后分为两路，一路经过 5mΩ 的电流采样电阻从 USB 母座输出后接手机等设备；另一路经过 DC-DC 降压为 3.3V 为系统各部分供电。电压、电流采样芯片 INA220 会周期性采样USB VBUS上的电压和电阻上的压降，并自动把压降转换成电流，同时根据电压和电流计算出功率。

MCU 通过 I^2C 总线与 INA220 通信，读取其上一次转换的电压、电流、功率，并且通过计算功率在时间上的积分来计算出充入手机的电量。最后通过 I^2C 总线把电压、电流、功率、充入电量显示在 0.96 英寸的 OLED 显示屏上。

如果此设计只用来显示功率未免有些浪费，所以我还设计了一个电阻网络用来进行 QC 快充，可充当一个简易可调电源。在 QC 2.0 模式下，制作的 USB 功率测试器可提供 5V、9V、12V、20V 四种电压输出。在 QC 3.0 模式下，可提供 4.6~20V以0.2V为步进的可调电压输出，实际可输出的电压取决于你的充电头。

在硬件框图中，我们可以看到有两个可选部分，其中 EEPROM 可以用来存储记录到的电压、电流数据，绘制电压、电流和功率的曲线；CH340 用来调试和烧录程序。但这两个元器件我不太建议选择，原因在后文会详细叙述。

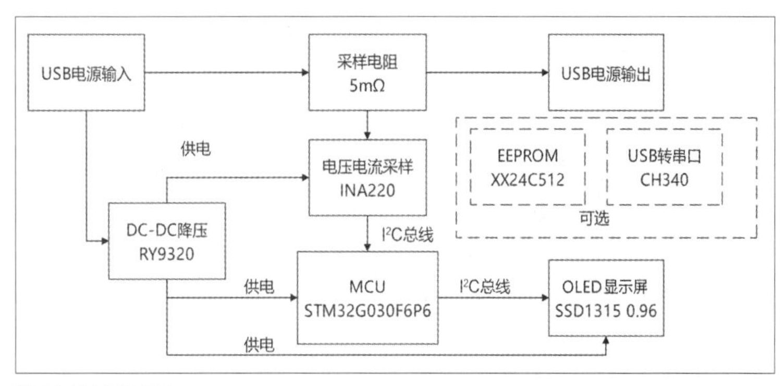

图 1 核心硬件框图

本设计的所有原理图、PCB、源代码均已上传至立创开源硬件平台，大家可以在该平台搜索“USB 功率测试仪”下载需要的资料。

制作步骤

1. 硬件部分电路讲解

（1）主控

主控选择了 STM32G030F6P6（见图 2），这是一款性价比非常高的 MCU，网上只要花两三元就能买到。它采用 ARM Cortex-M0+ 内核，主频最高 64MHz，拥有 32KB Flash 和 8KB RAM，I^2C、UART 等接口也一应俱全。

图 2 主控 STM32G030F6P6

（2）降压电路

降压电路是本设计中非常重要的一部分，它为各芯片提供 3.3V 电源。降压电路首先要能工作在比较宽的电压范围，因为现在的快充电压大部分是 5~20V，所以选择的降压方案应当满足这个要求。其次是效率越高越好，因为降压电路是从 USB 的 VBUS 上取电，所以肯定会造成电流测量的误差，转换效率越高，误差就越

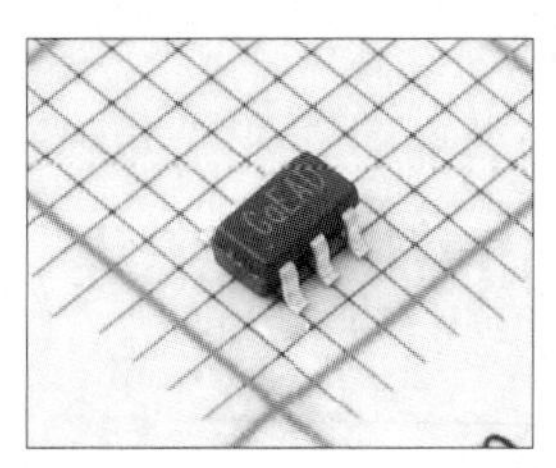

图3 同步降压芯片 RY9320AT6

图4 INA220 芯片

图5 USB Type-A 接口

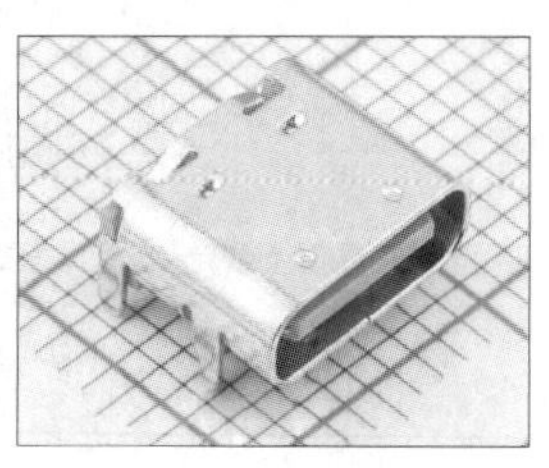

图6 USB Type-C 接口

小。基于以上两点，LDO 就被排除了，因为在高压差的时候 LDO 的效率太低了，而 DC-DC 降压就成了最好的选择。同时由于整个系统消耗的电流最大不会超过 60mA，低负载下普通的 DC-DC 芯片效率较低，所以最好选择带 Burst、SKIP、PFM 等轻载节能功能的芯片。

我选择的是国产品牌蕊源的同步降压芯片 RY9320AT6（见图3），价格为 2 元左右。RY9320 拥有 4.5~28V 的宽电压输入范围，并可以提供最高 2A 的输出电流，工作频率 500kHz，上/下管导通电阻为 100/50mΩ。并且，在轻载工况下，RY9320 可以自动进入 PFM 模式来提高转换效率。

基于以上参数，可以推测 RY9320 在本设计中应当会有很高的转换效率，实测结果也不出所料。5V 电压时只需要从 VUBS 获取 9mA 电流，而在大部分手机快充在以 9~12V 电压充电时只需要 4mA 左右电流，大大降低了测量误差。

（3）电压、电流采样

电流检测的原理是当 VBUS 上的电流通过一个阻值较小的采样电阻时，会在采样电阻上产生一个压降，只要测出该压降的值并根据欧姆定律 $I=U/R$ 就可以计算出 VBUS 上的电流。

对于电压、电流采样，一个非常经典的选择是德州仪器的功率监测芯片 INA226，INA226 拥有 16 位分辨率，最大可测量 36V 总线电压和 ±80mV 的分流电压。但由于去年以来 INA226 涨价非常厉害，需要 20 元左右，所以我退而求其次选择了 INA220（见图4），它只要 2 元左右。INA220 的分辨率是 12 位，最大可测量 26V 总线电压和 ±40mV 的分流电压，当选择 5mΩ 采样电阻时，最大可测量 40mV/5mΩ=8A 的电流，也能满足我的需求。

（4）接口部分

为了提高兼容性，我使用了两种接口，一种是 USB Type-A 接口（见图5），可以用于大部分快充的测试，并且可以通过更大的电流。另一种是 USB Type-C 接口，主要用于 PD 快充的测试。

其中，USB Type-A 接口使用的是定制的 5Pin 接口，这种接口是支持小米、OPPO 等品牌快充的关键，它实际上是把 USB 3.0 的 GND 脚复用成了私有协议的识别脚，并且将 VBUS 和 GND 加宽以通过更大的电流。而 USB Type-C 规范本身就最大支持 5A 电流，所以查阅手册选择一个支持 5A 电流的即可（见图6）。

（5）快充

QC 快充的逻辑比较简单，只需要 0V、0.6V、3.3V 三种电压就可以。

大致过程如下。受电设备首先在 D+ 引脚上施加 0.6V 电压，这时充电器的 D- 引脚和 D+ 是连通的，即 D- 引脚上也能检测到 0.6V 电压。若充电器支持 QC 快充，则大约 1.5s 后，D- 引脚与 D+ 引脚的连接会断开，即 D- 引脚电压降到 0V。之后充电器便根据 D- 引脚和 D+ 引脚上的电压输出对应的电压，比如，D+ 引脚上的电压为 3.3V，D- 引脚上的电压为 0.6V 时，充电器会输出 9V 电压。充电器 D- 引脚和 D+ 引脚上的电压与输出电压的关系如附表所示。

附表　充电器 D- 引脚和 D+ 引脚上的电压与输出电压的关系

D+ 引脚	D- 引脚	输出电压
0.6V	0.6V	12V
3.3V	0.6V	9V
0.6V	3.3V	进入 QC 3.0 模式
3.3V	3.3V	20V（仅少数充电器支持）
0.6V	0V	5V

而进入 QC 3.0 模式后，D+ 引脚每产生一个 3.3V 的高电平脉冲，输出电压就会上升 0.2V；D- 引脚每产生一个 0.6V 的低电平脉冲，输出电压就会下降 0.2V。所以，我们使用电阻分压来产生这 3 种电压就能使充电器输出对应的电压值，进而将充电器当作一个简易可调电源来使用。

（6）OLED显示屏

显示部分我选择了经典的 0.96 英寸的 OLED 显示屏（见图7），OLED 显示屏具有低功耗、高对比度的特性，它的每个像素是独立发光的，不发光的像素不会产生功耗。

（7）串口下载

串口下载部分我们使用 CH340 USB 转串口芯片，使用 RTS 与 DTR 引脚实现一键下载，这是一款非常经典的芯片。这里我使用的是 CH340K 芯片（见图8），因为我有几片以前剩的，但现在 CH340K 价格比较贵，可以自行换成 CH340E。

图7 OLED 显示屏

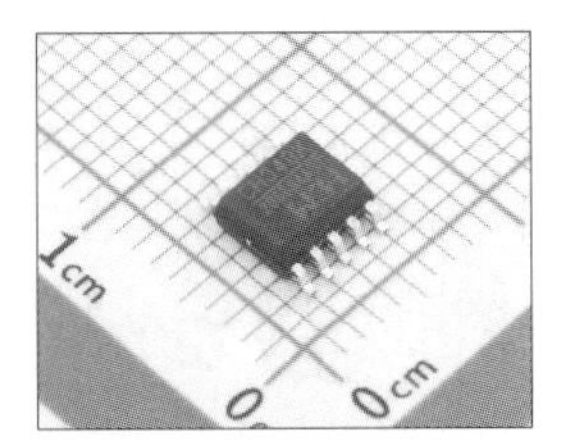

图8 CH340K 芯片

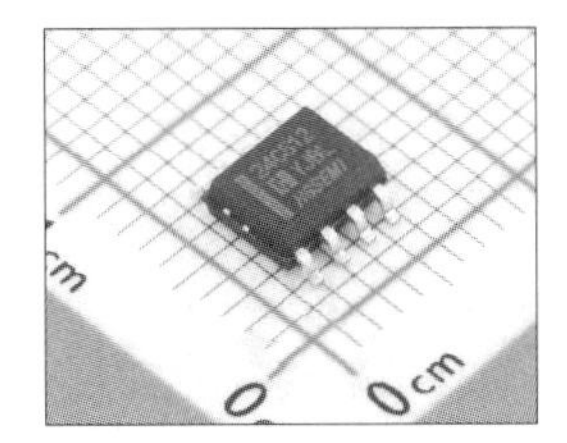

图9 EEPROM 24C512

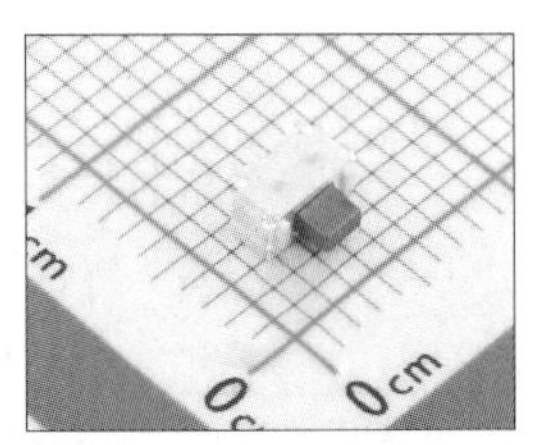

图10 按键

由于 STM32G030F6P6 是一款比较新的 MCU，大部分烧录软件对它的支持并不友好，所以我更建议直接使用 ST-LINK 或 J-LINK 来烧录。

（8）EEPROM

EEPROM 用来存储记录到的电压、电流和功率数据，可以用来绘制变化曲线。但由于 EEPROM 是有写入寿命限制的，而且 0.96 英寸的 OLED 显示屏实在太小了，做出来后实际体验并不算好，所以我不太建议使用 EEPROM，这里我使用的型号是 24C512（见图 9）。

（9）按键

按键使用 2mm×4mm 的侧按轻触开关（见图 10），在程序中使用外部中断来触发。

2. 原理图和PCB设计说明

PCB 使用 4 层板，4 层板拥有更强的抗干扰能力，而且可以降低布线难度。这里要感谢嘉立创的 4 层板免费打样为本次设计提供了极大便利，各部分 PCB 设计如图 11~ 图 13 所示，为显示清晰已设置隐藏铺铜。接着我们看看各部分的电路原理。

（1）主控电路

主控电路如图 14 所示，主控的外围电路比较简单，只需要 1 个电源去耦电容和 NRST、BOOT0 脚的上拉电阻即可，此处可以看到只有 PC15 引脚没有使用。

（2）降压电路

降压电路如图 15 所示，要注意反馈电阻 10kΩ/45kΩ 这对组合是官方手册中的建议，但实际上 45kΩ 电阻是很难买到的，所以我根据输出电压公式 $V=0.6(1+(R1/R2))$ 选择了 11.3kΩ/51kΩ 的反馈电阻，其他阻值的组合也是完全可以的，但要注意不要偏离官方推荐值太多，以免造成环路不稳定。所有电容均选择 ESR 较低的 MLCC 贴片电容。输入电容要注意耐压和材质，因为最大输入电压是 20V，所以耐压最好选 25V 或以上的，而且材质要选择 X5R 或 X7R 的 MLCC，因为其他材质，比如 Y5V 的电容容量随温度变化比较大，并且当直流偏置电压接近电容耐压时，它的容量可能就只剩标称值的十分之一了。

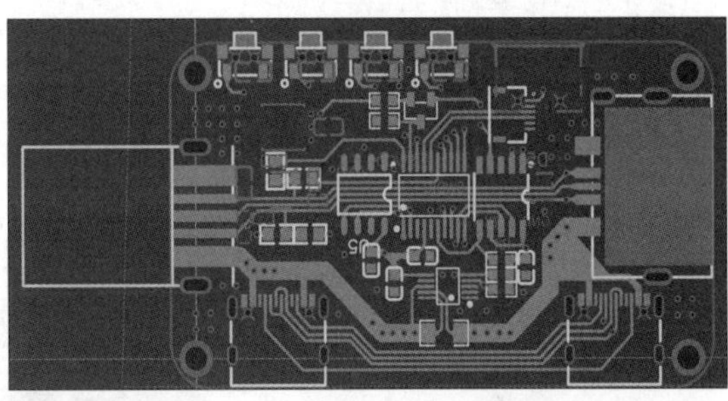

图11 PCB1

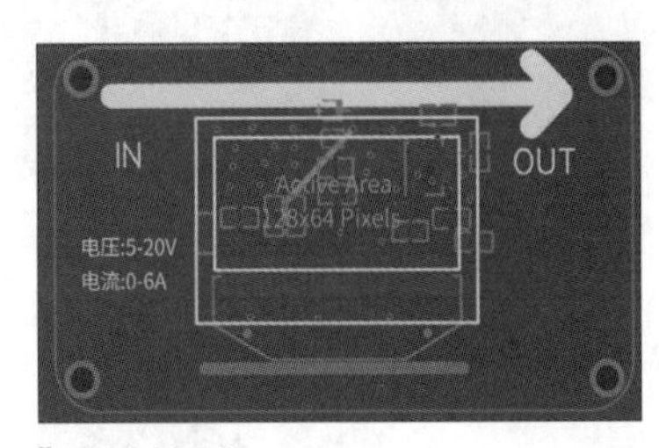

图12 PCB2

图13 PCB3

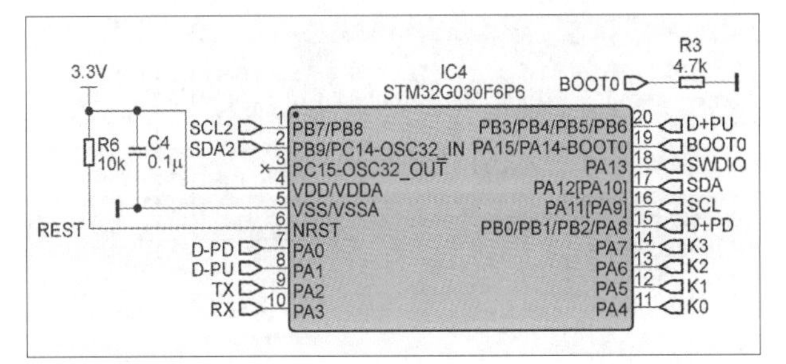

图14 主控电路

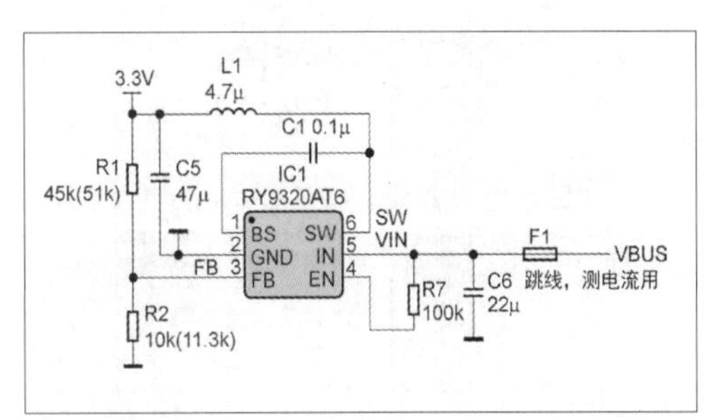

图15 降压电路

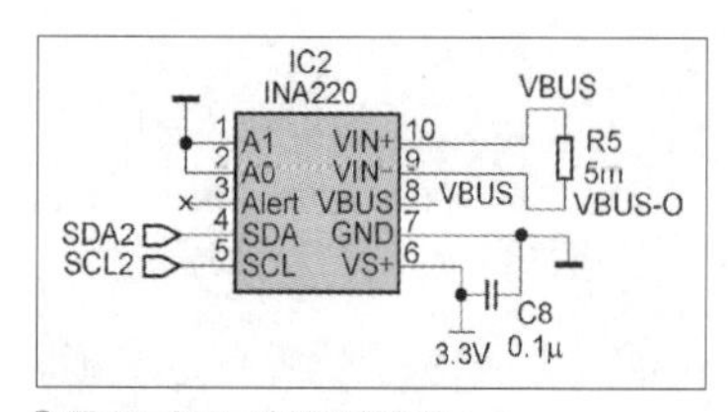

图 16 电压、电流采样电路

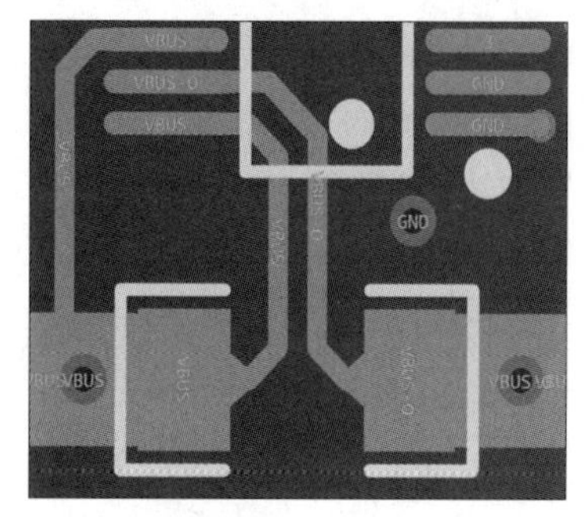

图 17 开尔文布线

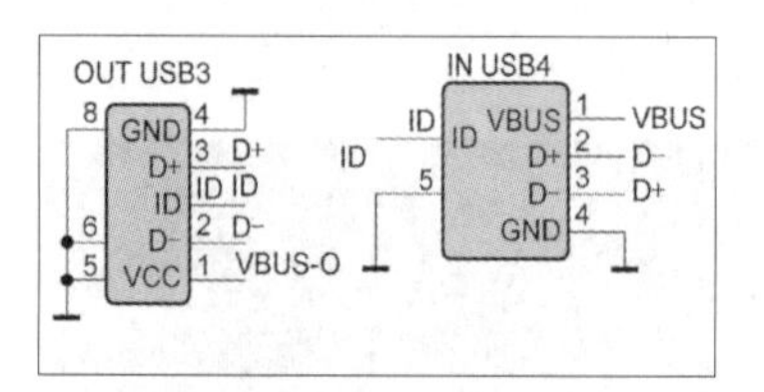

图 18 USB Type-A 接口电路

（3）电压、电流采样电路

电压、电流采样电路如图 16 所示，INA220 电源引脚添加一个去耦电容。A0、A1 接地以设置 I²C 地址，VIN+、VIN- 是分流电压的差分输入。布线时要注意采样电阻与 VIN+、VIN- 之间的连接要使用开尔文走线以减少导线压降的影响（见图 17）。

（4）接口部分

在接口部分，将各引脚对应连接起来即可（见图 18 和图 19）。为增加载流，VBUS 应进行开窗挂锡（见图 20）。

（5）快充电路

快充电路部分使用电阻分压来模拟电平，由于 MCU 推挽输出高电平时输出电压为 3.3V，所以当 $U_{D+PU}=U_{D+PD}=3.3V$ 时，$U_{D+}=3.3V$；$U_{D+PU}=U_{D+PD}=0V$ 时，$U_{D+}=0V$；$U_{D+PU}=3.3V$，$U_{D+PD}=0V$ 时，$U_{D+}\approx 0.6V$。U_{D-} 部分同理。这样我们就能通过 I/O 口的输出变化来模拟 3 种电平进而实现快充电压的请求（见图 21）。

（6）OLED显示屏

OLED 显示屏的电路参照其驱动芯片 SSD1315 的官方手册绘制即可（见图 22）。

OLED 显示屏放置在另一块PCB上，两块 PCB 使用 M2 铜柱叠在一起，两块 PCB 之间的电路使用 FFC 软排线连接（见图 23）。同时，我还设计了另一片 PCB 来保护凸出来的屏幕。

（7）串口下载电路

串口下载电路如图 24 所示，使用一个 PMOS 管来实现一键下载，并且使用一个 Micro USB 接口连接计算机。前面已经说过串口下载不建议使用，可以直接留空不焊。

（8）EEPROM电路

EEPROM 电路如图 25 所示，连接至 I²C 总线并添加一个去耦电容即可，同样可以留空不焊。

（9）按键电路

一共使用了 4 个按键，这里每个按键需要连接一个 100nF 电容消抖（见图 26）。

3. 结构设计说明

整个 USB 功率测试器共有 3 层、4 片 PCB，其中最上和最下面两片 PCB

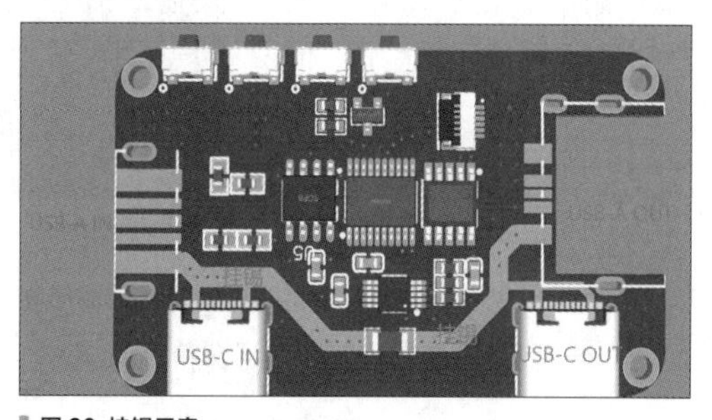

图 20 挂锡示意

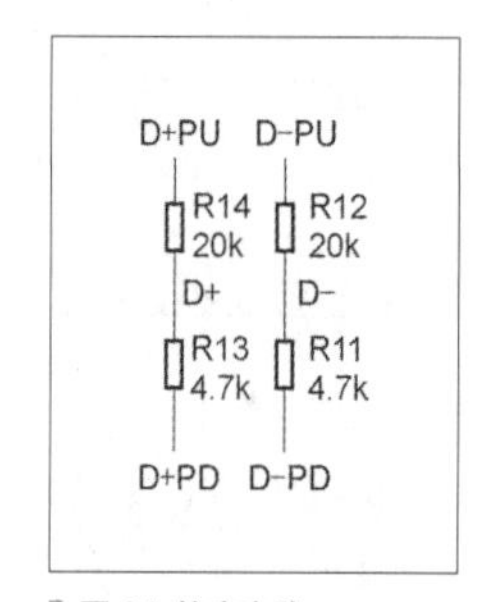

图 21 快充电路

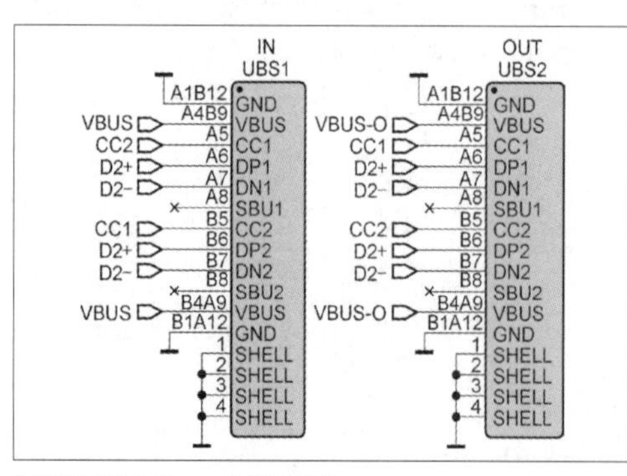

图 19 USB Type-C 接口电路

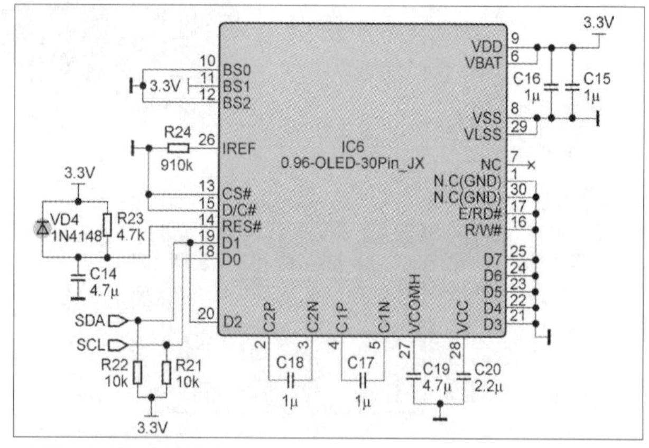

图 22 OLED 显示屏电路

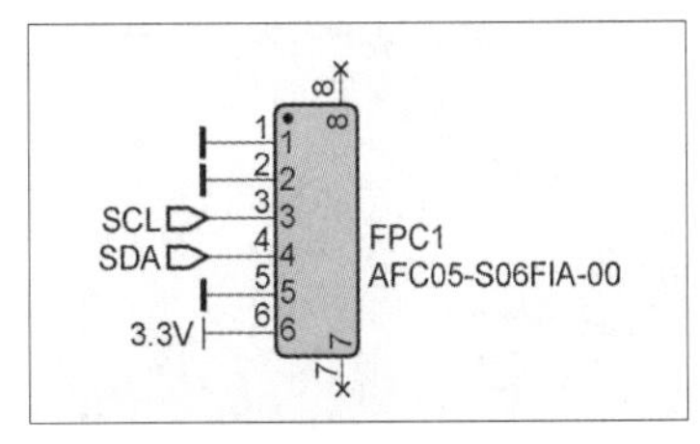

图 23 FFC 排线座电路

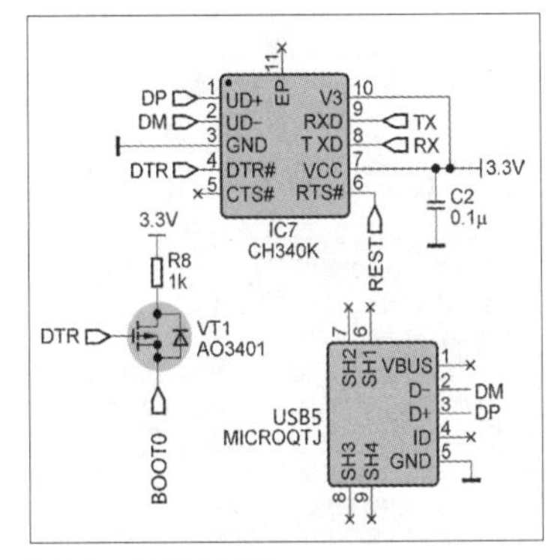

图 24 串口下载电路

主要起保护作用（见图27），并没有实际电路，4片PCB如图28所示。由于制作时进行了多次打样测试，板子的颜色并不统一。大家制作时可以把所有文件拼在一起一次打出来，使用

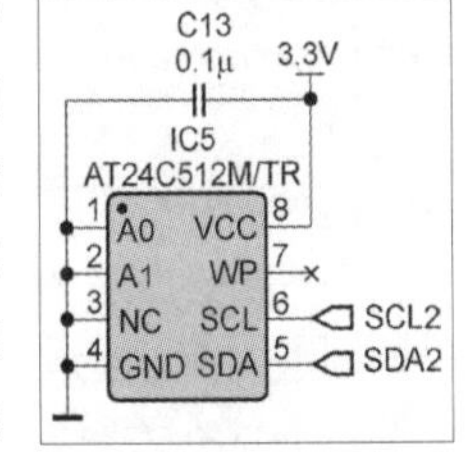

图 25 EEPROM 电路

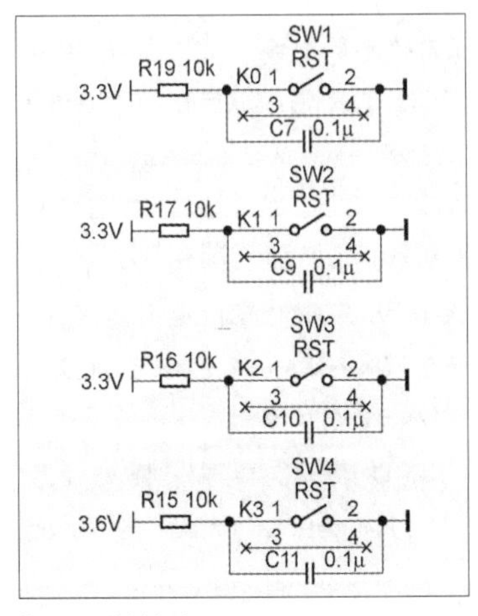

图 26 按键电路

的铜柱规格为M2×3mm和M2×4mm。

软件

IDE使用的是STM32CubeID，固件库使用的HAL库，初始化代码使用STM32CubeMX生成。不得不说意法半导体这套工具真的大大方便了STM32的开发，效率比以前使用标准库高了不少。全部代码有几千行，就不在这里全部放出了，大家可以在立创开源硬件平台搜索本项目，下载相关附件。下面说说几个主要部分代码。

1. INA220数据的读写

INA220使用I^2C总线与MCU通信，初始化时要设置一次配置寄存器和校准寄存器，之后定时读取其采样结果就行了。读写时要先将内部的一个指针指向相关寄存器，我们可以直接使用HAL库的硬件I^2C函数HAL_I2C_Mem_Read()、HAL_I2C_Mem_Write()进行读写。

数据写入代码如下，这里以INA220初始化为例。

```
//INA220 初始化
void INA220_Init(void)
{
  u8 CFG[2] = {0x27,0xff}; //配置寄存器 0x27FF: 32V, PGA=1, 128次平均, 连续模式
  u8 CAL[2] = {0x20,0x00}; //校准寄存器 0x2000: 1mA/bit
  //参数: I²C编号、INA220地址、内部指针、地址大小、起始地址、数据长度、超时时间
  HAL_I2C_Mem_Write(&hi2c1,INA220_ADDR,CFG_REG,I2C_MEMADD_SIZE_8BIT,&CFG[0],2,100);//设置配置寄存器
  HAL_I2C_Mem_Write(&hi2c1,INA220_ADDR,CAL_REG,I2C_MEMADD_SIZE_8BIT,&CAL[0],2,100);//设置校准寄存器
}
```

数据读取代码如下，这里以电压读取为例。

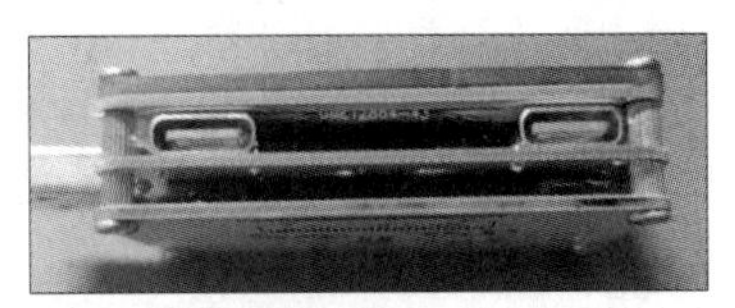

图 27 结构侧视图

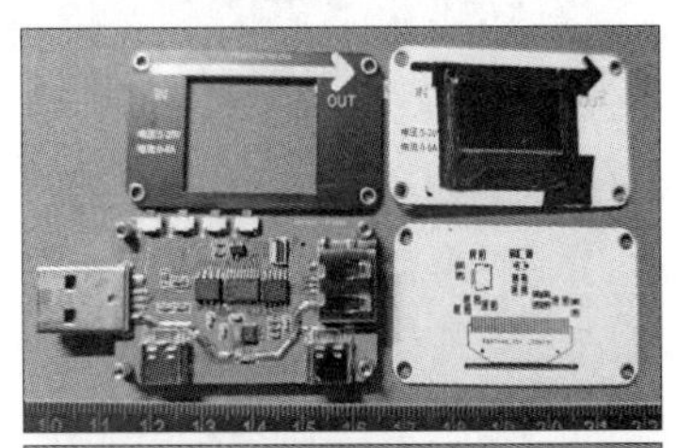

图 28 4 片 PCB

```
// 读取电压 4mV/bit
u16 INA220_GetVoltage(void)
{
  u16 temp=0;
  u8 buffer[2] = {0,0};
  //读取电压寄存器
  HAL_I2C_Mem_Read(&hi2c1,INA220_ADDR,BV_REG,I2C_MEMADD_SIZE_8BIT,&buffer[0],2,100);
  temp = buffer[0]<<8|buffer[1];// 读取到的两个8位二进制数合成一个16位二进制数
  temp >>= 3;// 右移3位对齐数据
  temp *= 4;// 计算出毫伏电压
  return temp;
}
```

2. OLED显示屏

OLED显示屏的基本操作无非就是写命令和写数据，这里我又增加了一个写显存。对于RAM比较大的MCU，我们可以在RAM中单独划一片区域作为显示缓冲区，每次局部修改显示的值时只需写入显示缓冲区。而显示缓冲区的内容定时写入OLED显示屏的GRAM中，这样就可以进行连续写入，大大减少了写GRAM的时间。这里使用的是阻塞模式写入，如果

使用中断或DMA方式能进一步提高效率。这部分的代码示例如下。

```
void Write_IIC_Command(unsigned char I2C_Command)//写命令
{
  uint8_t *pData;
  pData = &I2C_Command;
  HAL_I2C_Mem_Write(&hi2c2,OLED_ADDRESS,0x00,I2C_MEMADD_SIZE_8BIT,pData,1,100);
}
void Write_IIC_Data(unsigned char IIC_Data)//写数据
{
  uint8_t *pData;
  pData = &IIC_Data;
  HAL_I2C_Mem_Write(&hi2c2,OLED_ADDRESS,0x40,I2C_MEMADD_SIZE_8BIT,pData,1,100);
}
//更新显存到OLED显示屏
void OLED_Refresh(void)
{
  u8 i;
  for(i=0;i<8;i++)
  {
    OLED_WR_Byte(0xb0+i,OLED_CMD); //设置行起始地址
    OLED_WR_Byte(0x00,OLED_CMD);   //设置低列起始地址
    OLED_WR_Byte(0x10,OLED_CMD);   //设置高列起始地址
    HAL_I2C_Mem_Write(&hi2c2,OLED_ADDRESS,0x40,I2C_MEMADD_SIZE_8BIT,&OLED_GRAM[i][0],128,100);
    //写入显存
  }
}
```

3. 快充部分

快充部分按照前文的步骤操作即可，这里仅展示与充电器进行握手的代码，如下所示。

```
//QC握手
u8 QC_Check(void)
{
  u8 i;
  u16 DP_voltage;
  MX_ADC1_Init();//ADC初始化
  HAL_ADCEx_Calibration_Start(&hadc1);//ADC校准
  QC_DP_Init();//D+上加0.6V电压
  HAL_ADC_Start(&hadc1);//读取DM上的电压
  HAL_ADC_PollForConversion(&hadc1,100);
  DP_voltage=HAL_ADC_GetValue(&hadc1);
  if(DP_voltage<700||DP_voltage>850)//读取不到电压
  return 0;//握手失败
  for(i=0;i<15;i++)//DM读取到0.6V左右电压
  {
    HAL_Delay(100);
    HAL_ADC_Start(&hadc1);
    HAL_ADC_PollForConversion(&hadc1,100);
    DP_voltage = HAL_ADC_GetValue(&hadc1);
    //DM电压归零，表示充电器将DM与DP的连接断开
    if(DP_voltage<20)
    {
      HAL_ADC_DeInit(&hadc1);
      QC_DM_Init();//设置DM电压
      return 1;//握手成功
    }
  }
  return 0;//握手失败
}
```

4. 多级菜单

我为功能切换设计了一个多级菜单，多级菜单的结构代码如下所示。

```
key_table table[30]=
{
  {0,0,0,1,(*fun0)}, //第0层，显示主界面
  {1,4,2,5,(*fun1)}, //第一层，显示【亮度设置】、快充、数据记录、返回
  {2,1,3,6,(*fun2)}, //第一层，显示亮度设置、【快充】、数据记录、返回
  {3,2,4,9,(*fun3)}, //第一层，显示亮度设置、快充、【数据记录】、返回
  {4,3,1,0,(*fun4)}, //第一层，显示亮度设置、快充、数据记录、【返回】
  {5,5,5,1,(*fun5)}, //第二层，亮度设置
  {6,8,7,10,(*fun6)}, //第二层，快充层下显示【QC 2.0】、QC 3.0、返回
  {7,6,8,11,(*fun7)}, //第二层，快充层下显示QC 2.0、【QC 3.0】、返回
  {8,7,6,2,(*fun8)},  //第二层，快充层下显示QC 2.0、QC 3.0、【返回】
  {9,9,9,3,(*fun9)}, //第二层，数据记录
  {10,10,10,6,(*fun10)}, //第三层，快充QC 2.0
  {11,11,11,7,(*fun11)},//第三层，快充QC 3.0
};
```

制作注意事项

第一次使用STM32G0系列芯片时要谨防变砖！大家都知道STM32F1系列的启动设置是由BOOT0和BOOT1引脚决定的。但G0系列的启动方式默认不是由BOOT0引脚决定的，而是由内部nBOOT0 Bit寄存器决定的，其默认值是1，也就是默认从User Flash启动，且与BOOT引脚无关。而全新的芯片由于里面没有程序，启动时会直接进入System Memory，直到这时表面上是一切正常的，但如果直接往里烧一段程序就会发现无法再次使用串口进行烧录了。

所以第一次烧录前要先使用STM32CubeProgrammer将Option bytes-User Configuration中的nBOOT_SEL去掉（见图29），这样启

Option bytes

		Checked : No reset generated when entering Stop mode
nRST_STDBY	☑	Unchecked : Reset generated when entering Standby mode Checked : No reset generated when entering Standby mode
nRST_SHDW	☑	Unchecked : Reset generated when entering the Shutdown mode Checked : No reset generated when entering the Shutdown mode
IWDG_SW	☑	Unchecked : Hardware independant watchdog Checked : Software independant watchdog
IWDG_STOP	☑	Unchecked : Freeze IWDG counter in stop mode Checked : IWDG counter active in stop mode
IWDG_STDBY	☑	Unchecked : Freeze IWDG counter in standby mode Checked : IWDG counter active in standby mode
WWDG_SW	☑	Unchecked : Hardware window watchdog Checked : Software window watchdog
RAM_PARITY_CHECK	☑	Unchecked : SRAM2 parity check enable Checked : SRAM2 parity check disable
nBOOT_SEL	☐	Unchecked : BOOT0 signal is defined by BOOT0 pin value (legacy mode) Checked : BOOT0 signal is defined by nBOOT0 option bit
nBOOT1	☑	Unchecked : Boot from Flash if BOOT0 = 1, otherwise Embedded SRAM1 Checked : Boot from Flash if BOOT0 = 1, otherwise system memory
nBOOT0	☑	Unchecked : nBOOT0=0 Checked : nBOOT0=1

图 29 去掉 nBOOT_SEL 设置

动方式就重新变成由 BOOT0 引脚决定了。步骤类似 AVR 单片机的配置熔丝。

成品效果与功能介绍

制作完成上电后，功率计会直接进入功率检测页面（见图 30），从左往右第一个按键是菜单 / 确认键；第二、三个按键是上、下切换键；最后一个是附加功能键，在主界面可以临时开 / 关显示，防止长时间测量造成 OLED 显示屏烧屏。

按下菜单键后进入菜单，此时可以选择的功能如图 31 所示。

此时进入设置后可以设置屏幕亮度（见图 32）。

进入快充有 2 个选项：QC 2.0 和 QC 3 .0。QC 2.0 可以选择 5V、9V、12V、20V 共 4 种电压；QC 3.0 可以在 4.4~20V 间以 0.2V 为步进连续调压（见图 33 和图 34）。

选择数据记录后可以查看电压、电流或功率的曲线，受限于屏幕大小，曲线比较简陋（见图 35）。

图 36 所示为功率计正在测试红米 67W 快充，可以看到实际功率能达到 60W 左右。

遗憾的是，这已经是我功率最高的设备了，所以无法测试更高功率设备的表现。但理论上测量 120W 的充电器应该也没问题，因为 120W 充电是 20V/6A，电流和 67W 充电基本一样，只是增大了电压。但未来可能推出的 160W 充电因为电流增加到了 8A，虽然这个测试器实际是能测到 8A 的，但受限于接口，估计短时间测量还行，时间长了可能会发热。

大家可以进入立创开源硬件平台，搜索“USB 功率测试仪”观看演示视频或者下载文中的原理图、PCB、代码等。

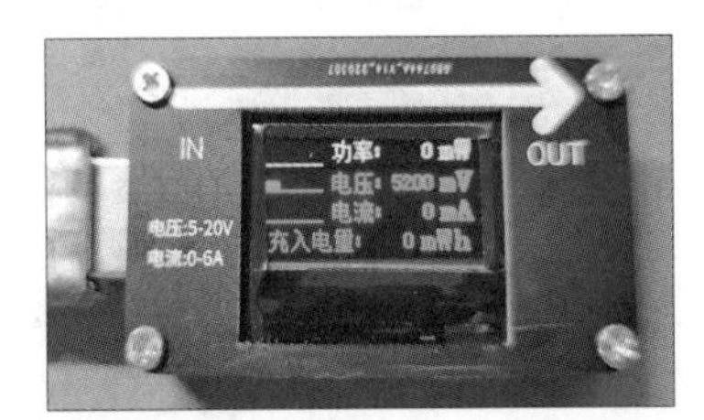

图 30 主界面

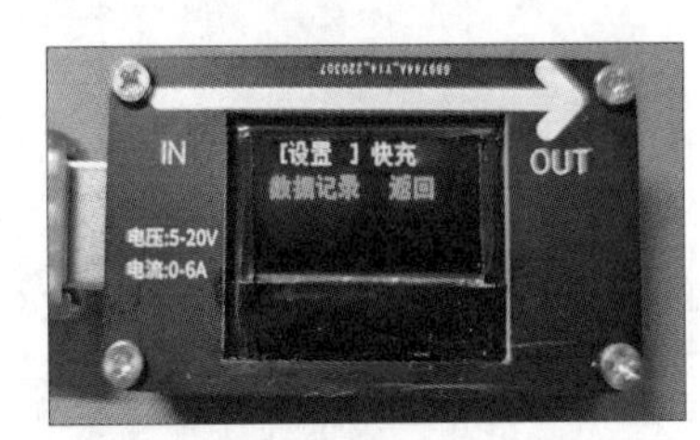

图 31 主菜单

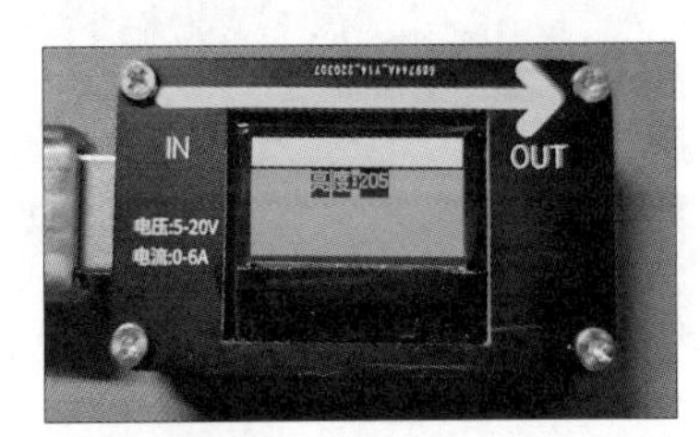

图 32 亮度设置

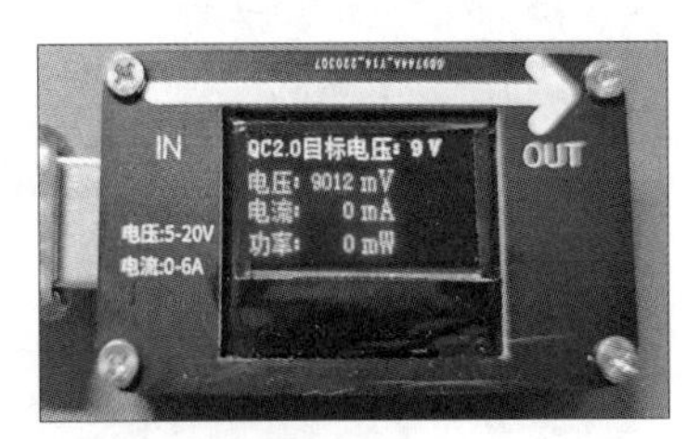

图 33 QC 2.0 界面

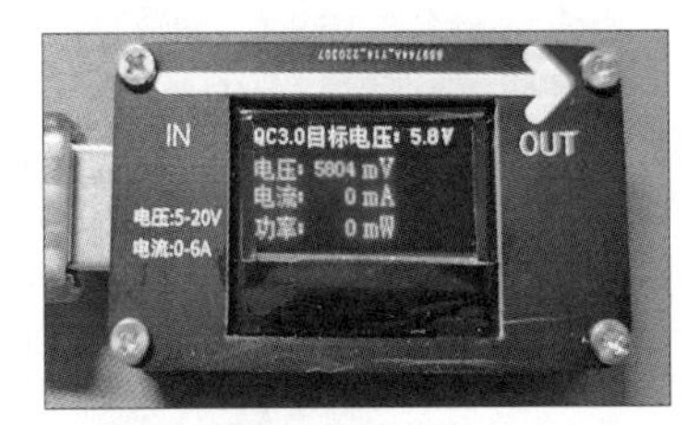

图 34 QC 3.0 界面

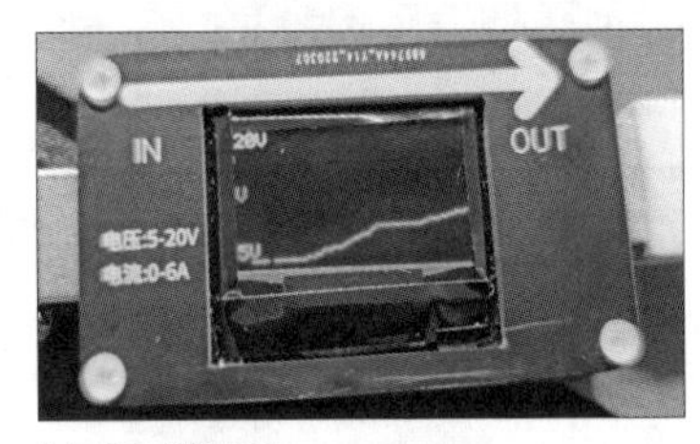

图 35 数据记录

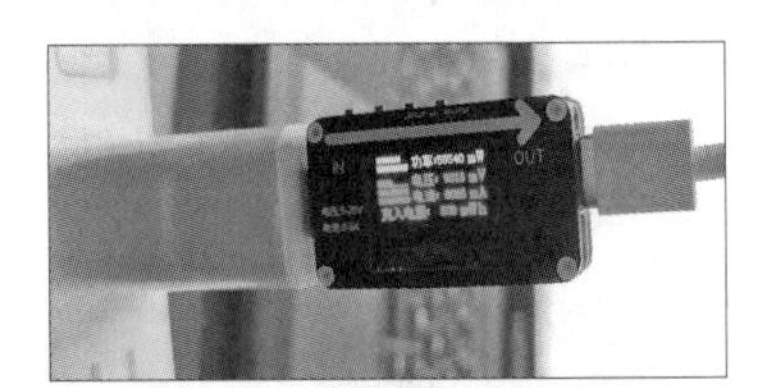

图 36 测试红米 Note10Pro 67W 快充

总结

这个项目我还是比较满意的，以较低的成本实现了预期功能。但也有几个小遗憾，比如快充只能支持 QC 快充，导致调压步进只有 200mV，如果能支持 PD 快充协议就可以把调压步进精确到 20mV；另外数据记录功能不够完善。这些以后有时间我会慢慢完善，如果大家对此项目有任何好的建议也欢迎在立创开源硬件平台评论区提出。最后，我还要感谢一下嘉立创的免费打样，以及立创商城、立创开源硬件平台、立创 EDA 的大力支持，没有它们就没有这个项目的诞生。

OSHWHub 立创开源硬件平台 立创课堂

农田环境数据无线采集灌溉自律系统

__Aknice

大数据时代，在某些超市，我们购买的蔬菜上会贴有二维码，使用手机扫描便可显示出产地、采摘日期、运输途经地等数据，那能不能增加一个数据采集系统，对蔬菜种植地的各种种植数据进行记录？这个系统最好安装简易、不消耗额外成本、无须人工打理。怀着这样的想法，我便制作了这个项目。

本项目使用瑞萨的R7FA2E1A72DFL作从机MCU，用来收集农田环境的土壤湿度、空气温度、空气湿度、雨水量、大气压强、海拔高度、PM2.5浓度等信息，并且可以把这些收集到的数据通过无线传输模块传输到主机端，主机通过LabView开发的数据收集应用程序可以查看当前的环境数据，并制作成趋势图，与历史环境数据作对比。项目附带水泵，提供灌溉功能，拥有太阳能电池板充电电路，可实现自律，不需要专人管理，不需要外部电源，不需要外部传输线缆，可以用于农业灌溉、小型气象站的天气预报等。

制作步骤

1. 硬件部分电路讲解

整个系统可以分成3块板子：一块核心板，附带USB转UART下载电路；一块接收板，插在上位机计算机上，用于接收数据；一块底板，系统供电和传感器接插座都在上面。分板的好处是即使底板画错了或者需要更换I/O时比较方便，核心板可以不动，直接移到下一张底板上。

（1）核心板

核心板结构较为简单，主要由下载电路、电源、复位电路、晶体振荡器、USB转串口电路和引出的引脚组成，其电路如图1所示。PCB和制作好的实物如图2和图3所示。RA的最小系统支持3.3V和5V供电，不过一般使用3.3V，因此跳线跳到3.3V即可。电路中的P201为启动模式选择，一般下载接到GND，运行接到VCC。

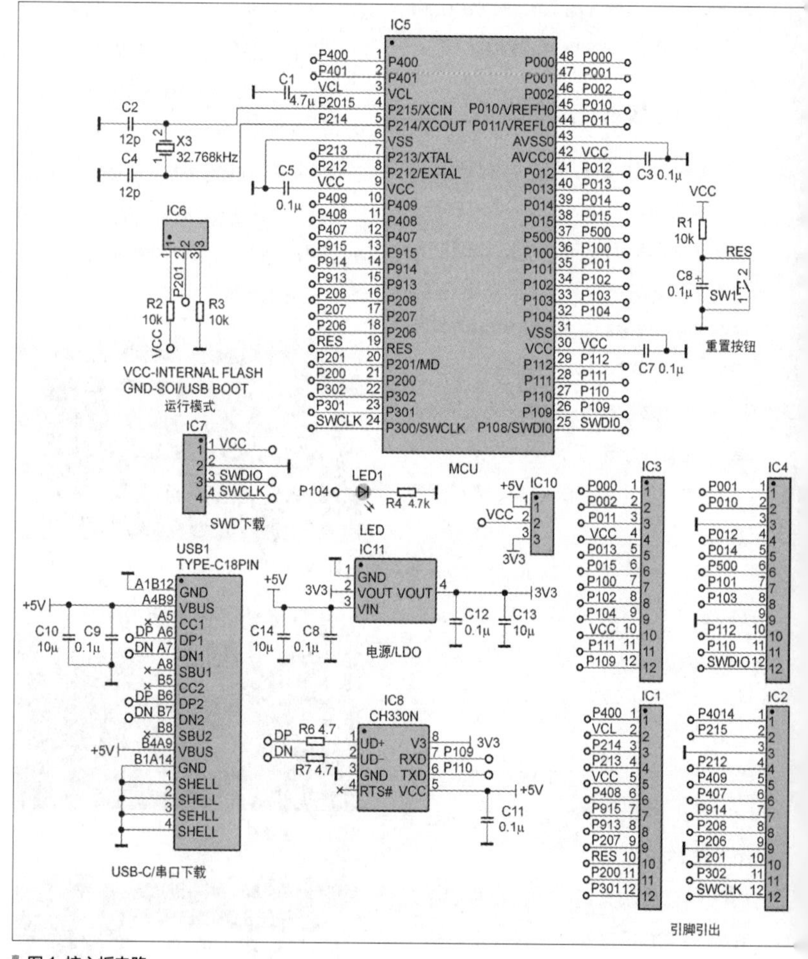

图1 核心板电路

附表 接收板各引脚功能

引脚	引脚名	引脚功能	描述
1	VCC	电源	电源电压 2.8~3.6V，典型 3.3V
2	RXD	模块数据输入（TTL 电平）	串口通信数据接收
3	TXD	模块数据输出（TTL 电平）	串口通信数据发送
4	SET	设置位	配置参数使能（低电平为配置模式，悬空或高电平为工作模式，即通信模式）
5	CS	休眠	引脚接低电平时板子工作，悬空或高电平时板子休眠
6	GND	电源	接地
7	ANT	外接天线接口	接外置天线时，需要去掉 PCB 天线连接处的电阻

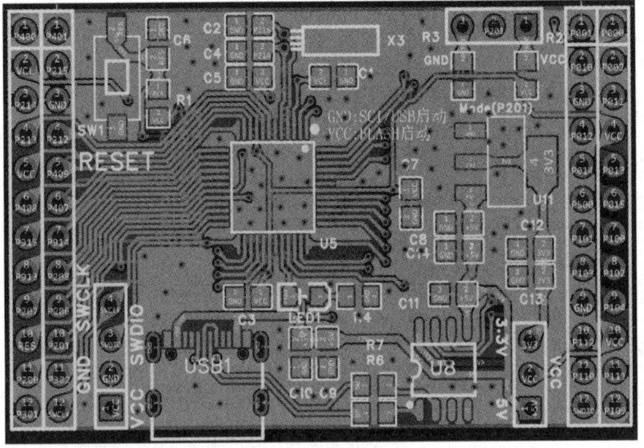

图 2 核心板 PCB

图 3 核心板实物

（2）接收板

接收板也很简单，由USB转串口电路、5V转3.3V的LDO电路、USB接口电路、无线模块组成。这里预留了配置跳线，CS脚低电平时板子工作，高电平或悬空时板子休眠；SET脚低电平为配置模式，高电平为工作模式。使用无线模块注意需要把电源接到3.3V，不可以接5V，会损坏模块，5V为预留的引脚。接收板电路如图4所示，制作的PCB如图5所示。接收板各引脚功能如附表所示。焊接时，不需要焊接无线模块，只需要在焊接后把无线模块Pin对Pin插入母座即可（见图6）。

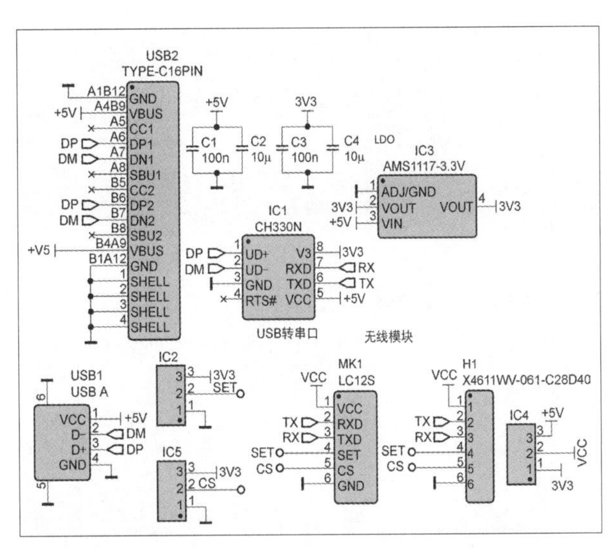

图 4 接收板电路

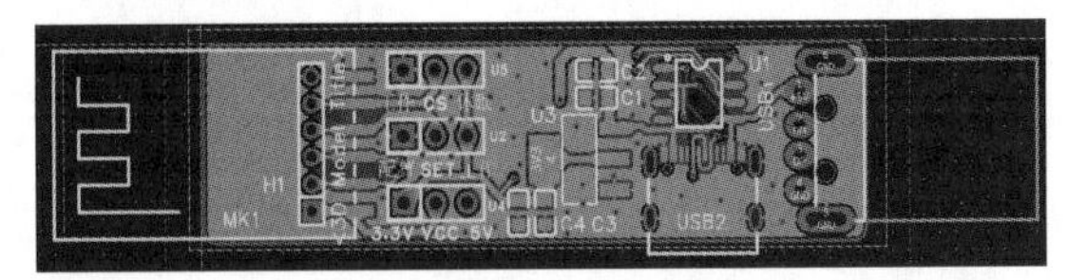

图 5 接收板 PCB

图 6 插入无线模块

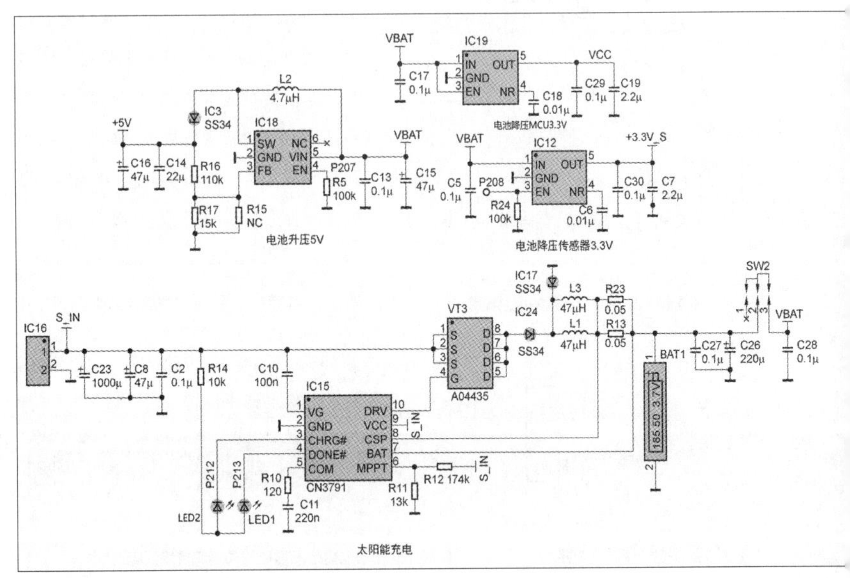

图 7 底板电源电路

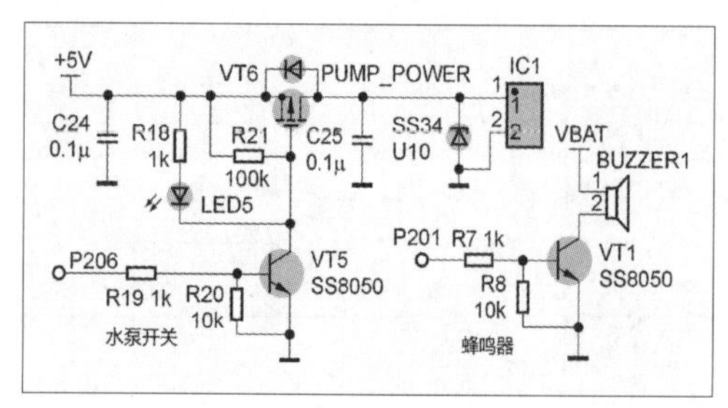

图 8 水泵和蜂鸣器电路

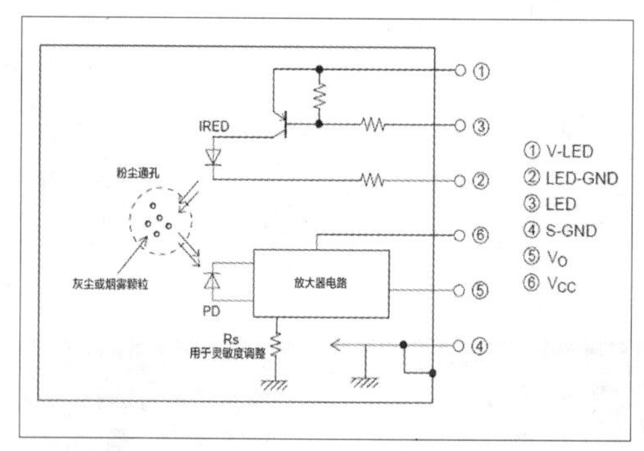

图 9 传感器内部框图

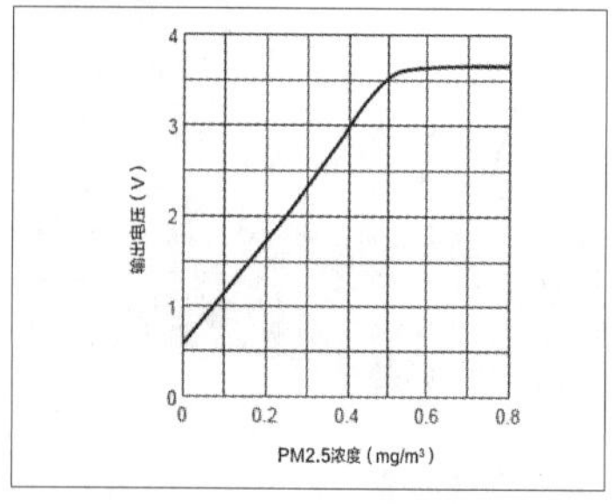

图 10 PM2.5 浓度与输出电压关系曲线

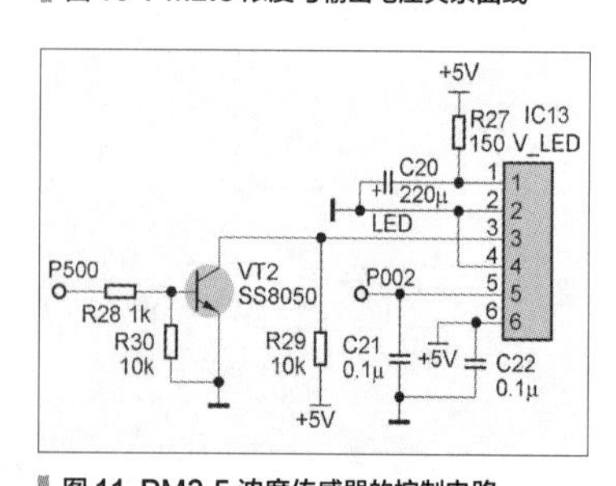

图 11 PM2.5 浓度传感器的控制电路

（3）底板

底板集成了电源供电电路、太阳能电池板充电电路、传感器电路、发射模块电路等。

（4）电源

图 7 所示是底板电源部分，包括电源供电电路和太阳能电池板充电电路。低压差 3.3V 的 LDO 电路分为两路，一路常开，给 MCU 供电，另一路由 MCU 控制，用于传感器电源。另外还有一个升压 5V 电路，用于给水泵和 PM2.5 浓度传感器供电。

（5）水泵和蜂鸣器

水泵和蜂鸣器电路比较简单，MCU 给高电平就可以打开水泵和蜂鸣器了，这部分电路如图 8 所示。

（6）PM2.5浓度传感器

PM2.5 浓度传感器使用的是 GP2Y1010AUOF，是夏普公司开发的一款光学灰尘浓度检测传感器。此传感器内部成对角分布着利用光敏原理工作的红外发光二极管和光电晶体管，用于检测特别细微的颗粒，如香烟颗粒、细微灰尘等，传感器通过输出电压来判断颗粒浓度。PM2.5 浓度传感器内部框图如图 9 所示，1 脚、6 脚供电，2 脚接地，只要在 3 脚给低电平，5 脚便会有电压输出，PM2.5 浓度与输出电压关系曲线如图 10 所示，这样我们就可以判断出颗粒物的浓度了。

PM2.5 浓度传感器的控制电路如图 11 所示。这里需要注意，PM2.5 浓度传感器的控制脚（3 脚）需要低电平才能工作，我在这里将 VT2 的集电极接传感器的 3 脚，所以我们在 P500 脚给高电平，就相当于给传感器的控制脚低电平了。

多合一传感器。GY-39 多合一传感器可以检测温 / 湿度、气压、海拔、光照强度，其电路如图 12 所示，I²C 与 GY-39 多合一传感器通过 P400、P401 进行通信。

ADC 检测。在图 13 中，P001 传输 ADC 检测土壤湿度传感器的电压，P000 传输 ADC 检测雨水传感器的电压。这两个传感器都是遇到水后输出的电压值会逐渐减小，干燥时传感器的输出电压则是上拉电阻的上拉电压。

除了两个和水有关的传感器使用到 ADC，太阳能电压检测和电池电量检测电路（见图 14）也需要用到 ADC，但这里要注意分压电阻的选型，ADC 输入范围在 0~3.3V，因此太阳能电池板和电池的分压不能超过 3.3V。

发射模块如图 15 所示。本制作的发射模块和接收模块是一样的，即收发一体，因此这里只需要把 TX 和 RX 接到 MCU 的串口即可。CS 脚高电平时为休眠模式，因此上拉即可，要使用的时候可以通过 MCU 控制休眠唤醒。SET 脚高电平时板子为工作模式，此处一直为工作模式即可，配置时将模块插入接收板，用跳线进入配置模式配置即可。

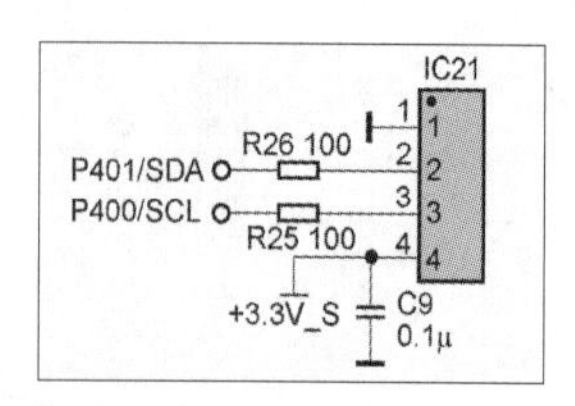

图 12 多合一传感器电路

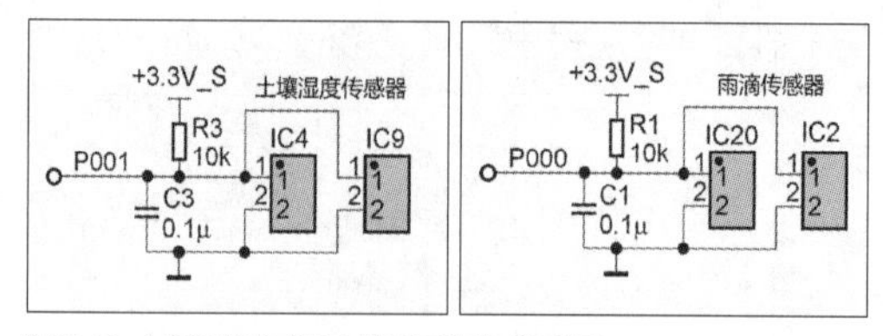

图 13 土壤湿度传感器电路和雨滴传感器电路

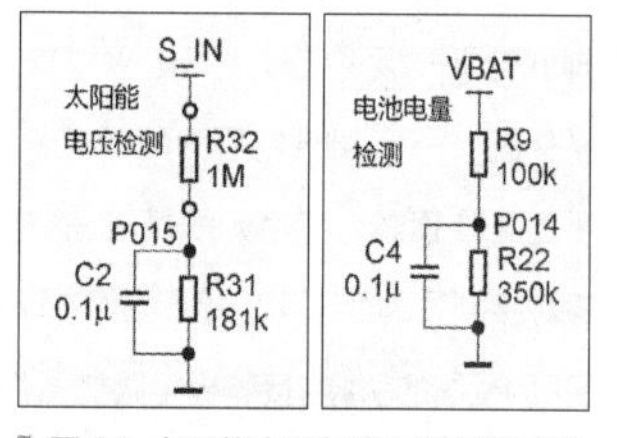

图 14 太阳能电池板电压检测和电池电量检测电路

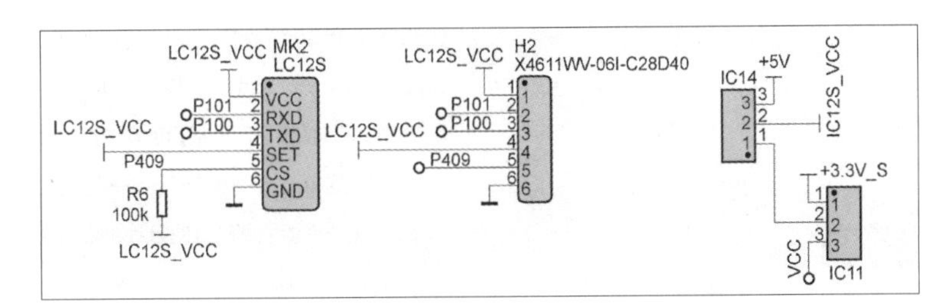

图 15 发射模块电路

2. 无线传输模块配置

无线模块可以根据情况选择，可以用 LC12S 的传输距离为 100m 的 2.4GHz 无线传输模组，也可以用灵 -TR 的传输距离为 1000m 的 433MHz 无线传输模组，配置方法是一样的，这里以 LC12S 为例。本项目所需附件资料及演示视频已上传至立创开源硬件平台，大家可以在平台上搜索“农田环境数据无线采集灌溉自律系统”下载相关资料。

下面是配置 LC12S 模组的方法，使用灵 -TR 模组同样需要配置。注意：灵 TR 模组和 LC12S 模组的配置顺序不同，配置时 CS 跳线接工作，SET 跳线先不接，VCC 跳线接 3.3V，连接计算机后 SET 跳线再接到配置脚。

1 首先把无线模块插在接收板上，根据规格书所说，CS 脚接低电平（工作）、SET 脚接低电平（配置），具体可查看引脚功能描述。然后把模块接入计算机的 USB 端口，下载附件中的“LC12S 设置工具 V2.0.exe”并打开。

2 插上模块后，计算机设备管理器中会多出一个 COM 端口，在软件界面中单击“打开端口”。

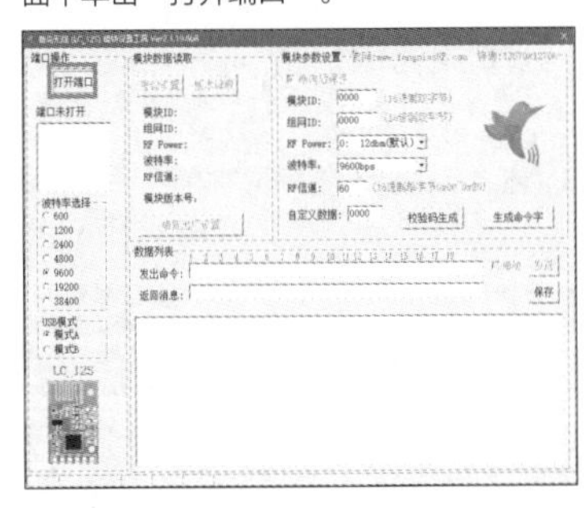

3 我的计算机上显示的端口号为 COM10，因此选中 COM10，选择波特率为 9600 波特，USB 模式选择模式 A，再次单击上方的“打开端口”。

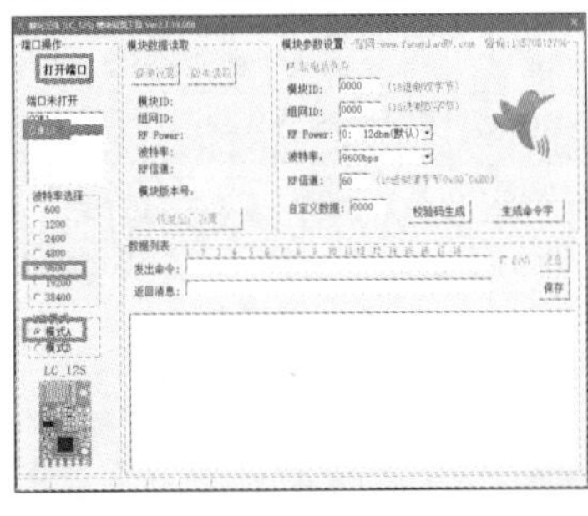

4 接着单击“查询设置”和“版本读取”，下方出现设置参数即说明通信正常。

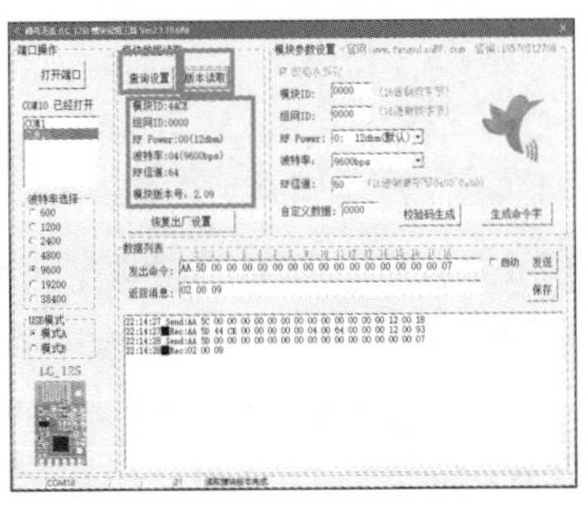

5 在界面右边设置图中所示参数，组网 ID 和 RF 信道需要相同才能互通，这里我选择了默认设置，波特率选择 9600 波特。

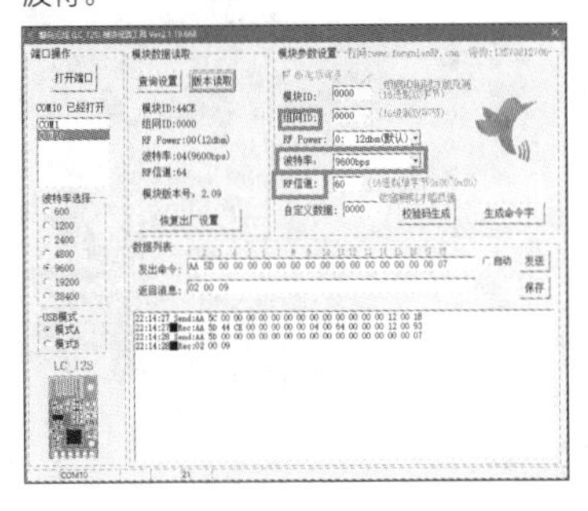

6 选择好参数后，单击右边“生成命令字”后，下方会生成“发出命令”。

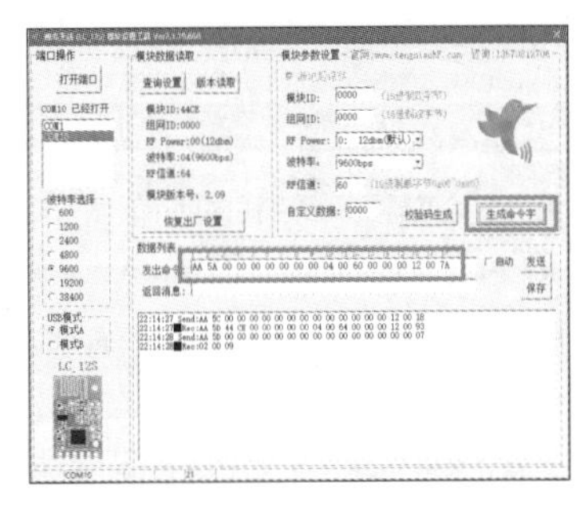

7 单击右边的“发送”后，有消息返回，即表示设置成功，现在就可以拔掉接收板了。

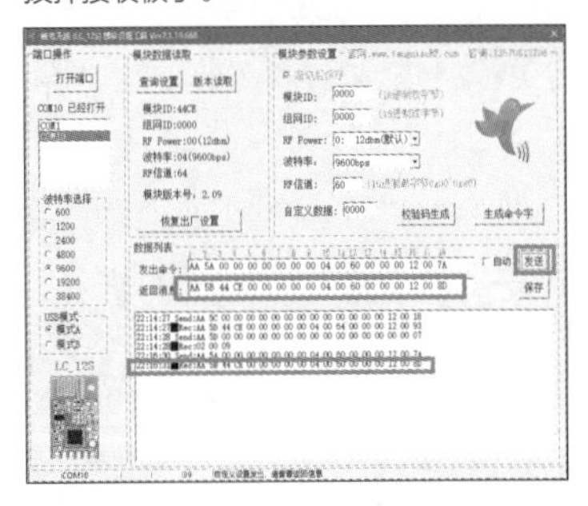

3. 软件讲解

软件使用的是瑞萨的 e2 studio，根据原理图配置 MCU 的引脚，如图 16 所示。代码部分的核心是浇水的逻辑和传感器的控制。

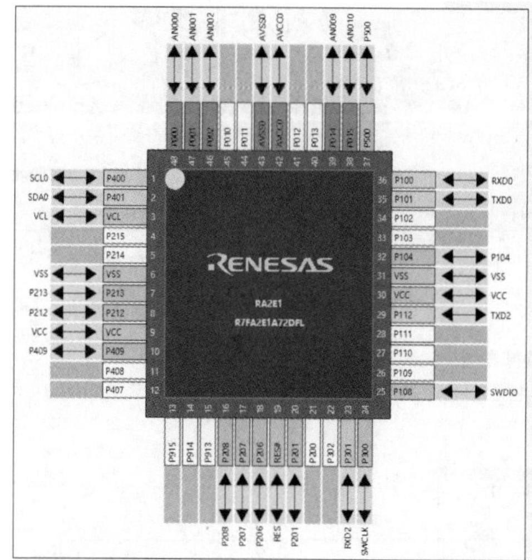

图16 配置MCU的引脚

（1）浇水逻辑

浇水逻辑其实就是水泵的控制逻辑。当雨水传感器检测到有雨时就不浇水，没有雨并且土壤干燥时，就需要浇水。浇水前先打开5V电源，并用蜂鸣器示警，以免溅湿别人。浇水的时候每隔1s检测一次土壤湿度传感器的ADC值，如果土壤湿度传感器的ADC值低于某一个值（这里是1.7），就代表土壤已经湿润，可以关闭水泵，断开5V电源，并且跳出这个循环，浇水就完成了。代码如下所示。

```
void pump()
{
  uint16_t adc_data1 = 0;
  if (a0 < 3.2) //下雨不浇水
  return 0;
  else if (a0 >= 3.2 && a1 > 2.5) //不下雨且土壤干燥
  {
    power5v_on ();
    LED_on ();
    for (int i = 0; i < 5; i++) //开启水泵前先用蜂鸣器提醒，以免溅湿
    {
      buzzer_on ();
      R_BSP_SoftwareDelay (500, BSP_DELAY_UNITS_MILLISECONDS);
      //延迟
      buzzer_off ();
      R_BSP_SoftwareDelay (500, BSP_DELAY_UNITS_MILLISECONDS);//延迟
    }
    pump_on (); //水泵打开
    while (1)
    {
      //printf ("pump on\n");
      (void) R_ADC_ScanStart (&g_adc0_ctrl);
      scan_complete_flag = false;
      while (!scan_complete_flag)
      {
        /* 等待回调设置标志 */
      }
      err = R_ADC_Read (&g_adc0_ctrl, ADC_CHANNEL_1, &adc_data1); //P001接土壤传感器
      assert(FSP_SUCCESS == err);
      a1 = (adc_data1 / 4095.0) * 3.3;
      printf ("SOIL = %.2f V\n", a1);
      R_BSP_SoftwareDelay (1000, BSP_DELAY_UNITS_MILLISECONDS); //延迟
      if (a1 < 1.7) //土壤湿度传感器的ADC值小于1.7
      {
        pump_off (); //关闭水泵
        LED_off ();
        power5v_off ();
        break; //退出循环
      }
    }
  }
}
```

（2）PM2.5浓度传感器控制

根据PM2.5浓度传感器规格书中所写的读取时间，在LED开启0.28ms后输出电压才会稳定，因此这里我们需要延迟0.28ms。具体代码如下，我们先把P500拉高，此时LED被点亮，等待280μs，等待VOUT数值稳定，然后启动ADC读取VOUT的电压值，等待一段时间后关闭P500，然后将读取到的数值与颗粒物数值进行换算，代码比较简单。

```
void pm25()
{
  double a2;
  uint16_t adc_data2 = 0;
  R_IOPORT_PinWrite (&g_ioport_ctrl, BSP_IO_PORT_05_PIN_00, BSP_IO_LEVEL_HIGH); //P500拉高
  R_BSP_SoftwareDelay (280, BSP_DELAY_UNITS_MICROSECONDS); // 延迟280μs等待数值稳定
  (void) R_ADC_ScanStart (&g_adc0_ctrl); //读取ADC数值
  scan_complete_flag = false;
  while (!scan_complete_flag)
  {
  }
  err = R_ADC_Read (&g_adc0_ctrl, ADC_CHANNEL_2, &adc_data2); //读取的是通道2，即P002
  assert(FSP_SUCCESS == err);
  a2 = (adc_data2 / 4095.0) * 3.3; //读取到的电压值
  R_BSP_SoftwareDelay (40, BSP_DELAY_UNITS_MICROSECONDS); //延迟40μs
  R_IOPORT_PinWrite (&g_ioport_ctrl, BSP_IO_PORT_05_PIN_00, BSP_IO_LEVEL_LOW); //熄灭LED
  R_BSP_SoftwareDelay (9680, BSP_DELAY_UNITS_MICROSECONDS); //延迟10ms
  dustDensity = 0.17 * a2 - 0.1; //颗粒物浓度换算
}
```

（3）多合一传感器控制

GY-39是一款低成本的多合一传感器，可以检测气压、温/湿度、光照强度等。这里我们用的是I^2C模式，因此需要按

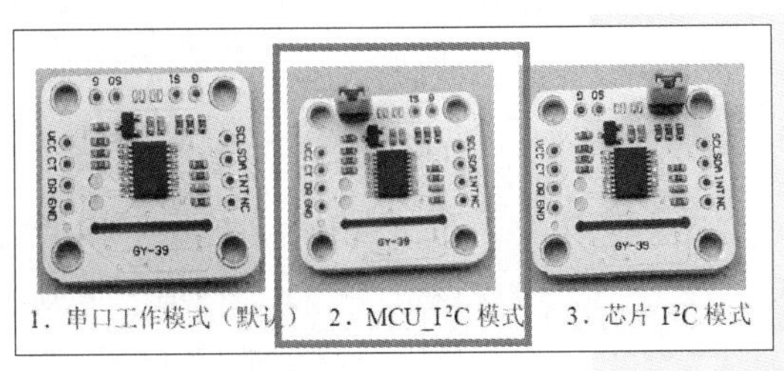

图 17 按使用模式设置跳线

❷ MCU_I²C 协议： 当 GY-39 模块硬件 PinA（S0）=0 时候使用

① I²C 地址，默认 7bit 地址为 0x5B,则 8bit 地址为 0xB6

I²C 地址，可以通过串口配置修改，可修改 128 种不同地址，掉电保存。

② I²C 寄存器：

0x00（只读）	H_LUX_H	光照强度前高 8 位
0x01（只读）	H_LUX_L	光照强度前低 8 位
0x02（只读）	L_LUX_H	光照强度后高 8 位
0x03（只读）	L_LUX_L	光照强度后低 8 位
0x04（只读）	T_H	温度高 8 位
0x05（只读）	T_L	温度低 8 位
0x06（只读）	H_P_H	气压前高 8 位
0x07（只读）	H_P_L	气压前低 8 位
0x08（只读）	L_P_H	气压后高 8 位
0x09（只读）	L_P_L	气压后低 8 位
0x0a（只读）	HUM_H	湿度高 8 位
0x0b（只读）	HUM_L	湿度低 8 位
0x0c（只读）	H_H	海拔高 8 位
0x0d（只读）	H_L	海拔低 8 位

图 18 I²C 协议信息

图 17 中间所示设置跳线，相关 I²C 协议信息如图 18 所示。

此处，我们配置 I²C 地址为 0x5B，另外还需要注意，此模块 I²C 通信频率不能超过 40kHz，因此还需要到 I²C 配置代码中设置（见图 19）。把 I²C 通信频率降到 40kHz 或以下，模块才能正常工作。多合一传感器控制代码如下。

```
void read_bme()
{
  uint16_t data_16[2] =
  { 0 };
  uint8_t data[10] =
  { 0x00 }; //接收读取后的数据
  uint8_t write_buffer = 0x04;//写数据
  err = R_IIC_MASTER_Open (&g_i2c_master0_ctrl, &g_i2c_master0_cfg);
  err = R_IIC_MASTER_Write (&g_i2c_master0_ctrl, &write_buffer, 1, true);
  err = R_IIC_MASTER_Abort (&g_i2c_master0_ctrl);
  R_BSP_SoftwareDelay (3, BSP_DELAY_UNITS_MILLISECONDS);
  err = R_IIC_MASTER_Read (&g_i2c_master0_ctrl, data, 10, false);
  R_BSP_SoftwareDelay (3, BSP_DELAY_UNITS_MILLISECONDS);
  err = R_IIC_MASTER_Abort (&g_i2c_master0_ctrl);
  err = R_IIC_MASTER_Close (&g_i2c_master0_ctrl);
  Bme.Temp = (data[0] << 8) | data[1];
  data_16[0] = (data[2] << 8) | data[3];
  data_16[1] = (data[4] << 8) | data[5];
  Bme.P = (((uint32_t) data_16[0]) << 16) | data_16[1];
  Bme.Hum = (data[6] << 8) | data[7];
  Bme.Alt = (data[8] << 8) | data[9];
}
void read_lux(void)
{
  uint16_t data_16[2] =
  { 0 };
  uint8_t data[4] =
  { 0 };
  uint8_t write_buffer = 0x00; //写数据
  err = R_IIC_MASTER_Open (&g_i2c_master0_ctrl, &g_i2c_master0_cfg);
  err = R_IIC_MASTER_Write (&g_i2c_master0_ctrl, &write_buffer, 1, true);
  err = R_IIC_MASTER_Abort (&g_i2c_master0_ctrl);
  R_BSP_SoftwareDelay (3, BSP_DELAY_UNITS_MILLISECONDS);
  err = R_IIC_MASTER_Read (&g_i2c_master0_ctrl, data, 4, false);
  R_BSP_SoftwareDelay (3, BSP_DELAY_UNITS_MILLISECONDS);
  err = R_IIC_MASTER_Abort (&g_i2c_master0_ctrl);
  err = R_IIC_MASTER_Close (&g_i2c_master0_ctrl);
  data_16[0] = (data[0] << 8) | data[1];
  data_16[1] = (data[2] << 8) | data[3];
  Lux = (((uint32_t) data_16[0]) << 16) | data_16[1];
}
```

I²C 通信较简单，其实就是发送 I²C 寄存器中要读取的数据，这里分了两部分，因为光照强度的数据长度较长。这里发送 0x04，读取 10 位回传数据，返回数值后换算出压强、温 / 湿度、海拔；发送 0x00，单独读取 4 位回传数据，然后换算出光照强度。

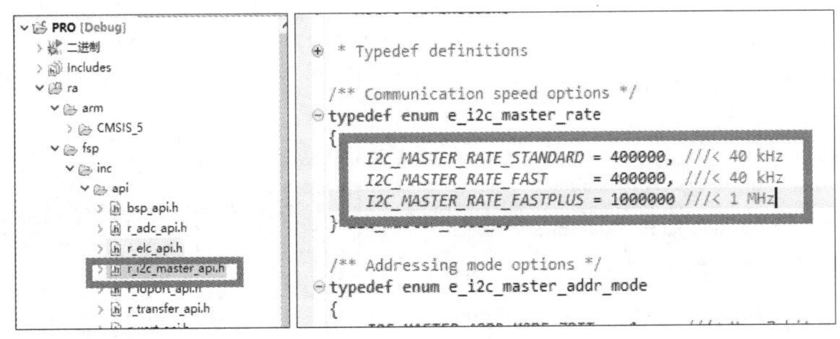

图 19 配置 I²C

（4）雨水传感器和土壤湿度传感器的读取

这部分比较简单，对相应 ADC 端口进行读取，然后判断降雨量大小和土壤湿度就可以，这里我把判断放在了串口发送中，代码如下。

```
void rain_soil_sensor()
{
  uint16_t adc_data0 = 0;
  uint16_t adc_data1 = 0;
  (void) R_ADC_ScanStart (&g_adc0_ctrl);
  scan_complete_flag = false;
  while (!scan_complete_flag)
  {
  }
  err = R_ADC_Read (&g_adc0_ctrl, ADC_CHANNEL_0, &adc_data0); //P000 接雨水传感器
  assert(FSP_SUCCESS == err);
  a0 = (adc_data0 / 4095.0) * 3.3;
  err = R_ADC_Read (&g_adc0_ctrl, ADC_CHANNEL_1, &adc_data1); //P001 接土壤湿度传感器
  assert(FSP_SUCCESS == err);
  a1 = (adc_data1 / 4095.0) * 3.3;
}
```

（5）串口发送

串口输出需要按照规定格式，参考代码如下。

```
printf ("TEMP = %.2f C\n", (float) Bme.Temp / 100);
```

注意，这里“参数 = 数值 单位”，数值和单位之间需要有空格。另外，串口不建议发送中文，可能导致上位机乱码。按照格式依次将收集到的数据通过串口发送到无线传输模块。

（6）电源控制和主函数

电源控制我直接放在了主函数 while(1) 中，实际上是比较粗暴的，运行前把供电都打开，然后再调用读取各种传感器的函数、水泵判断函数，最后调用发送后关闭所有电源。

```
while (1)
  {
    LED_on ();
    power3v3_on (); // 打开传感器 3.3V 主供电
    lc12s_work ();
    power5v_on ();// 打开传感器 5V 主供电
    R_BSP_SoftwareDelay (1000, BSP_DELAY_UNITS_MILLISECONDS);  // 延迟
    read_bme (); // 读取多合一传感器
    read_lux (); // 读取光照传感器
    rain_soil_sensor (); // 读取雨水传感器和土壤湿度传感器
    pm25 (); // 读取 PM2.5 浓度传感器
    charge_state (); // 充电电压、太阳能电池板电压检测
    //pump ();
    send();
    R_BSP_SoftwareDelay (1000, BSP_DELAY_UNITS_MILLISECONDS); // 延迟
    power5v_off ();// 关闭传感器 5V 主供电
    power3v3_off ();// 关闭传感器 3.3V 主供电
    LED_off ();
    lc12s_sleep ();
    R_BSP_SoftwareDelay (2000, BSP_DELAY_UNITS_MILLISECONDS);// 总延迟，为方便测试可以将延迟改小，后续使用记得将延迟改长
  }
```

4. 上位机

上位机使用 LabView 开发，这里参考了 B 站小伙伴“今天烧板子了吗”的开源工程，感谢他的无私分享。

（1）上位机设计核心

上位机设计的核心是接收字符串及字符串匹配。实际上上位机就是一个小的串口工具加了匹配字符串功能，把数据提取出来，然后加入图表显示功能。

图 20 所示为上位机接收字符串，当接收到字符串（数据 >1）时，延迟 1000ms，在 9600 波特的波特率下，1000ms 可以接收完所有数据，然后存入 buffer 中。

接着对 buffer 中的数据进行字符串匹配（见图 21），字符串匹配内容就是正则表达式中的内容，例如图中的“PM2.5 = ”，注意空格，就可以匹配到“PM2.5 = ”字符串后的数值，并把这些数据显示到显示控件和图表中。

（2）上位机使用

在工程管理中可以生成 .exe 可执行文件。前期硬件准备完毕，发射、接收模块配置正确，硬件接线完毕，并且烧入正确的软件后，便可以打开 .exe 可执行文件了。

先打开底板主供电开关，此时核心板上的 LED 闪烁，证明底板正常工作。

接着将接收板插入计算机的 USB 接口，此时打开计算机管理中设备管理器的端口选项卡，找到刚刚插入的接收板的 COM 端口（如果不确定是哪个 COM 端口，可以拔掉接收板看看哪个 COM 端口没了，

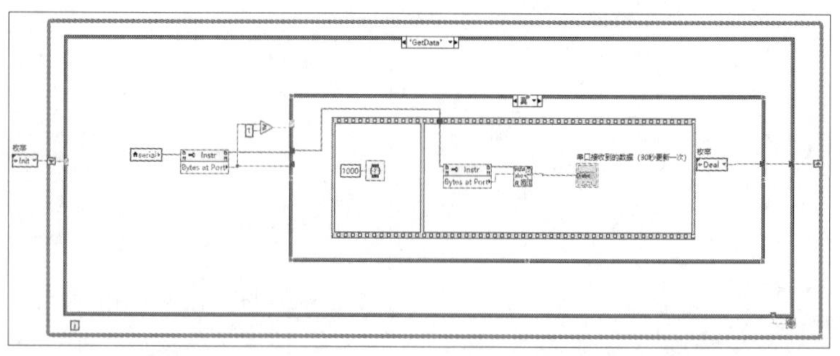

图 20 上位机接收字符串

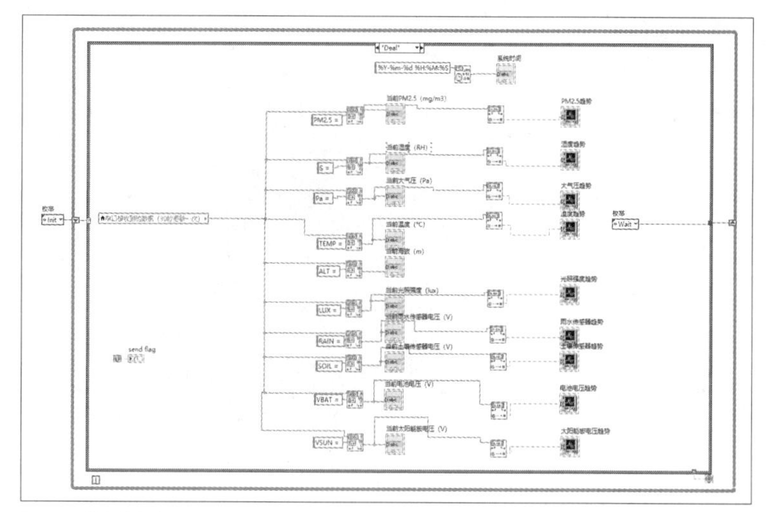

图 21 进行字符串匹配

然后再插上），本人的是 COM11。在 .exe 可执行文件界面选择好端口后，将波特率选择为 9600 波特，然后单击“open”打开串口（见图 22）。

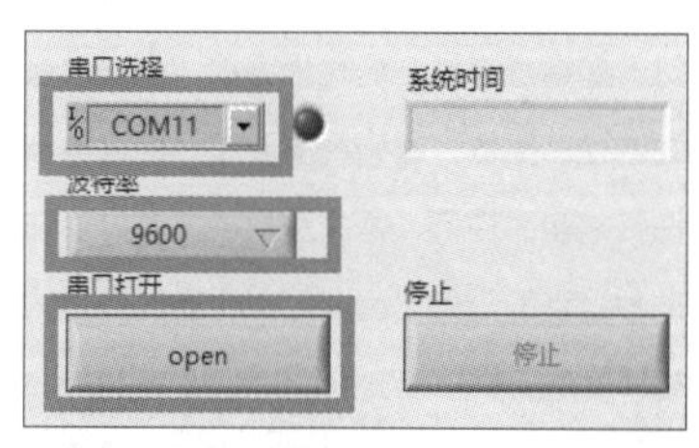

图 22 可执行文件界面

上位机使用界面如图 23 所示，我在界面上设计了能显示接收板串口接收数据的显示窗口、能把接收的数据分类并且显示的显示控件、能选择接收板的串口选择选项卡、能选择波特率的选项卡，还有串口打开按钮及各个环境变量的波形图标，这样可以查看变化趋势和历史记录。

最终成品

现在，这个农田环境数据无线采集灌溉自律系统就算基本成形了，最后我们需要做一个外壳，将硬件组装起来。我用 3D 打印机打印了外壳（见图 24），并用透明

图 24 3D 打印外壳

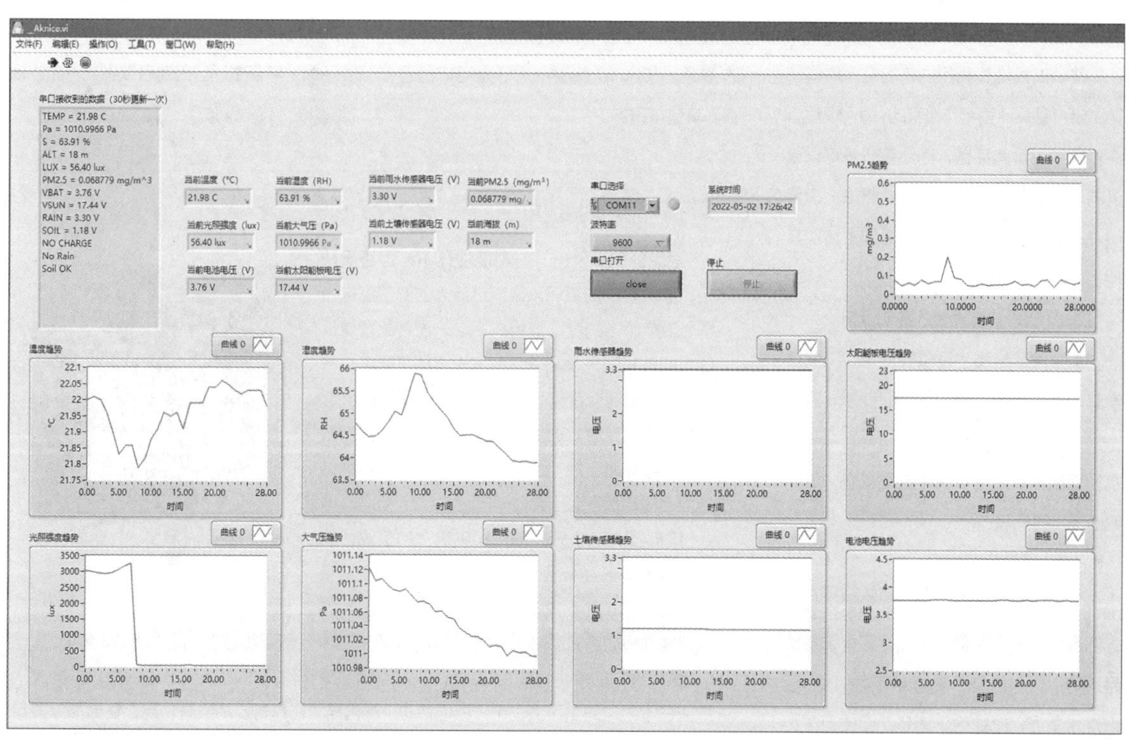

图 23 上位机使用界面

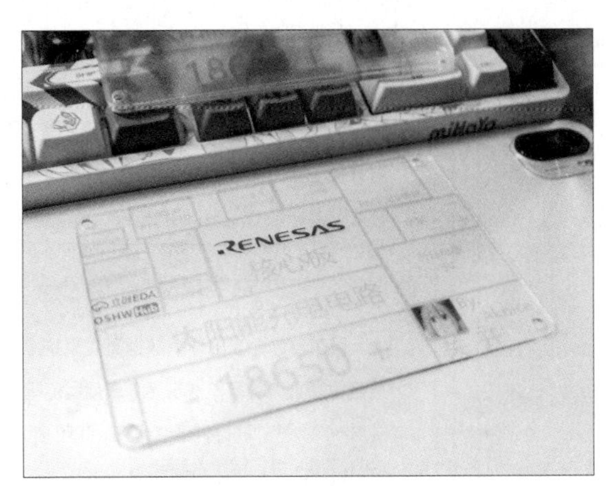

图 25 透明亚克力面板

图 26 硬件连接

亚克力板做了面板（见图 25），这里需要 4 个 M3×25mm 的六角铜柱，硬件连接如图 26 所示，最终成品如题图所示。

总结和改进

整个项目内容充实丰富，我们可以学习到硬件理论、硬件焊接、瑞萨 MCU 的使用、无线模块的使用、立创 EDA 专业版的外壳绘制和面板绘制，以及 LabView 设计和使用。

整个项目是我利用周末的空闲时间，花了半个月设计和制作出来的，时间很短，许多东西都没有完善，因此有许多可以改进的地方，下面是本人的一些想法，读者朋友思考后也可以在本人的基础上增加其他功能。

（1）进一步完善浇水控制逻辑

本人设计的浇水逻辑较简单，只判断没有下雨且土壤干燥的情况就浇水，直到土壤湿润，但很多植物并不适合在中午浇水，那能否让上位机夹带时间信息，进而判断浇水时间呢?

（2）天气预报功能

下雨前有空气湿度大、大气压降低、光照变弱、气温变低等征兆，那么该系统是否可以预测出接下来的天气呢？同时配合浇水功能，比如快下雨了，即使现在土壤干燥，也不用进行浇水操作。

（3）程序架构设计优化

本次代码使用的是前后台顺序执行法。对于初学者来说，这是最容易，也是最直观的程序架构，逻辑简单明了。但这种方法代码实时性低，每个函数或多或少存在毫秒级别的延时。因此可以引进时间片轮转调度法。这样任务函数不需要时刻执行，存在间隔时间。比如按下按键后，需要用软件防抖，我们通常延时 10ms 然后再去判断一次，但这 10ms 极大浪费了 CPU 的资源，在这 10ms 内 CPU 是可以处理很多其他事情的。

（4）增加电流检测电路

现在只有电压检测电路，没有电流检测电路，增加此电路可以计算出太阳能电池板充电的功率和电池消耗的功率。

（5）将传输模块更换为 LoRa 模块

本项目使用灵 -TR 模组最远只能传输 1000m（无障碍情况下），而使用 LoRa 模块传输数据可以大大增加数据传输距离，在有障碍物的情况下 LoRa 模块可以传输 10km，甚至更远。因此可以尝试将无线模块更换为 LoRa 模块。

可在不平坦路面稳定、高效移动的机器人

索尼公司开发出了一种能够在不平坦路面稳定、高效移动的机器人。该机器人的腿部结构由 6 个装有轮子的驱动器组成。这一混合配置使机器人能够根据环境需求，在车轮驱动器的轮式移动和由 6 条腿交替驱动的足式移动之间灵活切换。6 条腿的设计可以确保该机器人在任何时候都有 3 个点与地面接触，使其无论在平坦还是不平坦路面上移动都不会摇晃。

该机器人可以分配腿部和电机上的负载，使其能够运输多达 20kg 的重物，并最大限度地减少机器人静止时支撑重量所消耗的能量。该机器人的腿部移动需要瞬时大电流，因此为它配备了一个双层电容器，能够提供峰值电流。

索尼独创的整机协同控制系统可以灵活地控制施加在机器人关节上的力，机器人即使在不平坦的路面上也可以稳定移动。该机器人还具有自动回避功能，在施加外力时可最大限度地减少冲击。

GPS 桌面万年历

杨润靖

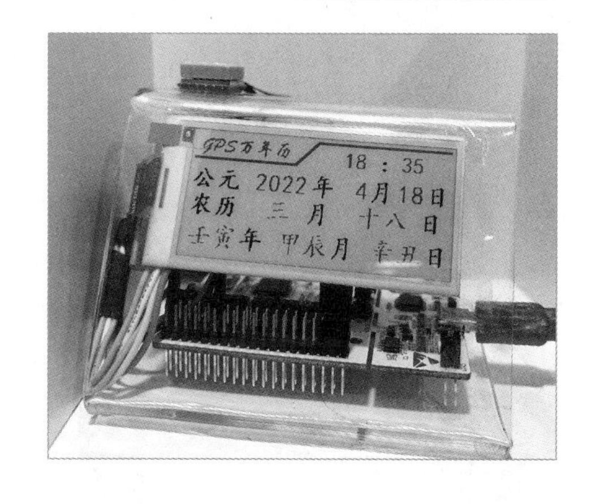

在日常工作生活中，桌面时钟必不可少。但使用时间一长，大部分时钟会有误差，需要定期对时钟进行校准，而且大部分时钟功能比较单一，无法查看日期等信息，使用起来还不是很方便。于是笔者设计了一款 GPS 桌面万年历，它虽然体积不大，但功能实用、全面，可以通过 GPS 模组获取时钟的位置以及 UTC 时间和日期等信息，并能够通过位置数据自动判断时区，计算出对应的时间、日期。同时，它还可以计算出农历日期和干支纪年等信息，下面我们就来看看它是怎么实现的吧！

首先，我们看一下 GPS 桌面万年历的硬件原理框图（见图 1），它由 4 部分组成：GPS 模块、单片机系统、电子墨水屏转接板、电子墨水屏。

硬件介绍

1. GPS模块

GPS 模块是集成了 RF 射频芯片、基带芯片和核心 CPU，并加上相关外围电路组成的集成电路，有的还会集成 GPS 天线。它通过接收卫星信号并运算与每一卫星的伪相距，选用相距交会法得出经度、纬度、高度和时间修正量这 4 个参数，并打包成 NMEA 协议的数据通过串口输出。

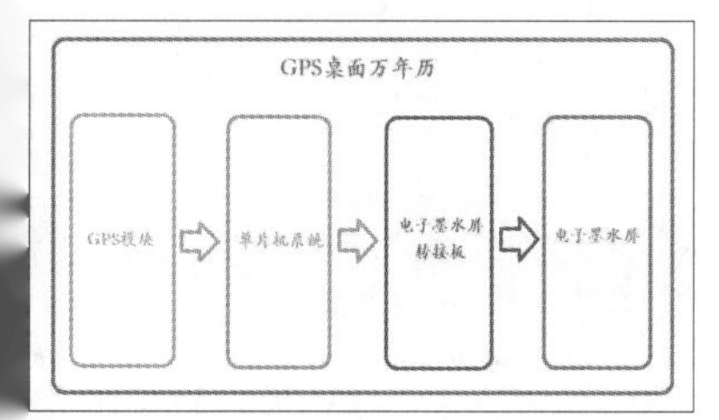

图 1 硬件原理框图

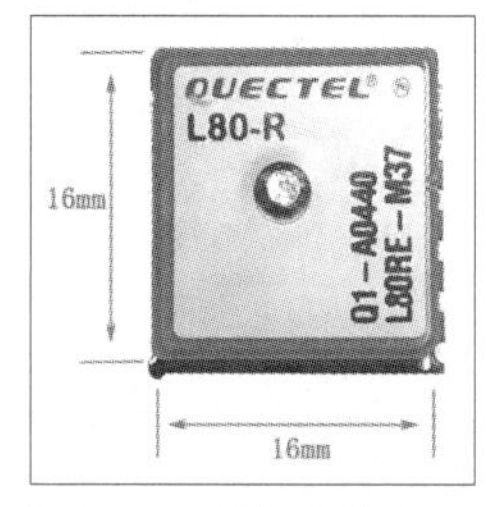

图 2 GPS 模块型号为 L80-R

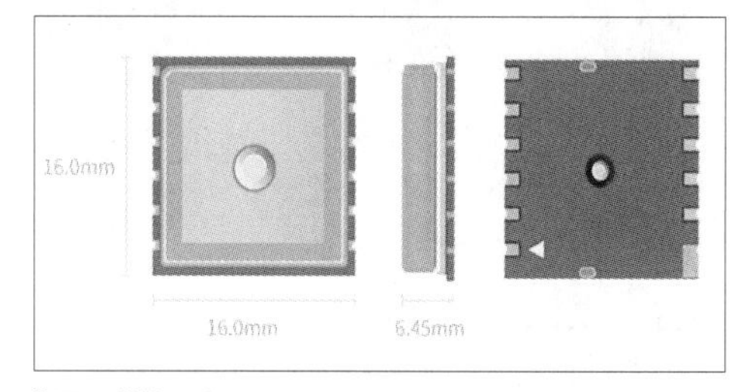

图 3 模块尺寸

如图 2 所示，GPS 模块型号为移远 L80-R，它是一款集成了贴片天线的超紧凑型 GPS 模块，整个模块的尺寸也仅有 16.0mm×16.0mm×6.45mm（见图 3），这种节省空间的设计非常适合紧凑型的产品。

L80-R 采用 LCC 封装设计，集成了贴片天线，具有极强的捕获和追踪能力。通过先进的 AGPS（EASY）轨道预测技术和省电模式，L80-R 具备了较高性能，能满足普通工业、民用标准。

AGPS（EASY）轨道预测技术使 L80-R 能自动计算和预测长达 3 天的轨道信息，将这些信息存储到内部 RAM 中，即使在室内弱信号情况下，也能实现快速定位。而且 L80-R 内置了低噪声放大器，接收灵敏度高，有 66 个捕获信道和 22 个追踪信道，在追踪模式下有 -165dBm 的灵敏度，在捕获模式下有 -148dBm 的灵敏度，在追踪模式下电流仅为 20mA。它还具有多频主动干扰消除技术，增强了抗干扰能力，授时服务支持 PPS 与 NMEA 同步功能。

L80-R 的引脚如图 4 所示，它有 12 个引脚，其中 1、2 引脚为 TTL 电平的 UART 接口，负责将 NMEA 数据传输，数据传输速率为 4800~115 200bit/s，默认 9600bit/s。第 3、4、12 引脚为模块的电源引脚，供电电压范围为 DC 2.8~4.3V，电流不小于 100mA。第 5 引脚为备用电源供电，供电电压范围为 DC 2.0~4.3V，该引脚也可以连接到 VC 或是电池。第 6 引脚为脉冲输出引脚，每秒输

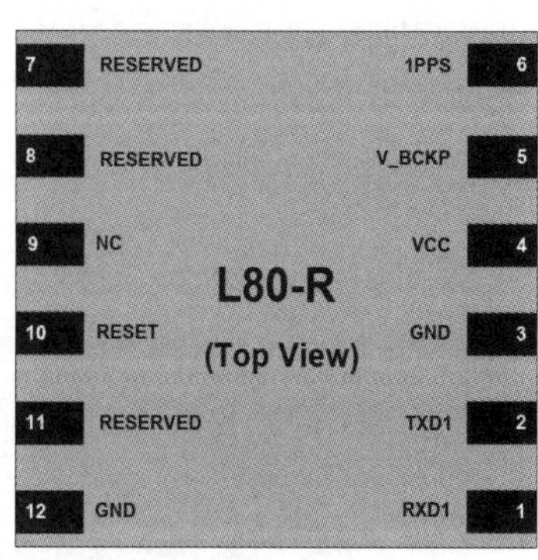

图 4 L80-R 的引脚示意

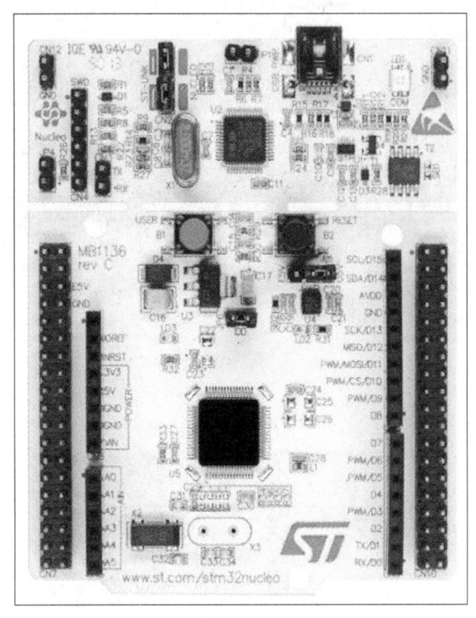

图 5 NUCLEO-L010RB 开发板

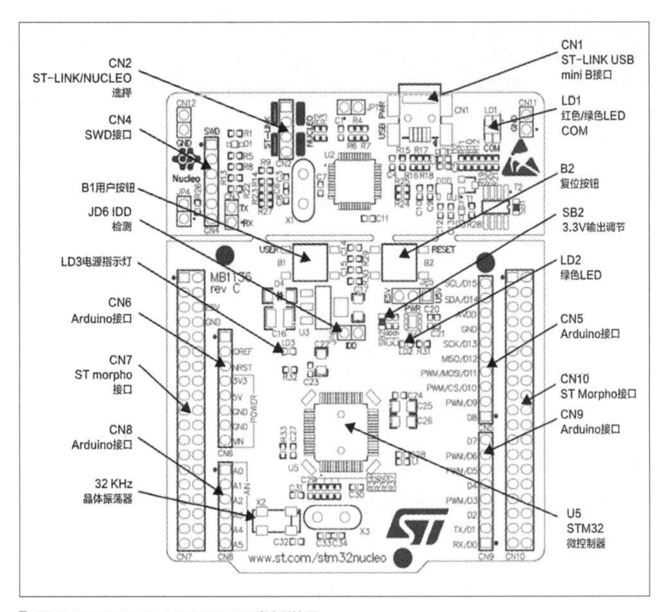

图 6 NUCLEO-L010RB 开发板说明

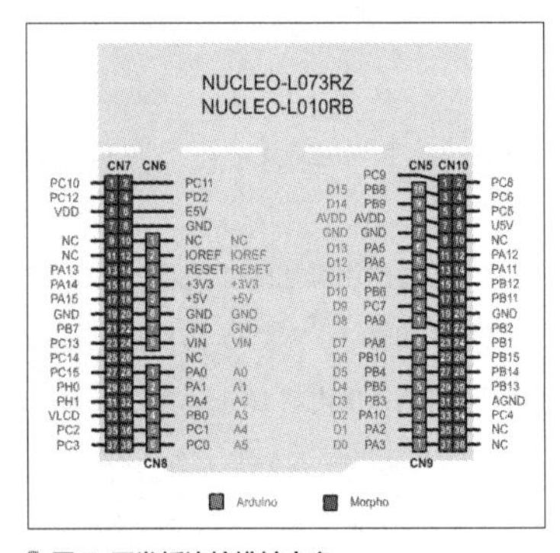

图 7 开发板连接排针定义

出 1 个脉冲，可以通过上升沿同步时间，脉冲宽度为 100ms。第 10 引脚为模块的系统复位引脚，当输入低电平或连接到 GND 时，模块会进行复位，如果不使用，可以将它悬空或者连接 VCC。第 7、8、9、11 引脚本项目未使用到，可以悬空。

2. 单片机系统

单片机系统负责接收 GPS 模块发出的数据，解析出经纬度、时间、日期等信息，并将 GPS 时间校准状态及时间、日期等信息通过电子墨水屏显示出来。

这里使用的单片机系统是意法半导体的 NUCLEO- L010RB 开发板，如图 5 所示，开发板说明如图 6 所示，开发板连接排针定义如图 7 所示。

NUCLEO-L010RB 开发板上有 LQFP64 封装的 STM32 微控制器（STM32L010RBT6），有 1 个电源指示灯、1 个用户指示灯、1 个复位按钮和 1 个用户按钮，还有 32.768kHz 的晶体振荡器，方便单片机使用 RTC 功能。它还有 Arduino Uno V3 扩展连接器和意法半导体的 morpho 延长引脚头，可以方便地使用所有 STM32 I/O 接口，另外还集成了 ST-LINK / V2-1 调试器和编程器，下载、调试程序都非常方便。NUCLEO-L010RB 开发板具体的原理图及开发板说明，可以在意法半导体网站找到相关资料，需要的朋友可以自行查找。

开发板上主控芯片 STM32L010 RBT6 的内部原理框图如图 8 所示，它是 Cortex-M0+ 内核的 32 位低功耗 MCU，该芯片有 128KB 的 Flash、20 KB 的 SRAM 及 512B 的 EEPROM，具有 12 位的 ADC、16 位的定时器、SPI、I²C、USART、LPUART 等功能，它的功能参数及外设数量如表 1 所示。

3. 电子墨水屏转接板

电子墨水屏转接板如图 9 所示，这里重要的是 SPI 串口电子墨水屏的升压外围电路，我们通过程序控制屏幕本身的驱动

表 1 STM32L010RBT6 的功能参数及外设数量

功能及外设参数		STM32L010RBT6
Flash		128KB
EEPROM		512B
RAM		20KB
定时器	通用	3 个
	低功耗	1 个
RTC/SYSTICK/IWDG/WWDG		1 个 /1 个 /1 个 /1 个
通信接口	SPI	除了一个完整的 SPI 外围设备，USART 还能够模拟 SPI 主模式
	I²C	1 个
	USART	1 个
	LPUART	1 个
GPIO 接口		51 个
时钟：HSE/LSE/HSI/MSI/LSI		1 个 /1 个 /1 个 /1 个 /1 个
12 位同步 ADC/ 通道数量		1 个 /16 个
CPU 最大频率		32MHz
工作电压范围		1.8~3.6V
工作温度	环境温度	-40~85℃
	结点温度	-40~105℃
封装		LQFP64

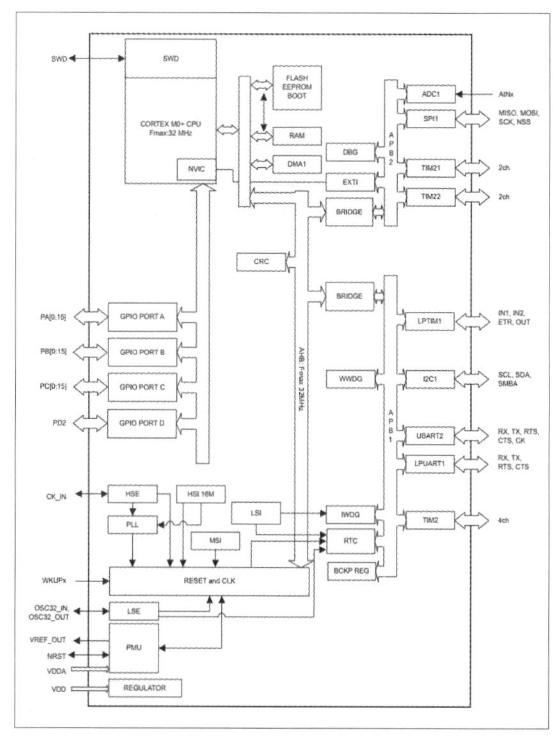

图 8 STM32L010RBT6 的内部原理框图

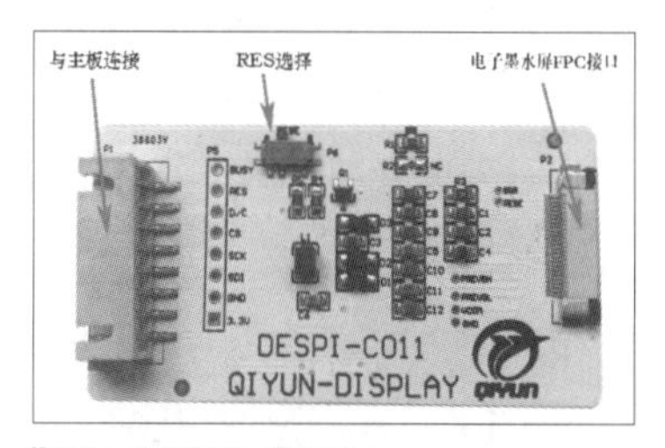

图 9 电子墨水屏转接板

图 11 双色电子墨水屏

IC，结合典型升压电路，产生电子墨水屏刷新需要的电压，从而实现电子墨水屏的刷新。通过电子墨水屏转接板，我们可以很方便地连接电子墨水屏和单片机，并进行驱动，其电路如图 10 所示。

4. 电子墨水屏

电子墨水屏也就是使用电子墨水的屏幕，电子墨水屏又被称为电子纸屏。目前电子墨水屏的显示效果能做到和真正的纸张差不多，且屏幕不闪烁，能够保护视力。电子墨水屏刷新完成后是不用供电的，非常节能，但是刷新速率比较低，灰度级较少。

此次使用的电子墨水屏是 2.9 英寸的双色电子墨水屏 QYEG0290RWS800F6（见图 11）。它具有超宽视角，屏幕是纯反射模式，前表面有防眩硬涂层，视觉效果比较好。该电子墨水屏具有 296 像素 × 128 像素的分辨率，支持红色和黑色两种颜色显示，可以工作在低电流深度睡眠模式，使用寿命（无故障刷新次数）可以达到 100 万次以上，可以在 0~40℃的环境中正常工作。

表 2 单片机、GPS 模块、电子墨水屏之间的 GPIO 口连接

单片机引脚	GPS 模块	电子墨水屏
3.3V	3.3V	3.3V
GND	GND	GND
PC9		SDI
PC8		SCK
PC6		CS
PC5		D/C
PB8		RES
PB9		BUSY
PA2	RXD	
PA3	TXD	

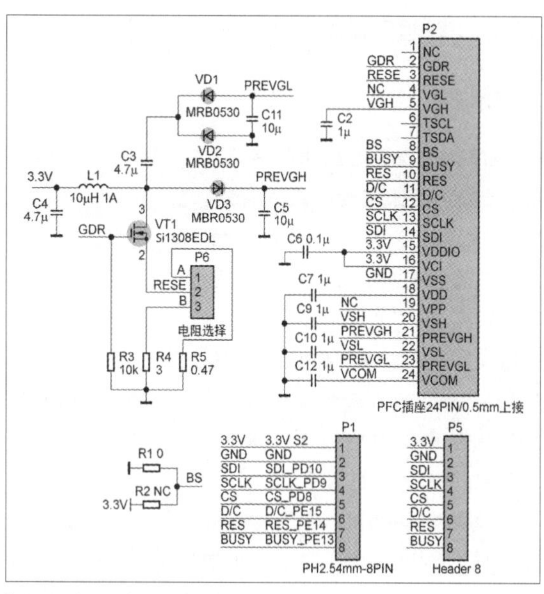

图 10 电子墨水屏转接板电路

硬件制作

1 将透明亚克力板弯折成下图所示的形状，并将电子墨水屏及电子墨水屏转接板固定在亚克力板上。

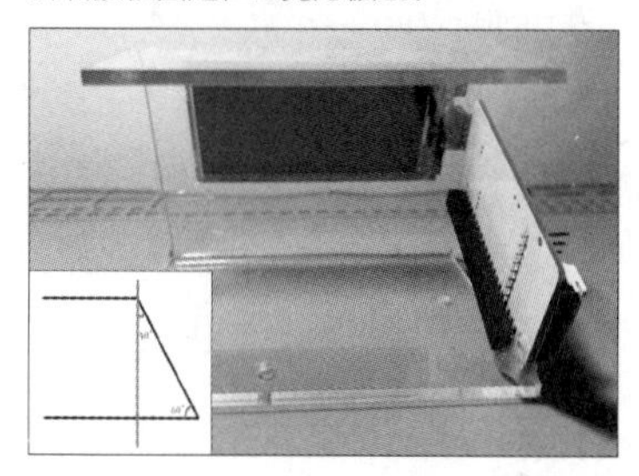

2 用杜邦线将单片机与电子墨水屏连接起来，并将开发板与 GPS 模块连接好，单片机、GPS 模块、电子墨水屏之间的 GPIO 口连接如表 2 所示。

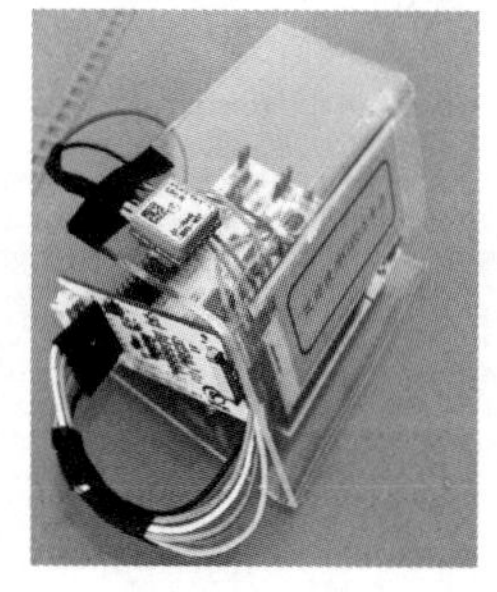

程序编写

1. 程序流程

程序正常的工作流程如图 12 所示，系统上电后，会自动初始化单片机系统及 RTC，并对串口和 GPIO 口进行初始化配置，电子墨水屏也要进行初始化配置。配置完成后，系统开始读取单片机 RTC 寄存器的时间和日期，并判断时间是否已变化 1min，然后自动计算出对应的农历日期及干支纪年日期，并进行显示。这里每隔 1min 刷新一次时间和日期。

时间校准流程如图 13 所示，当系统读取到 RTC 的时间为凌晨 1:00 或手动按下开发板上的 B1 按钮时，系统启动 GPS 授时校准，并判断接收到的 GPS 数据是否有效，如果在 10min 内没有接收到有效的 GPS 数据，系统会判断 GPS 校准失败。当接收到有效的 GPS 数据时，系统会根据经度计算出时区，并将接收到的 UTC 时间计算成对应时区的时间、日期信息，然后将此信息写入系统 RTC 寄存器，完成时间校准。这部分实现了自动时间校准和手动时间校准。

2. 部分函数

```
/************************************
* 函数名称：EPD_ALL_image
* 函数功能：实现 EPD 墨水屏的全屏图像显示功能
* 函数输入参数：
  datas1：以黑色显示图像数据
  datas0：以红色显示图像数据
* 函数输出参数：无
************************************/
void EPD_ALL_image(const unsigned char *datas1,const unsigned char *datas2)
{
  unsigned int i;
  Epaper_Write_Command(0x24); // 写指令 0x24
  for(i=0;i<ALLSCREEN_GRAGHBYTES;i++) //循环写入显示数据，ALLSCREEN_GRAGHBYTES，定义为 4736
  {
    Epaper_Write_Data(*datas1); // 写入数据
    datas1++;
  }
  Epaper_Write_Command(0x26);    // 写指令 0x26
  for(i=0;i<ALLSCREEN_GRAGHBYTES;i++)
  //循环写入显示数据，ALLSCREEN_GRAGHBYTES，定义为 4736
  {
    Epaper_Write_Data(*datas2);
    datas2++;
  }
  EPD_Update(); //显示刷新
}
/*********************************************/
* 函数名称：EPD_Dis_Part
* 函数功能：实现 EPD 墨水屏的局部刷新功能
* 函数输入参数：
  x_start：起始坐标 x
  y_start：起始坐标 y
  datas：显示图像数据
  color_mode：以红色 / 黑色显示，MONO 为以黑色显示，RED 为以红色显示。
  PART_COLUMN：图像列像素数量
  PART_LINE：图像行像素数量
* 函数输出参数：无
*********************************************/
void EPD_Dis_Part(unsigned int x_start,unsigned int y_start,const unsigned char * datas,const unsigned char color_mode,unsigned int PART_COLUMN,unsigned int PART_LINE)
{
  unsigned int i;
  unsigned int x_end,y_start1,y_start2,y_end1,y_end2;
  x_start=(x_start+8)/8;//转换为字节
  x_end=x_start+PART_LINE/8-1;
```

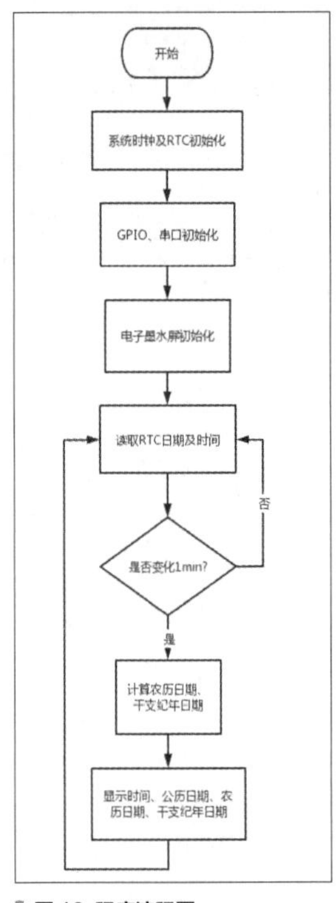

图 12 程序流程图

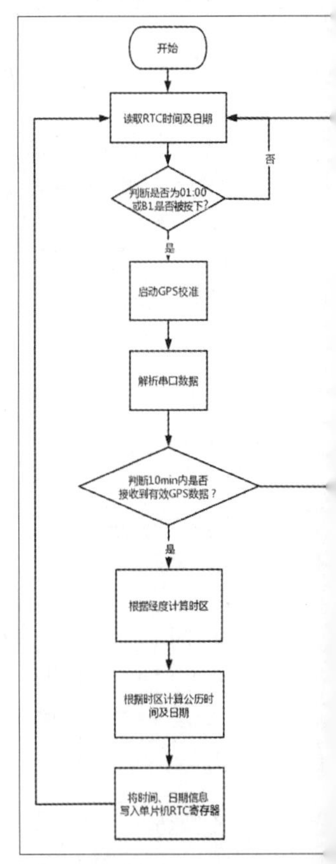

图 13 时间校准流程

图 14 开机界面

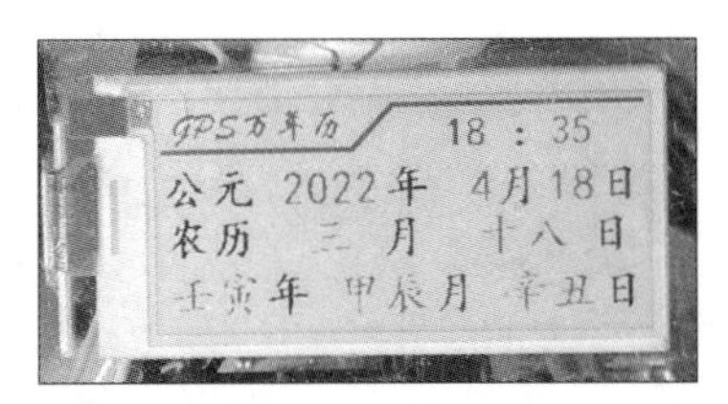

图 15 显示界面

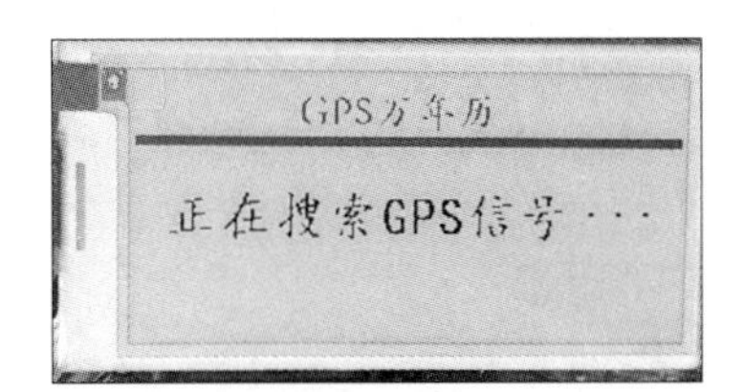

图 16 GPS 定位授时界面

```
  y_start1=0;
  y_start2=y_start;
  if(y_start>=256)
  {
    y_start1=y_start2/256;//计算起始y坐标1
    y_start2=y_start2%256;//计算起始y坐标2
  }
  y_end1=0;
  y_end2=y_start+PART_COLUMN-1;
  if(y_end2>=256)
  {
    y_end1=y_end2/256;//计算结束y坐标1
    y_end2=y_end2%256;//计算结束y坐标2
  }
  Epaper_Write_Command(0x44);
  // 设置x坐标命令
  Epaper_Write_Data(x_start);
  // 写入x起始坐标
  Epaper_Write_Data(x_end);
  // 写入x结束坐标
  Epaper_Write_Command(0x45);
  // 设置y坐标命令
  Epaper_Write_Data(y_start2);
  // 写入y起始坐标2
  Epaper_Write_Data(y_start1);
  // 写入y起始坐标1
  Epaper_Write_Data(y_end2);
  // 写入y结束坐标2
  Epaper_Write_Data(y_end1);
// 写入y结束坐标1
  Epaper_Write_Command(0x4E);
  Epaper_Write_Data(x_start);
  Epaper_Write_Command(0x4F);
  Epaper_Write_Data(y_start2);
  Epaper_Write_Data(y_start1);
  if(color_mode==MONO)
  Epaper_Write_Command(0x24);
  //向RAM写入黑色墨水指令
  if(color_mode==RED)
  Epaper_Write_Command(0x26);
  //向RAM写入红色墨水指令
  for(i=0;i<PART_COLUMN*PART_LINE/8;i++)
  {
    Epaper_Write_Data(* datas);//写入图像数据
    datas++;
  }
  EPD_Update(); //刷新显示图像
}
/************************************
* 函数名称：Count_TimeZone
* 函数功能：计算时区
* 函数输入参数：
  Longitude：经度数据
* 函数输出参数：
  TimeZone：时区数据
************************************/
int Count_TimeZone(double Longitude)
{
  int TimeZone; //时区
  int SV;
  double YS;
  SV=(int)(Longitude/15); //取商
  YS=abs(Longitude%15); //取余数
  if(YS<=7.5) //判断余数是否小于等于7.5
  {
    TimeZone=SV;
  }
  else
  {
    if(YS>0) //判断余数是否大于0
    {
      TimeZone=SV+1;
    }
    else
    {
      TimeZone=SV-1;
    }
  }
  return TimeZone;
}
```

界面设计

现在，基本功能就可以实现了，最后大家可以按照自己的想法，设计好看的界面。由于我在界面设计方面水平一般，所以就不描述具体的方法，仅放上我设计的界面图供大家参考，擅长界面设计的朋友，也可以分享自己设计的界面。图14所示为万年历开机界面，图15所示为万年历时间显示界面，图16所示为万年历正在进行GPS定位授时，即进行校准。制作好的成品如题图所示。

总结

经过制作和调试，GPS校准时间及显示效果还是不错的。虽然我完成了GPS授时功能及万年历的计算显示功能的验证，但本制作还未完全体现出电子墨水屏功耗极低的优势，后面可以尝试太阳能电池板供电等方式，让GPS桌面万年历更加节能。

垃圾分类小助手——“拉风侠”

演示视频

▌章明干

“拉风侠”是台州市垃圾分类工作的吉祥物，“拉风”取自“垃圾分类”的第一个字和第三个字的谐音，“侠”表达一种行为、一种理想。推动垃圾分类工作是一项关系民生的大事。在垃圾分类的过程中，最重要的一环是让人们意识到垃圾分类的重要性，并且能够准确地分类。为了让人们能够记住各种垃圾的分类，我以我们学校的吉祥物为灵感，给“拉风侠”重新设计了一个形象并制作了垃圾分类小助手这个作品。

功能描述

垃圾分类小助手这个作品的功能比较简单，打开电源开关，“拉风侠”会先播报提示语音，然后我们通过唤醒词“拉风侠”唤醒它，并说出垃圾的名称，如水果皮、灯泡等，它就会自动判断我们说出的垃圾属于什么类别。垃圾的名称和对应的分类，我们需要提前在程序中设置好。制作本作品需要的硬件如附表所示。

附表 硬件清单

序号	名称	数量
1	天问-ASR 语音识别开发板	1 块
2	话筒	1 个
3	3W 扬声器	2 个
4	XH-A154 小功率数字功放板	1 块
5	Mini-360 航模降压电源模块	1 个
6	DC 电源插座	1 个
7	激光切割结构件	1 组
8	杜邦线	若干

结构设计与搭建

1 使用 LaserMaker 软件设计垃圾分类小助手的外形，并用激光切割机切割 3mm 厚的椴木板，得到制作垃圾分类小助手所需的激光切割结构件。

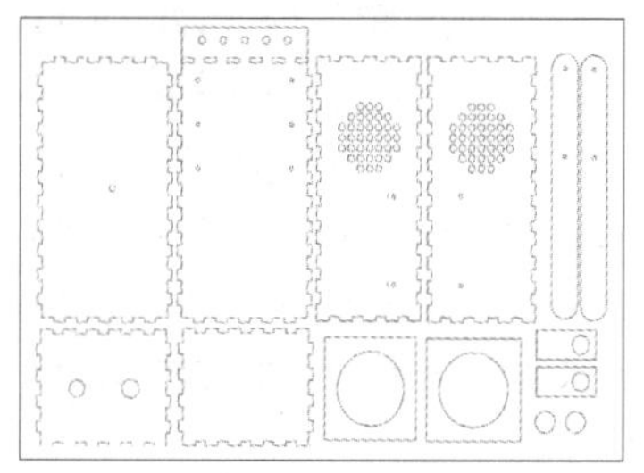

2 先使用热熔胶把两个 3W 的无源扬声器固定在两块正方形的衬板上，这样固定是避免扬声器工作时振膜因振动碰到侧面板。然后使用 502 胶水把衬板和无源扬声器固定在侧面板的相应位置。

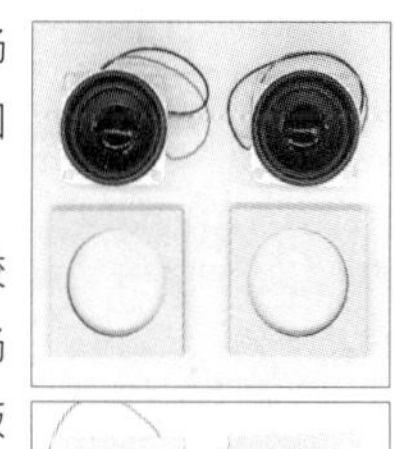

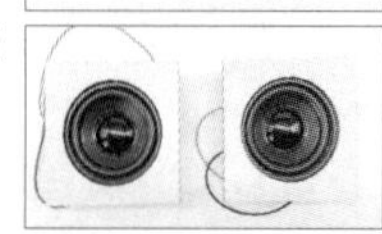

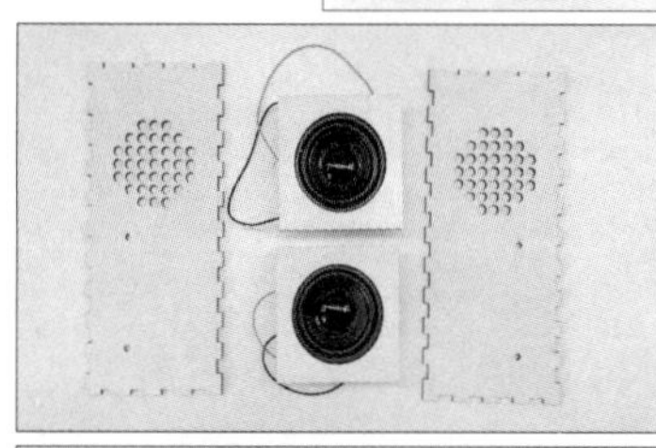

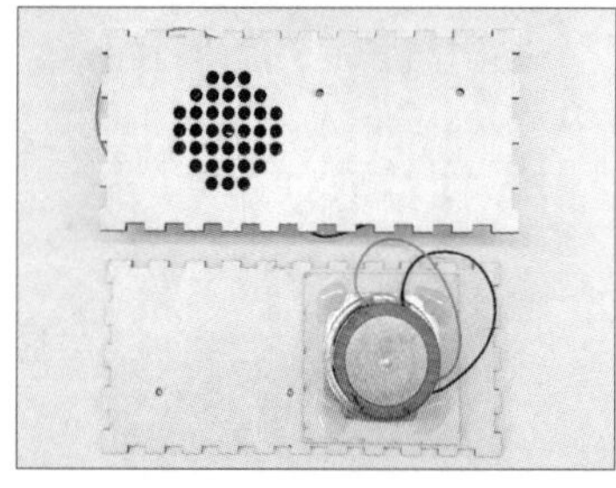

3 使用热熔胶将天问-ASR 语音识别开发板和话筒固定在前面板上。

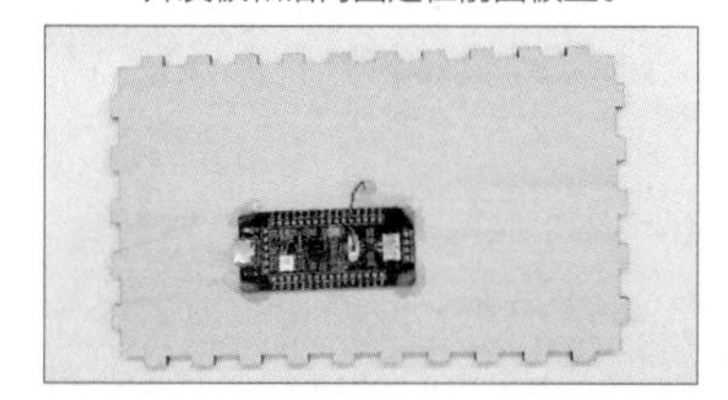

4 使用 502 胶水和热熔胶将 XH-A154 小功率数字功放板与两块长方形衬板组合在一起，并把它们和 DC 电源插座固定到顶板上。

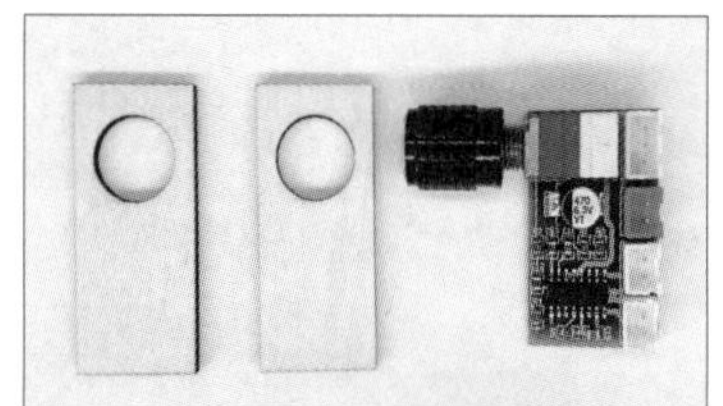

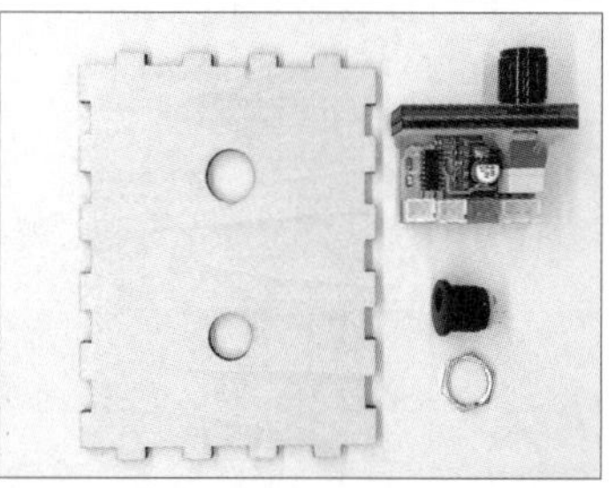

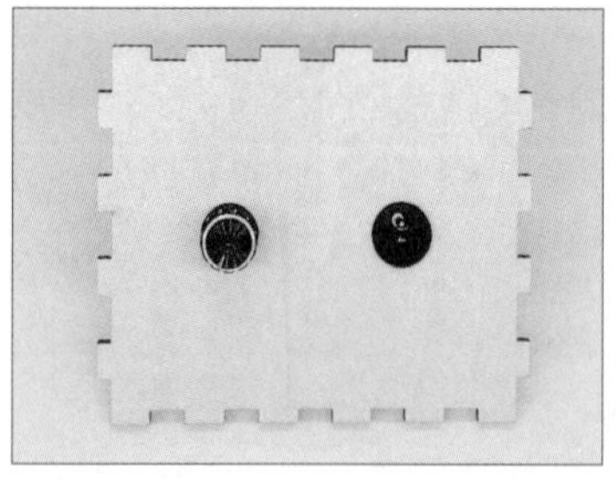

5 使用热熔胶将 Mini-360 航模降压电源模块固定在 XH-A154 小功率数字功放板附近，并通过焊接导线的方式连接 Mini-360 航模降压电源模块与 DC 电源插座。

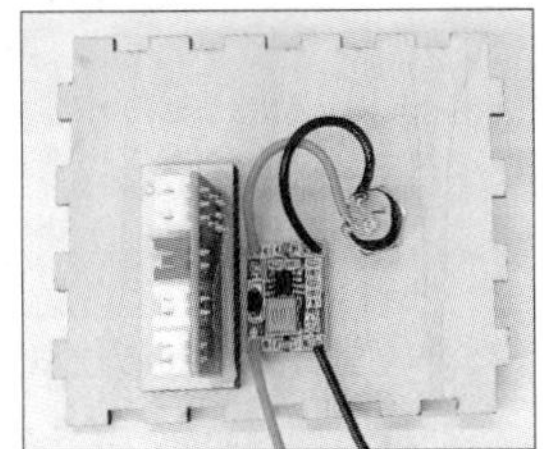

6 按照电路连接示意图接线。

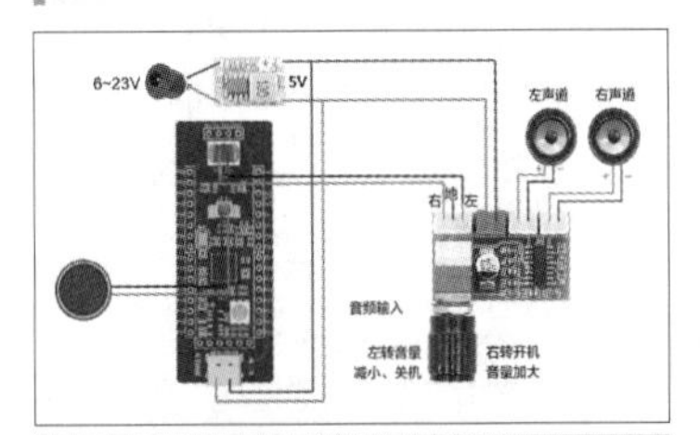

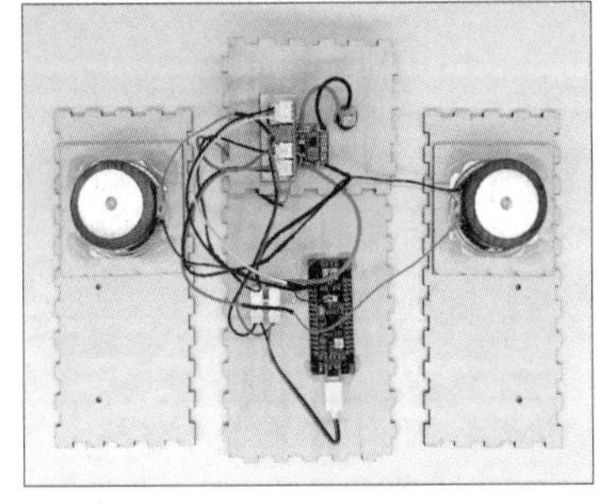

7 把 6 个面板组装起来。

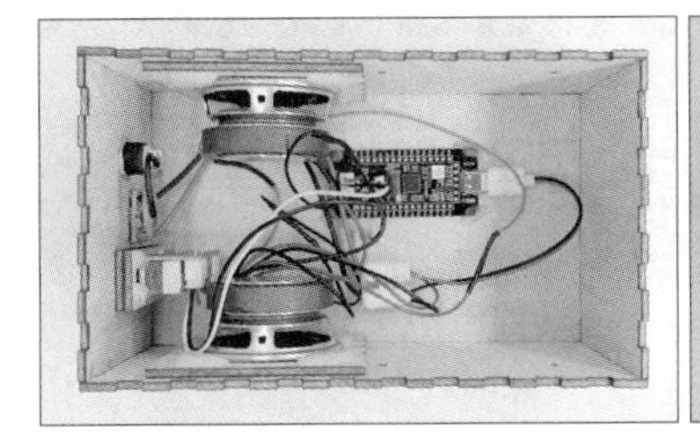

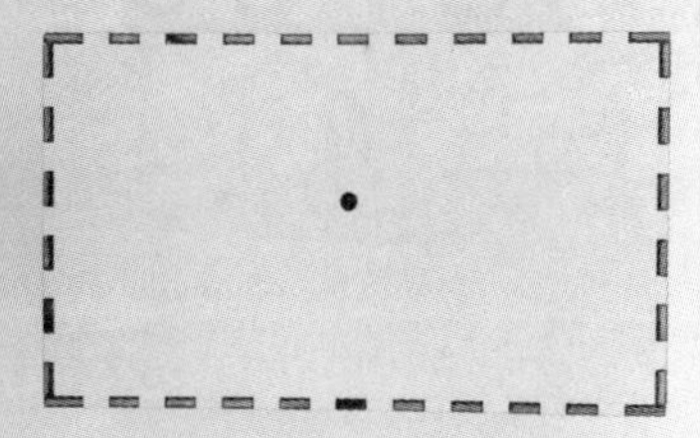

8 在 CorelDRAW 软件中设计“拉风侠”并用彩色打印机打印出来。然后使用激光切割机按照“拉风侠”的轮廓切割椴木板或雪弗板。最后把打印出来的“拉风侠”贴在切割出来的板子上。此处需要注意，在“拉风侠”中间取个孔，方便话筒拾音。

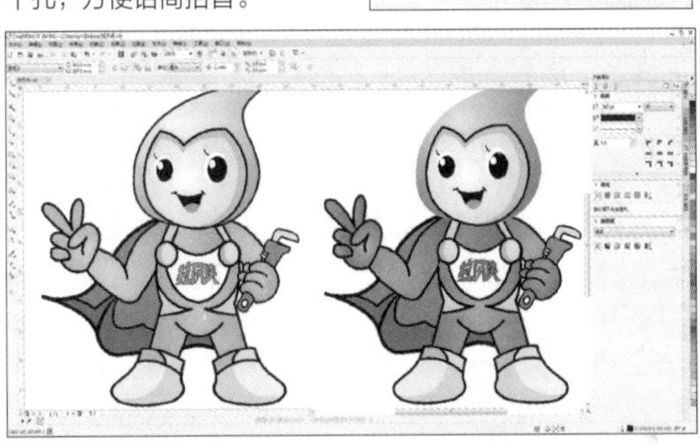

9 将步骤 7 和步骤 8 中组装好的部件组装在一起，并安装一个支架。整个作品就组装完毕了。

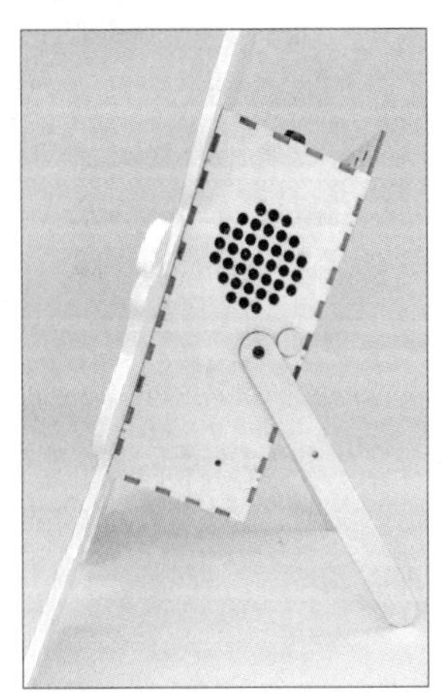

程序编写

1 使用天问 Block 编写垃圾分类小助手的程序。打开软件后，单击界面右上角的“设备”打开主控板选择界面，并在界面中选择“TWEN-ASR”。

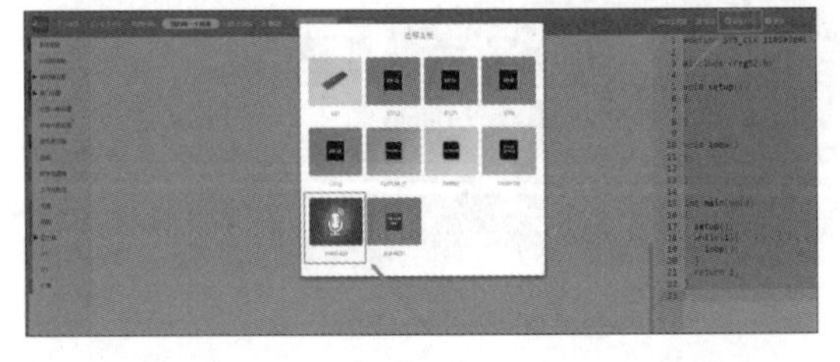

2 在编程区，添加“播报音设置 × ×”积木、“添加欢迎词 × ×”积木、“添加退出语音 × ×”积木、“添加识别词 × ×”积木，并根据需要设置相应的参数，完成初始化程序的编写。

```
初始化
  播报音设置 程程-标准男童 音量 20 语速 10
  添加欢迎词 欢迎使用垃圾分类学习机，请用拉风侠唤醒我。
  添加退出语音 我退下了，请用拉风侠唤醒我
  添加识别词 拉风侠 类型 唤醒词 回复语音 我在呢 识别标识ID为 0
```

3 增加一个“可回收物”函数，再在函数中使用多条“添加识别词 × ×”积木。我们需要将可回收物的名称及相应参数设置在积木中。然后使用同样的方法，编写“易腐垃圾”函数、“有害垃圾”函数和“其他垃圾”函数。

```
可回收物
执行 添加识别词 报纸 类型 命令词 回复语音 报纸，属于可回收物 识别标识ID为 1
     添加识别词 书本 类型 命令词 回复语音 书本，属于可回收物 识别标识ID为 2
     添加识别词 纸箱 类型 命令词 回复语音 纸箱，属于可回收物 识别标识ID为 3
     添加识别词 电视机 类型 命令词 回复语音 电视机，属于可回收物 识别标识ID为 4
     添加识别词 电脑 类型 命令词 回复语音 电脑，属于可回收物 识别标识ID为 5
     添加识别词 冰箱 类型 命令词 回复语音 冰箱，属于可回收物 识别标识ID为 6
     添加识别词 衣服 类型 命令词 回复语音 衣服，属于可回收物 识别标识ID为 7
     添加识别词 帽子 类型 命令词 回复语音 帽子，属于可回收物 识别标识ID为 8
     添加识别词 玻璃瓶 类型 命令词 回复语音 玻璃瓶，属于可回收物 识别标识ID为 9
     添加识别词 易拉罐 类型 命令词 回复语音 易拉罐，属于可回收物 识别标识ID为 10
     添加识别词 牛奶盒 类型 命令词 回复语音 牛奶盒，属于可回收物 识别标识ID为 11
     添加识别词 奶瓶 类型 命令词 回复语音 奶瓶，属于可回收物 识别标识ID为 12
     添加识别词 饮料瓶 类型 命令词 回复语音 饮料瓶，属于可回收物 识别标识ID为 13
     添加识别词 矿泉水瓶 类型 命令词 回复语音 矿泉水瓶，属于可回收物 识别标识ID为 14
     添加识别词 食用油桶 类型 命令词 回复语音 食用油桶，属于可回收物 识别标识ID为 15
     添加识别词 塑料衣架 类型 命令词 回复语音 塑料衣架，属于可回收物 识别标识ID为 16
     添加识别词 塑料玩具 类型 命令词 回复语音 塑料玩具，属于可回收物 识别标识ID为 17
     添加识别词 橡胶轮胎 类型 命令词 回复语音 橡胶轮胎，属于可回收物 识别标识ID为 18
     添加识别词 玻璃杯 类型 命令词 回复语音 玻璃杯，属于可回收物 识别标识ID为 19
     添加识别词 废旧金属 类型 命令词 回复语音 废旧金属，属于可回收物 识别标识ID为 20
     添加识别词 毛绒玩具 类型 命令词 回复语音 毛绒玩具，属于可回收物 识别标识ID为 21
     添加识别词 插座 类型 命令词 回复语音 插座，属于可回收物 识别标识ID为 22
     添加识别词 电路板 类型 命令词 回复语音 电路板，属于可回收物 识别标识ID为 23
     添加识别词 拉杆箱 类型 命令词 回复语音 拉杆箱，属于可回收物 识别标识ID为 24
```

使用 FireBeetle ESP32 让手机变成键盘、鼠标

演示视频

王岩柏

智能手机是人们现代生活不可或缺的帮手。在一些情况下，我们并不方便随身携带一套键盘、鼠标，因此这次项目介绍的是如何使用 FireBeetle ESP32 让你的智能手机变成可以控制计算机的键盘和鼠标。

项目的基本实现原理如下，用户使用手机应用程序通过 BLE 蓝牙向 FireBeetle ESP32 进行通信，FireBeetle ESP32 收到数据后通过键盘与鼠标扩展板的 USB 接口将数据发送到计算机。从原理上看，整体工作可以分为 3 部分：硬件的选择和设计、手机端程序的设计和 Arduino 程序的编写。

硬件的选择和设计

首先介绍硬件的选择和设计。FireBeetle ESP32 是 DFRobot 出品的基于 ESP32 的开发板，它能够支持蓝牙通信和 Wi-Fi 通信。这款开发板虽然自带 USB 转串口芯片，但是无法将自身模拟为 USB 键盘和鼠标。为了实现 USB 键盘与鼠标的功能，还需要设计一个 USB 键盘与鼠标扩展板。经过研究，我最终选择使用 WCH 出品的 CH9329 芯片来实现这个功能。CH9329 是一款串口转标准 USB HID 类设备的芯片，根据芯片的不同模式，其在计算机上可被识别为标准的 USB 键盘、USB 鼠标或自定义 HID 类设备。该芯片接收客户端发送过来的串口数据，并按照 HID 类设备规范，将数据进行打包并通过 USB 接口上传至计算机。这款芯片基本特性如下。

- 支持 12M bit/s 全速 USB 传输，兼容 USB2.0，内置晶体振荡器。
- 默认串口通信波特率为 9600 波特，支持各种常见波特率。
- 支持 5V 和 3.3V 电源电压。
- 多种芯片工作模式，可适应不同应用需求。
- 多种串口通信模式，可灵活切换。

---

4 编写好程序后，单击界面右上角的“生成模型”，并在弹出的对话框中输入用户名和密码，然后单击“登录”，就能开始生成模型了。

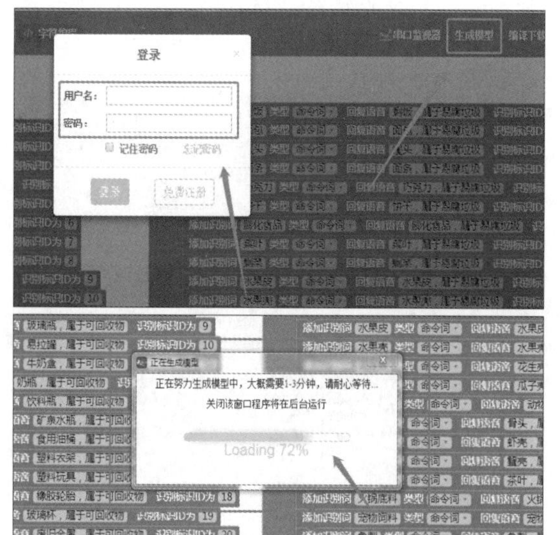

5 生成好模型后，单击界面右上角的“编译下载”，将程序下载到天问 -ASR 语音识别开发板上。垃圾分类助手——“拉风侠”就可以开始工作了。

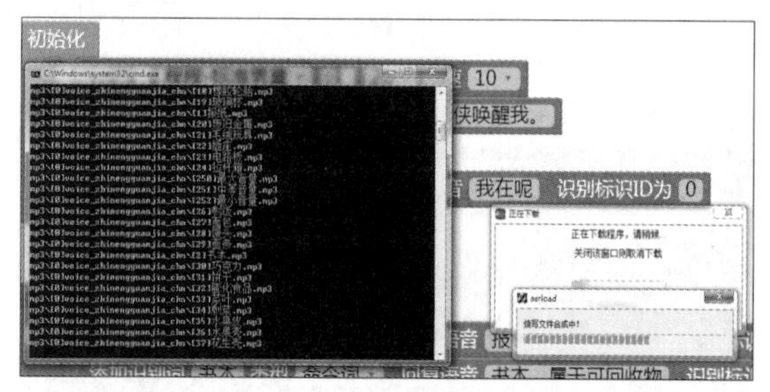

拓展

垃圾分类小助手这个作品主要使用了语音识别技术，大家还可以使用图像识别等技术对它进行完善，使它可以通过摄像头分辨不同的垃圾，并提示大家进行垃圾分类。除此之外，利用这些技术还能做出哪些帮助人们进行垃圾分类的作品呢？大家不妨想一想。

◆ 支持普通键盘和多媒体键盘功能，支持全键盘功能。

◆ 支持相对鼠标和绝对鼠标功能。

◆ 支持自定义 HID 类设备功能，可用于单纯数据传输。

◆ 支持 ASCII 码字符输入和区位码汉字输入。

◆ 支持远程唤醒计算机功能。

◆ 支持串口或 USB 端口配置芯片参数。

◆ 可自行配置芯片的 VID、PID，以及芯片各种字符串描述符。

◆ 可自行配置芯片的默认波特率。

◆ 可自行配置芯片通信地址，实现同一个串口下挂载多个芯片。

◆ 可自行配置回车字符。

◆ 可自行配置过滤字符串，以便进行无效字符过滤。

◆ 符合 USB 相关规范、HID 类设备相关规范。

◆ 采用小体积 SOP-16 无铅封装，兼容 RoHS 标准。

这次的设计，通过串口就能实现 USB 键盘和鼠标的功能。确定了硬件方案后，首先需要进行相关扩展板的设计，电路如图 1 所示。图 1 左侧部分和中间部分是 FireBeetle ESP32 接口；右上部分设计的是 USB 公头；右下部分是 CH9329 芯片的最小系统电路，CH9329 芯片内置了晶体振荡器，外部只需要接一个 0.1μF 的电容（C1）即可正常工作。CH9329 芯片的最小系统

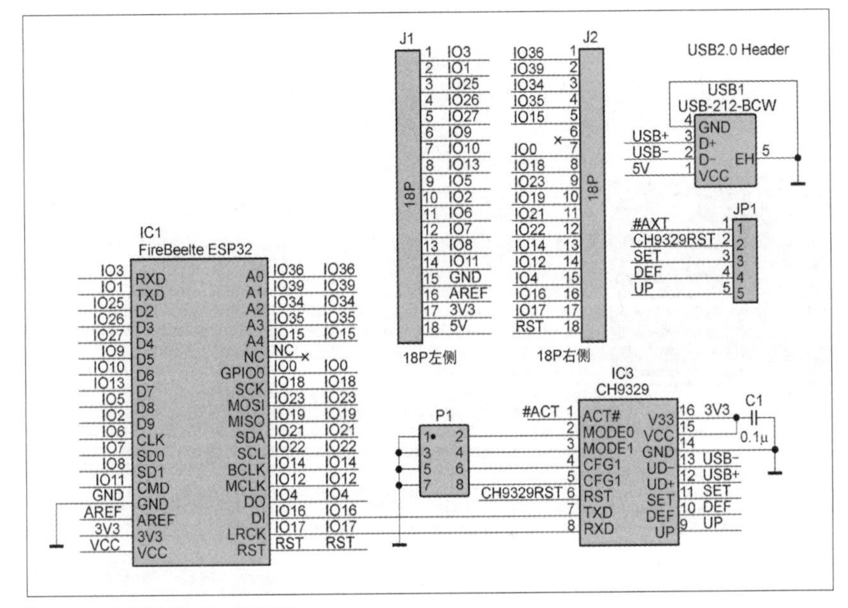

图 1 USB 键盘与鼠标扩展板的电路

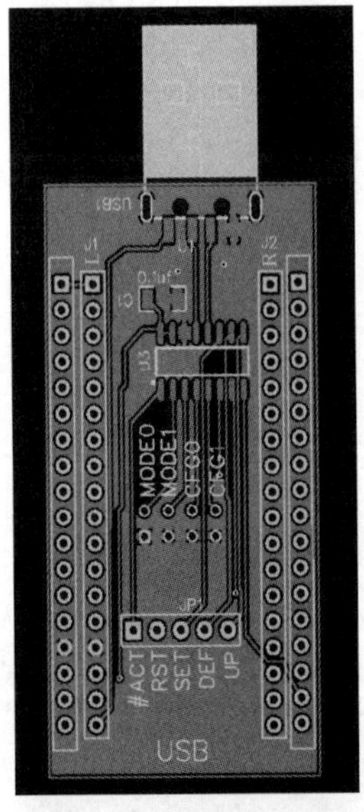

图 2 USB 键盘与鼠标扩展板的 PCB 设计

表 1 工作模式与功能

工作模式	MODE1 电平	MODE0 电平	功能说明
模式 0	1	1	模拟标准 USB 键盘、USB 鼠标、USB 自定义 HID 类设备（默认）。 在该模式下，CH9329 芯片在计算机上被识别为 USB 键盘、USB 鼠标和自定义 HID 类设备的多功能复合设备，USB 键盘包含普通键和多媒体键，USB 鼠标包含相对鼠标和绝对鼠标。 该模式功能最全，可以实现 USB 键盘和 USB 鼠标的全部功能。 MODE0 引脚和 MODE1 引脚内置了上拉电阻，当这两个引脚悬空时，芯片处于本模式
模式 1	1	0	模拟标准 USB 键盘。 在该模式下，CH9329 芯片在计算机上被识别为单一 USB 键盘，USB 键盘只包含普通键，不包含多媒体键，支持全键盘模式，适用于部分不支持复合设备的系统
模式 2	0	1	模拟标准 USB 键盘、USB 鼠标。 在该模式下，CH9329 芯片在计算机上被识别为 USB 键盘和 USB 鼠标的多功能复合设备，USB 键盘包含普通键和多媒体键，USB 鼠标包含相对鼠标和绝对鼠标。 注：出于对兼容性考虑，建议在 Linux、Android、iOS 等操作系统下，使用该模式
模式 3	0	0	模拟标准 USB 自定义 HID 类设备。 在该模式下，CH9329 芯片在计算机上被识别为单一 USB 自定义 HID 类设备，具有上传和下传 2 个通道，可以实现串口和 HID 数据透传功能。CH9329 芯片如果接收到串口数据，则打包数据并通过 USB 接口上传；如果接收到 USB 接口的下传数据，则通过串口进行发送。 这个模式可以方便用户实现串口转 HID 类设备

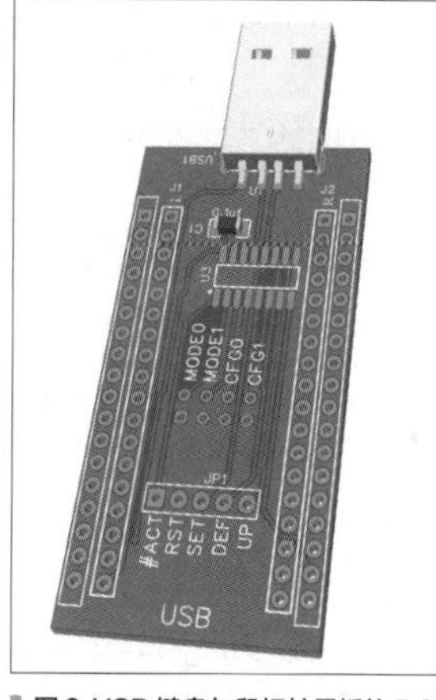

图 3 USB 键盘与鼠标扩展板的 PCB 3D 预览

表 2　串口通信模式与功能

串口通信模式	CFG1 电平	CFG0 电平	功能
模式 0	1	1	协议传输模式（默认）。 该模式一般适用于既需要使用 USB 键盘功能，又需要使用 USB 鼠标功能的应用。如果需要使用全键盘功能，也建议采用该模式。 CFG0 引脚和 CFG1 引脚内置了上拉电阻，当这两个引脚悬空时，芯片处于本模式
模式 1	1	0	ASCII 模式。 该模式下，串口设备向 CH9329 芯片发送的串口数据，既可以是 ASCII 码字符数据，也可以是区位码汉字数据。该模式适用于只需要使用 USB 键盘中可见 ASCII 字符的应用
模式 2	0	1	透传模式。 该模式下，串口设备向 CH9329 芯片发送的串口数据，可以是任意十六进制数据。该模式适用于 CH9329 芯片处于芯片工作模式 3 的应用

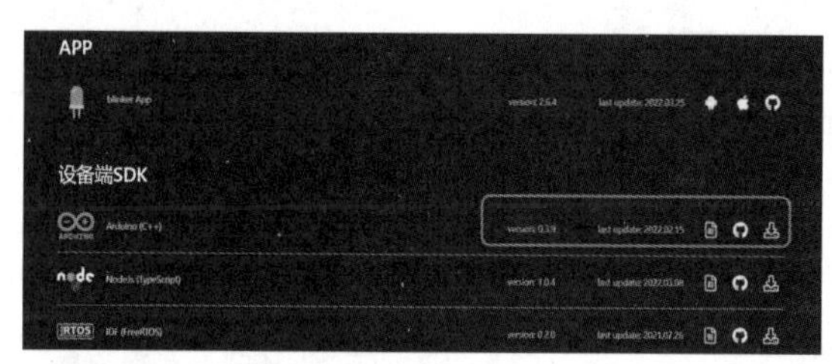

图 4 Blinker Arduino 库的下载页面

电路中的引脚 1 是用来标志芯片配置完成的引脚（#ACT），引脚 2~ 引脚 5 是用来配置芯片功能的引脚。组合它们可以在芯片上电的时候实现芯片功能的选择，具体可以实现的功能如表 1、表 2 所示。USB 键盘与鼠标扩展板的 PCB 设计如图 2 所示，PCB 3D 预览效果如图 3 所示。

手机端程序的设计

接下来介绍手机端程序的设计。经过考察，我选择点灯科技出品的 Blinker。Blinker 是一套专业且易用物联网解决方案，提供了服务器、应用、设备端 SDK 支持。简单、便捷的应用配合多设备支持的 SDK，可以让开发者在 3min 内实现设备的接入。点灯服务有 3 个版本——社区版开源且免费，可以让用户体验到点灯方案的特点和优势；云服务版提供更多增值服务与功能，可以有效降低用户的项目实施成本，让用户可以更快地进行物联网升级；商业版可进行独立部署，满足用户更多样的需求。大家可以根据自己的需求选择不同的版本。本次项目主要用到了 Blinker 提供的 ESP32 库，ESP32 库使手机端程序可以通过蓝牙连接 FireBeetle ESP32。

在设计手机端程序前，我们需要安装 Blinker Arduino 库，安装方法是先在点灯科技的官方网站下载对应的 Arduino 库（见图 4），然后将文件解压并复制到 Arduino 的 Library 目录下。

之后，烧写蓝牙 BLE 按键消息的示例文件“\blinker-library\examples\Blinker_Widgets\Blinker_Button\Button_BLE\Button_BLE.ino”。烧写后，为 FireBeetle ESP32 上电，再打开手机上的 Blinker App，开始创建控制设备的应用。具体的创建过程如下。

◆ 单击图 5 中红色箭头所指的按钮，创建一个新设备。

◆ 单击图 6 中红色箭头所指的标志，添加一个独立设备。

◆ 单击图 7 中红色箭头所指的按钮，设置接入方式。

◆ 单击“蓝牙接入”按钮后，Blinker App 会执行搜索蓝牙设备的操作，发现设备的界面如图 8 所示，发现设备后选择需要连接的设备。如果这一步没有找到设备，那么是无法进行后面的操作的，这就是要提前烧写蓝牙 BLE 按键消息的示例文件的原因。

◆ 在 Blinker App 界面放置 1 个输入框，当作键盘，用于输

图 5 Blinker App 创建新设备的界面

图 6 Blinker App 添加新设备的界面

▌图 7 Blinker App 设置接入方式的界面

▌图 8 Blinker App 发现设备的界面

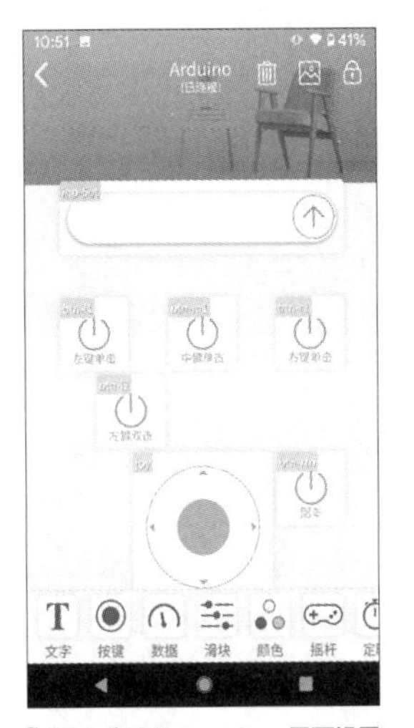

▌图 9 在 Blinker App 界面设置键盘、鼠标组件

▌图 10 Blinker App 编辑组件属性的界面

入字符；设置 1 个摇杆组件，用于控制鼠标；设置 6 个按钮，分别用于实现鼠标的左键单击、左键双击、中键单击（滚轮单击）、右键单击和输入键盘回车键的功能，如图 9 所示。

◆ 根据组件需要实现的功能分别编辑组件属性，如图 10 所示。

按上述步骤设置完后，在 Blinker App 界面操作组件，我们就可以在 Arduino 的串口监视器中看到相关数据，如图 11 所示。

Arduino程序的编写

最后，编写 Arduino 程序。此处只为大家展示关键部分的程序及讲解。

在程序首部加入 #define BLINKER_BLE，再在 Setup() 函数中使用 Blinker.begin(); 即可完成对 Blinker Arduino 库的初始化操作。Blinker Arduino 库能够帮助用户完成大部分的蓝牙操作，因此用户只需要关心“收到数据后如何处理”，而不必关心“如何收到数据”。

```
[837019] Blinker readString: {"btn-l1":"tap"}
[838504] Blinker readString: {"btn-l2":"tap"}
[839494] Blinker readString: {"btn-m1":"tap"}
[840394] Blinker readString: {"btn-r1":"tap"}
[843319] Blinker readString: {"joy":[110,88]}
[843409] Blinker readString: {"joy":[116,1]}
[843679] Blinker readString: {"joy":[128,0]}
[843724] Blinker readString: {"joy":[122,0]}
[843858] Blinker readString: {"joy":[57,22]}
[843949] Blinker readString: {"joy":[15,77]}
[844083] Blinker readString: {"joy":[8,90]}
[844219] Blinker readString: {"joy":[112,86]}
```

▌图 11 在 Arduino 的串口监视器中查看数据

Setup() 函数中通过 Button1.attach(button1_callback); 绑定事件和处理函数，当事件发生时，程序会自动调用 button1_callback() 函数来处理。程序 1 为鼠标左键单击事件发生时的处理函数。

程序1

```
// 左键单击
void button1_callback(const String & state) {
  BLINKER_LOG("Left Click", state);
// 触发鼠标左键
  mousemove[6] = 0x01;
  SendData((byte*)mousemove, sizeof(mousemove));
  delay(10);
 //鼠标左键抬起
  mousemove[6] = 0x00;
  SendData((byte*)mousemove, sizeof(mousemove));
  delay(10);
}
```

FireBeetle ESP32 按照表 3 所示的格式通过串口给 CH9329 芯片发送鼠标数据。表 3 中的“后续数据”是鼠标的移动数据（见表 4）。

表 3　串口发送数据的格式

帧头	地址码	命令码	后续数据长度	后续数据	累加和
0x57、0xAB	0x00	0x05	5	5 字节数据	前面所有数据的累加和

表 4

Byte0	Byte1	Byte2	Byte3	Byte4
必须为 0x01	按键信息 BIT0 左键 BIT1 右键 BIT2 中键	鼠标在 X 方向移动的数值	鼠标在 Y 方向移动的数值	鼠标滚轮移动数值

鼠标数据结构在程序头部有定义（见程序 2），运行时会对其进行填充。

程序2

```
char mousemove[] = {0x57, 0xAB, 0x00, 0x05, 0x05, 0x01,
0x00, 0x00, 0x00, 0x00, 0x00};
```

填充完成后调用 SendData() 函数（见程序 3）即可通过 Serial2 给 CH9329 芯片发送数据。特别注意，数据包含一个校验和，因此发送数据时需要对其进行计算。

程序3

```
//将Buffer指向的内容、长度，计算checksum之后发送到Serial2
void SendData(byte *Buffer, byte size) {
  byte sum = 0;
  for (int i = 0; i < size - 1; i++) {
    Serial2.write(*Buffer);
    sum = sum + *Buffer;
    Buffer++;
  }
  *Buffer = sum;
  Serial2.write(sum);
}
```

Setup() 函数中通过 Blinker.attachData(dataRead); 绑定数据处理函数。FireBeetle ESP32 接收到的输入框和摇杆的数据会在 dataRead(const String &data) 函数中进行处理。Blinker App 发送的组件名称和摇杆数据会以字符串的形式放在 data 变量中，程序解析 data 变量即可获得需要的数据。Blinker App 发送的输入框的输入数据为 ASCII 码字符数据，需要通过 Asc2Scancode() 函数转化为 HID Scancode 再发送给 CH9329 芯片。此部分的程序如程序 4 所示。

程序4

```
void dataRead(const String & data)
{
 BLINKER_LOG("Blinker readString: ", data);
 //判断数据是否为摇杆数据
 if (data.indexOf("joy") != -1) {
   BLINKER_LOG("Joy Move");
   String StrX, StrY;
   //将摇杆坐标从输入中分离出来
   StrX = data.substring(data.indexOf("[") + 1, data.
indexOf(","));
   StrY = data.substring(data.indexOf(",") + 1, data.
indexOf("]"));
   BLINKER_LOG("", StrX); BLINKER_LOG("", StrY);
   //将摇杆数据按照鼠标数据格式发送出去
   mousemove[7] = map(StrX.toInt(), 0, 255, -127, 127);
   mousemove[8] = map(StrY.toInt(), 0, 255, -127, 127);
   SendData((byte*)mousemove, sizeof(mousemove));
   delay(10);
    mousemove[7] = 0;
   mousemove[8] = 0;
  } else {
   boolean shift;
   byte scanCode;
   for (int i = 0; i < data.length(); i++) {
    BLINKER_LOG("Key In", data.charAt(1));
    //将收到的ASCII码字符数据转为HID Scancode
    scanCode = Asc2Scancode(data.charAt(i), &shift);
    //当按下Shift时，有些按键会发生转义
    if (scanCode != 0) {
     if (shift == true) {
       keypress[5] = 0x02;
     }
     BLINKER_LOG("Scancode", scanCode);
     // 填写要发送的 ScanCode
     keypress[7] = scanCode;
     SendData((byte*)keypress, sizeof(keypress));
     delay(10);
     keypress[5] = 0x00; keypress[7] = 0;
     SendData((byte*)keypress, sizeof(keypress));
     delay(10);
    }
   }
  }
}
```

将做好的设备插入计算机的 USB 接口，我们就可以通过 Blinker App 实现键盘、鼠标的功能了。

一款基于 Arduino Uno 的 R71 RAM 板编程器

任震（BG1TPT）

ICOM R71是一款生产于20世纪80年代中期至90年代初期的4次变频短波多模式接收机，我国曾大量进口R71E。十几年前，大量的R71E退役涌向二手市场，其价格低廉，接收性能出众，性价比很高，当时爱好者论坛上恨不得人手一台，我在2007年年初也买了一台。

但这台机器的 RAM 板掉电问题一直是所有 R71 拥有者的心病，一旦 RAM 板上的电池没电，机器则开机无显示，板子就彻底无法使用了。R71 的 RAM 板型号为 EX-314，同样使用这块 RAM 板的还有 ICOM 同期出品的 IC-745、IC-751、IC-271、IC-471、IC-1271 电台。EX-314 使用 SRAM 作为存储器，关机后使用一颗 3V 纽扣电池维持 SRAM 中的数据，掉电后将丢失所存储的信息。所以 RAM 板没电或者直接更换电池都会丢失其中的数据。

目前有下面 3 种挽救方式。

第一种是更换电池时临时给 RAM 板焊上一组外接电源，使得换电池期间 SRAM 不掉电，以保持数据。这种方法必须在电池没电前完成电池更换操作，需要动电烙铁，操作烦琐，如不小心中途掉电，仍会导致数据丢失。

图 1 ICOM EX-314 RAM 板

第二种是制作一个双电池位的兼容 RAM 板，只要保持其中一个电池有电即可。这种方式仍然需要使用编程器对双电池 RAM 板进行第一次编程，并且不能继续使用原装的 RAM 板，个人感觉机器不够完美。

第三种是制作一块 R71 RAM 板的编程器。大约 10 年前，我在网上购买了一位前辈制作的 R71“急救”套件，包括一块双电池位的兼容 RAM 板和一块 RAM 板编程器。但当时我用的 R71 中的电池状态还比较好，一直到 2021 年仍然有 3V 的电压。今年偶然的机会与朋友聊起 R71，回家翻出当年的“拯救”套件，但因年代久远，电路板已与其电源线粘连，粘连点下方电路板上的线路也即将断裂。

如今，Arduino 已经十分普及，我们可以通过对 Arduino 编程，让其具备 R71 RAM 板编程器的功能。如果能用 Arduino 制作 R71 的 RAM 板编程器，那很多爱好者就可以随手挽救 R71 了，老机永生也是一个不错的新玩法。于是我便开始了用 Arduino 制作编程器的过程。

可行性确认阶段

首先对 RAM 板（见图 1）尺寸进行了测量，尺寸为 50mm × 50mm。而 Arduino Uno 的尺寸为 68mm × 53mm，RAM 板的插座与 PCB 尺寸都小于 Arduino Uno 的尺寸，所以计划制作一块转接板叠加在 Arduino Uno 上，然后将 RAM 板插在转接板上，完成编程器的连接。

查看 EX-314 RAM 板的电路（见图 2），其电源与 I/O 都是 5V 逻辑，而 Arduino Uno 也是 5V 逻辑，可以不需要电平转换，直接制作编程器。EX-314 的接线分别为 1 条 +5V 电源线、1 条 GND 线、11 条地址线、4 条数据线、1 条读写模式线和 1 条写保护线，共 18 条。而 Arduino Uno 的可用 GPIO 共 24 个，再加上计划在转接板上增加的控制按键、工作状态灯和串口线，正好够用，这样转接板上可以非常简化，只作连线和用户界面，不做任何逻辑。

硬件设计阶段

进一步查看 EX-314 RAM 板的电路原理，其主要部件由一片 NEC μPD444C SRAM 集成电路和一片

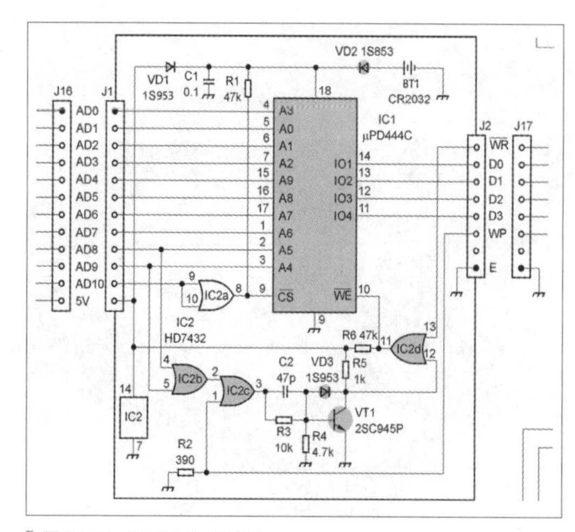

▌图 2 EX-314 RAM 板电路

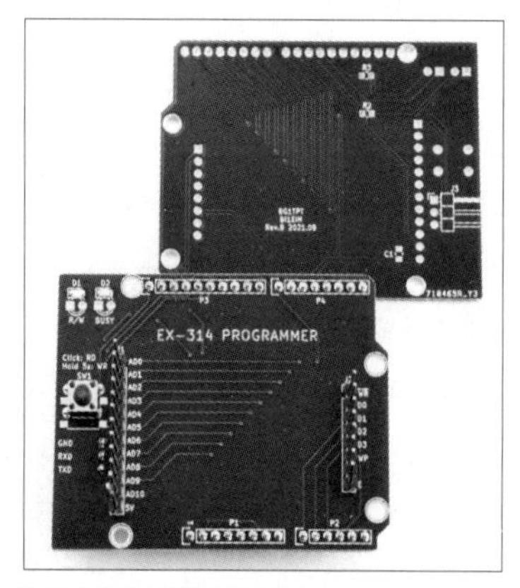

▌图 3 制作的适配器电路板

7432 四或门数字逻辑电路组成。EX-314 RAM 板对外接口地址线为 11 位，其中最高位控制片选使用，也就是说这块 RAM 板的地址范围为 0~0x3FF。地址线 8 与 9 除连接到 SRAM 芯片外，还连接了读写保护相关电路，其中至少一位为高电平时，芯片可写入。说明地址 0xFF~0x3FF 当作 RAM 使用，共 768 个字节。其余地址 0~0xFF 的 256 个字节当作 ROM 使用，只有使用外部编程时才可以写入。而 WP 线可以覆盖这个保护逻辑，当 WP 为高电平时，所有地址都可读取或写入，所以使用编程器的时候，我们让 WP 一直保持高电平即可。

数据线只有 4 位，所以 SRAM 每个字节只有低 4 位被使用了。早期的 EX-314 RAM 板使用 NEC μPD444 有 1024×4bit 的容量，而后期使用的 NEC μPD446 和 SHARP LH5116 都有 2048×8bit 的容量，但也仅使用 1024×4bit。

EX-314 RAM 板使用 5V DC 供电，同时为了在关机后保持数据，SRAM 也使用 3V 纽扣电池供电，并使用二极管防止 5V 外部供电向电池充电。关机后，SRAM 进入低电压数据保持模式，电流减小到 10nA 级别，最大不超过 1μA。查看 Arduino Uno 的电路图，其 5V 电源来自 USB 口，或电源口输入经过 MC33269 LDO 稳压到 5V。两种方式提供的负载能力足以驱动 Arduino Uno 与 RAM 板，所以可以直接使用 Arduino Uno 上的 5V 输出作为电源。

综合上面的分析结果，计划 Arduino Uno 与 EX-314 RAM 板的连接关系如表 1 所示。

到现在，编程器计划需求如下，我制作的适配器电路板如图 3 所示。

◆ 可以对 R71 RAM 板内容进行读取和写入。

◆ 使用 Arduino Uno。

◆ 制作一个 Arduino 扩展板作为适配器，一面连接到 Arduino Uno，一面连接到 R71 RAM 板。

◆ 适配器仅作连线使用，自身无逻辑，所有电源、地址线、数据线均直接来自 Arduino Uno。

◆ 适配器上用一个按钮的长 / 短按来触发编程器对 RAM 的读取和写入动作。

◆ 适配器上使用红、绿 2 个 LED，表示当前读取与写入状态。

◆ 适配器支持通过串口输出当前状态与 RAM 读取的内容。

软件设计阶段

对于软件设计阶段，我主要分享一下制作过程中遇到的几个问题和解决方式。

1. SRAM读写时序

首先查看 NEC μPD444 手册中读取、写入、进入低电压保持模式的时序图。

SRAM 的读取时序为片选（$\overline{CS}$）、写入允许（$\overline{WE}$）高电平，地址线准备好后保持 450ns，数据线上为读出的对应地址上存储的数据（见图 4）。

SRAM 的写入时序为片选低电平，地址线、数据线准备好后，拉低写入允许（$\overline{WE}$），并保持 300ns，数据线上的数

表 1 Arduino Uno 与适配器、EX-314 RAM 板连接关系

Arduino Uno 接口	适配器接口	EX-314 RAM 板接口
GPIO0	AD0	AD0
GPIO1	AD1	AD1
GPIO2	AD2	AD2
GPIO3	AD3	AD3
GPIO4	AD4	AD4
GPIO5	AD5	AD5
GPIO6	AD6	AD6
GPIO7	AD7	AD7
GPIO8	AD8	AD8
GPIO9	AD9	AD9
GPIO11（同时作片选与红色LED控制）	AD10	AD10
5V	5V	5V
GPIO18	$\overline{WR}$	$\overline{WR}$
GPIO14	D0	D0
GPIO15	D1	D1
GPIO16	D2	D2
GPIO17	D3	D3
5V	WP	WP
GPIO13	TX	-
GPIO12	RX	-
GND	GND	GND
GPIO10	LED_GREEN	-
GPIO11	LED_RED	-
GPIO19	BUTTON	-

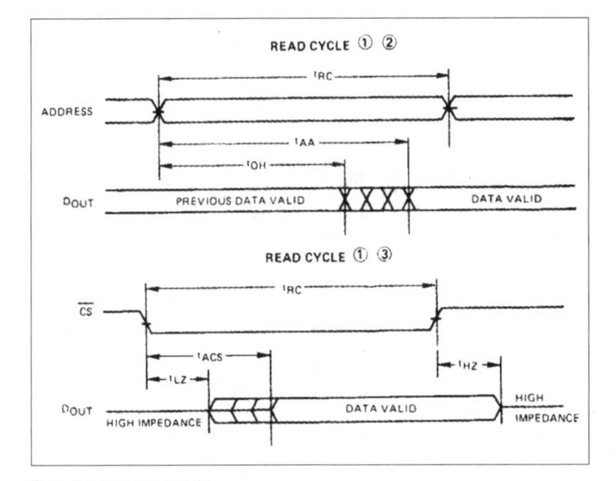

图 4 SRAM 读时序

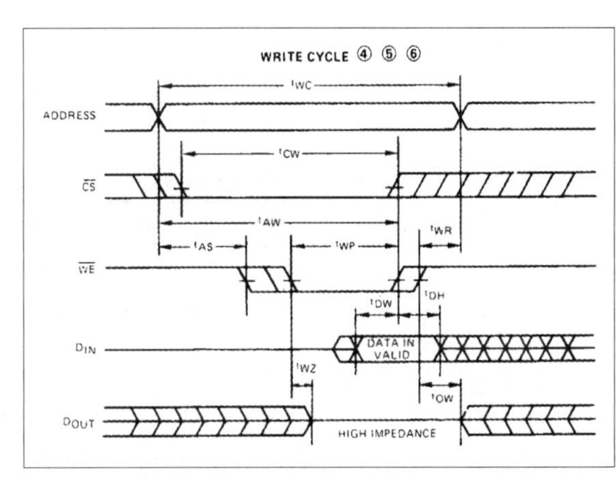

图 5 SRAM 写时序

据将被写入对应的地址中（见图 5）。

SRAM 进入低电压保持状态的时序如图 6 所示，在片选（$\overline{CS}$）高电平的情况下，供电电压从 5V 可降低到最低 2V，这时 SRAM 的电流仅为 10nA 左右。

读写 SRAM 的相关代码如下。

```
// 设置地址线
void setAddress(int address) {
  unsigned char al = address & 0xFF;
  unsigned char ah = (address & 0x700) >> 8;
  PORTD = al;
  PORTB &= 0xFC;
  PORTB |= ah;
}
// 设置数据线
void setData(unsigned char data) {
  PORTC &= 0xF0;
  PORTC |= data & 0xF;
}
// 从数据线读取数据
unsigned char readData() {
  return PINC & 0xF;
}
// 写 SRAM
void writeSRAMNibble(int address, unsigned char data) {
  setAddress(address);
  setData(data);
  digitalWrite(WR_PIN, LOW);
  __builtin_avr_delay_cycles(ceil((SRAM_WRITE_TAS + SRAM_WRITE_TWP) / DELAY_CYCLE));
  digitalWrite(WR_PIN, HIGH);
  __builtin_avr_delay_cycles(ceil(SRAM_WRITE_TDH / DELAY_CYCLE));
}
// 读 SRAM
unsigned char readSRAMNibble(int address) {
  digitalWrite(WR_PIN, HIGH);
  setAddress(address);
  __builtin_avr_delay_cycles(ceil(SRAM_READ_TAA / DELAY_CYCLE));
  return readData();
}
```

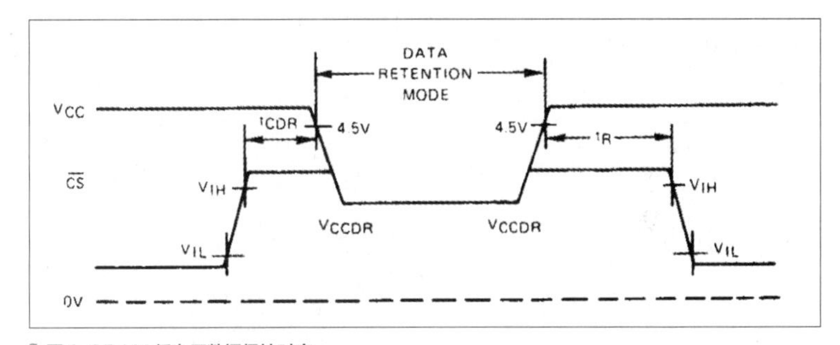

图 6 SRAM 低电压数据保持时序

2. 内存使用

Arduino Uno 使用的是 ATMega328P 单片机，查看手册可知其存储器资源为 SRAM 2KB、EEPROM 1KB、Flash 32KB。Arduino 环境中，程序中使用的变量均会使用 SRAM 作为存储器。而程序中内置的原始 R71 固件数据就有 1KB，再加上写入前，要将十六进制字符串表示的固件转化成二进制数又需要 1KB 空间，就算麻烦点，一次读取两个字符，放到一个字节里，也需要 512 字节，还有其他的程序中使用的其他变量，怎么算也要大大超过 2KB。于是，我使用了下面的办法来节省内存。

在程序中使用 PROGMEM 关键字与 F() 宏，把字符串表示的固件放到了 Flash 中，这样可以节省出 1KB 的空间，示例代码如图 7 所示。

减小临时保存二进制数据的缓冲区大小，目前配置为 512 字节，所以 SRAM 的读取和写入均是分别进行 2 次操作完成，示例代码如下。

```
40
41
42  #define DUMP_HEADER            F("                +1              +2              +3              \r\n"\
43                                 "    0123456789ABCDEF0123456789ABCDEF0123456789ABCDEF0123456789ABCDEF\r\n"\
44                                 "    ||||||||||||||||||||||||||||||||||||||||||||||||||||||||||||||||\r\n")
45
46
47  const char ORIGINAL_R71_MEM[] PROGMEM = "00F8FF8FF001FFFF000DAC34340009100AC9000A0000000008000000090009000"
48                                          "80000000900FFFFFFFFFFFFFFFFFFFFFFFFFFFFFFFFFFFFFFFFFFFFFFFFFFFFF"
49                                          "FFFFFFFFFFFFFFFFFFFFFFFFFFFFFFFFFFFFFFFFFFFFFFFFFFFFFFFFFFFFFFFF"
50                                          "FFFFFFFFFFFFFFFFFFFFFFFFFFFFFFFFFFFFFFFFFFFFFFFFFFFFFFFFFFFFFFFF"
51                                          "FFFFFFFFFFFFFFFFF000F8000000000000008B00000000000010A02300000000"
52                                          "000013A348B100000000000000A0B000000000009039102800000000000800948"
53                                          "2800000000008009B12800FFFFFFFFFFFFFFFFFFFFFFFFFFFFFFFFFFFF000000"
54                                          "0090304A9000FFFFFFFFFFFFFFFFFFFFFFFFFFFFFFFFFFFF00000000943AC041"
55                                          "00FFFFFFFFFFFFFFFFFFFFFFFFFFFFFFFFFFFFFF00000009A304041000000000"
56                                          "10A8000800000000010A80A1000000000000010A800A000000000000010A84AC000"
57                                          "0000000010A88AC0000000000010A803C0000000000009030408100FFFFFFFFF"
58                                          "FFFFFFFFFFFFFFFFFFFFFFFFFFFFFFFFFFFFFFFFFFFFFFFFFFFFFFFFFFFFFFFF"
59                                          "FFFFFFFFFFFFFFFFFFFFFFFFFFFFFFFFF0000000010A8C830000000000008001"
60                                          "00080000000000000800080000000000000800A000000000000800100A0000000"
61                                          "000010A0230000FFFFFFFFFFFFFFFFFFFFFFFFFFFFFFFFFFFFFFFFFFFFFFFFFF"
62                                          "FFFFFFFFFFFFF000000000000000000000000000000000000FFF0FFFFFFFFFB8";
63
64  typedef struct dumpinfo {
```

图 7 示例代码

```
#define MEMORY_SIZE 1024
#define MEMORY_BUF_SIZE 512
for (int i = 0; i < MEMORY_SIZE/MEMORY_BUF_SIZE; i ++) {
        dumpSRAM(membuf, MEMORY_BUF_SIZE, i * MEMORY_BUF_SIZE);
}
```

看到ATMega328P还有1KB的EEPROM可用，于是我增加了备份功能。读取SRAM时，将读出的内容写入EEPROM保存。写入时，如果EEPROM内的数据经过校验是合法的，则使用EEPROM中备份过的数据代替程序中硬编码的数据。同时，因EEPROM只有1KB的空间，为充分利用，将固件中每两个4位数据放到EEPROM中的1个字节中保存，代码如下。

```
typedef struct dumpinfo {
  unsigned char dumpValid;
  uint16_t dumpLength;
  uint32_t crc32;
} dumpinfo;
void saveToEEPROM(const unsigned char *data, int count, int offset) {
  uint16_t addr = sizeof(dumpinfo) + offset / 2;
  unsigned char bytel, byteh;
  unsigned char tmp;
  for (int i = 0; i < count; i ++) {
    if (i % 2 == 0) {
      byteh = *(data + i);
    } else {
      bytel = *(data + i);
      tmp = (bytel & 0xF) | ((byteh & 0xF) << 4);
      EEPROM.update(addr + i / 2, tmp);
    }
  }
}
int loadFromEEPROM(unsigned char *data, int count, int offset) {
  dumpinfo info;
  EEPROM.get(0, info);
  if (info.dumpValid != 1) return -1;
  uint16_t addr = sizeof(dumpinfo) + offset / 2;
  unsigned char bytel, byteh;
  unsigned char tmp;
  for (int i = 0; i < count / 2; i ++) {
    tmp = EEPROM.read(addr + i);
    bytel = tmp & 0xF;
    byteh = (tmp >> 4) & 0xF;
    *(data + 2 * i) = byteh;
    *(data + 2 * i + 1) = bytel;
  }
}
```

3. 串口

为了简化地址线与数据线的读写，在硬件设计时，我直接占用了Arduino Uno的GPIO 0口和GPIO 1口当作地址线，所以使用了SoftwareSerial库来用其他GPIO模拟串口。

4. 按键消抖

当按下按键时，触点接触的瞬间，很可能会有多次“按下”“未按下”的跳变。如果程序只简单地以按键的电平变化触发按键相关事件的话，就会造成肉眼看起来按键只按下了一次，但在程序中看来按键却被连续按下了许多次的问题。这时可以通过硬件或软件消抖来解决这个问题。为了简化外围电路，这里我直接使用了开源的Bounce2库完成按键消抖工作。

5. 指示灯控制逻辑

我计划在适配器上使用两个指示灯，绿色LED指示灯表示读/写操作中，红色LED指示灯表示SRAM片选信号。为了节约GPIO口，红色指示灯接到了地址线10上，也就是上述的SRAM片选信号。绿色指示灯则由Arduino Uno的GPIO 11口控制。

调试阶段

◆ 调试过程中，先将串口调通，然后通过串口打印出调试信息供后续其他功能调试。

◆ 先调通数据线的读取功能，然后在调试地址线的过程中，将地址线的一部分接到数据线上，通过数据线内容的读取可观察到地址线的输出与预期是否一致。

◆ 按照硬件设计时的对接定义使用跳

图8 Arduino Uno 直接与 EX-314 连接进行验证

线，将 Arduino Uno 直接连接到 EX-314 RAM 板的接口上，并使用串口输出内容进行调试（见图 8）。

◆ 调试完毕后，将 PCB 设计定型，打板后焊上元器件，再进行整体的测试。运行时串口返回的信息如图 9 所示。

元器件清单

本制作所需元器件清单如表 2 所示。

使用说明

◆ 先将 R71 编程适配器插接到 Arduino Uno 上。

◆ 接着将 R71 RAM 板插接到 R71 编程适配器上。

◆ 给 Arduino Uno 连接电源。如果需要查看读取与写入数据，可将串口连接到 R71 编程适配器板上的 RX/TX 脚。

◆ 短按 R71 编程适配器上的按键，完成一次对 R71 RAM 板的读取，并将读取的数据输出在串口上，同时将数据写入到 EEPROM 中保存备份。

◆ 长按 1 秒 R71 编程适配器上的按键，将完成一次对 R71 RAM 板数据的恢复。如果 EEPROM 中已有之前保存的备份数据，则写入 EEPROM 中的备份数据。如果之前没有备份过数据到 EEPROM，则恢复程序源码中的默认数据。

◆ 长按 5 秒 R71 编程适配器上的按键，将无视 EEPROM 中的备份数据，直接将程序源代码中的数据写入 R71 RAM 板。

基于 Arduino Uno 的 R71 RAM 板编程器成品效果如题图所示，本项目现在已经开源，大家可以在 GitHub 上搜索“bkbbk/ex314-programmer”访问本项目，下载相关附件。希望这个项目能帮大家解决相关问题。

表 2 元器件清单

标识	规格	封装
C1	100nF	SMD 0805
VD1	绿色 LED	SMD 0805 或 3mm 直插
VD2	红色 LED	SMD 0805 或 3mm 直插
J1	插针	2.54mm 1×12 垂直
J2	插针	2.54mm 1×08 垂直
J3	插针	2.54mm 1×03 水平
P1、P4	插座	2.54mm 1×08 垂直
P2	插座	2.54mm 1×06 垂直
P3	插座	2.54mm 1×10 垂直
R2、R3	2.2kΩ	SMD 0805
R4	8.2kΩ	SMD 0805
SW1	按键开关 1P1T	SMD 6×6mm 或 6mm 直插

```
COM4 - PuTTY
Dump SRAM
                  +1              +2              +3
     0123456789ABCDEF0123456789ABCDEF0123456789ABCDEF0123456789ABCDEF
     ||||||||||||||||||||||||||||||||||||||||||||||||||||||||||||||||
000: 00FFFF8FF001FFFF000DAC34340009100AC9000A000000000800000090009000
040: 8000000900FFFFFFFFFFFFFFFFFFFFFFFFFFFFFFFFFFFFFFFFFFFFFFFFFFFFFF
080: FFFFFF4FFFFFFFF0FFFFFFFFFFFFFFFFFFFFFFFFFFFFFFFFFFFFFFFFFFFFFFFF
0C0: FFFFFFFFFFFFFFFFFFFFFFFFFFFFFFFFFFFFFFFFFFFFFFFFFFFFFFF4FFFFFFF0
100: FFFFFFFFFFFFFFFFFFF000F8000000000000000008B000FFFFFFF0800100A000FFFF
140: FFF010A0230000FFFFFFF08C09B12800FFFFFFF08009002800FFFFFFF0828948
180: 2800FFFFFFF00000A0B000FFFFFFF010A3B4A000FFFFFFF010A8C83000FFFFFF
1C0: F09134484100FFFFFFF08B04018100FFFFFFF01AA8000800FFFFFFF090309990
200: 00FFFFFFF0800903C100FFFFFFF08001000800FFFFFFF00008000800FFFFFFF0
240: 8B8802B800FFFFFFF0000800A000FFFFFFF0800100A000FFFFFFF08881A89800
280: FFFFFFF080098A3000FFFFFFF08A8A4B4000FFFFFFF082B9139000FFFFFFF08A
2C0: 13CBB000FFFFFFF08BBC4C9800FFFFFFF08B18BA9800FFFFFFF0808338C000FF
300: FFFFF084B292B000FFFFFFF08494A4A000FFFFFFF082134A9000FFFFFFF0808B
340: 832000FFFFFFF08088284000FFFFFFF083880C9800FFFFFFF084883A4800FFFF
380: FFF08B11BC3800FFFFFFFFFFFFFFFFFFFFFFFFFFFFFFFFFFFFFFFFFFFFFFFFFF
3C0: FFFFFFFFFFFFFF888888888888888888888888888888888888FFF0FF558518D4B8
Restore SRAM from EEPROM.
Writing 0x00-0x1FF...
Verifying 0x00-0x1FF...
                  +1              +2              +3
     0123456789ABCDEF0123456789ABCDEF0123456789ABCDEF0123456789ABCDEF
     ||||||||||||||||||||||||||||||||||||||||||||||||||||||||||||||||
000: 00FFFF8FF001FFFF000DAC34340009100AC9000A000000000800000090009000
040: 8000000900FFFFFFFFFFFFFFFFFFFFFFFFFFFFFFFFFFFFFFFFFFFFFFFFFFFFFF
080: FFFFFF4FFFFFFFF0FFFFFFFFFFFFFFFFFFFFFFFFFFFFFFFFFFFFFFFFFFFFFFFF
0C0: FFFFFFFFFFFFFFFFFFFFFFFFFFFFFFFFFFFFFFFFFFFFFFFFFFFFFFF4FFFFFFF0
100: FFFFFFFFFFFFFFFFFFF000F8000000000000000008B000FFFFFFF0800100A000FFFF
140: FFF010A0230000FFFFFFF08C09B12800FFFFFFF08009002800FFFFFFF0828948
180: 2800FFFFFFF00000A0B000FFFFFFF010A3B4A000FFFFFFF010A8C83000FFFFFF
1C0: F09134484100FFFFFFF08B04018100FFFFFFF01AA8000800FFFFFFF090309990
Memory verify OK.
Writing 0x200-0x3FF...
Verifying 0x200-0x3FF...
                  +1              +2              +3
     0123456789ABCDEF0123456789ABCDEF0123456789ABCDEF0123456789ABCDEF
     ||||||||||||||||||||||||||||||||||||||||||||||||||||||||||||||||
200: 00FFFFFFF0800903C100FFFFFFF08001000800FFFFFFF00008000800FFFFFFF0
240: 8B8802B800FFFFFFF0000800A000FFFFFFF0800100A000FFFFFFF08881A89800
280: FFFFFFF080098A3000FFFFFFF08A8A4B4000FFFFFFF082B9139000FFFFFFF08A
2C0: 13CBB000FFFFFFF08BBC4C9800FFFFFFF08B18BA9800FFFFFFF0808338C000FF
300: FFFFF084B292B000FFFFFFF08494A4A000FFFFFFF082134A9000FFFFFFF0808B
340: 832000FFFFFFF08088284000FFFFFFF083880C9800FFFFFFF084883A4800FFFF
380: FFF08B11BC3800FFFFFFFFFFFFFFFFFFFFFFFFFFFFFFFFFFFFFFFFFFFFFFFFFF
3C0: FFFFFFFFFFFFFF888888888888888888888888888888888888FFF0FF558518D4B8
Memory verify OK.
```

图9 读取和恢复 SRAM 时串口返回的信息

用行空板做一个智能家居控制器

浙江省温州中学 胡潇桓 指导教师：邱奕盛

如今智能家居产品越来越多，大家通常会使用手机App控制它们。行空板的出现，给我带了灵感。我使用它制作了一款操作界面简洁的智能家居控制器，可以实现任意改变灯光颜色与亮度的功能。那具体是怎么实现的呢？读完这篇文章，你就了解了。

制作智能家居控制器所需的材料如附表所示。

相关知识与工作原理

1. HASS

HASS 的全称为 Home Assitant，是一款开源智能家居管理平台。强大的插件和集成使得它可以方便地连接各个品牌的智能家居设备。HASS 网关独立于企业网关，可以实现统一管理多个智能家居设备——查询设备状态和控制设备的功能。

2. MQTT

MQTT 协议是物联网常用的通信协议，因为它对通信带宽要求低，所以大部分的智能传感器和智能家居设备支持 MQTT 协议。

附表 材料清单

序号	名称	数量
1	行空板	1 块
2	Yeelight 智能灯	1 盏
3	安装有 HASS 的树莓派	1 块

注：可参考树莓派官方网站中的教程，给树莓派安装 HASS。

MQTT 服务器是统一管理和转发 MQTT 协议消息的服务器。向 MQTT 服务器发送消息和订阅消息，可以实现设备之间的通信。各大云计算平台提供了免费的 MQTT 服务。我们可以使用 EasyIoT、SIoT 搭建 MQTT 服务器。HASS 支持连接各种 MQTT 服务器。

3. 行空板

行空板是一款新型国产教学用开源硬件，集成 LCD 彩色触摸屏、Wi-Fi 通信模块、蓝牙通信模块、多种常用传感器和丰富的扩展接口。同时，其自带 Linux 操作系统和 Python 编译环境，并预装了常用的 Python 库，让使用者只需两步就能开始学习 Python。

4. 工作原理

由于行空板等开源硬件不能直接接入 HASS，需要利用 MQTT 平台做中转，我们将行空板与 MQTT 服务器连接。这样有一个好处，传递消息不再受限于局域网，而是在任何有网络的地方都可以。然后，行空板通过 MQTT 服务器接入 HASS 网关，从而控制智能家居设备。智能家居设备与行空板的交互流程如图 1 所示。

功能实现过程

第一步：将Yeelight智能灯接入HASS

首先给 Yeelight 智能灯上电，然后根据 Yeelight App 的网络连接引导将 Yeelight 智能灯接入自己家的 Wi-Fi。在浏览器中输入“你自己的树莓派的地址:8123”访问 HASS，如图 2 所示，单

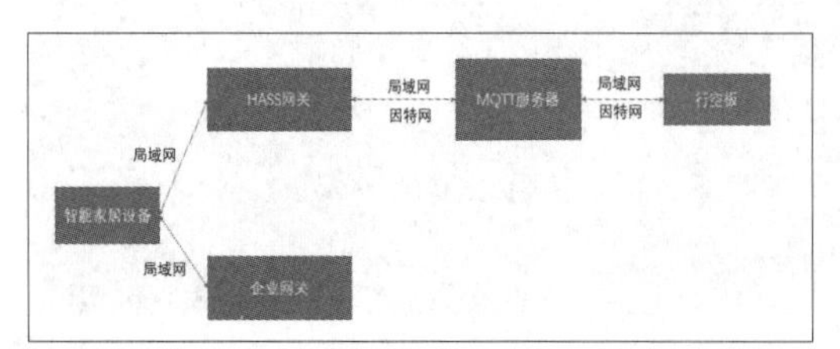

图 1 智能家居设备与行空板的交互流程

图 2 访问 HASS 平台

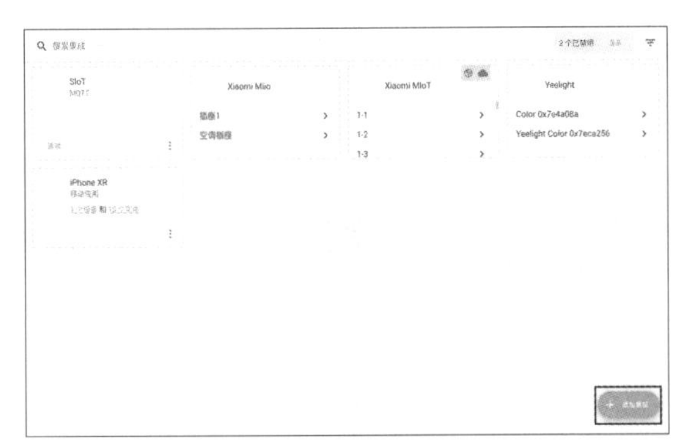

图 3 将 Yeelight 智能灯接入 HASS

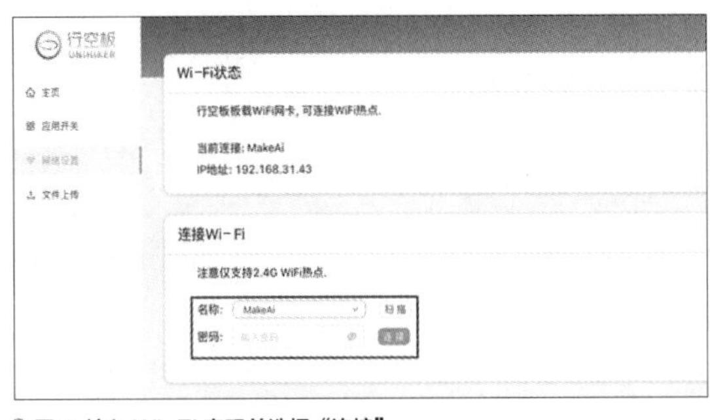

图 7 输入 Wi-Fi 密码并选择“连接”

图 4 选择“应用开关”

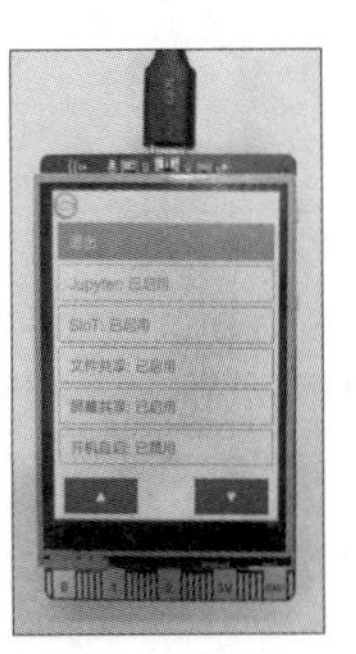

图 5 启用 Jupyter 和 SIoT

图 6 选择“查看网络信息”

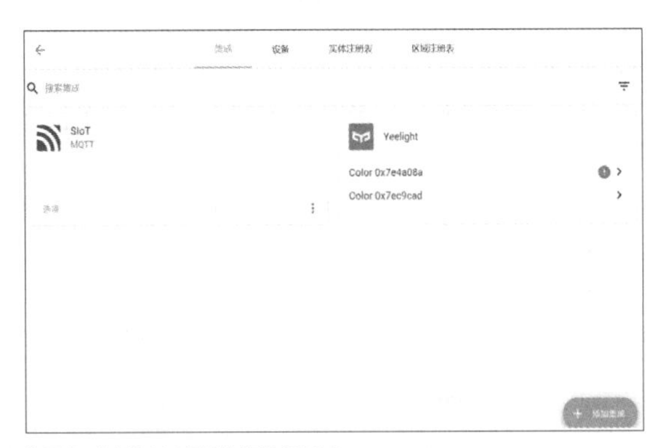

图 9 成功将 MQTT 连接至 HASS

图 8 服务器选项界面

击界面左侧下方的“配置”，再选择界面右侧的“设备与服务”，在新的界面中依次单击“集成”和“添加集成”，然后在搜索框中输入“Yeelight”并按下键盘上的回车键，此时，HASS 会搜索周围已连入网络的 Yeelight 设备，在自动搜索到我们的 Yeelight 智能灯后，选择“提交”。如果我们在集成界面中看到了新出现的 Yeelight 设备或 Yeelight 设备中出现了新的设备编号，如图 3 所示，就代表我们已经成功把 Yeelight 智能灯接入 HASS 了。

第二步：配置行空板

使用数据线将行空板连接到计算机上，长按行空板左侧的确定按键打开菜单，选择“应用开关”（见图 4），在新弹出的界面中启用 Jupyter 和 SIoT（见图 5）。操作方法为通过行空板右侧的按键移动光标，当光标移动至 Jupyter 和 SIoT 上时，按下行空板左侧的确定按键。

设定好后，退出“应用开关”，再选择“查看网络信息”，在新弹出的界面中查看 USB 网口（见图 6）。将 USB 网口地址输入浏览器中，选择“网络设置”，扫描附近 Wi-Fi，并在扫描结果中选择自己家的 Wi-Fi，然后按照提示，输入 Wi-Fi 密码并选择“连接”（见图 7），当界面显示连接成功时，行空板就连接至自己家的 Wi-Fi 了。此后，行空板只要上电，就会自动连接上家中的 Wi-Fi。

第三步：将SIoT接入HASS

通过浏览器访问“你自己的行空板的无线连接地址：8080”，就可以进入 SIoT，登录 SIoT 的用户名和密码分别为 siot 和 dfrobot。在 HASS 中，依次选择“配置”“设备与服务”“集成”“添加集成”，然后搜索“MQTT”，在图 8 所示的服务器选项界面中输入行空板的无线连接地址、端口、SIoT 的用户名和密码，单击“下一步”，按提示完成连接。如果 HASS 界面出现了 MQTT 就代表连接成功了，如图 9 所示。

第四步：编写程序实现用滑条控制灯光颜色及亮度的功能

通过浏览器访问“你自己的行空板的无线连接地址：8888”，进入行空板内

图10 进入行空板内置的 Jupyter notebook

置的 Jupyter notebook，在这里编写的 Python 文件会自动存入行空板中，并在行空板中运行，如图 10 所示。

我们新建一个文本文件，然后开始编写程序。

导入库和利用 tk 库创建交互 UI 窗口的程序如下所示。

```
import siot
import time
import tkinter as tk
window = tk.Tk()
window.title(" 控制灯的颜色 ")
window.geometry('240x320')
```

生成代表不同功能（发出红色光、发出绿色光、发出蓝色光、调整亮度）的滑条的程序如下所示。其中，label 后的字符串为滑条上显示的标签，from_ 与 to 后面的数字表示滑条的数字区间，width 与 length 分别控制滑条的长与宽。

```
sl_red = tk.Scale(window, label=
" RED ", from_=1, to=255, orient=
'horizontal', width=20, length=300)
sl_red.pack()
sl_green = tk.Scale(window, label=
" GREEN ", from_=1, to=255, orient=
'horizontal', width=20, length=300)
sl_green.pack()
sl_blue = tk.Scale(window, label=
" BLUE ", from_=1, to=255, orient=
'horizontal', width=20, length=300)
sl_blue.pack()
sl_bright = tk.Scale(window, label=
" BRIGHT ", from_=1, to=100, orient=
'horizontal', width=20, length=300)
sl_bright.pack()
```

创建颜色设置函数，用于获取各个滑条的数值，程序如下所示。

```
def set_rgb():
    rgb_color = '[' + str(sl_red.
get()) + ',' + str(sl_green.get()) +
',' + str(sl_blue.get()) + ']'
    print(rgb_color)
    return rgb_color
```

设置按钮响应函数，用于获取颜色值并调用发送函数，程序如下所示。这里一定要注意，rgb 与 bright 的两端使用的必须是半角的双引号，否则会导致程序无法正常运行。

```
def turn_color():
    color = set_rgb()
    mess = '{"rgb":' + color +
',"bright":' + str(sl_bright.get())
+ '}'
    send(mess)
```

消息发送函数，向 SIoT 中指定的 Topic 发送指定的信息，程序如下所示。在 SERVER 后方填入行空板的无线连接地址，在 IOT_pubTopic 中输入设定的 Topic 名称（前后必须用“/”隔开），如果 SIoT 中尚没有对应的 Topic 也不要紧，在发送一次消息后，SIoT 会自动创建 Topic。

```
def send(mess):# 发送消息
    SERVER = "192.168.1.5"
    CLIENT_ID = ""
    IOT_pubTopic = 'deng/secai'
    IOT_UserName = 'siot'
    IOT_PassWord = 'dfrobot'
    siot.init(CLIENT_ID, SERVER,
user=IOT_UserName, password=IOT_
PassWord)
    siot.connect()
    siot.loop()
    siot.publish(IOT_pubTopic, mess)
```

设置按钮 UI 和响应函数，程序如下所示。text 后的内容为按钮上要显示的文字，command 后面的内容为按钮的响应函数名。

```
turn_color = tk.Button(window,
text=u'turn color', command=turn_
color)
turn_color.pack()
```

运行窗口程序，如下所示。

```
window.mainloop()
```

UI 窗口可以根据个人喜好进行个性化设计。我们在图 11 蓝框所示的地方修改文件名，修改时要记住扩展名一定要为 .py。修改好后，保存文件，我们就可以退回行空板内置的 Jupyter notebook 的初始界面了。在初始界面找到刚刚保存的文件并打开。如果生成了操作界面，就单击界面下方的按钮，再到 SIoT 中查看是否可以收到对应的 Topic（见图 12），如果可以收到，此步就完成了。

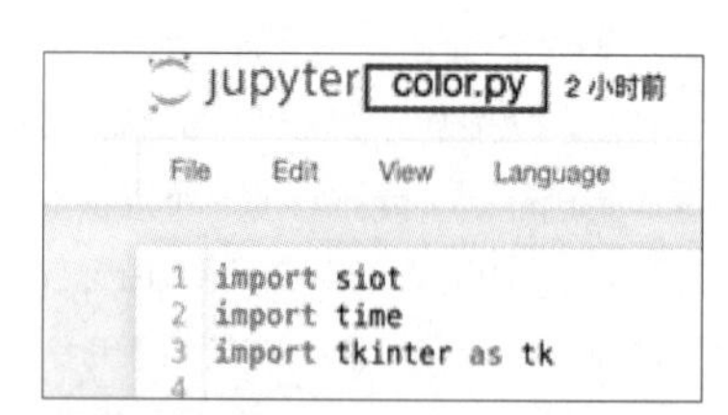

图11 修改文件名称

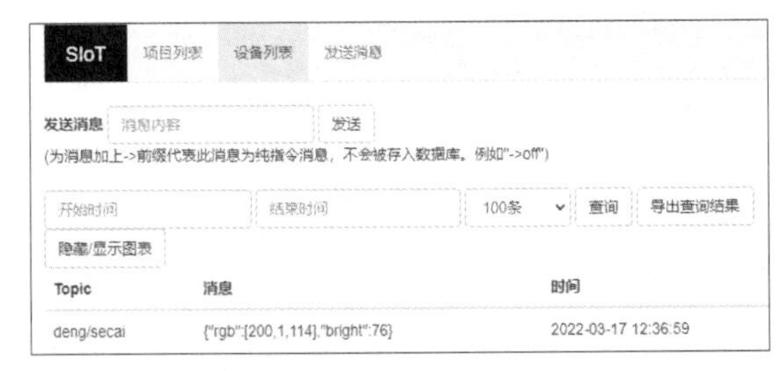

图 12 在 SIoT 中查看 Topic

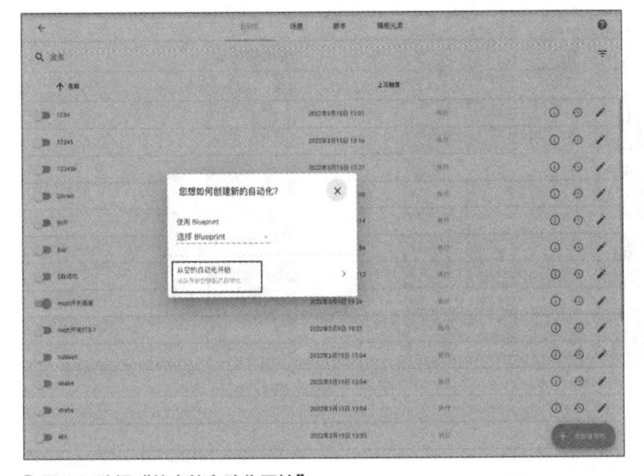

图 13 选择“从空的自动化开始”

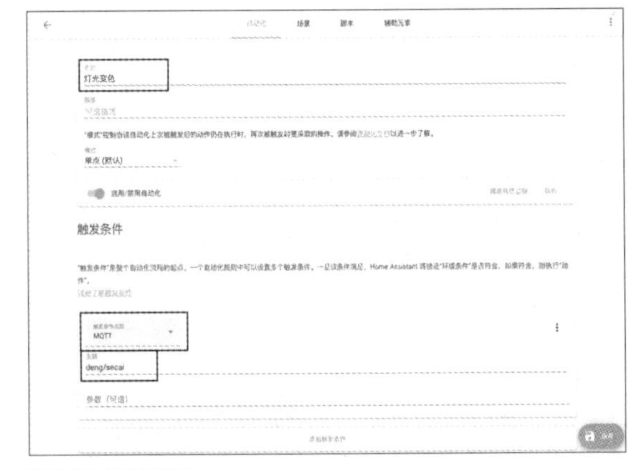

图 14 配置自动化

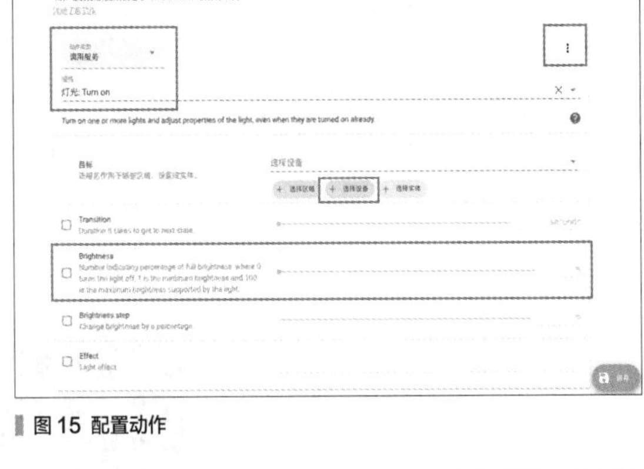

图 15 配置动作

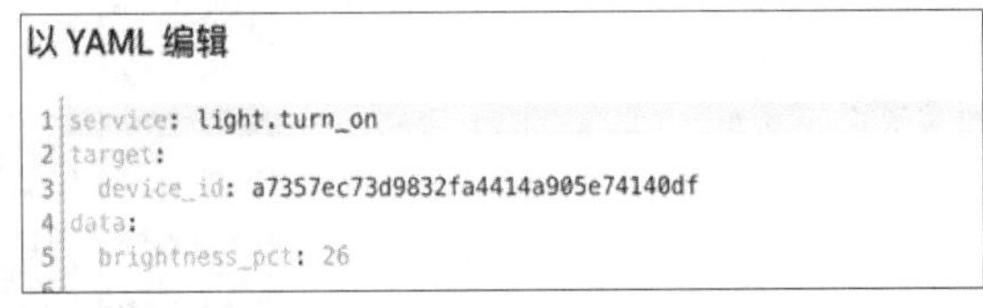

图 16 选择“以 YAML 编辑”

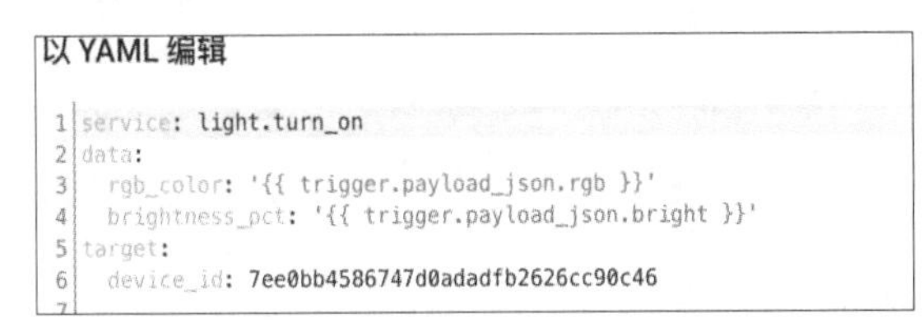

图 17 参考程序

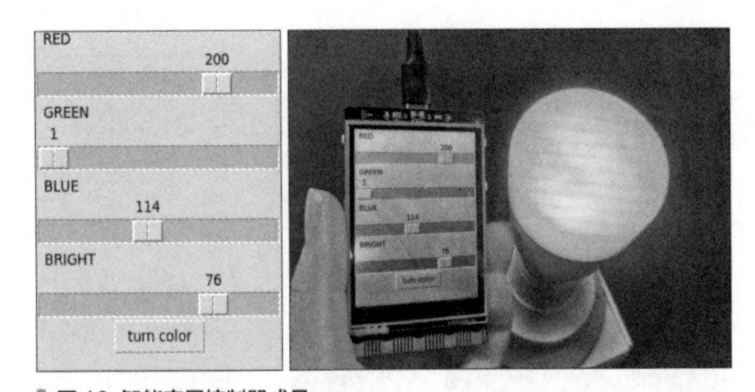

图 18 智能家居控制器成品

第五步：在HASS中编写自动化接收SIoT中对应的Topic的程序

在 HASS 中，依次选择“配置”“场景自动化”“添加自动化”，在弹出的窗口中选择“从空的自动化开始”，如图 13 所示。在新的界面中，将名称填写为“灯光变色”，将触发条件类型选为“MQTT”，将主题填写为对应的 Topic，即上文程序中 IOT_pubTopic 后填写的 Topic，如图 14 所示。

下滑界面至“动作”（见图 15），将动作类型选为“调用服务”，服务选为“灯光：Turn on”，单击“选择设备”选择 Yeelight 智能灯（设备名称可在 HASS 的设备与服务处选项下查看），勾选“Brightness”，再拖动“Brightness”后的圆点至任意位置。然后单击界面右上角的 3 个点，选择“以 YAML 编辑”，此时会出现如图 16 所示的内容。除了 device_id 会随不同设备变化，其余内容均需要参考图 17 进行修改。

修改后，拿起行空板，滑动滑条并按下确定按键，如果 Yeelingt 智能灯发生相应的变化，则表示配置成功。智能家居控制器的成品如图 18 所示。

大家还可以参考本文的方法使用行空板控制其他智能家居，快来试试吧！

基于图像识别的可折叠器材分类装置

▌杜涛

问题的提出

作为一名创客教师，我最大的爱好就是进行小创作，所以生活中少不了买、买、买。都买些什么呢？当然是买硬件了！硬件买多了，就会有一个幸福的烦恼：我不是在找器材，就是在找器材的路上，所以我决定要将器材做好分类。我需要一款基于图像识别的器材分类装置（见图 1），实现器材的录入和查找。

这款装置如何实现功能呢？我们给每个盒子贴上一个 AprilTag 标签（见图 2），用哈士奇视觉传感器识别标签，标上对应的编号，下次只需要扫描对应编号就能知道盒子里装的是什么器材了。AprilTags 是出自密歇根大学项目团队的视觉基准系

▌图 1 成品

▌图 2 贴有标签的盒子

▌图 3 AprilTag 标签

统，主要用于 AR、机器人和相机校准等领域。标签类似于条形码，用来存储少量信息（标签 ID），同时还可以对标签进行简单的 6D（x、y、z、滚动、俯仰、偏航）姿势估算。

这里用到的标签识别技术（简称标识技术）是指对物品进行有效、标准化地编码与标识的技术手段，它是信息化的基础工作，AprilTag 标签如图 3 所示。

随着人们对食品安全越来越重视，食品行业对产品的质量和安全性（从原料、运输、生产、贮藏到追溯和管理）的要求越来越高。标识在满足企业对产品追踪、追溯需求等方面起到了重要作用。标识技术主要有条形码技术、IC 卡技术、射频识别技术、光符号识别技术、语音识别技术、生物计量识别技术、遥感遥测、机器人智能感知等。

对不同器材的分类信息，我们可以用表格做好记录，记录好器材的标签和存放地点等信息（见图 4），这样下次就不用再为找器材而烦恼了。

ID	标签	器材名称	存放地点
1		步进电机 ×2，步进电机驱动板 ×2	人工智能教室，Arduino 套件盒
2		离线语音识别模块 1×5，离线语音识别模块 2×5，	人工智能教室，Arduino 套件盒
3		哈士奇视觉传感器 ×3，小方舟 ×4	人工智能教室，Arduino 套件盒

▌图 4 器材统计

硬件清单

制作本装置需要的硬件如附表所示。

附表 所需硬件

序号	名称	数量
1	掌控板	1 块
2	掌控板扩展板	1 块
3	哈士奇视觉传感器	1 个
4	按钮模块	1 个
5	3D 打印结构件	若干

项目设计与制作

1. 外观结构设计

使用 123D 软件设计该装置的外观。为了保证装置的实用性，可以将其设计成一个折叠结构，如图 5 所示。

3D 打印结构件主要包括 3 个部分，第一部分是固定哈士奇视觉传感器的位置。测量哈士奇视觉传感器的尺寸后，利用 123D 软件的“拉伸”工具，制作出图 6 所示效果即可。

图 6 的难点在于绘制一个铰链结构，

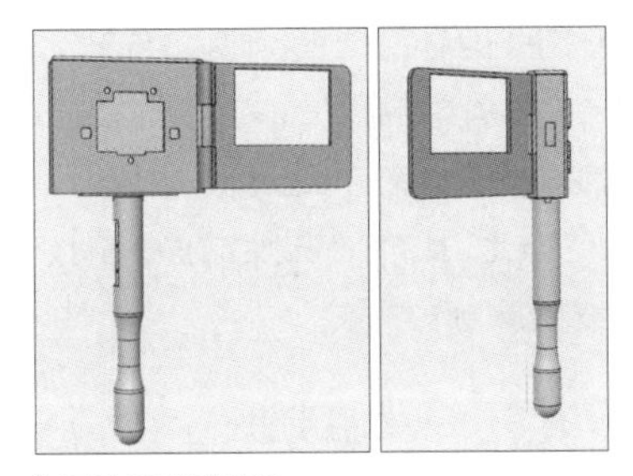

图5 3D结构设计

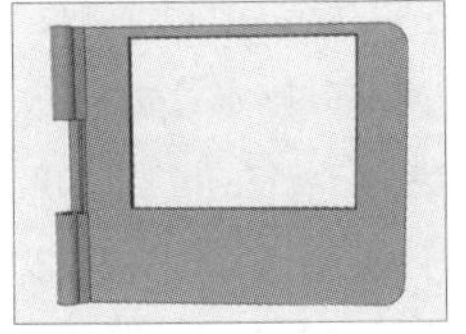

图6 固定哈士奇视觉传感器的部分

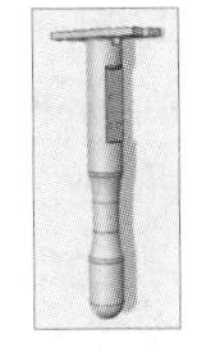

图8 装置的手持部分

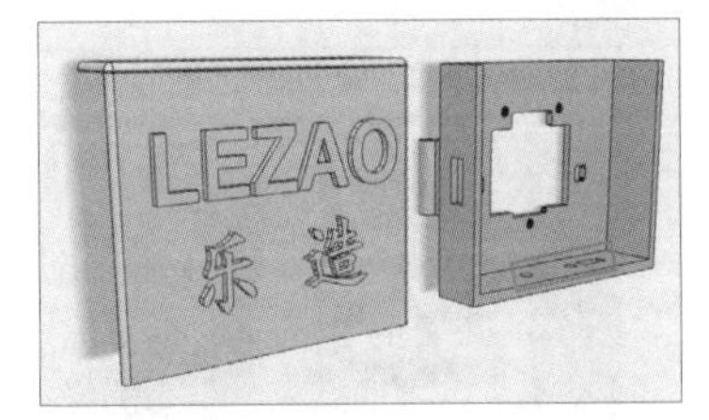

图7 固定掌控板的部分

使其能够同掌控板的固定结构很好地咬合在一起，实现哈士奇视觉传感器屏幕的翻转功能。同时，图7所示也是基于掌控板的尺寸进行开孔。为了保证整体感观，我们在正面加上了“乐造”字样。

我们在图7中可以明显看到开孔位置（图7红框内），在该位置可以连接装置的手持部分，如图8所示。

2. 设备组装

3D打印结构件设计完成后，就可以开始组装了。

1 首先安装掌控板。

2 用热熔胶固定按钮模块。

3 安装掌控板扩展板。连接按钮传感器的3Pin线和连接哈士奇视觉传感器的4Pin线都要接在掌控板扩展板上。

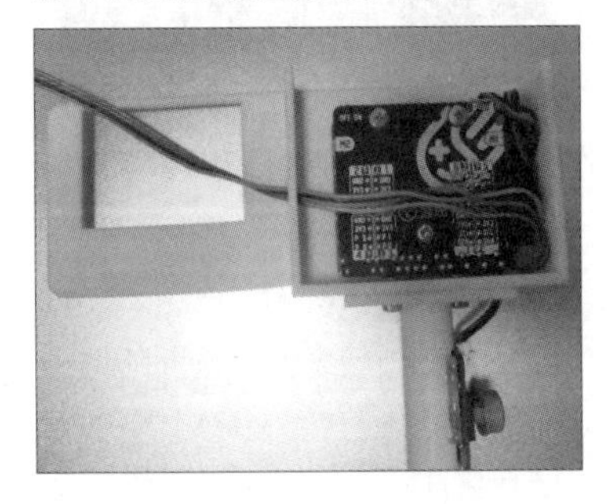

4 用热熔胶固定哈士奇视觉传感器。

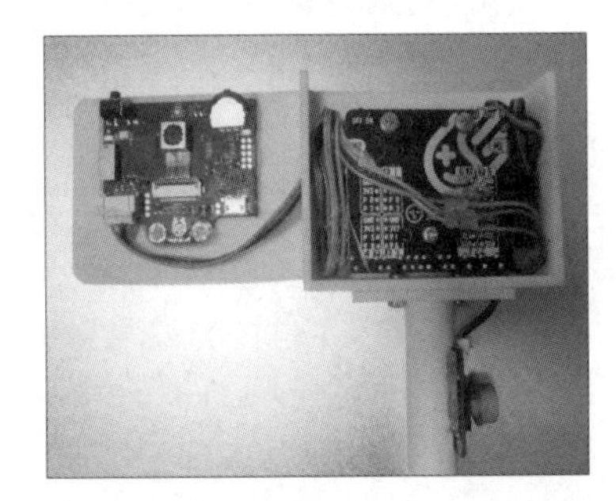

5 我们换个面，看看效果。

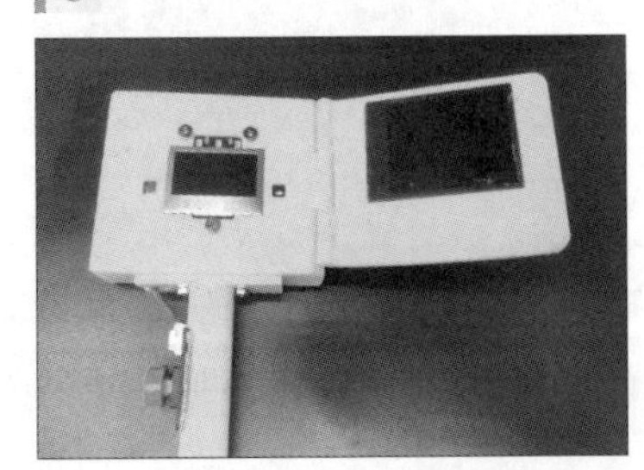

初步组装完成，下面就可以设计程序了，我们先从电路连接开始。

3. 电路连接

在本案例中，我们将哈士奇视觉传感器接在I²C引脚上，按钮模块接在引脚13上，电路连接方式如图9所示。

4. 程序设计

在制作的过程中，我已经用哈士奇视觉传感器学习了3个标签，所以需要利用“HuskyLens请求一次数据 存入结果”积木存储哈士奇视觉传感器的学习数据。参考程序如图10所示。

在本装置的程序中，我们用到了变量n和变量numbermax，其中变量n指的是对应的ID，变量numbermax指的是已经录入的标签个数，参考程序如图11所示。

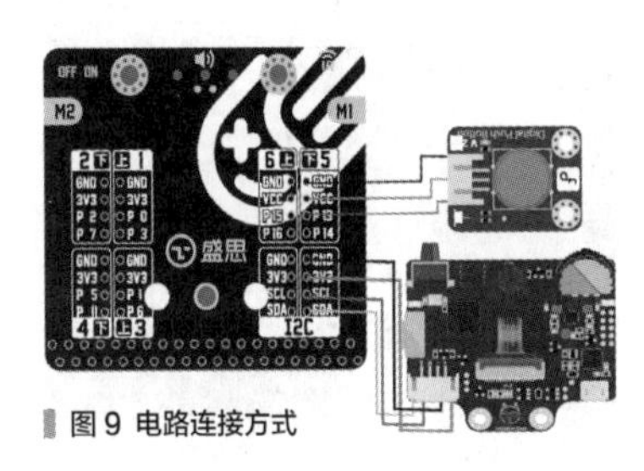

图9 电路连接方式

图10 存储哈士奇视觉传感器学习数据的参考程序

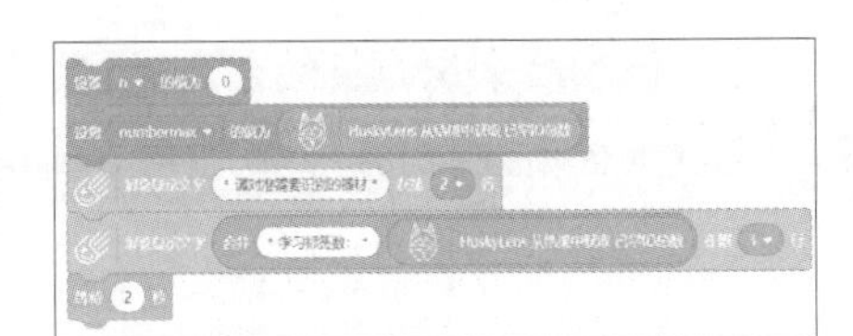

图11 设置变量的参考程序

因为已经录入了 3 个标签，所以当前的学习标签数会显示为 3，如图 12 所示。

接下来，编写循环部分的程序，我们需要用该部分程序来判断标签是否录入。很明显，由于已经录入了 3 个标签，所以当 n=1、n=2、n=3 时，我们可以看到掌控板 OLED 显示屏上显示器材编号，如果变量 n 的值大于 3 则显示没有录入，参考程序如图 13 所示。

大家一定会说，变量 n 的值不是为 0 吗？是的，我们要做的事，就是让变量 n 的值从 1 开始增加，使其和变量 numbermax 的值进行对比，如果变量 n 的值大于变量 numbermax 的值，则说明器材没有录入，参考程序如图 14 所示。

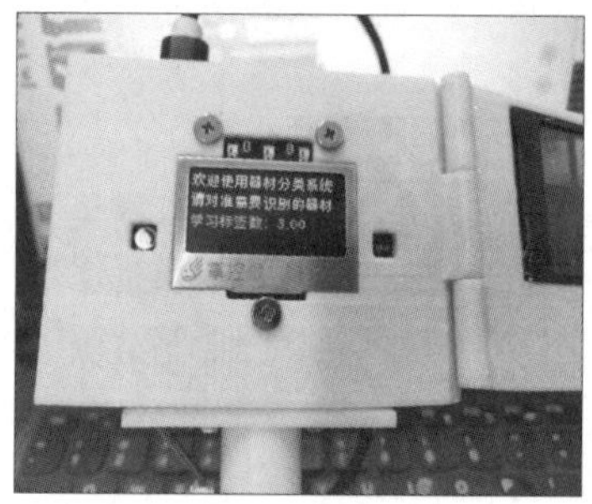

图 12 掌控板的初始状态

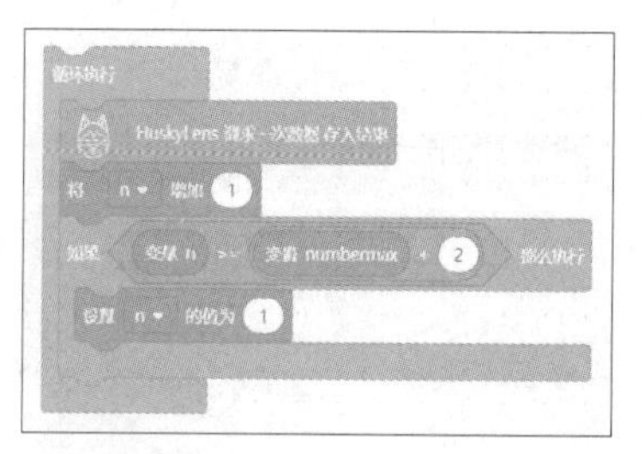

图 14 让变量 n 的值自加，判断器材是否录入的参考程序

图 15 未录入标签的显示

如果有了新的器材，就需要继续标记，那么该器材就属于没有录入的器材（见图 15）。

为了标记新的器材，我们需要按下按钮，将哈士奇视觉传感器对准没有录入的标签进行学习，参考程序如图 16 所示。

完成学习后的效果如图 17 所示，按照同样的方法，我们可以继续录入其他器材。

至此，基于图像识别的可折叠器材分类装置就制作完成了。

作品反思

该装置基本实现了对器材的录入和整理功能，创新点在于折叠屏幕结构的设计，使用起来更加方便。不过该装置依然有改进之处，目前只考虑了标签的增加，如果对应的器材减少为 0 了，那么是不是该删除这个标签呢？这个还有待考虑，大家如果有好的想法，也可以动手试一试。

图 17 新标签录入成功

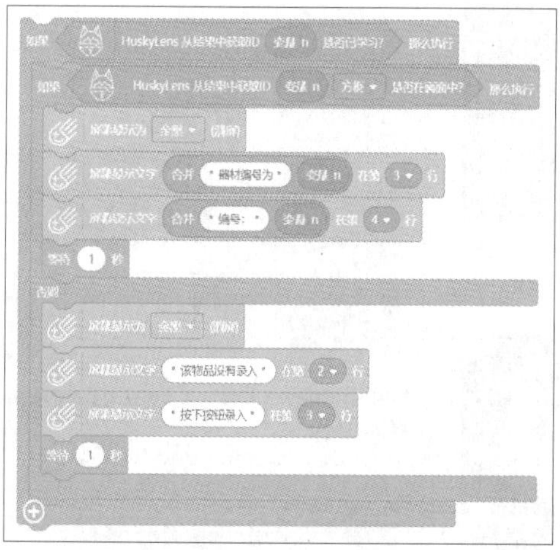

图 13 根据变量的值判断是否录入标签的参考程序

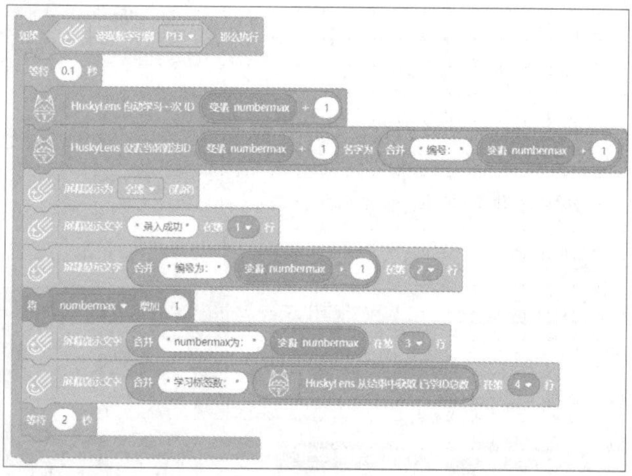

图 16 按下按钮录入新标签的参考程序

用三极管和场效应管制作静态存储器（SRAM）

俞虹

存储器是一种存储信息的装置，在计算机中应用得最多。计算机中有各种各样的存储器，例如我们之前介绍过的ROM。静态存储器不需要刷新，只需要保持电源接通，就可以一直存储信息，所以某些场合会使用到它，但它的容量相对较小。

下面我们介绍一款用三极管和场效应管制作的静态存储器，虽然它的容量不大，只有21bit，只能存储如数字0~9这样的内容，但通过制作，我们可以对这种存储器有更多的认识。

工作原理

静态存储器的电路有很多种，这次我们制作的是4NMOS管静态存储器，它的存储单元有4个NMOS管和2个电阻，所以比较适合用场效应管2N7000来制作。为了更好理解这种存储器，我们先介绍型号为2N7000的场效应管和读写控制电路中的三态门，最后介绍用三极管和场效应管制作的静态存储器的原理。

1. 场效应管2N7000的外观和符号

场效应管2N7000的外观如图1所示。它有3个引脚，分别为漏极（D）、栅极（G）和源极（S），引脚排列方式如图2所示，符号如图3所示。由于场效应管2N7000的衬底接在S极，二极管不起主要作用，所以场效应管2N7000的简化符号如图4所示。

那么这个场效应管中的二极管是怎样形成的呢？作用又是什么呢？因为衬底接在S极上，所以D极和S极的内部之间就形成了一个PN结，即D极和S极形成了一个反向二极管（实际是衬底和D极之间）。如果衬底没有和S极连接，那么这个二极管就不存在，但衬底必须连接在S极上，否则沟道无法形成，MOS管就不能正常工作，所以这个二极管也叫寄生二极管。

2. TTL三态门

三态门电路和其他门电路不同，它的输出除了出现高电平和低电平，还有一种高阻状态。

（1）TTL三态非门

TTL三态非门电路如图5所示，符号如图6所示。该电路比TTL非门多了三极管VT2和二极管VD1，其中A端为输入端，E端为控制端。当控制端E为1时，三态非门的输出状态由输入端A的状态决定，实现非门的逻辑关系。当控制端E为0时，VT1和VT2的基极电位被拉低，使三极管VT3和VT5截止。同时，二极管VD1将VT3的集电极电位拉低，从而使VT4也截止。当VT4和VT5都截止时，输出端Y相当于开路，处于高阻状态。

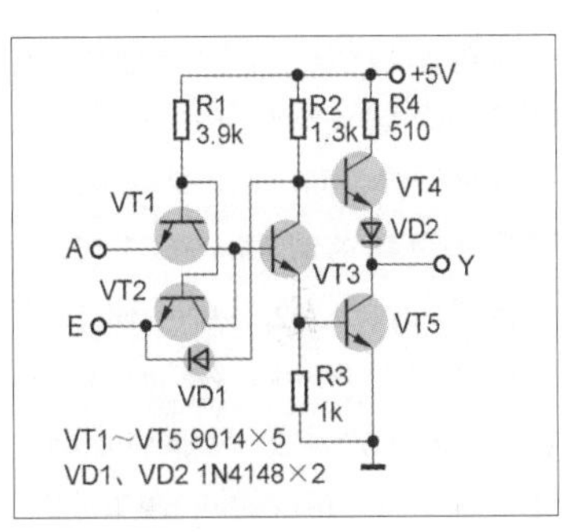

图5 三态非门电路

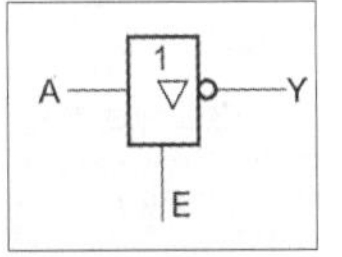

图6 三态非门符号

（2）TTL三态恒等门

TTL三态恒等门电路如图7所示，符号如图8所示。TTL三态恒等门和TTL三态非门相比，只多出了一个由VT6组成的三极管非门。当控制端E为1时，三态恒等门输入状态和输出状态相同，即同为1或同为0。当控制端E为0时，输出Y为高阻状态。

3. 4NMOS管存储单元

4NMOS管存储单元的电路如图9虚

图1 2N7000的外观

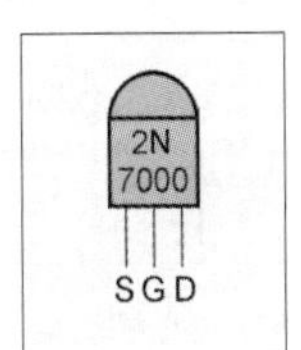

图2 2N7000的引脚排列方式

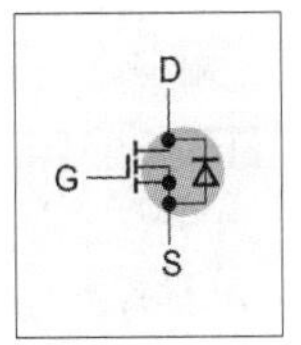

图3 2N7000的符号

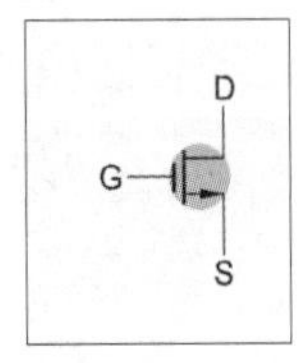

图4 2N7000的简化符号

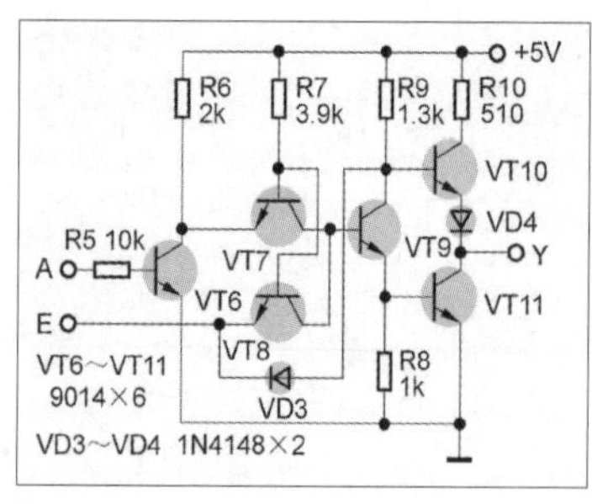

图7 三态恒等门电路

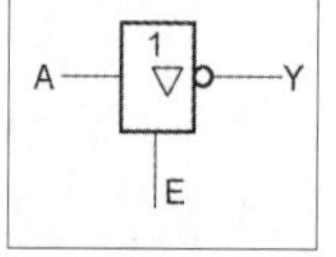

图8 三态恒等门符号

线框中所示。NMOS管中的VT2、VT3、电阻R1和电阻R2可以实现数据的存储功能，NMOS管是存储器的核心。

读操作时，行线WL为高电平，VT4导通。然后读写控制电路（由G1、G2和G3组成）的读选择为高电平，使三态门G3打开，这时A端数据经过位线BL，再经过G3形成读出数据。读操作时，写选择为低电平，G1和G2输出为高阻状态，A'端数据被G1阻断，A'端的数据不能输出。

写操作与读操作相似。写操作时，行线WL为高电平，这时写选择为高电平，使G1和G2打开。读选择为低电平，G3阻断。然后将数据送入写入端，经过三态门G1和G2形成一对相反的数据（1、0）加到位线BL和NBL上，数据是0的位线使和它连接的场效应管（VT1或VT4）导通，数据是1的位线使和它连接的场效应管（VT1或VT4）截止，数据被写入存储单元。这时存储单元电路会产生电平变换，最后实现A和A'端的数据和位线BL及NBL上的数据相同，并且在位线BL和NBL上的数据去除后，A和A'端的数据不变，写操作完成。这里二极管VD1和VD2用于VT1和VT4截止时，阻断外部电路对存储单元中数据的干扰。

4. 三极管和场效应管制作的静态存储器

用三极管和场效应管制作的静态存储器电路如图10所示。该静态存储器由21个存储单元和7个读写控制电路组成。它的存储体是3行7列结构，这种设计是为了让它存储字段0~9，以便将数据输出到数码管上显示。存储器的行线较少，只有3条行线，故不使用行地址译码器，而且存储器是单层结构的，故也不使用列地址译码器。这样，读写时只要选中3条行线中的1条，并使之为高电平。同时，由于数据是并行输出，只要打开7个读数据的三态门（读选择为高电平），就可以将其中一行的7位数据读出到读出1~读出7上。

同样，如要写入数据，只需要选中3条行线中的1条，并使之为高电平。打开7个控制电路的14个写数据三态门（写选择为高电平），写入1~写入7的数据就会被写入选中的这一行7个存储单元中。通过选择行线，就可以将数据存入21（3×7）个存储单元中。在图10所示电路中，写选择线、读选择线、位线和行线都是多个存储单元或多个读写控制电路共用的，只有7条写入线和7条读出线是独立的。

输出的7位数据可以通过外置的数码管显示出来，这里主要显示数字0~9（因为数字最多为7个数字段，需要显示的段为1，不显示的段为0）。

元器件清单

制作该静态存储器的元器件如表1所示。

制作方法

为顺利制作静态存储器，我们需要先制作几个基本电路，再制作静态存储器。

1. 制作TTL三态恒等门

按照图7所示电路，用三极管等元器件制作TTL三态恒等门。在一块

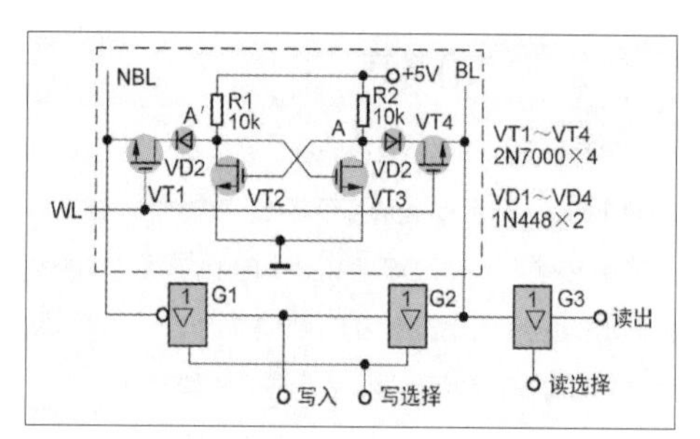

图9 4NMOS管存储单元电路

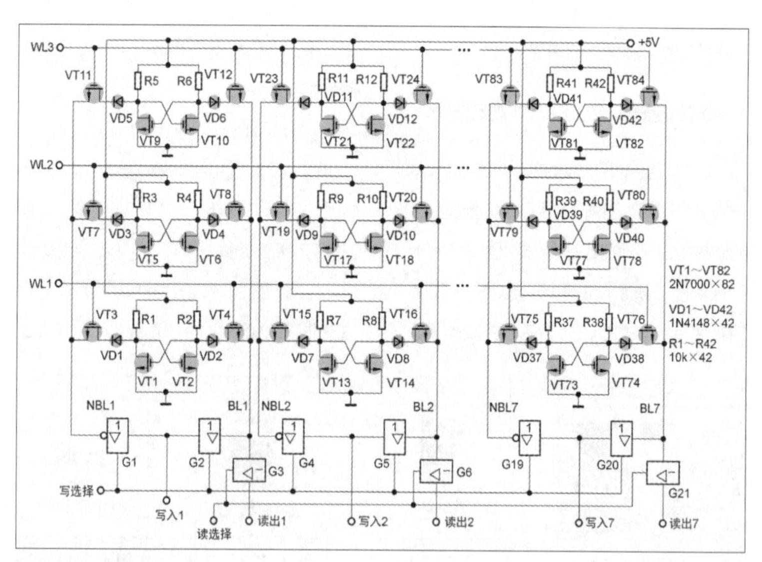

图10 静态存储器电路

表 1　元器件清单

名称	位号	值	数目	备注
三极管		9014，β=200~250，反向放大倍数 β<5	120	三态门中的三极管
场效应管	VT1~VT84	2N7000	100	包含测试电路中场效应管
电阻	R1~R42	10kΩ	60	包含三态门中的同阻值电阻
电阻		2kΩ	14	三态门电阻
电阻		3.9kΩ	21	三态门电阻
电阻		1kΩ	21	三态门电阻
电阻		1.3kΩ	21	三态门电阻
电阻		510Ω	21	三态门电阻
二极管	VD1~VD42	1N4148	84	包含三态门上二极管
拨动开关		1×2	12	测试电路用
拨动开关		1×3	1	测试电路用
万能板		9cm×15cm	4	
万能板		5cm×7cm	3	测试电路用
万能板		7cm×9cm	1	测试电路用
数码管		1.42cm，1 位共阴	1	测试电路用
螺丝		Φ3mm，长 5cm	4	

5cm×7cm 的万能板上焊 6 个三极管、2 个二极管和电阻，并用锡线连接电路，制作完成的三态恒等门如图 11 所示。检查元器件焊接无误后便可进行测试。

电路板接 5V 电源，将输入端 A 和 E 端接电源正极，测量得出的输出端 Y 为高电平；再将输入端 A 接地，测量得出的输出端为低电平；将 E 端接地，分别将 A 端接电源正极和地，用指针万用表电阻挡测量得出的输出电阻为无穷大（万用表黑表笔接输出端、红表笔接地），满足以上几点则说明制作的三态门没有问题。

2. 制作4NMOS管存储单元和读写控制电路

按图 9 虚线框内电路用 5cm×7cm 万能板制作一块存储单元电路板，再用一块 7cm×9cm 万能板制作由 G1~G3 组成的读写控制电路板，并在控制电路板的下方焊接 3 个 1×2 的拨动开关用于写入、写选择和读选择输入高低电平（接电源的正极和负极）。然后用引线将 2 块电路板连接起来，如图 12 所示。

图 11　三态恒等门电路板

进行写测试时，接 5V 电源，将小电路板的存储单元行线接电源正极，写选择拨动开关拨动到高电平。这时，在写入端加高电平，则 A 端应为高电平，A' 端应为低电平。再将写入端接低电平，测量得出 A 端应为低电平（读选择接低电平），A' 端应为高电平，说明电路能正常写入数据。

进行读测试时，先用上述方法使 A 端为高电平（数据 1），将写选择拨动开关接低电平，读选择拨动开关接高电平，测量得出读出端应为高电平（数据 1）。再使 A 端为低电平（数据 0），将写选择拨动开关接低电平，读选择拨动开关接高电平，测读出端应为低电平（数据 0），说明电路读写正常。

3. 制作静态存储器SRAM

根据图 10 所示电路，首先用三极管制作 7 个读写选择电路（由 G1~G21 组成）。用 2 块 9cm×15cm 的万能板，其中一块用于制作前 4 个读写控制电路，另一块用于制作后 3 个读写控制电路。各个读写控制电路在万能板上的位置如图 13 所示。

由于元器件比较多，所以需要合理安排元器件的位置。可以先安装三极管并调整三极管的位置，直到所有三极管都能安装上再焊接。三极管焊接完成后，再焊接二

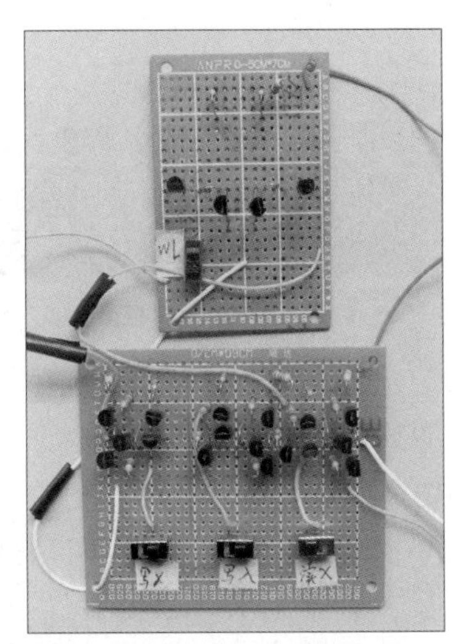

图 12　存储单元电路板（包含控制电路）

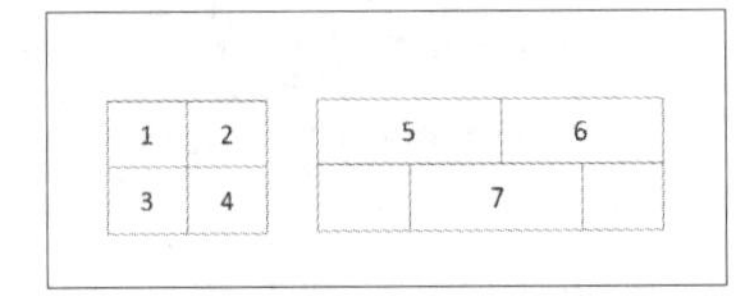

图 13　读写控制电路的位置

极管和电阻，然后用锡线连接电路，最后在板的上下焊接 4 条水平锡线作为电源的正负极线（2 条接电源正极，2 条接电源负极）。如果连接电路的锡线不够，可以考虑使用飞线。焊接完成的第一块读写控制电路板的正面如图 14 所示，反面如图 15 所示，第二块读写控制电路板的正面如图 16 所示。

接着，检查元器件的焊接情况，看是否有漏焊、连焊和错焊，确认无误后可进行测试。将电路板接 5V 电源，测试方法和制作 TTL 三态门电路类似，对读写控制电路中的三态门进行测试，直到它们都能正常工作。接着用场效应管和电阻制作 21 个存储单元，同样用 2 块 9cm×15cm 的万能板，其中一块用于制作前 9 个存储单元，另一块用于制作后 12 个存储单元，各存储单元的位置排列如图 17 所示。

从图 17 可以看出，第一块板的左侧一部分是空的，这部分可以用于安装拨动开关和接地电阻（后面会提到），这样 21 个

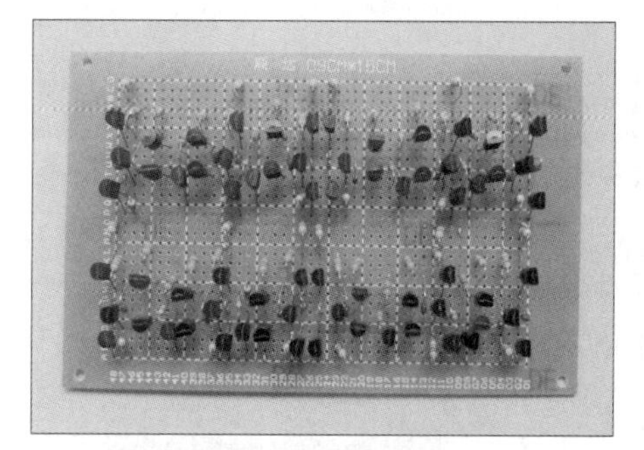

图 14 第一块读写控制电路板的正面

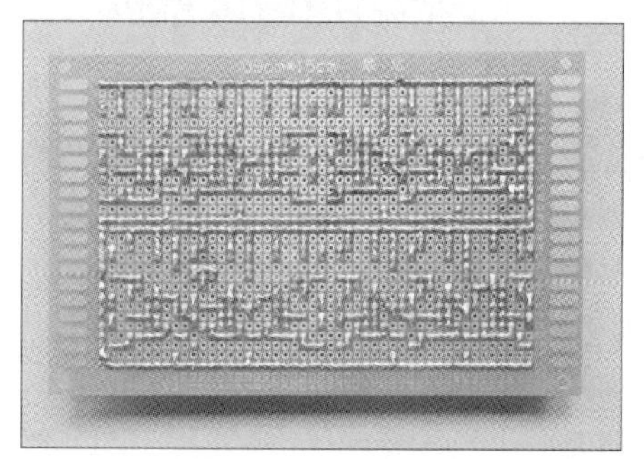

图 15 第一块读写控制电路板的反面

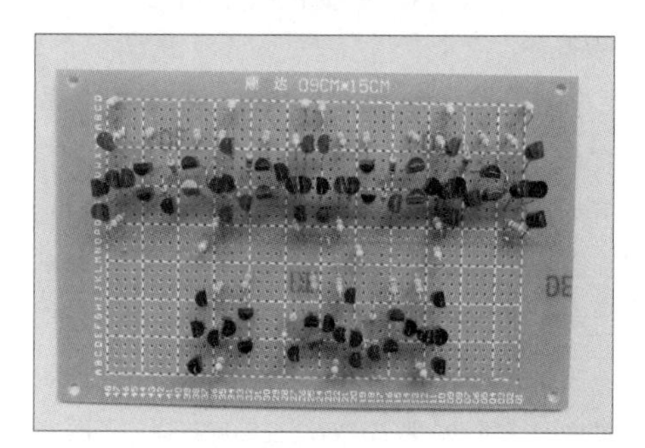

图 16 第二块读写控制电路板的正面

	1	2	3
	4	5	6
	7	8	9

10	11	12	13
14	15	16	17
18	19	20	21

图 17 存储单元的位置排列

存储单元可以全部安装在 2 块万能板上。同样，先将场效应管安装在板上，调整位置直到安装到位并焊接，然后安装上二极管和电阻并焊接。完成后用锡线连接电路，并焊 6 条水平锡线作为电源正负极，焊接完成的第一块存储单元电路板的正面如图 18 所示，第二块存储单元电路板的正面如图 19 所示，反面如图 20 所示。

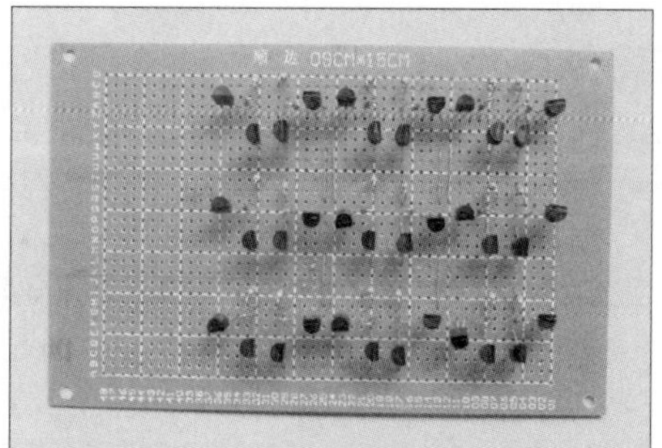

图 18 第一块存储单元电路板的正面

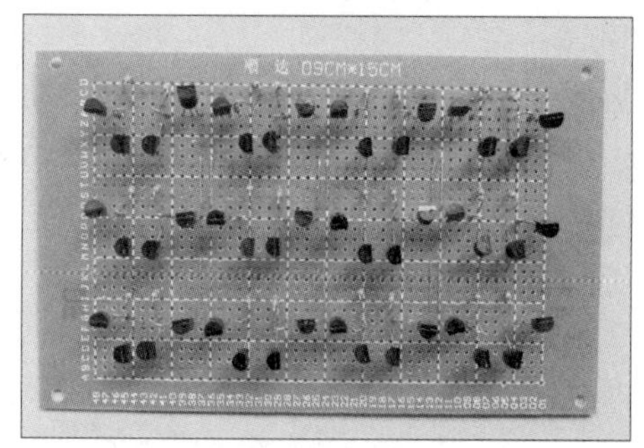

图 19 第二块存储单元电路板的正面

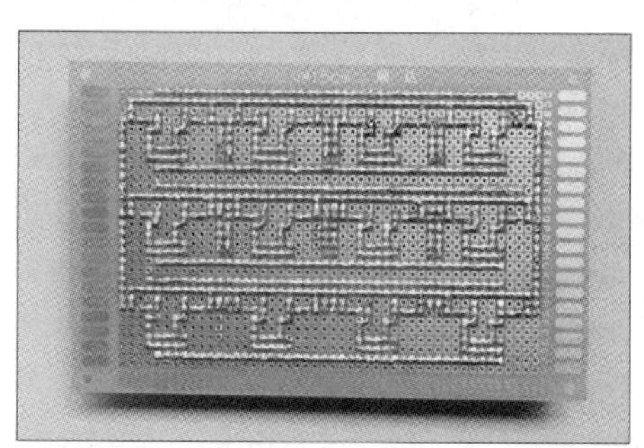

图 20 第二块存储单元电路板的反面

图 21 4 块电路板接出的引线

继续检查元器件的焊接是否正确，有无错焊、连焊的情况（由于元器件排列较密，有可能连焊），没有问题后便可进行测试。将前面制作的 4MOS 管存储单元电路的读写控制电路板连接到存储单元电路板上，接 5V 电源测存储单元 1、4、7 看能否读写，再改接读写控制电路板的连线，测存储单元 2、5、8 是否能读写，直到测最后 13、17、21 存储单元是否能读写。由于测试的单元比较多，需要有一定的耐心。全部正常后，将存储单元电路板和读写控制电路板接出引线，一般引线的长度在 10cm 左右。图 21 所示是 4 块电路板焊接出来的引线，可以看出引线比较多，包括电源引线，存储单元的行线，位线，读写控制电路的读出、写入、读选择和写选择线。

接着用螺丝将 4 块电路板固定在一起：在螺丝上先放 2 块读写控制电路板，再放上 2 块存储单元电路板。为了能对完成制作的存储器进行测试，可以按图 22 所示虚线框中的电路制作一个测试电路板。方法是将虚线框 1 的电阻和 1×3 拨动开关焊在存储单元电路板空的位置（最上面那一块电路板），再将虚线框 2 中的元器件（数码管和开关）焊

表 2 数字数据表

数字 \ 数据段	a	b	c	d	e	f	g
0	1	1	1	1	1	1	0
1	0	1	1	0	0	0	0
2	1	1	0	1	1	0	1
3	1	1	1	1	0	0	1
5	1	0	1	1	0	1	1
9	1	1	1	1	0	1	1

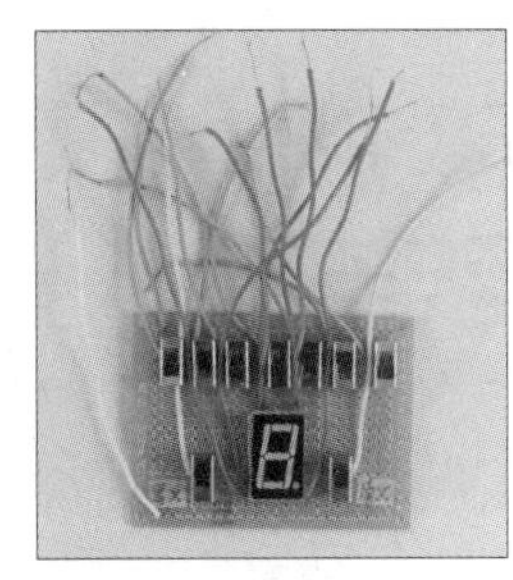

图 23 测试电路板

在 5cm×7cm 的万能板上，并用焊线连接电路，制作出来的测试电路板如图 23 所示。然后根据图 10 和图 22 连接引线，并检查连接情况，连接完成的静态存储器的测试装置如图 24 所示。

4. 总测试制作的静态存储器

由于目前制作的存储器只能存储数字信息，所以我们可以用它来存储数字 1、2、3 和一些有特殊意义的数字，如 501（劳动节）、910（教师节）等。显示数字 1、2、3、5、0、9 时，数码管需要的数据如表 2 所示。

测试时，先写入数字 1、2、3，将开关 K1 拨动到 WL3，开关 K3 拨到地，K2 拨动到电源正，K4~K10 拨为 0110000，这时 0110000 被写入存储单元 1~3 和 10~13 中。再将 K1 拨动到 WL2 上，K4~K10 拨为 1101101，这时 1101101 就被写入存储单元 4~6 和 14~17 中。再将 K1 拨动到 WL1 上，K4~K10 拨为 1111001，这样 1111001 就被写入存储单元 7~9 和 18~21 中。

接着进行读操作，将 K2 拨到地，K3 拨到电源正，拨动开关 K1 使开关在 WL3~WL1 线上变化，即可以在数码管显示 1、2、3 或 3、2、1。如发现有缺字或多字的情况，可能是电路连接有误，可根据电路工作原理和故障现象进行检查，显示 1、2、3 的情况如图 25 所示。正常后，我们可以用它存储、显示一些节日的信息，显示 501 的信息如图 26 所示。

用三极管和场效应管制作的静态存储器，经过测试工作电流约为 100mA，用电量还是比较大的，这是因为使用了 TTL 三态门。

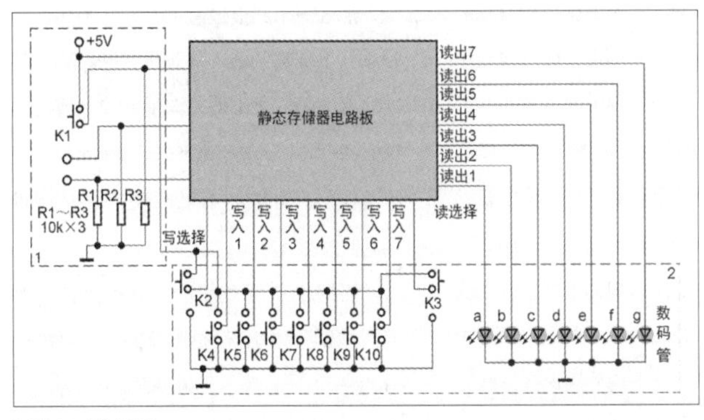

图 22 测试电路

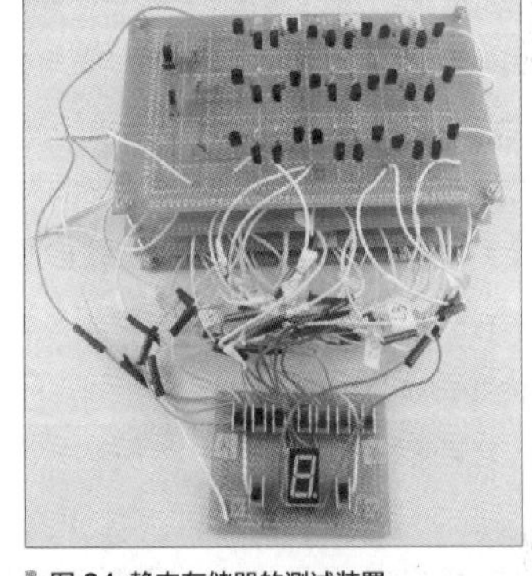

图 24 静态存储器的测试装置

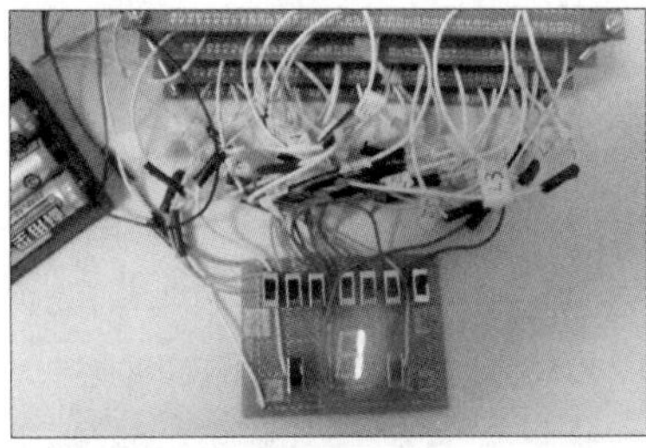

图 25 读出数字 1~3

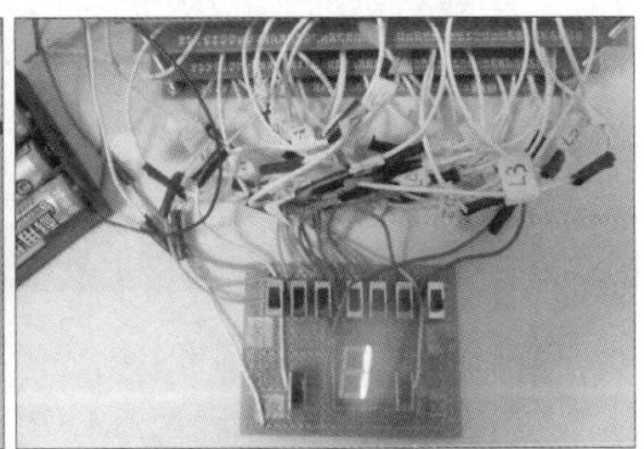

图 26 读出 501

让人工神经网络学习音乐（1）
换个角度认识音乐

▌赵竞成（BG1FNN） 胡博扬

音乐是陪伴青少年陶冶情操、快乐成长的良师益友。随着人工智能技术的快速发展，能否让人工神经网络识别音色、音符、乐曲，甚至创作音乐呢？谷歌推出了一款名为AI Duet的钢琴机器人，它能识别出用户弹奏的旋律，并会努力给予回应；清华大学发布了我国首个原创虚拟学生“华智冰”，据说她在大学一年级就在学习音乐创作。这些人工智能的最新成果看似难度很大，其实业余爱好者也可以尝试。本文附带的相关资料中的“piano_xiaoye”文件夹下有十几首钢琴曲，大家可以播放听一听，这些是本文制作的音乐机器人所创作的作品，相关资料已上传至杂志云存储平台。热衷探索的电子技术爱好者是否心动了，那就请有兴趣的读者和我们一起来尝试吧！

换个角度认识音乐

细心的读者可能注意到本文的作者有两位，因为这是一项“跨界”项目，不可避免会涉及一些乐理知识，而且要主观评价人工神经网络的学习效果，所以需要合作应对这门“计算艺术”。如果按部就班介绍乐理知识，估计大部分读者都要被“劝退”了，音乐虽然美妙但乐理却太难琢磨，我们需要换个角度认识音乐。其实音乐有严格的物理学基础，它是由人的声带或乐器的发声系统振动产生的，乐理的背后同样能看到声学原理的身影。一般认为，音乐中的“音”具有音高、音长、音量、音色等性质，音乐极其丰富的表现力正是由音的这些性质及其千变万化的组合决定的。

1. 音高

在音乐理论中，音高由音阶和音程规定，音阶决定音的绝对高度，而音程表示两个音之间音高的差别。人们通常采用C、D、E、F、G、A、B表示同一个音域不同音的音阶，也表示不同音域各同名音的音阶，称为音名。当然，也同时采用数字1~7表示不同的音阶，称为唱名，并依次读为do、re、mi、fa、sol、la、si或ti（为避免与数字混淆，以下均使用这些读音标记唱名）。如果把音阶看成一个阶梯，音名就是与各级台阶绑定在一起的，而唱名只是把do与乐曲调号对应的台阶绑定，就是说不同调号乐曲的do的音阶并不一样，唱歌时要“起个调”，无非就是看看唱名与哪个台阶绑定最合适。音乐人凭“视唱练耳”练就的本领来把握音的高低，没有进行训练过的音乐爱好者该如何把握音的高低呢？其实，音的高低就是指其基音频率的高低，《无线电》杂志的读者对频率并不陌生，那么音的频率又是如何规定的呢？

1834年，在德国斯图加特召开的物理学会议上，参会人员决定将中音音名A的频率设为440Hz，这个频率在国际上也被公认为音乐的标准音。另外，音名相同但音高相差8度的两个音被认定为“同音”，因此它们的频率需要保持倍数关系，即比标准音低8度的音名A的频率为220Hz，比标准音高8度的音名A的频率为880Hz。依此类推，音阶就可以分别向低音方向和高音方向延伸，形成更宽的音域。那么一个8度范围的频率又是如何分配到每个音名的呢？这要依据被称为“音律”的规则，其中最著名的音律当属古希腊人提出的“十二平均律”，也称为“十二等程律”，但最先准确计算出音高的是我国明代大音乐家朱载堉。

依据十二平均律，1个8度的频率范围被划分为12份是无疑的，而且每一份为一个“半音”，每两份为一个“全音”，但是否真的“平均”分配了频率呢？看来是有不同理解的。从技术角度看，现代音阶序列实际上以2的12次方根的值（约1.059 463）为比例生成的等比数列，即标准音前面音的频率为440÷1.059 463 ≈ 415Hz，与标准音的频率差为25Hz；标准音后面音的频率为440×1.059 463 ≈ 466Hz，与标准音的频率差为26Hz。需要说明的是，这并不是误差，而是说明“平均”分配的确实不是频率！如果还有疑问，那就把范围扩大到不同音域。附表所示的是以标准音A为中心，上下各延伸3个8度的同音频率及其对数。

由附表可见，从低音音域到高音音域，同音的频率差越来越大，并不是平均分配

附表 标准音A的各音域同音的频率及其对数

标准音A及其同音	低3个8度同音	低2个8度同音	低8度同音	标准音A	高8度同音	高2个8度同音	高3个8度同音
频率f(Hz)	55	110	220	440	880	1760	3520
频率差(Hz)	55	110	220	440	880	1760	—
log(f)	1.740	2.041	2.342	2.643	2.944	3.245	3.546
log(f)差	0.301	0.301	0.301	0.301	0.301	0.301	—

的，但是相邻音域同音频率的对数值的差相同。广泛应用于语音识别领域的梅尔频率倒谱系数也是对频率取对数的结果，它能适应人耳听觉的特征，即对低音敏感，区分能力强，对高音不够敏感，区分能力弱。音域之间的频率关系决定了音域内部的频率分配：只有等比数列具有的相邻元素频率差值由低音域到高音域逐渐增大的特性，才能适应对应的8度音域的频率范围越来越大的特点，保证任何相差8度的两个音的频率都能保持倍数关系，即为同音。十二平均律平均的正是频率的对数值。对数是16~17世纪的数学发明，朱载堉正是那个时代同时精通科学和艺术的巨星，在其《律学新说》中概括了十二平均律的计算方法："置一尺为实，以密律除之，凡十二遍"，这个密律正是1.059 463，太神奇了！在配套资料"wave_11025"文件夹下的song_sin_12.wav正是依据上述等比序列生成的正弦波音频文件，有兴趣的读者可以听听，虽然音色单调，但do到si再到高音do的音高应该是准确的。这个音频文档由程序create_note_sin_wav.py生成，部分程序如程序1所示。

程序1

```
major_notes=[0,2,2,1,2,2,2,1]
# 音阶：全全全半全全全半
#major_notes=[0,2,2,2,2,2,2,2]
# 对比！音阶：全全全全全全全
```

程序1的第1句代码创建的列表用于按照十二平均律确定do到si再到高音do的频率。中央C的频率为262Hz，也是C自然大调do的频率，列表的第1个元素为0，即指do，re到do为全音，即2个半音，故列表的第2个元素为2；fa到mi为半音，故列表的第4个元素为1……依次类推可以计算出各唱名的频率。其实网上可以找到各音阶的频率表，估计是单片机爱好者提供的，我们可以直接使用频率表，但如果希望搞清楚计算过程，还是要读程序。

程序1的第2句代码用来进行对比音阶。在第2句代码中，把2个半音均改为全音，份数也由12变为14。将第1句代码注释掉使用第2句代码，运行程序也可以生成一个貌似"十四平均律"的音频文件"song_sin_14.wav"，这个音频听起来确实怪怪的，对此不得不叹服前人的智慧了！

本刊2021年第8期《让人工神经网络学习数字信号处理》（下文称为《学信号处理》）一文介绍了如何识别数字信号频率，本文将介绍如何识别乐曲的每个音符、音阶，识别音符、音阶本质上是识别频率。声学钢琴弹奏的音符波形如图1所示，其中，左侧为do（基频频率为262Hz）的波形图，右侧为re（基频频率为294Hz）的波形图。可见钢琴的声音远比正弦波和方波复杂，正常人凭听觉分辨do和re并不困难，但凭视觉辨认do和re并不容易。目前，仿生"听觉"的人工神经网络似乎还没有问世，看来让机器完成这项任务可能并不轻松。

2. 音长

准确地说，音长应称作音符时长。音乐中的音符时长是使用"拍"衡量的，长的有4拍，称为"全音符"，短的只有1/32拍，称为三十二分音符。在五线谱中，甚至还有更长或更短的音符。最常用的是四分音符，长度为1拍。但"拍"只是一个相对值，要想知道某个音符到底持续多长时间，还要考虑乐曲的速度，即每分钟多少拍（BPM）。如果速度为120BPM，即每分钟120拍（属于比较快的速度），1拍相当于0.5秒；如果速度为60BPM（属于比较慢的速度），1拍相当于1.0秒。

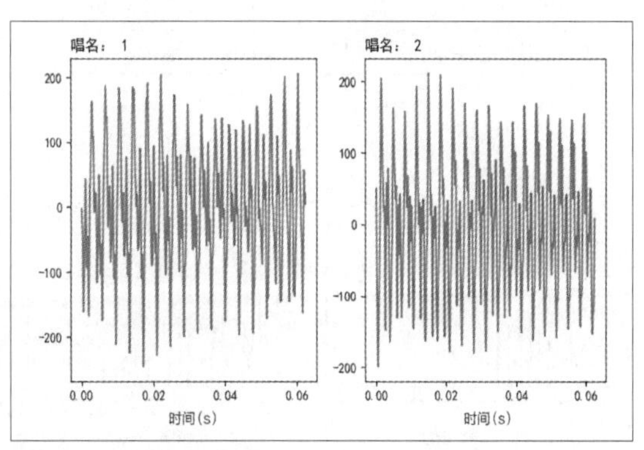

图1 声学钢琴弹奏音符波形图

普通人单纯依靠听力判断音符的长短远比判断音符名称要难，那么机器又该怎么判断呢？玩过单片机的读者一定会想机器可以准确计时，因此可以轻松判断音符的长短吧。但是乐曲中一个音符往往重复多次，如do do sol sol，这时就要避免将后一个do或sol的时长记到前一个do或sol的时长上，否则音乐的味道就变了。看来用机器判断音符时长也有难处，这里只好暂时先放放，好在音还有别的特性，也许能找到其他解决办法。

3. 音量

这里的音量并不是指放大器、音响的音量，而是指音符强弱的变化，音量是构成音乐节奏的要素之一。音乐不仅整曲有强弱变化，一个小节也有强弱变化。计算机只能处理数字信号，所以需要对音乐的声音进行AD变换，采样得到的数字信号包含信号强度，而且《学信号处理》一文已经实现了信号幅度的机器识别，这项任务会比较轻松。本文使用的乐曲数据集中的一个音符的完整波形如图2所示。

图2由4个子图（切片图）组成，是八分音符do按时间顺序排列的完整波形图。人工神经网络受输入数据宽度的限制，一个音符的采样数据往往不能同时输入。通常的手法是将其划分为固定宽度的切片，

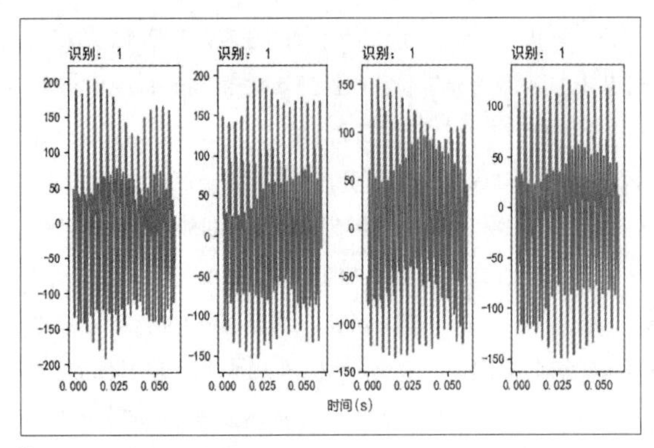

图 2 八分音符 do 的波形图

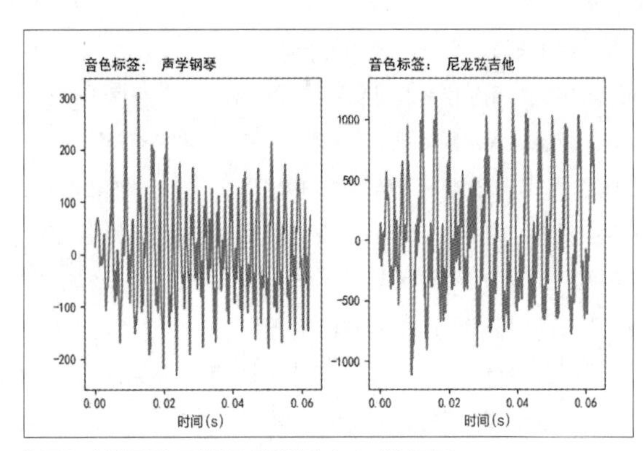

图 3 声学钢琴和尼龙弦吉他弹奏中音 do 的波形图

按顺序输入并进行识别。一般音乐中最小时长的音符是三十二分音符，按 120BPM 计算，时长为 0.062 5 秒。采样频率取 11 025Hz，一个三十二分音符的数据量约为 689 个。综合考虑，这个输入宽度比较合适，故本文采用的切片宽度为 689，就是说全音符的切片数为 32 个，四分音符的切片数为 8 个。图 2 由 4 个切片组成，是八分音符。

细心的读者可能会注意到信号有衰减，信号的相对强度由最初的 200 多逐步降低到 130 左右，其实只要弹过琴或吉他就会有同样的体验。乐器发出的声音随持续时长的增加而衰减是自然规律，即使同一音符重复出现，前后音的结合部往往也会有明显的强度突变，也就是说识别音符时长又多了一个方法。即使待识别音符的名称相同，只要强度发生明显变化，仍可将其判定为同名音符的重复。

4. 音色

同一首乐曲由不同乐器演奏或同一首歌曲由不同歌手演唱，都会给人不同的感受。感叹音色神奇的同时，读者肯定还希望探究其中的原因。音乐中的音都是复合音（泛音），除基音外还有大量谐音，说音高也只是指基音的频率，并未涉及谐音，而音色正是由谐音的多少、频率、强度等要素综合决定的。专业人士要靠“视唱练耳”体验音色的差异，没有这一功底的无线电、电子爱好者只能另辟蹊径。会看信号波形图是无线电、电子爱好者的优势，那就看看声学钢琴和尼龙弦吉他弹奏中音 do 的音符波形图（见图 3）吧。

图 3 左侧是声学钢琴的波形图，右侧是尼龙弦吉他的波形图，区别看起来还是比较明显的。基音频率相同但波形图不同，排除强度因素（无线电、电子爱好者从来就不会认为放大或减小信号强度会影响其波形，除非失真了）只能归咎为谐波的差异。如果还不放心，那就再看看它们的频谱（见图 4）吧。

乐器种类繁多，也有音色相近的情况，图 5 和图 6 分别是声学钢琴和明亮钢琴弹奏中音 do 的波形图和频谱图。

无论从波形图看，还是从频谱图看，这两件乐器的音色太相似了，凭人的视觉已经很难分辨，看来让机器识别音色还是很有挑战性的。

音高、音长、音量、音色只涉及音乐基础理论的一小部分，但它们是基础中的基础，人工神经网络学习音乐首先需要识别它们。

搭建音乐的人工智能开发平台

如果你也想换个角度认识音乐，那就在《学信号处理》一文搭建的人工神经网

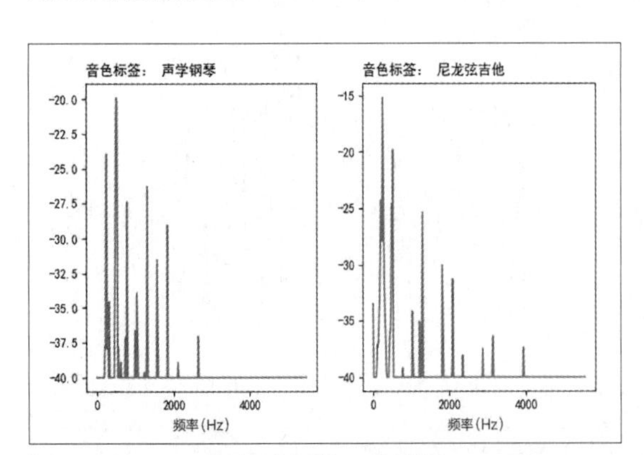

图 4 声学钢琴和尼龙弦吉他弹奏中音 do 的频谱图

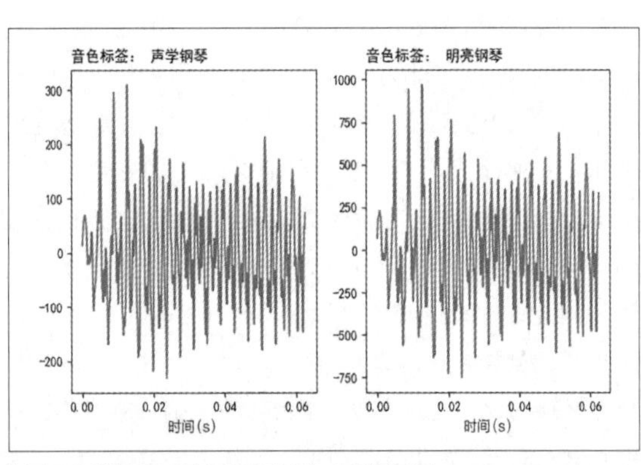

图 5 声学钢琴和明亮钢琴弹奏中音 do 的波形图

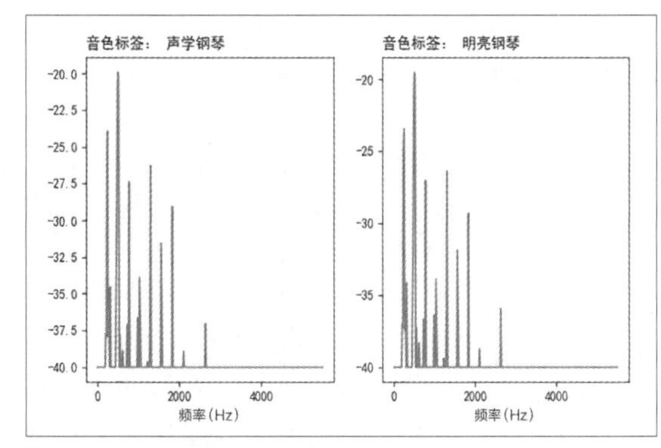

图 6 声学钢琴和明亮钢琴弹奏中音 do 的频谱图

络开发平台上再安装几个和音乐相关的功能模块吧。

笔者一直使用的是 Python3.6，本文程序使用的主要模块包括：Numpy1.19.5、TensorFlow2.4.1、sklearn0.0、Matplotlib2.1.2。

Numpy 是一个科学计算和数据分析的基本函数库，为很多机器学习模块提供底层支持。TensorFlow 是 Google 于 2015 年开发，主要用于搭建深度学习神经网络的模块，其版本 2 与版本 1 有很大差别，注意不要搞错版本。sklearn 是为有监督和无监督机器学习设计的高级算法框架，本文只使用它的数据预处理功能。Matplotlib 是用于绘制图表的工具库，可以生成二维、三维图形，并提供方便的交互环境。Python 是一种跨平台解释性脚本语言，有多个解释器，Cpython 是其内置的解释器。本文提供的程序并不复杂，使用的是 Python 自带的编程环境 IDLE 和 Windows 命令行用于编程、调试及运行程序。

本次开发首先需要添加的模块是 mido，这是一个在 Python 平台能生成 MIDI 音频文件的外部模块，笔者安装的是 mido 1.2.10。大家可能早就对笔者使用声学钢琴（大钢琴）有些怀疑吧，其实笔者只有电子琴和吉他，文中各种乐器的音符都是由 mido 生成的。该模块的下载和使用方法网上多有交流，本文仅就程序中用到的功能进行必要说明。

mido 可以模拟多种音色，包括钢琴、打击乐、风琴、吉他、贝斯、弦乐、管乐等乐器的音色；甚至还包括外国民间乐器的音色，但并未看到可以模拟古琴、笙箫、二胡等中式乐器的音色。是笔者孤陋寡闻，还是真的难寻？看来换个角度认识音乐不能只是玩玩而已，艺术与技术的相互渗透和融合是很有意义的事情。

需要添加的还有 PyGame 和 Pickle 模块。PyGame 模块是 SDL 多媒体模块，对播放 cdroms、音频和视频输出及键盘、鼠标和操纵杆输入提供支持。Pickle 模块实现对 Python 对象的二进制序列化和反序列化协议，即将 Python 数据变成流的形式。Pickle 模块可以将字典、列表等结构化数据完整保存到本地文件，且再使用时读取的还是字典、列表等结构化数据。

Wave 是 Python 自带的声音模块，提供处理 WAV 音频格式的便利接口，不支持压缩 / 解压，但支持单声道 / 立体声，本文主要用于保存或读入 WAV 格式的音频文件。Tkinter 是 Python 自带的图形界面库，库中包含多种图形界面控件，如标签 Lable、按钮 Button、单选框 Radiobutton、复选框 Heckbutton、文本框 Entry 等。借助 Tkinter 库的各种图形界面控件，可以实现方便的图形交互界面，本文仅用于窗口选择输入文件。

编程和运行程序需要跨系统，除需要 Python 开发环境外，还涉及树莓派的开发环境，所需工具届时再予以补充。

搭建人工智能音乐开发平台并不是笔者的最终目的，笔者希望借助这个平台让人工神经网络学习音乐。这项任务看似笼统，让人有些摸不着头脑，这里先点点题目吧。本文将实现以下 4 项内容：一是搭建一个 GRU 循环神经网络，让它学习识别不同乐器的音色；二是搭建一个 CNN 卷积神经网络，让它学习识别乐曲；三是搭建一个 GRU 循环神经网络，让它学习即兴（算是作曲吧）演奏；四是将搭建的即兴演奏神经网络移植到树莓派。内容还算新鲜也比较丰富，但都做下来还是需要坚持和努力，读者要有思想准备哦。

让人工神经网络识别音色

现在我们终于搭建好一个虽然简陋、但能“玩”计算音乐（并非标新立异，既然已经有了“计算艺术”，那么就应该有“计算音乐”吧！）的人工智能开发平台了，想不想小试一下“牛刀”？那就先尝试识别不同乐器的音色吧。

尽管不少专家、学者都强调模型的重要性，但对“玩家”而言，还是要从数据入手。数据集首先要涵盖不同的乐器，因为目标是让人工神经网络识别不同音色。此外，还要涵盖不同唱名和不同音高的音符，以增加识别难度。时长可以固定为 1 拍，因为即使 1 拍也要分帧识别，音符时长在此并无实际影响，音量对识别有影响，但声音会衰减，乐器也不例外，因此这里可不做额外处理。我们先来看看程序 2 中囊括了哪些乐器吧。

程序2

```
tone_to_number = {'声学钢琴':0,'明亮钢琴':1,'马林巴':12,'大扬琴':15,'教堂风琴':19,'尼龙弦吉他':24,'钢弦吉他':25,'声学贝斯':32,'小提琴':40,'中提琴':41,'大提琴':42,'合唱啊':52,'人声嘟':53,'小号':56,'圆号':60,'高音萨克斯':64,'中音萨克斯':66,'黑管':71,'短笛':72,'长笛':73}
```

上述代码定义了字典 tone_to_number，字典中包含 20 种乐器，其中有前文提到的波形和频谱很相似的声学钢琴和明亮钢琴，因为我们也想借此比试一下人和机器的认知能力。你当然可以增加自己喜爱的乐器，但一定是mido模块支持的乐器，配套资料中的“midi常用音色表”是从网上找到的，笔者未全部在mido模块上测试，仅供参考。字典tone_to_number以乐器名作为键名，键值是该乐器在音色表中的序号，根据键名可以检索到它的序号。

程序3是create_tone_mid.py中定义的向midi对象添加1个音符的函数。

程序3

```
def play_note(note, length, track, base_num=0, delay=0, velocity=64.0, channel=0):
    meta_time = 480 * 120 / bpm
    major_notes = [0, 2, 2, 1, 2, 2, 2, 1] #音阶：全 全 半 全 全 全 半
    base_note = 60  #中央C的音高(262Hz)
    track.append(
    Message('note_on',note=base_note + base_num*12 + sum(major_notes[0:note]),
    velocity=round(velocity),time=round(delay * meta_time),channel=channel))
    track.append(
    Message('note_off',note=base_note + base_num*12 + sum(major_notes[0:note]),
    velocity=round(velocity),time=round(meta_time*length),channel=channel))
```

play_note()函数有7个参数，由左至右分别是音符唱名、音符时长、音轨序号、音域（8度）、延时、音量、声道，其中后4个参数赋予了缺省值，调用时如使用这些缺省值则可省略实参。

play_note()函数定义了3个变量，其中meta_time为1拍的tick（计算机计时单位）数，如果乐曲是120拍/分（即bpm=120），则meta_time=480。base_note是中央C的音高，单位是半音，如果按十二平均律计算，比其低的音域可有5个8度之多，当然这只是mido设计的最低音范围，与具体乐器的音域并无关系，故base_note的取值要符合具体乐器的音域范围。

向midi对象添加音符主要通过函数体的第4句和第5句共同实现。第1个参数表示1个音符的开始和结束；第2个参数表示3项之和，其一是中央C的音高，其二是音域值换算的半音数，其三是唱名相对do的音程换算的半音数，3项之和就是该唱名相对于mido的音阶原点的半音数；第3个参数表示音量，round()是Python的内部函数，这里用作取整；第4个参数在第4句中表示参数delay（延时）对应的tick数，在第5句中表示参数length（拍数）对应的tick数；第5个参数表示声道。

程序中还定义了另外一个函数verse()，该函数用于调用play_note()函数来添加不同乐器、不同强度、不同音域、时长1拍的do到si的音符唱名，如程序4所示。

程序4

```
def verse(track):
    for i in range(6):
        base_num = i - 3  #最低：低3个8度，最高：高2个8度
        play_note(1, 1.0, track, base_num)  # do、1拍
        play_note(2, 1.0, track, base_num)  # re、1拍
        …
        play_note(7, 1.0, track, base_num)  # si、1拍
```

调用上述函数还需要创建midi对象和音轨，由程序5实现。

程序5

```
for key in tone_to_number.keys():
    mid = MidiFile() #创建MidiFile对象
    track = MidiTrack() #创建音轨
    mid.tracks.append(track) #把音轨添加到MidiFile对象中
    tone = tone_to_number.get(key) #键值，即音色表索引
    track.append(Message('program_change', program=tone, time=0))
    verse(track) #生成乐曲
    mid.save('./midi/song' + str(tone) + '.mid')  #按乐器分别保存乐曲
```

程序中的注释很详细，这里不再逐句说明。需要补充的是，循环变量key为字典tone_to_number的键名，第5句提取该键名对应的键值；第6句是通知已经创建的音轨，其音色由tone指定。另外，一个midi对象可以创建多个音轨（本文后面配和弦时会用到），而且可以自动合成，但多音轨合成的音源波形异常复杂且难以分解，让人工神经网络识别这些音源如同让婴儿学习百科全书。因此本文将机器识别与重构乐曲分开处理，前者局限于单音轨和单声道，后者则完全不受此限制。

程序create_tone_mid.py未包含播放MIDI文件的程序，因为生成的只是一些音符序列，并无节奏和旋律可言。如果希望听到不同乐器的音色，大家可以使用任何一款支持MIDI格式的音乐创作软件，笔者安装的是MuseScore2，只需要将生成的MIDI文件调入并播放即可。甚至可以使用MuseScore创作midi，但学不到人工智能知识和编程技巧，也将失去编程的乐趣（由此可见“计算音乐”的内涵并不等同于既有的“计算机音乐”）。

其实，只要对上述程序稍作改动即可创作MIDI乐曲：一是将主程序的循环语句删除，并按选择的乐器直接给变量note赋值，如钢琴取0或1，马林巴取12；二是将函数verse()内的循环语句删除，并按乐谱直接给变量base_num和函数play_note()的参数赋值。但是如果乐曲比较长，就会重复调用函数play_note()。解决途径有以下几点：将曲谱以Python容易读取的格式存入文件，或利用Python提供的列表、字典等数据类型记录乐谱，然后

顺序读取和处理，程序就会简洁很多。其实让人工神经网络学习音乐的实质也是实现声音与文本的相互转化，这里的文本即是乐谱，但无论是五线谱还是简谱，对于计算机都有些复杂，如何用计算机能够读懂的方式记录乐谱是本文将要面临一个问题，好在识别音色并不涉及记录乐谱，用到时再讨论也不迟。

言归正传，程序 create_note_tone_mid.py 生成的是 MIDI 文件，但 MIDI 只是一种乐器数字接口标准，并不是乐曲的波形文件，将其转换成 WAV 格式声音波形文件的方法有很多，但请注意采样率一定要改为 11 025Hz，因为这是本文统一使用的采样率，否则其他程序会运行错误。大家可能担心这么低的采样率会不会影响音质，但如前所述这个波形数据仅用于机器识别，重构乐曲并不受此限制。

搭建能识别音色的神经网络

程序 create_note_tone_mid.py 生成的不同音色的音符序列，将用于训练和测试识别音色的人工神经网络模型，下面就要开始构建这个模型了。程序 6 所示是将要识别音色的神经网络。

程序6

```
model = tf.keras.Sequential()
model.add(tf.keras.layers.
Embedding(sampling_bit, embedding_
dimension))
model.add(tf.keras.layers.GRU
(recurrent_nn_units, activation=
'tanh'))
model.add(tf.keras.layers.
RepeatVector(answer_length))
model.add(tf.keras.layers.GRU
(recurrent_nn_units,activation=
'tanh',return_sequences=True))
model.add(tf.keras.layers.TimeDistributed
(tf.keras.layers.Dense(output_width,
activation='softmax')))
```

正如笔者反复说明的，神经网络模型几乎是通用的，需要下功夫解决的是获取数据和数据的预处理。完整代码请见配套资料的程序 discriminate_tone_gru.py，其中已有比较详细的注释。以下仅就从 WAV 文件到训练、测试数据集的处理过程进行说明，先看看程序 7 所示的几个重要参数。

程序7

```
sampling_rate = 11025
sampling_sum = int(sampling_rate *
0.5)
slice_length = sampling_sum // 8
slice_sum = vocabulary_sum * 7
data_length = slice_length * slice_
sum
offset_delta = slice_length // 4
```

其中采样率 sampling_rate 为 11 025Hz，每个音符为 1 拍，乐曲速度 120 拍 / 分时，音符的时间长度为 0.5 秒，音符的时间长度 × 采样率即为每个音符的采样数，取整后 sampling_sum 约等于 5 512。第 3 句的 slice_length 指每个切片的采样数，即将 sampling_sum 按 8 等分分割时每份的采样数，约为 689。第 4 句中的 vocabulary_sum 是唱名数，为 42 个，slice_sum 是每种乐器的切片数，为 294。大家可能觉得出现了错误，应该是 42×8=336。为什么这里按 7 个切片计算呢？因为实际的乐曲速度并不一定能控制得非常准确，所以切片位置会有偏差，甚至某个音符的第 1 个切片都难以控制在该音符的开始位置上，就是说切片位置具有不确定性。

笔者采用重复采样并每次向后移动 1/4 个切片长度的方法，这样虽可重复分割 4 次，但在不越界的条件下每次只能得到 7 个切片，合计为 28 个切片，显然它们的起始位置（即信号初始相位）各不相同。语音和视频处理领域将切片称为“帧”，并使用“帧移”的概念。据此上述操作就是，帧长为每个音符采样数 sampling_sum 的八分之一，帧移为帧长的四分之一，共取 28 帧，感觉这样表述更清楚、准确。

似乎“切片”的人工智能味道浓些，“帧”的音像专业色彩浓些，各有用武之地，我们约定以后也不再区分“切片”和“帧”。绕了个弯子，无非是想说明，“分帧”是处理语音、视频数据的常规手段，也是处理音乐数据的有效手段，希望读者能掌握这个常用的处理方法。第 5 句的 data_length 是每种乐器的采样总数，但显然这里尚未实现重复分割。第 6 句的 offset_delta 就是上面讲的帧移量，约为 172。这些参数是全局变量，在整个程序中都可使用。

discriminate_tone_gru.py 中还有一段如程序 8 所示的有关数据的代码。

程序8

```
sampling_prt = 0
 for i in range(vocabulary_sum):
#遍历每个唱名
   wavdata1 = wavdata[0,sampling_
prt:sampling_prt + sampling_sum]
   sampling_prt += sampling_sum
   offset = 0
   data = []
   for j in range(4):
   data.append(wavdata1[offset:
slice_length * 7 + offset])
   offset += offset_delta  #步进
   datasetX.append(data) #加入输入数据集
   solfa_sum = i #按唱名计数(含重复)
   label = []
   for j in range(7 * 4):
#相应扩大标签集
   label.append([tone_to_number.
get(key)[0], solfa_sum]) #标签集
   datasetY.append(label) #加入标签数
据集
   data_epoch += slice_sum * 4 #切片
总数
```

这段代码是读入 WAV 类型声波文件后的处理过程，区别于神经网络处理，一般称为“预处理”，目的是生成可以输入

神经网络使用的数据集 datasetX 和标签集 datasetY，其重要性不言而喻。

每种乐器的声波文件含有 6 个音域的 do 到 si 共 42 个唱名，显然应该在一个循环语句中依次处理这些唱名，第 2 句就是这个循环。第 3 句是提取一个唱名对应的声波数据，数量为 sampling_sum。从第 7 句开始又是一个循环体，实现重复 4 次分割并提取 7 个切片长度数据的操作。第 13 句开始的循环体生成对应的标签集。最后一句累计切片总数。

细心的读者可能会质疑这段代码并未分割长度为 slice_length 的切片呀！确实如此，在 Python 中切片只需使用 NumPy 的 reshape() 函数改变数据集形状即可实现，这里要做的只是按切片要求排列好数据即可，程序 9 才是实现切片的代码。

程序9

```
datasetX = np.reshape(datasetX,
(data_epoch, slice_length)) #改变形状
datasetY = np.reshape(datasetY,
(data_epoch, 2)) #改变形状
```

这段代码第 2 句中的“2”难道意味每个切片有 2 个标签吗？返回上面预处理添加标签的代码，label.append() 函数确实添加了 2 个数据，一个是主角音色，另一个是配角唱名。

目前为止，数据集仍是按音色、唱名顺序规则排列的，其实并不符合机器学习的要求，容易学了后面忘了前面。就是说机器学习目前采用的“集中式”学习方法与人类实际采用的“日积月累式”学习方法还是有差别的，所以还要使用程序 10 所示代码实现数据的“混洗”。

程序10

```
indices = np.arange(len(datasetX))
np.random.shuffle(indices)
train_x = datasetX[indices]
train_y = datasetY[indices]
```

代码的第 1 句得到一个长度与数据集长度相同且由 0 开始的下标数组，第 2 句将下标数据随机打乱，第 3、第 4 句按打乱的下标分别提取数据和标签，生成新的数据集和标签集。简单 4 句代码，既打乱了原数据的排列，又能严格保持输入数据与标签的对应关系，确实精彩！

识别效果

程序 discriminate_tone_gru.py 中设定用于展示的识别对象为 40 个（当然，也可以修改这个设定），由于混洗是随机的，故每次运行时的识别对象并不固定，图 7 和图 8 是随意选择的，每幅图均包括 2 个识别对象。

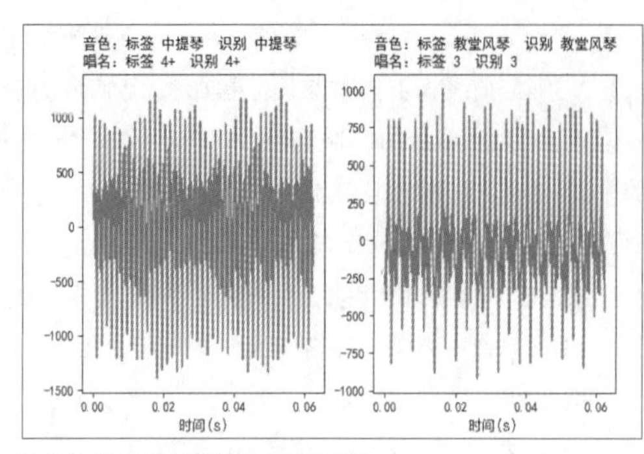

图 7 中提琴和教堂风琴的识别结果

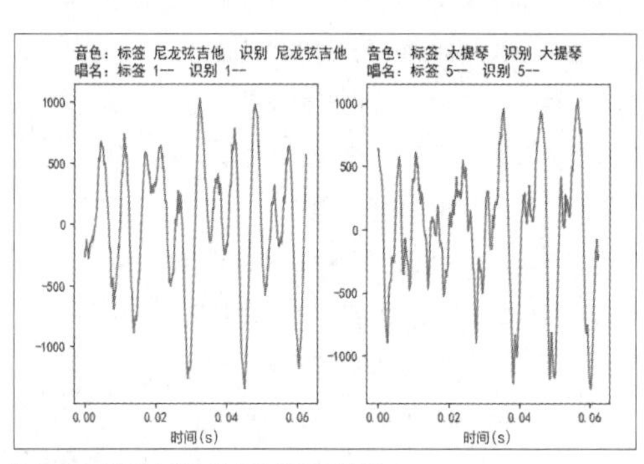

图 8 尼龙弦吉他和大提琴的识别结果

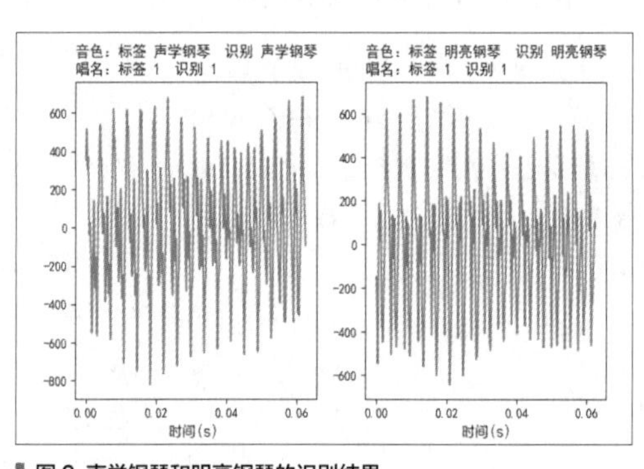

图 9 声学钢琴和明亮钢琴的识别结果

前面提到的音色差别不大的声学钢琴和明亮钢琴的识别结果如图 9 所示。

对比图 2 可以发现，同样是声学钢琴或明亮钢琴，其波形图也有区别，这与唱名及切片位置都有关系，神经网络既要关注它们的不同点以区分不同的音色，又要注意到它们的共同点以正确分类。

另外，程序 discriminate_tone_gru.py 执行训练的代码默认是注释掉的，可以先按默认状态运行看看识别效果，体验各种乐器发出的不同音符的波形特点，真正需要重新训练时再恢复执行训练的代码，因为训练要花费不少时间，需要挑选一个合适时间且心情比较平静时，别轻易被其“劝退”了。

小结

让人工神经网络学习识别不同乐器的音色看起来并不太困难，这部分的难点和重点是生成和预处理训练数据，因为本文始终要用到这些方法。这个神经网络在识别音色的同时还识别了唱名，但完整的音符识别既要有唱名还要有时长，而难点正是识别时长，所以识别音符留待后面识别乐曲时再一并探讨。

让人工神经网络学习音乐（2）
让人工神经网络识别乐曲

▌赵竞成（BG1FNN） 胡博扬

我们先来听几段利用人工神经网络识别并配上和弦的歌曲放松一下。首先，进入Python自带的编程环境，运行配套资料中的乐曲识别程序discriminate_piano_chord_cnn.py，并在wave_source文件夹中任选一首.wav格式的音频文件，即可听到美妙的歌曲。配套资料可扫描杂志目次页的云存储平台二维码进行下载。需要说明的是，这里并不是简单地播放歌曲，而是先识别歌曲得到歌谱数据，然后加上三和弦，最后播放出来。

下面，我们先用手机中的任意一款播放器直接听这几首歌曲，我们会发现声音有些粗糙，一是因为没有加和弦，二是因为在手机上播放。然后听听识别程序后播放的声音，我们发现音质有所提高，因为识别后的歌曲加了和弦，而且打印出了歌谱（虽然看上去格式有些奇怪）。

细心的读者可能会注意到这个程序的名称里有“piano”，而且听到的歌曲似乎也是钢琴弹奏的。其实程序名称只是强调识别的对象是钢琴曲，我们也可以换成用其他乐器演奏。例如，喜欢打击乐的读者，可以将程序 1 的 mido_init() 函数中的 program=0 改为 program=12，这样我们就可以听到马林巴演奏的声音了。

程序1

```
track.append(Message('program_change', program=12, time=0))
```

很在意音质的读者，可以将程序 2 的 mixer_ini() 函数中的 freq=11025 改为 freq=44100，这样就可以听到 CD 音质的歌曲了。正如前面所说，本系列文章将识别声音和重构声音分开处理，识别时为减轻计算机负担，选择较低的采样频率，但重构时并不受此类限制，大家可以按自己的意愿进行不同的处理。

程序2

```
def mixer_ini():
    freq = 11025
```

训练程序和训练数据

就神经网络而言，程序 discriminate_piano_chord_cnn.py 本身并不能进行训练，需要其他程序提供训练成果。这个神经网络的训练程序是 discriminate_piano_cnn.py，我们先来看看程序 3 所示的搭建神经网络的程序。

程序3

```
inputs = Input(shape=(slice_length, 1))
conv1 = Conv1D(32, (3,), activation='relu', padding='same')(inputs)  #卷积层1
pool1 = MaxPooling1D((2,), padding='same')(conv1)  #池化层1
conv2 = Conv1D(64, (3,), activation='relu', padding='same')(pool1)  #卷积层2
pool2 = MaxPooling1D((2,), padding='same')(conv2)  #池化层2
conv3 = Conv1D(128, (3,), activation='relu', padding='same')(pool2)  #卷积层3
pool3 = MaxPooling1D((2,), padding='same')(conv3)  #池化层3
conv4 = Conv1D(128, (3,), activation='relu', padding='same')(pool3)  #卷积层4
pool4 = MaxPooling1D((2,), padding='same')(conv4)  # 池化层4
conv5 = Conv1D(128, (3,), activation='relu', padding='same')(pool4)  #卷积层5
pool5 = MaxPooling1D((2,), padding='same')(conv5)  #池化层5
flat = Flatten()(pool5)  #展平层
dense = Dense(output_width, activation='relu')(flat)
outputs = Dense(output_width, activation='softmax')(dense)
model = Model(inputs, outputs)
```

这是一个包括输入层、5 个卷积层、5 个池化层、展平层、全连接层和输出层的卷积神经网络，你可能会有似曾相识的感觉。没错，在《无线电》杂志 2021 年 8 月开始连载的《让人工神经网络学习数字信号处理》一文中，我们已经介绍并使用过这个神经网络了，利用它来识别简单信号的频率，实际上这次还是做这件事情，只不过识别的对象变为了波形更为复杂的乐曲。

下面看看如何获得训练数据吧。大家

可能会想到收集现有的乐曲，但这样工作量实在太大，因为需要逐帧标注对应的乐谱。有没有其他方法呢？乐曲是由音符构成的，当然还有休止符、调号、速度、变音、连音、反复等，但如果把问题简化些，把目标锁定为识别音符，就可以在程序create_note_tone_mid.py的基础上生成音符序列。实际上经典的语音识别方法就是从识别音素开始，再进一步识别出文字的。

此外，似乎还可以进一步减轻神经网络的负担，例如不再考虑20种乐器，而是限定识别一种乐器，如各色钢琴。但是识别音符序列也有一些比较特殊的难题，假如碰到重叠音符应该怎么办？如do do，显然单靠识别唱名是区分不开的，在上文中设想的依靠强度变化区分同名重复音符的方法真的有效吗？虽然没有把握，但我们可以试试。就这样敲定了，接下来修改程序create_note_tone_mid.py，并将其命名为create_note_piano_mid.py。主要改动的地方如程序4和程序5所示。

程序4

```
tone_to_number = {'声学钢琴':0,'明亮钢琴':1,'电钢琴':2,'酒吧钢琴':3,'柔和电钢琴':4, '合唱效果电钢琴':5}
```

程序5

```
for i in range(4):      #强度分4级
velocity = 31.0 + 32.0 * i
for j in range(6):      #音域分6级
```

程序中有两处改动，一处是将音色词典缩减为6种钢琴，另一处是在函数verse()的6级音域循环前，增加了4级声音强度变化的循环，强度为31~127（mido支持的最高强度）。

对乐曲识别训练程序train_piano_cnn.py进行预处理，如程序6所示。

程序6

```
for amp in range(amplitude_class):
#遍历强度(中低、中、中高、高)
  for i in range(vocabulary_sum):
#遍历每个唱名
  …
   for j in range(expand_times):
#按16等分改变切片起点
    if i < vocabulary_sum - 1:
     data.append(wavdata1
[offset:slice_length * 7 + offset])
     offset += offset_delta  #步进
    else:
     data.append(rest * 7) #补休止符
     datasetX.append(data) #数据集
  …
   for j in range(7 * expand_times):
#相应扩大标签集
    …
   datasetY.append(label) #标签集
 …
data_epoch += slice_sum * expand_
times * amplitude_class   #切片总数
```

在该程序中，增加了遍历声音强度的循环代码，而且帧移减小为帧长的1/16，即切片起点位置处理由4种增加为16种，以增强模型对声音强度的分辨能力，此外，还增加了一定数量的休止符切片（即波形数据均为0），以处理更低声音强度的切片。切片总数为115 584个，可以满足训练要求。之后就是漫长的训练过程，这里不再赘述。

判别音符分界技术

返回乐曲识别应用程序discriminate_piano_chord_cnn.py，它的神经网络与训练程序完全相同，可以直接使用训练程序的权重和偏置参数。就是说，只要采用完全相同的神经网络结构，就可以分别编程训练程序与应用程序。如果希望将这些人工智能软件移植到树莓派等嵌入式系统，只需要移植应用程序即可，费时费力的训练依然可以在功能强大的计算机上进行。又有点跑题了！赶快回来。同时问题也来了，应用程序的识别对象是唱名有序排列而时长各异的乐曲波形数据序列，与训练程序使用的唱名无序排列而时长固定的训练数据存在很大差异，显然仅仅识别每个切片的唱名是不够的，起码还需要识别切片之间的关系，并由此判别每个音符的时长。大家可能会怀疑技术方案的可行性，其实笔者也是“摸石头过河”，好在应用程序确实可以识别并重构出原来的乐曲。乐曲识别应用程序的代码近400行，即使分段解释也很占篇幅，只好尽可能多地添加注释，感兴趣的读者可以自行阅读，这里仅就遇到的几种音符分界问题和处理方法与读者交流、分享，先看看图1所示的识别结果。

图1所示是对乐曲有序音符的识别片段，这样的结果是最理想的，即中间连续切片的识别结果相同且强度无突变，而片段两端切片的识别结果有别于中间连续切片的识别结果，形成了唱名分界，中间4个连续切片的时长就是该音符的时长。示

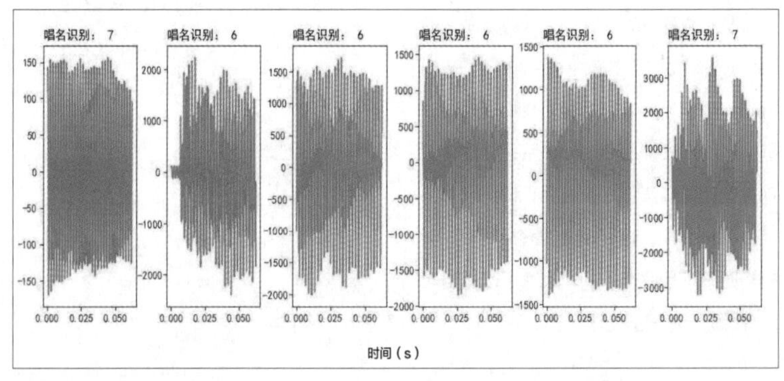

图1 乐谱连续音符分界特征1

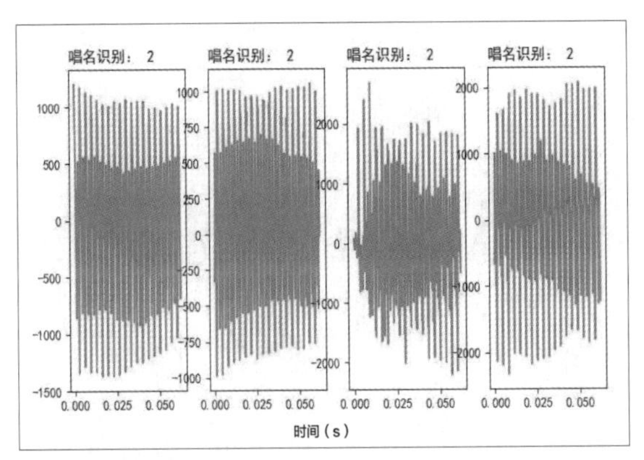

图 2 乐谱连续音符分界特征 2

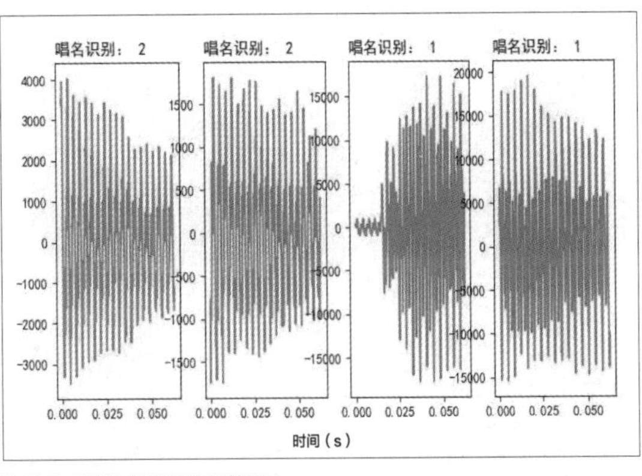

图 3 乐谱连续音符分界特征 3

例音符的唱名是 la，时长为 4 个三十二分音符的时长，即八分音符。但是还有图 2 所示的情况。

图 2 中 4 个切片的唱名均为 re，似乎同属于 1 个 re，但乐曲中实际是 2 个 re，所以这里其实存在 re 的分界，这时单纯依靠唱名已无法识别到底是 1 个 re，还是 2 个 re 了。

细心的读者可能已经注意到了纵坐标的变化，前 2 个切片的纵坐标为 1000（不必在意其单位是什么），后 2 个切片的纵坐标为 2000，由此我们可以判断后 2 个切片是新的音符，即应该是 re re，而不是 1 个 re。这里有一个前提，就是音符的波形存在明显衰减。大家可能对此有疑问，但起码打击乐器和弹奏乐器应该是如此，而且细心观察图 1 和图 2 也能看到音符波形确实存在衰减。其实图 2 中还有 2 个音符分界的其他表征，即第 3 个切片波形的首部有别于该切片的其他部分，也有别于其他切片。图 1 中的第 2 个切片波形的首部也有类似情况，图 3 所示的切片会更明显些。

图 3 所示的第 3 个切片清楚地反映了 re 和 do 分界处的波形，如果将第 1 个切片、第 2 个切片和第 3 个切片的首部连接起来，我们会发现 re 的衰减是很明显的（这里需要结合坐标看），而且延伸到第 3 个切片内的波形明显有别于其后面的波形，所以某个切片内部波形的强度发生突变也是音符分界的特征。

以上连续音符分界的 3 个特征就是综合区分乐曲不同音符或相同音符的主要依据，具体可以参考程序 musicalsub.py，程序较长但有较详细的注释，感兴趣的读者可以对其进行研究和改进。初学者可以暂时不管它，就当是一个 Python 的模块（实际上就是模块，不过属于内部而已），这里也就不再赘述了。

乐曲速度差异处理技术

神经网络的输入宽度是事先确定并固定下来的，因此切片的数据长度也必须是固定的，在速度为 120 拍 / 分时，切片长度正好是三十二分音符的采样数据量，8 个切片正好可以装下四分音符的采样数据。如果乐曲速度不是 120 拍 / 分，而是 80 拍 / 分，那么 8 个切片就装不下四分音符的采样数据了，而要增加到 12 个切片，识别的音符时长就会变为 1.5 拍！这确实很棘手，总不能要求乐曲都必须严格按照 120 拍 / 分弹奏吧。

解决这个问题的办法只能是设法折算，即将识别出的音符时长折算到标准速度 120 拍 / 分下的数值，所以我们需要知道乐曲音符的识别拍数，还需要统计乐曲音符的总拍数。前者在识别时可以轻易得到，后者则需要根据每个乐曲输入必要数据，似乎有点“不好玩”。为此我们将被识别的乐曲限定为 4/4 拍，且长度为 8 小结，即总计 32 拍。这样弹奏速度就不需要严格限制了，输入也比较友好，“玩”起来也轻松些，还可以反馈弹奏的实际平均速度，这可是一个意外收获。当然追求极致的读者也可以修改程序，增加其他功能。处理乐曲速度差异的程序也放在了程序 musicalsub.py 中。

容错和纠错技术

人工神经网络出现识别错误在所难免，发生错误的原因是多方面的，其中受乐曲速度差异波及的识别错误最为普遍。看看图 4 所示的切片波形和识别结果。

图 4 所示的第 2 个切片无疑是音符唱名 si 和唱名 la 的分界，通常会被识别为 si 或 la，但因 si 是一个 2 拍音符，持续到这里已严重衰减，而其成分在第 2 个切片的数据量中又占大头，导致错误识别为低音 la。从这一点看，卷积神经网络毕竟是模仿生物视觉神经构成的，用到需要依靠听觉（听觉器官一般具有很强的排除干扰声音的能力）识别的情况，还是有些勉为其难，但目前没有别的选择，只能设法处理。

本文将这一类识别错误的切片称为“孤立切片”，按实际情况或向前归并，或向后归并。熟悉音乐的读者可能会问，要是乐曲里真有三十二分音符怎么办？这个处

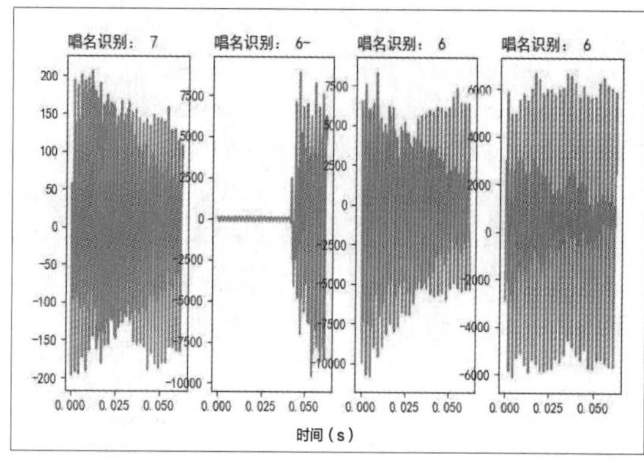

图 4 乐谱连续音符识别错误 1

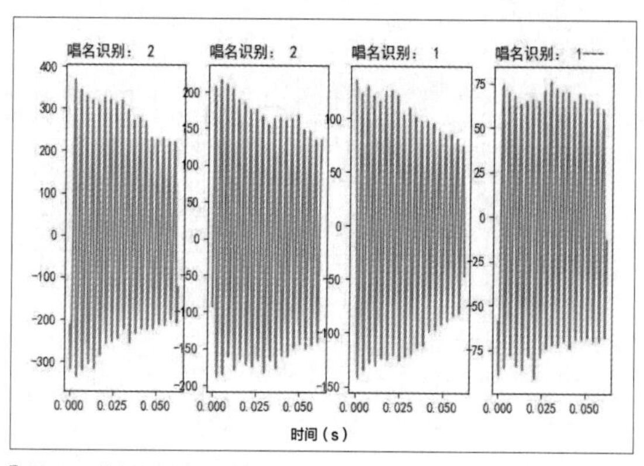

图 5 乐谱连续音符识别错误 2

理办法确实“牺牲”了三十二分音符，但使用三十二分音符毕竟属于极个别情况，代价还不算太大。

波形强度过小导致的错误也比较常见，我们来看看图 5 所示切片的波形和识别结果。

这是一个乐曲结束小结唱名为 re 的 4 拍音符，最初的强度高达 15 000，但经过 30 多个切片的衰减，到此已不足百分之一，导致识别错误。处理办法是规定一个最低强度阈值，低于该阈值时，切片识别结果被认为“不可靠”，并按其前面正常强度切片的识别结果进行更正。处理程序也在 musicalsub.py 中，供读者参考。

除此之外的识别错误依然存在，这与人工神经网络的“模糊性”有关，其实人类神经的感知也并非是精确的，但因为有充分的感知冗余，综合判断提高了识别准确度，简单的人工神经网络目前还做不到这一点。

音符记录格式

乐曲的识别结果会在播放前以如下形式打印出来。

```
1=C  拍号：4/4  速度：92 拍 / 分钟
```

第1小节

```
['3+_1.0','3+_0.5','2+_0.5','1+_0.5',
'2+_0.5', '1+_0.5', '7_0.5']
```

第2小节

```
['6_1.0', '6_1.0', '6_2.0']
```

第3小节

```
['4+_1.0', '4+_0.5', '3+_0.5','2+_0.5',
'1+_0.5', '2+_0.5','4+_0.5']
```

第4小节

```
['3+_4.0']
```

第5小节

```
['4+_1.0', '4+_0.5', '3+_0.5','2+_1.0',
'2+_0.5', '4+_0.5']
```

第6小节

```
['3+_1.0', '3+_0.5', '1+_0.5','6_1.0',
'1+_1.0']
```

第7小节

```
['7_1.0', '3+_1.0', '2+_0.5','1+_0.5',
'7_0.5', '1+_0.5']
```

第8小节

```
['6_4.0']
```

输出的调号 1=C 及拍号 4/4 是约定的，速度及音符序列则是识别的结果。乐谱通常有特定的记录格式，常用的有五线谱和简谱，大家在学校学习和一直使用的也是这 2 种记谱格式。笔者并无标新立异的初衷，但使用五线谱和简谱与计算机交互实在太不方便，也未查找到可用的交互格式，只能以便于输入 / 输出的方式设法记录音符。这个记录格式由下划线连接唱名和时长。音域由附在唱名后的加号或减号表示，几个加号表示高几个 8 度，几个减号则表示低几个 8 度。其实在识别音色时，已经遇到了“4+”“5--”等对唱名和音域的标记。时长以拍为单位，拍数用浮点数表示。这个记录格式是开放的，需要扩展连音、变音、反复等其他记号时，只需要增加由下划线连接的相应标记字符即可，只是目前的识别模型还没有那么“聪明”，所以并未使用这些扩展。

小结

神经网络训练和测试、验证使用的数据集必须是相互独立的，但仍属于相同数据源，甚至由同一数据集按比例分割得到。但本文识别乐曲的训练程序和应用程序面对的识别对象并不相同，前者使用的训练数据是无序的唱名切片，切片之间无任何联系，后者识别的是有序的乐曲音符序列，切片之间有联系也有切割。利用前者的训练结果实现后者的识别任务需要费些周折，所幸实践证明采用的技术方案是可行的。另外，让卷积神经网络识别普通人弹奏的乐曲还会碰到一些更棘手的问题，本文对此提出了一些解决办法并给出了相关程序，显然这些办法并不是唯一的，程序也不是最好的，留给读者改进的空间很大，让我们一起继续探索吧！

私人工作室搭建之射频器件实验室篇（下）

杨法（BD4AAF）

测试电缆

测试电缆是矢量网络分析仪实际测量操作中最常用到的搭档（见图1）。使用高性能的测试电缆（见图2）可确保测试的精准性和可重复性，减少测试错误和故障排查工时。测试电缆用于连接矢量网络分析仪I/O射频端口和被测器件射频端口。对于使用较多的二端口射频网络，通常为了操作方便使用两条测试电缆，习惯上会配置两条同型号的测试电缆。由于各种被测器件的射频接口规格不同，往往会配备多条测试电缆。购买二手矢量网络分析仪也会需要自配测试电缆。原则上测试电缆、矢量网络分析仪与被测器件射频接口直接匹配，但在实际操作中，很多时候没有直接匹配的电缆，通常会使用转接器。国际大牌的矢量网络分析仪专用测试电缆很贵，配置过多会导致成本压力较大，所以对于有些不常用和特殊的射频接口则会采用转接器方案。理论上建议少用转接器，因为串联使用的转接器会加入插入损耗和影响传输线特性，增加整个测量系统的不确定性。

通常13GHz以下的矢量网络分析仪多配备N型连接器，所以建议通用配置两条1 ~ 1.5m长度的N-N测试电缆和N-SMA测试电缆，有条件的可增加两条N-BNC测试电缆。如果你的矢量网络分析仪是小体积产品，采用SMA/3.5mm连接器，那么建议配置两条1 ~ 1.5m长的SMA-N测试电缆和SMA-SMA测试电缆。如果测量工作频率较高，可考虑性能更好的3.5mm连接器的产品。工作频率较高的矢量网络分析仪大多使用3.5mm接口，需配置与之匹配的测试电缆，不建议使用N型接口电缆加转接器。基本配置中除了测试电缆外，还应准备能够连接两条测试电缆测试端的N-N、SMA-SMA、BNC-BNC连接器，这是矢量网络分析仪校准工作的必备器件。矢量网络分析仪电子校准器具有测试电缆短接功能，一些矢量网络分析仪的机械校准套件中也包含一些测试电缆短接连接器，那就不用另外配备了。

配置测试电缆，主要技术参数看最高工作频率、连接器类型、长度、阻抗、信号衰减特性、稳相特性、连接器材质、品牌，电缆直径、柔软度、重量会关系到操作舒适度，接头保护设计则关系到电缆使用寿命。同等技术条件下，越粗的电缆高频损耗越小，但通常柔软度变差、弯曲半径增加、重量加重。一般实验室桌面测试的电缆不宜过长，常用电缆长度在1 ~ 1.5m，过长的电缆不但损耗加大，而且稳相特性也受影响。矢量网络分析仪配置测试电缆不用过分苛求低损耗，因为在矢量网络分析仪的用户校准中可以修正使用电缆的非线性损耗量。对于6GHz以下的应用，很多非专用电缆甚至自制电缆都能较好地工作，对于私人用户，若预算不多且测量频率不高，那么就不必追求“原装电缆”和高价位的大牌专用测试电缆。对于需要相位测量项目的用户，使用普通电缆可在连接矢量网络分析仪开始测试后轻轻抖动，观察其稳相性能。

国际大牌的矢量网络分析仪测试电缆价格昂贵，支持很高的工作频率。其电缆具有低损耗、稳相、低互调、线体柔软的特点，同时配备高性能连接器，以先进工艺制造，

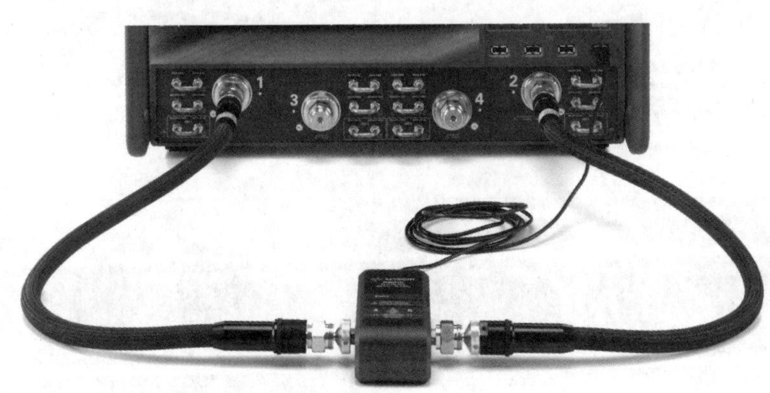

图1 矢量网络分析仪测试与校准的电缆连接

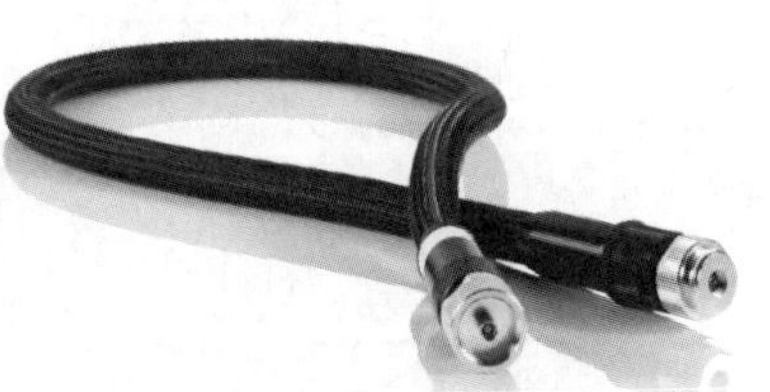

图2 R&S矢量网络分析仪专用高性能测试电缆

先进的设计使其具有较好的抗压、抗扭曲、抗扭结性能。有的大牌测试电缆连接器端还有人体工程学设计，无须使用扭矩扳手就能精准地松紧连接器。高档测试电缆所用电缆结构和工艺与普通通信用同轴电缆不尽相同。芯线无氧铜镀银、以特种发泡材料同轴填充、镀银卷绕屏蔽层、多层高密度编织屏蔽层等是常用的高级制造工艺。有些公司出品有编织网外护套的产品、铠装护套产品、特氟龙线材产品，由于其外观特殊，颇受业余无线电爱好者青睐。实际上这些与众不同的外护套与电缆传输性能提升直接关系不大。编织外套色彩容易丰富，外观看上去辨识度高，编织层较厚，PVC 护套柔软，编织物对抗扭结有一定作用。铠装金属护套测试电缆外观看上去坚固威武，就像将士穿了铠甲一样（见图 3）。铠装护套电缆的金属护套层对信号屏蔽作用有限但机械防护性能加强明显，有利于延长电缆使用寿命，只是同时也显著增加了测试电缆的自身重量，尤其是对于较粗且较长的产品增加重量明显。铠装金属层有很好的抗挤压能力，外出现场使用时可有效防止踩踏、挤压、利器、高温对电缆的损伤。铠装护套多采用金属卷绕蛇皮结构，限制电缆弯曲半径，有效防止同轴电缆过度弯曲、弯折破坏同轴结构和损伤内部导体。特氟龙电缆（见图 4）的外护套层的特氟龙材料大多为透明或半透明型，能直接看到致密的同轴电缆屏蔽编织层，颇为养眼。特氟龙护套最主要的作用是耐高温，对电缆的高频传输特性没有影响，而且特氟龙护套还比较硬，较粗的特氟龙电缆硬度较高，直接影响手感。有些标号的特氟龙电缆工作频率高、损耗小，常被用作一些仪器高频传输跳线，但正规矢量网络分析仪的专用测试电缆则较少使用，可能是由于整体较硬的缘故吧。

射频连接器

射频连接器是用于连接设备器件射频通路的组件，常见的有电缆连接器和转接器（见图 5）。转接器用以匹配不同规格射频器件接口。

配置射频连接器，主要技术参数看接口类型、最高工作频率、产品材质、外观造型。高品质、高性能的连接器价格不菲。

常用的射频接口有 N、SMA、BNC、TNC、DIN、M 型，每种都有公头和母头之分。路由器多数使用 RP-SMA 和 TNC，微波领域多使用 SMA、3.5mm、2.92mm、2.4mm、1.85mm。SMA/3.5mm/2.92mm 是早期由不同公司提出的微波连接器标准，3.5mm/2.92mm 是连接器外导体的内径尺寸。SMA/3.5mm/2.92mm 接口是兼容的，可直接相互连接，但与更小的 2.4mm/1.85mm 连接器不兼容，不能直接连接。虽然 SMA/3.5mm/2.92mm 接口可直接相互连接，但具体的性能规格不同。理论最高工作频率 SMA<3.5mm<2.92mm，SMA 接口理论最高工作频率为 18GHz 左右，3.5mm 接口理论最高工作频率可到 33GHz。3.5mm 连接器的外导体比 SMA 标准厚实机械强度也更高，被很多实验室用户青睐。区别 SMA 与 3.5mm/2.92mm 连接器主要看连接器同轴介质，SMA 采用实芯介质，材料通常是聚四氟乙烯（看上去中芯与外壳间有白色实体填充物），3.5mm/2.92mm 连接器是空气介质（看上去中芯与外壳间是悬空的）（见图 6）。3.5mm 与 2.92mm 连接器的区别就看内径尺寸了。

射频连接器外壳材质主要有黄铜和不锈钢。黄铜材质由于自身导电性好且较软，加工相对容易，所以历来应用广泛，从实验室用户到工程用户都大量使用。不锈钢材质自身坚硬、不易变形且寿命长，但加工相对要求较高，价格也高，主要是具有高要求的实验室用户所使用。射频连接器理论上有使用次数寿命之说，较少的组件机械形变确保射频连接器性能，实际上由于使用成本，很少有用户去关注。射频连接器连接螺纹规格有公制和英制，两者不兼容，我国现在的主流产品都是使用公制规格。

射频连接器内芯一般使用弹性佳、抗形变好的锡磷青铜材质制作。芯线与屏蔽层之间的填充物多用耐高温的聚四氟乙烯或空气介质。

日常使用中，影响成品射频连接器性能的主要是接触面表面氧化和机械形变。早期射频连接器为了增加导电性，大量使用镀银

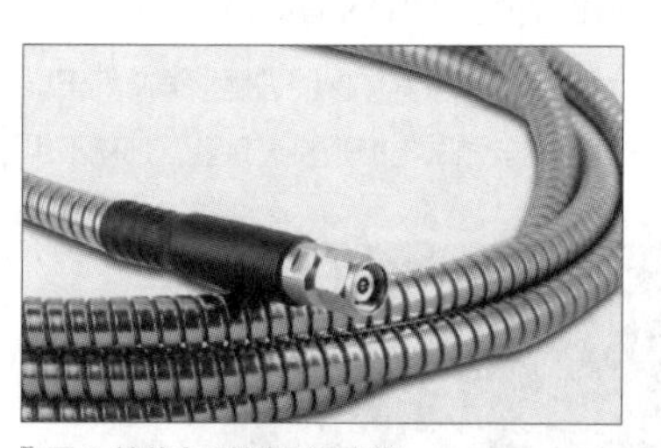
图 3 铠装金属护套测试电缆

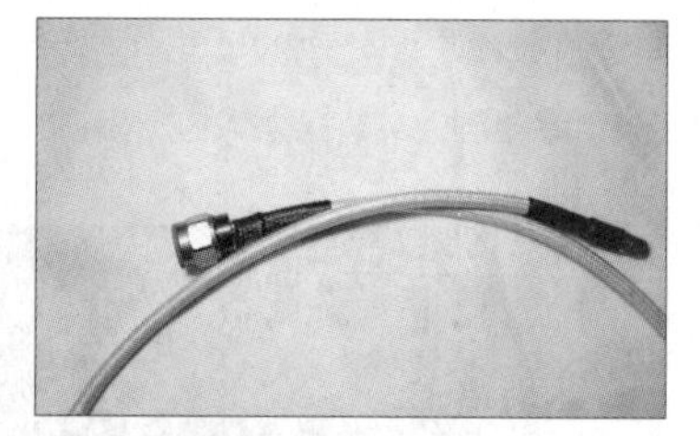
图 4 特氟龙电缆

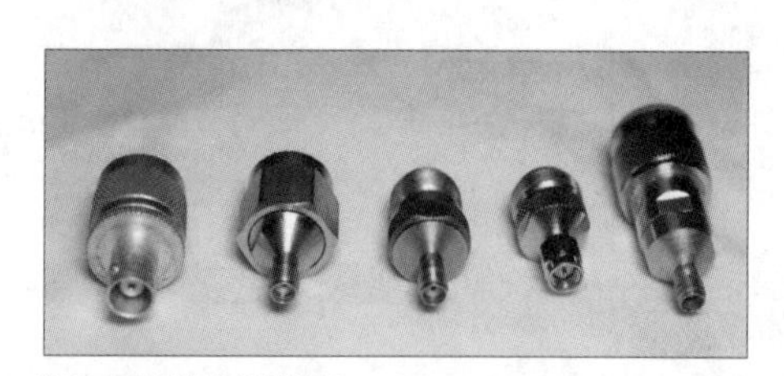
图 5 形形色色的转接器

图 6 SMA（左）接口与 3.5mm（右）接口

工艺，但金属银易于氧化，尤其是在潮湿空气环境中，银氧化后呈黑色肉眼易于发现。现在射频连接器外壳一般采用镀镍工艺，内部芯线镀金。一些小体积的射频连接器和高品质的连接器采用全身镀金的工艺（见图7）。虽然黄金的导电性比不上银的导电性，但其稳定性和抗氧化性能较好，是目前器件接口抗氧化的首选方案。在实际制造工艺中，黄金镀层的厚度有所不同，成本也有所不同。不锈钢外壳的射频连接器由于采用不锈钢材质，其自身的抗氧化能力较好，加之不锈钢镀金工艺复杂且镀金牢固度较难保证，所以一般不锈钢射频连接器外壳表面不采用镀金工艺。

用于电缆制作的连接器有焊接型、免焊型、压接型。焊接型是最传统的架构，芯线和屏蔽层外壳都通过锡焊料焊接，具有结构简单的优点，缺点是焊接操作不当容易影响接头的同轴性、损坏填充介质或形成假焊。焊接型连接器依然大量用于工程应用。免焊型连接器电缆屏蔽层与连接器外壳采用压接结构，避免了烙铁高温对电缆造成的影响。压接型连接器使用专门的压接器件，不容易破坏电缆的同轴性，同时具有较高的生产效率，不过压接需要专门的工具。压接型连接器为大部分实验室高性能测试电缆所采用，亦用于工程应用。

实际选用射频连接器，工作频率在3GHz以下时，几元一个的优质产品大都能胜任。工作频率在6GHz以上，尤其在20GHz以上时，高品质的大牌产品性能更有保证。手头有矢量网络分析仪的用户可自行检测射频连接器的性能。

图7 连接器镀金工艺

小工具

矢量网络分析仪在实际测量中需连接测试电缆与被测器件，完美完成电缆连接需要小工具帮忙，那就是扭矩扳手（见图8）。扳手在一些狭小空间的操作非常有用，有时锁得太紧的连接帽也可用扳手松开，比使用尖嘴钳更方便、稳妥。扭矩扳手的作用主要有两个，一个是卡住连接器的连接帽，方便转动；另一个是保证连接器的连接帽拧紧且不会过紧。大部分扭矩扳手的扭矩设置为1N（有的扳手扭矩在一定范围内可自行调节）。实验室常为SMA/3.5mm/2.92mm连接器配备8mm扳手，为N型连接器配备20mm扳手。产品方面，大牌的HUBER+SUHNER和Rosenberger的扳手较贵，对于一般用途，百元左右的国产产品一样好用。扭矩扳手较贵，要求不高的用户可考虑便宜的对应规格的普通扳手，但普通扳手不具备扭矩限定功能。

无感螺丝刀用于实时调节可调电感/电容/电阻（见图9）。由于其自身采用非金属的高绝缘无感无磁材质，所以工具接近高频电路不易产生感应影响，是调校高频电路的理想工具。现代无感螺丝刀主要使用氧化锆、陶瓷制成，具有很高的硬度，其硬度不输于金属螺丝刀，但仍然较脆，高扭力工作时容易崩断，只适合精密调节使用。

高频器件中可调元器件调节到位后，可用高频蜡或火漆加以固定，防止使用和运输中震动使工作点偏移。在业余条件下，如果工作频率不太高，可以使用化妆用的指甲油代替高频蜡或者火漆。

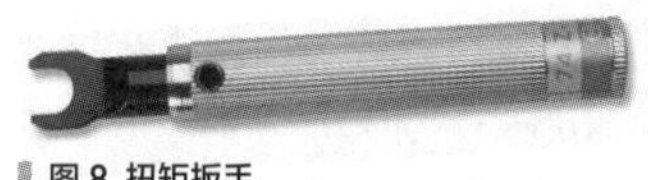

图8 扭矩扳手

图9 无感螺丝刀

矢量网络分析仪的操作系统

现代矢量网络分析仪软件部分大多是PC平台加上专用硬件控制软件，硬件方面是标准PC架构加上网络分析仪的专用板卡。不同时期出品的仪器会搭载当时主流的PC平台，包括硬件（CPU、内存、南北桥芯片）和软件（Windows版本）。国际大牌的仪器更新速度比较慢，一个型号往往会卖上一二十年，在此期间产品并不是一成不变的，一些配置会与时俱进，软件和硬件都会不断升级。近几年矢量网络分析仪的PC大多搭配Windows 10操作系统。搭配何种操作系统对矢量网络分析仪基础性能和基本功能影响不大，但搭配处理能力强的CPU会提升数据处理速度和减少扫描时间，同时不同操作系统反映出仪器出品的年代。实际上，有的新应用软件和选件需要较高的PC配置才能完美运行。例如经典的安捷伦/是德科技E5071C就有Windows XP、Windows 7、Windows 10不同的PC操作系统，配置的CPU有Celeron M 320（1.3 GHz）、Celeron M440（1.86 GHz）、Core i7 E610（2.53 GHz），测量反应速度不同。选购二手机的时候，不同配置、不同机龄、不同选件会使价格差异不小。

贵重测量附件的存放

矢量网络分析仪有些附件如校准件、高档转接头、高档测试电缆价格不菲，良好的存储条件能确保这些器件保持性能。射频接口最忌潮湿和氧化，所以应存放于干燥的环境中。最基本的，要将这些器件的射频端口都套上保护胶套，包括矢量网络分析仪的射频端口也套上保护胶套（见图10）。胶套能隔绝一些环境的湿气，而且价格不贵，很多产品出厂时商家都会使用。贵重器件建议放置在防潮盒中，注意防潮盒中的吸潮剂应处于有效吸湿状态（见图 11）。反复使用的硅吸潮颗粒需定期加热去潮，恢复其吸潮性能。加热可用微波炉、烘箱等加热设备，吸潮颗粒状态可通过变色指示颗粒判断。带加热去潮功能的除湿卡循环使用会比较方便。业余条件下利用照相机和镜头的收纳干燥箱也是个不错的办法，有电子除湿干燥箱更好。成本再低一点，可以使用有密封条的塑料饭盒配合吸潮剂创建存放空间，同样可以达到干燥和密闭。

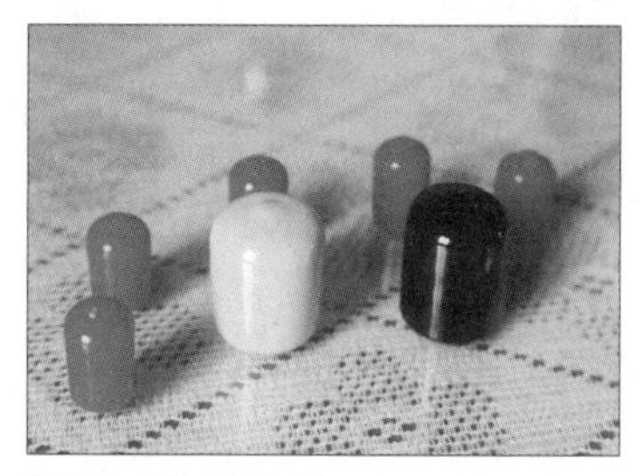

图 10 连接器保护胶套

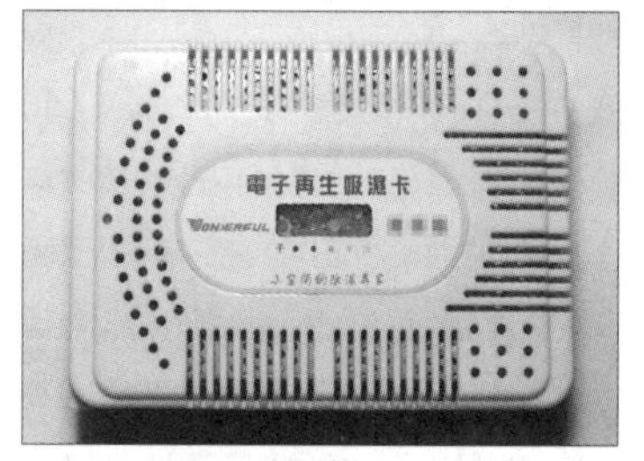

图 11 反复使用的吸潮剂

矢量网络分析仪测量体验

对于初学者来说，主要学习实践的是矢量网络分析仪双端口网络的传输测量和史密斯圆图。初学者可能手头没有足够的实际被测器件样品来实践体验。初学者可以通过 RF Demo KIT 体验套件（见图 12）来实践矢量网络分析仪各种典型测量，在矢量网络分析仪上看到真实典型测量的图形。RF Demo KIT 以印制电路板集成的形式提供了典型滤波器（高通、低通、带阻、带通）、衰减器、LCR 电路、各种负载（开路、短路、50Ω、75Ω、33Ω）电路，对于矢量网络分析仪测量教学或自学体验都非常好用，整套实验板网购不到百元，适合学习各种档次矢量网络分析仪的测量。

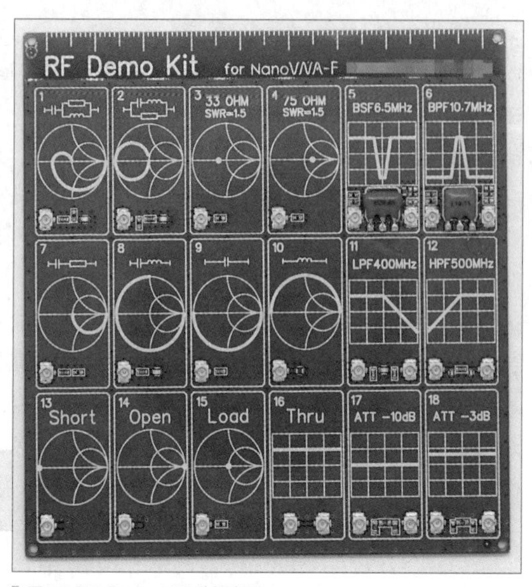

图 12 RF Demo KIT 体验套件

北京新亚中学举办全国少年电子技师科普活动启动仪式

2021 年 12 月 3 日，“北京新亚中学全国少年电子技师科普活动”启动及授牌仪式在新亚中学成功举办。

全国少年电子技师科普活动组委会副主任周明、组委会专家组组长张军、项目主管李佳和新亚中学王亚伟校长、冯龙校长及领导班子成员出席活动。启动仪式由新亚中学田小英书记主持。

组委会副主任周明宣布组委会授牌决定并为新亚中学颁牌。专家组组长张军对此次全国少年电子技师科普活动内容进行了简要介绍。周明副主任代表组委会为新亚中学捐赠科普读物，周明副主任和项目主管李佳为新亚中学科学老师颁发导师证。

最后，新亚中学学生代表发言，学生代表在发言中表达了对组委会的感谢，同时感谢新亚学校为他们的成长又一次开辟了新道路，并表示未来将在导师的引导下，认真学习电子科技，成为一名合格的“少年电子技师”，为实现中国梦做出自己的贡献！

热成像仪的那些事儿（上）

杨法（BD4AAF）

热成像仪是一种利用物体发出的红外辐射能量构成图像的仪器。热成像仪（见图 1）的成像特性与常见的可见光成像特性不同，热成像仪成像不需要可见光照射，就能一定程度地穿透薄雾、薄云、烟雾、植被等进行成像，所以很多年前热成像仪就被广泛应用于军事领域和科研遥测领域。在过去的 10 年间，非制冷型热成像探测器技术获得突破，热成像产品小型化且功耗大大降低，成本也大幅下降，使之具备了商用条件。如今，无接触人体测温需求的剧增，极大地刺激了热成像仪在民用市场中的需求量。国内诸多厂商增加投入和研发力度，短时间内，热成像探测器技术和热成像产品都有了迅猛发展，市场上入门级热成像仪的性能不断提升，配置不断增多，价格却在不断下降。对于无线电、电子爱好者，热成像仪是新概念检测和测量工具，且价格已不再“高高在上”，是时候拥有新工具，体验新科技啦！

用途多样的热成像仪

热成像仪早期用于军事，主要作为目标探测和侦察的一种光电手段，也是夜视设备的一种类型。热成像仪进入民用市场后，其在遥感测绘、安保监控、电气巡查、电子线路检测、体温非接触筛查等方面的应用越来越多。对于无线电、电子爱好者，热成像仪可用于非接触性的电路板和电器的温度探测（见图 2）。热成像仪还可以用于检测地暖、空调是否正常工作，甚至水管是否漏水。对个人来说，用热成像仪搜寻林间和草丛中的小动物，夜间体验夜视效果，探索热辐射的世界也充满着无限乐趣。

在一些影视作品中，有很多夸大热成像仪性能的场景，例如，热成像仪可以轻易穿透墙壁，对衣着有神奇的透视效果，甚至还有超级夜视效果。实际上，热成像仪的“透视”和“夜视”效果并不强大，即便是薄薄的玻璃窗，也能对热像造成极大的影响，它对衣物的透视效果也仅限单薄的衣物，夜视效果的局限性也较大。大部分军用夜视仪依然采用微光放大技术，主要使用的是光电倍增管而不是红外探测成像器件。

热成像仪工作原理

热成像仪利用探测物体发出的红外线，进而根据温差构成图像。热成像仪由传感器和镜头组成，与普通摄像头的结构类似，只是普通摄像头利用物体反射的可见光成像，而热成像仪利用物体自身发射的红外光谱成像，两者的光谱波长不一样。理论上非绝对零度（-273.15℃）的物体都会对外辐射电磁波，其中就包括红外线，热成像仪就是利用电子传感器探测特定波段的红外线能量并利用温度差构建热像图。热成像仪的温度分辨力可达百分之几开尔文。

热成像仪的探测器主要工作在远红外波段（波长为 6 ~ 15μm）或中红外波段（波长为 3 ~ 6μm），上述两个频段，大气几乎不吸收红外能量，堪称“大气窗口”。目前市场上主流的商用产品通过探测 8 ~ 14μm 红外光谱成像。

热成像仪的核心器件——探测器

热成像仪的核心器件是探测器，即微测辐射热计，主要功能是将红外辐射转换为电信号，主流小型产品都是基于非制冷红外焦平面探测器。用户最关心的热成像分辨率，就是基于该器件的参数。探测器的主流实现技术有多晶硅材料技术和氧化钒材料技术，两者各有优点。探测器像元的大小和制造工艺有关，常见的像元大小有 35μm、25μm、17μm、12μm，

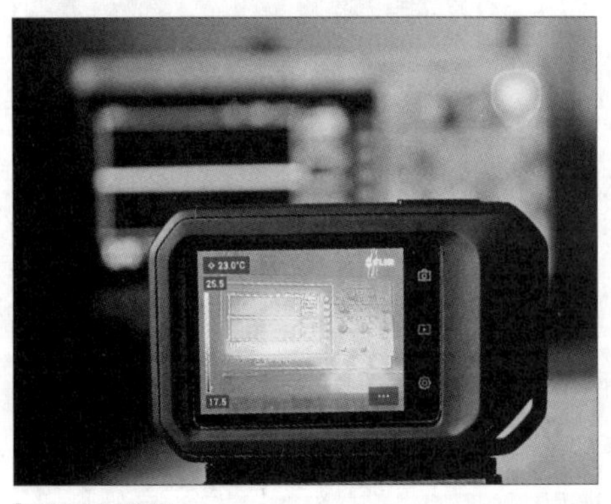

图 1 热成像仪

图 2 热成像仪无接触测量对讲机的工作温度分布

理论上像元越小，成像的质量越好。

多晶硅探测器出现得较早、工艺成熟、探测能力强、一致性高，且高/低温特性好，以现有工艺比较容易制造出高分辨率的产品。相比氧化钒探测器，多晶硅探测器在测温应用上具有一定优势。多晶硅探测器的成像质量和成像锐度不及氧化钒探测器，实际产品需要用更优秀的成像算法来补偿。业内生产多晶硅探测器最有名的厂家是法国的 ULIS。

氧化钒探测器属于比较新的产品，具有成像效果好、锐度高、层次感强的优点，并且抗过载性能好，热灵敏度也高于多晶硅探测器。高性能氧化钒探测器的制造技术要求较高，市场上不同厂家的氧化钒探测器性能差异明显。业内生产氧化钒探测器最有名的厂家是美国 FLIR。

我国的热成像探测器制造能力发展迅速，多晶硅材料技术和氧化钒材料技术齐头并进。不少厂家高起点主攻高分辨率、小像元的探测器。现在很多国产入门级的热成像仪都用上了高性价比的国产探测器，入门级产品大多以 160 像素 ×120 像素分辨率起步，进阶产品的分辨率为 256 像素 ×192 像素，并向 384 像素 ×288 像素分辨率发展。高端的国产多晶硅器件已可以生产 1024 像素 ×768 像素分辨率甚至 1920 像素 ×1080 像素分辨率的产品。

热成像仪成像与显示

热像图的成像和显示效果与探测器分辨率、探测器性能、图像处理算法、多光谱融合加强技术有关。高性能的热成像仪探测器性能是关键，后期软件也很重要。大牌厂家在图像算法方面都有自己的“秘籍”，包括降噪算法、图像增强算法、非均匀性校正、各种补偿机制等，选购专业厂家的产品不仅质量可靠，综合性能也更有保证。国外大厂的一些产品，探测器的硬件分辨率不高，但成像效果依然上佳，主要靠的就是图像处理软件的算法。

热成像仪有多种色彩显示方式，通常彩色图像比较讨人喜欢（见图 3）。主流商用热成像仪提供多种彩色和黑白显示模式。在实际应用中，彩色图像会出现天空效应等问题，在专业应用中，有时黑白图像更为实用（见图 4），如 FLIR 的 K 系列消防用热成像仪就只有黑白显示模式。

热成像仪的成像分辨率一般不高，所以并不需要高分辨率的显示屏，显示屏的大小主要和用户体验有关，大一点、广视角的显示屏，用户的观感会更好。热成像仪显示屏的尺寸为 2.4~5 英寸，通常档次较高的产品会搭配较大的显示屏。需要注意的是，大屏幕并不代表高分辨率。有的热成像仪配置有触摸屏，操作会更直观。由于显示屏不是技术重点，所以在显示屏的规格中，很多热成像仪除大小外不提供其他信息。

热成像与可见光融合成像是一个增强显示图像的好方案，可弥补热成像分辨率低、被拍摄物体边缘线条模糊和细节丢失的问题（见图 5），适当的融合可大大增强物体识别率，改善图像显示效果，但须有一定照度的可见光照射（见图 6）。对于此技术，各家都有自己的名称，如 MSX（FLIR）、IR-Fusion（FLUKE）、多光谱成像等。如此一来，在设备方面，除了一套热成像系统外，还需要一套可见光摄像头，好在可见光摄像头比较便宜，技术重点在图像融合软件处理算法。由于热成像本身分辨率低，所以搭配的可见光摄像头分辨率不用很高。中低端的热成像仪都是定焦机型，所以在理想焦段以外（如超近距离）会出现融合图像重影的问题，一般需要手动设置焦距进行补偿。目前，进阶级以上的热成像产品配置有可见光融合成像功能。判断热像仪是否具有此功能，只要观察设备上是否配备有可见光摄像头即可（如手机背面摄像头一样的摄像头，见图 7）。

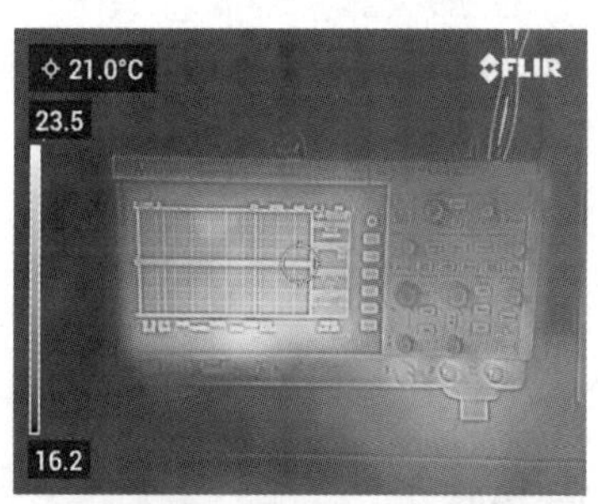

图 3 彩色“铁红”热像图

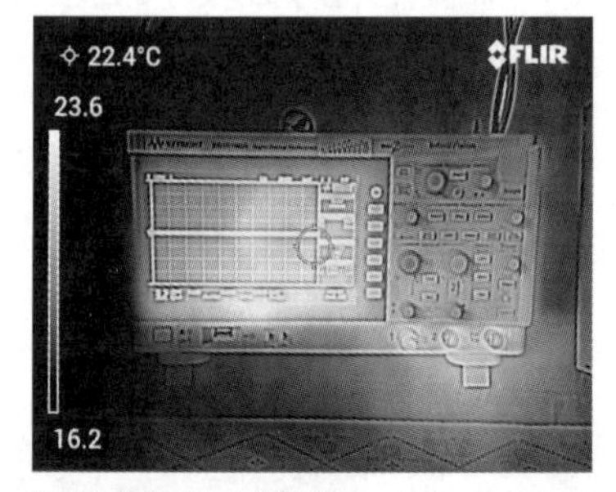

图 4 黑白“白热”热像图

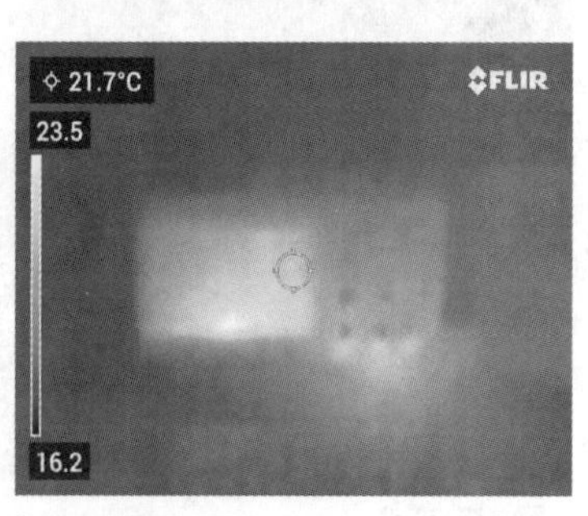

图 5 普通热像图

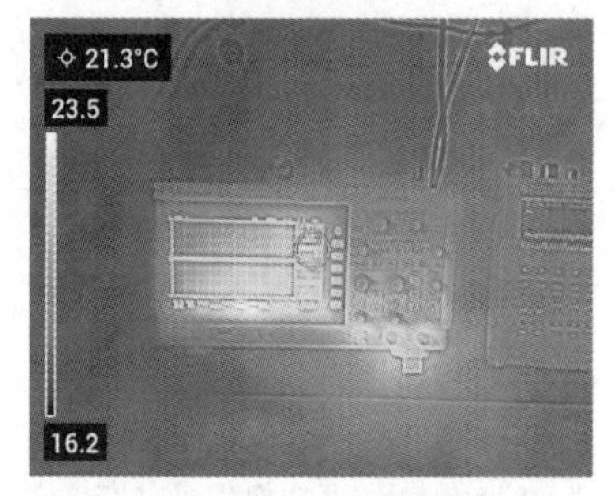

图 6 可见光融合热像图，细节明显增加

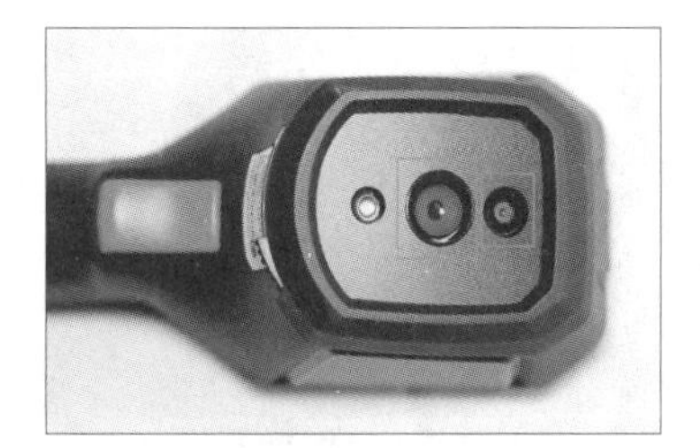

图 7 红外和可见光双镜头

热成像仪镜头和焦距

热成像仪的成像光路和可见光摄像机一样，主要由探测器（传感器）和镜头组成。探测器决定热成像仪的原始热像分辨率，镜头决定热成像仪的焦距和视角。入门级的热成像仪采用成本较低的定焦镜头，美其名曰“免调焦设计”。有些中高档的产品会配置可调焦镜头、自动对焦镜头、可替换定焦镜头单元，在镜头的对焦范围内可得到更好的图像清晰度，实现原理和照相机镜头成像是一样的。焦距越大，越适合观测远处景物，通常焦距越大，视场角越小。

热成像仪通过探测物体的红外光谱成像，但红外线穿透常见的普通玻璃时，衰减极大，这也就是上文提到的薄薄的玻璃窗就能极大地阻挡热成像，所以热成像仪的镜头透镜不能使用普通可见光摄像机所用的产品。热成像仪通常使用锗玻璃镜头，锗玻璃在 2 ~ 16μm 波段有好的透光性，同时化学性质也比较稳定，暴露在空气和水汽中不容易引起反应。锗玻璃镜头在可见光谱下看上去不“透明”（见图 8），但它对红外线“透明”。实际应用中，热成像仪所用的锗玻璃镜头还要做镀膜处理，用以减少反射、提高透光性。物以稀为贵，锗玻璃镜头价格要比普通玻璃镜头贵得多。

本文我们讲述了用途多样的热成像仪、热成像的工作原理、热成像仪的核心部件、热成像仪成像与显示、热成像仪镜头和焦距，更多关于热成像仪的事儿，后续内容再见分晓。

图 8 可见光下看似不透明的锗镜头

磁性软体机器人制造法

中国科学院的研究人员发明了一种新的技术，用于制造形状可编程的磁性软体机器人。这项技术使研究人员能够基于磁像素创造出一种新的机器人，并通过改变机器人的形状来完成各种动作或任务。

这种方法背后的关键原理是将用于制造机器人的磁性粒子包裹在相变材料中。机器人由磁性像素、含有液态金属和钕磁铁的粒子和硅制成的弹性矩阵组成。研究人员使用一种被称为激光辅助加热的方法，对每个磁像素分别磁化。

只需要将磁性软体机器人切换到“刚体”模式，就可以让其保持固定的形状。磁性软体机器人具有一定的“智能”，因此大大增加了其执行任务的范围。

未来，磁编码技术可用于制造磁性软体机器人，研究人员用它创造了几个基于折纸结构的磁性软体机器人。这些机器人可以应用在环境监测、药物运输和体内取样等工作中。

小型人工智能机器人学习独自探索海洋

船只是收集海洋信息的主要方式，但频繁使用代价比较高昂。被称为“Argo 浮标”的机器人可以随着洋流漂流，在约 1.9km 深处潜水进行各种测量。而加州理工学院实验室的新型水上机器人 CARL-Bot 可以在更深处漫游，承担更多的水下任务。

CARL-Bot，一个手掌大小的水上机器人，看起来像药丸胶囊和小飞象章鱼的杂交体，有可以让其四处游动的电机，保持直立的质量，检测压力、深度、加速度和方向的传感器。用户可以远程控制 CARL-Bot，但要真正到达海洋的最深处，就需要让它学会独自在浩瀚的海洋中航行。计算机科学家 Petros Koumoutsakos 为 CARL-Bot 开发了人工智能算法，可以让 CARL-Bot 根据当前环境定位自己。

CARL-Bot 可以在漂流中调整路线，绕过汹涌的水流，到达目的地。它也可以使用锂离子电池的“最小能量”让自己停留在指定位置。

热成像仪的那些事儿（下）

杨法（BD4AAF）

前文我们介绍了热成像仪的工作原理、核心器件和成像等内容，本文，我们继续了解热成像仪的其他方面。

热成像仪的帧频与挡板

热成像仪产品输出视频规格，我们把每秒刷新的帧数称为帧频，单位为赫兹（Hz）。帧频的大小关系到视频的流畅度，一般影视剧的帧频为25~30Hz，这样人眼能感受到连续度较好的动态画面。实际上，如果将帧频提高到60Hz，人眼在看高动态画面时会有更好的体验，如今在显示领域流行的"高刷"（高刷新率）也是基于这个概念。低端的热成像仪产品的帧频大多是9Hz，用以观看静态事物没有问题，但观看动态事物就会出现拖影、模糊的现象。如果热成像仪产品的帧频能达到25Hz，就可以提供较好的动态观看效果，如果帧频提高到60Hz，则效果更为理想。中高端的热成像仪产品不仅分辨率高，而且帧频也普遍达到了60Hz，如FLIR公司为消防应用设计的K系列手持热成像仪的帧频就达到了60Hz。在电子领域和水电工程领域，若用于观察静态事物，如检查地暖、空调、管道、配线板、电路板等，帧频为9Hz的热成像仪就够用了；如果用于道路监控、安防、搜索侦查等需要较高动态画面的场景，那么帧频在25Hz以上效果较好。

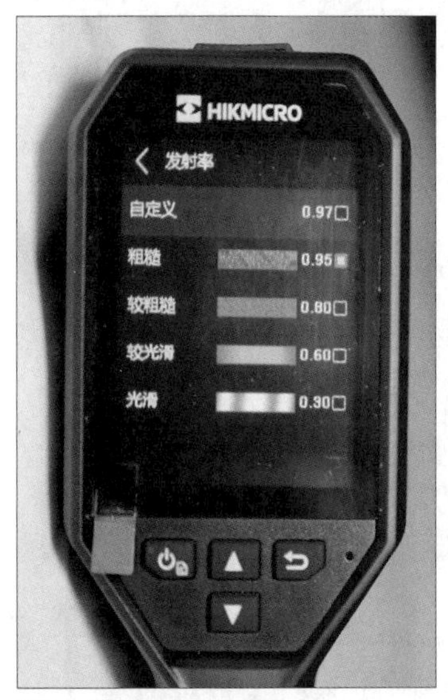

图1 热像仪发射率的设置

用户在使用一些热成像仪，尤其是低端产品时，时常能听到"咔嗒、咔嗒"的声音，实际上这是热成像仪内部用于校准的挡板在机械工作。通过挡板校准是热成像仪的一种架构方案，这种方案的缺点是会短暂停止热成像仪的工作，大概率会影响热像画面的连续性，可能对于低帧频的显示画面并不明显，但高帧频的显示画面则会出现明显停顿。中高级的热成像仪会采用无挡板的架构制造，不会影响热像画面输出的连续性。

热成像仪的测温准确度

热成像仪作为温度测量仪器，用户普遍关心的是其测量温度的准确性。热成像仪的测温是非接触性的红外线探测，主要探测被测物体表面的红外线辐射能量并与温度建立联系，与传统接触性热量传导的温度测量方法不同。热成像仪有较大的测温范围和很高的温度测量分辨率。

在使用热成像仪测量温度时，很多用户发现其测量结果与水银温度计的参考数值差异较大，从而质疑热成像仪的测温性能。实际上，出现这种现象的原因主要是不同物体表面辐射能量的发射率不同，热成像仪的自身设置中就有发射率参数设置（见图1）。发射率是指物体表面辐射出的能量与相同温度的黑体辐射能量的比率。受本体材质、表面粗糙程度、几何形状、辐射波长等因素的影响，不同物质在相同温度下对外辐射的能量会有所不同，也就是发射率不同。另外，物体表面反射的周边红外光谱能量也会干扰热成像。如果热成像仪要精确测量温度，则必须准确设置被测物体的发射率且被测物体不能强烈反射周围红外光谱能量。举个例子，如果用户将热成像仪正对一面镜子，就可以在热像仪上看到镜子中自己的人体热像图，但人体的温度明显高于镜子表面温度，此时热成像仪测得的温度就不是镜子表面准确的温度，人也没有真正物理意义上融合到镜子表面，因为镜子不仅反射可见光，也反射红外线，干扰了热成像仪的红外光谱探测。

想要热成像仪精确测量温度，就需要准确设置被测物体的发射率和反射温度。大多数所谓的专用热成像仪的测量优化实质上就是发射率、反射温度、修正数值的精细设定。大部分热成像仪有设置发射率的功能，很多产品的说明书和软件中还给出了常见物体表面发射率的参考数值。

如果用户要对特定物体的表面进行精确测温，可先通过可靠的接触性测温方法得到实际温度，然后调节热成像仪的发射率参数，再利用热成像仪定向测量，这样所得温度的准确度将大大提高。有的被测物体表面温度不是很高，但反射性强（如光滑的金属）、发射率低，直接用热成像仪测量误差较大，那么用户可以在被测物体上贴绝缘电工胶带，通过测量高发射率的绝缘电工胶带的表面温度，间接获得被测物体的表面温度。另外，很多低端的热成像仪没有反射温度这项设置，那就应该避免在高反射被测物体周围存在高热量的红外辐射源。

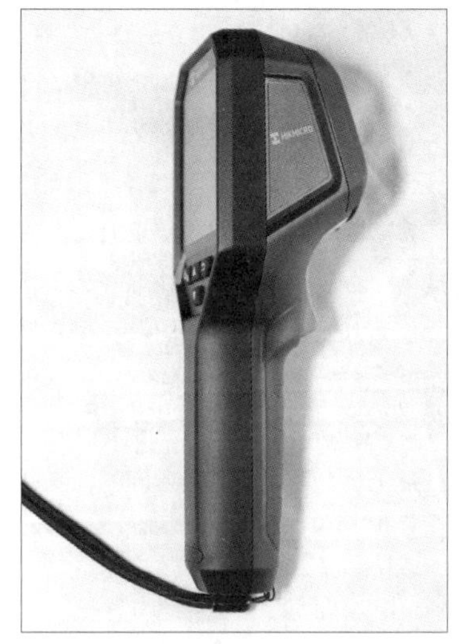

图 2 握把型热成像仪

图 3 卡片相机型热成像仪

热成像仪的外观形式

热成像仪的外形多样且各有优点，常见的有握把型、卡片相机型、手机摄像头型、单筒望远镜型、CCTV 摄像头型。

握把型（见图 2）是手持热成像仪最传统也是最多见的外形，握把型热成像仪来源于工业用手持测温热成像仪，优点是握持性好，内部空间大，适合复杂光学镜头系统的安装和以 18650 为代表的高容量、长寿命锂电池的集成。卡片相机型热成像仪（见图 3）的优点是机身薄，携带方便，是真正的口袋机，适合搭配较大的显示屏，包括触摸屏。手机摄像头型热成像仪（见图 4）的优点是体积小，可利用手机作为显示界面，适合非工业用户体验热成像高科技。单筒望远镜型热成像仪（见图 5）通常用于远距离观测，相关产品如狩猎型产品和枪瞄型产品。单筒望远镜型热成像仪的优点是桶身长，方便容纳长光路的光学系统，缺点是无法安装较大的显示屏，若想实现大屏显示则需要外接显示屏。CCTV 摄像头型热成像仪（见图 6）的应用场景与传统安防摄像机类似，常用于固定场合，也能临时配合三脚架用于半固定场合。这类产品大多能选配各种焦距的镜头，适合远望和广角等不同的应用场景。早期的此类摄像头以视频输出为主，现代产品普遍具备网络输出和网线供电功能。

热成像仪的扩展功能

新型热成像仪具备很多实用的扩展功能，如附表所示。

附表　新型热成像仪的扩展功能

硬件方面	软件方面
USB Type-C 接口	可见光图像与热像图比例融合显示
Mirco SD/TF 卡外部大容量扩展存储	多点测温
HDMI 直接输出	高低温自动跟踪
视频数据输出	用户自选区域测温
集成 Wi-Fi	显示画中画
网络接口	集成投屏功能
IP 访问	PC 客户端二次开发应用与数据分析

热成像仪的破解与改装

破解热成像仪主要通过修改固件，使热成像仪的性能达到更高等级和价格产品的水平，例如提升热分辨率、提升帧率、增加测量功能。完成这类破解需要特定的硬件，有些国外大牌热成像仪为了简化生产工序和减低成本，同一系列的产品全部使用同样的硬件电路和元器件，包括探测器和处理器，在产品出厂时加载不同等级的固件，限制低档型号产品的性能和功能，以达到产品分级的目的。破解就是通过修改和替换固件，使低档型号热成像仪发挥全部的硬件能力以达到高档型号产品的性能。大部分国产热成像仪不会奢侈地使用超过设计目标性能的探测器硬件，所以破解也就无从谈起。

图 4 手机摄像头型热成像仪

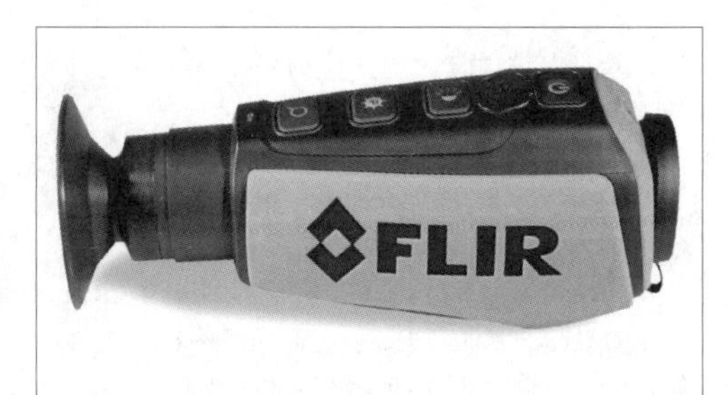

图 5 单筒望远镜型热成像仪

图 6 CCTV 摄像头型热成像仪

热成像仪的改装主要是更换镜头以改变焦距。有些发烧友通过简单替换不同焦距的锗镜头，将原本用于近距离观测的产品改装为具有远距离观测特性的产品。如有用户将 3.5mm 定焦镜头换成 8~25mm 变焦镜头，以增加热成像仪远距离观测的效果。镜头焦距的规格不是数值越大越高级，不同规格的产品可以满足不同应用的需要。改装镜头也并不是焦距越大越好，焦距越大，视角越小，视角过小的镜头实际使用起来很不方便。因此若改装 3.5mm 定焦的入门级手持机型的镜头，镜头焦距不建议大于 15mm。热成像仪的镜头改成大焦距后，远距离观测的效果会变好，但不适合观察近距离物体了。

电子爱好者的实用热成像仪

若用于电子维修、暖管测漏、电气巡查、电气点检、产品测试等常规用途，大部分价格便宜且分辨率低（80 像素 ×60 像素）的热成像仪就可以满足应用需求。在资金充裕的情况下，无线电、电子爱好者为求得更好的图像，可选择热分辨率更高的设备，目前主流入门级设备的分辨率已提升到 160 像素 ×120 像素，进阶产品的分辨率为 256 像素 ×192 像素，上档次产品的分辨率为 348 像素 ×288 像素、640 像素 ×512 像素。

看重图像效果的用户可选择氧化钒材料器件的热成像仪，这种热成像仪有成像优势。大部分情况下，支持可见光图像融合的热成像仪对成像细节和物体展现有很大的提升作用。约 3.5mm 焦距镜头的视角较广，适合近距离观测。8mm 以上的长焦镜头可以当望远镜，能够满足远距离搜索的使用场景。

多种热像图的显示模式新奇好玩，彩虹和铁红是基础配色模式，白热和黑热应用于专业场合。热成像仪的温度测量范围关系到应用场合，分段显示温度范围的机器没有宽温范围的机器好用。如果用户的应用在 150℃以上，那么就应该关注一下设备温度量程数据。热成像仪温度标尺的手动设定功能有利于画面的稳定和色彩的分布。用于户外的热成像仪的防护性能也备受关注。

近年来，国产热成像仪尤其是入门级产品和进阶级产品的发展较为迅速，应用了大量新器件和新技术，产品的成像效果也得到明显提升，国产热成像仪的性价比较高，很多产品的成像效果已不输国外大牌产品。电子产品买新不买旧，三四年前笔者花三千多元购买的国产热成像仪的成像性能已明显比不上现在的千元级产品，新款的国产大牌热成像仪是预算有限用户的首选。如果你是设备发烧友，320 像素 ×240 像素以上热分辨率、60Hz 帧频及无挡板是高端机的起步要求。在高端产品方面，国外大牌产品依然存在性能优势。

类视网膜光传感器

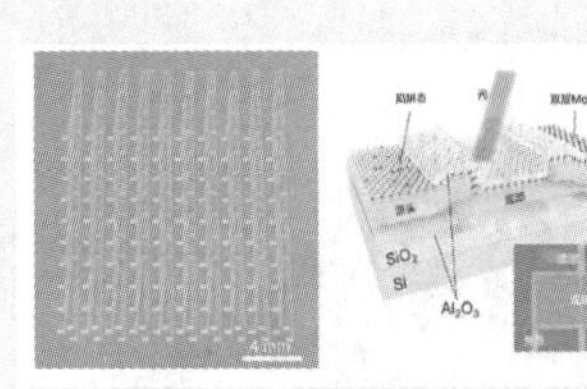

中国的香港理工大学、北京大学、复旦大学和韩国延世大学的研究人员联合研发了一款新型的仿生视觉传感器，其采用了一种人工模拟视网膜功能的机制，可在各种光照条件下采集数据。光照条件发生变化时，人眼视网膜的水平细胞会控制感光点在视锥和视杆细胞之间转换，以及光色素的产生和消失，这种能力被称为“视觉适应”。

这款仿生视觉传感器是基于一种由二硫化钼制成的光电晶体管。在二硫化钼表面，研究人员有意引入电荷陷阱态，使光信息的存储成为可能。通过调节栅极电压，陷阱态可以捕获或释放通道的电子，从而定量地动态调节器件的电导率。光线的强弱发生变化时，只需要调节栅极电压就能调整感光元件的感光范围。二硫化钼材料可以根据栅极电压的不同，对电流产生激励或抑制作用。

在实验中，研究人员分别于弱光和强光背景下映出数字“8”，再由环境光照射背景板。之后，将感光信号输入神经网络让其进行识别，识别准确度稳定在 97% 左右。

模块化智能柔性机器人关节

总部位于广东省佛山市顺德区的广东天太机器人有限公司发布了“智巧”系列关节，该系列关节集成并模块化多个涉及机器人运动的核心零件，希望让制造机器人就像“搭积木”一样。“智巧”系列关节为中空、双编码、一体化的智能柔性关节，体积小、扭矩大、精度高、通用性强。“智巧”系列关节将卓越的电机技术、驱动技术、编码器技术和减速器技术进行了高度融合，广泛应用于工业自动化、机器人、高精度设备等。

它结构紧凑、体积小巧，为机器人的设计留出了更多空间。同时，“智巧”系列关节采用 9~20mm 大中孔设计，减少多根并联电缆的扭转弯折，降低运动负载，提高工作效率。此外，摩擦抱闸式制动可以实现较小的扭矩变动，令其在异常时也可瞬间对负载进行制动，在满负载情况下也可实现零速启停。高精度双编码器可以实现全闭环精准控制，不仅可以自主记录上次运动的轨迹和定位，还可以确保零误差输出。

无线电监测接收机的那些事儿

杨法（BD4AAF）

在已经结束的2022北京冬奥会的比赛现场，我们不仅可以在场馆里看到各处张贴的无线电设备的使用提示，还可以看到手持三角形天线、抱着类似示波器、频谱分析仪设备的无线电保障工作人员。他们抱的是什么设备？下面我们就来聊一聊无线电监测接收机（见图1）。

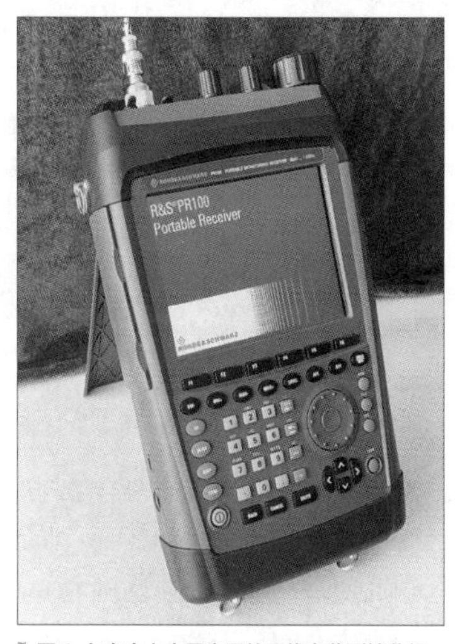

图1 冬奥会上大量应用的无线电监测接收机

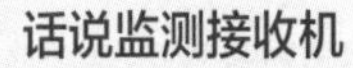

话说监测接收机

“监测接收机”一词来源于英语 Monitoring Receiver（见图2），顾名思义，这类设备主要用来接收、监视空中无线电电波信号。在民用领域，监测接收机主要用于监控、干扰无线电信号和排查非法信号、分析信号、优化无线通信网络；在安全领域，监测接收机主要用于探测和查找不明发射机，包括无线窃听器、无线摄像机、无线传感器等；在军事领域，监测接收机主要用于侦测电子信号情报。监测接收机广泛应用于无线电管理部门、广播电视技术保障部门、移动电话运营商网络优化部门、安全部门。

尽管监测接收机和收音机一样，只有接收功能，不能发射信号，但其工作频率宽泛、解调多样、性能高超、功能强大，是业余无线电爱好者心目中的“天花板”，拥有一部大牌监测接收机是很多业余无线电爱好者引以为荣的事，即便只是一部二手的早期产品。

揭秘监测接收机

监测接收机与普通收音机、通信机相比，具有接收频率广、解调/解码方式多、性能指标高、信号强度指示范围大的基本特点。高性能的频谱显示、信号多维度测量、多方式的信号记录、无线电测向附加功能则是现代监测接收机的新特点。

监测接收机为了满足当时主流的无线电使用频段监测的全覆盖、适应各种主流通信系统，设计了远大于普通收音机和通信机的工作范围，甚至大于入门配置的频谱分析仪的工作范围。以上市已有近20年依然广泛使用的德国罗德与施瓦茨PR100便携式监测接收机为例，其接收频率覆盖9kHz~7.5GHz（见图3），即使是二三十年前广泛应用的EB200的接收频率也覆盖10kHz~3GHz。

监测接收机不仅可以发现信号、接收信号，而且可以解调解码和记录信号（见图4），这也是现代监测接收机与频谱分析仪最大的区别。在模拟调制时代，监测接收机大部分能直接解调主流的各种带宽的AM、FM、Pulse、I/Q和USB、LSB、ISB、CW模拟调制模式。在数字调制时代，一些监测接收机与时俱进地提供了主流数字通信制式DMR、dPMR、PDT、TETRA、NXDN、P25、YSF、D-STAR等的数字解调和解码，并可以通

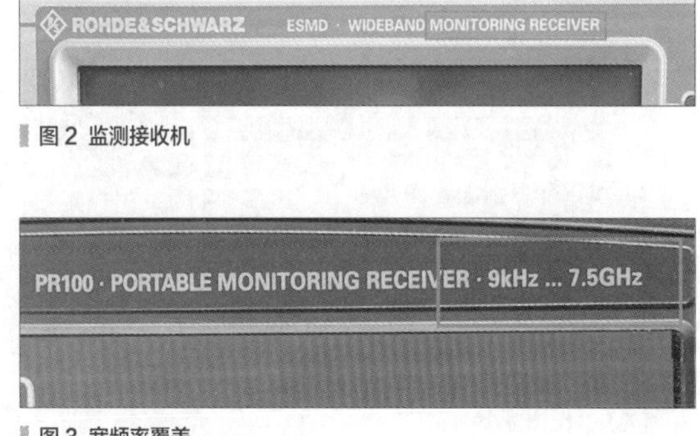

图2 监测接收机

图3 宽频率覆盖

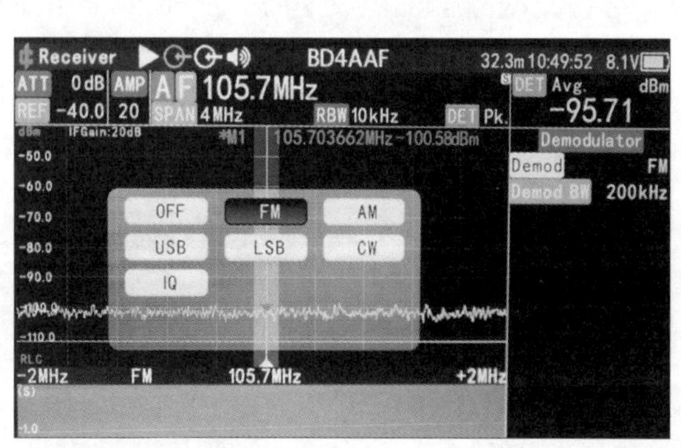

图4 支持多种调制的解调

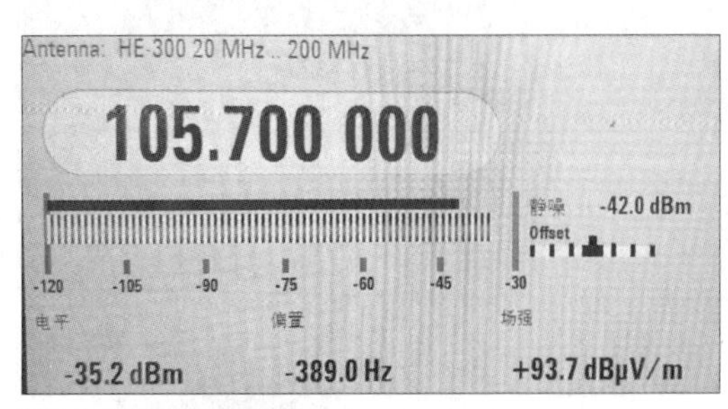

图 5 大范围信号强度测量

过 IQ 录制或输出使用第三方解码。监测接收机在数字通信网络提供强大的空中信号、信令解码功能，这是普通通信机所不具备的。以目前应用最广泛的 DMR 数字对讲机系统来说，用户对讲机只能显示对方的 ID，而在具有 DMR 解码功能的监测接收机上则可以显示主机 ID、占用时隙、彩色码、组呼 / 个呼 / 全呼组号等完整数据。在民用领域，因为商业出售的监测接收机受限于数字调制的专利，所以对数字调制直接解码功能会有所规避。

监测接收机可以在很宽的频率范围内保持高指标，有些关键指标如 IP2、IP3、频率稳定度都高于普通通信机，这些指标可以确保监测接收机不易受到相邻频率大信号的影响，要做到这点很不容易，过去往往需要复杂且高成本的电路来实现。在性能上，监测接收机并不都是“神话”，其接收灵敏度与普通通信终端相当，不会有特别高超之处。其实，实现电路时，在很宽的频率范围，保持与窄带设计的普通通信终端的接收灵敏度相当是很不容易的。

信号强度测量是监测接收机的重要功能。在实际应用中，信号强度测量应用广泛，如监视发射系统工作状况、测量天线增益、探测信号来波方向、侦测附近不明电波发射设备等。监测接收机可以提供一个很大的信号强度测量范围（见图 5），信号强度一般能达 100dB 以上，很多产品还提供额外的手动内置衰减器来提升信号强度的测量范围。现代化的监测接收机可以以数值直接显示信号强度，这也是专业之处。相对而言，普通通信机的信号强度要弱得多，大部分情况下用几条竖线或几个格子来表示，动态范围也小得多，能有 30dB 左右就很不错了，与监测接收机完全不在一个层次上，监测接收机的信号强度测量完全是仪器级的。

监测接收机的演进

第一代监测接收机（见图 6）主要是具有常规模拟调制解调和宽范围场强指示功能的宽频接收机，其主要功能是支持各种主要通信频率的信号强度测量，并致力于将设备小型化，以便用于现场测量和信号探测。监测接收机有便携式监测接收机和台式监测接收机。当时，便携式监测接收机配合手持定向天线，以全人工方式无线电测向寻找信号源开始应用，这种方式一直延续至今，只是现代设备支持更高的工作频率而已。频谱是无线电波能量分布可视化的重要方式，早期的频谱分析仪体积大、耗电高、集成成本高、技术难度大。除了大型的台式监测接收机，便携式监测接收机往往只留一个 IF 中频输出接口作为拓展用途。早期的监测接收机大部分是二次变频架构，采用中频频谱显示方式，这种理念影响了之后的好几代产品。中频频谱显示的优点是频谱显示单元电路的工作频率低，实现技术的要求和成本也比较低，技术上的变频是一个对频谱搬移的过程。早期产品对信号的记录主要是对解调的音频进行录音，当时没有半导体记录设备，主要靠磁带录音机，所以当时的监测接收机提供一个耳机或专用录音模拟音频输出口，供用户自行连接第三方录音装置。

在硬件上，第二代监测接收机（见图 7）提高了集成度和数控技术，并引入了 DSP 数字中频技术。第二代监测接收机不仅工作频率有所拓宽，功能也有所增加。通过编程定义 DSP 数字中频技术，可实现多种带宽的软滤波器，摆脱了传统昂贵的单一实体、固定带宽的中频滤波器，使接收机有更多中频选择。第二代监测接收机普遍提供了高速扫描功能，并集成了初级性能的基于扫频的频谱显示功能（功能与性能尚不能与专业频谱分析仪媲美），这些可以提高第二代监测接收机发现信号的能力。

第三代监测接收机（见图 8）在 DSP 数字中频技术的基础上，向 SDR（软件定

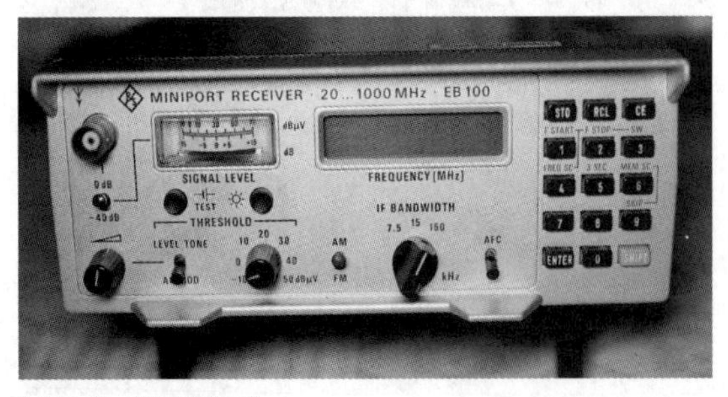

图 6 第一代监测接收机

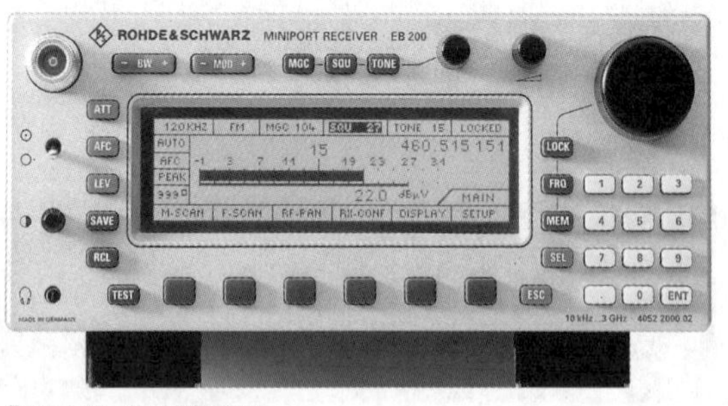

图 7 第二代监测接收机

义的无线电）发展，产品除了继续提升工作频率，还集成了以 FFT 技术为基础的高速频谱显示。第三代监测接收机普遍使用大面积彩色液晶屏来显示频谱图，使监测接收机的架构和功能有了质的飞跃。由此，监测接收机与专业频谱仪之间的距离便缩短了。在信号记录方面，监测接收机内置了数字化记录单元，记录的数据可存储在设备内部或半导体存储卡上。监测接收机不仅可以录音，还可以记录静态或动态频谱图等，最大的突破是引入了 I/Q 记录。通过 I/Q 设备能记录电波的原始信息，对于一些不明信号，可事后进行分析解码。在无线电测向功能方面，第三代监测接收机除了延续传统手持定向天线、人工比较信号强度的人工测向方式，还增加了半自动和全自动测向新功能。

第四代监测接收机更注重高性能频谱显示。为显示当时越来越多的时分脉冲无线电射频信号和宽带信号，以及应对日益增高的频率应用，第四代监测接收机除了不断提升工作频率，还普遍集成了显示速度更快、捕获能力更强的实时频谱功能，特别增强了对数字时隙信号的测量。第四代监测接收机的实时频谱对脉冲瞬时信号的显示有了飞跃性的提高，同时对数字制式信号的测量和解码提供了多样化的方案。

现代监测接收机与频谱分析仪

现代监测接收机的频谱功能越来越强，基本功能与专业的频谱分析仪越来越接近，很多产品外形也很接近，但监测接收机与频谱分析仪在产品硬件设计、操作界面、应用场景等方面还是有所区别（见图 9）。在电路的设计上，监测接收机有着较精密的前端滤波器，有利于抑制带外信号，不容易产生假信号，但不适合大频率范围显示。在设计监测接收机时，由于对电平信号的测量精度和平均底噪要求不高，所以监测接收机电平测量的准确度往往不及中高档的专业频谱仪。监测接收机的频谱功能更注重速度和方式，高速频谱显示一些瞬时信号比较有优势，瀑布图和荧光频谱对发现信号和展现瞬时信号有着明显的优势。监测接收机的解调功能比一般频谱仪强得多，支持多种制式、多种中频带宽信号的解调，尽管解调的音质通常也一般。频谱分析仪传统的 AM/FM 解调功能很简单，但效果比较差，并不是主要功能。

监测接收机价格较高，所以在实际应用中，如果只需要监测信号强度和频谱，对信号解调没有要求，很多情况下会用价格相对比较低的频谱分析仪替代监测接收机。对于现代监测接收机的频谱功能，在现场看个大致的频谱图基本没问题，如果要精确测量信号，还是专业频谱分析仪有精度优势。另外，有些频谱分析仪（信号分析仪）具有特定制式信号的测量分析软件，这是通用监测接收机所不能替代的。

便携式监测接收机与台式监测接收机

便携式监测接收机和台式监测接收机的功能类似，但应用场景不同，性能也不同。简单地说，台式监测接收机和便携式监测接收机的基本功能类似，但台式监测接收机的性能更好，用途更广。我们在冬奥会场馆看到的无线电保障工作人员抱在怀里的设备就属于便携式监测接收机，其优点是体积小、质量轻，由电池供电，方便现场高移动性使用，也是逼近式无线电测向最后 50m 的主力设备。台式监测接

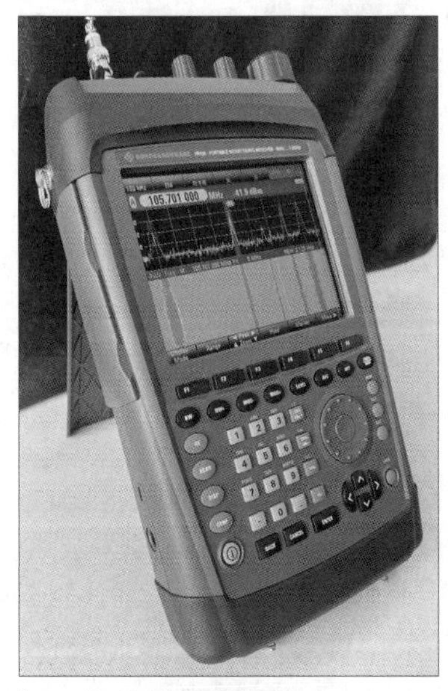

图 8 第三代便携监测接收机

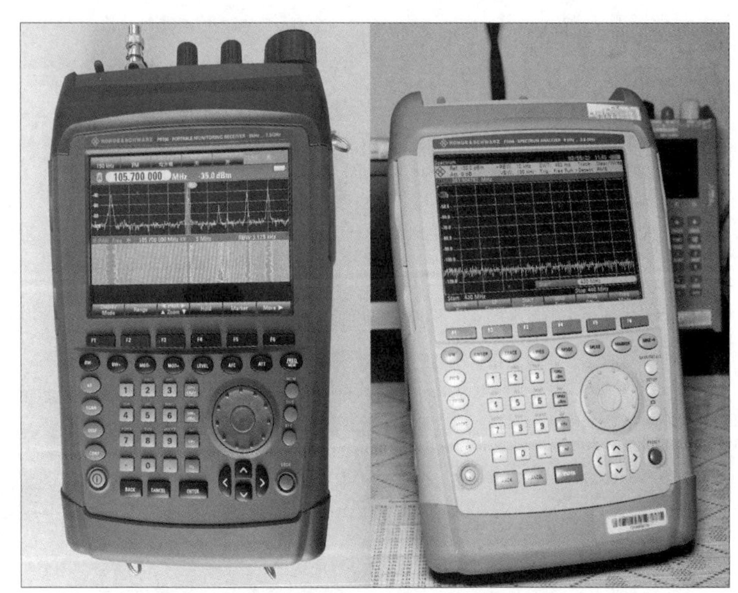

图 9 便携监测接收机（左）与手持频谱分析仪（右）

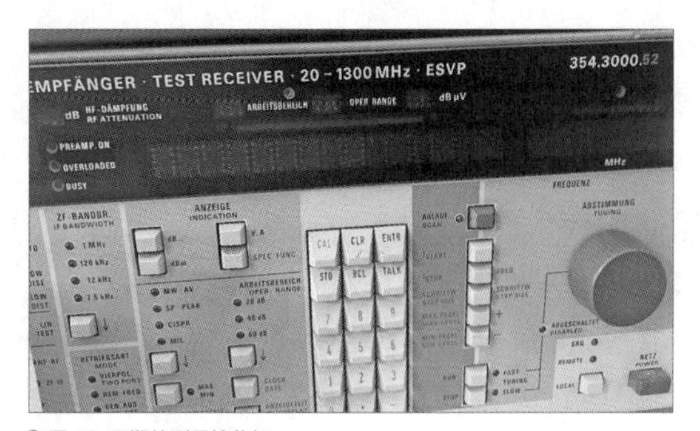

图 10 早期的测量接收机

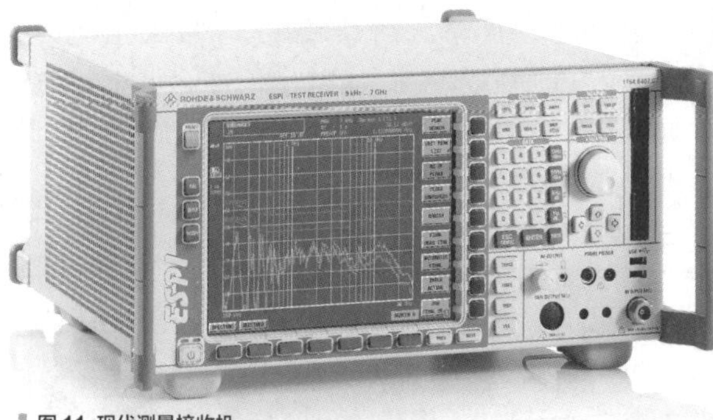

图 11 现代测量接收机

收机没有了体积、质量和供电能耗的限制，主打高性能，可以提供更高的工作频率、实时分析带宽、解调带宽、扫描速度，高性能的产品还能拦截和分析复杂的宽带雷达信号。台式监测接收机可在固定场所使用，也可以安装在车辆上，解决车辆的电源供应问题后再半固定使用。一些台式监测接收机具备自动测向功能，配合专用天线和软件就能成为一个无线电测向站。除此之外，监测接收机还有无人值守的户外安装型、机架安装型、多通道型。

监测接收机与测量接收机

监测接收机还有一个“近亲”——测量接收机，两者都具有接收测量功能，但应用领域不同。测量接收机的英文名称为 Test Receiver，早期测量接收机（见图 10）的功能以测量场强和信号强度为主，后期产品增加了频谱功能，拓展了测量项目。如今的测量接收机（见图 11）大量用于 EMI 测试。在监测接收机出现之前，很多无线电监测机构也将测量接收机用于空中无线电电波监视和测量。测量接收机向来主打高准确度测量，仪器内部机构复杂，机件精密，大部分为台式机，供实验室使用，是一种不注重高移动性的产品。监测接收机应用在对信号电平测量的准确度要求不高的场景，应用实践中更注重监测接收机的侦测、解调、解码、测向等监控功能。

监测接收机与无线电测向

监测接收机除了监控无线电信号，往往还与无线电测向应用关联。无线电测向是利用仪器探测电波的来波方向，最终找到信号源的位置。在民用领域，无线电测向广泛应用于干扰排查和追踪非法无线电信号，寻找、定位黑广播、伪基站都是无线电测向的典型应用。另外，在还没有普及应用全球定位系统时，驾驶船舶和飞机的主要导航手段之一就是通过无线电测向寻找航路，在航路上设置一个无线电发射装置，通过无线电测向指引前进的方向。

监测接收机通过天线测量信号强度，这就为无线电测向提供了基础，利用具有方向性的天线探测，最强的信号方向就是无线电信号的来波方向。通常为便携式监测接收机配上定向天线，再加上人工操作就能成为手动测向系统，功能上，监测接收机也会附加提供信号强度、音调提示等。我们在冬奥会场馆看到的无线电保障工作人员手持的三角探测器实质上是一副对数周期天线（见图 12），监测无线电信号时，其作为接收天线；判断无线电信号来源方向时，其作为测向天线。该天线具有显著的方向特性，通过人工探测，比较不同方向上信号的强弱变化判断来波方向。与监测接收机配套的天线会因为频段的不同而有所不同，图 12 所示的对数周期天线是 500MHz~7.5GHz 频段使用较多的一种天

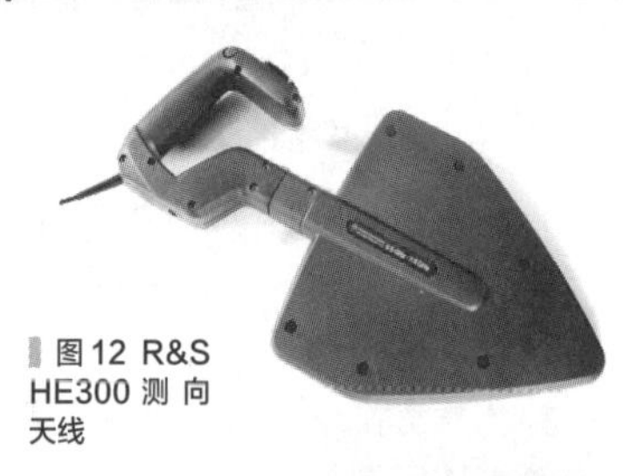

图 12 R&S HE300 测向天线

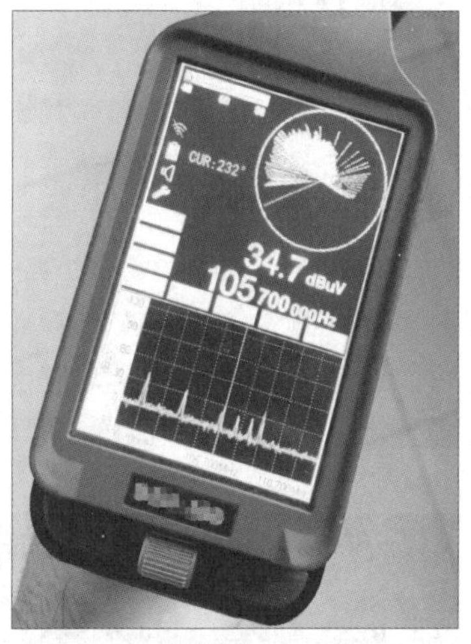

图 13 半自动测向设备

线。除了全人工测向，还有半自动测向和自动测向。半自动测向（见图 13）指的是操作者手持内置方向传感器的定向天线，将其旋转一周，仪器就会自动记录和分析转动期间信号的强度变化，并给出来波方向指示。全自动测向则是指通过测向专用天线装置，仪器采集分析信号强度、相位、到达时间等参数，给出来波方向指示或来波方向概率。在实际应用中，得到信号示向度后配合 GIS 和 GPS，可以在电子地图上给出更直观的指示。

电源那些事儿

杨法（BD4AAF）

电力是电子电路的能源基础，无线电设备都需要依托电力工作，形形色色的电源和电源电路不可或缺地出现在各类无线电设备中。小到我们身边的手机充电器，大到实验室中仪器级的电源，电源的身影无处不在，今天我们就来聊一聊关于电源的那些事儿。

常用电源的分类

在电子和无线电领域最常见的电源有恒压源和恒流源。

顾名思义，恒压源就是输出电压恒定的电源，它能在设计的输出功率范围内输出预设的电压，电压不随输出电流的变化而变化。恒压源俗称“稳压电源”，是电子产品中应用最广泛的电源（见图 1），我们的手机和笔记本电脑的充电器、无线电台的供电器、数码产品的供电适配器都属于恒压源。

恒流源就是输出电流恒定的电源，它能在设计的输出功率范围内输出预设的电流，电流不随用电电路电阻的变化而变化。恒流源多用在一些专用场合，如锂电池和蓄电池的充电器、LED 的驱动供电电路。

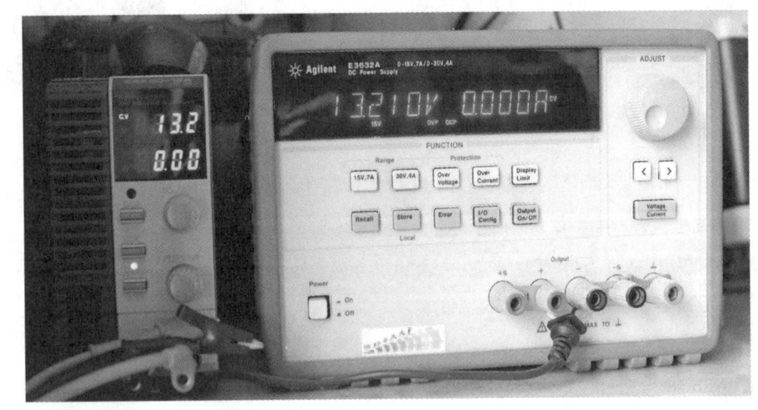

图 1 恒压源

内置电源与外置电源

电子产品的电源有内置和外置两种方式。内置电源包含电源单元，用户只需要直插市电即可（见图 2）。外置电源只集成低压电源单元，主电源单元（通常完成高低压转换和交直流电的转换）独立存在（见图 3）。在供电原理上，内置电源与外置电源没有较大差别。大体积设备大多采用内置电源，一些对体积要求严苛的超薄产品多采用外置电源，以减少产品主机的厚度，一些以电池供电为主的小功率电子产品也多采用外置电源。外置电源与用电器高低压隔离度高，安全性更好，其实很多内置电源的电子产品的内部，电源部分也是独立的电路板，甚至是一个独立模组。

电源上的重要参数

电源的重要参数有功率、电压、电流、输入电压范围（见图 4）。电源的功率代

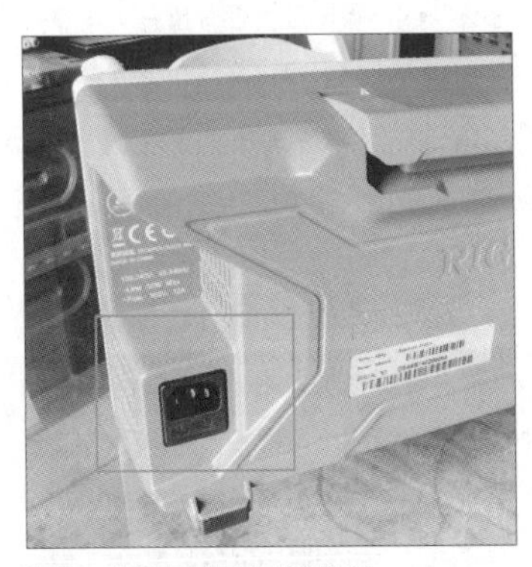
图 2 直插市电的内置电源设计

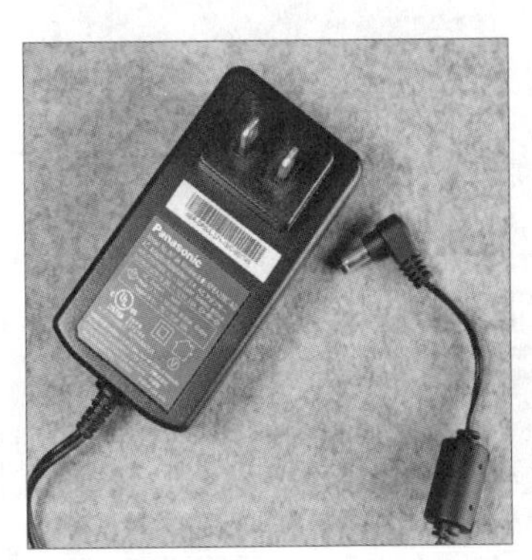
图 3 外置电源设计

图 4 电源铭牌上的重要参数

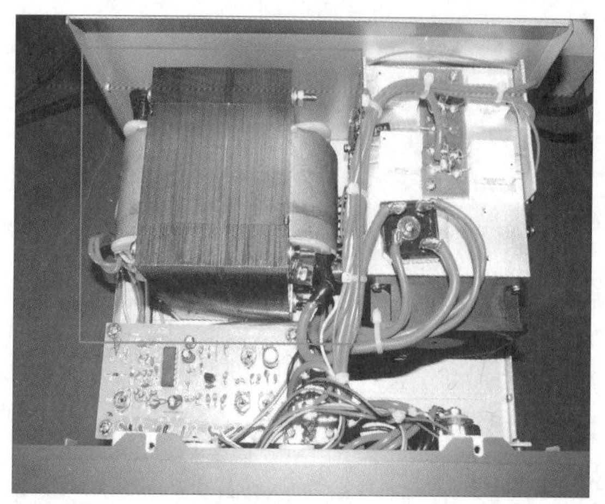

图 5 以变压器为核心部件的线性电源

图 6 开关电源的内部电路

表其安全输出最大电压、电流的能力，通常功率（P）= 电压（U）× 电流（I）。电压和电流是电源更直接的参数。以最常见的稳压电源为例，电压为额定输出的电压，有固定电压，也有可调、可设定的电压（由电源形式决定），电流为额定输出最大电流。输入电压为电源支持输入市电的电压范围，我国的市电电压标准为220V，有些国家使用110V交流电。现代主流的开关电源有不少支持100 ~ 240V宽电压输入，以适合全球不同地区的市电标准。

很多小型电子产品的外置电源是可以相互代用的，并不一定必须是原厂电源。代用的原则是：第一，需要确定电源供电的属性相同（如都是直流稳压电源）；第二，确定输出电压一致；第三，确定代用电源铭牌上标注的输出最大电流或功率不小于原电源；第四，确定电源输出接口规格与原电源相同；第五，确认代用电源支持当前使用市电的规格。如果稳压电源的最大输出电流高于原品电源的，是安全可行的，例如用一个标称12V/2A的稳压电源替代12V/1A的稳压电源。稳压电源标注的输出电流是其支持的最大输出电流，实际工作会依据用电器所需功率的大小而变化，不会提供过多的电能。

开关电源与线性电源

开关电源与线性电源是电源的两种架构形式，但两者实现的功能都是一样的。

线性电源（见图5）是早期电源的实现形式，也是一类成熟的电路，主要通过工频变压器将市电电压转换成目标电压，具有电路简单、纹波系数小、高频干扰小的优点，但大功率电源所需的变压器体积较大，质量较重，总体转换效率不高。

开关电源（见图6）是现代电源的新架构，具体实现电路在不断发展。开关电源工作在开关状态，电压变换不需要传统变压器，使用小型变压器就能实现与市电隔离，具有体积小、转换效率高的优点，但开关电源的工作频率较高，容易产生干扰纹波，不易控制。

现代主流电源都采用开关电源架构，包括大部分现代电子设备的内置电源，我们常见的手机充电器、计算机电源、小型电子设备的外置电源大部分是开关电源。电子实验室所用的现代高档实验电源大部分也是开关电源，只有一些要求极低纹波系数的电源依然采用线性电源架构。

实验室电源

实验室电源是为测试、实验、研发、生产、维修等应用场景设计的电源产品，具有广泛的适用性。我们在实验室最常见的、应用最广泛的通用电源就是可调直流

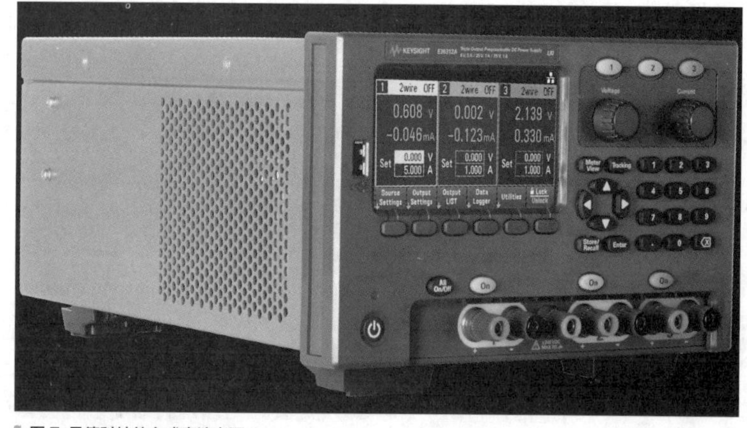

图 7 是德科技的台式直流电源

图 8 USB 充电器

稳压电源（见图 7）。在一些特殊应用中，也有高压电源和恒流源等专业应用电源。

电子实验室用的可调稳压电源具有监控特性、可设定特性、自保护特性。电子实验室的电源通常配备电压表和电流表，用户可以随时掌控电源输出电压和电流的状态，很多新型的产品还可以显示功率。

在产品设计中，可为电源设定输出电压和限制电流，使电源能够满足不同电压的需要。电源具有多种保护功能，短路保护、可设定的过流保护、过压保护、限流输出都是常见的保护功能，这样可以确保电源自身的安全，也可以保障用电设备的安全。有些具有限流输出功能的稳压电源还可以作为简易的恒流源使用。

高档实验室可调稳压电源具备高可靠性、高稳定性、高分辨率和高性能。高档电源的内部结构复杂、设计严谨、可靠性高。高档电源内部采用高稳定度稳压线路和精细的调节机构。早期高端全模拟电路的可调电源大多使用多圈电位器来提供精细的电压、电流设定，使用高等级的大表面指针表头显示实时的电压和电流。后期，高端电源引入了数控技术和数字可编程技术，通过数字化控制提供更高精度的电压、电流控制。如实验室应用较多的安捷伦 E3632A 电源可提供 1mV 和 1mA 级的设定和显示分辨率。

要想电源具有高分辨率显示，并不是只要安装高分辨率的电压 / 电流表就能实现。首先，电源基准需要具有更高等级的稳定度，其次，电源自身恒压或恒流输出应具有对应的稳定度，否则高分辨率电流 / 电压表末尾的数值一直跳动就失去了测量精度的意义。高档直流电源提供高品质低纹波的直流电和响应速度，同时具有很高的输出电压稳定性。现代高档电源很多还具备数据采集和通信功能，能在计算机上配合应用软件来显示输出电压或电流的曲线图。

手机充电电源

手机充电器，也就是常见的 USB 电源，本质上是直流稳压电源，主要将交流市电转换成低压直流电。早期的 USB 电源是将市电转换成符合 USB 供电标准的 5V 直流电，接口形式符合 USB 定义（见图 8）。随着 USB 用电器使用量的日益增加及功耗的不断提高，USB 电源不断提高输出功率标准，从 5V/500mA 逐步提升到 5V/2.4A，甚至更高。

快充时代到来，“充电 5 分钟，通话 *X* 小时”的广告深入人心，人们对 USB 电源的功率需求继续提高。随着高通用性的 USB Type-C 标准的加入，除手机外，笔记本电脑等功耗更大的电子产品也相继使用该接口进行供电。一些新款的 USB Type-C 电源供电功率已达 100W。单纯大幅提升 USB 电源输出电流，会导致传输线路损耗提升、线材直径需要增加、电路部件发热严重等问题出现。为此，通过升高传输电压来降低传输电流，提高传输功率（同时降低损耗和发热）是个好办法，由此也产生了各种快充协议。以苹果手机的 PD 快充协议为例，协议中引入了 9V 充电电压，这样 20W 充电功率只需要 2A 左右电流。以前的苹果手机都标配 5V/1A 的输出功率，最高 5W 的充电器。在安卓手机应用较多的 QC 3.0 快充协议中，充电电压从 3.6 ~ 20V 以 0.2V 为一挡步进自适应。原来的 QC 2.0 只支持 5V/9V/12V/20V 跳变，在此基础上，QC 3.0 电压变化更精细，有利于减少发热量，缩短充电时间，优化了充电效果。

如果要实现快充，电子设备和充电器电源都必须支持相同的快充协议，很多大功率充电器电源都支持多种快充标准，这也是由充电器主控芯片所决定的。充电时，如果协议没有握手成功，就会保持通用 5V 标准的充电模式，俗称“慢充”。标准 USB 5V 充电模式一般无须确认，大部分快充模式是通过 USB 接口为数据通道施加不同约定的电压来识别。如常见的 A 型 USB 接口的内部有 4 个触点通道（见图 9），两侧的通道分别是 5V 电源的正极和地线，中间的两个触点为 D+ 和 D- 数据通道。USB Type-C 接口触点多达 24

图 9 A 型 USB 接口内的 4 个触点

个，功能多样，其中有4个电源正极和4个电源负极（地线），还有USB 2.0数据线、USB 3.1数据线、USB PD通信线等。有的快充协议需要用到USB PD通信线，所以必须是USB Type-C接口的充电器才能实现。

电源新网红——氮化镓充电器

在手机和数码产品充电器中，新型的氮化镓充电器以输出功率大、体积小、价格高而走红。

氮化镓充电器功能上与普通充电器一样，也都是将市电转换成低压直流电。氮化镓充电器与传统充电器最大的区别是其使用的功率场效应管为氮化镓（GaN）材质，相应的应用产品在同功率等级产品中体积和质量大大缩小。一个紧凑型65W的氮化镓充电器（见图10）比一个苹果老款手机原装的5W充电器大不了多少，为外出带来诸多便利。

氮化镓场效应管体积小、承受温度高、发热量相对较低，成为充电器电源大功率小型化的基石。氮化镓场效应管具有低导通损耗和高电流密度的特点，可减少电力

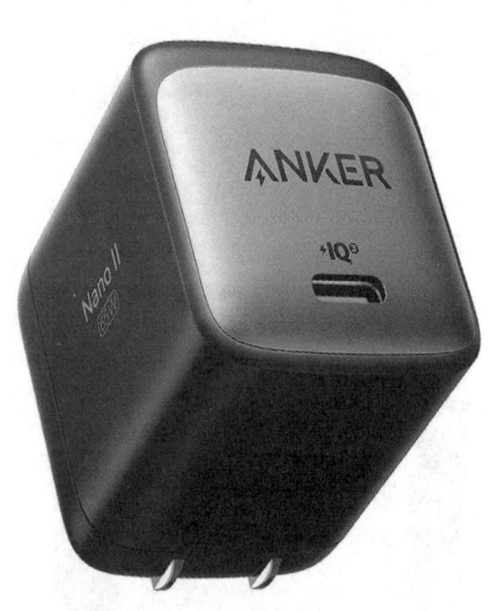

图10 65W小型氮化镓充电器

损耗和散热负载，在大功率产品中降低了对散热器的需求，减少了散热部件空间体积的占用。氮化镓充电器的开关电源可缩小变压器体积和电容容量成为充电器小型化的另一主力因素。由于氮化镓充电器使用了高性能的新器件，有了商业宣传的亮点，被一些商家炒作成为了高科技网红产品。

为小型数码产品设计的氮化镓充电器大部分追求大功率和小体积，其实散热设计也很重要，我们选择产品不一定要追求体积最小。有些产品因为用户一时用不到高负荷输出，暂时未能体验到电源高温。小体积、高功率的氮化镓充电器目前还属于新生产品，在产品设计和工作温度控制方面，专业大厂有着显著的技术优势，选择大牌产品很有必要。

氮化镓是何方神圣，又有什么黑科技？氮化镓器件属于第3代半导体。第1代半导体是锗和硅（前期是锗管，后期主流是硅管），第2代半导体开始出现化合物，其中最具代表性的是砷化镓（GaAs），第3代半导体为宽禁带半导体，以氮化镓（GaN）和碳化硅（SiC）为代表。氮化镓是化合物，是氮和镓的化合物。氮化镓较砷化镓具有更好的性能，具备高频、高功率、高效、耐高压、耐高温、电阻低等诸多优越特性。

氮化镓并非是近年才研发出来的新科技。1990年，氮化镓半导体材料就开始被应用，早期较多应用于发光二极管。早期的常规氮化镓需要蓝宝石衬底工艺制造，难度大、成本高，产品的发展受到了限制，大多数氮化镓半导体材料都用来做LED。随着科技的发展，新工艺采用硅基衬底和碳化硅基衬底，大大降低了氮化镓器件的制造难度和成本，使得氮化镓器件得以广泛应用。尽管如此，当前氮化镓器件的价格仍然要比砷化镓和LDMOS器件高得多。

氮化镓器件目前主要应用领域为光电子、电力、微波射频。氮化镓在制造高频率、大功率无线电发射器件上也有优势。首先，它被用于雷达领域。5G时代使用无线电的频率越来越高，很多场合要求的无线电发射功率也越来越大，这正是氮化镓器件一展身手的好舞台。在很多5G基站设备里，从电源到射频功率放大器单元，氮化镓器件早就崭露头角。可见氮化镓充电器只是其中一个应用领域，在无线电射频领域，氮化镓器件的应用前景更广阔。

电源与电磁兼容

电源的干扰问题属于电磁兼容（EMC，Electromagnetic Compatibility），通常涉及电磁干扰(EMI，Electromagnetic Interference，电源干扰其他用电设备）和电磁敏感器（EMS，Electromagnetic Susceptibility，电源被其他用电设备干扰）两部分。

现在开关电源早已成为主流，开关电源的电磁兼容问题越来越受到关注。高品质的直流稳压电源除输出功率、低纹波、工作温度（散热）控制、外壳阻燃、电路多重保险设计外，电磁兼容相关指标也很重要。功率越大的开关电源，干扰问题越突出。虽然大部分用户感觉不到电磁兼容对供电带来的直接影响，但这是一个电源品质的重要体现，也是现代电源设计的技术难点之一。

开关电源工作在开关状态，丰富的高次谐波会通过电路传导或向空间辐射，由此引起的干扰会累及用电设备、电网、相邻电子设备。如一些劣质的电动助动车充电电源，由于节省成本，简化了滤波设计，电磁兼容性很差，直接污染电网甚至干扰短波无线电广播和通信。要提高电源的电磁兼容性能，需要增加相关硬件滤波电路和科学设计。

二次电池充电的那些事儿

杨法（BD4AAF）

可充电的二次电池因单次使用成本较低，被大量应用于便携仪器和电动工具中，更广泛使用于消费类电子产品中。在手机、笔记本电脑、平板电脑和其他大多数数码产品中，都能看到充电电池的身影。充电电池是有寿命的，很多电子仪器和数码产品报废并非电子电路年久故障，而是因为电池性能下降。正确的充电方式和适当的维护不仅可以将电池的寿命最大化，而且可以减少无用功。下面我们就来聊一聊二次电池充电的那些事儿。

各具特性的充电电池

二次电池的放电和充电是化学反应过程，不同材料的可充电电池的特性不同，充放电的要求也不同。

早期使用较多的是铅酸电瓶 / 蓄电池（见图 1）。铅酸蓄电池由极板和电解液通过化学反应工作，单体电池典型电压为 2V，实际蓄电池商品由多格电池串联而成，能提供 6V、12V、24V 等多种规格的电压输出；后期演进为免维护蓄电池，现在很多 UPS 使用的就是这类蓄电池。免维护蓄电池采用密封结构，内部电解质不再使用液体，而是用糊状物质，方便蓄电池工作，同时也不容易泄漏。传统蓄电池电解液形成的酸性气雾容易腐蚀周边物质，影响环境。免维护蓄电池相比传统铅酸蓄电池，具有后期维护简单、适用性强、对周边环境影响小的特点，但价格较高。铅酸蓄电池和免维护蓄电池的充电要求基本相同。

镍镉电池是小型化通用型可充电电池的早期主力，民用领域应用最为广泛的是 5 号（AA）镍镉充电电池，实际上也有 1 号、2 号、7 号镍镉电池。小型镍镉电池被做成与一次性干电池（碱性电池 / 锌锰电池）同等大小，并作为一次性电池的替代方案。虽然镍镉电池典型电压为 1.2V，放电平台电压略低于一次性干电池的 1.5V，但如果串联供电数量不多，依然可以实际代用。

镍氢电池（见图 2）是镍镉电池的演进产品，解决了“镉”材料对环境造成的污染问题，改善了电池的记忆效应，提升了单体电池的电量。镍氢电池和镍镉电池的外观无明显差异，用户主要靠厂家标识来辨别。镍氢电池的制造技术不断改进，性能也在不断提升。新产品提高了循环使用寿命，增加了电池容量，降低了记忆效应，减少了自放电率。在大部分场合，镍氢电池已取代了镍镉电池。镍镉电池仅存的优点是低温放电特性明显优于主流锂电池和镍氢电池，一些镍镉电池支持高倍率放电，所以镍镉电池依然应用在一些特殊领域。镍氢电池和镍镉电池的充电要求类似，判断电池充满的方式也类似，大部分镍镉电池与镍氢电池的充电器都相互兼容。

锂离子二次电池为可充电锂电池（见图 3），是目前主流的可充电电池产品，与镍氢电池相比，其具有能量密度高、循环寿命长、记忆效应低、自放电率低、外形多样等优点，通俗地说，就是锂离子二次电池质量轻、容量大、反复充放用得久、随充随用、带电放置时间长。锂离子二次电池也有自己的缺点，就是在极低温环境下，放电性能锐减，并存在一定的安全性问题。开新能源车的车主可能会有车辆在

图 1 铅酸蓄电池

图 2 主流镍氢电池

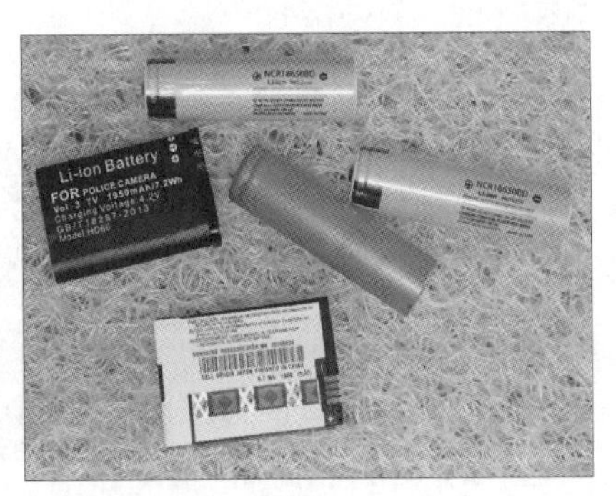

图 3 形形色色的可充电锂电池

冬天的续航能力不如在春夏时的感觉，其实这就是锂电池的特性。

锂离子二次电池被广泛应用于以电池为电源的消费电子产品中，各种新款电池供电的仪器也大量使用锂电池。锂离子二次电池是可充电锂电池的统称，实际产品根据材料、封装形式、电池外形各有不同。就材料而言，常见的有钴酸锂电池、三元锂电池、聚合物锂电池、磷酸铁锂电池。不同材料的锂离子二次电池充放电特性有所不同，尤其是较新的产品。锂离子二次电池对充电和放电的要求较高，过度充电和过度放电都可能损坏电池，所以充电锂电池需要搭配保护电路板进行工作，充电器电路也会复杂一些。

铅酸蓄电池的充电

铅酸蓄电池传统采用恒压充电。早期充电器具有电路简单的特点，市电经过变压器和整流再辅以简单的电路。在实际应用中，由于恒压充电的初期电流较大，很多充电器有简易的限流设计。

现代主流充电器为由电子电路控制的二段式或三段式自动充电器。二段式充电器将充电过程分为两个阶段，第一阶段是充电初期采用恒流或限流充电模式，第二阶段是充电后期采用恒压充电模式。三段式充电器则是在充电末期增加一个浮充模式。铅酸蓄电池的充电电流过大，容易产生过多气体，使蓄电池内部压力上升，电解液失水干枯。

早期的蓄电池充电器使用直流充电。后来发现使用脉冲电流充电可以提高充电效率、修复老化电池，渐渐地，高级蓄电池充电器都采用脉冲方式充电。

镍镉/镍氢电池的充电

镍镉/镍氢电池早期采用1/10C慢充，靠人工估算控制总的充电时间。随着单片机的普及，通过 -ΔV 检测来判断电池是否充满，实现了镍镉电池充满自停的充电器成为主流，镍氢电池则使用检测灵敏度更高的 0ΔV 来判断电池是否充满。越来越多的充电器提升了充电电流，缩短了充电时间，充电时间从慢充的 10h 缩短到 1~3h，镍镉 / 镍氢电池进入了快充的时代。

随着单片机性能不断提高，各种高级充电器不断涌现，有的甚至还使用了 ARM 处理器和安卓系统。高级充电器（见图 4）不仅具有多种工作模式（充电、放电、修复、容量检测）和工作状态数据（电压、电流、时间、容量、内阻）显示功能，而且用户还可以手动设置充电参数，此外，高级充电器还能与计算机连接来分析数据曲线。镍镉 / 镍氢电池的充电要求与锂电池完全不同，早期充电器完全不兼容。现代高级家用充电器开始兼容镍氢 / 镍镉电池和多种锂电池的充电模式，达到一机多用的效果。

镍镉 / 镍氢电池存在记忆效应的问题，早期的镍镉/镍氢电池有“完全用完电再充”的使用推荐，随着新型镍氢电池性能的改善，用户已不必刻意这样做。通过小电流多次循环完全充放电和脉冲电流充电，可以修复已有记忆效应的镍镉 / 镍氢电池。

锂离子二次电池的充电

锂离子二次电池对电压十分敏感，很小的电压变化也会引起很大的充电电流变化，故对锂离子二次电池充电需要有精确的电压和电流控制，锂电芯高级充电器如图 5 所示。传统锂离子二次电池的充电分为两个阶段。第一阶段采用恒流或限流模式，属于高效充电阶段。第二阶段采用恒压模式，属于末端小电流低效充电阶段。在第二阶段，锂离子二次电池随着电量的充满，其电压逐步提升，与恒压充电电压差逐步缩小，充电电流也随之减小。根据通行锂电池充电策略，当充电电流小于一定值时即视为充电完毕。

锂离子二次电池记忆效应微弱，所以完全可以即用即充，不用刻意追求“完全用完电再充”。锂离子二次电池的循环次数寿命指标是基于完全充放电循环老化损耗而测试的，与实际使用中用户随用随充的次数不是一个概念。

很多电子产品尤其是高级产品，都为锂离子二次电池的充电设计了专用电路单元，除了具备充满自停功能，还额外提供状态指示、电量指示等功能。小型电子产品所附带的大部分充电器，本质上只是一个直流稳压电源，实际充电控制电路集成在电子设备内部。大部分情况下，用户长时间连接充电器与用电器，并不会造成电池过充，充电控制电路在检测到充电完成后会自动关断充电。

“平衡充电”也被称为“均衡充电”，它是一种针对由多节锂离子二次电池串联或并联构成的锂电池组的优化充电方案，早期出现在电动模型领域，现在广泛应用

图 4 能显示充电状态的高级镍氢 / 镍镉电池充电器

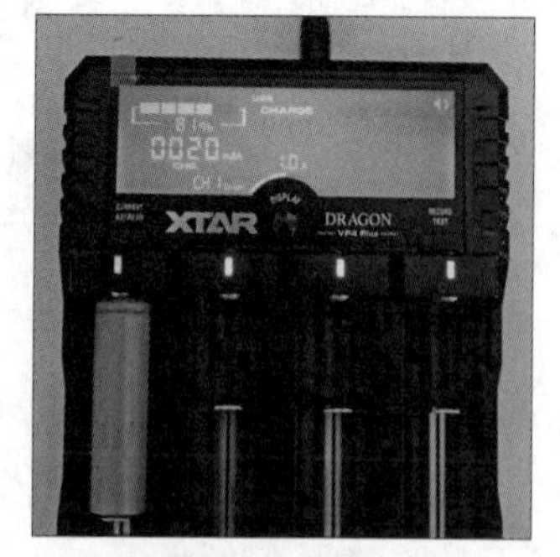

图 5 锂电芯高级充电器

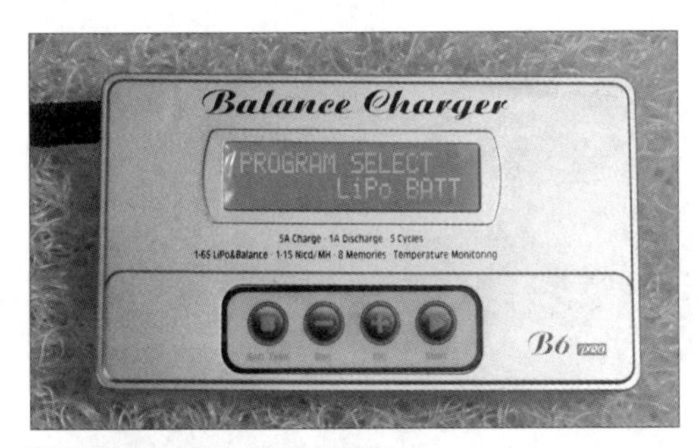

图 6 实用好玩的多功能模型充电器

在电动汽车、锂电池动力工具和仪器领域。平衡充电的理念是为电池组里每一个单体电池相对独立充电，以减小串并联电路中各个电池单体特性差异造成的影响。平衡充电的方案多种多样，常见的有恒定分流电阻均衡充电、通断分流电阻均衡充电、平均电池电压均衡充电等。平衡充电不仅需要充电器支持，而且也需要电池控制电路对应支持。

如果你是电子爱好者，对充电感兴趣，模型用的多功能充电器（见图 6）值得拥有。这类充电器可支持多种类型的充电电池，提供多种充电、放电功能和玩法，使普通的充电过程成为科学探究过程。

新锂离子二次电池的使用

消费类电子产品和仪器领域的锂离子二次电池在出厂时就已完成激活，用户到手即可正常使用，无须进行额外的“激活”操作。有种说法“首次使用新锂离子二次电池要充满、放尽几个循环”才可以，这是套用早期镍镉电池的使用经验，对于现代锂电池并不科学，更无必要。

闲置锂离子二次电池的贮存

暂不使用、需要存放较长时间的锂离子二次电池单体，建议将电量控制在 40%~70% 水平，并将其存放于阴凉的环境中。锂离子二次电池单体长期存放不建议满电，电池厂家仓储也是这么做的。若消费类电子产品和仪器长时间搁置不用，建议取出可拆卸电池。对于内置锂离子二次电池和不能拆卸的设备，如果设备的开关是物理电源开关，则可将电池电量控制在 50%~70% 水平进行存放；如果设备的开关是电子电源开关，则建议将电池电量控制在 70%~90% 水平进行存放。电子电源开关电路需要消耗微量电流，虽然消耗电流很小，但依然不可忽视，同时建议定期检查设备的电量剩余情况。

无电压锂电池的急救方法

无电压的锂电池块大部分是因为锂电芯电压过低，保护板启动保护机制，切断电源输出通道所致，并不是锂电芯物理损坏。首先，我们尝试对原机进行充电并保持一段时间，如果显示充电无效或电池故障，则可以尝试手动充电（见图 7）。

第一步，找到电池块输出的正负极触点，一般在电池触点边有相关的正负标记。我们也可以用万用表测量工作正常的相同型号的电池块，找到输出正负极触点。第二步，找一台直流稳压电源（最好电压可调，有电流表指示），将输出电压设置为 3V×N，N 为电池块锂电池串联的数量。N 可以根据电池标称电压数值除以 3.6 得到。第三步，将直流稳压电源输出与电池块正负极连接，并保持一二十秒，观看稳压电源电流表是否有输出指示。第四步，用万用表确认电池块恢复输出电压。第五步，将救活后的电池块仍用原机充电方式充满。

锂离子二次电池快充

快速充电缩短充电时间是用户对充电效率的追求，也是很多电子产品的新卖点。锂电池的快充本质上是提高充电时输入的能量，通俗地说，就是增大充电电流。实际面临的问题是电池在大电流、高倍率充电时自身发热的问题、电子线路发热问题，电池安全问题、电池寿命问题、电池充满饱和判断和防止过充问题。

前文已经说过，锂电池充电初期（低电量充电阶段）电流可以较大，这时由于不涉及过充问题，所以大电流充电比较安全。现有技术下的快充都是提高锂电池在低电量充电阶段下的充电电流，实际大部分的快充都不是全程快充，充电效率会随电池电量的增加而逐步降低。一些广告中所称的 xxW 快充，其实仅在充电特定阶段才能够达到。现有的快充方案为了兼顾充电效率和安全性，在电池低电量充电阶段也分为阶梯多级充电电流控制。

快充除了需要充电器支持，也需要电池支持。一些电池通过改进内部结构支持更高倍率的电流充放电。快充充电电流与锂电池容量也有关。快充对电池的寿命影响高于慢充，但获得了用户追求的效率，

图 7 无电压锂电池手工充电

图 8 无线充电器控制电路板

图 9 无线充电器线圈

可谓有得有失。有的设备为了使用户有更好的速度体验，会在电池电量充到八九成时，就提前显示充电完成。如果用户不断开充电线则会继续以小电流完成剩余部分的充电。手机的快充是在消费领域最引人注目的热点，如果用户有夜间充电一晚的习惯，漫漫长夜用慢充对手机内置锂电池充电将有利于延长电池寿命。

无线充电那些事儿

无线充电是近年来充电领域的热门。无线充电是指充电器和用电设备间不通过任何物理线缆连接，通过空间能量耦合实现充电电能的传输。无线充电的优点是摆脱了传统充电需要的充电线缆。用电设备上无须裸露触点或接插件，不用考虑触点氧化或磨损、接触电阻增高的潜在问题，同时也有利于提高设备的物理防水性能。无线充电可通过多种方式实现，不同的公司提供不同的解决方案和标准，目前无线充电联盟推出的 Qi 无线充电标准得到了最广泛的应用和兼容。

目前的无线充电需要充电器发射端和用电器接收端都安装线圈并辅以专用控制电路（见图 8）。无线充电的发射和接收线圈必须对准重合，才能实现最大的能量传输，收发线圈间不得有金属阻隔（见图 9）。为此，有的无线充电器制造厂家在充电平面设计多个线圈以应对电器可能有的不规则摆放，更有甚者设计了伺服定位装置，可驱动发射线圈移动到最佳位置。支持无线充电的手机都使用玻璃或塑料背板，铝壳手机不具备无线充电功能就是因为收发线圈间不能有导电金属阻挡。

无线充电目前存在的潜在问题就是发热。锂离子二次电池不适合在较高的温度下工作，设计不佳的无线充电，尤其像手机中的狭小空间会产生较高的热量且不易散热，虽然不至于发生安全事故，但大概率会直接影响电池的寿命。

仪器电池慎改锂电

锂离子二次电池由于性能优于镍镉 / 镍氢电池，成为当今应用的主力。有些老仪器当年都是标配镍氢电池，一些仪器发烧友跃跃欲试，想把仪器电池改为锂电池以获得更大的电池容量或减轻电池质量。由于锂电池的单体电压和充放电特性与镍镉 / 镍氢电池不同，一般不建议将仪器电池改为锂电池。

改锂电池首先要进行电压匹配，其次要解决充电问题，最后锂电池配套的保护板绝不能忽视。单节的镍镉 / 镍氢电池电压为 1.1~1.4V（典型电压为 1.2V），常见单节锂离子二次电池电压为 3.2~4.2V（典型电压为 3.6V）。仪器所用的电池组多为多节电池串联，想改锂电输出电压需匹配，同时可以参考仪器支持的电压输入范围。由于锂电池的放电平台曲线与镍镉 / 镍氢电池不同，所以改锂电后，仪器的电池电量指示可能会不准。老仪器内部没有锂电池的充电电路，镍氢 / 镍镉电池的充电电路不适合锂电池充电要求。有的改锂电者利用锂电池保护板机制来充电，这显然不是一个好办法。务实的做法是改装后在电池块上独立做一个锂电充电接口。

锂电池的保护板有不同电压（电池串联节数）、工作电流、外观形态，应充分了解仪器实际的工作电流范围选择合适的保护板。如果考虑平衡充电，则需要选择支持该功能的保护板。

MSP430G2553 超低功耗单片机零基础入门（13）

USCI 多功能串行通信组件和 SPI 同步通信

演示视频

演示视频

曹文

USCI多功能串行通信组件

除定时器、中断这些基础的功能及应用之外，单片机的另一项重要任务是与外围芯片或模块进行数据的交互通信。虽然 MSP430G2553 单片机的 GPIO 口可以实现简单的数据传递或者功能控制，但对于数据量较大的信息交互，往往只能靠串行通信的方式实现。

顾名思义，串行通信是在一根数据线上实现数据一位一位地依次输出或输入，每一位数据均占据着相对固定的时间宽度（周期）。

传统的 51 单片机大多依赖软件模拟方式实现常用的通信协议，但 MSP430G2553 单片机提供了强大的硬件 USCI 串行通信组件，能够很方便地实现 SPI、I^2C、UART 等多种常用串行通信协议。这些基于状态机方式的硬件串行通信具有更高的效率、更加简洁稳定的代码，也代表了串行通信编程的必然趋势，值得学习者重点关注。

1. 串行通信涉及的基本概念

在进行数据的串行通信时，我们习惯将 8 位通信数据串接为一个信息帧，其中习惯将最高位称为 MSB、最低位称为 LSB，如图 1 所示。

MSB							LSB
D7	D6	D5	D4	D3	D2	D1	D0

图 1 串行通信的 8 位数据帧

（1）传输速率

传输速率是衡量串行通信速度高低的指标，常称为“波特率”，用来指示串行通信过程中每秒所传输的数据位。

单片机常用的波特率取值包括 1200、1800、2400、4800、9600、19 200 等，单位是波特，一般通过编程的方式来设定。

【说明 1】如果某个异步通信的每个数据帧包含 1 个起始位、7 个数据位、1 个奇偶校验位、1 个停止位，当波特率为 1200 波特时，理论上每秒能传输 1200 /（1+7+1+1）=120 个字符；如果波特率提高到 9600 波特，则理论上每秒能够传输为 9600 /（1+7+1+1）=960 个字符。

（2）同步串行通信与异步串行通信

串行通信分为同步串行通信和异步串行通信两大类，两者的区别在于通信过程中是否提供同步时钟。

同步串行通信。从硬件结构上看，同步通信包含如图 2 所示的数据线与时钟线。

同步通信的双方往往会有主机、从机之分，主机除了向从机发送数据或接收从机发来的数据，还需要为从机提供同步时钟信号。

常见的同步串行通信包括 SPI 通信、I^2C 通信、USB 接口等，所有的通信数据流动均在时钟控制下进行。

由于通信的双方共用了同一时钟，因而可以准确掌握传输过程中每一位通信数据在时间轴上的具体位置，如图 3 所示。

异步串行通信。异步通信只使用了数据线，没有提供专门的时钟线，如图 4 所示。但异步通信的发送方和接收方必须事先约定

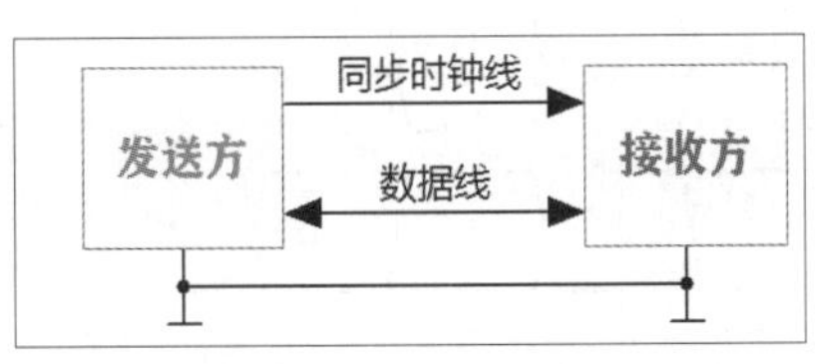

图 2 串行同步通信

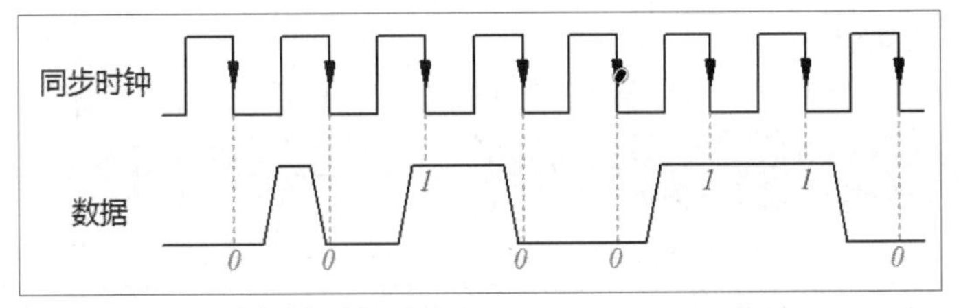

图 3 串行同步通信的数据与时钟对应关系

表 1　USCI 包含 UCA0、UCB0 两个硬件模块

	串行通信结构	特征分类	双向传输	传输速率	是否允许多主机
UCA0 模块	UART	异步	全双工	慢	允许
	IrDA	异步	—	慢	—
	SPI	同步	全双工	快	需新增数据线
UCB0 模块	I^2C	同步	半双工	较慢	允许
	SPI	同步	全双工	快	需新增数据线

表 2　USCI 可用的串行通信组合类型

	UCA0 模块	UCB0 模块
1	SPI	SPI
2	SPI	I^2C
3	UART	I^2C
4	UART	SPI

一个必须共同遵守的传输速率，也就是相邻两位数据的时间间隔，从而能够在数据线上准确定位每一位数据。

虽然异步通信的发送方、接收方实际工作时的传输速率不可能做到绝对相等，但只要误差在允许范围之内，一般不会引发通信错误。

常见的异步通信包括 RS-232 通用异步收发接口、IrDA 红外接口、单总线协议等。

【提示】由于缺乏时钟线的同步，因此异步通信的传输速率比同步通信低得多，也比较容易受到外部干扰信号的影响。

2. USCI串行通信组件

MSP430G2553 单片机采用了全新设计的多功能串行通信接口组件 USCI（Universal Serial Communication Interface），功能比早期的 MSP430 单片机及为数不少的其他类型 8 位 /16 位单片机更强，技术优势也较为明显。

USCI 串行通信组件内部包含表 1 所示的 UCA0、UCB0 两个独立硬件模块，可以根据实际需要配置为 UART（Universal Asynchronous Receiver/Transmitter，通用异步收发器）、IrDA（红外无线通信）、SPI（Serial Peripheral Interface，外围设备串行接口）、I^2C（Inter-Integrated Circuit，集成电路总线）等多种类型的串行通信结构，只不过在每个时刻只能使用其中一种通信结构。

经过适当配置，MSP430G2553 的 USCI 组件可同时实现表 2 所示的两组独立串行通信组合。

USCI 串行通信组件大幅减少了 SPI、I^2C、UART 串行通信过程对 CPU 资源的占用，提高了通信过程的稳定性、优化了代码质量，同时较好地控制了 MSP430G2553 单片机的功耗。

SPI同步通信

SPI 同步串行通信方案最早由 Motorola 公司提出，这是一种采用单主机方式的主从数据通信协议。

- 只能由唯一的主设备发起通信。
- 在每个同步时钟脉冲的有效边沿传输 1 位数据。
- 从机不会主动发起通信，只能被动执行主机的指令。

SPI 同步串行通信的速率较高，被 EEPROM（存储器）、Flash（闪存）、RTC（实时时钟）、ADC（模数转换）、DAC（数模转换）、SD/TF 卡读卡器等大量的接口芯片或元器件广泛采用。

1. SPI通信概述

SPI 通信的主机、从机之间的连接关系如图 5 所示，完整的 4 线制 SPI 同步串行通信协议定义了 4 根信号线与 1 根信号地线。

- SOMI：主机输入、从机输出的串行数据线。
- SIMO：主机输出、从机输入的串行数据线。
- SCLK：主机在 SPI 通信过程中提供给从机的时钟线。
- $\overline{STE}$：由主机发出、用来选择从机的控制线。

依靠 SIMO、SOMI 两根方向不同的串行数据线，SPI 通信的

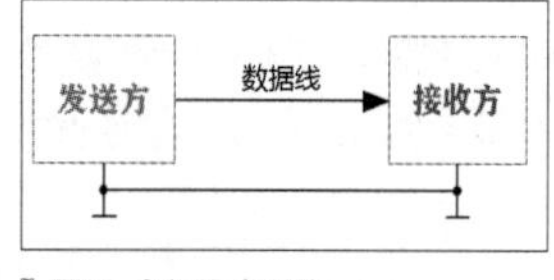

图 4　串行异步通信

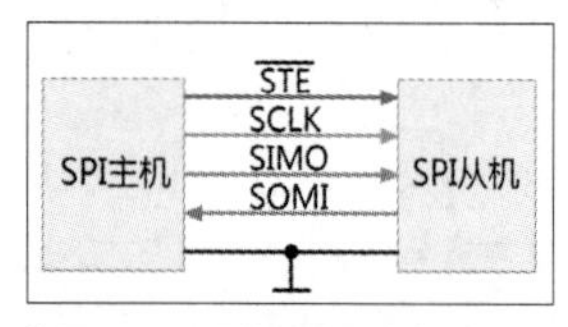

图 5　SPI 通信的信号连接

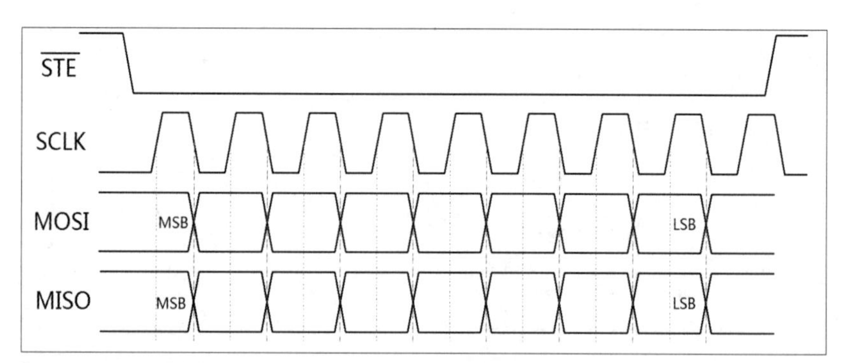

图 6　基本的 SPI 通信时序

主机与从机之间可同时进行数据的收、发，相互之间并不会产生不良影响，属于真正的“双工通信”。

MSP430G2553主机通过SPI总线读/写从机芯片的基本流程如图6所示。

◆ 首先通过 ($\overline{STE}$) 引脚拉低从机芯片的使能/选择引脚，完成对从机的选择。

◆ 通过SCLK时钟引脚向从机芯片发出SPI通信的时钟脉冲。

◆ 在SCLK时钟脉冲的有效沿（上升沿或下降沿，具体视从机芯片手册中给出的时序而定），主机把通信数据经SIMO线写入从机，或经SOMI线读出从机发来的数据。

◆ 每一轮SPI通信结束后，MSP430G2553主机通过$\overline{STE}$引脚拉高从机芯片的使能/选择引脚，结束对从机的读/写访问。

如果MSP430G2553主机希望与更多采用SPI协议的接口芯片、单片机从机进行通信，可采用图7所示的3线制SPI通信。

挂载在同一组SPI通信总线上的所有主机、从机共享了SCLK、SOMI、SIMO这3个基本引脚，MSP430G2553主机还需要独立分配额外的GPIO口，以“一对一”的方式逐个连接到每个从机的使能/选择引脚，以单独确定每次SPI通信时的对象。

在图7中，如果MSP430G2553主机希望单独与外设芯片B进行SPI通信，只需要拉低芯片B的CS引脚，进而通过SPI时钟线和数据线与芯片B完成数据的收发，而其他两个芯片的CS、$\overline{STE}$引脚需要继续保持高电平状态，将不会响应SPI总线上的时钟或数据。

2. SPI通信的硬件接口

MSP430G2553单片机USCI串行通信组件的UCA0模块、UCB0模块均可以配置出4线制SPI通信，各自占据的GPIO口如表3所示。

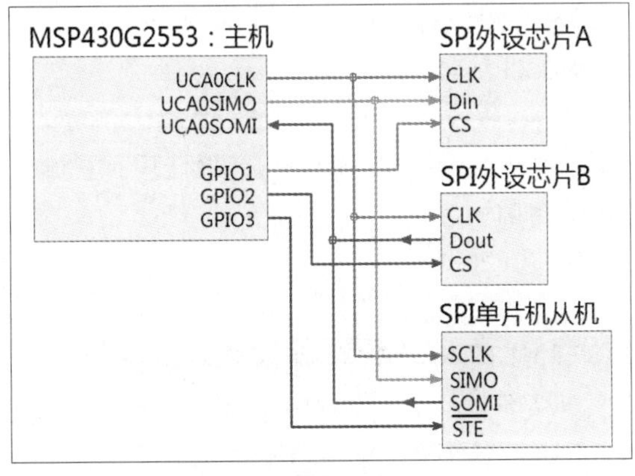

图7 向SPI总线添加从机外设芯片或单片机

表3 UCA0、UCB0进行4线制SPI通信所用的引脚

	SOMI	SIMO	CLK	$\overline{STE}$
UCA0模块	3脚(P1.1)	4脚(P1.2)	6脚(P1.4)	7脚(P1.5)
UCB0模块	14脚(P1.6)	15脚(P1.7)	7脚(P1.5)	6脚(P1.4)

从表中可以看出，UCA0模块与UCB0模块的6脚、7脚之间存在重叠，因此UCA0与UCB0很难同时进行4线制SPI通信，但可以选择更常用一些的3线制SPI通信。

【注意】由于UCB0模块往往承担着同样重要的I^2C通信，因此SPI通信一般首选UCA0模块。

【说明2】在进行状态机方式下的3线制SPI硬件通信时，只能使用表3所示的引脚，而且还需要首先配置出这些指定引脚的第二功能。

对于UCA0模块而言：

```
P1SEL |=BIT1+BIT2+BIT4;
P1SEL2 |=BIT1+BIT2+BIT4;
```

对于UCB0模块而言：

```
P1SEL |=BIT5+BIT6+BIT7;
P1SEL2 |=BIT5+BIT6+BIT7;
```

3. SPI通信所涉及的寄存器

使用UCA0模块进行SPI串行通信时，需要对以下寄存器进行初始化配置。

■ UCA0CTL0：UCA0的0#控制寄存器。

■ UCA0CTL1：UCA0的1#控制寄存器。

■ UCA0BR0：低8位UCA0比特率寄存器。

■ UCA0BR1：高8位UCA0比特率寄存器。

■ UCA0STAT：UCA0的状态寄存器。

■ UCA0RXBUF：UCA0的接收缓存（只读、8位）。

■ UCA0TXBUF：UCA0的发送缓存（可读可写、8位）。

UCB0模块进行SPI通信时用到的寄存器与UCA0类似，分别是：UCB0CTL0、UCB0CTL1、UCB0BR0、UCB0BR1、UCB0STAT、UCB0RXBUF、UCB0TXBUF。

4. SPI通信的基本操作

本节以UCA0模块为例，简要讲述SPI通信状态的配置流程。UCB0模块的SPI通信配置流程与之基本相似，两者主要的区别在于SCLK、SIMO、SOMI引脚的定义有所不同，此外在SPI通信的中断操作上也略有差异。

（1）使UCA0工作在SPI通信状态

SPI并不是MSP430G2553单片机默认的串行通信模式，因此需要通过 UCA0CTL0 寄存器中的相关控制字将 UCA0 模块配置为 SPI 通信状态。

配置 UCSYNC 控制字，让 UCA0 模块选择同步通信。

■ UCSYNC = 0：UCA0 模块选择异步通信（默认）。

■ UCSYNC = 1：UCA0 模块选择同步通信。

【说明 3】

```
UCA0CTL0 |= UCSYNC;    //UCA0 模块选择同步通信
```

配置 UCMST 控制字，设置 SPI 通信的主机或从机。

■ UCMST = 0：MSP430G2553 作 SPI 通信的从机（默认）。

■ UCMST = 1：MSP430G2553 作 SPI 通信主机、通信发起者、时钟提供者。

【说明 4】

```
UCA0CTL0 |= UCMST;   //MSP430G2553 作串行通信主机
```

配置 UCMODE_x 控制字，选择 SPI 通信。

■ UCMODE_0：3 线制 SPI 通信（默认，应用最广）。

■ UCMODE_1：4 线制 SPI 通信、($\overline{STE}$) 引脚高电平有效。

■ UCMODE_2：4 线制 SPI 通信、($\overline{STE}$) 引脚低电平有效。

■ UCMODE_3：I^2C 通信

配置 UCMSB 控制字，选择是否优先传输数据帧的高位。

■ UCMSB = 0：SPI 通信时优先传送数据帧低位（默认）。

■ UCMSB = 1：SPI 通信时优先传送数据帧高位。

【说明 5】待传输的字节内容为 0x95，对应 8 位二进制数。

1	0	0	1	0	1	0	1

如果按照“高位在前”的规则，发送的位序依次为 1001 0101。

如果按照“低位在前”的规则，发送的位序变为 1010 1001。

（2）SPI通信速率的调整

UCA0 模块的 SPI 通信时钟由 MSP430G2553 主机的 UCA0CLK 引脚提供，具体的时钟频率值可以进行一些适当的调整。

根据 UCA0CTL1 寄存器的 UCSSEL_x 控制字，选择 SPI 通信时钟的来源。

■ UCSSEL_1：辅助时钟 ACLK 作 SPI 通信时钟源。

■ UCSSEL_2 或 UCSSEL_3：从时钟 SMCLK 作 SPI 通信时钟源。

【说明 6】SPI 通信的时钟频率比 I^2C、UART 等其他串行通信的时钟频率更高，而 10kHz 数量级的辅助时钟 ACLK 频率太低，并不适用于 SPI 通信。

```
UCA0CTL1 |= UCSSEL_2;       //SPI 通信选择 MHz 数量级的 SMCLK 从
时钟源
```

在比特率寄存器 UCA0BR0、UCA0BR1 中，配置 SPI 通信时钟的分频系数。

比特率寄存器由低 8 位的 UCA0BR0、高 8 位的 UCA0BR1 共同组成，两只寄存器中的数值按照 UCA0BR0 + UCA0BR1 × 256 的规则相加，即可得到 SPI 通信时钟的预分频系数。

【说明 7】SPI 通信的时钟频率较高，一般在百 kHz 的数量级，因此 UCA0BR1 中的数值一般取 0，而 UCA0BR0 中的数值普遍不超过 30。

```
UCA0BR0 |= 0x02;     UCA0BR1 = 0;     //SMCLK 从时钟 2 分频后
作为 SPI 时钟
```

（3）合理选择SPI时钟的极性和相位

在 SPI 通信过程中，主机发出的时钟极性（UCCKPL）和时钟相位（UCCKPH）需要被重点关注，这两个参数均位于 UCA0CTL0 寄存器中。

时钟极性控制字 UCCKPL。时钟极性控制字 UCCKPL 用于设置 SPI 通信时钟处于空闲状态时的电平，以确定时钟的极性。

■ 0：SCLK 时钟的空闲状态为低电平。

■ 1：SCLK 时钟的空闲状态为高电平。

时钟相位控制字 UCCKPH。时钟相位控制字 UCCKPH 用于设置读取 / 发送通信数据的 SCLK 时钟边沿。

■ 0：在 SCLK 时钟从空闲状态启动后的首个跳变沿，数据即被取走。

■ 1：SCLK 时钟滞后半个周期，从空闲状态开始后的第二个跳变沿才取走数据。

时钟极性与时钟相位的组合。SPI 通信的 CLK 时钟极性控制字 UCCKPL、相位控制字 UCCKPH 两两配对组合，可以生成 4 种工作时序模式。

当相位控制字 UCCKPH=0 时，SPI 通信的时序如图 8 所示。

■ UCCKPL=0

SPI 时钟的空闲状态为低电平，若相位控制字 UCCKPH=0，则 SPI 时钟从低电平空闲状态启动时所对应的上升沿即开始进行 SPI 通信数据的读写。

■ UCCKPL=1

SPI 时钟的空闲状态为高电平，若相位控制字 UCCKPH=0，则 SPI 时钟将在下降沿开始 SPI 通信数据的读写。

当相位控制字 UCCKPH=1 时，SPI 通信的时序如图 9 所示。

■ UCCKPL=0

SPI 时钟的空闲状态为低电平，若相位控制字 UCCKPH=1，

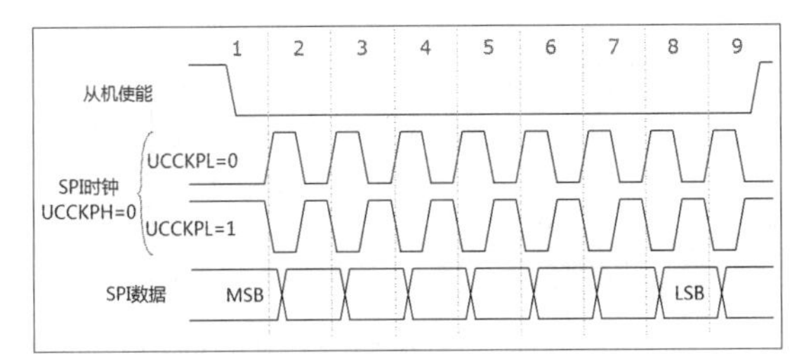

图 8 UCCKPH=0 时的 SPI 通信时序

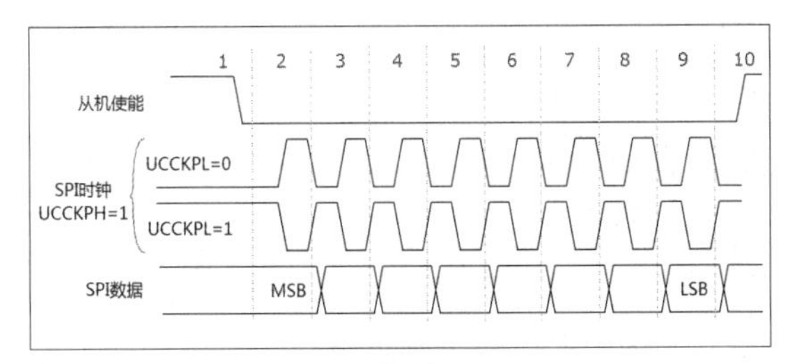

图 9 UCCKPH=1 时的 SPI 通信时序

则 SPI 时钟将在下降沿才开始 SPI 通信数据的读写。

■ UCCKPL=1

SPI 时钟的空闲状态为高电平，若相位控制字 UCCKPH=1，则 SPI 时钟将在上升沿才开始 SPI 通信数据的读写。

在配置 SPI 通信时钟的极性和相位之前，必须查阅所连接 SPI 从机芯片的文档手册，搞清楚时钟波形的具体规则，如时钟的空闲状态、时钟下降沿还是上升沿读写数据等。

【说明 8】与 MSP430G2553 主机相连的某个 SPI 接口芯片的通信时序如图 10 所示。

MSP430G2553 主机在进行 SPI 通信的初始化时，需要包括以下内容。

```
UCA0CTL0 |= UCSYNC      //SPI 通信，默认 3 线制与 8 位数据帧格式
    + UCMST+ UCMSB      // 通信的主机，高位数据在前
    + UCCKPL+UCCKPH;    // 时钟高电平空闲且滞后半个周期
```

（4）SPI通信数据的缓冲寄存器

SPI 通信的接收缓存为 UCA0RXBUF，用于存放 MSP430G2553 经 SOMI 总线接收到的最新 8 位数据，只能读取，不能写入。

SPI 通信的发送缓存为 UCA0TXBUF，发送缓存存放的数据经 SIMO 总线向从机推送。UCA0TXBUF 中的数据通过软件编程的方式写入，也可以对其进行读取操作。

同理，UCB0 模块的 SPI 接收缓存为 UCB0RXBUF，发送缓存为 UCB0TXBUF。

（5）启动SPI通信

UCA0CTL1 寄存器中的 UCSWRST 控制字被用来设置 UCA0 模块的复位或保持状态，以确保 SPI 通信的正常启动。

■ 0：停止 UCA0 模块的复位状态、正常启动 UCA0。

■ 1：软件复位 UCA0 模块并保持（默认）。

【说明 9】SPI 通信的启动过程一般可分为三个阶段，其中包括针对 UCSWRST 的两步配置，才能使 UCA0 正常切换到 SPI 通信状态。

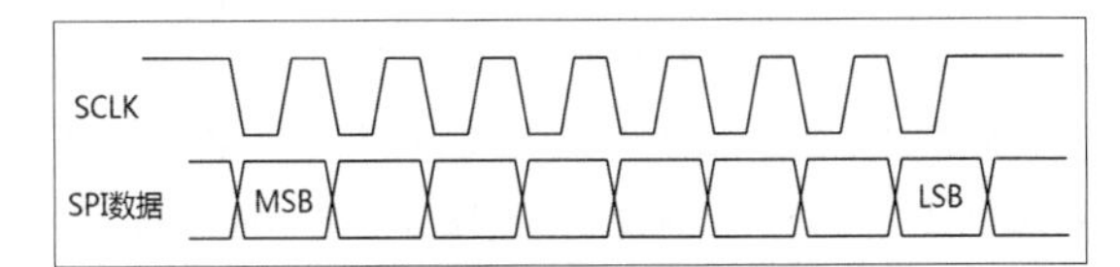

图 10 某 SPI 接口芯片的通信时序

```
UCA0CTL1 |= UCSWRST;          //UCA0 复位
UCA0CTL0 |=UCSYNC①+UCMODE_0②+UCMST③+UCMSB④+UCCKPH⑤+UCCKPL⑤;
                                   // ①同步串行通信
                                   // ② 3 线制 SPI 通信
                                   // ③ SPI 主机模式
                                   // ④串行数据高位优先
                                   // ⑤设置 SPI 的时钟有效沿
UCA0CTL1 |= UCSSEL_2;          // 选择 SMCLK 时钟源
UCA0BR0 =2;
UCA0BR1 =0;                    //SMCLK 时钟 2 分频得到 SPI 时钟
UCA0MCTL = 0;                  //SPI 通信无须调制
P1SEL |=BIT1+BIT2+BIT4;        // 配置 UCA0 的 GPIO 口第二功能
P1SEL2 |=BIT1+BIT2+BIT4;       //P1.0 引脚 :UCA0SIMO; P1.2 引脚
:UCA0SOMI; P1.4 引脚 :UCA0CLK
UCA0CTL1 &= ~UCSWRST;          // 释放 UCA0 复位状态，正式启动 SPI
通信
```

5. SPI通信的中断

在 SPI 通信过程中判断通信数据是否已经正常发送或接收完毕，除了采用对 UCA0TXIFG 或 UCA0RXIFG 的状态标志位进行查询的方式外，还可以采用 USCI 通信中断，待 SPI 通信数据吞吐完成后，自动进入 SPI 中断服务程序。

（1）SPI通信的中断向量

MSP430G2553 为 USCI 组件提供了一个用于 SPI 通信发送的 USCIAB0TX_VECTOR 中断向量，以及另一个用于 SPI 通信接收的 USCIAB0RX_VECTOR 中断向量。

USCIAB0TX_VECTOR 中断向量被 UCA0、UCB0 共用，以

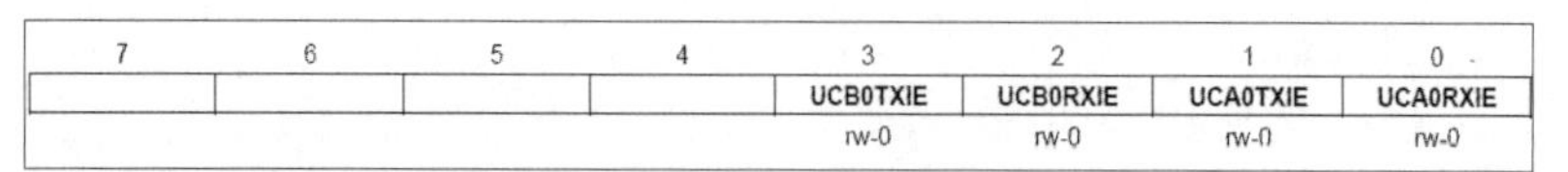

7	6	5	4	3	2	1	0
				UCB0TXIE	UCB0RXIE	UCA0TXIE	UCA0RXIE
				rw-0	rw-0	rw-0	rw-0

图 11 UCA0 的中断使能控制字

7	6	5	4	3	2	1	0
				UCB0TXIFG	UCB0RXIFG	UCA0TXIFG	UCA0RXIFG
				rw-1	rw-0	rw-1	rw-0

图 12 UCA0、UCB0 的 SPI 通信中断标志位

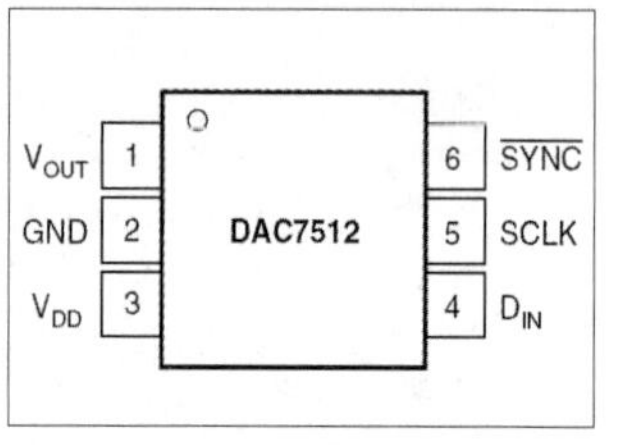

图 13 采用 SPI 的 DAC7512 引脚图

UCA0 为例，当 SPI 发送缓存 UCA0TXBUF 被清空、可以接收下一组数据时，发送中断标志位 UCA0TXIFG 被置 1；如果事先已经将 SPI 发送中断使能 UCA0TXIE、全局中断使能 GIE 置 1，系统将自动产生中断请求，并跳转到 SPI 通信的发送中断服务程序。

USCIAB0RX_VECTOR 中断向量同样被 UCA0、UCB0 共用，以 UCA0 为例，当 SPI 接收缓存 UCA0RXBUF 收到一帧完整数据时，接收中断标志位 UCA0RXIFG 将被置 1；如果事先已经将 SPI 接收中断使能 UCA0RXIE、全局中断使能 GIE 置 1，系统将自动跳转到 SPI 通信的接收中断服务程序。

（2）中断允许寄存器IE2

UCA0 的中断使能控制字位于 2# 中断使能寄存器 IE2 的最后 2 位（见图 11）。

UCA0TXIE：是否允许 UCA0 发送中断。

◆ 0：禁止发送中断（默认）。

◆ 1：允许发送中断。

UCA0RXIE：是否允许 UCA0 接收中断。

◆ 0：禁止接收中断（默认）。

◆ 1：允许接收中断。

【说明 10】打开 SPI 通信发送、接收中断的基本语法。

```
IE2 |= UCA0RXIE;        //打开 SPI 接收中断
IE2 |= UCA0TXIE;        //打开 SPI 发送中断
_EINT();               //打开单片机全局中断
```

（3）中断标志寄存器IFG2

UCA0、UCB0 的 SPI 通信中断标志位位于 2# 中断标志寄存器 IFG2 的最后 2 位（见图 12）。

UCA0RXIFG：UCA0 的接收中断标志位。

◆ 当接收缓存 UCA0RXBUF 接收到一帧完整数据时，UCA0RXIFG 将被置 1。

◆ 当 UCA0RXBUF 中的数据被读取后，UCA0RXIFG 自动清零复位。

UCA0TXIFG：UCA0 的发送中断标志位。

◆ 当发送缓存 UCA0TXBUF 为空（数据已弹出）时，UCA0TXIFG 将被置 1。

◆ 将待发送字符写入 UCA0TXBUF 后，UCA0TXIFG 标志位将自动清零复位。

【说明 11】由于 SPI 的通信速率较高，因此在常规的 SPI 通信编程时，最多也只会选择 SPI 的接收中断模式。SPI 通信的数据发送往往不会采用中断模式，而是采用连续的“数据推送 + 发送结果查询”方式，将所有的 SPI 通信数据一步步依次推送出去。查询本轮数据发送是否完毕、下一轮数据发送是否准备就绪的常用语法如下所示。

```
while ( ! (IFG2 & UCA0TXIFG));
```

UCA0TXIFG 仅仅是 IFG2 中的某一位，当数据发送未完成时，(IFG2 & UCA0TXIFG) 的结果始终为 0，则代码 while(1); 将始终在原地踏步，一直处于查询状态。当本轮 SPI 通信的数据发送完成之后，(IFG2 & UCA0TXIFG) 的结果不再为 0，代码 while(0); 将自动跳转到下一行代码并执行。

6. SPI通信示例

DAC7512 是一款 12 位 DAC 数模转换芯片，采用 SPI 协议进行数据通信。如果 MSP430G2553 采用状态机方式与 DAC7512 进行硬件 SPI 通信，编写得到的代码比采用软件模拟 SPI 时序所得到的代码更加简洁、直白。

（1）DAC7512的引脚信息

DAC7512 仅有 6 个引脚，引脚排列如图 13 所示。

DAC7512 与 SPI 通信相关的引脚有下面几个。

D_{IN}：串行数据输入，对应 SPI 通信的 SIMO 数据线。

SCLK：串行时钟输入，对应 SPI 通信的 SCLK 时钟线。

$\overline{SYNC}$：芯片使能控制，对应 SPI 通信的 STE 控制线。

与标准的 SPI 协议相比，DAC7512 只是被动接收主机发来的控制及数据信息，而无须向主机返回状态信息，因此没有单独设置 SOMI 数据线，但这并不妨碍 DAC7512 与 MSP430G2553 主机进行常规的 3 线制 SPI 通信。

DAC7512 通过 SPI 通信引脚接收从 MSP430G2553 主机

表 4 DAC7512 的片内寄存器信息

DB15	DB14	DB13	DB12	DB11	……	DB0									
未用		PD1	PD0	D11	D10	D9	D8	D7	D6	D5	D4	D3	D2	D1	D0

发来的串行数据，经过数模转换之后，再通过 VOUT 引脚输出对应的模拟电压。与 DAC0832 这些在 51 单片机接口中常用的早期 DAC 器件相比，DAC7512 无须外接集成运放即可直接输出数模转换后的模拟电压，使用更加方便。

（2）DAC7512的片内寄存器信息

DAC7512 的片内寄存器采用了 16 位宽度，其中最高两位 DB15、DB14 未使用，DB13、DB12 中存放的是 SPI 通信的工作模式控制字 PD1 与 PD0，片内寄存器的低 12 位存放了待转换的数据位 D11 ~ D0（见表 4）。

DAC7512 片内寄存器的模式控制字 PD1 与 PD0 设置了 4 种工作模式，其中当 PD1=PD0=0 时，DAC7512 进行自动的 DAC 数模转换并输出对应的模拟电压。由于 PD1~PD0、D11~D0 上电后的默认状态均为 0，所以 DAC7512 在上电后即可进入正常的 DAC 模式，VOUT 引脚输出模拟输出电压为 0V。

（3）DAC7512的通信时序

从 DAC7512 芯片文档中提取并简化得到的 SPI 时序如图 14 所示。

（4）MSP430G2553与DAC7512的硬件连接

由于 MSP430G2553 单片机 UCA0 模块的 SPI 功能引脚固定，因此与 DAC7512 进行硬件 SPI 通信的电路连接只能是如图 15 所示的唯一结构形式。不过，DAC7512 的 SYNC 引脚与 MSP430G2553 的任意一只空闲引脚相连均可。

（5）状态机方式下MSP430G2553的SPI通信代码

如果 DAC7512 的 12 位全部为高（1111 1111 1111，折合为十进制数 4096）时，输出的数模转换电压接近 3.6V 的电源电压。如果 MSP430G2553 向 DAC7512 输出 0011 1111 1111 二进制数据（折合为十进制数 1023）时，DAC7512 输出的模拟电压值约为电源电压的 1/4。

```
#include <msp430g2553.h>
unsigned char MSB_Data=0x03, LSB_Data=0xFF;
// 定义输出电压二进制数据的高 8 位与低 8 位 00000011 11111111
int main(void)
{
  WDTCTL = WDTPW + WDTHOLD;     // 关闭看门狗
  P1SEL |= BIT1 + BIT2 + BIT4 ;
  P1SEL2 |= BIT1 + BIT2 + BIT4 ;      // 配置 SPI 引脚
  P2DIR |= BIT0;                // 选择 DAC7512 的 SYNC 引脚
  UCA0CTL1|=UCSWRST;            //UCA0 保持复位
  UCA0CTL0|=UCMST+UCSYNC+UCMSB+UCCKPH;
  //SPI，主机，高位在前，默认 3 线制与 8 位数据，延时半个周期
  UCA0CTL1|=UCSSEL_2;           // 选择从时钟 SMCLK
  UCA0BR0|=0x02;                // 波特率设置
  UCA0BR1=0;                    //SMCLK 从时钟 2 分频，约 500kHz
  UCA0MCTL=0;                   //SPI 通信不涉及调制
  UCA0CTL1 &=~ UCSWRST;         //UCA0 停止复位，启动 SPI
  P2OUT|=BIT0;                  //SYNC 引脚置 1，DAC7512 不工作
  while(1)
  {
  P2OUT &=~ BIT0;           //SYNC 引脚拉低，DAC7512 开启数模转换
  UCA0TXBUF = MSB_Data;    // 发送 DAC7512 工作模式 00 及高 4 位预
设电压数据
  while (!(IFG2&UCA0TXIFG)); // 等待本轮数据发送完毕
  UCA0TXBUF = LSB_Data;      // 发送低 8 位预设电压数据
  while (!(IFG2&UCA0TXIFG)); // 等待本轮数据发送完毕
  P2OUT|=BIT0;               //SYNC 引脚置 1，DAC7512 停止工作
  }
}
```

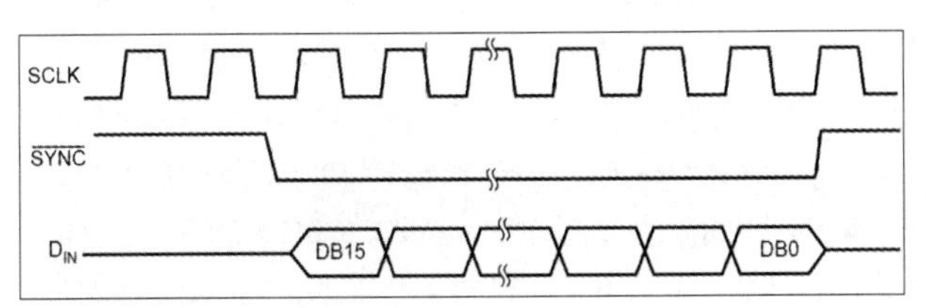

图 14 DAC7512 的 SPI 通信时序

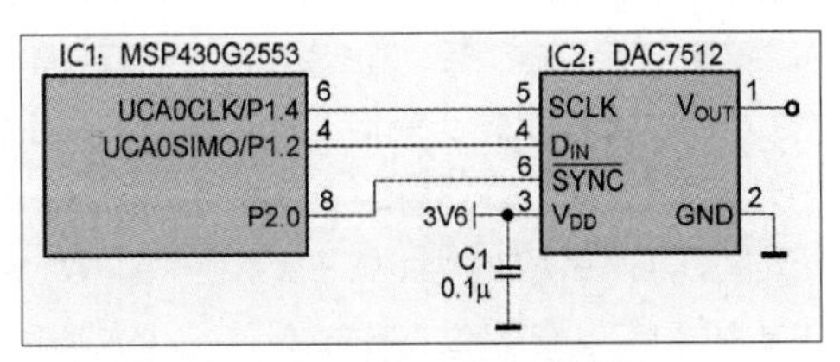

图 15 DAC7512 与 MSP430G2553 的电路

新能源汽车研发设计知识概览（13）

新能源汽车充电站设计概述

▍陈旭

广泛普及的充电设备是支持新能源汽车在全国各地畅通无阻的重要基础。至少对普通车主而言，如果出门在外经常面临无处充电或要排队很久才能充上电的境况，购置新能源乘用车出远门的意愿就会明显受到影响。新能源汽车行业和充电设备行业之间，存在着相当密切的共生共赢关系。既然充电设备的推广普及与新能源汽车的兴盛密不可分，适当介绍一下充电设备行业研发设计工作的特色内容，也就理所当然。

充电设备的本质是实现电能的转换与传输：充电设备将电网供给的交流电变换成新能源汽车电池存储所需的直流电，再依照电池需求的参数（如电压、电流等）将电能安全地传输给电池。因此，这实际上就造就了新能源汽车相对于传统燃油汽车的另一项优点：理论上，只要是有供电的地方，就可以为新能源汽车充电，不需要像燃油汽车那样专门选一片空地建成需要严格满足防火要求的加油站。只要新能源汽车和充电设备都配置有通用标准的充电接口，充电设备的形式就能根据所在的供电环境灵活多样地选择，从 7kW 的单相交流充电盒到 150kW 的大功率直流充电柜应有尽有。

最简单的交流充电盒可能是一个只提供匹配接口，对电能不做任何处理的中转连接设备。这种简单的设备结构使其能够以低成本安装在小区停车场、路边充电桩等任何地方。另外，由于大功率直流充电桩的内部设备复杂，所需供电容量大，一般会配置在专用的充电场合。新能源汽车的充电站往往和停车场合为一体，以专用的大容量供电线路，实现多辆新能源汽车大功率充电所需的充足电能供应。在大型充电站内，除了人们熟悉的充电桩之外，还需要有配套的电力配套设施和安全监控设备。图 1 所示的照片，就是安装在某公交场站内的新能源汽车群智能充电系统。

▍图 1 某公交场站内的新能源汽车群智能充电系统

为了具体、形象地说明新能源汽车充电需要专用的大容量供电线路这个问题，我们不妨以一台拥有 100kWh 电池容量的新能源汽车为例来考虑——为了拥有 500km 以上的续驶里程，100kWh 级别的电池容量是未来的发展方向。假如需要在 1h 内将这辆车的电量从 0 充满，充电功率要达到多少？答案根据简单的物理公式就可以算出：所需的充电功率 P=100kWh/1h=100kW。

如果用 220V 的日常供电电压来获取这么大的功率，会达到多大的电流呢？我们可以再次请出熟悉的物理功率公式 $P=UI$。以 220V 电压供应 100kW 功率，需要大约 454.5A 的电流。对物理知识比较熟悉的读者也会指出，以上的 $P=UI$ 仅仅只是计算出输入新能源汽车电池的直流电压与直流电流两者相乘所得的功率；我们日常生活中使用的 220V 市电都是交流电，从交流电转换为直流电需要考虑到功率因数、转换损耗等，因此从交流 220V 供电网输入的电流会比上面的 454.5A 更大一些。一般现代住宅（比如常见的三室两厅或两室两厅）的总断路器（俗称空气开关，是决定家里最大允许用电功率的保护装置）通常规格是 40~50A，由此可知：一个 100kW 充电桩对新能源汽车满功率充电时，需要相当于 9~10 户普通住宅以最大负荷用电时的总电流。

以上只是单纯考虑了一辆车与一个充电桩匹配的情况。假如有 10 个上述功率规格的充电桩，为了尽量不让车主排队，需要考虑 10 个充电桩同时使用的可能性，就需要准备 1MW 的供电容量。这样大的容量超出了 220V 终端配电网络的供电能力范围，必须使用 10kV 或 35kV 专用高压线供电，要有从远方一路牵过来的架空线，或者昂贵的地下高压电缆。一台容量规格为 1MW 左右的大变压器也是必备：不能把上万伏的高压交流电直接塞给充电机，要把电压降低后供给充电桩（如果是直流充电桩，还必须进行整流）。大功率的配电变压器需要精心呵护，必须采用过电流保护、过压欠压保护、过热保护、短路保护等各种保护装置全方位关怀备至。变压器和充电桩之间的各支线也至少要有断路器或熔断器这样的保护设备，每台充电桩要计量充电电能，并提供各种可供选择的充电方式（定时充电、指定充入电量等）。供电系统中也要安装电能计量装置。综上所述，设计一个现代化的新能源汽车充电站也是一项需要综合考虑众多因素、有一定挑战性的工作。附表中列出了充电站通常具备的典型系统设施。

附表　充电站的典型系统设施

系统分类	设备或子系统	功能说明
配电系统	高压配电装置	仅在充电站规模较大，需 10kV 以上高压线路供电时采用，主要用于高压电路通断控制和故障保护
	配电变压器	仅在充电站规模较大，需 10kV 以上高压线路供电时采用，将电网的高压供电降压为充电设备所需的 380V 电压
	低压配电装置	用于低压电路通断控制和故障保护
	电能计量装置	对充电站的总用电量、充电用电量等进行计量
	谐波治理及无功补偿装置	根据充电设备谐波分量情况和功率因数酌情选用
充电系统	直流充电桩	充电站所有通过交直流变换对电动汽车提供直流电能的充电设备统称。也称为非车载充电机
	交流充电桩	充电站所有直接对电动汽车提供交流电能的充电设备统称
监控系统	供电监控系统	监控供配电系统的通断状态、保护信号、运行参数，控制供电通断
	充电监控系统	监控各充电桩的运行参数和故障状态，处理和存储相关数据
	安防监控系统	包括视频安防监控、入侵报警监控、出入口管理等，需要时可与消防监控系统报警联动
	消防监控系统	对充电站内的火情进行监控，必要时启动自动灭火措施并发出火警信号
配套设施	照明系统	根据充电站照明需求设置
	建筑物及服务设施	监控室、办公室、充电客户休息室等酌情设置

常见的新能源汽车充电站有两种。第一种充电站和加油站类似，让需要充电的新能源汽车开到充电站进行充电，充完电后开走。第二种充电站则是和停车场相结合，通常由特定的企事业单位拥有，让新能源汽车在停车场驻留时充电。无论是哪一种类型的充电站，都要在设计时考虑到充足的电能供应需求，预先做好大功率输电线路的建设规划。

图 2 所示的公共充电站就属于第一种充电站，它位于武汉市的琴台大剧院和音乐厅附近，设计初衷是让驾驶新能源汽车前来欣赏演出的车主在此停车时进行充电。这个充电站共有 30 台充电桩，其中 20 台为直流充电桩，能够以 450V 直流电对电池直接充电，最快可以在 2h 内充满约 60kWh 容量的电池，也就是充电功率平均约 30kW 充电功率。这些直流充电桩的总充电功率约为 600kW。另有 10 台交流充电桩可提供 220V 交流电，与车载充电机连接，在 6~8h 内可充满一台普通电动乘用车的电池。有专用的 10kV 高压供电线和一台 1MVA 的变压器满足这个充电站的用电需求。高速公路服务区的公共充电站、与商业综合体合建的公共充电站都属于这种类型的充电站。

图 3 则展示了另外一种形式的新能源汽车充电站——充电站与停车场相结合。该充电站位于北京市，由当地的一家物流公司使用，公司运营的电动物流车停在这里的时候就可以充电。这种形式的充电停车场十分适合物流公司或公交公司这类拥有专用停车场地和特定车辆运营时段的企事业单位使用。当然，未来的住宅小区普及推广了地下停车库的充电桩以后，小区居民就可以享受到这种回家休息的同时顺便也能给车充满电的便利。

不同充电站的大小规模和充电设备规格、数量的配置可能各有区别，设计中需要根据具体情况制定不同方案。通常情况

图 2　位于公共场所的新能源汽车充电站

图 3　与停车场结合的新能源汽车充电站

下，充电站的主要设备配置情况如图 4 所示。正如其他所有类型的工程设计一样，在充电站设计中，重要度位列第一且亘古不变的是对安全的要求。通常，充电站的安全设计主要包括消防安全、用电安全这两个方面。前述的国家标准《电动汽车充电站设计规范》在消防安全方面已经给出了明确、具体的规定，配电系统的用电安全也已有相当详细、成熟的规则可供遵循，只要选用的充电设备在安全性能上合格且严格遵循安全规范安装，充电站的安全性能就不会出现问题。

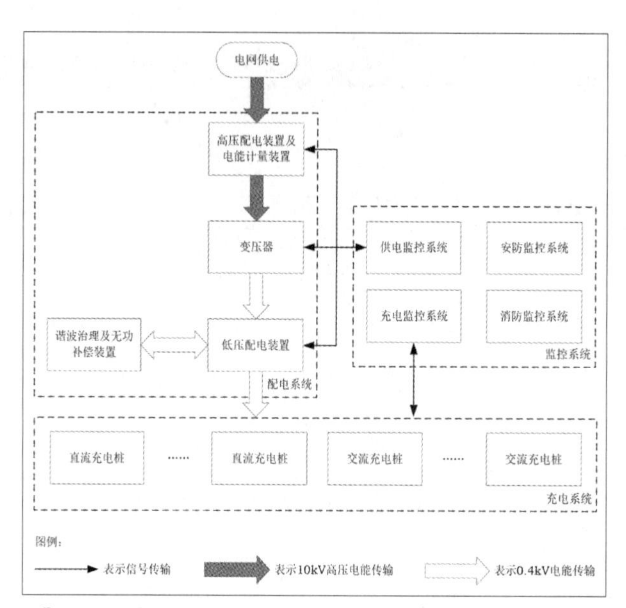

图 4 充电站的主要设备配置

除了安全相关内容外，在充电站的电气设计中，还有两项在一定程度上相互关联并且需要工程师留心的事项：限制谐波和电磁兼容。关于充电设备设计中与限制谐波和电磁兼容有关的内容，在后续的相关专题再做介绍。本专题中只简单说明充电站设计中如何考虑对谐波的限制。由于现代化的充电设备大都采用 IGBT 等大功率电力电子器件组成变流电路实现整流、调压等充电需求，在运行中会产生谐波分量。如果不采取有效措施滤除这些谐波分量，任由谐波通过充电设备的输入端口窜入电网，会导致各种有害影响：变压器和并联电容等电网设备可能异常发热甚至绝缘损坏；电网中的继电保护装置可能在谐波影响下误动作或失效等。为防止这些问题发生，根本的解决方案是在有变流装置的充电设备（包括直流充电桩和车载充电机）上通过采用谐波分量少的整流电路、加装滤波电路等合理设计，尽可能减少谐波的产生及其对向电网的传播。在充电站的设计中，工程师可以在配电系统设计时加装合适的谐波治理装置，把从配电系统传向电网的谐波限制在允许范围内。谐波的允许值在 GB/T 14549-1993《电能质量公用电网谐波》等国家标准中有详细规定，这里就不进行过多的说明。

和安全主题的要求一样，经济成本也是所有设计工作中无法忽视的主题。实际设计过程中，这两者唯一的区别或许只在于：对于涉及安全的要求，人们不允许做出让步。不过，在成本这方面，由于各种各样的原因，人们可以做出让步，在不令投资方崩溃的限度内允许超支。在充电站的初步设计中，人们会根据建设场地征用和清理费用、建筑工程费用、设备购置费用、安装工程费用等项目编制经济指标预算。考虑到建设场地征用及清理、建筑工程这几项费用通常比较固化，设备购置费用和安装工程费用更可能成为热衷于控制经济指标的财务人员和执着于达到技术指标的工程人员交锋的热点所在。

当前，配电系统、充电系统、监控系统的相关设备装置在技术上已相当成熟，从规划选址开始，主要的设计工作大都可以按部就班地完成。未来充电站设计过程中可能出现的创新空间主要在于以下几个方面。

首先，伴随着新能源汽车在各大城市的逐渐普及，有意愿在商场、写字楼等地停车时顺便充电的车主越来越多。在寸土寸金的城市空间内，怎样为更多的新能源汽车提供便捷、可靠的充电条件，也将成为工程师们发挥精彩创意的广阔天地。至少，目前已有不少展望未来的企业和技术人员热情地申请了立体停车自动充电站这类创意十足的专利。从另一个角度来看，这样的情形也很可能发生：21 世纪 20 年代以后，在购物中心等公共建筑配套的供配电系统设计中，假如没有为新能源汽车批量充电预留出足够的供电容量和相关配套线路，很可能沦为落后于时代的设计方案，甚至与那个时代的设计规范要求相悖。

其次，为了实现大功率快速充电的需求，充电设备功率的提升趋势日渐明朗。这样的发展趋势可能会使未来的充电站系统架构出现新的变化：有实力的直流充电桩企业可能会考虑从 10kV 电网取得供电后直接变换为 0.6~0.8kV 这样较高的直流电压，满足那时的新能源汽车的大功率充电需求。这种一步到位的直流充电桩方案能够省去现有大规模充电站中先把 10kV 电压降压成 0.4kV 后再升压、整流的复杂架构，有潜力提高系统运行效率，降低系统综合成本；与此同时，直联高压的充电设备也会为设计充电站的工程师们带来不一样的挑战。

对于工程师们，充电中的更多技术难题在于各种具体的充电方案及相应设备的研发设计。后续文章将会介绍新能源汽车充电方案的概况。

鸿蒙 JavaScript 开发初体验（6）
对象与弹球动画

▌程晨

前面内容，我们介绍了如何在画布中绘制静态图像。而结合定时功能，就能让静态图像在画布中呈现动态效果。本文我们就来实现一个简单的弹球动画，具体要实现的功能是在页面中显示一个不断移动的圆球，当圆球碰到页面边缘时会反弹。

在开始制作动画前，我们要先了解一下对象的概念。在 JavaScript 中，对象更像是字典，是通过键值对来保存数据的。比如定义一个自己的对象，如程序 1 所示。

程序1

```
var player = {
  name : "nille",
  height : 175,
  weight : 70
};
```

键值对中间是冒号，冒号的左侧是关键字，右侧是对应的值。不同键值对之间用逗号分隔。如果我们想查看某一项信息，可以使用符号“.”，比如“player.name”就是查看对象 player 的 name 信息。另外在 JavaScript 中可以通过直接输入信息添加对象的键值对，比如我们输入“player.age = 20”，当我们再次查看 player 的信息时，会发现这个信息已经被添加在对象中了。

这里要特别说明，键值对中的值并不只能是数字或字符串，也可以是函数。不过在对象中的函数通常称为方法。假如这里要为 player 添加一个 say() 方法，使调用这个方法时会输出信息“hello”，则输入的内容如下所示。

```
player.say = function(){console.log("hello");};
```

接着如果我们在程序中执行 player.say(),控制台就会显示输出的信息“hello”。

说明：这里要注意，因为 say 是一个方法，所以在输入代码时后面一定要加一对小括号。

好了，现在我们进入正题。这里依然沿用之前的画布。有了画布，第一步就是要建立一个 ball 对象，如程序 2 所示。这里设置了小球的初始位置、初始水平速度和初始垂直速度。

程序2

```
var ball = {
  x : 100,
  y : 100,
  xSpeed : -2,
  ySpeed : -2
};
```

第二步要定义一个绘制小球的 draw() 方法以及控制小球运动的 move() 方法，如程序 3 所示。这里我们用到了 this 关键字，this 是表示当前这个对象，这里 this.x 就是指 ball 的 x 键。this 的用途非常广泛，大家可以在学习中多多留意。

程序3

```
ball.draw = function()
{
  ctx.beginPath();
  ctx.arc(this.x,this.y,10,0,Math.PI*2,false);
  ctx.fill();
};
ball.move = function()
{
  this.x = this.x + this.xSpeed;
  this.y = this.y + this.ySpeed;
};
```

虽然现在有了绘制小球的 draw() 方法以及控制小球运动的 move() 方法，但我们还没让小球有机会使用这两个方法。要让小球动起来需要利用定时功能 setInterval() 方法，具体用法如程序 4 所示。

程序4

```
setInterval(function(){
  ctx.clearRect(0,0,400,600);
  ball.draw();
  ball.move();
},30);
```

这个方法其实有两个参数，第 1 个参数是就是需要定时执行的方法，这里我们直接把方法的内容写在了这里，即程序将会执行的一段程序；第 2 个参数是定时的时间，30 表示每 30ms 执行一次方法的参数。

如果大家觉得这些写不太容易理解，那么定时功能 setInterval 方法还有另外一种写法，即把要执行的方法独立出来，如下所示。

```
setInterval(this.moveBall,30);
```

此时就要单独实现其中的 moveBall() 方法，moveBall() 方法如程序 5 所示。

程序5

```
moveBall(){
    ctx.clearRect(0,0,400,600);
    ball.draw();
    ball.move();
}
```

在这个方法中，我们首先清除整个画布的内容（之前设置的画布大小为 400 像素 ×600 像素），然后绘制小球，最后改变小球的位置（让小球运动）。此时完整的 .js 文件的内容如程序 6 所示。

程序6

```
//newPage.js
import router from '@system.router';
var ctx = null;
//对象ball
var ball = {
  x : 100,
  y : 100,
  xSpeed : -2,
  ySpeed : -2
};
//小球的绘制方法
ball.draw = function()
{
  ctx.beginPath();
  ctx.arc(this.x,this.y,10,0,Math.PI*2,false);
  ctx.fill();
};
//小球的运动方法
ball.move = function()
{
  this.x = this.x + this.xSpeed;
  this.y = this.y + this.ySpeed;
};
export default {
  data: {
    title: 'World'
  },
  onShow()
  {
    var canv = this.$element("canvas1");
    ctx = canv.getContext("2d");//启动定时器
    setInterval(this.moveBall,30);
  },
  launch: function() {
    router.push ({
      uri: 'pages/index/index',
    });
  },
  moveBall(){
    ctx.clearRect(0,0,400,600);
    ball.draw();
    ball.move();
  }
}
```

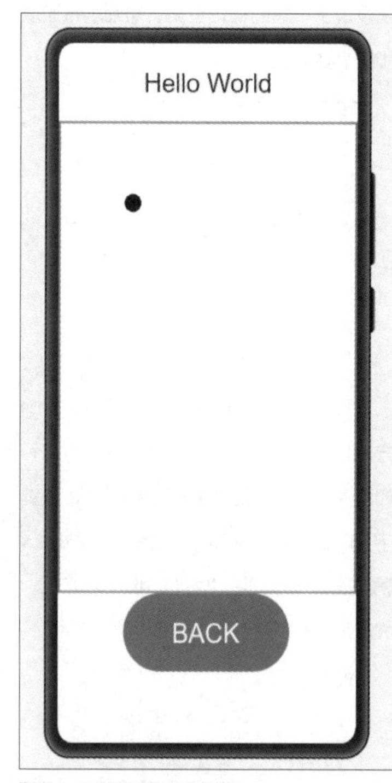

图 1 画布边框的显示效果

另外，为了能够直观地看到画布的边框，我们在 .css 文件中修改了 canvas 类的样式，如程序 7 所示。这个样式设定了在画布周围显示宽度为 2 像素的红色盒体，显示效果如图 1 所示。

程序7

```
.canvas {
    width: 400px;
    height: 600px;
    border:2px solid red;
}
```

在预览时，我们会发现小球可以运动到画布之外的区域，这和我们预想的不太一致，因此在程序中还需要添加边缘检测方法，如程序 8 所示。

程序8

```
//检测小球位置
ball.checkCanvas = function()
{
    if(this.x < 0 || this.x >400)
    this.xSpeed = -this.xSpeed;
    if(this.y < 0 || this.y >600)
    this.ySpeed = -this.ySpeed;
};
```

这个方法很简单，是通过小球的坐标，判断小球是否超出画布的尺寸。如果检测到小球的坐标超出画布的尺寸，就改变小球的运动方向（通过改变运动速度的正负值实现）。最后，我们在定时操作方法中加入边缘检测方法，当再次预览显示效果时，我们就会看到一个小球在红框内运动。

至此，我们连载的《鸿蒙 JavaScript 开发初体验》系列文章就要告一个段落了，2022 年 1 月 31 日是辛丑年最后一天，预祝大家王寅年新春快乐！

STM32入门100步（第41步）

SPI 总线通信

杜洋　洋桃电子

SPI总线

本文介绍如何用单片机读写U盘。我们采用的是带有文件系统的U盘读写芯片CH376。该芯片涉及的知识点很多，包括SPI总线、文件系统操作，学习起来有一定难度，我会尽量用简单的语言和具体的示例来讲解。要做这一节的实验，需要准备一个U盘，容量小于32GB。在计算机上将U盘格式化为FAT16或FAT32格式。格式化完成后，把U盘插入开发板右上角的USB接口。接下来设置跳线，如图1 所示，在开发板右上角的3组跳线中，将左边一组下方4个跳线，中间一组上方4个跳线，右边一组的1、2、5、6跳线短接。其他跳线按照之前的设置即可。接下来在附带资料中找到“U盘插拔测试程序”，将工程中的HEX文件下载到开发板中，效果是在OLED屏上显示“U DISK TEST”，即U盘测试程序。第二行显示“CH376 OK!”，表示单片机与CH376芯片通信成功。最下方显示“U DISK Ready!”，表示U盘已经准备就绪，证明开发板上已插入U盘。如果把U盘从开发板上取下来，“U DISK Ready!”消失；插入U盘后“U DISK Ready!”重新出现，表示单片机能读取U盘的插入和拔出状态，后续的U盘文件创建和读写操作都基于U盘的插拔操作。所以我们先从简单的开始，学习U盘状态的识别。

接下来看一下CH376芯片的外观，如

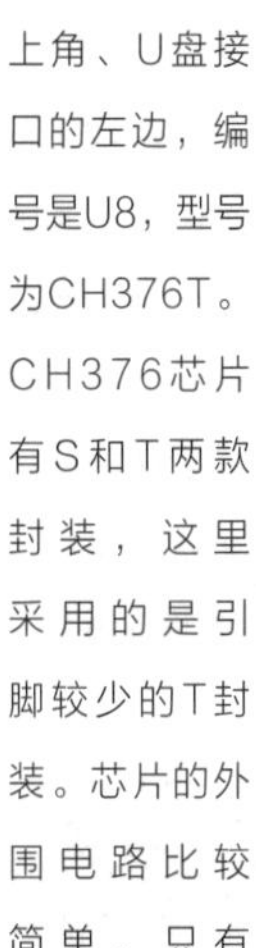
图1所示。芯片位于开发板右上角、U盘接口的左边，编号是U8，型号为CH376T。CH376芯片有S和T两款封装，这里采用的是引脚较少的T封装。芯片的外围电路比较简单，只有

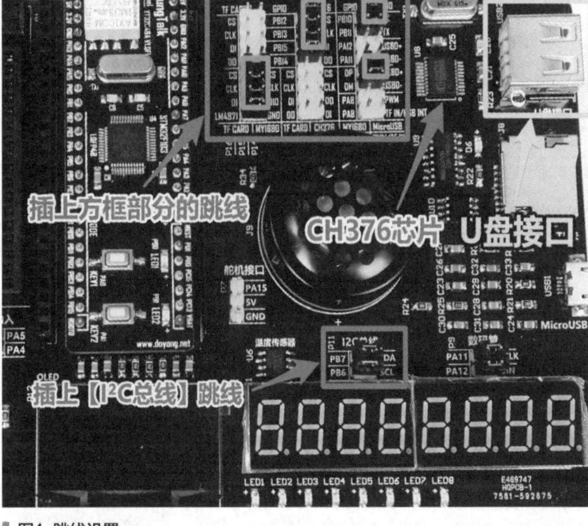

图1 跳线设置

几个电容和电阻、一个12MHz晶体振荡器。唯一复杂的设计是芯片左侧的3组跳线，这3组跳线可以决定芯片、U盘、TF（Micro SD）卡的连接方式，下文会介绍。接下来看CH376的电路原理图。先看单片机和CH376通信原理框图，如图2所示。CH376与单片机有SPI总线和UART串口两种通信方式，洋桃1号开发板使用SPI总线。因为UART串口的知识已经学过，从知识扩展的角度讲，使用SPI总线能学到SPI总线的知识。另外CH376芯片可以连接U盘和TF卡两种外部设备，目前以U盘读写为例。你也可以通过跳线设置，将TF卡连接到CH376芯片，也可以让CH376芯片对TF卡进行有文件系统的读写。关于什么是文件系统，后文将会介绍。接下来我们先学会SPI总线通信，再学习CH376驱动方法，最后学习U盘读写。

前面我简单介绍了SPI总线，STM32F103单片机共有两个SPI接口，可设为主、从两种模式，最大速率为18MB/s，有8种主模式频率，通信数据可以设置每帧8位或16位。SPI总线支持DMA功能，可以如ADC那样将数据自动存入RAM。图3所示是单片机SPI接口与SPI设备的连接图。图中单片机的SPI接口共4条线。SPI总线与I^2C总线不同，I^2C总线给每个I^2C设备分配一个地址，不同地址用于与不同设备通信，SPI总线没有地址概念，区分设备的方法是NSS设备使能端口。NSS端口会连接在一个SPI从设

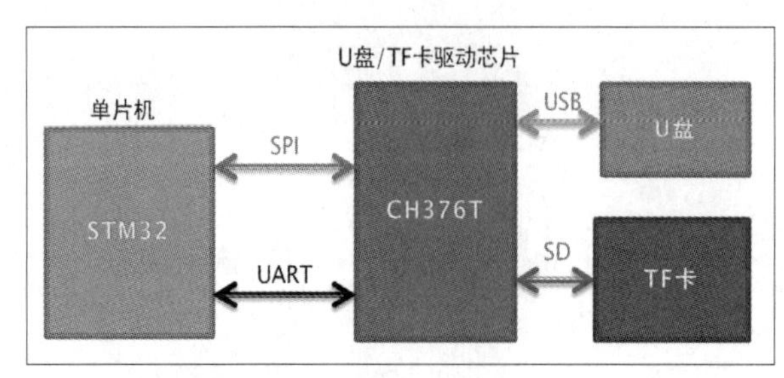

图2 单片机与CH376芯片的通信方式

备上，当端口输出低电平时，此从设备开始工作；当端口输出高电平时，此从设备停止工作。单片机的标准端口中只有一个NSS端口，只能连接一个外部设备。如果想连接多个设备，可用I/O端口模拟更多的NSS端口。如图3所示，用两个I/O端口分别连接两个从设备，要对从设备通信时，只要将从设备CS端口连接的I/O端口变为低电平，其他端口设为高电平，单片机便可单独与此从设备通信。SPI通信的缺点是从设备很多时需要占用很多I/O端口。优点是相比于I^2C总线通信，SPI总线不需发送地址，通信速度更快。SPI总线具有全双工通信模式，全双工是指可同时发送和接收数据。总线上的MISO和MOSI都是数据发送端口，但用途不同，MISO表示主机接收、从机发送，MOSI表示主机发送、从机接收。从中可知当单片机SPI主设备发送数据时，要用MOSI接口将数据发送到从设备的MOSI接口。单片机接收数据是通过MISO接口完成的。也就是从设备用MISO接口发送数据给单片机。由于发送与接收分别是两条线，所以可同时进行。SCK是时钟同步线，由主设备发送时钟同步频率，从设备根据时钟同步频率通信。另外，所有的主设备和从设备都需要共地（GND连接在一起），这样就能实现SPI通信。

接下来看SPI接口在单片机上的引脚定义。洋桃1号开发板上的48脚单片机上共有两组SPI接口，其中SPI1连接第14～17脚，SPI2连接第25～28脚。单片机第14脚是SPI1中的NSS端口（片选端口），第15脚是SPI1中的SCK端口（时钟同步），第16脚是SPI1中的MISO，第17脚是SPI1中的MOSI。SPI2总线的第25脚是SPI2中的NSS端口，第26脚是SPI2中的SCK，第27脚是SPI2中的MISO，第28脚是SPI2中的MOSI。洋桃1号开发板和CH376芯片连接的是SPI2总线，SPI1总线没有使用，端口用于ADC或I/O端口等功能。SPI总线通信时序图如图4所示。图中上方是NSS端口，SPI总线不通信时，NSS端口保持高电平；SPI总线通信时，主设备（单片机）将NSS端口变为低电平，NSS端口连接的从设备进入工作状态。NSS端口要一直保持低电平，直到通信结束。接下来间隔一段时间，由主设备向SCK接口输出时钟脉冲（图中的第2行的方波），脉冲的速度和频率由单片机程序决定。第三、四行是数据线MOSI和MISO，两条数据线在SCK上沿位置给出相应的高、低电平，即发送和接收的数据。图中显示的“方块波形”表示此处可以是高电平或低电平，要由发送或接收的具体数据决定。随着时钟脉冲发送的数据从方块7到方块0共8位，即1字节。发送结束后，SCK端口脉冲停止，NSS端口回到高电平，从设备停止工作。以上是SPI总线的一次通信过程。需要注意：SPI总线通信协议并不是固定的，可设置的内容有以下几点：在发送位时是高位在前（先发送方块7）还是低位在前（先发送方块0），数据采样是上采样还是下采样，数据长度是16位还是8位。这些要在通信之前设置好。

接下来打开“洋桃1号开发板电路原理

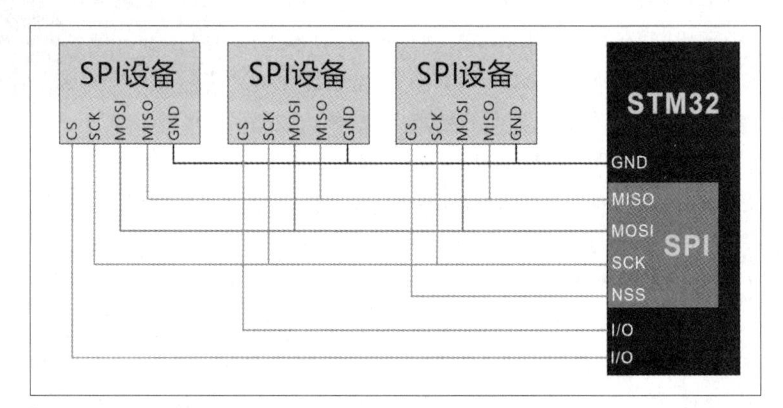

图3 SPI总线连接图

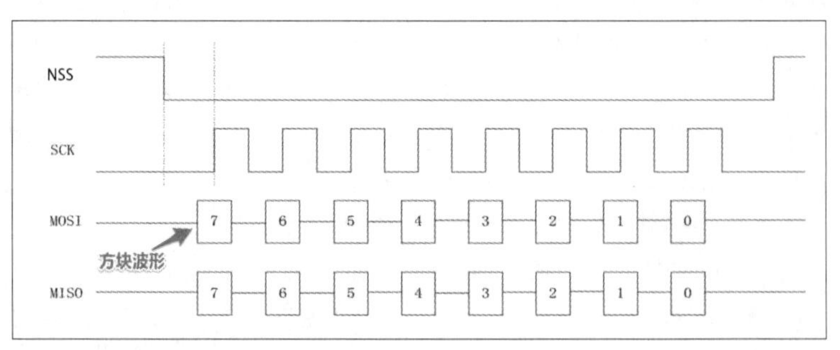

图4 SPI通信时序图

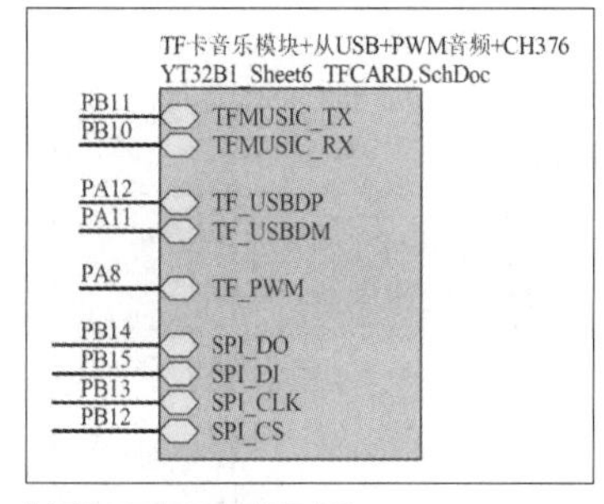

图5 TF卡和U盘的子电路

图（开发板总图）”，图5所示是TF卡音乐模块+从USB+PWM音频+CH376子电路。现在只看CH376电路部分。PB12～PB15所连接的4个端口是SPI总线端口，连接单片机的第25～28引脚SPI2总线复用端口。其中SPI_CS是NSS端口，SPI_CLK是SCK端口，SPI_DI是MOSI端口，SPI_DO是MISO端口。打开“洋桃1号开发板电路（TF卡和U盘部分）”文件，如图6所示。图中左下角的跳线P16对应开发板右上角3组跳线中的最左边一组。SPI的4个端口连接4个跳线，和网络标号S_CS、S_CLK、S_DI和S_DO连接。如果将跳线P16中的9～16 4个跳线短接。SPI2端口就和TF卡槽连接。但是我们不使用TF卡槽，而是要连接CH376芯片。所以将P16的9～16 4个跳线断开。再看图纸右上角的P15跳线，单片机的SPI2总线也连接在P15跳线上。如果将P15中的9～16 4个跳线短接，SPI2总线就和CH376芯片连接。U8就是CH376T芯片。开发板右上角的3种跳线中间一排最上方的4个跳线短接，此跳线就是P15跳线的9～16。这4个跳线短接就使SPI总线和CH376连接。

接下来看CH376外围电路。芯片第1脚连接网络标号READY，标号连接TF卡槽第9脚，旁边有标注是“卡插入时9脚为低电平”。也就是说第9脚是TF卡插入状态标志，有卡时第9脚为低电平，将第9脚与INT端口连接，使得TF卡插入时给CH376传达中断信号。第2脚是复位引脚，它有内部复位电路，悬空即可。第3脚用于选择通信方式，接高电平是USART通信，接低电平是SPI通信，当前接地，即SPI通信。使用SPI通信时，第4、5脚失效，因为它们是USART通信端口。第6脚SD_DI、第19脚SD_CK、第18脚SD_DO、第17脚SD_CS，这4个引脚用来连接TF卡。通过跳线P15的1～8 4个跳线的短接可连接TF卡接口。第7脚是3.3V电源输入，第8、9脚是USB接口的数据线UD+和UD-，连接在U盘接口的数据线上，U盘被插入后，U盘数据线和CH376连接。第10脚是共地端（GND）。第11、12脚连接一个12MHz晶体振荡器，晶体振荡器必须连接，否则芯片不能工作。第12脚晶体振荡器的输出端连接20pF起振电容。

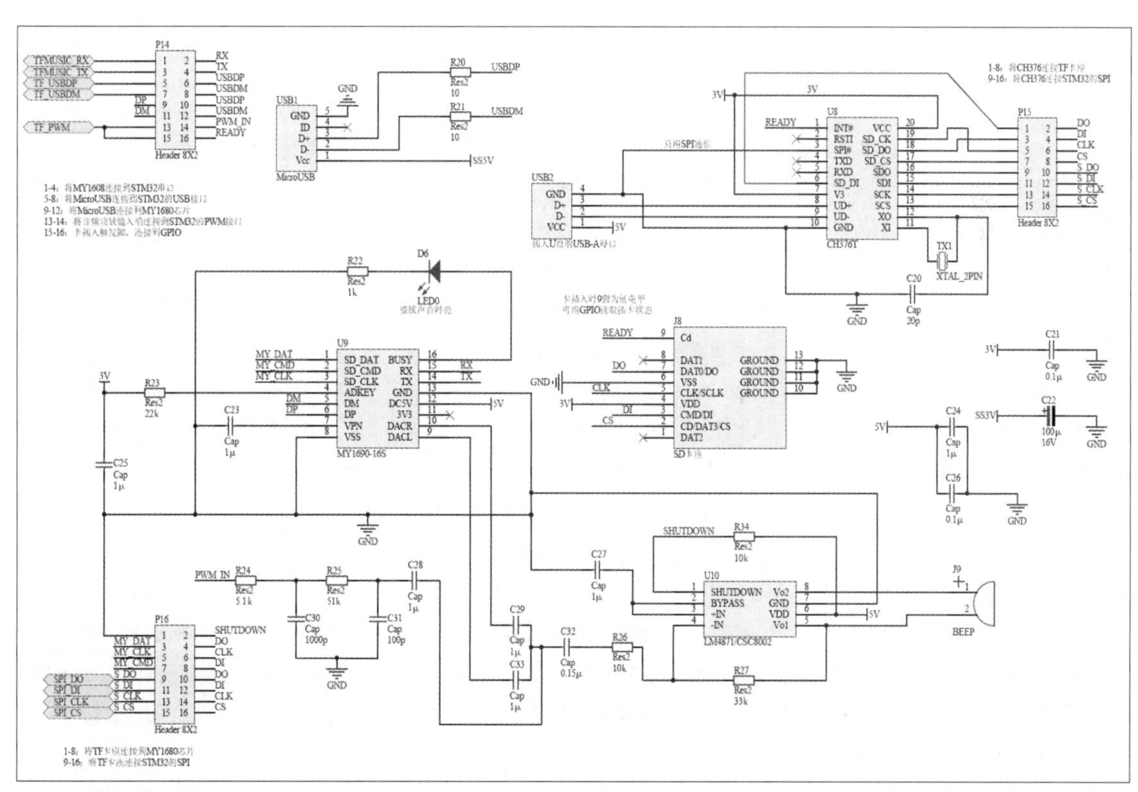

图6 TF卡和U盘部分电路

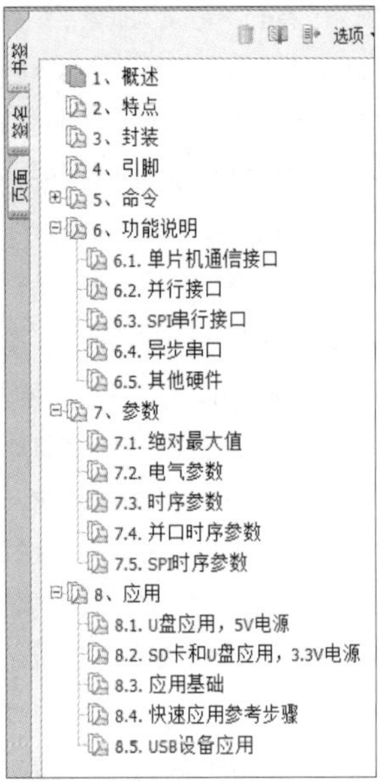

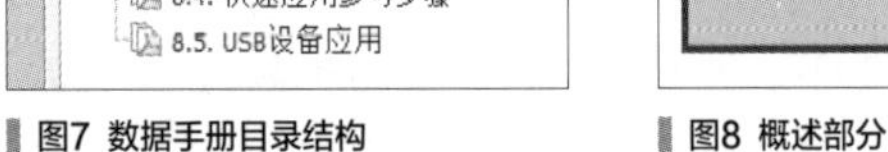

图7 数据手册目录结构

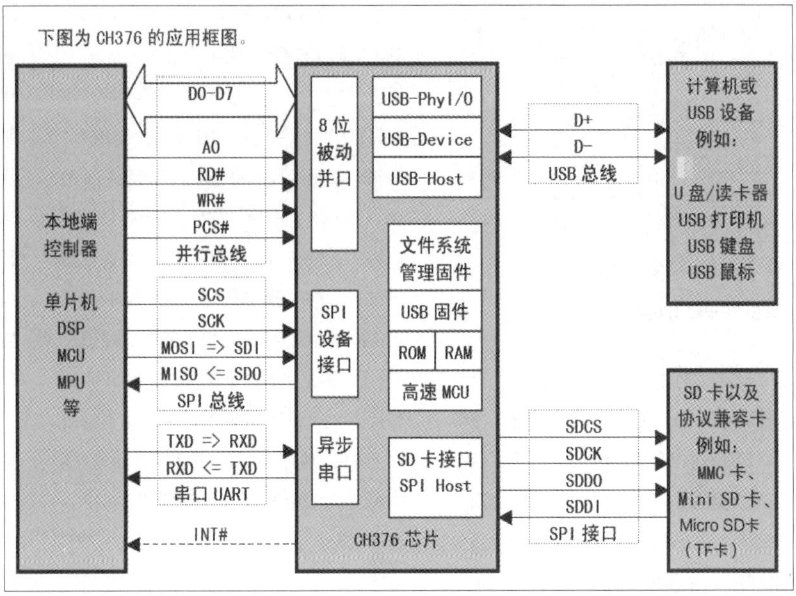

图8 概述部分

第13~16脚是与单片机连接的SPI端口。第20脚是电源正极VCC，连接3.3V电源。这样设计电路，CH376芯片便可读取U盘的工作状态。

数据手册分析

为了进一步介绍SPI总线通信和CH376芯片的使用方法，我们需要分析CH376芯片的数据手册，了解芯片的性能和参数对分析程序大有帮助。接下来在附带资料的“洋桃1号开发板周围电路手册资料”文件夹中打开“CH376中文数据手册”文档。如图7所示，文档左侧有索引目录，给出了文档的基本结构，包括概述、特点、封装、引脚、命令、功能说明、参数、应用。命令是指CH376芯片的指令集表，指令的内容在分析程序时再细讲。功能说明是指单片机的通信接口，有并口、SPI接口、串口和其他硬件。参数是指电气参数、时序图。应用章节介绍CH376芯片如何驱动U盘或SD卡（含TF卡）。接下来按照目录顺序详细分析文档。首先看“概述”，该部分介绍芯片用途与特点。如图8所示，CH376是文件管理控制芯片，用于单片机读写U盘或SD卡保存的文件。文件的读写带有文件系统，文件系统是指如计算机对U盘或SD卡数据的读写，计算机操作系统（如Windows）读写U盘或SD卡是基于一个文件操作。包括创建文件夹和文件都属于文件系统的操作。CH376芯片支持USB设备和USB主机方式，它既可作为主机，也可作为从机。它内置USB通信协议和SD卡的通信接口固件，内置FAT16、FAT32的文件系统管理固件，支持常用的USB存储设备，包括U盘、USB硬盘、USB闪存卡、USB读卡器和SD卡。SD卡分为标准容量和大容量（HCSD），还有与它兼容的MMC卡、Mini SD卡和Micro SD卡（TF卡）。CH376支持3种通信接口，包括8位并口、SPI总线接口和异步串口（UART串口）。单片机可以用以上接口与CH376芯片通信。CH376芯片的USB设备方式与CH372芯片完全兼容，而且USB主机模式和CH375芯片完全兼容。也就是说，芯片集成了CH372芯片的USB从设备，还集成了CH375芯片的USB主设备，一款芯片实现主、从两种设备。如图8所示，框图中央是CH376芯片，方框里给出芯片内部结构，外接控制部分包括USB总线、通过USB总线连接外部的USB设备（包括闪存卡、读卡器、打印机、键盘、鼠标）。将这些设备通过USB线连接到芯片内部，内部功能支持外部设备的通信。SD卡接口通过SPI总线与SD卡连接。SD卡通信有SD和SPI两种方式。芯片有3种与单片机通信的方式，分别为8线并口、SPI总线、UART串口。芯片还有INT中断输出接口，可给单片机输出中断信号。

接下来看“特点”，芯片的特点是支持低速（1.5Mbit/s）和全速（12Mbit/s）的USB通信，兼容USB 2.0协议，支持USB HOST主机模式、USB DEVICE设备接口，支持动态切换主机和设备方式。自动检测USB设备的连接和断开。芯片提供6MHz的SPI主机接口（SD卡通信的SPI接口）。内部固件处理海量存储设备的专用通信协议，支持Bulk-Only传输协议和SCSI、UFI、RBC或等效命令集的

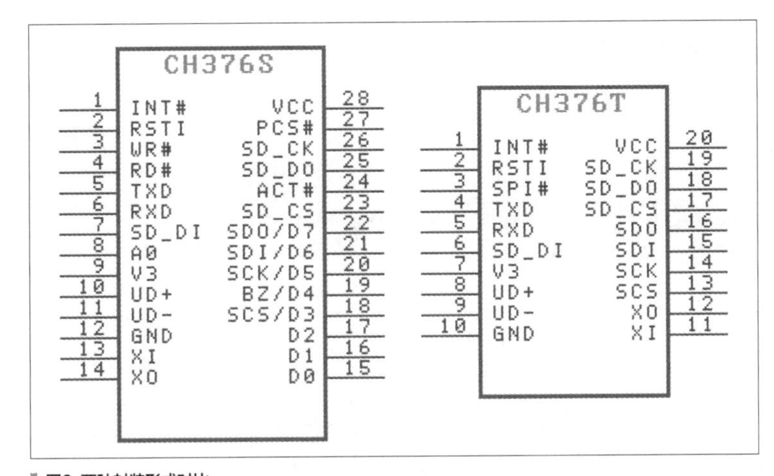

图9 两种封装形式对比

USB存储设备。也就是说芯片集成了很多USB存储设备的通信协议，单片机开发者不需要研究协议，只要给出指令，CH376芯片就可以自动完成通信，读写U盘。芯片内置FAT16和FAT32的文件系统管理固件，容量最高可达32GB。芯片提供文件管理功能，包括打开、新建、删除、枚举、搜索、创建子目录、支持长文件名。这些都是U盘存储的文件系统操作，与计算机操作系统里的操作相同。在计算机上打开文件夹，在文件夹里面创建、删除文件，都属于文件系统的操作。CH376芯片能通过单片机对U盘文件进行同样的操作。芯片支持文件读写功能，可以以字节或扇区为单位对多级目录下的文件进行读写。也就是说CH376芯片可以读出指定文件的内容，也可以向文件写入内容，类似在计算机上对文件进行操作。另外它还支持硬盘管理，包括初始化硬盘、查询物理容量、查询剩余空间、读写物理扇区等基础的文件系统操作。另外它还有速度为2Mbit/s的并口、速度为2Mbit/s或频率为24MHz的SPI接口（芯片与单片机通信）、速度为3Mbit/s的UART串口。芯片支持5V和3.3V供电，支持低功耗模式。接下来看“封装”，CH376芯片共有两种封装形式，如图9所示，一种是SOP28封装（型号是CH376S），有28个引脚；另一种是SSOP20封装（型号是CH376T），体积较小，有20个引脚。洋桃1号开发板上使用后者。从封装图上可看到芯片的接口定义。SSOP20封装的接口定义已经分析过了，SOP28封装的功能和定义大体相同，只是引脚位置不同，加了一些新的功能。接下来看“引脚”，看看两款芯片到底有哪些区别。如图10所示，第一列是

CH376S 引脚号	CH376T 引脚号	引脚名称	类型	引脚说明
28	20	VCC	电源	正电源输入端，需要外接0.1μF电源退耦电容
12	10	GND	电源	公共接地端，需要连接USB总线的地线
9	7	V3	电源	使用3.3V电源电压时连接VCC输入外部电源， 使用5V电源电压时外接容量为0.01μF退耦电容
13	11	XI	输入	晶体振荡器输入端，需要外接12MHz晶体
14	12	XO	输出	晶体振荡器反相输出端，需要外接12MHz晶体
10	8	UD+	USB信号	USB总线的D+数据线
11	9	UD-	USB信号	USB总线的D-数据线
23	17	SD_CS	开漏输出	SD卡SPI接口的片选输出，低电平有效，内置上拉电阻
26	19	SD_CK	输出	SD卡SPI接口的串行时钟输出
7	6	SD_DI	输入	SD卡SPI接口的串行数据输入，内置上拉电阻
25	18	SD_DO	输出	SD卡SPI接口的串行数据输出
25	18	RST	输出	在进入SD卡模式之前是 电源上电复位和外部复位输出，高电平有效
22～15	无	D7～D0	双向三态	并口的8位双向数据总线，内置上拉电阻
18	13	SCS	输入	SPI接口的片选输入，低电平有效，内置上拉电阻
20	14	SCK	输入	SPI接口的串行时钟输入，内置上拉电阻
21	15	SDI	输入	SPI接口的串行数据输入，内置上拉电阻
22	16	SDO	三态输出	SPI接口的串行数据输出
19	无	BZ	输出	SPI接口的忙状态输出，高电平有效
8	无	A0	输入	并口的地址输入，区分命令口与数据口，内置上拉电阻， 当A0=1时可以写命令或读状态，当A0=0时可以读写数据
27	无	PCS#	输入	并口的片选控制输入，低电平有效，内置上拉电阻
4	无	RD#	输入	并口的读选通输入，低电平有效，内置上拉电阻
3	无	WR#	输入	并口的写选通输入，低电平有效，内置上拉电阻
无	3	SPI#	输入	在芯片内部复位期间为接口配置输入，内置上拉电阻
5	4	TXD	输入 输出	在芯片内部复位期间为接口配置输入，内置上拉电阻， 在芯片复位完成后为异步串口的串行数据输出
6	5	RXD	输入	异步串口的串行数据输入，内置上拉电阻
1	1	INT#	输出	中断请求输出，低电平有效，内置上拉电阻
24	无	ACT#	开漏输出	状态输出，低电平有效，内置上拉电阻。 在USB主机方式下是USB设备正在连接状态输出； 在SD卡主机方式下是SD卡SPI通信成功状态输出； 在内置固件的USB设备方式下是USB设备配置完成状态输出
2	2	RSTI	输入	外部复位输入，高电平有效，内置下拉电阻

图10 引脚定义

ESP8266 开发之旅 网络篇（13）

WebServer——ESP8266WebServer库的使用（上）

单片机菜鸟博哥

在前面的连载中，笔者介绍了ESP8266WiFi库中TCP Server的用法，并模拟了HTTP WebServer的功能。但是可以看出，通过TCP Server处理HTTP请求，需要我们自己解析请求协议以及判断各种数据，稍不小心就会出现错误。那有没有针对HTTP WebServer操作的库呢？这就是本篇需要跟大家讲解的ESP8266WebServer库。

这里需要注意，ESP8266WebServer库不属于ESP8266WiFi库的一部分，所以需要引入下面的代码。

```
#include <ESP8266WebServer.h>
```

HTTP是基于TCP协议的，所以在ESP8266WebServer源码中会看到WiFiServer和WiFiClient的踪迹。

```
……
struct RequestArgument {
  String key;
  String value;
};
WiFiServer  _server;
WiFiClient  _currentClient;
……
```

ESP8266WebServer库

如果有读者下载源码的话，那么就可以看到ESP8266WebServer库的目录，

SOP28封装的引脚号，第二列是SSOP20封装的引脚号，第三列是引脚定义名称。同样的引脚定义对应在两种封装上，引脚号不同。比如电源正极在SOP28封装中是28脚，在SSOP20封装中是20脚。在开发中需要把SSOP20改成SOP28封装时，需要仔细查看引脚定义的区别。除了引脚编号的差异，SOP28封装的部分引脚在SSOP20封装中没有。比如并口的8位双向数据总线在SOP28封装的15~22脚，在SSOP20封装中没有。也就是说SSOP20封装不支持并口通信，只支持SPI和UART通信。很多引脚在SSOP20封装标为“无”，则表示没有SOP28封装中对应的引脚。ACT接口在SOP28封装是第24脚，在SSOP20封装中没有。ACT引脚是状态输出，用于连接状态指示灯。USB设备连接成功或SD卡读取成功时指示灯点亮。“指令”在分析程序时才能用到，暂时不做介绍。

再看“功能说明”，首先是单片机通信接口，给出了CH376S与单片机的3种通信方式，SSOP20封装不支持并口，只支持SPI和UART接口。芯片上电复位时，先采样SPI引脚（第3脚）状态，当引脚为低电平表示使用SPI接口，为高电平时使用UART串口。所以电路中SPI引脚连接GND，默认使用SPI接口。另外INT引脚是中断请求，低电平有效。它可以连接单片机的中断输入接口，但不连接也没关系，单片机可以用其他方式获取中断。具体每种通信方式的通信说明，有并口、串口和SPI接口，我们只看第17页6.3章节的SPI接口，SPI引脚说明包括片选引脚SCS、串行时钟引脚SCK、数据输入引脚SDI、数据输出引脚SDO、接口状态BZ（BZ只在SOP28封装才有）。文中还介绍了SPI接口和单片机的连接方式，SCK引脚与SPI总线的SCK连接，SDI引脚连接单片机的MOSI，SDO引脚连接单片机的MISO。STM32使用硬件SPI接口，这里对硬件SPI给出建议。建议硬件SPI先设置2个寄存器，数据位设置为高位在前。这个说明非常重要，在介绍SPI初始化程序时需要按此说明设置。接下来介绍了SPI接口支持SPI的模式0和模式3。CH376芯片总是从SPI时钟SCK的上升沿输出数据，并在允许输出时从SCK的下降沿输出数据，数据位顺序是高位在前，满8位为一个字节。接下来是SPI的操作步骤。第1步片选引脚变成低电平，第2步单片机向SPI输出一个字节的数据，第3步单片机查询BZ引脚（SSOP20封装没有BZ引脚，通过延时函数代替，延时1.5μs避开繁忙状态），第4步按写或读的操作分别进行说明，第5步单片机向NSS端口输出高电平，结束SPI通信。

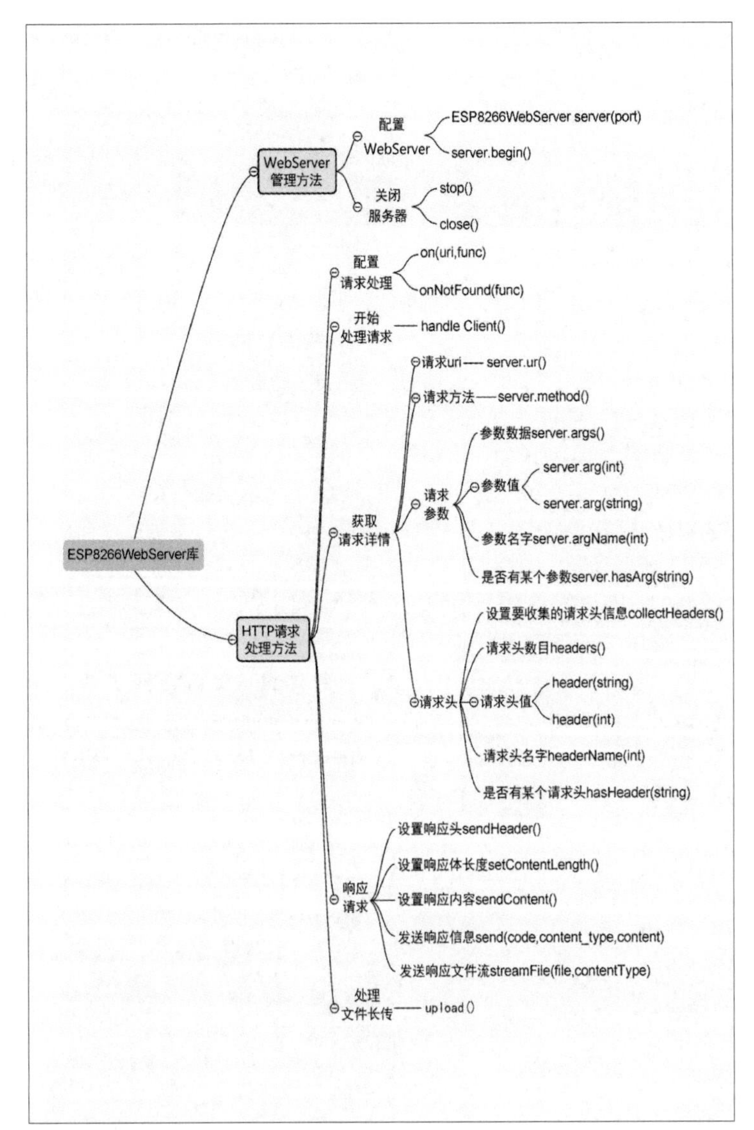

图1 ESP8266WebServer 库的思维导图

这里笔者放的是自己总结的思维导图（见图1）。

根据功能，我们可以把方法分为两大类：WebServer 管理方法和 HTTP 请求处理方法。HTTP 请求处理方法主要包括处理 Client 请求方法和响应 Client 请求方法。这里笔者希望读者可以先理解 ESP8266HTTPClient 库的使用（见《无线电》杂志 2021 年 9~11 月刊），然后再来仔细查看本文内容，相信大家会事半功倍。

1. WebServer管理方法

HTTP 请求方法又可以继续细分。

（1）ESP8266WebServer()

```
/* 创建 WebServer
 * @param  addr  IPAddress (IP 地址)
 * @param  port  int  (端口号，默认是 80) */
ESP8266WebServer(IPAddress addr, int port = 80);

/* 创建 WebServer(使用默认的 IP 地址)
 * @param  port  int  (端口号，默认是 80) */
ESP8266WebServer(int port = 80);
```

（2）begin()

```
/* 启动 WebServer */
void begin();
/* 启动 WebServer
 * @param port uint16_t 端口号 */
void begin(uint16_t port);
```

> 注意
>
> 尽量在配置好各个请求处理之后再调用 begin() 方法。

（3）close()

```
/* 关闭 WebServer，关闭 TCP 连接 */
void close();
```

（4）stop()

```
/* 关闭 WebServer
 * 底层调用 close(); */
void stop();
```

2. 处理Client请求方法

（1）on() —— 官方请求响应回调

函数 1 说明如下。

```
/* 配置 URI 对应的 Handler，Handler 也就是处理方法
 * @param  uri  const String(URI 路径)
 * @param  handler  THandlerFunction (对应 URI 处理函数) */
void on(const String &uri, THandlerFunction handler);
```

函数 2 说明如下。

```
/* 配置 URI 对应的 Handler，Handler 也就是处理方法
 * @param  uri  const String(URI 路径)
 * @param  method  HTTPMethod(HTTP 请求方法)
 * 可选参数：HTTP_ANY、HTTP_GET、HTTP_POST、HTTP_PUT、
   HTTP_PATCH、HTTP_DELETE、HTTP_OPTIONS
 * @param  fn  THandlerFunction (对
```

```
应URI处理函数）*/
void on(const String &uri, HTTPMethod method, THandlerFunction fn);
```

注意

这里对应的HTTPMethod是HTTP_ANY，也就是不区分GET、POST等方法。

函数3说明如下。

```
/* 配置URI对应的Handler，Handler也就是处理方法
 * @param uri const String(URI路径)
 * @param method HTTPMethod(HTTP请求方法)
 * 可选参数：HTTP_ANY、HTTP_GET、HTTP_POST、HTTP_PUT、HTTP_PATCH、HTTP_DELETE、HTTP_OPTIONS
 * @param fn THandlerFunction （对应URI处理函数）
 * @param ufn THandlerFunction （文件上传处理函数）*/
void on(const String &uri, HTTPMethod method, THandlerFunction fn, THandlerFunction ufn);
```

请求处理函数THandlerFunction定义如下。

```
typedef std::function<void(void)> THandlerFunction;
//也就是说，我们的请求处理函数定义应该是：
void methodName(void);
//一般我们习惯写成：
void handleXXXX(){
  //以下写上处理代码
}
```

注意

函数1和函数2两个on方法最终都会调用到这个方法。最终底层代码会把fn、ufn、uri、method封装成RequestHandler（FunctionRequestHandler）。

这里，大家看看on()方法的源码。

```
/* 绑定URI对应的请求回调方法
 * @param uri const String(URI路径)
 * @param method HTTPMethod （HTTP请求方法）
 * 可选参数：HTTP_ANY、HTTP_GET、HTTP_POST、HTTP_PUT、HTTP_PATCH、HTTP_DELETE、HTTP_OPTIONS
 * @param fn THandlerFunction （对应URI处理函数）
 * @param ufn THandlerFunction （文件上传处理函数）*/
void ESP8266WebServer::on(const String &uri, HTTPMethod method, ESP8266WebServer::THandlerFunction fn, ESP8266WebServer::THandlerFunction ufn) {
  _addRequestHandler(new FunctionRequestHandler(fn, ufn, uri, method));
}
/* 组成请求处理链表
 * @param RequestHandler* 请求处理者
*/
void ESP8266WebServer::_addRequestHandler(RequestHandler* handler) {
  if (!_lastHandler) {
    _firstHandler = handler;
    _lastHandler = handler;
  }
  else {
    _lastHandler->next(handler);
    _lastHandler = handler;
  }
}
```

注意

这里用到了一种叫作“责任链设计模式”的思路，各个请求组成了一个顺序链表。既然是链表，那么意味着排在前面的请求可以优先得到处理，读者可以考虑哪些请求概率比较高，将其优先放在链表前面。另外，on()方法用到了FunctionRequestHandler来包装请求处理。

（2）addHandler()——自定义请求响应回调

```
/* 添加一个自定义的RequestHandler（请求处理）
 * @param handler RequestHandler （自主实现的RequestHandler）*/
void addHandler(RequestHandler* handler);
```

其源码如下。

```
/* 添加一个自定义的RequestHandler（请求处理）
 * @param handler RequestHandler （自主实现的RequestHandler）*/
void ESP8266WebServer::addHandler(RequestHandler* handler) {
  _addRequestHandler(handler);
}
```

到这里，我们需要了解一下RequestHandler到底是什么样的类，我们先来看看RequestHandler的类结构。

```
class RequestHandler {public:
  virtual ~RequestHandler() { }
  //判断请求处理者是否可以处理该URI，并且匹配method
  virtual bool canHandle(HTTPMethod method, String uri) { (void) method; (void) uri; return false; }
  //判断请求处理者是否可以处理文件上传，一般用于HTTP文件上传
  virtual bool canUpload(String uri) { (void) uri; return false; }
  //调用处理方法—普通请求
  virtual bool handle(ESP8266WebServer& server, HTTPMethod requestMethod, String requestUri) { (void) server; (void) requestMethod; (void) requestUri; return false; }
  //调用处理方法—文件上传
  virtual void upload(ESP8266WebServer& server, String requestUri, HTTPUpload& upload) { (void) server; (void) requestUri; (void) upload; }
```

```
  //获取当前处理者的下一个处理者
  RequestHandler* next() { return _next; }
  //设置当前处理者的下一个处理者，这里就是责任链的关键
  void next(RequestHandler* r) { _next = r; }
  private:
  RequestHandler* _next = nullptr;
};
```

可以看出，RequestHandler主要包装了WebServer可以处理的HTTP请求。当有请求来的时候，就会调用对应的RequestHandler。接下来我们看看用得最多的一个RequestHandler子类——FunctionRequestHandler类（上面说到了这点）。

```
class FunctionRequestHandler : public RequestHandler {public:
  FunctionRequestHandler(ESP8266WebServer::THandlerFunction fn, ESP8266WebServer::THandlerFunction ufn, const String &uri, HTTPMethod method)
  : _fn(fn)
  , _ufn(ufn)
  , _uri(uri)
  , _method(method)
  {
  }
  bool canHandle(HTTPMethod requestMethod, String requestUri) override {
    //以下判断这个Handler是否可以处理这个requestUri
    //判断requestMethod是否匹配
    if (_method != HTTP_ANY && _method != requestMethod)
    return false;
    //判断requestUri是否匹配
    if (requestUri != _uri)
    return false;
    return true;
  }
  bool canUpload(String requestUri) override {
    //判断这个Handler是否可以处理这个文件上传请求
    //判断文件上传函数是否实现；或者开发者定义了文件上传函数，但是method不是HTTP_POST或者requestUri，没对上
    if (!_ufn || !canHandle(HTTP_POST, requestUri))
    return false;
    return true;
  }
  bool handle(ESP8266WebServer& server, HTTPMethod requestMethod, String requestUri) override {
    (void) server;
    if (!canHandle(requestMethod, requestUri))
    return false;
    //调用请求处理函数
    _fn();
    return true;
  }
  void upload(ESP8266WebServer& server, String requestUri, HTTPUpload& upload) override {
    (void) server;
    (void) upload;
    if (canUpload(requestUri))
    //调用处理文件上传函数
    _ufn();
  }
  protected:
  //通用请求处理函数
  ESP8266WebServer::THandlerFunction _fn;
  //文件上传请求处理函数
  ESP8266WebServer::THandlerFunction _ufn;
  //匹配的URI
  String _uri;
  //匹配的HTTPMethod
  HTTPMethod _method;
};
```

通过分析上面的代码，大家应该对请求处理类有了一个初步认识，这样用起来就能得心应手。

（3）onNotFound()

```
/* 配置无效URI的Handler
 * @param fn THandlerFunction （对应URI处理函数） */
void onNotFound(THandlerFunction fn); //未分配处理程序时调用
```

注意

当找不到可以处理某一个HTTP请求的方法时就会调用该函数配置的fn。当然，如果你没有配置这个方法也可以，因为核心库底层有默认实现。

```
...... if (!handled) {
  using namespace mime;
  //发送默认的404错误
  send(404, String(FPSTR(mimeTable[html].mimeType)), String(F("Not found: ")) + _currentUri);
  handled = true;
}
......
```

（4）onFileUpload()

```
/* 配置处理文件上传的Handler
 * @param fn THandlerFunction （对应URI处理函数） */
void onFileUpload(THandlerFunction fn); //处理文件上传
```

3. 处理Client请求方法

（1）uri()

```
/* 获取请求的URI */
String uri();
```

（2）method()

```
/* 获取请求方法 */
HTTPMethod method()
```

其中，HTTPMethod取值范围如下。

```
enum HTTPMethod { HTTP_ANY, HTTP_GET, HTTP_POST, HTTP_PUT, HTTP_PATCH, HTTP_DELETE, HTTP_OPTIONS };
```

（3）arg(name)

```
/* 根据请求 key 获取请求参数的值
 * @param name String（请求 key） */
String arg(String name); //按名称获取请求参数值
```

（4）arg(index)

```
/* 获取第几个请求参数的值
 * @param i int（请求 index） */
String arg(int i);  //按数字获取请求参数值
```

（5）argName(index)

```
/* 获取第几个请求参数的名字
 * @param i int（请求 index） */
String argName(int i);  //按编号获取请求参数名称
```

（6）args()

```
/* 获取参数个数 */
int args(); //获取参数计数
```

（7）hasArg()

```
/* 是否存在某个参数 */
bool hasArg(String name);  //检查参数是否存在
```

（8）collectHeaders()

```
/* 设置需要收集的请求头（1~n 个）
 * @param headerKeys[] const char * 请求头的名字
 * @param headerKeysCount const size_t 请求头的个数 */
void collectHeaders(const char* headerKeys[], const size_t headerKeysCount); // 设置要收集的请求头
```

（9）header(name)

```
/* 获取请求头参数值
 * @param name  const char *  请求头的名字
 * @return value of headerkey（name）
*/
String header(String name);  // 按名称获取请求头值
```

（10）header(index)

```
/* 获取第 i 个请求头参数值
 * @param i  size_t  请求头索引值
 * @return value of header index */
String header(int i);// 按编号获取请求头参数值
```

（11）headerName(index)

```
/* 获取第 i 个请求头名字
 * @param i  size_t  请求头索引值
 * @return name of header index
 */
String headerName(int i);// 按编号获取请求头名称
```

（12）headers()

```
/* 获取收集请求头个数
 * @return count int */
int headers();
```

（13）hasHeader(name)

```
/* 判断是否存在某一个请求头
 * @param name  const char*  请求头名字
 * @return bool */
bool hasHeader(String name);
```

（14）hostHeader()

```
/* 获取请求头 Host 的值 */
String hostHeader();// 如果可用就获取请求主机头，如果不可用就获取空字符串
```

（15）authenticate()

```
/* 认证校验（Authorization）
 * @param fn  THandlerFunction （对应 URI 处理函数）
 * @param username const char * 用户账号
 * @param password const char * 用户密码 */
bool authenticate(const char * username, const char * password);
```

我们来看看 authenticate() 的底层源码。

```
bool ESP8266WebServer::authenticate(const char * username, const char * password){
  // 判断是否存在 Authorization 请求头
  if(hasHeader(FPSTR(AUTHORIZATION_HEADER))) {
    String authReq = header(FPSTR(AUTHORIZATION_HEADER));
    // 判断 Authorization 的值是不是 base64 编码
    if(authReq.startsWith(F("Basic"))){
      authReq = authReq.substring(6);
      authReq.trim();
      char toencodeLen = strlen(username)+strlen(password)+1;
      char *toencode = new char[toencodeLen + 1];
      if(toencode == NULL){
        authReq = "";
        return false;
      }
      char *encoded = new char[base64_encode_expected_len(toencodeLen)+1];
      if(encoded == NULL){
        authReq = "";
        delete[] toencode;
        return false;
      }
      sprintf(toencode, "%s:%s", username, password);
      // 判断通过用户名、密码生成的 base64 编码是否和请求头的 Authorization 值一样，一样则表示通过验证
      if(base64_encode_chars(toencode, toencodeLen, encoded) > 0 && authReq.equalsConstantTime(encoded)) {
        authReq = "";
        delete[] toencode;
        delete[] encoded;
        return true;
      }
      delete[] toencode;
      delete[] encoded;
    } else if(authReq.startsWith(F("Digest"))) {
```

```
// MD5 加密
authReq = authReq.substring(7);
#ifdef DEBUG_ESP_HTTP_SERVER
DEBUG_OUTPUT.println(authReq);
#endif
String _username = _extractParam(authReq,F("username=\""));
if(!_username.length() || _username != String(username)) {
  authReq = "";
  return false;
}
String _realm = _extractParam(authReq, F("realm=\""));
String _nonce = _extractParam(authReq, F("nonce=\""));
String _uri = _extractParam(authReq, F("uri=\""));
String _response = _extractParam(authReq, F("response=\""));
String _opaque = _extractParam(authReq, F("opaque=\""));
if((!_realm.length()) || (!_nonce.length()) || (!_uri.length()) || (!_response.length()) || (!_opaque.length())) {
  authReq = "";
  return false;
}
if((_opaque != _sopaque) || (_nonce != _snonce) || (_realm != _srealm)) {
  authReq = "";
  return false;
}
String _nc,_cnonce;
if(authReq.indexOf(FPSTR(qop_auth)) != -1) {
  _nc = _extractParam(authReq, F("nc="), ',');
  _cnonce = _extractParam(authReq, F("cnonce=\""));
}
MD5Builder md5;
md5.begin();
md5.add(String(username) + ':' + _realm + ':' + String(password));
md5.calculate();
String _H1 = md5.toString();
#ifdef DEBUG_ESP_HTTP_SERVER
DEBUG_OUTPUT.println("Hash of user:realm:pass=" + _H1);
#endif
md5.begin();
if(_currentMethod == HTTP_GET){
  md5.add(String(F("GET:")) + _uri);
}else if(_currentMethod == HTTP_POST){
  md5.add(String(F("POST:")) + _uri);
}else if(_currentMethod == HTTP_PUT){
  md5.add(String(F("PUT:")) + _uri);
}else if(_currentMethod == HTTP_DELETE){
  md5.add(String(F("DELETE:")) + _uri);
}else{
  md5.add(String(F("GET:")) + _uri);
}
md5.calculate();
String _H2 = md5.toString();
#ifdef DEBUG_ESP_HTTP_SERVER
DEBUG_OUTPUT.println("Hash of GET:uri=" + _H2);
#endif
md5.begin();
if(authReq.indexOf(FPSTR(qop_auth)) != -1) {
  md5.add(_H1 + ':' + _nonce + ':' + _nc + ':' + _cnonce + F(":auth:") + _H2);
} else {
  md5.add(_H1 + ':' + _nonce + ':' + _H2);
}
md5.calculate();
String _responsecheck = md5.toString();
#ifdef DEBUG_ESP_HTTP_SERVER
DEBUG_OUTPUT.println("The Proper response=" +_responsecheck);
#endif
if(_response == _responsecheck){
  authReq = "";
  return true;
}
}
authReq = "";
}
return false;
}
```

> **注意**
>
> 这里涉及 HTTP Authorization 的两种验证方式：HTTP Basic Auth 和 HTTP Digest Auth，感兴趣的读者可以自行查阅资料。
>
> 该方法会对 HTTP 请求进行用户信息验证，如果不通过，理论上需要用户重新输入正确用户名称和密码以便再次请求。

（16）handleClient()——处理HTTP请求

这是一个非常重要的方法。

```
/* 等待请求进来并处理 */
void handleClient();
```

接下来，笔者将分析源码，看看WebServer是怎么样解析HTTP请求，然后调用具体的请求处理函数。

```
void ESP8266WebServer::handleClient()
{
  //判断当前状态是不是空闲状态
  if (_currentStatus == HC_NONE) {
    //有 HTTP 请求进来
```

```
    WiFiClient client = _server.available();
    if (!client) {
      return;
    }
    #ifdef DEBUG_ESP_HTTP_SERVER
    DEBUG_OUTPUT.println("New client");#endif
    //设置当前的HTTP Client请求
    _currentClient = client;
    //更改当前状态为等待读取数据状态
    _currentStatus = HC_WAIT_READ;
    _statusChange = millis();
  }
  bool keepCurrentClient = false;
  bool callYield = false;
  if (_currentClient.connected()) {
    switch (_currentStatus) {
      case HC_NONE:
      // 避免C++编译警告
      break;
      case HC_WAIT_READ:
      // 等待来自客户端的数据变为可用
      //判断是否有请求数据
      if (_currentClient.available()) {
        //开始解析HTTP请求
        if (_parseRequest(_currentClient)) {
          _currentClient.setTimeout(HTTP_MAX_SEND_WAIT);
          _contentLength = CONTENT_LENGTH_NOT_SET;
          //处理请求
          _handleRequest();
          if (_currentClient.connected()) {
            _currentStatus = HC_WAIT_CLOSE;
            _statusChange = millis();
            keepCurrentClient = true;
          }
        }
      } else { // !_currentClient.available()
        //等待请求数据到来，设置一个超时时间
        if (millis() - _statusChange <= HTTP_MAX_DATA_WAIT) {
          keepCurrentClient = true;
        }
        callYield = true;
      }
      break;
      case HC_WAIT_CLOSE:
      // 等待客户端关闭连接
      if (millis() - _statusChange <= HTTP_MAX_CLOSE_WAIT) {
        keepCurrentClient = true;
        callYield = true;
      }
    }
  }
  if (!keepCurrentClient) {
    //断开TCP连接
    _currentClient = WiFiClient();
    _currentStatus = HC_NONE;
    _currentUpload.reset();
  }
  if (callYield) {
    yield();
  }
}
```

注意：_parseRequest()方法负责解析HTTP请求，具体的解析代码比较长，笔者这里就不再展示，需要的朋友，可以前往我的博客，查看相关内容。

_handleRequestt()方法负责处理请求，其源码如下。

```
void ESP8266WebServer::_handleRequest() {
  bool handled = false;
  if (!_currentHandler){
    #ifdef DEBUG_ESP_HTTP_SERVER
    DEBUG_OUTPUT.println("request handler not found");
    #endif
  }
  else {
    //调用对应的请求处理函数
    handled = _currentHandler->handle(*this, _currentMethod, _currentUri);
    #ifdef DEBUG_ESP_HTTP_SERVER
    if (!handled) {
      DEBUG_OUTPUT.println("request handler failed to handle request");
    }
    #endif
  }
  if (!handled && _notFoundHandler) {
    //没有任何匹配的请求处理Handler，默认提示404
    _notFoundHandler();
    handled = true;
  }
  if (!handled) {
    using namespace mime;
    send(404, String(FPSTR (mimeTable[html].mimeType)), String (F("Not found:")) + _currentUri);
    handled = true;
  }
  if (handled) {
    _finalizeResponse();
  }
  _currentUri = "";
}
```

在这里，我们重新梳理一下WebServer处理HTTP请求的逻辑。

首先，获取有效的HTTP请求：_

> **注意**
>
> 处理文件上传时用到了HTTPUpload，当不断把文件内容写入buf时，也会不断触发对应的URL请求处理回调函数，这就意味着，我们可以在请求处理回调函数里面把文件内容保存在本地文件系统中。后面我们会在代码中用到这个类，这里先知道有这么一个关于HTTP上传的封装类就可以了。

currentClient.available()。

然后开始解析HTTP请求：_parseRequest(_currentClient)：解析Http requestUri、Http requestMethod、HttpVersion；寻找可以处理该请求的requestHandler；对于GET请求，解析请求头、请求参数（requestArguments）、请求主机名；对于POST、PUT等非GET请求，也会解析请求头、请求参数、请求主机名，然后根据Content_Type的类型去匹配不同的读取数据的方法。如果Content_Type是multipart/form-data，那么会处理表单数据，需用到boundaryStr，如果Content_Type属于其他，则直接读取处理。

最后，匹配可以处理该请求的方法：_handleRequest()。在该方法中会回调我们在前面找到的requestHandler，requestHandler会回调我们注册进去的对应请求的回调函数。

至此，整体的HTTP请求解析完成。

4. 响应client请求方法

当我们经过handleClient()解析完HTTP请求后，我们就可以在requestHandler设置的请求处理回调函数里面获得HTTP请求的具体信息，然后根据具体信息给出对应的响应信息。那么，我们可以在回调函数里面做什么呢？

（1）upload()——处理文件上传

```
/* 获取文件上传处理对象 */
HTTPUpload& upload();
```

我们来看看HTTPUpload的定义。

```
typedef struct {
  HTTPUploadStatus status; //上传文件的状态
  String filename; //文件名字
  String name;
  String type; //文件类型
  size_t totalSize; // 文件大小
  size_t currentSize; //当前以buf为单位的数据大小
  uint8_t buf[HTTP_UPLOAD_BUFLEN];//缓冲区，这里就是我们需要处理的重点
} HTTPUpload;
```

实例如下（这个例子在文件上传处理函数里面可以找到）。

```
// 非完整代码，无法直接运行，理解即可
 * 处理文件上传 HandlerFunction
 * 此方法会在文件上传过程中多次回调，我们可以判断上传状态 */
void handleFileUpload() {
  //判断Http requestUri
  if (server.uri() != "/edit") {
    return;
  }
  //获得HTTP上传文件处理对象
  HTTPUpload& upload = server.upload();
  //文件开始上传
  if (upload.status == UPLOAD_FILE_START) {
    String filename = upload.filename;
    if (!filename.startsWith("/")) {
      filename = "/" + filename;
    }
    DBG_OUTPUT_PORT.print("handleFileUpload Name: "); DBG_OUTPUT_PORT.println(filename);
    //在本地文件系统中创建一个文件用来保存内容
    fsUploadFile = SPIFFS.open(filename, "w");
    filename = String();
  } else if (upload.status == UPLOAD_FILE_WRITE) {
    //文件开始写入文件
    //DBG_OUTPUT_PORT.print("handleFileUpload Data: "); DBG_OUTPUT_PORT.println(upload.currentSize);
    if (fsUploadFile) {
      //写入文件
      fsUploadFile.write(upload.buf, upload.currentSize);
    }
  } else if (upload.status == UPLOAD_FILE_END) {
    //文件上传结束
    if (fsUploadFile) {
      fsUploadFile.close();
    }
    DBG_OUTPUT_PORT.print("handleFileUpload Size: "); DBG_OUTPUT_PORT.println(upload.totalSize);
  }
}
//注册文件上传处理回调
server.on("/edit", HTTP_POST, []() {
  server.send(200, "text/plain", "");
}, handleFileUpload);
```

（2）sendHeader()

```
/* 设置响应头
 * @param name 响应头 key
 * @param value 响应头 value
 * @param first 是否需要放在第一行 */
void sendHeader(const String& name, const String& value, bool first = false);
```

（3）setContentLength()

```
/* 设置响应内容长度
 * @param contentLength 长度
 * 注意：对于不知道长度的内容调用server.setContentLength(CONTENT_LENGTH_UNKNOWN)；然后调用若干个server.sendContent()，最后需要关闭与Client的短连接（close）以表示内容结束。 */
void setContentLength(const size_t contentLength);
```

（4）sendContent()/sendContent_P()

```
/* 发送响应内容
 * @param content 响应内容 */
void sendContent(const String& content);
void sendContent_P(PGM_P content);
void sendContent_P(PGM_P content,
```

```
size_t size);
```

（5）requestAuthentication()

```
/* 请求Client认证
 * @param  mode  HTTPAuthMethod (验证方式，默认BASIC_AUTH)
 * @param  realm const char*
 * @param  authFailMsg const String
*/
void requestAuthentication(HTTPAuthMethod mode = BASIC_AUTH, const char* realm = NULL, const String& authFailMsg = String("") );
```

（6）streamFile()

```
/* 发送响应文件流
 * @param  file  具体文件
 * @param  contentType 响应类型
 * @param  authFailMsg const String
*/
size_t streamFile(T &file, const String& contentType);
```

（7）send()

这是我们发送响应数据的核心，需要仔细了解。

> **注意**
>
> 该函数需要结合FS来讲解，这里先不过多解释。

```
/* 发送响应数据
 * @param code 响应状态码
 * @param content_type 响应内容类型
 * @param content 具体响应内容  */
void send(int code, const char* content_type = NULL, const String& content = String(""));
void send(int code, char* content_type, const String& content);
void send(int code, const String& content_type, const String& content);
void send_P(int code, PGM_P content_type, PGM_P content);
void send_P(int code, PGM_P content_type, PGM_P content, size_t contentLength);
```

我们这里分析send()的源码。

```
void ESP8266WebServer::send(int code, const char* content_type, const String& content) {
  String header;
  //拼装响应头
  _prepareHeader(header,code, content_type, content.length());
  //发送响应头
  _currentClientWrite(header.c_str(), header.length());
  if(content.length())
  //发送响应内容
  sendContent(content);
}
//发送响应头
void ESP8266WebServer::_prepareHeader(String& response, int code, const char* content_type, size_t contentLength) {
  //HTTP协议版本
  response = String(F("HTTP/1.")) + String(_currentVersion) + ' ';
  //响应码
  response += String(code);
  response += ' ';
  response += _responseCodeToString(code);
  response += "\r\n";
  using namespace mime;
  //响应类型
  if (!content_type)
  content_type = mimeTable[html].mimeType;
  sendHeader(String(F("Content-Type")), String(FPSTR(content_type)), true);
  //响应内容长度
  if (_contentLength == CONTENT_LENGTH_NOT_SET) {
    sendHeader(String(FPSTR(Content_Length)), String(contentLength));
  } else if (_contentLength != CONTENT_LENGTH_UNKNOWN) {
    sendHeader(String(FPSTR(Content_Length)), String(_contentLength));
  } else if(_contentLength == CONTENT_LENGTH_UNKNOWN && _currentVersion){ //HTTP 1.1或更高版本客户端
    _chunked = true;
    sendHeader(String(F("Accept-Ranges")),String(F("none")));
    sendHeader(String(F("Transfer-Encoding")),String(F("chunked")));
  }
  sendHeader(String(F("Connection")), String(F("close")));
  response += _responseHeaders;
  response += "\r\n";
  _responseHeaders = "";
}
/* 发送响应内容 */
void ESP8266WebServer::sendContent(const String& content) {
  const char * footer = "\r\n";
  size_t len = content.length();
  if(_chunked) {
    char * chunkSize = (char *) malloc(11);
    if(chunkSize){
      sprintf(chunkSize, "%x%s", len, footer);
      _currentClientWrite(chunkSize, strlen(chunkSize));
      free(chunkSize);
    }
  }
  _currentClientWrite(content.c_str(), len);
  if(_chunked){
    _currentClient.write(footer, 2);
    if (len == 0) {
      _chunked = false;
    }
  }
}
```

新能源汽车研发设计知识概览（14）

新能源汽车充电方案概述

▌陈旭

本文，我们将关注的目光转向新能源汽车充电设备的研发设计。当前商业化应用的充电方式有交流充电和直流充电两种，其中交流充电又有单相、三相之分。未来，无线充电方式也有可能在新能源汽车的充电市场中取得一席之地。这几种充电方式的主要优缺点如表1所示。

表1　不同充电方式的主要优缺点

类型	主要优点	主要缺点
交流充电	设备成本低廉，易于普及	充电功率小，即使切换为功率较大的充电接插件，车载充电机的功率提升也有限
直流充电	充电功率大，能够以模块化变流模块方案高效率满足不同新能源汽车的充电需求	大功率充电时，动力电池系统可能需要相应的冷却措施；需要电网侧有足够的容量供应，通常只适合在一定规模的充电场站应用
无线充电	操作简便，有实现停到车位后即可启用自动充电的潜力，不存在易耗损的高压接插件	设备成本高，在现有技术标准状态下尚无法实现普及，充电效率低

所有充电设备中，使充电功能得以实现的核心器件都是大功率电力电子器件组成的AC-DC变流模块。即使像无线充电桩和无线充电新能源汽车配合这样最复杂的情况，较实用的方案也是在充电桩内联装AC-DC变流模块和DC-AC变流模块，再加上车载无线充电机内的AC-DC变流模块。在交流工作频率上，虽然无线充电桩的DC-AC变流模块需要达到100kHz的量级，但是在工作原理上与工频DC-AC变流模块基本一致。因此，本文中不妨以直流充电桩内的AC-DC变流模块为例进行介绍。

AC-DC整流电路如图1所示。显然，将三相交流电转换成直流电的AC-DC电路输入、输出状态与驱动电机控制器中的DC-AC电路正好相反。假如不考虑像电压调节这样需要采用IGBT等可控电力电子器件实现的功能，图1中的VT1~VT6都可以用大功率二极管代替。采用这样的AC-DC电路将三相交流电转换成直流电，再输给后续的DC-DC调节电路做进一步处理。

通常情况下，后续的典型DC-DC调节电路如图2所示，采用由4枚IGBT管VT1~VT4组成的单相全桥逆变电路将输入直流电转换成单相交流电，再通过一个变压比合适的单相变压器实现隔离变压，并将改变电压后的单相交流电输出给由4枚二极管VD1~VD4组成的全桥整流电路，滤波后得到平滑的直流输出。

正如驱动电机控制器一样，组成AC-DC变流模块的这些器件也需要采用一整套与之匹配的参数采样电路和控制电路来保障运行。将以上AC-DC整流电路和DC-DC调节电路组合到一起，再加上交流输入参数采样电路、直流输出参数采样电路，并向PWM脉冲控制器输出采样到的电压、电流等信号，就能够依照充电桩控制器的需求，实现对直流输出电压、电流的控制。AC-DC变流模块的基本原理如图3所示。

不同直流充电桩采用的AC-DC变流模块的电路架构可能与图1~图3中的形式有所区别。但是，无论具体电路架构如何，以精确检测输出电压、电流等参数为基础，对这些参数进行准确调节的闭环反馈控制电路都是必不可少的，否则直流充电桩将无法依照新能源汽车的充电需求实现充电。

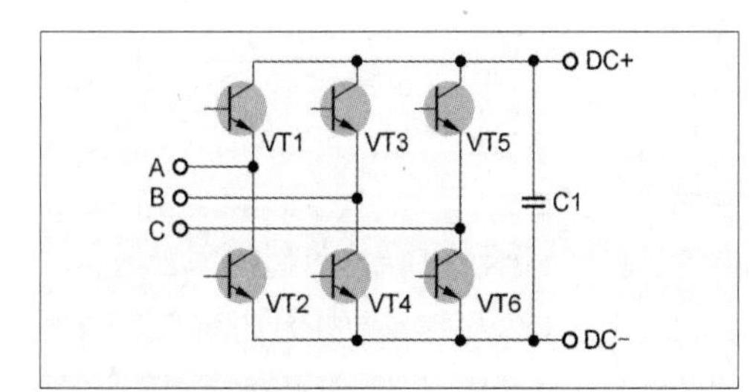

▌图1 AC-DC整流电路

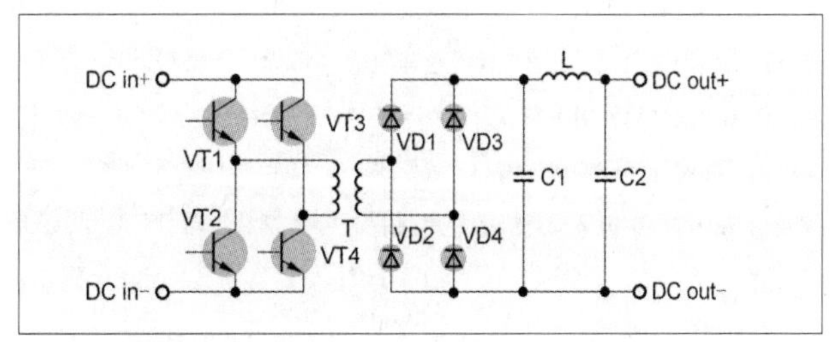

▌图2 DC-DC调节电路

以上文介绍的AC-DC变流模块为基础，输出参数调节的基本原理如图4所示——此图仅用于直观展示控制调节的原理，忽略了充电桩控制器与PWM脉冲控制器之间的实际电路边界。输出参数调节的基本原理如下：在最高允许输出电压和当前需求输出电压之间（*U*1~*U*2）、最高允许输出电流和当前需求输出电流之间（*I*1~*I*2）取较小值，并将电压、电流的较小值输入电压、电流控制电路，与检测到的实际输出电压*U*x、实际输出电流*I*x比较，以电压允许值或需求值、电流允许值或需求值中较小者为限，对PWM发生器发出PWM控制需求；PWM发生器则根据需要调节的目标值改变波形驱动状态，让PWM脉冲驱动电路对不同模块中的IGBT发出驱动信号。实际应用中，电压、电流的判断与控制功能也可以在充电桩控制器的程序中实现。这种情况下，电压、电流控制电路就是充电桩控制器中以CPU为核心的运算处理电路。

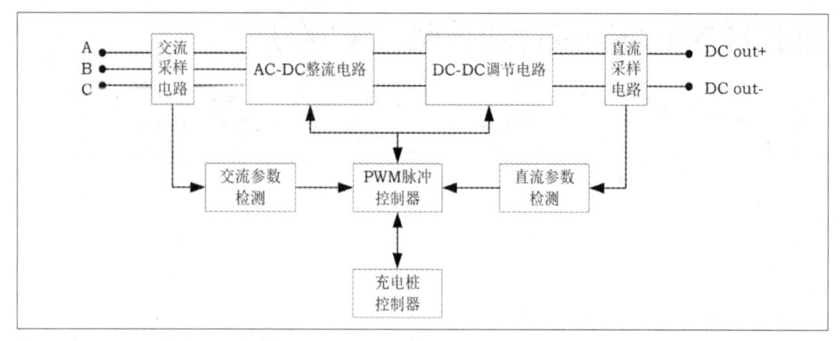

图3 AC-DC变流模块的基本原理

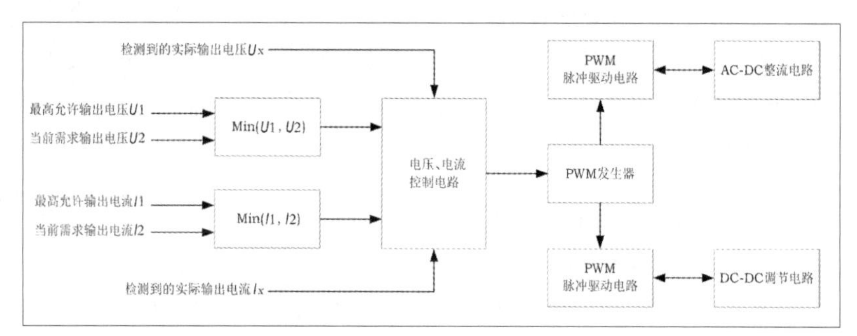

图4 AC-DC变流模块输出参数调节的基本原理

需要指出的是，多数情况下，对直流充电桩来说，最高允许输出电压和电流都是指新能源汽车动力电池系统允许的最高允许充电电压和电流。由AC-DC变流模块自身性能参数所限制的最高允许输出电压和电流通常是在控制电路内设置好的参数，不像新能源汽车对直流充电桩发出的最高允许充电电压和电流那样因车而异。那么新能源汽车的充电需求参数是怎样发送给直流充电桩，又怎样保证这些信息的传输可靠性呢？接下来，为了介绍充电设备研发设计工作的具体情况，我们还需要对充电过程中信息交互的相关知识进行阐述。

交流充电桩或直流充电桩对新能源汽车充电的基本流程如图5所示，整体上可以将其分为连接确认、参数配置、充电进行和充电结束4个阶段。在连接确认阶段，无论是充电接插件（通常是充电桩的插头和新能源汽车的插座）之间的物理连接状态还是通信连接状态，都会由充电桩控制器和新能源汽车上的相关控制器实现多重确认。开始充电后，充电桩或车载充电机会按照动力电池系统的充电需求提供电能，与此同时，所有可能导致安全风险的异常状态都会得到实时监测，一旦出现异常就会及时停止充电。在动力电池充满电或充入电量、充电费用等参数达到用户预设值等情况下，充电将会自动停止。图5所示的流程只是对新能源汽车充电过程的整体性归纳，实际应用中会根据现实情况进行细节上的调整。例如，在公交车充电场站或物流公司自有的专用充电场站中，充电桩可能就无须启用计费功能。

至此，我们已经对当前主流充电模式的基本原理进行了全面介绍，也对一些较复杂的知识点进行了重点阐述。掌握充电设备的相关技术知识后，工程师们在研发设计中还需要综合考虑哪些具体因素，才能设计出一款广受好评的充电桩呢？

在充电设备的研发设计中，工程师们还需要考虑下列因素：安全性、可靠性、通用性。当然，一款受市场欢迎的充电桩在满足上述基本性能要求的基础上，还要顾及合理的成本限制。不过，后文的讨论会以技术为主，对成本因素不过多探讨。

接下来，我们不妨以直流充电桩为例，逐一分析在充电设备研发设计中需要考虑的因素。

满足安全保障要求，是任何类型充电设备在研发设计中位列榜首、不可或缺的重要内容，是一款充电桩有资格在市场上销售的必备前提。在充电桩的系统设计中，必须采用多重防护措施，保证任何元器件出现意外故障所导致的后果都在可控范

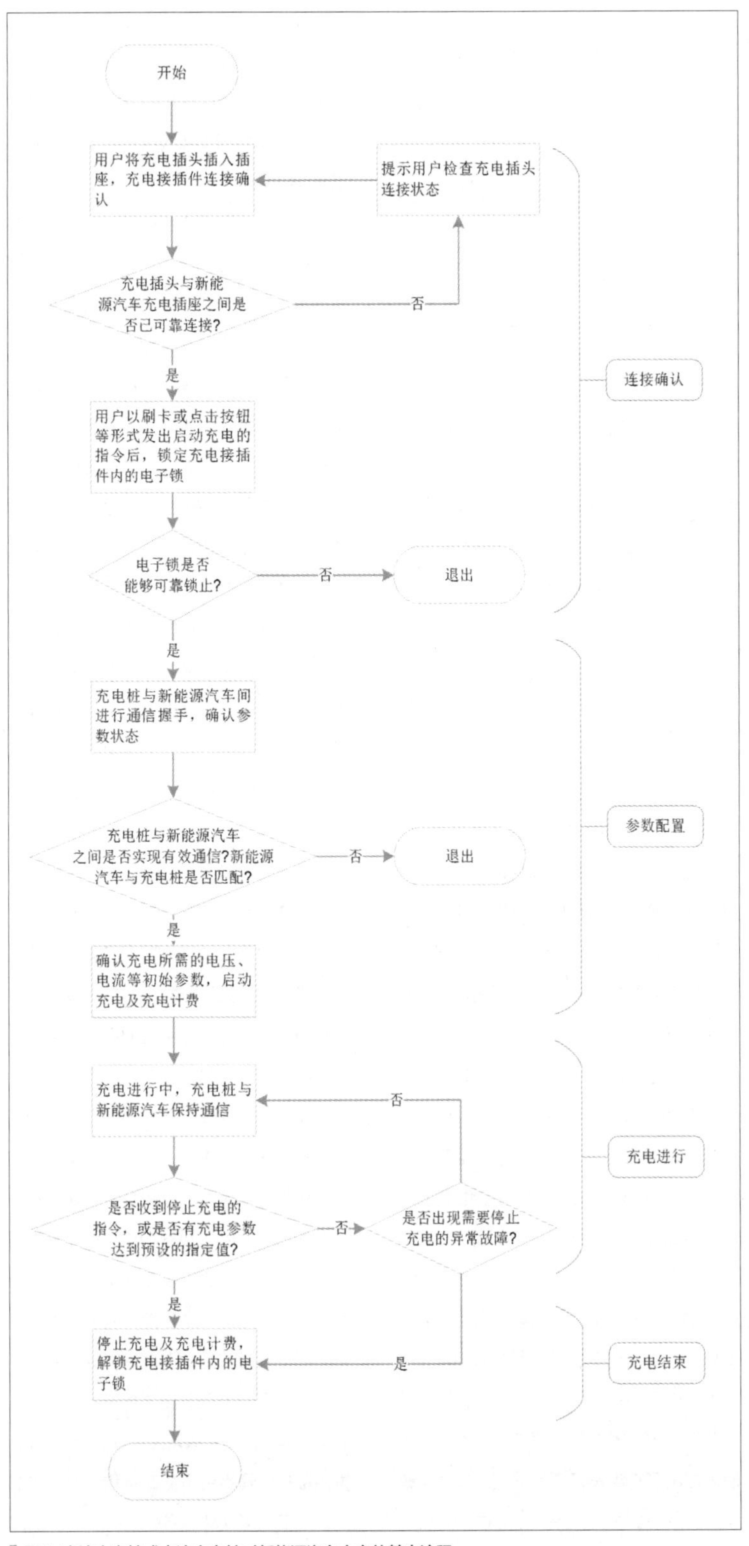

图 5 交流充电桩或直流充电桩对新能源汽车充电的基本流程

围内，不会对充电桩周边人员的人身安全造成影响。前文介绍的交流充电桩、直流充电桩在充电插头连接时采取电阻网络、PWM 信号、CAN 网络通信等多种方式进行信息交互和多重确认，就是为了全方位地保障充电操作人员的人身安全，并防止动力电池因电流过大、电压过高、充入电量过多等异常情况而处于危险状态。严格遵循国家相关标准进行连接确认和通信的充电桩，对所有符合国家标准且无故障的新能源汽车都可以充电。当然，对于新能源汽车自身不符合国家标准或存在故障的情况，充电桩也要“忠于职守”，做出不允许新能源汽车充电的决定。

对于设计充电桩的工程师，不仅要确保充电桩在充电时严格遵循国家标准，还应该充分考虑充电桩中不同模块部件出现故障或遭遇异常状态时的应对策略——尤其是这些故障或异常状态可能会对充电安全带来不利影响时，更需要提高警惕，妥善处理。例如：假设控制器中的芯片出现故障，无法按流程规定的步骤实现连接确认或通信，就不允许充电桩启动高压输出。控制器的故障自检和异常状态停机保护等基本功能，在各类采用现代化控制电路的电子设备中都普遍存在，这里就不再赘述。对于直流充电桩而言，需要特别考虑的是与充电系统部件有密切联系的故障或异常状态。直流充电桩中不同模块部件可能发生或遇到的一些故障或异常状态实例如表 2 所示。为保障人员和设备安全，当发生表 2 中所列的故障或异常情况时，充电桩将不允许启动充电，或立即停止当前的充电进程。对于交流充电桩或无线充电设备，也会出现连接通信问题、充电线路连通状态问题等故障或异常状态，我们需要针对具体情况进行分析，但总体上与直流充电中可能遇到的故障或异常状态有相似之处。

表2 直流充电桩中不同模块部件的故障或异常状态

部件	故障或异常状态	故障或异常状态的危害及处理措施
交流输入接触器	触点卡滞，无法闭合	导致充电桩无法正常输出电能，需要更换故障件
	触点粘连，无法断开	导致后续高压电路始终保持与电网连通的状态，存在潜在的安全风险，需要更换故障件
AC-DC变流模块	输入电压异常过高	可能导致AC-DC变流模块中的元器件损坏，需要停止运行，待电压正常后重启
	输入电压异常过低	可能导致AC-DC变流模块无法输出动力电池系统所需的电压，需要停止运行，待电压正常后重启
	输出电流偏离需求	多由电流反馈控制电路故障导致，电流偏大时会触发动力电池系统保护机制停止充电，电流偏小时充电慢、时间长，需要更换故障件
	输出电压偏离需求	多由电压反馈控制电路故障导致，电压偏高时会触发动力电池系统保护机制停止充电，电压偏低时无法对动力电池充电，需要更换故障件
	输出电能质量差	多由反馈控制电路故障导致，包括输出电压、电流不稳定、纹波超标等，严重时会导致无法充电，需要更换或维修AC-DC变流模块
	IGBT过流或短路	将导致AC-DC变流模块无法输出电能，需要更换故障件
	IGBT温度过高	可能由IGBT过载或模块冷却装置故障导致，需要查找过载原因并解除，或更换冷却装置中的故障件
直流输出接触器	触点卡滞，无法闭合	导致充电桩无法正常输出电能，需要更换故障件
	触点粘连，无法断开	导致正常充电流程中要求的高压电路通断步骤无法实现，为保障安全应禁止充电，需要更换故障件
充电插头	电子锁失效	导致充电插头和充电插座间无法锁止，禁止充电，需要更换故障件
	连接确认或通信端口接触不良	导致无法确认插头连接状态或通信超时，禁止充电，需要更换故障件
	高压端口过温	多由高压端口接触不良导致，温度过高时有损伤接插件绝缘层的风险，需要更换故障件

下面，对表2中列出的输出电流或电压偏离需求，以及输出电能质量差等故障进行简单解释。在行业标准NB/T 33001-2018《电动汽车非车载传导式充电机技术条件》中，对输出电流的精度要求是：在额定输出电流的20%到最大输出电流的范围内，如果充电电流的需求值大于或等于30A，则输出电流误差不应超过±1%；如果充电电流的需求值小于30A，则输出电流误差不应超过±0.3A。对于减小充电电流时充电桩的响应速率、需要停止充电时输出电流的停止速率等参数，在国家标准GB/T 18487.1-2015《电动汽车传导充电系统第1部分：通用要求》和上述行业标准中也有一致的规定。在上述行业标准中，对输出电压的精度要求是：在规定的充电电压调节范围内（例如200~750V），输出电压误差不应超过±0.5%。此外，对于电压纹波、电流纹波等涉及电能质量的参数指标，标准中也给出了具体要求。这些详细的参数指标就不在此逐一列出。当然，追求高品质目标的充电桩企业也可能会不满足行业通用的标准，对自己研发、生产的充电桩提出更高、更严格的性能参数期望值。

要成为一款合格的直流充电桩，理所当然地应当满足各项与电能供应相关的参数指标。与此同时，作为一种现代化的电力电子设备，直流充电桩也必须满足电磁兼容的相关规定。国家标准GB/T 18487.2-2017《电动汽车传导充电系统第2部分：非车载传导供电设备电磁兼容要求》，就对充电桩电磁兼容的相关参数给出了详细的指标要求，不仅严格限制了充电设备向周围发射电磁波的允许值，也明确提出了充电设备不受周围环境中电磁干扰的指标要求。与电磁兼容的要求相似，在直流充电桩的AC-DC变流模块电路选型设计中，也要尽量选择合适的电路模式和器件类型，减少谐波的产生；对于难以避免的谐波分量，采用在AC-DC变流模块和电网之间增加滤波电路的形式，阻止谐波向电网传播。

新能源汽车的性能参数纪录能够被激动人心地一再打破（例如续驶里程、最高车速等参数），那么充电桩的研发设计只要在各方面都满足指标要求，就能够大功告成了吗？这样的职业一直从事下去是否有些乏味呢？对这2个问题的回答是否定的——尽管当前的充电设备产业已经相当成熟，但这一领域仍有相当可观的技术发展空间，行业内的工程师们还有机会迎接新的挑战。这些新的挑战包括但不限于下列项目：充电桩与新能源汽车匹配，对车主的充电或用电需求实现智能响应；大功率快速直流充电；通过充电桩将新能源汽车与智能电网充分结合；充电桩配合新能源汽车的电池管理系统实现电池状态的诊断等。

接下来，不妨从“对车主的充电或用电需求实现智能响应”这一条开始，简单介绍充电设备在未来的发展趋势。以当前的技术水平，只要新能源汽车配备了相应的功能，车主就可以用智能手机等随身携带的电子产品实时了解车辆的充电情况。图6所示是某品牌新能源乘用车App的充电状态界面：已充时长、充电电量、当前电流和当前电压等主要参数都可以在App上看到，车主也可以通过单击“结束充电”按钮停止充电。之所以能够实现这种状态监测，简单地说，是因为新能源汽车上的车载联网数据终端通过整车CAN网络，从电池管理系统获取充电数据后，将实时充电数据发送到互联网上的数据处理平台，再由数据处理平台根据车辆和注册车主的对应关系，将数据发送给车主手机上的App。对车主来说，这当然是一个方便且

图 6 与智能手机 App 联动的某新能源乘用车充电状态的界面

实用的好功能。

在现有的充电信息联网传输基础上加以拓展，还有很多给车主带来方便的功能可以实现。例如：在新能源汽车和充电桩保持连接的情况下，车主可以远程控制新能源汽车通过充电桩从电网获取电能启动车内的空调，在开车前将车内温度调节到舒适的温度，无须耗费动力电池中储存的电量。实现这样的预约功能，主要以新能源汽车为主导，智能化的充电桩配合新能源汽车的启动指令来响应车主的预约需求。

当然，也会有一些智能服务的功能以充电桩为主导。如今，在新能源汽车行驶中对充电桩进行智能定位和路径规划的功能，在数字地图 App 上就可以实现。例如，在一款具有充电桩搜寻功能的数字地图 App 上，车主能够在选定区域中查看该地区充电桩的分布情况，并具体了解其中某一个充电地点是否有空闲可用的充电桩、该充电地点充电桩的功率大小和收费标准等信息。数字地图 App 也能便捷地规划出从车主当前地点到选定充电桩的最优路径。以当前的技术水平，数字地图 App 也可以对充电桩按照收费标准、充电功率大小等条件进行自动筛选，选出车主满意的目标充电桩。更进一步，只要充电桩在功能配置上支持，还可以实现以下功能。若车主预计一段时间后将到达某个地点的充电站，就可以通过预付订金的形式，预先订好在特定时间使用该地点的充电桩——用于网约车接单的智能算法在定位和分配目标充电桩时，也同样发挥作用。

提起在赶路中预约充电桩的车主，可以引出我们接下来即将提到的另一种充电设备的发展趋势：大功率快速直流充电。对于急匆匆赶路的新能源汽车车主，大功率快速直流充电是一件值得期待的事情。在新能源汽车的研发设计中，只要将 300~400V 的工作电压增加到 600~800V，由大电流和线路电阻导致的发热损耗将会有所减少。因此，高电压大功率充电的发展趋势相当令人向往。未来，大功率充电设备的实现可能会采用将 10kV 高压直接输入 AC-DC 大功率模块后，降压整流得到 0.75kV 直流输出的形式，省去配电变压器等中间环节，提高整体效率。如果这样的方案能够实现，那么现有的充电站系统架构将会发生明显变化。在 10kV 高压直接输入充电设备的情况下，充电设备在高压绝缘安全、大电流保护等方面，需要满足更高、更严格的要求。

另一方面，在大功率快速直流充电时可能会遇到这样的情况：连接到某个充电站的电网线路容量有限且该充电站正在对多辆新能源汽车充电，电网线路已接近满负荷运行，这时，一位车主来到该充电站，急需对车快速充满电后继续赶路。这样的情况下，智能互联的大功率充电系统可以允许这位车主“花钱买时间”：只要这位赶时间的车主愿意支付更高的电费，就可以让充电设备智能地将周围其他连接到充电桩但没有急切充电需求的车辆的充电功率减小，将有限的电网容量集中用于这一辆急需快速充电的新能源汽车；甚至还可以将其他没有急切充电需求并且已经充入一定电量的新能源汽车当成临时储能设备，从这些车辆的动力电池中获取电能，对急需充电的新能源汽车提供充足的充电功率。当然，这些供电车辆的车主将会得到一份带来意外惊喜的充电优惠。

提及从新能源汽车的动力电池中存储和获取电能，也就谈到了下一个话题：通过充电桩将新能源汽车与智能电网充分结合。未来，新能源汽车的充电过程很可能会更多地与智能电网储能这样的用途联系到一起。虽然新能源汽车是这个过程中实现储能目标的主体，但充电桩也需要具备相匹配的功能。

随着可再生能源发电规模的持续增加，人们也越来越期待充电桩成为智能电网和新能源汽车联系在一起的中介。新能源汽车需要在功能上与充电桩密切匹配，才能通过充电桩将动力电池中存储的电能供应给电网。以直流充电桩为例，要实现从新能源汽车向电网供电的功能，充电桩的 AC-DC 变流模块就需要将输入和输出反过来，以 DC-AC 逆变模式运行。充电桩与新能源汽车之间的通信也要全面保障这个过程不会出现差错。在技术原理上，实现这样的模式没有什么问题，但在实践中怎样既兼容又可靠地实现新能源汽车对电网供电的功能，还有不少技术细节需要相关技术人员深入探讨研究。总之，新能源汽车充电设备的研发设计，也会是一类具有广阔发展空间的工作。

在后续文章中，我们将对直流充电、交流充电、无线充电这几种充电方式的具体实现过程进行简单介绍。

STM32入门100步（第42步）

U 盘文件系统

▌杜洋　洋桃电子

CH376芯片驱动程序分析

前文分析了SPI总线的初始化程序，我们学到了通信原理和设置方法，这一节介绍CH376芯片的驱动程序和U盘文件系统。首先分析CH376芯片的驱动程序，CH376芯片驱动程序共包括ch376inc.h、ch376.h、ch376.c这3个文件。先打开ch376inc.h文件，此文件用于定义芯片的指令集表（命令代码）。打开“CH376中文数据手册”文档的“命令”一节，已知CH376芯片和单片机通过SPI总线通信，它们之间通信的内容就是命令（或指令）。单片机发送命令给芯片，CH376芯片收到命令后执行相应的操作。比如读出U盘状态、U盘容量、版本号、文件夹数量。手册第3页的图表如图1所示。第一列“代码”是单片机发送的十六进制数据，而每个数据对应一个命令。比如图表中01H是十六进制数据0x01，对应的命令功能是获取芯片的版本号。单片机发送0x01，CH376芯片会返回芯片的版本号。比如30H（0x30）是检查磁盘是否连接，即检查U盘是否插入。发送命令0x30再通过接收的数据内容就能得知U盘连接状态，这就是命令的作用。从第5页开始，列出了每个命令的具体设置方法和参数。比如数据手册的5.6节就介绍了CMD_SET_SDO_INT命令，用于检查磁盘的连接（不支持对SD卡的检测）。在USB主机模式下，该命令可查询磁盘（U盘）是否连接。命令执行后向单片机请求中断。如果操作状态是USB_INT_SUCCESS（0x14），说明有设备连接。也就是说单片机发送0x30，CH376芯片返回数据，数据是USB_INT_SUCCESS表示有设备连接。请大家认真阅读命令集，熟悉每行命令的操作。如图2所示，ch376inc.h文件中给出所有命令的宏定义，比如将数据0X01定义为CMD01_GET_IC_VER，此字符串正是图1中的第一个命令。ch376inc.h文件由芯片官方提供，只要简单了解字符串与命令的对应关系即可。如果有不了解的命令代替字符可以到此文件和手册中相

代码	命令名称 CMD_	输入数据	输出数据	命令用途
01H	GET_IC_VER		版本号	获取芯片及固件版本
02H	SET_BAUDRATE	分频系数 分频常数	（等1ms） 操作状态	设置串口通信波特率
03H	ENTER_SLEEP			进入低功耗睡眠挂起状态
05H	RESET_ALL		（等35ms）	执行硬件复位
06H	CHECK_EXIST	任意数据	按位取反	测试通信接口和工作状态
0BH	SET_SDO_INT	数据 16H 中断方式		设置 SPI 的 SDO 引脚的中断方式
0CH	GET_FILE_SIZE	数据 68H	文件长度(4)	获取当前文件长度
15H	SET_USB_MODE	模式代码	（等10μs） 操作状态	设置 USB 工作模式
22H	GET_STATUS		中断状态	获取中断状态并取消中断请求
27H	RD_USB_DATA0		数据长度 数据流(n)	从当前 USB 中断的端点缓冲区或者主机端点的接收缓冲区读取数据块
2CH	WR_HOST_DATA	数据长度 数据流(n)		向 USB 主机端点的发送缓冲区写入数据块
2DH	WR_REQ_DATA	 数据流(n)	数据长度	向内部指定缓冲区写入请求的数据块
2EH	WR_OFS_DATA	偏移地址 数据长度 数据流(n)		向内部缓冲区指定偏移地址写入数据块
2FH	SET_FILE_NAME	字符串(n)		设置将要操作的文件的文件名
30H	DISK_CONNECT		产生中断	检查磁盘是否连接
31H	DISK_MOUNT		产生中断	初始化磁盘并测试磁盘是否就绪
32H	FILE_OPEN		产生中断	打开文件或目录，枚举文件和目录
33H	FILE_ENUM_GO		产生中断	继续枚举文件和目录
34H	FILE_CREATE		产生中断	新建文件
35H	FILE_ERASE		产生中断	删除文件
36H	FILE_CLOSE	是否允许更新	产生中断	关闭当前已经打开的文件或目录
37H	DIR_INFO_READ	目录索引号	产生中断	读取文件的目录信息
38H	DIR_INFO_SAVE		产生中断	保存文件的目录信息
39H	BYTE_LOCATE	偏移字节数(4)	产生中断	以字节为单位移动当前文件指针
3AH	BYTE_READ	请求字节数(2)	产生中断	以字节为单位从当前位置读取数据块
3BH	BYTE_RD_GO		产生中断	继续字节读
3CH	BYTE_WRITE	请求字节数(2)	产生中断	以字节为单位向当前位置写入数据块
3DH	BYTE_WR_GO		产生中断	继续字节写
3EH	DISK_CAPACITY		产生中断	查询磁盘物理容量
3FH	DISK_QUERY		产生中断	查询磁盘空间信息
40H	DIR_CREATE		产生中断	新建目录并打开或打开已存在的目录
4AH	SEC_LOCATE	偏移扇区数(4)	产生中断	以扇区为单位移动当前文件指针
4BH	SEC_READ	请求扇区数	产生中断	以扇区为单位从当前位置读取数据块
4CH	SEC_WRITE	请求扇区数	产生中断	以扇区为单位在当前位置写入数据块
50H	DISK_BOC_CMD		产生中断	对 USB 存储器执行 BO 传输协议的命令
54H	DISK_READ	LBA 扇区地址(4) 扇区数	产生中断	从 USB 存储器读物理扇区
55H	DISK_RD_GO		产生中断	继续 USB 存储器的物理扇区读操作
56H	DISK_WRITE	LBA 扇区地址(4) 扇区数	产生中断	向 USB 存储器写物理扇区
57H	DISK_WR_GO		产生中断	继续 USB 存储器的物理扇区写操作

▌图1 命令集

```
42
43  /* 硬件特性 */
44
45  #define   CH376_DAT_BLOCK_LEN   0x40  /* USB单个数据包, 数据块的最大长度, 默认缓冲区的长度 */
46
47  /* ************************************************************************************************** */
48  /* 命令代码 */
49  /* 部分命令兼容CH375芯片, 但是输入数据或者输出数据可能局部不同) */
50  /* 一个命令操作顺序包含:
51           一个命令码(对于串口方式,命令码之前还需要两个同步码),
52           若干个输入数据(可以是0个),
53           产生中断通知 或者 若干个输出数据(可以是0个), 二选一, 有中断通知则一定没有输出数据, 有输出数据则一定不产生中断
54       仅CMD01_WR_REQ_DATA命令例外, 顺序包含: 一个命令码, 一个输出数据, 若干个输入数据
55     命令码起名规则: CMDxy_NAME
56       其中的x和y都是数字, x说明最少输入数据个数(字节数), y说明最少输出数据个数(字节数), y如果是H则说明产生中断通知,
57       有些命令能够实现0到多个字节的数据块读写, 数据块本身的字节数未包含在上述x或y之内 */
58  /* 本文件默认会同时提供与CH375芯片命令码兼容的命令码格式(即去掉x和y之后), 如果不需要, 那么可以定义_NO_CH375_COMPATIBLE_禁止 */
59
60  /* ************************************************************************************************** */
61  /* 主要命令(手册一), 常用 */
62
63  #define CMD01_GET_IC_VER  0x01      /* 获取芯片及固件版本 */
64  /* 输出: 版本号( 位7为0, 位6为1, 位5~位0为版本号 ) */
65  /*          CH376返回版本号的值为041H即版本号为01H */
66
67  #define CMD21_SET_BAUDRATE  0x02    /* 串口方式: 设置串口通信波特率(上电或者复位后的默认波特率为9600波特,由D4/D5/D6引脚选择) */
68  /* 输入: 波特率分频系数, 波特率分频常数 */
69  /* 输出: 操作状态( CMD_RET_SUCCESS或CMD_RET_ABORT, 其他值说明操作未完成 ) */
70
71  #define CMD00_ENTER_SLEEP 0x03      /* 进入睡眠状态 */
72
73  #define CMD00_RESET_ALL   0x05      /* 执行硬件复位 */
74
75  #define CMD11_CHECK_EXIST 0x06      /* 测试通信接口和工作状态 */
76  /* 输入: 任意数据 */
77  /* 输出: 输入数据的按位取反 */
78
79  #define CMD20_CHK_SUSPEND 0x0B      /* 设备方式: 设置检查USB总线挂起状态的方式 */
80  /* 输入: 数据10H, 检查方式 */
81  /*          00H=不检查USB挂起, 04H=以50ms为间隔检查USB挂起, 05H=以10ms为间隔检查USB挂起 */
82
83  #define CMD20_SET_SDO_INT 0x0B      /* SPI接口方式: 设置SPI的SDO引脚的中断方式 */
84  /* 输入: 数据16H, 中断方式 */
85  /*          10H=禁止SDO引脚用于中断输出,在SCS片选无效时三态输出禁止, 90H=SDO引脚在SCS片选无效时兼做中断请求输出 */
86
87  #define CMD14_GET_FILE_SIZE 0x0C      /* 主机文件模式: 获取当前文件长度 */
88  /* 输入: 数据68H */
89  /* 输出: 当前文件长度(总长度32位,低字节在前) */
90
91  #define CMD50_SET_FILE_SIZE 0x0D      /* 主机文件模式: 设置当前文件长度 */
92  /* 输入: 数据68H, 当前文件长度(总长度32位,低字节在前) */
```

图2 ch376inc.h文件的部分内容

互查找。接下来打开ch376.h文件，如图3所示。第4~6行加载了SPI、延时、ch376inc.h库文件。第8、9行定义使用PA15端口，用于接收CH376发送的中断信号，此中断接口仅是备用的，在实际的程序中并没有使用。第12~18行是函数声明部分，其中第12行是CH376芯片的接口初始化函数。第13行是结束SPI命令。第14行向CH376写入命令。第15行向芯片写入数据。第16行从芯片中读出数据，包括读出指令的返回状态，或从U盘（或SD卡）中读出数据。第17行查询芯片中断，通过INT引脚来判断中断，如果引脚输出低电平表示产生中断（程序中未使用）。第18行是CH376芯片初始化函数。

```
1  #ifndef __CH376_H
2  #define __CH376_H
3  #include "sys.h"
4  #include "spi.h"
5  #include "delay.h"
6  #include "ch376inc.h"
7
8  #define CH376_INTPORT   GPIOA //定义I/O端口
9  #define CH376_INT     GPIO_Pin_8  //定义I/O端口
10
11
12 void  CH376_PORT_INIT( void ); /* CH376通信接口初始化 */
13 void  xEndCH376Cmd( void ); /* 结束SPI命令 */
14 void  xWriteCH376Cmd( u8 mCmd ); /* 向CH376写命令 */
15 void  xWriteCH376Data( u8 mData );/* 向CH376写数据 */
16 u8  xReadCH376Data( void ); /* 从CH376读数据 */
17 u8  Query376Interrupt( void );/* 查询CH376中断(INT#引脚为低电平) */
18 u8  mInitCH376Host( void ); /* 初始化CH376 */
```

图3 ch376.h文件的全部内容

接下来打开ch376.c文件，如图4所示。第21行加入了ch376.h文件。我们直接从用户需要调用的芯片初始化函数开始讲起。第104行是芯片初始化函数mInitCH376Host，第105行定义用于存放返回值的变量res，第106行延时600ms，目的是让CH376芯片在上电后进入稳定状态。第107行调用了芯片的中

断输入接口初始化函数CH376_PORT_INIT，我们转到第31行分析CH376_PORT_INIT函数，如图5所示。第32~35行设置PA8端口为上拉电阻方式，CH376芯片输出低电平时，单片机可以读到低电平的中断信息。第37行设置中断输入引脚为高电平（程序使用了软件中断查询，未使用中断引脚）。第38行设置片选端口NSS为高电平，完成了端口初始化。如图4所示，接下来回到第108行测试单片机和CH376芯片的通信。发送命令CMD11_CHECK_EXIST（实际数据是0x06），功能是测试通信接口和工作状态。芯片数据手册第5页“5.5 CMD_CHECK_EXIST”有此命令的说明，该命令用于测试通信接口和工作状态，检测CH376是否正常工作。该命令需输入一个数据，可以是任意数据。如果芯片正常工作，返回数据是输入数据按位取反的结果。比如输入0x57，输出数据就是0xA8。这样我们就能明白，如果发送数据和接收数据各位相反，说明单片机和CH376芯片通信正常。我们回看程序，发送测试命令的下一行，第109行发送数据0x55，第110行通过接收数据函数将数据存入变量res，第112行是结束通信函数，单片机与CH376芯片停止通信。之后对数据进行比较，第113行通过if语句判断，如果收到数据不等于0xAA（不是按位取反，因为0x55的按位取反数据是0xAA）则返回ERR_USB_UNKNOWN，表示通信异常。一旦程序中返回此数据，则此函数退出，第113行以下的内容都不会执行。如果返回的数据等于0xAA，表示收到的是按位取反的数据，则程序继续向下执行。第114行是写入命令函数xWriteCH376Cmd，命令说明在数据手册5.9节中有详细介绍，功能是设置USB工作模式。第115行命令的数据0x06是切换启动USB主机模式，自动产生SOF包。

```
100 /*************************************************************************
101  * 描      述      : 初始化CH376.
102  * 返      回      : FALSE:无中断.  TRUE:有中断.
103  *************************************************************************/
104 u8 mInitCH376Host(void){
105     u8  res;
106     delay_ms(600);
107     CH376_PORT_INIT( );           /* 接口硬件初始化 */
108     xWriteCH376Cmd( CMD11_CHECK_EXIST );    /* 测试单片机与CH376之间的通信接口 */
109     xWriteCH376Data( 0x55 );
110     res = xReadCH376Data( );
111 //  printf("res =%02x \n",(unsigned short)res);
112     xEndCH376Cmd( );
113     if ( res != 0xAA ) return( ERR_USB_UNKNOWN );  /* 通信接口不正常,可能原因有:接口
114     xWriteCH376Cmd( CMD11_SET_USB_MODE ); /* 设备USB工作模式 */
115     xWriteCH376Data( 0x06 ); //06H=已启用的主机方式并且自动产生SOF包
116     delay_us(20);
117     res = xReadCH376Data( );
118 //  printf("res =%02x \n",(unsigned short)res);
119     xEndCH376Cmd( );
120 
121     if ( res == CMD_RET_SUCCESS ){  //RES=51  命令操作成功
122         return( USB_INT_SUCCESS ); //USB事务或者传输操作成功
123     }else{
124         return( ERR_USB_UNKNOWN );/* 设置模式错误 */
125     }
126 }
```

图4 ch376.c文件的部分内容（1）

SOF包是USB通信的深入知识，在此不展开介绍。接下来第116行延时20μs，因为数据手册中说，设置USB工作模式要在10μs内完成。既然设置过程需要10μs，我们延时20μs等待其完成。接下来第117行读出返回数据，也就是设置模式的操作结果。第119行结束总线通信。第121行通过if语句比较收到的数据。收到CMD_RET_SUCCESS（0x51）表示操作成功，并返回USB_INT_SUCCESS。如果不是则表示操作失败（模式设置错误），返回ERR_USB_UNKNOWN。这样就完成了芯片的初始化。整体过程是先设置I/O端口，检查单片机和芯片的通信状态，通信失败则返回失败数据，成功则设置USB的工作模式，然后再次判断是否成功，成功则返回USB_INT_SUCCESS，失败则返回ERR_USB_UNKNOWN。

了解初始化函数之后，我们再回到main.c文件，回看第41行的if判断，如图6所示。第41行调用CH376芯片初始化函数mInitCH376Host，判断返回值是不是USB_INT_SUCCESS，从而得知芯片是否正常工作。第42行如果正常工作则显示“CH376 OK!”。现在我们知道了初始化函数的内部工作原理，但在初始化函数中还有几个部分需要进一步解释。xWriteCH376Cmd是芯片写入指令函数。xWriteCH376Data是芯片写入数据函数，xEndCH376Cmd是结束通信函数，xReadCH376Data是读出数据函数。如图5所示，第43行是结束通信的命令，内容是将NSS端口设置为高电平，NSS端口在初始化中设置为软件方式，所以此处通过软件控制电平结束通信。第49行通过SPI总线发送一个数据，内容就是调用spi.c中的函数SPI2_SendByte，将数据发送到SPI总线。第55行是芯片接收数据的函数Spi376InByte，其内容是在第56行调用SPI总线接收数据的函数，等待接收寄存器有数据。第57行是一旦有数据则返回数据。第63行是CH376芯片的写指令函数，写指令的核心部分是调用第49行的发送命令码函数Spi376OutByte。第77行是芯片写数据函数xWriteCH376Data，也是调用了第49行的发送数据函数Spi376OutByte，第85行是芯片的读数据函数xReadCH376Data，其中第88行调用了SPI总线的数据发送函数SPI2_

```
21  #include "CH376.h"
22
23
24 /*************************************************************************************
25  * 函  数  名      : CH376_PORT_INIT
26  * 描      述      : 由于使用软件模拟SPI读写时序,所以进行初始化
27  *                   如果是硬件SPI接口,那么可使用mode3(CPOL=1&CPHA=1)或
28  *                   mode0(CPOL=0&CPHA=0),CH376在时钟上升沿采样输入,下降沿输出,数
29  *                   据位是高位在前.
30  ************************************************************************************/
31 void CH376_PORT_INIT(void){ //CH376的SPI接口初始化
32     GPIO_InitTypeDef  GPIO_InitStructure; //定义GPIO的初始化枚举结构
33       GPIO_InitStructure.GPIO_Pin = CH376_INT; //选择端口号
34       GPIO_InitStructure.GPIO_Mode = GPIO_Mode_IPU;//选择I/O端口工作方式 //上拉电阻
35     GPIO_Init(CH376_INTPORT,&GPIO_InitStructure);
36
37     GPIO_SetBits(CH376_INTPORT,CH376_INT); //中断输入脚拉高电平
38     GPIO_SetBits(SPI2PORT,SPI2_NSS); //片选端口接高电平
39 }
40 /*************************************************************************************
41  * 函  数  名    : xEndCH376Cmd   结束通信命令
42  ************************************************************************************/
43 void xEndCH376Cmd(void){ //结束命令
44     GPIO_SetBits(SPI2PORT,SPI2_NSS); //SPI片选无效,结束CH376命令
45 }
46 /*************************************************************************************
47  SPI输出8个位数据.     * 发送: u8 d:要发送的数据
48  ************************************************************************************/
49 void Spi376OutByte(u8 d){ //SPI发送一个字节数据
50      SPI2_SendByte(d);
51 }
52 /*************************************************************************************
53  * 描      述      : SPI接收8位数据.  u8 d:接收到的数据.
54  ************************************************************************************/
55 u8 Spi376InByte(void){  //SPI接收一个字节数据
56     while(SPI_I2S_GetFlagStatus(SPI2,SPI_I2S_FLAG_RXNE) == RESET);
57     return SPI_I2S_ReceiveData(SPI2);
58 }
```

图5 ch376.c文件的部分内容（2）

SendByte。第95行是查询CH376芯片的中断函数Query376Interrupt，通过I/O端口读出芯片的中断状态，将中断状态送入返回值。以上这些程序就能实现CH376芯片初始化，也能实现芯片级别的指令发送、数据发送、数据接收和中断检测。

U盘文件系统

我们分析了SPI总线和CH376的驱动程序，学习SPI总线主要是为了让单片机和CH376芯片进行通信，学习CH376芯片的驱动程序是为了让单片机发送指令给CH376芯片，从而操作U盘（或SD卡）。不过U盘并不是简单的存储设备，它们不同于单片机内部的Flash，操作Flash只需给出地址和数据，而U盘是计算机的外部存储设备。计算机有Windows之类的操作系统，操作系统是很复杂的程序，对存储设备的操作也比较复杂。比如Windows系统对硬盘的操作并不是直接读写硬盘空间的每个地址，而是通过文件系统来操作。文件系统把简单的地址操作上升到更高的应用层面，可以实现更多功能。在计算机上操作文件要有扩展名，文件可以放入文件夹，这些都是文件系统的功能。我们还要在CH376芯片的基础上学习文件系统，对U盘以文件系统的方式读写。在附带资料中找到“U盘读写文件程序”工程，将工程中的HEX文件下载到洋桃1号开发板中，看一下效果。效果是在OLED屏上显示“U DISK TEST”，即U盘测试程序。“CH376 OK”表示CH376芯片和单片机之间通信正常。现在将U盘插入计算机的USB接口，在计算机上将其格式化为FAT格式，然后把U盘插入洋桃1号开发板的USB接口。插入后，OLED屏上会出现“U DISK Ready!”，表示数据已经成功写入U盘。拔出U盘并把它插入计算机的USB接口，在计算机上打开U盘目录，可以看到在U盘的根目录下出现名为“洋桃.txt”的文件，这就是CH376芯片向U盘写入的文件。使用Windows操作系统自带的记事本软件打开这个TXT文本文件，文件内容是“洋桃电子/YT”。这行文字是由CH376芯片写入的，内容可在单片机程序中修改。CH376芯片向U盘写入的内容可以在计算机中读出来，这就实现了单片机与计算机之间的数据操作。CH376芯片不仅能创建TXT文本文件，还可以创建图片、表格等文件。而且它还有创建文件夹、删除文件、修改文件内容、修改文件属性等几乎所有的文件操作能力。示例程序只使用了基本的文字写入操作，其他的复杂操作大家可通过数据手册深入学习。

接下来我们分析驱动程序，学习如何创建文件、写入文件内容。我们打开“U盘读写文件程序”的工程文件，这个工程复制了“U盘插拔测试”的工程，在User文件夹中对main.c文件（见图6）做了修

```
39      //CH376初始化
40      SPI2_Init();//SPI接口初始化
41      if(mInitCH376Host()== USB_INT_SUCCESS){//CH376初始化
42        OLED_DISPLAY_8x16_BUFFER(4,"   CH376 OK!     "); //显示字符串
43      }
44      while(1){
45        s = CH376DiskConnect();  //读出U盘的状态
46        if(s == USB_INT_SUCCESS){ //检查U盘是否连接//等待U盘被插入
47          OLED_DISPLAY_8x16_BUFFER(6," U DISK Ready!  "); //显示字符串
48        }else{
49          OLED_DISPLAY_8x16_BUFFER(6,"                "); //显示字符串
50        }
51        delay_ms(500); //刷新的间隔
52      }
53  }
```

图6 CH376芯片驱动程序main.c文件的部分内容

```
2 #ifndef __FILESYS_H__
3 #define __FILESYS_H__
4 #include "sys.h"
5 #include "ch376.h"
6 #include"CH376INC.H"
7
8 #define STRUCT_OFFSET( s, m ) ( (UINT8)( & ((s *)0) -> m ) )          /* 定义获取结构成员相对偏移地址的宏 */
9 #ifdef  EN_LONG_NAME
10 #ifndef LONG_NAME_BUF_LEN
11 #define LONG_NAME_BUF_LEN ( LONG_NAME_PER_DIR * 20 )          /* 自行定义的长文件名缓冲区长度,最小值为LONG_
12 #endif
13 #endif
14
15 UINT8 CH376ReadBlock( PUINT8 buf );          /* 从当前主机端点的接收缓冲区读取数据块,返回长度 */
16
17 UINT8 CH376WriteReqBlock( PUINT8 buf );          /* 向内部指定缓冲区写入请求的数据块,返回长度 */
18
19 void  CH376WriteHostBlock( PUINT8 buf, UINT8 len );          /* 向USB主机端点的发送缓冲区写入数据块 */
20
21 void  CH376WriteOfsBlock( PUINT8 buf, UINT8 ofs, UINT8 len );          /* 向内部缓冲区指定偏移地址写入数据块 */
22
23 void  CH376SetFileName( PUINT8 name );          /* 设置将要操作的文件的文件名 */
24
25 UINT32  CH376Read32bitDat( void );          /* 从CH376芯片读取32位的数据并结束命令 */
26
27 UINT8 CH376ReadVar8( UINT8 var );          /* 读CH376芯片内部的8位变量 */
```

图7 filesys.h文件的部分内容

改，添加了U盘读写的应用层操作，其他文件没有改动。U盘读写涉及filesys.c和filesys.h两个文件，它们是文件系统的相关驱动程序。掌握这两个文件就能对U盘进行各种操作。但是文件系统涉及的知识较多，我这里只给大家讲解其概况，通过例子讲解U盘的操作流程，大家可以举一反三，参考官方示例程序不断试验和练习，很快能熟悉U盘的所有操作。用Keil软件打开工程，先打开filesys.h文件，如图7所示。第8～11行是宏定义，第15～122行是函数的声明。函数声明部分涉及的函数很多，每个函数的注释信息说明了该函数的功能作用。要求重点关注的功能函数有：第37行读取当前文件长度的函数、第39行读取磁盘（U盘）工作状态的函数、第51行检查USB存储器错误的函数、第53行检查U盘是否连接的函数、第57行在根目录或当前目录下打开文件或目录的函数、第59行在根目录或当前目录下新建文件的函数、第61行在根目录或当前目录下新建文件夹并打开的函数、第65行打开多级目录下的文件或文件夹的函数、第80行读取当前目录的信息的函数、第82行保存目录的信息的函数、第90行查询磁盘的物理容量的函数、第92行查询磁盘的剩余空间的函数。逐一分析每个函数需要花费很长时间，只要用示例掌握这些函数的使用方法即可。打开filesys.c文件，如图8所示。第3～13行是文件说明，请大家认真读一遍。第15行声明了filesys.h文件，第17～22行带有斜线和星号的部分是每个函数的说明，给出每个函数的名称和功能，说明了参数和返回值的特性。第23行的函数CH376ReadBlock，说明是“从当前主机端点的接收缓冲区读取数据块”。函数的参数是一个变量buf，指向外部的接收缓冲区，返回值是数据长度。函数的内部程序不再逐一分析，这些函数都能在主程序中调用，每个函数对应U盘的一种操作，大家可以仔细阅读，了解这些函数的功能。

打开main.c文件，这是U盘读写文件程序，如图9和图10所示。第17、18行加入了两个库文件，数据计算需要使用这两个库文件。然后第26～28行加载spi.h、ch376.h、filesys.h文件。接下来第30行定义数组变量buf，存放临时数据。第32行是主函数，第33行定义两个变量s和a，第34～48行和上一个示例程序相同。不同的是主循环中的程序不仅检测U盘的插拔状态，还可读写U盘的内容。创建新“洋桃.txt”文件并在文件里写入一串文字。首先第49行通过while循环检测U盘的状态，通过函数CH376DiskConnect判断U盘是否被插入。这里使用不等于判断，也就是说没有插入U盘则循环等待，插入U盘才向下执行。插入U盘后，运行第50行，在OLED屏上显示“U DISK Ready!”，表示U盘已经被插入。第51行延时200ms，第52行是for循环从0～99循环100次，目的是初始化U盘。第54行调用函数CH376DiskMount使U盘初始化。初始化并不是格式化，不是清空U盘内容，而是让U盘和CH376芯片建立连接并且等待U盘进入工作状态。返回值是中断状态，即返回对U盘的操作是否成功，返回值被存入变量s。第55行通过if语句判断返回值是否等于USB_INT_SUCCESS，是则表示U盘准备就绪。这时通过第56行break指令跳出for循环，执行第62行和下边的程序。你可以给出未就绪的操作，因为我没

```
3   /* name 参数是指短文件名, 可以包括根目录符, 但不含有路径分隔符, 总长度不超过1+8+1+3+1字节 */
4   /* PathName 参数是指全路径的短文件名, 包括根目录符、多级子目录及路径分隔符、文件名/目录名 */
5   /* LongName 参数是指长文件名, 以UNICODE小端顺序编码, 以两个0字节结束, 使用长文件名, 子程序必须先定义全局缓冲区GlobalBuf, 长度
6
7   /* 定义 NO_DEFAULT_CH376_INT 用于禁止默认的Wait376Interrupt子程序,禁止后,应用程序必须自行定义一个同名子程序 */
8   /* 定义 DEF_INT_TIMEOUT 用于设置默认的Wait376Interrupt子程序中的等待中断的超时时间/循环计数值, 0则不检查超时而一直等待 */
9   /* 定义 EN_DIR_CREATE 用于提供新建多级子目录的子程序,默认不提供 */
10  /* 定义 EN_DISK_QUERY 用于提供磁盘容量查询和剩余空间查询的子程序,默认不提供 */
11  /* 定义 EN_SECTOR_ACCESS 用于提供以扇区为单位读写文件的子程序,默认不提供 */
12  /* 定义 EN_LONG_NAME 用于提供支持长文件名的子程序,默认不提供 */ /
13  /* 定义 DEF_IC_V43_U 用于去掉支持低版本的程序代码,仅支持V4.3及以上版本的CH376芯片,默认支持低版本 */
14
15  #include"filesys.h"
16  /*******************************************************************************
17  * 函  数  名      : CH376ReadBlock
18  * 描      述      : 从当前主机端点的接收缓冲区读取数据块
19  * 输      入      : PUINT8 buf:
20  *                   指向外部接收缓冲区
21  * 返      回      : 返回长度
22  *******************************************************************************/
23  UINT8 CH376ReadBlock( PUINT8 buf ){
24    UINT8 s, l;
25    xWriteCH376Cmd( CMD01_RD_USB_DATA0 );
26    s = l = xReadCH376Data( );                              /* 后续数据长度 */
27    if ( l )
28    {
29      do
30      {
31        *buf = xReadCH376Data( );
32        buf ++;
33      } while ( -- l );
34    }
35    xEndCH376Cmd( );
36    return( s );
37  }
```

图8 filesys.c文件的部分内容

```
17  #include <string.h>
18  #include <stdio.h>
19  #include "stm32f10x.h" //STM32头文件
20  #include "sys.h"
21  #include "delay.h"
22  #include "touch_key.h"
23  #include "relay.h"
24  #include "oled0561.h"
25
26  #include "spi.h"
27  #include "ch376.h"
28  #include "filesys.h"
29
30  u8 buf[128];
31
32  int main (void){//主程序
33    u8 s,i;
34    delay_ms(500); //上电时等待其他器件就绪
35    RCC_Configuration(); //系统时钟初始化
36    TOUCH_KEY_Init();//触摸按键初始化
37    RELAY_Init();//继电器初始化
38
39    I2C_Configuration();//I²C初始化
40    OLED0561_Init(); //OLED屏初始化
41    OLED_DISPLAY_8x16_BUFFER(0,"   YoungTalk     "); //显示字符串
42    OLED_DISPLAY_8x16_BUFFER(2,"  U DISK TEST    "); //显示字符串
43    //CH376初始化
44    SPI2_Init();//SPI接口初始化
45    if(mInitCH376Host()== USB_INT_SUCCESS){//CH376初始化
46      OLED_DISPLAY_8x16_BUFFER(4,"   CH376 OK!     "); //显示字符串
47    }
48    while(1){
```

图9 U盘读写文件程序main.c文件的内容（1）

有考虑不能读取的情况，所以直接跳出for循环。第62行在屏幕上显示“U DISK INIT!”，表示U盘初始化完成。第63行延时200ms。需要注意：U盘每次操作都要有延时程序，给U盘足够的时间完成工作，如果没有延时或延时太短，会导致指令不能执行，U盘操作不稳定。第64行通过函数CH376FileCreate Path创建一个文件，参数中斜杠（/）表示根目录，“洋桃”是文件名，“.TXT”是扩展名（文本文件）。将鼠标指针放在函数上用“鼠标右键跳转法”可查看filesys.c文件中的函数内容。如图11所示，第564行的函数说明：新建多级目录下的目录并打开支持多级目录路径，路径长度不超过255个字符。参数就是文件名，返回值表示是否创建成功。函数名中的双引号表示以字符形式发送数据，这样才能在U盘中看到与字符一致的文件名。函数将返回值送入变量s，但并未判断返回值，正常情况下应该用if语句判断S

```
48    while(1){
49      while ( CH376DiskConnect( ) != USB_INT_SUCCESS ) delay_ms(100);  // 检查U盘是否连接,等待U盘被拔出
50      OLED_DISPLAY_8x16_BUFFER(6," U DISK Ready!   "); //显示字符串
51      delay_ms(200); //每次操作后必要的延时
52      for ( i = 0; i < 100; i ++ ){
53        delay_ms( 50 );
54        s = CH376DiskMount( );  //初始化磁盘并测试磁盘是否就绪
55        if ( s == USB_INT_SUCCESS ) /* 准备好 */
56        break;
57        else if ( s == ERR_DISK_DISCON )/* 检测到断开,重新检测并计时 */
58        break;
59        if ( CH376GetDiskStatus( ) >= DEF_DISK_MOUNTED && i >= 5 ) /* 有的U盘总是返回未准备好,不过可以忽略
60        break;
61      }
62      OLED_DISPLAY_8x16_BUFFER(6," U DISK INIT!    "); //显示字符串
63      delay_ms(200); //每次操作后必要的延时
64      s=CH376FileCreatePath( "/洋桃.TXT" ); // 新建多级目录下的文件,支持多级目录路径,输入缓冲区必须在RAM中
65      delay_ms(200); //每次操作后必要的延时
66      s = sprintf( (char *)buf , "洋桃电子/YT");
67      s=CH376ByteWrite( buf,s, NULL ); // 以字节为单位向当前位置写入数据块
68      delay_ms(200); //每次操作后必要的延时
69      s=CH376FileClose( TRUE );   // 关闭文件,对于字节读写建议自动更新文件长度
70      OLED_DISPLAY_8x16_BUFFER(6," U DISK SUCCESS "); //显示字符串
71      while ( CH376DiskConnect( ) == USB_INT_SUCCESS ) delay_ms(500);  // 检查U盘是否连接,等待U盘被拔出
72      OLED_DISPLAY_8x16_BUFFER(6,"                "); //显示字符串
73      delay_ms(200); //每次操作后必要的延时
74    }
75  }
```

图10 U盘读写文件程序main.c文件的内容（2）

是否等于USB_INT_SUCCESS，因为我们只是简单举例，没有判断返回值，但在实际项目开发中需要严谨地判断返回值才能在程序出错时及时进行补救处理，使程序运行稳定。文件创建后，第65行是延时200ms，第66行用函数sprintf向文件写入文字，函数将第2个参数的字符放入第一个参数数组buf中，char*表示放入字符型数据。此函数就将“洋桃电子/YT”以字符形式存放到数组buf。返回值被放入变量s，返回值表示放入数组buf的总数据长度。

数据放好后，接下来将数据写入文件中。第67行使用函数CH376ByteWrite写入文件内容，将鼠标指针放在函数上用“鼠标右键跳转法”可查看函数内容。如图12所示，第821行的说明是：以字节为单位向当前的位置写入数据块。函数有3个参数，一是指向外部的缓存区，二是请求写入的字节数量，三是实际写入的字节数量。回到主程序，如图10所示。第67行第一个参数是数组buf，即外部缓存区。第2个参数是变量s，是数组存入的字节数量，第3个参数是实际写入的字节数量，NULL表示没有使用这个参数。第67行的函数就将“洋桃电子/YT”写入“洋桃.TXT”文件中。函数执行后，返回值被存入变量s。返回值是中断判断，判断写入是否成功，在此我省略了判断程序。第68行是延时程序，第69行是关闭文件函数CH376FileClose，只有关闭文件才能将写入的数据保存。CH376FileClose函数的说明是：关闭当前已经打开的文件或目录，参数为是否更新文件长度，返回值是中断状态，即关闭文件是否成功。返回值依然被送入变量s，可以通过if语句判断关闭文件是否成功，在此我还是省略了判断程序。第70行打印字符“U DISK SUCCESS”，表示U盘操作完成。第71行是while循环，判断U盘是否被拔出。如果没有被拔出则不断循环。如果U盘被拔出则执行第72行，在OLED屏第6行显示空行，将“U DISK SUCCESS”覆盖。第73行是延时函数。这样就完成了U盘的一次操作流程。流程难点在于开发人员是否熟悉每个函数。我们只要掌握每个函数的功能和使用方法，U盘操作就不困难。你可以在附带资料中找到“CH376参考示例程序”资料包，其中有CH376芯片的多个示例程序，包括芯片官方给出的示例程序和电路原理图。资料中还有基于STM32的U盘、鼠标、键盘等操作程序。参考这些资料对完成相关项目开发会有很大帮助。

```
562 /*******************************************************************************
563 * 函  数  名      : CH376FileCreatePath
564 * 描      述      : 新建多级目录下的目录(文件夹)并打开，支持多级目录路径，支持路
565 *         径分隔符，路径长度不超过255个字符.
566 * 输      入      : PUINT8 path:
567 *         指向路径缓冲区.
568 * 返      回      : 中断状态.
569 *******************************************************************************/
570 UINT8 CH376FileCreatePath( PUINT8 PathName )
571 {
572   UINT8 s;
573   UINT8 Name;
574
575   Name = CH376SeparatePath( PathName ); /* 从路径中分离出最后一级文件名，返回最后一级文件名的偏移 */
576   if ( Name ) /* 是多级目录 */
577   {
578     s = CH376FileOpenDir( PathName, Name ); /* 打开多级目录下的最后一级目录，即打开新建文件的上级目录 */
579     if ( s != ERR_OPEN_DIR ) /* 因为是打开上级目录，所以，如果不是成功打开了目录，那么说明有问题 */
580     {
581       if ( s == USB_INT_SUCCESS )
582       {
583         return( ERR_FOUND_NAME ); /* 中间路径必须是目录名，如果是文件名则出错 */
584       }
585       else if ( s == ERR_MISS_FILE )
586       {
587         return( ERR_MISS_DIR ); /* 中间路径的某个子目录没有找到，可能是目录名称错误 */
588       }
589       else
590       {
591         return( s ); /* 操作出错 */
592       }
593     }
594   }
595   return( CH376FileCreate( &PathName[Name] ) ); /* 在根目录或者当前目录下新建文件 */
596 }
```

图11 filesys.c文件中的CH376FileCreatePath函数

```
819 /*******************************************************************************
820 * 函  数  名      : CH376ByteWrite
821 * 描      述      : 以字节为单位向当前位置写入数据块
822 * 输      入      : PUINT8 buf:
823 *         指向外部缓冲区
824 *                 UINT16 ReqCount:
825 *                 请求写入的字节数
826 *                 PUINT16 RealCount:
827 *                 实际写入的字节数
828 * 返      回      : 中断状态
829 *******************************************************************************/
830 UINT8 CH376ByteWrite( PUINT8 buf, UINT16 ReqCount, PUINT16 RealCount )
831 {
832   UINT8 s;
833
834   xWriteCH376Cmd( CMD2H_BYTE_WRITE );
835   xWriteCH376Data( (UINT8)ReqCount );
836   xWriteCH376Data( (UINT8)(ReqCount>>8) );
837   xEndCH376Cmd( );
838   if ( RealCount )
839     {
840         *RealCount = 0;
841     }
842
843   while ( 1 )
844   {
845     s = Wait376Interrupt( );
846     if ( s == USB_INT_DISK_WRITE )
847     {
848       s = CH376WriteReqBlock( buf ); /* 向内部指定缓冲区写入请求的数据块，返回长度 */
849       xWriteCH376Cmd( CMD0H_BYTE_WR_GO );
850       xEndCH376Cmd( );
851       buf += s;
852       if ( RealCount ) *RealCount += s;
853     }
854     else
855       {
856           return( s ); /* 错误 */
857       }
858   }
859 }
```

图12 filesys.c文件中的CH376ByteWrite函数

ESP8266 开发之旅 网络篇（14）

WebServer——ESP8266WebServer库的使用（下）

单片机菜鸟博哥

前文，笔者花了很大篇幅来介绍ESP8266WebServer库的常用方法，讲了那么多的理论知识，该开始实际操作了，这次我们就用几个实例，看看这些方法应该怎么使用。

演示WebServer的基础功能

说明：演示WebServer的基础功能，Wi-Fi模块连接上热点后，在PC浏览器中输入ServerIP+URI进行访问，演示代码如下。

```
#include <ESP8266WiFi.h>
#include <ESP8266WebServer.h>
//以下3个定义为调试定义
#define DebugBegin(baud_rate) Serial.begin(baud_rate)
#define DebugPrintln(message) Serial.println(message)
#define DebugPrint(message) Serial.print(message)
const char* AP_SSID = "TP-LINK_5344"; //使用时修改为你的Wi-Fi SSID
const char* AP_PSK = "6206908you11011010";//使用时修改为你的Wi-Fi密码
const unsigned long BAUD_RATE = 115200; //串行连接速度
//声明一下函数
void initBasic(void);
void initWifi(void);
void initWebServer(void);
ESP8266WebServer server(80);//创建一个WebServer
/* 处理根目录URI请求
 * URI: http://server_ip/  */
void handleRoot() {
 server.send(200, "text/plain", "hello from esp8266!");
}
/* 处理无效URI
 * URI: http://server_ip/xxxx */
void handleNotFound() {
 //打印无效URI信息，包括请求方式、请求参数
 String message = "File Not Found\n\n";
 message +="URI: ";
 message += server.uri();
 message += "\nMethod: ";
 message += (server.method() == HTTP_GET) ? "GET" : "POST";
 message += "\nArguments:";
 message += server.args();
 message += "\n";
 for (uint8_t i = 0; i < server.args(); i++) {
   message += " " + server.argName(i) + ": " + server.arg(i) + "\n";
 }
 server.send(404, "text/plain", message);
}
void setup(void) {
 initBasic();
 initWifi();
 initWebServer();
}
/* 初始化基础功能：波特率 */
void initBasic(){
 DebugBegin(BAUD_RATE);
}
/* 初始化Wi-Fi模块：工作模式、连接网络 */
void initWifi(){
 WiFi.mode(WIFI_STA);
 WiFi.begin(AP_SSID, AP_PSK);
 DebugPrintln("");
 //等待连接
 while (WiFi.status() != WL_CONNECTED) {
   delay(500);
   DebugPrint(".");
 }
 DebugPrintln("");
 DebugPrint("Connected to ");
 DebugPrintln(AP_SSID);
 DebugPrint("IP address: ");
 DebugPrintln(WiFi.localIP());
}
/* 初始化WebServer */
void initWebServer(){
 //下面配置URI对应的Handler
 server.on("/", handleRoot);
```

```
  server.on("/inline", [](){
    server.send(200, "text/plain", "this works as well");
  });
  server.onNotFound(handleNotFound);
  //启动WebServer
  server.begin();
  DebugPrintln("HTTP server started");
}
void loop(void) {
  server.handleClient();
}
```

代码运行结果如图1所示。

演示WebServer返回HTML功能

说明：演示WebServer返回HTML功能，Wi-Fi模块连接上热点后，在PC浏览器输入ServerIP+URI进行访问，演示代码如下。

```
#include <ESP8266WiFi.h>
#include <ESP8266WebServer.h>
//以下3个定义为调试定义
#define DebugBegin(baud_rate) Serial.begin(baud_rate)
#define DebugPrintln(message) Serial.println(message)
#define DebugPrint(message)   Serial.print(message)
const char* AP_SSID  =  "TP-LINK_5344"; //使用时修改为你的Wi-Fi SSID
const char* AP_PSK = "6206908you11011010"; //使用时修改为你的Wi-Fi 密码
const unsigned long BAUD_RATE = 115200; //串行连接速度
//声明一下函数
void initBasic(void);
void initWifi(void);
void initWebServer(void);
ESP8266WebServer server(80);
/* 处理根目录URI请求
 * URI: http://server_ip/ */
void handleRoot() {
  char temp[400];
  int sec = millis() / 1000;
  int min = sec / 60;
  int hr = min / 60;
  snprintf(temp, 400,
   "<html>\
  <head>\
  <meta http-equiv='refresh' content='5'/>\
  <title>ESP8266 Demo</title>\
  <style>\
  body { background-color: #cccccc; font-family: Arial, Helvetica, Sans-Serif; Color: #000088; }\
  </style>\
  </head>\
  <body>\
  <h1>Hello from ESP8266!</h1>\
  <p>Uptime: %02d:%02d:%02d</p>\
  <img src=\"/test.svg\" />\
  </body>\
  </html>",
   hr, min % 60, sec % 60
  );
  server.send(200, "text/html", temp);
}
/* 处理无效URI
 * URI: http://server_ip/xxxx */
void handleNotFound() {
  //打印无效URI的信息，包括请求方式、请求参数
  String message = "File Not Found\n\n";
  message += "URI: ";
  message += server.uri();
  message += "\nMethod: ";
  message += (server.method() == HTTP_GET) ? "GET" : "POST";
  message += "\nArguments: ";
  message += server.args();
  message += "\n";
  for (uint8_t i = 0; i < server.args(); i++) {
    message += " " + server.argName(i) + ": " + server.arg(i) + "\n";
  }
  server.send(404, "text/plain", message);
}
void setup(void) {
  initBasic();
  initWifi();
  initWebServer();
}
void loop(void) {
  server.handleClient();
}
/* 初始化基础功能：波特率 */
void initBasic(){
  DebugBegin(BAUD_RATE);
}
/* 初始化Wi-Fi模块：工作模式、连接网络 */
void initWifi(){
  WiFi.mode(WIFI_STA);
  WiFi.begin(AP_SSID, AP_PSK);
```

COM6

.....
Connected to TP-LINK_5344
IP address: 192.168.1.105
HTTP server started

图1 WebServer基础功能的实现

```
  DebugPrintln("");
  //等待连接
  while (WiFi.status() != WL_
CONNECTED) {
    delay(500);
    DebugPrint(".");
  }
  DebugPrintln("");
  DebugPrint("Connected to ");
  DebugPrintln(AP_SSID);
  DebugPrint("IP address: ");
  DebugPrintln(WiFi.localIP());
}
/* 初始化WebServer */
void initWebServer(){
  //以下配置URI对应的Handler
  server.on("/", handleRoot);
  server.on("/inline", []() {
    server.send(200, "text/plain",
"this works as well");
  });
  server.on("/test.svg", drawGraph);
  server.onNotFound(handleNotFound);
  //启动WebServer
  server.begin();
  DebugPrintln("HTTP server
started");
}
/* 画图 */
void drawGraph() {
  String out = "";
  char temp[100];
  out += "<svg xmlns=\"W3 网 址
"version=\"1.1\" width=\"400\"
height=\"150\">\n";
  out += "<rect width=\"400\"
height=\"150\" fill=\"rgb(250, 230,
210)\" stroke-width=\"1\" stroke=\"
rgb(0, 0, 0)\" />\n";
  out += "<g stroke=\"black\">\n";
  int y = rand() % 130;
  for (int x = 10; x < 390; x += 10)
{
    int y2 = rand() % 130;
    sprintf(temp, "<line x1=\"%d\
" y1=\"%d\" x2=\"%d\" y2=\"%d\
"stroke-width=\"1\"/>\n", x, 140 -
y, x + 10, 140 - y2);
    out += temp;
    y = y2;
  }
  out += "</g>\n</svg>\n";
  server.send(200, "image/svg+xml",
out);
}
```

代码运行结果如图2所示。

演示WebServer校验

说明：演示WebServer校验账号、密码功能，Wi-Fi模块连接上AP后，在PC浏览器中输入IP+URI进行访问，不过需要带校验请求头，演示代码如下。

```
#include <ESP8266WiFi.h>
#include <ESP8266Web Server.h>
//以下3个定义为调试定义
#define DebugBegin(baud_rate)
Serial.begin(baud_rate)
#define DebugPrintln(message)
Serial.println(message)
#define DebugPrint(message)    Serial.
print(message)
const char* AP_SSID = "TP-LINK_5344";
//使用时修改为你的Wi-Fi SSID
const char* AP_PSK = "xxxx";
//使用时修改为你的Wi-Fi密码
const unsigned long BAUD_RATE =
115200; //串行连接速度
const char* www_username = "admin";
const char* www_password = "esp8266";
//声明一下函数
void initBasic(void);
void initWifi(void);
void initWebServer(void);
ESP8266WebServer server(80);
//创建WebServer
void setup() {
  initBasic();
  initWifi();
  initWebServer();
}
void loop() {
  server.handleClient();
}
/* 初始化基础功能：波特率 */
void initBasic(){
  DebugBegin(BAUD_RATE);
}
/* 初始化Wi-Fi模块：工作模式、连接网络
*/
void initWifi(){
  WiFi.mode(WIFI_STA);
  WiFi.begin(AP_SSID, AP_PSK);
  DebugPrintln("");
  //等待连接
  while (WiFi.status() != WL_
CONNECTED) {
    delay(500);
```

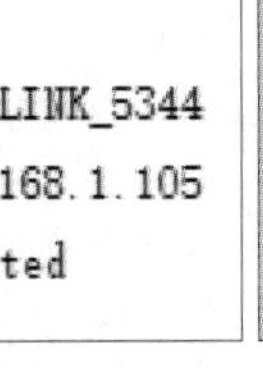

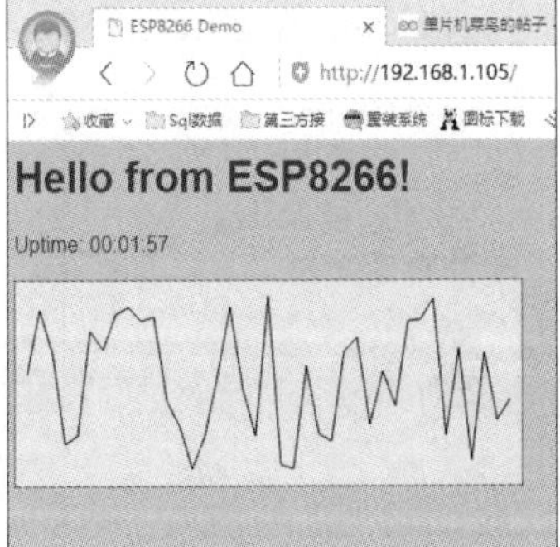

图2 WebServer返回HTML

```
    DebugPrint(".");
  }
  DebugPrintln("");
  DebugPrint("Connected to ");
  DebugPrintln(AP_SSID);
  DebugPrint("IP address: ");
  DebugPrintln(WiFi.localIP());
}
/* 初始化WebServer */
void initWebServer(){
  //以下配置URI对应的Handler
  server.on("/", [](){
    //校验帐号和密码
    if (!server.authenticate(www_username, www_password)) {
      return server.requestAuthentication();
    }
    server.send(200, "text/plain", "Login OK");
  });
  server.begin();
  DebugPrint("Open http://");
  DebugPrint(WiFi.localIP());
  DebugPrintln("/ in your browser to see it working");
}
```

代码运行结果如图3所示。

演示WebServer登录功能

说明：演示WebServer登录功能和HTML登录页面，Wi-Fi模块连接上AP后，在PC浏览器中输入IP+URI进行访问，不过需要带校验请求头。

```
#include <ESP8266WiFi.h>
#include <ESP8266WebServer.h>
//以下三个定义为调试定义
#define DebugBegin(baud_rate) Serial.begin(baud_rate)
#define DebugPrintln(message) Serial.println(message)
#define DebugPrint(message) Serial.print(message)
const char* AP_SSID = "TP-LINK_5344"; //使用时修改为你的Wi-Fi SSID
const char* AP_PSK = "6206908you11011010"; //使用时修改为你的Wi-Fi密码
const unsigned long BAUD_RATE = 115200; //串行连接速度
//声明一下函数
void initBasic(void);
void initWifi(void);
void initWebServer(void);
ESP8266WebServer server(80);
/* 校验是否存在cookie头，并且确认cookie头的值是正确的 */
bool is_authentified() {
 DebugPrintln("Enter is_authentified");
 //是否存在cookie头
 if (server.hasHeader("Cookie")) {
  DebugPrint("Found cookie: ");
  //获取cookie头的信息
  String cookie = server.header("Cookie");
  DebugPrintln(cookie);
  if (cookie.indexOf("ESPSESSIONID=1") != -1) {
   DebugPrintln("Authentification Successful");
   return true;
  }
 }
 DebugPrintln("Authentification Failed");
 return false;
}
/* 处理登录URI */
void handleLogin() {
 String msg;
 //判断是否存在cookie头
 if (server.hasHeader("Cookie")) {
  DebugPrint("Found cookie: ");
  String cookie = server.header("Cookie");
  DebugPrint(cookie);
 }
 //判断是否存在DISCONNECT参数
 if (server.hasArg("DISCONNECT")) {
  DebugPrintln("Disconnection");
  server.sendHeader("Location", "/login");
  server.sendHeader("Cache-Control", "no-cache");
  server.sendHeader("Set-Cookie", "ESPSESSIONID=0");
  server.send(301);
  return;
 }
 //判断是否存在USERNAME和PASSWORD参数
 if (server.hasArg("USERNAME") && server.hasArg("PASSWORD")) {
  if (server.arg("USERNAME") == "admin" && server.arg("PASSWORD") == "admin") {
   server.sendHeader("Location", "/");
   server.sendHeader("Cache-Control", "no-cache");
   server.sendHeader("Set-Cookie", "ESPSESSIONID=1");
   server.send(301);
   DebugPrintln("Log in
```

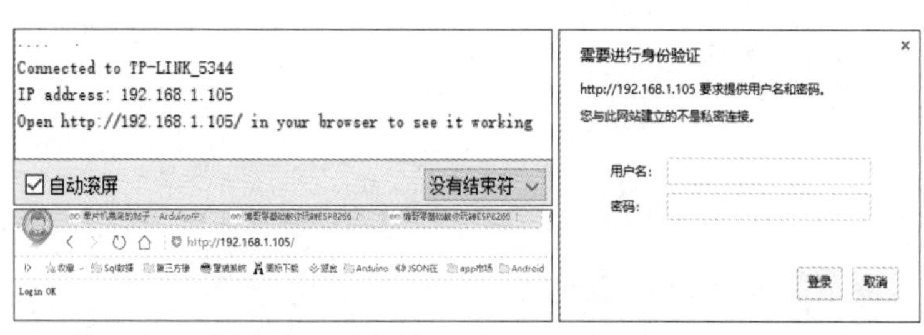

Connected to TP-LINK_5344
IP address: 192.168.1.105
Open http://192.168.1.105/ in your browser to see it working
自动滚屏
没有结束符
http://192.168.1.105/
Login OK
需要进行身份验证
http://192.168.1.105 要求提供用户名和密码。
您与此网站建立的不是私密连接。
用户名:
密码:
登录
取消

图3 WebServer校验账号、密码功能

```
Successful");
    return;
  }
  msg = "Wrong username/password! try again.";
  DebugPrintln("Log in Failed");
 }
 //返回HTML填写账号、密码页面
 String content = "<html><body><form action='/login' method='POST'>To log in, please use : admin/admin<br>";
 content += "User:<input type='text' name='USERNAME' placeholder='user name'><br>";
 content += "Password:<input type='password' name='PASSWORD' placeholder='password'><br>";
 content += "<input type='submit' name='SUBMIT' value='Submit'></form>" + msg + "<br>";
 content += "You also can go <a href='/inline'>here</a></body></html>";
 server.send(200, "text/html", content);
}
/* 根目录处理器 */
//只有在身份验证正常时才能访问根页面
void handleRoot() {
 DebugPrintln("Enter handleRoot");
 String header;
 if (!is_authentified()) {
  //校验不通过
  server.sendHeader("Location", "/login");
  server.sendHeader("Cache-Control", "no-cache");
  server.send(301);
  return;
 }
 String content = "<html><body><H2>hello, you successfully connected to esp8266!</H2><br>";
 if (server.hasHeader("User-Agent")) {
  content += "the user agent used is : " + server.header("User-Agent") + "<br><br>";
 }
 content += "You can access this page until you <a href=\"/login?DISCONNECT=YES\">disconnect</a></body></html>";
 server.send(200, "text/html", content);
}
/* 无效URI处理器 */
void handleNotFound() {
 String message = "File Not Found\n\n";
 message += "URI: ";
 message += server.uri();
 message += "\nMethod:";
 message += (server.method() == HTTP_GET) ? "GET" : "POST";
 message += "\nArguments: ";
 message += server.args();
 message += "\n";
 for (uint8_t i = 0; i < server.args(); i++) {
  message += " " + server.argName(i) + ": " + server.arg(i) + "\n";
 }
 server.send(404, "text/plain", message);
}
void setup(void) {
 initBasic();
 initWifi();
 initWebServer();
}
void loop(void) {
 server.handleClient();
}
/* 初始化基础功能：波特率 */
void initBasic(){
 DebugBegin(BAUD_RATE);
}
/* 初始化Wi-Fi模块：工作模式、连接网络 */
void initWifi(){
 WiFi.mode(WIFI_STA);
 WiFi.begin(AP_SSID, AP_PSK);
 DebugPrintln("");
 //等待连接
 while (WiFi.status() != WL_CONNECTED) {
  delay(500);
  DebugPrint(".");
 }
 DebugPrintln("");
 DebugPrint("Connected to ");
 DebugPrintln(AP_SSID);
 DebugPrint("IP address: ");
 DebugPrintln(WiFi.localIP());
}
/* 初始化WebServer */
void initWebServer(){
 //下面配置URI对应的Handler
 server.on("/", handleRoot);
 server.on("/login", handleLogin);
 server.on("/inline", [](){
  server.send(200, "text/plain", "this works without need of authentification");
 });
 server.onNotFound(handleNotFound);
 //设置需要收集的请求头
 const char * headerkeys[] = {"User-Agent", "Cookie"} ;
 size_t headerkeyssize = sizeof(headerkeys) / sizeof(char*);
 //收集头信息
 server.collectHeaders(headerkeys, headerkeyssize);
 server.begin();
 DebugPrintln("HTTP server started");
}
```

总结

这两次，我们讲解了HTTP协议的WebServer功 能，WebServer和HTTPClient都是在学习ESP8266中比较重要的篇章，希望大家可以仔细研读。

MSP430G2553超低功耗单片机零基础入门（14）

基于状态机方式的硬件 I^2C 同步通信

演示视频

▌刘春梅　曹文

I^2C（Inter-Integrated Circuit）是荷兰Philips实验室在1982年推出的一种通信协议，并在1987年获得专利授权，其Logo如图1所示。

发明I^2C通信的初衷是使飞利浦电视机的CPU和外围芯片可以通过2根信号线实现简易、可靠的数据连接，并大幅减少CPU引脚数量、简化PCB的布线、降低产品成本，形成与8/16位并行通信模式竞争的优势。

几十年来，I^2C除了在传统的彩色电视机、ADC、DAC、存储器等近距离数字通信领域得到广泛应用外，在手机、智能传感器等场合运用的实例更是屡见不鲜。

I^2C通信协议与硬件结构

I^2C通信电路的结构比SPI通信电路的结构精简，还能开展SPI难以实施的“多主机＋多从机”通信，因此具体的I^2C通信协议及其控制代码肯定会比SPI通信的稍微复杂一些。

1. I^2C通信的主机与从机

与SPI通信的单主机架构不同，I^2C通信协议支持“多主机＋多从机”结构，支持一套总线上同时存在多个主机。

主机是发起I^2C通信的设备，主机在I^2C通信中的地位很关键，除了产生通信过程所需的同步时钟外，还负责信息传输的启动或停止。

主机正式接管I^2C总线、发起一轮通信后，I2C总线上的其他设备均成为从机，时刻等待主机发来寻址指令，并将收到的地址和自己芯片内部的I^2C地址比对，以此决定是否应答主机。

2. I^2C通信电路的结构组成

I^2C的所有通信过程均由SDA（串行数据）、SCL（串行时钟）两根信号线及一根地线完成，如图2所示。

◆ 串行数据线SCL：由主机产生I^2C通信所必需的同步时钟。

◆ 串行时钟线SDA：在主机、从机之间进行双向的串行数据发送或接收。

SCL、SDA两根信号线均支持数据双向传输，但这两根信号线的内部采用了漏极开路的OD门结构，必须各自外接如图2所示的R1、R2上拉电阻到电源VCC正极，才能使I^2C总线上的所有器件均能得到正常的高、低电平。

I^2C通信的时钟线SCL始终由主机控制，但由于主机和从机均能进行发送或接收操作，因此数据线SDA上的数据有时属于主机、有时属于从机。

◆ 主机写数据时，由主机控制SDA数据线；写完数据后，从机需要产生$\overline{ACK}$应答位，故此时SDA数据线的控制权从主机转交给了从机。

▌图1 I^2C协议的标志

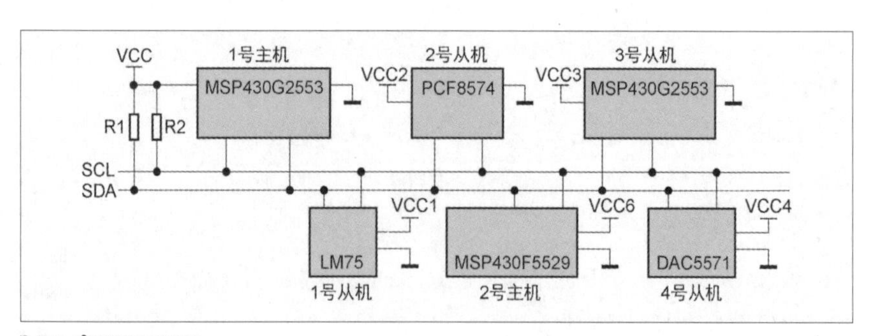

▌图2 I^2C通信总线电路

◆ 主机读数据时，由从机控制 SDA 数据线；完成数据读取后，$\overline{ACK}$应答位或 NACK 不应答位均由主机产生，此时 SDA 数据线的控制权在主机。

【提示】虽然 SDA 数据线允许主机、从机发送数据，但在任意某个时刻，SDA 数据线上只能够由其中一个设备发送或接收信号，因此 I^{2}C 属于半双工通信。

3. I^{2}C通信的传输速率

I^{2}C 通信规定了 3 种数据传输速率：

◆ I^{2}C 发明当初定义的 100kbit/s，即标准型；

◆ 1995 年提出了 400kbit/s，即快速型；

◆ 1998 年进一步提高到 3.4Mbit/s，即高速型。

MSP430G2553 作为主机开展低速或快速的 I^{2}C 通信时，一般可以选择 30~300kHz 的从时钟频率。

I^{2}C通信的一些基本概念

每一轮 I^{2}C 通信的内容基本是由启动位 S（或者重复启动位 Sr）、单个的停止位 P、8 位的寻址字节、若干条 8 位的信息帧、应答位$\overline{ACK}$/不应答位 NACK 按一定规律串接而成，如图 3 所示。

信息帧的数量在 I^{2}C 通信中未做限制，每条信息帧的结构如图 4 所示。

信息帧由 9 个 I^{2}C 通信时钟控制下的数据位构成，包含 8 个连续的数据位（D7~D0）与对方的应答位$\overline{ACK}$/不应答位 NACK。数据格式为 MSB 高位在前、LSB 低位在后，遵循正逻辑规则：高电平为 1、低电平为 0。

1. I^{2}C通信的启动位S与停止位P

当 I^{2}C 通信总线处于空闲（idle）状态时，SDA 线、SCL 线均为高电平“1”，如图 4 中玫红色矩形区域左侧、湖蓝色矩形区域右侧的状态所示。

当主机准备和某个从机进行 I^{2}C 通信时，首先发出一个如图 4 中玫红色区域所示的启动位 S，紧接着传输一个 8 位的寻址字节，待接收到从机的$\overline{ACK}$应答位后，再正式展开数据的发送或接收。

当本轮 I^{2}C 通信的所有信息传输完毕，主机将发出一个如图 4 中湖蓝色区域所示的停止位 P。

◆ 启动位 S：SCL 处于高电平、主机将 SDA 从高电平拉至低电平的瞬间。启动位 S 的状态在整个 I^{2}C 通信过程中具有唯一性，表明下一步即将正式开始信息传输。

◆ 停止位 P：SCL 处于高电平、SDA 从低电平恢复至高电平的瞬间。停止位 P 的状态在 I^{2}C 通信过程中同样具有唯一性，表明本轮信息传输已告结束。

◆ 主机发出启动位 S 后，I^{2}C 通信总线就进入忙（busy）状态；当主机发出停止位 P 后，I^{2}C 通信总线再次回到空闲（idle）状态。

从图 4 中还可以看到，只有时钟线 SCL 处于低电平期间，数据线 SDA 的状态才允许发生“高↔低”或“低↔高”的跳变，如图 5 中的绿色区域所示。

一旦时钟线 SCL 处于高电平或正在跳变时，数据线 SDA 的内容就必须严格保持稳定不变，以避免 I^{2}C 通信出现逻辑紊乱。

2. I^{2}C通信主机发送的寻址字节

根据 I^{2}C 通信协议的规定，主机在发出启动位 S 之后，紧接着发送的是寻址字节，通过 I^{2}C 通信总线查找即将与之进行信息交互的具体某一个从机。

（1）I^{2}C 设备的地址

每个连接到 I^{2}C 总线的从机都事先定义了一个唯一的 7 位或 10 位地址，供主机进行识别。这样，主机仅仅通过 SDA 数据线向 I^{2}C 总线发出从机地址即可对某个从机进行查找与访问，而不需要额外占用其他硬件信号线。

使用 7 位地址的从机芯片目前更常见一些，其寻址字节只需要一组即可。寻址字节的高 7 位是从机地址位、最低位是$R/\overline{W}$读写

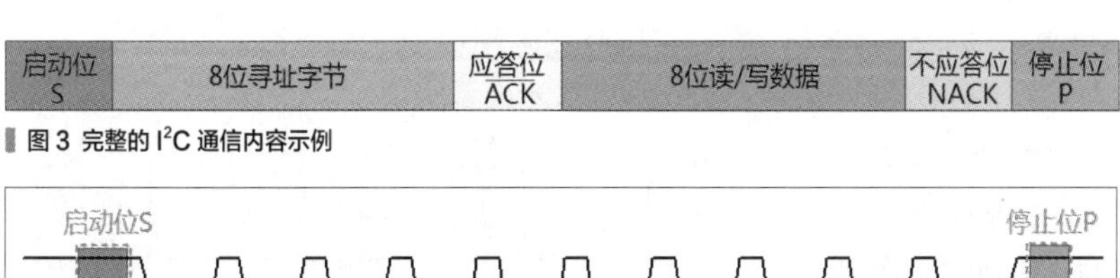

图 3 完整的 I^{2}C 通信内容示例

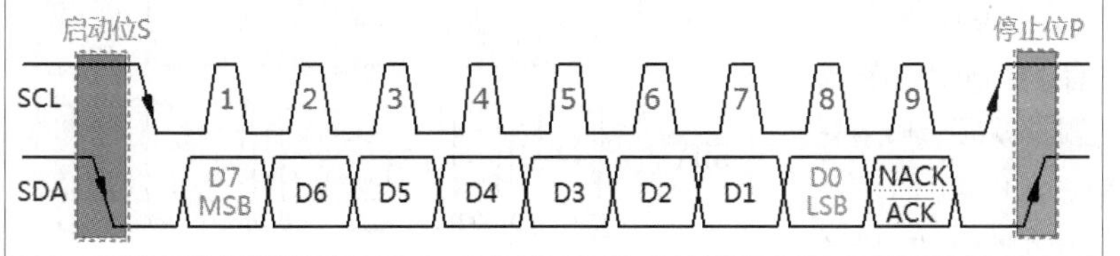

图 4 I^{2}C 通信信息帧的基本结构

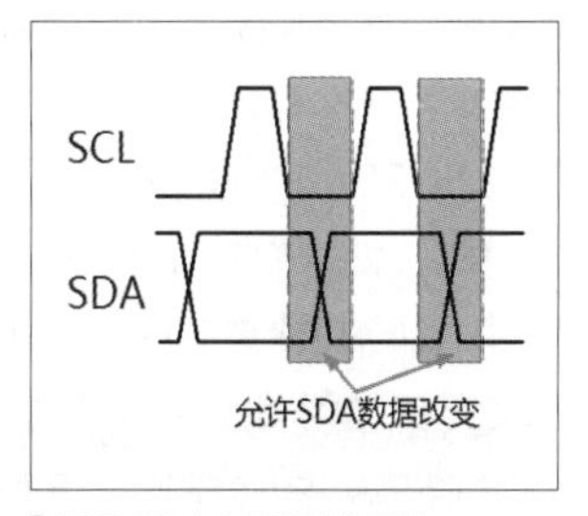

图 5 SDA 允许改变的区域

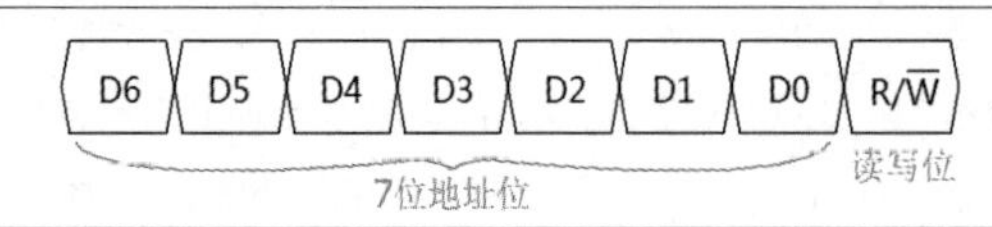

图6 I²C 通信寻址字节的内容

1 0 0 1 A2 A1 A0

图8 LM75 的 7 位地址定义

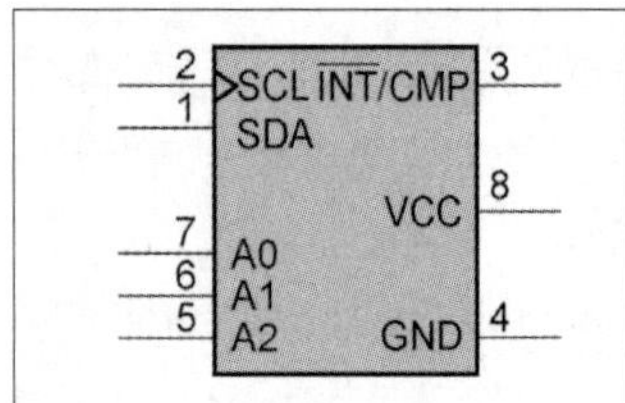

图7 LM75 的引脚定义

附表 不同编程方式下的 LM75 地址对比

软件模拟 I²C 通信，向 LM75 写数据时的从机地址	1	0	0	1	1	1	1	0
软件模拟 I²C 通信，向 LM75 写数据时的十六进制地址	0x9E							
软件模拟 I²C 通信，读出 LM75 数据时的从机地址	1	0	0	1	1	1	1	1
软件模拟 I²C 通信，读出 LM75 数据时的十六进制地址	0x9F							
状态机方式下，读、写 LM75 的 I²C 通信地址	0	1	0	0	1	1	1	1
硬件 I²C 通信下的从机地址寄存器 UCB0I2CSA 值	0x4F							

控制位，如图 6 所示。

【说明 1】LM75 是一款采用 I²C 通信协议的温度测量芯片。为了在一套 I²C 总线上挂接多个 LM75 测量多点温度值，LM75 设置有图 7 所示的 3 个地址引脚 A0、A1、A2。

从芯片手册可知，LM75 的地址定义规则如图 8 所示。

当 A2、A1、A0 全部接地时，该片 LM75 的地址为 1001000；若 A2、A1 接电源 VCC，A0 接地，则该片 LM75 的地址变为 1001110。

（2）R/W̄读写控制位

在 I²C 通信寻址字节的 7 位从机地址之后，需要紧跟一个用来表示主机、从机之间下一步信息传输方向的读写控制位R/W̄。

◆ R/W̄为“1”时，主机准备读取从机发来的数据。

◆ R/W̄为“0”时，主机即将向从机写入数据。

如果编程者计划采用软件模拟时序的方式实现 I²C 通信，就必须严格按照上述规则编写寻址字节。

【说明 2】如果 LM75 的 A2、A1、A0 引脚全部接至电源 VCC，对应的 7 位地址为 1001111，当 MSP430G2553 主机通过软件模拟时序的方式向 LM75 写入（W̄）控制指令字时，发出的寻址字节为 10011110；当 MSP430G2553 主机通过软件模拟时序的方式读取（R）LM75 的实时测温结果时，需要发出的寻址字节为 10011111。

如果采用 USCI 串行通信组件所提供的状态机模式开展硬件 I²C 通信，MSP430G2553 将能够自动识别出下一步的“读”“写”状态，因此编程者完全不必考虑如何设置读写控制位R/W̄，而只需要将 7 位地址按照右对齐方式直接填入从机地址寄存器 UCB0I2CSA，空出的寻址字节最高位 MSB 填 1、填 0 均可。

【说明 3】如果 LM75 的 A2、A1、A0 引脚全部接至电源 VCC，对应的 7 位地址为 1001111，MSP430G2553 主机通过 USCI 状态机向 LM75 写入的地址控制字如附表所示。

相应的 LM75 从机寻址代码如下：

```
UCB0I2CSA = 0x4F;        // 从机地址 1001111，最高位填 0
```

3. I²C通信的应答机制

为了适应单字节、多字节等不同字节数的信息传输，I²C 通信建立了一套完备的通信应答机制，以确保通信内容不会发生遗漏。

◆ 主机发送信息时，从机接收并作应答。

◆ 从机发送信息时，主机接收并作应答。

◆ 每个通信字节传输完毕，信息接收方向发送方回传一个低电平的应答位ACK̄，通知发送方已成功接收本字节信息，并已经准备好了下一条字节信息的接收，对方可以继续发送。

◆ 当主机接收到从机最末的一条字节信息时，主动向从机回传一个高电平的不应答位 NACK，表明不再需要从机继续发送字节信息；紧接着主机会发出一个停止位 P，结束本轮 I²C 通信。

【说明 4】某个 I²C 器件测得的工作波形如图 9 所示。在启动位 S 之前、停止位 P 之后，SCL 时钟线、SDA 数据线均处于高电平空闲状态（idle）。SDA 线的数据均在 SCL 线发出的时钟脉冲控制下同步输出。此外，图中还可以观察到低电平的ACK̄应答位、高电平的 NACK 不应答位。

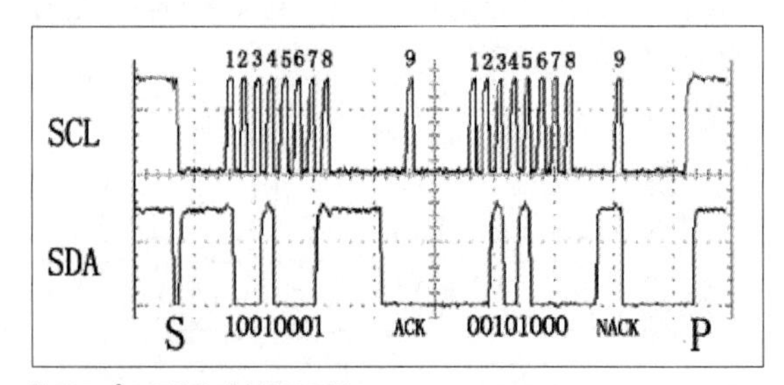

图9 I²C 通信的时序波形示例

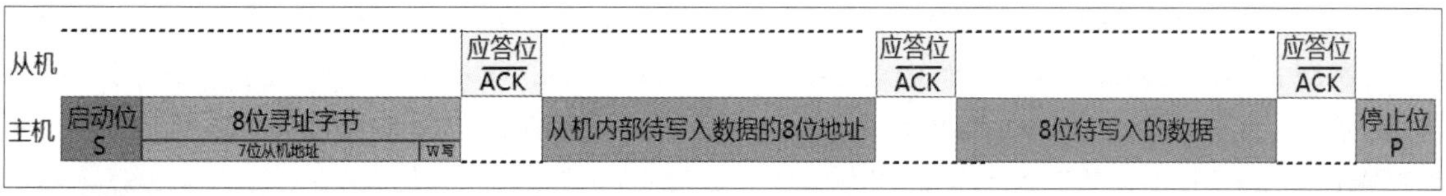

从机 应答位 $\overline{ACK}$ 应答位 $\overline{ACK}$ 应答位 $\overline{ACK}$

主机 启动位 S | 8位寻址字节（7位从机地址 W写） | 从机内部待写入数据的8位地址 | 8位待写入的数据 | 停止位 P

图 10 I²C 通信单字节“写”的 SDA 线数据

I²C通信的读、写操作

I²C 通信主机读取从机寄存器信息与向从机写入信息的操作流程基本类似，但一般情况下，“读”操作比“写”操作略微烦琐一些，主要涉及一个再次发出启动位 Sr 的步骤。

1. I²C通信的“写”操作流程

I²C 通信主机向从机的寄存器写入控制字或数据的操作流程如图 10 所示。

【说明 5】某 I²C 器件 IC2 的 7 位地址为 1001111，向 IC2 的片内地址写入数据的流程如下所示。

（1）主机发出启动位 S：SCL 保持高电平、SDA 产生一个下跳沿，命令 I²C 通信总线上的所有从机开始监听（关注）I²C 总线。

（2）主机向从机发出寻址字节：SCL 时钟线连续发出 8 个时钟脉冲，同时经 SDA 数据线发出寻址字节 10011110。其中最后一位（读写控制位）R/$\overline{W}$为低电平，则主机通知 I²C 总线上的 IC2 做好即将被写入信息的准备，然后等待该从机返回低电平的$\overline{ACK}$应答位。

（3）I²C 通信总线上的所有从机接收到寻址字节后，纷纷与自己的片内地址进行比对。

◆ 如果地址不吻合，该从机继续停留在监听状态，直到收到停止位 P。

◆ 如果地址吻合，从机 IC2 迅速拉低 SDA 线，产生一个低电平“0”的回应，配合时钟线 SCL 产生的一个时钟周期，得到同步的$\overline{ACK}$应答位。

（4）主机收到被选中从机回传的$\overline{ACK}$应答位后，接着发出待写入数据从机 IC2 片内的 8 位寄存器地址，再次等待从机返回下一个$\overline{ACK}$应答位。

（5）从机回传$\overline{ACK}$应答位信号后，主机发出 8 位数据将其写入被选中从机的指定地址，第三次等待从机返回$\overline{ACK}$应答位。

（6）从机回传$\overline{ACK}$应答位信号后，主机发出停止位 P，拉高 SCL 线、SDA 线，向所有设备宣告 I²C 总线已经释放、本轮 I²C 通信过程结束。总线上的所有从机均恢复为初始状态。

这个过程中，第⑤步的写数据操作可以被重复多次，相当于 I²C 通信主机依次向从机的连续多个寄存器写入相应的数据，如图 11 所示。

2. I²C通信的“读”操作流程

读取 I²C 器件片内某地址数据的基本流程如图 12 所示。

（1）I²C 通信主机发出第一轮启动位 S：SCL 保持高电平、SDA 产生一个下跳沿，命令所有从机开始监听（关注）I²C 总线。

（2）主机经 SCL 时钟线发出连续的 8 个时钟脉冲，同时经 SDA 数据线发出 8 位的寻址字节，其中最后一位的读写控制位 R/$\overline{W}$处于低电平“0”的状态，通知 I²C 总线上某个特定地址从机做好即将接收主机发来信息的准备。

（3）I²C 总线上的所有从机接收到寻址字节后，与自己的片内地址进行比对。

◆ 如果地址不吻合，该从机继续停留在监听状态，直到收到停止位 P。

◆ 如果地址吻合，该从机需拉低 SDA 线，即回应低电平“0”，配合时钟线 SCL 产生的一个时钟周期，得到$\overline{ACK}$应答位。

（4）I²C 通信主机收到从机的$\overline{ACK}$应答位后，发出第二轮的启动位 Sr。

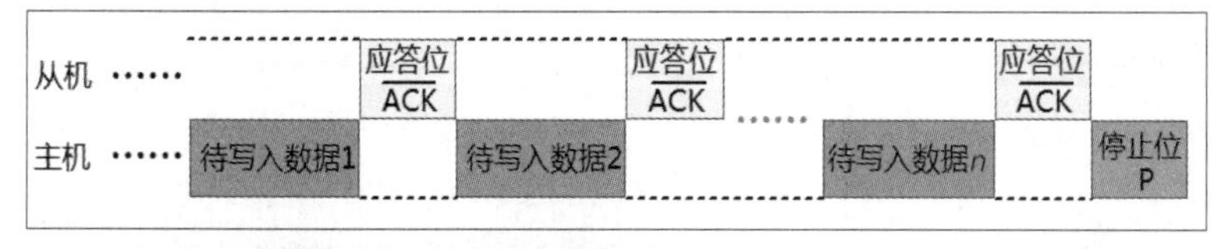

图 11 I²C 通信多字节连续“写”的 SDA 线数据

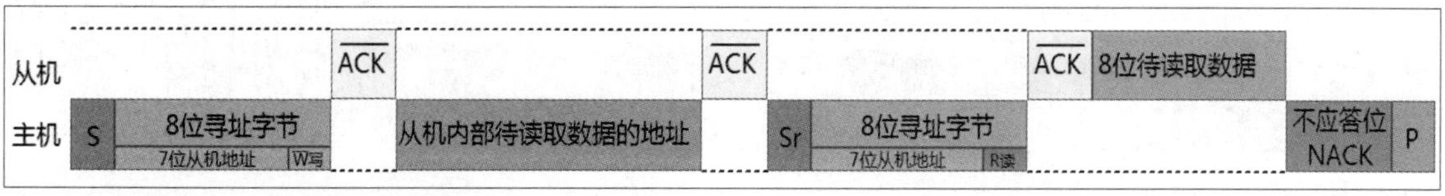

从机 ACK ACK ACK 8位待读取数据

主机 S | 8位寻址字节（7位从机地址 W写） | 从机内部待读取数据的地址 | Sr | 8位寻址字节（7位从机地址 R读） | 不应答位 NACK | P

图 12 I²C 通信读取从机单字节数据时的 SDA 线状态

（5）主机经 SCL 时钟线连续发出 8 个时钟脉冲，同时经 SDA 数据线发出 8 位寻址字节，其中最后一位（读写控制位）$R/\overline{W}$变为高电平“1”，通知刚才被选中的从机将指定片内地址中的数据准备好，主机即将访问。然后等待从机返回低电平的$\overline{ACK}$应答位。

（6）从机回传$\overline{ACK}$应答位信号后，主机经 SCL 时钟线连续发出 8 个时钟脉冲，与此同时，从机将准备好的数据推送到 SDA 数据线，供主机按时钟顺序依次读取。

（7）当主机成功读取 8 位数据后，通过 SCL 时钟线产生一个时钟周期，并回复一个 NACK 不应答位（高电平“1”），通知从机不要再推送数据了。

（8）接下来，主机可以选择开展两种不同性质的任务。

◆ 主机发出停止位 P，拉高 SCL 线、SDA 线，结束本轮 I^{2}C 通信，各个从机恢复初始状态。

◆ 主机再次产生启动位 Sr，发起下一轮的 I^{2}C 通信。

如果 I^{2}C 通信主机计划读取从机多个连续地址中的信息，相应的变化主要集中在上述第（6）步和第（7）步的重复操作上，如图 13 所示。

显然，如果主机希望连续接收从机发到 SDA 线上的数据，不能回复高电平的不应答位 NACK，而需要回复从机一个低电平的$\overline{ACK}$应答位，以提示从机继续准备好下一个字节的数据。

直到计划中的最后一条字节数据被成功读取之后，I^{2}C 通信主机才给出一个高电平的不应答位 NACK，以提示从机准备查收停止位 P，彻底结束本轮 I^{2}C 通信。

【提示】结合 I^{2}C 通信的读、写操作流程，不难得出以下重要结论。

◆ I^{2}C 通信的写操作流程以从机的$\overline{ACK}$应答位 + 主机的停止位 P 结束。

◆ I^{2}C 通信的读操作流程以主机依次发出的 NACK 不应答位 + 停止位 P 结束。

MSP430G2553的硬件I^{2}C通信

MSP430G2553 依托 USCI 组件能够实现可靠性更好、传输速率更高的硬件 I^{2}C 通信。

USCI 组件可分为 USCI_A 与 USCI_B 两部分，其中的 USCI_B 可以配置出 I^{2}C 通信模块，此时将用到 P1.6（UCB0SCL 时钟线）、P1.7(UCB0SDA 数据线）这两个单片机引脚。只要按规则完成相关寄存器的正确配置，MSP430G2553 即可正常开展硬件 I^{2}C 通信。

P1.6、P1.7 这两个引脚在进行硬件 I^{2}C 通信时，必须配置为第二功能。

```
P1SEL |= BIT6 + BIT7;
P1SEL2|= BIT6 + BIT7;
```

OD 门结构的 I^{2}C 总线需要补焊两个阻值在 10kΩ 以内的上拉电阻，如图 2 所示。上拉电阻阻值越低、延时越小、I^{2}C 通信传输速率就越高，但功耗增大的问题也随之而来。具体的上拉电阻阻值需综合 I^{2}C 时钟频率及电路系统的功耗指标进行综合考虑。

【提示】MSP430G2553 单片机选择默认的 GPIO 口功能时，可以配置出引脚内部的上拉电阻，但在进行硬件 I^{2}C 通信时，P1.6、P1.7 引脚已经被配置成了第二功能，因此难以调出引脚内部的上拉电阻，只能选择外接。

【警告】MSP430G2553 LaunchPad 中的 P1.6 引脚连接到了 LED2，为了确保硬件 I^{2}C 通信能够正常开展，请务必拔下 LED2 所对应的跳线帽，如图 14 所示。

基于状态机的硬件 I^{2}C 编程与软件模拟时序下的 I^{2}C 编程有着很大差异，基于状态机的硬件 I^{2}C 编程用寄存器的配置语句替代了重复的 GPIO 口操作，代码更加精练，也更加锻炼编程者的综合能力。此外，在代码运行时，硬件 I^{2}C 通信占用的 CPU 资源很低，系统功耗也得以降低。

硬件 I^{2}C 通信涉及的主要寄存器及其基本配置流程如下。

◆ 通过 UCB0CTL1 控制寄存器将 MSP430G2553 配置为 I^{2}C 通信的主机。

◆ 向 UCB0I2CSA 寄存器写入待访问的 I^{2}C 从机地址。

图 14 硬件 I^{2}C 通信需拔掉 P1.6 跳线帽

◆ 向 UCB0CTL1 控制寄存器写入 I^{2}C 通信的启动位 UCTXSTT 后，MSP430G2553 主机自动生成 I^{2}C 时序，依次串行输出开始位、7 位从机地址、读 / 写状态位。

◆ MSP430G2553 主机等待从机发回$\overline{ACK}$应答位。

◆ 继续开展信息帧“读”“写”的常规操作。

◆ 向控制寄存器 UCB0CTL1 写入 I^{2}C 通信的停止位 UCTXSTP，停止本轮 I^{2}C 通信。

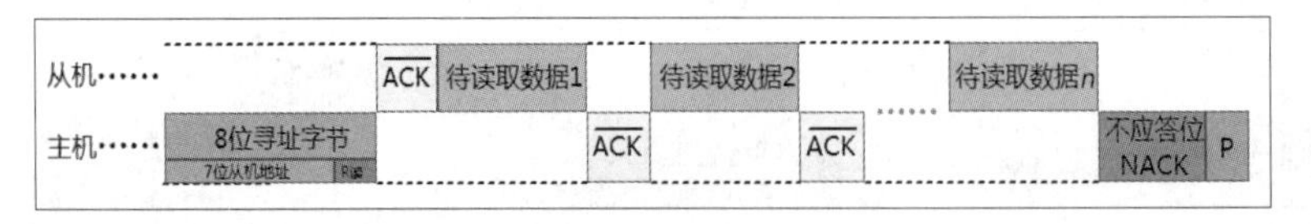

图 13 I^{2}C 通信的连续读操作流程

1. 将MSP430G2553配置为I²C通信的主机

在UCB0的0#控制寄存器UCB0CTL0中，依次配置UCSYNC、UCMODE_x、UCMST控制字，将MSP430G2553配置为I²C通信的主机。

（1）同步/异步通信选择的控制字UCSYNC

UCSYNC = 0：UCB0模块选择异步通信（默认）。

UCSYNC = 1：UCB0模块选择同步通信。

【说明6】

```
UCB0CTL0 |= UCSYNC; //UCB0选择同步通信
```

（2）I²C通信选择的控制字UCMODE_x

UCMODE_x包含4个选项，但只能选择其中的UCMODE_3，才能使UCB0工作在I²C模式。

（3）I²C通信主机/从机选择的控制字UCMST

UCMST = 0：I²C通信从机（默认）。

UCMST = 1：I²C通信主机。

【说明7】

```
UCB0CTL0 |= UCMST+ UCMODE_3;
//MSP430G2553作I²C通信主机
```

2. 选择I²C通信的时钟及比特率

在UCB0的1#控制寄存器UCB0CTL1、UCB0BR0及UCB0BR1比特率寄存器中，设置适当的I²C通信速率。

（1）通过UCB0CTL1中的UCSSEL_x控制字设置I²C通信时钟源

UCSSEL_1：辅助时钟ACLK作I²C通信时钟源。

UCSSEL_2或UCSSEL_3：从时钟SMCLK作I²C通信时钟源。

【说明8】10kHz数量级的辅助时钟ACLK频率太低，并不适合I²C通信，通常只能选择SMCLK从时钟作为I²C通信的时钟源。

```
UCB0CTL1 |= UCSSEL_3;   //I²C通信选择SMCLK从时钟源
```

（2）通过比特率寄存器UCB0BR0、UCB0BR1调整I²C通信的时钟频率

比特率寄存器由低8位的UCB0BR0和高8位的UCB0BR1共同组成，两个寄存器中的数值按照（UCB0BR0 + UCB0BR1 × 256）的规则相加后，得到I²C通信的时钟预分频系数。

【说明9】I²C通信的时钟频率一般在几十或几百kHz，但很难达到MHz的数量级。如果SMCLK选择默认的1MHz，则下列代码可以得到50kHz左右的I²C时钟频率。

```
UCB0BR0 = 0x14;  //对应十进制数20
UCB0BR1 = 0;
```

3. I²C通信的数据缓冲寄存器

I²C通信的数据缓冲寄存器包括接收缓存UCB0RXBUF、发送缓存UCB0TXBUF两个独立的单元，均为8位寄存器，与I²C通信的信息帧大小刚好吻合。

4. 激活I²C通信

位于UCB0CTL1寄存器中的UCSWRST控制字被用来复位或置位UCB0状态机，从而正常启动硬件I²C通信。

0：取消UCB0复位、正常启动I²C通信。

1：软件复位UCB0并保持（默认）。

为避免出现不可预测的结果，以状态机方式激活I²C通信建议严格经过从“软件复位UCSWRST状态机”→“重新配置UCB0相关I²C寄存器”→“置位UCSWRST以正式启动I²C通信”的操作流程。

UCB0状态机初始完成化后，就可以进行I²C通信的发送和接收操作了。

【说明10】配置并激活硬件I²C通信的参考代码示例。

```
UCB0CTL1 |= UCSWRST;  //第①轮状态机复位
UCB0CTL0 |=UCMST+UCMODE_3+UCSYNC; //单片机作I²C通信主机
UCB0CTL1 = UCSSEL_2 + UCSWRST; //SMCLK作I²C时钟源，第②轮状态机复位
UCB0BR0 = 12; UCB0BR1 = 0; //I²C时钟频率=SMCLK/12≈100kHz
UCB0I2CSA = 0x48; //填入I²C从机的地址
UCB0CTL1 &= ~UCSWRST; //初始化UCB0状态机，启动I²C通信
IE2 |= UCB0RXIE; //（可选）使能I²C的接收中断
```

5. 启动I²C通信

MSP430G2553进行硬件I²C通信时，首先通过UCB0CTL1寄存器将MSP430G2553配置为通信主机，并在UCB0I2CSA中写入从机地址之后，即可通过UCB0CTL1寄存器中的UCTXSTT控制字产生启动位S。

0：不产生启动位S（默认）

1：产生启动位S

UCTXSTT控制字被写入UCB0CTL1寄存器之后，MSP430G2553将自动生成I²C协议的开始时序。

◆ 从UCB0SDA线（P1.7）自动推出启动位S、待访问的从机地址、读/写状态位。

◆ 等待从机的$\overline{ACK}$应答位。

◆ 当启动位S和从机地址成功发送之后，UCTXSTT自动清0。

MSP430G2553在接收模式下如需再次启动，必须将NACK不应答位放在再次启动位Sr之前。

6. 结束I²C通信

MSP430G2553 如需发送停止位 P 以结束本轮 I²C 通信，可通过 UCB0CTL1 寄存器中的 UCTXSTP 控制字实现。

0：不产生停止位 P（默认）。

1：产生停止位 P。

MSP430G2553 处于接收模式时，不应答位 NACK 需要出现在 UCTXSTP 控制字之前。一旦通信结束，UCTXSTP 将自动清 0。

7. 变换I²C通信的发送、接收状态

I²C 通信的主机既可以向从机发送数据，也可以接收从机发来的数据，但在任意时刻，发送状态、接收状态只能二选一，这就需要通过 UCB0CTL1 寄存器中的 UCTR 控制字来进行切换选择。

0：接收（默认）。

1：发送。

【说明 11】

```
UCB0CTL1|=UCTR+UCTXSTT;  //I²C 处于发送状态，发出启动位 S
```

【说明 12】

```
UCB0CTL1 &=~UCTR;  //I²C 处于接收状态
```

8. I²C通信的中断

MSP430G2553 单片机作为主机在进行 I²C 通信时，数据的发送、接收是否顺利完成，可以采用最直接的查询方式进行判断，但相应的编程代码稍微有些复杂，而且将造成系统的运行功耗偏高，因此推荐初学者优先采用中断方式来控制 I²C 通信的发送与接收流程。

（1）I²C 通信的中断向量

与 UCA0 下的 SPI 通信中断架构有所不同，UCB0 下 I²C 通信模块的发送中断、接收中断共用了同一个中断向量 USCIAB0TX_VECTOR。

◆ 对于单一的数据发送或数据接收，直接选择即可。

◆ 若同时存在数据发送及接收，一般选择接收中断，发送则采用查询方式实现。

（2）I²C 通信的中断使能

I²C 通信的中断使能控制字 UCB0TXIE、UCB0RXIE 均位于 2# 中断使能寄存器 IE2 中。

◆ UCB0TXIE：是否允许 I²C 通信的发送中断。

0：禁止发送中断（默认）。

1：允许发送中断。

◆ UCB0RXIE：是否允许 I²C 通信的接收中断。

0：禁止接收中断（默认）。

1：允许接收中断。

【说明 13】打开 I²C 通信接收中断的参考代码如下。

```
IE2 |= UCB0RXIE;      //打开 I²C 通信的接收中断
_EINT();              //打开单片机的全局总中断
```

（3）I²C 通信的中断标志位

I²C 通信的中断标志位 UCB0RXIFG、UCB0TXIFG 均位于 2# 中断标志寄存器 IFG2 中。

◆ UCB0RXIFG：I²C 通信的接收中断标志位。

当接收缓存 UCB0RXBUF 接收到完整的一帧（8 位）信息时，UCB0RXIFG 标志位被置 1。

UCB0RXBUF 中的信息被读取后，UCB0RXIFG 自动复位清 0。

◆ UCB0TXIFG：I²C 通信的发送中断标志位。

当发送缓存 UCB0TXBUF 中的 8 位信息被推出后，UCB0TXIFG 标志位被置 1。

待发送信息写入 UCB0TXBUF 后，UCB0TXIFG 标志位自动复位清 0。

I²C通信的示例程序

I²C 是一种简约但不简单的通信协议，很多单片机商家对此往往语焉不详，多数情况下推荐编程者采用软件模拟的方式进行编程。但大家需要知道，软件模拟方式较难获得高速率的 I²C 通信；其次，软件模拟方式在处理多主机通信时难度较高。

基于状态机方式的硬件 I²C 通信从性能上来讲，肯定是最好的选择，虽然在初学时多少会遇到这样或者那样的困难与挑战。

【技巧】I²C 通信只占用了 SCL、SDA 两根硬件连线，常规的双通道数字示波器即可方便、快捷地对 UCB0SCL 时钟线、UCB0SDA 数据线进行全面的数据捕捉、观测与分析，从而查出代码中的错误。

1. 硬件I²C通信的写操作示例

DAC5571 是一款 8 位 DAC 芯片，采用 I²C 协议与 MSP430G2553 单片机进行通信的电路如图 15 所示。

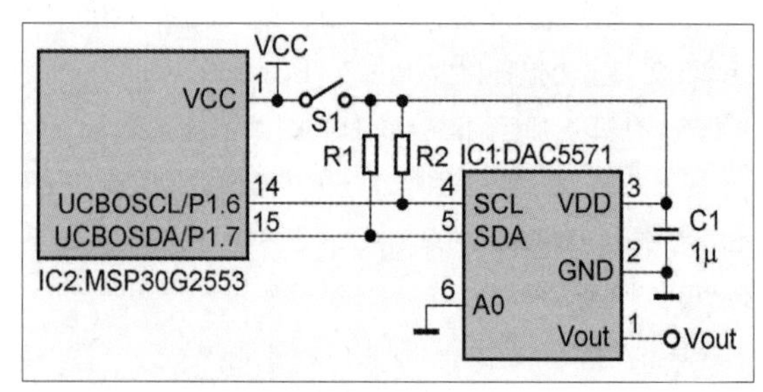

图 15 DAC5571 工作电路

与早年曾经得到广泛应用的 8 位并行式数模转换芯片 DAC0832 相比，DAC5571 将运放单元集成到了芯片内部，因此电路所需的外围元器件数量极少，除了 I^2C 总线的两个上拉电阻 R1、R2 及一个电源滤波电容 C1 外，基本用不到其他元器件，如图 16 所示。

如前所述，进行编程调试前，请务必拔下 LaunchPad 中 P1.6 的 LED 跳线帽。

查阅芯片手册可知，在同一条 I^2C 总线上可以挂接两个 DAC5571，需要根据 A0 引脚的状态进行识别。图 16 中的 A0 引脚处于接地（低电平“0”），因此 DAC5571 在被 I^2C 主机寻址时的地址参数为 0x4C 或 0xCC（x100,1100）。接下来，DAC5571 将分两次接收到由主机发来两个字节（16 位）的待转换数据，经过组合后即可进行数模转换、输出对应的模拟电压。参考代码如下。

```
#include <msp430G2553.h>
const unsigned char Step_Wave[] = // 定义三值阶梯波数组
{
  0x0F,         // 高电平高 8 位
  0xF0,         // 高电平低 8 位，有效值为 0xFF
  0x07,         // 中电平高 8 位
  0xF0,         // 中电平低 8 位，有效值为 0x7F
  0x00,         // 低电平低 8 位
  0x00,         // 低电平低 8 位，有效值为 0x00
  0x07,         // 中电平高 8 位
  0xF0          // 中电平高 8 位，有效值为 0x7F
};
int main(void)
{
  WDTCTL = WDTPW + WDTHOLD; // 停止看门狗
  P1SEL |= BIT6 + BIT7;       // 配置硬件 I2C 引脚
  P1SEL2|= BIT6 + BIT7;       // 配置硬件 I2C 引脚
  UCB0CTL1 |= UCSWRST;        // 状态机软件复位
  UCB0CTL0 = UCMST+UCMODE_3+UCSYNC; // 配置出 I2C 主机
  UCB0CTL1 = UCSSEL_2+UCSWRST; // 选择 SMCLK 从时钟，状态机保持
复位
  UCB0BR0 = 10;             // 分频得到约 100kHz 的 SCL 时钟频率
  UCB0BR1 = 0;
  UCB0I2CSA = 0xCC;        // 设置 DAC5571 从机地址 1100,1100
  UCB0CTL1 &= ~UCSWRST;  // 启动 I2C 状态机
```

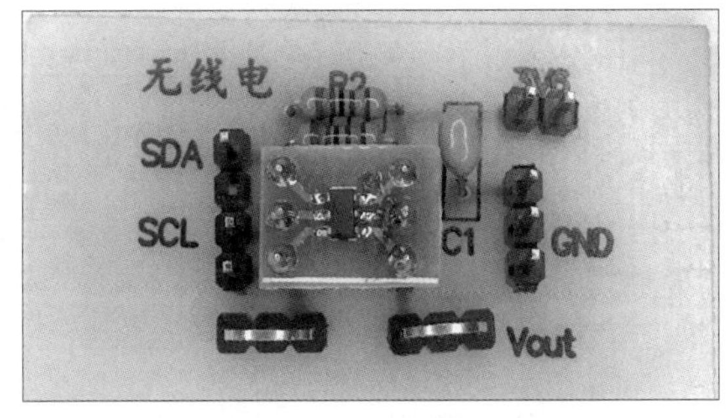

图 16 DAC5571 测试电路

```
  IE2 |= UCB0TXIE;         // 使能 I2C 发送中断
  UCB0CTL1 |= UCTR + UCTXSTT;  //I2C 为发送状态，发出启动位 S
  _EINT();                     // 打开单片机全局总中断
}
#pragma vector = USCIAB0TX_VECTOR     // 只用到发送中断
__interrupt void DAC5571_TX_ISR(void)
{
  volatile unsigned char ByteCtr;     // 数组元素的计数变量
  UCB0TXBUF = Step_Wave[ByteCtr++]; // 发出 8 位数据
  ByteCtr &= 0x07;                  // 避免数组元素越界
  __delay_cycles(10);               // 延时以调整电平持续时间
}
```

不难看出，硬件 I^2C 通信程序和软件模拟方式得到的代码差别巨大，硬件 I^2C 通信程序只需要简单设置好待访问从机的地址，不用考虑下一步的读、写状态，甚至不需要专门的从机地址发送语句，即可开展正常的 I^2C 通信。这是因为 MSP430G2553 的寄存器配置完成后，很多工作都交由 USCI 状态机自动执行。

MSP430G2553 主机在进行 I^2C 通信的写操作时，首先向 UCB0TXBUF 推送数据，然后等待 UCTXSTT 标志位变为 0，写操作即告完成。

实际测得 I^2C 通信的 SDA 线数据如图 17 所示。每个信息帧均包含 8 位内容，帧与帧之间通过 $\overline{ACK}$ 应答位衔接。

启动位 Sr 之后的首帧为 MSP430G2553 对 DAC5571 的寻址字节；第二帧低 4 位、第三帧高 4 位组合成 8 位待转换值 0xFF，对应 DAC5571 的满幅输出电压值 3.6V（电源电压）；第四帧低 4 位、第五帧高 4 位组合成 8 位待转换值 0x7F，大致对应 DAC5571 的半幅输出电压 1.8V；第六帧低 4 位、第七帧高 4 位组合成 8 位待转换值 0x00，对应 DAC5571 的 0V 电压输出。

在上述的参考代码中，没有主动结束 I^2C 通信的语句，因此

图 17 输出连续阶梯波时的 SDA 线状态

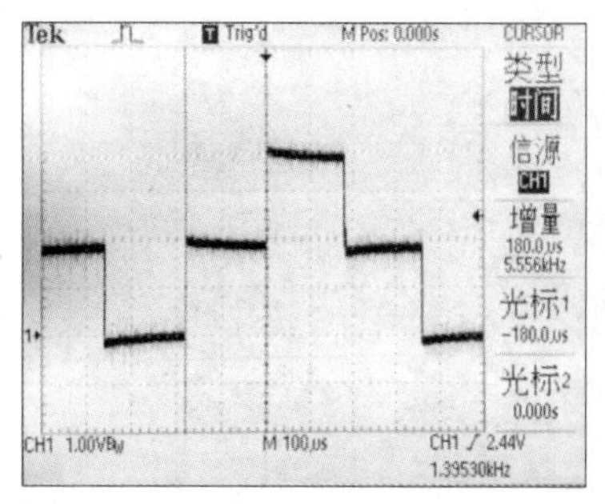

图 18 DAC5571 输出的连续阶梯波

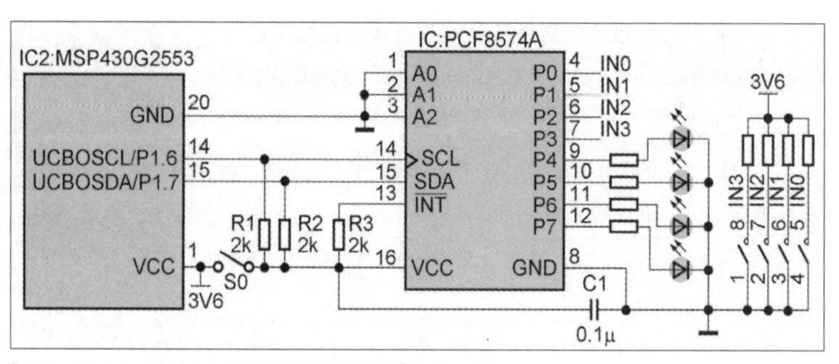

图 19 PCF8574A 与 MSP430G2553 的 I²C 通信电路

DAC5571 将持续不断地进行数模转换，输出图 18 所示的连续三值阶梯波。

2. 硬件I²C通信的读、写操作示例

采用 I²C 通信接口的 PCF8574A 能够扩展出 8 个输入或输出端口，较好地弥补了 MSP430G2553 单片机 GPIO 口的不足。

采用PCF8574A 测试I²C 通信读、写操作的电路如图 19 所示，电路实现了以下测试功能。

◆ 读入 P0~P3 口通过拨码开关设置的输入状态数据。

◆ 将读出的 4 位状态数据输出到 P4~P7 口，点亮或熄灭相应的 LED。

3 个上拉电阻 R1、R2、R3 均需外接。开关 S0 在 I²C 通信的代码调试阶段显得必不可少，这是因为 MSP430G2553 的代码更新后，有时可能需要让 PCF8574A 重新上电，才能使 SCL、SDA 总线恢复为初始的高电平状态，进而顺利启动 I²C 通信。

考虑到 MSP430G2553 的 I²C 状态机只分配到了一个中断向量，故在编程时只选择了接收中断，发送是否完成则采用了查询方式予以实现，参考代码如下。

```
#include <msp430G2553.h>
int main(void)
{
  WDTCTL = WDTPW + WDTHOLD;  //停止看门狗
  P1SEL |= BIT6 + BIT7;  //配置硬件 I²C 管脚
  P1SEL2|= BIT6 + BIT7;  //配置硬件 I²C 管脚
  UCB0CTL1 |= UCSWRST;  //USCI 状态机软件复位
  UCB0CTL0 |= UCMST+UCMODE_3+UCSYNC;  //配置出 I²C 主机
  UCB0CTL1 |= UCSSEL_2+UCSWRST;  //选择 SMCLK 从时钟，状态机保持复位
  UCB0BR0 = 10;  //分频得到约 100kHz 的 SCL 时钟频率
  UCB0BR1 = 0;
  UCB0I2CSA = 0x38;  //设置 PCF8574A 从机地址 0011,1000
  UCB0CTL1 &=~UCSWRST;  //启动 I²C 状态机
  IE2 |= UCB0RXIE;  //使能接收中断
  _EINT();  //打开单片机全局总中断
  while (1)
  {
    UCB0CTL1 &= ~UCTR;  //主机进入接收模式
    UCB0CTL1 |= UCTXSTT;  //发出启动位 S
    while (UCB0CTL1 & UCTXSTT);  //等待启动位 S，地址，读 R 发送完成
    UCB0CTL1 |=UCTR+UCTXSTT;  //主机进入发送模式，再次发出启动位 S
    while (UCB0CTL1 & UCTXSTT);  //等待启动位 S，地址，写 W 发送完成
    UCB0CTL1 |= UCTXSTP;  //结束本轮 I²C 通信
    __delay_cycles(200);  //设置观察完整读 / 写流程的时间间隔
  }
}
#pragma vector = USCIAB0TX_VECTOR   //只开接收中断
__interrupt void PCF8574A_IO(void)
{
  UCB0TXBUF=(UCB0RXBUF<<4)|0x0f;  //接收的低 4 位状态移到高 4 位输出显示
}
```

在代码中首先配置完成 USCI 寄存器，接着启动 I²C 状态机，在开启 MSP430G2553 单片机的接收中断后，随即进入 while(1) 的无限循环。

在循环体中，首先打开 I²C 通信的接收模式，发出启动位 S 的同时，MSP430G2553 自动地将待访问的从机地址及高电平的“读 R”位一并发出。

接着通过“while (UCB0CTL1 & UCTXSTT);”语句查询启动位 S、PCF8574A 地址、高电平“读 R”位是否成功发送。只有上述内容全部发送之后，UCTXSTT 位才会自动清 0，从而退

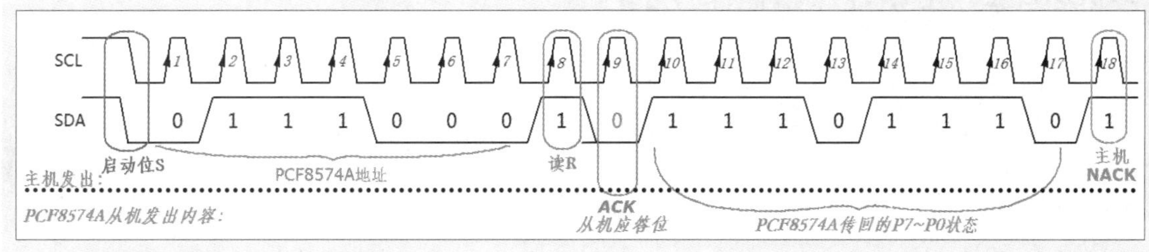

（a）读出 PCF8574A 的 P3~P0 口状态 1110

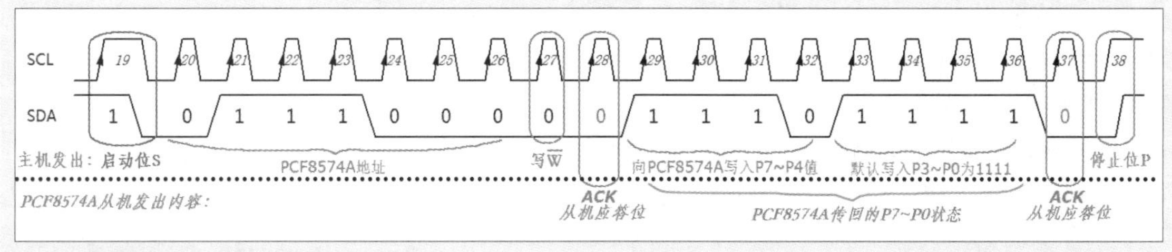

（b）向 PCF8574A 的 P7~P4 口写入 1110

图 20 读、写 PCF8574A 的波形

出本条 while 循环语句。

PCF8574A 收到单片机发来的“读”要求后，给出一个低电平的$\overline{ACK}$应答位，并随即发出 P0~P7 的状态数据到 UCB0SDA 线，触发 MSP430G2553 的接收中断条件。

在中断服务程序中，P0~P7 的状态数据自动填入 I^{2}C 通信的接收缓存 UCB0RXBUF，然后 MSP430G2553 将 P0~P3 的状态信息移位处理后再推送至 I^{2}C 通信的发送缓存 UCB0TXBUF、并随即推送到 UCB0SDA 线。

下一步回到主程序后，需要及时变换 I^{2}C 的通信方向，将刚才状态机的接收状态调整为发送状态；接着发出启动位 S、PCF8574A 地址、低电平的“写$\overline{W}$”位。这些内容发送成功后，UCTXSTT 位清 0，MSP430G2553 将“P3-P2-P1-P0-1-1-1-1”数据推送给 PCF8574A，点亮 P7~P4 对应的 LED。

最后，MSP430G2553 发出停止位 P，结束本轮 I^{2}C 通信的读、写操作。

MSP430G2553 单片机主机在读取 I^{2}C 从机发来的最后一个字节后，向从机发送不应答位 NACK 以停止本轮 I^{2}C 通信。MSP430G2553 发送不应答位 NACK 的操作由 USCI 状态机自动完成，因此 MSP430G2553 在读取最后一个字节内容时，应及时关闭相关的各寄存器，让寄存器停止工作，以便 I^{2}C 通信正常结束。

代码运行时的测试波形及其内容解读如图 20 所示，这与 I2C 通信协议所规定的读、写操作步骤完全吻合。

【提示】需要特别注意的是，PCF8574 和 PCF8574A 是两种功能基本一致、引脚排列相同的端口扩展芯片，关键的区别在于 7 位从机地址的定义有所不同。PCF8574、PCF8574A 均需要 3 个硬件地址引脚 A2、A1、A0 的状态共同形成从机地址，因此在一组 I^{2}C 总线上可以实现对 8 个 PCF8574 或 PCF8574A 芯片的 I^{2}C 通信寻址。

PCF8574 的地址格式如下。

0	1	0	0	A2	A1	A0

PCF8574A 的地址格式如下。

0	1	1	1	A2	A1	A0

显然，相同封装的 PCF8574、PCF8574A 地址并不相同，因此一定要查明芯片表面标注的型号后缀中有无“A”，如图 21 所示。后缀中的字母 T 反映芯片的封装参数，直插型 PCF8574 或 PCF8574A 的后缀为 P。

（a）PCF8574

（b）PCF8574A

图 21 PCF8574 与 PCF8574A

新能源汽车研发设计知识概览（15）

新能源汽车的直流充电

陈旭

新能源汽车的直流充电一般被称为快速充电（简称快充），这种充电模式允许将大功率的AC-DC变换设备安装在车辆以外。直流充电桩内安装有将交流电转化为直流电的AC-DC变流模块，并采用与直流供电相应的充电接插件与新能源汽车连接。直流充电桩对新能源汽车充电的原理如图1所示。

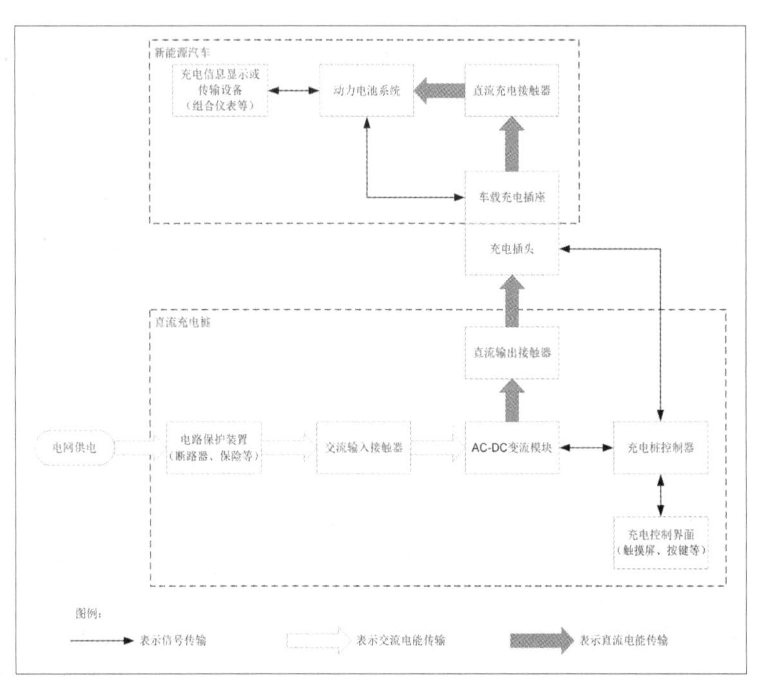

图1 直流充电桩对新能源汽车充电的原理

需要指出，这里的直流充电桩是一个广义上的称呼——有些场合，人们会将安装有充电控制界面和充电插头等部件的终端设备单独称为直流充电桩，将安装有AC-DC变流模块、交流输入接触器、直流输出接触器等部件的设备柜称为直流充电柜或直流充电机。本文为避免混淆，将所有输出直流的充电设备一律称为直流充电桩。按照这样的命名形式，如果将充电控制界面和充电插头等终端部件和直流充电桩的其他设备安装在一起，即为一体式直流充电桩，如图2所示。如果将充电控制界面和充电插头等终端设备安装在独立支座上，AC-DC变流模块、交流输入接触器等部件安装在一台充电设备柜中，再通过电缆将其与独立支座上的终端设备连接，就是人们通常所称的分体式直流充电桩，如图3所示。

图2 一体式直流充电桩

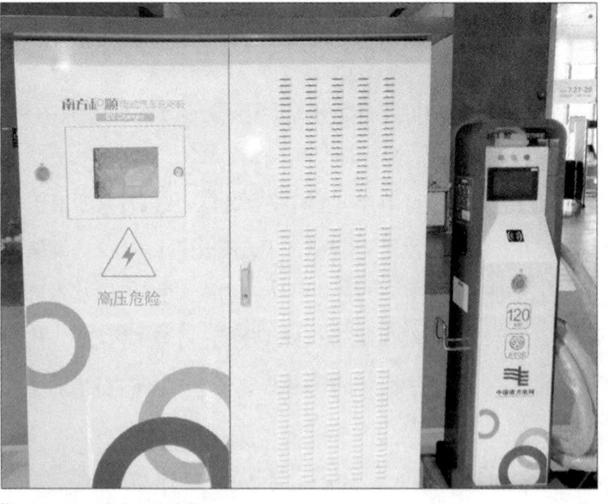

图3 分体式直流充电桩

一体式直流充电桩和分体式直流充电桩的主要优缺点如表 1 所示。这两种直流充电桩的优点和缺点是互补的，分别适应不同的充电场合。例如，分体式直流充电桩比较适合地下停车场这类封闭空间，只需要将充电设备柜安装到专用的设备间内，就可以使停车场免受噪声和 AC-DC 变流模块发热的影响。

采用直流充电桩对新能源汽车充电时，充电桩和车辆之间的信息交互比较复杂，因为直流充电桩和动力电池系统之间的参数匹配状态需要相互确认，并且在充电过程中也要持续保持双向通信。为了有可靠的充电安全保障，符合国家标准的直流充电桩与新能源汽车的连接方式如图4所示。

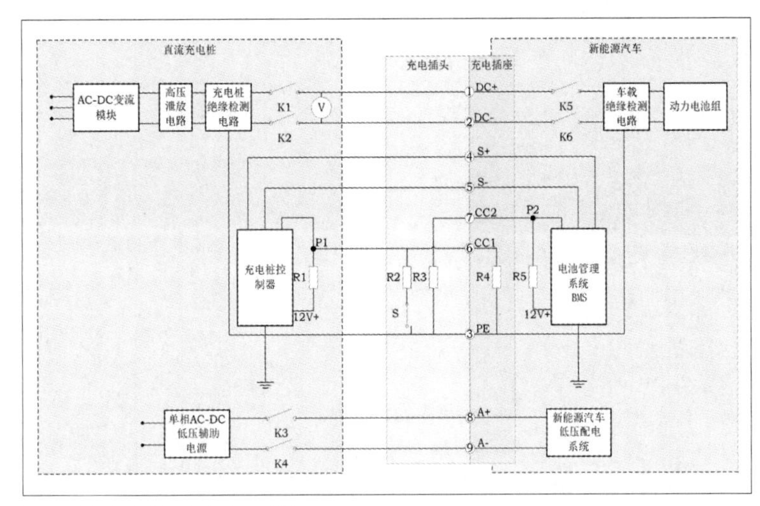

图 4 直流充电桩与新能源汽车的连接方式

图 4 中绘制了在直流充电过程中有所涉及，但在介绍充电桩整体基本原理时暂时省略的一些电路装置：直流充电桩内，在 AC-DC 变流模块和直流输出接触器 K1、K2 之间的一段高压电路中，并联有高压泄放电路和充电桩绝缘检测电路；在直流输出接触器 K1、K2 和充电的电缆之间，还有一个直流电压测量装置 V。新能源汽车中与直流充电过程相关的电路装置，如电池管理系统BMS、整车绝缘检测电路，在图 4 中也有展示。按照国家标准，图 4 中的电阻 R1~R5 的阻值均为 1kΩ。此外，在直流充电的充电插头上还有电子锁装置（图中未绘出），电子锁由充电桩控制器控制锁止或解锁。

对于图 4 所示的连接方式，启动直流充电的连接确认过程如下。

对于新能源汽车，如果充电插头未插入，那么就电池管理系统 BMS 而言，PE 和 CC2 之间的阻值为无穷大，从 BMS 12V+ 电平引脚输出的电压全部通过 R5 加到电压检测点 P2 上，P2 的电压为 12V；只有充电插头插入且处于完全连接状态时，PE 和 CC2 之间由 R3 接通，BMS 输出的 12V+ 电平在 R3 和 R5 上平分，电压检测点 P2 检测到的电压变为 6V，BMS 才会判定充电插头完全插入。

对于直流充电桩，如果充电插头未插入插座，PE 和 CC1 之间只有通过充电插头内的常闭开关 S 接入的电阻 R2，来自充电桩控制器 12V+ 电平引脚的电压被 R1 和 R2 平分，电压检测点 P2 的电压为 6V。如果充电插头插入但未插好，则充电插头内的常闭开关 S 处于断开状态，PE 和 CC1 之间的阻值为无穷大，电压检测点 P2 的电压为 12V。只有充电插头插入且处于完全连接状态时，开关 S 才闭合，且 R2 和 R4 通过 PE 和 CC1 并联后再与 R1 串联，检测点 P1 的电压为 4V，充电桩控制器才会判定充电插头完全插入。

完成充电接插件的连接确认后，充电桩控制器和 BMS 之间就能够通过 S+ 和 S- 端口接通的 CAN 网络进行通信，实现充电过程中的信息交互。一次完整的新能源汽车直流充电包括连接确认、参数配置、充电进行、充电结束 4 个阶段。在这 4 个阶段中，除了接插件之间的物理连接确认需要通过图 4 中的电阻网络实现，新能源汽车电池管理系统 BMS 与直流充电桩之间的网络通信也必不可少——按照国家标准，

表 1 一体式直流充电桩和分体式直流充电桩的主要特点

类型	主要优点	主要缺点
一体式直流充电桩	成本较低，大电流充电时直流线路损耗较低	1 台充电桩通常只能对应 1~2 个充电位，充电位越多，相应占地面积越大；内部大功率模块采用强制风冷时，会使充电地点受到噪声干扰和设备的发热影响
分体式直流充电桩	1 台充电设备柜可以对应多个充电位，设备的安放地点相对灵活；通过合理选择充电设备柜的位置，能够使充电地点不受风机噪声干扰和设备的发热影响	成本较高，从充电设备柜到充电终端的线路较长，大电流充电时线路损耗较高

表 2 直流充电握手阶段的必要报文

发送方	报文代号	PGN	报文周期	报文内容
直流充电桩	CHM	9728	250ms	充电机握手报文，发出直流充电桩通信协议版本号
	CRM	256	250ms	充电机辨识报文，发出对 BMS 的辨识状态、充电机编号等
电池管理系统	BHM	9984	250ms	BMS 握手报文，发出最高允许充电总电压
	BRM	512	250ms	BMS 辨识报文，发出 BMS 通信协议版本号、电池类型、动力电池系统额定容量、动力电池系统额定总电压等

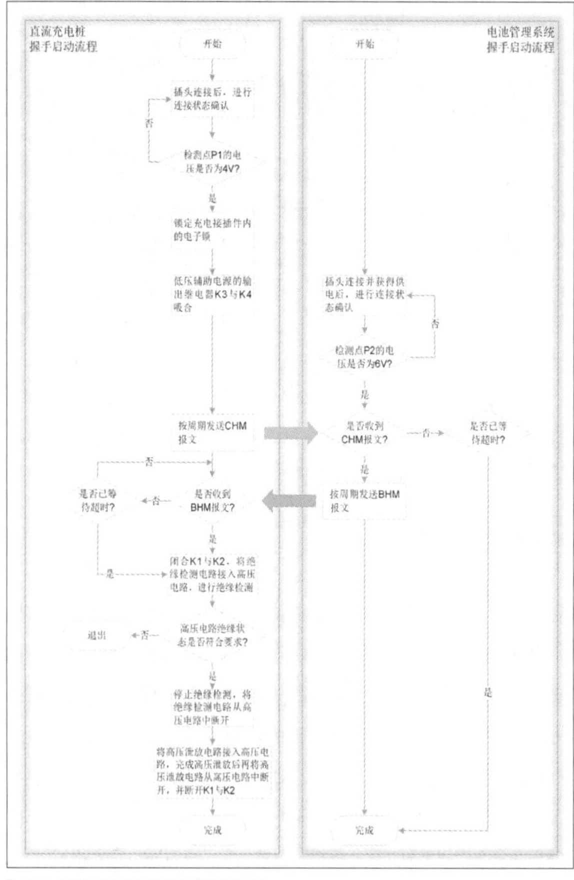

图 5 直流充电握手启动阶段的流程

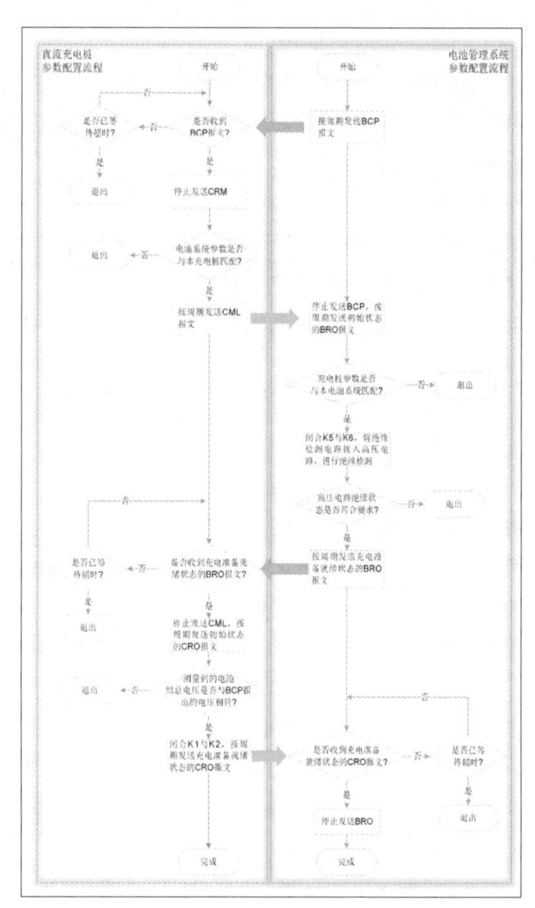

图 7 直流充电参数配置阶段的流程

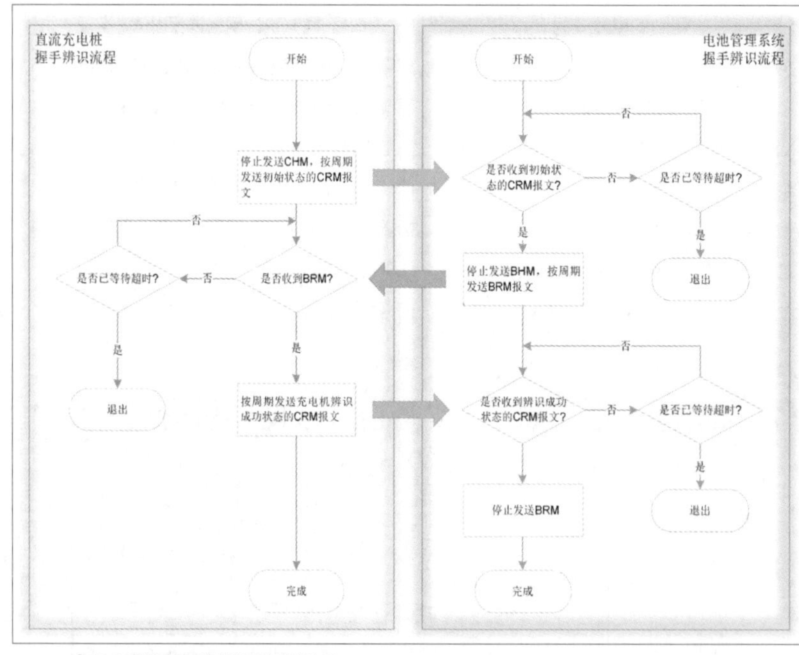

图 6 直流充电握手辨识阶段的流程

BMS 和直流充电桩之间采用 250kbit/s 的 CAN 网络实现通信。

直流充电握手启动与握手辨识阶段的流程如图 5、图 6 所示。在这两个阶段中，直流充电桩与 BMS 之间需要交互的报文如表 2 所示。

如果充电桩中的绝缘检测电路采用对高压充电线路施加高压的方法来检测绝缘状态，那么就可以将 BHM 报文中发出的最高允许充电总电压用作绝缘检测时施加的电压值。完成充电握手阶段的绝缘检测后，先将充电桩绝缘检测电路从高压充电线路中完全断开，然后用高压泄放电路将电路中可能残余的高压消除，再将高压泄放电路也从高压充电线路中完全断开。在后续的过程中，绝缘检测将由新能源汽车上的绝缘检测电路实现，不会用到直流充电桩的绝缘检测电路。

按照图 5 和图 6 所示的步骤完成握手启动和握手辨识后，直流充电桩和 BMS 的通信就可以进入下一个阶段：参数配置。参数配置阶段的流程如图 7 所示。表 3 列出了直流充电参数配置阶段所涉及的各项必要报文及内容，从数据可以看出直流充电过程中的各项重要参数都会在此阶段得到直流充电桩和 BMS 的交互确认。

表 3　直流充电参数配置阶段的必要报文及内容

发送方	报文代号	PGN	报文周期	报文内容
直流充电桩	CML	2048	250ms	充电机最大输出能力报文，发出直流充电桩最高和最低输出电压、最大和最小输出电流
	CRO	2560	250ms	充电机充电准备就绪报文，BMS 依据此报文确认直流充电桩是否已做好充电准备
电池管理系统	BCP	1536	500ms	动力电池充电参数报文，发出单体动力电池最高允许充电电压、动力电池系统最高允许充电电流、动力电池系统标称总能量、最高允许充电总电压、最高允许温度、动力电池系统当前 SOC 状态、当前总电压
	BRO	2304	250ms	BMS 充电准备就绪报文，直流充电桩依据此报文确认 BMS 是否已做好充电准备

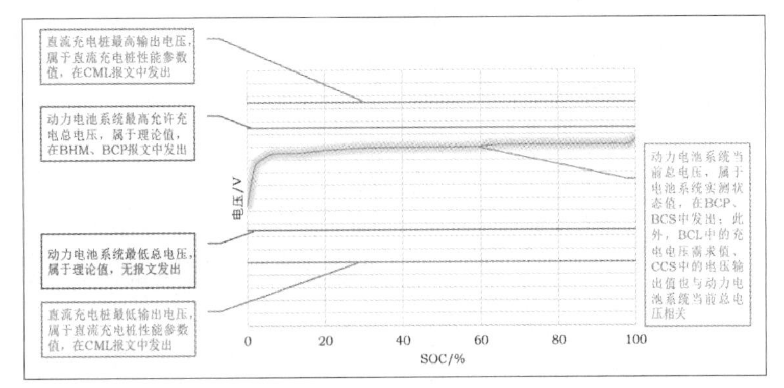

图 8　充电过程中直流充电桩与新能源汽车的电压参数关系

在参数配置阶段的报文内容中，多项参数都与动力电池系统和直流充电桩的总电压相关。图 8 所示是这些电压参数之间的关系：充电时，动力电池系统的当前总电压在 0~100%SOC，并且会随着 SOC 的变化而变化，但其总电压的上下限理论值均应当位于直流充电桩的最高和最低输出电压之间；假如出现电压状态不匹配的情况，例如充电桩最低输出电压高于动力电池系统当前总电压，或者高于动力电池系统最高允许充电总电压，那么充电将无法进行。当然，BMS 在收到来自充电桩的 CML 报文后，也会对充电桩的参数匹配状态进行类似的判断、处理。

如果直流充电桩和动力电池系统之间参数匹配，BMS 就会控制新能源汽车内的直流充电接触器 K5 和 K6 闭合，启动新能源汽车的绝缘检测电路，并对充电桩发出通报充电准备就绪的 BRO 报文；直流充电桩在收到确认准备就绪的BRO报文后，会用直流输出接触器 K1、K2 和充电插头之间的直流电压测量装置 V，再次核对电池系统的实际总电压是否与 BMS 在 BCP 报文中发出的当前总电压相符。如果电压相符，就可以闭合 K1、K2，对 BMS 发出充电准备就绪的 CRO 报文，BMS 确认后，充电桩对动力电池系统输出电能的直流充电阶段就可以开始。

在直流充电阶段，直流充电桩和 BMS 都会循环地发送和接收报文进行信息交互，这一阶段的流程如图 9 所示，信息交互涉及的必要报文如表 4 所示。这些信息主要涉及充电总电压和电流的需求、确认、反馈和核对，在出现参数不符的情况时，将会触发应急处理策略停止充电。当然，若直流充电桩或新能源汽车自身出现导致无法充电的故障、通信中断或必要报文接收超时、充电插头内的开关 S 断开（即有人操作充电插头，准备将其拔出）等，也会触发立即停止充电

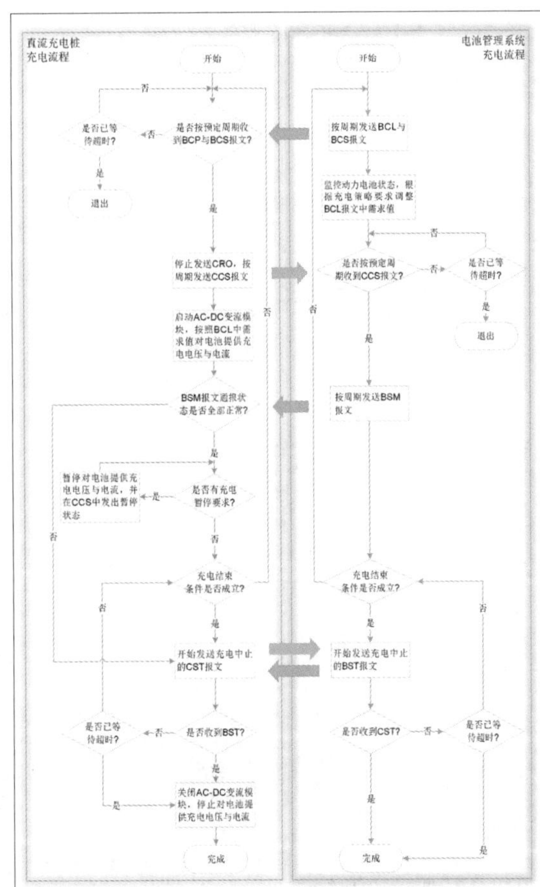

图 9　直流充电阶段的流程

的应急处理策略。如果正常达到了充电结束的条件（例如 SOC 达到 100%），那么充电将会正常结束。此时直流充电桩和 BMS 两者中先停止充电的一方将会发出中止充电报文（CST 或 BST），另一方则用自己的中止充电报文予以响应。

在新能源汽车直流充电这种高电压、大电流的工况下，充电结束并不是直流充电桩和新能源汽车各自停机这么简单。为了安全结束充电，图 10 所示的直流充电结束阶段的流程是必需的，这一流程中直流充电桩和 BMS 也会发出表 5 所示的统计数据报文 CSD 和 BSD。为保证安全，在充电结束阶段，直流充电桩需要依次执行下列步骤：停止充电输出，将电流降为 0；断开直流输出接触器 K1 与 K2；将高压泄放电路接入高压线路泄放残余电压后，再将其从线路中断开；控制充电插头内的电子锁解锁。新能源汽车的 BMS 则需要断开直流充电接触器 K5 与 K6。

表 4　直流充电阶段的必要报文

发送方	报文代号	PGN	报文周期	报文内容
直流充电桩	CCS	4608	50ms	充电机充电状态报文，发出直流充电桩电压输出值、电流输出值、累计充电时间、充电允许状态
	CST	6656	10ms	充电机中止充电报文，发出直流充电桩中止充电原因、直流充电桩中止充电故障原因、直流充电桩中止充电错误原因
电池管理系统	BCL	4096	50ms	电池充电需求报文，发出充电电压需求值、充电电流需求值、充电模式
	BCS	4352	250ms	电池充电总状态报文，发出充电总电压测量值、充电电流测量值、动力电池单体最高电压及其组号、动力电池系统当前 SOC、估算剩余充电时间
	BSM	4864	250ms	动力电池状态信息报文，发出最高单体动力电池电压所在编号、动力电池最高温度、最高温度检测点编号、最低动力电池温度、最低动力电池温度检测点编号、单体动力电池电压范围状态、整车动力电池系统 SOC 范围状态、动力电池温度状态、动力电池绝缘状态、动力电池输出连接器连接状态、充电允许状态
	BST	6400	10ms	BMS 中止充电报文，发出 BMS 中止充电原因、BMS 中止充电故障原因、BMS 中止充电错误原因

表 5　直流充电结束阶段的必要报文

发送方	报文代号	PGN	报文周期	报文内容
直流充电桩	CSD	7424	250ms	充电机统计数据报文，发出本次充电的累计充电时间、输出电能累计值、直流充电桩编号
电池管理系统	BSD	7168	500ms	BMS 统计数据报文，发出充电中止时 SOC 状态、动力电池单体最低电压、动力电池单体最高电压、动力电池最低温度、动力电池最高温度

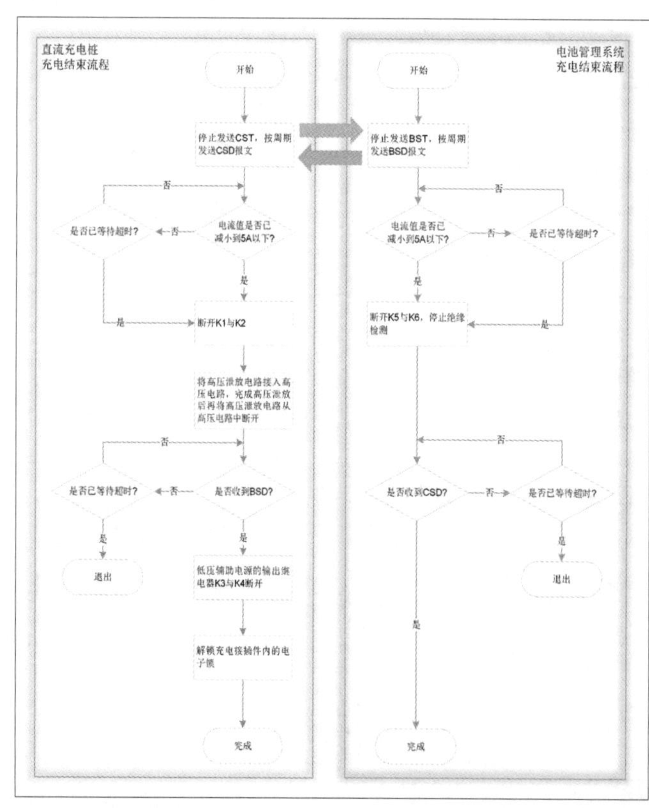

图 10 直流充电结束阶段的流程

显然，在严格遵照以上流程进行的新能源汽车直流充电过程中，操作人员的人身安全能够得到保障，充电设备超载、动力电池电压过高、电流过大等风险问题也都能够避免。对国家标准规定流程的严格遵循，需要直流充电桩和新能源汽车相互配合。直流充电过程并不属于各品牌汽车企业内部的技术秘密或专有技术，而是由国家统一要求的公开的标准流程，这是不同品牌、不同型号规格的直流充电桩和新能源汽车之间实现互通互联顺利充电的基础，也是本文能够对直流充电流程进行全面剖析的原因。通过类比直流充电的上述流程，我们可以间接认识到新能源汽车中电池管理系统 BMS、整车控制单元 VCU、电机驱动控制器和驾驶员操纵信号接口之间进行交互通信的复杂程度。

对于从事相关研发设计的工程师来说，在产品的研发中，既要让产品的功能严格符合国家要求的通用标准，又要在产品安全、效率等性能方面精益求精、创新进取，是富有挑战性的事情。相关企业也对能够在这样的工作中取得杰出成绩的人才充满期待。

在后续文章中，我们将会对新能源汽车的交流充电和无线充电的相关知识进行简要介绍。

STM32入门100步（第43步）

阵列键盘

▌杜洋　洋桃电子

原理介绍

开发板上的所有功能都讲解完毕了，我们从这一节开始介绍开发板附带的配件包中的器件，包括16键阵列键盘、SG90舵机、DHT11温/湿度传感器和MPU6050加速度传感器。这一节先介绍阵列键盘，看一下它的内部结构和驱动方法。图1所示是配件包中阵列键盘的外观，16个按键由一个方形塑料薄膜形成按键，键盘主体的下方有一条薄膜排线，排线末端有8Pin排孔。键盘背面是白色贴纸，贴纸下面是一层双面胶，可以用来把键盘粘贴在电子设备外壳的表面上（外壳上要留有能穿过排线的长条孔洞）如图2所示，由于双面胶是透明的，可以看到按键内部的电路结构。键盘膜的结构可分为两层，一层是横向电路（纬线），4条纬线都连接到8Pin排线的4条线上。横向电路的内层隐约可以看到纵向电路（经线），4条经线连接8Pin排线另外4条线上，共同组成8条线。图3所示是键盘内部电路，每个按键都在纬线和经线的交点上。按下按键就是将对应的纬线和经线在电路上短接在一起。可是按照我们之前学过的独立按键的知识，按键一端接地，另一端接到I/O端口。4个按键占用4个I/O端口，而阵列键盘有16个按键，却只占用8个I/O端口。如何用8个I/O端口读取16个按键呢？

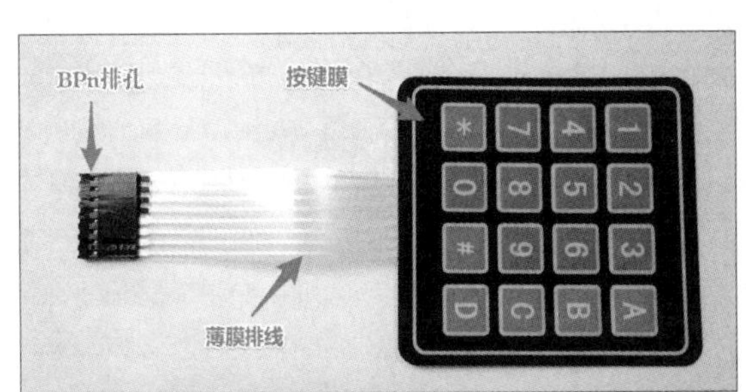

▌图1 阵列键盘外观

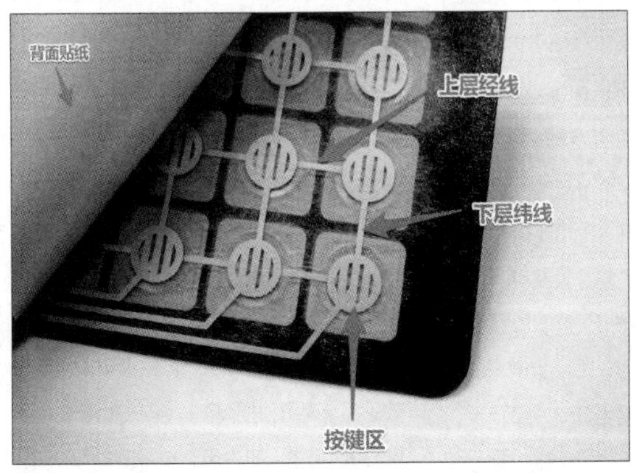

▌图2 阵列键盘内部结构

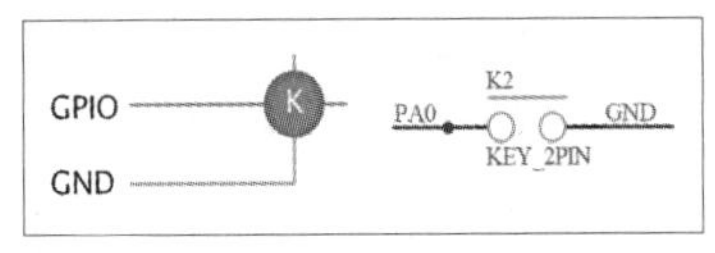

▌图3 键盘内部电路

接下来我们看一下阵列键盘的按键效果。先要把阵列键盘连接到开发板上，用配件包中的面包板专用导线，将阵列键盘的8个排孔按次序连到核心板旁边的排孔上，对应的I/O端口是PA0 ~ PA7，将8个排孔引出导线，按顺序将导线插入排孔中，如图4所示。由于阵列键盘会占用PA0 ~ PA7端口，所以要把开发板上复用的端口断开。需要断开以下4个部分：将“ADC输入”（编号为P8）的跳线断开，将“模拟摇杆”（编号为P17）的跳线断开，将“触摸按键”（编号为P10）的跳线断开，将“旋转编码器”（编号为P18）的跳线断开。跳线设置好就可下载程序了。在附带资料中找到“阵列键盘测试程序”工程，将工程中的HEX文件下载到开发板中，看一下效果。效果是在OLED屏上显示“KEYPAD 4x4 TEST”，即4x4阵列键盘测试程序。我们在键盘上随意按键，屏幕会显示“KEY No. 01”，表示按下1号按键。按其他键会显示02 ~ 16等编号，每个按键都有自己独立的编号，编号名称不是键盘上所写的数字，而是由我们自定义。每次按下按键，屏幕就会显示按键编号，实现键盘读取。

那么单片机是如何用8个I/O端口来读取16个按键的呢？先来看单个按键的结构原理，我们在介绍独立按键的原理时说

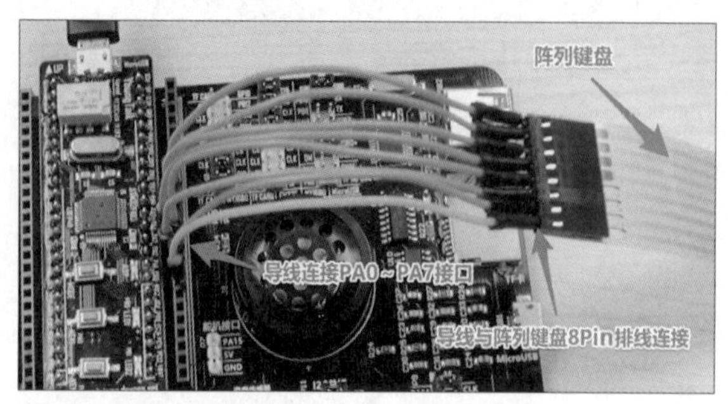

图4 阵列键盘与开发板的连接

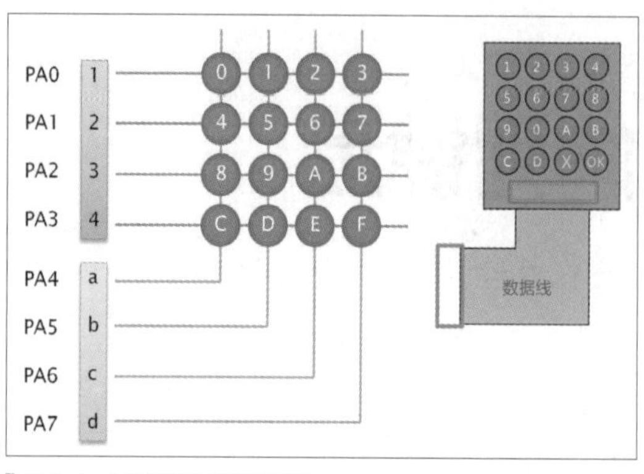

图5 4×4 阵列键盘的驱动原理

过，按键内部有 2 个触点，触点连接到引脚，按键被按下时，2 个触点短接，2 个引脚短接。通过这个原理，将其中一个引脚接地，另一端引脚接到 I/O 端口，端口设置为上拉电阻输入模式，设为高电平。按键被按下时，I/O 端口与 GND 短接，I/O 端口变为低电平。单片机读到低电平，表示按键被触发。如果把按键等效成电路结构，相当于图 3 所示的电路结构，圆圈 K 表示按钮，按钮下方的红线和蓝线分别表示两个引脚，按键被按下时红线和蓝线短接。只要将其中一个引脚连到 I/O 端口，另一个引脚接 GND 就可读取按键状态。

接下来分析 4×4 阵列键盘的驱动原理，如图 5 所示。图右边是阵列键盘，横向有 4 个按键，纵向有 4 个按键，下方是一条 8Pin 排线，8Pin 数据线和 16 个按键的内容连接关系如图中左侧的原理图所示，其中每个圆圈表示一个按键，有横向 4 个、纵向 4 个，共 16 个按键。和图中右侧的实物键盘图对应。按键下方的红线和蓝线，与独立按键的原理一样。同一行的 4 个按钮连在同一条红线上，同一列的 4 个按钮连在同一条蓝线上，即形成按键网格（阵列）。最终得到 4 条红线（纬线）和 4 条蓝线（经线）。为了方便讲解，先给排线中的 8 条线命名：红线名为 1、2、3、4，蓝线名为 a、b、c、d。8 条线和右侧实物图中的排线接口相对应，8Pin 排线连接到单片机的 PA0 ~ PA7 端口。

那么单片机要如何读取 16 个按键呢？红线和蓝线所组成的阵列相当于有经线和纬线的地图。某个按键被按下时，只要知道按键所在的经线和纬线，就能定位按键。假设按下阵列键盘上的 A 键，首先要给出 I/O 端口的初始化状态，将 PA0 ~ PA3 设置为上拉电阻输入模式，设为高电平。接着再将 PA4 ~ PA7 设置为推挽输出模式，设置为低电平，低电平相当于连接 GND。按下 A 键时相当于将 3 线（PA2）和 c 线（PA6）连接，由于 c 线（PA6）相当于接 GND，使得 3 线（PA2）被拉为低电平。单片机读取 PA2 为低电平，表示 3 线（PA2）上有按键被按下，有可能是“8”“9”“A”“B”这 4 个按键。因为 3 线上 4 个按键中的哪个被按下都会把 PA2 端口变成低电平。当 PA2 变为低电平时，接下来将 I/O 口的状态反转，将 PA0 ~ PA3 （4 条红线）设置为推挽输出模式，设为低电平；将 PA4 ~ PA7（4 条蓝线）设置为上拉电阻输入模式，设为高电平。由于已经按下 A 键，红线的 1（PA0）、2（PA1）、3（PA2）、4（PA3）都为低电平，相当于接地。A 键被按下使得 PA6 接口所连接的 c 线（PA6）被拉为低电平。单片机只要读到 PA6 为低电平，就确定了按键位置。因为在第一步中 PA2 为低电平，表示按键在 3 线上；第二步电平反转，PA6 为低电平，表示按键在 c 线上。有了经线（3 线 /PA2）和纬线（c 线 /PA6），就能确定被按下的是“A”键。同样的经纬线定位法可以判断任何按键，实现 8 个 I/O 端口读取 16 个按键的效果。这种阵列键盘的判断方式很常见，可以增加或减少经纬线，达到不同数量的按键设计。阵列键盘用较少的 I/O 端口读取更多的按键数量，缺点是同时只允许按下一个按键，如果同时按下多个按键，就不能精确判断按键位置。

以上介绍的是单片机直接驱动阵列键盘的电路原理。单片机直接驱动键盘的好处是电路简单、成本低，缺点是阵列键盘需要占用很多 I/O 端口，按键数量小于 20 个还可接受。如果 I/O 端口占用较多，没有多余端口连接阵列键盘，这时可以考虑使用阵列键盘驱动芯片。阵列键盘驱动芯片可以自动扫描阵列键盘，按键值通过 I^2C 或 SPI 总线发送给单片机，不需要单片机扫描、判断按键。图 6 所示是一个 8×8 的阵列键盘的电路，共有 64 个按键。经线和纬线共占用 16 个端口，采用阵列键盘驱动芯片 CH456，CH456 可以驱动 16 位数码管，同时扫描 64 键的阵列键盘。我们教学中用的数码管的驱动芯片是 TM1640，而 CH456 既可以驱动 16 位数码管，又可扫描阵列键盘。CH456 使用 I^2C 总线通信，只占用 2 个 I/O 端口。项目

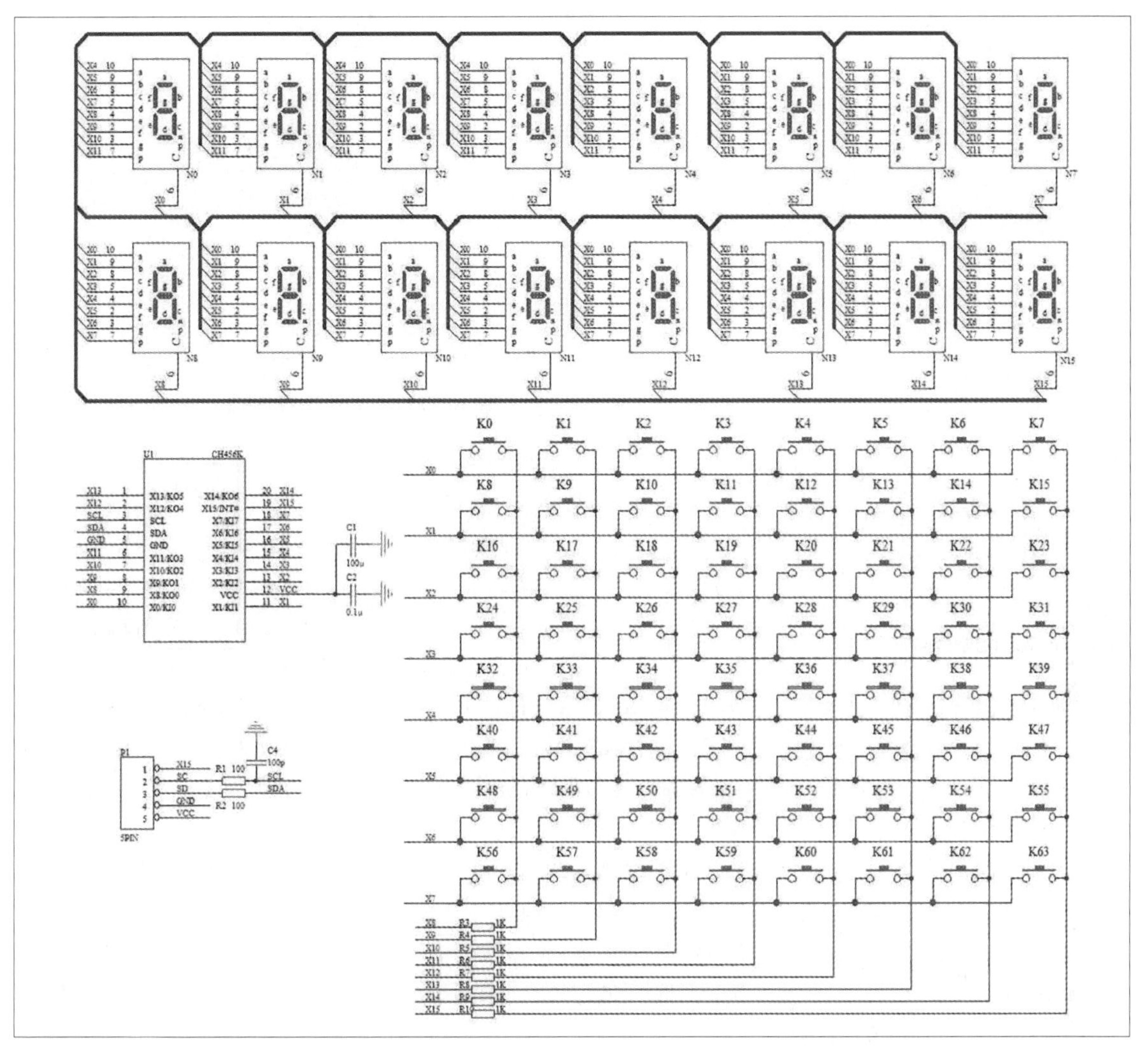

图6 8×8阵列键盘的电路

开发时可以考虑使用这款芯片。除此之外，MAX7300系列也是常用阵列键盘驱动芯片。

程序分析

阵列键盘的驱动方法有很多，按键读取也有多种方案，包括逐行扫描方案、端口反转方案等。它们之间并没有好坏之分，我们这里使用端口反转方案，但你需要知道阵列键盘并不是只有一种驱动方式，只是以一种为例来讲解。首先打开“阵列键盘测试程序”工程文件，这个工程复制了上一节的工程，修改的部分是在Hardware文件夹中加入KEYPAD4x4文件夹，其中加入KEYPAD4x4.c和KEYPAD4x4.h文件，这是由我编写的阵列键盘的驱动程序。接下来用Keil软件打开工程，打开main.c文件，如图7所示，这是阵列键盘测试程序。第17～21行加载常规的库文件，第23行加载KEYPAD4x4.h文件。第26行进入主程序，第27行定义变量s，然后第35行在OLED屏上显示“KEYPAD4x4 TEST”。第37行是阵列键盘初始化函数KEYPAD4x4_Init。第39行是while主循环，第41行是按键值读取函数KEYPAD4x4_Read，函数没有参数，有返回值，返回按键编号，由于有16个按键，返回值是0～16。若返回值为0，表示没有按键被按下。第43行将返回值送入变量s，通过if语句判断按键值是否为0，如果不为0表示有按键被按下。假设有一个按键被按下，使s值不为0，执行第45～47行的内容。其中第45行在OLED屏上显示“KEY NO.”，第46行在第8×8列的位置显示s值的十位，加上偏移量

```
17 #include "stm32f10x.h" //STM32头文件
18 #include "sys.h"
19 #include "delay.h"
20 #include "relay.h"
21 #include "oled0561.h"
22
23 #include "KEYPAD4x4.h"
24
25
26 int main (void){//主程序
27     u8 s;
28     delay_ms(500); //上电时等待其他器件就绪
29     RCC_Configuration(); //系统时钟初始化
30     RELAY_Init();//继电器初始化
31
32     I2C_Configuration();//I²C初始化
33     OLED0561_Init(); //OLED屏初始化
34     OLED_DISPLAY_8x16_BUFFER(0,"    YoungTalk     "); //显示字符串
35     OLED_DISPLAY_8x16_BUFFER(3," KEYPAD 4x4 TEST "); //显示字符串
36
37     KEYPAD4x4_Init();//阵列键盘初始化
38
39     while(1){
40
41         s=KEYPAD4x4_Read();//读出按键值
42
43         if(s!=0){ //如按键值不是0，也就是说有按键操作，则判断为真
44             //---------------------------------------------------
45             OLED_DISPLAY_8x16_BUFFER(6," KEY No.          "); //显示字符串
46             OLED_DISPLAY_8x16(6,8*8,s/10+0x30);//
47             OLED_DISPLAY_8x16(6,9*8,s%10+0x30);//
48         }
49     }
50 }
```

图7 main.c文件的全部内容

```
1 #ifndef __KEYPAD4x4_H
2 #define __KEYPAD4x4_H
3 #include "sys.h"
4 #include "delay.h"
5
6
7 #define KEYPAD4x4PORT GPIOA //定义I/O端口组
8 #define KEY1 GPIO_Pin_0  //定义I/O端口
9 #define KEY2 GPIO_Pin_1  //定义I/O端口
10 #define KEY3 GPIO_Pin_2  //定义I/O端口
11 #define KEY4 GPIO_Pin_3  //定义I/O端口
12 #define KEYa GPIO_Pin_4  //定义I/O端口
13 #define KEYb GPIO_Pin_5  //定义I/O端口
14 #define KEYc GPIO_Pin_6  //定义I/O端口
15 #define KEYd GPIO_Pin_7  //定义I/O端口
16
17
18 void KEYPAD4x4_Init(void);//初始化
19 void KEYPAD4x4_Init2(void);//初始化2（用于I/O工作方式反转）
20 u8 KEYPAD4x4_Read (void);//读阵列键盘
```

图8 KEYPAD4x4.h文件的全部内容

0x30，最终显示按键编号的十位。第47行在OLED屏上显示按键编号的个位。显示完成后回到主循环第41行循环读取按键值，直到下次有按键被按下，OLED屏上显示另外的按键编号。这就是主函数所实现的功能。这里主要有两个部分需要进一步分析，一是阵列键盘初始化函数，二是阵列键盘读取函数。

接下来打开KEYPAD4x4.h文件，如图8所示。第4行加载延时库函数，因为在KEYPAD4x4.c文件用到了延时函数。第7～15行是宏定义部分，定义按键连接的I/O端口。按键所连接的是PA端口，键盘上的1～4引脚连到PA0～PA3，键盘上的A、B、C、D引脚连到PA4～PA7，占用了PA组的8个端口连接阵列键盘。第18～20行是函数声明，包括阵列键盘初始化函数、I/O端口反转的初始化函数、键盘读取函数。

接下来打开KEYPAD4x4.c文件，如图9所示。第21行加载KEYPAD4x4.h库文件。第23行是按键初始化函数KEYPAD4x4_Init，第24行定义结构体变量，第25行开启PA组I/O端口的时钟，第26～28行定义KEYa、KEYb、KEYc、KEYd这4个端口，将它们设置为上拉电阻输入方式。第30～33行定义KEY1、KEY2、KEY3、KEY4端口，将它们设置为50MHz推挽输出方式。第36行是第2个初始化函数KEYPAD4x4_Init2，用于I/O端口的状态反转，其中的内容和第23行的I/O端口初始化相同，只是端口定义有变化。第24～33行将KEYa、KEYb、KEYc、KEYd端口设置为上拉电阻输入方式，将1、2、3、4端口设置为推挽输出。而第37～45行将KEY1、KEY2、KEY3、KEY4端口设置为上拉电阻输入方式，将KEYa、KEYb、KEYc、KEYd端口设置为推挽输出方式。两组I/O端口的工作状态反转，在按键读取时会用到。如图10所示，第48行是按键读取函数KEYPAD4x4_Read，函数没有参数，有一个返回值。第49行定义两个变量a和b，并且给出初始值为0，这一点非常重要。如果不设置b的初始值为0，程序会出错。第50行调用按键初始

```
21 #include "KEYPAD4x4.h"
22
23 void KEYPAD4x4_Init(void){ //微动开关的接口初始化
24     GPIO_InitTypeDef  GPIO_InitStructure; //定义GPIO的初始化枚举结构
25         RCC_APB2PeriphClockCmd(RCC_APB2Periph_GPIOA,ENABLE);
26         GPIO_InitStructure.GPIO_Pin = KEYa | KEYb | KEYc | KEYd; //选择端口号（0~15或all）
27         GPIO_InitStructure.GPIO_Mode = GPIO_Mode_IPU; //选择I/O端口工作方式 //上拉电阻
28     GPIO_Init(KEYPAD4x4PORT,&GPIO_InitStructure);
29
30         GPIO_InitStructure.GPIO_Pin = KEY1 | KEY2 | KEY3 | KEY4; //选择端口号（0~15或all）
31         GPIO_InitStructure.GPIO_Mode = GPIO_Mode_Out_PP; //选择I/O端口工作方式 //上拉电阻
32     GPIO_InitStructure.GPIO_Speed = GPIO_Speed_50MHz; //设置I/O端口速度（2/10/50MHz）
33     GPIO_Init(KEYPAD4x4PORT,&GPIO_InitStructure);
34
35 }
36 void KEYPAD4x4_Init2(void){ //微动开关的接口初始化2（用于I/O工作方式反转）
37     GPIO_InitTypeDef  GPIO_InitStructure; //定义GPIO的初始化枚举结构
38         GPIO_InitStructure.GPIO_Pin = KEY1 | KEY2 | KEY3 | KEY4; //选择端口号（0~15或all）
39         GPIO_InitStructure.GPIO_Mode = GPIO_Mode_IPU; //选择I/O端口工作方式 //上拉电阻
40     GPIO_Init(KEYPAD4x4PORT,&GPIO_InitStructure);
41
42         GPIO_InitStructure.GPIO_Pin = KEYa | KEYb | KEYc | KEYd; //选择端口号（0~15或all）
43         GPIO_InitStructure.GPIO_Mode = GPIO_Mode_Out_PP; //选择I/O端口工作方式 //上拉电阻
44     GPIO_InitStructure.GPIO_Speed = GPIO_Speed_50MHz; //设置I/O端口速度（2/10/50MHz）
45     GPIO_Init(KEYPAD4x4PORT,&GPIO_InitStructure);
46
47 }
```

图9 KEYPAD4x4.c文件的部分内容（1）

```
48 u8 KEYPAD4x4_Read (void){//键盘处理函数
49    u8 a=0,b=0;//定义变量
50    KEYPAD4x4_Init();//初始化I/O
51    GPIO_ResetBits(KEYPAD4x4PORT,KEY1|KEY2|KEY3|KEY4);
52    GPIO_SetBits(KEYPAD4x4PORT,KEYa|KEYb|KEYc|KEYd);
53    if(!GPIO_ReadInputDataBit(KEYPAD4x4PORT,KEYa) || //查询键盘端口的值是否变化
54      !GPIO_ReadInputDataBit(KEYPAD4x4PORT,KEYb) ||
55      !GPIO_ReadInputDataBit(KEYPAD4x4PORT,KEYc) ||
56      !GPIO_ReadInputDataBit(KEYPAD4x4PORT,KEYd)){
57      delay_ms (20);//延时20ms
58      if(!GPIO_ReadInputDataBit(KEYPAD4x4PORT,KEYa) ||//查询键盘端口的值是否变化
59        !GPIO_ReadInputDataBit(KEYPAD4x4PORT,KEYb) ||
60        !GPIO_ReadInputDataBit(KEYPAD4x4PORT,KEYc) ||
61        !GPIO_ReadInputDataBit(KEYPAD4x4PORT,KEYd)){
62          a = GPIO_ReadInputData(KEYPAD4x4PORT)&0xff;//将键值放入寄存器a
63      }
64      KEYPAD4x4_Init2();//I/O端口工作方式反转
65      GPIO_SetBits(KEYPAD4x4PORT,KEY1|KEY2|KEY3|KEY4);
66      GPIO_ResetBits(KEYPAD4x4PORT,KEYa|KEYb|KEYc|KEYd);
67      b = GPIO_ReadInputData(KEYPAD4x4PORT)&0xff;//将第二次取得的值放入寄存器b
68      a = a|b;//将两个数据相或
69      switch(a){//对比数据值
70        case 0xee: b = 16; break;//对比得到的键值给b一个应用数据
71        case 0xed: b = 15; break;
72        case 0xeb: b = 14; break;
73        case 0xe7: b = 13; break;
74        case 0xde: b = 12; break;
75        case 0xdd: b = 11; break;
76        case 0xdb: b = 10; break;
77        case 0xd7: b = 9; break;
78        case 0xbe: b = 8; break;
79        case 0xbd: b = 7; break;
80        case 0xbb: b = 6; break;
81        case 0xb7: b = 5; break;
82        case 0x7e: b = 4; break;
83        case 0x7d: b = 3; break;
84        case 0x7b: b = 2; break;
85        case 0x77: b = 1; break;
86        default: b = 0; break;//键值错误处理
87      }
88      while(!GPIO_ReadInputDataBit(KEYPAD4x4PORT,KEY1) || //等待按键被放开
89        !GPIO_ReadInputDataBit(KEYPAD4x4PORT,KEY2) ||
90        !GPIO_ReadInputDataBit(KEYPAD4x4PORT,KEY3) ||
91        !GPIO_ReadInputDataBit(KEYPAD4x4PORT,KEY4));
92      delay_ms (20);//延时20ms
93    }
94  return (b);//将b作为返回值返回
95  }
```

图10 KEYPAD4x4.c文件的部分内容（2）

化函数KEYPAD4x4_Init，将KEYa、KEYb、KEYc、KEYd端口设置为上拉电阻输入方式，将KEY1、KEY2、KEY3、KEY4端口设置为推挽的输出方式。第51～52行设置I/O端口电平，将KEY1、KEY2、KEY3、KEY4端口设置为低电平（相当于GND），将KEYa、KEYb、KEYc、KEYd设置为高电平（用于读取按键状态）。于是第53行通过if语句判断按键是否被按下，读取KEYa、KEYb、KEYc、KEYd端口的电平状态，如果有按键被按下，其中一条线应为低电平。有按键被按下就执行if语句其中的内容。第57行延时20ms去抖动，第58～61行再次读取按键。第62行调用固件库函数GPIO_ReadInputData，读取PA整组I/O端口的电平状态，读出的数据和0xFF按位相与运算。由于整组I/O端口是32位的，而我们只读取PA0～PA7这8个端口，运算目的是取到PA0～PA7端口状态，将状态值送入变量a。接下来第64行调用状态反转的初始化函数KEYPAD4x4_Init2，将KEY1、KEY2、KEY3、KEY4端口设置为上拉输入方式，将KEYa、KEYb、KEYc、KEYd端口设置为推挽输出方式。第65～66行设置KEY1、KEY2、KEY3、KEY4端口设为高电平，设置KEYa、KEYb、KEYc、KEYd端口为低电平。I/O端口的状态反转，从读纬线变成读经线状态，然后第67行再次读取I/O端口，调用固定库函数并和0xFF按位相与运算，将得到的值放入变量b。b的值相当于经线值，而之前读到a的值相当于纬线值。第68行将a和b按位相或运算，将结果放入变量a。以上运算是把经线和纬线的值放在一起，得到一个字节的数据。第69行通过switch语句判断最终按键值。第70～85行有16个判断分支，第70行先比对a的值是不是0xEE。0xEE是什么含义呢？我们可以将每部分分解开，0xEE以二进制表示是11101110，也就是说高4位和低4位中最低位都为0。投射到电路中相当于经线PA4为0，纬线PA0为0，对应“0”号按键。将b的值设为16，16是我们自己给出的按键编号。接下来第71行是判断a的值是不是0xED，0xED以二进制表示是11101101，也就是说经线PA4为0，纬线PA1为0，对应“4”号按键，将按键编号15写入变量b。以同样原理可完成其他判断。第86行是default，即当以上的判断都不成立时让b的值等于0，表示按键错误。这种情况多发生在2个或2个以上按键同时被按下时。按键处理完毕后，第88～91行通过while语句等待按键被放开，第92行在按键被放开后延时20ms去抖动，第94行将变量b的值作为返回值，返回按键编号。switch语句中每次对b的赋值都给出按键编号，大家可以按照自己的按键定义修改编号数值。了解了按键的驱动原理后，可以增加经线和纬线来增加按键数量，得到更多的按键编号。按键驱动程序已经在开发板上验证，不需要修改就可以使用。你即使没有看懂工作原理，也能直接使用。

ESP8266 开发之旅 网络篇（15）

SPIFFS——ESP8266 文件系统

▌单片机菜鸟博哥

在本系列文章前面关于ESP8266 WiFi WebServer的例程中，大家可以已经发现了，笔者都是手动拼装HTML内容返回，HTML内容被固定写在我们的Arduino ESP代码中，而这样会产生两点弊端。

第一，ESP8266 的代码会相当臃肿。为了开发方便，WebServer 网页除了自身的 HTML 内容，还会包括一些 CSS 文件，甚至会引入 JQuery 库及一些图片相关资源。如果把这些内容也直接写到 ESP8266 代码中，会导致整体代码变大，甚至超过 Flash 规定的大小。

第二，业务职责分离不明确。一般来说，在一个开发团队中，有人负责开发 ESP8266 业务需求，有人负责开发 WebServer 网页内容，有人负责硬件部分。把 HTML 的内容直接写入 ESP8266 代码中，就会导致业务职责混乱，而且如果想要修改 HTML 的内容，还得一个个改掉 Arduino 的文件，还有可能出现改错标识符之类的情况。理想情况应该是，只需要更新 WebServer 的 HTML 文件就好，原来的ESP8266 Arduino逻辑不用更新。

基于以上两点弊端，我们就正式引入了本次需要学习的 ESP8266 文件系统——SPI Flash File System，简称为 SPIFFS。

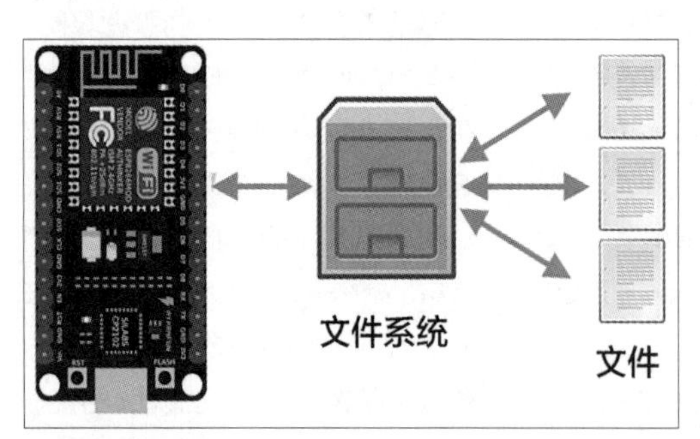

▌图 1 概念图

我们先来看一下图 1 所示的概念图。这个文件系统可以帮助我们存储一些变更频率不频繁的文件，例如网页、配置或者是某些固化的数据等。而这里面，我们用得更多的是存储网页，将网页和相关资源（如图片、HTML、CSS、JavaScript）存入 Flash 的 SPIFFS 区域。

Flash存储分配

在讲解 SPIFFS 之前，我们来看看在 Arduino 环境下 ESP8266 的 Flash 存储分配，如图 2 所示。具体可以分为下面几个部分。

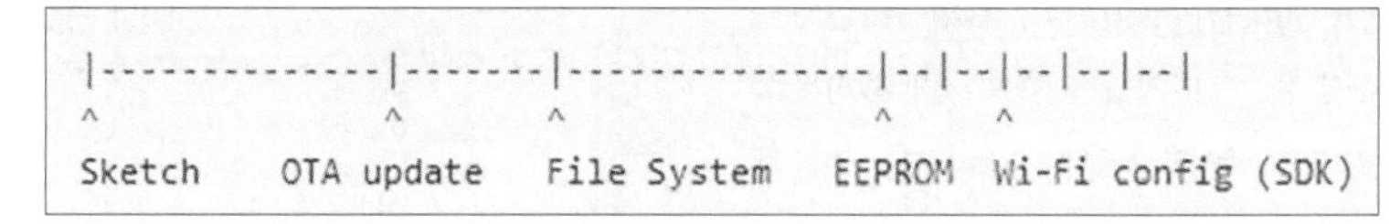

```
|--------------|-------|---------------|--|--|--|--|--|
^              ^       ^               ^     ^
Sketch    OTA update   File System   EEPROM  Wi-Fi config (SDK)
```

▌图 2 Flash 存储分配

（1）代码区

代码区又叫作程序存储区，其中又区分为当前代码区（Sketch）和更新代码区（OTA update）。

（2）文件系统

我们这次重点讲解的 SPI Flash File System，简称 SPIFFS 闪存文件系统就是这部分。

即使文件系统与程序存储在同一个闪存芯片上，烧入新的代码也不会修改文件系统内容。这允许我们使用文件系统来存储 Web 服务器的代码数据、配置文件或其他内容。而这个 SPIFFS 文件系统的大小可以通过烧写环境来配置，目前一般为 1MB、2MB、3MB 等。如果有读者朋友用的是 NodeMCU 的板子，那笔者建议配置成 3MB。

为了使用文件系统，需要把下面的头文件包含在代码中。

```
#include <FS.h>
```

（3）EEPROM

这部分我们在前面的基础篇已经讲过了，不清楚的朋友可以回顾《无线电》杂志 2020 年 6 月刊的《ESP8266 开发之旅 基础篇（4）ESP8266 与 EEPROM》。

（4）Wi-Fi config

这个区域存放的是我们 Wi-Fi 模块配置数据。

SPIFFS文件系统

1. 文件系统限制

ESP8266 的文件系统必须在芯片的限制下实现，其中最重要的限制是有限的 RAM。SPIFFS 之所以被 ESP8266 选择作为文件系统，是因为它是为小型系统专门设计的，同时是以一些简化和限制为代价的。

首先，SPIFFS 不支持目录，它只存储一个“扁平化”的文件列表。但是与传统的文件系统相反，斜杠字符“/”在文件名中是被允许的，因此处理目录列表的函数（例如 openDir("/website")）基本上只是过滤文件名，并保留以前缀（例如 /website/）开始的那些文件。

另外，文件名共有 32 个字符限制。其中一个“\0”字符被保留用于字符串终止符，因此留给我们 31 个可用字符长度。

综合来看，这意味着建议大家保持短文件名，不要使用深嵌套的目录，因为每个文件的完整路径（包括目录、“/”字符、基本名称、点和扩展名）长度最多只能是 31 个字符。例如 /website/images/bird_thumbnail.jpg，这个路径长度达到了 34 个字符，如果使用它，可能会导致一些我们无法预估的问题。

注意：字符限制很容易达到，这个问题可能会被忽略，因为在编译和运行时不会出现错误提示信息。

2. 文件系统文件添加方式

使用文件系统目的是存储文件，而存储文件的方式可以分为下面 3 种。

◆ 直接在代码中调用文件系统提供的 API 在 SPIFFS 上创建文件。

◆ 通过 ESP8266FS 工具把文件上传到 SPIFFS。

◆ 将文件通过 OTA update 的方式上传到 SPIFFS。

无论是通过 ESP8266FS 还是通过 OTA update 的方式把文件上传到 SPIFFS，其底层都是通过调用文件系统提供的 API 去完成的，所以我们只需要重点了解文件系统常用的 API 即可。

SPIFFS库

下面，我们先看一下 SPIFFS 文件系统常用的操作方法，图 3 所示是笔者总结的思维导图。SPIFFS 库可以分为 3 大类：通用方法、Dir 对象方法、File 对象方法。

1. 通用方法

（1）begin

```
/* 挂载 SPIFFS 文件系统
 * @return  bool  如果文件系统挂载成功，
返回 true，否则返回 false  */
bool begin();
```

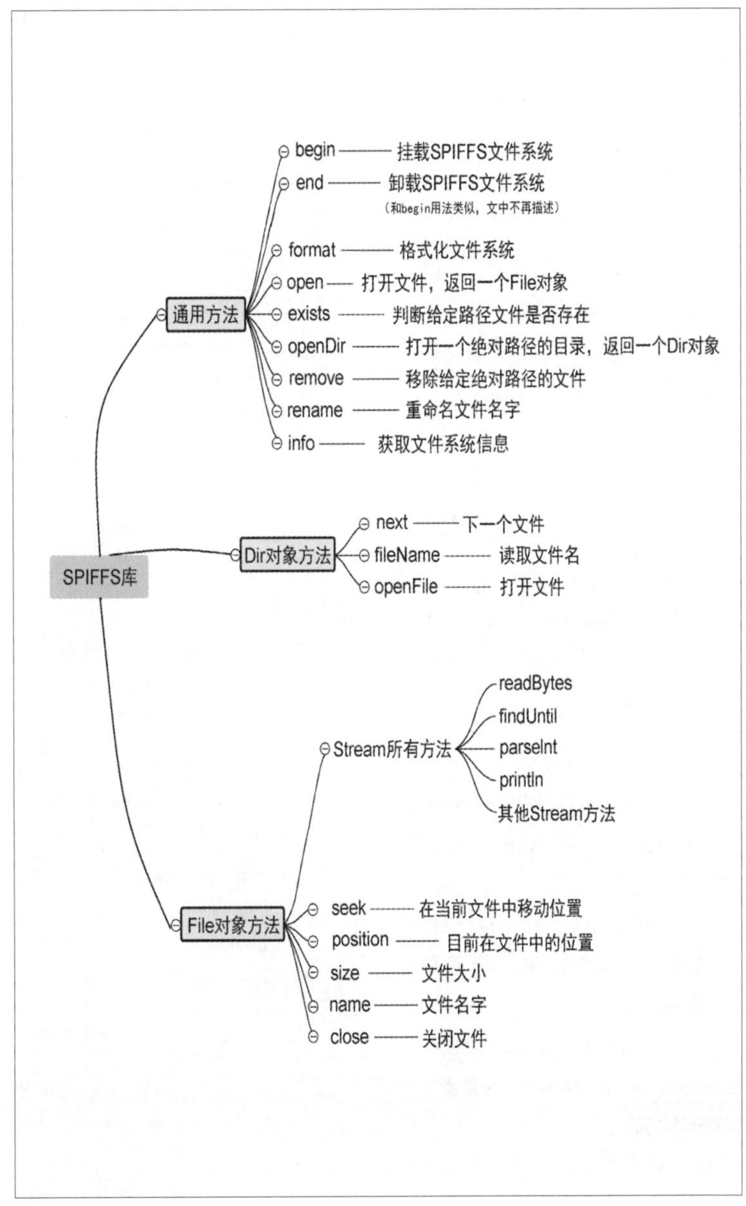

图 3 思维导图

> **注意**
> 该方法必须在其他系统文件 API 被调用之前调用，而 Arduino IDE 配置时需要启用 SPIFFS。

（2）format

```
/* 格式化文件系统
 * @return  bool  如果格式化成功则返回true */
bool format();
```

> **注意**
> 可以在执行 begin 方法之前或之后调用。

（3）open

```
/* 打开文件，在某种模式下可以创建文件
 * @param path 文件路径
 * @param mode 存取模式
 * @return File 返回一个 File 对象 */
File open(const char* path, const char* mode);
File open(const String& path, const char* mode);
```

> **注意**
> 文件路径必须是以斜线开头的绝对路径（如 /dir/filename.txt）。模式参数是用字符串指定的存取模式，其值为“r”“w”“a”“r+”“w+”和“a+”之中的任意一个。

◆ “r”以只读方式操作文件，读位置在文件的开始位置，文件不存在则返回空对象。

◆ “r+”以可读可写方式打开文件，读写位置在文件的开始位置，文件不存在则返回空对象。

◆ “w”指截取文件长度到 0 或者创建新文件，只能进行写操作，写位置在文件的开始位置。

◆ “w+”指截取文件长度到 0 或者创建新文件，能进行读写操作，写位置在文件的开始位置。

◆ “a”在文件末尾追加内容，若文件不存在就创建新文件，追加位置在当前文件的末尾，只能进行写操作。

◆ “a+”在文件末尾追加内容，若文件不存在就创建新文件，追加位置在当前文件的末尾，能进行读写操作；

如果要检查文件是否成功打开，可以使用下面的代码。

```
File f = SPIFFS.open( " /f.txt " , "w");if (!f) {
  Serial.println("file open failed");
}
```

（4）exists

```
/* 路径是否存在
 * @param path 文件路径
 * @return bool 如果指定的路径存在，则返回 true，否则返回 false */
bool exists(const char* path);
bool exists(const String& path);
```

（5）openDir

```
/* 打开绝对路径文件夹
 * @param path 文件路径
 * @return Dir 打开绝对路径文件夹，返回一个 Dir 对象 */
Dir openDir(const char* path);
Dir openDir(const String& path);
```

（6）remove

```
/* 删除绝对路径的文件
 * @param path 文件路径
 * @return bool 如果删除成功则返回 true，否则返回 false */
bool remove(const char* path);
bool remove(const String& path);
```

（7）rename

```
/* 重新命名文件
 * @param pathFrom 原始路径文件名
 * @param pathTo 新路径文件名
 * @return bool 如果重新命名成功则返回 true，否则返回 fals */
bool rename(const char* pathFrom, const char* pathTo);
bool rename(const String& pathFrom, const String& pathTo);
```

（8）info

```
/* 获取文件系统的信息，存储在 FSInfo 对象中
 * @param info FSInfo 对象
 * @return bool 是否获取成功 */
bool info(FSInfo& info);
```

FSInfo 的定义如下。

```
struct FSInfo {
  size_t totalBytes;// 整个文件系统的大小
  size_t usedBytes;// 文件系统所有文件占用的大小
  size_t blockSize;//SPIFFS 块大小
  size_t pageSize;//SPIFFS 逻辑页数大小
  size_t maxOpenFiles;// 能够同时打开的文件最大个数
  size_t maxPathLength;// 文件名最大长度（包括一个字节的字符串结束符）
};
```

2. Dir对象方法

在上面的方法中，我们可以获取到 Dir 对象，那么就来看看 Dir 对象的定义是什么吧。

```
class Dir {public:
  Dir(DirImplPtr impl = DirImplPtr()) : _impl(impl) { }
  File openFile(const char* mode);// 打开文件
  String fileName();// 获取文件名字
  size_t fileSize();// 文件大小
  bool next();// 下一个文件
protected:
  DirImplPtr _impl;
};
```

> **注意**
> Dir 对象的作用主要是遍历文件夹里的所有文件。文件夹并不是真正意义上的文件夹，这里指的文件都是平铺的。

(1) openFile

```
/* 打开文件
 * @param mode 打开模式，请参考 open 方法
 * @return File 返回一个 File 对象 */
File openFile(const char* mode);
```

(2) fileName

```
/* 获取文件名字
* @return name 字符串 */
String fileName();
```

(3) next

```
/* 是否还有下一个文件
 * @return bool true 表示还有文件 */
bool next();
```

> 注意
> 这里其实用到了遍历，只要还有文件，dir.next( )就会返回true，这个方法必须在fileName( )和openFile( )方法之前调用。

3. File对象方法

现在，我们来看看File对象结构。

```
class File : public Stream
{public:
  File(FileImplPtr p = FileImplPtr())
: _p(p) {}
  // 打印方法
  size_t write(uint8_t) override;
  size_t write(const uint8_t *buf, size_t size) override;
  //流方法
  int available() override;
  int read() override;
  int peek() override;
  void flush() override;
  size_t readBytes(char *buffer, size_t length)  override {
    return read((uint8_t*)buffer, length);
  }
  size_t read(uint8_t* buf, size_t size);
  bool seek(uint32_t pos, SeekMode mode);
  bool seek(uint32_t pos) {
    return seek(pos, SeekSet);
  }
  size_t position() const;
  size_t size() const;
  void close();
  operator bool() const;
  const char* name() const;
protected:
  FileImplPtr _p;
};
```

File对象支持Stream的所有方法，因此可以使用readBytes、findUntil、parseInt、println及其他stream方法。以下是File对象特有的一些方法。

(1) seek

```
/* 设置文件位置偏移
 * @param pos 偏移量
 * @param mode 偏移模式
 * @return bool 如果移动成功，则返回true，否则返回 false */
bool seek(uint32_t pos, SeekMode mode);
bool seek(uint32_t pos) {
  return seek(pos, SeekSet);
}
```

> 注意
> 如果模式值是SeekSet，则从文件开头移动指定的偏移量；如果模式值是SeekCur，则从目前的文件位置移动指定的偏移量；如果模式值是SeekEnd，则从文件结尾处移动指定的偏移量。

(2) position

```
/* 返回目前在文件中的位置
 * @return size_t 当前位置 */
size_t position();
```

(3) size

```
/* 返回文件大小
 * @return size_t 文件大小 */
size_t size();
```

(4) name

```
/* 返回文件名字
 * @return const char* 文件名字 */
const char* name();
```

(5) close

```
/* 关闭文件 */
void close();
```

> 注意
> 执行这个方法后，就不能在该文件上执行其他操作。

实例

1. 文件操作

实例说明：使用SPIFFS文件操作常见方法，包括文件查找、创建、打开、关闭、删除。

实例源码如下，实例结果如图4所示。

```
#include <FS.h>
// 以下3个定义为调试定义
#define DebugBegin(baud_rate) Serial.begin(baud_rate)
#define DebugPrintln(message) Serial.println(message)
#define DebugPrint(message) Serial.print(message)
#define myFileName "mydemo.txt"
void setup(){
  DebugBegin(9600);
  DebugPrintln("Check Start SPIFFS...");
```

```
COM3

Start SPIFFS Done.
mydemo.txt not exists.
mydemo.txt exists.
mydemo.txt removing...
mydemo.txt not exists.
```

图4 文件操作实例结果

```
  //启动SPIFFS，如果下载配置没有配置SPIFFS，返回false
  if(!SPIFFS.begin()){
    DebugPrintln("Start SPIFFS Failed!please check Arduino Download Config.");
    return;
  }
  DebugPrintln("Start SPIFFS Done.");
  //判断文件是否存在
  if(SPIFFS.exists(myFileName)){
    DebugPrintln("mydemo.txt exists.");
  }else{
    DebugPrintln("mydemo.txt not exists.");
  }
  File myFile;
  //打开文件，文件不存在就创建一个，可以进行读写操作
  myFile = SPIFFS.open(myFileName, "w+");
  //关闭文件
  myFile.close();
  //再次判断文件是否存在
  if(SPIFFS.exists(myFileName)){
    DebugPrintln("mydemo.txt exists.");
  }else{
    DebugPrintln("mydemo.txt not exists.");
  }
  //删除文件
  DebugPrintln("mydemo.txt removing...");
  SPIFFS.remove(myFileName);
  //再次判断文件是否存在
  if(SPIFFS.exists(myFileName)){
    DebugPrintln("mydemo.txt exists.");
  }else{
    DebugPrintln("mydemo.txt not exists.");
  }
}
void loop(){
}
```

2. 文件列表

实例说明：查看SPIFFS文件系统列表。

实例准备：NodeMCU开发板，烧录配置需要开启SPIFFS。

实例源码如下，实例结果如图5所示。

```
#include <FS.h>
//以下3个定义为调试定义
#define DebugBegin(baud_rate) Serial.begin(baud_rate)
#define DebugPrintln(message) Serial.println(message)
#define DebugPrint(message) Serial.print(message)
void setup(){
  DebugBegin(9600);
  DebugPrintln("Check Start SPIFFS...");
  //启动SPIFFS，如果下载配置没有配置SPIFFS，返回false
  if(!SPIFFS.begin()){
    DebugPrintln("Start SPIFFS Failed!please check Arduino Download Config.");
    return;
  }
  DebugPrintln("Start SPIFFS Done.");
  File myFile;
  //打开文件，文件不存在就创建一个，可以进行读写操作
  myFile = SPIFFS.open("/myDemo.txt","w+");
  //关闭文件
  myFile.close();
  //打开文件，文件不存在就创建一个，可以进行读写操作
  myFile = SPIFFS.open("/myDemo.jpg","w+");
  //关闭文件
  myFile.close();
  //打开文件，文件不存在就创建一个，可以进行读写操作
  myFile = SPIFFS.open("/myDemo.html","w+");
  //关闭文件
  myFile.close();
  Dir dir = SPIFFS.openDir("/");
  while(dir.next()){
    String fileName = dir.fileName();
    size_t fileSize = dir.fileSize();
    Serial.printf("FS File:%s,size:%d\n",fileName.c_str(),fileSize);
  }
  DebugPrintln("Setup Done!");
}
void loop(){
}
```

```
COM3

I  *ʃʃ  ʃʃʃCheck Start SPIFFS...
Start SPIFFS Done.
FS File:/config.txt.txt,size:50
FS File:/myDemo.txt,size:0
FS File:/myDemo.jpg,size:0
FS File:/myDemo.html,size:0
Setup Done!
```

图5 文件列表查看结果

3. 文件读写

实例说明：演示文件读写功能，往文件myDemo.txt中写入“单片机菜鸟博哥666”并读取出来显示。

```
COM3

ʃʃc SPIFFS...
Start SPIFFS Done.
Writing something to myDemo.txt...
Writing Done.
Reading myDemo.txt...
单片机菜鸟博哥666
Setup Done!
```

图6 文件读写结果

实例源码如下，实例结果如图6所示。

```
#include <FS.h>
//以下3个定义为调试定义
#define DebugBegin(baud_rate) Serial.begin(baud_rate)
#define DebugPrintln(message) Serial.println(message)
#define DebugPrint(message)   Serial.print(message)
void setup(){
 DebugBegin(9600);
 DebugPrintln("Check Start SPIFFS...");
 //启动SPIFFS，如果下载配置没有配置SPIFFS，返回false
 if(!SPIFFS.begin()){
   DebugPrintln("Start SPIFFS Failed!please check Arduino Download Config.");
   return;
 }
 DebugPrintln("Start SPIFFS Done.");
 File myFile;
 //打开文件，文件不存在就创建一个，可以进行读写操作
 myFile = SPIFFS.open("myDemo.txt","w+");
 if(myFile){
   DebugPrintln("Writing something to myDemo.txt...");
   myFile.println("单片机菜鸟博哥666");
   myFile.close();
   DebugPrintln("Writing Done.");
 }else{
   DebugPrintln("Open File Failed.");
 }
 //打开文件，可读操作
 myFile = SPIFFS.open("myDemo.txt","r");
 if(myFile){
   DebugPrintln("Reading myDemo.txt...");
   while(myFile.available()){
     //读取文件输出
     Serial.write(myFile.read());
   }
   myFile.close();
 }else{
   DebugPrintln("Open File Failed.");
 }
 DebugPrintln("Setup Done!");
}
void loop(){
}
```

4. 烧写文件

在上面的例子中，我们都是手动在SPIFFS文件系统中创建或者写入文件，但是对于习惯Web开发的人员来说，肯定是把写好的Web程序（HTML、CSS、JS、资源文件等）直接烧入文件系统更加容易接受。所以本例子主要讲解如何往SPIFFS里面烧写文件。这个例子是重点，因为这是Web开发（Web配网、Web页面等）常用的烧写文件的方式，请读者仔细阅读。

要存入SPIFFS区域的文件，事先需要放在代码文件夹里的“data”文件夹下（请自行新增“data”文件夹）。例如，存在一个项目工程叫作espStaticWeb，其文件结构如图7所示。

负责将文件上传到SPIFFS的工具叫作ESP8266FS。ESP8266FS是一个集成到Arduino IDE中的工具，它将一个菜单项添加到工具菜单，用于将Skench data文件夹下的内容上传到ESP8266 Flash文件系统中。这个工具需要另外安装，整个上传文件步骤如下。

（1）下载ESP8266FS工具。将下载到的文件解压到Arduino IDE安装路径下的tools文件夹中（如果不存在这个文件夹，请自行增加），如图8所示。

（2）重启Arduino IDE。

（3）打开一个Sketch工程（新建或者打开最近的工程），在Sketch工程文件夹下创建一个data文件夹（不存在该文件夹的话），然后把你需要放到文件系统中的文件复制到这里。

（4）确保你选择了正确的板子、com端口，关掉串口监视器。

（5）选择工具ESP8266 Sketch

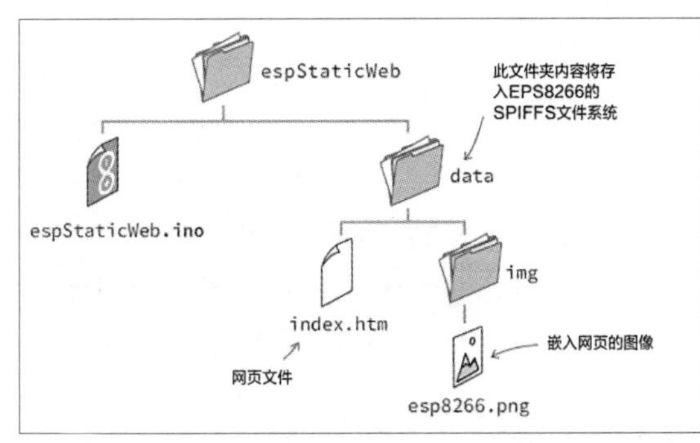

图7 espStaticWeb文件结构

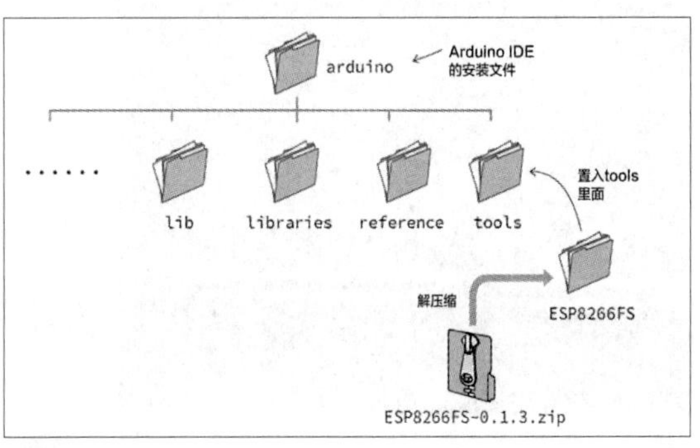

图8 添加工具

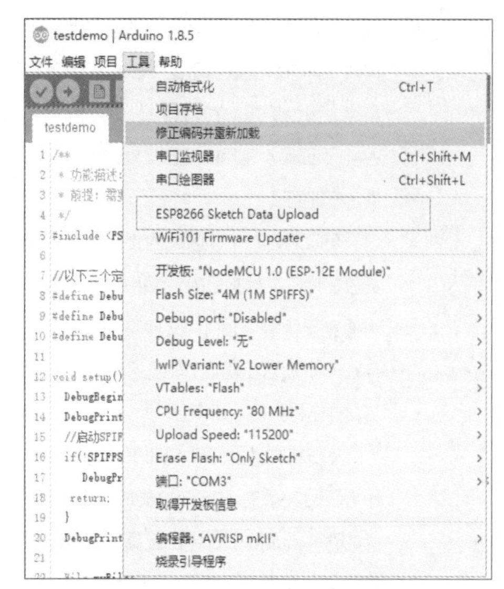

图 9 选择工具

SPIFFS Uploading Image

```
[SPIFFS] upload  : C:\Users\tingyou.vu\AppData\Local\Temp\arduino_build_88920/testdemo.spiffs.bin
[SPIFFS] address : 0x300000
[SPIFFS] reset   : nodemcu
[SPIFFS] port    : COM3
[SPIFFS] speed   : 115200

Uploading 1028096 bytes from C:\Users\tingyou.vu\AppData\Local\Temp\arduino_build_88920/testdemo.spiffs.bin
..................................... [ 7% ]
..................................... [ 15% ]
..................................... [ 23% ]
..................................... [ 31% ]
..................................... [ 39% ]
..................................... [ 47% ]
..................................... [ 55% ]
..................................... [ 63% ]
..................................... [ 71% ]
..................................... [ 79% ]
```

图 10 开始上传文件

SPIFFS Image Uploaded

```
[SPIFFS] port    : COM3
[SPIFFS] speed   : 115200

Uploading 1028096 bytes from C:\Users\tingyou.vu\AppData\Local\Temp\arduino_build_88920/testdemo.
..................................... [ 7% ]
..................................... [ 15% ]
..................................... [ 23% ]
..................................... [ 31% ]
..................................... [ 39% ]
..................................... [ 47% ]
..................................... [ 55% ]
..................................... [ 63% ]
..................................... [ 71% ]
..................................... [ 79% ]
..................................... [ 87% ]
..................................... [ 95% ]
..................................... [ 100% ]
```

图 11 上传完毕

Data Upload，如图 9 所示。

（6）然后就可以将文件上传到 ESP8266 Flash 文件系统了（见图 10）。

（7）当 IDE 显示“SPIFFS Image Uploaded”时，代表上传完毕（见图 11）。

实例说明：我们需要往 ESP8266 SPIFFS 文件系统中上传一个 config.txt 文件（请读者自行创建，放在 data 文件夹，上传到 ESP8266），然后将文件读取出来。文件内容包括 { "name" : " esp8266 " , " flash " : " QIO " , " board " : " NodeMcu " }。

实例准备：先往 ESP8266 SPIFFS 文件系统中上传一个 config.txt 文件，然后准备好 NodeMCU 开发板。

实验源码如下，实例效果如图 12 所示。

```
#include <FS.h>
//以下 3 个定义为调试定义
#define DebugBegin(baud_rate) Serial.begin(baud_rate)
#define DebugPrintln(message) Serial.println(message)
#define DebugPrint(message) Serial.print(message)
void setup(){
  DebugBegin(9600);
  DebugPrintln("Check Start SPIFFS...");
  //启动 SPIFFS，如果下载配置没有配置 SPIFFS，返回 false
  if(!SPIFFS.begin()){
    DebugPrintln("Start SPIFFS Failed!please check Arduino Download Config.");
    return;
  }
  DebugPrintln("Start SPIFFS Done.");
  File myFile;
  //打开文件，文件不存在就创建一个，可以进行读写操作
  myFile = SPIFFS.open("/config.txt","r");
  if(myFile){
    //打印文件大小
    int size = myFile.size();
    Serial.printf("Size=%d\r\n", size);
    //读取文件内容
    DebugPrintln(myFile.readString());
    myFile.close();
    DebugPrintln("Reading Done.");
  }else{
    DebugPrintln("Open File Failed.");
  }
}
void loop(){
}
```

COM3

```
Check Start SPIFFS...
Start SPIFFS Done.
Size=50
{"name":"esp8266","flash":"QIO","board":"NodeMcu"}
Reading Done.
```

图 12 演示上传文件并读取文件内容

总结

SPIFFS 文件系统是非常重要的一部分，属于存储文件及操作文件中比较常用的知识，希望读者朋友可以认真理解。

软硬件创意玩法（1）

Arduino IDE 编程点亮 Uair LED

▌徐玮

如果你学过电子电路基础，接触过单片机，相信你一定会感叹可编程技术的魅力。本系列文章将向大家介如何通过可编程工具及硬件平台，快速、高效地玩转智能化控制应用，如智能家居、自动化控制等。作为本系列第一篇文章，我们先教大家如何通过编程玩转LED，让大家对软件、硬件的结合应用有初步的认识。

首先，先介绍一下我使用的硬件平台以及软件工具。

硬件部分我们使用由杭州晶控电子设计的一款基于乐鑫ESP32 Wi-Fi/蓝牙模块的开源可编程“玩具”——KC868-Uair。为什么说是“玩具”，因为它既有物联网的硬件专业特性，又有非常高的可玩性。我们可以通过编写程序来实现想要的功能。Uair开发板的内部集成了433MHz射频无线模块、蜂鸣器、温度传感器、红外接收头、红外发射器、WS2812B RGB LED等硬件资源。本次我们先以RGB LED为对象，对软硬件有一个初步认识，后续的文章中，我们会一起完成一个个有趣生动的可编程DIY实验。软件部分我们使用Arduino IDE编程。这样软件、硬件都开源的组合，可以让我们找到丰富的学习资源，实现我们的各种创意。

硬件介绍

我们先来看一下Uair开发板，实物如图1和图2所示。

▌图1 KC868-Uair 开发板正面

开发板的电路如图3所示，其核心模块为ESP32，我们虽然用Uair开发板为例进行讲解，但相关的知识与技术同样适用于其他基于ESP32的模块及开发板，具有通用性，这样大家学习后就可以一通百通了。

我们先分别看一下每个电路模块原理与其功能。图4所示是ESP32主模块的GPIO分布和DS18B20温度传感器电路，我们可以清楚地看到主模块ESP32所连接的GPIO引脚，在对硬件进行软件操作时，我们需要知道哪个硬件资源连到了主模块的哪个引脚，这样才能通过编程去控制想要输出信号的引脚。图4右下角的P6为DS18B20一线式温度传感器，它与ESP32模块的GPIO27脚相连，用来读取温度传感器的数值。我们可以用它实现测温以及温控自动化的各种应用。

图5和图6所示是我们本次需要用到的RGB LED的GPIO分布电路，它们分别使用了ESP32模块的GPIO32和GPIO33引脚。或许你会问，为什么我们需要两个独立的引脚呢？当然，我

▌图2 KC868-Uair 开发板反面

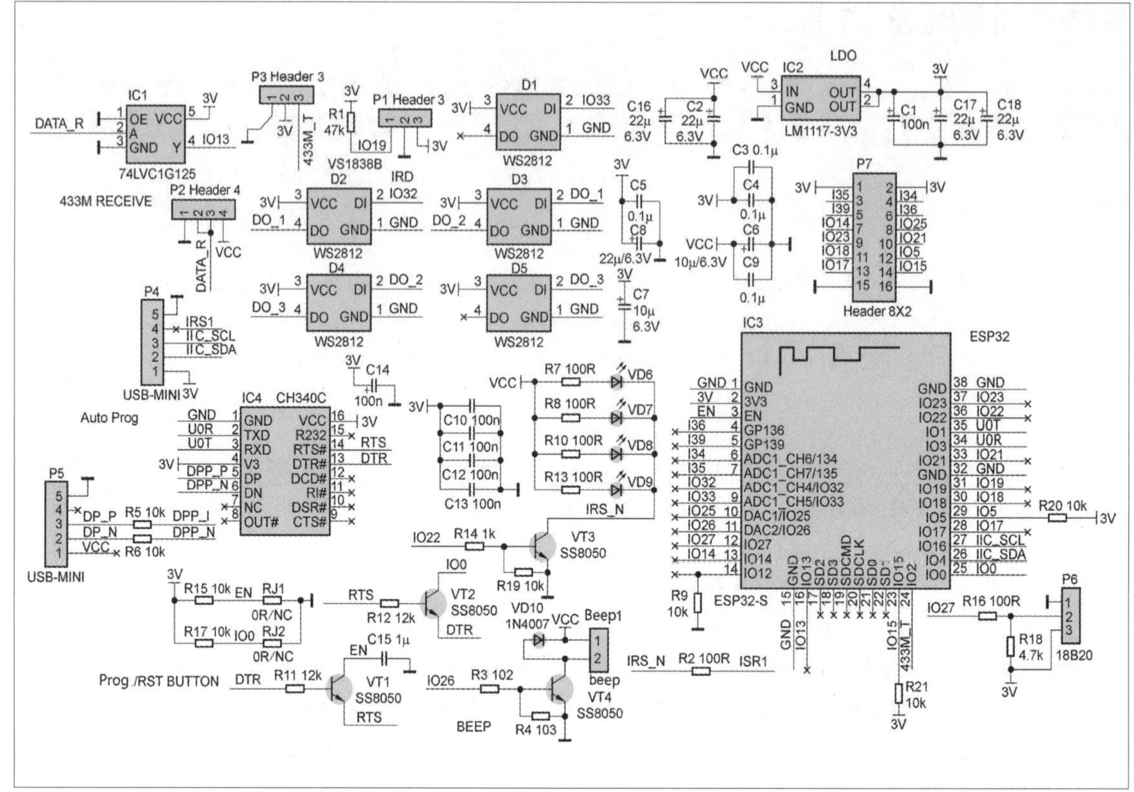

■ 图 3 Uair 开发板电路

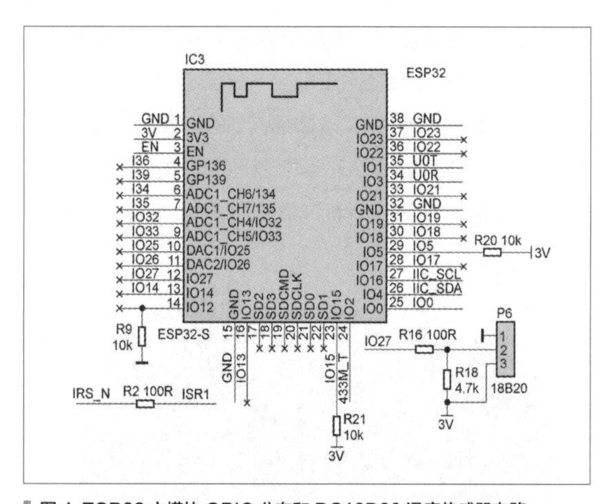

■ 图 4 ESP32 主模块 GPIO 分布和 DS18B20 温度传感器电路

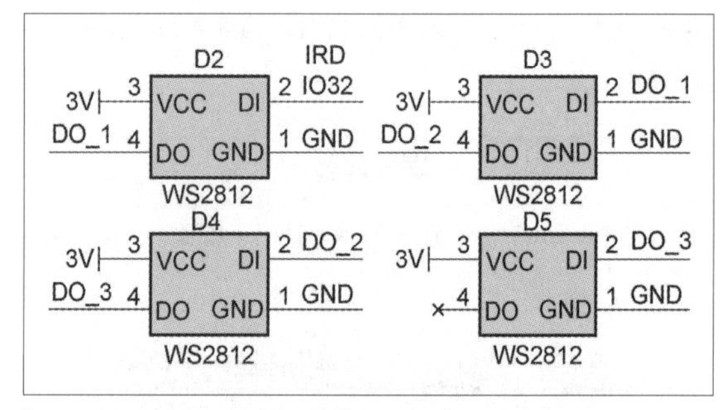

■ 图 5 WS2812 LED 彩灯电路（底部 4 颗）

们也可以使用一个 GPIO 引脚，之所以用两个独立的引脚，是因为这样可以让 LED 呈现不同的效果。如果你自己设计硬件电路时，GPIO 资源紧张，也可以只用一个 GPIO 口。

从图 6 中，我们可以看到一颗最简单的 WS2812 RGB LED 需要使用 4 个引脚，这 4 个引脚需要分别连接到电源、地、信号输入、信号输出相关电路。因为我们只用了 1 颗灯珠，所以图 6 中的 4 脚（信号输出）没有接任何东西。但如果像图 5 所示，4 颗彩灯串联使用，这样灯珠的 4 脚（信号输出）就需要和下一个灯珠的 2 脚（信号输入）相连。4 颗灯珠连接顺序依次为 D2、D3、D4、D5。

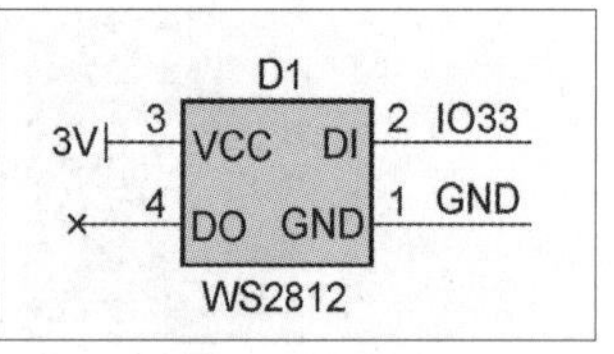

■ 图 6 WS2812 LED 彩灯电路（正面 1 颗）

如果我们想通过遥控器控制我们的空调或电视机，这时候就需要用到红外线的发射功能和接收功能。我们可以将电视机遥控器发

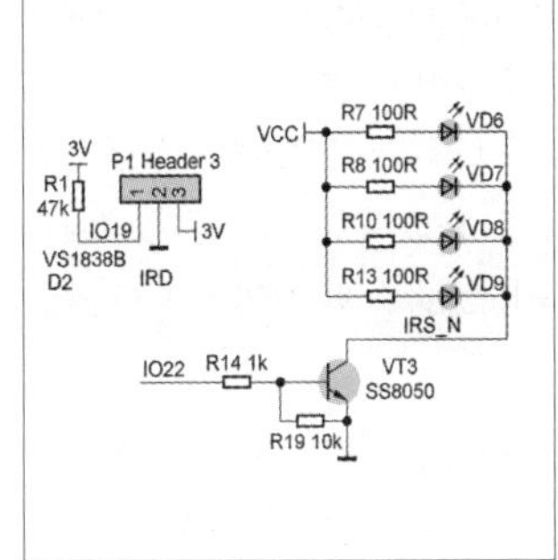

图 7 红外发射和接收电路

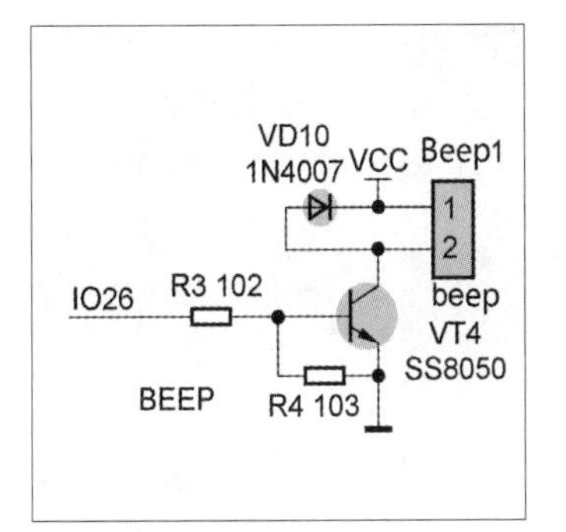

图 8 蜂鸣器报警电路

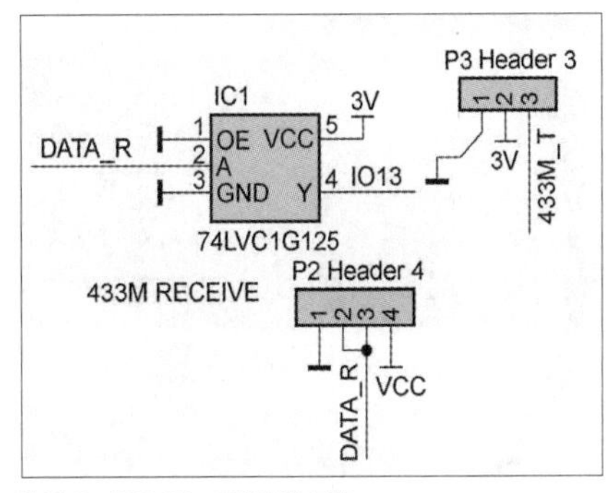

图 9 433MHz 无线收发电路

出的红外线信号记录到我们的 ESP32 模块内，再将学习到的信号发射出去，从而实现对家电设备的控制。如图 7 所示，我们通过 ESP32 的 GPIO22 脚控制了 4 个红外发射管，分别从 PCB 上的 4 个方向同时发射红外线信号，这样红外线信号几乎可以 360° 覆盖被控设备。其中，GPIO19 脚用来对红外线接收头收到的信号进行解码，ESP32 模块可以判断出来红外线信号是哪个协议的。

图 8 所示是蜂鸣器报警电路，我们可以通过 ESP32 的 GPIO26 脚连接三极管去控制蜂鸣器的鸣音。蜂鸣器是一个声音输出器件。这样我们可以通过编程实现音乐的播放，也可以做与传感器报警的相关应用项目。

我们会通过无线射频遥控器去控制一些电器设备，与红外线遥控不同的是，无须将无线射频遥控器对准被控设备，它是没有指向性的。比如我们日常使用的电动窗帘遥控器、车库门遥控器，使用的都是无线射频遥控器。因此 Uair 中也设计了常用的无线射频发射模块和接收模块电路（见图 9），方便我们进行无线射频遥控器信号的发射和解码。ESP32 的 GPIO13 脚用于连接无线接收模块，并进行信号解码，GPIO2 脚用来发射无线射频信号。

使用 ESP32 模块时，如果需要使用下载软件进行固件下载，需要手动按一下“下载”按键，使用起来感觉比较烦琐。在 Uair 开发板上，我们设计了自动下载电路，不再需要手动按“下载”按键了，只要在 Arduino IDE 或其他编程下载软件中，直接单击软件界面中的“下载”按钮就可以实现固件的烧写。图 10 所示是 ESP32 的自动下载电路图。

我们在做实验或 DIY 项目时，有时候会碰到开发板无法满足项目需求资源，这时候，需要我们对硬件进行一些资源扩展。Uair 开发板用一个 Mini USB 接口实现板子的供电及下载，用另一个 Mini USB 接口实现对外的硬件扩展电路。如图 11 所示，P4（Mini USB 接口）可以通过 2、3 脚实现 I²C 器件的外扩展。比如，Uair 开发板本身只有 DS18B20 温度传感器，如果我们想测试湿度、光照、重量或其他物理量，则我们可以通过扩展 I²C 器件实现相关

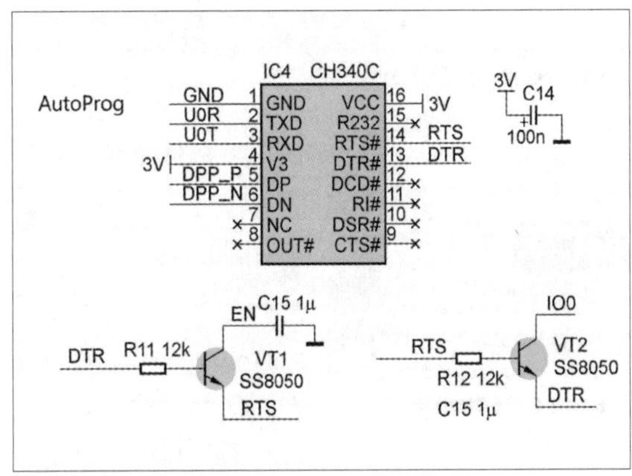

图 10 ESP32 模块自动下载电路

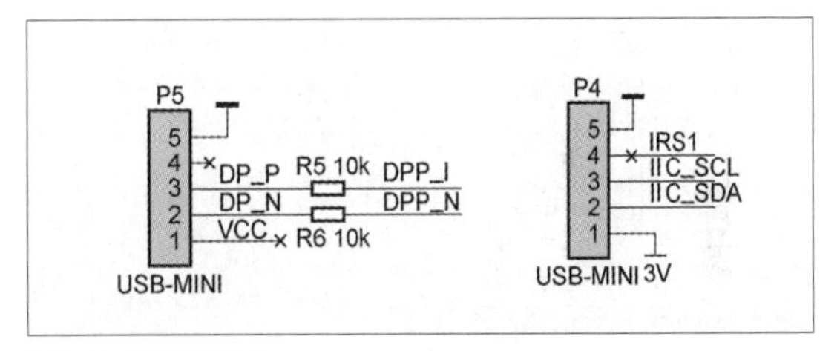

图 11 外扩接口电路

功能。P4 中的 4 脚为外扩展红外发射头，比如你想将 Uair 放到一个比较隐藏的位置，但又想通过红外线去控制家电，这时候可以使用红外发射头的延长线，通过外拉线扩展的方式，将红外发射头固定到电器的红外接收头窗前，如图 12 和图 13 所示。

Uair 开发板上还有很多空余的 ESP32 模块 GPIO 引脚可供外扩展使用，足够大家发挥自己的创意实现各种想法（见图 14）。

Uair 开发板的硬件电路介绍完了，为了开发板看上去更美观，我们给 Uair 制作了美丽的外壳。这样我们编好的程序，做好的应用开发，看上去就像是产品级的成果了（见图 15），而不是像之前的开发板那样，只是一块普通的电路板。

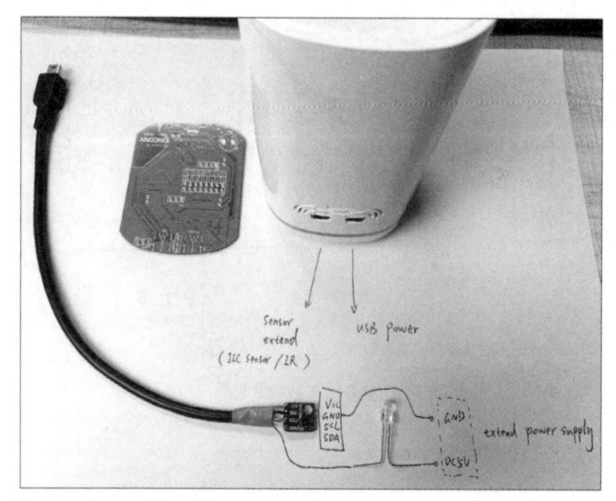

图 12 外扩展 I²C 传感器及红外发射头

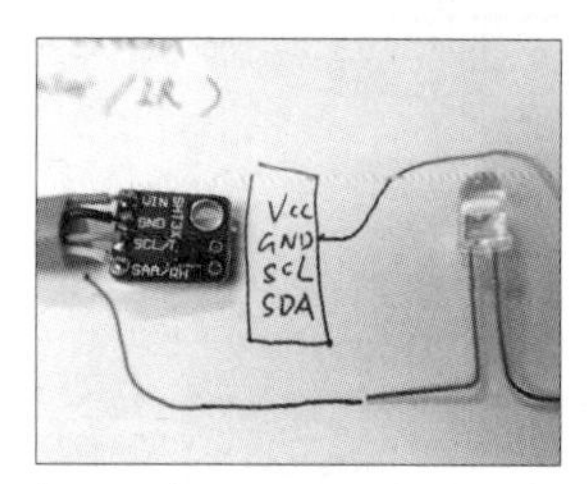

图 13 I²C 传感器的连接

软件使用

相信大部分朋友都很熟悉 Arduino IDE，所以这里就不再过多介绍，我们直接将 Arduino IDE 和 Uair 开发板结合起来，尝试控制 Uair 开发板上的 RGB LED。Uair 塑料外壳中部有一个竖条发光区，底部围有一圈发光区，我们的目标是让它呈现出各种各样的颜色或各种动态闪烁效果。

我们先调用底部一圈的 RGB LED，从原理图中，我们可以看到底部的 LED 共有 4 个，通过 ESP32 模块的 GPIO32 脚控制。图 16 所示是 WS2812B 灯珠的典型接法，每个灯珠有 4 个引脚，分别是 VCC、Din、Do、GND。

VCC 和 GND 是我们加在灯珠两端的电压，这样才能使 LED 发光。Din 是 LED 的指令接口，比如我们想让 LED 变成红色、绿色、蓝色，就是通过 Din 发送指令的。Do 将这些指令再送到下一个 LED 的 Din，这样就可以一直循环送下去，像接力赛跑一样。

每个LED灯珠，每种颜色所消耗的最大电流为20mA。当红色、绿色、蓝色 3 种颜色一起开到最亮时，即呈现白色光时，这时需要消耗的总电流为 20mA+20mA+20mA=60mA（见图 17）。因此，只要供电充足，就可以串联很多 LED 灯珠。Uair 开发板底部有 4 个 LED 灯珠，我们通过 ESP32 模块的 GPIO32 脚发送指令，就可以随心所欲地控制灯光效果了。

现在，我们来安装 Arduino IDE 软件，并配置一下环境。

首先，从 Arduino 官网的软件下载栏目里找到对应自己计算机操作系统的客户端软件。通过安装向导，我们可以简单快速地完成软件安装工作，然后进入 Arduino IDE 的主界面，进行 ESP32

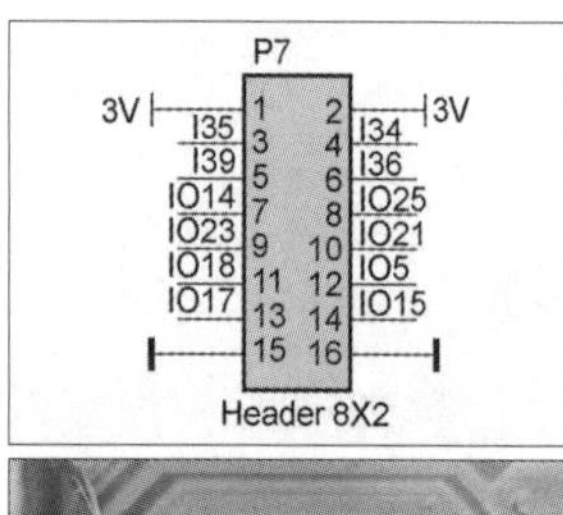

图 14 空余的 ESP32 模块 GPIO 引脚

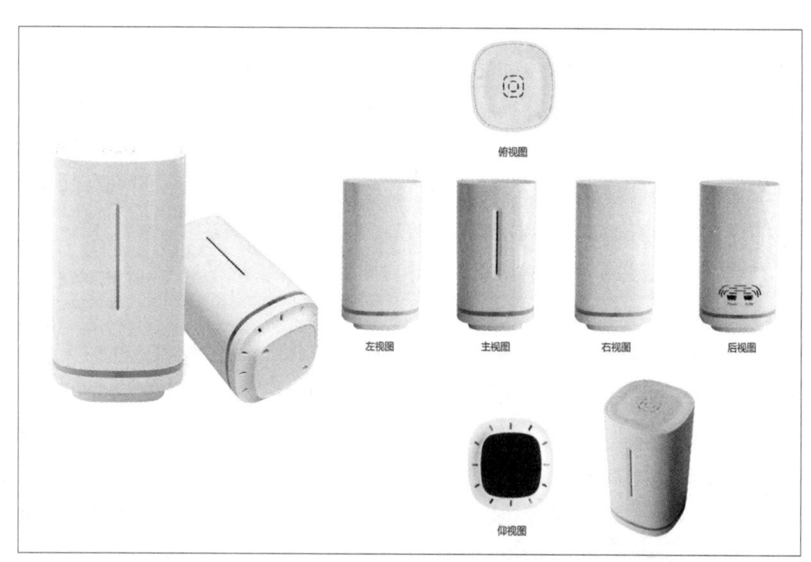

图 15 Uair 开发板的外观

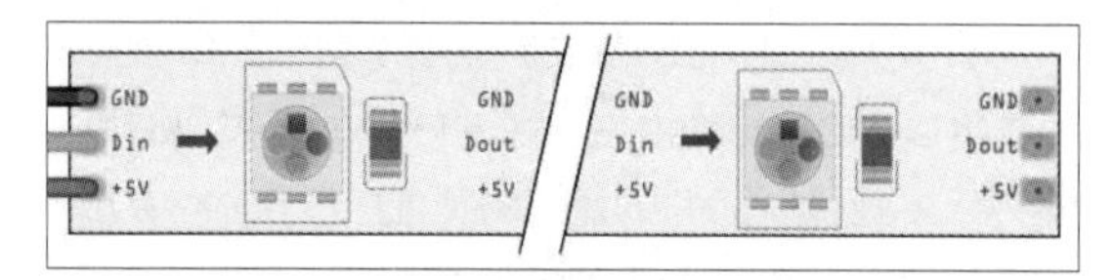

图 16 WS2812B 灯珠的接法和引脚

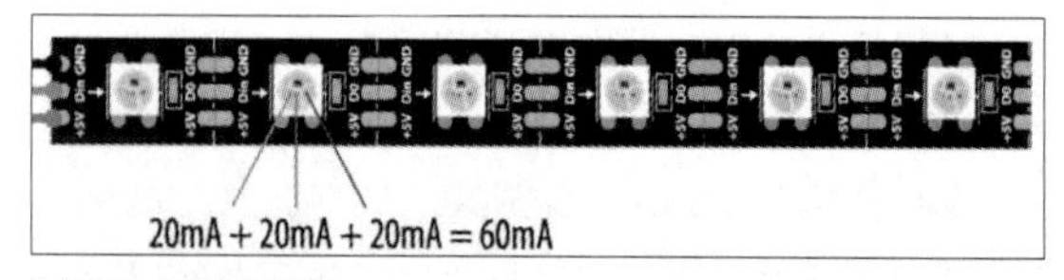

图 17 灯珠消耗电流

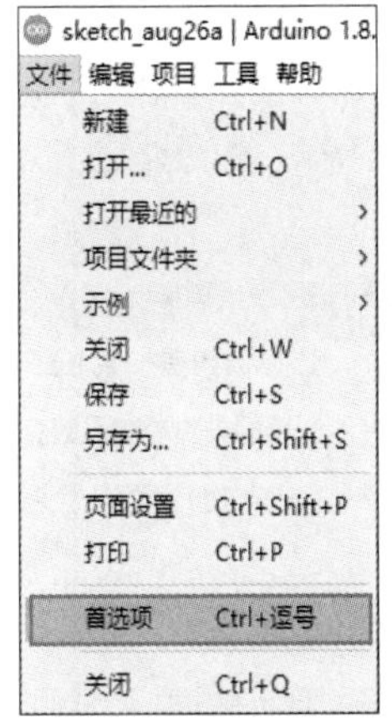

图 18 “文件”→“首选项”

模块的配置工作。

打开“文件”→“首选项”（见图 18）。在“附加开发板管理器网址”中输入“package_esp32_index.json”文件的网址（见图 19），这是乐鑫官网针对 ESP32 的配置文件，大家可以到官网进行查找。

保存后，退出软件，重新启动软件。接着在“工具”栏中找到“开发板管理器”选项（见图 20）。在“开发板管理器”界面输入“ESP32”进行搜索，可以看到图 21 所示的相关组件，单击“安装”按钮进行在线安装。安装完成后，你就会发现开发板的类型中有了 ESP32 设备（见图 22）。

现在，Arduino IDE 的 ESP32 组件就装好了，我们开始进入真正的编程环节。

由于 Uair 开发板使用了 WS2812B 内核的 LED，我们可以在线安装该 LED 的库文件，这样就可以非常方便地进行编程控制了，这也是选择 Arduino IDE 的意义所在，Arduino IDE 有着常用硬件设备的库驱动，你不用关心底层的驱动程序要怎么写，只需要做应用级的调用就可以了。

我们打开“工具”栏的“库管理器”选项，搜索“FastLED”并进行在线安装（见图 23）。安装完成后，我们输入下面的代码。

```
#include <FastLED.h>
#define NUM_LEDS 4
#define DATA_PIN 32
CRGB leds[NUM_LEDS];
void setup() {
  FastLED.addLeds<WS2812B, DATA_PIN, GRB>(leds, NUM_LEDS);
}
```

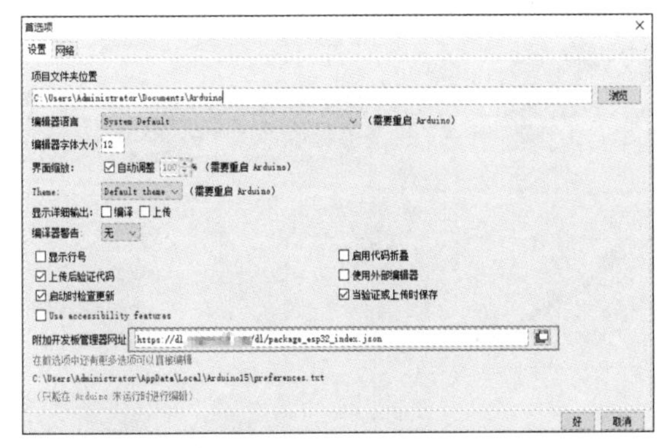

图 19 配置文件

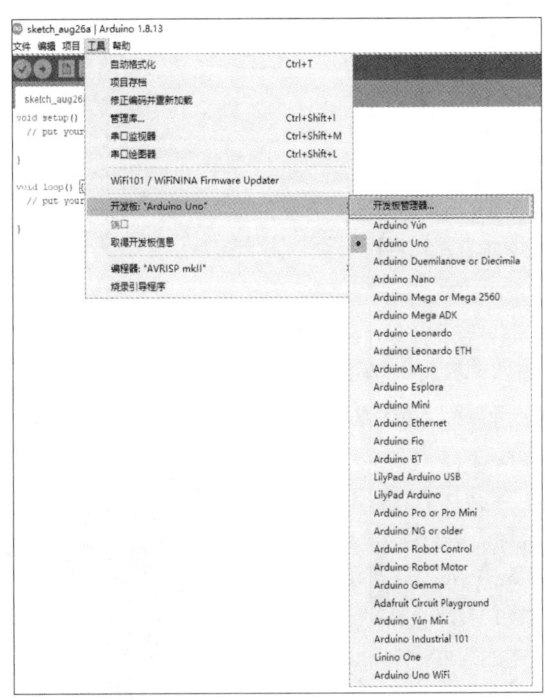

图 20 开发板管理

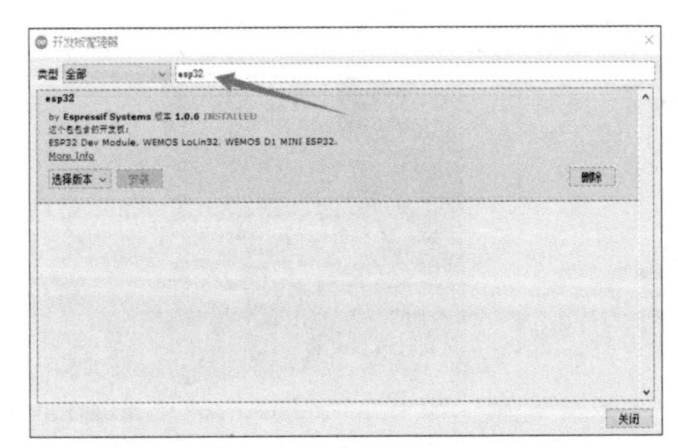

图 21 安装相关组件

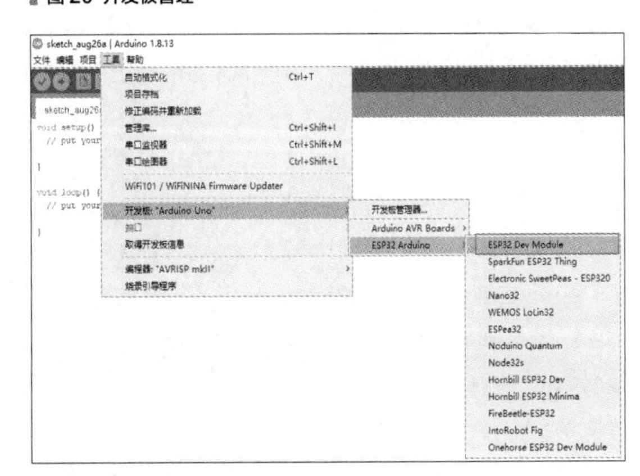

图 22 安装完成

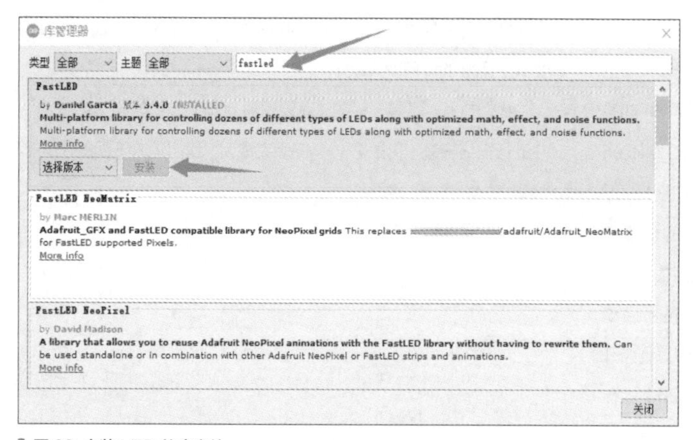

图 23 安装 LED 的库文件

```
void loop() {
  leds[0] = CRGB::Red;
  leds[1] = CRGB::Red;
  leds[2] = CRGB::Red;
  leds[3] = CRGB::Red;
  FastLED.show();
}
```

代码输入完成后，给 Uair 开发板插上 USB 线与计算机进行连接（见图 24），准备下载程序验证一下效果，后面再跟大家讲解程序原理。

图 24 连接计算机

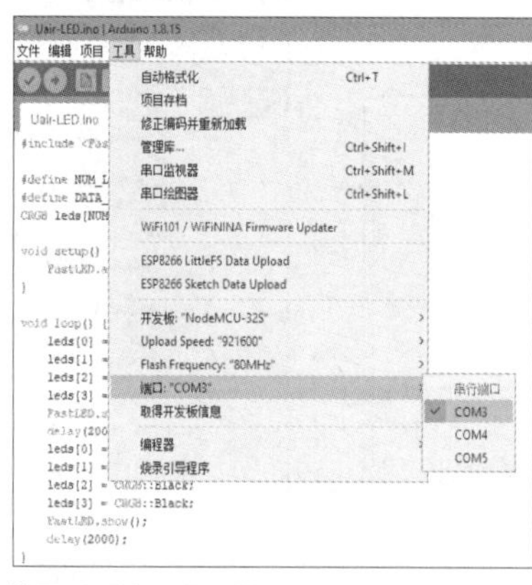

图 25 选择 COM 端口

我们打开 Windows 设备管理器，找到一个 USB-Serial（COM3）设备，这是一个通过 USB 虚拟出来的串口，在我的计算机上的序号为 3，大家看一下在自己的计算机上序号是什么，以你看到的实际数字序号为准。然后在 Arduino IDE 软件的“工具”→“端口”项中选择相应的 COM 端口（见图 25）。

然后我们单击“上传”按钮（见图 26）。这时候程序会先进行编译操作，这个过程是指计算机将我们编写好的程序语言翻译成计算机能听得懂的机器语言，就像翻译器把英语翻译成中文，这样我们就可以看得懂了。编译完成后，这些内容会被下载到 ESP32 芯片里，这个过程叫作“烧写”，类似于我们把文件复制到 U 盘里面。

等进度显示为 100% 后，我们就可以看到 Uair 开发板底部的 LED 被点亮了，颜色是红色（见图 27）。

最后，我们看一下程序的主要语句功能。

#include <FastLED.h> 这行语句是加载 LED 相关的库文件，这样我们才能调用相关功能的函数，踩在巨人在肩膀上干活，这是前人帮我们写好的复杂的底层驱动程序。

#define NUM_LEDS 4 是我们预定义 ESP32 的 GPIO32 脚连接的 LED 灯珠一共串联了几颗，因为我们要开始的是接力赛，所以我们得先知道接力棒要传递几次才能传给最后那个人。毕竟我们的目标是点亮所有的 LED 灯珠。

#define DATA_PIN 32 定义了第一个 LED 灯珠的 Din 数据引脚与 ESP32 模块的哪个 GPIO 引脚相连，这里 32 这个数字，不是 ESP32 的“32”，而是我们的 LED 灯珠正好用到的是第 32 个 GPIO 引脚。

CRGB leds[NUM_LEDS]; 定义了一个 CRGB 类型的对象，这里大家可能觉得有点抽象，不太好理解，可以先不管它。

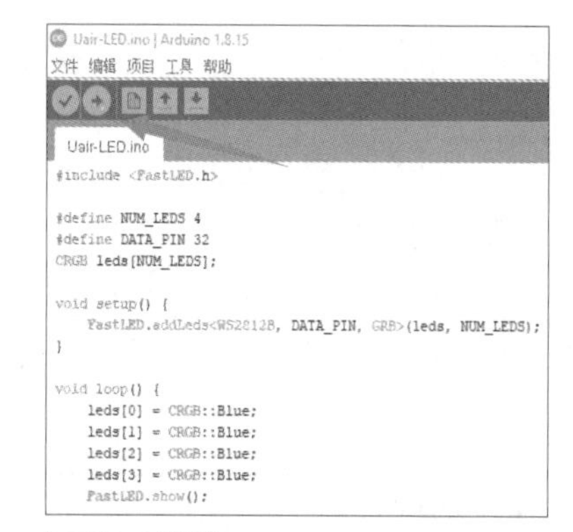

图 26 上传程序

图 27 验证程序效果

```
void setup() {
        FastLED.addLeds<WS2812B, DATA_PIN, GRB>(leds, NUM_
LEDS);
}
```

这个 setup 函数是 Arduino IDE 程序每次硬件通电后的初始化步骤函数。就像你想看电视时必须插上电源插头，打开电源一样。后面跟上了所定义 LED 灯珠的特性参数。

```
void loop() {
      leds[0] = CRGB::Red;
      leds[1] = CRGB::Red;
      leds[2] = CRGB::Red;
      leds[3] = CRGB::Red;
      FastLED.show();
}
```

这个 loop 函数是程序真正开始起跑的内容，正如 loop 英文单词的意思，这个函数在不断地重复循环。这也是每个 Arduino 程序中都包含的部分。leds[0] 指的是第 1 颗 LED 灯珠，我们将其设置成红色，即 CRGB::Red。leds[1] 代表第 2 颗 LED 灯珠，leds[2] 代表第 3 颗 LED 灯珠，leds[3] 代表第 4 颗 LED 灯珠。设置完颜色后，我们调用 FastLED.show(); 这行语句会把最终效果展示出来。在这里，我们将 4 颗灯珠都设置成了红色，当然，你也可以分别设置不同的灯珠为不同的颜色，代码如下。

```
    leds[0] = CRGB::Red;
    leds[1] = CRGB::Green;
    leds[2] = CRGB::Blue;
```

这段代码意思为设置第 1 颗 LED 为红色、第 2 颗 LED 为绿色、第 3 颗 LED 为蓝色。

如果你想实现 LED 的闪烁效果，还可以加上 delay 延时函数，代码如下。

```
void loop() {
    leds[0] = CRGB::Blue;
    leds[1] = CRGB::Blue;
    leds[2] = CRGB::Blue;
    leds[3] = CRGB::Blue;
    FastLED.show();
    delay(2000);
    leds[0] = CRGB::Black;
    leds[1] = CRGB::Black;
    leds[2] = CRGB::Black;
    leds[3] = CRGB::Black;
    FastLED.show();
    delay(2000);
}
```

这样你就可以看到 Uair 的 LED 灯带以每隔 2s 的频率闪动，即一亮一灭。delay 函数以毫秒为单位，2000ms 即为 2s。后面设置颜色为 Black（黑色），表示熄灭，因为 LED 实际并没有黑色这种颜色。图 28 所示为设置不同颜色的 Uair LED 灯带的效果。

你也可以用同样的方法控制 Uair 开发板中部的竖条 LED，很容易就可以做出呼吸灯的效果。

现在你已经了解并初步尝试如何用 Arduino IDE 对 ESP32 模块进行硬件编程了，我们可以发挥更多的想象力实现各种创意想法。不断开启我们的探索之路，轻松跨入 ESP32 及 Arduino IDE 的世界吧！

图 28 效果展示

MSP430G2553 超低功耗单片机零基础入门（15）

基于状态机方式的硬件 UART 异步串行通信

■ 曹文　薛咏

UART（Universal Asynchronous Receiver/Transmitter，通用异步接收 / 发送设备），能够在没有时钟参与的情况下通过两根数据线（TXD 发送、RXD 接收）配合地线 GND 实现全双工、多主机的双向数据通信。UART 通信具有控制代码简单、数据吞吐较慢的特点，是单片机与计算机之间进行数据交互的重要方式，一些蓝牙模块、无线透传模块与单片机之间也常采用 UART 通信方式。

UART 异步串行通信双方的 TXD 线和 RXD 线需要采用交叉方式进行对接，如图 1 所示。其中，TXD 线和 RXD 线可以同时独立地传输数据。

由于在数据通信过程中没有时钟参与同步，因此 UART 异步串行通信的双方必须在正式通信前统一数据的帧格式、传输速率（波特率）等关键参数，从而使双方能够按照同一标准开展数据交互，准确识别出每一位通信数据的真实状态。

将USCI组件配置为UART通信

MSP430G2553 单片机的串行通信组件 USCI 包括 UCA0 与 UCB0 两个独立模块，其中的 UCA0 模块可以由 UCA0CTL0 寄存器中的 UCSYNC 控制字配置为 UART 异步串行通信。

UCSYNC = 0：UCA0 选择 UART 异步串行通信（默认）。

UCSYNC = 1：UCA0 选择同步通信。

【说明 1】

```
UCA0CTL0 &= ~UCSYNC;  //UCA0 选择 UART 异步串行通信
```

硬件UART异步串行通信使用的引脚

MSP430G2553 单片机的 UCA0 模块配置为 UART 异步串行通信时，占用 3 脚 P1.1 口为数据接收端 UCA0RXD、占用 4 脚 P1.2 口为数据发送端 UCA0TXD，因此需要将 P1.1、P1.2 口配置为第二功能。

```
P1SEL |= BIT1 + BIT2 ;
P1SEL2 |= BIT1 + BIT2;
```

MSP430G2553 LaunchPad 既支持软件模拟的异步串行通信（SW），也支持状态机方式下的硬件异步串行通信（HW）。因此在调试状态机方式下的 UART 硬件异步串行通信时，应该把 RXD、TXD 跳线帽的方向调整为如图 2 所示的水平方向。

UART异步串行通信的数据帧格式与设置

在 UART 异步串行通信协议中，数据以帧为传输单位，每个数据帧包括如图 3 所示的启动位 ST、有效数据位 D0~D7、校验位 PC（可选）、停止位 SP（1 位或 2 位），相邻两个数据帧之间用高电平的空闲态进行填充。

发送方在没有开展通信时，将 TXD 线拉高为逻辑“1”状态，表明当前线路上没有数据传输，此时也称为空闲态。空闲态能够有效地隔开相邻的两帧数据，具体的间隔时间跨度一般不固定。

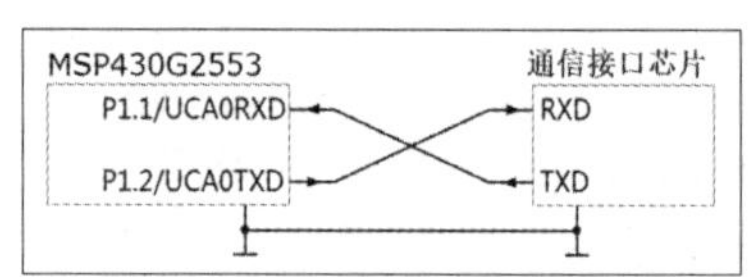

■ 图 1 UART 异步串行通信的基本结构

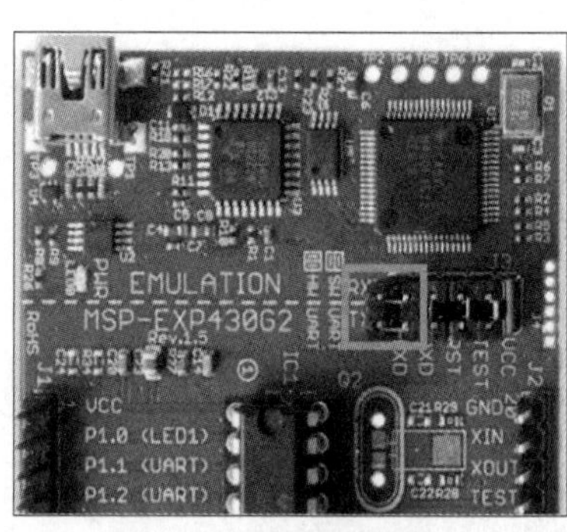

■ 图 2 硬件 UART 通信的跳线帽位置

字符传输一旦开始，输出线立即从空闲态跳变为低电平的“0”状态，形成起始位 ST。自 ST 位开始，每帧数据内相邻两位之间的时间间隔被波特率参数进行了约束及固定。

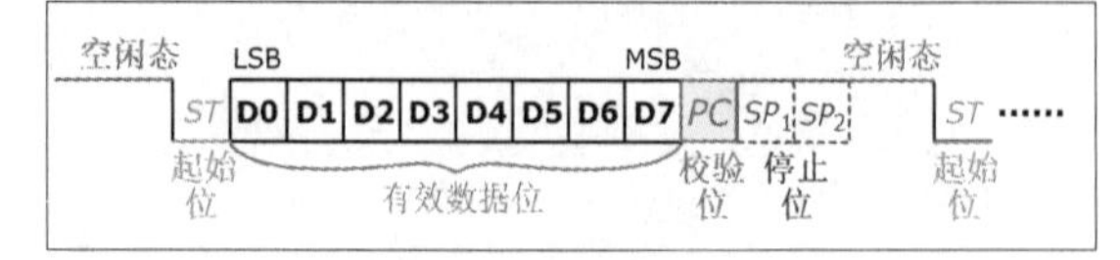

■ 图 3 UART 异步串行通信的数据帧示例

起始位 ST 后面紧跟有效数据位 D0~D7，这是 UART 异步串行通信中真正有价值的信息。数据位的传输规则是先传低位 LSB、最后传高位 MSB。有效数据位可以用来传送 7 位数据（如 ASCII 码）或标准的 8 位数据（如两个 4 位的 BCD 码或一个扩展的 BCD 码（高 4 位全为 0，低 4 位为 BCD 码））。

有效数据位后面跟着的奇偶校验位 PC 属于可选位，用来校验传输数据的正确性。有效数据位 D0~D7 加上奇偶校验位 PC 后，9 位编码中“1”的总个数为必须偶数的规则被称为偶校验（even）、“1”的总个数必须为奇数的规则被称为奇校验（odd）。此外，由于奇偶校验的查错能力一般，因此也常常会选择无校验位（noparity）。

奇偶校验位 PC 发送完成后，TXD 线被拉高为逻辑“1”状态，生成停止位 SP。停止位是 UART 通信数据传输结束的标志，1 位或 2 位可选。停止位的时间间隔越长，UART 异步串行通信的容错能力相应越强。

停止位 SP 全部发出之后，TXD 线恢复为高电平“1”的空闲态，随时可以启动下一轮 UART 通信。

UART 串行通信的数据帧格式可以通过 0# 控制寄存器 UCA0CTL0 中的控制字进行配置。

（1）通过 UCPEN 控制字选择是否需要校验位 PC

UCPEN = 0：禁止校验位（默认）。

UCPEN = 1：允许校验位。发送端发送校验，接收端接收该校验。

（2）通过 UCPAR 控制字选择奇校验或者偶校验

UCPAR = 0：选择奇校验 odd（默认）。

UCPEN = 1：选择偶校验 even。

【扩展】奇偶校验是一种简单的数据误码校验方法，查错性能一般。奇校验是指通过设置奇偶校验位的状态（1 或 0），确保每帧数据（数据位 + 奇偶校验位）中包含“1”的个数为奇数。偶校验则是指通过设置奇偶校验位的状态（1 或 0），确保每帧数据包含“1”的个数为偶数。

【说明 2】在某串口通信字节内容 0100 1101 中，“1”的个数为偶数，如果选择奇校验，则校验位必须设置为“1”，才能确保“1”的总个数为偶数，因此按照低位在前、1 位停止位的默认规则发出的串行数据将依次为：1011 0010 1，如图 4 所示。

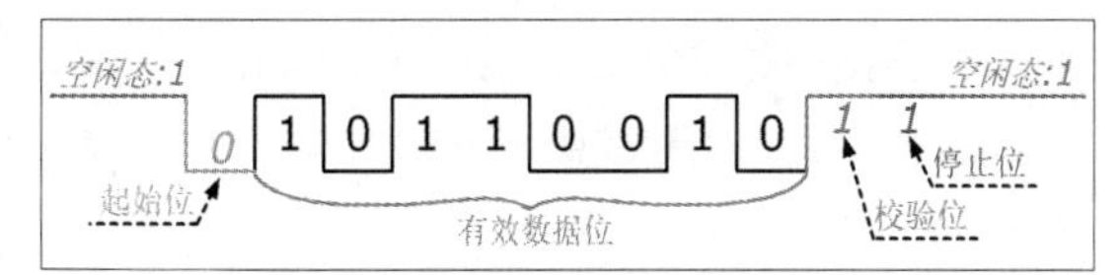

图 4 奇校验方式下的串口通信数据帧示例

图 4 中 UART 异步串行通信数据的传输顺序依次为：绿色的低电平起始位 ST=0 → 8 位有效数据 1011 0010 →红色奇校验位 PC=1 →蓝色停止位 SP=1，最后恢复为紫色的高电平空闲态。如果选择偶校验，则校验位选择“0”即可满足条件，故发出的有效数据位及校验位将调整为：1011 0010 0。

（3）通过 UCMSB 控制字设定首先传输数据帧高位还是低位

UCMSB = 0：先传低位（默认），与 UART 异步串行通信规则吻合。

UCMSB = 1：先传高位。

（4）通过 UC7BIT 控制字设定 UART 通信每帧数据的有效位长度

UC7BIT = 0：数据帧有效位为 8 位（默认）。

UC7BIT = 1：数据帧有效位为 7 位，适用于 ASCII 码的传输。

（5）通过 UCSPB 控制字设置停止位 SP 的位数

UCSPB = 0：1 位停止位（默认）。

UCSPB = 1：2 位停止位。

UART异步串行通信的波特率选择及配置

在 UART 异步串行通信模式下，每秒钟可以发送或接收的二进制位（bit）数量，或者说每一个二进制位在 TXD/RXD 线上的持续时间，均由波特率决定，波特率的单位为波特，并且在数值上等于比特率，比特率的单位是 bit/s。

UART 异步串行通信的波特率由通信双方事先共同约定完成，发送和接收必须采用相同的波特率。

波特率的取值不能随意，主要使用 1200、2400、4800、9600、19 200、115 200 等数值，其中 9600 波特的波特率数值应用最广，表示每秒传输了 9600 位。

【说明 3】用“9600 8N1”表示的 UART 异步串行通信协议为：采用 9600 波特的波特率，8 个有效数据位、无（No）校验位、1 位停止位，此外还包含 1 位必不可少的起始位。如果单片机经串口发出的数据内容为 0x43（0100 0011），那么在 UCA0TXD 线上生成的波形状态则如图 5 所示（低位 LSB 在前），相邻两位的传输时间间隔为 1/9600=104.16(μs)。

1. UART异步串行通信的时钟源选择

设置 UART 的波特率之前，首先需要选择参考时钟源。

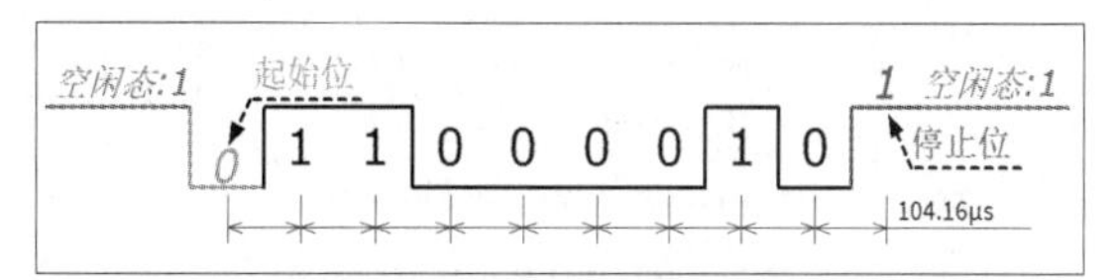

图 5 按照“9600 8N1”协议发出的 0x43 数据波形

波特率小于9600波特时，可选低频辅助时钟ACLK，考虑到片内低频时钟VLOCLK的精度不高且频率过低，故建议使用32.768kHz的外接晶体振荡器时钟LFXT1CLK。

波特率大于9600波特时，选择从时钟SMCLK并进行校准操作。

在UCA0CTL1控制寄存器中，通过UCSSEL_x控制字选择UART的通信时钟。

UCSSEL_1：辅助时钟ACLK。

UCSSEL_2：从时钟SMCLK。

2. UART异步串行通信的波特率选择

波特率控制寄存器由低8位的UCA0BR0、高8位的UCA0BR1共同组成，两个寄存器中的数值按照UCA0BR0 + UCA0BR1 × 256的规则相加后，得到波特率发生器的时钟预分频系数N。

UART通信的时钟频率进行N分频后即可得到实际的波特率值，但该数值很难与规定的1200、2400、4800、9600、19200、115200等一系列波特率参数做到相等，这就导致了UART异步串行通信过程出现明显误差，直接影响通信结果的正确性。

对此，UART通信额外使用UCA0MCTL调制控制寄存器中的UCBRS_x控制字，以实现8级（UCBRS_0~UCBRS_7）波特率微调的功能。

【说明4】若SMCLK从时钟的频率为1048576Hz，如需设置的UART通信波特率为115 200波特，详细的计算流程如下。

（1）确定理想的波特率分频系数S=1048576 / 115200 ≈ 9.10。

（2）由于理想分频系数S带有小数，因此需要对其取整，得到整数分频系数N=UCA0BRx =INT(S)=INT(9.10)=9。

（3）计算理想分频系数S与整数分频系数N之间的差值，四舍五入后得到微调值x =round((S-N) × 8)=round((9.10-9) × 8)=round(0.8)=1。

（4）根据微调值x，设定对应的调制系数UCBRS_x。

根据上述计算结果，编写得到下面相应的控制代码。

```
UCA0CTL1 |=UCSSEL_2;  //选择SMCLK从时钟
UCA0BR0 =9;  //分频系数N=9
UCA0BRI =0;
UCA0MCTL |= UCBRS_1;  //调制系数x=1
```

【说明5】若外接低频晶体振荡器的频率为32 768Hz，设置UART通信的波特率为2400波特的计算过程如下文。

（1）确定波特率的准确分频系数S =32768/2400 =13.65。

（2）得到整数分频系数N =INT(13.65)=13。

（3）计算调制系数x =round((S-N) × 8)=round((13.65-13) × 8)=round(5.2)=5。

根据上述计算结果，编写相应的控制代码。

```
UCA0CTL1 |=UCSSEL_1;  //选择ACLK低频时钟，默认为晶体振荡器时钟
UCA0BR0 =13;  //分频系数N=13
UCA0BR1 =0;
UCA0MCTL |=UCBRS_5;  //调制系数x=5
```

【提示】UART发送方、接收方的实际波特率往往无法达到绝对的相等，但由于UART的传输速率不算高，且每次只传输8bit左右的有效数据，从而有效减小了累积误差。此外，只要把误差控制在许可范围内，如发送方、接收方的波特率差异低于10%，就可以认为UART通信过程中基本不会导致数据传输错误。

3. UART异步串行通信的时钟校准

异步通信对时钟的精度提出了很高的要求，因此在开展UART异步串行通信之前，建议编写以下代码对MSP430G2553的时钟进行重新校准。

```
if (CALBC1_1MHZ==0xFF)  // 如果校准数据被擦除
{
  while(1);  //无限循环，此片MSP430G2553不宜用于UART通信
}
DCOCTL = 0;
BCSCTL1 = CALBC1_1MHZ;
DCOCTL = CALDCO_1MHZ;  //调出1MHz出厂基准进行时钟校准
```

UART通信的数据缓存

UART异步串行通信的数据接收缓冲寄存器与发送缓冲寄存器均为8位的。

（1）UART异步串行通信的数据接收缓存UCA0RXBUF

UCA0RXBUF接收并存储最近的数据，数据格式为低位在前、高位在后，编程者可以随时访问其中的数据。

【说明6】将接收到的串行数据存入数组Data_in，待数据接收完成后，数组下标自动+1，为下一轮数据接收做好准备。

```
Data_in[i++]=UCA0RXBUF;
```

（2）UART异步串行通信的数据发送缓存UCA0TXBUF

编程者将待发送数据推送到发送缓存UCA0TXBUF后，UCA0TXBUF会暂时保持数据直到8位数据全部被装载到“串行发送移位寄存器”中。

【说明7】发出Data_out数组中的数据，待数据发送完毕之

后，数组下标自动 +1，准备下一组发送数据。

```
UCA0TXBUF = Data_out[i++];
```

UART异步串行通信的中断

串行通信的速度较慢，以 9600 波特的波特率发送一个数据帧，耗时在 ms 的数量级；而在默认 1MHz 的时钟主频下，执行向发送缓存写入数据的指令“UCA0TXBUF = data_x;”，耗时仅为 μs 的数量级。因此 UART 通信建议优先采用中断方式处理各项任务，以便大幅降低系统的功耗。

MSP430G2553 为 UART 异步串行通信分配了两个中断向量。

发送中断向量 USCIAB0TX_VECTOR，与 UCA0TXIFG 标志位相关。

接收中断向量 USCIAB0RX_VECTOR，与 UCA0RXIFG 标志位相关。

1. 使能UART通信中断

UART 的中断使能控制字位于 2# 中断使能寄存器 IE2 的最后 2 位（见图 6）。

（1）UCA0TXIE：是否开启 UART 通信的发送中断

0：禁止 UART 发送中断（默认）。

1：开启 UART 发送中断。

【说明 8】关闭已经打开的 UART 异步通信发送中断。

```
IE2 &= ~UCA0TXIE;
```

（2）UCA0RXIE：是否开启 UART 通信的接收中断

0：禁止 UART 接收中断（默认）。

1：开启 UART 接收中断。

【说明 9】打开 UART 异步串行通信的接收中断。

```
IE2 |= UCA0RXIE;  //打开 UART 接收中断
_EINT();  //打开单片机的全局总中断
```

2. UART通信的中断标志位

UART 通信的中断标志位位于 2# 中断标志寄存器 IFG2 中（见图 7）。

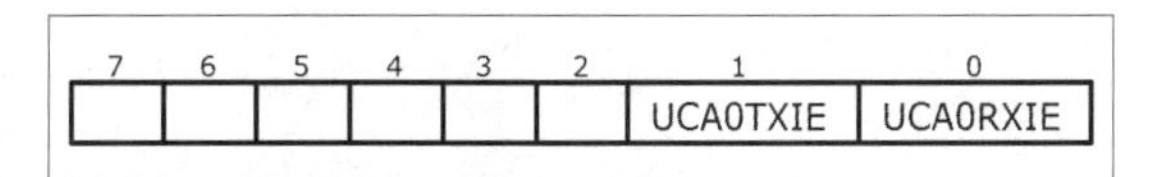

图 6 UART 的中断使能控制字

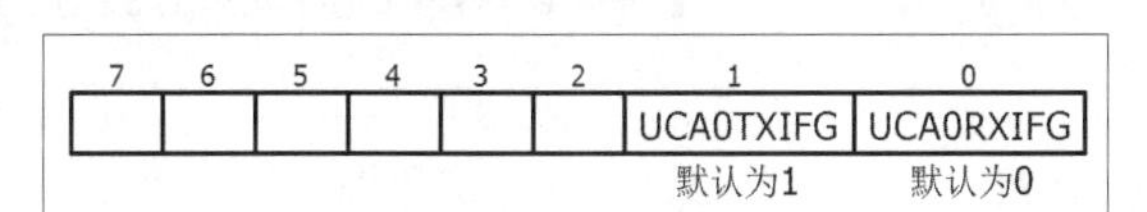

图 7 UART 通信的中断标志位

（1）UCA0RXIFG：UART 通信的接收中断标志位

当接收缓存 UCA0RXBUF 接收到一帧完整数据时，UCA0RXIFG 置 1。如果当前的 UART 通信中断与全局总中断均处于使能状态（UCA0RXIE=1、_EINT();）时，将产生一次接收中断。

当 UCA0RXBUF 中的数据被读取后，UCA0RXIFG 自动复位清 0。

（2）0UCA0TXIFG：UART 通信的发送中断标志位

单片机上电后，UCA0TXIFG 默认为高电平“1”状态，表明当前的数据全部弹出、发送缓存 UCA0TXBUF 已经为空，UCA0TXBUF 可随时接收新的待发送数据。

将待发送字符写入 UCA0TXBUF 后，UCA0TXIFG 标志位自动复位清 0，表明本轮数据正在发送，如果想发送下一轮数据，需要等到 UCA0TXIFG 标志位置 1 之后。

【提示】UCA0TXIFG 标志位默认为高电平“1”状态，因此 UART 通信的发送中断一般是在发送任务启动之前才打开，并且在数据发送任务结束之后应立即禁止发送中断，避免发送中断被持续执行，引发系统状态紊乱。

启动UART异步串行通信

位于 UCA0CTL1 寄存器的 UCSWRST 控制字被用来启动或复位 UART 状态机。

0：停止 UART 状态机的复位状态、正式开启 UART 通信。

1：软件复位 UART 状态机并保持（默认）。

【说明 10】状态机方式下启动 UART 通信。

```
UCA0CTL1 &= ~UCSWRST;  //停止 UART 状态机复位，启动 UART 通信
```

1. UART通信的数据发送流程

UART 异步串行通信状态机发送单元的简化结构如图 8 所示。

将 UCSWRST 控制字清 0，启动 UART 通信状态机，发送缓存 UCA0TXBUF 准备就绪但处于空闲状态，内部无数据。波特率发生器准备就绪但不会发出发送时钟（TXD_CLK），发送移位寄存器自然也就不会经 UCA0TXD 引脚对外输出任何数据。

UART 状态机初始化完成，在正式发送数据前，需要首先通

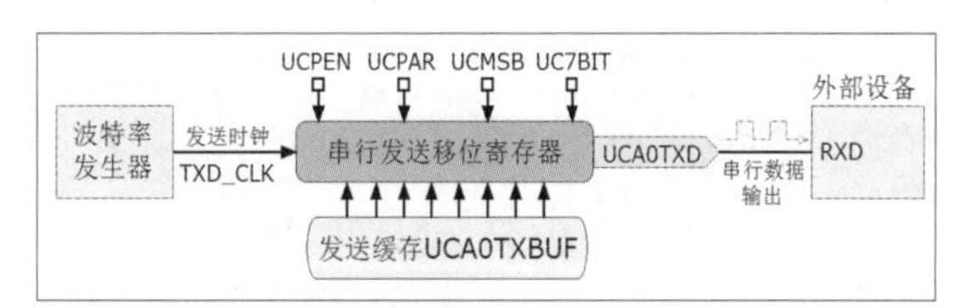

图 8 UART 发送单元的简化结构

过 UCA0TXIFG 标志位的状态来判断发送缓存 UCA0TXBUF 能否接收新一轮待发送数据。

UCA0TXIFG=0：上一轮数据正在发送，UCA0TXBUF 无法接收新数据，需继续等待。

UCA0TXIFG=1：UCA0TXBUF 为空，可以接收新一轮待发送数据。

【说明 11】向发送缓存写入待发送数据 TX_data 并判断数据发送是否完成。

```
UCA0TXBUF = TX_data;  //将数据写入发送寄存器
while (!(IFG2 & UCA0TXIFG));  //等待数据发送完成
```

将待发送的数据写入发送缓存 UCA0TXBUF 后，将 UCA0TXIFG 置 1，“波特率发生器”正式启动；发送缓存 UCA0TXBUF 的数据将自动移到“串行发送移位寄存器”，同时加载校验使能位 UCPEN、奇偶校验选择位 UCPAR，再按照 UCMSB、UC7BIT 控制字设定的规则，将完整的一帧数据经 UCA0TXD 引脚一位一位地传输到外部通信接口芯片的 RXD 接收引脚。

当一帧数据发送结束、串行发送移位寄存器被腾空时，如果 UCA0TXBUF 中又有新数据可用，则 UART 通信的数据发送过程将持续。

当一帧数据发送结束、但 UCA0TXBUF 中未能出现新数据时，UART 状态机将返回空闲状态，同时关闭波特率发生器的时钟输出。

2. UART通信的数据接收流程

UART 异步串行通信状态机接收单元的简化结构如图 9 所示。

将 UCSWRST 控制字清 0，启动 UART 通信状态机之后，串行接收移位寄存器准备就绪并处于空闲状态，波特率发生器处于就绪状态，但不产生任何时钟。

UART 状态机不间断地检测自己的 UCA0RXD 口（与单片机片外发送方的 TXD 线相连）状态，如果发现 UCA0RXD 口从持续高电平突然拉低到低电平 0，就认为发送方即将开始发送数据过来，从而立即启动波特率发生器，确保与发送方的通信处于同步状态。

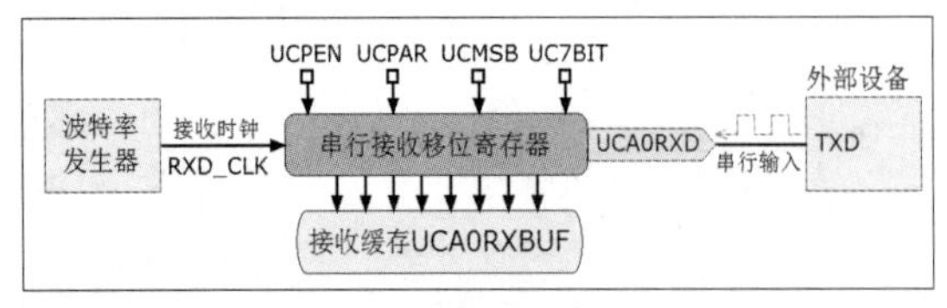

图 9 UART 状态机接收单元的简化结构

接下来，UART 状态机将自动检查有效起始位。

如果下降沿只是由外部干扰或噪声引起，并非有效的起始位，则 UART 状态机返回空闲状态，波特率发生器再次关闭。

如果检测到了正确的起始位，则开始接收后续发来的所有位。

UCA0RXD 引脚接收到的串行数据位经串行接收移位寄存器填入接收缓存 UCA0RXBUF，一帧完整数据接收完毕，中断标志位 UCA0RXIFG 被置 1。如果事先打开了接收中断 UCA0RXIE 与全局总中断，则会产生一次 UART 异步串行通信的中断请求。

UCA0RXBUF 中的数据被单片机读取后，UCA0RXIFG 中断标志位会自动清 0。

UART异步串行通信示例

状态机方式下的 UART 通信在开展基本应用时，代码的复杂程度并不高，在经过一系列正确的寄存器参数配置之后，即可通过中断或查询方式实现数据帧的自动发送或接收。

1. MSP430G2553 LaunchPad回传接收到的字符

MSP430G2553 LaunchPad 自带有 USB 转 UART 串口的功能，为计算机新增了一个串口。为了使计算机能够通过这个串口与 MSP430G2553 单片机的 UCA0TXD、UCA0RXD 这两个引脚之间开展全双工 UART 异步串行通信，需要事先在计算机中安装一个与图 10 类似的串口通信软件。

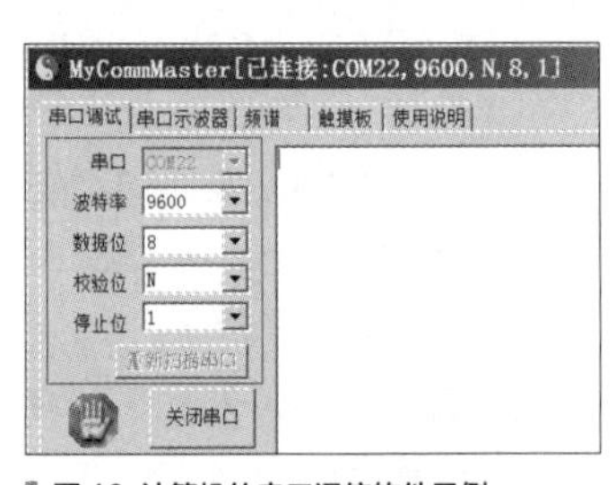

图 10 计算机的串口通信软件示例

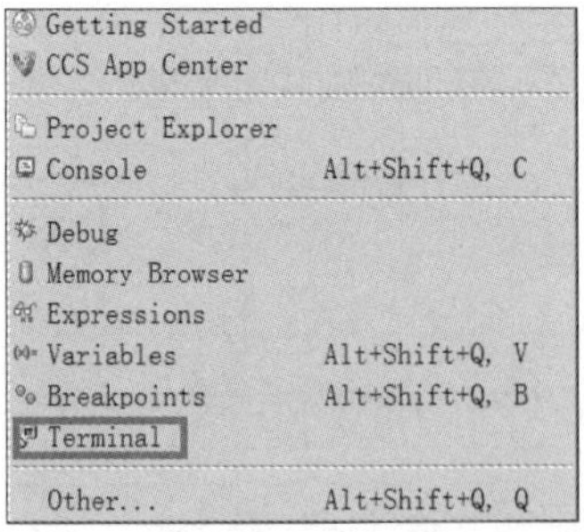

此外，在 CCS 界面下选择 View 菜单的“Terminal”菜单项，也可以使用 CCS 软件自带的通信功能，如图 11 所示。

此时，在 CCS 界面的底部的 Console 页面标签右侧会出现一个 Terminal 页面标签，在页面标签的最右侧还会出现一些终端控制工具栏，如图 12 所示。

图 11 CCS 自带 UART 异步串行通信功能

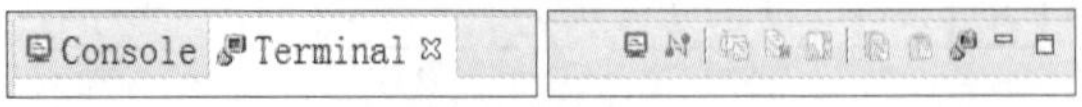

图 12 Terminal 页面标签及控制工具栏

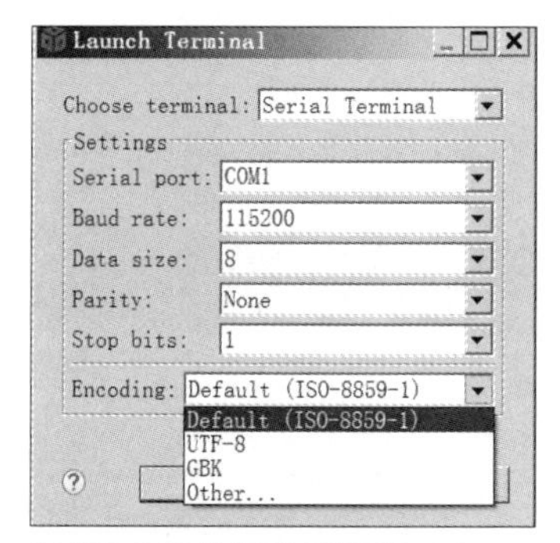

图 13 CCS 的串口终端配置窗口

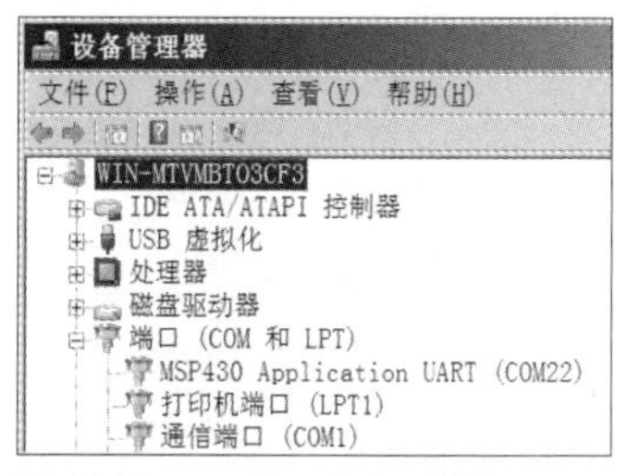

图 14 LaunchPad 的串口号信息

单击 CCS 界面快捷工具栏或终端控制工具栏中的按钮，系统会弹出如图 13 所示的串口终端配置窗口。

根据实际需要，依次配置好 Serial port（串口号）、Baud rate（波特率）、Data size（有效数据位）、Parity（校验位）、Stop bits（停止位）之后，单击“OK”按钮即可保存。

Serial port（串口号）不能随便选择，需要在计算机的设备管理器中查找到如图 14 所示 LaunchPad 的串口号信息“MSP430 Application UART (COM*)”，不同计算机分配给 LaunchPad 的串口号可能有所不同。

接下来可以编写代码了，在计算机与 MSP430G2553 单片机之间开展 UART 异步串行通信。在本例中，计算机经串口发送给 MSP430G2553 单片机数据，单片机再将接收到的数据回传给计算机，并在其串口通信软件中显示。

在主程序中，需要完成的主要工作包括时钟校准、UART 引脚配置及波特率选择、UART 状态机初始化、串行通信的中断使能。

```
if (CALBC1_1MHZ==0xFF)  // 出厂时钟数据是否被清除
{  while(1);  }  // 若被清除，原地停止
DCOCTL = 0;
BCSCTL1 = CALBC1_1MHZ;  // 取回出厂校准的时钟数据
DCOCTL  = CALDCO_1MHZ;
P1SEL = BIT1 + BIT2 ;  //P1.1:RXD
P1SEL2 = BIT1 + BIT2 ;  //P1.2:TXD
UCA0CTL1 |= UCSSEL_2;  // 选择 SMCLK 从时钟
UCA0BR0 = 104;  UCA0BR1 = 0;  // 主频 1MHz，波特率 9600 波特
UCA0MCTL |= UCBRS_1;  // 调制系数为 1
UCA0CTL1 &= ~UCSWRST;  // 启动 UART 状态机
IE2 |= UCA0RXIE;  // 使能 UART 接收中断
_EINT();  // 开单片机全局总中断
```

在中断服务程序中，首先需要判断发送缓存是否已经清空，是否能够接收新一轮待发送数据。然后将收到的数据推送给发送缓存即可，具体的串口收、发工作全部交由状态机完成。

```
#pragma vector=USCIAB0RX_VECTOR
__interrupt void RX_ISR(void)
{
  while (! ( IFG2 & UCA0TXIFG ) );  // 发送缓存能否接收新数据
  UCA0TXBUF = UCA0RXBUF;  // 把收到的数据传回计算机
}
```

在进行功能调试时，首先完成上述代码的编译及程序下载，接着运行计算机的串口通信软件，单击自定义数据发送，然后就可以在串口通信软件的接收窗口中观察到 MSP430G2553 回传的相同数据。

2. MSP430G2553通过蓝牙模块实现简单的无线通信

HC-06 是当前使用应用较广的一款蓝牙模块，一般只引出 4 个引脚，除了 VCC、GND 电源引脚，还包括 TXD 与 RXD 这两个 UART 异步串行通信引脚，需分别与 MSP430G2553 单片机的 UCA0RXD、UCA0TXD 引脚相连，如图 15 所示。

HC-06 蓝牙模块上电后，LED 呈快闪状态，表示当前尚未构成蓝牙连接。打开手机蓝牙搜索周围的蓝牙器件，在找到“HC-06”后一般会提示输入配对密码，此时输入默认的 1234 即可配对成功。配对成功以后，HC-06 模块的工作电流会明显下降。

MSP430G2553 单片机与 HC-06 蓝牙模块开展 UART 通信时，初始化代码比较简单，主要涉及 DCO 时钟校准、UART 引脚及时钟源选择、波特率设置、UART 状态机启动，最后打开接收中断即可。

在手机端安装好蓝牙 App（如 SPP 蓝牙串口）后，首先打开手机蓝牙并识别到 HC-06 模块，然后在 App 中与 HC-06 模块建立蓝牙连接，接下来就可以在 App 界面的输入行中编辑不同的指令字符，使之经无线蓝牙的方式发送至 HC-06 模块，再由 MSP430G2553 单片机在 UART 的中断服务程序中根据接收到的 ASCII 字符（数字或字母），跳转到不同的子程序代码段，即可实现不同的控制功能。

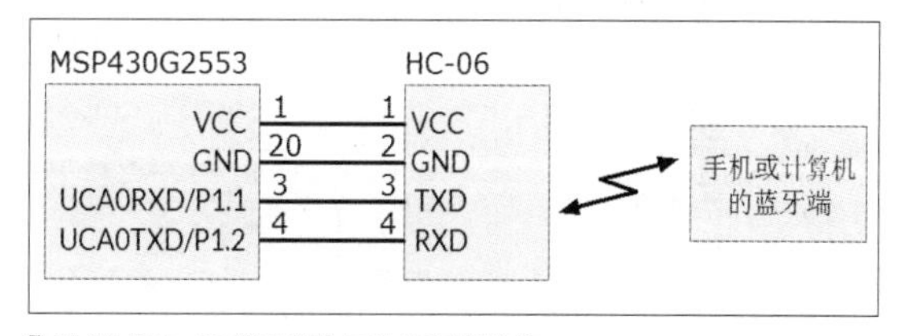

图 15 HC-06 蓝牙模块与 UART 的连接

STM32入门100步（第44步）

外部中断

杜洋　洋桃电子

原理介绍

学过单片机的朋友一定会问，为什么入门教学没有介绍中断和定时器？在其他的单片机教学中，中断和定时器都是放在最前边介绍。而我把中断和定时器放在后面来讲，是因为中断和定时器是单片机学习的重点和难点。如果放在前边介绍，由于初学者刚刚开始学习，遇到复杂问题，可能长时间停在一处。为了保证学习的顺畅，不给初学者增加难度，保持对学习的兴趣，我把难点放在后面。讲过洋桃1号开发板上的所有功能，再来介绍中断和定时器，学习起来就没有那么困难了。这一节我们来介绍“中断”原理，主要讲解“外部中断”和“嵌套向量中断控制器”。关于中断，我在前面介绍过，中断是中止当前工作，去做其他工作。比如在我工作时有人敲门，敲门声就是中断信号，我要停下工作去开门，开门就是中断事件。简单来讲，中断是突发事件，中止当前工作，转而处理突发事件，处理完后再继续执行前面的工作。这是我用简单的语言来解释中断，虽然不严谨，但很好理解。STM32单片机允许多种多样的中断形式，包括I/O端口中断、ADC中断、USART中断、RTC中断、USB中断、PVD中断等。这些功能都能中止CPU当前工作。中断的对象是CPU，CPU是单片机的运算核心——ARM内核，只有内核不停工作，单片机才能不间断运行，而中断是中止内核运行。如图1所示，x轴是时间线，“中断事件”方框左侧实线表示CPU处在正常工作状态，“中断事件”方框表示中断事件，外部的某些事情请求单片机进入中断处理程序。这时CPU放下当前工作，从本来要走的虚线路线改为从下方事件开始执行中断处理程序，和之前执行的主程序没有关系。中断程序执行完后，CPU回到原来的主程序继续执行，这就是中断的过程。需要注意：中断对象是内核，中断可以让内核停止当前的任务来执行中断任务，执行完毕后回到之前的任务。能够产生中断的功能有I/O端口、ADC等功能。

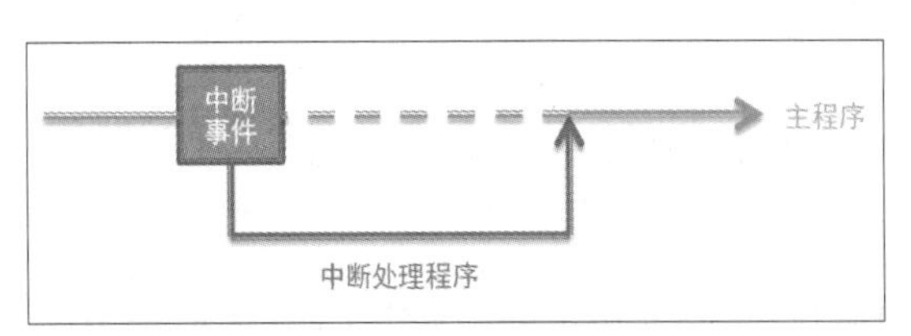

图1 中断原理示意图

我们先来介绍外部I/O中断。外部I/O端口中断可简称为外部中断。“STM32F103X8-B数据手册”第7页的2.3.6章节有“外部中断或事件控制器EXTI”，用外部I/O端口作为中断事情触发输入源。外部中断有3个特点：一是STM32F1系列单片机支持将所有I/O端口设置为外部中断输入源；二是外部I/O端口可设置上升沿、下降沿、高低电平3种触发方式；三是外部中断可以选择设置为中断触发或事件触发。此处需要解释什么是上升沿、下降沿、高低电平中断，什么是中断触发，什么是事件触发。首先说电平状态，单片机I/O端口只能读到数字电平（不开ADC功能时）—高电平或低电平。如果把I/O端口作为中断触发，根据电平的特性只有3种状态。一是下降沿，即电平从高电平变到低电平的瞬间过程。如图2上半部分所示，左侧开始时I/O端口处在高电平状态，接下来端口瞬间变成低电平。由高到低的过程形成一个下降的边沿（竖线），这就是“下降沿”。高电平变为低电平就会产生一个下降沿。二是上升沿，上升沿与下降沿相反，I/O端口开始时是低电平，瞬间变成高电平，这个过程产生一个上升沿。三是电平触发，是指任意电平变化产生的触发，包括上升沿和下降沿。如图2下半部分所示，I/O端口开始是高电平，然后瞬间变到低电平，经过一段时间后又瞬间变成高电平。这个过程产生了一个下降沿和一个上升沿。但如果只考虑电平的状态，电平从高电平变成低电平，就会产生一次中断，从低电平变成高电平又产生一次中断，电平触发模式可产生2次中断。这就是上升沿、下降沿、电平触发的功能性差异。

我们举一个实例来看如何用中断处理阵列键盘的扫描。假如按照之前介绍的阵

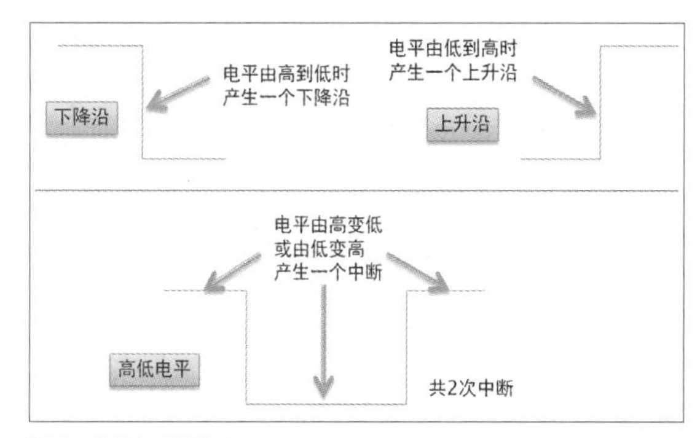

图2 触发电平的说明

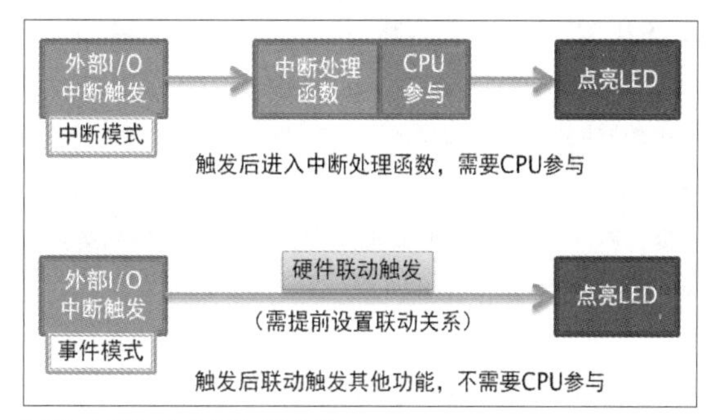

图4 中断模式与事件模式的比较

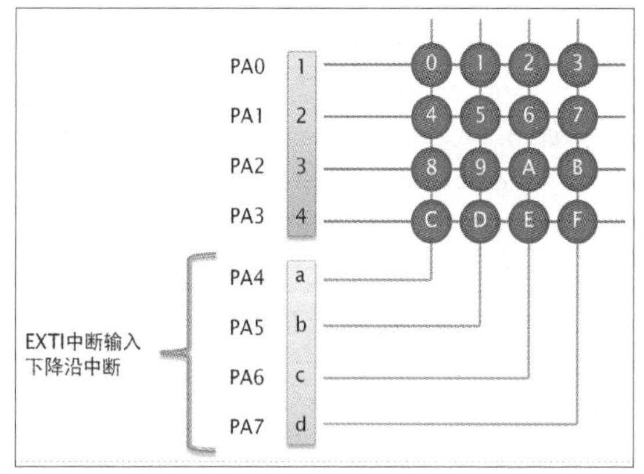

图3 阵列键盘中断读取示意图

列键盘驱动方法，在I/O端口电平读取部分将程序以扫描电平方式改为EXTI中断输入方式，用外部中断检测I/O端口的下降沿，有下降沿即触发中断，进入中断处理程序读出按键值。我已经写好一个中断方式的阵列键盘程序，在附带资料中找到“键盘中断测试程序”，将工程中的HEX文件下载到洋桃1号开发板中，看一下效果。实际效果和之前讲的效果相同，区别是对按键读取的处理方法。之前在分析阵列键盘程序时，已知键盘的读取是主程序扫描I/O端口。主程序必须反复检测I/O端口，单片机的其他工作任务会受此影响，某些情况下会出现按键检测延时导致按键失灵。而使用中断处理的方法就不会出现这个问题。如图3所示，使用中断程序将单片机的PA4 ~ PA7端口设置为中断输入引脚。当有按键被按下时，PA4 ~ PA7中一个引脚产生中断，可能是下降沿或高低电平触发，ARM结束当前工作，进入中断处理程序读取按键，完成后内核将回到之前的主程序中止处继续执行。

接下来解释“中断”和“事件”。如图4上半部分所示，中断指的是“中断模式”，它是由外部I/O端口产生中断触发，单片机内核中止当前工作并处理中断。这时就进入中间部分，这里包括了“CPU参与”方框部分，有CPU的参与。在中断模式下，CPU需要参与中断处理。比如中断任务是点亮LED，在CPU参与下执行中断处理程序点亮LED。接下来说事件模式，比如同样是外部I/O中断触发，但内部没有CPU的参与，而是由硬件联动触发。我们需要提前设置好联动的关系，在事件模式下当外部I/O产生中断，会通过内部的硬件关联直接点亮LED，不需要CPU处理。简单来讲，中断模式需要CPU参与完成工作；事件模式提前设置好硬件自动关联后，不需要CPU参与（见图4下半部分）。图5是ST公司制作的中断向量说明图。

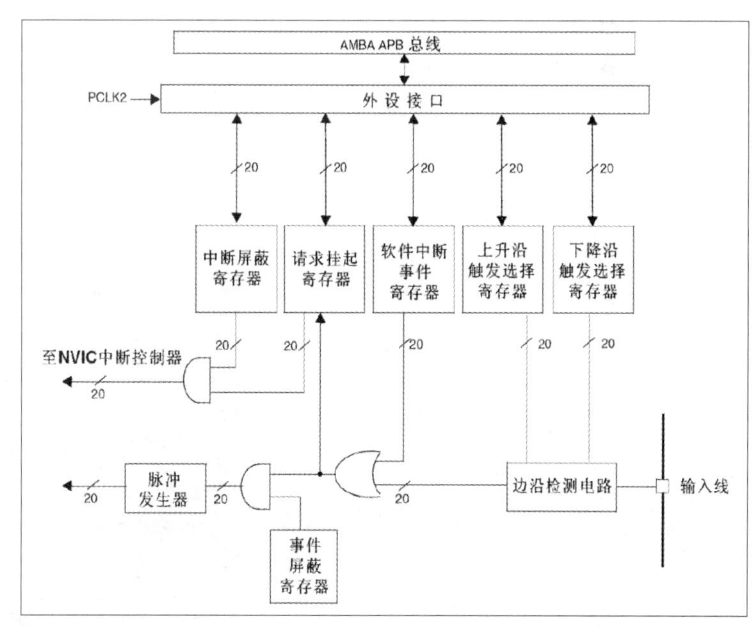

图5 中断向量说明图

在“STM32F10XXX参考手册（中文）”第230页找到“中断与事件”，这里是中断和事件的说明。说明非常详尽，想熟练使用中断模式，要认真学习此说明。说明中提到了“嵌套向量中断控制器”，简称NVIC。这是和单片机内核密切关联的控制器，它能把外部中断信号关联到单片机内核。它的工作是对各种中断类型分门别类，按先后顺序发送给ARM内核，让内核有条理地处理中断任务。参考手册9.1.2节“中断和异常向量”，这部分简单了解即可。接下来手册9.2节介绍了外部中断事件控制器EXTI，它控制外部I/O端口产生中断（外部中断）。手册第135页有逻辑框图，图中通过各种与非门电路产生不同的逻辑，发送给对应的中断处理。手册第137页还有中断的路线映射，从中可知EXTI0表示第0路中断，输入端是每组I/O端口的第0号接口，包括PA0、PB0、PC0、PD0……直到PG0，下方第1路中断通道入口是PA1 ~ PG1，以此类推，第15号中断对应PA15 ~ PG15，有中断编号和I/O端口号的对应关系。

I/O端口映射表如图6所示，图中第一列是单片机的I/O端口，第二列是对应的中断控制器，第三列是中断处理函数的名称，名称不允许用户修改。从中可见每组第0号I/O端口都接到第0号中断（EXTI0），每组第1号I/O端口接到第1号中断（EXTI1），直到每组第4号I/O端口接到第4号中断（EXTI4）。但是接下来有所变化。PA5 ~ PG5对应的中断号是EXTI5，直到PA9 ~ PG9对应EXTI9，这5个中断共用一个中断处理函数EXTI9_5_IRQHandler。接下来PA10 ~ PG10是第10号中断，直到PA15 ~ PG15使用的是第15号中断（EXTI15）。这6个中断共用一个中断处理函数EXTI15_10_IRQHandler。除了EXTI0 ~ EXTI15之外，还有EXTI16 ~ EXTI18对应PVD输出中断、RTC闹钟事件、USB唤醒事件，这些都是为特殊功能保留的中断入口。这些内容在后文分析程序时再细讲。接下来看一下外部中断和嵌套向量中断控制器的关系。如图7所示，图中左边有外部中断控制寄存器、ADC模数转换器、USART串口及其他设备。这些设备在初始化时都可以产生中断。除此之外，其他的中断方式都要和外部中断一样将请求发给嵌套向量中断控制器NVIC，请求会按先后关系排队处理。最先处理好的、等级最高的中断源可以传送给CPU。CPU收到中断信号后会停止当前工作，执行中断工作。

GPIO引脚	中断标志位	中断处理函数
PA0~PG0	EXTI0	EXTI0_IRQHandler
PA1~PG1	EXTI1	EXTI1_IRQHandler
PA2~PG2	EXTI2	EXTI2_IRQHandler
PA3~PG3	EXTI3	EXTI3_IRQHandler
PA4~PG4	EXTI4	EXTI4_IRQHandler
PA5~PG5	EXTI5	EXTI9_5_IRQHandler
PA6~PG6	EXTI6	
PA7~PG7	EXTI7	
PA8~PG8	EXTI8	
PA9~PG9	EXTI9	
PA10~PG10	EXTI10	EXTI15_10_IRQHandler
PA11~PG11	EXTI11	
PA12~PG12	EXTI12	
PA13~PG13	EXTI13	
PA14~PG14	EXTI14	
PA15~PG15	EXTI15	

图6 I/O端口映射表

什么是嵌套的向量中断控制器（NVIC）？这是一个中断总控制器，它能处理多达43个可屏蔽的中断通道，它有16个优先级。有了NVIC后，所有外部功能的中断都被整合在一起，按先后顺序产生中断。NVIC的使用方法很简单，假设要使用外部I/O中断，只要在程序上开启外部中断，同时开启NVIC，确保外部的各功能中断可以进入NVIC。假设出现一个外部中断，某I/O端口产生下降沿，根据外部中断功能内部的设计，在产生下降沿时发送指令。一旦产生中断，中断信号会被送入NVIC。NVIC会对每个中断排序，有先有后，将整理好的中断任务发送给ARM内核处理。处理完成后，NVIC会继续发送其他的优先级较低的控制项。关于这个部分，单独介绍纯理论的内容是较难理解的，接下来通过程序介绍外部I/O中断如何设置、NVIC如何设置。只有将两部分设置正确，才能让ARM内核进入中断处理程序。

程序分析

接下来我们通过分析程序来讲解如何实现中断处理。首先打开“键盘中断测试程序”工程文件。工程文件复制了之前的“阵列键盘测试程序”工程。区别就是在Basic文件夹里加入nvic文件夹，其中加入NVIC.c和NVIC.h文件。这两个

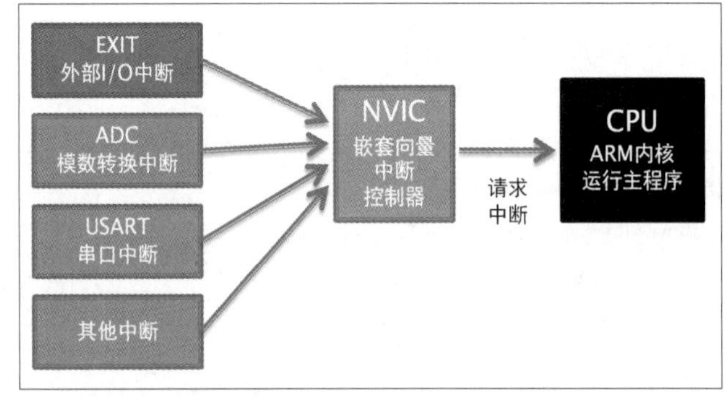

图7 嵌套向量中断控制器的关系图

文件是我编写的中断驱动程序。接下来用Keil软件打开工程，首先打开main.c文件，这是阵列键盘中断测试程序，键盘的读取方法从主程序不断扫描检测改为了I/O端口中断检测。如图8所示，第23行加载了阵列键盘的库文件KEYPAD4x4.h，第24行加载了断相关的库文件NVIC.h。第36行在OLED屏上显示“KEYPAD4x4 TEST”。第38行的INT_MARK是一个全局变量，功能是标志是否有中断，为0表示没有中断。一旦产生中断，程序会在中断处理函数中将标志变成除0之外的其他值。第40行是设置中断优先级函数NVIC_Configuration，只要调用此函数，就能设置中断优先级，从而启动中断。我们可以用“鼠标右键跳转法”查看函数内部的程序。跳转到sys.c文件，如图9所示。此函数中只有一行程序，设置NVIC中断分组，它调用了标准固件库函数，这里我们不需要修改，只要知道需要使用中断时要调用此函数即可。回到main.c文件，第41行是常规的阵列键盘初始化，第42行是阵列键盘的中断初始化。第40行设置中断的优先级，第42行开启键盘的中断设置，它们的作用不同。只有设置了优先级又设置了键盘中断才能启动中断。接下来是主循环部分，第46行可以写入其他任何程序。也就是说在主循环中无须反复读取按键，我们可以写入跟按键无关的其他程序，而按键读取由中断实现。第48行通过if语句判断中断标志位INT_MARK是否为0。不为0表示有按键被按下，产生了中断，然后执行if语句中的内容，处理中断任务。第49行清空标志，使得if语句结束后不至于因标志位还不为0而反复循环。第50行是读取按键值函数，函数内容和之前介绍的阵列键盘测试程序中的相同，将按键值放入变量s。第51行判断s是否不为0，不为0表示有按键被按下。第53行在OLED屏上显示“KEY No.”和按键编号。现在程序关键集中在两个部分：一是全局变量标志位INT_MARK是怎样改变的？主程序并没有改变它的值，初始值为0，它的值是在中断处理函数中改变的。二是分析KEYPAD4x4_INT_INIT函数，因为它是中断初始化函数，它既要启动外部中断EXTI，又要设置嵌套向量中断控制器（NVIC），将NVIC设置为正确状态才能让I/O端口触发中断。

我们先来分析中断初始化函数，打开NVIC.h文件，如图10所示。文件内容很简单，第6行声明了全局变量INT_MARK，这是中断标志位。第9行声明KEYPAD4x4_INT_

```
17 #include "stm32f10x.h" //STM32头文件
18 #include "sys.h"
19 #include "delay.h"
20 #include "relay.h"
21 #include "oled0561.h"
22
23 #include "KEYPAD4x4.h"
24 #include "NVIC.h"
25
26
27 int main (void){//主程序
28     u8 s;
29     delay_ms(500); //上电时等待其他器件就绪
30     RCC_Configuration(); //系统时钟初始化
31     RELAY_Init();//继电器初始化
32
33     I2C_Configuration();//I²C初始化
34     OLED0561_Init(); //OLED屏初始化
35     OLED_DISPLAY_8x16_BUFFER(0,"   YoungTalk    "); //显示字符串
36     OLED_DISPLAY_8x16_BUFFER(3," KEYPAD4x4 TEST "); //显示字符串
37
38     INT_MARK=0;//标志位清0
39
40     NVIC_Configuration();//设置中断优先级
41     KEYPAD4x4_Init();//阵列键盘初始化
42     KEYPAD4x4_INT_INIT();//阵列键盘的中断初始化
43
44     while(1){
45
46         //其他程序内容
47
48         if(INT_MARK){ //中断标志位为1表示有按键中断
49             INT_MARK=0;//标志位清0
50             s=KEYPAD4x4_Read();//读出按键值
51             if(s!=0){ //如果按键值不是0，也就是说有按键操作，则判断为真
52                 //-----------------------------------------------
53                 OLED_DISPLAY_8x16_BUFFER(6," KEY No.        "); //显示字符串
54                 OLED_DISPLAY_8x16(6,8*8,s/10+0x30);//
55                 OLED_DISPLAY_8x16(6,9*8,s%10+0x30);//
56             }
57         }
58     }
59 }
```

图8 main.c文件的全部内容

```
1 #ifndef __NVIC_H
2 #define __NVIC_H
3 #include "sys.h"
4
5
6 extern u8 INT_MARK;//中断标志位
7
8
9 void KEYPAD4x4_INT_INIT (void);
10
```

图10 NVIC.h文件的全部内容

```
20 #include "sys.h"
21
22 void NVIC_Configuration(void){ //嵌套中断向量控制器的设置
23     NVIC_PriorityGroupConfig(NVIC_PriorityGroup_2); //设置NVIC中断分组2:2位抢占优先级，2位响应优先级
24 }
```

图9 NVIC_Configuration的函数内容

```
18  #include "NVIC.h"
19
20  u8 INT_MARK;//中断标志位
21
22  void KEYPAD4x4_INT_INIT (void){  //按键中断初始化
23    NVIC_InitTypeDef  NVIC_InitStruct;  //定义结构体变量
24    EXTI_InitTypeDef  EXTI_InitStruct;
25
26      RCC_APB2PeriphClockCmd(RCC_APB2Periph_GPIOA,ENABLE); //启动GPIO时钟 （需要与复用时钟一同启动）
27    RCC_APB2PeriphClockCmd(RCC_APB2Periph_AFIO , ENABLE);//配置端口中断需要启用复用时钟
28
29  //第1个中断
30    GPIO_EXTILineConfig(GPIO_PortSourceGPIOA, GPIO_PinSource4);  //定义 GPIO中断
31
32    EXTI_InitStruct.EXTI_Line=EXTI_Line4;  //定义中断线
33    EXTI_InitStruct.EXTI_LineCmd=ENABLE;                //中断使能
34    EXTI_InitStruct.EXTI_Mode=EXTI_Mode_Interrupt;      //中断模式为中断
35    EXTI_InitStruct.EXTI_Trigger=EXTI_Trigger_Falling;   //下降沿触发
36
37    EXTI_Init(& EXTI_InitStruct);
38
39    NVIC_InitStruct.NVIC_IRQChannel=EXTI4_IRQn;   //中断线
40    NVIC_InitStruct.NVIC_IRQChannelCmd=ENABLE;  //使能中断
41    NVIC_InitStruct.NVIC_IRQChannelPreemptionPriority=2;  //抢占优先级 2
42    NVIC_InitStruct.NVIC_IRQChannelSubPriority=2;       //子优先级  2
43    NVIC_Init(& NVIC_InitStruct);
44
```

图11 NVIC.c文件的部分内容（1）

INIT 函数，这是阵列键盘的中断初始化函数。接下来打开NVIC.c文件，如图11所示。第18行加载NVIC.h文件，第20行定义全局变量INT_MARK，这是中断标志位。第22行是需要重点分析的按键中断的初始化函数。第23行定义NVIC结构体变量，用于嵌套向量中断控制器的设置。第24行定义EXTI的结构体变量，用于外部中断的设置。第26行是RCC时钟程序，开启I/O端口组的RCC时钟。需要注意：开启GPIO的时钟，在上一个工程里是出现在KEYPAD4x4_Init文件中，但在用于NVIC控制时，由于对同一个时钟不能频繁开启，所以将它挪到现在的位置。第27行开启端口的复用时钟，只有开启复用时钟才能使用外部中断。也就是说要想使用中断，第一步要开启RCC时钟，包括I/O端口组时钟和复用时钟。接下来是对中断进行设置，第30～43行是第一个中断的设置，第46～59行是第2个中断的设置，第62～75行是第3个中断的设置，第78～91行是第4个中断的设置。阵列键盘有4行4列共8个接口，键盘初始化时将PA0～PA3这4个接口设置为推挽输出的低电平，将PA4～PA7设置为上拉电阻输入方式。如图12所示，第95行通过外部中断设置EXTI将4个接口设置为下降沿中断。这样当某个按钮被按下时，PA4～PA7这4个I/O端口肯定有一个出现下降沿，触发中断。占用4个I/O端口所以设置4个中断。在程序中第1个到第4个外部中断对应着阵列键盘的4个I/O端口。我们仅分析第1个中断，其他中断的内容大同小异，只是端口号不同。

如图11所示，第30行调用一个固件控函数GPIO_EXTILineConfig，功能是把某一组I/O端口和外部中断EXTI连接。函数有两个参数，第一个参数是I/O端口组，当前使用PA组端口。第2个参数是I/O端口组要连接哪个中断通道，当前连接第4路中断通道。建议你通过图6所示的图表对照着程序看，思路就清晰了。我们使用PA组端口可以对应PA0～PA15对应的所有通道。它可以连接EXTI0～EXTI15，共16个通道。但函数第2个参数是连接到第4个通道EXTI4。设置这两个参数就已经设置好了中断入口：第4号通道入口。第4号入口对应每组端口的第4号端口，从PA4、PB4直到PG4，但是第一个参数已经选择GPIOA，所以最终的中断通道就是PA4。PA4产生中断，程序就会自动跳入第95行的中断处理函数EXTI4_IRQHandler。只要理解了这个设置原理，后边的学习就会相对轻松些。接下来第32～35行设置外部中断的性能，第32行设置中断线，当前是第4号中断通道。由于我们已经设置了第4号通道对应PA4，所以第33～35行设置PA4接口的中断性能。第33行使能中断，中断功能开始工作。第34行设置为中断模式。中断触发有中断模式和事件模式。关于事件模式如何设置才能不用CPU参与还能自动完成事件，以后有机会再讲，现在会使用中断模式即可。第35行设置中断产生方式，设置为下降沿触发。我们把鼠标

```
95  void  EXTI4_IRQHandler(void){
96    if(EXTI_GetITStatus(EXTI_Line4)!=RESET){//判断某个线上的中断是否发生
97      INT_MARK=1;//标志位置1, 表示有按键中断
98      EXTI_ClearITPendingBit(EXTI_Line4);   //清除 LINE 上的中断标志位
99    }
100 }
101 void  EXTI9_5_IRQHandler(void){
102   if(EXTI_GetITStatus(EXTI_Line5)!=RESET){//判断某个线上的中断是否发生
103     INT_MARK=2;//标志位置1, 表示有按键中断
104     EXTI_ClearITPendingBit(EXTI_Line5);   //清除 LINE 上的中断标志位
105   }
106   if(EXTI_GetITStatus(EXTI_Line6)!=RESET){//判断某个线上的中断是否发生
107     INT_MARK=3;//标志位置1, 表示有按键中断
108     EXTI_ClearITPendingBit(EXTI_Line6);   //清除 LINE 上的中断标志位
109   }
110   if(EXTI_GetITStatus(EXTI_Line7)!=RESET){//判断某个线上的中断是否发生
111     INT_MARK=4;//标志位置1, 表示有按键中断
112     EXTI_ClearITPendingBit(EXTI_Line7);   //清除 LINE 上的中断标志位
113   }
114 }
```

图12 NVIC.c文件的部分内容（2）

指针放在"EXTI_Trigger_Falling"上并用"鼠标右键跳转法"跳到相应的设置选项。可以选择上升沿触发 EXTI_Trigger_Rising、下降沿触发 EXTI_Trigger_Falling、高低电平触发 EXTI_Trigger_Rising_Falling。我们根据自己的需要设置一种触发方式。回到程序分析，第 37 行调用固件库函数 EXTI_Init 写入以上设置，完成了外部中断的设置。但是这里并没有结束，还需要对嵌套向量中断控制器（NVIC）进行设置。第 39 行指定中断入口，当前是外部中断第 4 号入口 PA4，所以参数写的是"EXTI4_IRQn"。第 40 行使能中断，让外部中断直接进入 NVIC。若不使能，外部中断即使被触发也无法触及 ARM 内核。第 41 行设置 NVIC 优先级，当前优先级设置为 2。第 42 行设置子优先级，当前设置为 2。优先级涉及的知识较多，展开介绍比较复杂，初学者只要按照默认设置即可。第 43 行将以上设置写入 NVIC 寄存器，完成了第一个端口的全部设置。

接下来第 46 ~ 59 行第 2 个中断的设置程序，设置原理与第一个中断设置相同。首先设置 PA 组端口连接到第 5 号通道（中断入口设置为 PA5），再设置外部中断的通道为 PA5，使能中断，设置为中断模式、下降沿触发，再设置 NVAC 中断线。需要注意：NVIC 的中段线并不是通道 5，而是通道 9_5。因为通道 5 ~ 9 共用一个中断处理函数，函数名是 9_5。当要设置的是第 5 到第 9 号通道时，都要使用这个共用的中断线通道。接下来使能中断，设置优先级，最后写入设置。再看第 62 ~ 75 行的第 3 个中断的设置，将 PA 组端口写入通道 6，使用 PA6 端口输入中断，使能中断，设置为中断模式、下降沿触发。设置 NVIC 依然是 9_5，使能中断，设置优先级，写入设置。第 78 ~ 91 行是第 4 个中断，指定 PA7 为中断入口，设置中断入口为 7，使能中断，设置为中断模式、下降沿触发，写入设置。NVIC 设置为 9_5，使能中断，设置优先级，写入设置。到此就完成了中断初始化函数，设置好了 4 个中断并将它们分配到 PA4 ~ PA7 端口。最后只剩一个问题：一旦 I/O 端口出现下降沿，触发中断，程序要如何中止？如何进入中断处理程序？中断处理程序又有哪些内容？

在 NVIC.c 文件中除了中断初始化之外，第 95 ~ 113 行是两个中断处理函数。第 95 行是第 4 号通道的处理函数，第 101 行是 9_5 通道的中断处理函数。只要在主程序开始部分调用中断初始化，设置为中断的 I/O 端口出现下降沿就会触发中断，程序跳到中断处理函数。假如 PA4 端口出现下降沿产生中断，程序就会从主函数的任何位置中止运行，跳到通道 4 的中断处理函数 EXTI4_IRQHandler，执行其中的内容。执行完成后再跳回到主程序中断的位置继续执行。中断的意义就是中止主程序，执行中断处理函数。如图 12 所示，假如 PA4 端口产生中断，进入第 95 行通道 4 的中断处理函数。首先第 96 行通过 if 语句调用一个固件库函数，判断中断是否被触发。其实能进入中断处理函数就表示已经被触发，但为了保证稳定还要再判断一次。第 97 行把标志位变为 1，表示产生了中断，进入相应的处理函数。接下来第 98 行清除标志位，这里说的标志位并不是 INT_MARK，而是中断固件库函数定义的标志位。只有清除标志位，才能让中断复位，下次才能再次产生中断，所以每次退出中断前都需要清除标志位。接下来看中断通道 9_5，PA5 ~ PA9 这 5 个通道有中断被触发会自动跳入第 101 行执行。通过多个 if 语句判断哪个通道产生的中断。PA5 ~ PA9 共用此中断处理函数，进入中断处理函数后要分清中断来自哪个通道。第 102 行如果是第 5 个通道产生中断就进入 if 语句，标志位 INT_MARK 变为 2，然后第 104 行清除中断标志位。如果是 6 号通道产生中断则 INT_MARK 变为 3，如果是 7 号通道产生中断则把 INT_MARK 变为 4，主函数通过标志位的数值能知道中断来自哪里。但是在主函数中并没有区分标志的数值，只要标志不为 0 则进入处理函数。这里需要说明，真正的按键处理函数是在 main.c 文件第 50 行完成的。中断处理函数只在按键被按下瞬间，跳入中断处理函数，改变 INT_MARK 的数值。主函数判断 INT_MARK 是否改变（不为 0），改变则扫描键盘并在 OLED 屏上显示按键值。之所以没有把按键处理函数写在中断处理函数中，是因为这样会让中断处理函数占用很多时间，导致主程序长时间不执行而出错，使其他中断无法被触发。所以我们只是在中断处理函数中以最快的速度改变标志位，真正的按键处理程序在主程序中完成。当然程序的编写还要适应实际需求而灵活应变。需要注意：中断处理函数的函数名不允许用户修改。一旦中断被触发就会跳转到对应名称的中断处理函数，所以我们只要记住中断处理函数的名字，按照示例程序写函数内容即可。

其实中断的使用非常简单，首先是设置中断优先级，初始化中断，初始化 RCC 时钟设置，把 I/O 端口和中断通道关联，设置外部中断通道，设置 NVIC 通道。这时中断功能已经开启，没有中断时，程序运行主循环的内容；产生中断时，程序跳入相应的中断处理函数。执行完成中断处理函数后，程序回到主循环，从之前离开的地方继续执行。以上就是单片机外部中断功能的具体使用方法。今后开发项目时如果要使用中断功能，只要参考本示例程序，找到对应的通道并修改相关的设置。关于中断的更复杂设置和应用可以参考单片机应用手册，或在网上搜索资料，参考别人的示例程序。经过反复修改和应用，相信各位很快就能理解并熟悉中断的使用方法。

ThinkerNode 物联网开发板使用教程（1）

智能家居入门

柳春晓

Hello，大家好。本篇文章将会讲述如何使用ThinkerNode的板载LED，在阿里云平台上，借助阿里云的IoT Studio Web可视化开发功能，搭建一个远程控制灯的开关以及亮度的系统。这是智能家居系统中一个典型的远程开关控制场景。本项目的主要目的是让大家初步了解阿里云平台的使用方法以及ThinkerNode开发板的功能。

本项目所需的材料清单如附表所示。如果你是第一次使用 ThinkerNode，请先按照 ThinkerNode 的官方资料进行环境配置。

附表　材料清单

序号	名称	数量
1	ThinkerNode 开发板	1 个
2	ThinkerNode 扩展板	1 块

阿里云平台账号注册与产品创建

本项目选择阿里云平台作为项目的云平台，所以需要大家注册一个阿里云平台的账号，并跟随接下来的教程，熟悉阿里云平台的使用方法。

注册新用户。首先进入阿里云平台的首页，如图 1 所示，然后单击界面右上角的“立即注册”，创建一个阿里云平台账号。

开通物联网应用开发服务。登录阿里云平台，单击界面右上角的“控制台”，即可进入阿里云控制台首页。此步，我们需要将鼠标指针移动到阿里云平台首页左上角的“产品”标签上，再将鼠标指针移动到左侧列表中的“物联网 IoT”标签上，最后单击页面右侧“物联网应用开发”，如图 2 所示，开通物联网应用开发服务，此项服务在数据量不多或不进行商用时是免费的。

了解设备管理体系。在开始制作项目前，我们需要了解一下阿里云平台中的设备管理体系（见图 3）。

阿里云平台有项目、产品、设备 3 种概念，它们是一种从属关系。在物联网中，可以创建多个项目，一个物联网项目可以包含多个产品，一个物联网产品可以包含多个设备。其中，每一个项目、产品、设备都有自己独立的管理界面，便于用户进行调试和数据查询。另外，需要注意的一点是，在阿里云平台中，同一设备可以从属多个不同的产品，同一个产品也可以从属

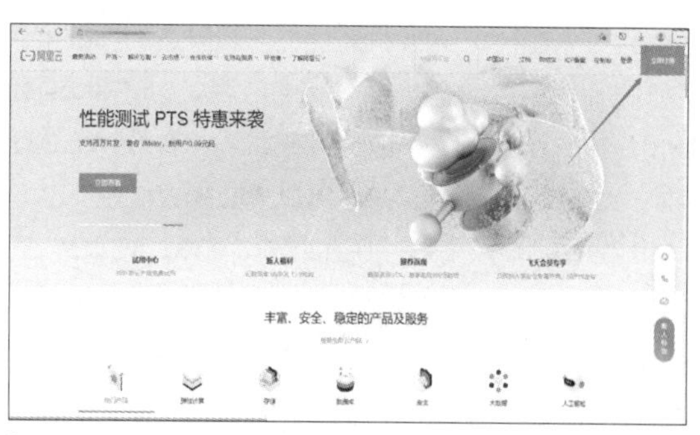

图 1 阿里云平台的首页

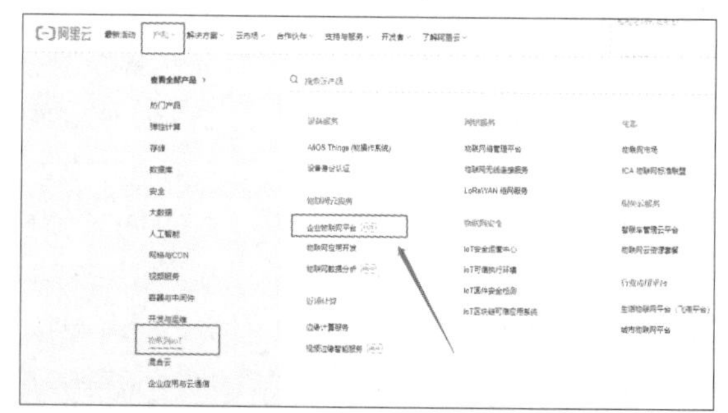

图 2 单击“物联网应用开发”标签

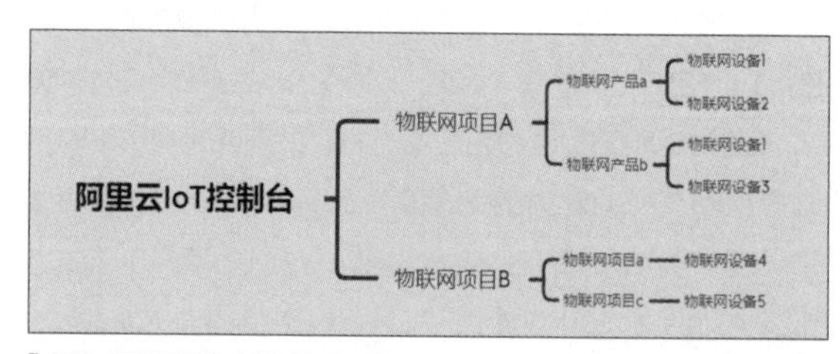

图 3 阿里云平台中的设备管理体系

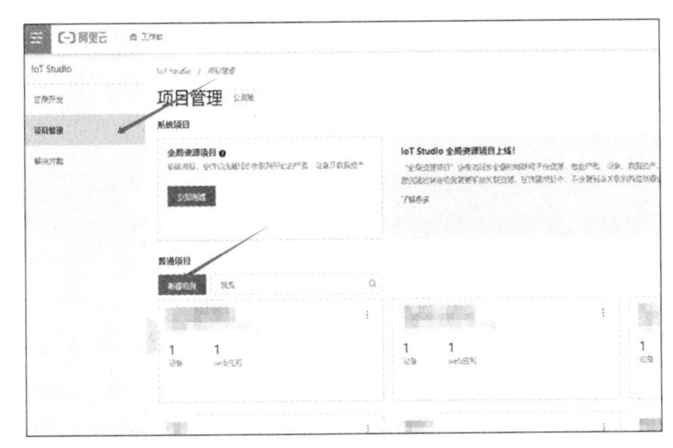

图 4 新建项目

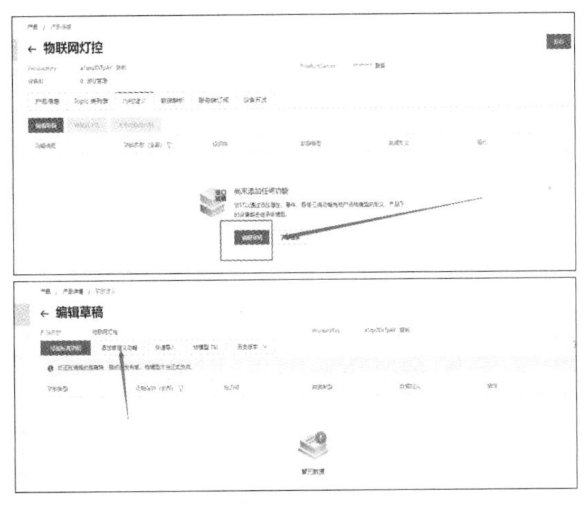

图 6 进入“添加自定义功能”界面

图 5 添加产品

图 7 定义产品功能

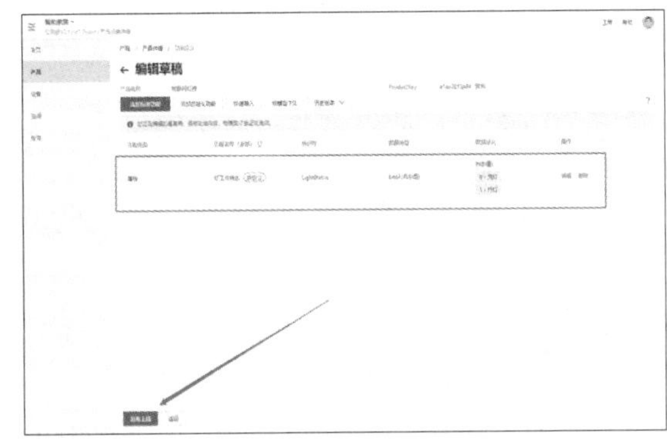

图 8 发布上线

多个不同的项目。这一点便于用户进行多项目开发。了解了阿里云平台的体系后，接下来我们就可以制作项目了。

新建项目。选择物联网平台界面左侧“IoT Studio”下的“项目管理”，然后单击界面右侧的“新建项目”，新建一个空白项目，如图 4 所示，并给项目命名为“智能家居”。创建完成后，进入智能家居项目的管理界面，为这个项目添加产品和设备。

添加产品。单击项目管理界面左侧功能栏中的“产品”，在弹出的界面中选择“创建产品”，填写产品名称为“物联网灯控”，选择所属品类为“自定义品类”，其他选项为默认选项，然后单击“确认”，如图 5 所示。

此时，我们已经在“智能家居”项目下创建了一个名为“物联网灯控”的新产品。接下来，我们需要对产品进行功能定义，这一步也叫作定义产品的“物模型”，物模型创建的过程就是通过协议描述产品功能的过程，定义产品有几组传感器数据、有什么控制功能、数据的类型是什么，等等。在产品界面，单击“物联网灯控”产品后的“查看”，然后选择“功能定义”中的“编辑草稿”，在新的界面中选择“添加自定义功能”，如图 6 所示。然后，在弹出的界面中，依次定义产品功能。由于本次项目需要实现的目标是通过云平台实现对 LED 的开与关，我们需要创建一个数据类型为布尔型的自定义功能（物模型）。布尔型是编程语言的一种变量类型，布尔型变量的值只有两个：False（假）和 True（真），即 0 和 1。因此，在自定义产品功能时，将功能名称填写为“灯工作状态”，标识符填写为“LightStatus”，数据类型选择为“bool（布尔型）”，布尔值为 0 时表示关灯，为 1 时表示开灯，读写类型选为“读写”，如图 7 所示，单击“确认”。最后，单击“发布上线”，如图 8 所示。

添加设备。定义产品功能后，我们需要为“物联网灯控”产品创建一个设备，这样我们就可以把 ThinkerNode 开发板连接到阿里云平台了。单击项目管理界面左侧功能栏中的“设备”，再在右侧的界面中选择“添加设备”，会弹出图 9 所示的界面，此处，我们将产品选为“物联网灯控”，DeviceName 填写为“LightDevice”，

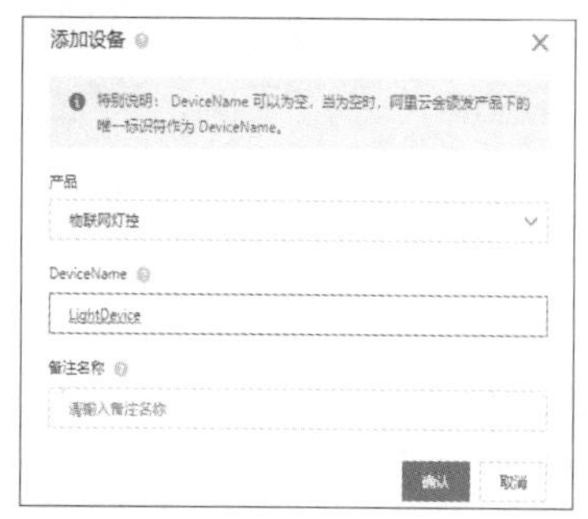

图 9 添加设备

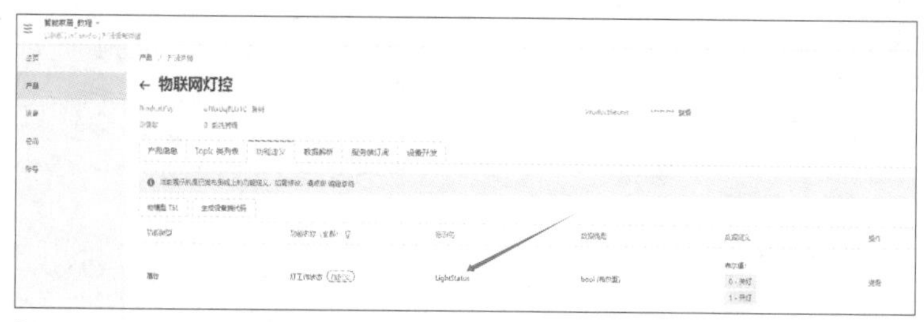

图 12 产品标识符为“LightStatus”

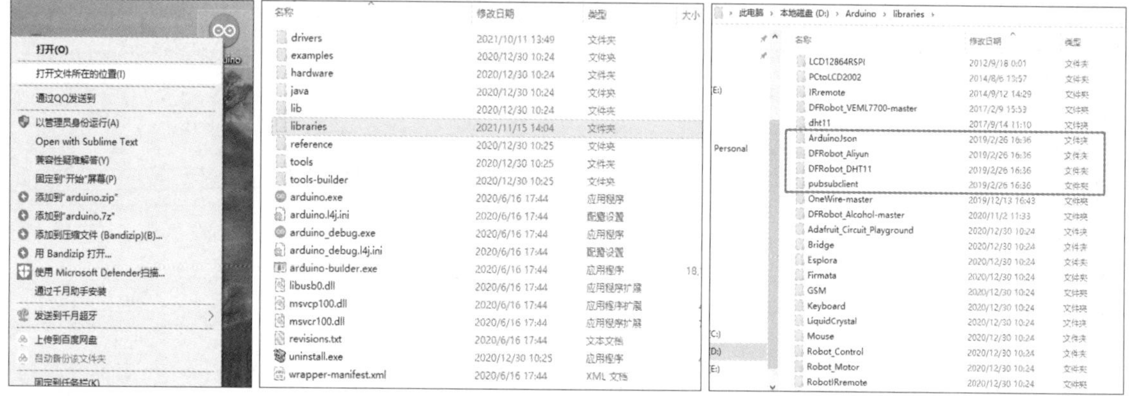

图 10 加载库文件的方法

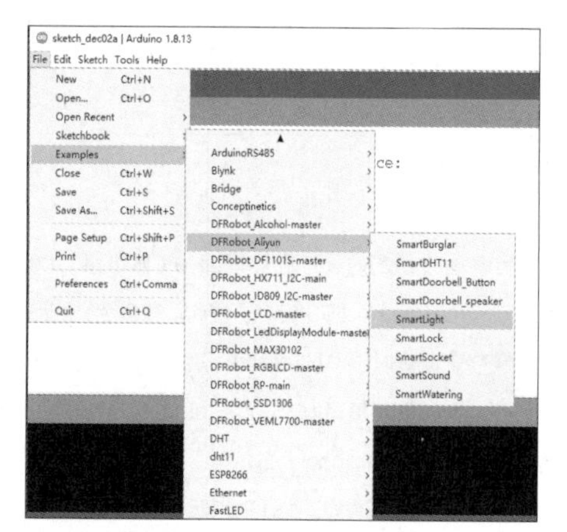

图 11 打开示例

添加方式设为“自动生成”，设备数量填写为 1。

到此，我们已经在阿里云平台上创建好了项目、产品和设备。

代码调试

使用鼠标右键单击 Arduino IDE 的图标，打开文件所在位置。将“ArduinoJson”“DFRobot_Aliyun”“DFRobot_DHT11”“pubsubclient”4 个库文件移动到 libraries 文件夹下，如图 10 所示。重启 Arduino IDE 软件就可成功加载库环境。

在 Arduino IDE 中，依次单击 File（文件）→ Examples（示例）→ DFRobot_Aliyun → SmartLight，如图 11 所示，打开示例程序。

在示例中，我们需要修改的有以下 4 个部分。

1. Wi-Fi名称和密码

将当前设备所连接的 Wi-Fi 名称和密码，分别填写在示例程序中 WIFI_SSID 和 WIFI_PASSWORD 变量值的双引号内，如下所示。

```
/*Set Wi-Fi name and password*/
const char* WIFI_SSID = "YOUR_WIFI_SSID";
const char* WIFI_PASSWORD = "YOUR_WIFI_PASSWORD";
```

2. 产品标识符

产品标识符是用户在配置产品功能过程中，系统自动设置的用以标识产品的名称或符号。我们在智能家居项目界面的左侧导航栏中选择“产品”，在产品列表中找到“物联网灯控”并单击其右侧的“查看”，复制“功能定义”中的产品标识符到示例程序中 Identifier 变量值的双引号内，如下文所示。若完全按照教程进行的功能定义，则产品标识符为“LightStatus”，如图 12 所示。

```
/*Product identifier that needs to be operated*/
String Identifier = "Your_Identifier";
```

3. 设备证书信息

设备证书信息包含阿里云平台分配的 ProductKey、DeviceSecret、

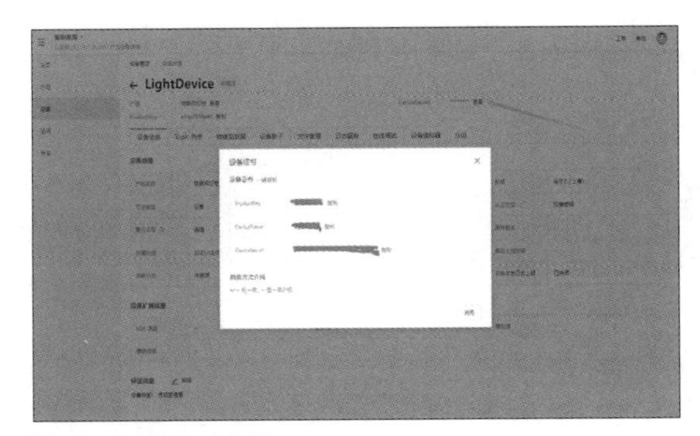

图 13 查看设备证书信息

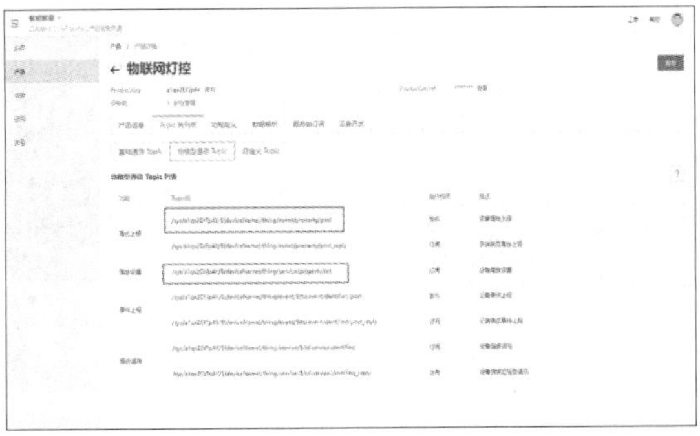

图 14 查看 Topic 信息

DeviceName。我们在智能家居项目界面的左侧导航栏中选择“设备”，在设备列表中找到刚刚创建的设备，单击“查看”可以看到设备证书信息，如图 13 所示。

将这些信息依次复制到示例程序中 ProductKey、DeviceName、DeviceSecret 变量值的双引号内。ClientId 可以设置任意参数。示例程序如下所示。

```
/*Configure device certificate
information*/
String ProductKey = "Your_Product_
Key";
String ClientId = "12345";/*Custom
id*/
String DeviceName = "Your_Device_
Name";
String DeviceSecret = "Your_Device_
Secret";
```

4. Topic信息

我们可以从“物理型通信 Topic”中查看在阿里云平台发布和订阅时所需的 Topic 信息，如图 14 所示，并将 Topic 信息复制到示例程序中的相应位置，如下所示。

```
/*TOPIC that need to be published
and subscribed*/
const char * subTopic = "Your_sub_
Topic";//set
const char * pubTopic = "Your_pub_
Topic";//post
```

至此，Arduino 的示例程序就修改完了。将程序上传到 ESP32，上传成功后打开 Arduino IDE 的串口监视器，将波特率设置为 115 200 波特，然后我们就能看见 Wi-Fi和 MQTT 连接成功了。连接成功后，我们可以在阿里云平台对该设备进行在线调试。

在线调试。在设备管理界面选择“在线调试”，然后选择“调试真实设备”，将调试功能设为“灯工作状态（LightStatus）”，方法设为“设置”。然后在程序区将 LightStatus 的值修改为 1，并单击“发送指令”，就可以实现控制 TinkerNode 板载 LED 打开与关闭的功能了。同时我们可以在 Arduino IDE 的串口监视器中看到 TinkerNode 收到阿里云平台发送的调试信息，且 TinkerNode 板载 LED 会随着 LightStatus 状态标识符的改变而变化，如图 15 所示。

至此，我们已经建立了 TinkerNode 与阿里云平台的连接，并且可以通过阿里云平台控制 TinkerNode 开发板上 LED 的开关状态。

IoT Studio Web可视化页面开发

在阿里云平台中，我们可以进行 Web 可视化页面的开发，制作个性化的设备控制界面，这是 IoT Studio 的核心功能。接下来，就让我们为刚刚制作的智能家居项目，创建一个 Web 可视化页面吧！

在智能家居项目界面的左侧导航栏中选择“主页”，然后依次单击右侧界面的“Web 应用”和“新建”，我们可以在弹

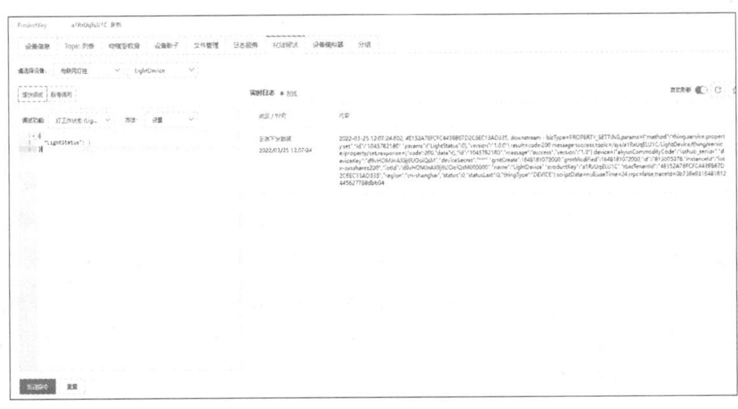

图 15 查看调试信息

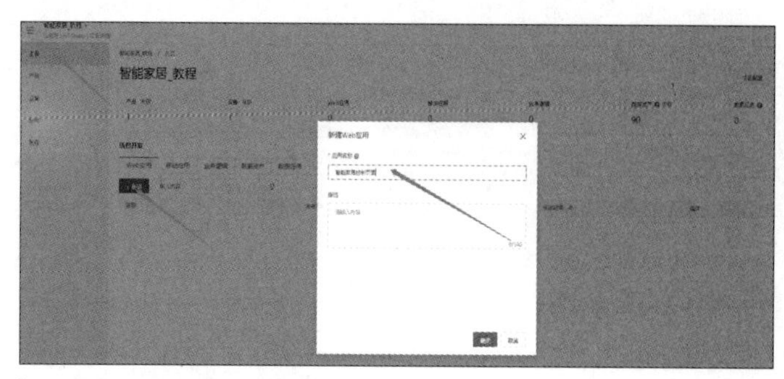

▌图 16 进入 Web 可视化开发界面

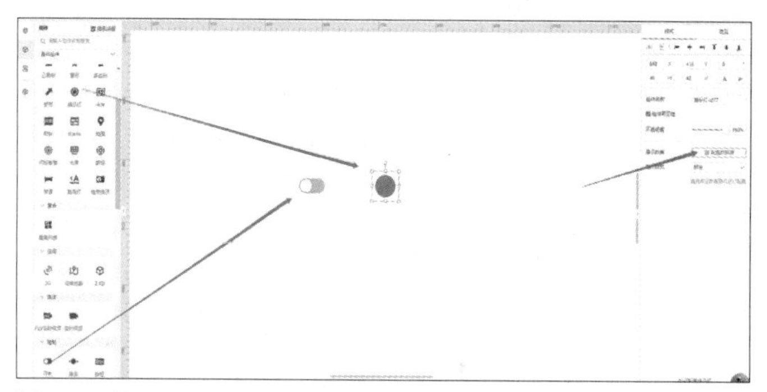

▌图 17 单击属性配置区的“配置数据源”

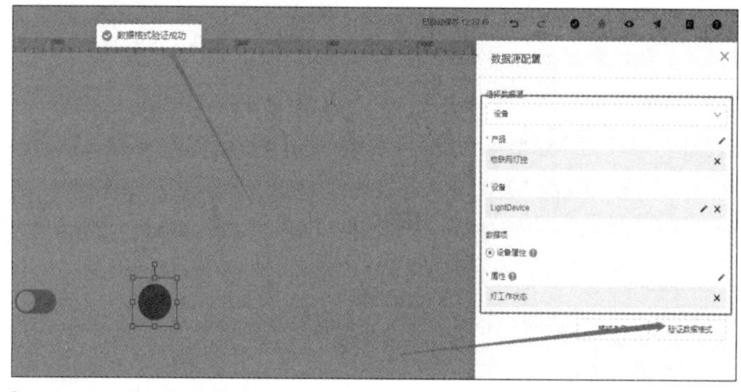

▌图 18 单击“验证数据格式”

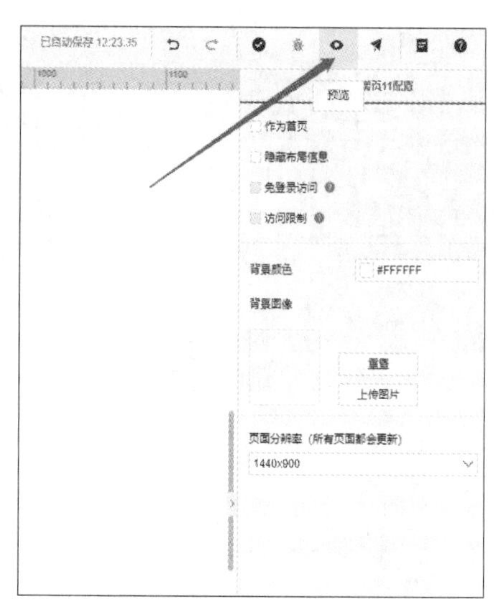

▌图 19 单击“预览”

出的界面中，给 Web 应用命名，此处我们给它命名为“智能家居控制页面”（见图 16）。单击“确认”，进入 Web 可视化开发界面。

界面的上方是基础的菜单栏，左侧为功能区，中间为可视化开发画布，右侧为属性配置区。选择菜单栏中的“组件”，我们可以看到界面左侧会出现功能各异的组件，如指示灯、开关、按钮、仪表盘、时钟等。阿里云平台将这些组件分为基础组件、工业组件以及变配电组件等。在本项目中，我们需要用到开关和指示灯两个组件，即通过开关控制 LED 的打开与关闭，通过指示灯显示当前 LED 的状态。

我们将开关和指示灯拖曳到画布中，在单击指示灯组件后，单击属性配置区的“配置数据源”（见图 17），选择我们创建的“物联网灯控”产品并单击“确定”。然后选择设备选项中的“指定设备”，并在弹出的界面中选择我们之前创建的设备，单击“确定”。接下来，单击属性选项中的“选择属性”，在弹出的界面中选择“灯工作状态”，单击“确定”。此时，我们就可以单击“验证数据格式”（见图 18），查看是否会收到“数据格式验证成功”的提示，如收到提示，则证明配置正确。配置正确后，就可以单击“确定”完成对指示灯数据源的配置了。我们使用同样的方法，选中开关组件，完成对开关数据源的配置。此处需要提到的是，我们可以在属性配置区自行设置组件的颜色。

至此，我们已经完成了对可视化页面的开发，单击菜单栏中的“预览”（见图 19）可以对我们制作的可视化页面功能进行调试。此时，单击预览界面中的开关，就可以看到 TinkerNode 板载 LED 和预览界面中的指示灯先后亮起。

调试完毕后，回到 Web 可视化开发界面，单击菜单栏中的“发布”。发布后，我们可以在 IoT Studio 的主界面中看到一个名为“智能家居控制页面”的 Web 应用，发布状态为“已发布”，单击此界面中的“发布地址”即可进入此 Web 应用。

使用 ThinkerNode 开发板搭建一个远程控制灯的开关以及亮度的系统，完成智能家居系统中一个典型的远程开关控制场景的方法就为大家介绍到这里了。阿里云平台也可以自行为应用添加图片背景，大家可以自行尝试。

新能源汽车研发设计知识概览（16）

新能源汽车的交流充电与无线充电

陈旭

无论交流充电还是无线充电，最终的步骤都是将电能转化为动力电池能够接受的直流电，再将直流电充入动力电池，它们和直流充电的区别在于，交流充电是将AC-DC变流模块以车载充电机的形式设置在新能源汽车上，在固定充电设备上只需要设置电路通断控制、交流充电接口和电能/电费计量等体积较小的装置就行。由于交流充电的功率通常比直流充电的功率小得多，交流充电常常也被称为慢充。无线充电则是在工频为50Hz的交流电网和新能源汽车动力电池所需的直流电之间增加了无线大功率高频电能传输设备。

采用交流充电桩对新能源汽车充电的原理如图1所示。其中，断路器类电路保护装置可能安装在连接充电桩的配电柜中。无论怎样设置前一级电路，在交流充电桩的输入端口处都会有保险管（熔断器）这样的基本保护措施。交流输入接触器的闭合或断开由充电桩控制器控制，确保只在充电插头与车载充电插座已经良好连接的情况下接通交流电路，保证充电桩的高压用电安全。输出状态监控模块通常和充电桩控制器配合实现电能计量、过电压监控保护、过电流监控保护等功能，为充电收费提供计量依据，并在交流电压超出正常范围、电流超出新能源汽车需求范围等意外情形出现后及时停止充电，切断电能供应。充电桩控制器通过触摸屏或按键等人机交互界面接收操作人员的指令，启动或停止充电，并且在启动充电时和充电中与新能源汽车的车载充电机通信，实现对充电状态的多重监控，确保充电安全。

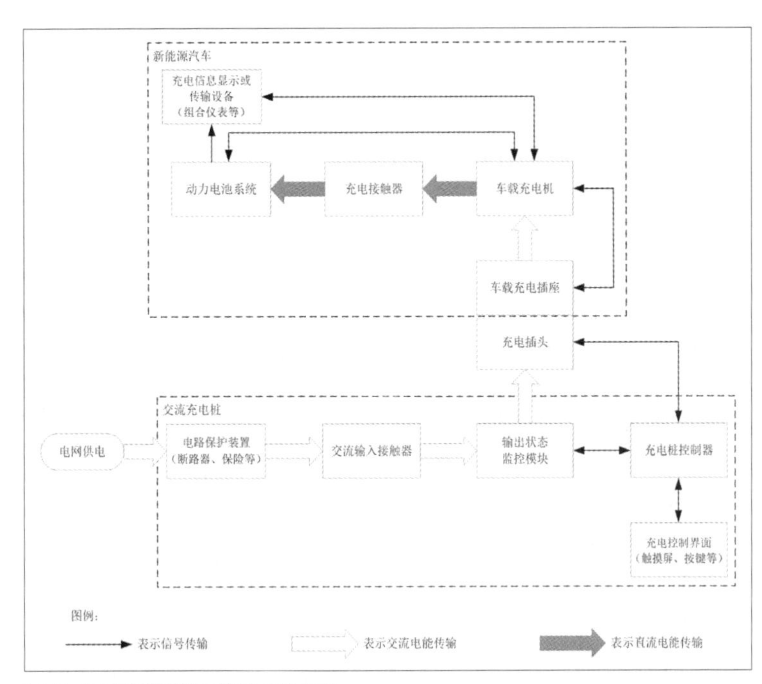

图1 交流充电桩对新能源汽车充电的原理

在采用交流充电桩充电的情况下，充电起始阶段的连接确认过程比较简单，因为新能源汽车上动力电池系统的各种参数限值都已经在车载充电机内配置妥当，只需要确认车载充电机和交流充电桩之间连接状态良好即可。在当前国内常见的交流充电连接模式下，按照国家标准，新能源汽车和交流充电桩之间实现连接确认的基本原理如图2所示。

对于图2所示的连接原理，启动交流充电的连接确认过程如下。

对于新能源汽车，车载充电机控制器会测量检测端口CC（即检测点P3）与接地端口PE之间的阻值，判断充电插头和插座是否完全连接。如果充电插头未插入插座，对于车载充电机控制器来说，PE与CC之间的阻值则为无穷大；如果充电插头插入插座但并未插好，充电插头内的联动开关S3则处于断开状态，PE与CC之间的阻值为R4与Rc的阻值之和，控制器会判定为不允许充电；只有充电插头插入插座且处于完全连接状态时，S3闭合，PE与CC之间的阻值为Rc的阻值，控制器才会判定插入插头允许充电。确认完全连接后，如果在充电插座内有车载充电机控制的电子锁（图2中未绘出），则车载充电机控制器会控制电子锁对充电插头在后续充电过程中保持锁定，只在停止充电的情况下才允许解锁。

对于交流充电桩，在充电插头与插座未连接好，CP端口断开时，CP端口对应的电压检测点P1对地电压为12V；

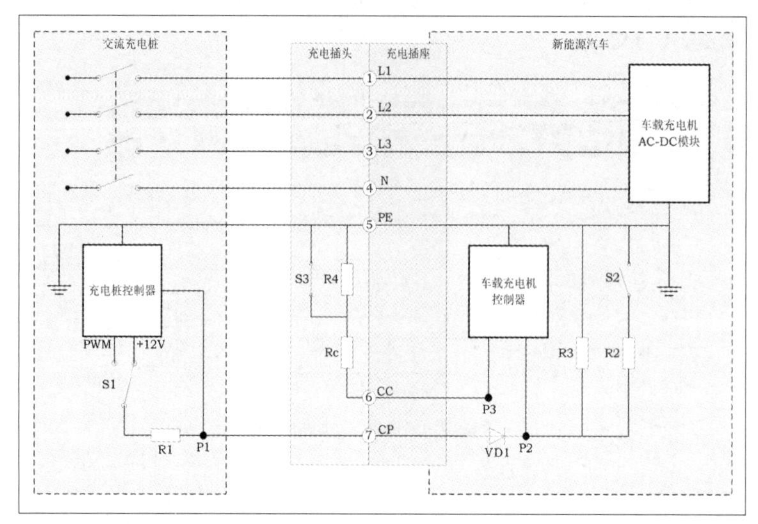

图 2 交流充电桩与新能源汽车的连接原理

如果充电插头与插座已完全连接，则 R1 和 VD1、R3 串联，P1 的对地电压变为 9V；此时，如果新能源汽车处于可充电状态，则车载充电机控制器会控制开关 S2 闭合，R3 与 R2 并联后再与 R1、VD1 串联，检测点 P1 的电压变为 6V，充电桩控制器即确认可对新能源汽车充电。仅在确认可充电的情况下，充电桩控制器才会控制交流充电桩内的交流输入接触器闭合，对新能源汽车内的车载充电机供电。

新能源汽车与充电桩建立可靠的完全连接后，车载充电机控制器需要将充电电缆的载流能力、当前充电桩的最大可供电能力、当前动力电池系统的允许充电功率结合，以三者中的最小限制作为当前的最大允许充电功率。其中，充电电缆的载流能力通过国家标准中规定的 Rc 阻值来判断（4 挡 Rc 阻值分别对应 10A、16A、32A、63A 这 4 种不同的电缆载流能力规格）。确认完全连接后的交流充电桩控制器会通过切换开关 S1 将 CP 端口所在线路连接到 ±12V 1kHz PWM 信号，以 PWM 信号的占空比发送当前允许的充电电流限值。该 PWM 信号占空比与当前最大允许充电电流之间的关系如图 3 所示，其最高限值和充电电缆的最高载流限值一样，都是 63A。

依照以上的步骤实现充电连接确认后，新能源汽车与交流充电桩之间的充电过程就能在有充分安全保障的前提下进行。任何连接确认信号的中断或异常状态都会导致充电立即停止。如果车载充电机从充电桩获取的电流超过 PWM 信号中规定的限值达到一定程度，交流充电桩也会停止充电。充电过程中，交流充电桩内置的绝缘检测电路也会对高压电路的绝缘状态进行持续的实时检测。所有交流充电桩与新能源汽车之间的安全保障措施，以及新能源汽车内电池管理系统与车载充电机之间的安全保障措施，可以使交流充电的全过程实现有效的多重安全保障。

以当前的科技水平，最有可能实用化的无线充电方式是电磁感应式无线充电。这种充电方式也可以看成一种广义上的无传导（即充电桩与新能源汽车之间没有连通的接插件）交流充电方式，因为需要先将电网中提供的工频（50Hz）交流电先转换成数百 kHz 量级的射频交流电，通过发射线圈（初级线圈）以电磁感应的形式将电能传输给新能源汽车上安装的接收线圈（次级线圈），再以车载 AC-DC 变流模块将接收到的高频交流电转换成直流电给动力电池组充电。充电过程中，车载无线充电控制器与充电桩控制器之间通过专用的通信天线进行信息交互，对充电的启动和停止，以及充电电压、电流等参数实现管控。无线充电桩对新能源汽车充电的原理如图 4 所示，将其与图 1 所示原理进行比较，可以看出无线充电桩和普通交流充电桩的主要区别在于，前者用 AC-AC 变流模块和发射线圈的组合取代了后者的输出状态监控模块和充电插头。当然，无线充电桩中的控制器也会和 AC-AC 变流模块配合实现电能计量、过电压监控保护、过电流监控保护等功能，还要加上对变流

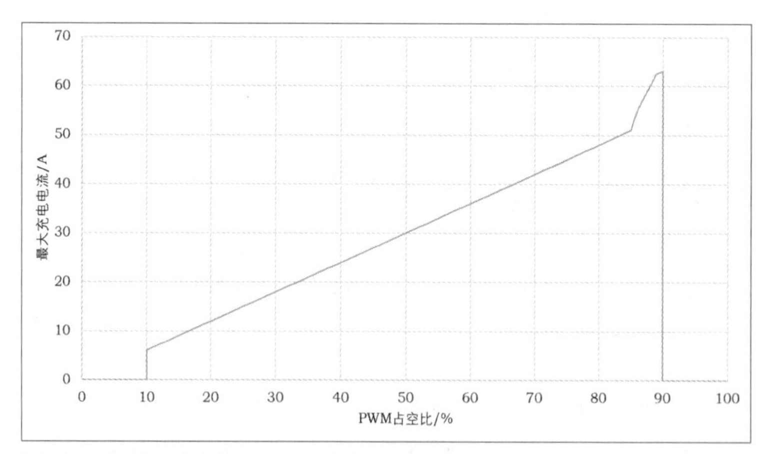

图 3 交流充电时的 PWM 信号占空比与充电需求电流关系

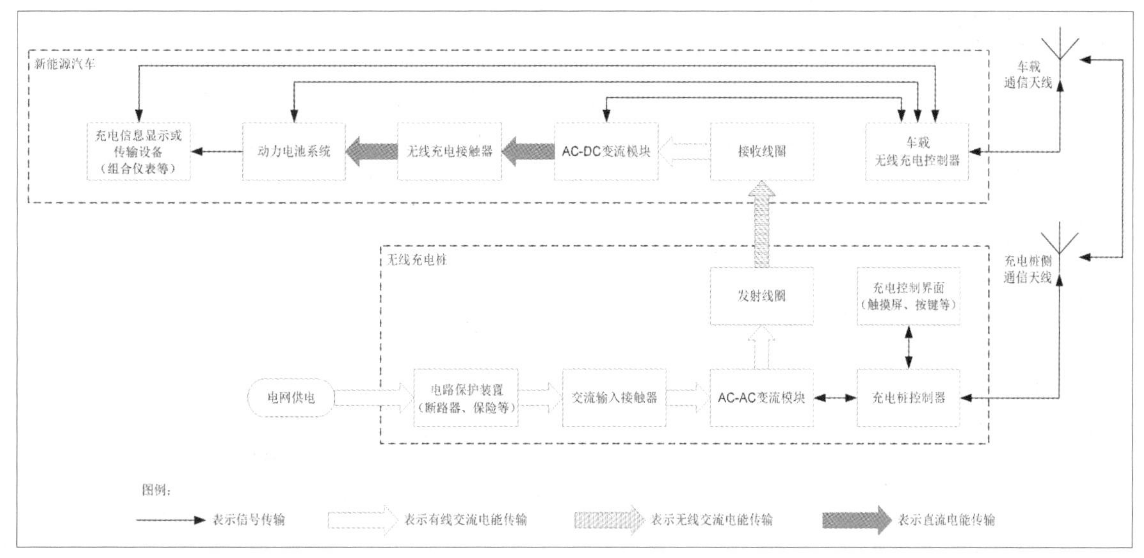

图 4 无线充电桩对新能源汽车充电的原理

模块和发射线圈的温度监控及过温保护。

无线充电桩尚未普及的主要原因是设备成本偏高，并且充电的效率还有待提高。由于暂未推广统一的业内标准，不同企业的无线充电设备之间常常也并不兼容。当然，无线充电的前景依然光明——有潜力实现充电过程的全自动化，是吸引各车企和充电设备企业对无线充电倍加关注的原因。已投入使用的新能源汽车无线充电设备，在外观上通常是地面上被特别标记出的一小块区域，如图 5 所示。

当前市场上已有一些批量生产的高档自动清洁机器人证明了无线自动充电的实用性。使用具有无线充电功能的智能手机的用户，对无线充电技术的便捷性会深有体会。这些自动机器人或智能手机中安装的小功率无线充电设备如图 6 所示，其基本原理与新能源汽车中对动力电池充电的大功率无线充电设备相同。对于需要提供高压大功率电能的新能源汽车而言，无须对接插件进行连接确认，是无线充电方式另一个令相关企业动心的优点。为了将新能源汽车的无线充电变成随处可见的现实，车企和充电设备企业还有大量充满挑战的工作等待工程师完成。只要无线充电标准的统一得以实现，在自动驾驶发展趋势明显的当前行业状态下，无线充电技术的未来令人充满期待。

结束语

21 世纪的第二个 10 年，是新能源汽车在中国各大城市快速普及的 10 年。迈入 21 世纪 20 年代之际，中国在新能源汽车领域已经取得了辉煌的成绩，拥有了世界上最大和增速最快的新能源汽车市场，众多中外车企也在新能源技术的广阔新天地中大展宏图。新能源公共汽车、物流车、清扫车——所有这些不同类型和用途的新能源汽车，连同当代个人和家庭拥有的新能源乘用车一起，将会在未来几年到十几年之内，带领我们走入一个更加环保清洁和自由便捷的新能源交通时代。

图 5 新能源汽车无线充电设备的示意性外观

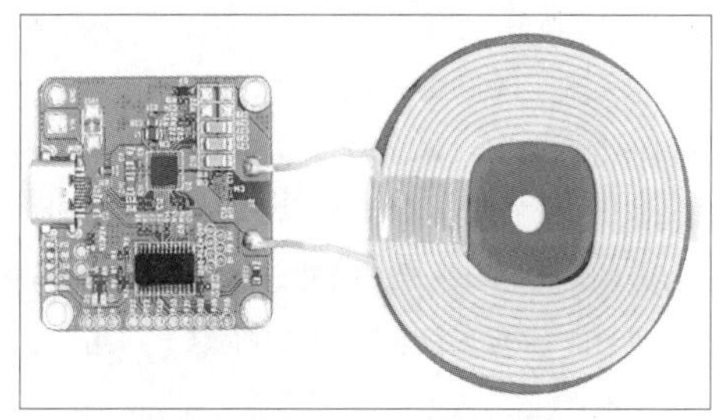

图 6 用于便携电子设备的无线充电终端电路及线圈

软硬件创意玩法（2）

Arduino IDE 编程让 Uair 蜂鸣器奏乐

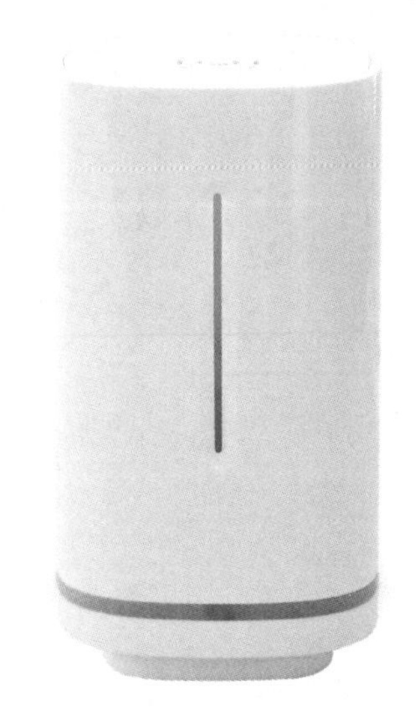

▌徐玮

上文，我们已经成功让Uair开发板控制了RGB LED。今天，我们就一起来玩一下蜂鸣器吧！让硬件发出声音，最简单的办法就是对蜂鸣器编程。

首先，我们先来看一下蜂鸣器，蜂鸣器主要有两类：一种叫有源蜂鸣器，另一种叫无源蜂鸣器。它们的区别在于有源蜂鸣器内部固定了声音的频率，只要给蜂鸣器接上电源，就会发出固定的音调。而无源蜂鸣器就不一样了，它需要我们告诉它发声的频率，才能播放出我们所需要的音调，因此，我们可以用它播放简单的乐曲旋律。

国家和社会经济的运转都呼唤着更加多元化和可靠的能源供给与应用途径，广大民众的环保意识也日益觉醒，因此，新能源汽车的崛起注定势不可挡。虽然在能源补充速度和续航里程这两点上，当前的纯电动新能源汽车与传统燃油汽车相比还有一定差距，但是在环保性能、操控性能、加速性能和最高速度、安全性能等方面，新能源汽车可以比现有的燃油汽车更具优势，或者至少是不分伯仲。随着科技的不断发展，新能源汽车在各项性能指标上也会越来越好。

不断进步的技术让我们的生活更加美好，在接下来的几十年里，采用新技术打造的新能源汽车，会成为美好生活中相当重要的一部分。就像人们曾经习惯使用燃油汽车和智能手机一样，未来，人们也会对新能源汽车在生活中的存在习以为常，享受新能源汽车为我们带来的更加便捷、舒适、自由、安全的日常出行。未来的新能源智能乘用车（或者广义上的道路交通载客车辆）作为交通服务体系中的载体，很可能会根据日常周期性的短途出行和偶然的长途出行等不同用途，分化出不同功能的配置和外观，为出行人士提供点到点的个性化定制精准交通方案。

我们可以预期，建立在新能源技术和智能网联技术基础上的道路交通车辆，将会颠覆我们对汽车的现有理念。无论是高度自动化的有人驾驶还是完全不需要驾驶员的无人驾驶，新能源汽车都会带领我们驶向未来，让更环保、更安全、更便捷舒适的生活触手可及。建立在新能源汽车基础上的智能环保交通体系，不仅是现有交通模式的替代，更是一次意义重大的全面转型升级。对车企来说，这很可能是一次从交通工具制造企业转型为交通服务提供企业的机遇。与汽车产业相关，或者与未来的道路交通服务产业相关的产业链将会出现意义深远的历史性变革。

新能源技术和智能网联技术的推广应用，为产业链中的所有企业带来了新的机遇，也对现有企业提出了新的挑战。新交通体系的建立过程会包含大量富有创意的先行尝试。在这个过程中，市场生态瞬息万变，为应对新的市场需求，满足并超越潜在用户群体的期待，产业链内的各环节企业都需要在新能源、智能网联等技术领域培养出强大的研发团队，提升多学科领域复合创新的能力，以更高的效率积极抓住新的机遇，应对新的挑战。

想要在新能源汽车行业中立足研发设计岗位的个人，也会面临着类似的境况。尽管围绕着新能源技术或者智能网联技术已有众多现成的技术岗位，但是对于这样一个处于时代前沿，时刻都在快速变化发展的行业来说，保持自己的知识储备不断更新，让自己对技术的认知疆域持续拓展，是每一位奋斗在研发设计一线的工程师不可或缺的职业修养。从学校毕业，获得电气工程、电子信息或自动化等专业的学位证书，只是“万里长征”的第一步。研发设计职业生涯的前途是阳关大道还是羊肠小道，取决于工程师能否预测并把握住技术发展的潮流方向。在正确方向上的所有勤奋和努力，最终都会有所收获。

图 1 有源蜂鸣器

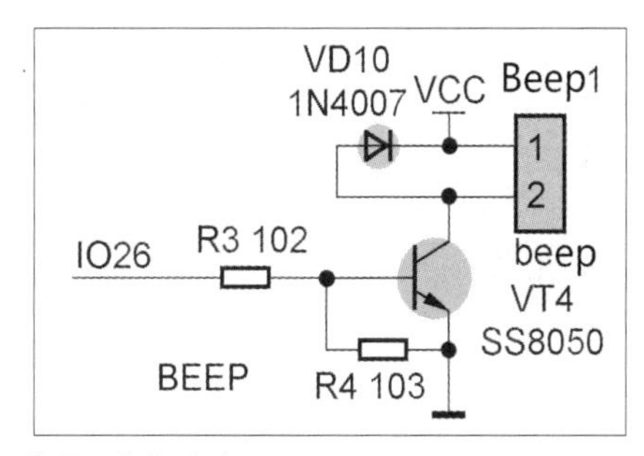

图 2 蜂鸣器电路

```
sketch_dec29a | Arduino 1.8.15
文件 编辑 项目 工具 帮助
sketch_dec29a
void setup() {
  pinMode(26,OUTPUT);
}

void loop() {
  digitalWrite(26,HIGH);
  delay(3000);
  digitalWrite(26,LOW);
  delay(2000);
}
```

图 3 最简单的蜂鸣器发声程序

有源蜂鸣器和无源蜂鸣器外观非常相似，在选购时与商家确认即可。今天我们将以有源蜂鸣器为例，介绍一下它的硬件原理及最简单的控制方式。

我们选用最常见的直流 5V 有源蜂鸣器，蜂鸣器上会标有一个“+”号，如图 1 所示。它表示只要在蜂鸣器两个引脚分别加上 DC 5V 和地线，蜂鸣器就会发出声音，是不是觉得非常简单，就像点亮一个 LED 一样容易。

现在我们来看一下Uair开发板的蜂鸣器控制电路。如图2所示，ESP32 的 GPIO26 引脚连接三极管 VT4 控制蜂鸣器的鸣音，由 VT4 组成的三极管放大电路，可以让蜂鸣器 Beep1 发出响亮的声音。当 GPIO26 引脚为低电平时，三极管 VT4 截止，电路不形成回路，蜂鸣器上没有电压，不会发出声音。当 GPIO26 引脚为高电平时，三极管 VT4 导通，蜂鸣器上有 VCC 5V 电压，发出声音。

知道了这个简单的原理，我们可以在 Arduino IDE 中编写程序来控制蜂鸣器的“响”和“不响”了。

我们先来写个非常简单的程序。使用 digitalWrite(26,HIGH) 就能让蜂鸣器响起来，持续响多久就用 delay 延时函数控制，然后再加上一句 digitalWrite(26,LOW) 就能让蜂鸣器停止发声了。

示例代码如图 3 所示，这个程序先让蜂鸣器响 3s，然后停 2s，不断重复这个步骤。

现在，我们需要将开发板选择为“NodeMCU-32S”（见图4），然后选择正常的 COM 端口号，直接下载程序就可以听到声音的效果了。

现在我们已经可以控制蜂鸣器“响”或“不响”了。接下去，我们更进一步地学习一下，我们可以尝试改变蜂鸣器的发声频率，让蜂鸣器可以发出 Do、Re、Mi、Fa、Sol、La、Si 的音调。这里我们可以使用 PWM 信号控制蜂鸣器，即用 LEDC（LED Control）来实现 PWM 功能。

我们来看一下代码，了解一下它的工作原理。

```
// 定义蜂鸣器连接的是 ESP32 的 GPIO26 引脚
const int TONE_OUTPUT_PIN = 26;
// ESP32 有 16 个独立输出 PWM 波形的通道，在此我们选择通道 0
const int TONE_PWM_CHANNEL = 0;
void setup() {
  ledcAttachPin(TONE_OUTPUT_PIN, TONE_PWM_CHANNEL);
}
void loop() {
  // 演奏中央 C 音调
  ledcWriteNote(TONE_PWM_CHANNEL, NOTE_C, 4);
  delay(500);
  ledcWriteNote(TONE_PWM_CHANNEL, NOTE_D, 4);
  delay(500);
  ledcWriteNote(TONE_PWM_CHANNEL, NOTE_E, 4);
  delay(500);
  ledcWriteNote(TONE_PWM_CHANNEL, NOTE_F, 4);
  delay(500);
```

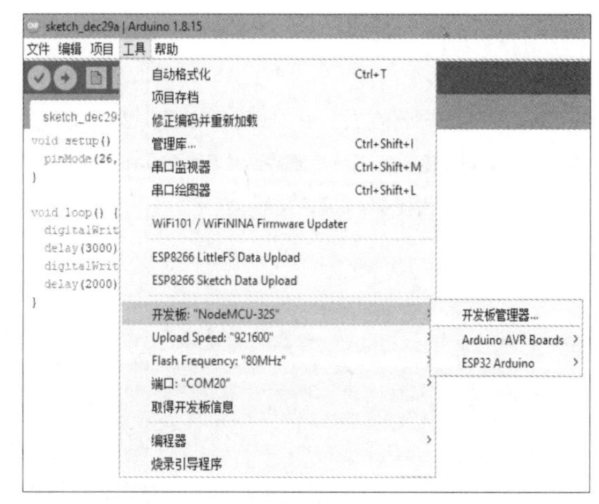

图 4 开发板类型与 COM 端口号的选择

```
  ledcWriteNote(TONE_PWM_CHANNEL, NOTE_G, 4);
  delay(500);
  ledcWriteNote(TONE_PWM_CHANNEL, NOTE_A, 4);
  delay(500);
  ledcWriteNote(TONE_PWM_CHANNEL, NOTE_B, 4);
  delay(500);
  ledcWriteNote(TONE_PWM_CHANNEL, NOTE_C, 5);
  delay(500);
}
```

我们将通过调用 ledcAttachPin 函数将 PWM 通道连接到 ESP32 的实际 GPIO 引脚，你可以把它理解成一种映射关系。然后重点调用 ledcWriteNote 这个函数，我们来看一下这个函数的使用方法。

```
double ledcWriteNote(uint8_t channel, note_t note, uint8_t
octave)
```

该函数可以直接输出指定调式和音阶声音信号，非常方便。函数中的第一个参数 channel 是我们选择的输出 PWM 通道号，前面已经进行了定义。第二个参数 note，我们可以看一下附表。第三个参数 octave 表示音阶，取值范围为 0~7，如果你需要了解更多的乐理基础知识，可以在网上搜索。

附表 note 与音调的对应关系

参数	功能
note	从中央 C 开始按 C（Do）、升 C、D（Re）、降 E、E（Mi）、F（Fa）、升 F、G（Sol）、升 G、A（La）、降 B、B（Si）的顺序，取值依次为 NOTE_C、NOTE_Cs、NOTE_D、NOTE_Eb、NOTE_E、NOTE_F、NOTE_Fs、NOTE_G、NOTE_Gs、NOTE_A、NOTE_Bb、NOTE_B

看完了 ledcWriteNote 函数的介绍，是不是就很容易理解上面的代码了？它的功能是以循环的方式每隔 500ms 延时播放不同的音阶。

除了用 PWM 输出的方式，我们使用 tone 函数也可以方便地输出音调。你可以直接将下面的代码编译并下载至 Uair 开发板中，这样就可以听到开发板演奏《两只老虎》了。

```
#define Do 262
#define Re 294
#define Mi 330
#define Fa 350
#define Sol 393
#define La 441
#define Si 495
#define Doo 882 //高音部分
#define CC 525
#define DD 589
#define EE 661
#define AA 882
#include <ESP32Servo.h>
int musiclist[32]={Do,Re,Mi,Do,Do,Re,Mi,Do,Mi,Fa,Sol,
Mi,Fa,Sol,Sol,La,Sol,Fa,Mi,Do,Sol,La,Sol,Fa,Mi,Do,Re,Sol,
Do,Re,Sol,Do};
int timelist[32]={2,2,2,2,2,2,2,2,2,2,4,2,2,4,1,1,1,1,
2,2,1,1,1,1,2,2,3,3,4,3,3,4};
void setup(){
  Serial.begin(115200);
  pinMode(26,OUTPUT);
}
void loop(){
  int i = 0;
  for (int i = 0; i <32; i = i + (1)) {
    tone(26, musiclist[i], 125*timelist[i]);
    delay(100);
  }
  delay(1000);
  i = 0;
}
```

这段代码中，我们主要使用了 tone 函数，如果理解了 tone 函数，那解读整段程序也就没有什么问题了，因为其他大部分是一些延时操作。我们来看一下 tone 函数的使用方法。

```
tone(pin, frequency, duration)
```

它有 3 个主要参数，pin 是发声引脚，即我们使用的蜂鸣器与 ESP32 模块相连的 GPIO 引脚号。frequency 是发声频率，单位为赫兹，它是一个无符号整数型数据。duration 为发声时长，单位为微秒，此参数为可选参数，它是一个无符号长整型数据。

现在我们再去看上面的代码，是不是已经觉得一点都不难了呢？

现在你就可以根据音调和音阶编写出各种不同曲谱的音乐了，网上有很多音乐库，大家也可以直接安装，这时候 Uair 就像个小音箱一样，你可以把它放在书桌边或床边倾听自己编写的音乐了。

ThinkerNode 物联网开发板使用教程（2）

Wi-Fi 窗帘控制器

▌柳春晓

Hello，大家好。上文，我们介绍了阿里云平台和TinkerNode物联网开发板的使用方法，并应用它们完成了一个小应用。本文，我们将会讲述如何使用ThinkerNode物联网开发板制作Wi-Fi窗帘控制器，实现应用遥控器及阿里云平台中的可视化控制界面完成远程控制窗帘升降的功能。为了方便大家学习，我制作了视频版教程，大家可以扫描演示视频二维码进行学习。

视频版教程

本项目所需的材料清单如表 1 所示。

为了方便大家了解项目和程序的编写逻辑，我梳理了一下 Wi-Fi 窗帘控制器的工作流程（见图 1）。在项目中，我创建了一个用于储存步进电机步数的变量，以下降的最低点为 0 点，确定窗帘的实时位置。另外，我还使用红外传感器监测窗帘的下边沿，以确定窗帘可以下降到的最低点位置，并在每次下降到最低点时，进行 0 点校准，保证窗帘不会因为电机丢步和结构打滑产生控制失准的情况。

配置阿里云平台

首先，我们登录阿里云平台，新建一个名为“物联网窗帘”的项目，并在项目中添加一个名为“Wi-Fi 物联网窗帘”的产品。创建项目及添加产品的操作方法已经在上期文章中为大家介绍了，此处就不详细展开了。

然后，我们为产品添加功能。具体的操作方法是单击“Wi-Fi 物联网窗帘”产品后的“查看”，选择“功能定义”中的“编辑草稿”，在新的界面中选择“添加自定义功能”，再在弹出的界面中，依次定义产品功能。因为我们要使用 Wi-Fi 窗帘控制器控制窗帘上升、下降、暂停、复位，所以我们在自定义产品时，需要将数据类型填写为“int32（整数型）”，标识符填写为“Curtain_Control”，取值范围设为“0~3”，步长填写为“1”，读取类型选为“读写”，如图 2 所示。此处，我们通过设置取值范围和步长，使 0、1、2、3 这 4 个数可以在后期使用时对应上升、下降、暂停和复位。设置好后，单击“发布上线”，完成对产品功能的添加。

最后，我们为“Wi-Fi 物联网窗帘”产品添加一个设备，这样我们就可以把由 ThinkerNode 物联网开发板搭建的 Wi-Fi 窗帘控制器连接到阿里云平台，从而实现远程控制了。具体的添加方法是单击项目管理界面左侧功能栏中的“设备”，再在右侧的界面中选择“添加设备”，在新弹出的窗口中选择“ Wi-Fi 物联网窗帘”，并将 DeviceName 填

表 1　材料清单

序号	名称	数量
1	TinkerNode 物联网开发板	1 块
2	TinkerNode I/O 扩展板	1 块
3	数字继电器模块（兼容 Arduino 和树莓派）	1 个
4	DC-DC 可调升压模块（3.7~34V）	1 个
5	混合式步进电机（型号：42BYGH40-1.8-22A）	1 个
6	DRV8825 步进电机驱动	1 个
7	步进电机驱动扩展板	1 块
8	3cm~50cm 红外数字避障传感器	1 个
9	7.4V 锂电池	1 块
10	7.4V 锂电池 USB 充电模块	1 个
11	太阳能电池板	1 块

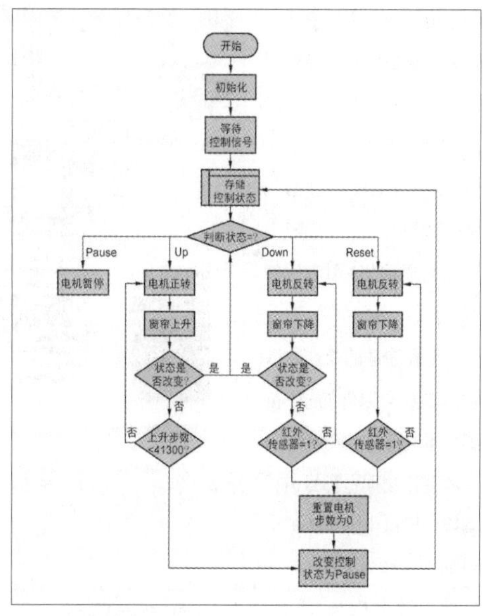

▌图 1　设备的工作流程

▌图 2 定义产品功能

写为“winDev”，如图 3 所示。

搭建成品

我们先来了解一下 ThinkerNode 物联网开发板的引脚。TinkerNode 物联网开发板带有 5 个数字引脚（数字引脚 0~5）和 2 个模拟引脚（模拟引脚 0 和模拟引脚 1），以及 SCL、SDA、MISO、MOSI、SCK、TXD、RXD 引脚。这些引脚均可作为通用 I/O 引脚进行调用。

需要注意的是，除数字引脚 0~4 以外的 I/O 引脚在作为通用I/O 调用时，只能使用物理引脚号进行调用；模拟引脚 0 和模拟引脚 1 在作为通用 I/O 调用时，仅能作为输入，

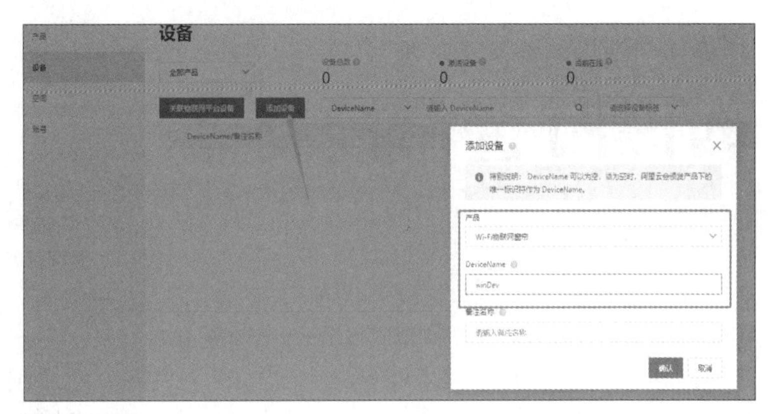

▌图 3 添加设备

不能作为输出。与 Arduino 不同的是，ThinkerNode 物联网开发板上的 I/O 引脚均具有 PWM 功能。

根据引脚设计电路，再根据设计好的电路图（见图 4）连接实物，然后根据自己现有的材料制作 Wi-Fi 窗帘控制器的结构，我使用的是激光切割结构件和 1 个 3D 打印的联轴器。组装好的成品如题图所示。

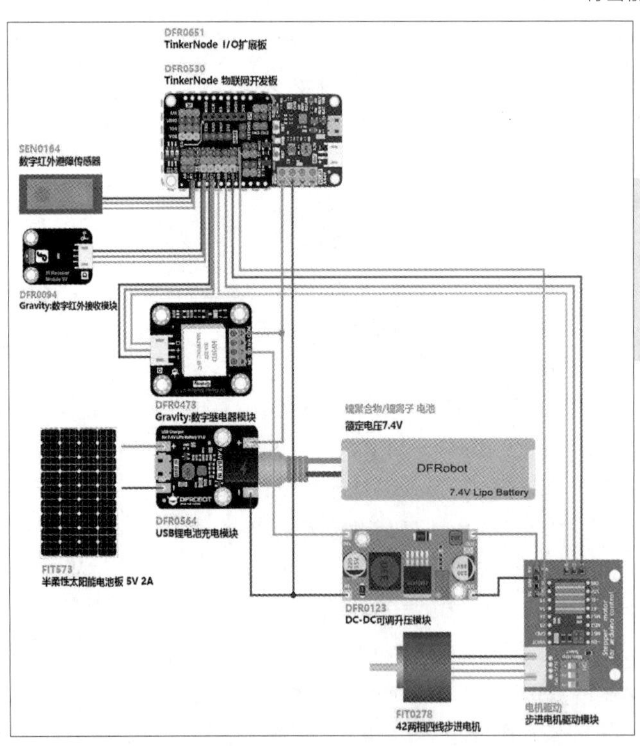

▌图 4 电路连接示意图

修改程序及调试设备

扫描《无线电》杂志目次页上的云存储平台二维码，进入云存储平台，下载项目所需的库文件并安装至 Arduino IDE；下载“NB_ Wi-FiCurtain.ino”文件，并打开文件中的项目程序，修改程序中的参数。我们需要修改以下 5 个部分。

（1）Wi-Fi名称和密码

将当前设备所需要连接的 Wi-Fi 名称和密码，分别填写在程序中 WIFI_SSID 和 WIFI_PASSWORD 变量值的双引号内，如下所示。

```
//设置 Wi-Fi 名称和密码
const char  WI-FI_SSID  =
"YOUR_ WI-FI_SSID";
const char  WI-FI_PASSWORD
= "YOUR_ WI-FI_PASSWORD";
```

（2）设备证书信息

设备证书信息包含阿里云平台分配的 ProductKey、DeviceSecret、Device - Name。我们在物联网窗帘项目界面的左侧导航栏中选择“设备”，在设备列表找到相应的设备，单击“查看”可以看到设备证书信息。将这些信息依次复制到

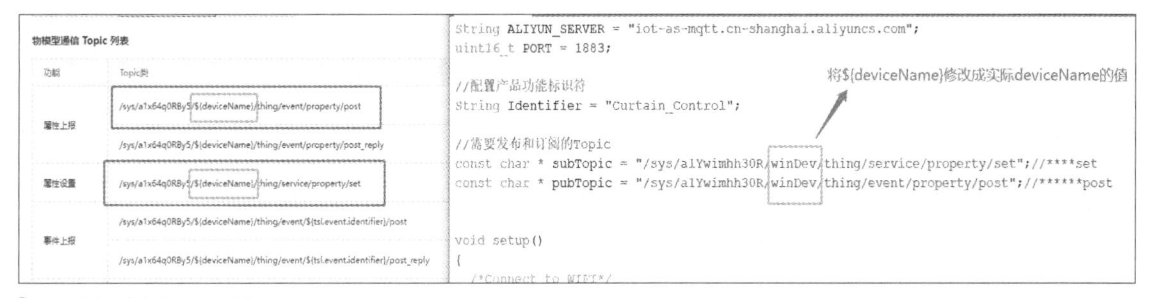

▌图 5 修改程序中的 Topic 信息

程序中 ProductKey、DeviceName、DeviceSecret 变量值的双引号内。ClientId 可以设置任意参数。如下所示。

```
//配置证书信息
String ProductKey = "Your_Product_Key";
String ClientId = "12345";
String DeviceName = "Your_Device_Name";
String DeviceSecret = "Your_Device_Secret";
```

（3）产品标识符

我们在物联网窗帘项目界面的左侧导航栏中选择“产品”，在产品列表中找到“Wi-Fi 物联网窗帘”并单击其右侧的“查看”，复制“功能定义”中的产品标识符到示例程序中 Identifier 变量值的双引号内，如下所示。

```
//配置产品标识符
String Identifier = "Your_Identifier";
```

（4）Topic信息

我们可以从“物理型通信 Topic”中查看在阿里云平台发布和订阅时所需的 Topic 信息，并将 Topic 信息复制到程序中相应的位置，如下所示。此处要注意的是，一定要将物模型 Topic 中的 ${deviceName} 改成实际 devicename 的值，如图 5 所示。

```
//需要发布和订阅的 Topic 信息
const char subTopic = "Your_sub_Topic"; // set 设置
const char pubTopic = "Your_pub_Topic"; //post 复制程序
//const char subTopic = "/sys/a1x64q0RBy5/winDev/thing/event/property/post";// set
//const char pubTopic = "/sys/a1x64q0RBy5/winDev/thing/service/property/set";// post
```

（5）上升步数

使用程序设定上升步数，即窗帘可上升的最高点。此处需要大家自行调试，并确定合适的上升步数。确定上升步骤后，找到如下所示的语句，并修改参数。

```
#define LOCATI/ON_UPPER_STOP    41300
```

修改好程序后，旋转红外数字避障传感器上的螺丝（见图 6），调整红外数字避障传感器的检测范围，然后将程序上传至 ThinkerNode 物联网开发板。上传程序后，进入阿里云平台的设备界面，我们可以看到设备处于在线状态。此时，单击“查看”进入设备管理界面，然后单击“在线调试”，选择“属性调试”，将调试功能选为“窗帘控制（Cutrain_Control）”，方法选为“设置”，如图 7 所示。接下来，我们就可以通过修改图 8 所示的程序区中的参数并单击“发送指令”，代替使用遥控器，调试 Wi-Fi 窗帘控制器了。参数对

▌图 6 红外数字避障传感器

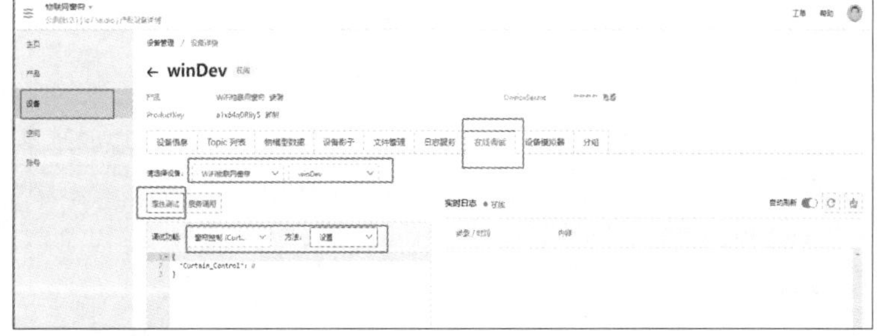

▌图 7 设备管理界面

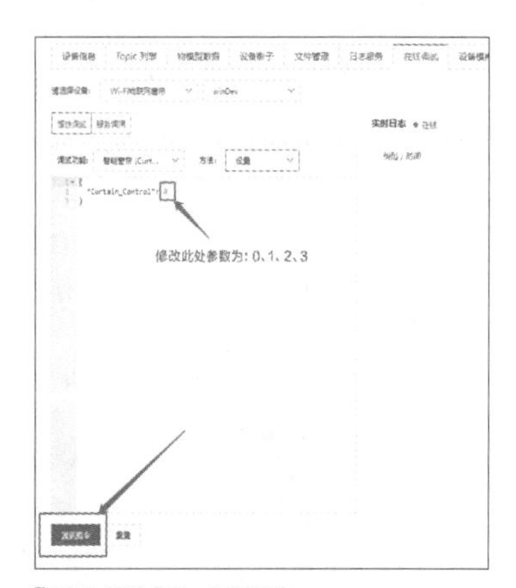

▌图 8 修改参数，调试设备

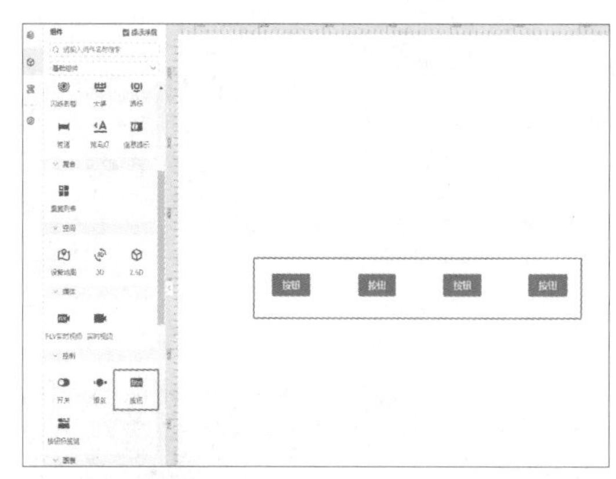

图9 添加“按钮”组件

应的功能如表2所示。

表2 调试参数对应的功能

功能	参数
暂停	0
上升	1
下降	2
复位	3

制作可视化控制界面

使用一段时间之后，我发现每天找遥控器是一件十分痛苦的事情，所以我决定为这个项目增加一个可视化控制界面。

在物联网窗帘项目界面的左侧导航栏中选择“主页”，然后依次单击右侧界面的“Web应用”和“新建”，我们可以在弹出的界面中，给Web应用命名，此处我们给它命名为“窗帘控制界面”。单击“确认”，进入Web可视化开发界面。

选择Web可视化开发界面菜单栏中的“组件”，拖曳4个“按钮”组件到画布，如图9所示。将这4个“按钮”组件的名称分别修改为“暂停”“上升”“下降”“复位”。单击其中一个“按钮”组件，在属性配置区选中“交互”后单击“新增交互”，如图10所示。在新的界面中，将事件选为“点击”，动作选为“设置设备属性”，如图11所示。单击“配置设备”，选择相应的产品、设备、属性，然后根据“按钮”组件的名称，填写对应功能对应的参数，如图12所示，我们配置的是名称为暂停的“按钮”组件，因此设置值的值为0。同理，设置其他3个“按钮”组件。

配置完所有“按钮”组件后，单击界面右上角的“发布”就可以使用可视化控制界面控制窗帘了。如果你想要其他人使用你的可视化控制界面，需要给项目的域名绑定一个外部域名，具体的操作流程如图13所示。

项目拓展

大家可以在这个项目的基础上，开发一些拓展功能，如将程序中的窗帘位置变量上传到阿里云平台，并将其体现在可视化控制界面，这样就可以实时查看窗帘位置了。

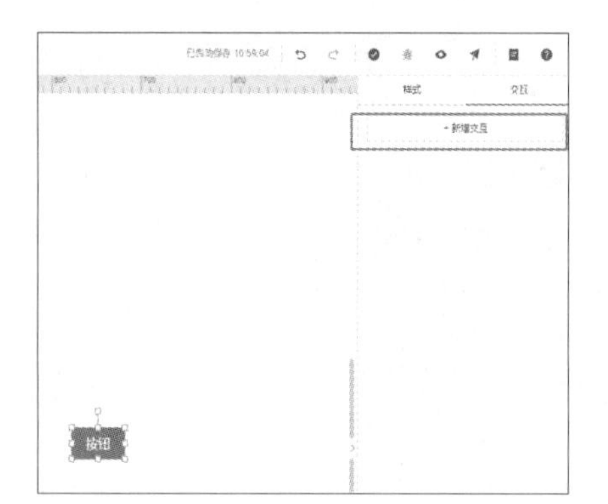

图10 单击“新增交互”

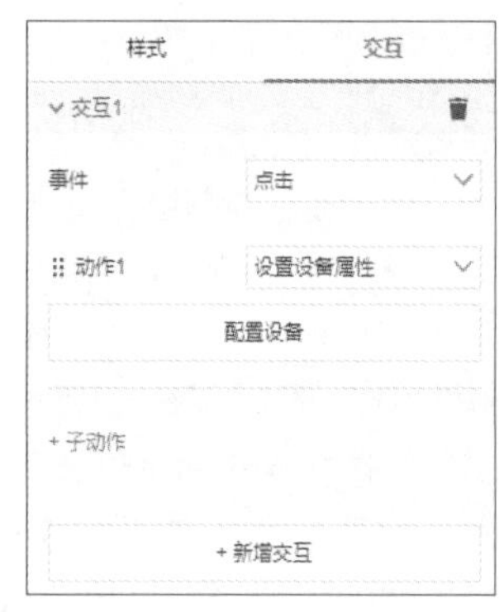

图11 设置交互

设置设备属性
产品
WiFi物联网窗帘
设备
winDev
属性
窗帘控制
设置值
值: 0
参数来源

图12 设置设备属性

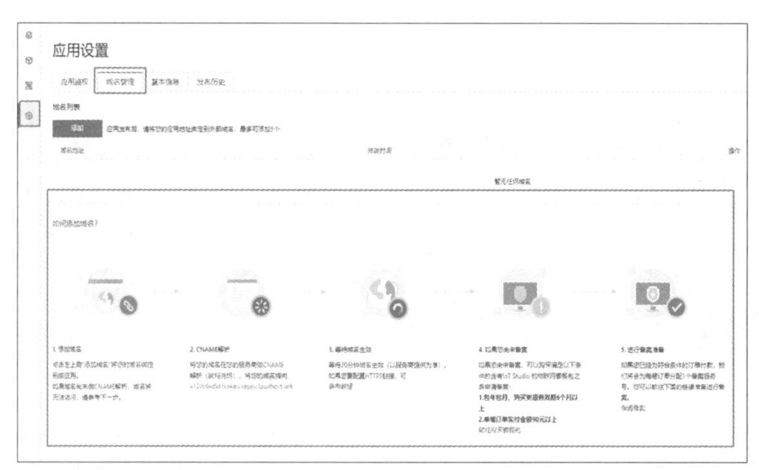

图13 域名管理操作流程

软硬件创意玩法（3）

用 Arduino IDE 编程制作温度计

▌徐玮

在前面的内容中，我们已经让基于ESP32的Uair开发板成功控制了RGB LED和使用蜂鸣器奏乐。今天我们再来玩一下温度传感器，带大家一起学习温度计的编程。Uair开发板内部板载有温度传感器，型号为DS18B20，同时，它也可以通过I^2C总线接口扩展连接更多不同的传感器，这次我们先来看看DS18B20温度传感器的使用方法。

DS18B20是常用的数字温度传感器，如图 1 所示，使用了集成芯片，采用单总线技术，能够有效减小外界干扰，提高测量的精度。DS18B20 温度传感器内部集成了 ADC 模数转换电路，其输出的是数字信号，接线非常方便。实际应用中，不同场合可以采用不同的封装，如管道式、螺纹式、磁铁吸附式、不锈钢封装式（见图 2）等。DS18B20 温度传感器可以测量空气、水等不同介质中的温度。

▌图 1 DS18B20 温度传感器

▌图 2 DS18B20 温度传感器不锈钢封装式

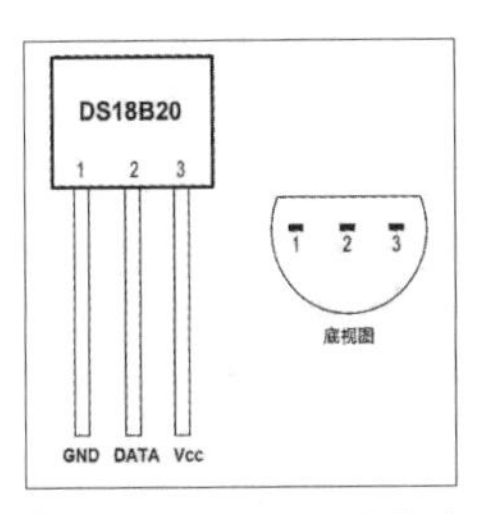

▌图 3 DS18B20 温度传感器引脚定义

DS18B20 温度传感器具有以下特点：采用单总线的接口方式，只需要一条数据线就能实现双向通信，其引脚定义如图 3 所示；测量范围宽，精度高，其测量范围为 -55~+125℃，在 -10~+85℃范围内，精度为 ±0.5℃；有多点组网功能，多个 DS18B20 温度传感器可以并联在 3 条线上，实现多点测温。比如一个 DS18B20 温度传感器需要占用 ESP32 的 1 个 GPIO 口，而 2 个、3 个、4 个，甚至更多的 DS18B20 温度传感器可以将数据引脚全部接在一起，最终只占用 ESP32 的 1 个 GPIO 口；供电方式灵活，DS18B20 温度传感器可以通过内部寄生电路从数据线上获取供电；测量参数可配置，DS18B20 温度传感器的测量分辨率可通过程序设定 9~12 位；有掉电保护功能，其内部含有EEPROM，在系统掉电后，仍可保存分辨率及报警温度的设定值。

现在我们看一下 Uair 开发板中相应的温度传感器电路。如图 4 所示，ESP32 的 GPIO27 通过限流电阻 R16 连接到 DS18B20 温度传感器的 2 脚（数据脚）。DS18B20 温度传感器的数据脚需接 4.7KΩ 的上拉电阻 R18 至 VCC 端。因为 DS18B20 采用单总线通信，所以只需要 GPIO27 就可以实现双向通信。图 5 和图 6 所示为 Uair 开发板和板载的 DS18B20 温度传感器实物图。

接下来，我们使用 Arduino IDE 开发环境来编写程序读取 DS18B20 温度传感

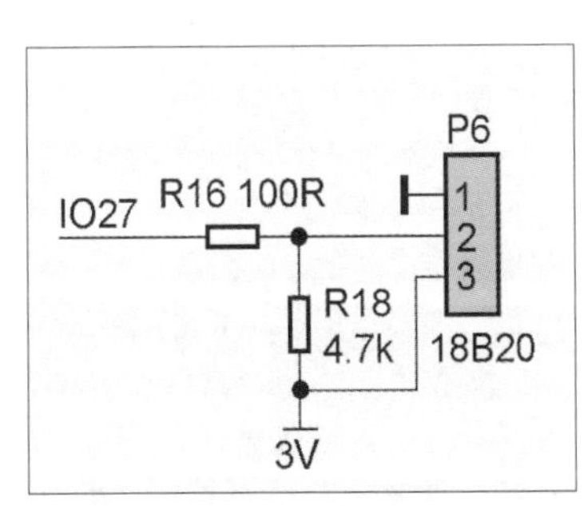

▌图 4 DS18B20 温度传感器电路

▌图 5 Uair 开发板

▌图 6 板载的 DS18B20 温度传感器

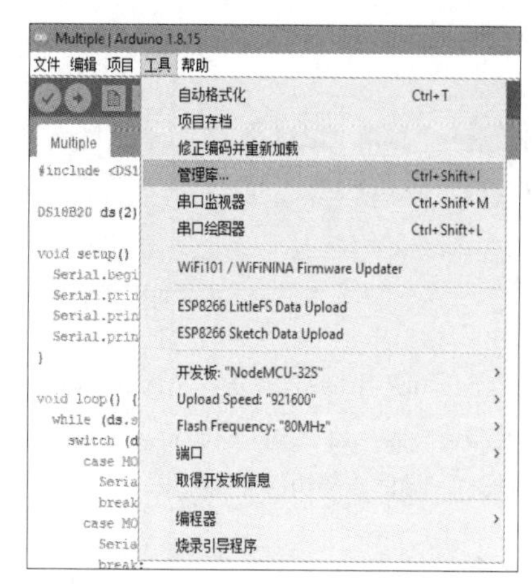

▌图 7 单击“管理库”选项

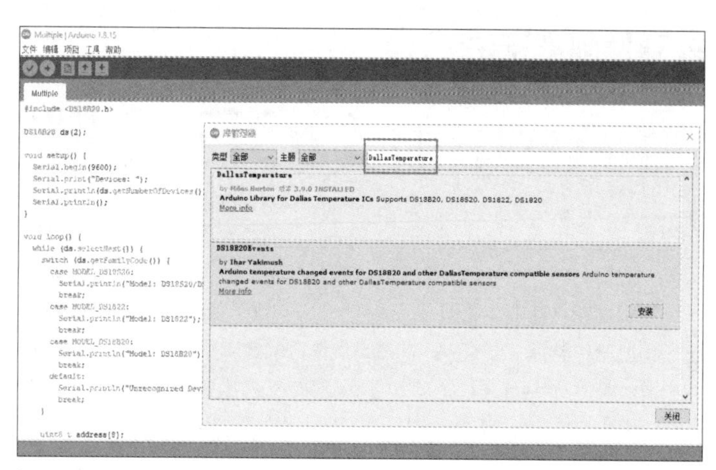

▌图 8 DallasTemperature 库

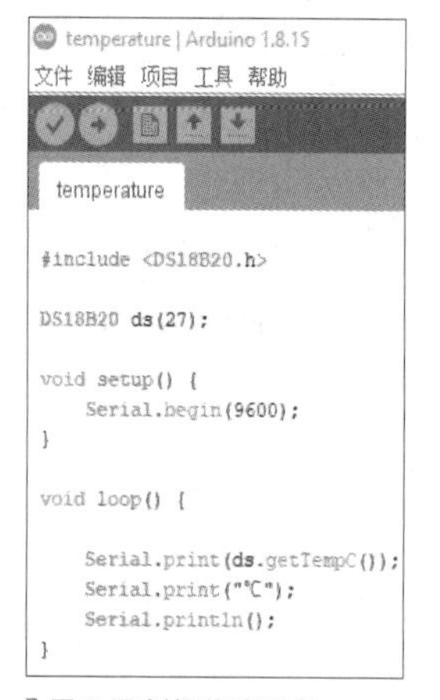

▌图 9 温度检测打印程序

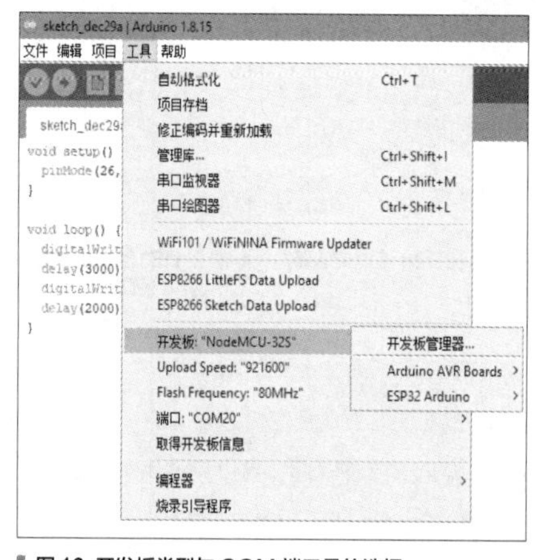

▌图 10 开发板类型与 COM 端口号的选择

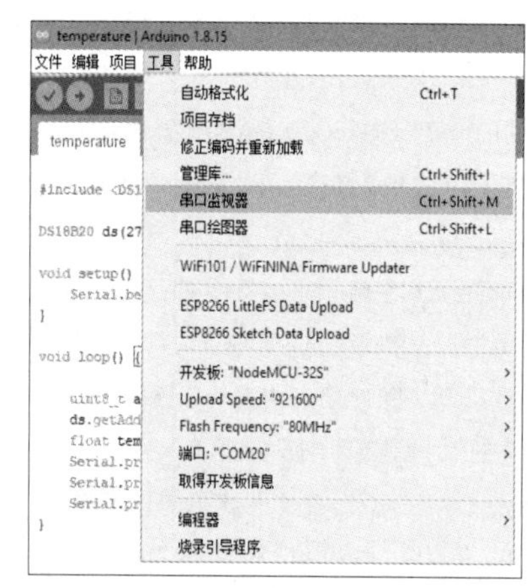

▌图 11 打开串口监视器

器的数值，Arduino IDE 提供了丰富的库文件，这样可以省去编写底层驱动程序的复杂步骤，让编程过程变得更简单。对于 DS18B20 温度传感器，我们可以在线安装“DallasTemperature”库，单击菜单中的“管理库”选项（见图 7），在搜索框中输入“DallasTemperature”，然后会搜索到相应的选项，单击“安装”按钮，即可在线安装库文件，如图 8 所示。

现在，我们来编写一个非常简单的程序，如图 9 所示，通过串口打印输出 DS18B20 温度传感器检测到的温度值。然后，将开发板选择为“NodeMCU-32S”，选择实际使用的 COM 端口序号，直接下载程序就可以了，如图 10 所示。

当程序下载完成后，我们打开 Arduino IDE 自带的串口监视器，如图 11 所示，这将是我们常用到的调试好帮手。在打开的“串口监视器新窗口”中，我们把右下角的波特率调整为 9600 波特。然后就可以看到不断更新并打印输出的温度值了，如图 12 所示。

现在，我们来看一下程序，解释一下它的工作原理。

第一行 #include <DS18B20.h> 是我们需要加载的 DS18B20 温度

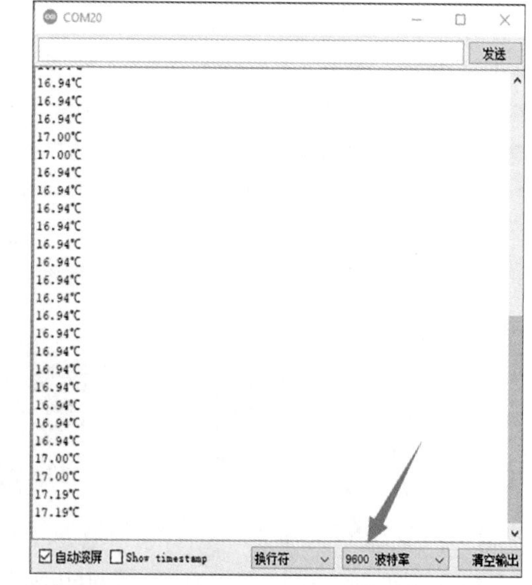

▌图 12 串口打印输出温度值

STM32入门100步（第45步）

舵机

▌杜洋　洋桃电子

原理介绍

这一次我们来学习配件包中的舵机都有哪些应用，有怎样的工作原理和驱动方法。首先在洋桃 1 号开发板附带的配件包中找到舵机，外观如图 1 所示。它有蓝色的透明外壳，一侧有白色转轴，里面有齿轮结构，外壳上引出一条排线，排线由 3 条线组成，颜色分别是橙、红、棕，外壳侧面标有型号：SG90。这就是我们要学习的舵机。舵机根据不同的功能、功率、性质有很多种类型和型号，配件包中是体积较小、功率较低的舵机，主要用于教学实验。在今后的项目开发中，你可能会用到大功率、大角度的舵机，但是价格较贵。舵机主要用于航模及精密机械的控制。不过，无论舵机有怎样的型号和性能，工作原理和使用方法大体相同。只要掌握了一种舵机的驱动原理，就能使用多种舵机。

舵机的包装内附带一包舵

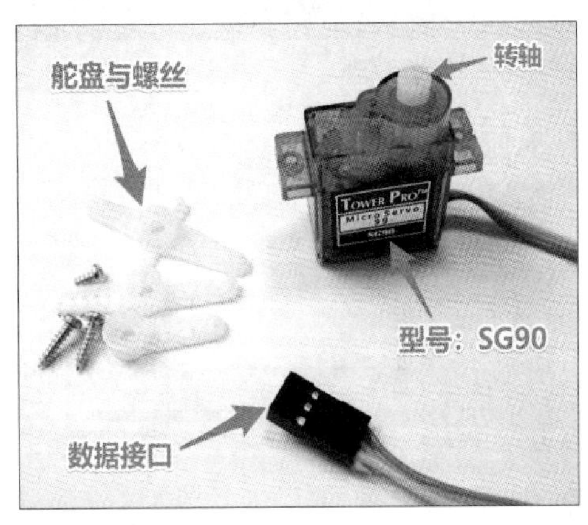

▌图1 舵机外观

传感器会用到的库文件，这样我们才可以“偷懒”，不用编写底层驱动程序，因为库文件都帮我们事先处理好了。

第二行 DS18B20 ds(27); 用来告诉 Arduino 系统 DS18B20 温度传感器是接在 ESP32 模块的哪个引脚上，通过前文我们可以知道接的是 GPIO27。

第四行 Serial.begin(9600); 用来初始化串口通信的波特率，也就是打印输出的速度，你也可以定义更快或更慢的速度，只要跟后面的“串口监视器”设置成一致的就可以了。我们常用的波特率有 9600 波特或 115 200 波特。

在 loop 循环体中，我们使用了 Serial.print(ds.getTempC()); 打印温度值，这行代码很好理解，也就是把温度值取出来，通过串口打印输出，下面一行打印出了摄氏度的符号“℃”，和刚才的数字合在一起，显示出一个完整的带单位符号的温度数值。

最后用 Serial.println(); 语句进行换行操作，这样输出的下一个温度值会重新另起一行进行输出。

现在我们可以很容易地检测房间里的环境温度了，你可以尝试把 Uair 开发板放在任何地方，来帮你检测或采集温度。带上外壳的 Uair 开发板如图 13 所示，我们可以尝试连接显示屏，将温度在显示屏上显示出来，或者将温度显示在手机 App 上。在后续的教程中，我将为大家介绍更有趣的温度自动化控制 DIY 案例。

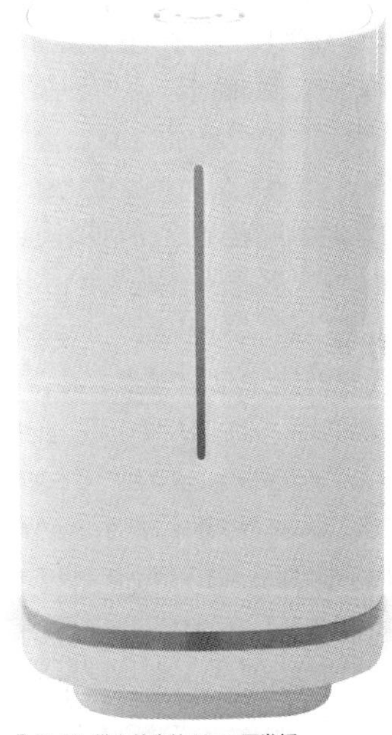

▌图 13 带上外壳的 Uair 开发板

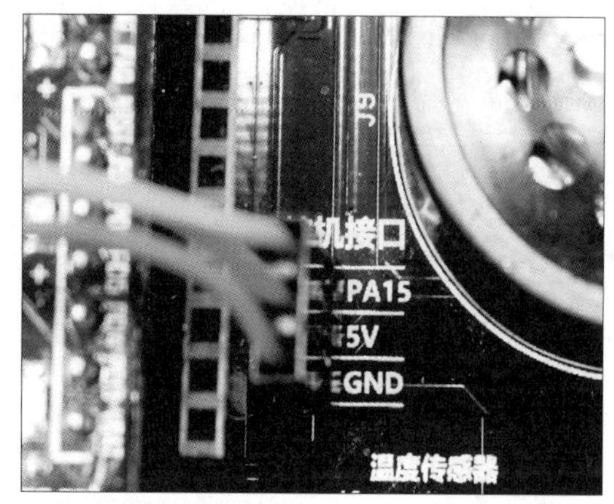

图2 舵机与开发板的连接

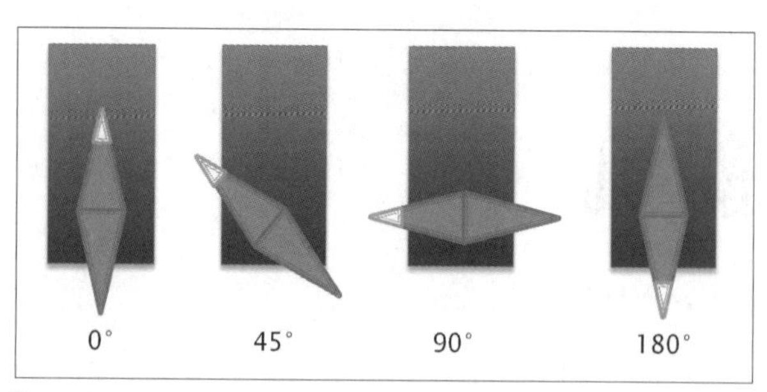

图3 实验效果中的舵盘角度

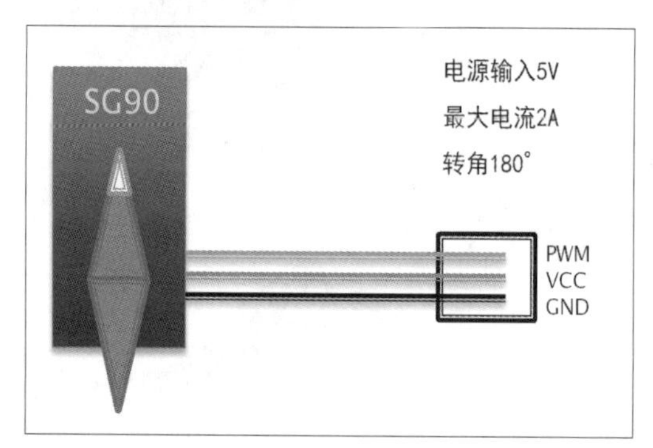

图4 舵机结构示意图

机配件，包括白色的塑料舵盘和固定螺丝，如图 1 所示。舵盘用于连接舵机的转轴，使转轴与被控制的机械结构相连接。实验时可以把舵盘装在舵机上，舵盘突出的一面朝内，安装在舵机的白色转轴上。我们在实验时可观察舵盘得知转轴的旋转角度。接下来将舵机连接到开发板上并设置跳线。如图 2 所示，舵机的排线橙色线在上、棕色线在下，插入标注为“舵机”（标号为 P15）的接口，使橙色线连接 PA15，红色线连接 5V，棕色线连接 GND。再把标注为“触摸按键”（编号为 P10）的跳线短接，示例程序要用 4 个触摸按键控制舵机的旋转角度。设置完成后就可以给单片机下载程序了。在附带资料中找到“延时函数驱动舵机程序”工程，将工程中的 HEX 文件下载到开发板中，看一下效果。效果是在 OLED 屏上显示“SG90 TEST”，表示 SG90 型号的舵机测试程序。如图 3 所示，用 4 个触摸按键控制舵机的旋转角度，按住 A 键时 OLED 屏上会显示“Angle 0”，此时转轴会旋转到 0° 。为了方便观察，可以将舵盘取下来，调到一个角度后再安装。接下来按住 B 键，直到舵机停在第 2 个角度，OLED 屏上显示“Angle 45”，舵盘旋转到 45° 。按住 C 键时，OLED 屏上显示“Angle 90”，舵盘旋转到 90° 。按住 D 键时，OLED 屏上显示“Angle 180”，舵盘旋转到 180° 。再按住 A 键，舵盘回转到 0° 。舵机不同于直流电机，直流电机只能在通电时按照一定速度旋转，舵机不是持续旋转，而是旋转一定角度。舵盘旋转，带动与之连接的机械结构，精确控制角度或位置。舵机的应用非常广泛，航模、遥控车的方向控制，小型机器人的手臂或关节控制，都是由舵机来实现的。学会使用舵机，我们可以开发机器人、机械手臂、3D 打印机等项目。

接下来看一下舵机的工作原理。先看基本特性，如图 4 所示，方框表示舵机主体，指针表示舵盘，箭头表示舵盘角度。舵机主体引出 3 条排线，橙色线是 PWM 控制信号输入线。单片机通过 I/O 端口向此线输入固定占空比的 PWM 波形，控制旋转角度；红色线连接电源正极（VCC）；棕色线连接电源负极（GND）。一般的舵机输入电压为 5V，空转最大电流小于 2A。如果舵盘连接了机械结构，使得舵盘更加“吃力”，驱动电流需要更大。具体电流要通过测量得出。配件包中的舵机最大旋转角度是 180° ，是比较常见的旋转角度，除此之外还有 90° 、270° 、360° 等多种旋转角度。如图 3 所示，当我们将舵盘插到舵机上，初始位置定义为 0° ，舵机逆时针或顺时针旋转。可以旋转 45° 、90° 、180° 。0° 到 180° 之间不只有 4 个固定角度，还可以旋转 1° 、2° 、4° 等，一些高精度舵机甚至能旋转 0.1° 。配件包里的舵机最小可以实现 1° 的旋转。

单片机要怎样控制舵机角度呢？这要涉及 PWM 输入波形。图 5 所示是用两个 PWM 波形控制舵机的旋转角度。先看图中上半部分 0° 控制波形。想旋转到 0° 就在橙色线（PWM）输出 0.5ms 的高电平，再输出 19.5ms 的低电平。高电平加上低电平的总长度为 20ms。注意整体波形的总时长固定是 20ms，若高电平为 0.5ms，低电平就是 20-0.5=19.5（ms）。输出此波形，舵机就会旋转到 0° 。图中下半部分的波形控制舵机旋转到 180° ，单片机向舵机输出 2.5ms 高电平，再输出

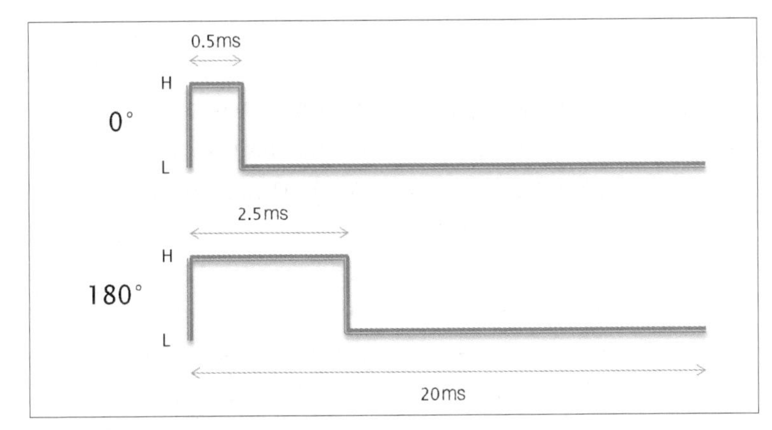

图5 PWM控制舵机的波形示意图

17.5ms 低电平，总时长依然为 20ms。与控制舵机旋转到 0° 的波形相比，总时长都是 20ms，区别是高电平时长（低电平时长也会相应变化），高电平为 0.5ms 表示旋转到 0° ，高电平为 2.5ms 表示旋转到 180° 。高电平时长在 0.5 ~ 2.5ms 之间变化，舵机旋转角度就在 0° ~ 180° 之间变化。也就是说 0.5 ~ 2.5ms 的高电平对应着 0° ~ 180° 的旋转角度。如此看来舵机驱动就变得简单了，PWM 线输出的波形可以控制角度，但是波形要连续发送才能让舵机保持旋转，转到正确的角度后停止。也就是说你想让舵机旋转到你需要的角度，不是只发送一个波形，而要连续发送同样的波形，舵机才能保持旋转，转到对应的角度后停止。这就是为什么必须长按触摸按键才能让舵机旋转到对应的角度。

接下来说一下使用舵机的注意事项。

◆ 舵机工作需要更大的驱动电流，舵机空转时驱动电流较小，在 500 ~ 800mA（因舵机型号而异）。加入负载时，驱动电流达到 2 ~ 4A，瞬间电流可达 4A 以上。所以设计舵机电路时要考虑到电源功率，若出现舵机卡死、未转到指定角度、单片机频繁复位等问题，要检查是不是电源功率不足导致。

◆ 单片机必须连续不断地向 PWM 控制接口发送波形，直到旋转到位。所以要根据舵机的旋转速度给出一定的延时。

◆ 180° 舵机最大转角可达 190° 左右，也就是说舵机旋转角度会有一定偏差，我们要在实际测试中校正角度。

◆ 要按指定型号的舵机波形与实际角度关系做调试，角度和波形的关系是模拟量值。舵机和单片机可能有时钟误差，基准时钟不能同步，角度会有误差。使用舵机进行开发时一定要以实际测试数据为准，不要轻易相信理论数值，不要以为 0.5ms 高电平就一定是旋转到 0° 。

程序分析

接下来分析舵机的驱动程序，打开“延时函数驱动舵机程序”工程，此工程复制了“键盘中断测试程序”工程，只是在 Hardware 文件夹中加入 SG90 文件夹，在文件夹里加入 SG90.c 和 SG90.h 文件，这是由我编写的舵机驱动程序。接下来用 Keil 软件打开工程，在工程的设置里面加入

```
18 #include "stm32f10x.h" //STM32头文件
19 #include "sys.h"
20 #include "delay.h"
21 #include "relay.h"
22 #include "oled0561.h"
23 #include "SG90.h"
24 #include "touch_key.h"
25
26
27 int main (void){//主程序
28     delay_ms(500); //上电时等待其他器件就绪
29     RCC_Configuration(); //系统时钟初始化
30     RELAY_Init();//继电器初始化
31
32     I2C_Configuration();//I²C初始化
33     OLED0561_Init(); //OLED屏初始化
34     OLED_DISPLAY_8x16_BUFFER(0,"   YoungTalk    "); //显示字符串
35     OLED_DISPLAY_8x16_BUFFER(3,"   SG90 TEST    "); //显示字符串
36
37     TOUCH_KEY_Init();//按键初始化
38     SG90_Init();//SG90舵机初始化
39     SG90_angle(0);
40
41     while(1){
42       if(!GPIO_ReadInputDataBit(TOUCH_KEYPORT,TOUCH_KEY_A)){ //读触摸按键的电平
43         OLED_DISPLAY_8x16_BUFFER(6,"  Angle 0       "); //显示字符串
44         SG90_angle(0);
45       }
46       if(!GPIO_ReadInputDataBit(TOUCH_KEYPORT,TOUCH_KEY_B)){ //读触摸按键的电平
47         OLED_DISPLAY_8x16_BUFFER(6,"  Angle 45      "); //显示字符串
48         SG90_angle(45);
49       }
50       if(!GPIO_ReadInputDataBit(TOUCH_KEYPORT,TOUCH_KEY_C)){ //读触摸按键的电平
51         OLED_DISPLAY_8x16_BUFFER(6,"  Angle 90      "); //显示字符串
52         SG90_angle(90);
53       }
54       if(!GPIO_ReadInputDataBit(TOUCH_KEYPORT,TOUCH_KEY_D)){ //读触摸按键的电平
55         OLED_DISPLAY_8x16_BUFFER(6,"  Angle 180     "); //显示字符串
56         SG90_angle(180);
57       }
58     }
59 }
```

图6 main.c文件的全部内容

```
1 #ifndef __SG90_H
2 #define __SG90_H
3 #include "sys.h"
4 #include "delay.h"
5
6 #define SE_PORT GPIOA //定义I/O端口
7 #define SE_OUT  GPIO_Pin_15 //定义I/O端口
8
9
10 void SG90_Init(void);//SG90舵机初始化
11 void SG90_angle(u8 a);//舵机角度设置
```

图7 SG90.h文件的全部内容

SG90.c 文件和触摸按键的 touch_key.c 文件。先来分析 main.c 文件，如图 6 所示，这是延时函数驱动舵机程序。叫“延时函数”驱动是因为舵机通常由专用的 PWM 信号驱动，后面会介绍。但是在初学时先用延时函数实现舵机驱动，更容易了解其驱动原理，等学会之后再改用专用的 PWM 驱动方式。如此循序渐进有更好的学习效果。第 23 行加载舵机库文件 SG90.h 和触摸按键库文件 touch_key.h 文件。接下来第 27 行是主程序，第 37 行是触摸按键初始化函数，第 38 行是舵机初始化函数 SG90_Init，第 39 行是舵机初始角度设置函数 SG90_angle，其中的参数 0 表示转到 0°。接下来 while 主循环中，第 42 行通过 if 语句判断触摸按键是否被按下。第 42 行判断如果 A 键被按下就在 OLED 屏上显示“Angle 0”。第 44 行调用函数 SG90_angle，参数为 0，舵机转到 0°。第 46 行如果 B 键被按下，OLED 屏上显示“Angle 45”，第 48 行调用函数 SG90_angle，参数为 45，舵机旋转到 45°。第 50 ~ 53 行是 C 键被按下时，舵机旋转到 90°，第 54 ~ 57 行是 D 键被按下时，舵机旋转到 180°。程序中有两个重要函数，一是 SG90_angle，此函数直接控制舵机的旋转角度，在参数里输入角度值就能让转轴转到相应角度。二是舵机初始化函数 SG90_Init。只要分析这两个函数就能知道舵机是如何初始化、如何控制角度的。

接下来打开 SG90.h 文件，如图 7 所示。第 4 行加入了延时函数的库文件，因为舵机驱动程序中使用了延时函数。第 6、7 行定义端口，使用 PA15 作为舵机控制端口。第 10、11 行是舵机初始化函数和舵机角度设置函数的声明。接下来打开 SG90.c 文件，如图 8 所示，这是舵机驱动程序文件。第 22 行调用了舵机库函数，第 24 行是舵机初始化函数，第 34 行是舵机的角度设置函数。先分析第 24 行的舵机初始化程序，第 25 行定义结构体，第 26 行打开 PA 组 I/O 端口的时钟，第 27 ~ 29 行把 PA15 设置为 50MHz 推挽输出，第 30 行将以上设置写入 I/O 端口。第 31 行对 I/O 端口写入初始电平为 0（低电平），也就是说 I/O 端口初始是低电平。舵机初始化内容很简单，主要是对 I/O 端口的初始化。第 34 行是舵机角度控制函数，函数没有返回值，有一个参数。参数的范围是 0 ~ 180，对应 0° ~ 180° 旋转角度。第 35 行定义变量 b，第 36 行让 b 的初始值等于 100，变量 b 用来校正舵机的偏移量。理论上舵机最大旋转角度为 180°，但实际会稍大一些，达到 190°。所以根据不同的舵机旋转误差，需要一个偏移量来校正误差。变量 b 给舵机初始值添加一个增量，数值 100 是根据实际情况修改的。第 36 行让舵机端口输出高电平，第 37 行给高电平延时一段时间，完成如图 5 所示的波形中高电平的输出。高电平长度决定舵机的旋转角度，高电平最小 0.5ms。第 37 行是微秒级延时函数，0.5ms 等于 500μs，参数中先加入 500μs 的基准值，再加入变量 a 的值乘以 10，将每一度角对应 10μs（0.01ms）。例如让舵机旋转到 5°，参数经过计算等于 650ms。高电平可以是最小值 0.5ms，也可以是最大值 2.5ms。具体数值根据变量 a 的值判断。第 38 行让 I/O 端口输出低电平，第 39 行同样加入微秒级延时函数。延时函数的参数经过计算是 19 500μs（19.5ms）。高电平为 0.5ms，低电平就为 19.5ms。高电平时长增加，对应低电平时长减小，波形总时长固定为 20ms，用 19.5ms 减去高电平的延时时间和偏移量，最终得出低电平时间，实现了互补的低电平波形。这 4 行程序就能输出正确的舵机控制波形，控制舵机旋转。我们的延时函数使用滴答计时器，才能产生精确的电平时间。如果你的程序延时不精准，会导致电平时长有误差，可能无法控制舵机。

```
22 #include "SG90.h"
23
24 void SG90_Init(void){ //舵机端口初始化
25   GPIO_InitTypeDef  GPIO_InitStructure;
26     RCC_APB2PeriphClockCmd(RCC_APB2Periph_GPIOA,ENABLE);
27     GPIO_InitStructure.GPIO_Pin = SE_OUT; //选择端口号（0~15或all）
28     GPIO_InitStructure.GPIO_Mode = GPIO_Mode_Out_PP; //选择I/O端口工作方式
29     GPIO_InitStructure.GPIO_Speed = GPIO_Speed_50MHz; //设置I/O端口速度（2/10/50MHz）
30   GPIO_Init(SE_PORT, &GPIO_InitStructure);
31   GPIO_WriteBit(SE_PORT,SE_OUT,(BitAction)(0)); //端口输出高电平1
32 }
33
34 void SG90_angle(u8 a){ //舵机角度控制设置（参数值0~180）对应角度0~180度
35   u8 b=100;//角度校正偏移量
36   GPIO_WriteBit(SE_PORT,SE_OUT,(BitAction)(1)); //端口输出高电平1
37   delay_us(500+a*10+b); //延时
38   GPIO_WriteBit(SE_PORT,SE_OUT,(BitAction)(0)); //端口输出高电平1
39   delay_us(19500-a*10-b); //延时
40 }
```

图8 SG90.c文件的全部内容

ESP8266 开发之旅 网络篇（16）

域名服务——ESP8266mDNS 库

单片机菜鸟博哥

在本系列文章前面有关WebServer的内容中，无论是Client端还是Server端，它们之间的通信都是通过具体的IP地址寻址，但通过IP地址寻址，本身就是一个弊端，大部分用户不会去记住这些魔法数字。那有没有办法可以通过其他方式来映射到IP地址，我们只需要记住有意义的名字呢？

很多朋友，包括我自己，遇到问题时都很喜欢用百度或者谷歌搜索，那百度、谷歌的网址是怎么映射到 IP 地址的呢？这里就用到了 DNS 服务。DNS（Domain Name System，域名系统）是因特网上作为域名和 IP 地址相互映射的一个分布式数据库，它能够使用户更方便地访问互联网，而不用去记住那些能够被机器直接读取的 IP 数串。通过主机名，最终得到该主机名对应的 IP 地址的过程叫作域名解析（或主机名解析）。

DNS 协议运行在 UDP 协议之上，使用的端口号为 53。不清楚 UDP 通信的朋友，请回顾《无线电》杂志 2021 年第 12 期《ESP8266 开发之旅 网络篇（12）UDP 服务》，重点理解 UDP 广播。

但笔者本次讲解的并不是 DNS 服务，而是以它来引入域名和 IP 地址相互映射的概念，并且引入本文的重点内容 ESP8266mDNS 库。ESP8266mDNS 采用的是 mDNS 协议，跟 DNS 服务是两种不同的概念，大家不要混淆。

mDNS详解

1. mDNS协议

mDNS，即组播 DNS（multicast DNS），mDNS 主要实现了在没有传统 DNS 服务器的情况下使局域网内的主机实现本地发现和域名访问。mDNS 协议使用的端口为 5353，遵从 DNS 协议，使用现有的 DNS 信息结构、域名语法和资源记录类型，并且没有指定新的操作代码或者响应代码。

这里需要注意 mDNS 的几个重点：没有传统 DNS 服务器；实现局域网本地发现和域名发现；基于 UDP 协议，准确来说是运用了 UDP 广播。

在局域网中，设备和设备之间的相互通信需要知道对方的具体 IP 地址。一般情况下，如果我们不设置静态 IP 地址，都是通过 DHCP Client 动态分配 IP 地址，如果没有可视化界面去查看，我们很难得知具体的 IP 地址，也就无法进行通信。这时候，mDNS 就可以大显身手了，我们可以通过具体的名字进行访问。

2. 组播地址

组播地址为 224.0.0.251（IPv6: FF02::FB），端口为 5353，mDNS 是用于局域网内部的，并且主机的域名以 .local 结尾。

3. 工作原理

每个进入局域网的主机，如果开启了 mDNS 服务的话，都会向局域网内的所有主机组播下面这个消息：我是谁，我的 IP 地址是多少。

然后，其他开启了 mDNS 服务的主机就会响应该主机，也会告诉主机：它是谁，它的 IP 地址是多少。

当然，具体实现要比这个复杂些。

比如，A 主机进入局域网，开启了 mDNS 服务，向 mDNS 服务注册以下信息：我提供 FTP 服务，我的 IP 是 192.168.1.101，端口是 21。当 B 主机进入局域网，向 B 主机的 mDNS 发出服务请求：我要找局域网内的 FTP 服务器。这时，B 主机的 mDNS 就会向局域网内其他 mDNS 询问，并且最终告诉 B 主机，有一个 IP 地址为 192.168.1.101，端口号是 21 的主机，也就是 A 主机提供 FTP 服务，这样 B 主机就知道 A 主机的 IP 地址和端口号了。大概的原理就是这样，但 mDNS 提供的服务要远远多于这个，当然服务多但并不意味复杂。

4. mDNS-SD（mDNS Service Discovery，mDNS服务发现）

前面我们说过开启了 mDNS 服务的主机在进入局域网后，会向局域网内的所有主机组播一个消息：我是谁，我的 IP 地址是多少。然后其他也开启了 mDNS 服务的主机会响应该信息，并告诉这个主机它是谁，它的 IP 地址是多少。

在 ESP8266mDNS 库中，除了前面的 mDNSResponder 功能外，还包括了 mDNS-SD（服务注册、服务查询、服务解析）功能，我们可以获取到局域网内具体的服务信息。

举个例子，在局域网内，要进行打印，必须先知道打印服务器的 IP 地址。此 IP 地址一般由 IT 部门人员负责分配，然后他需要向全公司发邮件告诉各个部门人员该 IP 地址。有了 mDNS-SD 服务，打印服务器可以注册一个打印服务，比如名为“print service”。当有人需要打印服务时，一般会先搜索局域网的打印服务器，但由于不知道打印服务器的 IP 地址，用户只能通过“print service”这个名字去查找打印机，在 mDNS-SD 的帮助下，用户最终可以找到注册了“print service”名字的打印机，并获得它的 IP 地址及端口号。

这里大家可以思考一些这个问题。局域网内是否会出现同样名字的服务？答案是不会，因为局域网内部不能有重名的 host 或者 service。

ESP8266 使用 mDNS 服务时需要在代码中加入以下头文件。

```
#include <ESP8266mDNS.h>
```

ESP8266mDNS库

mDNS 用到了 ESP8266mDNS 库，所以接下来我们来了解一下这个库。使用这个库的时候，ESP8266 可以以 AP 模式或 STA 模式接入局域网。局域网中其他开启 mDNS 服务的设备就可以通过网址访问 ESP8266 了。

Windows 系统一般不安装 mDNS 服务，读者可以安装 Bonjour，这是基于组播域名服务（multicast DNS）的开放性零配置网络标准。Bonjour 使得局域网中的系统和服务即使在没有网络管理员的情况下也很容易找到。Bonjour 技术在 macOS、iTunes、iPhone 上都得到了广泛应用。苹果系统默认有 mDNS 服务。安卓系统手机也自带了 mDNS 服务，是一个名为 mdnsd 的程序。现在主流各大平台都支持 mDNS，大家可以放心使用 mDNS 服务。

下面一起来看看 ESP8266mDNS 库，同样先看一下思维导图（见图 1）。

根据功能，我们可以把可以把 ESP8266mDNS 库中的方法分为两大类：管理 mDNS 服务和管理 mDNS-SD 服务。

1. 管理mDNS服务

（1）begin

```
/* 启动 mDNS 服务
 * @param  hostName  const char* （与 IP 地址映射的域名）
 * @return  bool 是否启动成功 */
bool begin(const char* hostName);
```

（2）notifyAPChange

```
/* 当 AP 更新或禁止后调用，通知 AP 改变 */
void notifyAPChange();
```

2. 管理mDNS-SD服务

（1）addService

```
/* 注册服务
 * @param  service  服务名字
 * @param  proto  服务协议
 * @param  port  服务端口 */
void addService(char *service, char *proto, uint16_t port);
void addService(const char *service, const char *proto, uint16_t port);
```

（2）queryService

```
/* 查询服务
 * @param  service  服务名字
 * @param  proto  服务协议
 * @return  count  返回符合条件的服务个数 */
int queryService(char *service, char *proto);
int queryService(const char *service, const char *proto);
int queryService(String service, String proto);
```

（3）hostname

```
/* 获取查询服务的主机名，返回服务域名
 * @param  idx  服务索引 */
String hostname(int idx);
```

（4）IP

```
/* 获取查询服务的 IP 地址，返回服务 IP 地址
 * @param  idx  服务索引 */
IPAddress IP(int idx);
```

（5）port

```
/* 获取查询服务的端口号，返回服务端口
 * @param  idx  服务索引 */
uint16_t port(int idx);
```

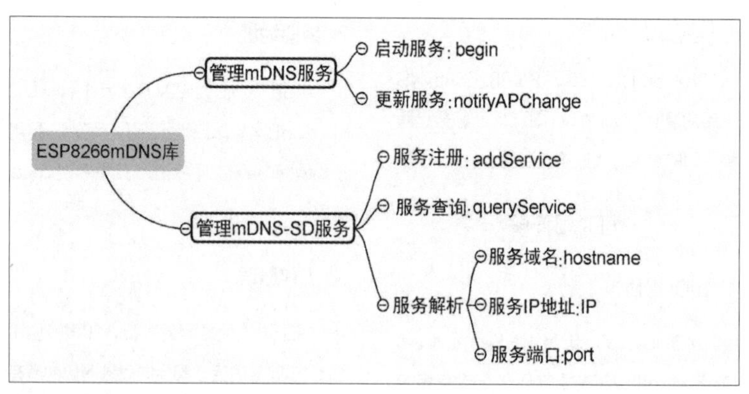

图 1 思维导图

实例程序

1. 演示ESP8266 mDNS应答功能

实例说明：演示ESP8266 mDNS responder功能，将实例源码烧录到NodeMCU开发板，然后在计算机端输入以下地址：http://esp8266.local/，以域名方式来访问WebServer。

实例准备：NodeMCU开发板、已经安装好Bonjour服务，这里需要用到WebServer的相关内容，需要的朋友请参考《无线电》杂志2022年第1、2期中ESP8266WebServer库的使用等相关内容。

实例源码如下所示。

```
#include <ESP8266WiFi.h>
#include <ESP8266mDNS.h>
#include <ESP8266WebServer.h>
//以下3个定义为调试定义
#define DebugBegin(baud_rate) Serial.begin(baud_rate)
#define DebugPrintln(message) Serial.println(message)
#define DebugPrint(message) Serial.print(message)
const char* AP_SSID = "xxxxxx";
//使用时请将XXXXXX修改为当前你的Wi-Fi SSID
const char* AP_PSK = "xxxxxx";
//使用时请将XXXXXX修改为当前你的Wi-Fi 密码
const unsigned long BAUD_RATE = 115200;//串行通信波特率
//声明一下函数
void initBasic(void);
void initWifi(void);
void initWebServer(void);
void initmDNS(void);
ESP8266WebServer server(80);
/* 处理根目录URI请求
 * uri:http://server_ip/ */
void handleRoot() {
  DebugPrintln("handleRoot");
  server.send (200, "text/html", "Hello From ESP8266 mDNS demo");
}
/* 处理无效URI
 * uri:http://server_ip/xxxx */
void handleNotFound() {
  DebugPrintln("handleNotFound");
  //打印无效URI的信息，包括请求方式、请求参数
  String message = "File Not Found\n\n";
  message += "URI: ";
  message += server.uri();
  message += "\nMethod: ";
  message += (server.method() == HTTP_GET) ? "GET" : "POST";
  message += "\nArguments: ";
  message += server.args();
  message += "\n";
  for (uint8_t i = 0; i < server.args(); i++) {
    message += " " + server.argName(i) + ": " + server.arg(i) + "\n";
  }
  server.send(404, "text/plain", message);
}
void setup(void) {
  initBasic();
  initWifi();
  initWebServer();
  initmDNS();
}
void loop(void) {
  MDNS.update();
  server.handleClient();
}
/* 初始化基础功能：波特率 */
void initBasic(){
  DebugBegin(BAUD_RATE);
}
/* 初始化Wi-Fi模块，包括工作模式和连接网络 */
void initWifi(){
  WiFi.mode(WIFI_STA);
  WiFi.begin(AP_SSID, AP_PSK);
  DebugPrintln("");
  //等待连接
  while (WiFi.status() != WL_CONNECTED) {
    delay(500);
    DebugPrint(".");
  }
  DebugPrintln("");
  DebugPrint("Connectedto");
  DebugPrintln(AP_SSID);
  DebugPrint("IPaddress:");
  DebugPrintln(WiFi.localIP());
}
/* 初始化WebServer */
void initWebServer(){
  //配置URI对应的handler
  server.on("/", handleRoot);
  server.on("/inline", []() {
    DebugPrintln("handleInline");
    server.send(200, "text/plain", "this works as well");
  });
  server.onNotFound(handleNotFound);
  //启动WebServer
  server.begin();
  DebugPrintln("HTTP server started");
}
/* 初始化mDNS */
void initmDNS(){
  if (!MDNS.begin("esp8266")) {
    DebugPrintln("Error setting up MDNS responder!");
    while (1) {
      delay(1000);
    }
  }
```

图2 ESP8266 mDNS responder 功能演示结果

```
  DebugPrintln("mDNS responder started,please input http://esp8266.local/ in your browser after install Bonjour");
}
```

实例结果如图2所示。

2. 演示ESP8266mDNS发现服务功能

实例说明：演示ESP8266 mDNS发现服务功能，将实例源码分别烧录到两块NodeMCU开发板中。

实例准备：两块NodeMCU开发板。

实例源码如下所示。

```
/* 这里需要注意两点：一是需要输入你的Wi-Fi SSID和password，二是需要烧写两块ESP8266开发板 */
#include <ESP8266WiFi.h>
#include <ESP8266mDNS.h>
const char* ssid = "...";
const char* password = "...";
char hostString[16] = {0};
void setup() {
  Serial.begin(115200);
  delay(100);
  Serial.println("\r\nsetup()");
  sprintf(hostString, "ESP_%06X", ESP.getChipId());
  Serial.print("Hostname: ");
  Serial.println(hostString);
  WiFi.hostname(hostString);
  WiFi.mode(WIFI_STA);
  WiFi.begin(ssid, password);
  while (WiFi.status() != WL_CONNECTED) {
    delay(250);
    Serial.print(".");
  }
  Serial.println("");
  Serial.print("Connected to ");
  Serial.println(ssid);
  Serial.print("IP address: ");
  Serial.println(WiFi.localIP());
  if (!MDNS.begin(hostString)) {
    Serial.println("Error setting up MDNS responder!");
  }
  Serial.println("mDNS responder started");
  //往mDNS里面注册服务
  MDNS.addService("esp", "tcp", 8080);
  Serial.println("Sending mDNS query");
  //查找服务
  int n = MDNS.queryService("esp", "tcp"); //发送ESP TCP服务的查询
  Serial.println("mDNS query done");
  if (n == 0) {
    Serial.println("no services found");
  } else {
    Serial.print(n);
    Serial.println(" service(s) found");
    for (int i = 0; i < n; ++i) {
      // 打印查找到的服务具体信息
      Serial.print(i + 1);
      Serial.print(": ");
      Serial.print(MDNS.hostname(i));
      Serial.print(" (");
      Serial.print(MDNS.IP(i));
      Serial.print(":");
      Serial.print(MDNS.port(i));
      Serial.println(")");
    }
  }
  Serial.println();
  Serial.println("loop() next");
}
void loop() {
  // 将主代码放在这里，重复运行
}
```

总结

本文主要讲解了mDNS在ESP8266上的域名映射应用，整体内容不多，但是这是非常有用的知识，希望需要的朋友能仔细学习。如果可以的话，也请回顾一下《无线电》杂志2021年第12期《ESP8266开发之旅 网络篇（12）UDP服务》和《无线电》杂志2022年第1、2期中ESP8266WebServer库的使用等相关内容。

ThinkerNode 物联网开发板使用教程（3）

户外水质监测装置

▌柳春晓

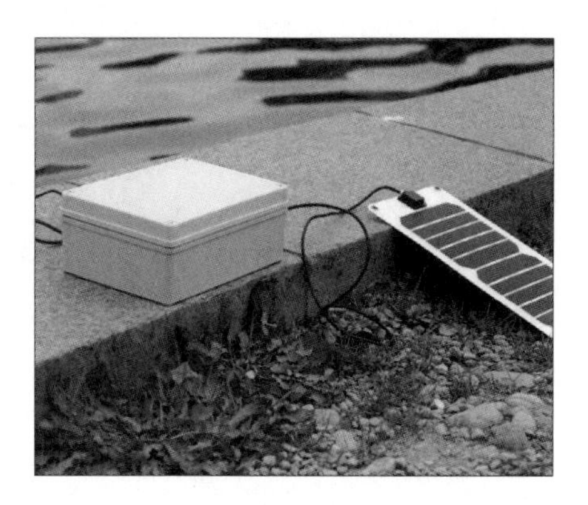

视频版教程

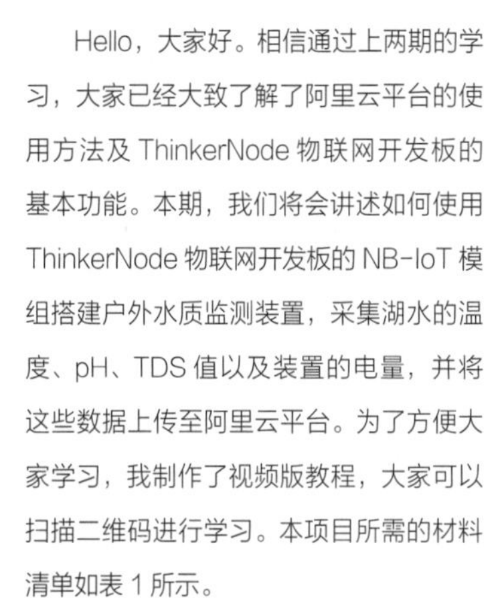

Hello，大家好。相信通过上两期的学习，大家已经大致了解了阿里云平台的使用方法及 ThinkerNode 物联网开发板的基本功能。本期，我们将会讲述如何使用 ThinkerNode 物联网开发板的 NB-IoT 模组搭建户外水质监测装置，采集湖水的温度、pH、TDS 值以及装置的电量，并将这些数据上传至阿里云平台。为了方便大家学习，我制作了视频版教程，大家可以扫描二维码进行学习。本项目所需的材料清单如表 1 所示。

本次项目所制作的装置是在户外使用的，且装置的工作环境不易拉电，为了使装置可以在户外工作更长时间，需要尽可能减少装置的电量消耗。ThinkerNode 物联网开发板板载的 NB-IoT 模组可以借助 PSM（Power Saving Mode，节电模式）和 eDRX（Extended Discontinuous Reception，超长非连续接收）实现装置更长时间的待机。如图 1 所示，我们可以看到应用了 NB-IoT 模组的装置在进入 PSM 时会涉及的 3 种状态，即 Connected State（连接状态）、Idle State（空闲待机状态）、PSM State（低功耗状态）。当装置尝试从 Connected State 进入 PSM State 时，会激活两个定时器——T3324 和 T3412。T3324 决定 Idle State 的时间，T3412 决定两次 Connected State 之间的时间。也就是说，当 T3324 超时后，装置将进入 PSM State；当 T3412 超时后，装置将退出 PSM State，进入下一个 Connected State，如此循环。除此之外，我们还可以应用 ThinkerNode 物联网开发板集成的太阳能电池管理模块外接太阳能电池板，在阳光充足时，给外接的 3.7V 锂电池充电。

表 1　材料清单

序号	名称	数量
1	ThinkerNode 物联网开发板	1 块
2	ThinkerNode I/O 扩展板	1 块
3	I²C ADS1116 16 位 ADC 模块	1 个
4	DC-DC 直流升压模块	1 个
5	模拟量隔离模块	1 个
6	pH 传感器	1 个
7	TDS 传感器	1 个
8	18B20 防水温度传感器套件	1 套
9	3.7V 锂电池	1 块
10	3.7V 锂电池电量计	1 个
11	太阳能电池板 5V/1A	1 块
12	USB 转接模块	1 个

▌图 1　装置在进入 PSM 时涉及的 3 种状态

至于存储，ThinkerNode 物联网开发板会将多余的 Flash 空间转化为一个 8MB 大小的 U 盘，对数据进行离线存储。在本项目中，为了避免网络连接不稳定导致数据丢失等情况的发生，我们可以在将数据上传云端的同时，将数据备份在 ThinkerNode 物联网开发板板载的 U 盘中。

配置阿里云平台

首先，我们登录阿里云平台，新建一个空白项目，并给项目命名为“水质监测”。然后，进入“水质监测”项目的管理界面，单击界面左侧功能栏中的“产品”，并在弹出的界面中选择“创建产品”，将产品名称填写为“KnowFlow”，所属品类选为“自定义品类”，其他选项为默认选项，如图 2 所示，单击“确认”，完成产品的创建。

接下来，我们需要为产品添加功能，这一步也叫作定义产品的“物模型”，物模型创建的过程就是通过协议描述产品功能的过程，定义产品有几组传感器数据、有什么控制功能、数据的类型是什么，等等。具体的操作方法是，在产品界面，单击“KnowFlow”产品右侧的“查看”（见图 3），进入产品的管理页面，依次选择“功能定义”“编辑草稿”（见图 4），再在新弹出的界面中选择“添加自定义功

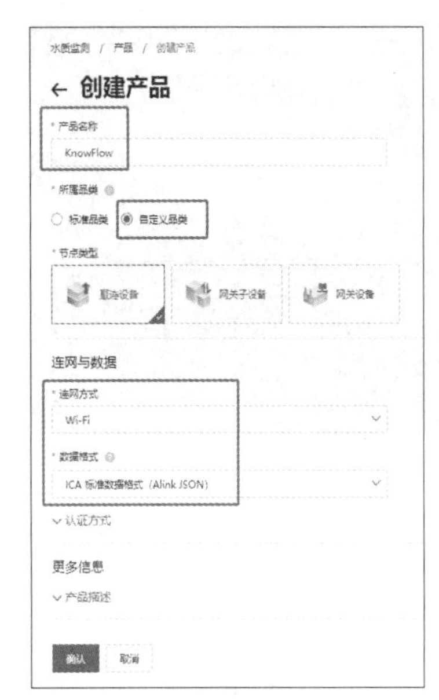

图 2 创建产品

能”（见图 5）。本项目中需要采集温度、pH、TDS 值以及电池电量（以现有电量占总电量的百分比显示），因此，我们需要创建 4 个自定义功能，创建所需的相关设定参数如表 2 所示。创建好后的界面如图 6 所示，单击“发布上线”。

最后，我们为“KnowFlow”产品添加设备。单击项目管理界面左侧功能栏中的“设备”，再在右侧的界面中选择“添加设备”，会弹出图 7 所示的界面，此处，我们将产品选为“KnowFlow”，然后单击“确认”，会出现图 8 所示的界面，这就代表我们完成了添加，可以将由 ThinkerNode 物联网开发板搭建的水质监测装置连接到阿里云平台了。

硬件相关配置

视频版教程中包含装置的具体搭建步骤，此处只为大家展示电路连接以及 pH 传感器的校准方法。装置所涉及的电路连接如图 9 所示。使用 pH 传感器的注意事项如下。

◆ 请使用外接开关电源，使电压尽量接近 +5.00V，电压越准，精度越高。

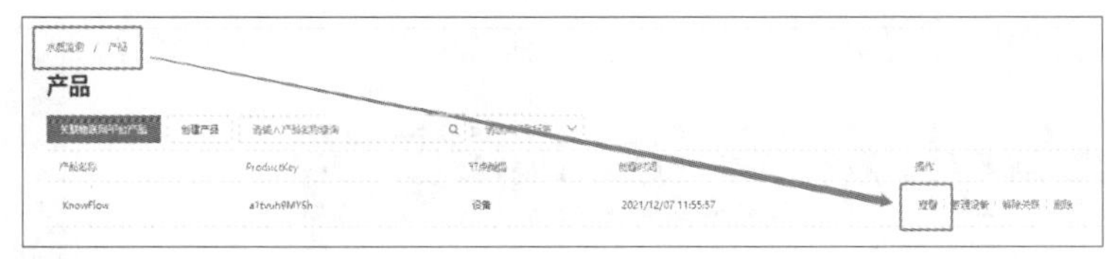

图 3 单击“查看”

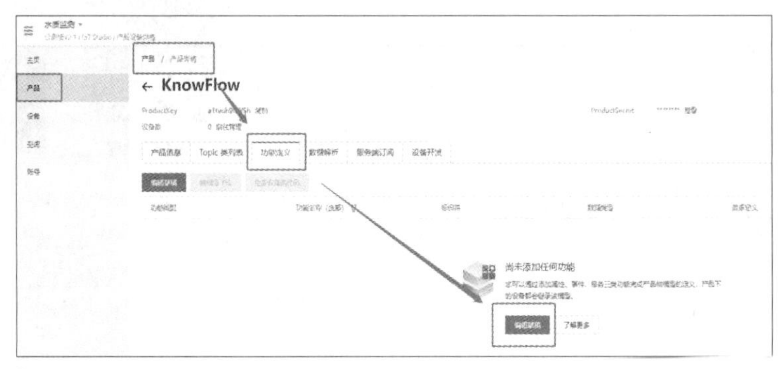

图 4 产品的管理界面

图 5 选择“添加自定义功能”

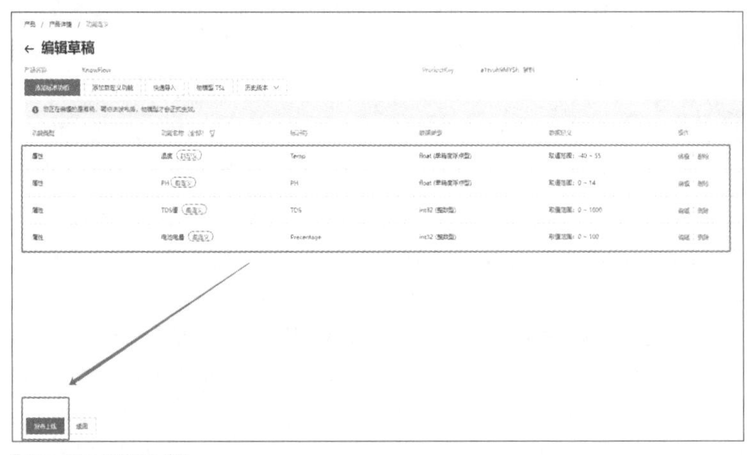

图 6 单击“发布上线”

表 2 相关设定参数

序号	功能名称	标识符	数据类型	取值范围	步长	单位
1	温度	Temp	float(单精度浮点型)	-40~55	0.1	摄氏度
2	pH	PH	float(单精度浮点型)	0~14	0.1	无
3	TDS 值	Tds	int32(整数型)	0~1000	1	百万分率
4	电池电量	Precentage	int32(整数型)	0~100	1	百分比

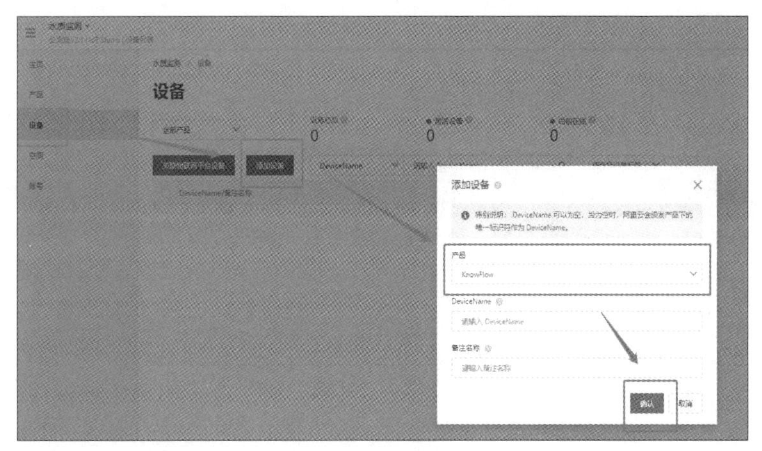

图 7 选择“添加设备”

图 8 完成添加设备

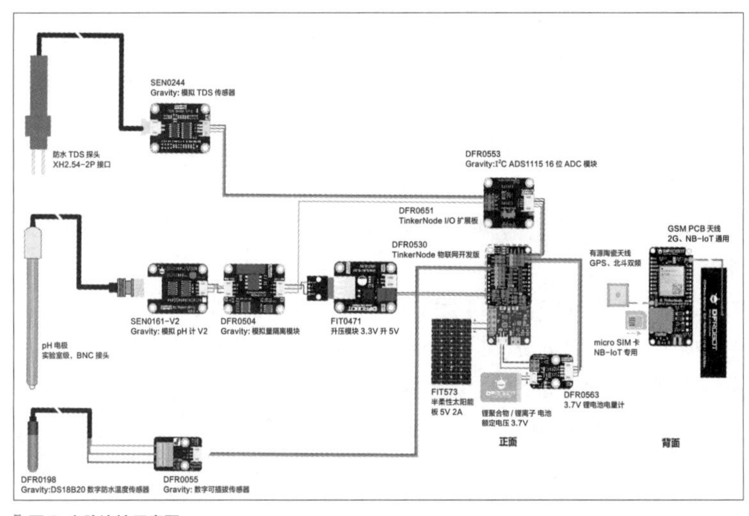

图 9 电路连接示意图

◆ 在每次连续使用前，电极均需要使用标准缓冲溶液进行校正，为取得更准确的结果，环境温度最好在 25℃左右。如待测量的样品为酸性，请使用 pH 为 4.00 的缓冲溶液对电极进行校正；如果待测量的样品为碱性，请使用 pH 为 9.18 的缓冲溶液对电极进行校正。分段进行校准，只是为了获得更好的精度。

◆ 每测一种不同 pH 的溶液前，都需要使用清水清洗电极，建议使用去离子水清洗。

◆ 为保证测量精度，建议使用标准缓冲溶液对 pH 传感器进行定期校准，以防止出现较大误差。一般半年校准一次，如果测量的溶液中含有较多杂质，建议增加校准次数。

校准 pH 传感器需要进行以下 5 步的操作。

（1）将 pH 传感器的电极连接到 pH meter 电路板的 BNC 接口后，使用模拟连接线将 pH meter 电路板连接到 ThinkerNode 物联网开发板的模拟引脚 2。连接好后，给 ThinkerNode 物联网开发板供电，我们可以看到 pH meter 电路板的蓝色指示灯被点亮。

（2）将例程序 1 烧录至 ThinkerNode 物联网开发板。

例程序1

```
#define SensorPin 2 //pH传感器连接到Tinkernode模拟引脚2
#define Offset 0.00  //偏差补偿
#define LED 13
#define samplingInterval 20
#define printInterval 800
#define ArrayLenth  40  //采样时间
int pHArray[ArrayLenth];  //存储传感器反馈的平均值
int pHArrayIndex=0;
void setup(void)
{
  pinMode(LED,OUTPUT);
  Serial.begin(9600);
  Serial.println("pH meter experiment!"); //测试串口监视器
}
void loop(void)
{
  static unsigned long samplingTime = millis();
  static unsigned long printTime = millis();
  static float pHValue,voltage;
  if(millis()-samplingTime > samplingInterval)
  {
    pHArray[pHArrayIndex++]=
```

```
analogRead(SensorPin);
    if(pHArrayIndex==ArrayLenth)
pHArrayIndex=0;
    voltage = avergearray(pHArray,
ArrayLenth)*5.0/1024;
    pHValue = 3.5*voltage+Offset;
    samplingTime=millis();
  }
  //每隔800ms，打印一个数字，转换LED指
示灯的状态
    if(millis() - printTime >
printInterval){
    Serial.print("Voltage:");
    Serial.print(voltage,2);
    Serial.print("pH value:");
    Serial.println(pHValue,2);
    digitalWrite(LED,digitalRead
(LED)^1);
    printTime=millis();
  }
}
double avergearray(int* arr, int
number){
  int i;
  int max,min;
  double avg;
  long amount=0;
  if(number<=0){
    Serial.println("Error number for
the array to avraging!/n");
    return 0;
  }
  if(number<5){   //小于5，直接计算出的
统计数据
    for(i=0;i<number;i++){
      amount+=arr;
    }
    avg = amount/number;
    return avg;
  }else{
    if(arr[0]<arr[1]){
      min = arr[0];max=arr[1];
    }
    else{
      min=arr[1];max=arr[0];
    }
    for(i=2;i<number;i++){
      if(arr<min){
        amount+=min;  //arr<min
        min=arr;
      }else {
        if(arr>max){
          amount+=max;  //arr>max
          max=arr;
        }else{
          amount+=arr; //min<=arr<=max
        }
      }
    }
    avg = (double)amount/(number-2);
  }
  return avg;
}
```

（3）将pH传感器的电极插入pH值为7.00的标准缓冲溶液中，或直接短接BNC接口的两个输入。打开Arduino IDE的串口监视器，可以看到当前打印出的pH值误差不会超过0.3。记录此时打印出的pH数值，然后将数值与7.00相比并记录差值，差值 = 标准值（7.00）- 打印出的pH数值。在后续的步骤中，需要把差值修改到程序中的Offset处，如打印出的pH值为6.88，则差值为0.12，需要将程序中的#define Offset 0.00改成#define Offset 0.12。

（4）将pH传感器的电极插入pH为4.00的标准缓冲溶液中，等待1min，调整增益电位器，使打印出的pH数值尽量稳定在4.00左右。此时，酸性段校准已经完成，可以使用pH传感器测试酸性溶液的pH了。

（5）依靠pH传感器电极自身的线性特性，经过以上的校准，可以直接测量碱性溶液的pH，但如果想获得更好的精度，建议重新校准。碱性段校准采用pH为9.18的标准缓冲溶液，方法同酸性段校准，调节增益电位器，使打印出的pH数值尽量稳定在9.18左右。

修改程序

扫描《无线电》杂志版权页上的二维码，进入云存储平台，下载项目所需的库文件并安装至Arduino IDE；下载“NB_Project2.ino”文件，并打开文件中的项目程序，修改程序中的参数。我们需要修改的有以下5个部分。

1. 设备证书信息

设备证书信息包含阿里云平台分配的ProductKey、DeviceSecret、DeviceName。我们在物联网窗帘项目界面的左侧导航栏中选择“设备”，在设备列表找到相应的设备，单击“查看”可以看到设备证书信息。将这些信息依次复制到程序中ProductKey、DeviceName、DeviceSecret变量值的双引号内。ClientId可以设置任意参数。如下所示。

```
//配置证书信息
String ProductKey =  "Your_Product_
Key";
String ClientId = "12345";
String DeviceName =  "Your_Device_
Name";
String DeviceSecret = "Your_Device_
Secret";
```

2. 产品标识符

在产品详情界面单击“功能定义”（见图10），将产品标识符依次复制到程序中TempIdentifier、PHIdentifier、TDSIdentifier、GaugeIdentifier变量值的双引号内。如下所示。

```
//配置产品标识符
String TempIdentifier =  "Your_Temp_
Identifier";
```

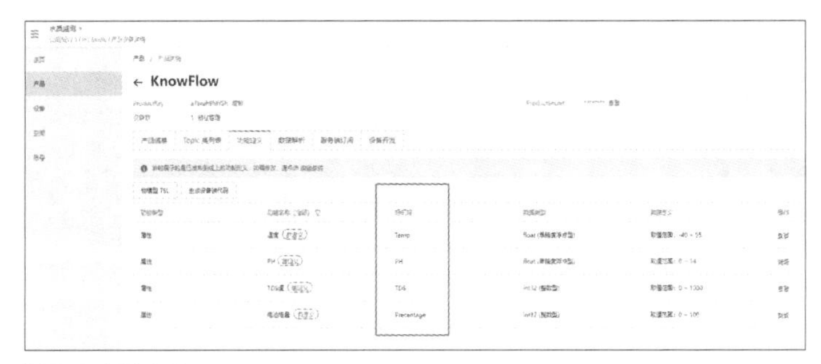

图 10 产品标识符

图 11 查看 Topic 信息

```
NB_Prj2
#include "DFRobot_BC20.h"
#include "DFRobot_Iot.h"

#include <Wire.h>
#include <OneWire.h>

#include <DFRobot_MAX17043.h>
#include <DFRobot_ADS1115.h>

#define DS18B20_PIN  D2   //定义温度传感器引脚
#define PhSensor_PIN 0    //定义ph传感器引脚
#define TdsSensor_PIN 1   //定义tds传感器引脚
#define samplingInterval 20
#define printInterval 800
#define ArrayLenth  40
#define Offset 0.00
#define VREF 3.3
#define SCOUNT  20
#define DataReadTimes 20   //每次唤醒时的数据采样次数
```

图 12 程序中 Offset 对应的位置

```
#define VREF 3.3
#define SCOUNT  20
#define DataReadTimes 20   //每次唤醒时的数据采样次数

#define uS_TO_S_FACTOR 1000000
#define uS_TO_MIN_FACTOR 60000000
//#define TIME_TO_SLEEP_SECOND  10
#define TIME_TO_SLEEP_MINUTE  5

//配置证书信息
String ProductKey = "Your_Product_Key";
String ClientId = "12345";
String DeviceName = "Your_Device_Name";
String DeviceSecret = "Your_Device_Secret";

//配置域名和端口号
String ALIYUN_SERVER = "";
uint16_t PORT = 1883;
```

图 13 程序中设置唤醒时间对应的位置

```
String PHIdentifier = "Your_ph_Identifier";
String TDSIdentifier = "Your_TDS_Identifier";
String GaugeIdentifier = "Your_batGauge_Identifier";
```

3. Topic信息

在设备管理界面查看 Topic 信息（见图 11），并将其填写在程序的对应位置。如下所示。

```
// 需要发布和订阅的 Topic
const char * subTopic = "Your_sub_Topic";//set
const char * pubTopic = "Your_pub_Topic";//post
```

4. pH传感器校准数据

需要修改程序中 Offset 的参数，参数为校准时得到的差值（见图 12）。

5. 低功耗唤醒时间

在本篇文章的开始部分，我们就介绍了水质监测装置使用了 PSM 和 eDRX 实现超长时间的待机，因此我们需要修改程序中的参数，确定装置的唤醒时间。参数所对应的位置如图 13 所示。设置唤醒时间有两种方式，分别是设置秒和设置分，程序中默认使用的唤醒时间为 5min。大家可以修改为任意时长。

全部配置完成后，将程序上传至 Thinker Node 物联网开发板，我们就可以使用这个水质监测装置（成品见图 14），并在阿里云平台查看到装置监测的数据了。

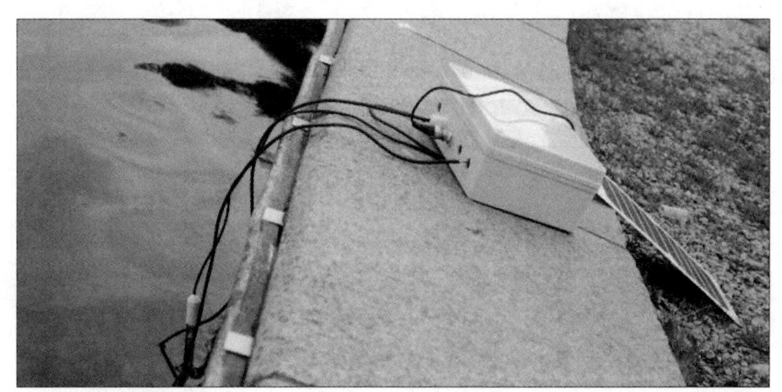

图 14 水质监测装置成品

STM32入门100步（第46步）

定时器（PWM）

杜洋　洋桃电子

原理介绍

上文介绍了舵机的驱动方法，内容涉及用PWM波形控制舵机旋转角度。在20ms的时间周期内，单片机用高电平的时间长度（低电平时间长度也会相应变化）决定舵机的旋转角度。高电平为0.5ms时，舵机旋转到0°，2.5ms时舵机旋转到180°。上一节采用延时函数产生波形，延时函数产生高电平和互补的低电平。延时函数使用精度高的嘀嗒定时器，能达到控制舵机精度的要求。但使用延时函数会影响单片机的工作效率，因为延时函数占用CPU工作时间，单片机控制舵机时不能处理其他工作。用延时函数控制舵机是很好的入门选择，但在项目开发中尽量采用单片机内部的PWM脉宽调制器产生波形。用脉宽调制器控制舵机，CPU不参与控制工作，提高了工作效率。这一节将介绍如何使用PWM脉宽调制器产生控制波形。

什么是PWM脉宽调制器？“PWM”的中文名称是“脉冲宽度调制”，简称为“脉宽调制”。它是利用单片机的数字输出控制模拟电路的一种技术，广泛应用在测量、通信、功率控制与变换等诸多领域中。PWM脉冲是单片机产生的高低电平的输出，它的目的是控制模拟电路，这是PWM的核心应用。使用PWM脉冲控制舵机是用高低电平时长来决定舵机的旋转角度，本质上是一种模拟控制。除舵机之外，PWM还经常用在直流电机的速度调节、步进电机的分步处理、音频输出、DAC转换等很多应用中。为了更好地理解PWM，我们回想一下LED呼吸灯实验（见图1），实验中改变延时函数的时间长度可调节LED亮度。图中H表示高电平，L表示低电平。高电平时LED点亮，低电平时LED熄灭。一个周期内高电平的时长决定LED的亮度。视觉暂留现象使我们看到的亮度保持在固定程度。如果一个周期内高电平的时长增加，LED变亮；高电平时长减少，LED变暗。这是呼吸灯的基本原理。这样的脉冲周期不断循环，使得LED长时间保持在一个亮度。改变高低电平的比例，可达到调节亮度的效果。这个原理就是PWM脉宽调制，PWM要有完整的周期，周期中既有高电平又有低电平，高低电平的比例不断变化，周期不断循环。PWM的特性是周期固定，也就是说频率固定不变，变化的是高低电平的比例。高低电平的比例变化是脉宽调制最核心的调制内容，不同电平比例达到不同的控制效果，这就是PWM的基本原理。

眼睛
每个周期看到的亮度
H
L
一个周期　一个周期　一个周期　一个周期

图1 LED呼吸灯实验

STM32单片机的PWM脉冲是如何产生的呢？这要涉及单片机的定时器，PWM脉冲可由定时器产生。STM32的定时器包括1个高级定时器TIM1和3个普通定时器TIM2、TIM3、TIM4。TIM2 ~ TIM4定时器有16位的自动加载（递增或递减）的计数器，有一个16位的预分频器和4个独立的通道。每个通道都有输入捕获、输出比较、PWM和单脉冲模式4种功能。也就是说普通定时器可以实现4种功能，PWM功能是其中之一。通用定时器都能产生PWM输出。每个定时器有独立的DMA请求机制，即可以通过TIM2 ~ TIM4产生PWM脉冲控制舵机。接下来再看高级控制定时器TIM1，它可以实现6个通道的三向PWM发生器，具有带死区插入的互补PWM输出，设置为16位PWM发生器时具有全调制能力（0 ~ 100%）。这是非常高级的PWM功能，我们暂时先不做介绍，先用普通定时器来产生PWM脉冲，实现对舵机的控制。

接下来研究定时器如何产生PWM脉冲。首先要知道定时器本质是以单位时间为准的计数器，单片机本身没有时间概念，时间的本质是计数。定时器以一个时钟周

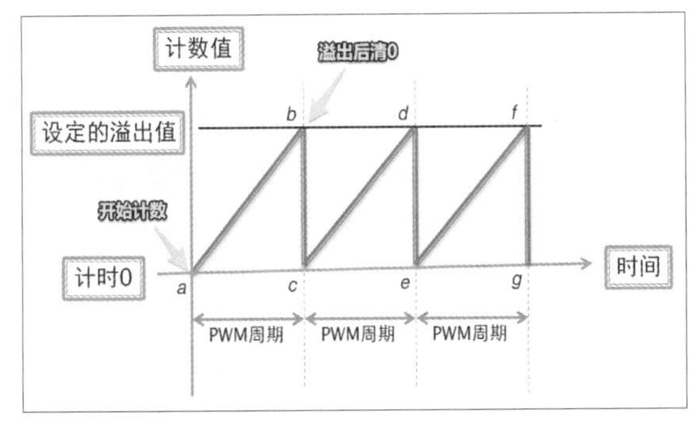

图2 定时器PWM的波形

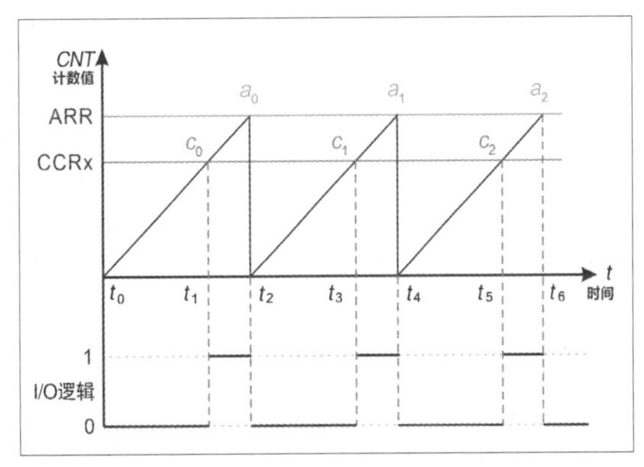

图3 带占空比的PWM波形

期为单位，以单片机晶体振荡器的频率为基准频率，每隔固定时间（1个时钟周期）计数值加1，计数值从0累加到设定数值，当累加到设定值时会产生溢出信号，之后计数器清0，重新计数。脉宽调制的周期可由定时器的溢出产生。脉宽调制中高低电平的比例由另一个功能实现。

如图2所示，图中横向表示“时间”，纵向表示“计数”，*a*位置表示计数开始。计数的累加标记产生*a*到*b*的斜线。当计数值达到溢出值时（*b*位置），计数器产生溢出信号，计数值清0，下一周期又从初始位置计数，再次计数到溢出值时清0（*c*位置），这样不断往复，产生计数循环。*a*到*c*、*c*到*e*、*e*到*g*，每个循环代表着一个PWM周期，开始计时表示周期开始，溢出表示周期结束，由此产生PWM的完整周期。接下来的问题是如何在完整周期内产生高低电平的变化，决定高低电平的比例。我们要引入一个新概念：占空比标志值。如图3所示，横向表示时间（*t*），纵向表示计数值（*CNT*），横线ARR表示设定的溢出值，横线CCRx表示高低电平的变化值。斜线表示定时器计数，初始位置t_0的计数值为0。当计数到ARR溢出值（a_0）时，计时器清0重新计时（t_2），产生了PWM周期。新加入的CCRx决定了一个周期中高低电平的变化位置，当计时值超过CCRx会产生电平变化。我们看下边的I/O逻辑关系，计数值小于CCRx时输出低电平（t_0到c_0），当计数值大于CCRx则电平变成高电平，计数值溢出后电平又变回低电平（c_0到a_0）。在下一个计数周期中同样在CCRx下面（t_2到c_1）为低电平，超过CCRx后（c_1到a_1）为高电平。只要知道了计数值和高低电平的关系，就能设置CCRx的值决定周期内高低电平的比例。把CCRx值变小则高电平的比例上升，把CCRx的值变大则高电平的比例下降。最终通过ARR和CCRx两个值设置PWM的两个属性，ARR溢出值决定PWM周期（频率），CCRx决定一个周期内高低电平的比例。在定时器初始化时设置这两个值，就能自动产生固定频率的PWM输出，用于控制舵机。

图4 舵机的连接方法

程序分析

我们通过分析程序看一下程序如何控制定时器，从而实现舵机控制。在这里我们继承用延时函数驱动舵机的跳线设置，P15接口连接舵机。另外为了连接定时器的输出，我们还要在核心板旁边的排孔连接一条导线，将PA15和PB0连接在一起，如图4所示。舵机接口是PA15，定时器的输出接口是PB0，两个接口短接才能实现定时器对舵机的控制。在附带资料中找到“PWM驱动舵机程序”工程，将工程中的HEX文件下载到洋桃1号开发板中，看一下效果。效果是在OLED屏上显示“SG90 TEST2”，和用延时函数控制舵机的效果相同，通过4个A、B、C、D按键控制舵机旋转角度。按A键舵机旋转到0°，按B键舵机旋转到45°，按C键舵机旋转到90°，按D键舵机旋转到180°。区别是运行“延时函数”的程序，只有按下按键时，单片机才会输出PWM信号；松开按键时，PWM输出停止。而“定时器”的程序中由于定时器独立工作，不管是否按住按键，PWM 都会一直处在工作状态。当舵机旋转到 0° 或 180° 时会有抖动，表示舵机一直收到 PWM 信号。舵机工作的同时，核心板上的 LED1 一直处在微亮状态。LED1 连接的是 PB0 接口。由于将 PA15 和 PB0 连接在一起，连接在 PB0 上的 LED1 也会根据 PWM 波形显示出不同亮度。仔细观察会发现按下不同按键，LED1 的亮度会变化。按 A 键时亮度最低，按 D 键时亮度最高。这就是 PWM 输出控制 LED 占空比，使亮度发生变化。

接下来打开“PWM 驱动舵机程序”工程，此工程复制了“延时函数驱动舵机”的工程，在工程中的 Basic 文件夹里新建了 pwm 文件夹，其中有 pwm.c 和 pwm.h 文件，这是我编写的定时器 PWM 驱动舵机程序。接下来用 Keil 软件打开工程，先打开 main.c 文件，如图 5 所示，这是 PWM 驱动舵机程序。第 18 ~ 24 行加载了需要使用的库文件，其中加载的 SG90.h 文件是无用的，因为我们并不采用延时函数和 I/O 端口控制舵机，这一行可以删除。第 24 行加入触摸按键的库文件。第 26 行加载了 pwm.h 文件。第 37 行在 OLED 屏上显示“SG90 TEST2”，第 39 行是触摸按键的初始化函数。第 40 行是定时器初始化函数 TIM3_PWM_Init，函数可以设置定时器 3，实现 PWM 输出。函数有 2 个参数，第 1 个参数是定时器的溢出值（ARR），定时器到达与 ARR 的值相等的数值时产生溢出信号，定时值清 0。ARR 是在初始化中设置的，此处设置为 59 999。第 2 个参数是分频系数，是对定时器时钟进行分频，假设定时器使用 72MHz 时钟，可以通过第 2 个参数进行分频，分频后的时钟频率变小，计时时间变慢，以达到更长时间的计时目的，加大分频系数可达到更长的定时时间。在初始化中设置这 2 个参数就能决定 PWM 的周期（频率）。利用溢出值和分频系数如何计算出 PWM 周期呢？这涉及一个公式：T_{out}（单位为秒）=$(arr+1)(psc+1)/T_{clk}$（单位为赫兹）。T_{clk} 是通用定时器的时钟频率，如果 APB1 总线没有分频，系统频率是 72MHz。得到此常数后，其他值就更容易计算。我们知道舵机 PWM 周期为 20ms，当前时钟频率为 72MHz，即 72 000 000Hz，公式中只剩下溢出值和分频系数。这两个值有不同的组合关系，只要它们相乘的结果除以 72MHz 等于 20ms 即可。我们通过公式得出了初始化的两个参数，确定了 PWM 周期。只要定时器 3 开始工作，对应的 I/O 端口就会输出 PWM 波形，周期是 20ms。

接下来第 44 行进入 while 主循环，第 45 行判断触摸按键，第 46 行当按键被按下时在 OLED 屏上显示角度，第 47 行设置定时器 3 的 CCR 值。CCR 值即 CCRx，它能控制 PWM 的占空比。TIM_SetCompare3 函数有 2 个参数，第 1 个参数是 TIM3，表示要设置定时器 3。第 2 个参数是 CCR，即高低电平比例值。定时器到达 CCR 值时，输出电平将切换。在舵机旋转到 0° 时，CCR 值（第 2 个参数）是 1500。1500 是如何得出的呢？我们已知 PWM 周期为 20ms，定时器溢出值为 60 000，60 000 和 20ms 相关联。20ms 计时需要 60 000 次计数，舵机旋转到 0° 时高电平占 0.5ms，需要计数多少次呢？计算结果是 1500 次。如果舵机旋转到 180°，高电平为 2.5ms，需要计数 7500 次。由此可知 0° ~ 180° 对应 1500 ~ 7500 次计数。可以通过此范围的数值来控制舵机旋转角度。可以大概得出舵机旋转到 0° 的 CCR 数值为 1500，舵机旋转到 45° 时 CCR 数值为 3000，舵机旋转到 90° 时 CCR 数值为 4500，舵机旋转到 180° 时 CCR 数值为 7500。不同 CCR 数值可确定周期内高电平的时长，实现舵机旋转角度控制。从主程序上看，舵机的控制非常简单，只要在程序开始部分对定时器初始化，计算参数给出 PWM 周期，通过固件库函数设置 CCR，从而确定

```
18  #include "stm32f10x.h" //STM32头文件
19  #include "sys.h"
20  #include "delay.h"
21  #include "relay.h"
22  #include "oled0561.h"
23  #include "SG90.h"
24  #include "touch_key.h"
25
26  #include "pwm.h"
27
28
29  int main (void){//主程序
30      delay_ms(500); //上电时等待其他器件就绪
31      RCC_Configuration(); //系统时钟初始化
32      RELAY_Init();//继电器初始化
33
34      I2C_Configuration();//I²C初始化
35      OLED0561_Init(); //OLED屏初始化
36      OLED_DISPLAY_8x16_BUFFER(0,"   YoungTalk    "); //显示字符串
37      OLED_DISPLAY_8x16_BUFFER(3,"   SG90 TEST2   "); //显示字符串
38
39      TOUCH_KEY_Init();//按键初始化
40      TIM3_PWM_Init(59999,23); //设置频率为50Hz，公式为：溢出时间Tout（单位为秒）=(arr+1)(psc+1)/Tclk
41                               //Tclk为通用定时器的时钟频率，如果APB1没有分频，则就为系统时钟频率，72MHz
42                               //PWM时钟频率=72000000/(59999+1)*(23+1) = 50Hz(20ms)，设置自动装载值为60000，预分频系数为24
43
44      while(1){
45          if(!GPIO_ReadInputDataBit(TOUCH_KEYPORT,TOUCH_KEY_A)){ //读触摸按键的电平
46              OLED_DISPLAY_8x16_BUFFER(6,"   Angle 0      "); //显示字符串
47              TIM_SetCompare3(TIM3,1500);          //改变比较值TIM3->CCR2达到调节占空比的效果
48          }
49          if(!GPIO_ReadInputDataBit(TOUCH_KEYPORT,TOUCH_KEY_B)){ //读触摸按键的电平
50              OLED_DISPLAY_8x16_BUFFER(6,"   Angle 45     "); //显示字符串
51              TIM_SetCompare3(TIM3,3000);          //改变比较值TIM3->CCR2达到调节占空比的效果
52          }
53          if(!GPIO_ReadInputDataBit(TOUCH_KEYPORT,TOUCH_KEY_C)){ //读触摸按键的电平
54              OLED_DISPLAY_8x16_BUFFER(6,"   Angle 90     "); //显示字符串
55              TIM_SetCompare3(TIM3,4500);          //改变比较值TIM3->CCR2达到调节占空比的效果
56          }
57          if(!GPIO_ReadInputDataBit(TOUCH_KEYPORT,TOUCH_KEY_D)){ //读触摸按键的电平
58              OLED_DISPLAY_8x16_BUFFER(6,"   Angle 180    "); //显示字符串
59              TIM_SetCompare3(TIM3,7500);          //改变比较值TIM3->CCR2达到调节占空比的效果
60          }
61      }
62  }
```

图5 main.c文件的全部内容

高电平时长，即可确定舵机旋转角度。

接下来分析定时器初始化函数 TIM3_PWM_Init。我们打开 pwm.h 文件，如图 6 所示。其中只有第 5 行声明定时器初始化函数。要知道在定时器中也要进行 I/O 端口的设置，但 pwm.h 文件文件里并没有设置 I/O 端口，而是把它们统一放在 pwm.c 文件中的初始化函数里。接下来打开 pwm.c 文件，如图 7 所示。第 21 行加载了 pwm.h 文件。第 24 行是定时器 3 的初始化函数 TIM3_PWM_Init，函数有 2 个参数，没有返回值。第 1 个参数是 ARR 溢出值，第 2 个参数是分频系数 PSC。接下来分析函数的内容，第 25 ~ 27 行定义 3 种结构体，下面的程序中会用到。第 30 ~ 32 行是对时钟的设置，第 30 行开启 TIM3 时钟，具体使用哪个时钟需要参考时钟对应输出的 I/O 端口。第 31 行设置定时器的输出 I/O 端口，TIM3 的输出 I/O 端口是 PB 组，所以开启 PB 组 I/O 端口的时钟。第 32 行开启复用映射 AFIO 时钟。第 34 行设置 I/O 端口，此处没有按照惯例在 pwm.h 文件中对 I/O 端口进行宏定义，因为定时器的 I/O 端口输出是固定的，于是端口设置直接放在 pwm.c 文件中。第 34 ~ 37 行将 TIM3 定义为 0 号端口、50MHz 复用的推挽输出，确定了使用 PB0 输出 PWM 信号。

可能有朋友会问为什么一定要用 PB0 端口呢？这涉及 I/O 端口的复用定义，PA6、PA7、PB0、PB1 端口正好复用了 TIM3 的通道 1 ~ 通道 4，也就是说定时器 TIM3 共有 4 个通道，PB0 对应 TIM3 的 3 号通道。在硬件电路上，我们已经把 PA15 和 PB0 短接，使得 PB0 输出的 PWM 信号送入 PA15 的舵机控制引脚，所以才使用 TIM3 的 3 号通道。I/O 端口的定义还涉及复用功能重映射，打开“STM32F10XXX 参考手册（中文）”第 118 页找到“8.3.7 定时器复用功能重映射”。表格中标明了每个定时器 I/O 端口的复用关系，如图 8 所示，TIM3 复用功能重映射表中列出了 4 个通道对应 的 I/O 端口号。没有重映射时，4 个通道对应 PA6、PA7、PB0、PB1（重映像和重映射的含义相同），开启部分重映射对应的端口是 PB4、PB5、PB0、PB1，进行完全重映射对应端口是 PC6、PC7、PC8、PC9。通过映射设置可将定时器输出放到 2 组不同的端口上。需要注意：完全重映射只适合于64、100、144脚封装的单片机，48脚封装的单片机没有PC6到PC9端口，即使开启重映射也没有对应的引脚连接电路，所以只能使用没有重映射和部分重映射。我们回到程序，第 39 ~ 42 行给出通过固定库函数设置重映射，现在被屏蔽，即没有重映射。于是 4 个通道对应端口是 PA6、PA7、PB0、PB1。如果解除屏蔽并且使用部分重映射，通道 1 和通道 2 对应的端口会变成 PB4 和 PB5。使用 64、100、144 引脚的单片机时，还能开启完全重映射，完全重映射的端口是 PC6 ~ PC9。

第 44~57 行设置定时器 3 的各项功能。第 44 行设置自动重装载值，参数是定时器溢出值 ARR。之所以把“溢出值”称为“重装载值”，是因为定时器溢出之后计数值清 0，相应的溢出值会消失。自动重装载是指在定时器清 0 后将溢出值 ARR 自动放入定时器，下次计数时计

```
1 #ifndef   __PWM_H
2 #define   __PWM_H
3 #include "sys.h"
4
5 void TIM3_PWM_Init(u16 arr,u16 psc);
6
```

图6 pwm.h文件的全部内容

```
21  #include "pwm.h"
22
23
24 void TIM3_PWM_Init(u16 arr,u16 psc){  //TIM3 PWM初始化 arr重装载值 psc预分频系数
25      GPIO_InitTypeDef     GPIO_InitStrue;
26      TIM_OCInitTypeDef     TIM_OCInitStrue;
27      TIM_TimeBaseInitTypeDef     TIM_TimeBaseInitStrue;
28
29
30      RCC_APB1PeriphClockCmd(RCC_APB1Periph_TIM3,ENABLE);//使能TIM3和相关GPIO时钟
31      RCC_APB2PeriphClockCmd(RCC_APB2Periph_GPIOB,ENABLE);//使能GPIOB时钟(LED在PB0引脚)
32      RCC_APB2PeriphClockCmd(RCC_APB2Periph_AFIO,ENABLE);//使能AFIO时钟(定时器3通道3需要重映射到BP5引脚)
33
34      GPIO_InitStrue.GPIO_Pin=GPIO_Pin_0;     // TIM_CH3
35      GPIO_InitStrue.GPIO_Mode=GPIO_Mode_AF_PP;     // 复用推挽
36      GPIO_InitStrue.GPIO_Speed=GPIO_Speed_50MHz;     //设置最大输出速度
37      GPIO_Init(GPIOB,&GPIO_InitStrue);     //GPIO端口初始化设置
38
39 //    GPIO_PinRemapConfig(GPIO_PartialRemap_TIM3,ENABLE); //映射，重映射只用于64、100、144脚单片机
40     //当没有重映射时，TIM3的四个通道CH1，CH2，CH3，CH4分别对应PA6，PA7,PB0,PB1
41     //当部分重映射时，TIM3的四个通道CH1，CH2，CH3，CH4分别对应PB4，PB5,PB0,PB1 (GPIO_PartialRemap_TIM3)
42     //当完全重映射时，TIM3的四个通道CH1，CH2，CH3，CH4分别对应PC6，PC7,PC8,PC9 (GPIO_FullRemap_TIM3)
43
44      TIM_TimeBaseInitStrue.TIM_Period=arr;     //设置自动重装载值
45      TIM_TimeBaseInitStrue.TIM_Prescaler=psc;     //预分频系数
46      TIM_TimeBaseInitStrue.TIM_CounterMode=TIM_CounterMode_Up;     //计数器向上溢出
47      TIM_TimeBaseInitStrue.TIM_ClockDivision=TIM_CKD_DIV1;     //时钟的分频因子，起到了一点点的延时作用，
48      TIM_TimeBaseInit(TIM3,&TIM_TimeBaseInitStrue);     //TIM3初始化设置(设置PWM的周期)
49
50      TIM_OCInitStrue.TIM_OCMode=TIM_OCMode_PWM1;     // PWM模式1:CNT < CCR时输出有效电平
51      TIM_OCInitStrue.TIM_OCPolarity=TIM_OCPolarity_High;// 设置极性-有效电平为：高电平
52      TIM_OCInitStrue.TIM_OutputState=TIM_OutputState_Enable;// 输出使能
53      TIM_OC3Init(TIM3,&TIM_OCInitStrue);     //TIM3的通道3 PWM 模式设置
54
55      TIM_OC3PreloadConfig(TIM3,TIM_OCPreload_Enable);     //使能预装载寄存器
56
57      TIM_Cmd(TIM3,ENABLE);     //使能TIM3
58
59 }
```

图7 pwm.c文件的全部内容

表42 TIM3复用功能重映像

复用功能	TIM3_REMAP[1:0] = 00 (没有重映像)	TIM3_REMAP[1:0] = 10 (部分重映像)	TIM3_REMAP[1:0] = 11 (完全重映像)[1]
TIM3_CH1	PA6	PB4	PC6
TIM3_CH2	PA7	PB5	PC7
TIM3_CH3	PB0		PC8
TIM3_CH4	PB1		PC9

1. 重映像只适用于 64、100 和 144 脚的封装

图8 TIM3复用功能重映像（重映射）表

数值到ARR时再次产生溢出信号。大家只要知道此处设置的ARR值就是函数参数中的ARR值（溢出值）。第45行设置预分频系数，参数是PSC。PSC可以和ARR初值进行公式计算，决定PWM周期（频率）。第46行设置计数器的溢出方式，参数是TIM_CounterMode_Up，如图9所示，溢出选项共有5行，TIM_CounterMode_Up表示累加计数，TIM_CounterMode_Down表示递减计数。递减计数时初始值是溢出值ARR，然后不断减1直到为0，为0时产生溢出信号。另外还有中央对齐模式1～3。中央对齐模式1（TIM_CounterMode_CenterAligned1）表示计数器交替地向上（加）和向下（减）计数。输出比较中断标志位只在向下计数时置位，也就是说计数器会先累加，达到溢出值之后递减计数，直到为0，产生溢出中断。中央对齐模式2也是交替向上和向下计数，只有向上计数时置位，即计数器先向上再向下计数，计数到ARR时才溢出。中央对齐模式3也是向上和向下计数，在向上和向下计数时均可以置位，即不管是向上到ARR，还是向下到0，都会产生溢出信号。中央对齐模式1～3并不常用，了解即可，使用最多的是向上计数模式。

第47行定义时钟的分频因子，它起到延时作用，一般设置为DIV1。这个参数的选项有DI1、DIV2、DIV4，设置任何一个参数都对定时器的延时值没有影响。时钟分频因子起到内部计数器的滤波作用。它只影响电路的稳定性，不影响延时和PWM波形，按照默认设置即可。第48行是固件库函数TIM3初始化设置，将以上第44～47行的参数写入定时器3的寄存器。现在我们知道了溢出值、分频系数、计数方式，有了这3个条件，定时器就能正常工作了。我们使用定时器3的PWM功能，所以还需要设置PWM输出

```
363 #define TIM_CounterMode_Up                 ((uint16_t)0x0000)
364 #define TIM_CounterMode_Down               ((uint16_t)0x0010)
365 #define TIM_CounterMode_CenterAligned1     ((uint16_t)0x0020)
366 #define TIM_CounterMode_CenterAligned2     ((uint16_t)0x0040)
367 #define TIM_CounterMode_CenterAligned3     ((uint16_t)0x0060)
```

图9 计数器的溢出方式的选项

```
288 #define TIM_OCMode_Timing                  ((uint16_t)0x0000)
289 #define TIM_OCMode_Active                  ((uint16_t)0x0010)
290 #define TIM_OCMode_Inactive                ((uint16_t)0x0020)
291 #define TIM_OCMode_Toggle                  ((uint16_t)0x0030)
292 #define TIM_OCMode_PWM1                    ((uint16_t)0x0060)
293 #define TIM_OCMode_PWM2                    ((uint16_t)0x0070)
```

图10 PWM设置方式

方式。第50行设置PWM模式，此处设置为PWM1（模式1）。如图10所示，共有6个设置方式。前4种方式是输出比较，最后2个方式TIM_OCMode_PWM1（PWM模式1）和TIM_OCMode_PWM2（PWM模式2）是脉冲宽度调制模式。我们使用定时器进行PWM输出，只需要了解PWM相关的设置。PWM模式1和PWM模式2的区别是达到CCR转换值时输出不同状态的电平。在PWM模式1中，如果是向上计数，当计数值小于CCR值时定时器端口输出有效电平，否则输出无效电平。另一种情况，PWM模式1如果是向下计数，当计数值大于CCR会输出无效电平，否则输出有效电平。模式2的情况和模式1正好相反，向上计数时，一旦计数值小于CCR会输出无效电平，否则输出有效电平；向下计数时，计数值大于CCR则输出有效电平，否则输出无效电平。由此可见，PWM模式1和模式2在不同模式下输出的电平状态不同。要解释有效和无效电平，就要看第51行的定义。第51行设置极性，设置有效电平为高电平（TIM_OCPolarity_High）还是低电平（TIM_OCPolarity_Low）。由此很容易理解PWM模式定义。假如设置有效电平为高电平，PWM模式中如果当前计数值小于CCR就输出有效电平（高电平），否则就输出无效电平（低电平）。因为需要在第51行单独定义有效电平是高电平还是低电平，所以在模式说明中不能直接说“高电平”和“低电平”，而是用“有效电平”和“无效电平”来代替。不同的极性设置会导致有效电平可能是高电平或低电平。当前我们设置的是PWM模式1，有效电平设置为高电平，计数方式是向上计数，由于可知我们所使用的是模式1向上计数，当计数值小于CCR时输出高电平，大于CCR时输出低电平。

如图3所示，回看波形图。由于向上计数从0开始，假如CCR值为1500，在计数值小于1500时输出高电平，计数值大于1500时输出低电平。只要按照这样的设置就能输出一个控制舵机的理想波形。第52行是输出使能，表示开启定时器的外部输出，使定时器的状态在I/O端口输出。第53行将以上第50～52行的设置写入TIM3通道3的寄存器。需要注意：通过定时器号选择不同的定时器，通道号可以是1～4，不同通道号会从不同的I/O端口输出。由于确定使用PB0输出，而PB0连接定时器3的3号通道，所以设定为定时器3通道3。第55行使能预装寄存器。第57行通过固件库函数TIM_Cmd开启定时器3，开始计数。我们再回到main.c文件，执行完第40行的定时器初始化函数之后，定时器3就会在PB0端口持续输出PWM波形。需要注意：定时器初始化函数的第一个参数是定时器编号，当前是定时器3，函数名TIM3_PWM_Init中的3表示通道3，通道可以改为1～4，对应修改不同的通道输出。如果只修改了参数中的定时器编号，没有修改通道号，会导致通道没有输出。至此，我们就完成了定时器的PWM输出设置，进而控制舵机的旋转角度。

软硬件创意玩法（4）

用 Arduino IDE 编程实现红外遥控器的按键解码

▌徐玮

在之前的文章中，我们已经让Uair（ESP32）开发板成功控制了RGB LED、蜂鸣器，实现了温度检测功能。这次，我们再通过Uair开发板玩一下看不到、摸不着的红外遥控，和大家一起学习红外遥控的相关知识，以及如何通过编程控制带红外功能的设备，如电视机、空调、电风扇等家用电器设备。

我们先来看一下红外遥控的原理。红外遥控整个系统主要由红外发射和红外接收两部分组成。最常见的遥控器就是我们的发射部分，电视机或空调内有接收部分。在电路的底层，传输的信号为一连串的二进制码，即“0”“1”组成的数字信号。红外发射和红外接收电路，将高低电平按照一定的时间规律进行变换，传递相应的信息。为了在无线传输过程中减轻其他信号的干扰，发射信号时通常将信号调制在特定的载波频率（38kHz 红外载波信号）上，通过红外二极管发射出去，而红外接收电路则将接收到的信号进行解调处理，还原成二进制脉冲码进行处理。可以简单理解成，发射信号做了一个打包操作，接收方做了一个解包操作。

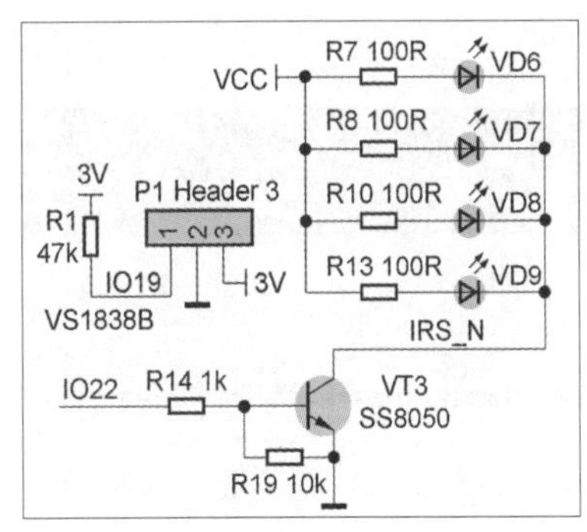

▌图 1 红外发射和红外接收电路

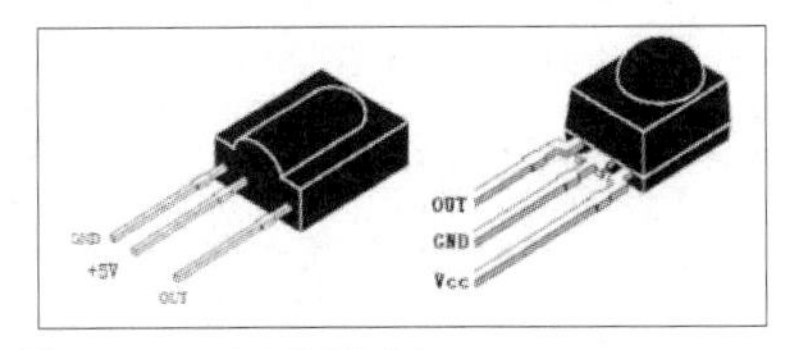

▌图 2 红外接收头引脚定义

现在我们来看一下 Uair 开发板中相应的红外接收电路。

如图 1 左上所示，P1 为红外接收头。红外接收头有 3 个引脚，从左到右依次为 OUT、GND、VCC，如图 2 所示。其中 OUT 数据脚经过限流电阻 R1 与 ESP32 模块的 GPIO19 引脚相连。当按下红外遥控器按键时，遥控器发出红外载波信号，红外接收头接收到信号后，ESP32 程序对载波信号进行解码，通过解码后得到的数据码来判断用户刚才按下的是遥控器上的哪个按键。图 3 所示就是 Uair 开发板上实际使用的红外线接收头。

然后，我们再来看一下红外发射电路。图 1 右侧所示为红外发射电路，通过 ESP32 模块的 IO22 引脚送出要发射的信号。电阻 R14、R19 及三极管 VT1 组成了电流放大电路，这是因为我们需要大电流，才能把红外信号发射距离最大化。同时，你会看到二极管 VD6、VD7、VD8、VD9，这不是普通的发光二极管，是红外发射二极管，专门用来发射红外信号，如图 4 所示。你可以在家电遥控器上看到同样的发射管，如图 5 所示。

看到这里，或许你会觉得有点奇怪，为什么遥控器上一般只有 1 个红外发射管，而 Uair 开发板上会有 4 个红外发射管？

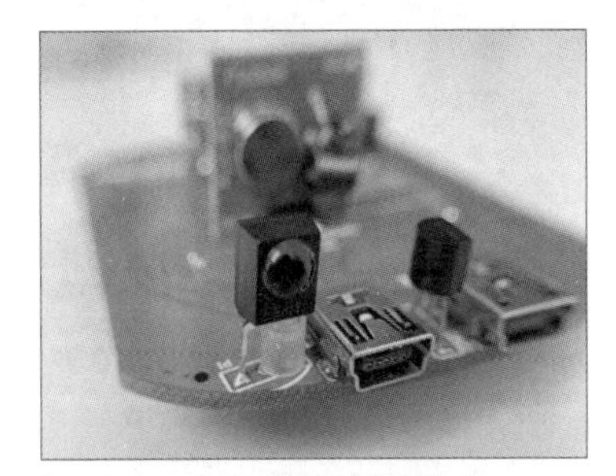

▌图 3 Uair 开发板使用的红外接收头

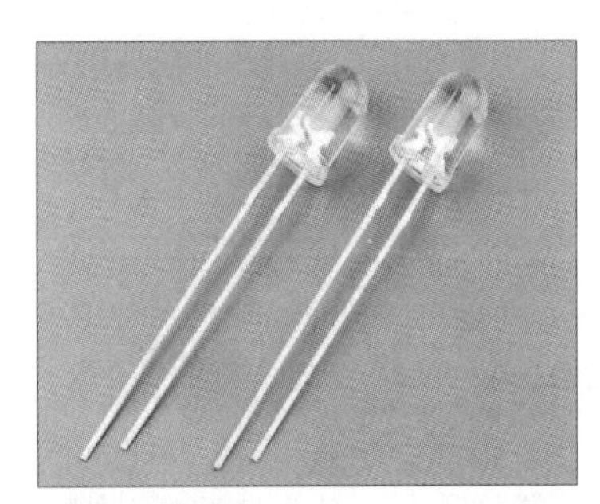

▌图 4 红外发射管

▌图 5 遥控器顶部的红外发射管

这是因为我为 Uair 开发板做了美观的“外衣”，装上外壳后，Uair 开发板只能通过底部一圈透明的材料向四周进行红外信号的发射，如图 6 所示，红色发光部位就是

图6 Uair 开发板通过红色透明区域发射红外信号

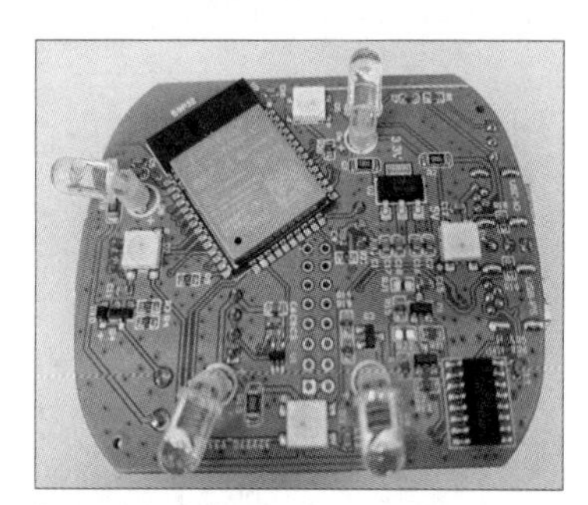

图7 Uair 开发板上的 4 个红外发射管

红外信号对外发射区域。

放置 4 个红外发射管，就可以实现 360° 无死角信号发射。图 7 和图 8 所示为 Uair 开发板所使用的红外发射管。当 ESP32 模块通过 GPIO22 引脚发出信号时，4 个红外发射管会同时向外发射红外线信号。

接下来，我们一起使用 Arduino IDE 开发环境编写对红外信号进行解码的程序，Arduino IDE 提供了丰富的库文件，这样我们可以省去编写底层驱动程序的复杂步骤，让编程过程变得更简单，这里我们可以在线安装“IRremote”库。单击菜单中的“管理库”选项，如图 9 所示。

在搜索框中输入“IRremote”，然后搜索相应的项，单击“安装”按钮，即可在线安装库文件，如图 10 所示。

接着，我们来写个非常简单的程序，如图 11 所示，通过串口打印红外线遥控器的按键解码值。

注意：在安装完 IRremote 库后，你计算机上的 Arduino 库路径下，会有一个

图8 红外发射管特写

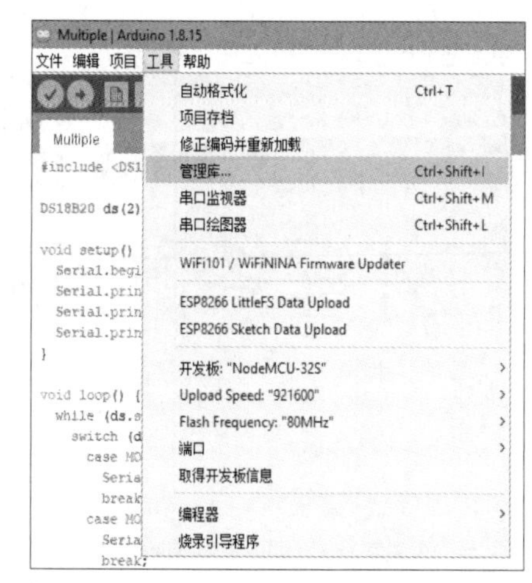

图9 “管理库”功能

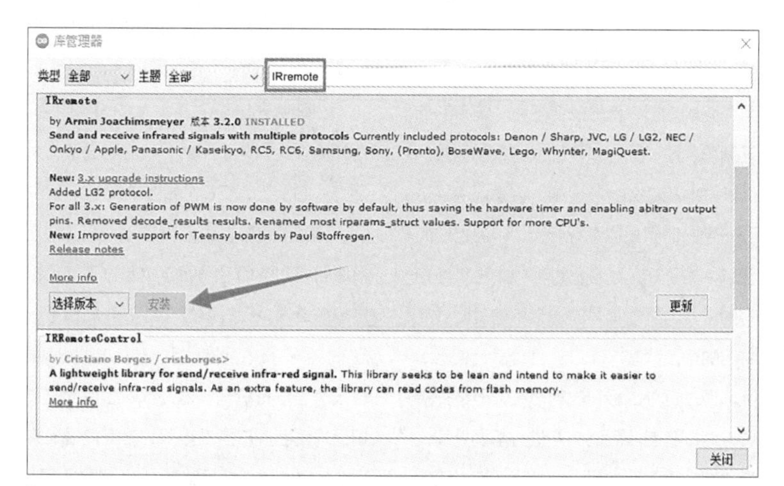

图10 安装 IRremote 库

文件 编辑 项目 工具 帮助

Uair_IR_receive

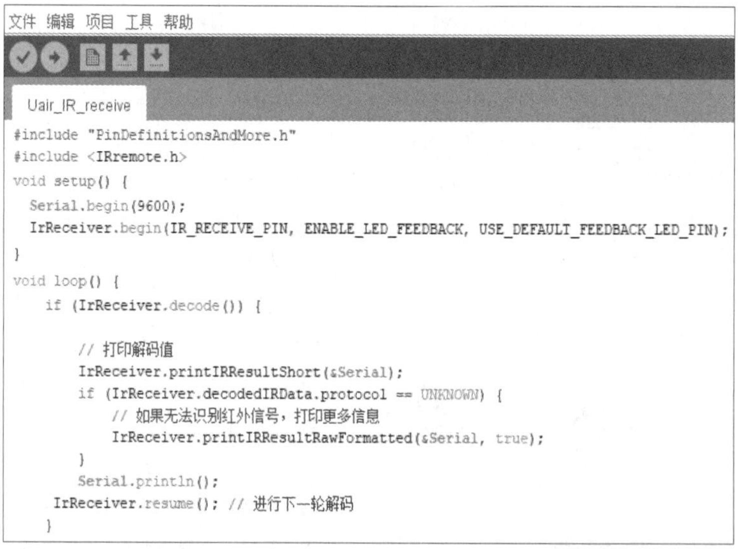

```
#include "PinDefinitionsAndMore.h"
#include <IRremote.h>
void setup() {
  Serial.begin(9600);
  IrReceiver.begin(IR_RECEIVE_PIN, ENABLE_LED_FEEDBACK, USE_DEFAULT_FEEDBACK_LED_PIN);
}
void loop() {
    if (IrReceiver.decode()) {

        // 打印解码值
        IrReceiver.printIRResultShort(&Serial);
        if (IrReceiver.decodedIRData.protocol == UNKNOWN) {
            // 如果无法识别红外信号，打印更多信息
            IrReceiver.printIRResultRawFormatted(&Serial, true);
        }
        Serial.println();
      IrReceiver.resume(); // 进行下一轮解码
    }
```

图11 红外接收解码程序

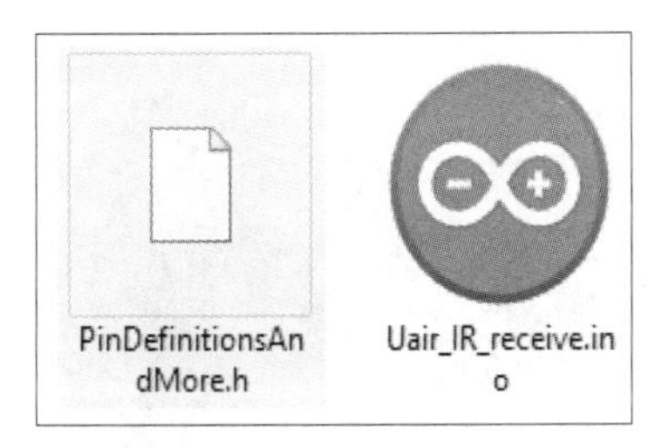

图 12 将 PinDefinitionsAndMore.h 文件复制到源代码路径

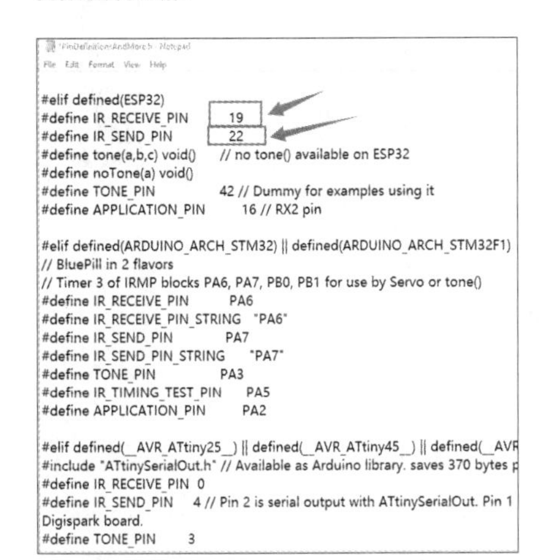

```
#elif defined(ESP32)
#define IR_RECEIVE_PIN      19
#define IR_SEND_PIN         22
#define tone(a,b,c) void()    // no tone() available on ESP32
#define noTone(a) void()
#define TONE_PIN            42 // Dummy for examples using it
#define APPLICATION_PIN     16 // RX2 pin

#elif defined(ARDUINO_ARCH_STM32) || defined(ARDUINO_ARCH_STM32F1)
// BluePill in 2 flavors
// Timer 3 of IRMP blocks PA6, PA7, PB0, PB1 for use by Servo or tone()
#define IR_RECEIVE_PIN      PA6
#define IR_RECEIVE_PIN_STRING   "PA6"
#define IR_SEND_PIN         PA7
#define IR_SEND_PIN_STRING  "PA7"
#define TONE_PIN            PA3
#define IR_TIMING_TEST_PIN  PA5
#define APPLICATION_PIN     PA2

#elif defined(__AVR_ATtiny25__) || defined(__AVR_ATtiny45__) || defined(__AVR
#include "ATtinySerialOut.h" // Available as Arduino library. saves 370 bytes p
#define IR_RECEIVE_PIN  0
#define IR_SEND_PIN     4 // Pin 2 is serial output with ATtinySerialOut. Pin 1
Digispark board.
#define TONE_PIN        3
```

图 13 修改 GPIO 引脚定义

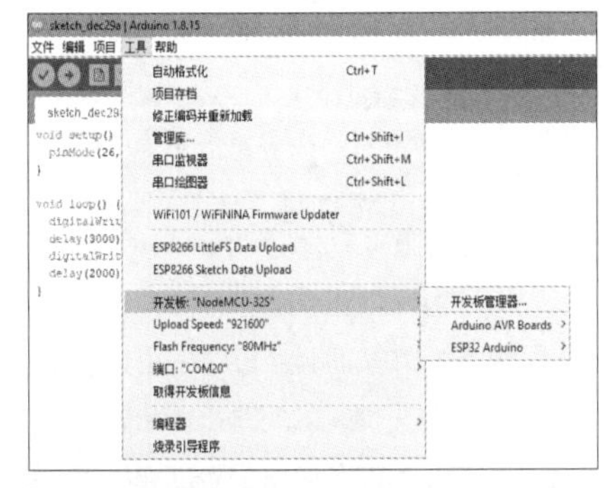

图 14 选择开发板类型与 COM 端口号

PinDefinitionsAndMore.h 文件，如果没找到，可以使用计算机的文件查找命令找到它，然后把它复制到和你的 Arduino 源程序同层的路径下，如图 12 所示。

然后，用记事本打开 PinDefinitionsAndMore.h 文件，将红外接收与红外发射相应的 GPIO 引脚修改为实际的引脚，在文件中，我们修改 #elif defined(ESP32) 部分的相关定义，因为我们实际使用的是 ESP32 模块，如图 13 所示。

然后，将开发板选择为“NodeMCU-32S”，选择实际使用的 COM 端口号，直接下载程序就可以了，如图 14 所示。

程序下载完成后，我们打开 Arduino IDE 自带的串口监视器，如图 15 所示。在打开的串口监视器中，我们把右下角的波特率调整为 9600 波特。这时候我们拿红外遥控器对准 Uair 开发板的红外接收头，按下任意一个遥控器按键，就会有相应的解码信息输出了，图 16 所示是我正拿着一个夏普电视机遥控器按下按键。然后，我们将在串口监视器上看到图 17 所示的解码信息。

这里解释一下图 17 中的信息含义。Protocol=SHARP，通信协议使用的是 SHARP 的协议，后面的

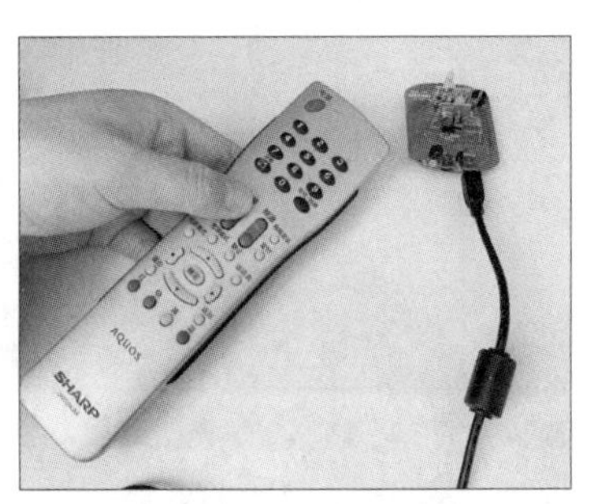

图 16 使用夏普电视机遥控器发射红外信号

Address=0x10 和 Command=0x68 定义了这个按钮的地址码和命令码，这两个码的组合是用来唯一标识遥控器按键的数据。后面的 Raw-Data=0x41A2 指的是红外线的原始码，这里已经将底层的二进制数转换成了以 0x 开头的十六进制数了，否则我就要写很长一串类似 01010101 的数据了。后面的 15 bits MSB first 指的是红外信号总字节长度为 15 位。图中的第二行，你不用再去细看，只要知道地址码和命令码就可以了。

现在我们现来试一下 YAMAHA 功放遥控器的红外遥控器解码（见图 18），按下按键，我们将在串口监视器上看到如图 19 所示的解码信息。Protocol（协议）为 NEC 标准，同时我们也可以看到相应的地址码和命令码。

接着我用 EPSON 投影机遥控器试一下红外遥控器解码，按下按键，如图 20 所示。我们将在串口监视器上看到如图 21

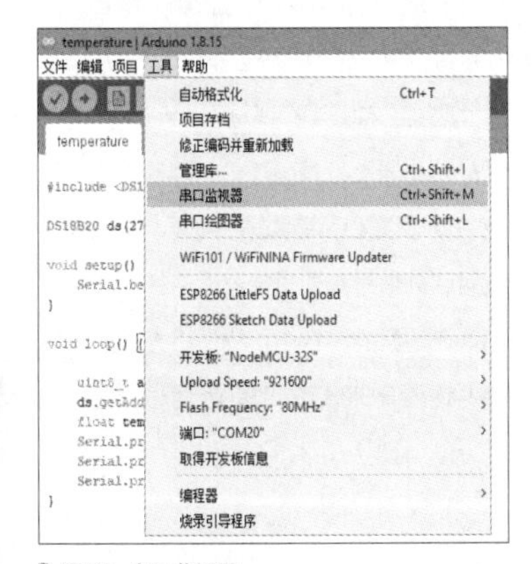

图 15 串口监视器

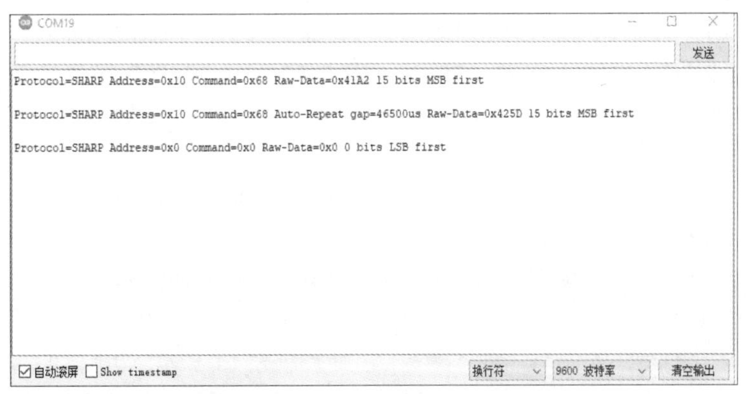

图 17 夏普电视机遥控器按键解码值

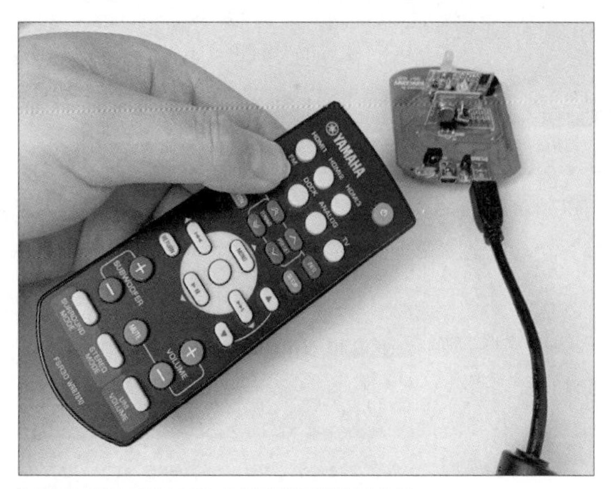

图 18 使用 YAMAHA 功放遥控器发射红外信号

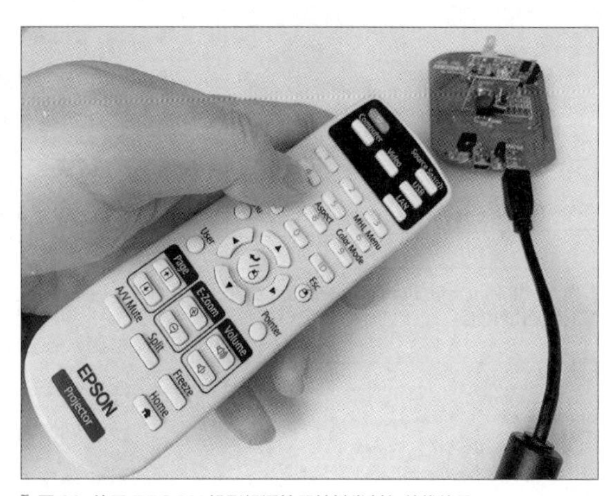

图 20 使用 EPSON 投影机遥控器按键发射红外线信号

图 19 雅马哈遥控器按键解码值

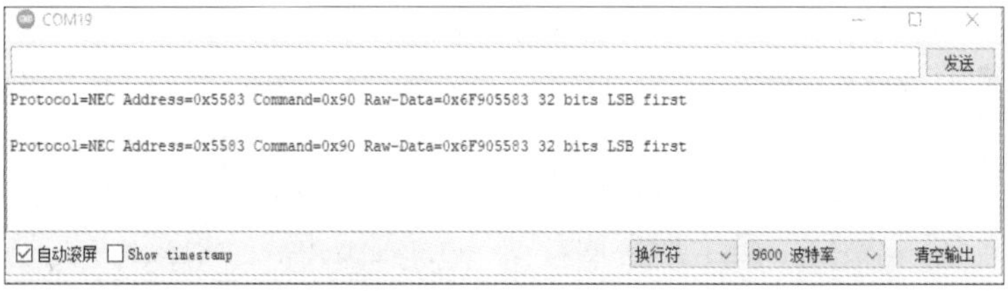

COM19

发送

Protocol=NEC Address=0x5583 Command=0x90 Raw-Data=0x6F905583 32 bits LSB first

Protocol=NEC Address=0x5583 Command=0x90 Raw-Data=0x6F905583 32 bits LSB first

自动滚屏 Show timestamp　换行符　9600 波特率　清空输出

图 21 EPSON 投影机遥控器按键解码值

所示的解码信息。协议为 NEC 标准，同时可以看到相应的地址码和命令码。

我们使用了 3 个不同品牌的遥控器进行解码实验，这里讲的协议标准，并不是某个品牌的家用电器就是用某个品牌的协议标准名称，比如我们使用的 EPSON 和 YAMAHA 品牌使用的都是 NEC 的编码。

现在，我们来看一下程序，并解释一下它的工作原理，大家可以对照图 11 所示的内容。

第一行 #include “PinDefinitionsAndMore.h”定义了 ESP32 模块连接红外发射和接收电路所需要的 GPIO 引脚号。

第二行 #include <IRremote.h> 加载了我们需要的红外线解码所需要用到的库文件，这样我们才可以“偷懒”，不用编写底层驱动程序，因为库文件都帮我们事先处理好了。

第四行 Serial.begin(9600); 初始化了串口通信的波特率，也就是打印的速度，你也可以定义成更快或更慢的速度，只要在后面的串口监视器中设置成一致的波特率可以了。一般我们常用的波特率为 9600 波特或 115 200 波特。

第五行 IrReceiver.begin(IR_RECEIVE_PIN, ENABLE_LED_FEEDBACK, USE_DEFAULT_FEEDBACK_LED_PIN); 是红外接收的初始化语句。

在 loop 循环体中，我们使用了 if (IrReceiver.decode()) 语句判断是否接收到红外信号。如果信息能被有效解码，则通过 IrReceiver.printIRResultShort(&Serial); 语句将红外解码值通过串口打印出来，也就是我们在串口监视器中看到的结果。

```
if (IrReceiver.decodedIRData.protocol
== UNKNOWN) {
  IrReceiver.printIRResultRaw
Formatted(&Serial, true);
}
```

这段话的意思是，如果红外信号不能被有效解码，也就是无法解析出其地址码和红外码的情况下，只输出原始码数据。当完成一次红外信号的解码工作后，需要执行一次 IrReceiver.resume(); 函数，则表示进行下一轮的解码工作。

现在，你已经可以用 Uair 开发板对红外控制器进行解码了，拿到键码值后，我们就可以使用程序进行判断，从而通过发射红外信号实现对电器设备的智能化控制。在后面的内容中，我们将为大家讲解如何通过 ESP32 发射红外信号，控制电器设备。

Q&A

问与答

读者若有问题需要解答，请将问题发至本刊邮箱：radio@radio.com.cn或者在微博@无线电杂志，也可以在《无线电》官方微信公众号评论中留言。如果读者不能通过网络途径投送自己的提问，请将来信寄到本刊《问与答》栏目，信中最好注明您的联系电话。

Q 我新购买了一个32GB高速U盘（USB 3.1），性能比USB 2.0的U盘好得多，但在使用中U盘经常会自动退出，并跳出“不安全退出”提示框，而用另一款USB 3.1的U盘就没有此问题，而且前者插入计算机时有松动感，估计是接触不良所致，我曾试过用多种方法自行解决，但还是不行，不知该如何解决？（黑龙江 周祥）

A U盘在使用中自动退出，主要是U盘与计算机插口接触不良造成的。如果接触不良是U盘插头插入计算机插口后松动造成的，通常较难解决，因为计算机USB插口和U盘插头尺寸误差或制造材料不同等问题都会造成接触不良，U盘更多见，但要更换插头却很不易。这里提供一个简易解决方法，用一个质量好的USB HUB分路器或USB延长线，通常优质USB延长线或分路器与U盘配接较好，注意要选购信誉好的优质产品。（王德沅）

Q 我的一台鱼缸水泵原来使用低速挡，长期连续工作没问题，噪声也小，最近突然发现水泵运行噪声和温升明显，已处于高速挡，拨动调速转换开关不起作用，两挡都是高速运行，拆卸后没发现什么问题，如下图所示，电磁线圈上没见绕组抽头引线，不知怎么调速的，如何检修？（重庆 王敏刚）

A 这是简易型鱼缸水泵，通常有两个功率挡位，一个是高功率（高速）挡，即交流220V市电经转换开关直接加在电磁线圈上，此时水泵以最大功率工作；另一个是低功率（低速）挡，在市电经开关后面连接一个二极管后连接电磁线圈，此时线圈上所加的是经半波整流后的脉动直流电，电压约为100V，电功率变小。水泵调速无效，通常是二极管短路引起的，原因有两个，一是管子被击穿，对此换上一个1N4007或1N5399即可；二是管子被焊锡短路，可重新焊接好。（王德沅）

Q 最近我家的Wi-Fi信号不正常，经常断网或网速缓慢，想进入TL-WA933RE扩展器管理页面查看情况，但无法打开管理页面，怀疑键入的扩展器IP有误，可试了192.168.……多个IP地址都无效，但打开路由器页面却很容易，不知怎么查找扩展器的正确地址？（浙江 朱鑫）

A 许多用户都遇到过此问题，实际上在路由器的管理页面中就能查到扩展器IP地址，即在路由器管理页面中单击“DHCP服务器”，再单击“客户端列表”，就能看到所用的扩展器名称、MAC和IP地址。其中TL-WA933RE就是扩展器名称，其后有MAC和IP地址，只要在浏览器中键入这个IP地址，即可打开扩展器管理页面。另外也可在计算机中查看，依次单击：网络和共享中心→查看网络基本信息和设置→查看完整映射→单击“TL-WA933RE”→查看设备网页→在跳出的浏览器对话框中输入用户名和密码，确定后扩展器设置页面就会出现了。（王德沅）

Q 一台开关电源和一块单片机实验板中的几个微型多圈电位器都出现接触不良、输出电压忽高忽低等故障，我想用普通单圈电位器调换，是否可以？需要注意什么问题？（黑龙江 周祥）

A 多圈电位器的主要特点是调整精度高，一般微小型多圈电位器的总机械行程为20~35圈，也就是单圈电位器的20多倍，甚至更多倍，电位器转轴旋转相同角度时多圈电位器的阻值变化不到单圈的1/20，因而调整精度很高。如果对调整精度没有较高要求，可用单圈电位器代替多圈电位器；倘若需要高精度，则不宜代换。在要求调整范围不大时，也可用一个电阻和一个单圈电位器串联后代换，只要选择与多圈电位器转一圈的阻值变化差值相近的单圈电位器即可。（王德沅）

Q 在维修一台不加热的微波炉时，发现底座上有一个外形像铝电解电容的元器件，以前维修微波炉也曾见过这种元器件，不过是安装在磁控管上的，据说是温控开关，但温控开关安装在底座上是控制什么呢？这种元器件的主要作用及特性究竟如何？（山东 左石）

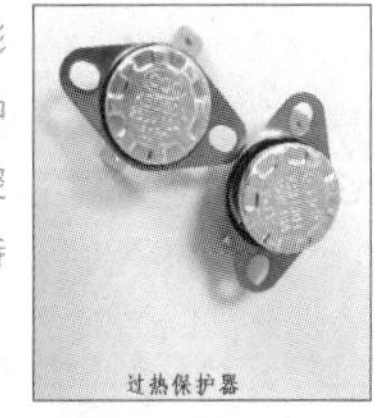
过热保护器

A 这是过热保护器，又称热切断继电器、温度控制保护器等，主要作用是保护磁控管。微波炉中大多采用KSD301系列过热保护器，它被安装在磁控管上，端面与磁控管直接接触，正常工作时为导通状态。当发生异常而导致磁控管过热并达到保护器的动作值时，热保护器动作，将电路切断，磁控管停止工作，从而保护磁控管等元器件不被过热烧坏。大部分微波炉使用动作温度为120~150℃的KSD301。除了磁控管外，有些微波炉还在底座、炉壁等其他可能过热的部位安装了过热保护器，也是为了防止相关零部件因异常过热而燃烧或损坏。（王德沅）

Q&A 问与答

读者若有问题需要解答，请将问题发至本刊邮箱：radio@radio.com.cn或者在微博@无线电杂志，也可以在《无线电》官方微信公众号评论中留言。如果读者不能通过网络途径投送自己的提问，请将来信寄到本刊《问与答》栏目，信中最好注明您的联系电话。

Q 我网购了一块1000GB的固态移动硬盘，复制完几十GB的文件退出后，再次插入计算机提示需要扫描磁盘，但是单击确定后又提示Windows无法扫描磁盘，最后只好格式化，先前花了许多时间复制的文件全部消失，然而再次复制后仍会出现相同故障。这是何故，怎么解决？ （江苏 刘复继）

A 这种固态移动硬盘很可能是采用了不良的存储芯片，其内部存储单元损坏较多，但用软件将损坏的存储单元屏蔽了，不让数据存储于此，以减少或避免文件损坏或遗失。但这将导致磁盘容量变小，更重要的是，损坏严重或损坏面积较大的磁盘，很难完全屏蔽掉损坏的存储单元，故极易造成存储缺失、文件系统出错等故障，提示需扫描磁盘，但系统又无法扫描磁盘。这种磁盘虽然价格比正规磁盘便宜不少，但最好不要购买使用，如果已购买且无法退货，那只能格式化试试，可在计算机上直接格式化，如多次操作仍不行，可用量产工具软件试试。注意要选对量产软件，可上网搜索或咨询卖家。 （王德沅）

Q 在查阅数字电路技术资料时，经常会看到集成电路内部框图中有逻辑门电路符号，其中有不少符号与常见的不一样，不知能否提供有关的资料，以供对照参考？ （吉林 许刚）

A 附图是我们整理的常用数字逻辑门电路表示符号和特性一览表，供大家查阅资料时对照参考。 （王德沅）

中外对照数字逻辑门电路符号和特性一览表

名称	非门	二输入与门	二输入与非门	二输入或门	四输入与门	异或门
国标图符	A-[1]o-F	A、B-[&]-F	A、B-[&]o-F	A、B-[≥1]-F	[&]	A、B-[=1]-F
符号/型号	NOT /7404	AND2 /7408	NAND2 /7400	OR2 /7432	NAND4 /7420	XOR /7486
美国等使用的图符						
逻辑式	F=$\overline{A}$	F=A•B	F=$\overline{A\cdot B}$	F=A+B	F=ABCD	F=A⊕B

Q 我的一部小米手机用U盘备份时总会自动退出，拔出后再次插入手机就提示U盘有问题，需要格式化，但是一旦格式化，前面复制的数据就都被抹除了。这样的备份既费时间又让人不放心，不知原因何在，能否解决？ （上海 方伟明）

A 问题的主要原因有两点：一是U盘和手机尾插接触不良。这会使文件在传输过程中突然中断，文件系统出错，再次插入手机就会提示U盘有问题，需要格式化。二是U盘本身质量不好或与手机匹配不良。这种U盘插入手机后，手机电路往往不认可，认为不能正常工作，于是发出需格式化等提示。解决这种问题，首先要排除接触不良，这在使用USB-手机尾插转换线（器）时较多见，可仔细检查并处理，必要时应换线试验。如果没有接触不良，那就是U盘有问题。 （王德沅）

Q 有一台电动自行车充电器中的开关电源集成电路UC3842被烧坏，调换了一片同型号IC和其他损坏的元器件，试机发现电源仍然没有输出电压，但检查整流电路时，其正常输出300V左右的电压，仔细检查电路没发现什么异常，UC3842也是正牌产品，这是什么原因，怎么排除故障？ （湖南 余晖）

A UC3842是Unltmde公司生产的电流控制型PWM（脉宽调制）芯片，在液晶电视机、显示器和开关电源等设备中应用广泛。开关电源没有输出一般是电路停振所致，在UC3842正常的情况下，开关电源启动故障，大部分是7脚启动电压不对引起的。7脚为供电端，整流电路输出的300V电压通过一个启动电阻加到7脚。启动门限电压为16V左右，若7脚启动电阻因损坏或脱焊等原因而使启动电压低于16V，UC3842就不能启动，也就没有输出了，所以检修重点是在7脚启动电路上。如果启动电压正常，那说明连接错误或集成块、变压器等元器件中有坏件。 （王德沅）

Q 最近我新购一个64GB的USB 3.0高速U盘，使用后发现传输速率好像比USB 2.0的U盘快不了多少，一般速度在10Mbit/s左右，无论插入台式计算机机箱前的USB 3.0插口还是机箱后的USB 3.0插口，速度都一样，不知何故，USB 3.0高速U盘的复制速度到底为多少是正常的？ （四川 李罗昊）

A 通常USB 3.0高速U盘在写入≥32KB文件时的速度能够达到25~60Mbit/s，不同品牌或型号的U盘存在差异，有些甚至相差很大，所以购买前一定要仔细查看厂商给出的参数和用户评论，以免购买到劣质产品。购来U盘后，可先用“ATTO Desk Benchmark”等软件测试一下其读写性能，附图所示就是测试某品牌64GB的USB 3.0 U盘的实际结果。由图可见，U盘的写入速度会受文件大小的影响。若小文件较多，U盘写入速度就会明显下降，只有在写入≥32KB的文件时，速度才比较稳定。（王德沅）

Q&A 问与答

读者若有问题需要解答，请将问题发至本刊邮箱：radio@radio.com.cn或者在微博@无线电杂志，也可以在《无线电》官方微信公众号评论中留言。如果读者不能通过网络途径投送自己的提问，请将来信寄到本刊《问与答》栏目，信中最好注明您的联系电话。

Q 有一台42英寸的液晶彩色电视机，电源电路中有一个型号为14D511K的瓷片电容被烧坏裂开，不知是什么类型的电容，其容量是14nF还是510nF或其他数值，能用普通瓷片电容代换吗？

（江苏　周致秋）

A 14D511K不是瓷片电容，而是压敏电阻（见附图），故不能用瓷片电容代换。压敏电阻是氧化锌半导体限压型浪涌保护器件，平时呈高阻态，当其两端瞬间电压超过动作电压时，其迅速导通，将电压钳位，从而保护后级电路不受冲击。14D511K型号定义如下：14代表电阻直径为14mm，直径越大，其电流耐量越大；D代表圆片形；511代表动作电压值，即51乘10的1次方，值为510V；K表示阻值误差为10%。其他相似压敏电阻的型号定义也类似，如20D471K表示直径为20mm的470V圆片形压敏电阻。

（王德沅）

Q 有一台便携式数字调谐全波段立体声收音机，开机后无声，液晶屏无显示，拆机后查看电路没发现什么异常，按动“夜间照明”按钮，指示灯会亮，表明电池没问题，测量整机静态电源，电流在100μA左右，不知进一步怎么检修？（辽宁 徐鸿）

A “夜间照明”灯会亮并不能说明电池电量一定是充足的，因为LED的耗电量很小，大多在3~5 mA，所以电量很低的电池也能点亮它，必须以实测电池负载电压为准。一般便携式数调收音机的静态电源电流正常应为20~60mA，只显示时间的静态电流大多在60~150μA。如果你实测得电源电流在100μA左右，说明只有时钟电路在工作，收音电路并没有工作。对此，首先要确认电池电量充足，然后仔细检查电源电路（包括印制电路）是否存在断路等，查出断路处，重新连接好，电流一般就会正常了。

（王德沅）

Q 我网购了某品牌的2.4GHz无线鼠标，试机时发现，无论把接收器插入计算机前面的USB接口还是插入后面的USB接口，鼠标都无反应，不能工作，而且任务栏上没见到插入USB硬件后会有的移动磁盘图标。USB插口是正常的，插入U盘正常工作，这是何故。怎么解决？

（湖北　余焕晟）

A 一般通过查看计算机“设备管理器”，就能判断鼠标是否正常工作。首次使用鼠标，系统会自动发现新硬件并安装驱动程序，之后鼠标就能使用了，任务栏上不会出现移动磁盘图标，这与插入U盘不一样。接收器工作后，设备管理器的“通用串行总线控制器”中会多出“USB Composite Device（USB复合设备）”提示，如果没有此提示，或提示带有黄色惊叹号或问号，表明鼠标没有工作或有异常，一般是与USB接口接触不良所致，只要清理掉鼠标金手指上或USB插槽内的污垢、异物或氧化物等就可解决。倘若没有接触不良，那可能就是鼠标存在问题。

（王德沅）

Q 一台计算机的光学鼠标按键毫无反应，拆卸后发现是鼠标连线断路造成的，剪掉一小段损坏的连线，准备将连线重新焊接到鼠标印制电路板上时，才发现拆卸时没记下焊接位置，只好停下。鼠标印制电路板上标注有VDD、GND、DATA-和DATA+，连线分别是红、绿、紫、黑四条，不知如何连接？

（浙江　李联起）

A 可根据引线颜色来连接，但不同鼠标的引线色标定义不一定相同，所以在拆卸鼠标时最好用笔或用手机拍摄记录。如果没记录，可测一下USB各端与连线的关系；也可根据较常见的对应关系来连接：红—VDD、黑—GND，绿—DATA+、紫（或白）—DATA-，VDD和GND分别是电源正、负极，正确连接后，如果鼠标仍不能正常工作，可将绿、紫线互换，通常能成功。少数鼠标采用其他颜色的电线与USB端连接，在确认VDD和GND连线颜色后，同样可用这种方法来连接。

（王德沅）

Q 有一台电磁炉中的开关电源整流管4007在工作时因严重发热而被烧坏，印制板上相应位置也被烤焦变色，按照电路图上的标注，换上同型号整流管1N4007，通电试机，发现整流管仍然很快发烫，再换一个二极管还是一样，这是什么原因，怎么解决？

（河北　赵小石）

A 该开关电源整流管应该是UF4007，不是常用的1N4007。UF4007是快恢复二极管，反向恢复时间T_{rr}为75ns，一般用于频率较高（几十千赫兹到几百千赫兹）的开关电源，而1N4007的T_{rr}为30 000ns，是UF4007的数百倍，通常用于工频、低频下的整流电路，如用1N4007代换UF4007，就会因T_{rr}太慢而过热，导致整流管被烧坏。在电磁炉电路中，通常可用FR157、1N4948、BYV26D等代替UF4007。

（王德沅）

Q&A

问与答

读者若有问题需要解答，请将问题发至本刊邮箱：radio@radio.com.cn或者在微博@无线电杂志，也可以在《无线电》官方微信公众号评论中留言。如果读者不能通过网络途径投送自己的提问，请将来信寄到本刊《问与答》栏目，信中最好注明您的联系电话。

Q 有一台滚筒洗衣机，无论是按标准洗按键，还是快洗或脱水等按键，滚筒都不会转动，不过显示屏会亮而且有时间数字显示，查看滚筒内有一些积水，排水阀也会慢慢转动，这是何故，怎么排除故障？（福建 包承敏）

A 这种故障通常是排水管路被堵塞所致。排水管路被堵塞后，洗衣机无法排水，故不能开机。检修时，可先通过按键启动排水，查看洗衣机背后下方的排水阀是否慢慢转动，如果不转动，通常是排水阀被卡阻或电机损坏所致，可拆卸修理或调换新件。如果排水阀会转动，说明故障不在排水阀，可能是排水管道被手套、袜子或布条等杂物堵住，造成水流不能排出。对此可拆卸排水阀等部件，设法用螺丝刀或钩子等工具取出管路堵塞物，再重新安装好拆卸的部件，就能排除这种故障。（王德沅）

Q 现在LED台灯、吊灯、射灯等照明器具的应用已非常广泛，在做实验、维修时也经常见到各种各样的贴片LED芯片，请问，能否从外观上迅速辨别贴片LED发光管的正极和负极？（吉林 高赞）

A 通常贴片发光二极管上都有正负极标记，只要记住“标记小的一端为负极，标记大的一端为正极”这点就行。例如，对于封装底部有“T”字形或三角形、钻石形符号的贴片LED，在“T”字一竖和三角形、钻石形顶端的一边是负极。对封装上有切角、颜色或引脚大小等标记的，有色标的、引脚短小的、有切角的一边是负极。已安装的LED，可能看不到上述标记，可观察封装内的芯片形态来辨别，例如有“- —”一短一长的两“横线”阴影，其中短横线一边是负极，长横线一边为正极，如图所示。

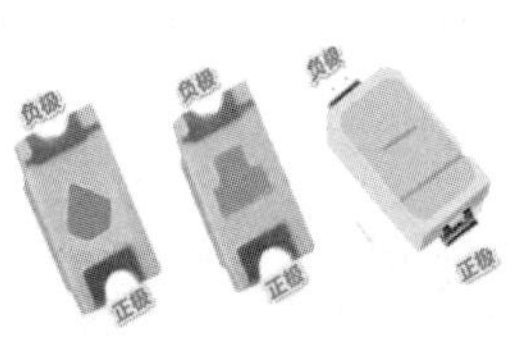

（王德沅）

Q 一台测试仪器中的电源集成电路LM2940T-5.0三端直通损坏，我手头没有这种集成电路。不知能否用外形相似的常见LM7805等三端稳压器直接代换，应该注意什么问题？（陕西 周俊）

A LM2940T-5.0和LM7805是三端稳压器，两者的输出电压都为5V，输出电流I_O为1A。主要差别是：LM2940T-5.0是低压差稳压器（Low Dropout Regulator），在I_O为1A时的输入、输出间压差V_D为0.5V；而LM7805是普通三端稳压器，在I_O = 1A时，输入、输出间压差V_D为2V左右。所以，如果稳压器的输入电压大于7V（5V + 2V），通常可直接代换。若电源输入电压小于7V，一般不宜直接代换。（王德沅）

Q 一台计算机的电源适配器损坏，检查发现，一个外形类似塑封大功率三极管的MBRF20150CTG爆裂损坏，由于找不到该适配器的技术资料，不知道该管主要性能如何？希望得到贵刊的帮助。（安徽 刘航）

A MBRF20150CTG不是三极管，而是肖特基共阴极双二极管，其内部含有两个性能相同的大功率SBD（肖特基二极管）。SBD具有正向压降小、电流大、速度快等优点。该管的反向重复峰值电压为150V，正向平均电流为10A × 2，正向峰值电流为150A，正向电压最大值为0.88V（正向电流5.0A时），封装类型有TO-220AB和TO-220，如附图所示。在实际电路中大部分以双管并联方式作为低压整流管。（王德沅）

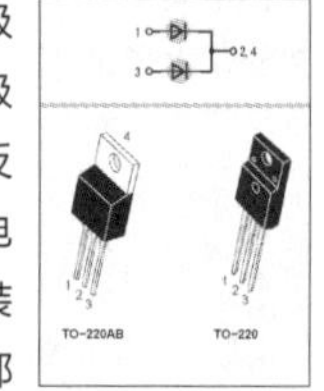

Q 我家的一个LED照明吊灯，晚上关灯后会出现闪光，间隔几秒钟闪烁一次，长时间持续不停。这个照明灯已经使用一段时间了，以前没有这种情况，前几天家里换了空气开关配电箱后才突然出现的，这是何故，怎么解决？（山东 王侠力）

A 这种现象通常是“零线进开关”所致。在零线连接电源开关时，关灯后火线仍与LED照明吊灯连接，火线上的市电通过吊灯外壳和电路等的分布电容感应到吊灯，使吊灯电路两端出现漏电压，从而触发点亮吊灯。但由于感应电的能量不足，吊灯被点亮后无法维持其灯芯工作所需的电流，漏电压明显下降，故而灯熄灭，熄灭后吊灯上的漏电压又上升，触发灯芯点亮，如此不断循环发生上述现象。只要将配电箱对应的空气开关改接一下，让市电的火线和开关连接就能解决问题。（王德沅）

Q&A 问与答

读者若有问题需要解答，请将问题发至本刊邮箱：radio@radio.com.cn或者在微博@无线电杂志，也可以在《无线电》官方微信公众号评论中留言。如果读者不能通过网络途径投送自己的提问，请将来信寄到本刊《问与答》栏目，信中最好注明您的联系电话。

Q 有一台分体式空调插上电源，配电箱对应的空气开关就跳闸断电，以至于空调无法加电启动，检查市电插头插座和空调电源线等都没发现问题，也换过配电箱的空气开关，但还是跳闸，这是何故，怎么排除？（上海　顾启建）

A 在配电箱空气开关正常的情况下，这种故障通常是空调市电输入电路短路或严重漏电所致。空调电源输入电路存在短路，开机后电源电流剧增、过载而使开关跳闸。检修时可先断开空调外机的电源输入线，然后测试。如果短路消失，说明外机存在短路；否则表明故障在内机，可仔细检查内机电源进线和电路，找到短路点，排除即可。实践表明，这种故障较多发生在新安装的空调中，主要是电源线被金属卡扣夹破所致。此外，在用得久的旧空调中，电源线老化损坏也会造成这种故障。（王德沅）

Q 一台19英寸的液晶显示器遭到雷击损坏，拆机检查，电源输出5V、17V电压正常，但没有3.3V电压，相关稳压集成块有3个引脚，中间是短引脚，其输入5V正常，外围元器件无异常，估计集成块已坏，但不知型号，印制板上标有1117 3.3V字样，不知是何含义？（陕西　米家平）

A 显示器的3.3V输出电压主要提供给控制电路，根据印制板上标注的字样，可断定是0.8A三端稳压集成电路LD1117DT33TR，如附图所示。它是LD1117系列中的一员，采用D-PAK表面贴装封装，其中间引脚很短，安装时不需焊接此引脚，因为该引脚和背面散热基板相连，只要将散热基板焊好即可。LD1117系列有SOT-223、S-O8、D-PAK、TO-220等多种封装形式，选购时别搞错了。（王德沅）

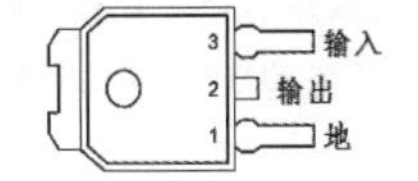

Q 我们在电子制作和维修实践中经常用到许多色环碳膜电阻，很容易通过色环来辨识电阻值和误差，但是电阻的额定功率由哪个色环来表示？（四川　金伟华）

A 从色环上是不能辨识电阻额定功率的。色环电阻的功率通常可以通过其体积来判别，体积越大，功率也越大。常用的RT和RTX碳膜色环电阻功率和体积的对应关系如下。0.125W：φ1.5mm×3.2mm，0.25W：φ2.3mm×6.0mm，0.5W：φ0.2mm×9.0mm，1.0W：φ4.0mm×11.0mm，2.0W：φ5.0mm×15.0mm。上述尺寸有一定允许误差，但实际产品偏差不会太大，是很容易辨别的。（王德沅）

Q 一台800W智能电饭煲，经常在加热过程中自动断电，米饭常常被煮得半生不熟，拆机检查，没发现电路有异常之处，锅底加热盘和锅盖上的温度传感器连接良好，不知何故，怎么检修？（江苏　季学）

A 电饭煲加热时断电、煮夹生饭的主要原因有3种。一是内锅底和加热盘之间有饭粒等杂物，或者内锅变形，锅底不能紧贴加热盘，导致温控提前，饭没煮熟就断电，只要排除异物或使内锅形状复原就能解决。二是电源线插头与电饭煲插座接触不良，很容易在煮饭过程中发生断电，这种故障在使用劣质电源线时颇为常见，对此只要调换优质的电饭煲专用电源线即可。三是温控开关、温度传感器或控制电路不良。这种故障较少见，若前两条没问题，就要检查温控器、传感器及控制电路。

（王德沅）

Q 最近我修改了家里无线网络的密码，家里人的两部手机经重新设置后都能正常上网，唯独我自己的手机经过多次设置还是不行，而Wi-Fi信号是满格的，这是何故？怎么调整设置？（河北　黄俊）

A 这种情况通常是手机WLAN功能设置有误造成的，只要重新设置正确就可解决，具体操作如下：单击手机“设置”，在设置里打开WLAN（Wi-Fi），手机就会自动搜寻附近的无线网络WLAN，找到你家的SSID(无线网络名称）后输入密码，单击“连接”，连接好后即可上网，其IP、DNS（域名系统）等都是自动搜索完成的，一般不需手动设置。如果连接不上，应仔细检查输入的密码是否正确。重新设置后有些手机的连接需要一定时间才能成功，要耐心等待。另外，如果安装了Wi-Fi扩展器，设置时最好先关闭扩展器，用路由器的信号连接，成功后再连接扩展器无线信号。（王德沅）

Q&A

问与答

读者若有问题需要解答，请将问题发至本刊邮箱：radio@radio.com.cn或者在微博@无线电杂志，也可以在《无线电》官方微信公众号评论中留言。如果读者不能通过网络途径投送自己的提问，请将来信寄到本刊《问与答》栏目，信中最好注明您的联系电话。

Q 我在网上购买了一个QC 3.0手机充电头，用此充电头给一部具有QC 3.0充电功能的手机充电，可是无法进入9V/2A的快速充电状态，一直处于5V/1~2A普通充电状态，这是何故？后来拆开充电头，看到开关电源芯片为CSC7203，不知其主要性能和引脚功能如何？（上海　朱启简）

A CSC7203为高性能电流模式PWM（脉宽调制）开关电源芯片，主要应用于充电头、机顶盒和打印机等设备的开关电源。它不是QC快充IC，故不能用于快充。该IC的连续输出功率为12W，待机功耗小于0.3W，输入电压范围85~265V。它内置700V高压功率开关管，内建自供电电路，不需要辅助绕组和测流电阻等。CSC7203为DIP8脚封装，外形及各引脚功能如右图所示。（王德沅）

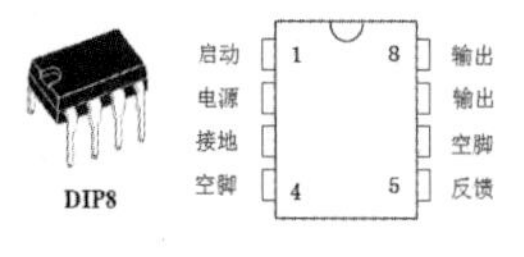

Q 据网上一些文章及小视频介绍，通过计算机“组策略对象编辑器”，调整“QoS数据包的限制可保留带宽”，将数值由默认20%降至0，可释放带宽，使计算机Wi-Fi网速变快，甚至达数倍之多，我们实际调整过多次后，都没有觉得网速有什么改变，这是何故，是调整有误还是其他原因？（湖南　赵新）

A 这个20%保留带宽并非是为了限制基础带宽，而是指计算机工作时，除了正在传送数据的有带宽优先权（80%带宽）的请求（QoS API）程序外，其他程序也可同时使用“保留”的20%带宽，这样就可避免出现优先权程序独霸带宽，其他程序不能同时连接网络的尴尬局面（实际表现就是一个主程序连接网络后，要连接网络的其他程序可能会网速很慢或连不上）。所以此项设置不要随便改变，通常按默认值设置为20%。（王德沅）

Q 我家一台品牌计算机使用的是配套正版光电鼠标，最近经常出现鼠标指针会行快速移动的现象，有时稍动一下鼠标，鼠标指针就跑到屏幕边缘或外面去了，要滑动鼠标多次才能回来。曾经试换鼠标垫，结果还是一样，这是为什么？怎么才能解决？（广东　李木龙）

A 这种故障可能是鼠标失调所致。解决方法如下：首先，如果鼠标具备DPI（分辨率）调整功能，要查看DPI值是否误调得太高，一般设为800~1200较合适。其次，在控制面板中进入“鼠标（属性）”，选择“鼠标移动加速”为“低”或“中”，若鼠标指针移动较灵敏，可选择“低”。最后，调整“鼠标指针移动速度”，一般先定在居中位置，然后移动鼠标，按手感和鼠标指针反应，调整“快”或“慢”的程度，直至感到鼠标操作顺畅、稳定为止。如果上述调整无效，则可能是因为鼠标本身电路不良。（王德沅）

Q 在一些手机充电器、显示器、机顶盒、传真机和打印机等设备中，都可见到开关电源控制芯片CSC7203的身影，但没有电路图，维修较困难，贵刊能否帮助提供其典型应用电路？（辽宁　周东山）

A CSC7203的典型应用电路如附图所示，在不同整机产品中电路和元器件参数可能有所不同，但基本结构大同小异，可供参考。图中芯片1脚是上电启动端，通常悬空不用。2脚是VCC电源端，外围滤波电容需近芯片连接。7、8脚是功率管输出端。5脚为反馈端，接光耦管输出。（王德沅）

Q 我家最近新购了一台43英寸的液晶电视机，图像清晰逼真，但各个频道的音量高低不一，有的频道音量很小，而有些频道音量却很大，换台时音量常常突变，听着很不舒服，要调整机顶盒或电视机的遥控器，才能使音量合适，一晚上看电视常要调节多次，不知是有线电视网的问题还是电视机的问题？（江西　唐辉）

A 有线电视各个频道的音量传输电平有一定差异，因而电视机各个频道的音量大小也不同，有的甚至差别很大。通常可将电视机音量调整至某个你觉得合适的数值（例如23）定下，而平时则用机顶盒遥控器的“音量键”来调整各个频道的音量，调整好后换台时就不用调整或只需微调，从而避免音量突变。注意，电视机的遥控器一般可省去不用，只要用机顶盒遥控器去“学习”电视机遥控器的“菜单”“音量”等按键的功能，完成后就能用机顶盒遥控器来遥控电视机的相应功能。（王德沅）

创客技术助力科学实验——测一测 TDS

刘育红

几年前，家里安装了一台净水器，当时赠送了可供两年使用的滤芯。只要净水器上的提醒器一响，我就会按提示换上某个型号的滤芯。后来，提醒器上的电池没电了，直到最近我才想起已经远超两年没换过滤芯了，便给净水器换了新的滤芯。换套滤芯花了几百元钱，但它能不能真正起到净水的作用呢？于是，我想使用手头的TDS传感器，做一个TDS检测仪，测一测净水器的净水效果。除此之外，还可以用TDS检测仪做一些有关TDS的实验。

知识链接

1. 什么是TDS

TDS 是 Total dissolved solids（溶解性总固体）的首字母缩写，测量单位为毫克 / 升（mg/L），用于表明 1 升水中溶有多少毫克溶解性固体。TDS 值越高，表示水中含有的溶解物越多。溶解物中可能含有对人体有益的矿物质，因此仅凭 TDS 并不能判断水质的好坏。但是 TDS 过高，水质肯定不好。《生活饮用水卫生标准》（GB5749-2006）中明确指出饮用水中 TDS 的限值为 1000mg/L。不同水质的 TDS 参考如表 1 所示。

表 1 不同水质的 TDS

TDS（单位：mg/L）	水质
0~9	纯净水
10~60	山泉水、矿化水
61~100	净化水
101~300	自来水
大于 300	污染水

2. TDS传感器

本次实验采用的 TDS 传感器（见图 1）是 DFRobot 出品的，配合 Arduino 主控板、micro:bit 主控板、图形化编程软件等工具使用，十分方便。其支持 3.3~5.5V 的宽电压供电，测量范围为 $0\sim1000\times10^{-6}$。

注：1×10^{-6} 为溶液的百万分率浓度单位，非标准写法为 ppm，指 100 万毫升（或克）溶液中含有溶质的体积或质量（单位为毫升或克）。对于水换算关系为 1×10^{-6}=1mg/L。

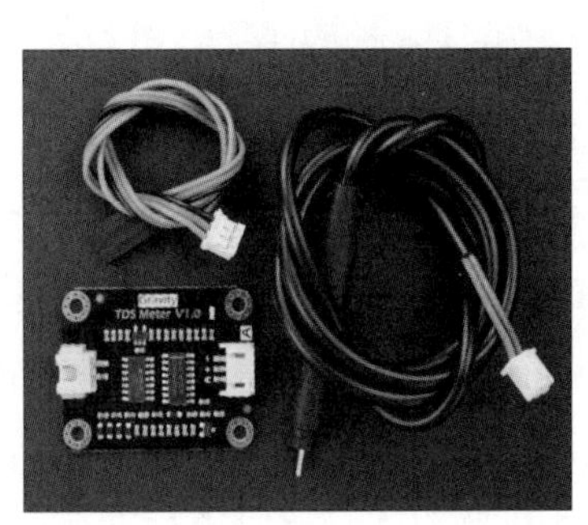

图 1 TDS 传感器

在使用 TDS 传感器时，探头不要靠近容器边缘且测量对象的温度不要超过 55℃，以免影响测试结果。由于是入门级产品，这款 TDS 传感器没有自动温度补偿功能，要想获得较高的精度，需要在外接温度传感器后使用含有温度补偿算法的程序进行自动温度补偿。但是这样做，无疑增加了使用难度。有没有其他简单的办法呢？我留意到，这款传感器的精度是在 25℃的水温下进行标定的。所以，在使用时，我们只要让受测水在检查时温度维持为 25℃就可以了。

实验方案

首先，我利用 Arduino 作为主控板，外接 TDS 传感器、DS18B20 温度传感器、OLED 显示屏制作了一个 TDS 检测仪。为了实验更加便利，我增加了一个由 3 个 180° 舵机驱动的机械臂夹持两个探头进行工作，同时使用了语音识别模块和语音合成模块执行下达指令和语音播报的任务。可以说，这是一个智能程度很高的 TDS 检测仪。制作所需的硬件清单如表 2 所示。

然后，我使用这个检测仪，进行了一系列的对比实验——获取不同温度下水的 TDS、自来水被净化前后的 TDS、开水和未烧过的水的 TDS、市面上出售的瓶装水的 TDS，等等。

表 2 硬件清单

序号	名称	数量
1	Arduino 主控板	1 块
2	I/O 扩展板	1 块
3	TDS 传感器	1 个
4	DS18B20 温度传感器	1 个
5	OLED 显示屏	1 块
6	180° 舵机	3 个
7	语音识别模块	1 个
8	语音合成模块	1 个

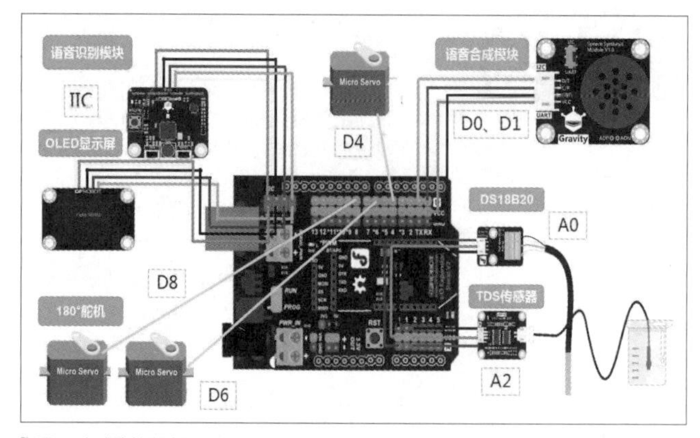

图 2 电路连接示意图

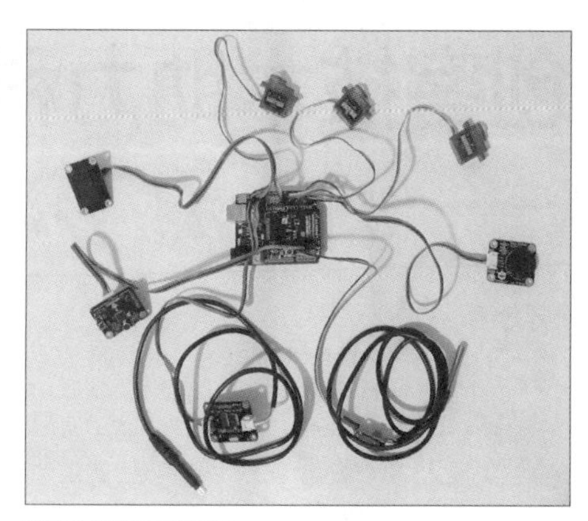

图 3 电路连接实物图

制作TDS检测仪

将 I/O 扩展板插到 Arduino 主控板上，然后按照图 2 所示的电路连接示意图连接各个硬件——将语音合成模块连接到 Arduino 的 D0、D1；3 个舵机分别连接到引脚 D4、D6、D8；DS18B20 温度传感器连接到 Arduino 的 A0；TDS 传感器连接到 Arduino 的 A2；OLED 显示屏和语音识别模块分别连接到两个 Arduino 的 I²C 引脚。连接好的硬件实物如图 3 所示。

然后，我们使用 Mind+ 软件进行编程，完整的参考程序如图 4 所示。要实现的功能是：当听到“开始检测”指令时，机械臂将两个探头移动到指定位置，当听到“检测完毕”指令时，机械臂将两个探头移动到初始位置；不断检测水的温度和 TDS，将结果显示在 OLED 显示屏上；当温度高于或者低于 25℃时，语音提醒降温或者加温，当温度正好等于 25℃时，播报当时的检测到的 TDS。

接着，我使用 LaserMaker 软件进行建模，检测仪的激光切割图纸如图 5 所示，其中机械臂的建模是使用开源图纸进行了修改。图 6 所示为用激光切割机按照图 5 切割 3mm 厚的椴木板所得的实物。

```
Uno 主程序
  语音合成模块 UART模式 初始化 硬串口0 RX(绿): 0(RX) TX(蓝): 1(TX)
  设置 音量 10 语速 5 语调 5 发音人 男声1
  OLED 128*64初始化I2C地址 0x3c
  OLED 128*64 清屏
  设置 8 引脚伺服舵机为 90 度
  机械臂置于初始位
  设置 检测状态 的值为 0
  语音识别模块 初始化 识别模式为 循环模式 麦克风模式为 默认
  添加关键词 "kai shi" 编号为 1
  添加关键词 "wan bi" 编号为 2
  设置完成 开始识别
  循环执行
    设置 指令 的值为 识别一次语音，获取编号
    如果 变量 指令 = 1 那么执行
      机械臂置于工作位
      设置 检测状态 的值为 1
    如果 变量 指令 = 2 那么执行
      机械臂置于初始位
      设置 检测状态 的值为 0
    OLED 128*64 第 1 行 显示 " TDS检测仪"
    设置 水温 的值为 读取引脚 A0 DS18B20温度(℃)
    设置 TDS值 的值为 读取模拟引脚 A2 TDS 传感器(ppm)
    OLED 128*64 第 3 行 显示 合并 "温度：" 变量 水温
    OLED 128*64 第 4 行 显示 合并 "TDS：" 变量 TDS值
    如果 变量 检测状态 = 1 那么执行
      执行检测任务
    设置 指令 的值为 0

定义 机械臂置于初始位
  设置 6 引脚伺服舵机为 40 度
  等待 1 秒
  设置 6 引脚伺服舵机为 90 度
  等待 1 秒
  设置 4 引脚伺服舵机为 120 度
  等待 1 秒
  设置 4 引脚伺服舵机为 160 度

定义 机械臂置于工作位
  设置 4 引脚伺服舵机为 120 度
  等待 1 秒
  设置 4 引脚伺服舵机为 90 度
  等待 1 秒
  设置 6 引脚伺服舵机为 40 度
  等待 1 秒
  设置 6 引脚伺服舵机为 5 度

定义 执行检测任务
  如果 变量 水温 = 25 那么执行
    合成语音 "当前数据有效，值为："
    合成语音 将数字 变量 TDS值 转换
    等待 3 秒
  否则 如果 变量 水温 > 25 那么执行
    合成语音 "水温高，请降温！"
  否则 如果 变量 水温 < 25 那么执行
    合成语音 "水温低，请加热！"
```

图 4 TDS 检测仪的参考程序

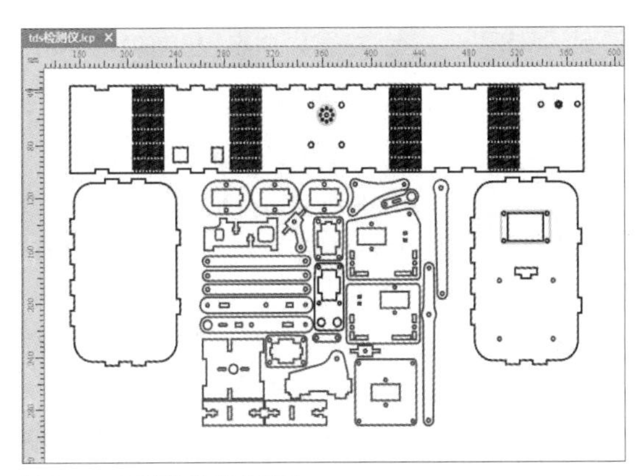

图 5 TDS 检测仪激光切割图纸

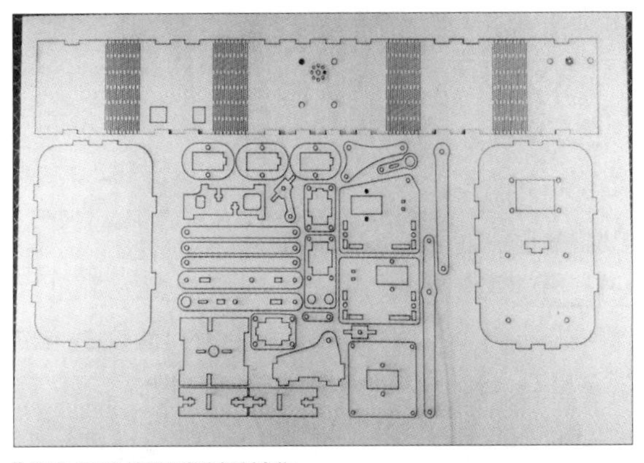

图 6 TDS 检测仪激光切割实物

最后，我们组装并测试 TDS 检测仪，具体步骤如下所示。

1 组装 TDS 检测仪底盒（除底盒的顶板），并将连接好的硬件固定在预设的位置。

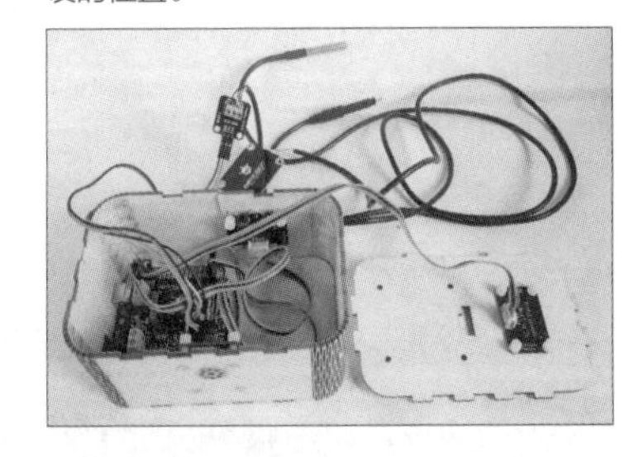

2 组装机械臂。

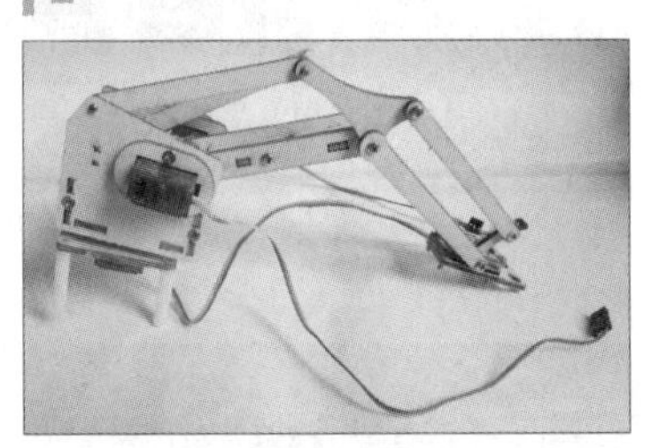

3 将机械臂安装在 TDS 检测仪底盒的顶板上。

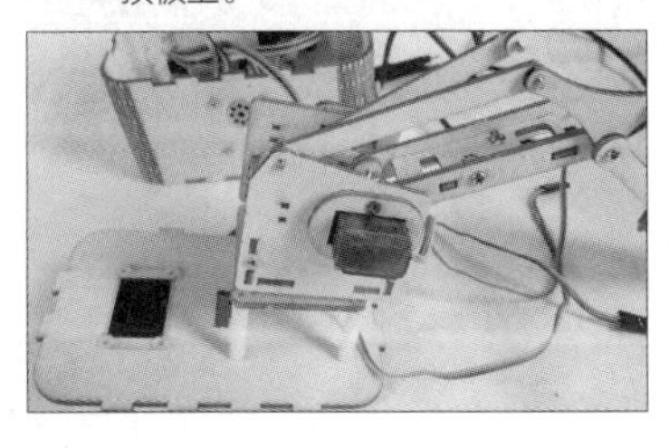

4 整理杜邦线，并完成 TDS 检测仪底盒的组装。

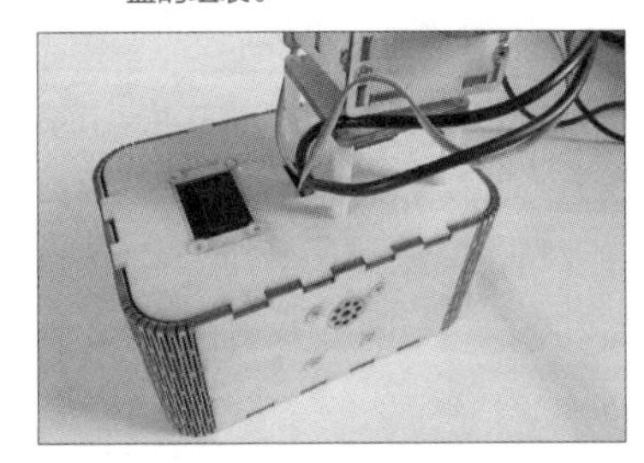

5 将 TDS 传感器的探头和 DS18B20 温度传感器的探头固定在机械臂的末端。

6 通电测试，我们可以观察到在探头放入水中的前后，TDS 有了明显的变化。

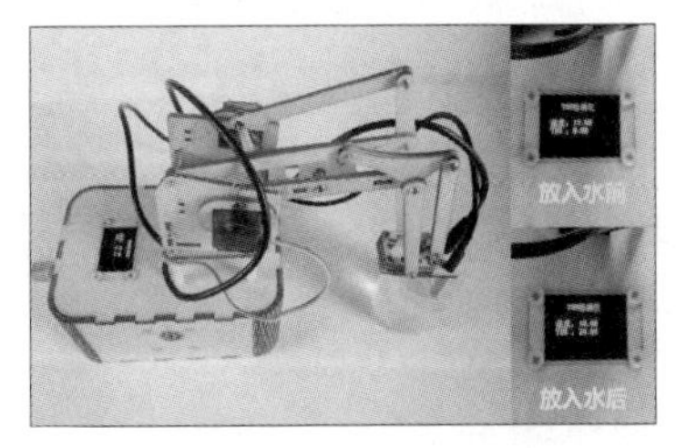

进行实验

1. 实验一：水温对TDS的影响

如前所述，检测 TDS 时一般要做温度补偿。这就说明水温对检测 TDS 的结果是有影响的。所以我们先来验证一下水温对 TDS 的影响。

准备3杯同水源的自来水，如图7所示。将其中一杯水一起放入装有温水的水槽中，放置一段时间后再拿出；将另一杯水放入冰箱中，放置一段时间再拿出；还有一杯水保持常温状态。然后分别检测 3 杯水的温度和 TDS 并记录下来，检测结果如图 8 所示。从检测结果中我们可以看出，同样的水，在水温不同时，TDS 也不同，水温越高，TDS 越高。

如此看来，后续的实验将受测水的温度控制在 25℃是十分有必要的。

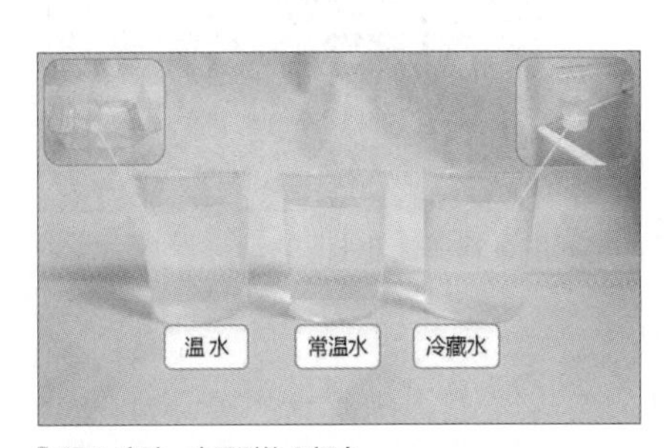

图 7 实验一中受测的 3 杯水

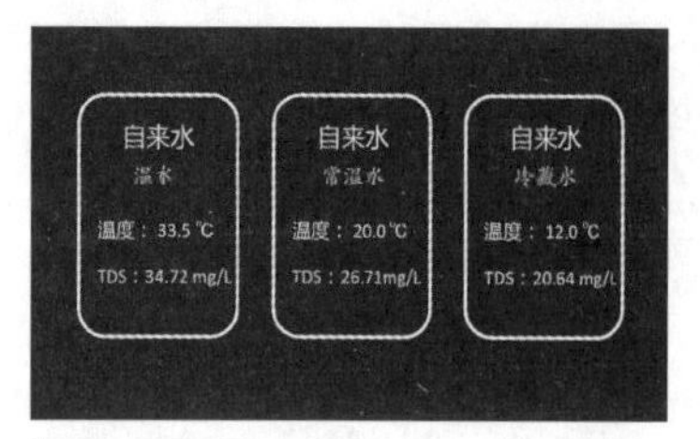

图 8 实验一的检测结果

2. 实验二：自来水被净化前后TDS的变化

准备 2 杯自来水，如图 9 所示。其中一杯是直接放出的自来水，另一杯是经过净水器净化过的自来水。然后分别检测 2 杯水的温度和 TDS。如果水温不是 25℃，则根据语音提示进行加温（放入有温水的水槽中）或者降温（放入有冰水的水槽中）处理。当温度为 25℃时，检测到的 TDS 为有效数据，并将其记录下来。

检测结果如图 11 所示。从检测结果中可以看出我所在地的自来水的 TDS 较为理想，经过净化后，虽然 TDS 下降得不多，但仍能看出净水器是有一定作用的。大家可用 TDS 检测仪检测自己所在地区的水被净化前后的 TDS 的区别。

3. 实验三：自来水与开水的TDS对比

准备 2 杯水，其中一杯是自来水，另一杯是烧开并冷却的水。水温为 25℃时分别检测 2 杯水的 TDS，并将检测结果记录下来。

检测结果如图 12 所示。从检测结果中可以看出自来水是否烧开过对 TDS 无影响。但这个实验是基于 TDS 为 30.74mg/L 的自来水进行的，不同水质的实验结果是否相同，有待进一步验证。

4. 实验四：市面上出售的瓶装水的TDS对比

准备若干瓶市面上出售的瓶装水，并分别倒入杯中，如图 13 所示。水温为 25℃时测量它们的 TDS 并将检测结果记录下来。

检测结果如图 14 所示，从这个结果中我们可以看出矿泉水的 TDS 最高，纯净水的 TDS 最低，矿化水居中。这个结果与水的成分构成是相符的。

拓展建议

如果我们想要进一步利用创客技术辅助研究水质问题，还可以利用 pH 传感器、水质浊度传感器等配合主控板制成检测仪进行更多的实验。我们也可以使用继电器、小水泵等制作取水工具，走向户外，检测各种自然水的水质。

注：作者所在地当季自然状态下自来水的温度约为 20℃，因此此处进行了加温处理，如图 10 所示。

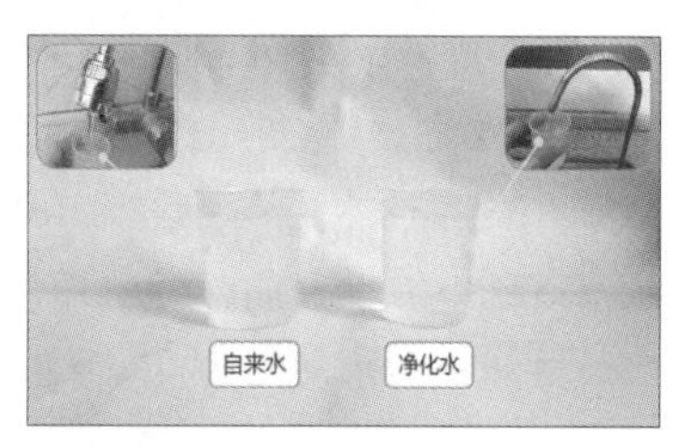

图 9 实验二中受测的 2 杯水

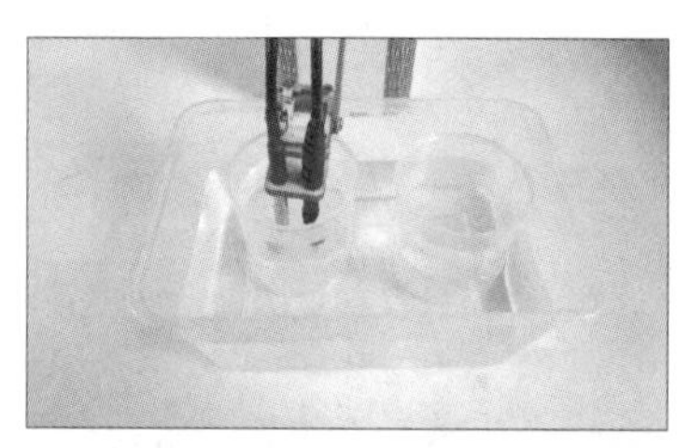

图 10 根据实际情况对受测水进行加温处理

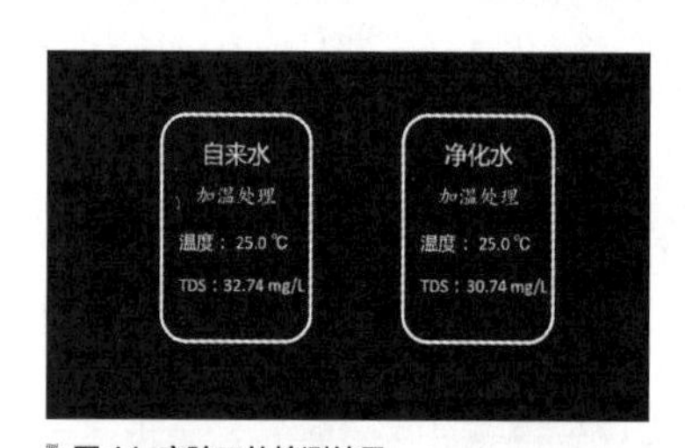

图 11 实验二的检测结果

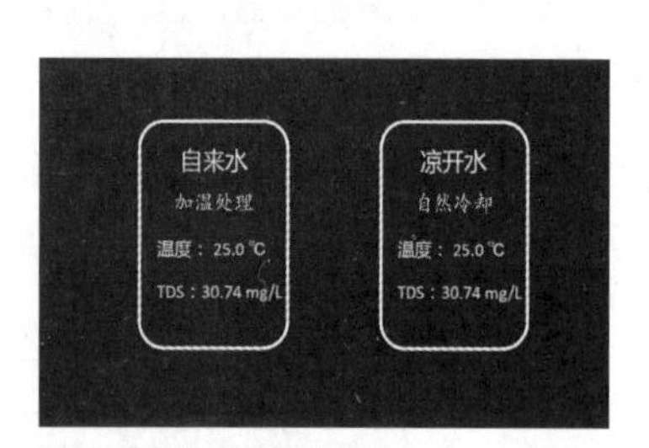

图 12 实验三的检测结果

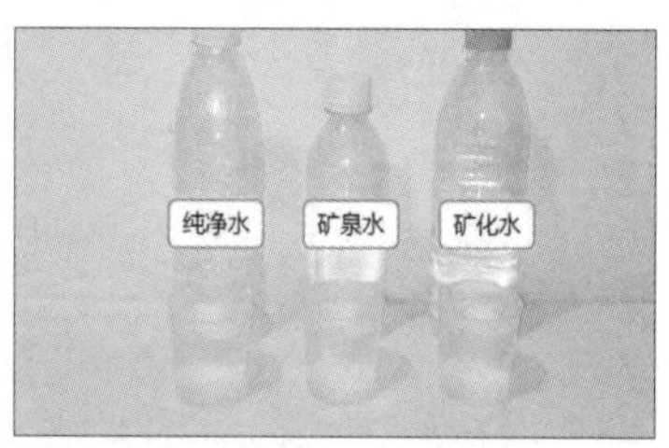

图 13 实验四中受测的 3 瓶水

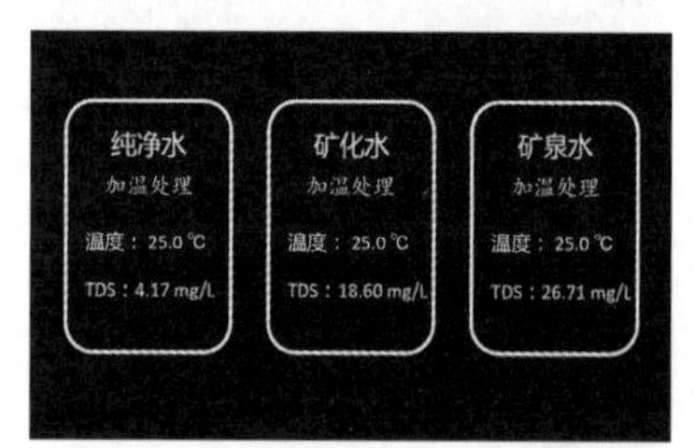

图 14 实验四的检测结果

多功能测量仪

罗建群

演示文件

日常中，我们经常要用到水平仪、卷尺、量角器等测量工具，测量物体的水平情况、长度、角度等信息。测量不同的信息要用到不同的测量工具，有时要测量的信息较多，带上对应的工具很不方便，并且有些信息还需根据测量得到的信息进行计算，容易出错。于是，我产生了制作一个多功能测量仪的想法。这款多功能测量仪不仅可以通过屏幕显示测量得到的数值，还可以根据测量得到的数值计算其他数据。

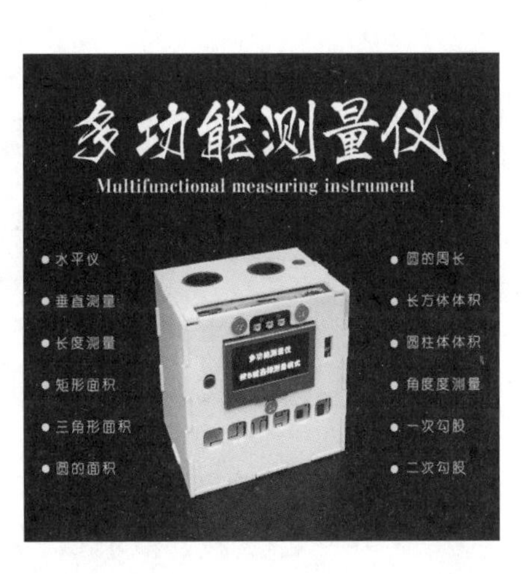

功能描述

本文介绍的多功能测量仪集成了水平测量、长度测量、面积测量、体积测量、角度测量等 12 项功能，如图 1 所示。使用时，通过按下掌控板上的 B 键切换测量模式，按下掌控板上的 A 键确认测量结果，触摸掌控板上的 P 键重新测量，触摸掌控板上的 N 键回到首页。在进行与长度有关的测量时，多功能测量仪顶部的激光二极管会发射红色的激光，指示测量的位置，程序会自动计算相应的结果。制作多功能测量仪所需的主要材料如附表所示。

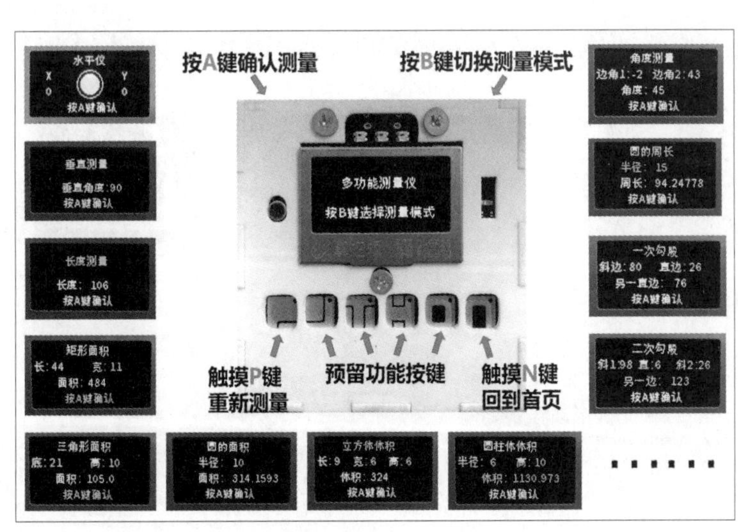

图 1 多功能测量仪及其 12 项功能的界面

结构设计与搭建步骤

1 使用 CorelDRAW 软件设计出多功能测量仪的外壳，并用激光切割机切割亚克力板得到所需的激光切割结构件。

附表 主要材料清单

序号	名称	数量
1	掌控板	1 块
2	掌控扩展板	1 块
3	超声波传感器	1 个
4	激光发射器模块	1 个
5	激光切割结构件	1 组
6	螺栓	3 颗
7	杜邦线	若干
8	热熔胶或 502 胶水	若干

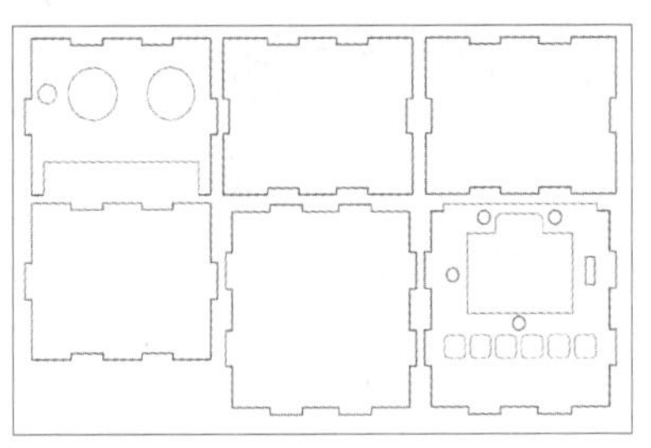

2 剪掉激光发射模块上的 3 根引脚，并将 3 根杜邦线分别焊接在激光发射模块的正极、负极和信号端上。焊接后用热熔胶加固焊接处，避免产生接触不良的现象。

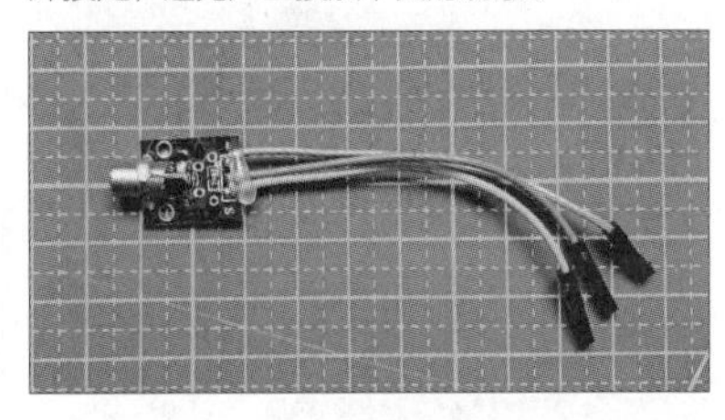

3 使用相同的方式，剪掉超声波传感器上的 4 根引脚，并将 4 根杜邦线分别焊接在超声波传感器的正极、负极、TRIG 端、ECHO 端。焊接后也用热熔胶加固焊接处。

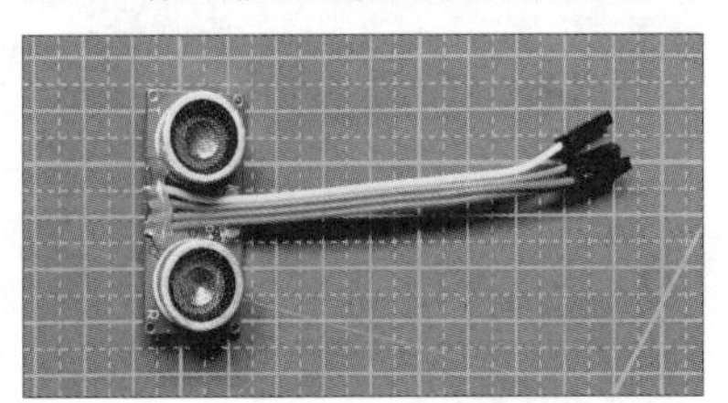

4 把超声波传感器和激光发射模块安装到多功能测量仪激光切割结构件中的前面板上，并用热熔胶加固。

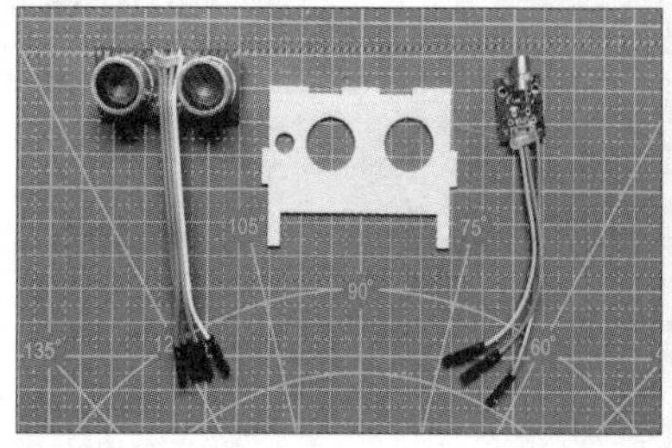

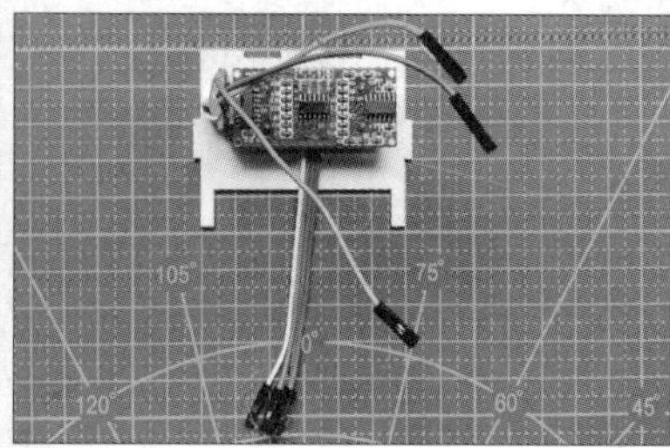

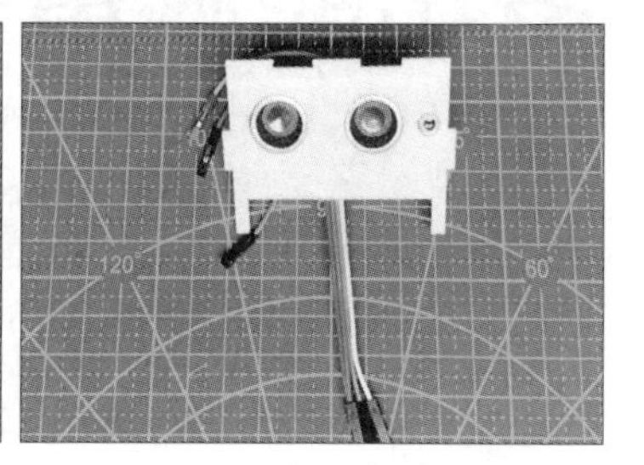

5 使用热熔胶或 502 胶水固定多功能测量仪除正面板以外的面板。

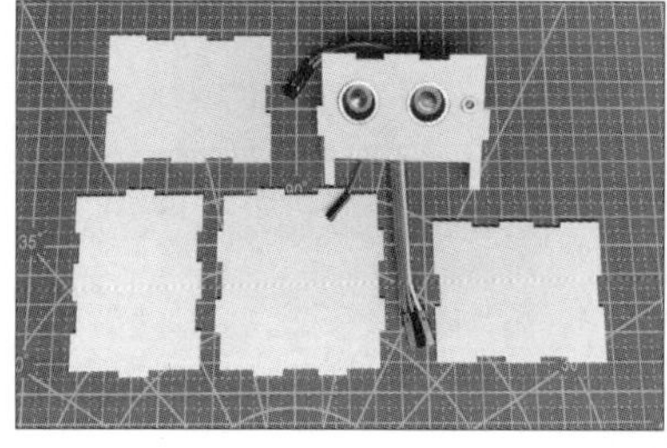

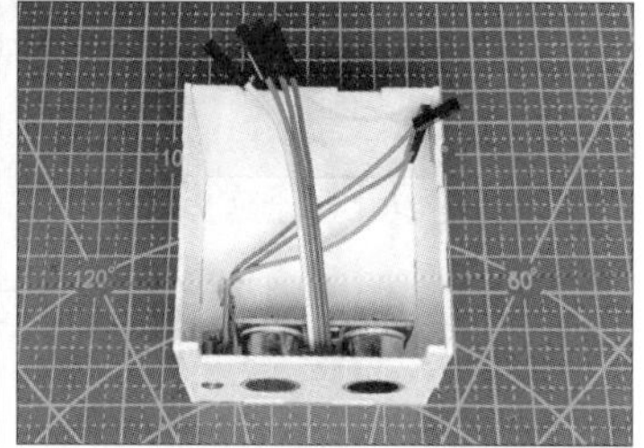

7 按照电路连接示意图，将超声波传感器和激光发射模块上的杜邦线插到掌控扩展板的相应位置。

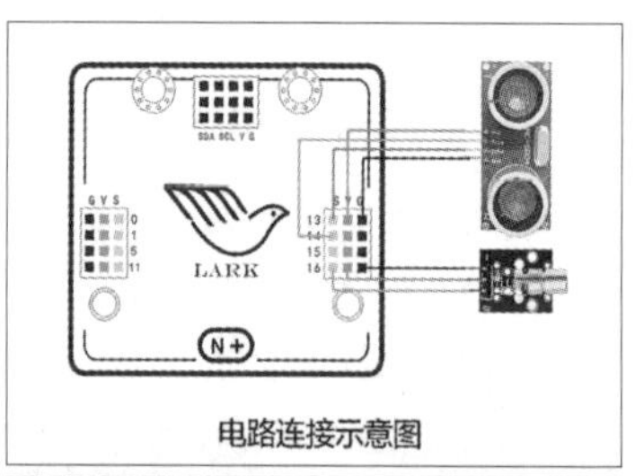

电路连接示意图

6 用 3 颗螺栓将掌控板、掌控扩展板、多功能测量仪顶板固定在一起。

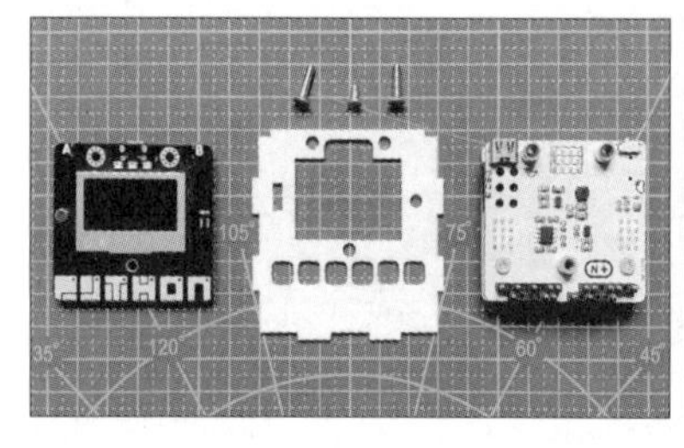

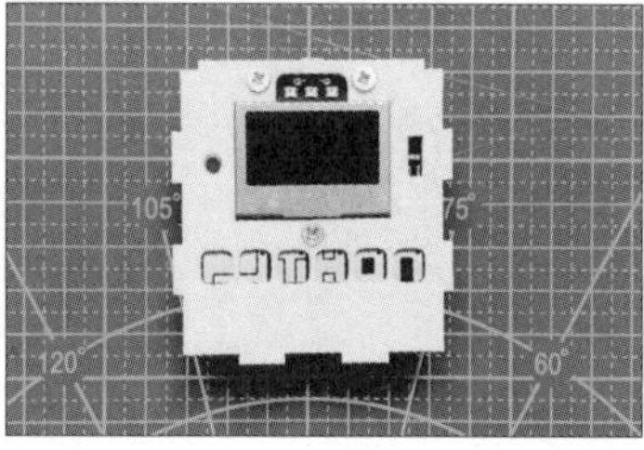

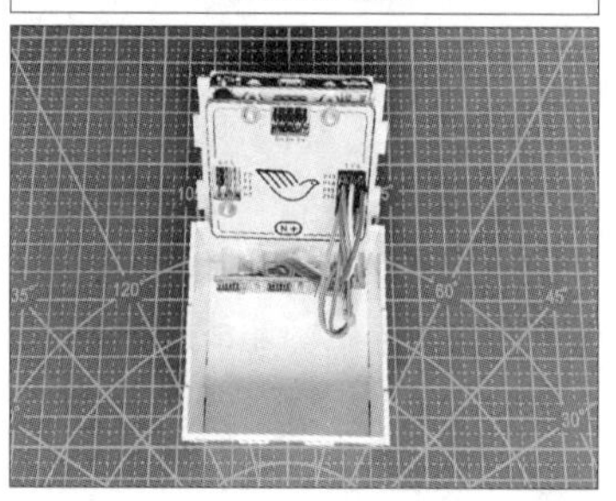

8 将多功能测量仪的正面板与步骤 5 的成品组装到一起，完成多功能测量仪的组装。

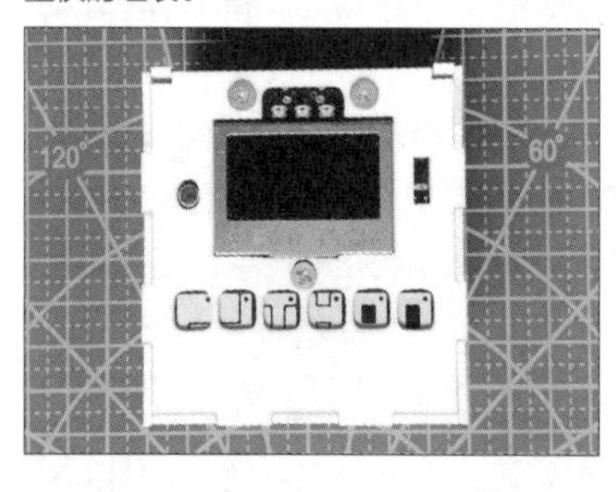

图 2 连接相应设备

程序编写

我使用的编程软件是 mPython。在编程前，需要连接好相应的设备，如图 2 所示。连接好设备后，参考图 3 所示的程序，定义一个“初始化变量”函数，并在这个函数中定义一系列的变量。 这些变量主要用于存放超声波传感器测量到的值和计算出的结果。变量说明：M 为测量模式、a 为长度、b 为宽度、h 为高度、n 为确定次数、r 为半径、X 为 x 轴倾斜角、Y 为 y 轴倾斜角。

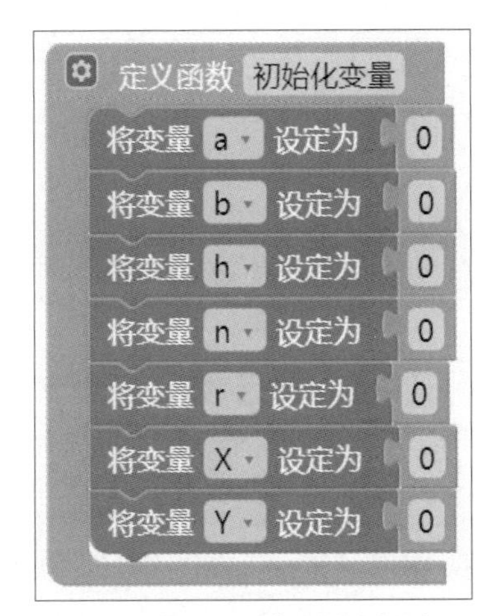

图 3 定义“初始化变量”函数的参考程序

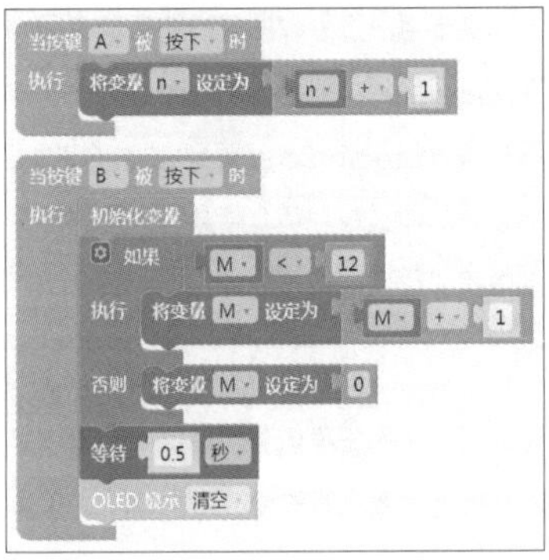

图 4 掌控板上 A 键与 B 键对应功能的参考程序

接下来，参考图 4 所示的程序编写掌控板上 A 键与 B 键对应的功能。A 键用于确认测量结果，每按下一次 A 键，变量 n 的值就加 1，程序会根据 n 的值，将测量结果赋值给不同的变量，例如测量矩形面积时，变量 n 的值为 0，确认长度后按下 A 键，变量 n 的值加 1，程序长度的测量结果赋值给“长”；确认宽度后再按下 A 键，变量 n 的值加 1，程序将宽度的测量结果赋值给“宽”；此时再次按下 A 键，变量 n 的值加 1，屏幕会显示矩形面积的测量结果……B 键用于切换测量模式，变量 M 的取值范围为 0~12，为 0 时对应首页，其余数值对应 12 个测量模式；我们每按下一次 B 键，变量 M 的值就加 1，即切换到对应的测量模式；如果变量 M 的值等于 12，则给变量 M 赋值 0；为了让

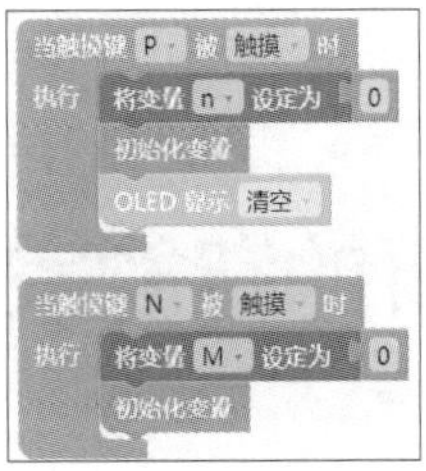

图 5 掌控板上 P 键与 N 键对应功能的参考程序

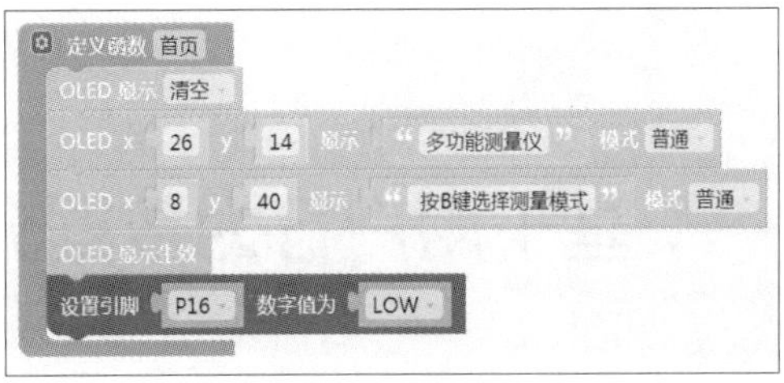

图 6 自定义函数“首页”的参考程序

OLED 显示屏可以正常显示切换测量模式后的显示内容，我们设置按下 B 键后，清空 OLED 显示屏当前的显示内容。

图 5 所示的程序编写了掌控板上 P 键与 N 键对应的功能。P 键用于重新测量数据，当触摸 P 键时，给变量 n 赋值 0，并初始化变量，清空 OLED 显示屏，回到此测量模式的初始界面。N 键用于返回首页，当触摸 N 键时，给变量 M 赋值 0，并初始化变量，回到多功能测量仪的首页。

自定义函数“首页”的参考程序如图 6 所示，需要先清空 OLED 显示屏，然后显示首页的两行文字内容，最后设置引脚 P16 为低，关闭激光发射模块。

多功能测量仪的主程序如图 7 所示，先对超声波传感器进行初始化设置，此处设置的引脚需要与实际连接的引脚对应，程序循环执行判断程序，判断当前属于哪个模式。

此处，我们介绍 12 个模式中 2 个模式的自定义函数的编写。自定义函数“长度测量”的参考程序如图 8 所示，因为在

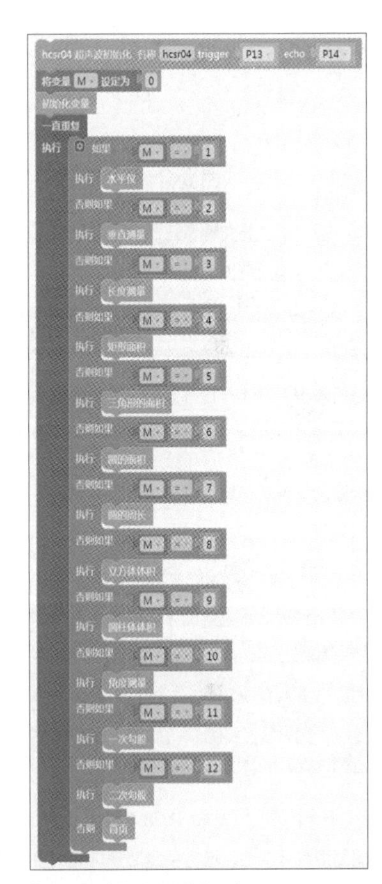

图 7 多功能测量仪的主程序

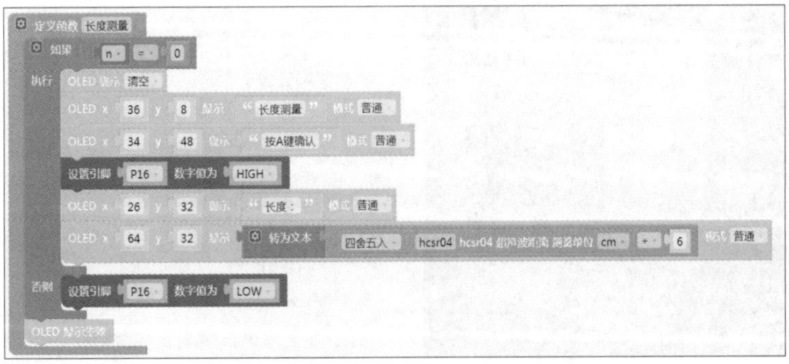

图 8 自定义函数“长度测量”的参考程序

AI 实验

——基于用户行为数据分析的智能家居（1）

陈杰

随着科技的进步和人们生活水平的提高，人们对智能家居的要求也越来越高。如何满足人们家居智能化、个性化的要求是当前智能家居研究的目标。然而，目前智能家居系统大多还处于一种单一的“机械式”自动化模式，其缺陷主要为智能化程度低。

项目简介

智能家居要实现真正意义上的智能，需要针对用户行为数据进行分析，让家居系统能够根据用户习惯自动部署电器。本项目中，我们通过学习数据处理和机器学习的知识，设计一套基于用户行为数据分析的智能家居。具体工作流程如图 1 所示。

本项目通过拿铁熊猫智能终端配合相关传感器采集用户数据，进行特征提取和模型训练，从而形成一个基于用户行为数据分析的个性化模型。在实际应用的过程中，当数据进入模型，系统可为用户自动做出是否打开空调的预测。

项目原理

基于用户行为数据分析的智能家居，在实施层面具体分为如下几个过程——数据处理、模型训练、部署到电器，如图 2 所示，本期文章主要介绍数据处理这部分的内容。

长度测量模式，只需要测量一个数据，所以变量 n 的值为 0，OLED 显示屏会显示相关文字，并设置引脚 P16 为高，打开激光发射模块，测量长度。长度会根据多功能测量仪的移动而发生变化，当确定长度时，按下 A 键确定数据，数据不会再发生变化，此时设置引脚 P16 为低，关闭激光发射模块。此部分给测量得到的数据加了 6，这是因为测量得到的数据是超声波传感器距离物体的值，还需要算上多功能测量仪的高，如图 9 所示。

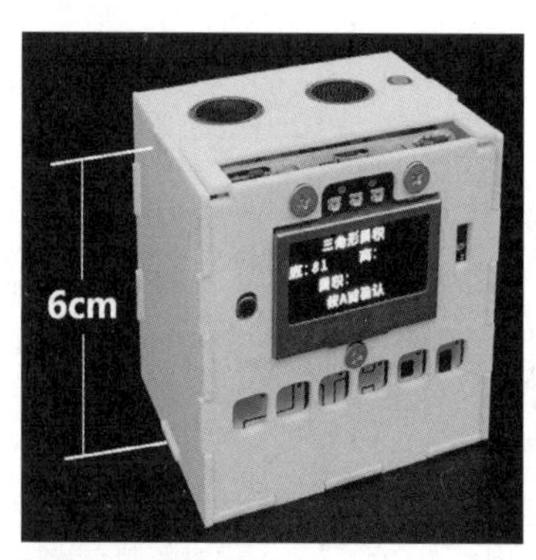

图 9 多功能测量仪的高为 6cm

自定义函数“矩形面积”的参考程序如图 10 所示。切换到矩形面积测量模式时，变量 n 的值为 0，程序执行 n 为 0 的程序，先开启激光发射模块，然后 OLED 显示屏显示相关内容，这里把测量到的长度赋值给变量 a，变量 a 会根据测量到的值实时发生变化。当按下 A 键时，n 的值变为 1，变量 a 的值就固定下来了，同理，再测量宽度的值，并把它赋值给变量 b，当再次按下 A 键时，n 的值为 2，这时 b 的值也固定下来了，程序计算 a×b 的值并显示出来，再次关闭激光发射模块，完成矩形面积的测量和计算。

总结

使用超声波传感器进行测量时，有测量角度要求和测量范围限制，一般要求测量角度小于 15° 且测量范围小于 4m，如果测量范围内有多个物体，测得的值将会是距离超声波传感器最近的物体的距离。我在多功能测量仪中，添加了可以支持远距离测距的激光发射模块。采用激光发射模块可以做到点对点测量，精度较高。除了文中列出的 12 种测量模式，大家还能自行添加可以通过角度和长度计算结果的模式。

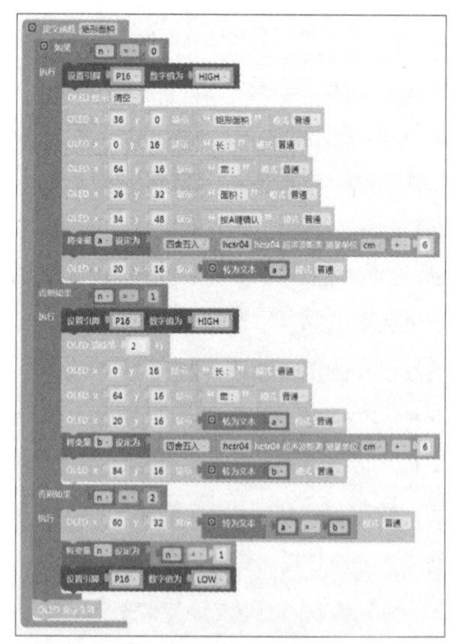

图 10 自定义函数“矩形面积”的参考程序

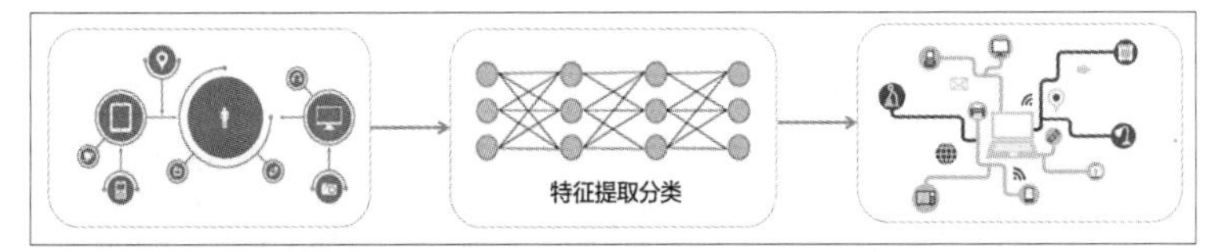

图 1 基于用户行为数据分析的智能家居工作流程

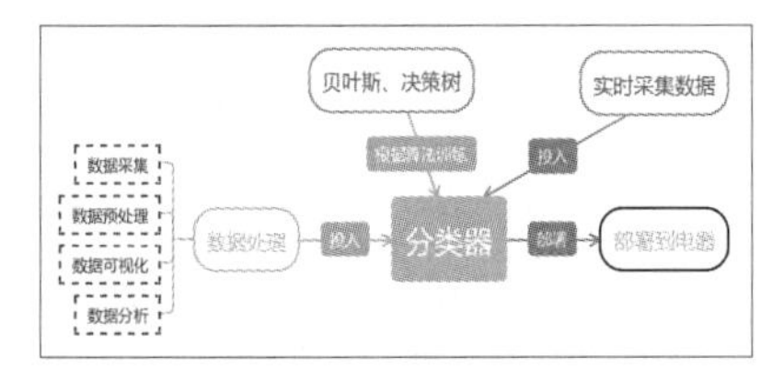

图 2 基于用户行为的智能家居实施流程

附表 硬件清单

序号	名称	数量
1	掌控熊猫智能终端	1 个
2	掌控熊猫智能终端 I/O 扩展板	1 块
3	摄像头	1 个
4	LED 模块	1 个
5	蜂鸣器模块	1 个
6	USB 转以太接口	2 个
7	网线	1 根
8	模拟环境光线传感器（Arduino 兼容）	1 个
9	DHT11 温 / 湿度传感器（Arduino 兼容）	1 个
10	人体红外热释电运动传感器	1 个
11	BMP388 气压 / 温度传感器	1 个
12	CCS811 空气质量传感器	1 个

数据处理的一般流程为：数据采集、数据预处理、数据分析和数据可视化。这里我们利用掌控熊猫智能终端及相关传感器采集数据并完成数据处理的过程。

（1）数据采集

利用一种装置，从系统外部采集数据并输入系统内部的一个接口。数据采集技术广泛应用在各个领域，比如传感器、摄像头、话筒等都是数据采集工具。除了上述方法外，我们还可以从网络获取数据。

（2）数据预处理

由于采集到的数据可能有缺失、重复、错误或不统一，因此需要删除重复数据、补全缺失数据、校正错误数据、将数据处理成统一的标准。数据预处理的常用方法有数据清洗、数据编码、数据归一化或标准化等。数据预处理的过程就是将数据标准化的过程。

（3）数据可视化

将数据以恰当的方式呈现出来。数据可视化的作用是便于人们理解和使用数据，具有直观、生动和易于理解的优势。数据可视化的常用方法有折线图、直方图、柱状图、散点图等。

（4）数据分析

运用恰当的分析方法和工具，对整理后的数据加以研究和总结，从中提取规律，最终形成结论。数据分析的常用方法有相关分析、对比分析、平均分析等。

硬件器材

可以从房间中采用的数据有温度、湿度、气压、二氧化碳浓度等，这些因素都有可能导致我们打开或关闭空调。为此，我们使用温 / 湿度传感器、模拟环境光传感器、气压传感器、空气质量传感器、人体红外热释电运动传感器，采集多种数据。具体硬件清单如附表所示，电路连接方法如图 3 所示。

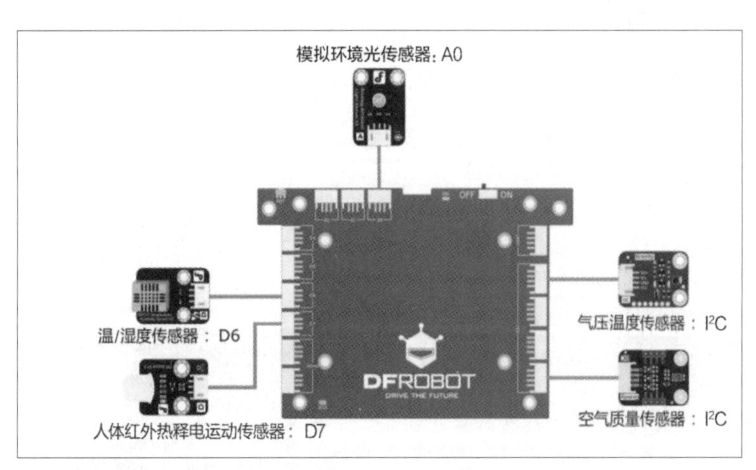

图 3 电路连接方法

采集数据

我们使用传感器采集房间中的各项数据，并将采集到的数据处理成表格，方便后续使用，参考程序如程序 1 所示。采集到的数据可以保存为不同格式的文件，如 .csv 文件、.txt 文件。其中 .csv 文件表示将数据表格存储为纯文本，每一行代表一条数据，每一条数据包含一个值或由逗号分隔的多个值。

程序1

```
# 导入相关库
import os.path
import csv
import time
from pinpong.board import
Board,Pin,DHT11,ADC
import datetime
from datetime import timezone
import pytz
from pinpong.libs.dfrobot_bmp388
import BMP388
from pinpong.libs.dfrobot_ccs811
import CCS811
sampling_interval = 3# 采样间隔时间为
3s
Board("leonardo").begin()
PIR_pin = Pin(Pin.D7, Pin.IN) # 创建
人体红外热释电运动传感器数字引脚实例
```

```
ambient_light_pin = ADC(Pin(Pin.A0))
# 创建环境光线传感器模拟引脚实例
dht11 = DHT11(Pin(Pin.D6)) # 创建DHT11实例
bmp = BMP388()# 创建BMP实例
ccs811 = CCS811()# 创建CCs811实例
now = datetime.datetime.now()
date = now.strftime("%Y_%m_%d")
file_name = 'multi_sensors_data_logger_{}.csv'.format(date)
file_exists = os.path.isfile(file_name)
weekdays = {0:"周一",1:"周二",2:"周三",3:"周四",4:"周五",5:"周六",6:"周日"}
global index_
index_ = 1
def log_data(idx,ac_status):
  with open(file_name, 'a', newline='') as csvfile:
    field_names = ['index','business_day','PIR','working_time', 'light','temperature', 'humidity', 'pressure','co2', 'if_AC']
    writer = csv.DictWriter(csvfile, fieldnames=field_names)
    if not file_exists:
      writer.writerow(
        {'index':'序号','business_day':'工作日','PIR':'运动检测','working_time':'工作时段','light':'环境光','temperature':'温度','humidity':'湿度','pressure':'气压','co2':'二氧化碳浓度','if_AC':'是否开空调'})
    weekday = weekdays[datetime.datetime.today().weekday()]# 工作日
    now = datetime.datetime.now() # 当前的时间(世界时间)
    now=now.replace(tzinfo=timezone.utc).astimezone(tz=pytz.timezone("Asia/Shanghai"))
    if now.hour < 11 and now.hour >9:
      period = '早晨'
```


	index	timestamp	PIR	light	temperature	humidity	pressure	co2
1	1	03:09:24	0	8	0	0	94819.78	403
2	2	03:09:24	0	8	0	0	94816.49	0
3	3	03:09:25	0	9	27.1	46.0	94814.23	0
4	4	03:09:25	0	9	27.1	46.0	94811.26	400
5	5	03:09:26	0	10	27.1	46.0	94815.36	400
6	6	03:09:26	0	9	27.1	46.0	94811.26	400
7	7	03:09:27	0	9	27.1	46.0	94815.36	400
8	8	03:09:27	0	8	27.1	46.0	94825.81	400

图4 multi_sensors_data_logger_{}.csv 文件

```
    elif now.hour<13 and now.hour>=11:
      period = '中午'
    elif now.hour<16 and now.hour>=13:
      period = '下午'
    elif now.hour<18 and now.hour>=16:
      period = '傍晚'
    else:
      period = '夜间'
    PIR = PIR_pin.read_digital()
# 读取人体红外热释电传感器数据
    light = ambient_light_pin.read()
# 读取环境光线传感器数据
    try:# DHT11 温/湿度读取
      temp = dht11.temp_c() # 读取摄氏温度
      humi = dht11.humidity() # 读取湿度
    except:
      temp = None
      humi = None
    pressure = bmp.pressure_pa()
#BMP388读取气压
    if(ccs811.check_data_ready()):
# CCS811 读取二氧化碳浓度
      co2 = ccs811.CO2_PPM()
    else:
      co2 = None
    writer.writerow(
      {'index':idx, 'business_day': weekday, 'PIR':PIR, 'working_time':period, 'light':light, 'temperature':temp, 'humidity': humi, 'pressure':pressure, 'co2':co2 })
    print("data logged:business_day:{} working_time:{} PIR:{} light:{} temperature: {} humidity:{} pressure:{} co2:{}".format(weekday, period,PIR,light,temp,humi, pressure,co2))
while True:  # 每隔一段时间进行一次环境数据采集
  log_data(index_,0)
  index_ += 1
time.sleep(sampling_interval)
```

完整运行程序1后，停止程序的运行，此时，打开左侧文件夹中生成的multi_sensors_data_logger_{}.csv文件，如图4所示，第1列为序号，第2列为时间戳，第3列为人体红外热释电运动传感器所采集的数据，第4列为模拟环境光传感器所采集的数据，第5列为温度数据，第6列为湿度数据，第7列为气压数据，第8列为二氧化碳浓度数据。

为了方便处理数据，需要将生成的.csv文件保存到Python编辑器中。操作方法如下。

（1）在格物象“拿铁熊猫”窗口，用鼠标右键单击.csv文件，在弹出的窗口中，单击“下载”，将.csv文件下载到本地计算机。

		工作日	工作时段	环境光	温度	湿度	气压	二氧化碳浓度	是否开空调
150	149	0	1	1471	11.54	32.76	97451.13	1210.07	0
151	150	1	1	1459	13.63	40.21	97496.38	543.82	0
152	151	1	1	1795	23.19	33.14	97559.1	999.18	1
153	152	1	1	1563	29.36	30.11	97502.08	983.33	1
154	153	1	1	1629	15.74	25.21	97427.73	895.45	0
155	154	1	1	1416	25.3	17.8	97540.63	363.84	1
156	155	1	1	1651	12.64	29.19	97548.06	781.19	0
157	156	0	1	780	9.33	20.08	97505.66	546.39	0
158	157	1	1	1589	12.16	23.26	97449.19	479.14	0
159	158	1	1	1584	14.56	35.12	97542.0	906.57	0
160	159	1	1	1678	24.25	38.1	97539.23	906.62	1
161	160	1	1	1684	19.38	16.47	97561.96	1082.17	1
162	161	0	1	708	13.02	16.51	97412.39	1377.0	0
163	162	0	1	701	21.41	56.2	97539.27	514.19	0
164	163	0	1	733	15.62	40.76	97541.62	864.81	0

图 5 HAR_dataset_REAL.csv 文件

	序号	工作日	工作时段	环境光	温度	湿度	气压	二氧化碳浓度	是否开空调
1	1	周一	早晨	1346	17.7	25.4	97509.36	989.11	否
2	2	周二	早晨	989	19.07	35.4	97494.6	2834.0	是
3	3	周三	中午	1250	27.82	45.85	97509.7	1836.67	是
4	4	周一	下午	879	14.1	30.98	97533.08	686.2	否
5	5	周三	傍晚	900	25.18	43.4	97455.23	240.55	是
6	6	周三	早晨	46	14.4	34.5	97493.8	2189.0	是
7	7	周一	早晨	76	20.18	43.19	97509.24	240.55	否
8	8	周六	早晨	67	9.8	30.48	97405.64	242.11	否

图 6 包含文字的数据集

（2）再打开格物象 Python 编辑器窗口，单击上传按钮，选中本地的 .csv 文件，将文件上传到 Python 编辑器中。

完成上传后，即可在Python编辑器中，查看刚刚上传的 .csv 文件。

制作数据集

在智能家居系统中，部署电器的开关应该是最常见的。这里是以开关空调为例的，所以我们采集家中各项环境数据和开关空调数据。经过长时间的采集，可形成个性化的家庭环境数据集。我们可以在拿铁熊猫智能终端的扩展板上增加一个按钮，每次开空调时，同步按下按钮。除此之外，我们还能采集工作日数据和工作时段数据。这样，我们的家庭环境数据集中就有工作日、工作时段、环境光、温度、湿度、气压、二氧化碳浓度、是否开空调的数据了。这里我们已经提前做好了数据集，并保存在 HAR_dataset_REAL.csv 文件中，双击打开这个 .csv 文件，可以查看数据集中的数据，如图 5 所示。

数据预处理

采集到的原始数据有可能缺失、重复、错误或不统一，因此需要删除重复数据、补全缺失数据、校正错误数据、将数据处理成统一的标准，这就是数据预处理的过程。对于 HAR_dataset_REAL.csv 文件，需要做以下几步完成预处理：第 1 步，特征编码，将文字型数据处理成数值型数据；第 2 步，数据清洗，删除多余的“序号”列；第 3 步，将预处理的数据表保存为 .csv 文件。

（1）特征编码

在机器学习中，大多数算法只能够处理数值型数据，不能处理文字，然而在现实中，许多数据集中会有文字，例如图 6 所示的数据。

在这种情况下，为了让数据适应算法，我们需要进行特征编码，将文字转换为数值。根据数据特征种类不同，有对应的特征编码方法，常用编码方法有标签编码、顺序编码、独热编码。注意：标签编码通常对应二值数据特征，只有两类数据，例如“是否开空调”中的“是”和“否”；顺序编码通常针对有序类别数据，这类数据往往有一定顺序性；独热编码又称一位有效编码，指按照指定顺序将类别转换为只有 0、1 状态的数值编码，通常针对一些没有顺序关系的数据。

我们先使用程序 2 对图 6 中最后一列“是否开空调”的数据进行特征编码，处理结果如图 7 所示。

程序2

```
import pandas as pd
import numpy as np
import matplotlib.pyplot as plt
import time
from sklearn.model_selection import
train_test_split
from sklearn.naive_bayes import
GaussianNB, BernoulliNB,
MultinomialNB
from sklearn import metrics
from sklearn.preprocessing import
LabelEncoder, OrdinalEncoder,
OneHotEncoder
import joblib
# 导入预先收集好的数据集
HAR_df = pd.read_csv( " HAR_dataset_
REAL.csv")
HAR_df.head(10)
# 特征编码
# 编码 1 是否开空调
ac_status = HAR_df.iloc[:]['是否开空
调'].values # df.iloc[:,-1].values
labelencoder_ac = LabelEncoder()
ac_status = labelencoder_ac.fit_
transform(ac_status)
HAR_df['是否开空调'] = ac_status
HAR_df.head()
```

再添加程序 3 对图 6 中“工作时段”这一列的数据进行特征编码，处理结果如图 8 所示。

	序号	工作日	工作时段	环境光	温度	湿度	气压	二氧化碳浓度	是否开空调
0	1	周一	早晨	1346	17.70	25.40	97509.36	989.11	0
1	2	周二	早晨	989	19.07	35.40	97494.60	2834.00	1
2	3	周三	中午	1250	27.82	45.85	97509.70	1836.67	1
3	4	周一	下午	879	14.10	30.98	97533.08	686.20	0
4	5	周三	傍晚	900	25.18	43.40	97455.23	240.55	1

图7 对“是否开空调”的数据进行特征编码的结果

	序号	工作日	工作时段	环境光	温度	湿度	气压	二氧化碳浓度	是否开空调
0	1	周一	1	1346	17.70	25.40	97509.36	989.11	0
1	2	周二	1	989	19.07	35.40	97494.60	2834.00	1
2	3	周三	1	1250	27.82	45.85	97509.70	1836.67	1
3	4	周一	1	879	14.10	30.98	97533.08	686.20	0
4	5	周三	1	900	25.18	43.40	97455.23	240.55	1

图8 对“工作时段”的数据进行特征编码的结果

	序号	工作日	工作时段	环境光	温度	湿度	气压	二氧化碳浓度	是否开空调
0	1	1	1	1346	17.70	25.40	97509.36	989.11	0
1	2	1	1	989	19.07	35.40	97494.60	2834.00	1
2	3	1	1	1250	27.82	45.85	97509.70	1836.67	1
3	4	1	1	879	14.10	30.98	97533.08	686.20	0
4	5	1	1	900	25.18	43.40	97455.23	240.55	1

图9 对“工作日”数据进行特征编码的结果

	工作日	工作时段	环境光	温度	湿度	气压	二氧化碳浓度	是否开空调
0	1	1	1346	17.70	25.40	97509.36	989.11	0
1	1	1	989	19.07	35.40	97494.60	2834.00	1
2	1	1	1250	27.82	45.85	97509.70	1836.67	1
3	1	1	879	14.10	30.98	97533.08	686.20	0
4	1	1	900	25.18	43.40	97455.23	240.55	1

图10 删除“序号”数据后的结果

程序3

```
HAR_df['工作时段'] = HAR_df['工作时段'].replace(['早晨','中午','下午','傍晚'],'工作时间段')
HAR_df['工作时段'] = HAR_df['工作时段'].replace(['夜间'],'休息时间段')
period = HAR_df.iloc[:][['工作时段']].values
ordinalencoder = LabelEncoder()
period = ordinalencoder.fit_transform(period.ravel())
HAR_df['工作时段'] = period
HAR_df.head(25)
```

最后添加程序4对图6中“工作日”这一列的数据进行特征编码，处理结果如图9所示。

程序4

```
HAR_df['工作日'] = HAR_df['工作日'].replace(['周一','周二','周三','周四','周五'],'工作日')
HAR_df['工作日'] = HAR_df['工作日'].replace(['周六','周日'],'假日')
daytype = HAR_df.iloc[:][['工作日']].values
ordinalencoder = LabelEncoder()
daytype = ordinalencoder.fit_transform(daytype.ravel())
HAR_df['工作日'] = daytype
HAR_df.head()
```

（2）数据清洗

采集到的原始数据，可能会存在缺失、重复、错误或不统一的情况，需要将这些数据进行数据清洗。例如图6所示的数据，“序号”列的数据是多余的，此处我们使用程序5删除这列数据，处理结果如图10所示。

程序5

```
HAR_df = HAR_df.drop('序号',axis = 1)
HAR_df.head(10)
```

（3）使用程序6将预处理后的数据集保存成.csv文件

程序6

```
HAR_df.to_csv("HAR_dataset_REAL_preprocessed.csv",index = False)
```

运行程序，会在程序所在的文件夹内生成HAR_dataset_REAL_preprocessed.csv文件。打开该文件可查看预处理的数据。

数据可视化

数据可视化是将数据以图形、图像等形式呈现的方法。数据分析是指运用恰当的分析方法和工具对整理后的数据加以研究和总结，从中提取有价值的信息，最终形成结论的过程。数据可视化与数据分析的先后顺序并没有严格规定，可以先通过绘制折线图、直方图或散点图的方式，让数据可视化，再分析数据；也可以在分析数据时，辅以数据可视化。

此处我们思考两个问题。

第1个问题：观察图6所示的数据集，请问家中的温度或二氧化碳浓度会影响开空调吗？如果直接看表中的数据，比较难得出结论，但我们可以绘制一个散点图，来帮助我们判断。我们首先使用程序7创建一个新的数据集，数据集中保留HAR_dataset_REAL_preprocessed.csv文件中，“温度”“二氧化碳浓度”“是否开空调”这3列数据，如图11所示。再使用程序8将新的数据集中的数据绘制成散点图，如图12所示。

程序7

```
import pandas as pd
import numpy as np
import matplotlib.pyplot as plt
import time
from sklearn.model_selection import train_test_split
from sklearn.naive_bayes import
```

	温度	二氧化碳浓度	是否开空调
0	17.70	989.11	0
1	19.07	2834.00	1
2	27.82	1836.67	1
3	14.10	686.20	0
4	25.18	240.55	1

图 11 创建新的数据集

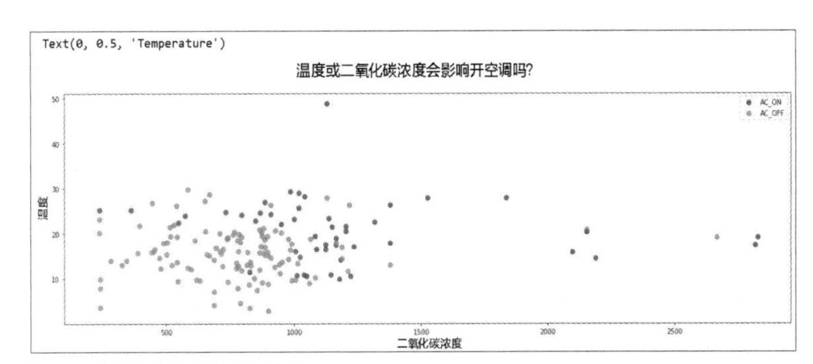

图 12 根据新数据集绘制的散点图

```
GaussianNB, BernoulliNB,
MultinomialNB
from sklearn import metrics
from sklearn.preprocessing import
LabelEncoder, OrdinalEncoder,
OneHotEncoder
import joblib
# 导入预处理后的数据集
HAR_df = pd.read_csv("HAR_dataset_
REAL_preprocessed.csv")
HAR_df.head(10)
# 新建一个数据集，保留温度、二氧化碳浓度和
是否开空调 3 列数据
HAR_df_temp_co2 = HAR_df[['温度','二
氧化碳浓度','是否开空调']]
HAR_df_temp_co2.head()
```

程序8

```
# 绘制散点图
figsize = (20,6)
alpha = 0.6
marker_size = 50
fig, axes = plt.subplots(1, 1)
fig.suptitle("Will temperature and CO2
concentration affect the opening of
the air conditioner?",fontsize=16)
HAR_df_temp_co2.loc[HAR_df_temp_
co2['是否开空调'] == 1].plot.scatter
(x="二氧化碳浓度",y="温度",c='b',
marker='o',alpha = alpha,s=
marker_size,ax=axes, figsize=figsize,
label = 'AC_ON')
HAR_df_temp_co2.loc[HAR_df_
temp_co2['是否开空调'] == 0].plot.
scatter(x="二氧化碳浓度",y="温度",
c='r',marker='o',alpha = alpha,
s=marker_size,ax=axes, figsize=
figsize,label = 'AC_OFF')
axes.set_xlabel("CO2 Concentration")
axes.set_ylabel("Temperature")
```

在图 12 所示的散点图中，蓝点表示开空调，红点表示不开空调，横轴为二氧化碳浓度，纵轴为温度。从图中我们可以看出：在温度较高或者二氧化碳浓度较高时，开空调的次数较多。

第 2 个问题：工作日与非工作日，对开空调有影响吗？同样，我们通过绘制散点图来观察是否有影响，参考程序如程序 9 所示，程序运行结果如图 13 所示。

程序9

```
# 新建一个数据集，保留工作日、温度、二氧化
碳浓度和是否开空调 4 列数据
HAR_df_busday_temp_co2 = HAR_df[['工
作日','温度','二氧化碳浓度','是否
开空调']]
HAR_df_busday_temp_co2.head()
# 绘制散点图
ig, axes = plt.subplots(1, 2)
fig.suptitle("Will temperature and CO2
concentration affect the opening of
the air conditioner?",fontsize=16)
axes[0].title.set_text("weekend")
axes[1].title.set_text("business
days")
for idx,axis in enumerate(axes):
  HAR_df_busday_temp_co2.loc[(HAR_
df_busday_temp_co2['工作日'] == idx)
& (HAR_df_busday_temp_co2['是否开空
调'] == 1)].plot.scatter(x="二氧化
碳浓度",y="温度",c='b',marker='o'
,alpha = alpha,s=marker_size,ax=axis,
figsize=figsize,label = 'AC_ON')
  HAR_df_busday_temp_co2.loc[(HAR_
df_busday_temp_co2['工作日'] == idx)
& (HAR_df_busday_temp_co2['是否开空
调'] == 0)].plot.scatter(x="二氧化
```

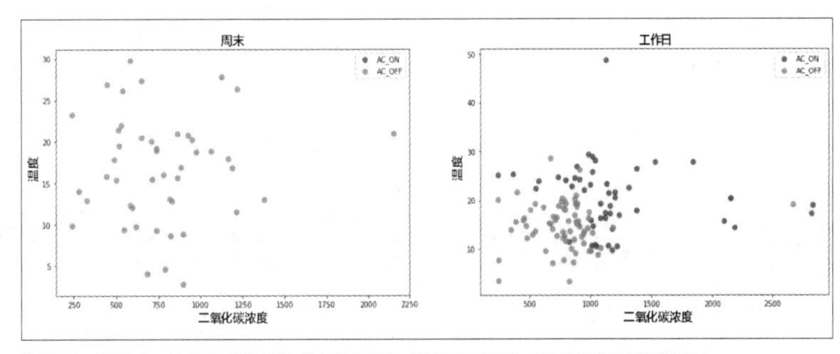

图 13 根据“工作日”“温度”“二氧化碳”“是否开空调”4 列数据绘制的散点图

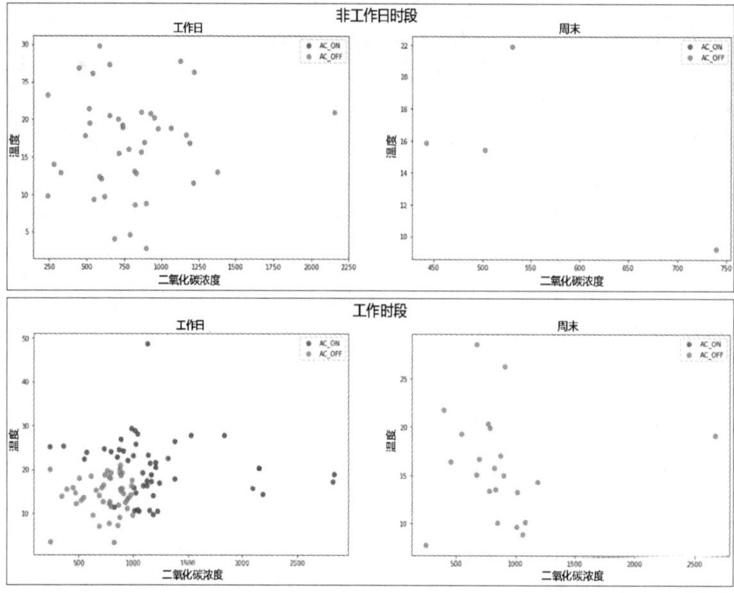

图 14 工作时段与非工作时段对开空调是否有影响的散点图

```
碳浓度",y="温度",c='r',marker='o'
,alpha = alpha,s=marker_size,ax=axis,
figsize=figsize,label = 'AC_OFF')
    axis.set_xlabel("CO2 Concentration")
axis.set_ylabel("Temperature")
```

从图 13 中，我们可以看出，用户周末基本不开空调，但工作日开空调次数较多。

请大家试一试，通过数据可视化操作，分析工作时段与非工作时段对开空调的影响。此部分的参考程序如程序 10 所示，需要创建 2 个数据集，分别存储工作时段为 1 和工作时段为 0 时，“温度”“二氧化碳浓度”“是否开空调”的数据。程序运行结果如图 14 所示。可以得出的结论为工作时段开空调的次数明显高于非工作时段开空调的次数。

程序10

```
# 新建两个数据集
HAR_df_busday_workinghour_temp_co2 = HAR_df[['工作日','工作时段','温度','二氧化碳浓度','是否开空调']].loc[HAR_df['工作时段'] == 1]
HAR_df_busday_nonworkinghour_temp_co2 = HAR_df[['工作日','工作时段','温度','二氧化碳浓度','是否开空调']].loc[HAR_df['工作时段'] == 0]
HAR_df_busday_workinghour_temp_co2.head()
# 绘制散点图
figsize = (20,6)
alpha = 0.6
marker_size = 50
wokring_hour = ["non wokring hour", "wokring hour"]
for idx,wokring_hour in enumerate(wokring_hour):
    fig, axes = plt.subplots(1, 2)
    fig.suptitle("period: {}".format(wokring_hour),fontsize=16)
    axes[1].title.set_text("weekend")
    axes[0].title.set_text("business days")
    HAR_df_busday_workinghour_temp_co2.loc[(HAR_df_busday_workinghour_temp_co2['工作日'] == idx) & (HAR_df_busday_workinghour_temp_co2['是否开空调'] == 1)].plot.scatter(x="二氧化碳浓度",y="温度",c='b',marker='o',alpha = alpha,s=marker_size,ax=axes[0], figsize=figsize,label = 'AC_ON')
    HAR_df_busday_workinghour_temp_co2.loc[(HAR_df_busday_workinghour_temp_co2['工作日'] == idx) & (HAR_df_busday_workinghour_temp_co2['是否开空调'] == 0)].plot.scatter(x="二氧化碳浓度",y="温度",c='r',marker='o',alpha = alpha,s=marker_size,ax=axes[0], figsize=figsize,label = 'AC_OFF')
    HAR_df_busday_nonworkinghour_temp_co2.loc[(HAR_df_busday_nonworkinghour_temp_co2['工作日'] == idx) & (HAR_df_busday_nonworkinghour_temp_co2['是否开空调'] == 1)].plot.scatter(x="二氧化碳浓度",y="温度",c='b',marker='o',alpha = alpha,s=marker_size,ax=axes[1], figsize=figsize,label = 'AC_ON')
    HAR_df_busday_nonworkinghour_temp_co2.loc[(HAR_df_busday_nonworkinghour_temp_co2['工作日'] == idx) & (HAR_df_busday_nonworkinghour_temp_co2['是否开空调'] == 0)].plot.scatter(x="二氧化碳浓度",y="温度",c='r',marker='o',alpha = alpha,s=marker_size,ax=axes[1], figsize=figsize,label = 'AC_OFF')
    axes[0].set_xlabel("CO2 Concentration")
    axes[0].set_ylabel("Temperature")
    axes[1].set_xlabel("CO2 Concentration")
    axes[1].set_ylabel("Temperature")
```

本文主要介绍了数据处理的一般过程，即数据采集、数据预处理、数据分析和数据可视化，并用实例讲解了处理方法。后续内容，我将介绍如何运用相应算法提取数据特征完成模型训练。

创客技术助力科学实验
——空气中的声速

演示视频

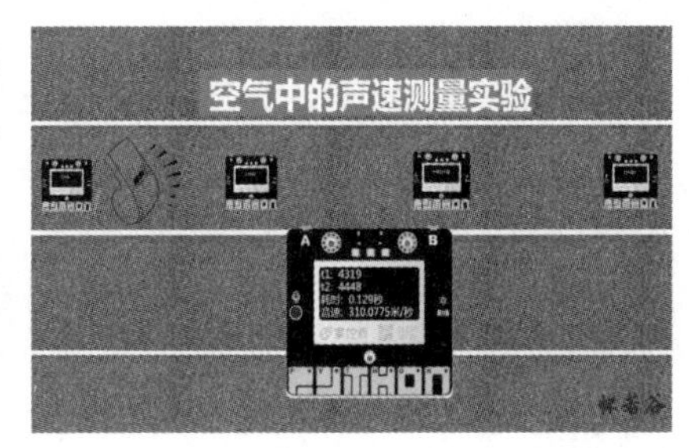

刘育红

项目起源

提到声音的速度，相信大家脑中会立马闪现出“340”这个数字，如图1所示。但是，请不要忽略了气压和气温这两个前提条件。在不同的气压和气温下，声速在空气中会有变化，所以声速并不是一个固定值。如果知道了某个环境下的气压值和气温值，可以利用一些计算公式推算出该环境条件下的声速。比如在同为1个标准大气压（101.325kPa）的条件下，可以使用经验公式 v=331.3+0.606t（v 为声速，单位为m/s；t 为温度，单位为℃）来推算声速。

图1 空气中的声速

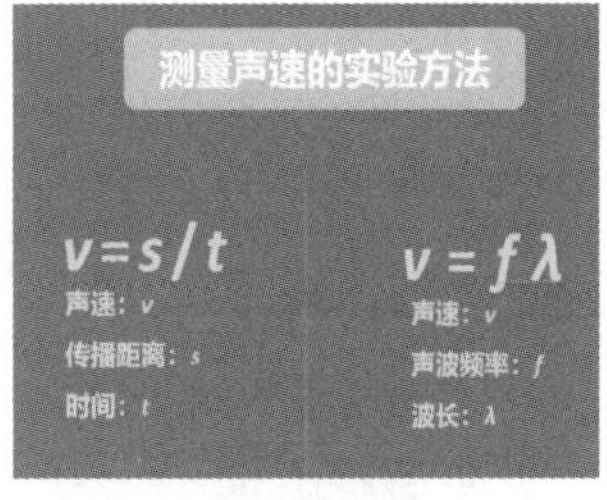

图2 测量声速的两种实验方法

数字和公式都是现成的，是他人和书本提供的，我们能不能对此进行验证呢？

小学科学和中学物理课程都安排有与声音相关的章节内容，内容中自然少不了有关声速的知识。小学科学课程中只是给出“340米/秒”这一数据，并没有实验安排。我特意向我所在地的中学物理老师请教，他们也只是给出数字，说声速测量实验很难实施。于是，我查阅了一些资料，了解到部分中学物理课、大多高校物理课中有这个实验，并明白了为什么中小学物理课大多不安排这个实验的原因，因为在做这个实验时需要使用专业设备，运用更深的知识。

那中小学生有没有办法在不需要使用专业的设备和高深知识的前提下做声速测量实验呢？我想创客技术可能就是那道光！因为创客常用的传感器中就有声音传感器，各种主控板的计时精度可达毫秒级，使用数字化技术可以保证实验操作的可行性和实验结果的可信度。

背景知识

声速测量实验的常规实验方法主要有两种：根据声速 = 传播距离 ÷ 时间这一关系式，测量出两个地点之间的距离，和声音从起点传到终点的时间，再代入公式计算，这种方法称为“时差法”；根据声速 = 声波频率 × 波长这一关系式，通过示波器等专业设备测量出声波频率及波长，再代入公式计算。两种方法所涉及的公式如图2所示。

第一种实验方法，是比较常用的方法，早期科学家研究声速基本采用的是这种方法，比如世界上第一次测量声音在水中的传播速度是于1872年在日内瓦湖上进行的（见图3），两只船相距14km，一只船上的试验员在水里放一座钟，当钟被敲响的时候，船上的火药同时发光；另一只船上的实验员向水里放一个听音器，他看到火药发光10s后听到了水下的钟声，然后根据以上数据计算水中的声速。

目前，部分中学物理课进行声速测量实验也是使用的这个方法，图4所示为我查找到的一个实验方案。我们可以看出，

图3 第一次测量水中声速的实验

1.站在离高墙100米或更远的距离，以一定的时间间隔敲打梆子。
2.注意控制敲梆子的节拍，使从高墙处反射回来的梆子声与敲出来的声音相重叠。
3.站在旁边的学生由一人报出敲击的次数，其他同学同时用秒表或手表计时。测出敲击20次至50次的时间间隔t，并由所得的结果计算出敲梆子的时间间隔T（秒）。
4.用卷尺测出敲击地点到高墙的距离R（米）。
5.将所得的数据代入公示$v=2R/T$求出声速。同时要记下测量时空气的温度，因为空气中声音传播的速度与温度有关。

图4 中学物理课声速测量实验方案示例

这样的实验方法主要依赖人的感官和本能反应，实施起来有一定的难度，而且实验结果不稳定，误差很大。所以，我想这也是大多中学老师不组织学生进行声速测量实验的原因。

第二种实验方法需要使用到示波器等专业设备，一般为高校所采用。本案例中采用的仍是第一种实验方法，因此面临着要解决智能感知、精确计时等情况。

实验方案设计

本案例所设计的实验方案示意如图5所示。具体内容如下。

采用4块具有无线通信功能的开源主控板作为实验设备。其中设备1为主控端，具有发出开始信号、接收其他设备发回的数据、处理数据并将结果显示在屏幕上的功能，放在*A*地点；设备2和设备4为计时端，放在被测路线的起点（*B*地点）和终点（*D*地点）；设备3为中继信号端，放在设备2和设备4的正中间（*C*地点），目的是保证复位指令能在同一时间被设备2和设备4收到。

考虑到长度测量工具及发声器具等情况，实验方案确定传播距离为40m。*B*地点为起点（0m处），*D*地点为终点（40m处），*C*地点在20m处，*A*地点设在*B*地点的前面2～5m处。

实验可由1人完成，也可由多人合作完成；当由多人合作完成时，可减少1块主控板，直接使用放在*B*地点的设备3作为主控端。本案例采用4块主控板进行实验演示，操作人员站在*A*地点，手持设备1和发声器具，如哨子、发令枪等。

具体实验流程为：操作人员按下设备1上的按钮发出开始检测信号给设备3，设备3收到后立即向设备2和设备4发出一个复位指令，设备2和设备4收到复位指令后立即进行重启，将计时器归0后开始计时；操作人员随后发出较大的声响，如吹哨子，此时的时间可记为t_0，但是不参与计算，不用记录；当声音传到设备2处时，设备2记录下当时的时间t_1，并无线传送给设备1；当声音传到设备4处时，设备4记录下当时的时间t_2，并无线传送给设备1；设备1将接收到的两个时间数据进行存储并通过计算公式$v=40\div(t_2-t_1)$算出声速，并显示在屏幕上。

以上流程，除按下按钮和吹口哨外，其他的操作都是由程序控制的各个设备自动完成的。需要根据各自完成的任务，对各个设备编写不同的程序。

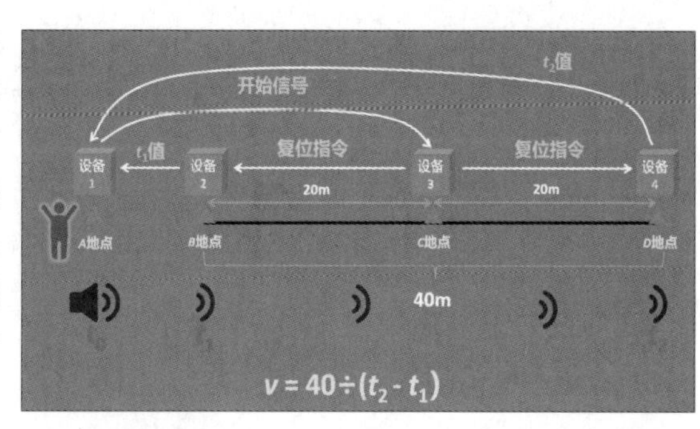

图5 实验方案示意

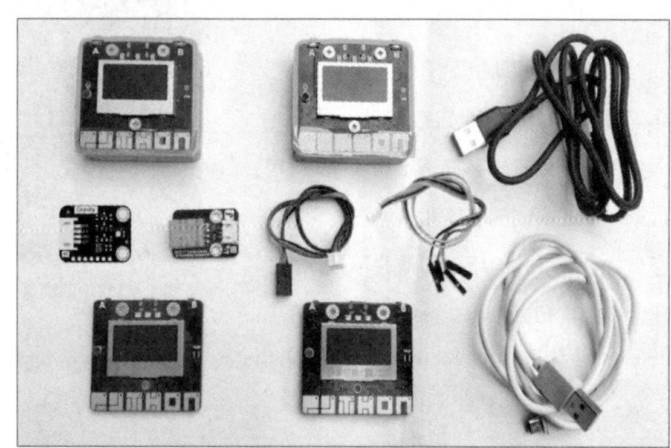

图6 所需材料

在进行最终的声速测量实验前，还需要进行实验环境条件检测、计时触发条件测试等多个实验，所以实验需要分阶段进行。

材料及编程环境的准备

所需的材料如图6所示，清单如附表所示。

实验中的大部分程序是使用掌控板官方编程软件mPython进行编写的，本案例使用的软件版本是V0.7.2。因为案例中使用的BMP388气压温度传感器是由DFRobot生产的，所以我们使用DFRobot开发的编程软件Mind+编写环境测试程序，本案例使用的软件版本是V1.7.1 RC2.0，自带扩展库。

附表 材料清单

序号	名称	数量
1	掌控板（主控板）[1]	4块
2	I/O扩展板[2]	2块
3	BMP388气压温度传感器	1个
4	DHT11温/湿度传感器	1个
5	USB数据线[3]	1根
6	3P连接线	1根
7	4P连接线	1根
8	充电宝[4]	2个
9	充电线	2根
10	卷尺	1盒
11	哨子	1个

说明：1.掌控板自带声音传感器和显示屏，如果采用其他主控板，可能需要外接硬件；2.I/O扩展板有1块就可以，这里用2块是因为有2块掌控板自带I/O扩展板；3.因为使用了2个版本的掌控板，它们的USB接口不同，所以使用了2种USB线；4.因为使用了2块已含有锂电池及扩展板的掌控板，所以只需对另外2块掌控板进行供电，电源解决方案需要根据使用的主控板材料来确定。

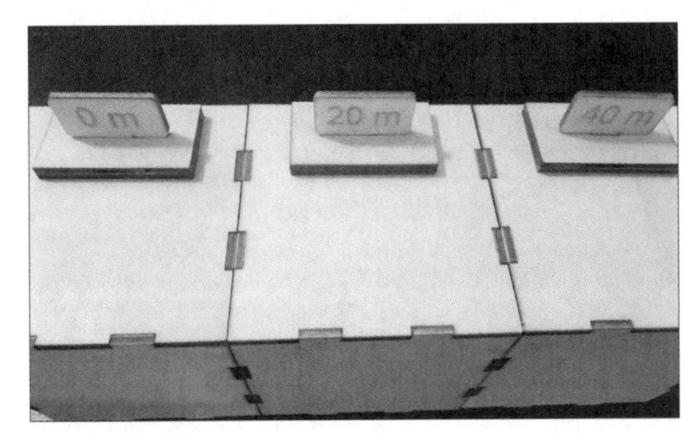

图 7 正方体盒子

图 8 布置场地

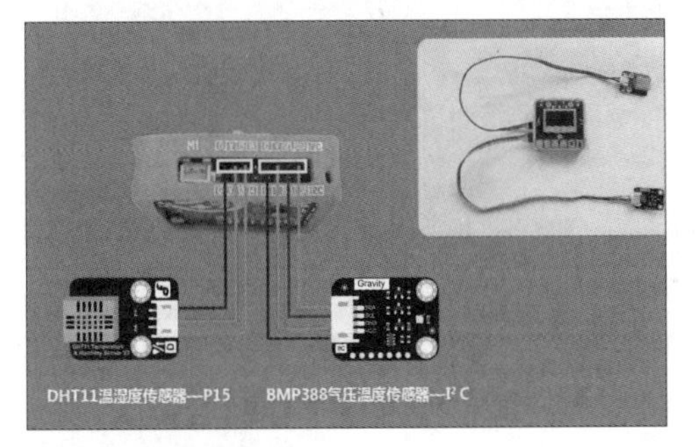

图 9 电路连接示意图

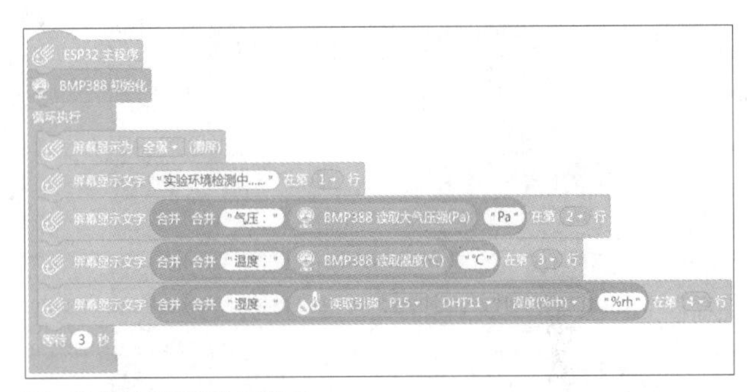

图 10 检测实验环境的参考程序

实验过程

1. 实验场地布置

（1）先使用 CAD 软件建模，再使用激光切割机切割椴木板，将激光切割机切出的结构件组装成正方体盒子（见图 7），正方体盒子用来放置实验设备。此外，可以制作 3 个距离小标牌固定在正方体盒子上方，方便拍照记录实验数据。

（2）找一个较安静的地方，将卷尺拉出 40m 以上，尽量拉直，放置在地面上，然后将 3 个盒子分别放在 0m、20m 和 40m 处（见图 8）。

2. 实验环境检测

我们已经知道，表述声速需要增加前提条件——气压和气温，因此为了保证实验结果表述的严谨性，我们有必要先检测实验环境的气压和气温，能实现实验环境检测功能的就是气压、温度传感器，我们还可以在实验环境检测中增加温 / 湿度传感器，有条件的实验者还可以添加风速传感器。具体的检测步骤如下所示。

（1）将温 / 湿度传感器连接到 I/O 扩展板的引脚 P15，BMP388 气压传感器连接到 I/O 扩展板的引脚 I^2C，电路连接示意如图 9 所示。

（2）使用 Mind+ 软件编写程序，实现检测当前环境的气压、温度和湿度，并将这些数据显示出来的功能，然后将程序上传到掌控板，参考程序如图 10 所示。

（3）打开设备电源，检测当前实验环境的气压、温度和湿度，如图 11 所示。

3. 确定计时触发条件实验

前述实验方案中的 t_1 和 t_2 是由计时设备自动记录的，那在什么样的条件下能触发计时指令运行呢？当然是哨子发出的声音被计时设备自带的声音传感器捕获到时，也就是计时设备的声音传感器检测到的声音值（音量）大于某一数值时，会触发计时指令运行。这个数值具体是多少？0m 处和 40m 处的数值一样吗？这都需要通过实验才能得知。此部分的实验步骤如下所示。

（1）编写程序，实现将设备运行时段内检测到的最大声音值记录下来并显示在屏幕上的功能，参考程序如图 12 所示，编写此程序使用的软件是 mPython，后面的程序也是使用 mPython 编写的。

（2）将图 12 所示的参考程序上传到设备 2 和设备 4，并将设备分别放置在 0m 处和 40m 处，打开设备电源，进行声音检

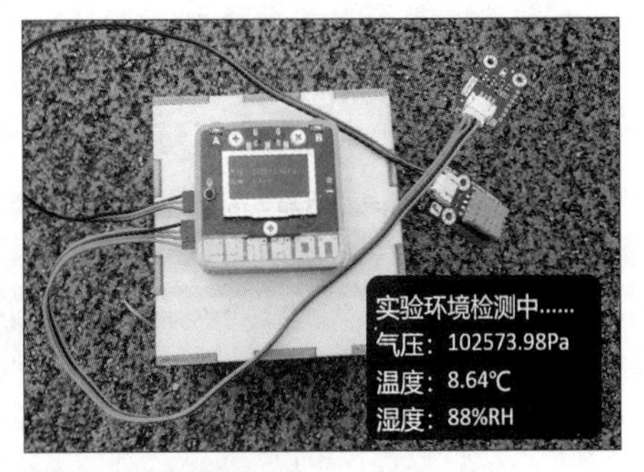

图 11 检测当前实验环境

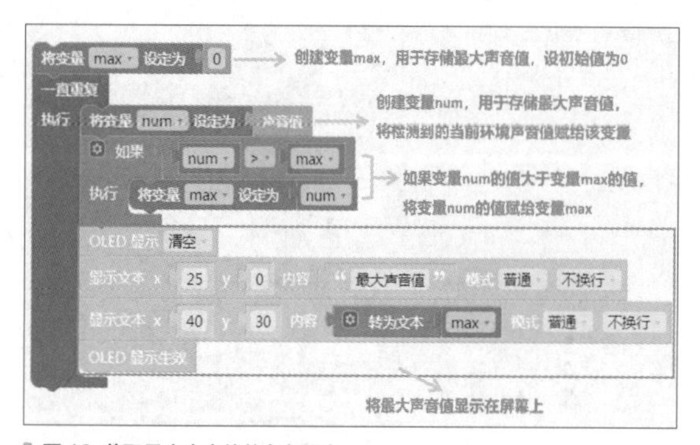

图 12 获取最大声音值的参考程序

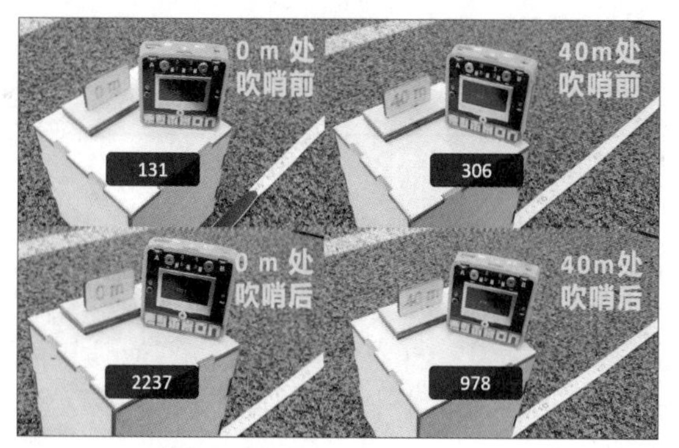

图 13 计时触发条件实验的结果

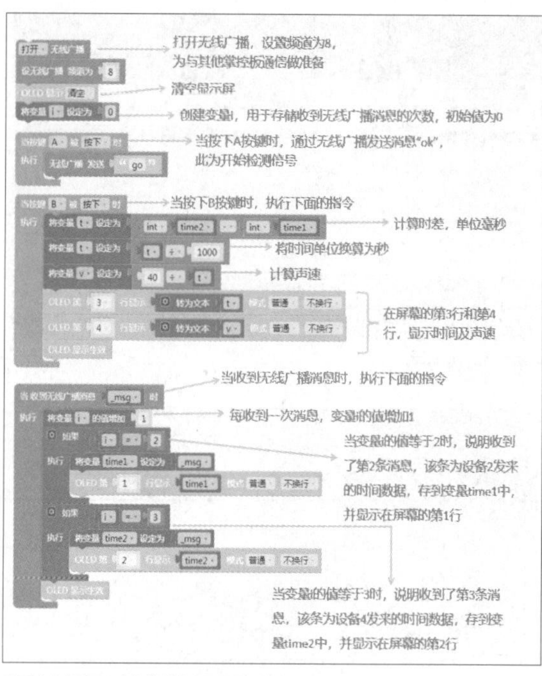

图 14 设备 1（主控端）需要运行的参考程序

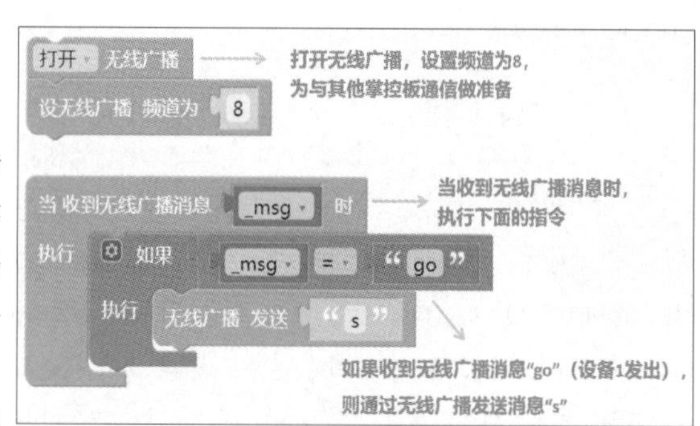

图 15 设备 3（中继信号端）需要运行的参考程序

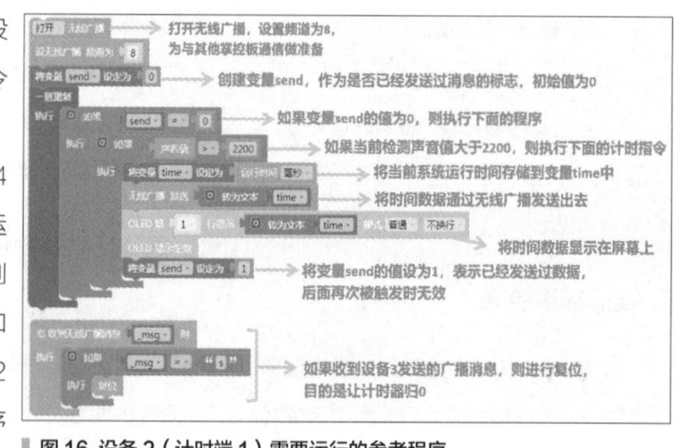

图 16 设备 2（计时端 1）需要运行的参考程序

测；吹哨子的人站在方案中预定的 *A* 地点，吹响哨子，可多吹几次，然后回到 0m 处和 40m 处记下设备 2 和设备 4 屏幕上显示的数值（见后文设备 4 的参考程序，数据仅供参考，不同环境、气候条件下的实验结果存在差异），这两个数值即可作为确定计时触发条件依据（见图 14），比如设备 2 可设置为声音值大于 2200 时触发，设备 4 可设置为声音值大于 900 时触发。

4. 声速测量实验

（1）编写设备 1（主控端）需要运行的程序，并上传到设备 1，参考程序和指令说明如图 14 所示。补充说明：因为设备 3（中继信号端）会发送无线广播消息“s”给设备 2 和设备 4，但是设备 1 也能收到这个消息，这个消息为设备 1 收到的第 1 条消息，收到的第 2 条、第 3 条消息才是时间数据。

（2）编写设备 3（中继信号端）需要运行的程序，并上传到设备 3，参考程序和指令说明如图 15 所示，其功能是转发一次开始检测信号。

（3）编写设备 2（计时端 1）需要运行的程序，并上传到设备 2，参考程序和指令说明如图 16 所示。

（4）编写设备 4（计时端 2）需要运行的程序，并上传到设备 4，参考程序如图 17 所示，和设备 2 需要运行的参考程序基本相同，只是对触发条件（声音值）进行了相应修改。

（5）将上传好程序的 4 块掌控板，分别放置到实验方案设定的地点（见图 18），打开电源开关或者接上充电宝供电。

（6）操作人员站立在 *A* 地点，手持设备 1 和口哨。每进行一次实验，都需要

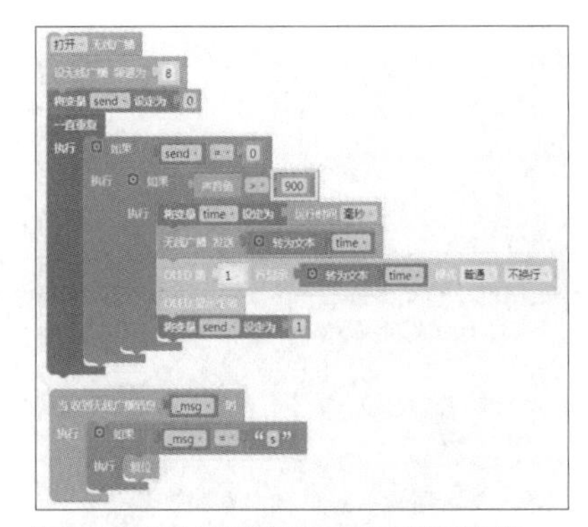

图 17 设备 4（计时端 2）需要运行的参考程序

图 18 放置设备及打开电源或接上充电宝供电

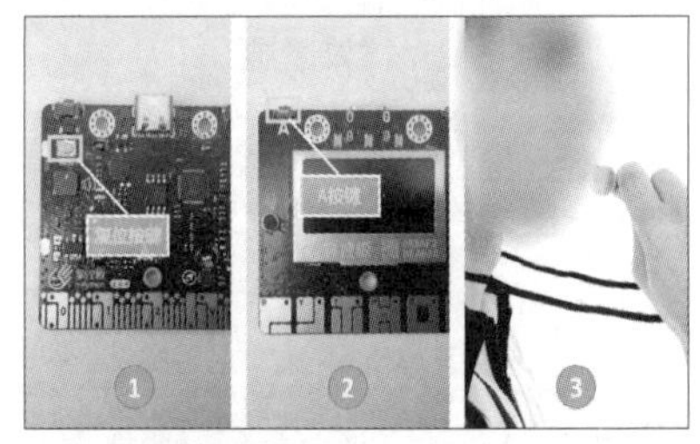

图 19 实验操作步骤

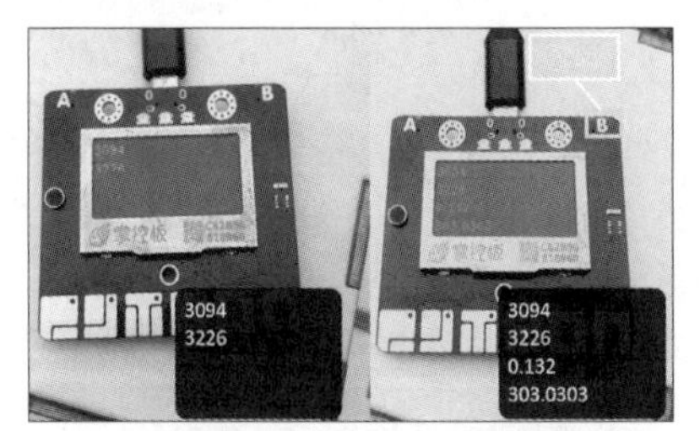

图 20 查看实验结果

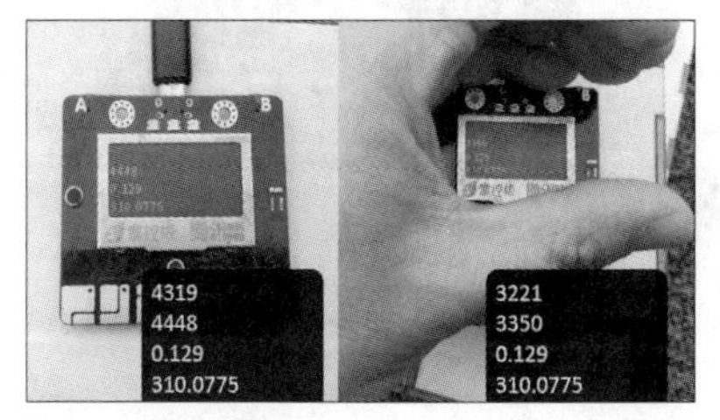

图 21 多次实验结果

先按下掌控板背面的复位按键，待设备重启后，再按下 A 按键（此时可观察最近的设备 2 的屏幕上是否出现了重启画面），然后面向其他设备所在的方向，用力吹响哨子（见图 19）。

（7）查看设备 1（主控端）的屏幕显示结果，当收到两个数据时，说明各个设备运行正常；然后按下 B 按键，运行计算指令并将结果显示出来。图 20 所示为某次实验的结果，声音传播 40m 花了 0.132s，得出速度为 303m/s。

（8）为了得到较准确的实验结果，可以反复进行多次实验（重复步骤 6 和步骤 7 的操作），记录下所有的结果，当实验结果较接近时可停止实验。图 21 为其中的两次实验结果。第一行因拍摄设备问题没有拍下，演示视频中可看到。

5. 整理实验数据

可参考图 22 制作一张实验记录单，记录、整理整个实验过程中的数据，作为声速测量实验的资料。我们可以选择在不同的气候条件下做若干次实验，再进行对比分析，以得出一些结论。

总结与反思

从上面展示的实验数据可以看出，与理论声速（按公式推算 4℃下约为 333.72m/s）相差不大，考虑到风力的影响，应该说这个实验方案还是合理、有效的。继续使用这个方法在同一地点去做不同气候条件下的实验，一定能够获得一些有价值的信息。我们可以去研究温度和声速的关系，也可以去研究风力对声速的影响，还可以研究各种天气下声速的变化等。

空气中的声速测量实验记录单

实验环境	时间	2022.2.19 15：00	地点	学校田径场	天气	阴
	气压	102574Pa	温度	8.64℃	湿度	88%RH
确定计时触发条件实验	B地点吹哨前最大声音值				131	
	B地点吹哨后最大声音值				2237	
	D地点吹哨前最大声音值				306	
	D地点吹哨后最大声音值				978	
空气中的声速测量实验	第1次实验					
	t_1	t_2	t	s	v	
	3094ms	3226ms	0.132s	40m	303.03m/s	
	第2次实验					
	t_1	t_2	t	s	v	
	4319ms	4448ms	0.129s	40m	310.08m/s	
	第3次实验					
	t_1	t_2	t	s	v	
	3221ms	3350ms	0.129s	40m	310.08m/s	
	第4次实验					
	t_1	t_2	t	s	v	

图 22 实验记录单

我在实验过程中，也发现一些问题。比如，吹哨子时哨子发出的响度不够，计时端 2 无法被触发，会造成实验失败，这个因素在制订方案时也考虑过，所以将距离定为了 40m，但如果采用跑步比赛使用的发令枪来发声，也许效果会更好。另外各个设备间的无线通信不太稳定，有时计时端 2 收不到中继信号端的复位指令，有时计时端 2 记录的时间数据无法传回主控端，后来我发现这与掌控板的摆放方向有很大关系，由于掌控板的声音传感器在正面、无线通信模块在背面，为了保证掌控板能有效感知到哨子声，采用了正面朝向操作人员方向（也就是主控端、中继信号端的方向），但这样无线通信模块背对着需要通信的主控端和中继信号端，信号自然会衰减严重。如果要改进的话，可以增加一个外接的声音传感器，然后让外接的声音传感器和掌控板背面都朝向操作人员。

虽然使用创客技术比光靠人的本能和简单的计时工具去完成实验要靠谱，但是要获得和理论上完全相同或者非常接近的结果还是很难的，毕竟程序的运行也需要时间，程序的运行速度也要受主控板的处理器性能影响。所以，最后希望大家不要过于追求数据的完美，而是应该享受这个实验过程。

推荐作品

创客技术助力科学实验——24 小时 PM2.5 浓度监测实验

演示视频

刘育红

前言

2022 年 1 月 15 日，多家媒体从江西省生态环境厅获悉：2021 年，江西省空气质量整体优于国家二级标准，PM2.5 年平均浓度为 29μg /m³。这让我想起了，2021 年 11 月，我曾制作过一个空气质量检测仪，选取了我所在地（江西省上饶市）的几个地方检测了 PM2.5 浓度，检测结果如图 1 所示。从图中，大家能感知到空气质量确实很不错。

当时，我也曾想过完成一个用时较长的空气质量监测实验，但是由于供电方案欠妥，实验只进行了几个小时就以失败告终。看到前文提到的新闻后，我又想继续完成实验，获知 PM2.5 日平均浓度。我有这个想法的时候，正值春节假期，我们这儿除了县城禁止燃放烟花爆竹，更大范围的乡镇和农村都没有禁止，而且，在外务工的返乡人员开车回来的很多，走亲访友使用车辆也很频繁。骤增的烟花爆竹燃放和汽车尾气排放一定会带来 PM2.5 浓度的上升，我很想通过实验获得量化的结果。当然，我也希望给创客朋友们提供一个案例，用学过的创客技术去认识自然、了解我们生活的环境。

实验平台搭建方案

实验平台搭建方案如图 2 所示。

将掌控板作为主控板，外接 PM2.5 空气质量传感器，作为数据采集端设备。其主要功能是每隔一段时间（本文以 3min 为例）采集一次 PM2.5 浓度数据，并通过 Wi-Fi 上传到物联网平台。它还具备简单的数据处理功能，能够统计出采集的样本数，并计算出平均值。

使用物联网平台——Easy IoT 作为数据存储和转发的服务器。Easy IoT 只要进行注册、登录和简单配置即可，还能自动生成折线统计图。

使用计算机作为数据显示端。计算机以实时模式运行 Mind+ 软件，获取物联网平台的数据，并对数据进行处理，将当前值、最大值、最小值、采集次数、平均值等信息显示在舞台区，并实时生成直方图。

材料清单

实验所需主要材料如图 3 所示，清单如附表所示。

附表 材料清单

序号	名称	数量
1	掌控板	1 块
2	I/O 扩展板	1 块
3	PM2.5 空气质量传感器	1 个
4	电源适配器	1 个
5	USB 数据线	1 根
6	4Pin 连接线	1 根

图 1 PM2.5 浓度检测结果

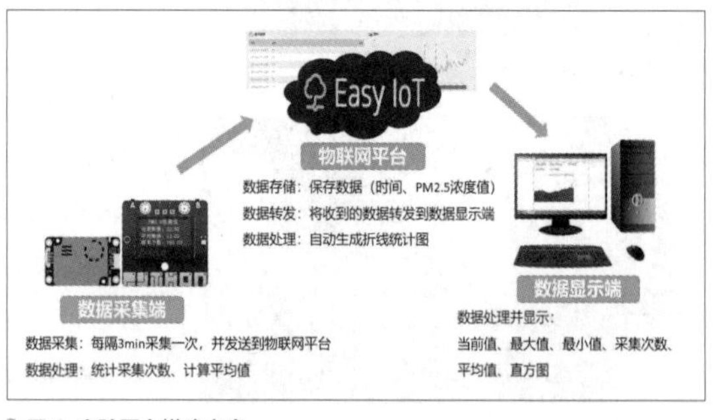

图 2 实验平台搭建方案

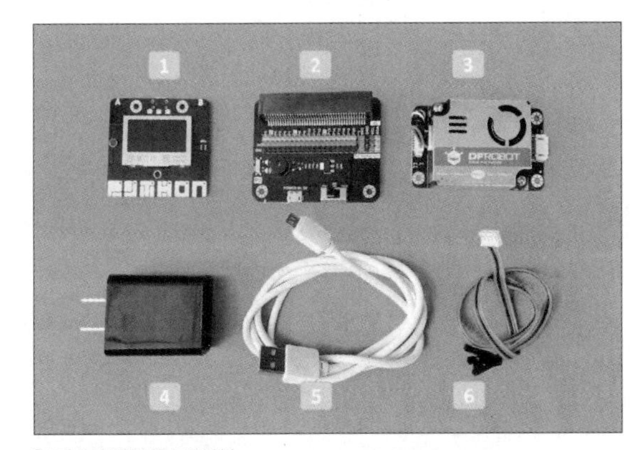

图 3 实验所需主要材料

图 5 Easy IoT 用户界面

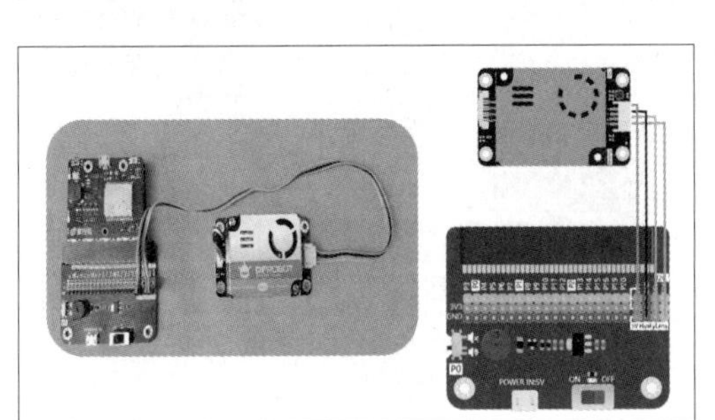

图 4 硬件连接

图 6 添加数据采集端程序所需扩展

实验平台搭建过程

1. 硬件连接

硬件连接如图 4 所示。具体连接方法如下。

将掌控板屏幕侧朝下插入 I/O 扩展板的插槽中。注：本文应用的 I/O 扩展板是为 micro:bit 设计的，掌控板的引脚顺序与 micro:bit 的正好相反，此 I/O 扩展板可以通用，但是需要反插掌控板。

将 PM2.5 空气质量传感器接到引脚 I²C，选择标识为“5V HuskyLens”的一组。注：这款 PM2.5 空气质量传感器的工作电压为 5V，使用其他主控板和扩展板时需要满足这一要求。

2. 物联网平台配置

登录物联网平台——Easy IoT。如果没有账号，需要先进行注册再登录。登录后添加一个名为“PM2.5 监测结果”的新设备，设置消息上限为 10 000 条（也可按实际需求设置数量），设置后的界面如图 5 所示。

3. 编写程序

（1）数据采集端（掌控板）程序

打开 Mind+ 软件，单击界面右上角的按钮将软件切换为“上传模式”。单击界面左下角的“扩展”，依次添加“主控板”选项卡中的“掌控板”，“网络服务”选项卡下中的“MQTT”“Wi-Fi”，“用户库”选项卡中的“空气质量传感器”，如图 6 所示。

然后我们根据方案中预设的功能编写程序，参考程序及指令说明如图 7 所示。

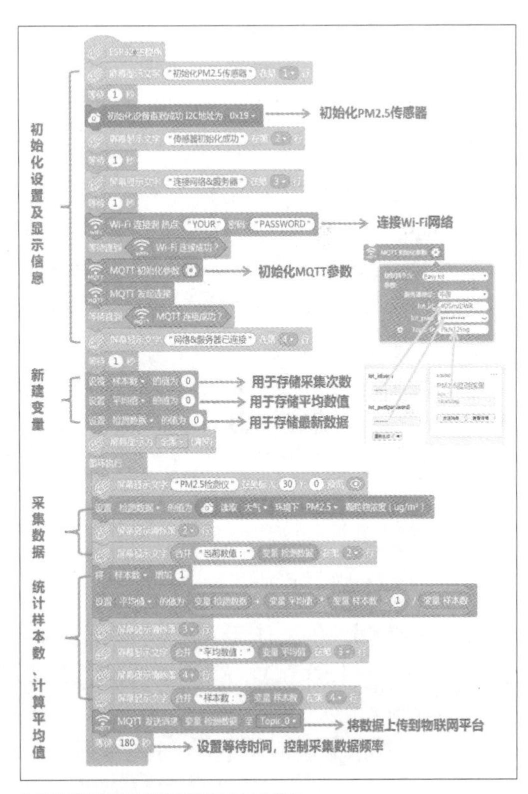

图 7 数据采集端参考程序及指令说明

图 8 将程序上传到掌控板

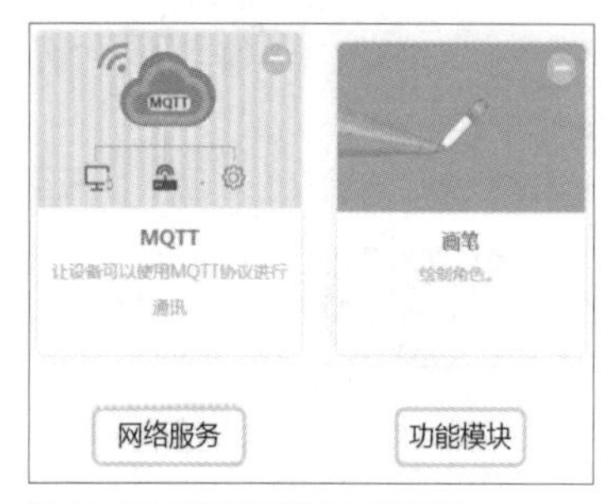

图 9 添加数据显示端程序所需扩展

通过 USB 数据线将掌控板连接到计算机，并将程序上传到掌控板，如图 8 所示，测试各个功能是否可以实现。

（2）数据显示端（计算机）程序

打开 Mind+ 软件，单击界面右上角的按钮将软件切换为“实时模式”。单击“扩展”，添加“网络服务”选项卡中的“MQTT”和“功能模块”选项卡中的“画笔”，如图 9 所示。

新建列表“PM2.5 数据”。新建变量“当前数值”“平均数值”“数据之和”“样本数”“最大值”“最小值”“a”，并勾选变量“当前数值”“平均数值”“样本数”“最大值”“最小值”，使它们显示在舞台区。我们可以通过拖曳它们进行排列，还可以编辑背景增加一个标题，如“24 小时 PM2.5 浓度监测实验”，如图 10 所示。

编写初始设置部分的程序，包括初始化 MQTT 参数、变量值、画笔等指令，参考程序及指令说明如图 11 所示。编写处理数据部分的程序，包括求平均值，获取最大值、最小值，绘制直方图等指令，参考程序及指令说明如图 12 所示。

单击舞台区

图 10 新建变量和列表

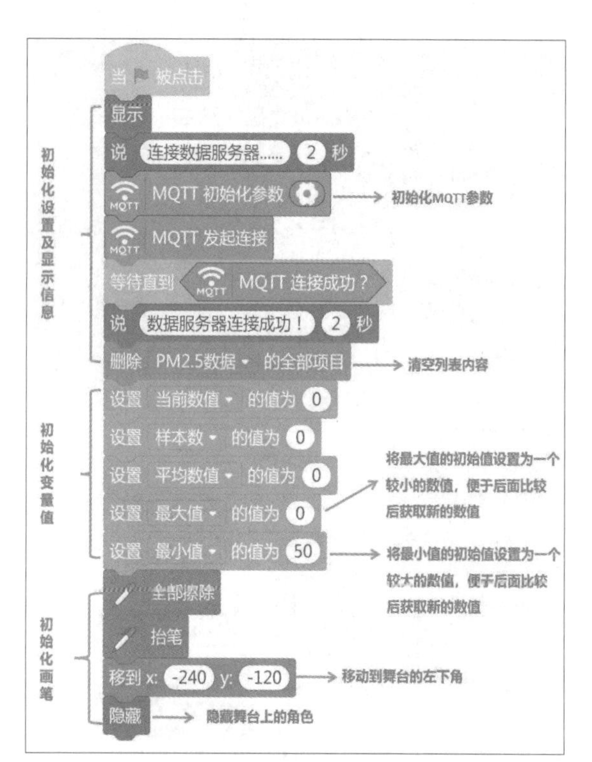

图 11 数据显示端参考程序及指令说明 1

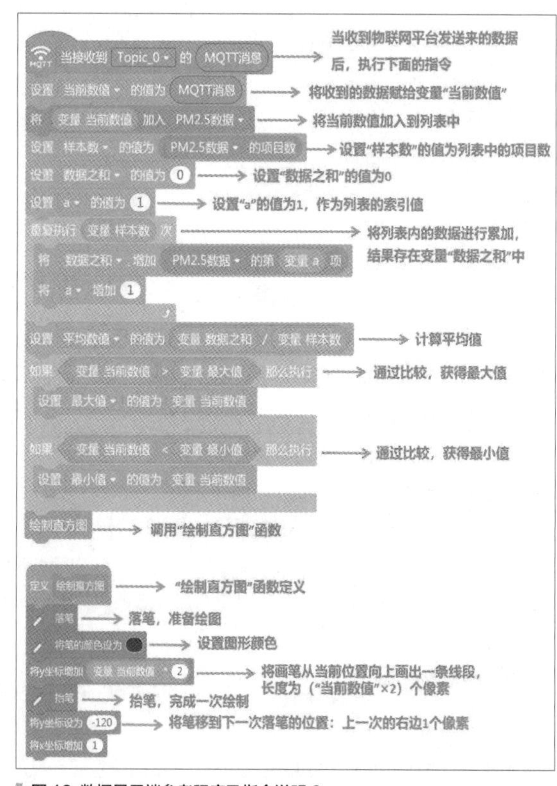

图 12 数据显示端参考程序及指令说明 2

左上角的绿旗按钮，运行程序。测试数据显示端能否正常连接到物联网模块，各个变量值是否显示为初始值；启动掌控板，等待一段时间，看数据显示端能否接收到数据，并能对数据进行正确处理。

4. 外形设计

为了达到更好的检测效果，PM2.5 空气质量传感器需要在通风的环境中工作，而进行长时间的监测需要一个能减少阳光直射和雨水淋洒的保护装置，因此实验装置的外形选择了常见的房子形状，四壁进行了镂空处理，如图 13 所示。

使用 LaserMaker 软件绘制实验装置外形的激光切割图纸，如图 14 所示。为保证材料具有一定防水性能，此处采用了亚克力板，使用激光切割机加工后的亚克力板如图 15 所示。

图 13 实验装置的外形示意

组装

1 组装图 15 所示的亚克力板，并用亚克力胶水固定。

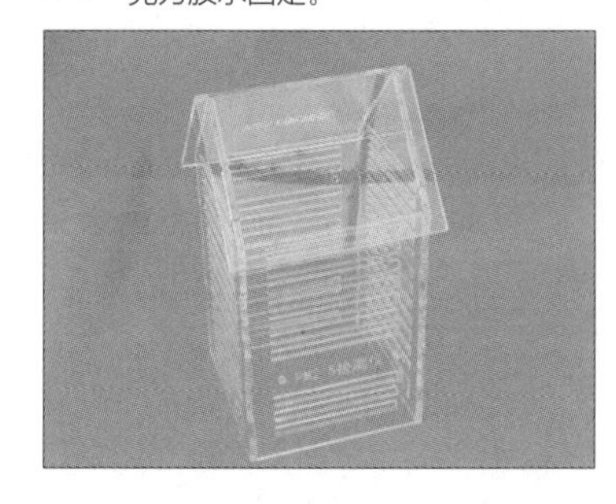

2 使用尼龙螺丝和六角柱将 I/O 扩展板安装到“房子”内部的一侧。

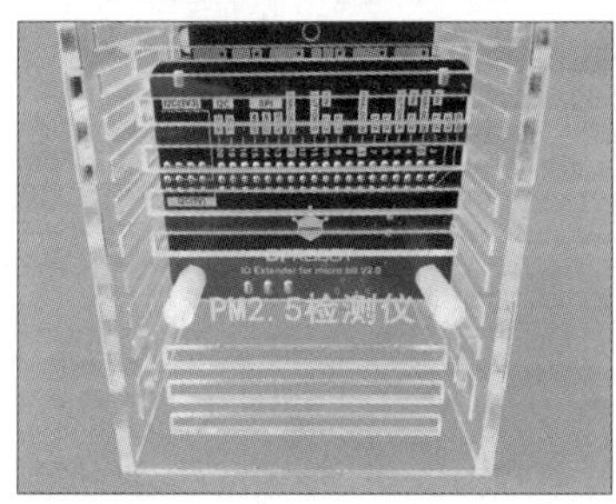

3 使用尼龙螺丝和六角柱将 PM2.5 空气质量传感器安装到“房子”内部的另一侧。

4 将 USB 数据线从预留孔中穿入“房子”，并连接到 I/O 扩展板的电源接口。

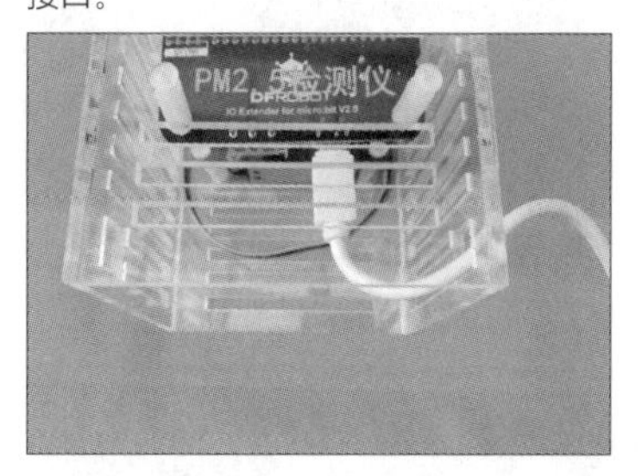

5 将 USB 数据线的另一端插入电源适配器的接口。

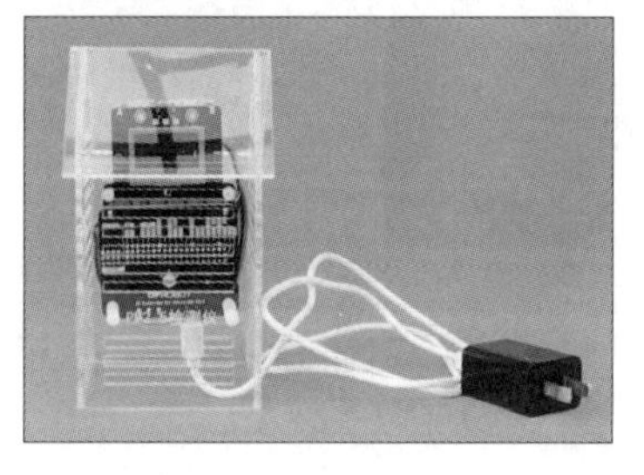

24小时监测实验

将实验装置放置在高于地平面 2m 的地方，接通电源，如图 16 所示。为了能长时间持续检测，建议实验装置通过电源适配器从家用电源插座取电。

将运行数据显示端程序的计算机设置为永不休眠的状态，打开 Mind+，单击绿旗按钮启动程序，如图 17 所示。

每隔一段时间查看一次监测结果，确保实验在正常进行，如图 18 所示。实验

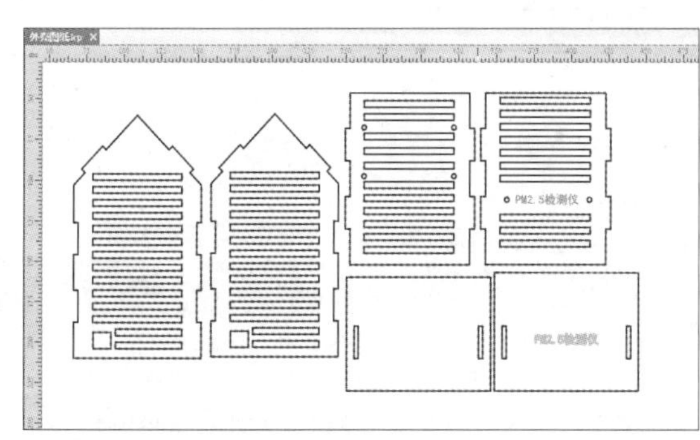

图 14 实验装置外形的激光切割图纸

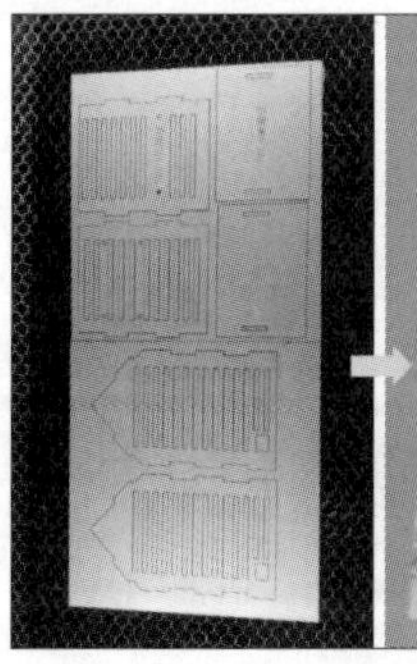

图 15 加工后的亚克力板

图 16 放置实验装置

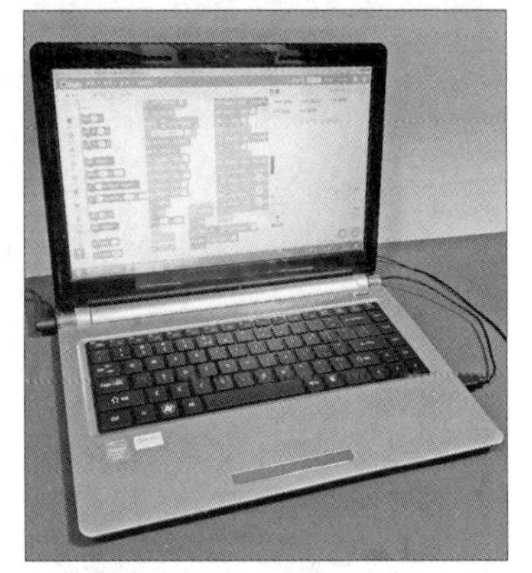

图 17 启动数据显示端的程序

结束后，通过截屏保存实验结果。

登录 Easy IoT，单击“工作间”选项卡，在“PM2.5 监测结果”下找到“查看详情”按钮，单击此按钮可进入详情界面，如图 19 所示，此界面可进行导出数据电子表格、查看折线统计图、在线查看原始数据等操作。

分析实验结果。我在自己居住的小区内进行了 3 天（2022 年 2 月 6—9 日）监测实验，监测结果如图 20 所示，从结果中可以看出 PM2.5 日平均浓度值为 31~43 μg /m^3，高于江西省全年 PM2.5 浓度的日平均值，大多数数据也高于我之前在小区内检测过的数据，这说明春节期间的空气质量确实比平时的空气质量下降很多。这 3 天中，有一天是阴天，有两天是雨天，雨天的空气质量明显优于阴天，晴天的结果还有待后续实验。

总结与建议

在这个实验中，计算平均值是核心目标。大家都知道求平均数的公式：平均数 = 数据总和 ÷ 数据个数，但是在编程中，我们可采用多种不同的算法来实现求平均数。本案例中就采用了两种不同的算法。数据采集端采用了如图 21 所示的算法，优点是计算效率高，不需要将所有数据存储下来，适合内存容量不大的主控板，缺点是计算误差会不断累积，最后的结果偏差可能较大；数据显示端采用了如图 22 所示的算法，这个算法是最基本的算法，优点是好理解，计算结果偏差较小，但运算量大，还需要使用列表将所有数据存储下来，对硬件有较高的要求，所以本案例只在数据显示端使用了这种算法。

搭建好实验平台后，我们可以做更长时间的实验，可以获得更多的数据，一定会有更多的发现。我们可以用这个实验平台检测汽车排放尾气中的 PM2.5 浓度，或许你就会明白为什么要大力发展新能源汽车了；可以测试一下各种口罩对 PM2.5 的过滤作用。总之，只要有了好的工具，我们就能去研究更多的问题，关键是要善于找到问题。我们还可以举一反三，使用这个实验平台的搭建方法去搭建其他实验平台，去研究环境亮度、声音、温度、湿度等课题。

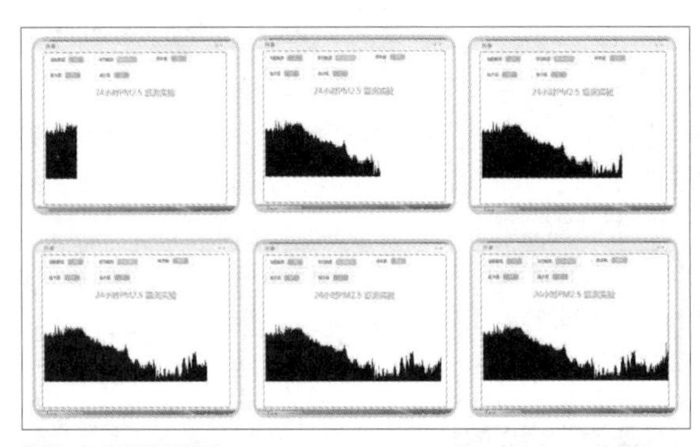

图 18 查看监测结果

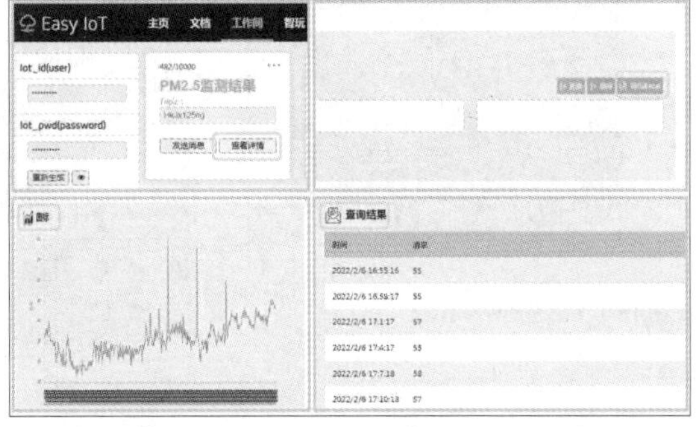

图 19 详情界面

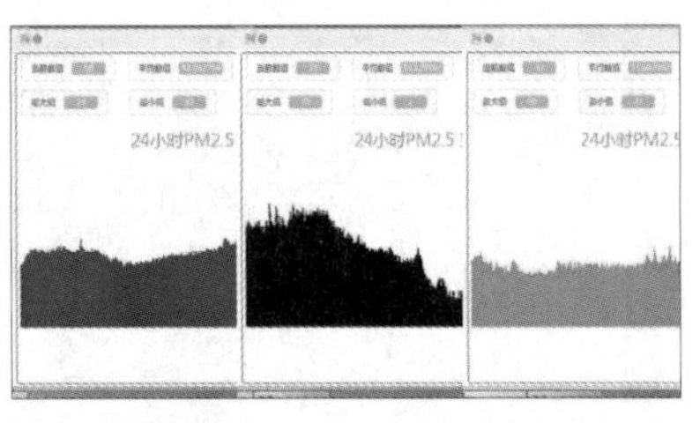

图 20 监测结果

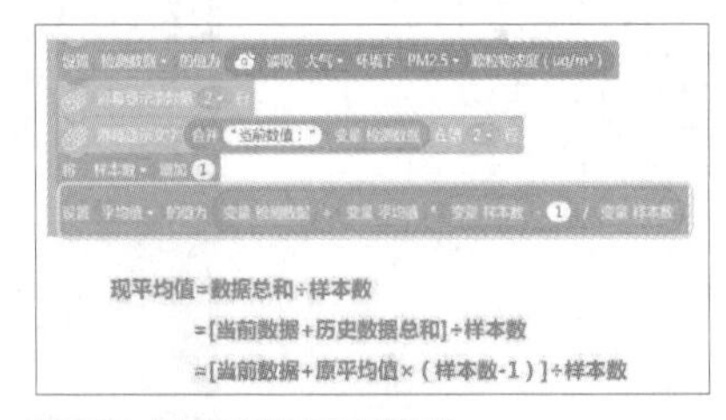

图 21 数据采集端求平均数指令

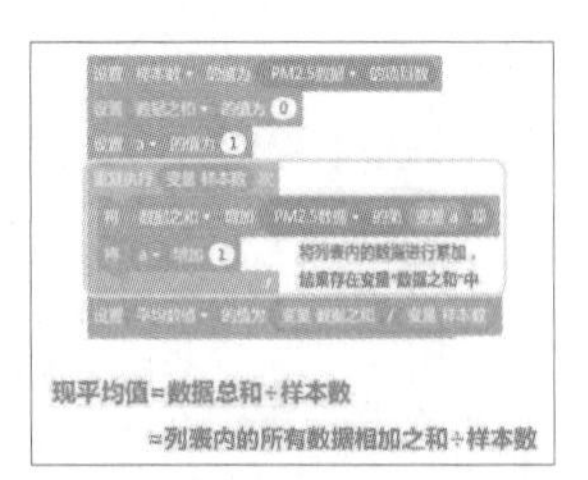

图 22 数据显示端求平均数指令

基于 Arduino 的空气净化模拟系统

演示视频

张浩华　王爱利　刘凡杨　李晓慧

制作背景

近些年，人们对新鲜空气的追求逐渐迫切，家用空气净化器的市场也不断被拓展。本作品模拟了一个简单的封闭环境，制作了一个供家庭使用的多功能空气净化器。它可以测量室内的 PM2.5 浓度和温 / 湿度，并且可以通过排气扇和加湿器清除室内的烟味、臭味，使得空气更加清新，打造一个舒适宜人的家居环境。

硬件选取

1. Arduino Uno主控板

本作品采用的是 Arduino Uno 主控板（见图 1），它可以接收来自各种传感器的输入信号从而检测出传感器周围的环境，并通过控制光源、电机及其他驱动器来改变其周围环境。而且它是开放源码的，拥有灵活、易用的硬件和软件，非常适合初学者制作创意作品。

2. 扩展板

为了方便搭载多种传感器同时解决传感器的连线问题，我们选用了扩展板（见图 2）。此扩展板不仅将 Arduino Uno 主控板的全部数字接口与模拟接口以舵机线序形式扩展出来，还增加了多个接口，比如 I²C 接口、蓝牙模块通信接口、SD 卡模块通信接口、超声波传感器接口等。将烦琐复杂的电路简单化后，就可以很容易地把传感器连接起来。

3. PM2.5传感器

在 PM2.5 浓度检测方面，我们采用的是高精准的攀藤 G5PM2.5 激光传感器（见图 3），它具有精度高、体积小、重量轻、噪声低等优点，可以连续采集并计算单位体积内空气中不同粒径的悬浮颗粒物个数，进而换算成为浓度，并通过通用数字接口输出。另外，此传感器可以嵌入各种与空气中悬浮颗粒物浓度相关的仪器或环境改善设备，为其提供及时、准确的浓度数据。

该传感器输出状态分为主动输出和被动输出两种。传感器需要 5V 供电，通电后主动向主机发送串行数据，时间间隔为 200~800ms，空气中悬浮颗粒物浓度越高，时间间隔越短。主动输出又分为平稳模式和快速模式两种，在空气中悬浮颗粒物浓度变化较小时，传感器输出为平稳模式；当空气中颗粒物浓度变化较大时，传感器自动切换为快速模式。

4. LCD1602显示屏

显示数据采用的是液晶显示屏（见图 4），将测出的温 / 湿度和 PM2.5 浓度的值直观、醒目地展示在显示屏上，便于数据的观察和读取。1602 液晶显示屏是专门用于显示字母、数字、符号等的点阵型液晶显示模块。程序在开始时对液晶模块功能进行初始化设置，约定了显示格式。显示字符时光标自动右移，无须人工干预。每次输入指令时都先调用判断液晶模块是否忙碌的子程序 delay(), 然后输入显示位

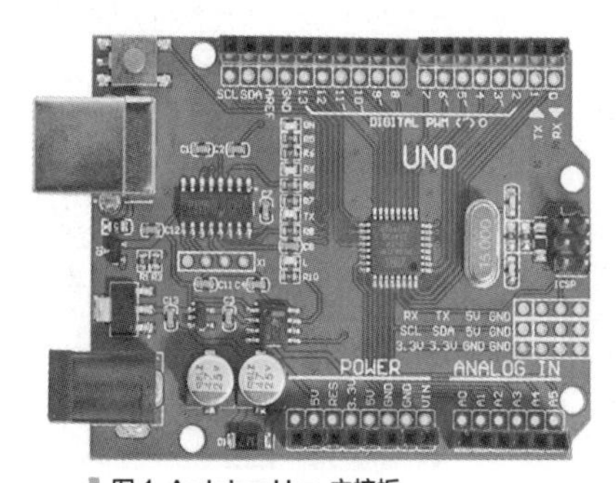

图 1 Arduino Uno 主控板

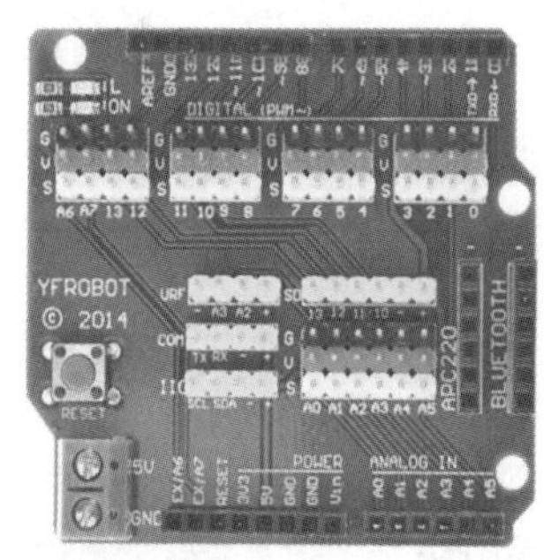

图 2 扩展板

图 3 PM2.5 激光传感器

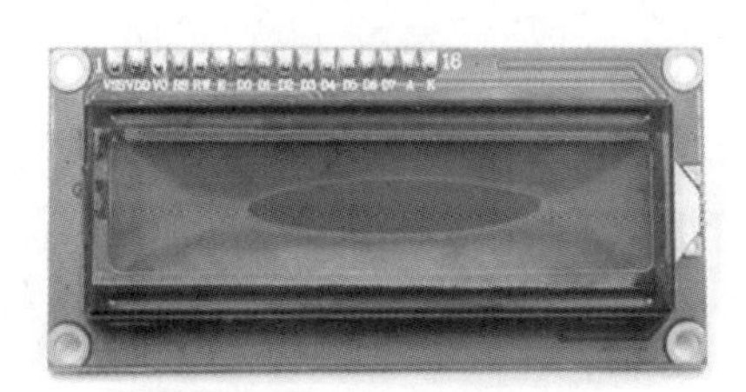
图 4 液晶显示屏

```
LiquidCrystal_I2C lcd(0x3F, 16, 2);  //初始化LCD 的3个参数，分别是地址、列和行
SoftwareSerial Serial2(8,9);    //LCD连接接口RX,TX
lcd.init();
lcd.backlight();
lcd.setCursor(0,0);
lcd.print("    Welcome!");  //屏幕设置
delay(1500);
lcd.setCursor(0,1);
lcd.print(" PM2.5 Detector");
delay(1500);
```

图 5 显示屏初始化代码

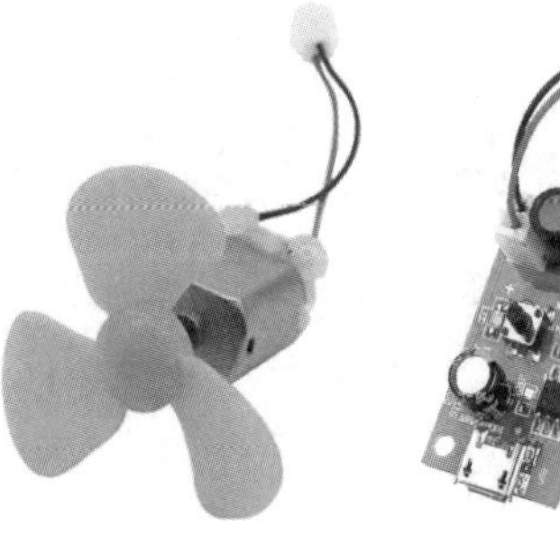

图 7 小风扇

图 8 空气加湿器

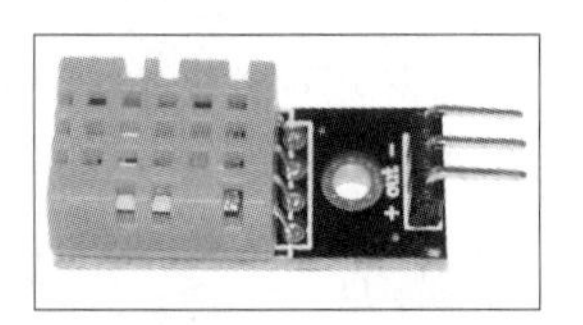

图 6 温 / 湿度传感器

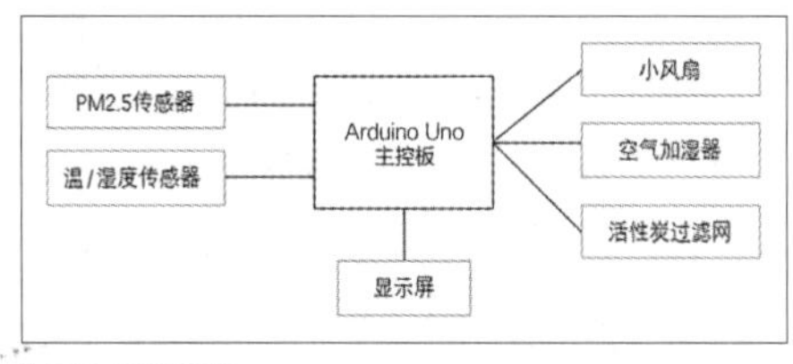

图 9 硬件连接

置的地址 OCOH，最后输入要显示的字符代码。显示屏初始化代码如图 5 所示。

5. 温/湿度传感器

本作品采用的是 DHT11 温 / 湿度模块（见图 6），它小巧便携，安装方便，可以检测周围环境的温度和湿度。工作电压为 3.3~5V。程序运行时，我们可以看到显示屏上变动的温 / 湿度值。温 / 湿度的值会随着封闭空间内的空气质量发生相应的变化，比如启动空气加湿器后，湿度会明显增加。

6. 小风扇和空气加湿器

空气净化方面，我们安装了 2 个小风扇（见图 7）和一个空气加湿器（见图 8）。空气加湿器模块操作简便，效果明显。当 PM2.5 浓度达到设置值时，风扇会自动启动，把污染的气体排出去，然后启动空气加湿器，让空气中飘浮的颗粒物凝聚一起，此时 PM2.5 浓度会再次上升，风扇将会再次启动，室内的空气得到二次净化。

附表　制作所需的硬件清单

序号	名称	数量
1	Arduino Uno 主控板	1 个
2	扩展板	1 个
3	PM2.5 传感器	1 个
4	液晶显示屏	1 个
5	温 / 湿度传感器	1 个
6	小风扇	2 个
7	空气加湿器	1 个

硬件清单和连接图

制作所需的材料清单如附表所示，硬件连接如图 9 所示。

硬件搭建

1　将 Arduino Uno 主控板与扩展板自上而下连接起来。

2　将温 / 湿度传感器连接在扩展板的端口 3。

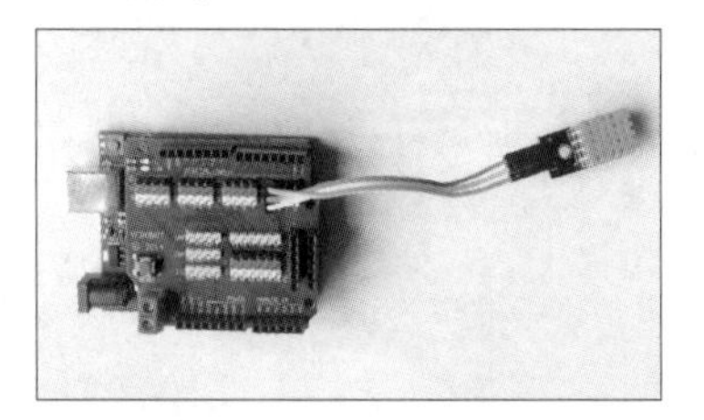

3　将显示温 / 湿度和 PM2.5 浓度的显示屏连接到扩展板的模拟端口 4 和模拟端口 5。

4　将 PM2.5 传感器连接到扩展板的端口 8。

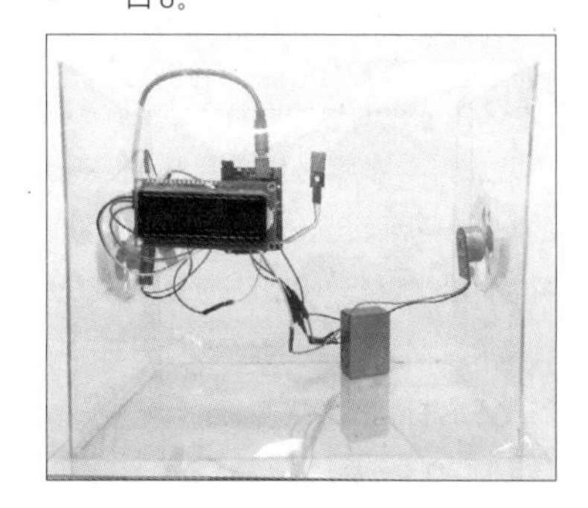

5　空气加湿器则采用 USB 电源线供电工作。

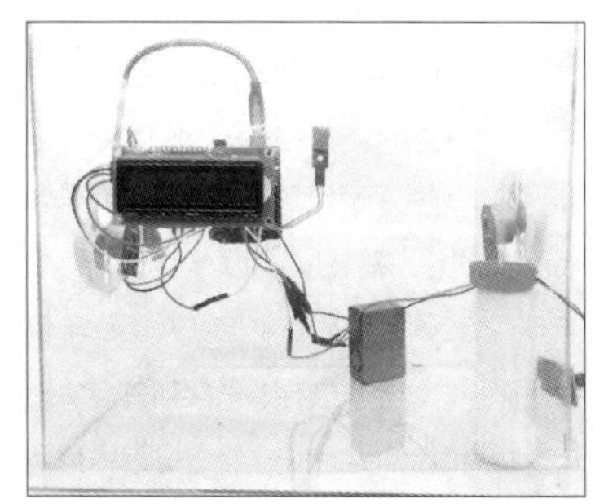

外观设计

外壳是采用亚克力板制作的一个长方体的盒子（见图 10）。盒子的尺寸需要事先测量好，然后在网上定制材料。在盒子中放入主板和各个传感器，用来进行测试。为了达到良好的净化效果，我们在侧边的风扇出风口放入一块活性炭过滤棉，吸附排出的污染气体。活性炭过滤棉可以过滤空气中的尘埃和异味，具有良好的吸附性能、耐热性和除臭性。然后根据各个硬件的安装位置进一步加工。我们在盒子两侧设计了两个风扇排风口，同时为了方便清晰观察数据，把显示屏固定在外面。出于美观性，还设计了黑色隔板，这样不仅可以隐藏错综复杂的线路，还可以让实验现象能够更加直观地被观测到。

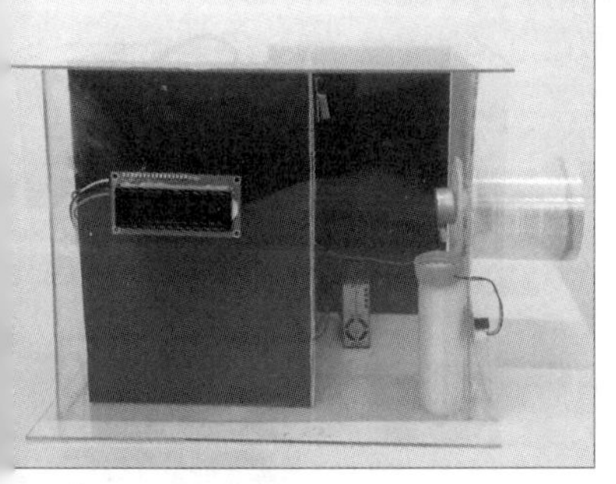

图 10 外观设计

```
        lcd.init();
        lcd.backlight();
        lcd.setCursor(0,0);
        lcd.print(String("") + " H:"+ HT.humidity + " %");      //打印温/湿度数值
        lcd.print(String("")+"  T:"+ HT.temperature +"'C");
        lcd.setCursor(0,1);
        lcd.print(String("") + " PM2.5:"+_params.P2_5+ " ug/m3 ");    //打印PM2.5浓度

    if(_params.P2_5>1000)
    {
        digitalWrite(12,HIGH);
         digitalWrite(2,HIGH);
    }
    else                //当PM2.5浓度的值大于1000μg/m³时，启动继电器（带动净化风扇工作）
        {digitalWrite(12,LOW);
         digitalWrite(2,LOW);}
lcd.init();
        lcd.backlight();
        lcd.setCursor(0,1);
        lcd.print(String("") + " PM2.5:"+_params.P2_5+ " ug/m3");    //打印PM2.5浓度
        lcd.setCursor(0,0);
 lcd.print(String("") + " H:"+ HT.humidity + " %");      //打印温/湿度数值
 lcd.print(String("")+"  T:"+ HT.temperature +"'C");
```

图 11 程序部分代码

程序编写

本作品使用 Arduino IDE 进行编写。首先添加 LCD1602 显示屏和温 / 湿度传感器 DHT11 的库文件。然后进行初始化，设置完成后就可以读取温 / 湿度和 PM2.5 浓度。当 PM2.5 浓度大于 1000 μg/m³ 时，启动继电器带动净化小风扇工作。程序的部分代码如图 11 所示。

最终效果

我们在密封的盒子中放入制造的烟雾，当盒子内的 PM2.5 浓度达到设置的值时（当前设置的是 1000 μg/m³），风扇就会自动启动。风扇刚启动时，PM2.5 浓度会升高，过一会儿就会慢慢下降。当 PM2.5 浓度小于 1000 μg/m³ 时，风扇自动停止。我们还可以启动空气加湿器，在密闭的盒子中，随着气流的进入，盒子内飘浮的烟雾颗粒凝聚，PM2.5 浓度再次上升，再次启动风扇进行二次清洁。随后 PM2.5 浓度将慢慢下降，盒子内的空气得到了明显的改善，至此就完成了整个清洁过程。大家可以扫描文章开头的二维码观看演示视频。

机器人厨师尝味道

英国剑桥大学的研究团队教机器人厨师尝味道，让其分辨菜中的盐放多了还是放少了。按照研究团队的设想，这款机器人厨师不仅要会做菜，还要根据食客的反馈，做出符合食客口味的菜。

为了满足不同食客的口味，研究团队设计了一种算法，使得机器人厨师能在食客反馈的基础上调整做法。如果要让机器人烧的菜好吃，那么“尝味道”这个环节尤为关键。为此，研究团队又给机器人厨师的机械臂上加装了电导率探针来作为味觉传感器。

实验中，研究团队向机器人厨师展示了 9 道不同的西红柿炒鸡蛋，每道菜的西红柿和盐的数量都不同。而且每道西红柿炒鸡蛋都会以 3 种形式呈现，分别是上菜时的完好状态、半咀嚼状态和咀嚼过的状态。

每次机器人厨师将探针放入食物中，就会获取一个读数。如果样品数量足够多，它或许能够创造一个“味觉地图”。尽管目前这项研究还处于概念阶段，但研究团队希望，未来这位机器人厨师不仅能够品尝咸淡，还能品尝甜品和油炸食物的味道。

智能分类垃圾桶

刘晓明　郭潇予　汪俊晓

演示视频

为响应国家号召，积极施行垃圾分类，保护地球环境，我们在暑假闲暇时间，利用Arduino相关知识，并采购一些硬件，制作了一款智能分类垃圾桶。它采用了语音识别技术，可以识别使用者所说的垃圾类别，并指引使用者分类投放，让我们的垃圾分类变得更加方便。

我们的智能分类垃圾桶采用 Arduino Uno 作为主控，如图 1 所示。它和其他单片机一样，可以通过引脚连接各式各样的传感器，通过接收和识别传感器信号，实现各种功能。

要想实现语音识别，单靠一块单片机是不够的，因此我采购了语音模块 LD3320，如图 2 所示。只要将一些语音以拼音的形式输入模块，它就可以识别这段语音，并根据识别的语音输出信号。我们将常见的 40 类垃圾名称写成指令，输入语音识别模块，同时设置了对应的唤醒词。

语音模块部分指令如图 3 左图所示，在语音模块的指令中，“@”和“$”分别代表着指令的开始和结束，属于指令分隔符。“00_”代表各类垃圾的编号，“255”

图 1 Arduino Uno

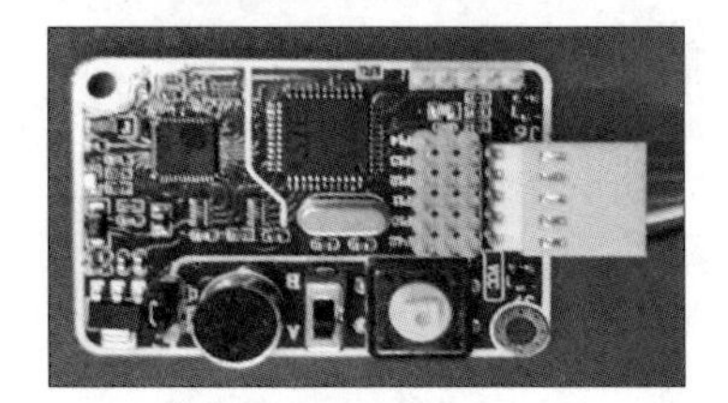

图 2 语音模块 LD3320

@31,chu chong ji,004,$
@32,xiao du ji,004,$
@33,yao pin,004,$
@34,yan yao shui,004,$
@35,dian chi,004,$
@36,ti wen ji,004,$
@37,zhi tong yao,004,$
@38,nong yao,004,$
@39,xue ya ji,004,$
@40,cha xiao,004,$
@49,fen xiao meng,254,$
@41,chu yu la ji,255,$
@42,you hai la ji,255,$
@43,ke hui shou la ji,255,$
@44,qi ta la ji,255,$
发送

图 3 串口设置软件向语音识别模块中写入指令

代表屏蔽词，“254”代表唤醒词。我把唤醒词设置为“分小萌”，这是为提倡垃圾分类而设计的可爱吉祥物。将设置好的指令存放在 TXT 文件中，然后通过串口设置软件将指令导入语音模块，如图 3 右图所示。

语音模块仅能识别所说的垃圾及其类别，不能实现语音播报，为此我们添加了 MP3 Player、存储卡和扬声器，用来实现从存储卡里选择语音并播放出来，告诉使用者要扔的垃圾是哪一种垃圾。当语音模块识别到垃圾种类后，输出对应的信号给 Arduino Uno，单片机根据收到的信号选择对应的语音（我们一共存储了“有害垃圾”“可回收垃圾”“厨余垃圾”“其他垃圾”4 种类别的不同语音），然后通过与 MP3 Player 连接的扬声器将语音播放出来，告诉使用者垃圾所属类别。部分控制程序如图 4 所示。

```
int val=Serial.read();//读取变量
if (val==1){
  mp3_play_physical(1);
  digitalWrite(3,LOW);
```

图 4 部分控制程序

除此之外，我们还希望智能分类垃圾桶可以自动打开垃圾所属类别垃圾桶的盖子。这个功能由舵机控制实现，如图 5 所示，舵机和垃圾桶盖子之间通过拉杆连接，通过控制舵机的舵盘实现垃圾桶盖子的开与合。最开始实现这个功能的时候，我们将舵机的角度由 0° 直接变成 70° ，程序如图 6 所示，但这种不带缓冲的角度瞬时转变，会使垃圾桶的弹盖过猛，造成垃圾桶和连杆的损坏。

为了解决这个问题，我们将舵机角度的变化改成了依次为 0° 、25° 、50° 、70° 的缓慢变化，并且每转到一个角度，延时 0.05s，这种缓慢翻盖的设计使得垃圾桶的开、关安静柔和许多。在

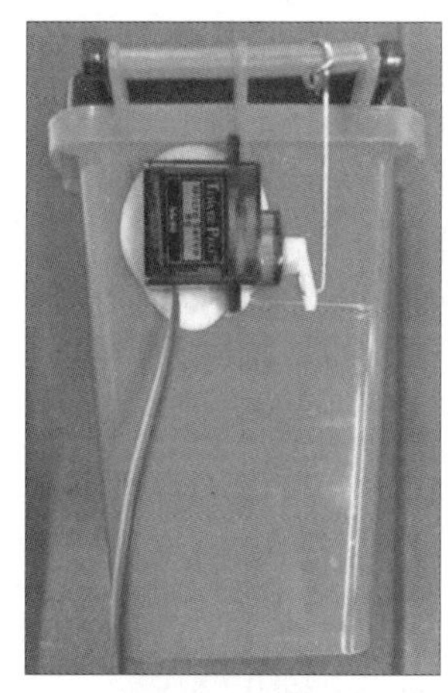

图 5 拉杆连接的舵机和垃圾桶

```
//转动舵机转动角度
servo_4.write(70);
delay(2000);
servo_4.write(0);//舵机返回初始角度
```

图 6 最初的舵机控制程序

```
//转动舵机转动角度
servo_4.write(25);
delay(50);
servo_4.write(45);
delay(50);
servo_4.write(70);
delay(2000);
servo_4.write(30);
delay(50);
servo_4.write(0);//舵机返回初始角度
```

图 7 修改后的舵机控制程序

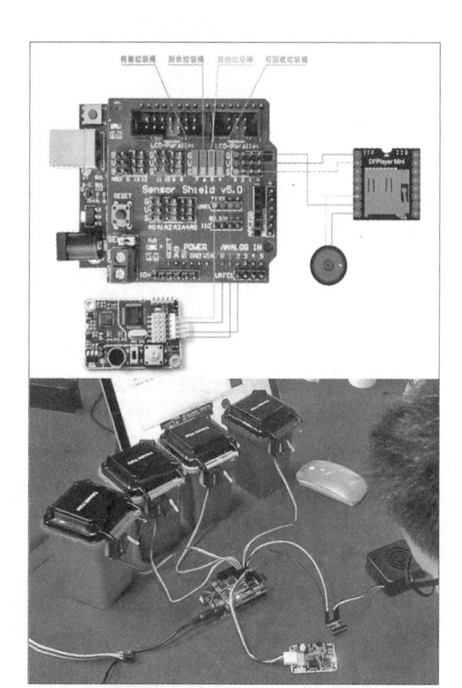

图 8 电路连接

转到 70° 的时候，舵机停止转动 2s，用来等使用者投放垃圾。修改后的舵机控制程序如图 7 所示。

程序设置完成之后，整个制作的电路连接如图 8 所示，图 8 上半部分为电路连接示意图，下半部分为实物连接。

功能部件准备完毕，接下来是整个智能分类垃圾桶的外观。为了适应各种天气和户外环境，保护智能分类垃圾桶中的电子设备（如 MP3 Player、语音模块等）不被淋湿、损毁或老化，我们特地设计了一个遮雨棚，既美观实用，又延长垃圾桶使用寿命，并将硬件和走线都封装在了这里面。遮雨棚采用 SketchUp 三维建模软件绘制，绘制好的模型如图 9 所示，在实际制作过程中，我们将 MP3 Player 和显示灯的部分更换了位置。

图 10 所示是用 AutoCAD 软件绘制的外壳的图纸，方便后续进行激光切割加工。

使用绘制好的图纸加工亚克力板，然后按照设计好的位置将对应的元器件安装进去，并用热熔胶将不同的侧面粘在一起，这样一个完整的智能分类垃圾桶就完成了，最终成品如图 11 所示。

当智能分类垃圾桶听到唤醒词“分小萌”后，使用者说出垃圾的名称，“分小萌”会自动识别并回答此垃圾属于什么种类，然后开启相应的垃圾箱盖，2s 后自动关上。例如，使用者想要扔掉剩菜，只要说出“剩菜”，智能分类垃圾桶会播放“厨余垃圾”的语音，然后自动打开厨余垃圾桶的盖子，等使用者扔掉垃圾后，再自动合上垃圾桶盖。

至此，这款智能分类垃圾桶的全部设计就完成了，虽然目前它还只是一个模型，但掌握了原理，我们就可以尝试将其应用到生活中。从功能设计到技术实现，从设计图纸到制作实物，一步一步去实现自己的想法，这就是创客的精神和乐趣。

图 11 智能分类垃圾桶成品

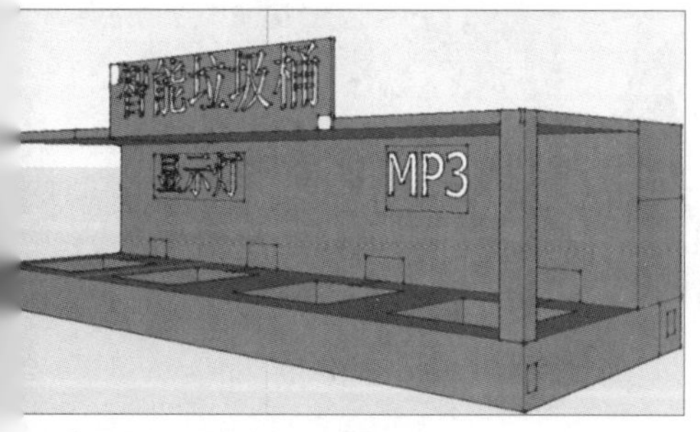

图 9 垃圾桶外壳的三维建模

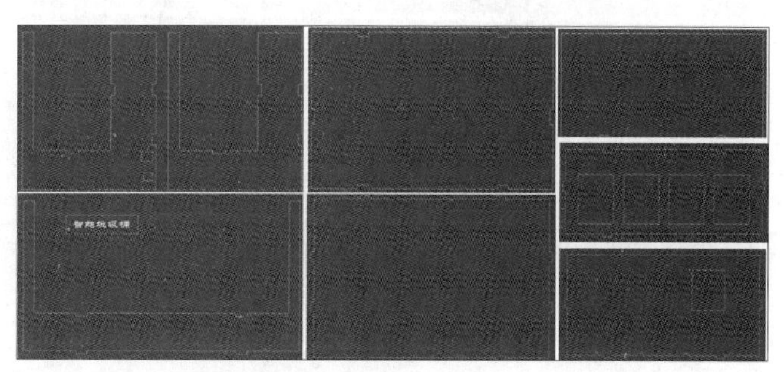

图 10 智能分类垃圾桶外壳侧面的二维图纸

家庭物理实验——光传声

宋秀双

演示视频

在物理课上，通过对光和声知识的学习，我们知道了它们具有以下相同点：可以在空气中传播；可以在透明液体中传播；可以发生反射；具有能量。它们的不同点在于：光的传播不需要介质，而声的传播需要介质；光可以在真空中传播，而声不可以在真空中传播；光和声的传播速度不同。那么我们能不能通过一个实验将光和声直观展现出来？因此，我带着孩子制作了光传声实验装置。

材料准备

我们需要准备以下材料。

（1）功率放大器

主要作用是放大音源器材输入的较微弱的信号，并使其可以产生足够大的电流去推动扬声器进行声音的重放。

（2）LED或激光发射头

主要作用是根据声音的大小发出不同强弱的光。此处不能使用白炽灯，因为白炽灯具有热惯性和余晖效应，不能有效地根据声音的大小发出不同强度的光。

（3）太阳能电池板

太阳能电池板又称为太阳能芯片或光电池，是一种可以将光能转换成电能的光电半导体薄片，此处用于将LED或激光发射头发出的光转换为电流。

（4）带功率放大器的音箱

用于将太阳能电池板产生的电流转换成声音。

实验设计

将功率放大器的输出引脚连接至LED组装成发射端，然后使用蓝牙连接手机与功率放大器，播放手机中的歌曲，发射端会将声音信号转换为光信号。将太阳能电池板连接至带有功率放大器的音箱组装成接收端，接收端会将光信号转换为声音信号。发射端的功率放大器使用7.4V锂电池供电，接收端的音箱使用充电宝供电。

制作过程

1 废物再利用，我使用已经无法充电的LED手电中还可以用的LED作为实验材料。我们拆开LED手电，使用钳子把与电池相连的导线剪断，拆出电池。此处需要注意的是，LED手电中的可充电电池属于有害垃圾，不能随意丢弃。

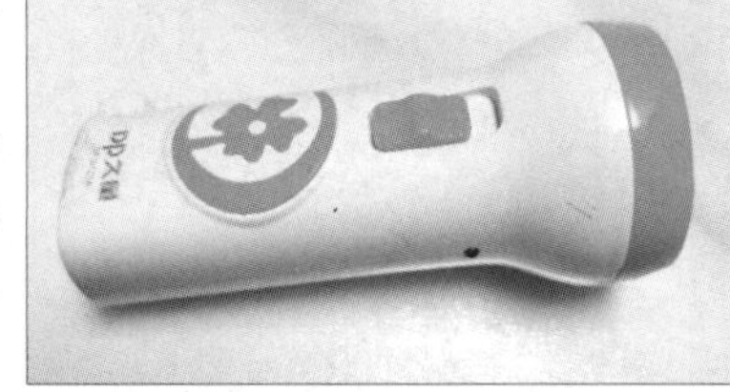

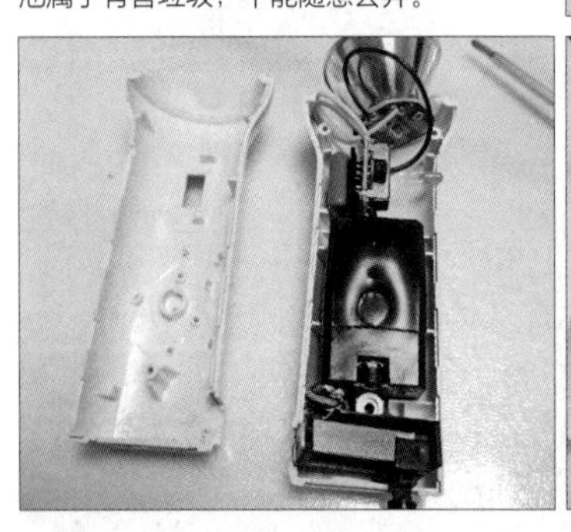

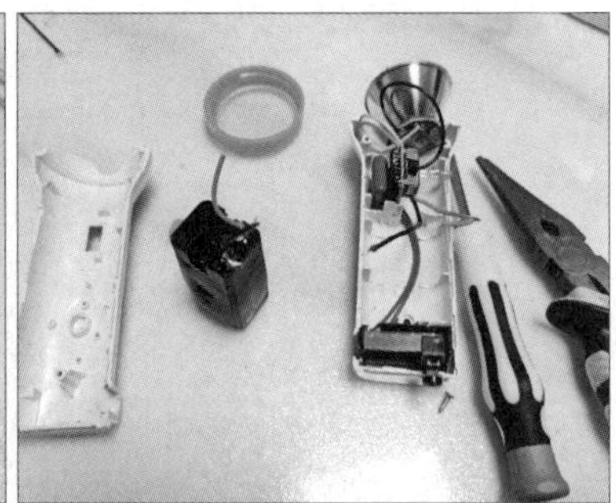

2 将功率放大器的输出端的正极连接至LED手电的红色导线，负极连接至LED手电的黑色导线。

3 使用硬纸箱制作实验接收端的外壳，外壳需要根据音箱的大小进行开孔。

4 使用鳄鱼夹连接太阳能电池板的输出端与音箱的输入端，并将充电宝连接至音箱。

5 使用热熔胶组装实验的接收端。

6 将发射端和接收端摆放在合适的位置，实验装置就制作完成了。

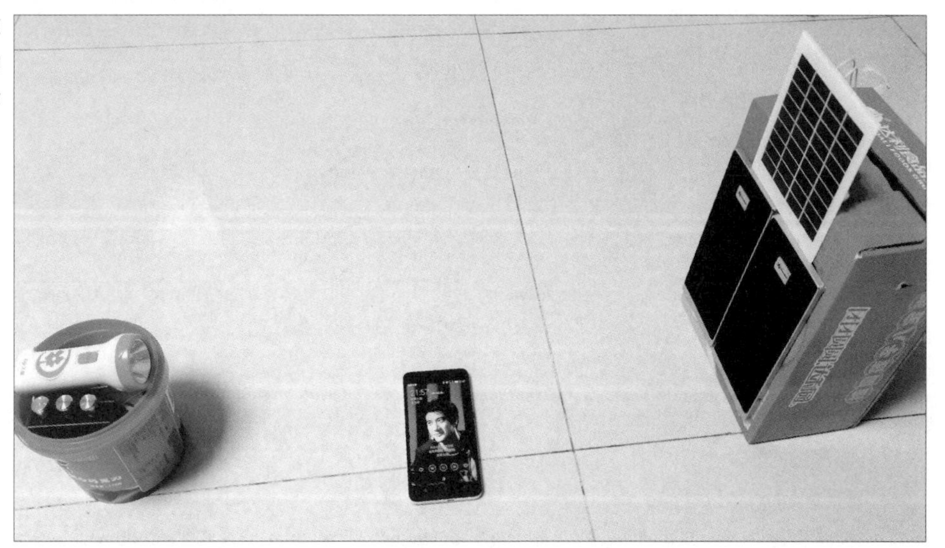

总结

使用组装好的实验装置，就可完成光传声实验了。但是整个实验还存在一些有待改进的问题：LED 手电的聚光性不太强，致使信号传输质量差；环境光会对太阳能板接收信号产生影响，在环境光较强时，音箱所传出的声音有杂音。我们可以使用激光发射模块代替 LED，以及在昏暗的房间中完成实验解决这两个问题。

用行空板制作微波炉控制系统模型

陈杰

演示视频

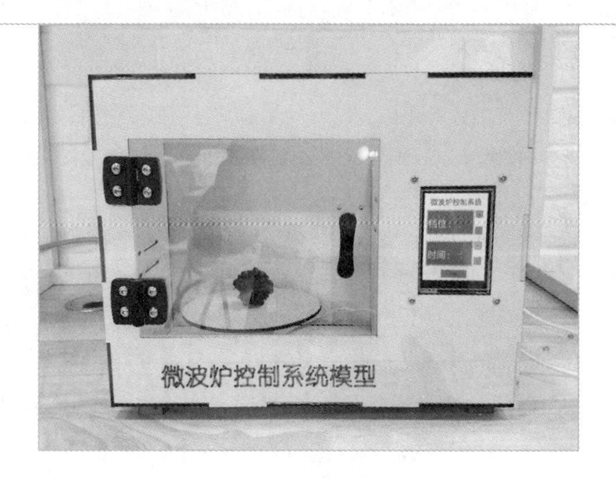

创意起源

2022 年信息科技新课标中提及："学生在生活场景中能见到大量具有过程与控制系统的设备。以学生能够理解的身边的例子为载体，让相关思维方式具体地显现在其中。例如，家用微波炉给食物加热的过程可以抽象为：输入指令、设定加热挡位与加热时间、控制电路接收输入指令、计算后生成相应的工作指令……"因此，我用行空板制作了微波炉控制系统模型，便于学生理解微波炉的控制系统。

功能简介

微波炉控制系统模型应该具备以下功能。

（1）虚拟触摸面板

使用者通过触摸面板对微波炉控制系统模型进行操控。

（2）设定挡位与加热时间

使用者通过触摸面板设置微波炉的工作挡位与工作时间。

（3）继电器原理演示

使用者可以观察到继电器的工作过程。继电器是用弱电控制强电设备中的常见元器件，微波炉中通常使用继电器控制磁控管。

相关器材

制作微波炉控制系统模型所用器材如表 1 所示。

表 1 所用器材清单

序号	名称	数量
1	行空板	1 块
2	继电器（透明盒盖）	1 个
3	RGB 灯带	1 条
4	电机及电机转换模块	1 组
5	铰链	2 个
6	把手	1 个
7	M3 螺丝、铜柱	若干
8	松木板、亚克力板	若干
9	导线	若干

电路连接

微波炉控制系统模型使用 RGB 灯带模拟挡位控制，其中 RGB 灯带以红色点亮表示处于工作挡位 3，以蓝色点亮表示处于工作挡位 2，以绿色点亮表示处于工作挡位 1，RGB 灯带应与行空板的引脚 24 连接；使用电机带动托盘转动，电机应与行空板的引脚 23 连接；继电器应与行空板的引脚 21 连接。

配置编程环境

使用 USB 线将行空板连接至计算机。行空板可以通过多种方式，如 USB 连接线、路由器、Wi-Fi 等连接至计算机。连接后，行空板会虚拟为一个 RNDIS 网卡设备。我比较推荐使用 USB 线将其连接至计算机，因为这种方式连接稳定且行空板的 IP 地址会固定为 10.1.2.3。

行空板的编程方式有很多，此处我们使用 Jupyter notebook 对行空板进行编程。使用方法是在计算机的浏览器中输入行空板的 IP 地址 10.1.2.3 打开主页菜单，选择应用开关，在 Jupyter notebook 应用中查看行空板的运行状态，如果运行状态为"正在运行"，则直接单击"打开页面"（见图 1）进入 Jupyter notebook 的后台；如果运行状态是"未运行"，则需要先单击"启动服务"，等待运行状态变为"正在运行"后，再单击"打开页面"。使用同样的方法，启动 SIoT 服务。

在 Jupyter notebook 的后台，依次单击 New 、Python 3（ipykernel），创建一个 Jupyter notebook 项目，如图 2 所示。在项目中输入程序，单击"运行"即可查看程序的运行结果。

图 1 进入 Jupyter notebook 的后台

图 2 创建 Jupyter notebook 项目

编写程序

我们使用行空板的屏幕作为微波炉控制系统模型的输入操控界面（见图3），因此我们需要通过编写程序定义输入操控界面的标题文字、数码管文字、边框、填充、按钮等控件。程序中所用的库如表2所示。参考程序如例程序1所示。

表2 所用库清单

序号	名称	作用
1	time 库	时间模块
2	unihiker 库	行空板内置库。为了方便屏幕显示和控制，开发者在 unihiker 库中基于 tkinter 库封装了一个 GUI 类；为了方便使用话筒和 USB 扬声器，开发者在 unihiker 库中封装了一个 Audio 类
3	pinpong 库	pinpong 库可支持众多主控板及开源硬件，因此被分成了 3 个包：board、extension 和 libs。board 用于放置主板支持的功能及常用库，extension 为定制类主控，libs 用于放置其他传感器的扩展库

例程序1

```
# 导入相关库
import time
from pinpong.board import Board,
Pin,Servo,NeoPixel
from pinpong.extension.unihiker
import *
from unihiker import GUI  # 导入包
# 设计 UI 界面
gui=GUI() # 实例化 GUI 类
v=0  # 定义为微波炉的工作档位
t=0  # 定义为微波炉的加热时间
def but1_on_click():  # 档位增加按钮
global v  # 定义为公共变量
if (v<3):  # 根据 v 的取值范围确定工作的挡
位，并将 RGB 灯带以对应的颜色点亮
v=v+1
if (v==1):
for i in range(PIXELS_NUM):
np[i] = (0, 255 ,0)
if (v==2):
for i in range(PIXELS_NUM):
np[i] = (0, 255 ,0)
if (v==3):
for i in range(PIXELS_NUM):
np[i] = (255, 0 ,0)
if (v==0):
for i in range(PIXELS_NUM):
np[i] = (0, 0 ,0)
print(v)
digit1.config(text =v)
# 更新工作档位的显示
digit2.config(text =t)
# 更新加热时间的显示
def but2_on_click():  # 档位减少按钮
global v
if (v>0):
v=v-1
if (v==1):
for i in range(PIXELS_NUM):
np[i] = (0, 255 ,0)
if (v==2):
for i in range(PIXELS_NUM):
np[i] = (0, 255 ,0)
if (v==3):
for i in range(PIXELS_NUM):
np[i] = (255, 0 ,0)
if (v==0):
for i in range(PIXELS_NUM):
np[i] = (0, 0 ,0)
print(v)
digit1.config(text =v)
# 更新工作档位的显示
digit2.config(text =t)
# 更新加热时间的显示
def but3_on_click():
# 增加加热时间的按钮
global t
if (t<8):
t=t+1
print(t)
digit1.config(text =v)  # 更新工作档位的
显示
digit2.config(text =t)
# 更新加热时间的显示
def but4_on_click():
# 减少加热时间的按钮
global t
if (t>0):
t=t-1
print(t)
digit1.config(text =v)
# 更新工作档位的显示
digit2.config(text =t)
# 更新加热时间的显示
# 标题
info_text = gui.draw_text(x=120,
y=50, text='微波炉控制系统',origin=
'bottom',font_size=20,)
#+- 按钮
but1=gui.add_button(x=210, y=90,
w=30, h=30, text=" + ", origin=
'bottom', onclick=but1_on_click)
but2=gui.add_button(x=210, y=150,
w=30, h=30, text=" - ", origin=
'bottom', onclick=but2_on_click)
but3=gui.add_button(x=210, y=205,
w=30, h=30, text=" + ", origin=
'bottom', onclick=but3_on_click)
but4=gui.add_button(x=210, y=262,
w=30, h=30, text=" - ", origin=
'bottom', onclick=but4_on_click)
# 边框
rect1=gui.draw_rect(x=10, y=60,
w=180, h=90, width=3, color=(255,
200, 100))
rect2=gui.draw_rect(x=10, y=175,
w=180, h=90, width=3, color=(255,
200, 100))
```

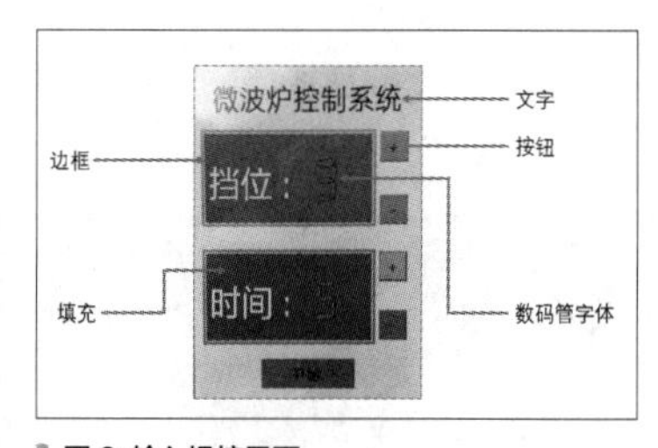

图3 输入操控界面

```
#填充
rect3=gui.fill_rect(x=13, y=63, w=174,
h=84,  color=(150, 180, 200))
rect4=gui.fill_rect(x=13,  y=178,
w=174, h=84,  color=(150, 180,200))
#挡位控制及数码管字体
info_text_temp = gui.draw_text(x=70,
y=135,color=(255,255,255),text=' 挡
位：',origin='bottom',font_size=26)
digit1=gui.draw_digit(x=140,  y=135,
text=' ', origin = "bottom",color=
"red",font_size=32)
#时间控制
info_text_tim = gui.draw_text(x=70,
y=250,color=(255,255,255),text=' 时
间：',origin='bottom',font_size=26)
digit2=gui.draw_digit(x=140,  y=250,
text=' ',origin = "bottom", color=
"red",font_size=32)
digit2.config(text =0)
#更新工作挡位的显示
digit1.config(text =0)
#更新加热时间的显示
def but5_onclick(): #开始按钮
global v,t
noc.write_digital(1)
mot.write_digital(1)
time.sleep(t)
digit2.config(text =0)
#更新工作挡位的显示
digit1.config(text =0)
#更新加热时间的显示
v=0
t=0
if (v==0):
for i in range(PIXELS_NUM):
np[i] = (0, 0 ,0)
noc.write_digital(0)
mot.write_digital(0)
NEOPIXEL_PIN = Pin.P24
PIXELS_NUM = 7 #灯数
Board("UNIHIKER").begin()  #初始化，
选择板型，不输入板型则进行自动识别
np = NeoPixel(Pin(NEOPIXEL_PIN),
PIXELS_NUM)
noc = Pin(Pin.P21, Pin.OUT)
#初始化继电器引脚为输出
mot =Pin(Pin.P23,Pin.OUT)
#初始化电机引脚输出
while True:
but5=gui.add_button(x=120, y=310,
w=100, h=30, text="开始", origin=
'bottom', onclick=but5_onclick)
time.sleep(0.5)
```

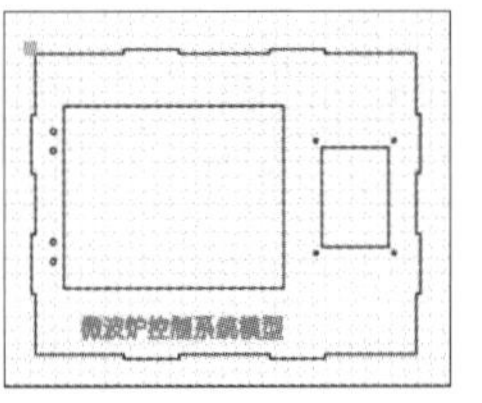

图 4 前面板

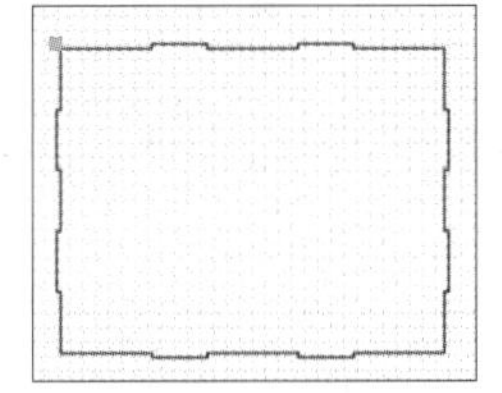
图 5 后面板

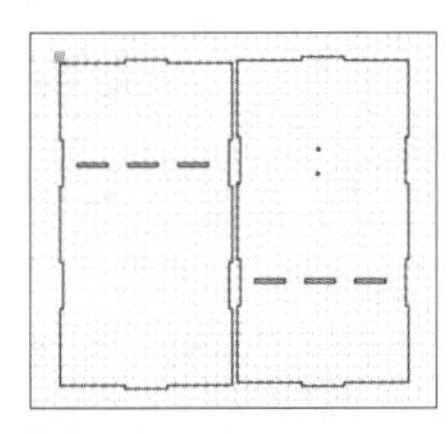
图 6 上面板和下面板

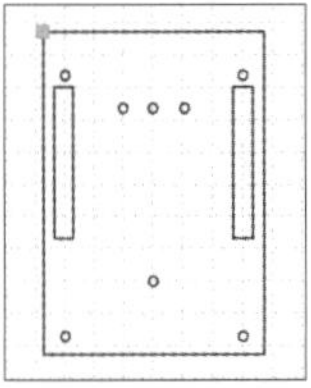
图 7 行空板的固定板

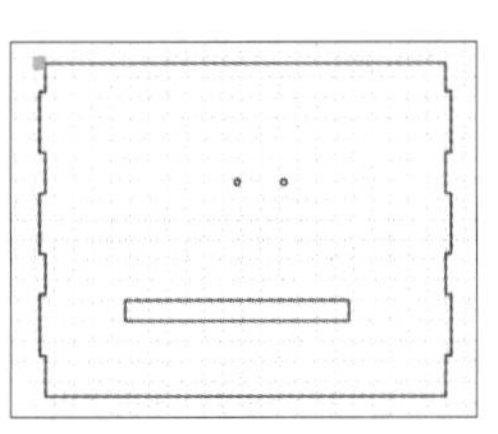
图 8 隔板

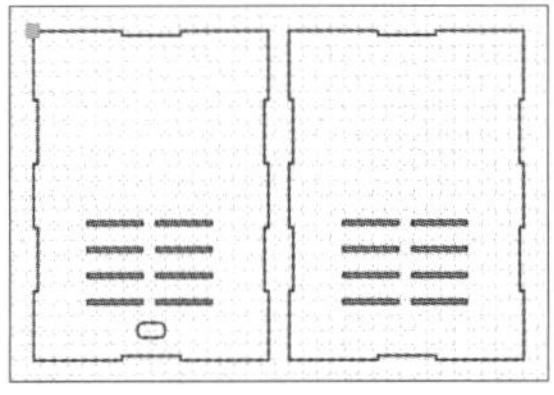
图 9 右面板和左面板（带有导线孔的为右面板）

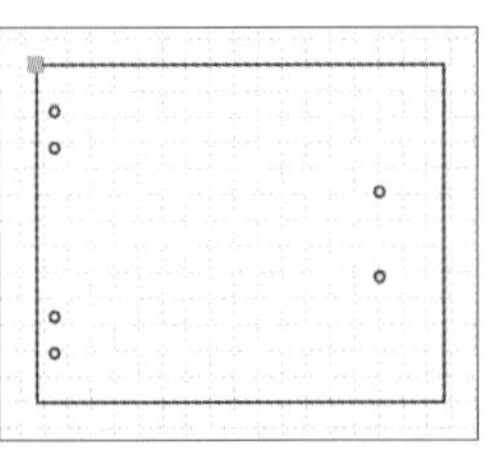
图 10 安装在前面板上的透明面板

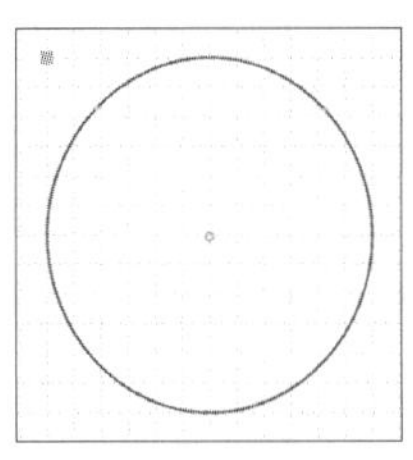
图 11 托盘

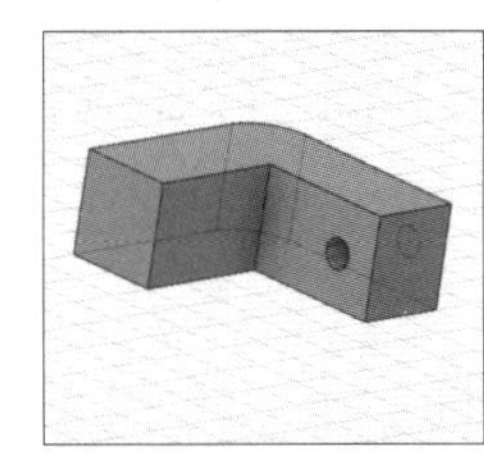
图 12 支撑脚

设计结构

使用 LaserMaker 设计微波炉控制系统模型的结构。结构中包含一个隔板，隔板将微波炉控制系统模型分为两部分——电路控制区和模拟加热区。结构图纸如图 4 ~图 12 所示。

组装模型

1 按孔位使用螺丝将行空板固定在行空板的固定板上。

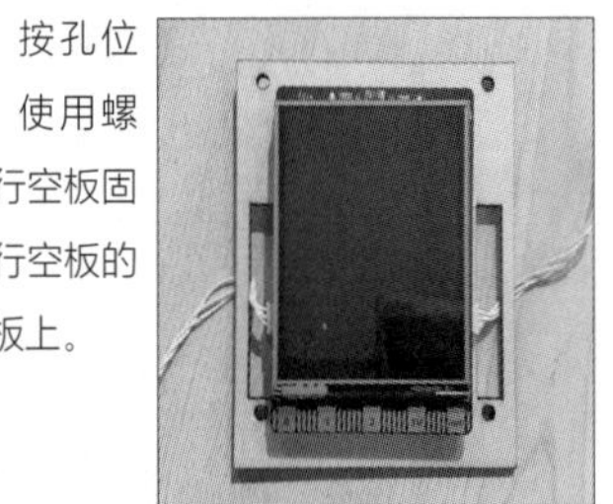

2 使用螺丝、铜柱将行空板及行空板的固定板安装在前面板上，并通过松紧螺丝将行空板调整至最佳位置。

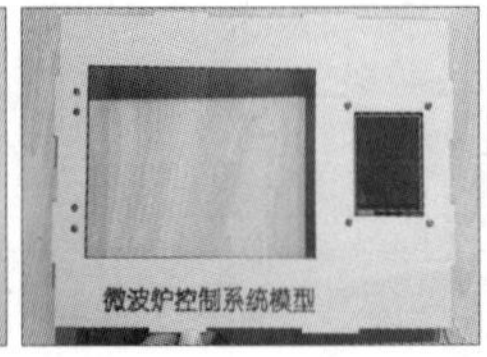

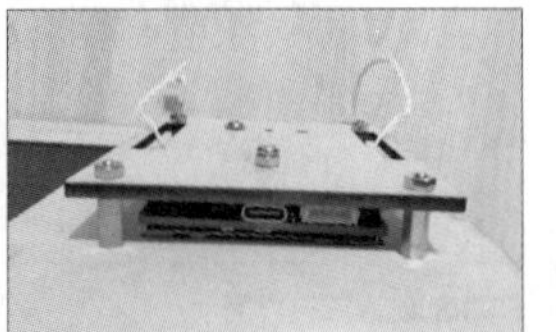

3 组装后面板、上面板、下面板及隔板。

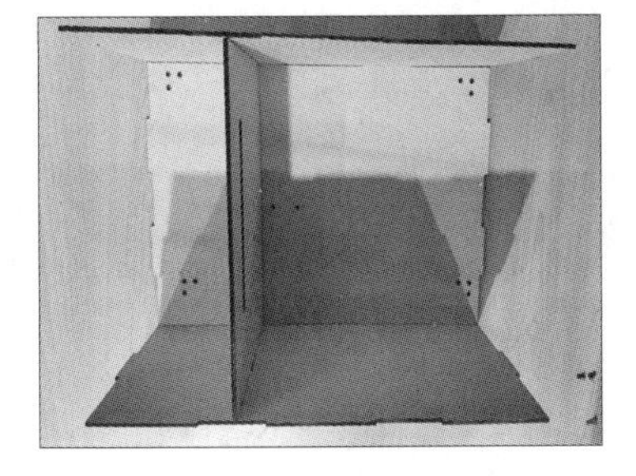

4 将步骤 2、步骤 3 制作的部件和左面板组合到一起。

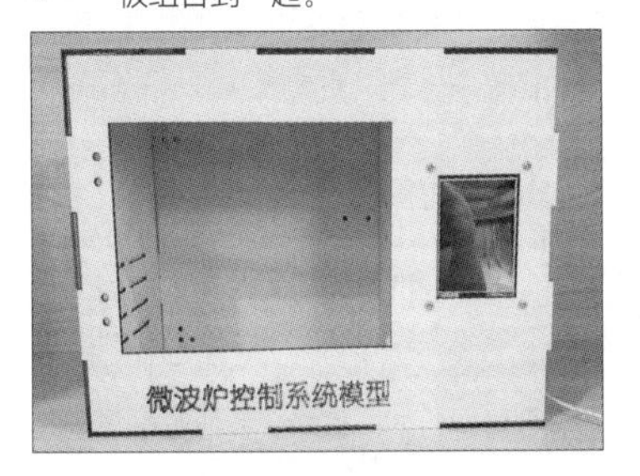

5 使用螺丝将电机固定在下面板上。

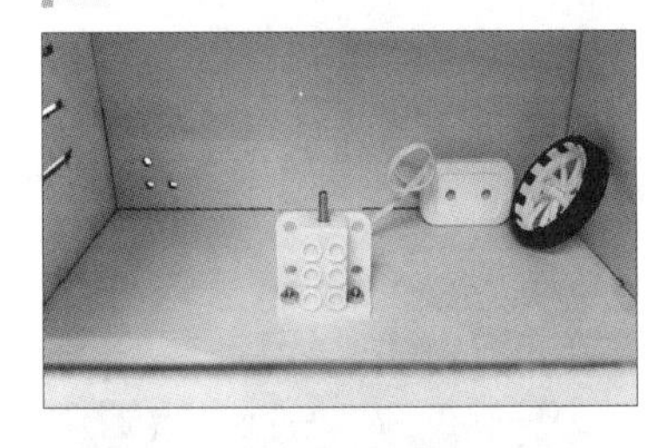

6 将继电器固定在隔板上。

7 安装 RGB 灯带。

8 按照电路连接方式，连接继电器、电机、RGB 灯带及行空板。

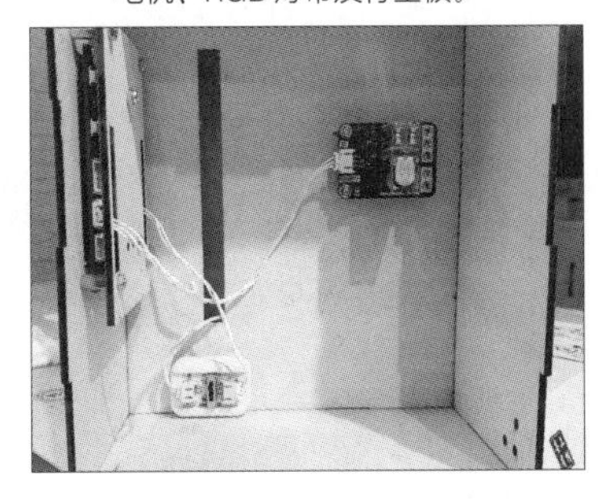

9 将托盘安装在电机上。

10 在下面板上安装支撑脚。

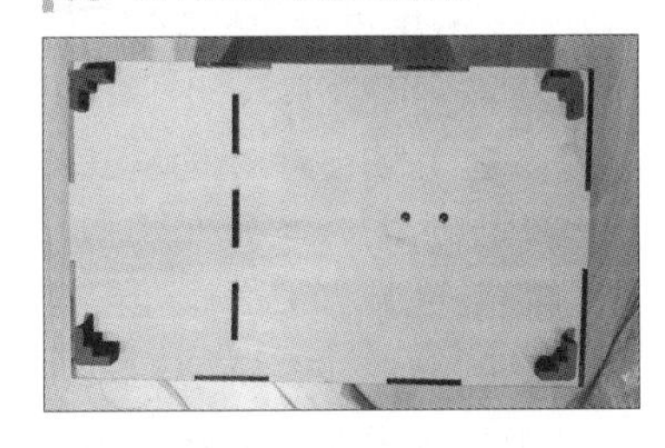

组装后，就可以上电进行测试了。通过把手打开微波炉控制系统模型，将食物模型放在托盘上并关上门，单击行空板屏幕中相应的按钮设置加热时间和工作挡位，再单击“开始”，微波炉控制系统模型就开始工作了（见图 13），我们可以透过右面板查看继电器的工作过程（见图 14）。微波炉控制系统模型的完整工作过程可以扫描文章开头的演示视频二维码观看。

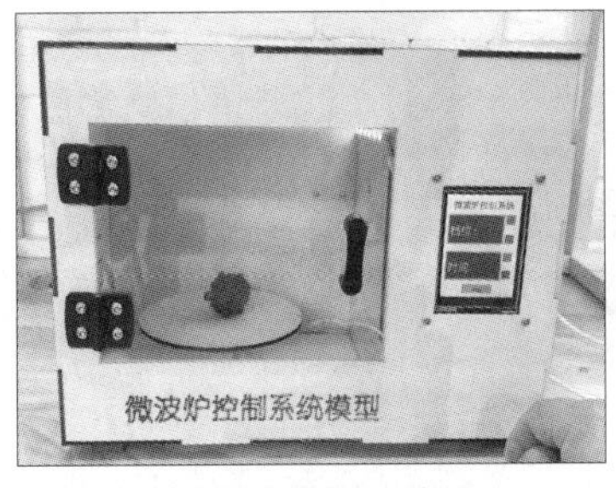

图 13 工作中的微波炉控制系统模型

11 安装铰链与把手。

12 将步骤 11 组装到前面板上，完成组装。

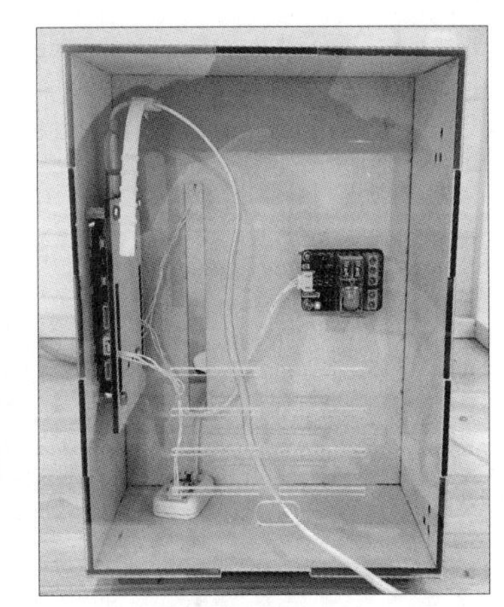

图 14 透过右面板查看继电器

仿机械指针式温度计

▌刘育红

演示视频

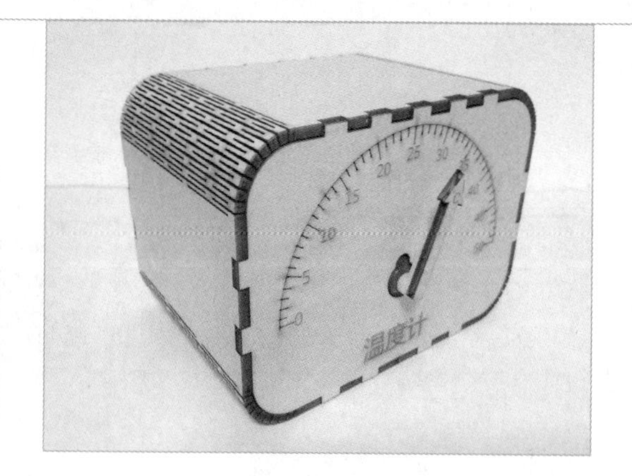

项目概述

温度计是人们判断和测量温度的工具。生活中常见的测量气温的温度计有水银温度计和数字温度计等。水银温度计运用了液体的热胀冷缩原理，数字温度计则是通过温度传感器获取温度并将其显示在LCD显示屏上。本项目——仿机械指针式温度计（见题图），采用了数字技术，通过LM35温度传感器来获取温度，使用指针在刻度盘上指示出相应的数据。因为旋转机构采用的是创客制作中常用的SG90舵机，所以这种显示方式会存在一定的误差，不过本项目旨在通过制作过程让学习者更好地学习和使用“映射”指令模块，体验数字与实物的联结过程。本项目具有一定的趣味性。

仿机械指针式温度计的功能为：开机后，指针先逆时针旋转半圈，然后顺时针旋转半圈，营造一个启动自检的效果；接着指针会指向当前环境温度的刻度处。

制作仿机械指针式温度计的硬件材料如图1所示，清单如附表所示。主要使用的软件为Mind+和LaserMaker。

附表　硬件材料清单

序号	名称	数量
1	Arduino Uno 主控板	1块
2	I/O扩展板	1块
3	SG90舵机	1个
4	LM35温度传感器	1个

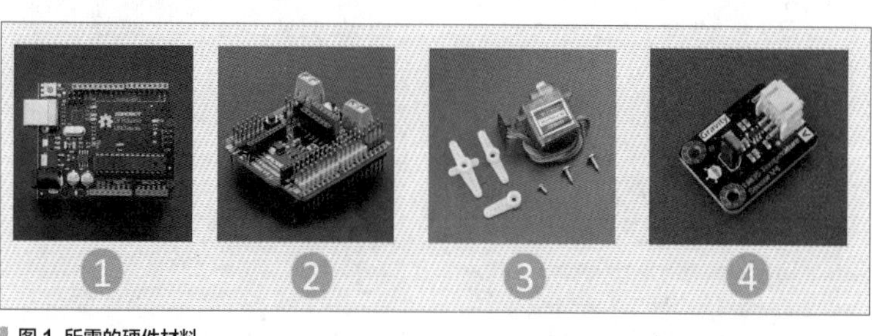

▌图1 所需的硬件材料

电子模块介绍

1. LM35温度传感器

LM35温度传感器是一种广泛使用的温度传感器，可以用来对环境温度进行检测。其输出为摄氏度，范围为0~100℃。LM35温度传感器在与Arduino Uno主控板连接时，可以连接模拟引脚0~模拟引脚5中的任一引脚。电路连接如图2所示，将LM35温度传感器连接至模拟引脚0，GND、VCC、数据3个引脚要分别对应连接。

在编程软件Mind+中，LM35温度传感器对应的积木为“读取引脚（A0）LM35温度（℃）”，如图3所示。要想使用这个积木，需要先到“扩展”中的“传感器”下找到“LM35线性温度传感器”并选择添加，然后这个积木才会在积木区中出现。执行图4所示的参考程序，串口会打印显示当前环境温度。

2. SG90舵机模块

SG90舵机是创客制作中常用的伺服电机。其属于输出设备，在编程软件中一般归于“执行器”模块。我们可以通过程序控制舵机的转轴在0°~180°旋转。

SG90舵机在与Arduino Uno主控板连接时，可以连接除数字引脚0和数字引脚1外的任一引脚。电路连接如图5所示，

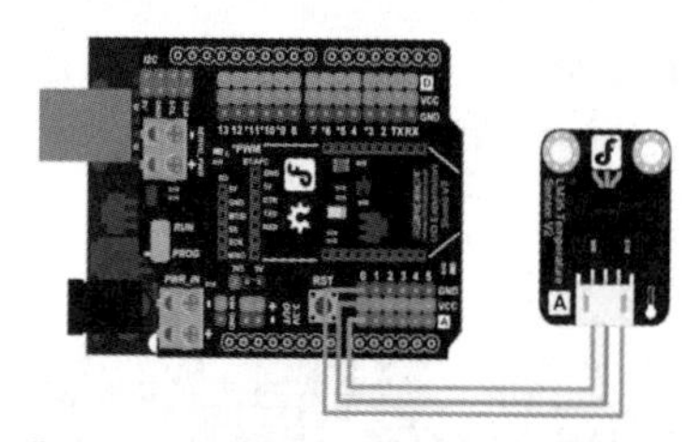

▌图2 LM35温度传感器的电路连接示意图

▌图3 “读取引脚（A0）LM35温度（℃）”积木

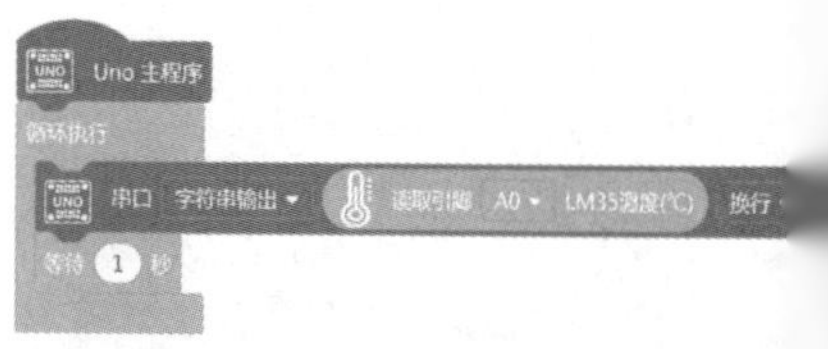

▌图4 通过串口打印功能显示当前环境温度的参考程序

图 5 SG90 舵机的电路连接示意图

图 6 “设置（11）引脚伺服舵机为（90）度”积木

图 7 让接在数字引脚 2 上的舵机旋转到 90° 状态的参考程序

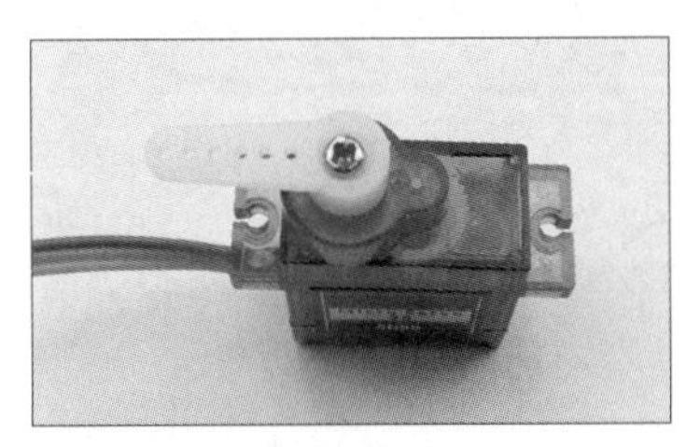

图 8 安装舵臂的参考方向

图 9 电路连接实物

将舵机连接至数字引脚 2，GND、VCC、数据 3 个引脚要分别对应。SG90 舵机的线一般设计为黄、红、棕 3 种颜色，红色的线需要连接电源正极（VCC），棕色的线需要连接电源负极（GND），黄色的线是信号线。

在编程软件 Mind+ 中，SG90 舵机对应的积木为“设置（11）引脚伺服舵机为（90）度”，如图 6 所示。要想使用这个积木，需要先到“扩展”中的“执行器”下找到“舵机模块”并选择添加，然后这个积木才会在积木区中出现。设置引脚和角度数值可以控制舵机的运转方向及角度。执行图 7 所示的参考程序，结果为接在数字引脚 2 上的舵机旋转到 90° 状态。

在制作前，我们需要对舵机的角度进行初始化设置，先使用图 7 所示的参考程序让其旋转到 90° 状态，再将舵臂按照图 8 所示的方向安装在转轴上，并拧上螺丝固定，备用。

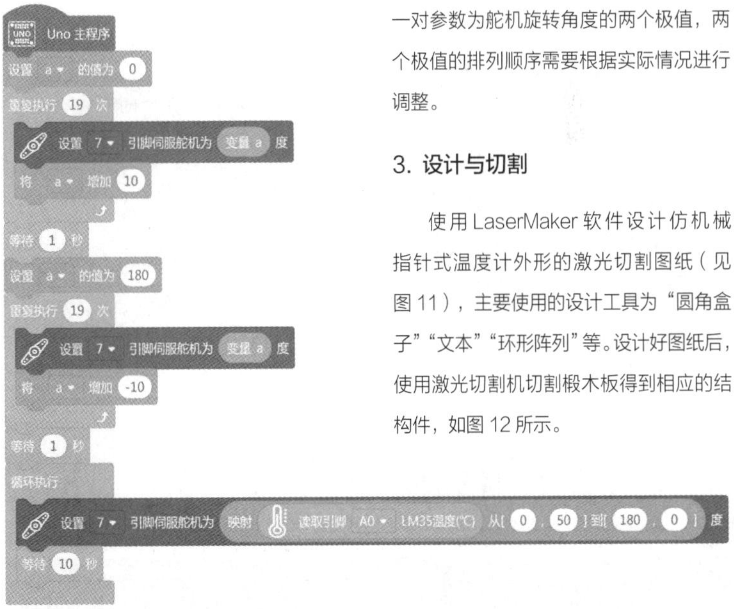

Uno 主程序
设置 a 的值为 0
重复执行 19 次
设置 7 引脚伺服舵机为 变量 a 度
将 a 增加 10
等待 1 秒
设置 a 的值为 180
重复执行 19 次
设置 7 引脚伺服舵机为 变量 a 度
将 a 增加 -10
等待 1 秒
循环执行
设置 7 引脚伺服舵机为 映射 读取引脚 A0 LM35温度(℃) 从[0 , 50]到[180 , 0] 度
等待 10 秒

图 10 仿机械指针式温度计的参考程序

项目制作

1. 硬件搭建

先按照引脚对应关系连接 Arduino Uno 主控板和 I/O 扩展板，再将 SG90 舵机连接到 I/O 扩展板的数字引脚 7，将 LM35 温度传感器连接到 I/O 扩展板的模拟引脚 0，电路连接实物如图 9 所示。

2. 编写程序

编程思路：先让舵臂从 0° 转到 180°，然后转回 0°，呈现启动自检效果；再执行循环，将 LM35 温度传感器采集的温度值通过映射转换为舵机的角度值，以实现指针始终指向对应刻度的目的。

根据编程思路编写程序，参考程序如图 10 所示。将程序上传到 Arduino Uno 主控板并进行调试。

说明：“映射”积木有 5 个参数，第 1 个参数为当前需要转换的数值，后 4 个参数用来设置映射规则，其中前一对参数为准备制作的表盘的显示数值范围，后一对参数为舵机旋转角度的两个极值，两个极值的排列顺序需要根据实际情况进行调整。

3. 设计与切割

使用 LaserMaker 软件设计仿机械指针式温度计外形的激光切割图纸（见图 11），主要使用的设计工具为“圆角盒子”“文本”“环形阵列”等。设计好图纸后，使用激光切割机切割椴木板得到相应的结构件，如图 12 所示。

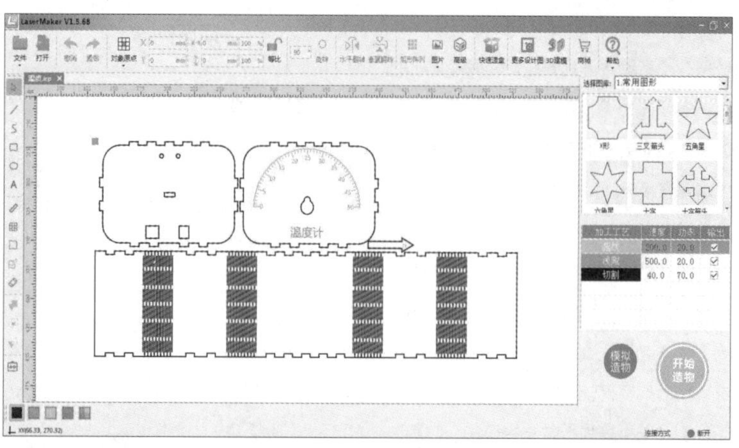

图 11 仿机械指针式温度计外形的激光切割图纸

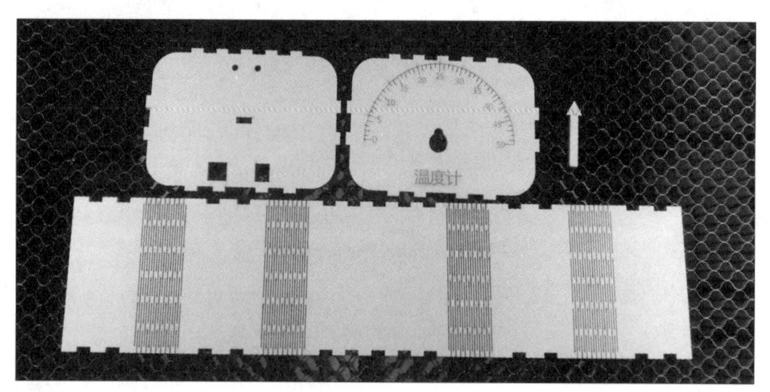

图 12 激光切割实物

4. 组装过程

1 组装仿机械指针式温度计的盒体。

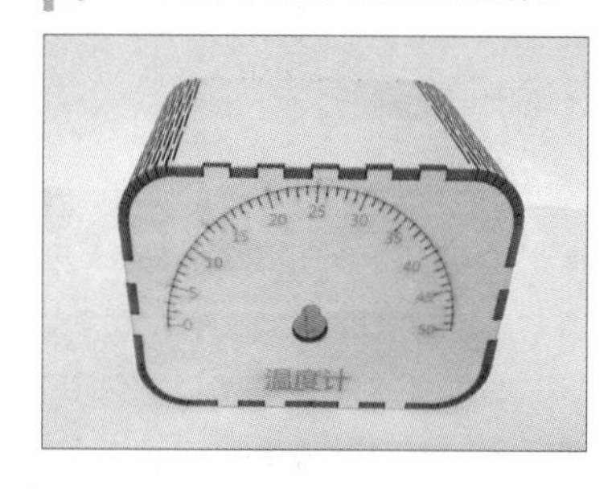

2 安装 SG90 舵机。

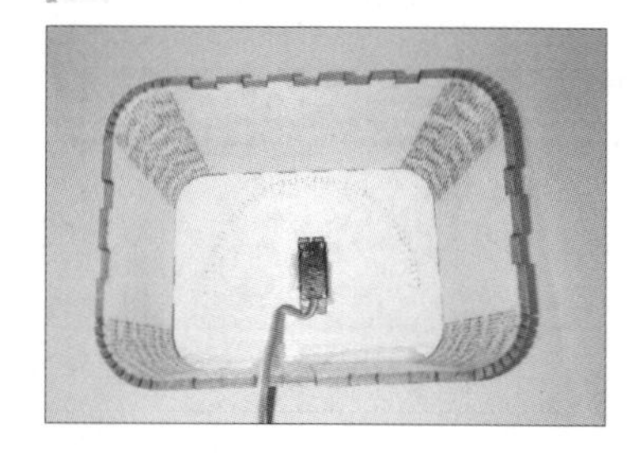

3 将 LM35 温度传感器安装在背板上。

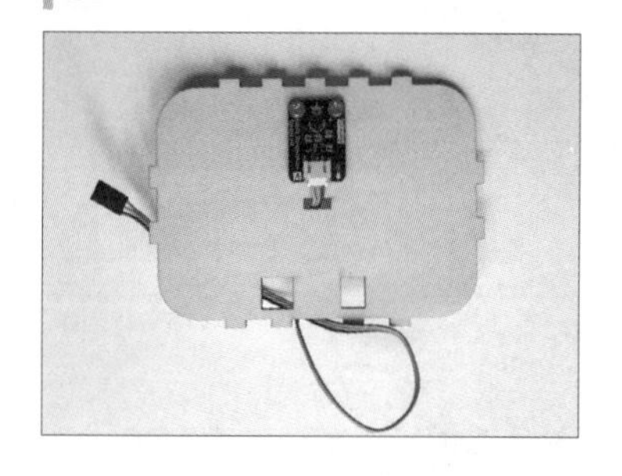

5. 调试

组装好后，通电测试。因为在实际调试中，SG90 舵机很难旋转到 180° 或会发生舵臂安装有误差的情况，所以我们需要改变程序中的一些参数，以达到较理想的效果。图 13 所示的参数是我在实际调试中修改得到的最终参数。

4 安装 Arduino Uno 主控板。

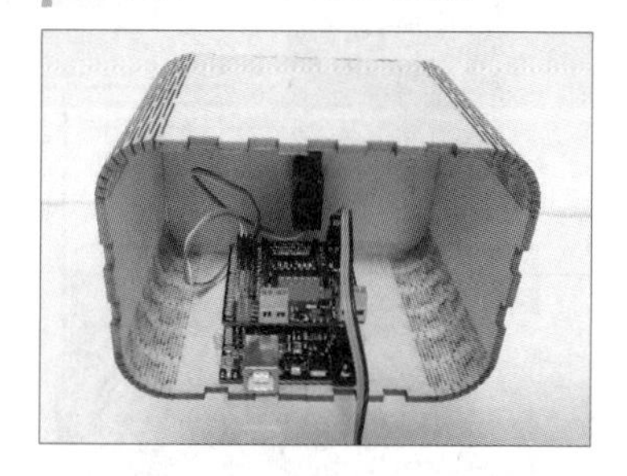

5 合上背板。

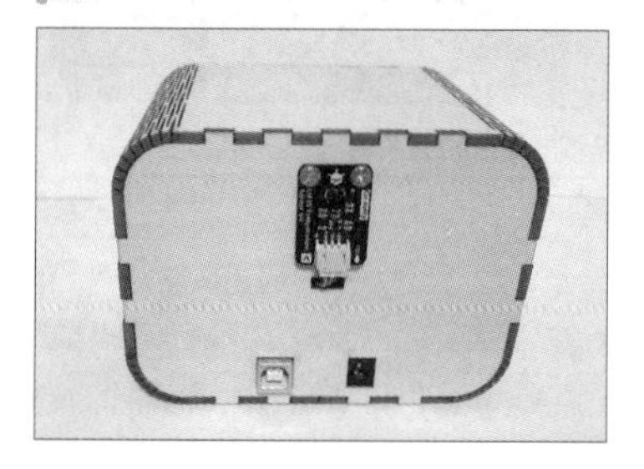

6 黏上指针。

思维拓展

对于本项目，你觉得还有什么改进之处？你可以自己重新设计一款富有创意的温度计，比如增加穿着衣物提示功能等。当然，只要你掌握了这个项目的制作方法，就可以将检测亮度、声音等环境因素的仪器设计为仿机械指针式的。

图 13 调试后得到的最终参数

电子影像显示产品百年进化史（4）

20 世纪 50—60 年代中国 CRT 电视机的曙光初现

▌田浩

20 世纪 50 年代中期，第一个五年计划在新中国全面实施，我国在建立基础工业方面取得了令人瞩目的成就。在这样的背景下，作为当时电子产业的前沿阵地和一种富有吸引力的媒介渠道，电视技术及相应产品的实验和开发也在新中国萌芽。1955 年初，建立电视台的提议被列入国家文教五年计划。1956 年，在北京举行的一次日本商品展览会上，就展出了一辆电视广播用汽车，该车在展览期间参与了北京地区的电视广播实验。在该实验中，采用功率为 50W 的电视信号发射机，以 525 行的扫描规格将影像发送到分布在北京市各区的 30 多台电视机（见图 1）。

▌图 2 中国自行研发生产的首批电子管电视机，有“北京”“上海”等品牌。中国企业在新中国成立后不到 10 年内就实现了电视机的研制，是相当杰出的成就（摄于北京大戚收音机电影机博物馆）

1958 年 5 月 1 日，作为迈出第一步的尝试，新中国第一座电视台在北京开始了首次试播，播放内容包括庆祝五一劳动节的座谈会和歌舞表演等。这座电视台就是后来我们熟悉的中央电视台，不过那时由于技术和国家经济条件有限，其信号发送范围仅限于北京地区（可接收半径约 25km），因此暂命名为“北京电视台”。1958 年 9 月 2 日，新中国第一座电视台开始正式播出节目；同年 10 月 1 日，上海电视台也开始试播；1959 年 7 月 1 日，天津电视台开始试播。那时的中国，电视机是相当罕见的工业产品。当“北京电视台”开始播映时，北京市内的电视机总数只有 50 台左右；上海电视台和天津电视台开始试播时，这两座城市的电视机也各只有 100 台左右。相比之下，由国家和各地方筹建的电视台作为公共单位，发展较快，到 1960 年年底，全国共有电视台、试播台和转播台 29 座，后因经济困难，电视台的开办状态有所调整。这些电视台与大多数由企事业单位集体所有的电视机一起，组成了新中国最初的电视体系。

日本商品展覽会
的电視广播

10 月 6 日在北京开幕的日本商品展覽会中展出有一輛电視广播流动汽車。这輛汽車在展覽会会期中的每星期2、4、6 以及星期日晚上7:30—10时，就开到各剧院試播电視节目。电視車把从舞台上拍攝的节目用微波無綫电送到安裝在西直門城樓上的接收設备，再由接收設备送入發信机，向分佈在全市各公共場所、机关和团体的 30 多架电視接收机广播。試播的圖像是 525 綫，很清晰。發信机的功率是 50 瓦。

▌图 1 在 1956 年 10 月北京的日本商品展览会上展出的电视广播用汽车，该车参与了当时在北京进行的电视广播实验（原载于《无线电》1956 年第 11 期）

从 1958 年开始，中国研制和生产国产电视机的步伐便加快了。在从这年开始的两三年里，天津、上海等地的不同企业研制了多种型号的电视机（见图 2）。对于一个工业基础相当薄弱的农业国家，这已经是相当杰出的成就。正如诞生在中国的第一座电视台被命名为“北京电视台”

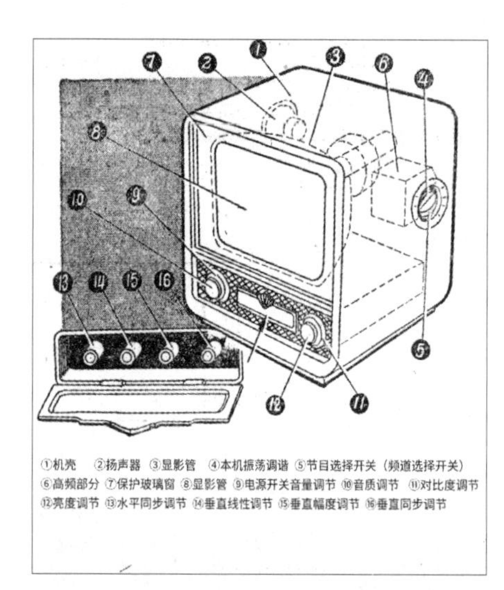

图 3 以北京牌 820 型电视机为例，介绍电视机外部布局和旋钮的示意图（原载于《无线电》1958 年第 6 期）

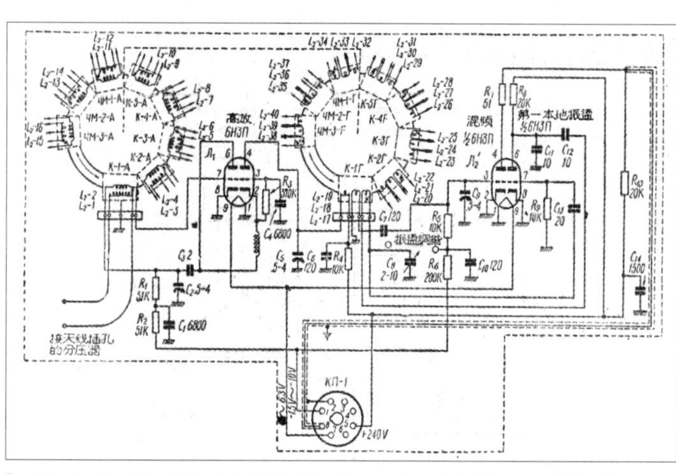

图 5 北京牌 820 型电视机高频调谐部分电路图（原载于《无线电》1958 年第 7 期）

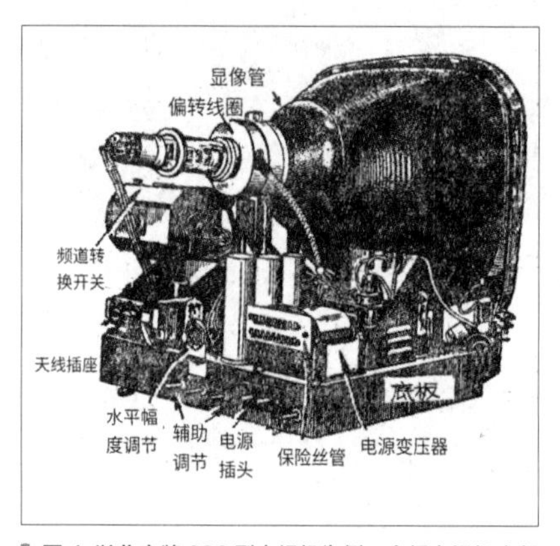

图 4 以北京牌 820 型电视机为例，介绍电视机内部元器件的示意图（原载于《无线电》1958 年第 6 期）

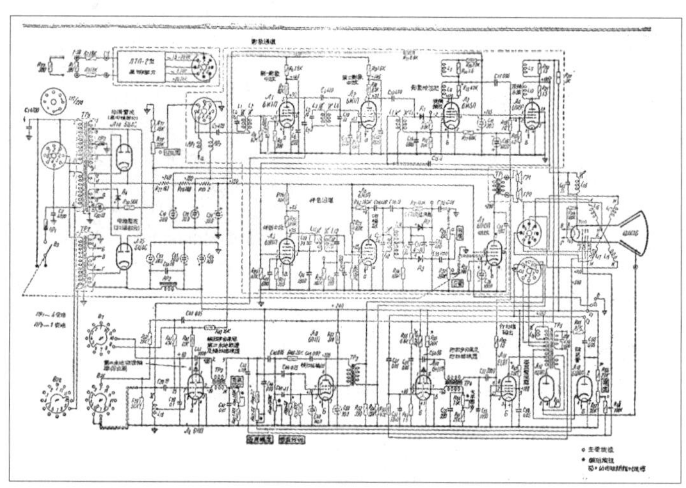

图 6 北京牌 820 型电视机影像及伴音通道、同步、扫描、电源部分电路图（原载于《无线电》1958 年第 7 期）

那样，诞生在中国的第一款电视机也被称为“北京”牌电视机，首批型号为 820 型。1958 年 6 月，《无线电》刊登了《怎样使用电视机》一文，以北京牌电视机为例，对电视机的使用方法、使用注意事项等进行了全面的介绍（见图 3），也将电视机的基本架构和内部的主要元器件直观地展示在民众眼前（见图 4）。此时，大多数中国人对电视机尚不了解，只有几座大城市里的少数民众能够一睹电视机的真容。在这样的背景条件下，《无线电》对电视机的介绍使更多民众得以知晓电视机的存在；虽然受当时中国工业基础薄弱的限制，科普文章无法让电视机迅速普及，但人们追求工业科技新生活的愿望在阅读这样的文章后得到了鼓励，这为后来的产业发展增添了更多希望。

紧接着，《无线电》也对北京牌电视机的技术特点和具体电路进行了详细阐述。在技术上，北京牌电视机的设计吸收了国外工业发达国家的同类产品经验，也与当时国内研制电视机技术的国情充分结合。这款电视机能够接收 5 个电视频道和 3 个调频音频广播波段（见图 5），因此也可以算是一台电视机与收音机结合的两用组合机。整机采用超外差式电路（见图 6），接收电视信号时整机功耗在 130W 以下，能达到 200μV 的接收灵敏度。它采用水平放置的机芯承载电路主体部分的元器件，布局紧凑（见图 7）。这款机型采用屏幕尺寸为 34cm×25.5cm 的 CRT，型号是 43ЛК3Б。

1959 年是新中国成立 10 周年，此时中国的工业化进程也在顺利进行，全国都洋溢着喜悦的气氛。这些都在北京牌电视机的设计中留下了鲜明的时代印记。例如，在将北京牌电视机型号确定为 823 型并开始量产后，国营天津无线电厂在北京牌电视机的外观设计中添加了更具民族特色的装饰元素：以一对翩翩起舞的仙女簇拥着有天安门图案的“北京”标牌（见图 8）。同期国营上海广播器材厂出品的上海牌电视机，也采用了类似风格的设计，并且浮雕细节更加丰富，图案更加精致：由一对腾云驾雾的龙簇拥着“上海”标牌（见图 9）。这些将电视机外饰作为艺术品进行设计的做法，在一定程度上表明了电视机在那时的中国作为一种高档工业产品而存在的地位。在采用电子管为核心器件的电子技术时期，一台电视机中包含的电子管会有 20 枚左右，使元器件的整体成本居高不下，同时，相当于一枚特大号电子管的 CRT 当然更不便宜。将这么多元器件手工组装到一起的装配成本也相当可观。这一切都使电子管电视机在那时的中国成为一种对于大多数民众来说遥不可及的高档工业产品。

图 7 北京牌 820 型电视机内部机件照片（原载于《无线电》1958 年第 7 期）

图 8 北京牌 823 型电视机的前部边框细节。为展示出国产品牌的特征，边框采用了颇具民族文化风格的仙女浮雕装饰图样（摄于北京大戚收音机电影机博物馆）

图 9 上海牌电视机的前部边框细节。为展示出国产品牌的特征，边框采用了颇具民族风格的双龙浮雕装饰图样（摄于北京大戚收音机电影机博物馆）

在当时的中国，由于民众消费能力普遍有限，像电子管电视机这样制造工艺复杂的产品，即使大批量生产，也不容易快速普及。在北京牌 823 型电视机说明书的第 1 页正文中，就提到这款产品适合“……生产队、机关企业、电视广播学校及家庭”接收电视节目，其中，主要的预期用户都是集体单位。这和同期欧美发达国家的电视机普及状态形成了鲜明对比（例如，1960 年 87% 的美国家庭已拥有电视机）。同时，北京牌 823 型电视机能够接收的 5 个频道，也只在当时国内的十多个城市才有相应的电视台（见图 10）。这份说明书还相当细致地向用户介绍了如何根据接收点的接收环境及其与电视台之间的距离选择安装合适的天线（见图 11），并详细阐述了电视机上各

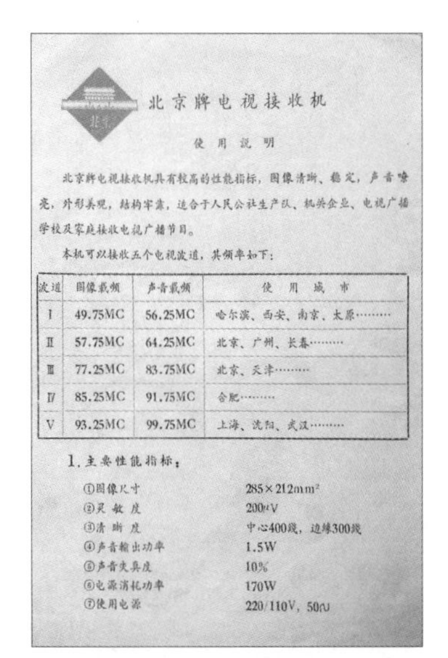

北京牌电视接收机

使用说明

北京牌电视接收机具有较高的性能指标，图像清晰、稳定，声音嘹亮，外形美观，结构牢靠，适合于人民公社生产队、机关企业、电视广播学校及家庭接收电视广播节目。

本机可以接收五个电视波道，其频率如下：

波道	图像载频	声音载频	使用城市
I	49.75MC	56.25MC	哈尔滨、西安、南京、太原………
II	57.75MC	64.25MC	北京、广州、长春………
III	77.25MC	83.75MC	北京、天津………
IV	85.25MC	91.75MC	合肥………
V	93.25MC	99.75MC	上海、沈阳、武汉………

1. 主要性能指标：

①图像尺寸 285×212mm²
②灵敏度 200μV
③清晰度 中心400线，边缘300线
④声音输出功率 1.5W
⑤声音失真度 10%
⑥电源消耗功率 170W
⑦使用电源 220/110V，50∿

图 10 北京牌 823 型电视机说明书，介绍了该机型的主要性能指标和能够接收到的 5 个频道，并列出了这些频道在国内城市的分布情况

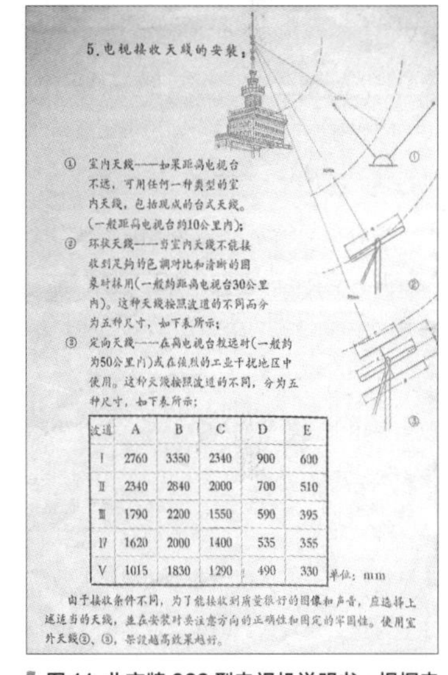

5. 电视接收天线的安装：

① 室内天线——如果距离电视台不远，可用任何一种类型的室内天线，包括现成的台式天线。(一般距离电视台约10公里内)；
② 环状天线——当室内天线不能接收到足够的色调对比和清晰的图象时採用(一般约距离电视台30公里内)。这种天线按照波道的不同而分为五种尺寸，如下表所示；
③ 定向天线——在离电视台较远时(一般约为50公里内)或在强烈的工业干扰地区中使用。这种天线按照波道的不同，分为五种尺寸，如下表所示；

波道	A	B	C	D	E
I	2760	3350	2340	900	600
II	2340	2840	2000	700	510
III	1790	2200	1550	590	395
IV	1620	2000	1400	535	355
V	1015	1830	1290	490	330

单位：mm

由于接收条件不同，为了能接收到质量很好的图像和声音，应选择上述适当的天线，並在安装时要注意方向的正确性和固定的牢固性。使用室外天线②、③，架設越高效果越好。

图 11 北京牌 823 型电视机说明书，根据电视机使用地点的接收环境以及与电视台距离的不同，展示了 3 种不同形式的天线及详细尺寸

旋钮的功能作用，以及开始使用电视机时对这些旋钮的调节顺序（见图 12）。如今，我们拿到一台新的智能手机或电视机后，已很难想象需要在使用前做如此全面细致的准备工作。北京牌 823 型电视机的说明中无所不包的详细介绍，一方面是考虑到当时民众对于电视机这样的工业产品确实

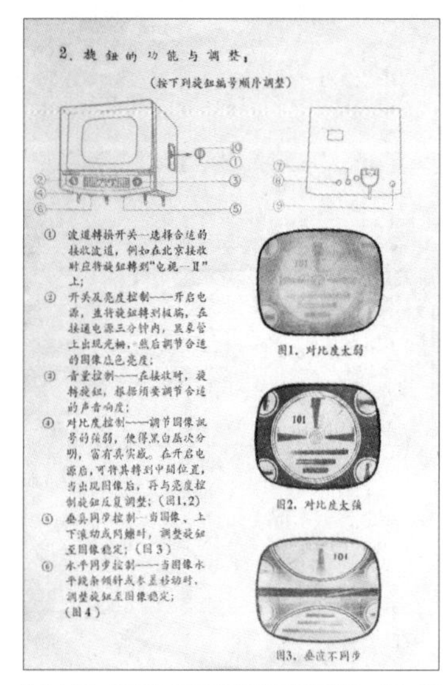
2. 旋钮的功能与调整：

（按下列旋钮编号顺序调整）

① 波道转换开关——选择合适的接收波道，例如在北京接收时应将旋钮转到“电视—Ⅱ”上；

② 开关及亮度控制——开启电源，并将旋钮转到极端，在接通电源三分钟内，显象管上出现光栅，然后调节合适的图像底色亮度；

③ 音量控制——在接收时，旋转旋钮，根据须要调节合适的声音响度；

④ 对比度控制——调节图像讯号的强弱，使得黑白层次分明，富有真实感。在开启电源后，可将其转到中间位置，当出现图像后，再与亮度控制旋钮反复调整；（图1，2）

⑤ 垂真同步控制——当图像、上下滚动或闪烁时，调整旋钮至图像稳定；（图3）

⑥ 水平同步控制——当图像水平线条倾斜或参差移动时，调整旋钮至图像稳定；（图4）

图1. 对比度太弱

图2. 对比度太强

图3. 垂直不同步

图12 北京牌823型电视机说明书，逐一阐述了各旋钮的功能及开始使用电视机时对这些旋钮的调节顺序，并附上与调节效果对应的图样

图13 天津牌821型电视机的调试现场及样机照片（原载于《无线电》1958年第9期）

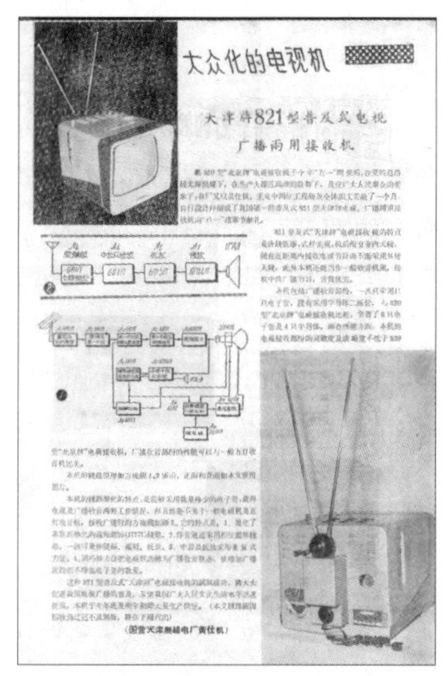

图14 介绍天津牌821型电视机的文章，其中刊登了这款电视机的电路框图及侧前方、侧后方外观（原载于《无线电》1958年第9期）

知之甚少，另一方面也是因为那时的CRT及其辅助电路在技术上确实还有所局限。

国营天津无线电厂也考虑到当时中国的国情，在推出北京牌823型电视机的同时，也研发了一款电路相对简化、成本比较低廉的普及型电视机，即天津牌821型普及式电视广播两用接收机。这款电视机的外观相当简约，电路主体部分的元器件改为采用垂直放置的机芯承载，以减少整体材料用量，降低成本（见图13）。当然，降低成本效果最显著的地方还是在于电路设计的改进，通过在中放级和低放级充分采用来复式放大电路、在音频通道中采用相位鉴频电路等设计方案，这款产品仅用11枚电子管就实现了电视机和中波收音机兼顾的组合功能（见图14）。在天津牌821型电视机电路中（见图15），如6Ф1П、6И1П这样的复合电子管被大量应用，也是整机用管数量能充分减少的一个原因。天津牌821型电视机的成功研制，向世人展示出新中国企业的技术人员在面临困难时发挥主观能动性进行技术创新的杰出能力，是新中国电子产业发展

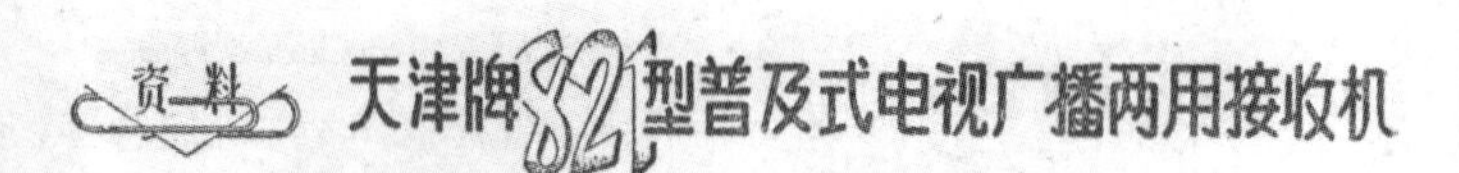
资料 天津牌821型普及式电视广播两用接收机

本刊上期發表了“天津牌”821型普及式电视广播两用接收机的簡單說明及原理方塊圖，为滿足讀者的需要起見，現再將該机的綫路圖發表供大家参考。

本刊原發表原方塊圖，經天津無綫电厂作了一些修改，即原第一級高放及本地振盪（Л1）用6Н3П，后改用6Ф1П；原伴音中放及低放（Л7）用6П14П，现改用6П15П，希望讀者对照閱讀时注意。

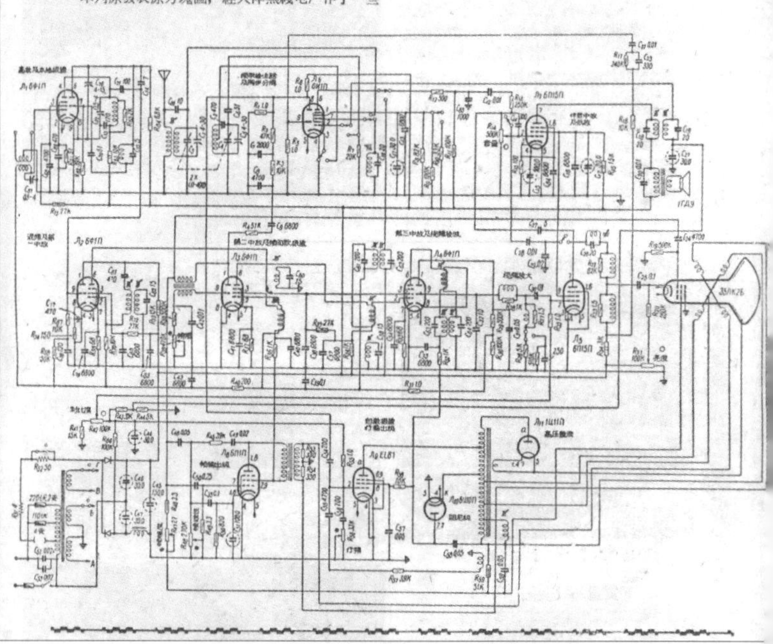

图15 天津牌821型电视机的电路图，这是一款将收音机与电视机结合到一起的两用组合机（原载于《无线电》1958年第10期）

潜力的一次有力证明。

在 20 世纪 60 年代初至 70 年代中期的新中国，为数不多的电视机除了由企事业单位所有并组织员工观看外，主要分布在文化馆这样的公共场所。那时，观看电视节目的行为与到电影院看电影几乎一模一样，当民众想到文化馆看电视时就购票入场。在拥有电视台，能播映电视节目的北京、上海、天津、广州等城市，各区县的文化馆、文化站等公共文化场所大多购置了电视机，按电视台播映节目的时间对民众开放。在各文化馆内，一次观看电视的观众人数，少则五六十人，多则二三百人。作为对比，在电影院这样专门观看电影的场所，电影屏幕的可视面积比电视机要大很多，观看效果也会更好。到文化馆看电视的观众如果坐在离电视机比较远的位置，就不容易看清影像。虽然看电视的视觉体验没有看电影好，但是到文化馆看电视的票价通常是 3 分 ~5 分，比去电影院看电影的 1 角 ~2 角票价便宜不少。在这样的情况下，文化馆内的电视机，相当于采用现代化电子技术为民众提供了一种成本更加低廉的观影渠道。

对于电视技术的推广普及，党和政府有着高瞻远瞩的考虑。在新中国成立后的一二十年里，文盲或半文盲占中国人口大多数的事实，是一个无法回避，也难以迅速解决的现实问题。在这样的背景下，对民众识字率和受教育程度都基本没有要求的广播电视和电影，显然可以作为党和政府对人民进行思想宣传和信息传导的有效媒介。因此，在不同年份，虽然电视产业在新中国的发展速度有快有慢，但在经济和技术条件允许的情况下，始终都能够保持着普及推广的趋势。

从 20 世纪 50 年代末到 60 年代初，新中国的工业发展计划依据当时的国内经济情况有所调整。到 20 世纪 60 年代中期，电视产业有进一步的发展，如国营上海广播器材厂就推出了上海牌 104 系列电视机（见图 16），这是 20 世纪 60 年代至 70 年代在中国销量最多的电视机之一，广受用户欢迎。上海 104 和 104-1 型电视机能接收的电视频道仍然只有 5 个，但接收灵敏度改善到了 100μV，图像清晰度等其他性能指标相比几年前的北京牌电视机也有提高（见图 17）。其整机电路设计已经相当成熟（见图 18），与 20 世纪 50 年代末 60 年代初欧美国家生产的黑白电视机相比也并不逊色。这样的情形表明了两点：其一，中国电子产业在采用电子管作为核心器件设计较复杂的民用电子产品方面，已经达到了与同期欧美国家相当的水平，这是一件令中国民众感到骄傲的成就；其二，以电子管为核心元器件的电子技术在当时的世界上已经发展到了一个优化空间有限的平台期。当时，一种新的电子技术正如初升的旭日般冉冉升起——这就是晶体管。晶体管这种功耗小、体积小的新型元器件于 1947 年在美国的贝尔实验室被发明出来，但在 20 世纪 60 年代将晶体管技术发扬光大的企业却位于太平洋彼岸。晶体管会为电视产业带来什么样的变化呢？这个问题将由本系列文章的下一篇文章来解答。

图 16 20 世纪 60 年代中期时在中国已实现一定程度量产的北京牌和上海牌电视机。其中上海 104 型也衍生出多款改进型号（原载于《无线电》1964 年第 10 期）

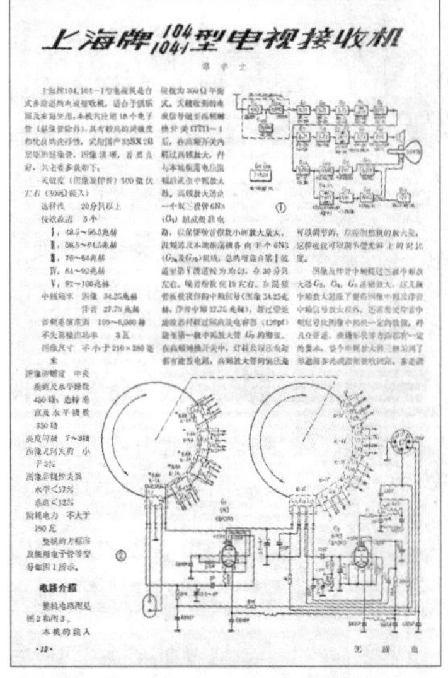
上海牌104/104-1型电视接收机

图 17 介绍上海牌 104 型电视机的文章，此页面中刊登了这款电视机的电路框图和高频调谐部分电路图（原载于《无线电》1964 年第 10 期）

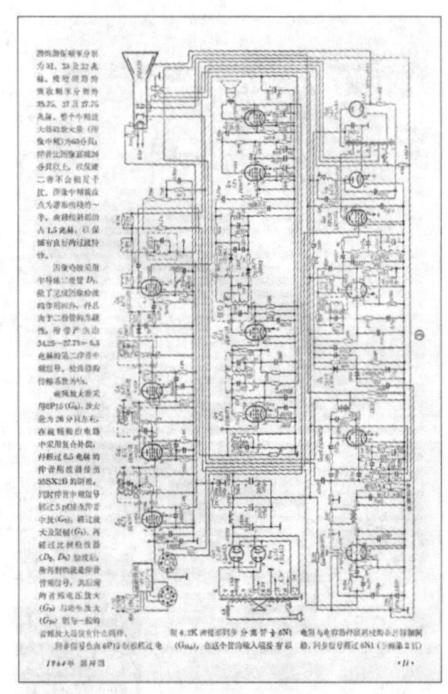

图 18 介绍上海牌 104 型电视机的文章，此页面中刊登了这款电视机的影像及音频、电源部分电路图（原载于《无线电》1964 年第 10 期）

电子影像显示产品百年进化史（5）

20 世纪 50—60 年代晶体管技术带来的改变

▌田浩

晶体管在诞生不到 20 年的时间里便赢得了美国、欧洲和日本电子行业的青睐。欧美电子企业对晶体管赞赏有加，它们将这种功耗小、体积小的新产品应用到电视机、收音机、录音机等各种电子产品中。采用晶体管的电视机质量较轻，可以让一个人轻松提起（见图 1）。当时，日本企业成功地将晶体管技术与追求精致、简洁的民族文化结合在一起，在 1960 年创造出了在电视机发展史上具有里程碑意义的产品：Sony（索尼）8-301W。这款电视机的诞生，一定程度上象征着日本电子产业的崛起。

▌图 2 Sony 8-301W 型电视机宣传单。这份宣传单中，Sony 将使用 8-301W 型电视机的用户与身居高层、事业有成的人士联系到一起

▌图 1 联邦德国著名电子企业 Grundig 在 20 世纪 60 年代的宣传单。包括电视机、收音机、录音机等在内的所有产品均已全面采用晶体管

Sony 8-301W 是一款可显示 8.5 英寸图像的黑白 CRT 便携式电视机，能够使用交流市电或电池供电，其质量在不包括电池的情况下仅为 6kg。Sony 在这款电视机在宣传单中提出“Sony 8-301W 作为世界上最好的个人用便携式电视机，是管理人员的完美礼物”（见图 2）。当时，Sony 8-301W 在美国的售价约为 250 美元（不包括电池）。作为可选附加模块的电池售价约为 30 美元。这款电视机的外观造型与其 CRT 显示器的外部轮廓相契合，表明 Sony 在设计工业产品时，已经知道如何将小而精致的特色恰到好处地发挥出来（见图 3）。Sony 8-301W 机身外部的几个按键或旋钮都被布置在显眼的位置，表明 Sony 对人机工程学这样的现代设计思维胸有成竹（见图 4）。鉴于 Sony 8-301W 机身上有限的面积都已用来布置旋钮或散热孔，Sony 的工程师们颇有创意地将扬声器布置在整机底部（见图 5），利用桌面来反射声音。23 枚晶体管被应用到 Sony 8-301W 整机电路中除 CRT 显示器高压供电电路之外的所有位置（见图 6）。由于当时整流用晶体二极管的耐压性能还不能满足 5.5~7.5kV 高压供给要求，所以这一部分的电路使用了电子管实现高压整流。这个小小的遗憾将在不久后因高频高压整流硅二极管（即整流硅

图 3 Sony 8-301W 型电视机左前方外观。为尽可能缩小体积，这款电视机的机箱横截面曲线按照 CRT 显示器的外部轮廓设计

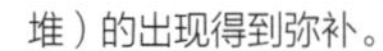

图 4 Sony 8-301W 型电视机顶部外观。音量旋钮和频道旋钮位于顶部左后方触手可及的位置

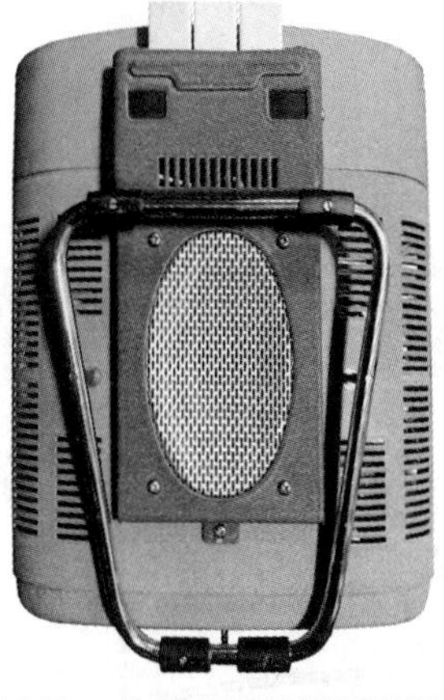

图 5 Sony 8-301W 型电视机底部外观。因整机采用了高度紧凑的布局，椭圆形扬声器被布置在机身的下方

堆）的出现得到弥补。

在便携式电视机的时尚潮头享受冲浪的日本企业不止 Sony 一家。Sharp（夏普）在 20 世纪 60 年代中期也推出了一款外观鲜艳，充满时尚活力感的便携式电视机 Sharp TRP801（见图 7）。这款产品的外观和 Sony 8-301W 相似，机箱的设计为安装在侧面的扬声器留出了足够的内部空间。在内部电路的设计上（见图 8），Sharp TRP801 用实际行动向世人表明此时的日本企业在应用晶体管技术上已能做到驾轻就熟。

1971 年，Panasonic（松下）的晶体管黑白电视机系列产品的宣传单向业界宣告：当时的日本电子企业已能运用最新的电子技术娴熟地设计出各种各样的产品

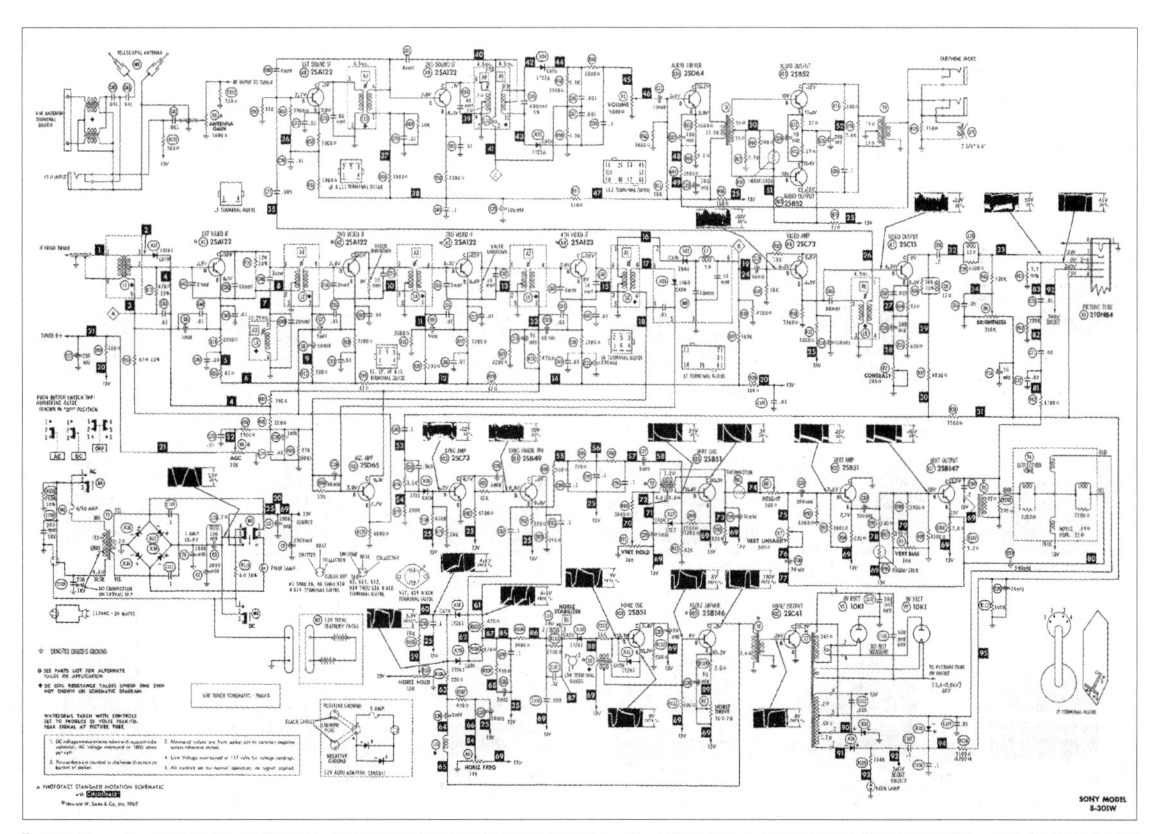

图 6 Sony 8-301W 型电视机的电路。晶体管在这款电视机中已得到全面应用，唯一的例外是在对 CRT 显示器提供高压的电路中，因为当时的晶体管性能尚不能满足要求，所以采用了 2 枚 1DK1 型整流电子管

图7 Sharp TRP801型电视机左前方外观。这款电视机机箱的涂色更鲜艳，并且内部空间较大，扬声器能够安装在侧面

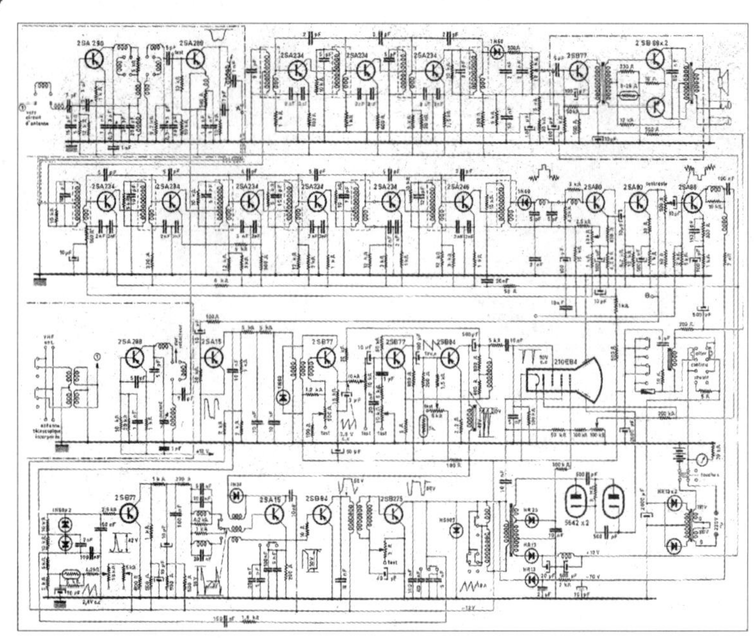

图8 Sharp TRP801 型电视机的电路。和同期的 Sony 类似，Sharp 也实现了除高压整流管外其余元器件的全面晶体管化

（见图 9）。在这些电视机中，令人难忘的一款机型非Panasonic TR005莫属(见图 10)。这款电视机拥有一个安装在曲面透明罩内的 5 英寸黑白 CRT 显示器，机壳的其余部分也全部是弧面，电视机整体呈椭球形。在那个太空探索如火如荼的年代，这样一款电视机很容易令人联想到在太空漫步的宇航员的头盔，或者科幻电影中的外星飞船。Panasonic TR005 的所有旋钮都巧妙地设计在水平环绕电视机的一条黑带内，尽可能地保障了机身曲面的光滑、完整。机身后部上方成对设置的拉杆天线则为 Panasonic TR005 增添了可爱的观感。如今，即使不考虑看电视的功能需求，只将这款电视机作为摆放在家中的一件艺术品，Panasonic TR005 也完全称职。当年，这款电视机的横空出世，让人们认识到日本企业在工业设计领域的造诣已经达到了新的高度。

20 世纪 60—70 年代，当日本电子企业一再令发达国家的用户赞叹不已时，中国电子企业的技术人员也在一个不同的发

图 9 Panasonic 在 1971 年出品的黑白电视机系列产品的宣传单。电视机的小型便携化在这一时期已成为日本电子企业成功把握时尚潮流的象征

图 10 Panasonic TR005 型电视机前部外观。这款电视机拥有与众不同的椭球形外观，其灵感来自太空时代宇航员的头盔。电视机的 CRT 屏幕处于开启状态，中间的水平扫描可以显示出屏幕的宽度

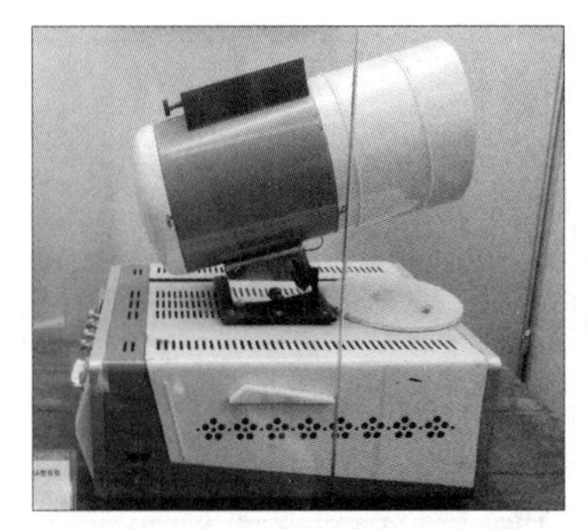

图 11 咏梅牌 WHT-3A 型投影电视机侧面外观。这款 20 世纪 70 年代由无锡无线电厂出品的产品具有时代纪念意义。地方企业的研发生产潜力，以及为集体用户对象研制电视机的努力，都在这款机型上得到体现（摄于北京大威收音机电影机博物馆）

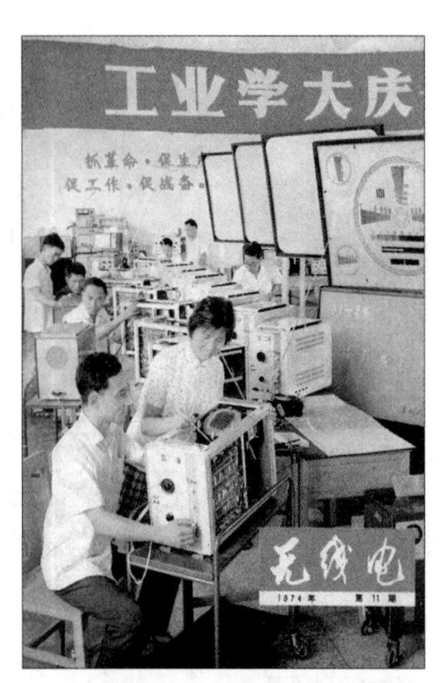

图 12 苏州电视机厂生产调试 KQ-2 型投影电视机的现场。这款产品能够将黑白影像投影到约 3m 远的屏幕上，得到 1.3m×1m 尺寸的画面（原载于《无线电》1974 年第 11 期）

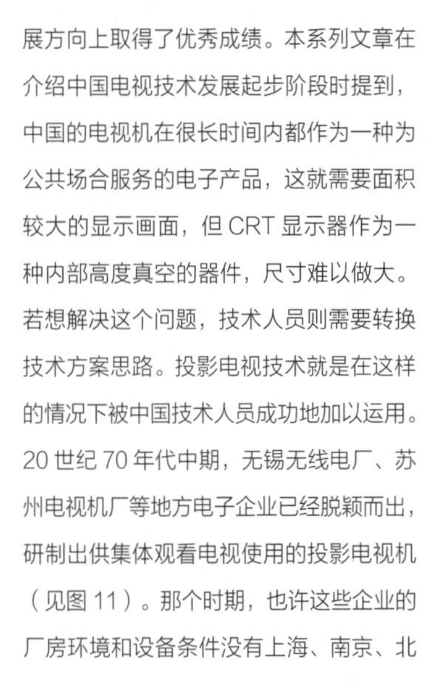

展方向上取得了优秀成绩。本系列文章在介绍中国电视技术发展起步阶段时提到，中国的电视机在很长时间内都作为一种为公共场合服务的电子产品，这就需要面积较大的显示画面，但 CRT 显示器作为一种内部高度真空的器件，尺寸难以做大。若想解决这个问题，技术人员则需要转换技术方案思路。投影电视技术就是在这样的情况下被中国技术人员成功地加以运用。20 世纪 70 年代中期，无锡无线电厂、苏州电视机厂等地方电子企业已经脱颖而出，研制出供集体观看电视使用的投影电视机（见图 11）。那个时期，也许这些企业的厂房环境和设备条件没有上海、南京、北京等地企业的好，但这些企业的技术人员确实以敢闯敢拼的精神，开拓了投影电视机这片新的天地（见图 12）。以今天的视角看，苏州电视机厂推出的 KQ-2 型投影电视机的操作较为复杂，如聚焦调节就分成右聚焦调节、左聚焦调节、上下聚焦调节等多个调节功能（见图 13）。不过，复杂的操作并不会难住集体里具备专业操作技能的放映人员。投影电视机的成功之处在于，通过将投影专用 CRT 显示器和光学器件结合在一起（见图 14），为当时经济条件和工业技术水平都有限的中国提供了一条推广电视技术的新路径。即使因投影专用 CRT 显示器的工作参数与普通 CRT 显示器的不同而需要采用有所改动的电路设计，在 KQ-2 型投影电视机中所用的电子管也都是当时中国电子产业常见的通用型号（见图 15）。这就为这类投影电视机的低成本量产提供了良好的技术基础。

20 世纪 60—70 年代，欧美发达国家电视技术的发展还有一个有趣的方向：将多个 CRT 显示器集中到同一台电视机中，实现一人看多屏（见图 16）。这个方向和中国企业追求一屏多人观看的目标恰好相反。之所以出现这一技术，是因为当时欧美国家电视产业高度发达，电视节目已经令人目不暇接。例如，1970 年 95% 的美国家庭都已拥有电视机，商业电视台的数

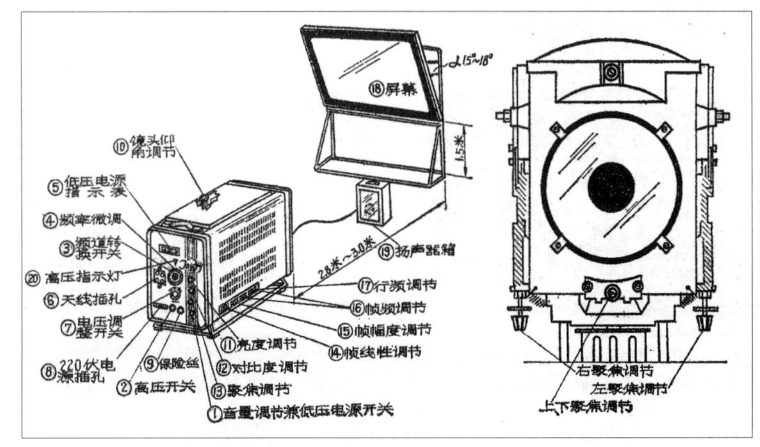

图 13 KQ-2 型投影电视机的外部调节旋钮功能。这款产品的操作相比普通电视机更为复杂（原载于《无线电》1974 年第 11 期）

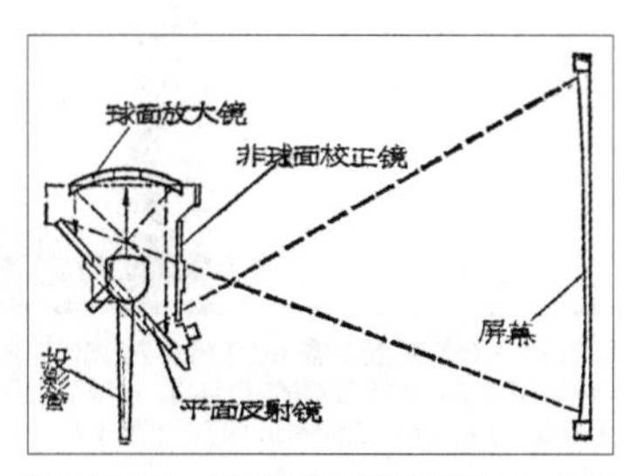

图 14 KQ-2 型投影电视机光路示意。这款电视机内采用了一种被称为投影管的特殊 CRT（原载于《无线电》1974 年第 11 期）

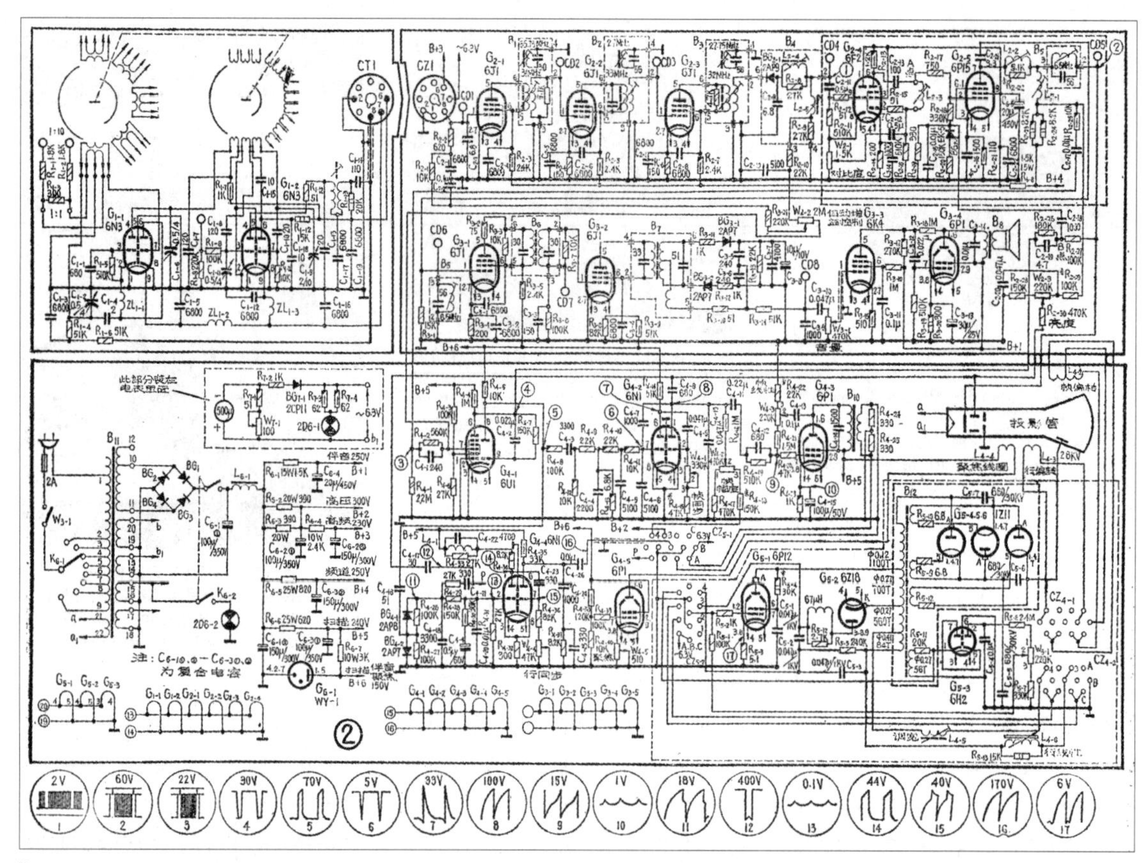

图15 KQ-2型投影电视机的电路。功能上，这款电视机相当于将电视机的中高频电路与投影仪的视频电路结合起来，由于其投影管的电子束聚焦方式和工作电压都与普通CRT不同，因此相应的控制电路也与普通电视机有所区别（原载于《无线电》1974年第11期）

RCA's New Multiscreen TV Lets You Switch to Where the Action Is

With four black-and-white monitors and a 25-inch color screen, this television set of the future doesn't miss a trick—or a channel

By ARTHUR FISHER

图16 RCA在20世纪60年代末70年代初开发的多屏电视机，拥有1个25英寸彩色的CRT显示器和4个较小的黑白CRT显示器，展现了电视节目高度丰富时电视企业为满足用户需求做出的尝试（原载于*Popular Science*1970年第6期）

量达到了677个，公共电视台（提供教育节目等）的数量也达到了188个。多屏电视机的出现，为那些一边看着自己感兴趣的节目但又时不时关注其他电视频道的用户提供了便利：他们不需要按着遥控器在几个不同的电视频道之间跳转。当然，在当时的电视技术条件下，设置多屏也就意味着电视机内要有多个完整的信号接收和处理通道，而且还要妥善考虑不同频道信号在主屏通道和副屏通道之间的切换，也就是说一台多屏电视机的成本将会空前高。

1967年，联邦德国的电子企业Nordmende（诺门德）让这样一款采用电子管技术的巅峰之作从实验室里令人赞叹的实验机型变成了市场上令人惊叹的奢侈品Spectra Color Studio（见图

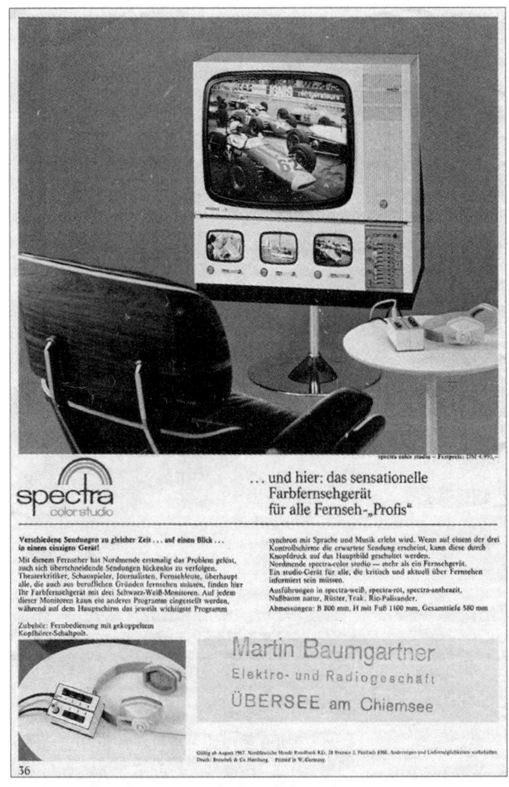

▌图 17 Nordmende Spectra Color Studio 多屏电视机的宣传单。这款电视机在 1967 年推出之际售价达到 4995 马克，它以奢华的功能配置，向人们展示出电子管技术达到巅峰之时的辉煌

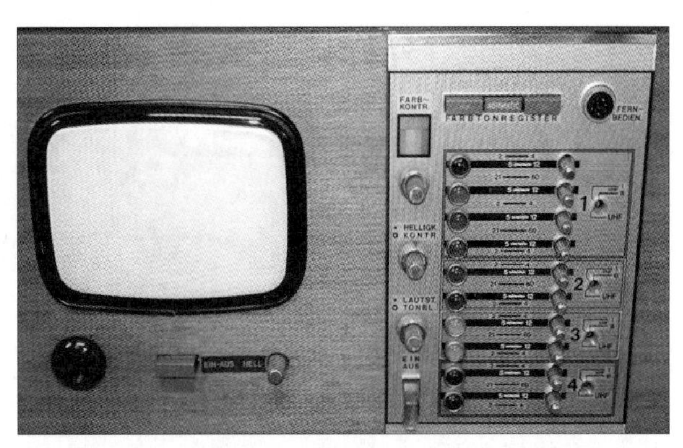

▌图 19 Nordmende Spectra Color Studio 多屏电视机的操控面板和副屏的局部细节。主屏和每个副屏接收的电视频道均可独立控制

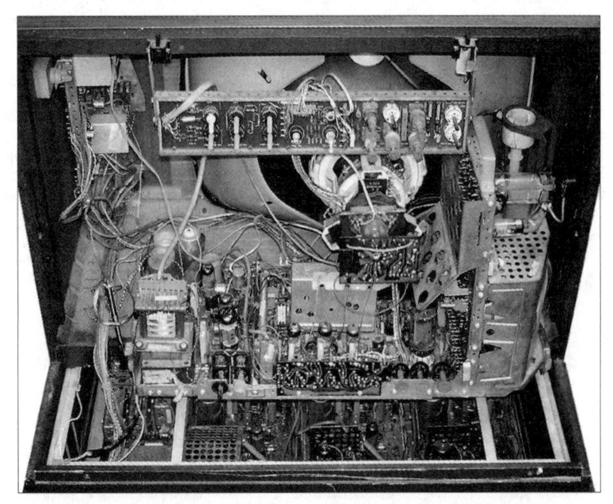

▌图 20 Nordmende Spectra Color Studio 多屏电视机内部机件。作为一款在电子管技术即将落幕之时依然采用电子管作为主要元器件打造的巅峰之作，这款电视机的总功率可达 650W

▌图 18 Nordmende Spectra Color Studio 多屏电视机前部外观。这款电视机采用 1 枚 Telefunken A63-11X 型彩色 CRT 显示器实现主屏显示，3 枚 NEC 150EB4 型黑白 CRT 显示器实现副屏显示

17）。这款售价高达 4995 马克的多屏电视机采用 1 个大屏幕彩色 CRT 显示器为主屏，另有 3 个较小的黑白 CRT 显示器为副屏，整机尺寸为 80cm × 58cm × 110cm（见图 18），所有屏幕接收的电视频道都可以独立控制（见图 19）。这款多屏电视机的内部器件相当复杂，与主屏相关的彩色电视信号处理电路和主屏 CRT 显示器一起安装在机箱内部最上方体积最大的独立空间内，其余 3 个副屏及其各自的信号处理电路安装在下方的框架中（见图 20）。这款多屏电视机配备了专用遥控器，供用户自由切换电视频道。在那个电子计算机多媒体技术还未诞生的年代，所有人第一眼看到 Nordmende Spectra Color Studio 这样一台庞然大物都会感到非常震撼。

值得一提的是，Nordmende Spectra Color Studio 这款机型的主屏采用彩色 CRT 显示器，副屏采用黑白 CRT 显示器，可见彩色电视技术在那时已经处于比较普及的状态，并且彩色电视信号在黑白电视机中也可以兼容。彩色电视技术的基本原理是怎样的？什么时候彩色电视开始投入应用？彩色电视普及的过程中有哪些曲折的经历？这些问题的答案，你都可以在下一篇文章中找到。

电子影像显示产品百年进化史（6）

20 世纪 50—80 年代彩色电视机的普及

▌田浩

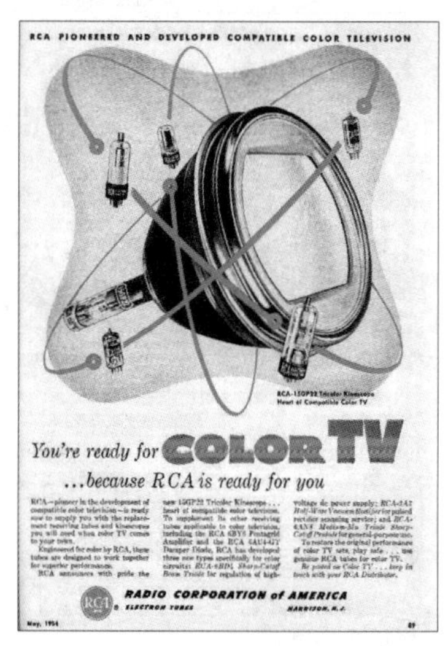

▌图 1 1954 年，RCA 对其彩色电视机的宣传。图中绘出了 RCA 研发的彩色 CRT。20 世纪 50 年代中期，彩色 CRT 的技术基本已经成熟

依据美术常识，我们知道红、绿、蓝三基色能够组成日常所见的所有发光色彩。那么，想在电视屏幕上显示彩色图像，理论上只需要将这 3 种基色的信号分别独立摄制、传输和显示，用户就能看到彩色图像，但实际的实现过程很复杂。

研发人员首先面临的问题是，如何让 CRT 显示出 3 种相互独立的颜色。在电视摄像机端，拍摄 3 种不同的颜色倒不成问题，只要不在意体积、质量和成本，理论上采用 3 台相互独立且各加有三基色中一种颜色滤光片的摄像机就可以实现。但是在电视机端并不能将 3 个不同颜色的 CRT 并列在一起——人眼需要看到合成的色彩。好在经过研发人员的持续奋斗，最终将彩色 CRT 变成了现实：在 CRT 中密集地排列红、绿、蓝 3 种颜色的荧光粉像素，并使用 3 支电子枪，精准控制每支电子枪发出的电子束，使每支电子枪发出的电子束都能与一种特定颜色的荧光粉像素对应，然后进行图像扫描。这样，只要用户在距离 CRT 屏幕足够远的地方看电视，就能看到彩色电视图像。20 世纪 50 年代中期，实现彩色 CRT 的技术基本已经成熟（见图 1）。

接下来就是出现分歧的地方：从电视摄像机到电视机，应该怎样传输红、绿、蓝 3 种颜色的信号？美国是最先大规模推广电视机的国家之一，在彩色 CRT 的研制基本成熟时，美国已有上千万台黑白电视机，这些已经购买电视机的用户和仍在生产较便宜的黑白电视机的企业都不希望彩色电视机出现，这就意味着电视台发射的黑白电视信号与彩色电视信号必须兼容，即原来供黑白电视机接收的亮度信号不变，将需要表达的彩色（色度）信号附加进去。此时，NTSC（National Television Systems Committee）制式便出场了，经过一系列的协商讨论，最终于 1953 年确定在美国采用“正交平衡调幅制”播放能够兼容原有黑白电视信号的彩色电视信号。后来这一制式在国际上被称为 NTSC 制式。

为赢得用户的垂青，美国电子企业纷纷在 NTSC 制式的基础上研制彩色电视机。1955 年，彩色电视机在美国的销量约 2 万台，与当年约 4600 万台的电视机总保有量和约 800 万台的电视机年销量比较并不算高。1956 年，已有多家企业在美国市场推出彩色电视机（见图 2），其价格范围通常为 800~900 美元，价格最高可

▌图 2 1956 年彩色电视机的宣传单。这份宣传单中展示的彩色电视机的价格在 695~1100 美元。右侧的红色大圆圈是宣称“花 150 美元即可将黑白电视机改为彩色电视机”的广告

图 3 RCA 21-CT-7855U 型彩色电视机的前部外观。在整体外观方面，这款出品于 1956 年的电视机与 20 世纪后期的彩色电视机基本相同

图 4 RCA 21-CT-7855U 型彩色电视机的内部元器件。对于一款采用电子管为核心元器件的产品，对彩色电视信号的处理意味着电路复杂度的增加，同时也意味着体积的庞大。这款电视机的整机质量约 100kg

以到 1100 美元。在那时的美国，普通工薪阶层民众 1 年的工资约 2000 美元，由此可见彩色电视机诞生之初价格的昂贵程度。直到 1978 年，美国彩色电视机的总保有量才超过黑白电视机的。

虽然民众接纳彩色电视机的速度有些缓慢，但令人欣慰的是，1956 年，RCA 出品了一款相对价廉物美的彩色电视机：21-CT-7855U。这款产品具有 21 英寸的彩色 CRT 屏幕，并且售价仅为 495 美元。初看上去，除了 CRT 屏幕左右两侧的圆边能够提醒我们，RCA 21-CT-7855U 是一款 20 世纪 50 年代的电视机外，它的外观形态与 20 世纪 80—90 年代技术高度成熟的电视机已经基本一致（见图 3）。不过，就内部元器件而言，RCA 21-CT-7855U 还是一款标准的 20 世纪 50 年代电子管技术巅峰时代的产品，庞大而沉重的 CRT 和电子管机芯令这款电视机的总质量达到 100kg（见图 4）。在这款电视机中，RCA 的研发人员采用 27 枚电子管，实现了包括 NTSC 制式信号接收与解码功能在内的全套彩色电视机电路，展现出电子管时代技术的辉煌（见图 5）。

从 RCA 对 21-CT-7855U 型电视机的宣传中（见图 6），我们能够感受到，在 20 世纪 50 年代早期，美国国内在选择彩色电视信号制式时出现的竞争。那时曾有一种无法兼容原有黑白电视信号的彩色

图 6 RCA 21-CT-7855U 型彩色电视机的宣传单。广告中提到这款电视机拥有“栩栩如生的色彩”，并强调了这款电视机对彩色电视信号和黑白电视信号可兼容接收

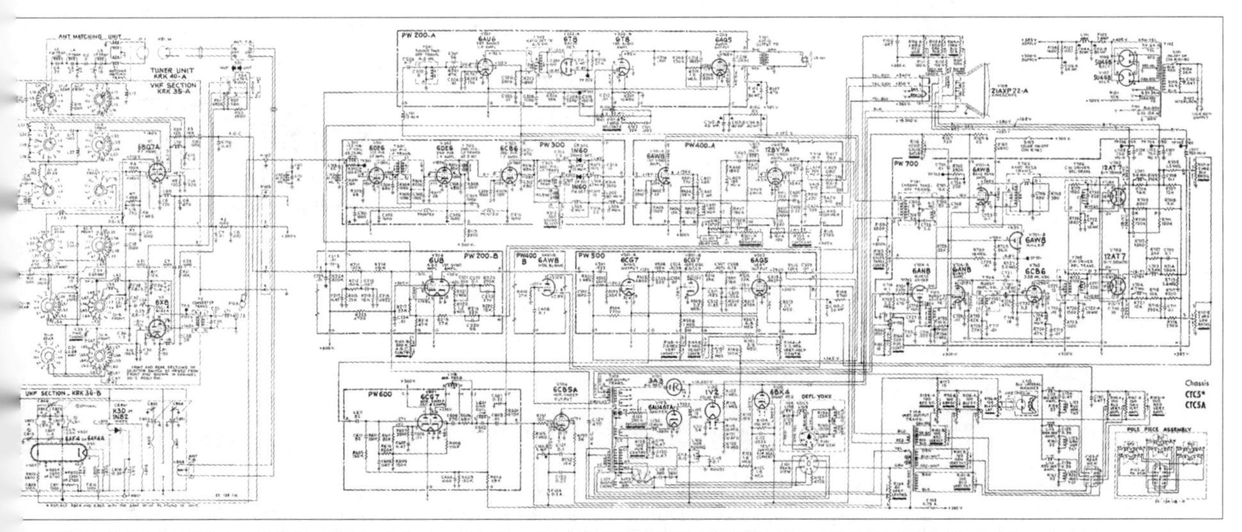

图 5 RCA 21-CT-7855U 型彩色电视机电路。除 CRT 外，这款电视机采用了 27 枚电子管，整机运行时的最大功耗可达 350W

电视信号制式出现，这就将有意购买不兼容黑白电视信号的彩色电视机的用户置于两难境地：当时美国绝大部分的电视台仍然采用黑白电视信号播映，他们购买的彩色电视机将无法观看这些黑白电视节目。假如美国强制电视台播放不兼容黑白电视信号的彩色电视节目，那么数千万用户的黑白电视机将立即面临报废的境遇，而这些用户中又有很多人难以担负购买彩色电视机的高价。因此，NTSC 制式的黑白电视与彩色电视的兼容信号方案，很大程度上是技术、市场、用户多方博弈后所得的折中结果。这样的情形在 RCA 21-CT-7855U 型电视机的宣传单中被“这是一款二合一的电视机”表达出来——因为这款电视机采用了 NTSC 制式，既能接收彩色电视节目，又能接收黑白电视节目。

20 世纪 50 年代后期，彩色电视机在美国的销量逐渐上升。此时，黑白电视机在中国初现曙光，作为对未来科技的前瞻展望，《无线电》杂志在新中国成立 10 周年前夕刊登了介绍彩色电视机基本原理的科普文章——《彩色电视》（见图 7）。这篇文章详细介绍了彩色电视信号与黑白电视信号实现兼容的过程，同时也对技术基本成熟的彩色显像管进行了细致的展示（见图 8）。不过，由于国内经济和技术条件的限制，在较长一段时间内，中国彩色电视技术的发展都停留在起步研究阶段，拥有强烈民族自尊心的中国研发人员希望研制出与美国 NTSC 制式不同的彩色电视信号传输模式。

20 世纪 50 年代中期，法国的研发人员提出了 SECAM（顺序传送彩色与存储）制式的基本概念，随后这一制式被不断改进，到 20 世纪 60 年代中期已基本成熟。在法国的热情邀请下，苏联等国家接受了 SECAM 制式作为彩色电视制式。这一制式能够与黑白电视信号兼容。相对 NTSC 制式，在防止高大障碍物（如山丘或高楼）对图像色彩传输造成干扰的保真度方面，SECAM 制式有明显改善。20 世纪 60 年代前期，德国的研发人员也在 NTSC 制式的基础上研究出了 PAL（Phase Alternation Line, 相位逐行交变制，也称为逐行倒相正交平衡调幅制）制式作为传输彩色电视信号且能够兼容黑白电视信号的改良型制式，这种制式具有更佳的传输性能。

针对全球彩色电视市场，3 种电视信号制式在 20 世纪 60 年代展开了激烈的竞争。1966 年，在挪威首都奥斯陆召开的国际无线电传播咨询委员会会议上，大家采用投票方式选择制式，NTSC 制式获得 8 票，PAL 制式获得 16 票，SECAM 制式获得 37 票。随后美国继续在美洲其他国家和日本、菲律宾等国家推行 NTSC 制式。苏联和其他东欧国家坚持选择 SECAM 制式。由于 PAL 制式存在一定的技术优点，也在两大集团的夹缝中顺利地生存了下来，到 20 世纪 60 年代后期，西欧国家大部分采用 PAL 制式。1967 年，德意志联邦共和国正式启用了 PAL 制式，著名德国电子企业德律风根（Telefunken）也在当年推出了首批采用 PAL 制式的彩色电视机 Telefunken PALcolor 708T（见图 9）。

Telefunken PALcolor 708T 是一款采用电子管技术和晶体管技术的电视机，具有经典的红棕色木纹机箱（见图 10）。

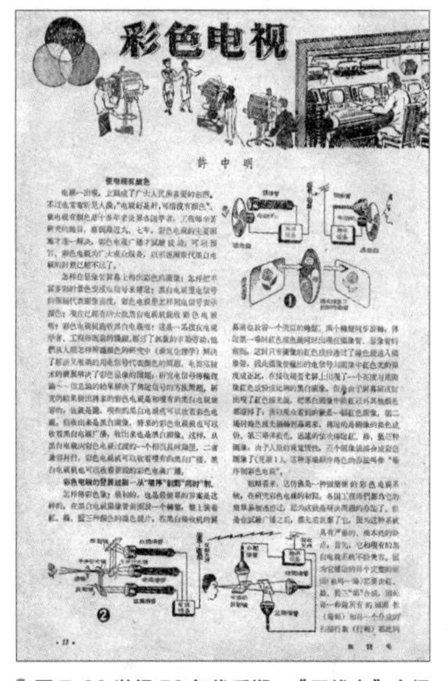
彩色电视

许中明

图 7 20 世纪 50 年代后期，《无线电》介绍彩色电视机原理的科普文章，此页面中的配图展示了场序制和同时制的彩色信号摄制、传输与显示过程（原载于《无线电》1959 年第 9 期）

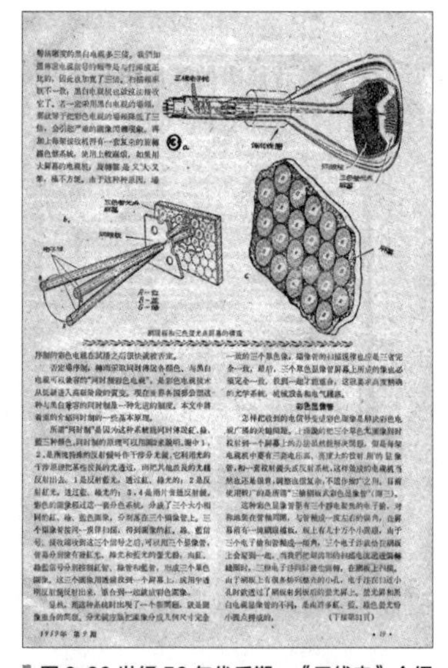
图 8 20 世纪 50 年代后期，《无线电》介绍彩色电视机原理的科普文章，此页面中的配图展示了有 3 支电子枪的彩色 CRT 的内部结构与工作原理（原载于《无线电》1959 年第 9 期）

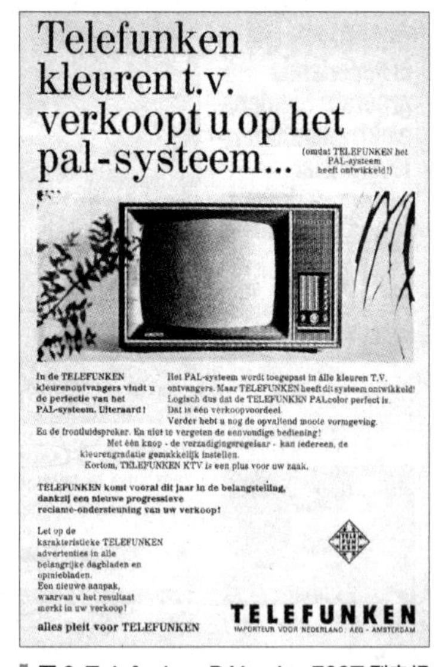

图 9 Telefunken PALcolor 708T 型电视机的宣传单。作为推广应用 PAL 制式的代表性产品，德国的研发人员在这款彩色电视机的研发过程中倾注了很多心血

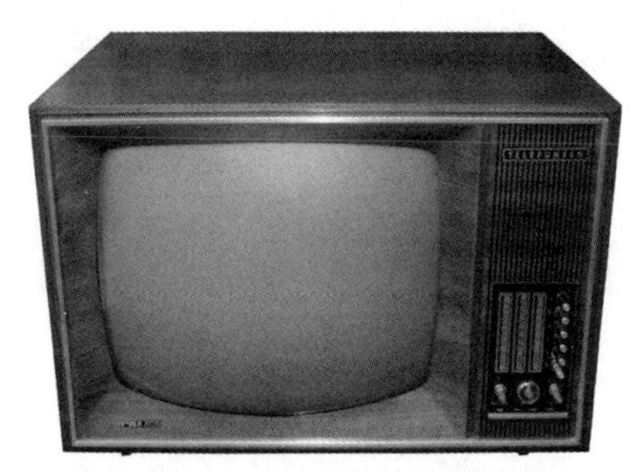

图10 Telefunken PALcolor 708T 型电视机的前部外观。这款产品于1967年上市，是Telefunken推出的首批采用PAL制式的彩色电视机

图12 Telefunken PALcolor 708T 型电视机的内部机件。精心设计的电路为整机的卓越质量提供了良好的保障

图11 Telefunken PALcolor 708T 型电视机显示图像的状态。PAL制式在传输信号时具备更好的抗干扰性能，可以更好地保障接收到的彩色信号的保真度

图13 Telefunken PALcolor 708T 型电视机电路的局部细节。电子管和晶体管分布在不同功能区的印制电路板上，元器件排列密集而井然有序，以良好的匹配状态实现整机功能

作为德国推广PAL制式的先驱机型之一，Telefunken PALcolor 708T 能够显示出清晰且保真度高的彩色图像（见图11），由德国研发人员精心设计的电路为整机的卓越质量提供了良好的保障（见图12）。在Telefunken PALcolor 708T 型电视机的电路中，电子管和晶体管默契配合，各取所长，在需要高耐压和大功率的场合，由电子管“大展身手”；在需要低功耗实现信号处理的场合，晶体管“崭露头角”（见图13）。受益于技术实力雄厚的德国电子产业，像Telefunken PALcolor 708T 这样有着精彩设计的产品迅速普及，为PAL制式在世界上的推广奠定了基础。

20世纪70年代初，中国研发人员在考察了西方国家彩色电视制式的现状后，立足国情，综合权衡，最终决定将PAL制式作为中国的彩色电视制式。1973年5月1日，北京地区以PAL制式彩色电视信号开始了试验播映；8月1日，上海电视台也启动了彩色电视信号的播映。20世纪70年代中期，北京等大城市的民众已经能够观看彩色电视节目了。但此时中国的彩色电视机数量依然很少，截至1975年年底，全国共有46.3万台电视机，国产彩色电视机只有0.4万台，进口彩色电视机只有0.19万台。不过，此时中国电子行业的技术人员已经做好了迎接彩色电视技术的准备。1976年年底，中央电视台（当时仍称为北京电视台）的彩色电视节目已经可以传输到国内大部分省会和直辖市实现播映（见图14）。1977年，以PAL制式为基础介绍彩色电视技术原理的科普图书在国内出版发行（见图15），接下来的改革开放又让中国电子企业得以通过直接引进国外先进技术的形式，跨越发达国家电子行业走过的20多年从电子管到晶体管的发展历程，一步到位地采用集成电路技术实现彩色电视机中各部分电路的功能（见图16）。虽然在较长一段时间内，国内依然大批量生产黑白电视机，但彩色电视机在中国的普及，在改革开放后就从未停下。

一些出生在20世纪70年代或80年代的人或许曾观看过当时引进国外技术

▌图 14 中国儿童在社区集体观看彩色电视节目。1976 年年底，中央电视台（当时仍称为北京电视台）的彩色电视节目已经能在国内大部分省会和直辖市实现播映（原载于《无线电》1976 年第 11 期）

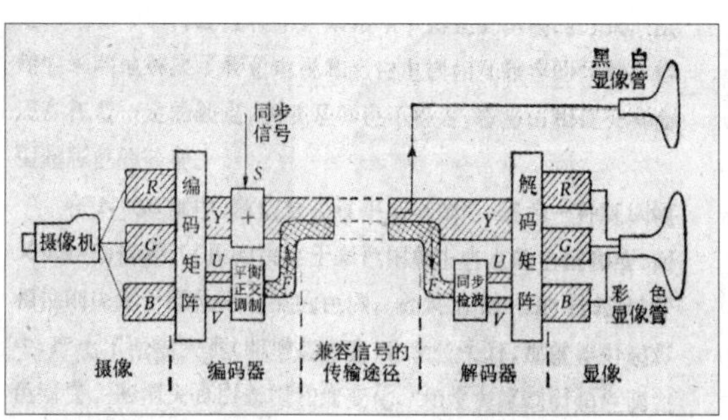

▌图 15 20 世纪 70 年代初期，中国决定将 PAL 制式作为国内彩色电视的制式，随后对彩色电视技术的推广和普及都以此制式为基础（原载于《黑白电视与彩色电视》，科学出版社，1977 年 1 月第 1 版）

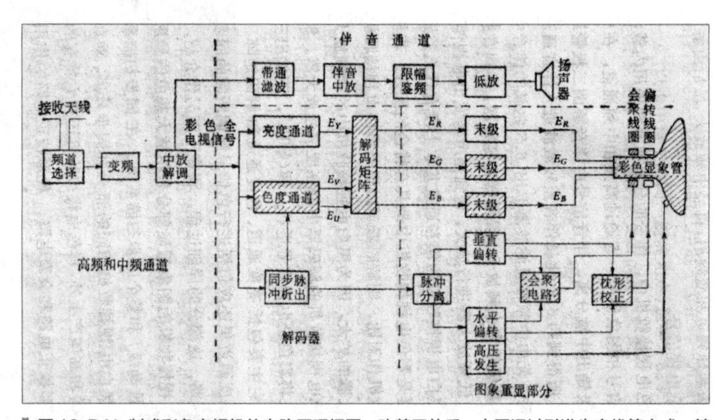

▌图 16 PAL 制式彩色电视机的电路原理框图。改革开放后，中国通过引进生产线等方式，基本直接从集成电路彩色电视技术开始了普及彩色电视机的历程，跨越了欧美国家彩色电视机曾经历过的电子管技术时期和晶体管技术时期（原载于《黑白电视与彩色电视》，科学出版社，1977 年 1 月第 1 版）

的电视机，如熊猫牌 DB47C3 彩色电视机。这些电视机的外观风格可能与 Telefunken PALcolor 708T 的外观风格非常相似（见图 17），只是在频道调谐选择的具体方案上有所不同：用户需要打开频道按键旁边的一个小门，在那里调节每一个频道按键对应的预置波段和频道（见图 18）。在每个城市可供观看的电视台数量寥寥可数的时期，这样的技术方案已能够满足一般家庭的观看需求。在 20 世纪 80 年代，能够拥有一台接收电视节目的电视机，是让无数中国家庭十分欣喜的事情。下一篇文章，我们将回顾 20 世纪 70—80 年代中国电视产业开始昂首阔步前行的岁月往事。

▌图 17 熊猫牌 DB47C3 彩色电视机的说明书封面。这款拥有 18 英寸彩色 CRT 屏幕的电视机是南京无线电厂引进日本 Panasonic（松下）技术生产的产品

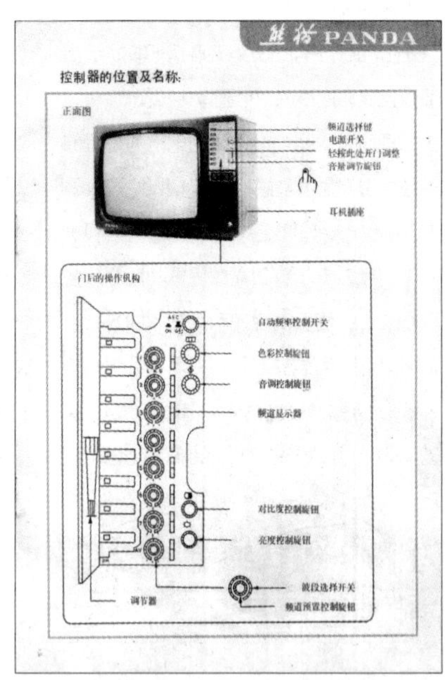

▌图 18 熊猫牌 DB47C3 彩色电视机说明书中对前部控制面板各按键和旋钮的介绍

电子影像显示产品百年进化史（7）

20 世纪 70—80 年代中国电视机的发展

▌田浩

1976 年，在全国各地陆续建立起电视台的基础上，我国的电视综合人口覆盖率已达 36% 左右，也就是说，理论上大约有 3 亿人生活在能够接收到电视信号的地区。在北京、上海等城市，电视信号的覆盖率可以超过 50%。与之相对的是，截至 1975 年年底，电视机在全国的总保有量还不到 50 万台，平均 1600 人才拥有 1 台电视机。在这样的状态下，人们意识到中国电视产业的发展重点应该转移到电视机的普及上。

在当时的中国，普及电视机主要有两个困难。一是电视机的产量少。新中国成立后的 20 多年里，国家经济发展的重点放在了能够保障国家安全、建立起国家产业基础结构的产业领域上，像电视机这样的民众消费品相对受限。例如，1974 年中国电视机的总产量刚达 10 万台左右。二是民众的购买力有限。即使到 20 世纪 70 年代后期，北京地区企业生产的牡丹牌、昆仑牌等屏幕规格为 9 英寸的黑白电视机售价在 200 多元，屏幕规格为 12 英寸的黑白电视机售价在 400 多元。这样的价位，即使在北京、上海等大城市，也只有经济条件较好的家庭能够负担得起。

尽管困难暂时存在，但当时的中国已有足够的产业技术条件和经济发展潜力克服这些困难。就在中国电视机总产量约为 10 万台的那一年，中国显像管企业生产的黑白 CRT 已经堆满了车间里的桌面（见图 1）。20 世纪 70 年代中期，国家统筹组织北京、上海、天津、江苏等省市的电子产业相关企业、事业单位，对黑白电视机进行联合设计，以标准化、系列化、通用化的指导思想，立足于国内成熟技术，从当时中国电子产业已有的元器件中优选或改进，得到联合设计电视机电路使用的标准系列元器件。

电视机联合设计的成果立竿见影。1976 年下半年，已有 7 种联合设计晶体管电视机出现在人们的视野中（见图 2）。

在当时中国的产业环境中，多单位联合设计电视机的做法虽然不利于各企业自主研发产品的多样化，但在这一行动中产生的标准化系列电视机设计方案，为 20 世纪 70 年代后期国产黑白电视机的快速普及创造了有利条件。一方面，全国公开联合设计所得的成果，可以相对容易地获取电路所用的元器件，在当时中国的电视行业内起到了技术交流和推广的作用；另一方面，当时国内已有一定数量的科技制作爱好者，虽然他们的收入有限，但具备充足的时间和一定的技术能力，从电子市场上淘到各种元器件以后，用 100 元左右甚至价格更低的材料成本就能组装出自己的电视机。20 世纪 70 年代后期的多期《无线电》曾刊登了联合设计电视机的电路方案及详细介绍，在这些文章的指导下，无数科技制作爱好者组装出了家中的第一台电视机。

▌图 1 上海电珠五厂量产的电视用 CRT。在 20 世纪 70 年代中期，中国企业已能批量生产黑白电视用 CRT，为接下来国产黑白电视机数量的增长提供了有力的支持（原载于《无线电》1974 年第 10 期）

▌图 2 通过统筹安排，国内电视技术名列前茅的企业在 20 世纪 70 年代中期联合设计了多款黑白电视机，为电视机在中国的普及创造了良好条件（原载于《无线电》1976 年第 11 期）

▌图 3 飞跃牌 9D3 型黑白电视机内部元器件示意图。这款电视机由上海无线电十八厂推出，采用了当时中国电子企业熟悉，且技术也基本成熟的晶体管电路（原载于《无线电》1977 年第 1 期）

在这些联合设计的电视机中，飞跃牌 9D3 型黑白电视机广受好评，其外观朴实无华，内部元器件布局也遵循了联合设计方案中通用化、便于量产组装的原则（见图 3）。得益于联合设计方案中对元器件标准化的充分考虑，这款机型采用的所有元器件都能够在当时国内各大城市的电子市场上找到。当飞跃牌 9D3 型的电路（见图 4）跃入眼帘时，很多人的脑海中都会浮现出当年组装自己家第一台电视机的回忆。类似的产品还有昆仑牌 BSH23-1 型黑白电视机（见图 5）。这款产品出自北京东风电视机厂，这是一家向电视产业成功转型并在 20 世纪 70 年代开始脱颖而出的颇有代表性的地方企业。该厂原由几个从事包装、印刷的街道工厂组建而成。1970 年，该厂首次研制出昆仑 J201 型电视收音两用机，并在接下来的岁月里把握住国内电视产业的发展机遇，成功实现转型，到 20 世纪 80 年代已成长为国内著名的电视企业之一。与北京东风电视机厂的快速成长相比，在 20 世纪 60 年代就已推出中国首批电视机的国营天津无线电厂在当时便展示出了业界前辈的沉稳，其北京牌 840-1 型电视机虽然具有在那时令人倾慕的大屏幕 CRT，但内部元器件的布局和电路都保持了联合设计方案的标准化特色（见图 6、图 7）。

1978 年以后，改革开放让与民众消费相关的生产力得到释放，吹响了中国经济

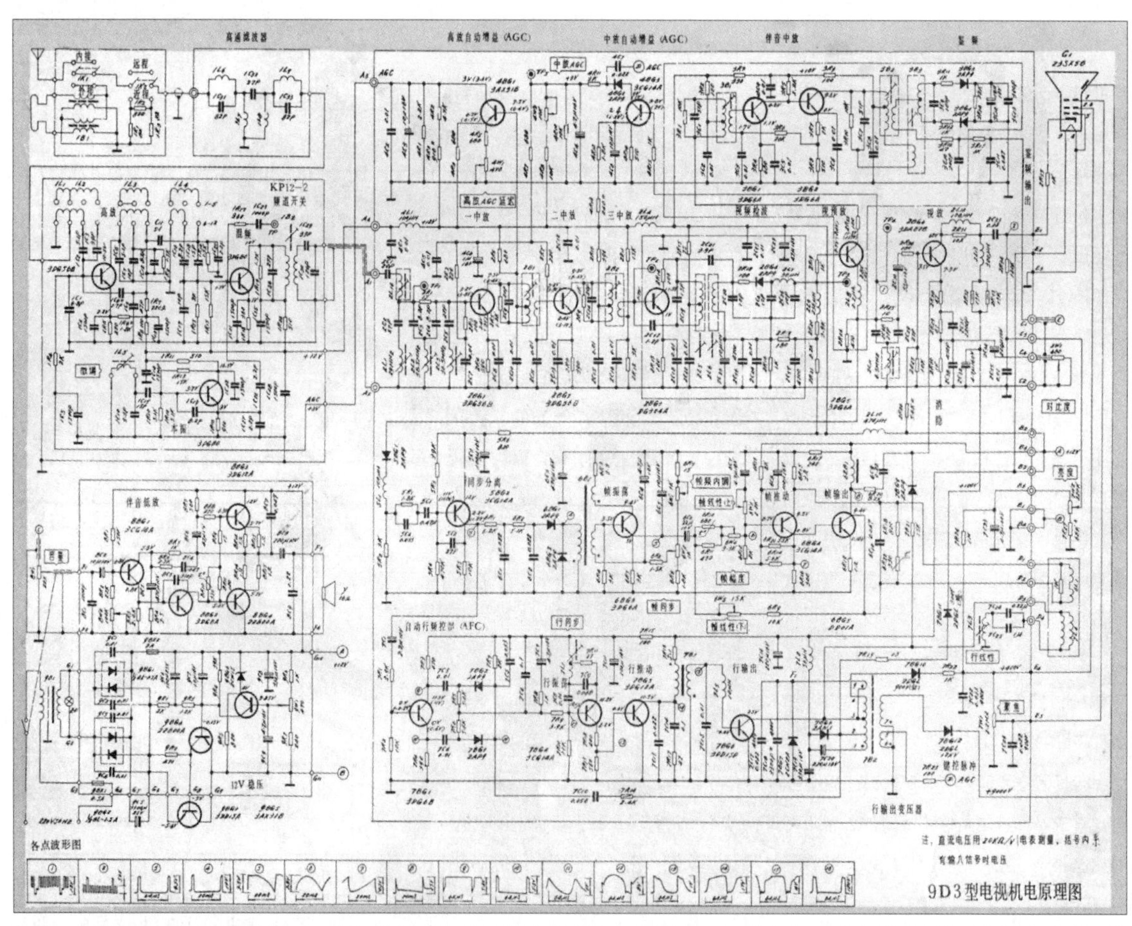

▌图 4 飞跃牌 9D3 型黑白电视机电路。这一时期国内的晶体管分立元器件相关技术已经比较成熟，从高频信号处理到高压整流的各种功能都可以由晶体管负责（原载于《无线电》1977 年第 1 期）

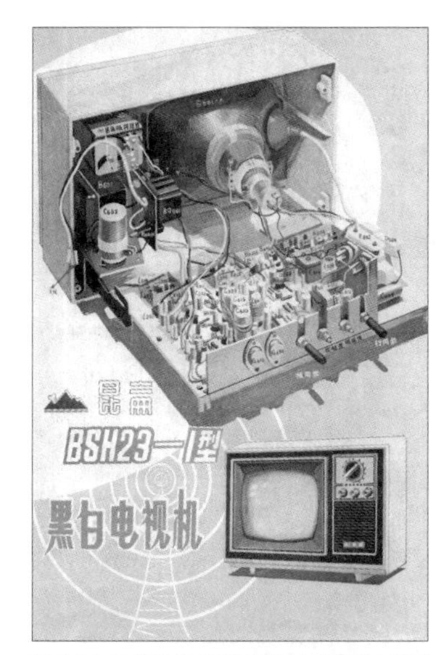

▌图 5 昆仑牌 BSH23-1 型黑白电视机内部元器件及外观。“昆仑”是北京东风电视机厂的品牌，这家企业是 20 世纪 70 年代中后期把握住产业发展机遇、成功实现产业转型的地方企业的优秀典型（原载于《无线电》1977 年第 5~6 期）

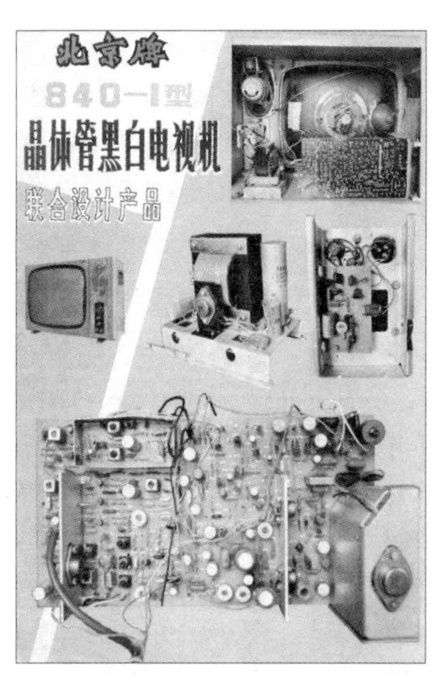

▌图 6 北京牌 840-1 型黑白电视机内部元器件及外观。生产北京牌电视机的企业是当时人们熟悉的国营天津无线电厂，即推出首批国产电视机的中国电子企业（原载于《无线电》1977 年第 11 期）

百舸争流、千帆竞发的号角，中国电视产业从此大步走向繁荣，这一过程不仅仅依靠国家产业政策的引导，还与各地企业对电视机研发生产的投入、民众消费能力的提升密不可分。

由南京木器厂设立电视机车间研制的南京牌 704-A 型黑白电视机，就是这一时期中国地方企业以饱满热情投入电视机研发制造的典型（见图 8）。当时中国电子管元器件的库存相当丰富，因此南京木器厂选择电子管作为这款电视机的主要元器件，虽然在当时国内电视产业全面晶体管化的趋势中显得别具一格，但也是符合当时国情的技术选择（见图 9）。这款电视机的高频电路选用了当时国内技术成熟的晶体管电路组件，展现出该企业在设计电

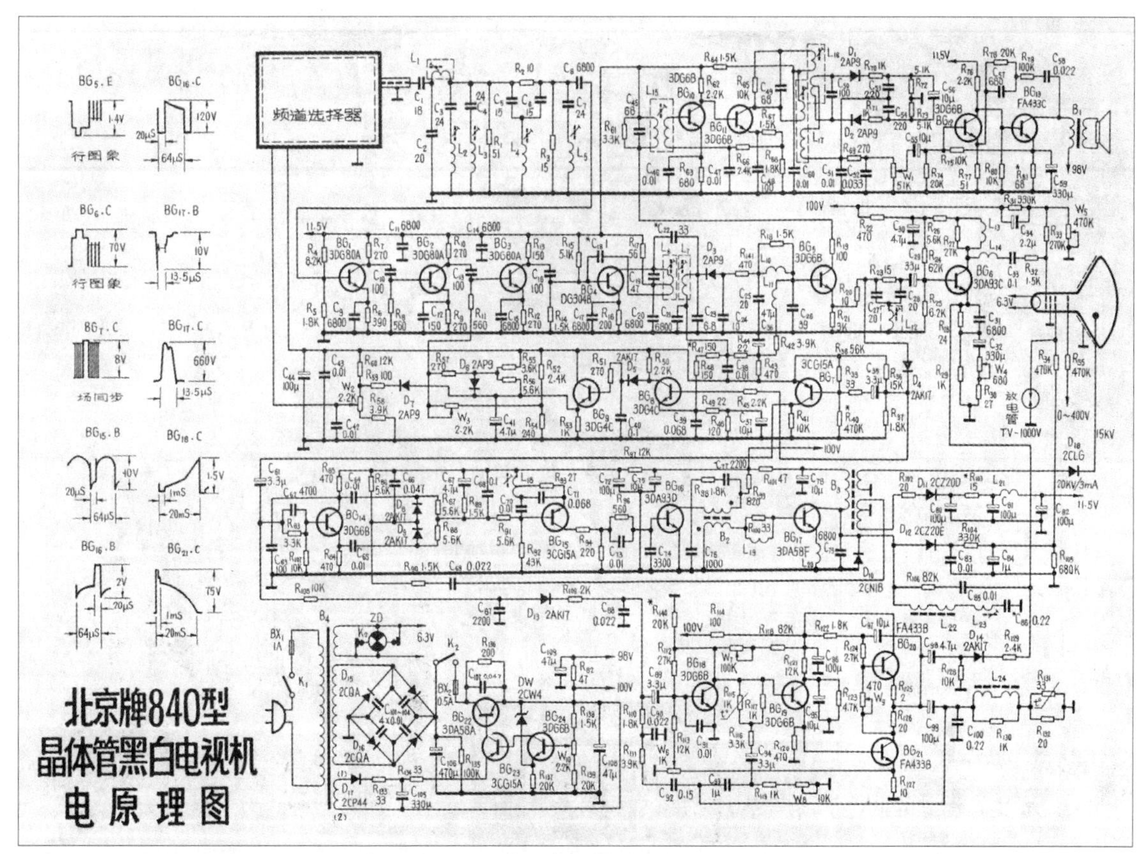

▌图 7 北京牌 840 型黑白电视机电路。其电路方案系采用联合设计方案中通用的电视机电路及标准化零件（原载于《无线电》1977 年第 11 期）

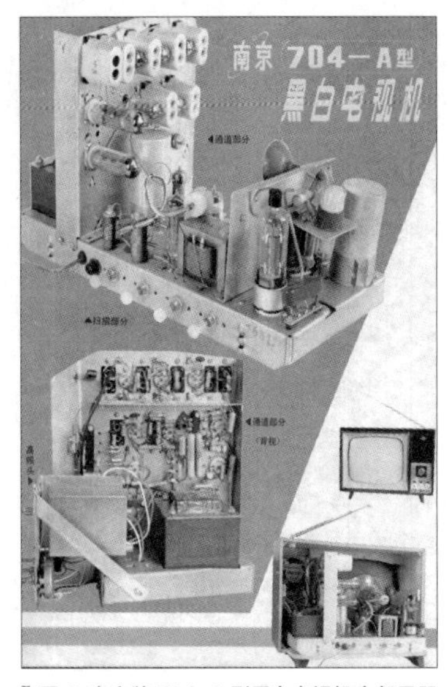

▌图 8 南京牌 704-A 型黑白电视机内部元器件及外观。这款产品由南京木器厂研制，是 20 世纪 70 年代末期中国地方企业尝试产业转型的典型产品（原载于《无线电》1978 年第 4 期）

路方案时灵活务实的精神。

作为已经成功转型、乘上电视产业东风的企业，北京东风电视机厂在这轮电视产业的热潮中当然也没有缺席。20 世纪 70 年代后期，北京东风电视机厂率先研发出采用集成电路作为主要元器件的昆仑牌 B314 型黑白电视机（见图 10）。在这款电视机的电路中，偏转线圈、行输出变压器、电源变压器等均采用了联合设计方案所得的标准件，北京东风电视机厂将它们与当时技术已经成熟的黑白电视机用集成电路结合，做出了一款性能优良的产品（见图 11）。中国电子工业已有多年应用的印制电路板与集成电路相互配合（见图 12），达到了如鱼得水的效果，不仅能更好地实现元器件的高密度布置，而且也为电子产

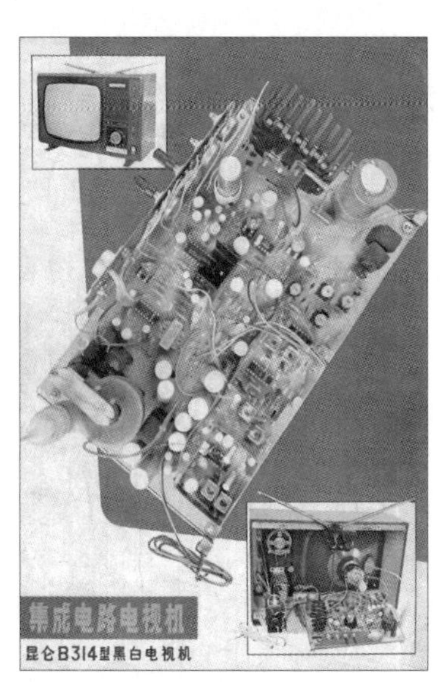

▌图 10 昆仑牌 B314 型黑白电视机内部元器件及外观。这是 20 世纪 70 年代末期国内首批采用集成电路为主要元器件的机型，是北京东风电视机厂技术创新探索的结晶（原载于《无线电》1979 年第 7 期）

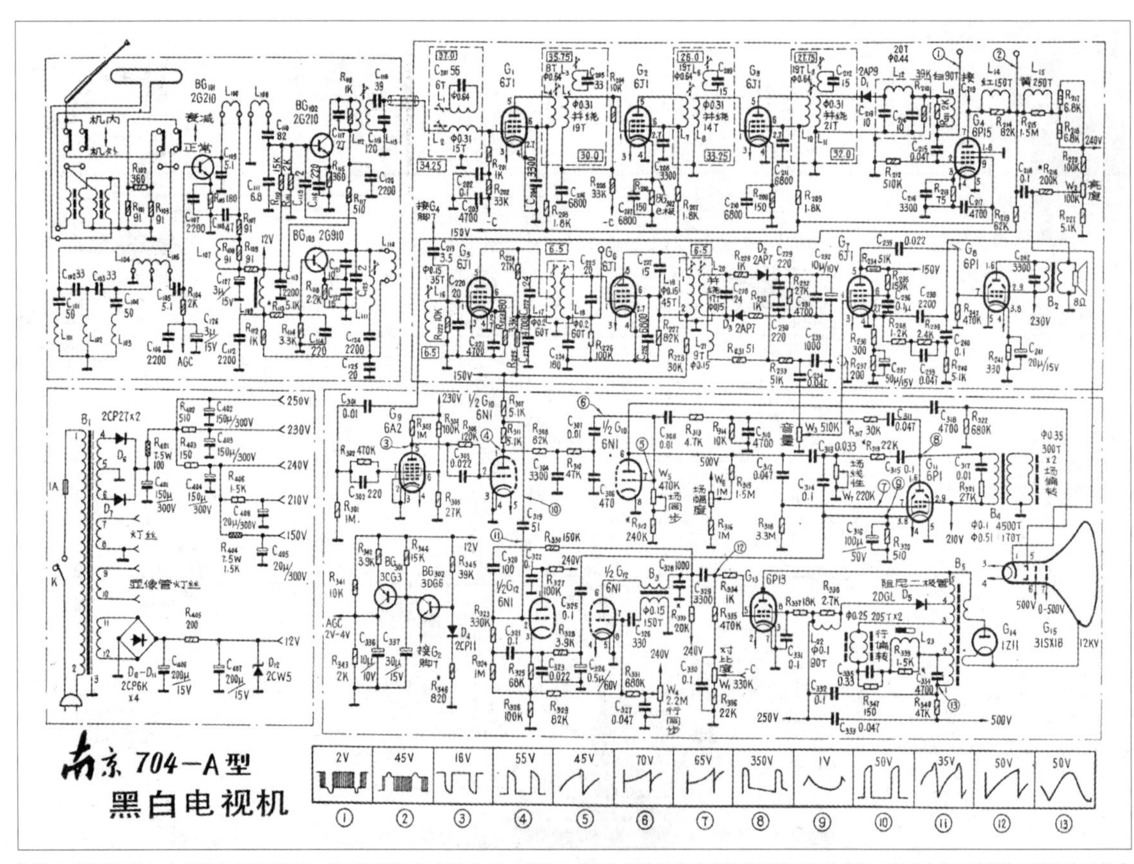

▌图 9 南京牌 704-A 型黑白电视机电路。在 20 世纪 70 年代末 80 年代初，中国已拥有相当丰富的电子管元器件库存，南京木器厂选择电子管作为这款电视机的主要元器件，也是与当时国情相符的选择（原载于《无线电》1978 年第 4 期）

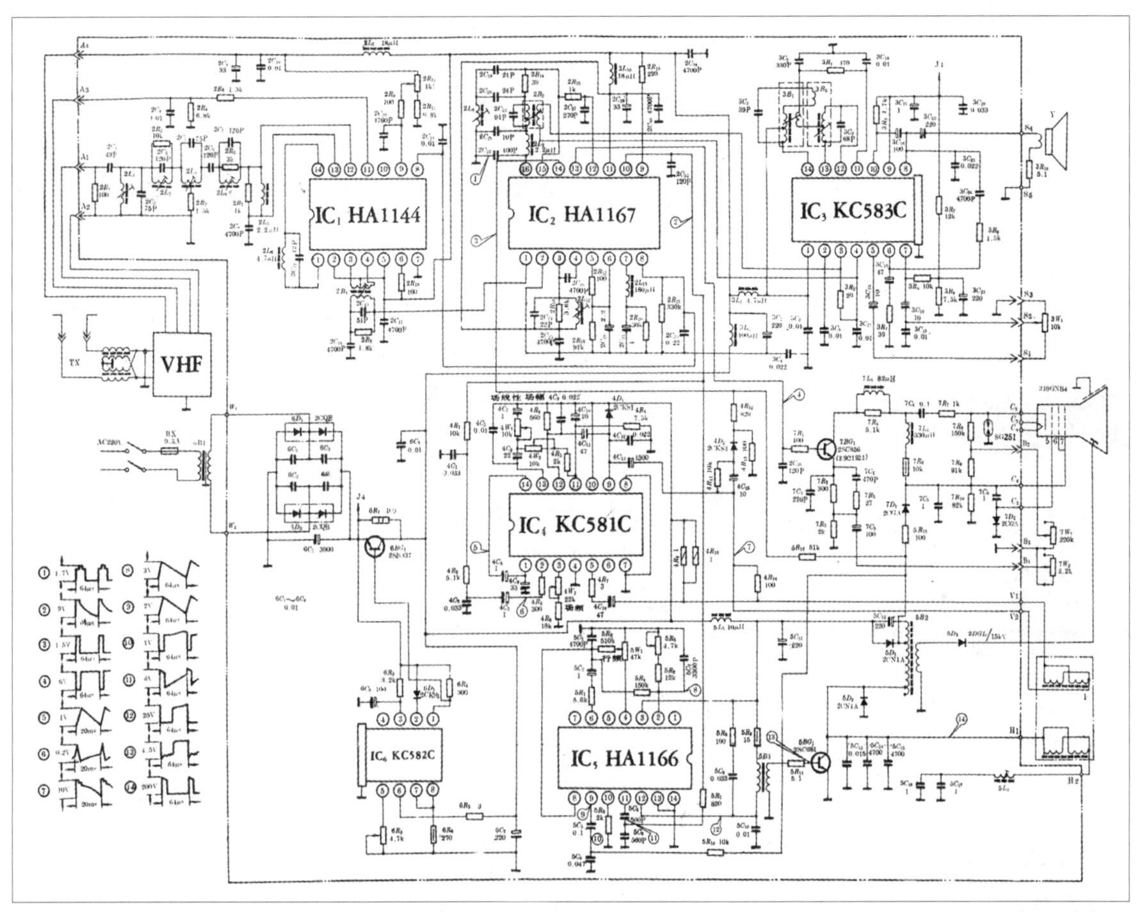

图11 昆仑牌B314型黑白电视机电路。这款电视机的研发建立在电视机联合方案的基础上，其中偏转线圈、行输出变压器、电源变压器等均采用联合设计电视机所得的标准件（原载于《无线电》1979年第7期）

品的自动化流水线生产装配铺平了道路。

那时，研制、生产电视机的企业在国内如雨后春笋般发展起来。以湖北省为例，武汉电视机厂（原武汉无线电四厂）、襄樊电视机厂（原襄樊电子仪器厂）都是专业生产电视机的企业，并于1977年、1978年分别将采用联合设计方案的莺歌牌B-121型黑白电视机、襄阳牌12X1型黑白电视机定型量产推向市场。这些品牌的电视机都曾在国内市场广受欢迎。如今，只用看一眼莺歌牌B-121A型黑白电视机的说明书封面，就能引发无数人对那时一家老小看电视时光的回忆（见图13）。与之相伴的，还有各种电视机天线的架设与

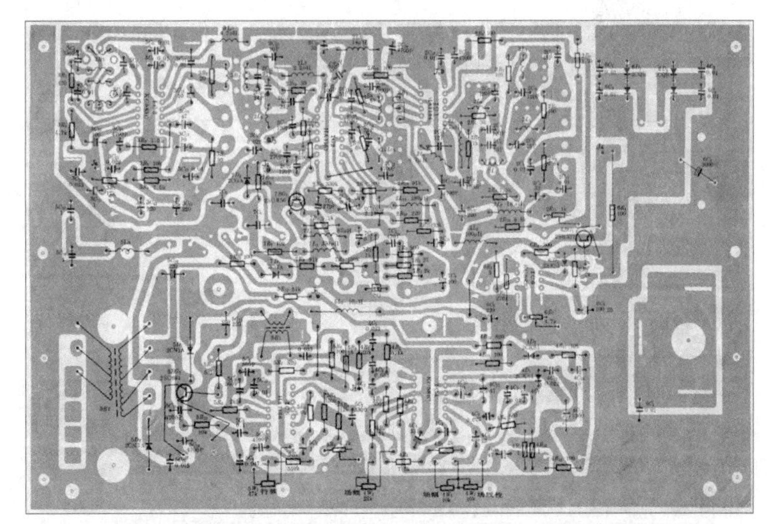

图12 昆仑牌B314型黑白电视机印制电路板图。采用集成电路可以使印制电路技术更好地发挥出其高密度布置元器件和方便流水线生产装配的特点（原载于《无线电》1979年第7期）

图 13 莺歌牌 B-121A 型黑白电视机说明书外页。这一品牌的电视机由武汉电视机厂生产。当时，全国各大城市大都有自己的电视机生产企业与品牌

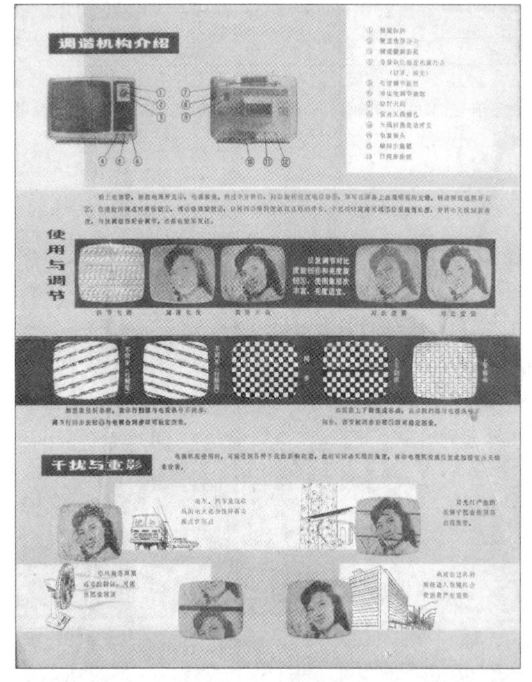

图 14 莺歌牌 B-121A 型黑白电视机说明书内页。虽然这一时期的国产电视机电路已经全面晶体管化，但还未达到集成电路那样能够高度自动化调节图像的技术水平，同步调节过程仍需人工干预

调节，屏幕上与图像叠加的雪花、条纹、重影，以及图像的翻滚或上下移动（见图 14），都是和昔日回忆相交织、并且已经离我们远去的一部分。

从 20 世纪 70 年代中期到 20 世纪 80 年代，不仅电视机的研制和生产有着令人欣慰的快速发展，传播电视信号的技术也在进步。1979 年新中国成立 30 周年之际，中央电视台就通过微波传输的方式，和全国部分地方电视台展开了国庆 30 周年的全国电视节目联播；1985 年 8 月，中央电视台开始采用卫星向全国转播第 1 套节目。到 1984 年年底，全国已经建立起共计 93 座各级电视台，包括中央电视台 1 座和省级电视台 29 座。这一年的全国电视综合人口覆盖率已经达到 64.7%。

到 1982 年年底，中国电视机的保有量达到 2761 万台，全国 57.3% 的人口能够收看到至少一套电视节目。电视机作为一种昂贵且技术含量高的工业品集中在北京、上海、天津、广州等经济发达城市的局面，在进入 20 世纪 80 年代后被打破。从 20 世纪 80 年代初开始，电视机逐渐从大城市向中小城市、从城市向农村扩散。1985 年，全国农村每百户拥有电视机的数量达到近 12 台，并且保持着令人鼓舞的持续快速增长趋势。这意味着电视产业与中国大部分民众的生活更密切地结合起来。对于 20 世纪 80 年代中后期的中国，电视机再也不是一种高高在上的罕见奢侈品，而是和日常的信息接收、家庭娱乐联系到一起，成为现代科技生活的一部分。

在产量和销量快速增长的同时，电视机的功能在增加，性能也在改善。这一方面，依然作为电视机核心元器件的 CRT 研制先行一步：20 世纪 80 年代前期，通过从日本引进关键技术和主要设备，陕西省咸阳市建立了当时国内技术水平最领先的陕西彩色显像管总厂，拉开了中国引进技术量产彩色 CRT 的序幕（见图 15）。到 20 世纪 80 年代中期，北京、上海、南京等地有实力的电子企业已经实现了彩色

图 15 陕西彩色显像管总厂的总装分厂总检测车间现场。这家显像管总厂的建成投产，是中国在 20 世纪 80 年代推广国产彩色电视机研制量产的前奏（原载于《无线电》1982 年第 5 期）

图 16 北京牌 839 型彩色电视机外观。彩色电视机的国产化历程，是中国电子产业快速追赶发达国家先进水平的历程，也是电视机在中国快速普及的历程

电视机的批量国产化（见图 16），在当时国内各大城市的百货商场，彩色电视机成为人们争相抢购的大件商品（见图 17）。统计数据显示，1981—1985 年，中国人均消费水平年均增长率为 8.5%，与此同时，这几年电视机的年销量增长率则高达 32.9%。根据 1985 年湖北省武汉市的一项抽样调查，民众取出存款后首要购买的商品，就是屏幕规格为 16 英寸至 18 英寸的彩色电视机。此时彩色电视机的售价普遍在 1000 元以上，大约相当于当时一名企业、事业单位普通职工的年均收入。到 1988 年，中国的电视机的保有量已经达到了 1.4 亿台，即平均到全国人口来看，不到 10 人即拥有 1 台电视机。

整个 20 世纪 80 年代，在电视机如潮水般涌入中国家庭的同时，国家有关部门也注意到国产电视机在质量上暂时参差不齐的现状。那时中国的经济体制依然以计划经济为主，在这样的环境中，一方面由国家有关部门对电视机进行定期质量评奖，评选出质量领先的产品并向全国公布；另一方面，国家有关部门也会向全国公布列入国家产业计划的电视机企业名单。1986 年初《无线电》就刊登了这样一份企业名单（见图 18），这份名单具有珍贵的历史意义，其中所列的 58 家企业分布在中国各地，从东北三省到新疆，从内蒙古到广西，向人们展现出电视产业在华夏大地上蓬勃发展的绚丽画卷。

就在中国电视产业蓬勃发展的同时，从国外进口的电视机，特别是来自日本企业的电视机，也在这一时期的中国市场上广受好评。曾经在 20 世纪 60 年代乘着晶体管技术的东风发展起来的日本电子企业，在 20 世纪 80 年代又发展到了怎样的水平呢？这个问题的答案，将由下一篇文章为各位读者揭晓。

图 17 在百货商店家电柜台前购买电视机的人群。在 20 世纪 80 年代中后期，拥有一台彩色电视机是很多中国城市家庭向往的事情

电子工业部通信广播电视工业管理局公告

·18(总18)·

1986年第1期

·19(总19)·

图 18 《电子工业部通信广播电视工业管理局公告》中公布的 1985 年列入电子工业部生产计划的 58 家电视机生产企业名称及商标（原载于《无线电》1986 年第 1 期）

电子影像显示产品百年进化史（8）

20 世纪 80—90 年代电视技术的进化

田浩

20 世纪 80 年代初，美国家庭电视机普及率达到 98% 这一历史新高。全球第一家全天 24 小时持续播放新闻的电视台 CNN（美国有线电视新闻网）于 1980 年 6 月 1 日在普遍的怀疑中诞生。当时，其他的电视台普遍不相信观众会有兴趣一直看新闻。但 CNN 很快就向世人证明，通过将当时最先进的卫星转播技术与第一时间播放全球现场新闻的业务模式结合到一起，能够获得观众的普遍青睐——10 年后，CNN 在美国的覆盖率已达到美国全境的 98%。虽然苏联于 20 世纪 60 年代中期首先建立起用于传送电视信号的卫星网络，但 CNN 抓住了卫星电视能快速实现全球信号传播的技术特点，并将其发扬光大。

CNN 的成功，与有线电视技术在那时欧美发达国家的成熟也密切相关。20 世纪 40 年代后期，就已经有美国 Zenith 公司开发出被称为电话电视（Phonevision）的付费有线电视系统，允许用户通过电话线接收加密传输的电视信号，通过类似于电视机顶盒的设备解码后，在电视机上实现播放。与无线电视相比，通过电话线传输的电视节目在信号质量上能得到更好的保障。这是一个概念相当超前的发明，不过太超前了。虽然到 20 世纪 50 年代初，Zenith 公司已经获得授权公开应用这一电视系统，但电影公司在那时还不支持这一竞争者，而且那时的电视产业也正热衷于通过做广告获取收入，而不是向终端用户收费。Zenith 公司的发明最终湮没在历史的长河中。不过，到 20 世纪 80 年代，当传统无线电视的市场已经发展到饱和状态时，能够提供更清晰的信号、更多个性化和特色化节目选择的有线电视技术开始向用户展露魅力。1980 年，美国的有线电视系统数量已经达到 4225 套，而且在 1985 年还会增加到 6600 套。

正当美国企业在电视节目传输的商业化模式上独辟蹊径时，电视放映技术，即电视机相关技术也在太平洋彼岸的日本由众多企业推向新的高潮。NHK（日本广播协会）于 1981 年公开展示了 HDTV（High Definition Television，高清晰度电视）的播映，以每秒 60 帧画面、每帧画面 1125 行扫描、画面长宽比 16：9 等焕然一新的技术参数，向人们显示出高清电视技术的美好未来。

不过，此时最令消费者着迷的产品并不是高清电视——高清电视信号在电视台的普及播出还要等到 20 世纪 90 年代以后。我们知道日本企业在拉开晶体管技术时代的序幕时发挥了重要作用，当电子技术在 20 世纪 80 年代向集成电路化、数字电路化进一步发展时，日本企业也展现出它们在这一领域的才华。Sony KV-4P1 型电视机就是日本企业在电子产品微型化方面天赋的杰出证明（见图 1），这款电视机具有彩色 CRT 屏幕，其电视频道选择等功能都应用了当时新潮的数字电子技术实现按键控制。Sony 推出这款产品的初衷，是向需要掌握最新资讯的商务人士提供一款可以在办公桌上使用的电视机；Sony KV-4P1 的机身也因此设计为能够从底座上抬起一定的仰角（见图 2），以满足放置在办公桌上使用时调节最佳观看视角的需求。

图 1 Sony KV-4P1 型电视机前部外观。这款产品在 1980 年推出时，是世界上体积最小的电视机之一

在旅行中观看电视节目的期待，也能为电视机微型化带来市场需求。Panasonic TR-1030P 型电视机就是这样一款日本企业为满足旅行看电视需求而在 1984 年推出的产品，体积和重量都与同期的小型便携式收音机差不多（见图 3）。这款旅行用电视机的屏幕尺寸规格为 1.4 英寸。由于屏幕太小，用户可以选择在屏幕前方加装一个带有放大镜的附件，能够将图像尺寸放大约 2 倍（见图 4）。所有元器件都以相当紧凑的方式安装

图 2 Sony KV-4P1 型电视机侧面外观。其 CRT 所在的机身可以向上仰起一定角度，使用户获得最佳视角

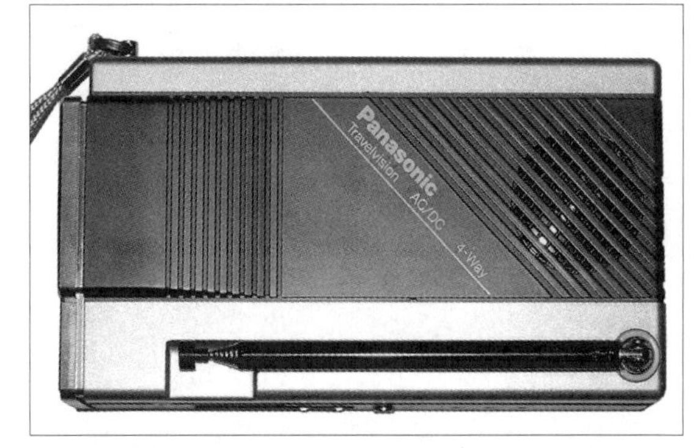

图 3 Panasonic TR-1030P 型电视机顶部外观。这款 1984 年出品的电视机主要为旅行途中观看电视而设计，其外形尺寸仅有 15.1cm×7.9cm×3.8cm，重量约 0.4kg

图 4 Panasonic TR-1030P 型电视机侧前方外观。由于其 CRT 屏幕尺寸很小，在实际使用时，用户可以选配加装一个有放大镜的图像放大附件。该附件在本图中并未安装

图 5 Panasonic TR-1030P 型电视机内部机件，微型 CRT 和扬声器在这一侧均清晰可见

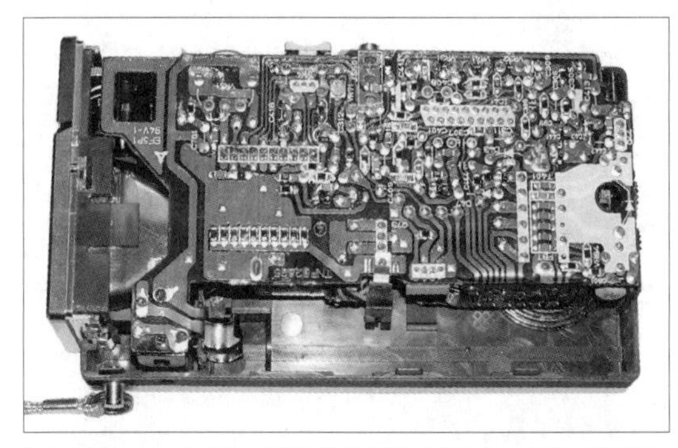

图 6 Panasonic TR-1030P 型电视机内部机件，在这一侧留出了安装电池仓的空间

在这款电视机的机身内（见图 5），印制电路板分成上下两块围绕在 CRT 旁边，整机内部唯一留出的大块完整空间是用于安装电池仓的空间（见图 6）。这款电视机使用 4 节干电池提供 6V 电压即可正常运行，并且在最大输出时的电流消耗也仅有 0.3A。在这款精致的电子产品中，作为图像显示部件的微型 CRT 小巧玲珑得令人惊叹（见图 7）。Panasonic 为缩小整机体积，在元器件布局紧凑化方面做出的努力也非常精彩（见图 8）。

图 7 Panasonic TR-1030P 型电视机所用的 40CB4 型微型 CRT，非常小巧精致

图 8 Panasonic TR-1030P 型电视机的印制电路板。为充分利用有限的内部空间，整机电路被分成两大部分分别布置在 2 块主电路板上，它们之间以柔性排线连接

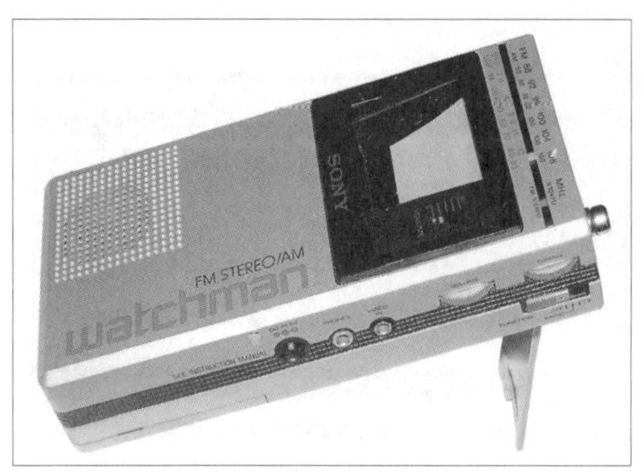

图 9 Sony Watchman FD-30A 型电视机侧面外观。其外形尺寸为 16.6cm × 8.3cm × 3.5cm，重量约为 0.56kg

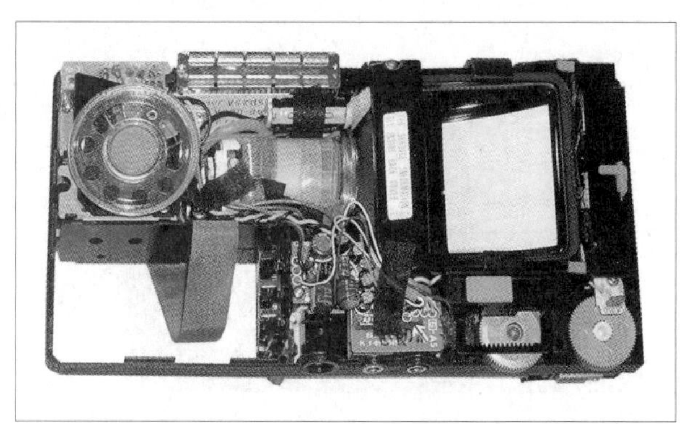

图 10 Sony Watchman FD-30A 型电视机内部机件。为充分缩小整机体积，特别是降低整机高度，Sony 在 Watchman FD-30A 中应用了创新的电子枪侧置式 CRT

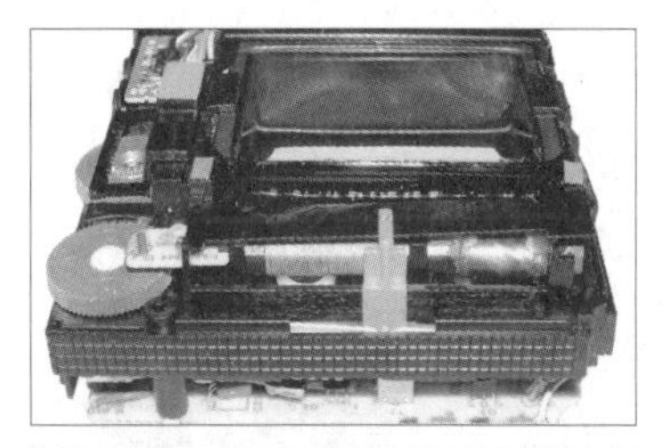

图 11 Sony Watchman FD-30A 型电视机内部机件前视图。可以看到狭长扁平的电子枪侧置式 CRT 内腔

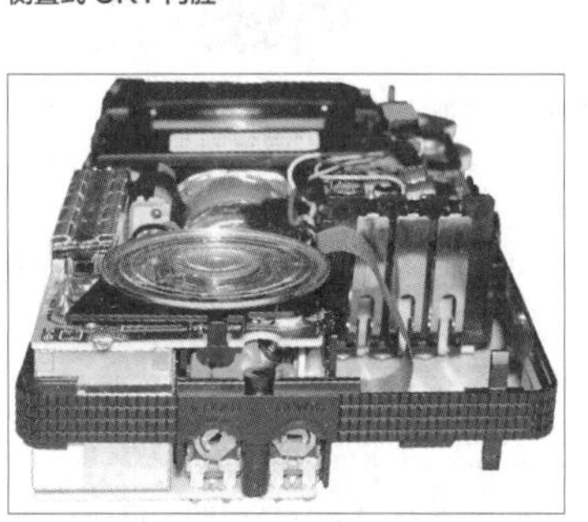

图 12 Sony Watchman FD-30A 型电视机内部机件后视图。对大规模集成电路核心技术的掌握，也是日本电子企业能够将产品做到如此微型的原因之一

图 13 Sony Watchman FD-40A 型电视机顶部外观。CRT 屏幕面积占顶部面积的比例在 FD-40A 上有进一步的增加

20 世纪 80 年代中期，与 Panasonic TR-1030P 相似的产品还有 Sony 推出的 Watchman 系列便携式电视机。Watchman FD-30A 这款于 1985 年出品的便携式电视机能够让我们感受到 Sony 深厚的技术功力：FD-30A 在重量不到 0.5kg 的机身内，结合了电视机与收音机的功能（见图 9）。或许 Sony Watchman 系列产品中最令人称赞的地方在于电子枪侧置式 CRT 的运用。在这种 CRT 内，电子枪从屏幕后方移到了屏幕侧面（见图 10），使 Watchman 系列产品能够在机身体积与 Panasonic TR-1030P 差不多的情况下，拥有比后者更大的屏幕，Watchman FD-30A 的屏幕尺寸规格达到了 1.8 英寸。从 FD-30A 机芯前部以一定的俯视角看去，能够清晰地看到电子枪与屏幕之间的狭长扁平 CRT 内部腔体（见图 11）。Watchman FD-30A 同样也使用 6V 电池供电，其电视机模式的最大工作电流也只有 0.33A。对集成电路技术的娴熟运用，是日本电子企业能制造出如此精致小巧且低功耗的产品的奥秘所在（见图 12）。正处在巅峰时期的 Sony 没有止步于 FD-30A，一鼓作气推出了其升级产品：Watchman FD-40A。

Sony Watchman FD-40A 的外形尺寸为 21cm × 12cm × 6.5cm，比 FD-30A 稍大。其重量也达到 1kg。不过，更大的尺寸和更重的重量都是值得的：FD-40A 拥有一个对于这样一款便携式电视机来说相当大的 CRT 屏幕（见图 13），其屏幕尺寸规格约 4 英寸。和 FD-30A 一样，这款电视机也采用了电子枪侧置式 CRT 来保证整机的便携性（见图 14）。如将其 CRT 抬起一定角度后再从侧面观察，就能更鲜明地感受到这一点（见图 15）。当然，即使是采用如此扁平的 CRT，在 FD-40A 的电路板上也

图 14 Sony Watchman FD-40A 型电视机内部机件后方俯视图。安装在 CRT 管颈处的椭圆形状扫描偏转线圈清晰可见

图 15 Sony Watchman FD-40A 型电视机内部机件侧方俯视图。从这个角度，能够明显看出其电子枪侧置式 CRT 屏幕的弧面。电子枪侧置式方案对扫描信号的波形控制提出了非常精确的要求

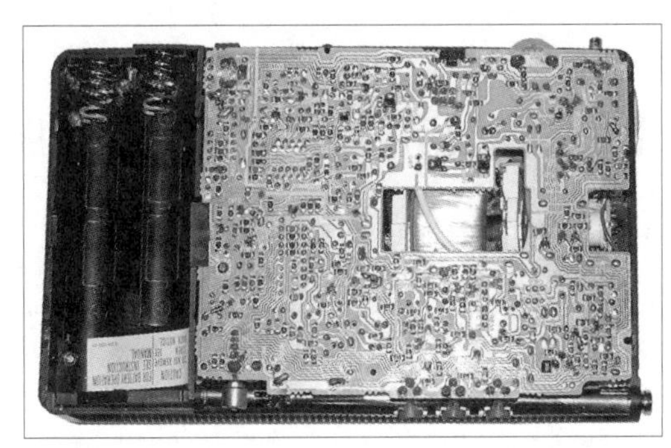

图 16 Sony Watchman FD-40A 型电视机主板及电池仓。为了保证整机的高度能够做到足够小，其主板中间有为 CRT 偏转线圈让出空间而开出的孔

需要为避让 CRT 的偏转线圈而开孔（见图 16）。晶体管分立器件和集成电路同时存在于 Watchman FD-40A 的电路中（见图 17），直插式元器件和贴片式元器件也一起安装在 Watchman FD-40A 的电路板上（见图 18），这一切都在向人们传达着 Watchman FD-40A 作为 20 世纪 80 年代电子技术日新月异时期产品的纪念意义所在。

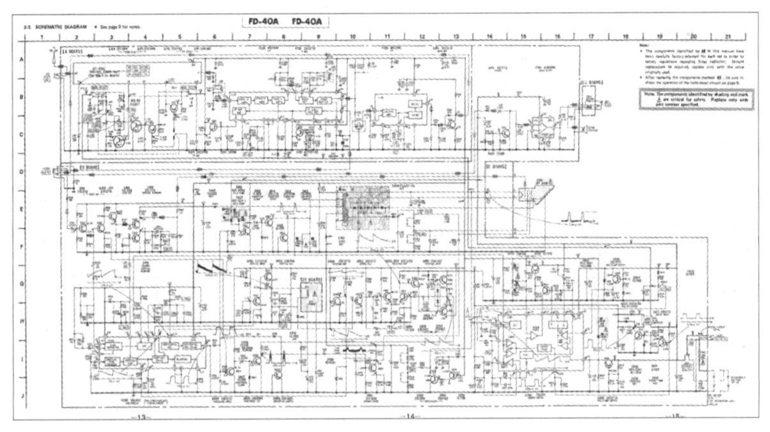

图 17 Sony Watchman FD-40A 电路。其设计方案采用了集成电路和晶体管并用的方式

接下来，数字电子技术和互联网技术的浪潮将会以前所未有的迅猛之势席卷一切。到 20 世纪 90 年代中期，约有 30% 的美国家庭将拥有个人计算机，人们兴致勃勃地谈论着电视产业的数字化。1998 年，CBS（哥伦比亚广播公司）采用数字电视技术播映了美国的橄榄球比赛。当年 11 月，美国有超过 40 家电视台启用了数字高清电视播映。电视技术数字化的趋势在不断加速，21 世纪的前 10 年里，美国所有新生产的电视机都具备数字电视信号接收功能。20 世纪 90 年代也是 CRT 屏幕一枝独秀的最后时期，新的显示技术和新的电子影像显示产品，在接下来的 20 年里都将陆续出现。如今我们司空见惯的 LCD、LED 等显示屏，曾经有着怎样的诞生和发展历程？后续文章将会解答这个问题。

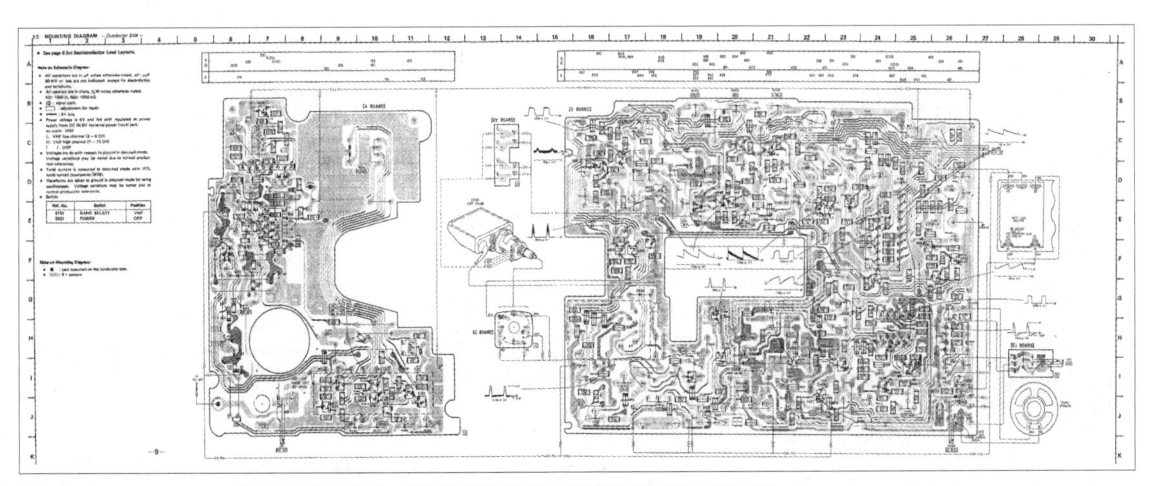

图 18 Sony Watchman FD-40A 印制电路板。直插式元器件和贴片式元器件在其电路板上均有应用

电子影像显示产品百年进化史（9）

LCD 和 PDP 显示技术的发展历程

▌田浩

LCD（Liquid Crystal Display，液晶显示）技术的诞生可以追溯到 20 世纪 60 年代。那时，在 RCA（美国广播唱片公司）工作的工程师 George Heilmeier（乔治·海尔迈耶）发现将染料与液晶材料混合后，将其夹在两片平行的透明导电玻璃之间，就可以观察到颜色的变化。以此为基础，George Heilmeier 带领研究小组研发了 LCD 器件，1968 年，RCA 向世界公开了研发的样机。正在快速崛起的日本电子企业注意到了这种新的显示技术，并在接下来的 10 多年里推动 LCD 技术的商业化应用。

▌图 1 广州电讯器材厂在 20 世纪 80 年代初生产的天鹅牌便携式计算器。其中已有多款型号应用了 LCD 数字显示屏（原载于《无线电》1981 年第 2 期）

20 世纪 70 年底中后期，日本电子企业已经研发出了具有分段电极和固定图案电极的 LCD 单色显示器件，并将这种拥有轻薄和功耗低等特点的显示器件运用在便携式电子计算器、电子表上。从此，生产这些只需要显示数字或图标，对图像灰度、色彩等性能参数没有要求的电子产品，LCD 显示器件成为最佳选择。改革开放之初，广东等地的中国电子企业就在电子计算器中安装了 LCD 数字显示屏（见图 1），采用 LCD 数字显示屏的电子表也成为在中国各大城市吸引路人目光的新潮产品（见图 2）。

虽然 LCD 屏在轻便和低功耗方面的优势令 CRT 屏望尘莫及，但其不足之处也比较明显：以 20 世纪 80 年代的技术，还无法以足够低的成本制造出具有高清晰度的点阵式 LCD 屏来显示图像。如果在计算器或电子表上显示数字 0~9，只需要让相应的各段液晶在“可见”与“不可见”之间切换就行了。然而，即使是在只能显示单色图像的黑白电视机上，也需要图像能显示出不同程度的亮暗区别（即图像灰度），而不能以非黑即白的形式显示图像。对于 LCD 屏来说，这就意味着即使将其应用于黑白电视机，也需要 LCD 屏能够在显示纯黑与纯白之间实现平滑过渡，而且这种过渡还要求每一个 LCD 像素在毫秒级别的时间内实现控制。为满足用 LCD 屏显示电视图像的市场需求，采用 TFT（Thin Film Transistor，薄膜晶体管）对 LCD 屏进行有源矩阵驱动的技术应运而生。

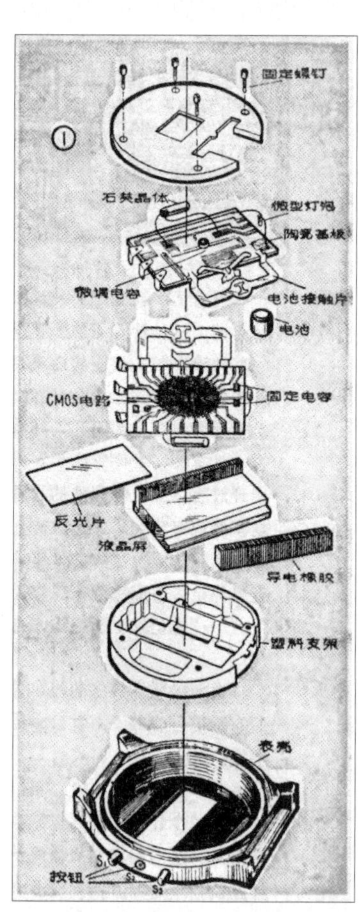

▌图 2 采用 LCD 数字显示屏的电子表的内部结构示意图。LCD 显示技术功耗低、体积小、质量轻的特点使其很适合应用在电子表、计算器上（原载于《无线电》1981 年第 6 期）

在那个集成电路技术勇往直前的年代，TFT 技术的开发算是一件水到渠成的事情。在一块透明的基板上，平行排列 m 行透明的电极，将其作为行电极；再在另一块透明的基板上，平行排列 n 列透明的电极，将其作为列电极。然后将这两块基板靠近在一起，使行电极和列电极互相垂直，并在每一行电极和每一列电极之间布置一个可以用TFT控制的LCD小像素，那么这个像素的显示就能够被行电极与列电极的信号控制，实现单色图像显示功能。假如每个像素有可以显示红、绿、蓝3种原色的LCD，那么LCD彩色屏的诞生也就顺理成章（见图3）。

采用LCD屏这种轻薄的显示器件后，电视机的体积会变小。EPSON ET-10型电视机是世界上第一台投入商业化应用的LCD屏袖珍彩色电视机，问世后不久就得到了《无线电》等科普期刊的关注（见图4）。EPSON ET-10型电视机采用了开创性技术，外形小巧纤细，可轻松装入口袋随身携带。EPSON ET-10型电视机最大的特点是采用了EPSON自主研发的TFT LCD彩色屏，量产的LCD屏的尺寸为2英寸，可显示5.28万像素。当然，在显示性能上，这款早期的LCD彩色屏与如今的LCD屏还是有明显差别（见图5），但其显示图案的原理在LCD屏后来的发展历程中基本没有变化。

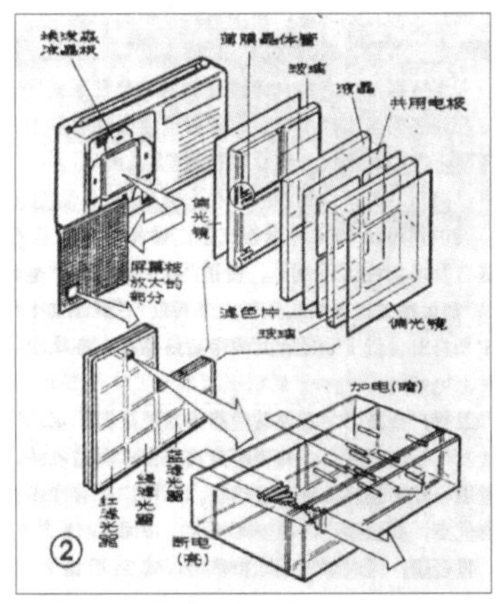

图3 采用矩阵阵列布置和控制的彩色LCD屏内部结构的示意图。这款LCD屏应用在EPSON ET-10型电视机上（原载于《无线电》1985年第2期）

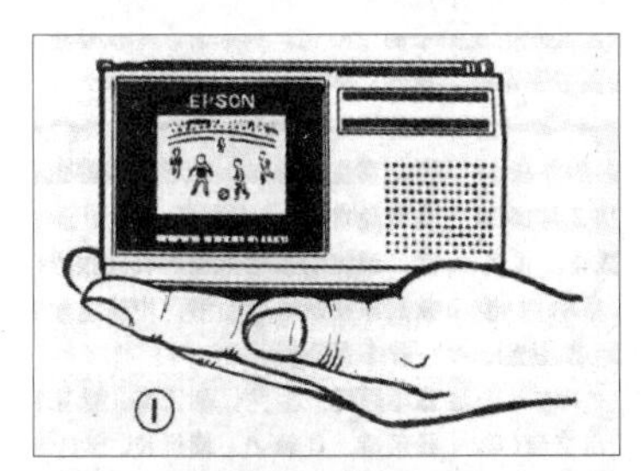

图4 EPSON ET-10型电视机与成人手掌的大小比较。这是第一款采用LCD屏作为显示器件，投入商业化使用的便携式彩色电视机，这款电视机在1984年上市（原载于《无线电》1985年第2期）

图5 运行中的EPSON ET-10型电视机。在清晰度、色彩还原保真度等方面，早期的LCD屏与同期的CRT屏相比，还有较大差距

20世纪90年代，LCD单色屏的成本已经降低到非常亲民的程度，在那时新潮的收音机、随身听等注重随身携带性能的产品上，都能看到LCD单色屏的存在。毫无疑问，LCD屏在当时前沿的电子通信产品上也不会缺少，例如，BP机和手持式移动电话机。尽管20世纪90年代后期的手持式移动电话机和如今一样被称为手机，但它们通常只具备电话和短信功能，就连《五子棋》或《贪吃蛇》这样简单的小游戏到21世纪初才在各品牌的手机中普及。对于这些早期的手机来说，一块能够显示文字和一些简单图案的点阵式LCD单色屏，就已经能够完美地满足功能需求：屏幕上的图案、文字和屏幕附近的功能按键配合，使收看短信、查找通信录等功能得以实现（见图6）。而LCD屏质量轻、厚度薄等优点也使其很适合应用在手机上（见图7）。

20世纪末到21世纪初的这段时间里，低功耗微处理器的性能快速提升，很

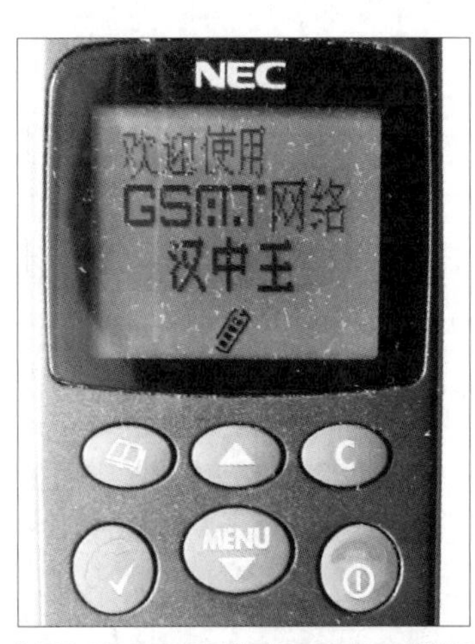

图6 NEC G68C型手机显示屏与功能按键的局部细节。这款1998年出品的手机具有单色LCD屏，能够显示电池电量等特定的图标和文字

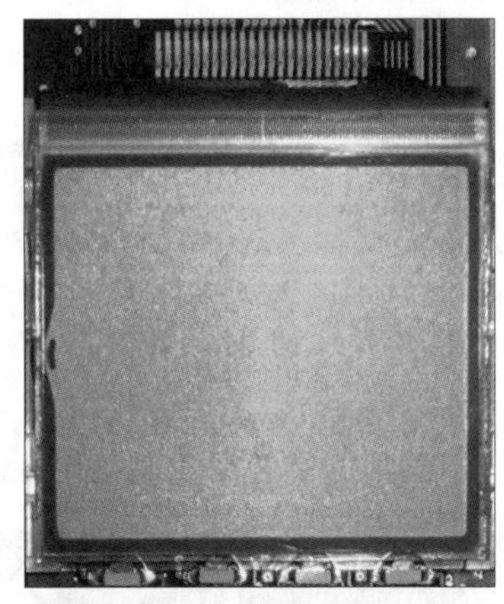

图7 NEC G68C型手机LCD屏的局部细节。很长一段时间内，在不需要显示灰度或色度，只需要显示文字或图标的电子产品上，点阵式LCD单色屏都是最佳选择

快为 LCD 屏的普及带来了新的用武之地。针对学生市场开发的便携式电子词典就是让 LCD 屏脱颖而出的一片新天地，特别是当 LCD 与屏幕触控技术结合到一起时，就更加美妙了。最开始在电子产品上应用的 LCD 触控屏是电阻式触控屏，这样的 LCD 触控屏需要借助触控笔才能实现较精确的位置单击识别（见图 8）。

与此同时，LCD 彩色屏的性能也在不断改善，成本持续降低。21 世纪初，人们就能够在包括手机、MP3 播放器、MP4 播放器等电子产品中享受到 LCD 彩色屏带来的快乐。以手机为例，MOTOROLA A1210 这款出品于 2009 年的手机就是运用 LCD 彩色屏的典型产品（见图 9）。这款手机也配备触控笔，不过如果屏幕上显示的按键或图标面积较大，也可直接用手指单击，仅在需要书写文字或单击较小按键时才需要用到触控笔。

作为数字电路时代的显示技术，MOTOROLA A1210 型手机配备的 LCD 彩色屏可以显示约 26 万种颜色。这个数字的来历，是因为 LCD 屏中将红、绿、蓝 3 种发光原色混合后产生彩色，在每种原色具有 64 挡不同挡位的情况下，理论上屏幕能显示出的彩色数量就有 64×64×64=262144 种。

进入 21 世纪，在数字化图像色彩信号方面，通用的最佳标准是 256×256×256 =16777216 种颜色，即通常所称的 1670 万色。OPPO 推出的第一款采用 LCD 触摸屏的 MP4 播放器就采用了 1670 万色的 LCD 彩色屏（见图 10），其屏幕分辨率也能够达到 800 像素 ×480 像素，与 PAL 制的分辨率（720 像素 ×576 像素）相当。分辨率达到 XGA（Extended Graphics Array，扩展视频图形阵列，分辨率为 1024 像素 ×768 像素）规格的电子计算机用 LCD 显示器在 21 世纪前 10 年已经普及。分辨率更高，可以达到 SXGA（Super Extended Graphics Array，超级扩展视频图形阵列，分辨率为 1280 像素 ×1024 像素）或者 UXGA（Ultra Extended Graphics Array，特级扩展视频图形阵列，分辨率为 1600 像素 × 1200 像素）的 LCD 显示器也出现在市场上。采用 LCD 屏达到 HDTV（High Definition Television，分辨率为 1280 像素 ×720 像素或 1920 像素 ×1080 像素）规格的电视机，也在 2010 年—2015 年的短短几年里快速来到了客厅电视柜上或卧室墙上。或许最能体现 LCD 显示特性的场景，是将其制成透明可触控显示屏，并应用于展示陈列柜中，使其实现以实物为背景的互动展示（见图 11）。

当然，这些年来，体现 LCD 屏在分辨

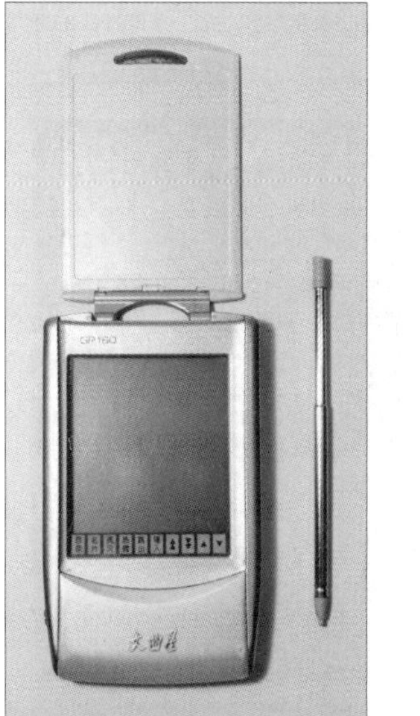

图 8 文曲星 GP160 型便携式电子词典。将 LCD 屏和电阻式透明触控板结合到一起后，只需要 1 支具有光滑笔头的触控笔，就能在这样的 LCD 触控屏上实现文字书写和按键单击功能

图 9 MOTOROLA A1210 型手机。这款手机采用了尺寸约 2.8 英寸的彩色 LCD 触控屏，分辨率为 240 像素 ×400 像素，能够显示 26 万色

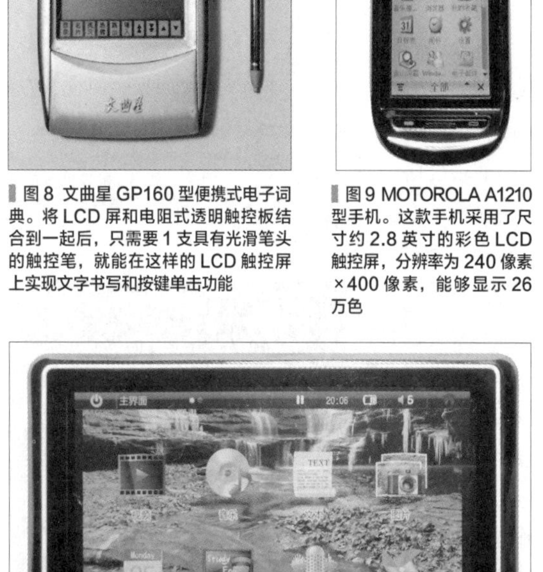

图 10 OPPO S39 型便携式 MP4 播放器。这款播放器采用了尺寸约 4.3 英寸的彩色 LCD 触控屏，分辨率为 800 像素 ×480 像素，能够显示 1670 万色

图 11 采用透明 LCD 屏的陈列柜。这种 LCD 屏在需要将特定的陈列物品与变换的图像联系起来时，能发挥很好的效果

图 12 中兴品牌手机陈列柜，展现出从功能手机到触控屏智能手机的发展历程。在很长时间内，LCD 屏都是现代智能手机中不可或缺的一部分（摄于深圳博物馆）

率、色彩显示性能等各方面变化的最典型的产品依然是手机。当手机从“手持式移动电话机”向“手持式全能计算机”转变时，安装在手机上的显示屏也从单色 LCD 屏变成了单色或彩色电阻式触控 LCD 屏，然后再由性能更好的电容式触控 LCD 屏取而代之（见图 12）。如今，LCD 屏与电视机、台式计算机、笔记本电脑、手机等各种电子产品都有着密切的联系。

在 20 世纪 90 年代至 21 世纪前 10 年的这段时期，采用 PDP（Plasma Display Panel，等离子显示屏）的大屏彩色电视机也有过一段辉煌的时期。

PDP 技术的起始，是 20 世纪 50 年代初开发的辉光数码管。这是一种充入了惰性气体的电子管，在管内设置一片金属丝网制成的阳极和若干个采用金属薄片制成、具备特定形状的阴极。例如，为显示数字，可以采用 10 个阴极，将它们的形状分别制成阿拉伯数字 0~9（见图 13）。在管内充入惰性气体后，对阳极和特定的阴极之间通上合适的电压，该阴极就可以发出柔和的光芒，显示出相应的数字。目前市面上能见到的辉光数码管通常能发出橙红色的光，如果采用不同成分的气体，发光颜色也可以是绿色、蓝色或其他颜色。

既然等离子体发光技术能够产生红、绿、蓝这三原色光，人们就跃跃欲试，设法开发出能够显示图像的 PDP 屏。20 世纪 80 年代前期，已有商业化的单色 PDP 用于便携式计算机、机场或车站等场合。对彩色 PDP 的研究在 20 世纪 70 年代也已开始。

20 世纪 90 年代，彩色 PDP 的多项技术指标获得重大突破，为其在电视机领域的商品化应用铺平了道路。1994 年，日本企业 Panasonic 公开展示了尺寸达到 40 英寸，分辨率也达到 1344 像素 ×800 像素的 PDP 屏。虽然 PDP 的成本较高，而且功耗也不低，但在那个应用庞大、笨重的 CRT 的时期，PDP 还是能够展现出比较明显的优势，在此后的 10 多年里得到了充分的发展。21 世纪前 10 年，PDP 电视机在市场上已经相当常见（见图 14），凭借优秀的显示性能，和同为业内新秀的 LCD 电视机一起，终结了 CRT 电视机占领市场的漫长岁月。不过，随着 LCD 技术的持续改进，PDP 技术成本较高、功耗较大的缺点越来越明显，最终在 21 世纪的第 2 个 10 年里默默退场。

在电子影像显示产品的世界里，LCD 屏是否已经成为应用广泛的产品？本系列文章的最后一篇将会解答这一问题。

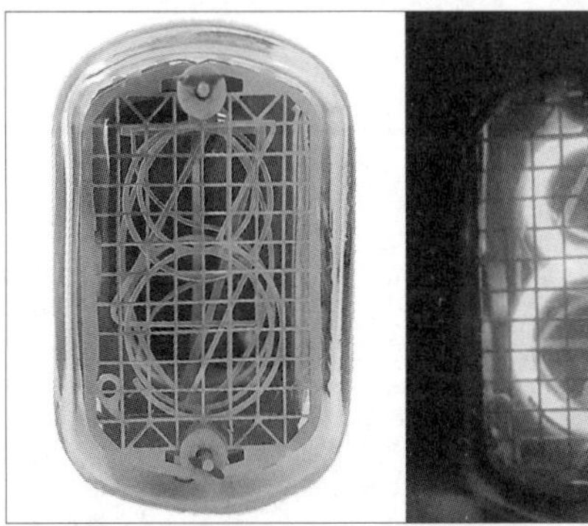

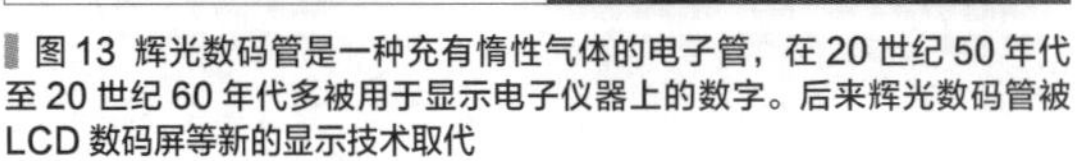

图 13 辉光数码管是一种充有惰性气体的电子管，在 20 世纪 50 年代至 20 世纪 60 年代多被用于显示电子仪器上的数字。后来辉光数码管被 LCD 数码屏等新的显示技术取代

图 14 Panasonic 在 2009 年推出的 PDP 电视机。这一时期的 PDP 电视机的屏幕尺寸普遍能做到 102cm 以上，并达到 HDTV 1920 像素 × 1080 像素的分辨率